Massimo Bergamini
Graziella Barozzi
Anna Trifone

3B Manuale blu 2.0 di matematica

Seconda edizione

PER IL COMPUTER E PER IL TABLET

1 REGÌSTRATI A MYZANICHELLI

Vai su **my.zanichelli.it** e regìstrati come studente

2 SCARICA BOOKTAB

- Scarica **Booktab** e installalo
- Lancia l'applicazione e fai login

3 ATTIVA IL TUO LIBRO

- Clicca su **Attiva il tuo libro**
- Inserisci la **chiave di attivazione** che trovi sul **bollino argentato** adesivo (qui accanto un esempio di bollino con chiave di attivazione)

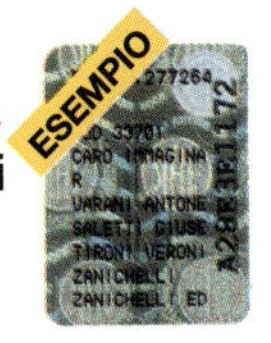

4 CLICCA SULLA COPERTINA

Scarica il tuo libro per usarlo offline

Realizzazione editoriale:
- Coordinamento editoriale: Giulia Laffi
- Redazione: Silvia Gerola, Marinella Lombardi, Ilaria Lovato, Damiano Maragno
- Collaborazione redazionale: Massimo Armenzoni, Parma
- Segreteria di redazione: Deborah Lorenzini, Rossella Frezzato
- Progetto grafico: Byblos, Faenza
- Composizione e impaginazione: Litoincisa, Bologna
- Disegni: Roberta Maroni; Francesca Ponti; Dario Zannier; Graffito, Cusano Milanino
- Ricerca iconografica: Silvia Basso; Anna Boscolo; Byblos, Faenza; Silvia Gerola; Marinella Lombardi; Ilaria Lovato; Damiano Maragno

Contributi:
- Revisione dei testi e degli esercizi: Silvia Basso, Anna Boscolo, Annalisa Castellucci (Statistica)
- Coordinamento degli esercizi Realtà e modelli: Luca Malagoli
- Stesura delle schede di approfondimento: Andrea Betti, Daniela Cipolloni, Adriano Demattè, Daniele Gouthier, Chiara Manzini, Elisa Menozzi, Ilaria Pellati, Antonio Rotteglia
- Rilettura dei testi: Marco Giusiano, Luca Malagoli, Francesca Anna Riccio, Elisa Targa
- Stesura degli esercizi: Chiara Ballarotti, Anna Maria Bartolucci, Davide Bergamini, Andrea Betti, Cristina Bignardi, Francesco Biondi, Daniela Boni, Silvana Calabria, Lisa Cecconi, Roberto Ceriani, Daniele Cialdella, Chiara Cinti, Paolo Maurizio Dieghi, Daniela Favaretto, Francesca Ferlin, Rita Fortuzzi, Ilaria Fragni, Lorenzo Ghezzi, Chiara Lucchi, Mario Luciani, Chiara Lugli, Francesca Lugli, Armando Magnavacca, Luca Malagoli, Elisa Menozzi, Luisa Morini, Monica Prandini, Tiziana Raparelli, Laura Recine, Daniele Ritelli, Antonio Rotteglia, Giuseppe Sturiale, Renata Tolino, Ivan Tomba, Maria Angela Vitali, Alessandro Zagnoli, Alessandro Zago, Lorenzo Zordan
- Stesura degli esercizi Realtà e Modelli: Arcangela Bennardo, Andrea Betti, Daniela Boni, Silvia Bruno, Roberto Ceriani, Paolo Maurizio Dieghi, Maria Falivene, Marco Ferrigo, Lorenzo Ghezzi, Nadia Moretti, Marta Novati, Marta Parroni, Marco Petrella, Marco Sgrignoli, Giulia Signorini, Enrico Sintoni, Claudia Zampolini
- Stesura dei Listen to it: Fabio Bettani, Ilaria Lovato
- Stesura degli esercizi in lingua inglese: Anna Baccaglini-Frank, Andrea Betti, Ilaria Lovato
- Revisione dei Listen to it e degli esercizi in lingua inglese: Jessica Halpern, Luisa Doplicher
- Coordinamento della correzione degli esercizi: Francesca Anna Riccio
- Correzione degli esercizi: Silvano Baggio, Francesco Benvenuti, Davide Bergamini, Angela Capucci, Elisa Capucci, Lisa Cecconi, Barbara Di Fabio, Elisa Garagnani, Daniela Giorgi, Erika Giorgi, Cristina Imperato, Francesca Incensi, Chiara Lugli, Francesca Lugli, Elisa Menozzi, Elena Meucci, Erika Meucci, Monica Prandini, Francesca Anna Riccio, Daniele Ritelli, Renata Schivardi, Elisa Targa, Ambra Tinti

Realizzazione dell'eBook multimediale:
Booktab Z:
- Progettazione esecutiva e sviluppo software: duDAT srl, Bologna

Video:
- Coordinamento redazionale: Fabio Bettani
- Redazione e realizzazione: Christian Biasco, Piero Chessa
- Revisione: Isabella Malacari, Elena Zaninoni

Animazioni interattive:
- Coordinamento redazionale: Fabio Bettani, Giulia Tosetti
- Stesura e realizzazione: Davide Bergamini
- Revisione: Massimo Brida, Giulia Menegon

Audio *Listen to it*:
- Voce: Anna Baccaglini-Frank
- Realizzazione: formicablu srl, Bologna

Copertina:
- Progetto grafico: Miguel Sal & C., Bologna
- Realizzazione: Roberto Marchetti e Francesca Ponti
- Immagini di copertina: **Ellsworth Kelly**, **Blue Angle**, **2014**. Alluminio dipinto. Edizione 1 di 2. Collezione privata © Ellsworth Kelly

Prima edizione: 2012
Seconda edizione: marzo 2016

Ristampa:
8 7 6 2020 2021 2022

Zanichelli garantisce che le risorse digitali di questo volume sotto il suo controllo saranno accessibili, a partire dall'acquisto dell'esemplare nuovo, per tutta la durata della normale utilizzazione didattica dell'opera. Passato questo periodo, alcune o tutte le risorse potrebbero non essere più accessibili o disponibili: per maggiori informazioni, leggi my.zanichelli.it/fuoricatalogo

File per sintesi vocale
L'editore mette a disposizione degli studenti non vedenti, ipovedenti, disabili motori o con disturbi specifici di apprendimento i file pdf in cui sono memorizzate le pagine di questo libro. Il formato del file permette l'ingrandimento dei caratteri del testo e la lettura mediante software screen reader. Le informazioni su come ottenere i file sono sul sito http://www.zanichelli.it/scuola/bisogni-educativi-speciali

Grazie a chi ci segnala gli errori
Segnalate gli errori e le proposte di correzione su **www.zanichelli.it/correzioni**. Controlleremo e inseriremo le eventuali correzioni nelle ristampe del libro. Nello stesso sito troverete anche l'errata corrige, con l'elenco degli errori e delle correzioni.

Zanichelli editore S.p.A. opera con sistema qualità certificato CertiCarGraf n. 477 secondo la norma UNI EN ISO 9001:2015

Questo libro è stampato su carta che rispetta le foreste.
www.zanichelli.it/chi-siamo/sostenibilita

Stampa: La Fotocromo Emiliana
Via Sardegna 30, 40060 Osteria Grande (Bologna)
per conto di Zanichelli editore S.p.A.
Via Irnerio 34, 40126 Bologna

Massimo Bergamini
Graziella Barozzi
Anna Trifone

3B Manuale blu 2.0

Seconda edizione

Matematica e arte

Ellsworth Kelly di Emanuela Pulvirenti

Che cos'è quella strana macchia blu in copertina? Difficile crederlo, ma è un quadro: un'opera di Ellsworth Kelly dal titolo *Blue Angle*. Certo, ha una forma anomala, dimensioni esagerate, non presenta immagini né disegni astratti, non si capisce quale sia il significato... eppure è un dipinto a tutti gli effetti. E come tutti i dipinti, anche quelli più essenziali, nasce dall'esigenza di rappresentare un aspetto della realtà. Nel caso di Kelly, artista americano morto a dicembre del 2015 all'età di 92 anni, quell'aspetto è la forma che hanno le cose, soprattutto quelle della natura e delle piante a lungo disegnate negli anni della formazione.

"Non sono interessato alla struttura di una roccia ma alla sua ombra", amava dire Kelly.

I contorni delle cose, dunque, sono per Kelly più importanti di quello che ci sta dentro; la sagoma del quadro è più interessante del colore con cui è riempito. Si tratta quindi di un'esplorazione precisa e paziente delle infinite geometrie del quadro. Un'operazione di reinvenzione del mondo attraverso un linguaggio "pulito" e astratto. Talmente rigoroso e oggettivo che l'opera deve quasi sembrare essersi fatta da sé, senza l'intervento della volontà dell'artista.

La sua produzione è vicina al movimento del *Hard Edge Painting*, la pittura realizzata con campiture uniformi accostate in modo netto, ed è affine al *Minimalismo*, la corrente artistica che si esprime con elementi geometrici semplici e basilari. Eppure la sua opera sfugge a queste definizioni, perché riduce la tavolozza a pochi colori base, per di più usati separatamente, e poi perché le sue tele, con quelle forme originali e non classificabili, possiedono un dinamismo estraneo all'arte minimalista.

Le sue sagome colorate parlano lo stesso linguaggio essenziale ed esatto della matematica, sono formule visive che raccontano, proprio come fa questo libro, un universo misterioso tutto da scoprire.

Per saperne di più vai **su.zanichelli.it/copertine-bergamini**

Ellsworth Kelly, *Blue Angle*, 2014
alluminio dipinto
228,6 × 381 × 10,5 cm

ZANICHELLI

SOMMARIO

Nell'eBook

2 video (• Le formule degli angoli associati • Funzione sinusoidale)

e inoltre 13 animazioni

TUTOR matematica **45 esercizi interattivi in più**

risorsa riservata a chi ha acquistato l'edizione con tutor

Nell'eBook

1 video (• Formule di addizione)

e inoltre 4 animazioni

TUTOR matematica **45 esercizi interattivi in più**

risorsa riservata a chi ha acquistato l'edizione con tutor

CAPITOLO 14

EQUAZIONI E DISEQUAZIONI GONIOMETRICHE

Nell'eBook

1 video (• Equazioni lineari in seno e coseno)

e inoltre 21 animazioni

TUTOR matematica **45 esercizi interattivi in più**

risorsa riservata a chi ha acquistato l'edizione con tutor

CAPITOLO 15

TRIGONOMETRIA

Nell'eBook

3 video (• Misura del raggio terrestre • Teorema del coseno • Triangolazione)

e inoltre 10 animazioni

TUTOR matematica **45 esercizi interattivi in più**

risorsa riservata a chi ha acquistato l'edizione con tutor

CAPITOLO 16

NUMERI COMPLESSI

Nell'eBook

2 video (• Coordinate polari • Frattali)

e inoltre 5 animazioni

TUTOR matematica **60 esercizi interattivi in più**

risorsa riservata a chi ha acquistato l'edizione con tutor

CAPITOLO β1

STATISTICA UNIVARIATA

Nell'eBook

1 video (• Medie di calcolo)

e inoltre 4 animazioni

TUTOR matematica **45 esercizi interattivi in più**

risorsa riservata a chi ha acquistato l'edizione con tutor

CAPITOLO β2

STATISTICA BIVARIATA

Nell'eBook

1 video (• Cefeidi)

e inoltre 2 animazioni

TUTOR matematica **45 esercizi interattivi in più**

risorsa riservata a chi ha acquistato l'edizione con tutor

CAPITOLO C1

COORDINATE POLARI NEL PIANO

Nell'eBook

1 animazione

TUTOR matematica **15 esercizi interattivi in più**

risorsa riservata a chi ha acquistato l'edizione con tutor

Fonti delle immagini

Cap 12 – Funzioni goniometriche

665: Elenarts/Shutterstock
668: Pialr Echevarria/Shutterstock, Marek Cech/Shutterstock
688: Titima Ongkantong/Shutterstock
720: Liu Hui (1726 Tu Shu Ji Cheng)
724 (a): Elisanth/Shutterstock
724 (b): Photo Melon/Shutterstock
724 (c): wavebreakmedia/Shutterstock
732: Tatiana Popova/Shutterstock
736 (a): Giovanni Benintende/Shutterstock
736 (b): bergamont/Shutterstock
737 (a): S.Cooper Digital/Shutterstock
737 (b): cubee/Shutterstock
738 (a): Peter Gudella/Shutterstock
738 (b): Jiri Hera/Shutterstock
749: EuToch/Shutterstock

Cap 13 – Formule goniometriche

759: luckypick/Shutterstock
762: Africa Studio/Shutterstock
765 (a): happy photo/Shutterstock
765 (b): Giuseppe_R/Shutterstock
771 (a): Jason Salmon/Shutterstock
771 (b): viritphon/Shutterstock
775: Diego Barbieri/Shutterstock
786: Bodik1992/Shutterstock
788 (a): Dimedrol68/Shutterstock
788 (b): photokup/Shutterstock
791: marcovarro/Shutterstock

Cap 14 - Equazioni e disequazioni goniometriche

796: Olga Kushcheva/Shutterstock
807: Prism_68/Shutterstock
813: Aleksangel/Shutterstock
817: art designer/Shutterstock
828: Zerbor/Shutterstock
835: Zurijeta/Shutterstock
836: Patryk Kosmider/Shutterstock
867 (a): Kamil Macniak/Shutterstock
867 (b): parinyabinsuk/Shutterstock; Lightspring/Shutterstock
871: Peter Sobolev/Shutterstock

Cap 15 – Trigonometria

873: Mmaxer/Shutterstock
878: Carolina K. Smith, M. D./Shutterstock; Jonathan Larsen/Shutterstock
882: PerseoMedusa/Shutterstock
890: PerseoMedusa/Shutterstock
892 (a): Poznyakov/Shutterstock
892 (b): Mitch Gunn/Shutterstock
892 (c): Pressmaster/Shutterstock
893: alfredolon/Shutterstock
900: Lemon Tree Images/Shutterstock
908: Manuel Ploetz/Shutterstock
909: hxdbzxy/Shutterstock
917: photo.ua/Shutterstock
921: welcomia/Shutterstock
929: Nik Niklz/Shutterstock
929 (a): fluidworkshop/Shutterstock
929 (b): Michal Duriník/Shutterstock
931: Claudio Giovanni Colombo/Shutterstock
932: www.laverderosa.it
935: Yulia Grigoryeva/Shutterstock

Cap 16 – Numeri complessi

943: catwalker/Shutterstock
946: Pressmaster/Shutterstock
951: Morgenstjerne/Shutterstock
981: chrishumphreys/Shutterstock
982: Filip Fuxa/Shutterstock
991: Bulatnikov/Shutterstock

Cap β1 – Statistica univariata

β2: Denis Vrublevski/Shutterstock
β37 (a): www.ricamobollate.it
β37 (b): Hellen Sergeyeva/Shutterstock
β37 (c): stockphoto-graf/Shutterstock
β38: Anton_Ivanov/Shutterstock
β39: Kzenon/Shutterstock
β40 (a): Tatiana Popova/Shutterstock
β40 (b): Pincasso/Shutterstock
β55: William Perugini/Shutterstock
β57: Pro 3D Artt/Shutterstock
β65: Andresr/Shutterstock
β68: Paolo Bona/Shutterstock
β75: Nicholas Piccillo/Shutterstock
β76: Franck Boston/Shutterstock
β77: Dima Sidelnikov/Shutterstock

Cap β2 – Statistica bivariata

β85: NASA/JPL-Caltech
β93: Mega Pixel/Shutterstock
β95: Ekaterina Pokrovsky/Shutterstock
β102: Marcel Jancovic/Shutterstock
β103: Colour/Shutterstock
β109: Rido/Shutterstock

Cap C1 – Coordinate polari e logaritmiche

C19: Jamie Roach/Shutterstock
C27: Dm_Cherry/Shutterstock
C28: Anna Boscolo, 2015
C32: Peter Gudella/Shutterstock

COME ORIENTARSI NEL LIBRO

Tanti tipi di esercizi

AL VOLO — **Esercizi veloci**
Per esempio: esercizi dal 328 al 333, pagina 831.

CACCIA ALL'ERRORE — **Evita i tranelli**
Per esempio: esercizio 458, pagina 984.

COMPLETA — **Inserisci la risposta giusta**
Per esempio: esercizio 561, pagina 725.

EUREKA! — **Una sfida per metterti alla prova**
Per esempio: esercizio 330, pagina 911.

FAI UN ESEMPIO — **Se lo sai fare, hai capito**
Per esempio: esercizio 3, pagina 761.

LEGGI IL GRAFICO — **Ricava informazioni dall'analisi di un grafico**
Per esempio: esercizio 406, pagina 783.

REALTÀ E MODELLI — **La matematica di tutti i giorni**
Per esempio: esercizio 745, pagina 737.

RIFLETTI SULLA TEORIA — **Spiega, giustifica, argomenta**
Per esempio: esercizio 134, pagina 964.

YOU & MATHS — **La matematica in inglese**
Per esempio: esercizio 68, pagina 696.

VERO O FALSO? **TEST** **ASSOCIA** — **Vedi subito se hai capito**
Per esempio: esercizi dal 317 al 319, pagina 830.

330 •• **EUREKA!** **Seno e poligoni regolari** Dimostra che il perimetro e l'area di un poligono regolare di n lati inscritto in una circonferenza di raggio r misurano rispettivamente $2nr\sin\frac{\pi}{n}$ e $\frac{1}{2}r^2n\sin\frac{2\pi}{n}$. Calcola poi:

a. perimetro e area del dodecagono regolare inscritto in una circonferenza di raggio 2;
b. il raggio di una circonferenza in cui è inscritto un ottagono regolare di area $32\sqrt{2}$.

[a) $12\sqrt{2}(\sqrt{3}-1)$; 12; b) 4]

406 •• **LEGGI IL GRAFICO** Osserva il grafico della funzione $f(x)$.

a. Determina i valori di a e b.
b. Trasforma la funzione nella forma $f(x) = A\cos(x+\alpha)$ e determina i suoi zeri nell'intervallo $[-\pi; \pi]$.
c. Disegna il grafico della funzione $g(x) = f(-x)$ e determina la traslazione che trasforma f in g.

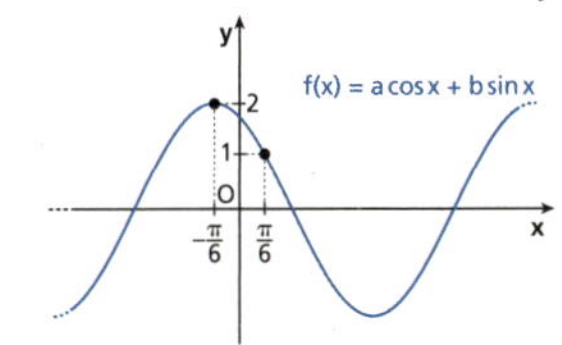

[a) $a=\sqrt{3}$, $b=-1$; b) $f(x) = 2\cos\left(x+\frac{\pi}{6}\right)$, $-\frac{2}{3}\pi$, $\frac{\pi}{3}$; c) $\vec{v}\left(\frac{\pi}{3}; 0\right)$]

745 •○ **REALTÀ E MODELLI** **Predatori e prede** L'allocco è un uccello rapace notturno che si nutre preferibilmente di topi. Alcuni biologi, monitorando il numero di esemplari delle due specie nello stesso habitat per un certo periodo, hanno osservato che tale numero può essere descritto dalle funzioni:

$$y_1 = 500\cos(2t) + 2000$$

e $$y_2 = 10\cos\left(2t - \frac{\pi}{4}\right) + 50,$$

dove y_1 indica il numero di topi presenti al tempo t (espresso in anni) e y_2 il numero di allocchi...

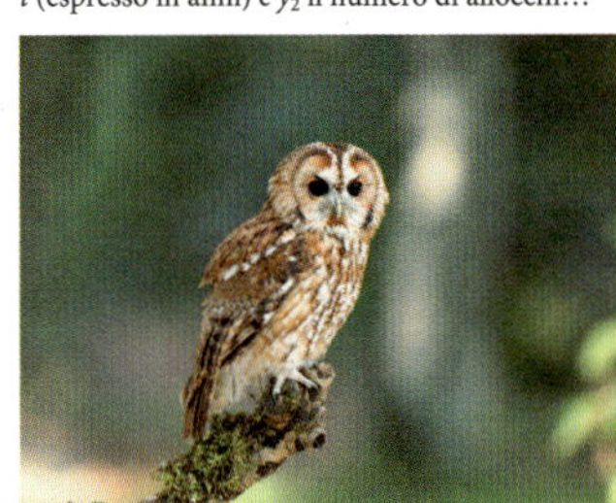

I rimandi alle risorse digitali

Video — **1 ora e 10 minuti di video**
Per esempio: *Misura del raggio terrestre*, pagina 873.

Animazione — **120 animazioni interattive**
Per esempio: esercizi a pagina 875.

Listen to it — **La lettura di 50 definizioni ed enunciati in inglese**
Per esempio: *Gauss plane*, pagina 945.

TUTOR matematica
risorsa riservata a chi ha acquistato l'edizione con tutor

Oltre 550 esercizi interattivi in più
con suggerimenti teorici, video e animazioni per guidarti nel ripasso.

CAPITOLO 12

FUNZIONI GONIOMETRICHE

1 Misura degli angoli

Misura in gradi

▶ Esercizi a p. 693

Nel *sistema sessagesimale*, l'unità di misura degli angoli è il **grado sessagesimale**, definito come la 360ª parte dell'angolo giro.

Il grado sessagesimale viene indicato con $1° = \frac{1}{360}$ dell'angolo giro.

Il grado è suddiviso in 60 *primi*, che vengono indicati con un apice ($'$): $1° = 60'$.

Ogni primo viene suddiviso in 60 *secondi*, indicati con due apici ($''$): $1' = 60''$.

Queste suddivisioni in 60 parti danno il nome al sistema di misura.

Un angolo di 32 gradi, 10 primi e 47 secondi viene scritto: $32°\ 10'\ 47''$.

Il sistema di misura degli angoli con gradi, primi e secondi è il più antico. Risale ai Babilonesi (2000 a.C.), i quali dividevano anche l'anno solare in 360 giorni. Tuttavia, questo sistema presenta il problema di non basarsi su un sistema decimale e di avere quindi procedimenti di calcolo complicati.

Anche soltanto il calcolo della somma delle misure di due angoli non è immediato.

ESEMPIO

Per ottenere

$$30°\ 20'\ 54'' + 2°\ 45'\ 24''$$

sommiamo i secondi e trasformiamo il risultato in primi e secondi:

$$54'' + 24'' = 78'' \rightarrow 78'' = 1'\ 18'',$$

sommiamo i primi e trasformiamo il risultato in gradi e primi:

$$20' + 45' + 1' = 66' \rightarrow 66' = 1°\ 6',$$

sommiamo i gradi:

$$30° + 2° + 1° = 33°,$$

e otteniamo così il risultato finale:

$$33°\ 6'\ 18''.$$

▶ Calcola la somma di 30°24′35″ e 59°35′25″. È più o meno di un angolo retto?

▶ Calcola:
a. 25°12′37″ + 13°51′41″;
b. 180° − 5°3′2″;
c. 9°30′50″ · 3.

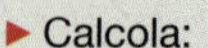

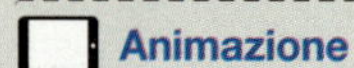

Animazione

Le calcolatrici scientifiche usano anche il sistema **sessadecimale**, in cui accanto ai gradi si usano decimi, centesimi, millesimi, ... di grado. Per esempio, nel sistema sessadecimale, 37,25° significa $37° + \left(\frac{2}{10}\right)^° + \left(\frac{5}{100}\right)^°$.

Misura in radianti

▶ Esercizi a p. 694

Per semplificare i calcoli si usa il sistema che ha per unità di misura il radiante.
Per definirlo, consideriamo due circonferenze di raggi r e r' e i due archi l e l' su cui insistono angoli al centro della stessa ampiezza α (figura a lato).
Dalla proporzionalità fra archi e angoli al centro si ricava

$$l : \alpha° = 2\pi r : 360° \quad \text{e} \quad l' : \alpha° = 2\pi r' : 360°,$$

$$l = \frac{\alpha° \pi}{180°} r \quad \text{e} \quad l' = \frac{\alpha° \pi}{180°} r',$$

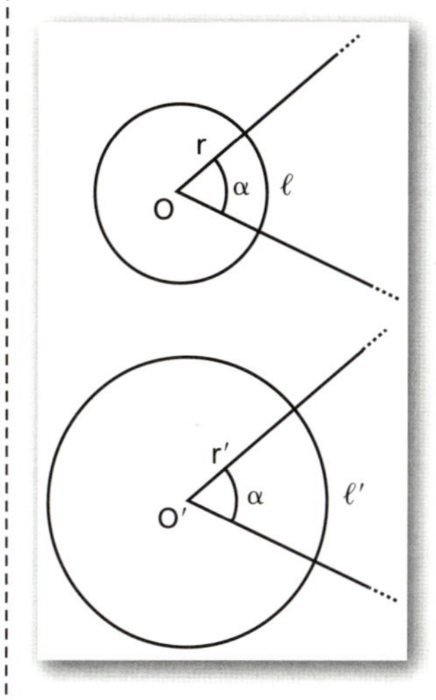

da cui, dividendo membro a membro, si ottiene

$$l : l' = r : r' \quad \to \quad l : r = l' : r' \quad \to \quad \frac{l}{r} = \frac{l'}{r'},$$

cioè gli archi sono proporzionali ai rispettivi raggi e il rapporto $\frac{l}{r}$ non varia al variare della circonferenza, ma dipende solo dall'angolo al centro α.
Pertanto, se ogni volta che si misura un arco l si usa come unità di misura il raggio della circonferenza cui appartiene, si ottiene un numero che non dipende dalla circonferenza considerata, ma solo dall'angolo α che sottende l'arco.
Il rapporto $\frac{l}{r}$ viene quindi assunto come misura, in radianti, dell'angolo α,

$$\alpha = \frac{l}{r}.$$

Come definizione di radiante possiamo allora dare la seguente.

DEFINIZIONE
Data una circonferenza, chiamiamo **radiante** l'angolo al centro che insiste su un arco di lunghezza uguale al raggio.

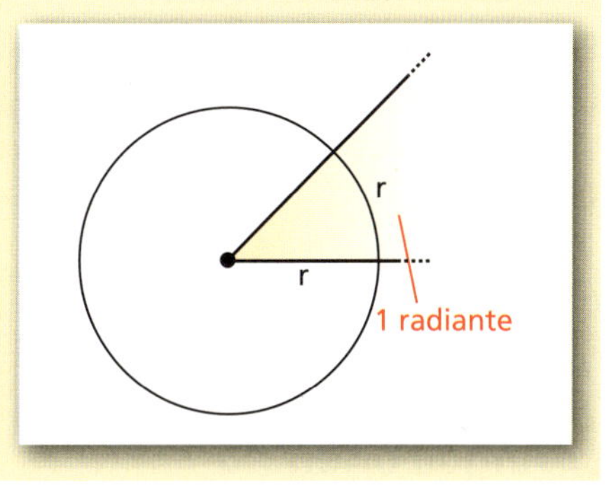

Listen to it

A **radian** is the measure of the angle at the centre of a circle that intercepts an arc whose length is equal to the radius of the circle.

L'unità di misura viene indicata con rad, ma generalmente, se si esprime un angolo in radianti, si è soliti trascurare l'indicazione dell'unità di misura.
Poiché corrisponde all'intera circonferenza, l'angolo giro misura $\frac{2\pi r}{r} = 2\pi$.
L'angolo piatto, che corrisponde a metà circonferenza, misura π, l'angolo retto misura $\frac{\pi}{2}$ ecc.

MATEMATICA E STORIA
L'inafferrabile pi greco

▶ Perché π affascina tanto i matematici?

La risposta

Dai gradi ai radianti e viceversa

Date le misure di un angolo α in gradi e in radianti, vale la proporzione $\alpha° : \alpha_{rad} = 360° : 2\pi$, da cui ricaviamo le seguenti uguaglianze.

$$\alpha^\circ = \alpha_{rad} \cdot \frac{180^\circ}{\pi}, \qquad \alpha_{rad} = \alpha^\circ \cdot \frac{\pi}{180^\circ}.$$

ESEMPIO

1. A quanti gradi corrisponde 1 radiante?
Applichiamo la prima formula:

$$\alpha^\circ = 1 \cdot \frac{180^\circ}{\pi} = \frac{180^\circ}{\pi} \simeq 57^\circ.$$

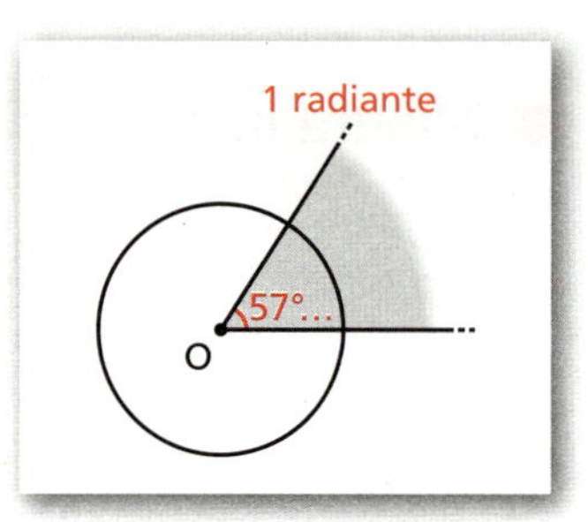

2. A quanti radianti corrispondono 60°?
Applichiamo la seconda formula:

$$\alpha_{rad} = \cancel{60}^{1\,\circ} \cdot \frac{\pi}{\cancel{180^\circ}_3} = \frac{\pi}{3}.$$

▶ Trasforma:
a. in radianti le misure di 10°, 18°, 270°;
b. in gradi sessagesimali le misure di $\frac{\pi}{9}$, 2, $\frac{3}{4}\pi$.

 Animazione

Riportiamo in una tabella le misure in radianti e in gradi di alcuni angoli.

Misure degli angoli

Gradi	0°	30°	45°	60°	90°	120°	135°	150°	180°
Radianti	0	$\frac{\pi}{6}$	$\frac{\pi}{4}$	$\frac{\pi}{3}$	$\frac{\pi}{2}$	$\frac{2}{3}\pi$	$\frac{3}{4}\pi$	$\frac{5}{6}\pi$	π

Lunghezza di un arco di circonferenza

Dalla relazione $\alpha = \frac{l}{r}$ ricaviamo che, se α è misurato in radianti, la **lunghezza di un arco** è:

$$l = \alpha r.$$

Area del settore circolare

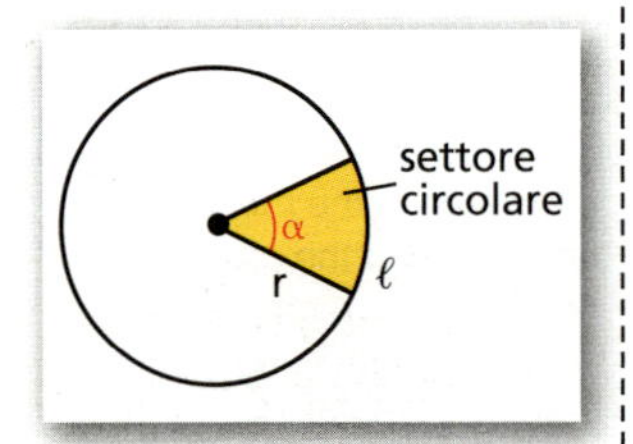

Esprimiamo anche l'area di un settore circolare.

Dalla proporzione: $A_{settore} : A_{cerchio} = \alpha : 2\pi,$

ricaviamo: $A_{settore} = \frac{\alpha}{2\pi} \cdot A_{cerchio} = \frac{\alpha}{2\cancel{\pi}} \cancel{\pi} r^2 = \frac{1}{2}\alpha r^2,$

o, tenendo conto che $\alpha = \frac{l}{r}$: $A_{settore} = \frac{1}{2} \cdot \frac{l}{r} r^2 = \frac{1}{2} lr.$

Angoli orientati

▶ Esercizi a p. 697

La definizione di angolo come parte di piano delimitata da due semirette con l'origine in comune non è adatta per descrivere tutte le situazioni. Per esempio, nell'avvitare o svitare una vite si descrive un angolo che può essere maggiore di un angolo giro.

È più utile quindi collegare il concetto di angolo a quello di *rotazione*, cioè al movimento che porta uno dei lati dell'angolo a sovrapporsi all'altro.

La rotazione è univoca quando ne specifichiamo il **verso**, **orario** o **antiorario**.

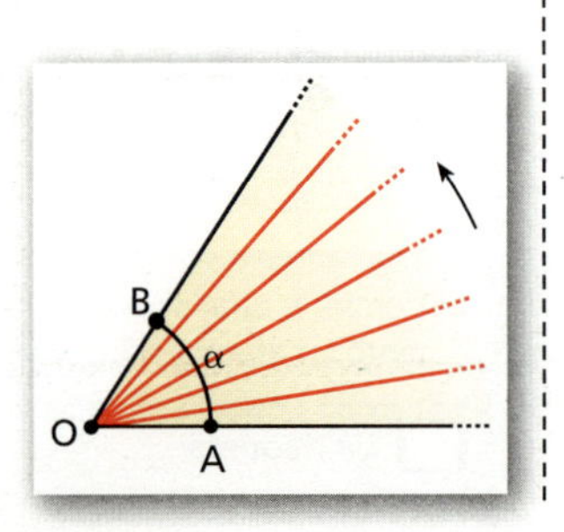

Consideriamo la semiretta OA che ruota in senso antiorario intorno al vertice O, fino a sovrapporsi alla semiretta OB, generando l'angolo $\alpha = A\widehat{O}B$. La semiretta OA si chiama **lato origine** dell'angolo α, la semiretta OB si chiama **lato termine**.

DEFINIZIONE

Un **angolo** è **orientato** quando sono stati scelti uno dei due lati come lato origine e un senso di rotazione.
Un angolo orientato è **positivo** quando è descritto mediante una rotazione in senso antiorario; è **negativo** quando la rotazione è in senso orario.

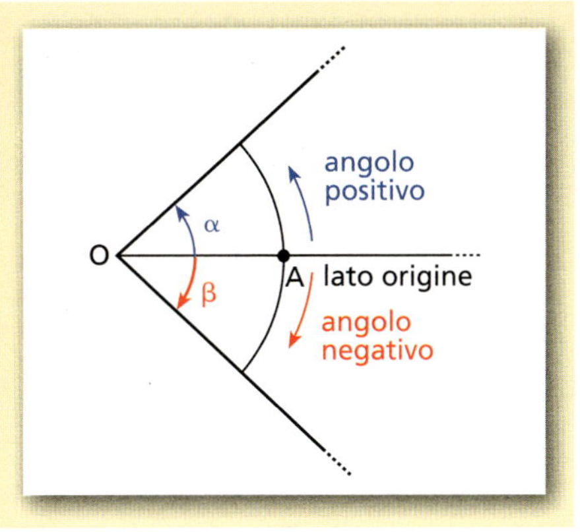

Un angolo orientato può anche essere maggiore di un angolo giro.

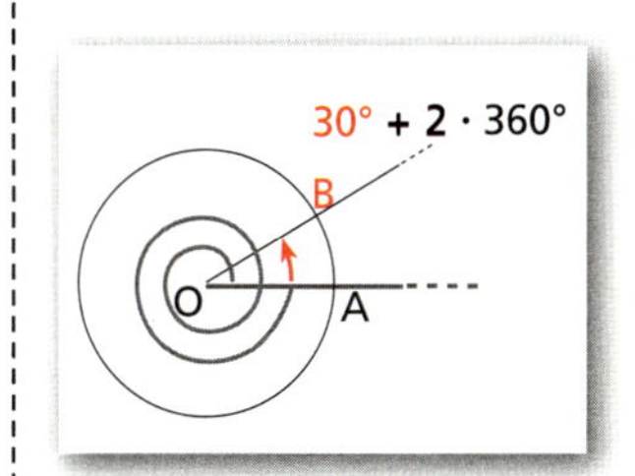

ESEMPIO
Poiché

$$750° = 30° + 2 \cdot 360°,$$

l'angolo di 750° si ottiene con la rotazione della semiretta OA di due giri completi e di altri 30°.

È possibile scrivere in forma sintetica un qualunque angolo α, minore di un angolo giro, e tutti gli infiniti angoli orientati che da α differiscono di un multiplo dell'angolo giro nel seguente modo:

in gradi: $\alpha + k360°$, con $k \in \mathbb{Z}$; in radianti: $\alpha + 2k\pi$, con $k \in \mathbb{Z}$.

Quando $k = 0$, otteniamo l'angolo α.
Nel seguito, in espressioni del tipo $\alpha + 2k\pi$, sottintenderemo che k è un numero intero, senza scrivere esplicitamente $k \in \mathbb{Z}$.

ESEMPIO

La scrittura $\frac{\pi}{4} + 2k\pi$ indica gli angoli:

$$\frac{\pi}{4}, \frac{\pi}{4} \pm 2\pi, \frac{\pi}{4} \pm 4\pi, \frac{\pi}{4} \pm 6\pi, \ldots$$

▶ Scrivi in gradi la misura di almeno 4 angoli che si possono ottenere dall'espressione $\frac{\pi}{2} + 2k\pi$, con $k \in \mathbb{Z}$, per particolari valori di k.

Circonferenza goniometrica

Nel piano cartesiano, per **circonferenza goniometrica** intendiamo la circonferenza che ha come centro l'origine O degli assi e raggio di lunghezza 1, ossia la circonferenza di equazione $x^2 + y^2 = 1$.

Il punto $E(1; 0)$ si dice **origine degli archi**.

Utilizzando la circonferenza goniometrica, si possono rappresentare gli angoli orientati, prendendo come lato origine l'asse x. In questo modo, a ogni angolo corrisponde un punto di intersezione B fra la circonferenza e il lato termine.

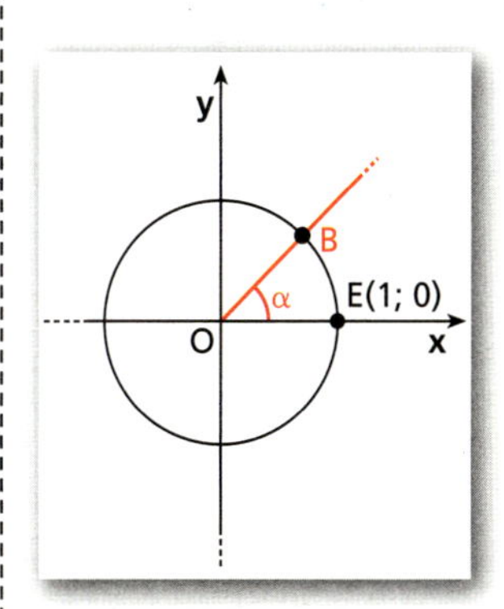

ESEMPIO

Rappresentiamo gli angoli $\alpha_1 = \frac{\pi}{6}, \alpha_2 = \frac{5}{4}\pi, \alpha_3 = -\frac{\pi}{3}$.

TEORIA

MATEMATICA E TOPOGRAFIA
Rotolare per misurare

▶ Come si misura con precisione la lunghezza di una strada?

La risposta

Essi individuano sulla circonferenza i punti B_1, B_2 e B_3 della figura.

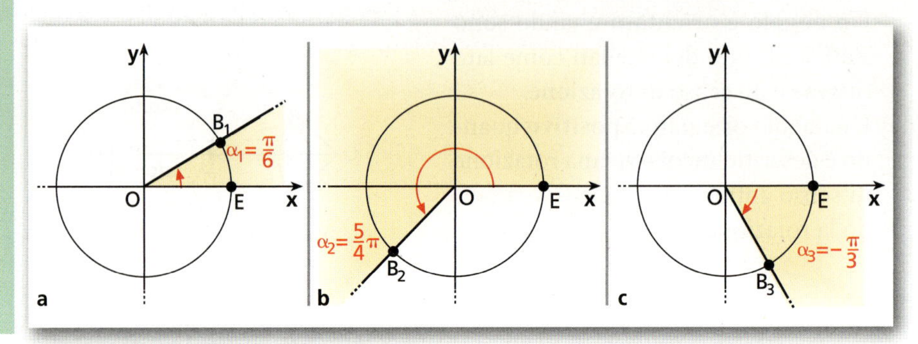

Osserviamo che nella circonferenza goniometrica, essendo la lunghezza di un arco $l = \alpha r$ e $r = 1$, se l'angolo $E\widehat{O}B$ è misurato in radianti, la misura della lunghezza dell'arco $\widehat{EB}$ è uguale alla misura di $E\widehat{O}B$.

2 Funzioni seno e coseno

▶ Esercizi a p. 698

Introduciamo alcune **funzioni goniometriche** che alla misura dell'ampiezza di ogni angolo associano un numero reale.

DEFINIZIONE

Consideriamo la circonferenza goniometrica e un angolo orientato α, e sia B il punto della circonferenza associato ad α.
Definiamo **coseno** e **seno** dell'angolo α, e indichiamo con cos α e sin α, le funzioni che ad α associano, rispettivamente, il valore dell'ascissa e quello dell'ordinata del punto B:

$$\cos\alpha = x_B, \qquad \sin\alpha = y_B.$$

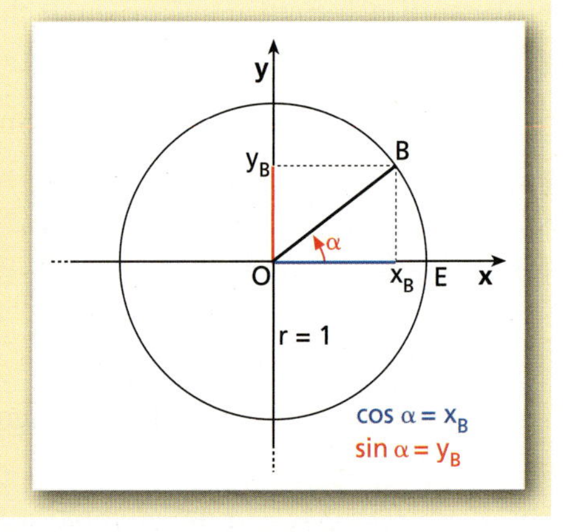

Listen to it

Let α be an oriented angle and B its associated point on the unit circle. The trigonometric functions **cosine** and **sine** are defined as follows:

$\cos\alpha = x_B$, $\sin\alpha = y_B$.

Consideriamo una circonferenza $\mathscr{C}'$ con centro O e raggio qualsiasi $r' \neq 1$.

Prendiamo un angolo α appartenente al primo quadrante individuato dal punto B sulla circonferenza goniometrica. Su $\mathscr{C}'$ il punto corrispondente ad α sia B'. Dalla similitudine dei triangoli OBA e $OB'A'$ deduciamo:

$$\frac{\overline{OA'}}{\overline{OB'}} = \frac{\overline{OA}}{\overline{OB}} = \cos\alpha,$$

$$\frac{\overline{B'A'}}{\overline{OB'}} = \frac{\overline{BA}}{\overline{OB}} = \sin\alpha.$$

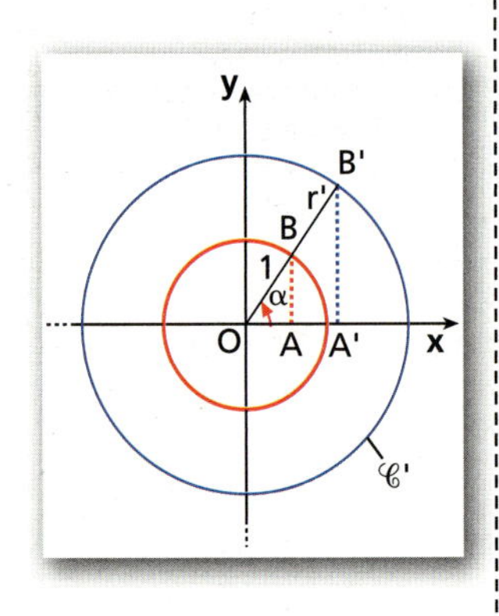

I due rapporti, e quindi sin α e cos α, non dipendono dalla particolare circonferenza considerata, ma esclusivamente dall'angolo α.

Osserviamo inoltre che sin α e cos α sono numeri puri, perché rapporti di grandezze omogenee, quindi non hanno alcuna unità di misura.

Consideriamo ora un triangolo rettangolo OAB. Possiamo pensare all'ipotenusa

OB come al raggio di una circonferenza di centro *O*, quindi il seno di α è uguale al rapporto fra il cateto opposto all'angolo α e l'ipotenusa, il coseno di α è uguale al rapporto fra il cateto adiacente ad α e l'ipotenusa.

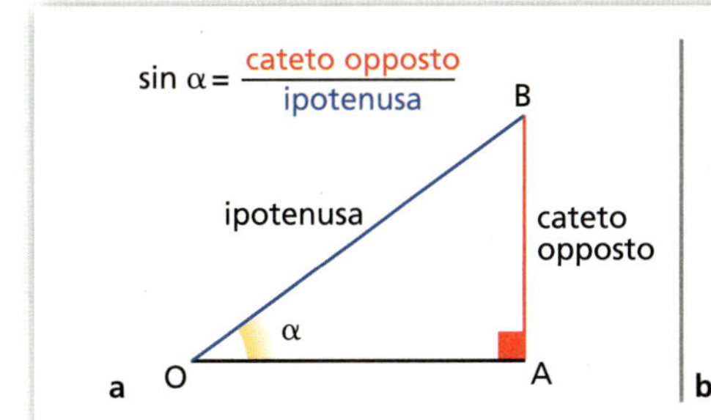

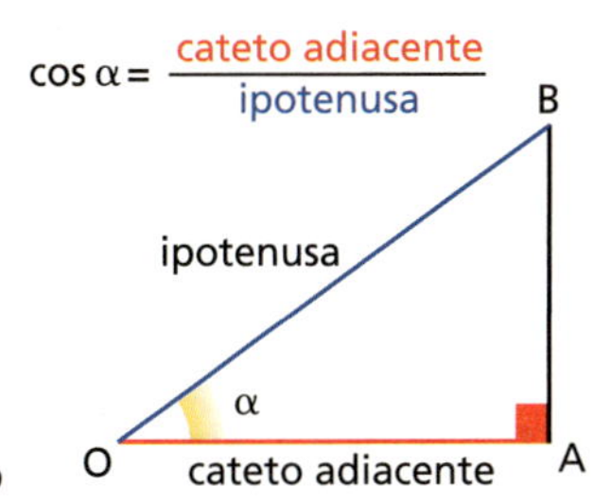

Animazione

Funzione seno

Animazione

Funzione coseno

Nelle due animazioni trovi figure dinamiche per studiare:

- i grafici delle due funzioni;
- i loro domini e codomini;
- la periodicità;
- seno e coseno nei triangoli rettangoli.

Variazioni delle funzioni seno e coseno

Seno e coseno di un angolo α sono funzioni che hanno come **dominio** $\mathbb{R}$, perché per ogni valore dell'angolo $\alpha \in \mathbb{R}$ esiste uno e un solo punto *B* sulla circonferenza goniometrica.

Supponiamo che un punto *B* percorra l'intera circonferenza goniometrica, a partire da *E*, in verso antiorario.

Se $\alpha = E\widehat{O}B$, come variano sin α e cos α al variare della posizione di *B*?

Basta osservare che cosa succede all'ascissa di *B* (ossia il coseno dell'angolo α) e alla sua ordinata (ossia il seno).

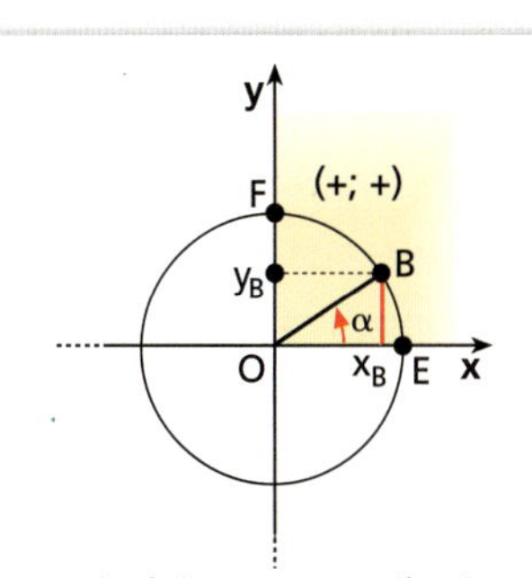

a. Finché *B* percorre il primo quarto di circonferenza, la sua ascissa x_B e la sua ordinata y_B sono positive. Man mano che *B* si avvicina al punto *F*, l'ascissa diminuisce e l'ordinata aumenta. In *F*, $x_F = 0$, $y_F = 1$.

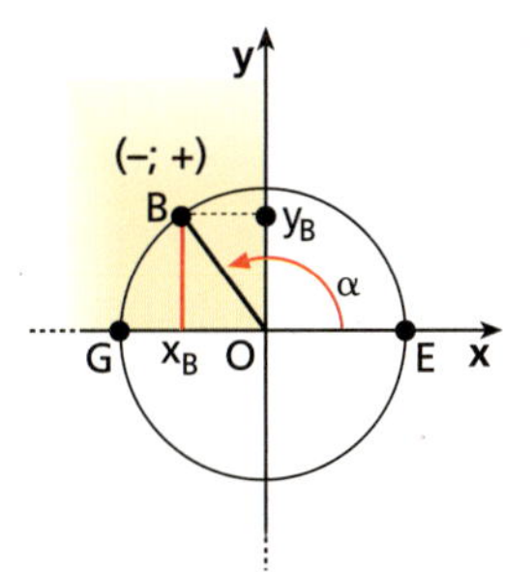

b. Quando *B* percorre la circonferenza nel secondo quadrante, la sua ordinata è ancora positiva, mentre l'ascissa diventa negativa. Mentre *B* si avvicina a *G*, sia l'ascissa sia l'ordinata diminuiscono. In *G*, $x_G = -1$, $y_G = 0$.

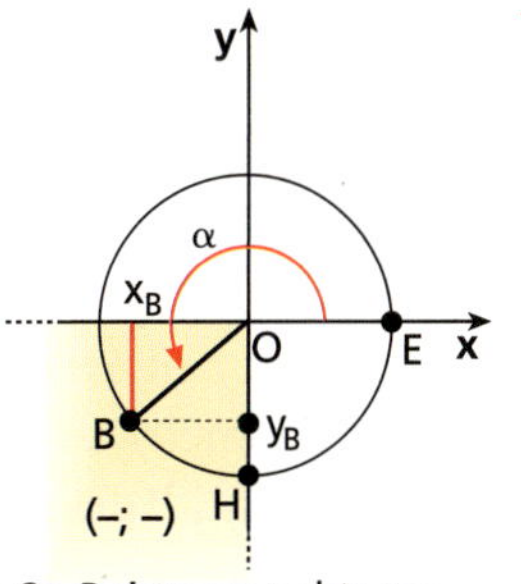

c. Se *B* si trova nel terzo quadrante, la sua ordinata e la sua ascissa sono negative. Man mano che *B* si avvicina a *H*, l'ascissa aumenta e l'ordinata diminuisce. In *H*, $x_H = 0$, $y_H = -1$.

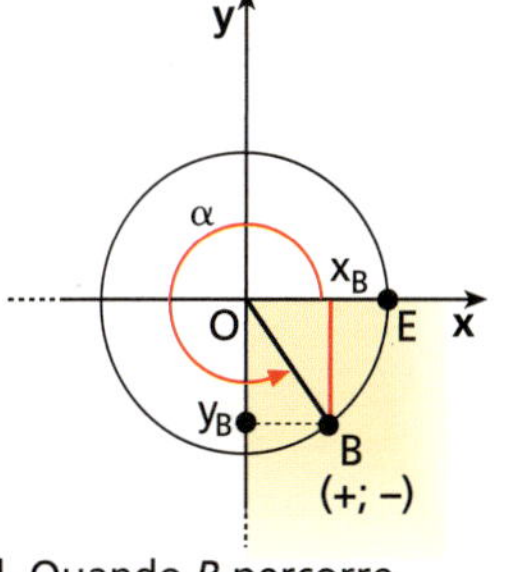

d. Quando *B* percorre l'ultimo quarto di circonferenza, la sua ordinata è ancora negativa, mentre l'ascissa è positiva. Avvicinandosi a *E*, sia l'ascissa sia l'ordinata di *B* aumentano. In *E*, $x_E = 1$, $y_E = 0$.

Qualunque sia la posizione di *B* sulla circonferenza, la sua ordinata e la sua ascissa assumono sempre valori compresi fra −1 e 1, quindi:

$$-1 \le \sin \alpha \le 1 \quad \text{e} \quad -1 \le \cos \alpha \le 1.$$

Il codominio delle funzioni seno e coseno è quindi $[-1; 1]$.

Poiché $\cos \alpha = \cos(-\alpha)$, allora il coseno è una funzione **pari**, mentre, essendo

$$\sin(-\alpha) = -\sin \alpha,$$

il seno è una funzione **dispari**.

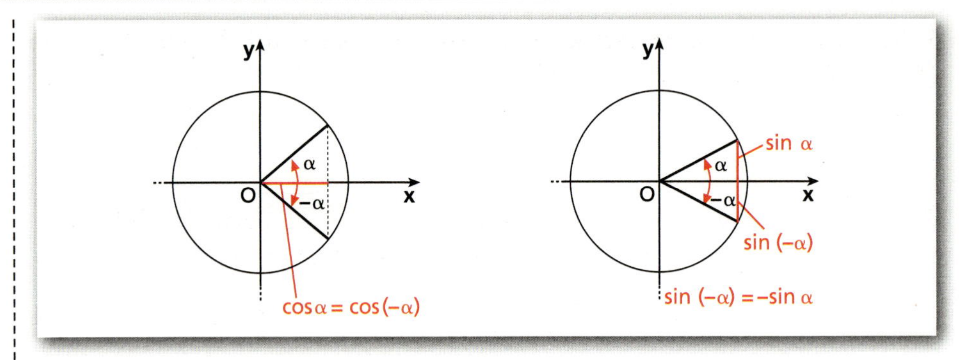

Grafici delle funzioni $y = \sin x$, $y = \cos x$

Per costruire il grafico della funzione $y = \sin x$ in $[0; 2\pi]$ riportiamo sull'asse x i valori degli angoli e, in corrispondenza, sull'asse y le ordinate dei punti B corrispondenti sulla circonferenza goniometrica.

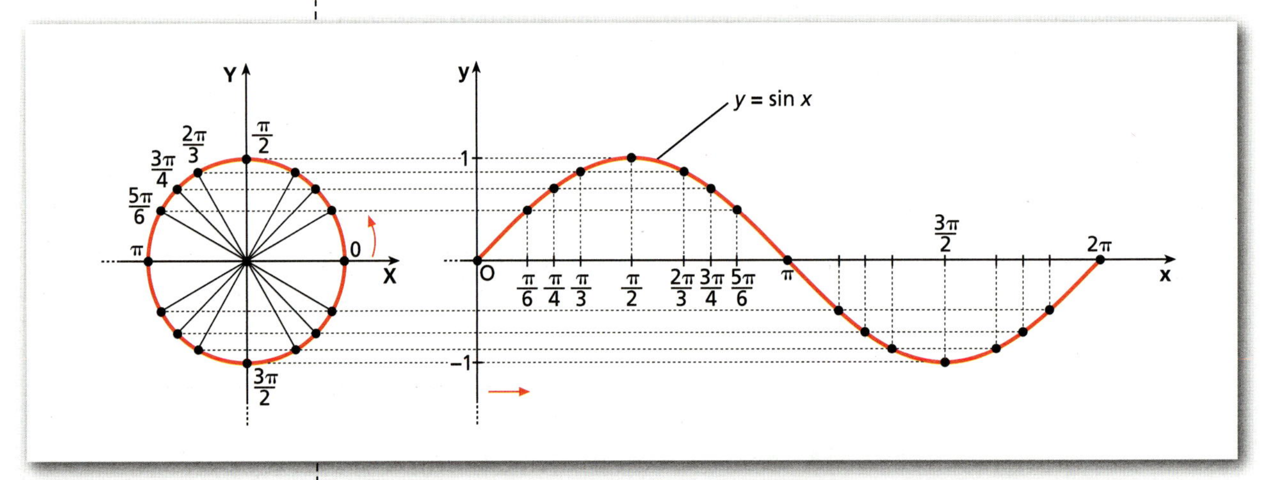

Procediamo analogamente, per ottenere il grafico della funzione $y = \cos x$ in $[0; 2\pi]$. In questo caso, tuttavia, essendo il coseno l'*ascissa* del punto B, ruotiamo la circonferenza goniometrica di 90°. Riportiamo poi sulle ordinate di un piano cartesiano le ascisse dei punti B della circonferenza goniometrica in corrispondenza degli angoli.

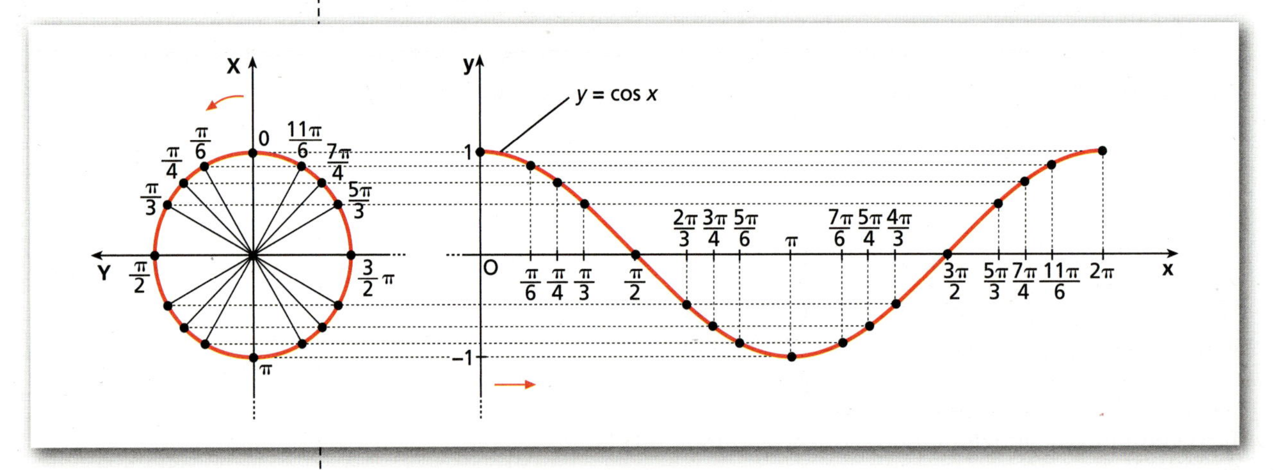

Periodo delle funzioni seno e coseno

Dopo aver percorso un giro completo, il punto B può ripetere lo stesso movimento quante volte si vuole.

Le funzioni $\sin\alpha$ e $\cos\alpha$ assumono di nuovo gli stessi valori ottenuti al «primo giro», ossia:

$$\sin\alpha = \sin(\alpha + 2\pi) = \sin(\alpha + 2\cdot 2\pi) = \ldots$$
$$\cos\alpha = \cos(\alpha + 2\pi) = \cos(\alpha + 2\cdot 2\pi) = \ldots$$

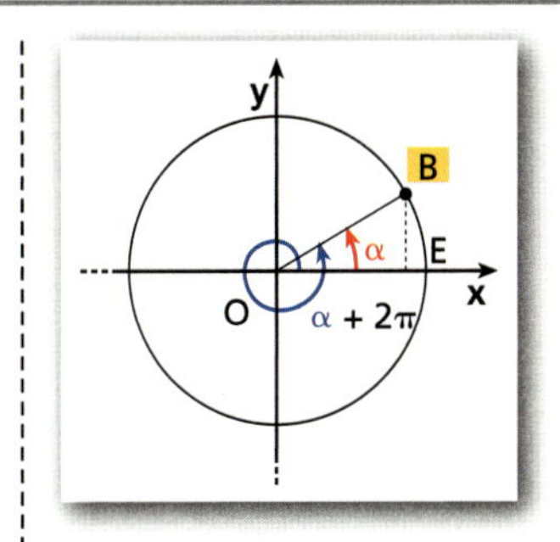

Sappiamo che, in generale, una funzione $y = f(x)$ è detta **periodica** di periodo p (con $p > 0$) se per ogni x e per qualsiasi numero k intero si ha $\boldsymbol{f(x) = f(x + kp)}$.

Le funzioni seno e coseno sono quindi periodiche di periodo 2π e possiamo scrivere, in modo sintetico:

$$\sin(\alpha + 2k\pi) = \sin\alpha, \quad \cos(\alpha + 2k\pi) = \cos\alpha, \quad \text{con } k \in \mathbb{Z}.$$

Sinusoide e cosinusoide

Il grafico completo della funzione seno si chiama **sinusoide**, quello della funzione coseno **cosinusoide**. Le funzioni sono periodiche di periodo 2π, quindi i grafici si ottengono ripetendo ogni 2π i grafici relativi all'intervallo $[0; 2\pi]$.

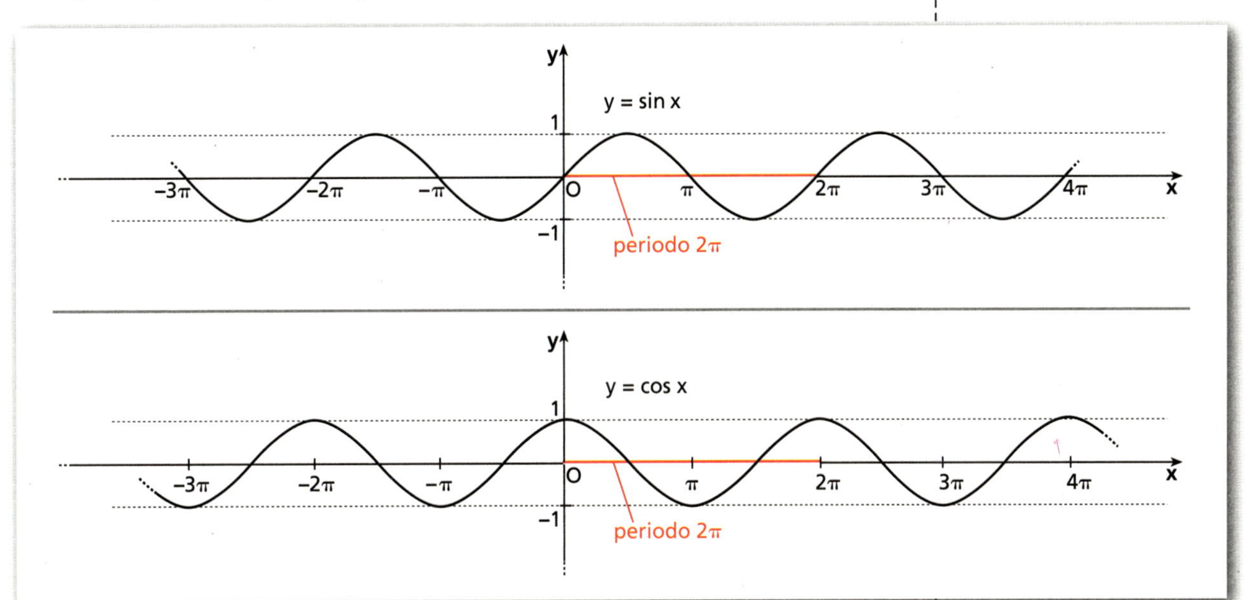

I grafici delle due funzioni sono sovrapponibili con una traslazione di vettore parallelo all'asse x e di modulo $\frac{\pi}{2}$.

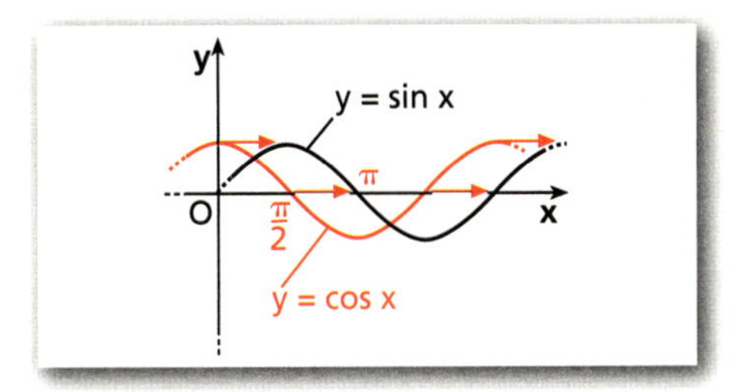

In sintesi

- La funzione $y = \sin x$ ha per dominio $\mathbb{R}$ e per codominio l'intervallo $[-1; 1]$, ossia:

  $\sin x\colon \mathbb{R} \to [-1; 1]$.

TEORIA

Pertanto $|\sin x| \leq 1$.
È una funzione dispari, quindi il suo grafico è simmetrico rispetto all'origine.

- La funzione $y = \cos x$ ha per dominio $\mathbb{R}$ e per codominio $[-1; 1]$, ossia:

  $$\cos x: \mathbb{R} \to [-1; 1].$$

  Quindi $|\cos x| \leq 1$.
  È una funzione pari, quindi il suo grafico è simmetrico rispetto all'asse y.

Prima relazione fondamentale

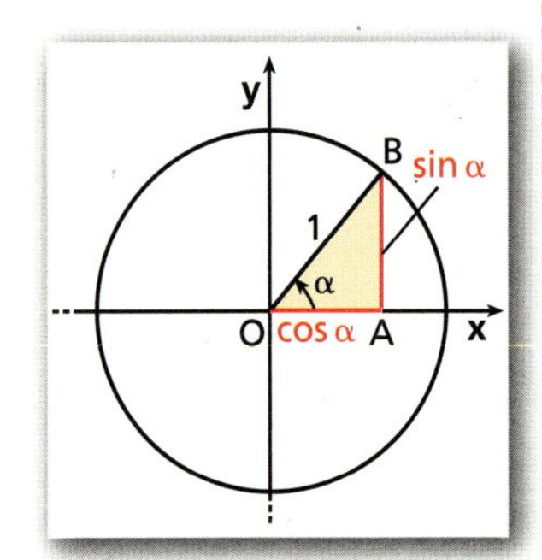

Poiché il punto $B(\cos\alpha; \sin\alpha)$ appartiene alla circonferenza goniometrica, le sue coordinate soddisfano l'equazione $x^2 + y^2 = 1$:

$$\cos^2\alpha + \sin^2\alpha = 1.$$ — prima relazione fondamentale della goniometria

La relazione esprime il teorema di Pitagora applicato al triangolo rettangolo OAB.

Da questa relazione è possibile ricavare $\sin\alpha$ conoscendo $\cos\alpha$ e viceversa. Infatti, se è noto $\cos\alpha$, si ha $\sin\alpha = \pm\sqrt{1-\cos^2\alpha}$. Viceversa, se si conosce $\sin\alpha$, si ha $\cos\alpha = \pm\sqrt{1-\sin^2\alpha}$.

3 Funzione tangente

Tangente di un angolo

Esercizi a p. 703

Listen to it

For an oriented angle α and its associated point B on the unit circle, the **tangent** function is defined as
$\tan\alpha = \frac{y_B}{x_B}$.
We exclude from the domain
$\alpha = \frac{\pi}{2} + k\pi, k \in \mathbb{Z}$.

DEFINIZIONE

Consideriamo un angolo orientato α e chiamiamo B l'intersezione fra il lato termine e la circonferenza goniometrica di centro O. Definiamo **tangente** di α la funzione che ad α associa il rapporto, quando esiste, fra l'ordinata e l'ascissa dal punto B:

$$\tan\alpha = \frac{y_B}{x_B}.$$

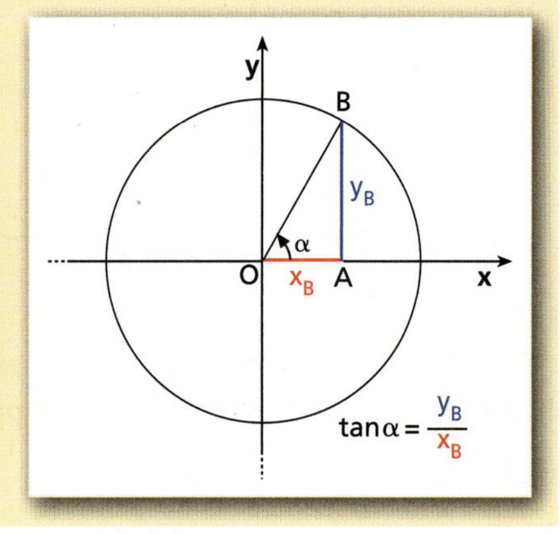

Il rapporto $\frac{y_B}{x_B}$ *non esiste* quando $x_B = 0$, ossia quando B si trova sull'asse y e l'angolo è uguale a $\frac{\pi}{2}$ o a $\frac{3}{2}\pi$ o a un altro valore che ottieni da $\frac{\pi}{2}$ aggiungendo multipli interi dell'angolo piatto. Quindi la tangente esiste solo se:

$$\alpha \neq \frac{\pi}{2} + k\pi, \quad \text{con } k \in \mathbb{Z}.$$

Consideriamo ancora la circonferenza goniometrica, un suo punto $B(x_B; y_B)$, la sua proiezione A sull'asse x e l'angolo orientato $A\widehat{O}B = \alpha$.
Anche in questo caso, come per il seno e il coseno, si può dimostrare che il rapporto $\frac{\overline{AB}}{\overline{OA}}$, e di conseguenza $\frac{y_B}{x_B}$, non varia se cambiamo il raggio della circonferenza.

Infatti, considerata una seconda circonferenza di raggio OB', i triangoli OAB e$OA'B'$ sono simili, quindi vale la proporzione

$$\overline{AB} : \overline{OA} = \overline{A'B'} : \overline{OA'},$$

ossia:

$$\frac{\overline{AB}}{\overline{OA}} = \frac{\overline{A'B'}}{\overline{OA'}} = \tan\alpha.$$

Pertanto, il rapporto considerato non dipende dalla particolare circonferenza scelta, bensì solo dall'angolo.

Anche $\tan\alpha$ è un numero puro, essendo un rapporto tra grandezze omogenee.
Consideriamo il triangolo rettangolo OAB.
Possiamo pensare l'ipotenusa OB come raggio di una circonferenza di centro O.
Pertanto la tangente di α è uguale al rapporto fra il cateto opposto all'angolo α e il cateto adiacente.

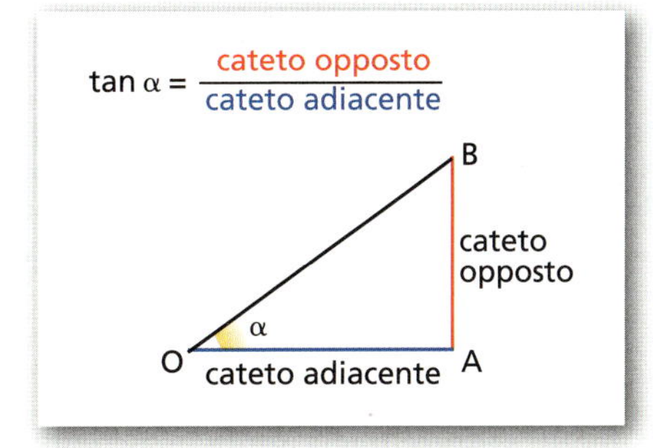

Un altro modo di definire la tangente

Consideriamo la circonferenza goniometrica, la retta tangente a essa nel punto E, origine degli archi, e un angolo α. Il prolungamento del lato termine OB interseca la retta tangente nel punto T.

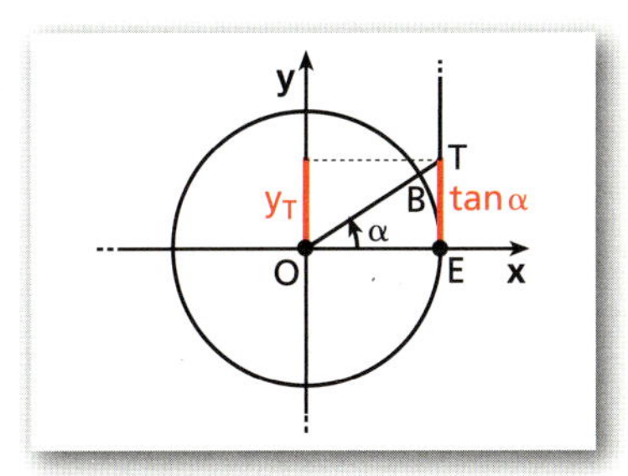

La tangente di α può anche essere definita come il valore dell'ordinata di T:

$$\tan\alpha = y_T.$$

Dimostriamo che le due definizioni date sono equivalenti.

DIMOSTRAZIONE

I triangoli rettangoli OAB e OET sono simili, quindi:

$$\overline{TE} : \overline{BA} = \overline{OE} : \overline{OA} \quad \to \quad y_T : y_B = 1 : x_B,$$

da cui

$$y_T = \frac{y_B \cdot 1}{x_B} \quad \to \quad y_T = \frac{y_B}{x_B}.$$

Pertanto:

$$\tan\alpha = \frac{y_B}{x_B} = y_T.$$

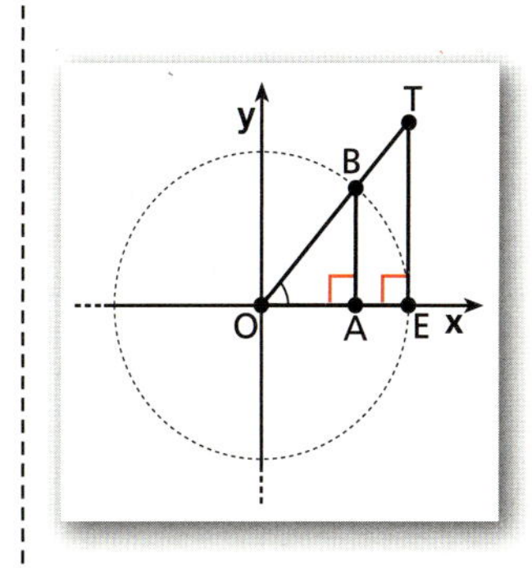

Variazioni della funzione tangente

Studiamo come varia y_T al variare dell'angolo α.

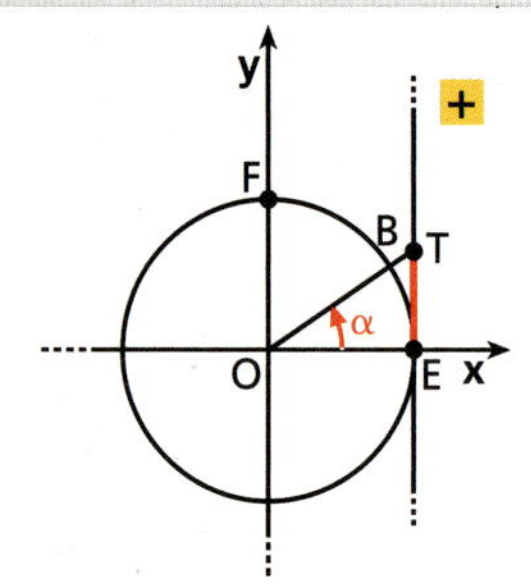

a. Finché *B* percorre il primo quarto di circonferenza, l'ordinata di *T* è positiva e aumenta man mano che *B* si avvicina al punto *F*. Quando $B \equiv F$, la tangente non esiste.

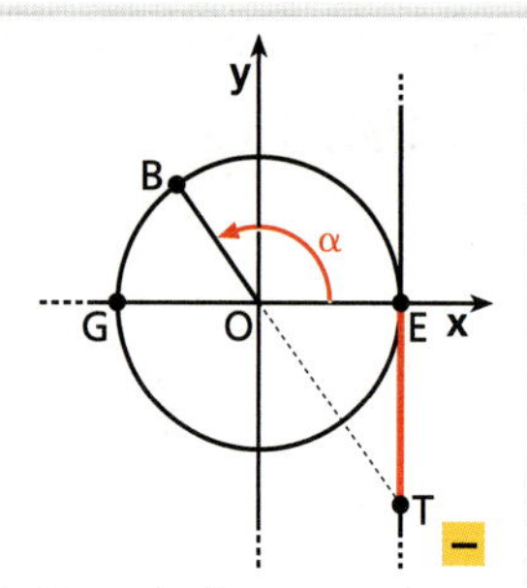

b. Quando *B* percorre la circonferenza nel secondo quadrante, l'ordinata *T* è negativa e aumenta fino a quando $B \equiv G$, in cui $y_T = 0$.

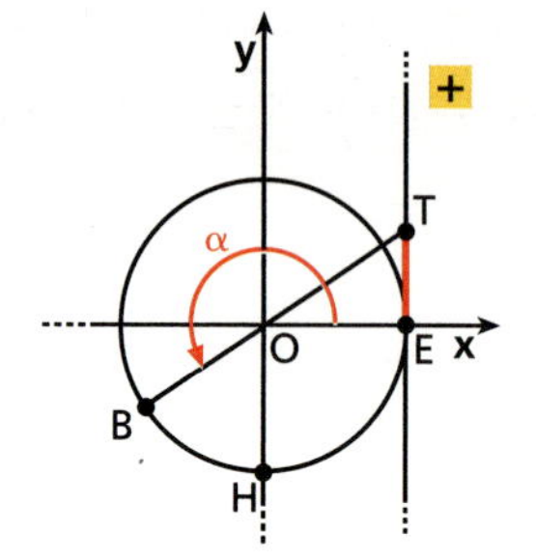

c. Se *B* si trova nel terzo quadrante, l'ordinata di *T* è di nuovo positiva e aumenta fino a quando $B \equiv H$ e *T* non esiste più. La tangente di $\frac{3\pi}{2}$ non esiste.

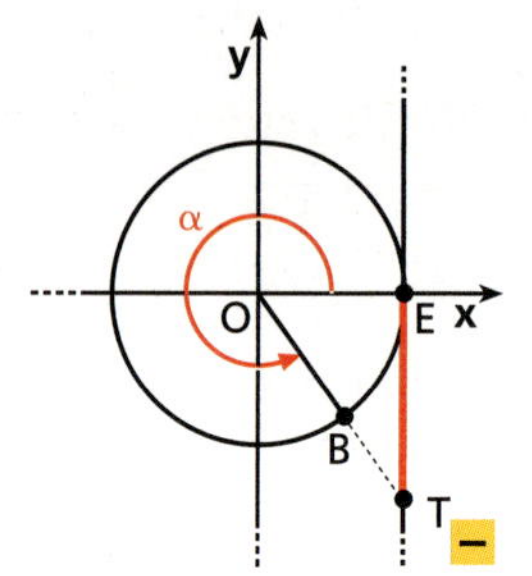

d. Quando *B* percorre l'ultimo quarto di circonferenza, l'ordinata di *T* ritorna negativa e aumenta fino allo 0.

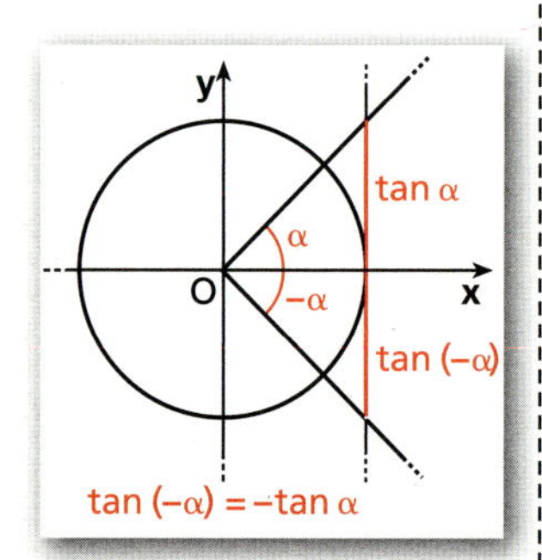

A differenza delle funzioni seno e coseno, la funzione tangente può assumere qualunque valore reale.

Il suo codominio è quindi $\mathbb{R}$, mentre, come abbiamo visto, il suo dominio è:

$$\alpha \neq \frac{\pi}{2} + k\pi, \quad \text{con } k \in \mathbb{Z}.$$

Essendo $\tan(-\alpha) = -\tan\alpha$, la tangente è una funzione dispari.

Animazione

L'animazione studia i due modi di definire la tangente e, con una figura dinamica, ti permette di vedere il suo grafico al variare dell'angolo fra 0 e 2π.

Grafico della funzione $y = \tan x$

Tracciamo il grafico della funzione $y = \tan x$ nell'intervallo $[0; \pi]$, riportando sull'asse x i valori degli angoli e sull'asse y le ordinate dei punti corrispondenti sulla retta tangente.

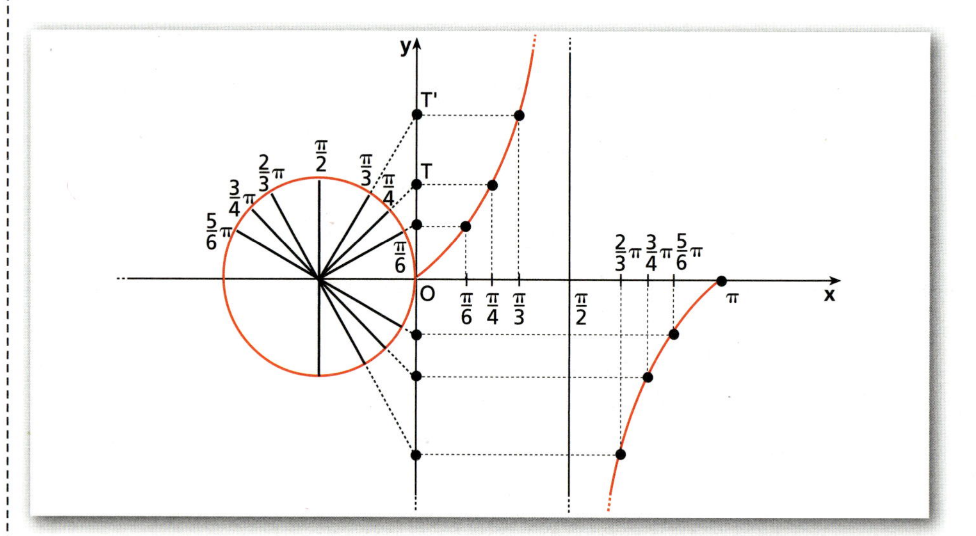

Notiamo come, man mano che x si avvicina a $\frac{\pi}{2}$:

- con valori minori di $\frac{\pi}{2}$, il valore della funzione tende a diventare sempre più grande; diremo che tende a $+\infty$;

- con valori maggiori di $\frac{\pi}{2}$, il valore della funzione tende a diventare sempre più grande in valore assoluto, in quanto è negativo; diremo che tende a $-\infty$.

Il grafico della tangente, per valori di x che si approssimano a $\frac{\pi}{2}$, si avvicina sempre più alla retta di equazione $x = \frac{\pi}{2}$, detta **asintoto verticale** del grafico.

Periodo della funzione tangente

La tangente è una funzione periodica di periodo π, cioè, qualunque sia l'angolo α del dominio, è:

$$\tan\alpha = \tan(\alpha + k\pi), \quad \text{con } k \in \mathbb{Z}.$$

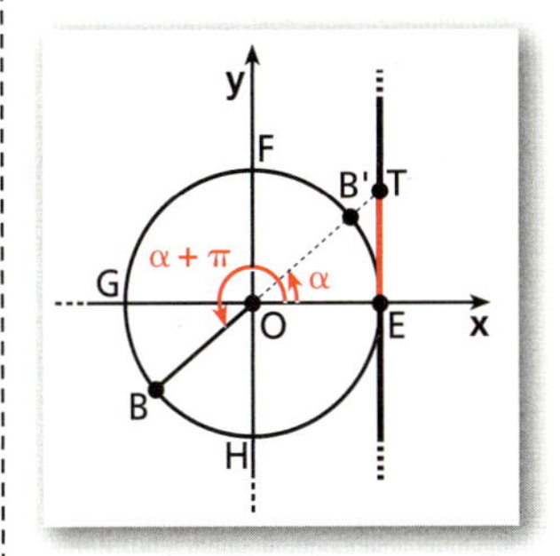

Questo si può vedere usando la definizione di tangente (figura a lato).
Il grafico completo della tangente si chiama **tangentoide**. Ha infiniti asintoti verticali: le rette di equazioni $x = \frac{\pi}{2} + k\pi$.

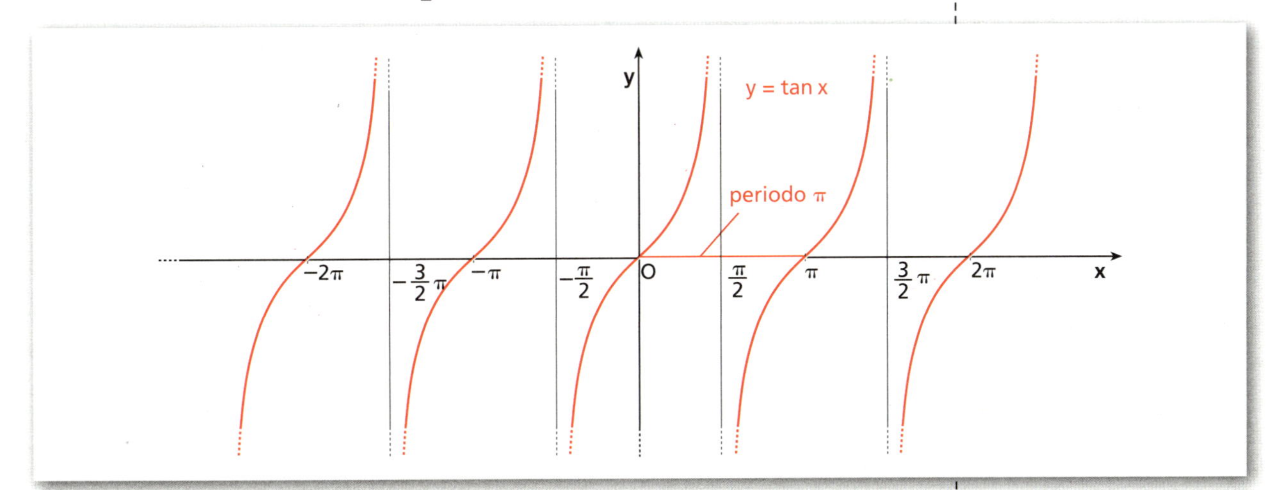

In sintesi

La funzione $y = \tan x$ ha per dominio $\mathbb{R} - \left\{\frac{\pi}{2} + k\pi, k \in \mathbb{Z}\right\}$ e codominio $\mathbb{R}$, ossia:

$$\tan x\colon \mathbb{R} - \left\{\frac{\pi}{2} + k\pi, k \in \mathbb{Z}\right\} \to \mathbb{R}.$$

Ha infiniti asintoti verticali di equazione $x = \frac{\pi}{2} + k\pi, k \in \mathbb{Z}$.

È una funzione dispari, quindi è simmetrica rispetto all'origine.

Seconda relazione fondamentale

Consideriamo la circonferenza goniometrica. Per definizione:

$$\tan\alpha = \frac{y_B}{x_B}, \quad y_B = \sin\alpha \quad \text{e} \quad x_B = \cos\alpha.$$

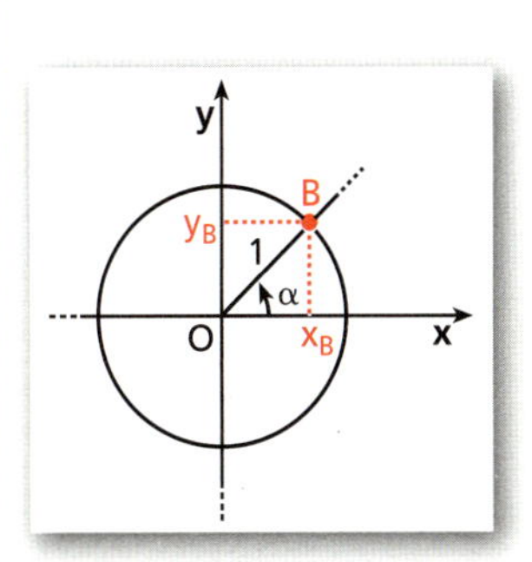

Sostituiamo $\sin\alpha$ e $\cos\alpha$ nell'espressione della tangente:

$$\boldsymbol{\tan\alpha = \frac{\sin\alpha}{\cos\alpha}}, \quad \text{con } \alpha \neq \frac{\pi}{2} + k\pi, k \in \mathbb{Z}.$$

Questa è la **seconda relazione fondamentale** della goniometria: la tangente di un angolo è data dal rapporto, quando esiste, fra il seno e il coseno dello stesso angolo.

Significato goniometrico del coefficiente angolare di una retta

▶ Esercizi a p. 706

Tracciamo la circonferenza goniometrica e la retta di equazione $y = mx$, da cui:

$$m = \frac{y}{x}.$$

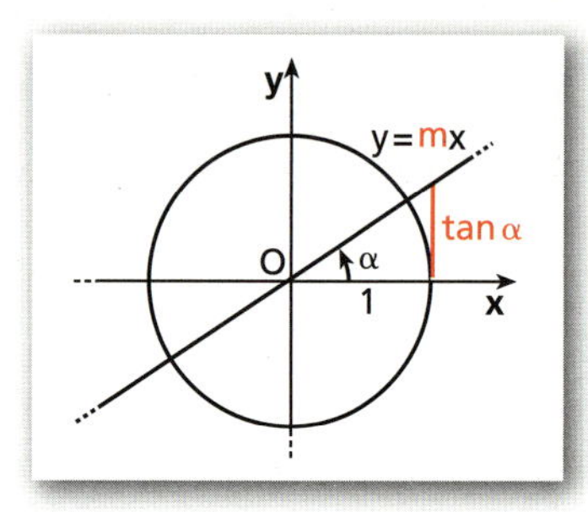

In particolare, se $x = 1$, $y = \tan\alpha$ e

$$m = \frac{\tan\alpha}{1} = \tan\alpha.$$

Il coefficiente angolare della retta $y = mx$ è uguale alla tangente dell'angolo fra la retta e l'asse x. Dalla geometria analitica sappiamo che due rette sono parallele quando hanno lo stesso coefficiente angolare e che esse formano angoli congruenti con l'asse x. Ciò permette di estendere il risultato ottenuto anche a rette che non passano per l'origine (figura a sinistra).

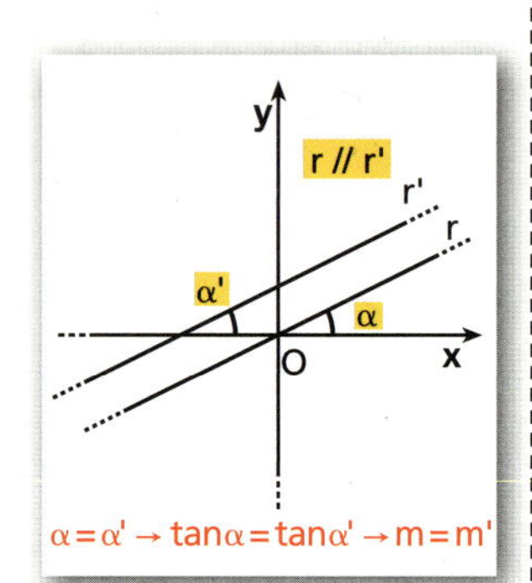

4 Funzioni secante e cosecante

▶ Esercizi a p. 707

DEFINIZIONE

Dato un angolo α, chiamiamo:

- **secante** di α la funzione che associa ad α il reciproco del valore di $\cos\alpha$, purché $\cos\alpha$ sia diverso da 0. Si indica con $\sec\alpha$:
  $$\sec\alpha = \frac{1}{\cos\alpha}, \quad \text{con } \alpha \neq \frac{\pi}{2} + k\pi \text{ e } k \in \mathbb{Z};$$
- **cosecante** di α la funzione che associa ad α il reciproco del valore di $\sin\alpha$, purché $\sin\alpha$ sia diverso da 0. Si indica con $\csc\alpha$:
  $$\csc\alpha = \frac{1}{\sin\alpha}, \quad \text{con } \alpha \neq k\pi \text{ e } k \in \mathbb{Z}.$$

Secante e cosecante, come seno e coseno, sono funzioni periodiche di periodo 2π.

Un altro modo di definire la secante e la cosecante

Consideriamo la circonferenza goniometrica, l'angolo α e la tangente in B che interseca gli assi x e y rispettivamente in S e S'.

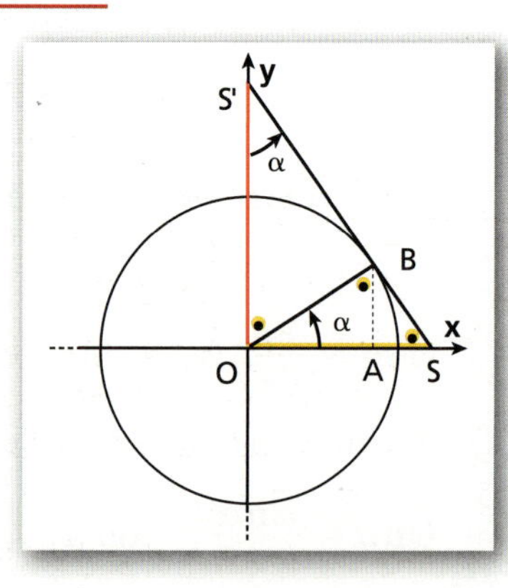

I triangoli OBA e OBS sono simili, quindi:

$$\overline{OA} : \overline{OB} = \overline{OB} : \overline{OS} \quad \rightarrow \quad \cos\alpha : 1 = 1 : \overline{OS},$$

da cui: $\overline{OS} = \dfrac{1}{\cos\alpha} = \sec\alpha$.

Analogamente, essendo simili i triangoli OAB e OBS':

$$\overline{BA} : \overline{OB} = \overline{OB} : \overline{OS'} \quad \rightarrow \quad \sin\alpha : 1 = 1 : \overline{OS'},$$

da cui: $\overline{OS'} = \dfrac{1}{\sin\alpha} = \csc\alpha$.

La secante di α è quindi l'ascissa del punto S, intersezione della retta tangente nel punto B, associato ad α sulla circonferenza goniometrica, con l'asse x.
Analogamente, la cosecante di α è l'ordinata del punto S', intersezione della retta tangente in B con l'asse y.

Grafico del reciproco di una funzione

Dal grafico di una funzione $y = f(x)$ è possibile ricavare l'andamento del grafico della funzione reciproca:

$$y = g(x) = \frac{1}{f(x)}, \quad \text{definita per } f(x) \neq 0.$$

1. Se il grafico di $f(x)$ interseca l'asse x in x_0, ossia se $f(x_0) = 0$, *per valori di x che tendono a x_0*, il valore del reciproco è:
   - positivo e con valori sempre più grandi, man mano che ci si avvicina a x_0, se $f(x) > 0$; diremo che $g(x)$ tende a $+\infty$;
   - negativo e con valori sempre più grandi in valore assoluto, se $f(x) < 0$; diremo che $g(x)$ tende a $-\infty$.

   Avvicinandosi al punto x_0 il grafico della funzione $g(x)$ si avvicina a quello della retta $x = x_0$, che viene detta **asintoto verticale** del grafico di $g(x)$.
2. Quando $f(x)$ tende a $+\infty$ o a $-\infty$, il suo reciproco $g(x)$ si avvicina sempre più a 0, cioè $g(x)$ tende a 0.
3. Se $f(a) = 1$, è vero anche che
   $$g(a) = \frac{1}{f(a)} = \frac{1}{1} = 1.$$
   a è allora *ascissa di un punto di intersezione* dei grafici della funzione e del suo reciproco.
   Analogamente, se $f(b) = -1$,
   $$g(b) = \frac{1}{f(b)} = \frac{1}{-1} = -1,$$
   cioè *b è ascissa di un punto di intersezione*.

ESEMPIO

Consideriamo la funzione $f(x) = x + 1$.

- $f(x) = 0$ se $x = -1$. Il suo reciproco $g(x) = \dfrac{1}{x+1}$ tende a $+\infty$ quando x tende a -1 e $x > -1$, cioè x è «a destra» di -1, poiché $g(x)$ assume valori sempre più grandi. Analogamente, $g(x)$ tende a $-\infty$ per x che tende a -1 «da sinistra». La retta $x = -1$ è asintoto verticale per $g(x)$.
- $f(x)$ tende a $+\infty$ quando x tende a $+\infty$, cioè quando x cresce; tende a $-\infty$ quando x tende a $-\infty$. Allora $g(x)$ tende a 0 quando x tende a $+\infty$ o a $-\infty$.
- $f(a) = 1$ se $a = 0$, $f(b) = -1$ se $b = -2$. Allora anche $g(0) = 1$ e $g(-2) = -1$.

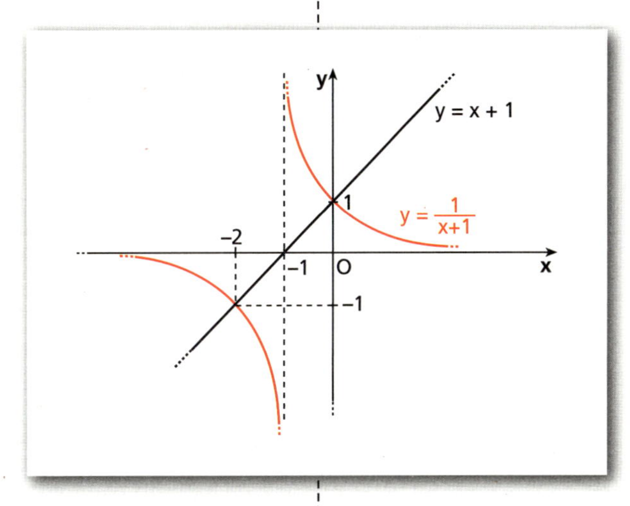

- Le informazioni raccolte permettono di tracciare il grafico probabile di $g(x)$.

Grafici della secante e della cosecante

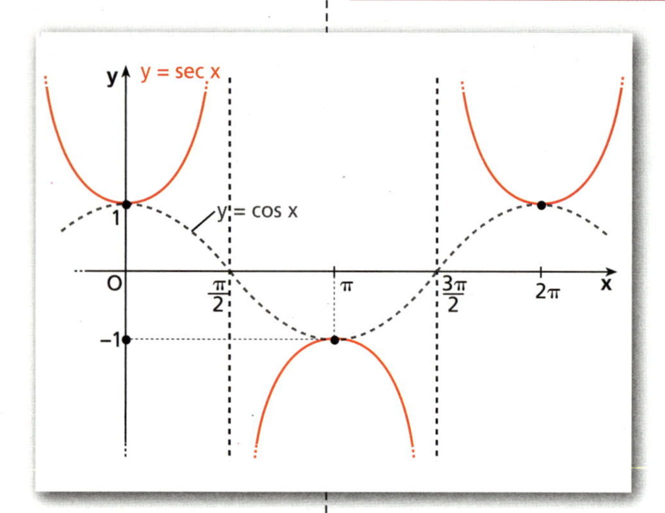

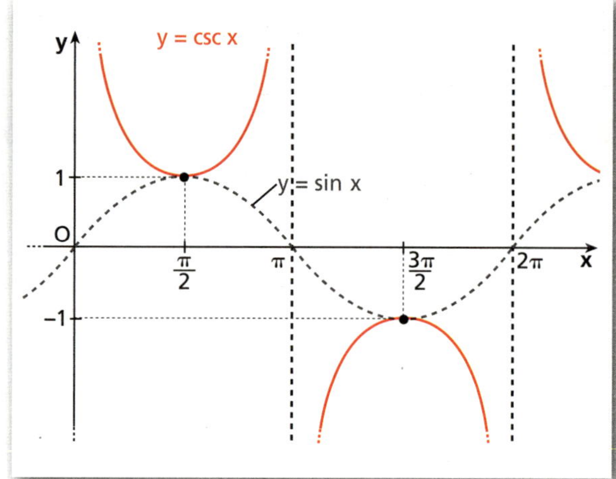

Animazione

L'animazione studia i due modi di definire la secante e la cosecante e fornisce figure dinamiche per osservare i loro grafici al variare dell'angolo fra 0 e 2π.

Il grafico di una funzione si ottiene da quello dell'altra con una traslazione di vettore parallelo all'asse x e modulo $\frac{\pi}{2}$.

I domini delle due funzioni, deducibili dalla loro definizione, sono:

$\mathbb{R} - \left\{\frac{\pi}{2} + k\pi, k \in \mathbb{Z}\right\}$ per la secante;

$\mathbb{R} - \{0 + k\pi, k \in \mathbb{Z}\}$ per la cosecante.

Dalla figura si deduce che il codominio, sia della funzione secante, sia della funzione cosecante, è $\mathbb{R} -]-1; 1[$.

Sono asintoti verticali le rette di equazione $x = \frac{\pi}{2} + k\pi$ per il grafico della secante, $x = 0 + k\pi$ per il grafico della cosecante.

Come il coseno, la secante è una funzione pari; la cosecante è dispari, come il seno.

5 Funzione cotangente

▶ Esercizi a p. 709

DEFINIZIONE

Consideriamo un angolo orientato α e chiamiamo B l'intersezione fra il lato termine e la circonferenza goniometrica. Definiamo **cotangente** di α la funzione che associa ad α il rapporto, quando esiste, fra l'ascissa e l'ordinata del punto B:

$$\cot \alpha = \frac{x_B}{y_B}.$$

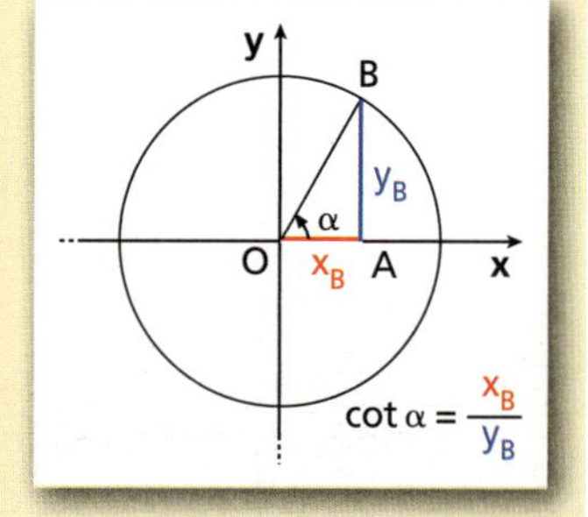

Il rapporto $\frac{x_B}{y_B}$ *non esiste* quando $y_B = 0$, ossia quando il punto B si trova sull'asse x, cioè quando l'angolo misura 0, π e tutti i multipli interi di π.
cot α esiste solo se $\alpha \neq k\pi$.

Dalla definizione di cotangente deriva che: $\cot \alpha = \dfrac{\cos \alpha}{\sin \alpha}$, con $\alpha \neq k\pi$.

Poiché $\tan \alpha = \dfrac{y_B}{x_B}$ e $\cot \alpha = \dfrac{x_B}{y_B}$, risulta $\tan \alpha \cdot \cot \alpha = 1$, da cui segue che la cotangente è il reciproco della tangente:

$$\cot \alpha = \frac{1}{\tan \alpha}, \quad \text{con } \alpha \neq k\frac{\pi}{2}.$$

La condizione posta deriva dal fatto che, quando la consideriamo il reciproco della tangente, la cotangente non è definita per gli angoli in cui non esiste $\tan \alpha$, cioè $\alpha = \dfrac{\pi}{2} + k\pi$, e quelli per cui $\tan \alpha = 0$, cioè $\alpha = 0 + k\pi$, perciò: $\alpha \neq k\dfrac{\pi}{2}$.

Un altro modo di definire la cotangente

Consideriamo la circonferenza goniometrica e la retta tangente a essa nel punto F. Il prolungamento del lato termine OB interseca la retta tangente nel punto Q. La cotangente di α può anche essere definita come il valore dell'ascissa di Q:

$$\cot \alpha = x_Q.$$

Dimostriamo che le due definizioni date sono equivalenti.

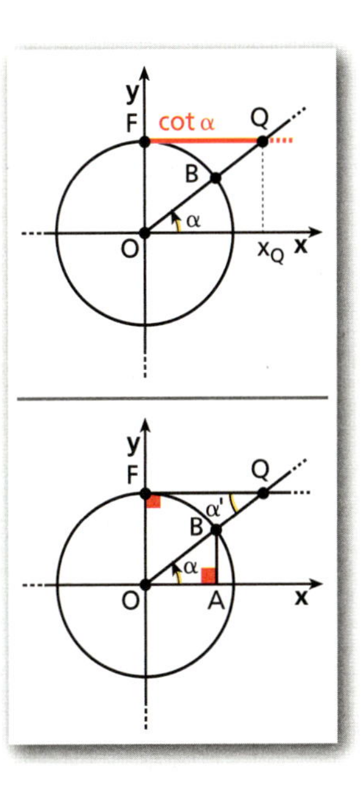

DIMOSTRAZIONE

Consideriamo i due triangoli rettangoli OAB e OFQ. Essi sono simili, essendo $FQ /\!/ OA$ e quindi $\alpha \cong \alpha'$, perché alterni interni di rette parallele tagliate da una trasversale. Scriviamo la proporzione fra le misure dei cateti corrispondenti,

$$\overline{FQ} : \overline{OA} = \overline{FO} : \overline{BA}, \quad \rightarrow \quad x_Q : x_B = 1 : y_B \quad \rightarrow \quad x_Q = \frac{x_B}{y_B}.$$

Pertanto: $\cot \alpha = \dfrac{x_B}{y_B} = x_Q$.

Grafico della funzione $y = \cot x$

Come la tangente, anche la funzione cotangente può assumere qualunque valore reale. Il codominio della cotangente è quindi $\mathbb{R}$, mentre il suo dominio è: $x \neq k \cdot \pi$. Le rette di equazione $x = k\pi$ sono asintoti verticali del suo grafico.

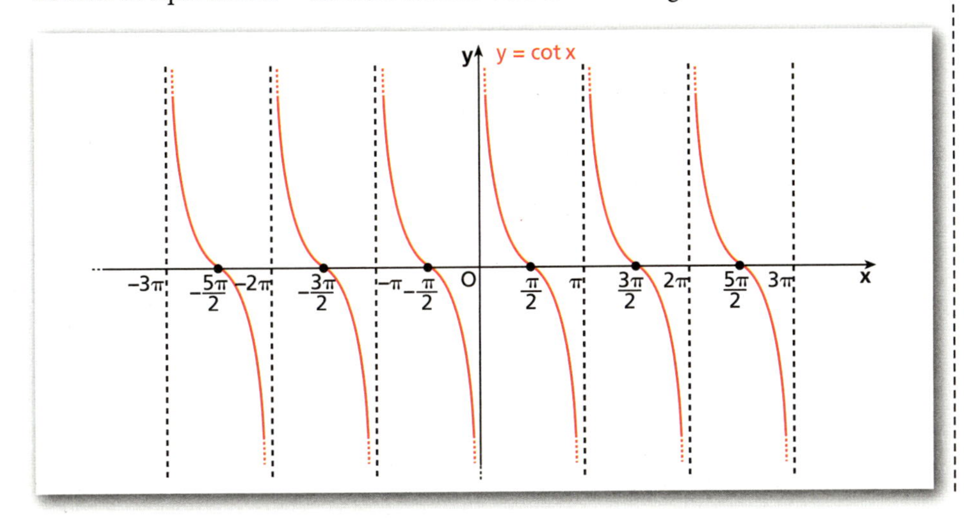

Animazione

Nell'animazione ci sono le due definizioni e una figura dinamica per osservare il grafico della cotangente fra 0 e 2π.

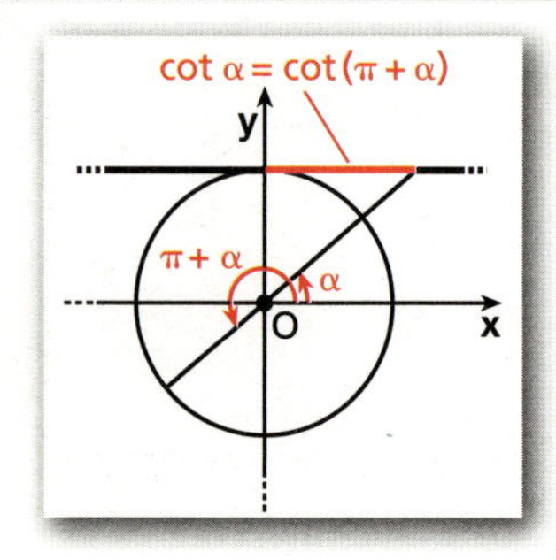

Periodo della funzione cotangente

In analogia con la tangente, la funzione cotangente risulta periodica di periodo π:

$$\cot(\alpha + k\pi) = \cot\alpha, \quad \text{con } k \in \mathbb{Z}.$$

6 Funzioni goniometriche di angoli particolari

Esercizi a p. 712

Mediante le proprietà delle figure geometriche riusciamo a calcolare il valore delle funzioni goniometriche di alcuni angoli particolari.

Animazione

Nell'animazione puoi seguire passo passo il modo con cui si ricavano seno e coseno di $\frac{\pi}{6}, \frac{\pi}{4}, \frac{\pi}{3}$.

L'angolo $\frac{\pi}{6}$

Consideriamo la circonferenza goniometrica e il triangolo OAB, rettangolo in A, con $\alpha = A\hat{O}B = \frac{\pi}{6}$ e $\overline{OB} = 1$.

Poiché in un triangolo rettangolo gli angoli acuti sono complementari $O\hat{B}A = \frac{\pi}{3}$.

Prolungando il lato BA, otteniamo sulla circonferenza il punto C.

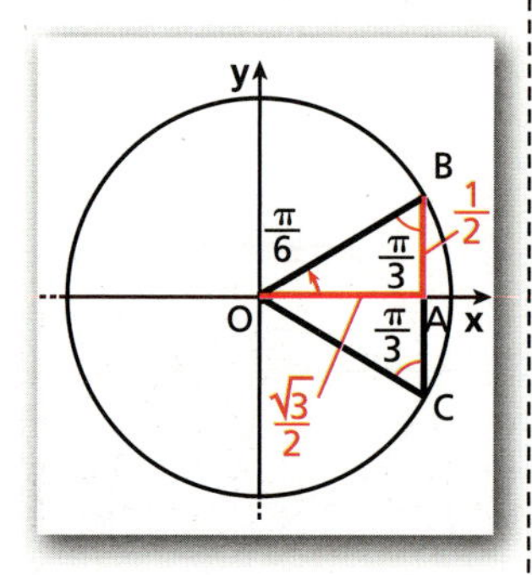

Il triangolo OBC è equilatero, poiché ha gli angoli di $\frac{\pi}{3}$, quindi $\overline{BC} = 1$.

AB è la metà di BC, ossia $\overline{AB} = \frac{1}{2}$.

Ricaviamo $\overline{OA}$ applicando il teorema di Pitagora al triangolo OAB:

$$\overline{OA} = \sqrt{\overline{OB}^2 - \overline{AB}^2} = \sqrt{1^2 - \left(\frac{1}{2}\right)^2} = \sqrt{\frac{3}{4}} = \frac{\sqrt{3}}{2}.$$

Pertanto: $\sin\frac{\pi}{6} = \frac{1}{2}$ e $\cos\frac{\pi}{6} = \frac{\sqrt{3}}{2}$.

Ricaviamo la tangente e la cotangente di $\frac{\pi}{6}$:

$$\tan\frac{\pi}{6} = \frac{\sin\frac{\pi}{6}}{\cos\frac{\pi}{6}} = \frac{\frac{1}{2}}{\frac{\sqrt{3}}{2}} = \frac{\sqrt{3}}{3}; \quad \cot\frac{\pi}{6} = \frac{1}{\tan\frac{\pi}{6}} = \frac{1}{\frac{\sqrt{3}}{3}} = \sqrt{3}.$$

Pertanto: $\tan\frac{\pi}{6} = \frac{\sqrt{3}}{3}$ e $\cot\frac{\pi}{6} = \sqrt{3}$.

Inoltre: $\sec\frac{\pi}{6} = \frac{1}{\cos\frac{\pi}{6}} = \frac{1}{\frac{\sqrt{3}}{2}} = \frac{2}{3}\sqrt{3}; \quad \csc\frac{\pi}{6} = \frac{1}{\sin\frac{\pi}{6}} = 2.$

L'angolo $\frac{\pi}{4}$

Consideriamo la circonferenza goniometrica e il triangolo OAB, rettangolo in A, con $\alpha = A\hat{O}B = \frac{\pi}{4}$ e $\overline{OB} = 1$. Poiché l'angolo in B è complementare di α, risulta $O\hat{B}A = \frac{\pi}{4}$ e il triangolo OAB è anche isoscele.

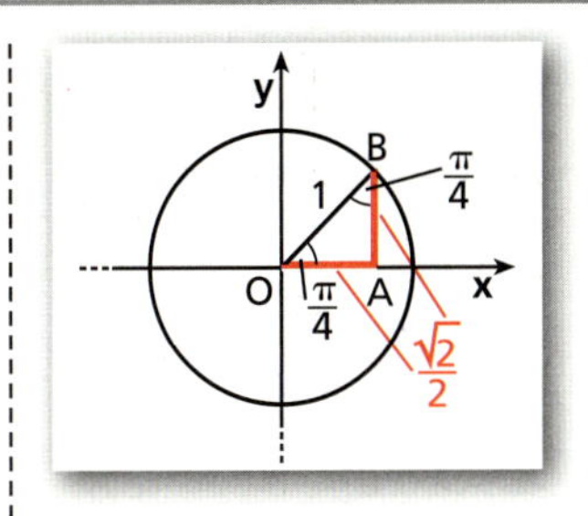

Applichiamo il teorema di Pitagora al triangolo AOB:

$$\overline{OA}^2 + \overline{AB}^2 = \overline{OB}^2.$$

Poiché $\overline{OA} = \overline{AB}$ e $\overline{OB} = 1$:

$$2\overline{OA}^2 = 1 \rightarrow \overline{OA}^2 = \frac{1}{2} \rightarrow \overline{OA} = \frac{1}{\sqrt{2}} = \frac{\sqrt{2}}{2}.$$

$$\sin\frac{\pi}{4} = \frac{\sqrt{2}}{2} \text{ e } \cos\frac{\pi}{4} = \frac{\sqrt{2}}{2}.$$

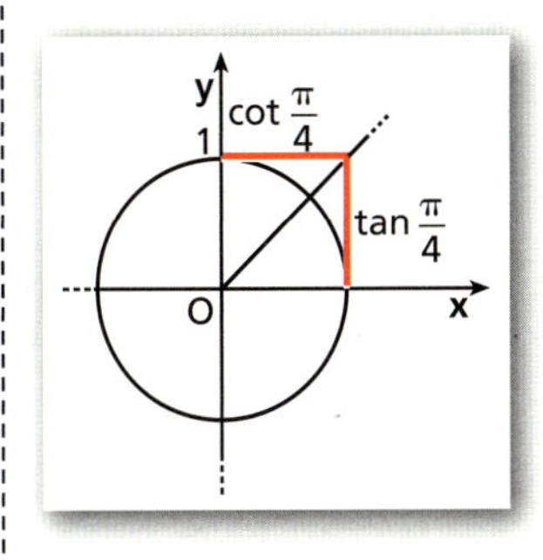

Calcoliamo tangente e cotangente di $\frac{\pi}{4}$:

$$\tan\frac{\pi}{4} = \frac{\sin\frac{\pi}{4}}{\cos\frac{\pi}{4}} = \frac{\frac{\sqrt{2}}{2}}{\frac{\sqrt{2}}{2}} = 1; \quad \cot\frac{\pi}{4} = \frac{1}{\tan\frac{\pi}{4}} = 1.$$

Pertanto: $\tan\frac{\pi}{4} = 1$ e $\cot\frac{\pi}{4} = 1$.

Poiché $\sin\frac{\pi}{4} = \cos\frac{\pi}{4} = \frac{\sqrt{2}}{2}$, otteniamo: $\sec\frac{\pi}{4} = \csc\frac{\pi}{4} = \frac{2}{\sqrt{2}} = \sqrt{2}$.

L'angolo $\frac{\pi}{3}$

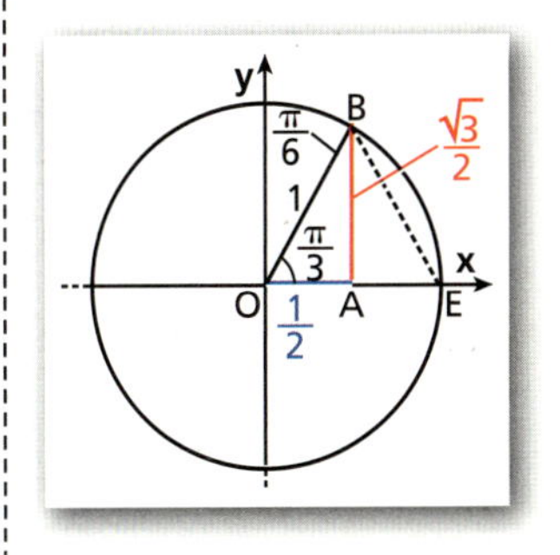

Nella circonferenza goniometrica consideriamo il triangolo OAB, rettangolo in A, con $\alpha = A\widehat{O}B = \frac{\pi}{3}$ e, di conseguenza, $O\widehat{B}A = \frac{\pi}{6}$.

Congiungendo B con E, otteniamo il triangolo equilatero OEB.

BA è altezza e mediana del triangolo OEB, quindi $\overline{OA} = \frac{1}{2}$.

Ricaviamo $\overline{AB}$ applicando il teorema di Pitagora al triangolo OAB:

$$\overline{AB} = \sqrt{\overline{OB}^2 - \overline{OA}^2} = \sqrt{1^2 - \left(\frac{1}{2}\right)^2} = \sqrt{\frac{3}{4}} = \frac{\sqrt{3}}{2}.$$

$$\cos\frac{\pi}{3} = \frac{1}{2} \text{ e } \sin\frac{\pi}{3} = \frac{\sqrt{3}}{2}.$$

Ricaviamo la tangente e la cotangente di $\frac{\pi}{3}$:

$$\tan\frac{\pi}{3} = \frac{\sin\frac{\pi}{3}}{\cos\frac{\pi}{3}} = \frac{\frac{\sqrt{3}}{2}}{\frac{1}{2}} = \sqrt{3}; \quad \cot\frac{\pi}{3} = \frac{1}{\tan\frac{\pi}{3}} = \frac{1}{\sqrt{3}} = \frac{\sqrt{3}}{3}.$$

Pertanto: $\tan\frac{\pi}{3} = \sqrt{3}$ e $\cot\frac{\pi}{3} = \frac{\sqrt{3}}{3}$.

Ricaviamo anche:

$$\sec\frac{\pi}{3} = \frac{1}{\cos\frac{\pi}{3}} = \frac{1}{\frac{1}{2}} = 2; \quad \csc\frac{\pi}{3} = \frac{1}{\sin\frac{\pi}{3}} = \frac{1}{\frac{\sqrt{3}}{2}} = \frac{2}{3}\sqrt{3}.$$

Video

Le formule degli angoli associati

- Quali sono le formule degli angoli associati?
- Come ricavarle senza doverle imparare a memoria?

7 Angoli associati

Consideriamo un angolo α. Chiamiamo **angoli associati** (o **archi associati**) ad α i seguenti angoli:

$$-\alpha,\ \frac{\pi}{2}-\alpha,\ \frac{\pi}{2}+\alpha,\ \pi-\alpha,\ \pi+\alpha,\ \frac{3}{2}\pi-\alpha,\ \frac{3}{2}\pi+\alpha,\ 2\pi-\alpha.$$

Funzioni goniometriche di angoli associati

Esercizi a p. 713

Determiniamo seno, coseno, tangente e cotangente degli angoli associati ad α, in funzione di seno, coseno, tangente e cotangente dell'angolo α.

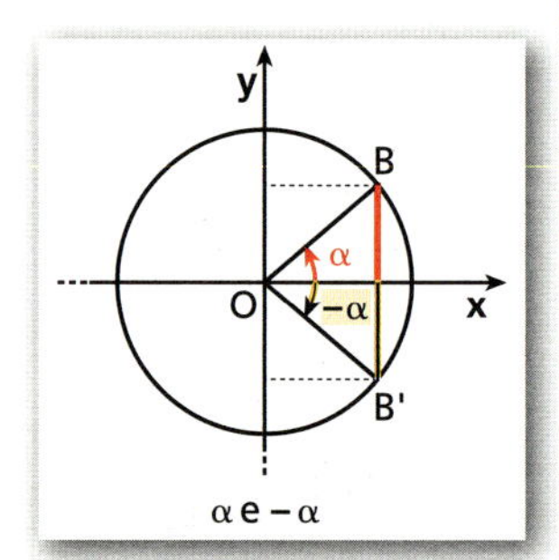

α e $-\alpha$

- I due angoli α e $-\alpha$ sono congruenti e orientati in verso opposto, ossia sono **angoli opposti**:

  $$\sin(-\alpha) = y_{B'} = -y_B = -\sin\alpha,$$
  $$\cos(-\alpha) = x_{B'} = x_B = \cos\alpha.$$

  Pertanto:

$\sin(-\alpha) = -\sin\alpha$	$\tan(-\alpha) = -\tan\alpha$
$\cos(-\alpha) = \cos\alpha$	$\cot(-\alpha) = -\cot\alpha$

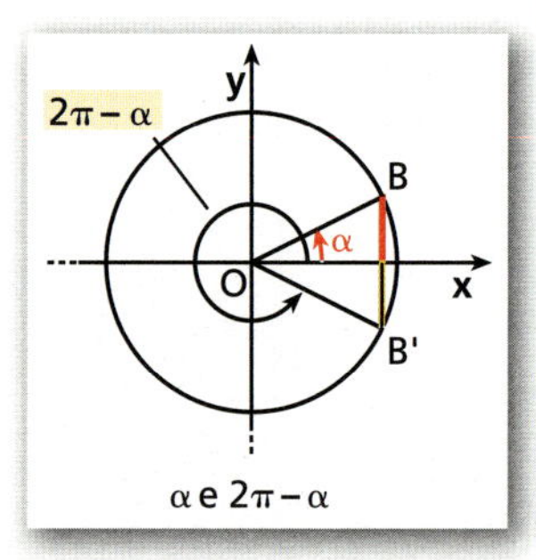

α e $2\pi-\alpha$

- α e $2\pi-\alpha$ sono **angoli esplementari**, ossia la loro somma è un angolo giro. Per essi valgono considerazioni analoghe a quelle precedenti, quindi:

$\sin(2\pi-\alpha) = -\sin\alpha$	$\tan(2\pi-\alpha) = -\tan\alpha$
$\cos(2\pi-\alpha) = \cos\alpha$	$\cot(2\pi-\alpha) = -\cot\alpha$

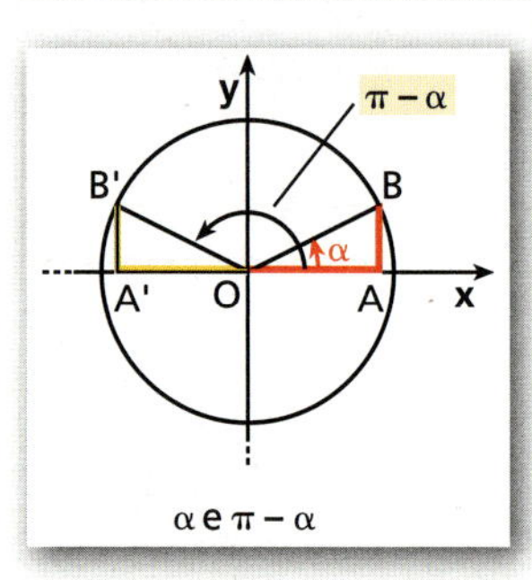

α e $\pi-\alpha$

- α e $\pi-\alpha$ sono **angoli supplementari**.
  I triangoli rettangoli OAB e $OA'B'$ sono congruenti perché hanno congruenti l'ipotenusa e l'angolo acuto α:

  $$\sin(\pi-\alpha) = y_{B'} = y_B = \sin\alpha,$$
  $$\cos(\pi-\alpha) = x_{B'} = -x_B = -\cos\alpha.$$

  Pertanto:

$\sin(\pi-\alpha) = \sin\alpha$	$\tan(\pi-\alpha) = -\tan\alpha$
$\cos(\pi-\alpha) = -\cos\alpha$	$\cot(\pi-\alpha) = -\cot\alpha$

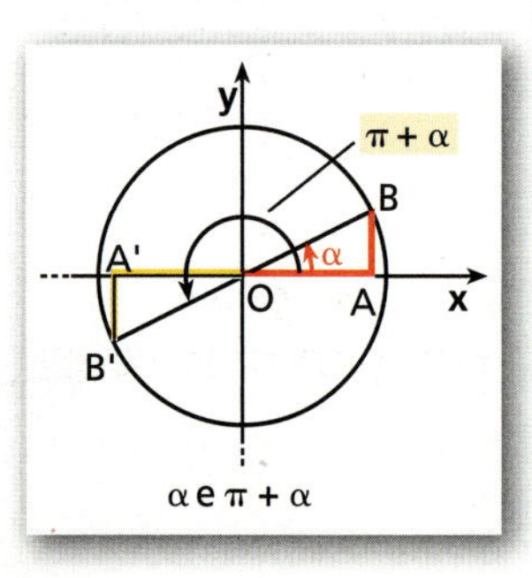

α e $\pi+\alpha$

- α e $\pi+\alpha$ sono **angoli che differiscono di un angolo piatto**. Con considerazioni analoghe a quelle del caso precedente otteniamo:

$\sin(\pi+\alpha) = -\sin\alpha$	$\tan(\pi+\alpha) = \tan\alpha$
$\cos(\pi+\alpha) = -\cos\alpha$	$\cot(\pi+\alpha) = \cot\alpha$

- α e $\frac{\pi}{2}-\alpha$ sono **angoli complementari**.

  Nel triangolo rettangolo $OA'B'$ risulta $A'\widehat{O}B' = \frac{\pi}{2}-\alpha$ e $O\widehat{B'}A' = \alpha$, perché complementare del precedente.
  I triangoli OAB e $OA'B'$ sono congruenti perché hanno congruente l'ipotenusa e l'angolo acuto α, pertanto $OA \cong A'B'$ e $AB \cong OA'$:

  $$\sin\left(\frac{\pi}{2}-\alpha\right) = y_{B'} = x_B = \cos\alpha, \quad \cos\left(\frac{\pi}{2}-\alpha\right) = x_{B'} = y_B = \sin\alpha.$$

  Pertanto:

  $$\sin\left(\frac{\pi}{2}-\alpha\right) = \cos\alpha \qquad \tan\left(\frac{\pi}{2}-\alpha\right) = \cot\alpha$$
  $$\cos\left(\frac{\pi}{2}-\alpha\right) = \sin\alpha \qquad \cot\left(\frac{\pi}{2}-\alpha\right) = \tan\alpha$$

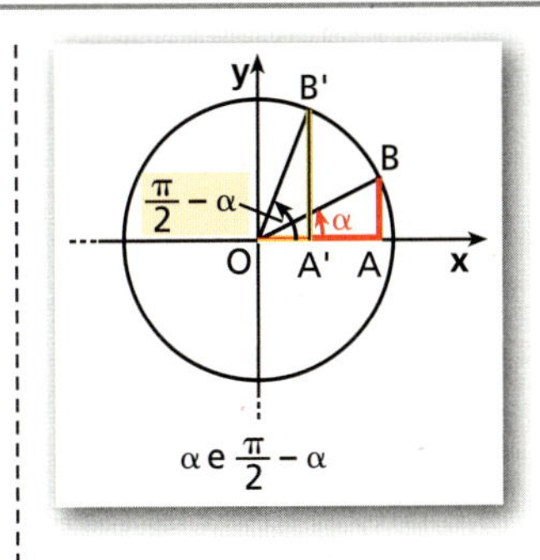

α e $\frac{\pi}{2}-\alpha$

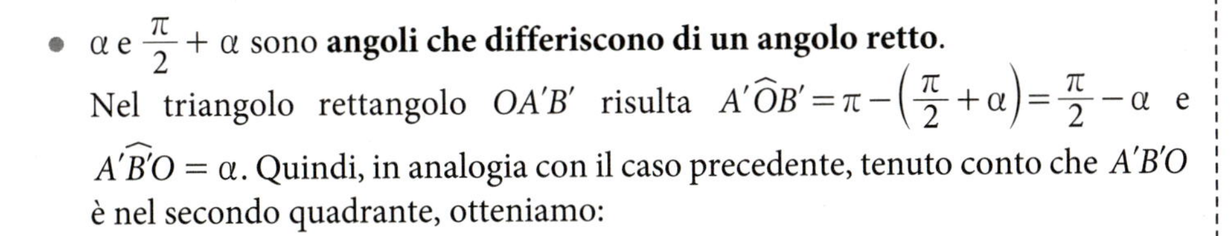

- α e $\frac{\pi}{2}+\alpha$ sono **angoli che differiscono di un angolo retto**.

  Nel triangolo rettangolo $OA'B'$ risulta $A'\widehat{O}B' = \pi - \left(\frac{\pi}{2}+\alpha\right) = \frac{\pi}{2}-\alpha$ e $A'\widehat{B'}O = \alpha$. Quindi, in analogia con il caso precedente, tenuto conto che $A'B'O$ è nel secondo quadrante, otteniamo:

  $$\sin\left(\frac{\pi}{2}+\alpha\right) = \cos\alpha \qquad \tan\left(\frac{\pi}{2}+\alpha\right) = -\cot\alpha$$
  $$\cos\left(\frac{\pi}{2}+\alpha\right) = -\sin\alpha \qquad \cot\left(\frac{\pi}{2}+\alpha\right) = -\tan\alpha$$

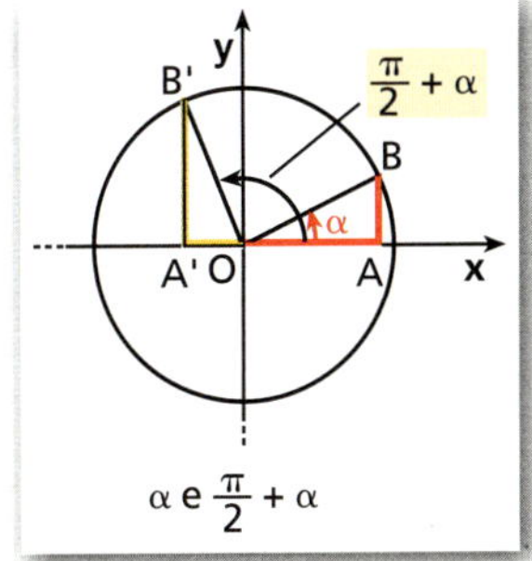

α e $\frac{\pi}{2}+\alpha$

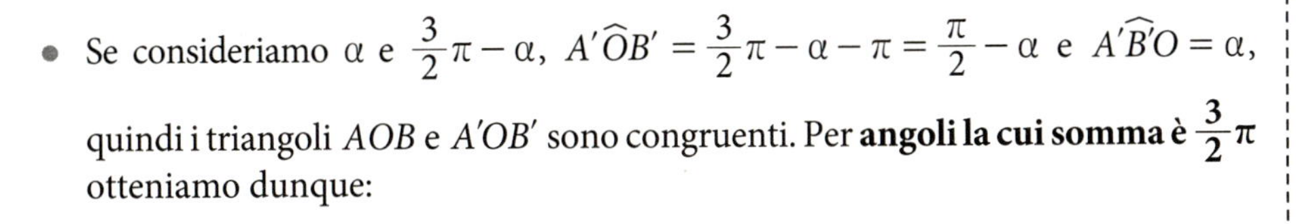

- Se consideriamo α e $\frac{3}{2}\pi-\alpha$, $A'\widehat{O}B' = \frac{3}{2}\pi - \alpha - \pi = \frac{\pi}{2}-\alpha$ e $A'\widehat{B'}O = \alpha$, quindi i triangoli AOB e $A'OB'$ sono congruenti. Per **angoli la cui somma è $\frac{3}{2}\pi$** otteniamo dunque:

  $$\sin\left(\frac{3}{2}\pi-\alpha\right) = -\cos\alpha \qquad \tan\left(\frac{3}{2}\pi-\alpha\right) = \cot\alpha$$
  $$\cos\left(\frac{3}{2}\pi-\alpha\right) = -\sin\alpha \qquad \cot\left(\frac{3}{2}\pi-\alpha\right) = \tan\alpha$$

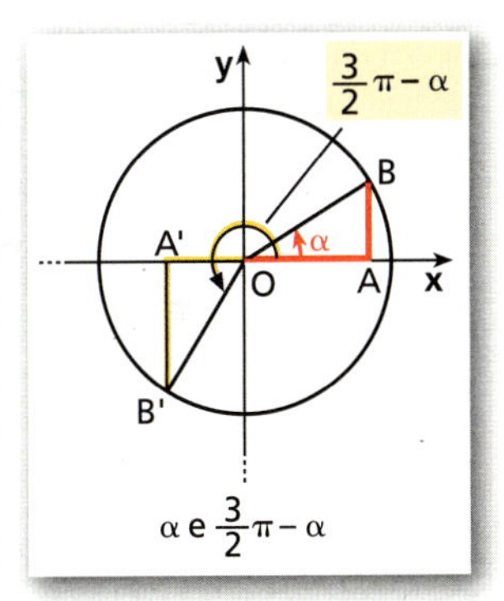

α e $\frac{3}{2}\pi-\alpha$

- Con ragionamenti analoghi, per **angoli la cui differenza è $\frac{3}{2}\pi$** otteniamo:

  $$\sin\left(\frac{3}{2}\pi+\alpha\right) = -\cos\alpha \qquad \tan\left(\frac{3}{2}\pi+\alpha\right) = -\cot\alpha$$
  $$\cos\left(\frac{3}{2}\pi+\alpha\right) = \sin\alpha \qquad \cot\left(\frac{3}{2}\pi+\alpha\right) = -\tan\alpha$$

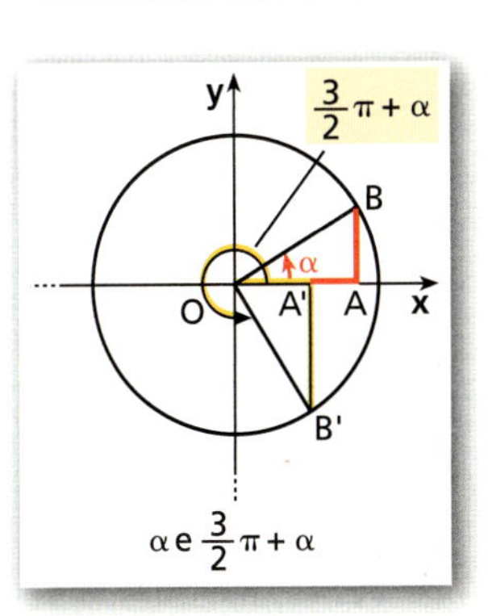

α e $\frac{3}{2}\pi+\alpha$

Animazione

Con pochi click, osservi le relazioni fra seno e coseno di:

α e $-\alpha$; α e $2\pi-\alpha$;

α e $\pi-\alpha$; α e $\pi+\alpha$.

Animazione

Qui hai le relazioni fra seno e coseno di:

α e $\frac{\pi}{2}-\alpha$; α e $\frac{\pi}{2}+\alpha$;

α e $\frac{3}{2}\pi-\alpha$; α e $\frac{3}{2}\pi+\alpha$.

Riduzione al primo quadrante

▶ Esercizi a p. 720

Utilizzando le relazioni stabilite per gli angoli associati, è possibile determinare le funzioni goniometriche di qualunque angolo, conoscendo le funzioni goniometriche degli angoli che appartengono al primo quadrante.
Il procedimento relativo viene detto **riduzione al primo quadrante**.

▶ Riduci al primo quadrante cos 230°.

ESEMPIO

Riduciamo al primo quadrante sin 110°. Poiché 110° = 90° + 20°:

$$\sin 110° = \sin(90° + 20°) = \cos 20°.$$

8 Funzioni goniometriche inverse

▶ Esercizi a p. 723

Animazione

Nell'animazione vediamo, in pochi passi, come disegnare i grafici di:
- $y = \arcsin x$;
- $y = \arccos x$;
- $y = \arctan x$;
- $y = \text{arccot}\, x$.

Funzione inversa di $y = \sin x$

Una funzione è invertibile, ossia ammette la funzione inversa, solo se è biunivoca.

La funzione $y = \sin x$ non è biunivoca perché non è iniettiva. Infatti, se consideriamo una retta $y = k$, parallela all'asse x, con $-1 \leq k \leq 1$, essa interseca il grafico della funzione seno in infiniti punti, quindi ogni valore del codominio $[-1; 1]$ di $y = \sin x$ è il corrispondente di infiniti valori del dominio $\mathbb{R}$.

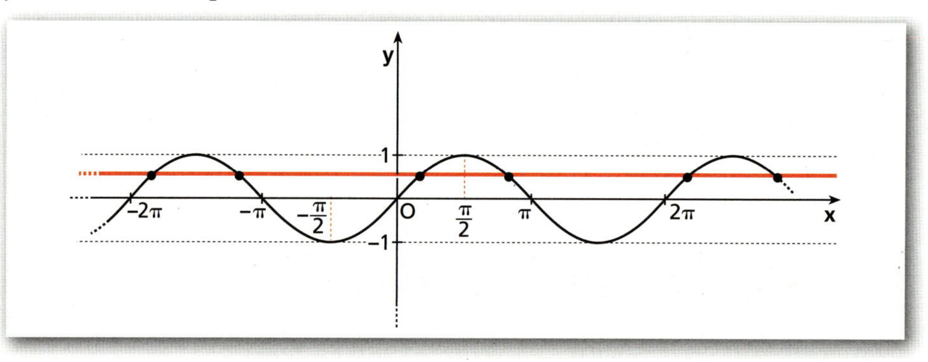

Listen to it

To define the inverse of the sine function, we need to restrict the domain; we can define the function arcsin(x) from $[-1; 1]$ to $\left[-\frac{\pi}{2}; \frac{\pi}{2}\right]$ as the inverse of the sine function in $\left[-\frac{\pi}{2}; \frac{\pi}{2}\right]$. This method can be used to define the inverse function of all the trigonometric functions.

Restrizione del dominio

Se restringiamo il dominio della funzione seno all'intervallo $\left[-\frac{\pi}{2}; \frac{\pi}{2}\right]$, la funzione $y = \sin x$ risulta biunivoca e dunque invertibile.

La funzione inversa del seno si chiama *arcoseno*.

DEFINIZIONE

Dati i numeri reali x e y, con $-1 \leq x \leq 1$ e $-\frac{\pi}{2} \leq y \leq \frac{\pi}{2}$, diciamo che y è l'**arcoseno** di x se x è il seno di y.

Scriviamo: $y = \arcsin x$, oppure $y = \sin^{-1} x$.

$y = \arcsin x$ ⇕ $x = \sin y$ — $D = [-1; 1]$, $C = \left[-\frac{\pi}{2}; \frac{\pi}{2}\right]$

ESEMPIO

$$\arcsin 1 = \frac{\pi}{2} \leftrightarrow \sin\frac{\pi}{2} = 1; \quad \arcsin\frac{1}{2} = \frac{\pi}{6} \leftrightarrow \sin\frac{\pi}{6} = \frac{1}{2}.$$

▶ Qual è l'arcoseno di $\frac{\sqrt{3}}{2}$?

Per ottenere il grafico della funzione $y = \arcsin x$, basta costruire il simmetrico rispetto alla bisettrice del primo e terzo quadrante del grafico della funzione $y = \sin x$, considerata nell'intervallo $\left[-\frac{\pi}{2}; \frac{\pi}{2}\right]$.

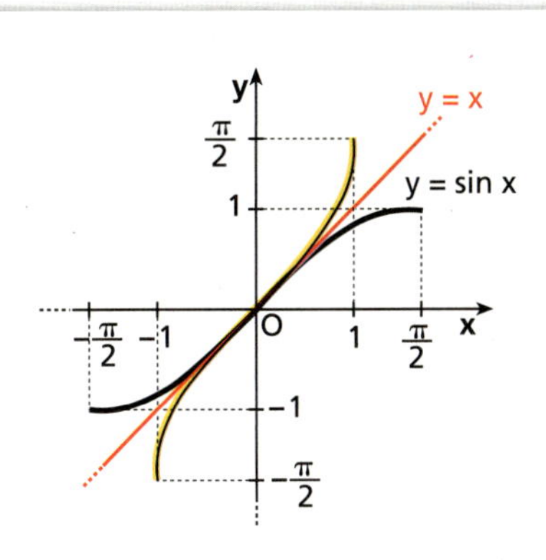

a. Grafico di $y = \sin x$ in $\left[-\frac{\pi}{2}; \frac{\pi}{2}\right]$ e suo simmetrico rispetto alla bisettrice del primo e terzo quadrante.

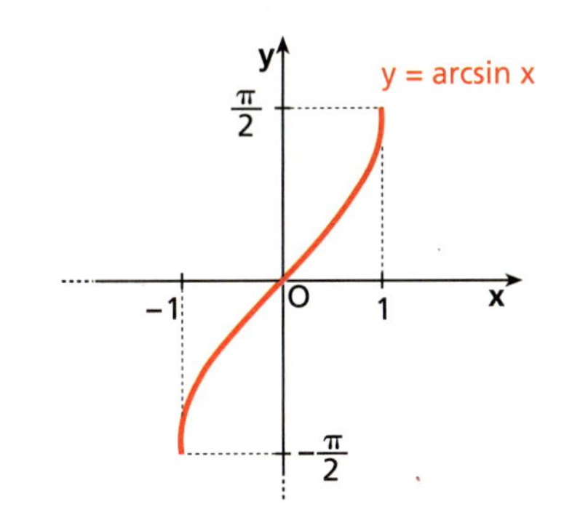

b. Grafico di $y = \arcsin x$.

Funzione inversa di $y = \cos x$

Se consideriamo $[0; \pi]$ come dominio, la funzione coseno è biunivoca e quindi invertibile. La funzione inversa del coseno si chiama *arcocoseno*.

DEFINIZIONE

Dati i numeri reali x e y, con $-1 \leq x \leq 1$ e $0 \leq y \leq \pi$, diciamo che y è l'**arcocoseno** di x se x è il coseno di y.
Scriviamo: $y = \arccos x$, oppure $y = \cos^{-1} x$.

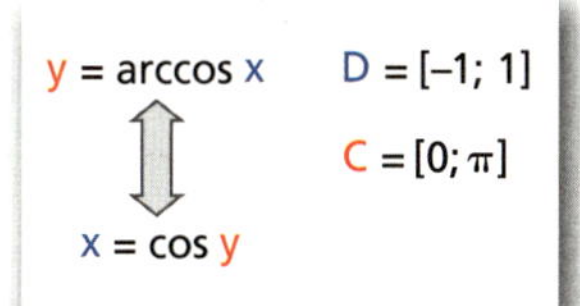

ESEMPIO

$$\arccos(-1) = \pi \leftrightarrow \cos\pi = -1; \quad \arccos\frac{\sqrt{3}}{2} = \frac{\pi}{6} \leftrightarrow \cos\frac{\pi}{6} = \frac{\sqrt{3}}{2}.$$

► Qual è l'arcocoseno di $-\frac{1}{2}$?

La figura illustra il grafico della funzione arcocoseno.

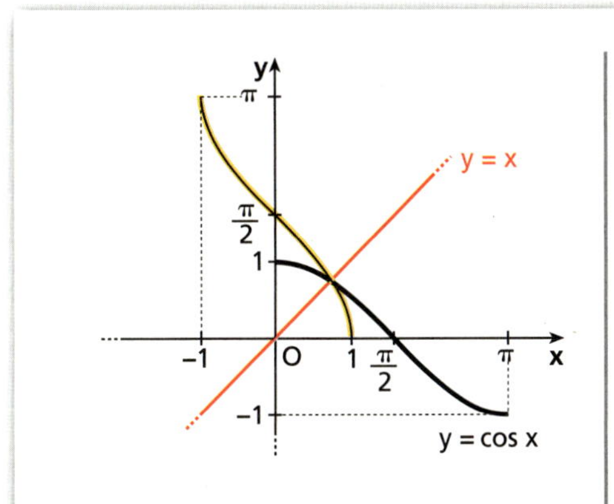

a. Grafico di $y = \cos x$ in $[0; \pi]$ e suo simmetrico rispetto alla bisettrice del primo e terzo quadrante.

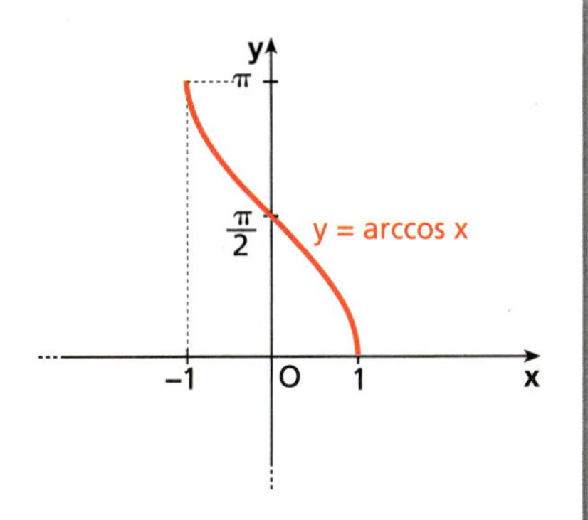

b. Grafico di $y = \arccos x$.

Funzione inversa di $y = \tan x$

Se consideriamo $\left]-\frac{\pi}{2}; \frac{\pi}{2}\right[$ come dominio, la funzione tangente è biunivoca e di conseguenza invertibile.

La funzione inversa della tangente si chiama *arcotangente*.

$y = \arctan x$ $D = \mathbb{R}$
⇕ $C = \left]-\frac{\pi}{2}; \frac{\pi}{2}\right[$
$x = \tan y$

DEFINIZIONE

Dati i numeri reali x e y, con $x \in \mathbb{R}$ e $-\frac{\pi}{2} < y < \frac{\pi}{2}$, diciamo che y è l'**arcotangente** di x se x è la tangente di y.
Scriviamo: $y = \arctan x$, oppure $y = \tan^{-1}x$.

▸ Qual è l'arcotangente di $-\frac{\sqrt{3}}{3}$?

ESEMPIO

$$\arctan 1 = \frac{\pi}{4} \leftrightarrow \tan\frac{\pi}{4} = 1;$$

$$\arctan\sqrt{3} = \frac{\pi}{3} \leftrightarrow \tan\frac{\pi}{3} = \sqrt{3}.$$

Studiamo il grafico della funzione arcotangente.

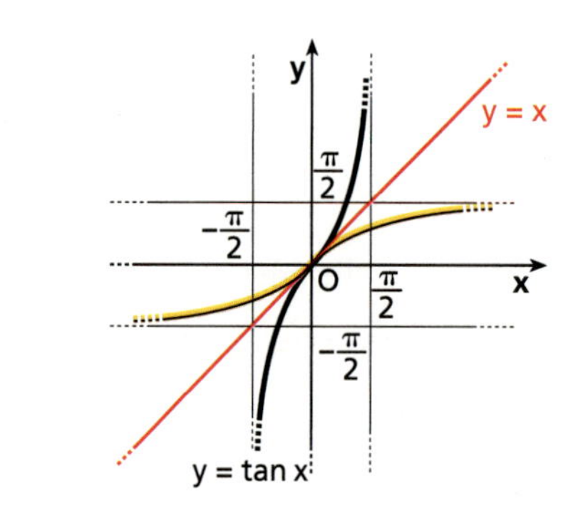

a. Grafico di $y = \tan x$ in $\left]-\frac{\pi}{2}; \frac{\pi}{2}\right[$ e suo simmetrico rispetto alla bisettrice del primo e terzo quadrante.

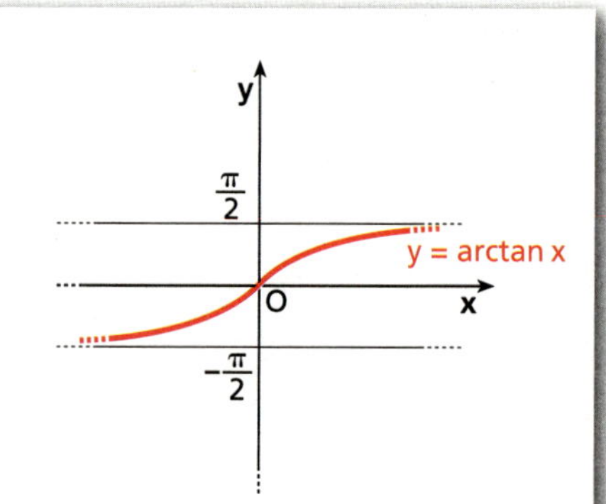

b. Grafico di $y = \arctan x$.

Funzione inversa di $y = \cot x$

$y = \text{arccot}\, x$ $D = \mathbb{R}$
⇕ $C =]0; \pi[$
$x = \cot y$

DEFINIZIONE

Dati i numeri reali x e y, con $x \in \mathbb{R}$ e $0 < y < \pi$, diciamo che y è l'**arcocotangente** di x se x è la cotangente di y.
Scriviamo: $y = \text{arccot}\, x$, oppure $y = \cot^{-1}x$.

ESEMPIO

$$\text{arccot}\, 0 = \frac{\pi}{2} \leftrightarrow \cot\frac{\pi}{2} = 0;$$

$$\text{arccot}\frac{\sqrt{3}}{3} = \frac{\pi}{3} \leftrightarrow \cot\frac{\pi}{3} = \frac{\sqrt{3}}{3}.$$

▸ Qual è l'arcocotangente di $\sqrt{3}$?

Disegniamo il grafico della funzione arcocotangente.

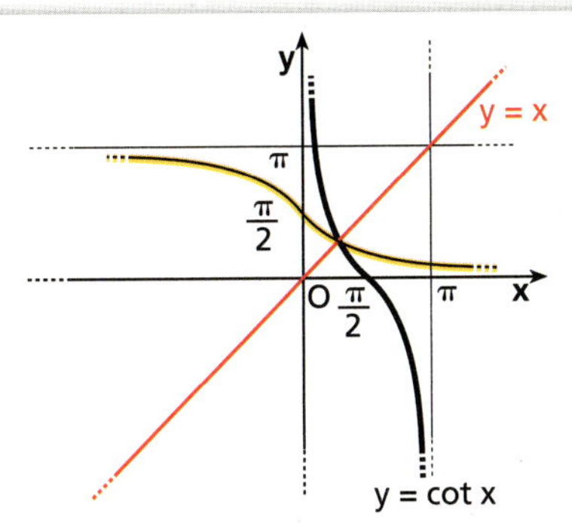

a. Grafico di $y = \cot x$ in $]0; \pi[$ e suo simmetrico rispetto alla bisettrice del primo e terzo quadrante.

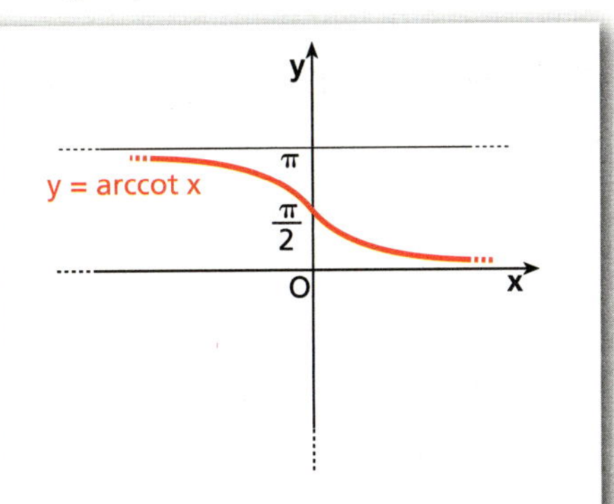

b. Grafico di $y = \text{arccot}\, x$.

9 Funzioni goniometriche e trasformazioni geometriche

▶ Esercizi a p. 726

Dai grafici delle funzioni goniometriche si ottengono grafici di altre funzioni mediante traslazioni, simmetrie, dilatazioni e contrazioni. Ne proponiamo alcuni negli esercizi, mentre qui ci occupiamo soltanto delle *funzioni sinusoidali*.

Funzioni sinusoidali

La funzione $y = 3\sin\left(2x + \frac{\pi}{3}\right)$, raccogliendo 2 all'interno della parentesi, si può riscrivere

$$y = 3\sin\left[2\left(x + \frac{\pi}{6}\right)\right],$$

quindi è possibile ottenere il suo grafico a partire da quello di $y = \sin x$ con le seguenti trasformazioni geometriche:

- contrazione orizzontale, in cui $y = f\left(\frac{x}{m}\right)$, con $m = \frac{1}{2}$;
- traslazione di vettore $\vec{v}\left(-\frac{\pi}{6}; 0\right)$;
- dilatazione verticale, in cui $y = nf(x)$, con $n = 3$.

Animazione

Studiamo in modo dinamico il grafico di
$y = A\sin(\omega x + \varphi)$
al variare di A, ω, φ.

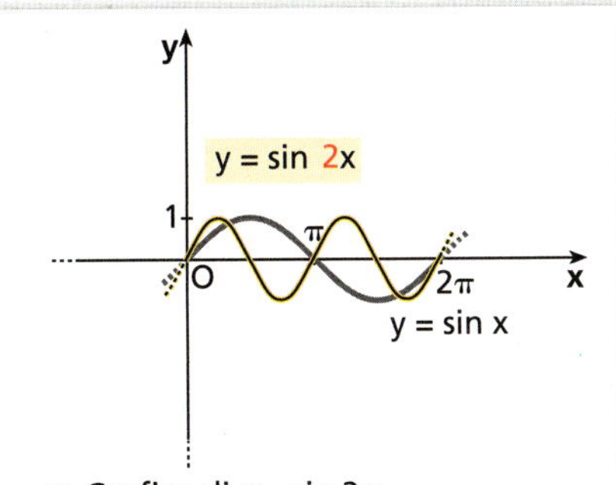

a. Grafico di $y = \sin 2x$.

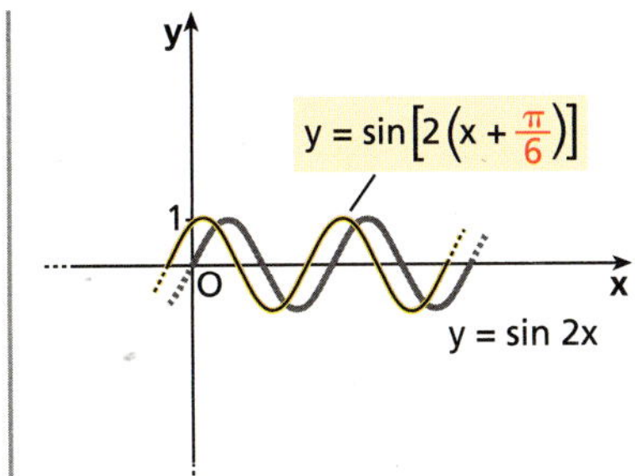

b. Grafico di $y = \sin\left[2\left(x + \frac{\pi}{6}\right)\right]$.

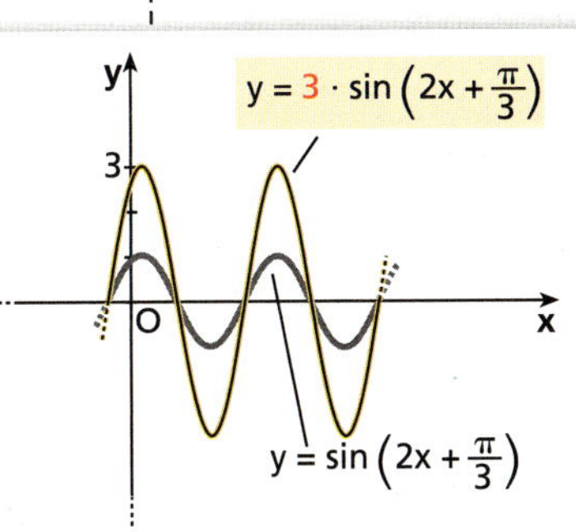

c. Grafico di $y = 3\sin\left(2x + \frac{\pi}{3}\right)$.

TEORIA

Video

Funzione sinusoidale
Studiamo insieme l'equazione di una funzione sinusoidale.

- Cosa rappresentano i parametri?
- Cosa sono il periodo, l'ampiezza e la fase di una funzione sinusoidale?

Una funzione di questo tipo è detta **sinusoidale** e viene applicata molto spesso nello studio di fenomeni fisici.

In generale, sono dette funzioni sinusoidali le funzioni del tipo:

$$y = A\sin(\omega x + \varphi),$$

$$y = A\cos(\omega x + \varphi),$$

con $A, \omega, \varphi \in \mathbb{R}$.

Studiamo il grafico di $y = A\cos(\omega x + \varphi)$.

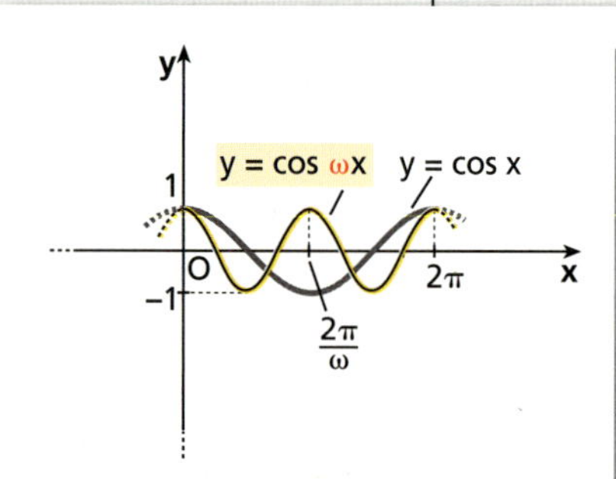

a. Il cambiamento di ω modifica il periodo della funzione.

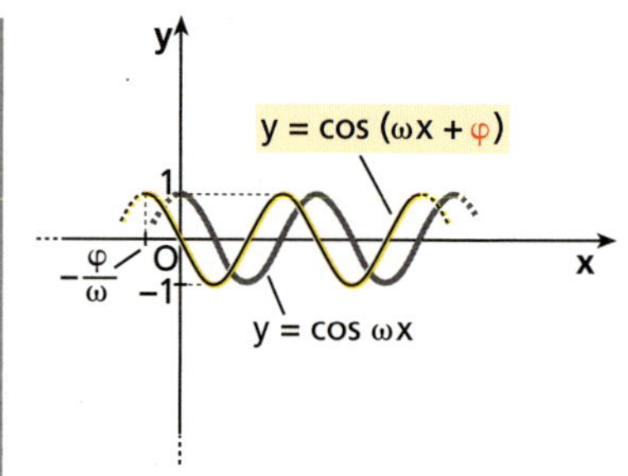

b. Il cambiamento di φ produce una traslazione orizzontale.

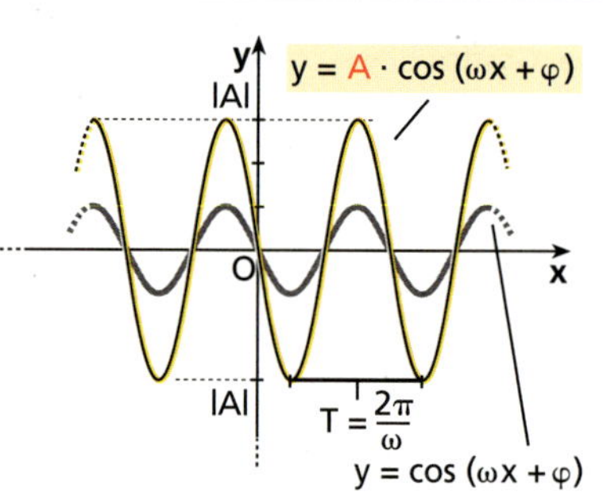

c. Il cambiamento di |A| genera una dilatazione o contrazione verticale.

Animazione

Studiamo in modo dinamico il grafico di $y = A\cos(\omega x + \varphi)$ al variare di A, ω, φ.

Il codominio di una funzione sinusoidale è $[-|A|; |A|]$.
Il numero $|A|$ è detto **ampiezza** della funzione sinusoidale, il numero ω **pulsazione** e φ **sfasamento** o **fase iniziale**.

Il periodo T è: $\boldsymbol{T = \frac{2\pi}{\omega}}$.

Infatti, la funzione seno è periodica di periodo 2π, quindi possiamo scrivere:

$$A\sin(\omega x + \varphi) = A\sin(\omega x + \varphi + 2k\pi) = A\sin[(\omega x + 2k\pi) + \varphi] =$$

$$A\sin\left[\omega\left(x + k\cdot\frac{2\pi}{\omega}\right) + \varphi\right],$$

da cui deduciamo che il periodo è $\frac{2\pi}{\omega}$.

MATEMATICA E MUSICA

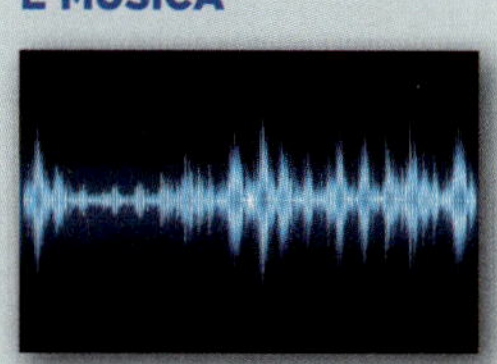

- Qual è il legame tra le funzioni sinusoidali e la musica?

Cerca nel Web: diapason, moto armonico, frequenza, timbro, altezza

Periodo delle funzioni goniometriche

Nella tabella riassumiamo i periodi delle principali funzioni goniometriche che abbiamo studiato.

Funzione	Periodo
$\sin x$, $\cos x$	2π
$\sin(kx + \alpha)$, $\cos(kx + \alpha)$	$\frac{2\pi}{k}$
$\tan x$, $\cot x$	π
$\tan(kx + \alpha)$, $\cot(kx + \alpha)$	$\frac{\pi}{k}$

Il grafico di $y = f^2(x)$

Dato il grafico della funzione $y = f(x)$, cerchiamo di ricavare da esso l'andamento di quello di $y = f^2(x)$.
Tenendo conto che elevando al quadrato un numero, sia positivo sia negativo, si ottiene un numero positivo che non dipende dal segno del numero iniziale ma soltanto dal suo valore assoluto, consideriamo $y = |f(x)|$. Abbiamo le seguenti informazioni:

1. se $|f(x)| = 1$, $f^2(x) = 1$;
2. se $f(x) = 0$, $f^2(x) = 0$;
3. se $|f(x)| < 1$, $f^2(x) < |f(x)|$;
4. se $|f(x)| > 1$, $f^2(x) > |f(x)|$.

Esaminiamo un esempio.

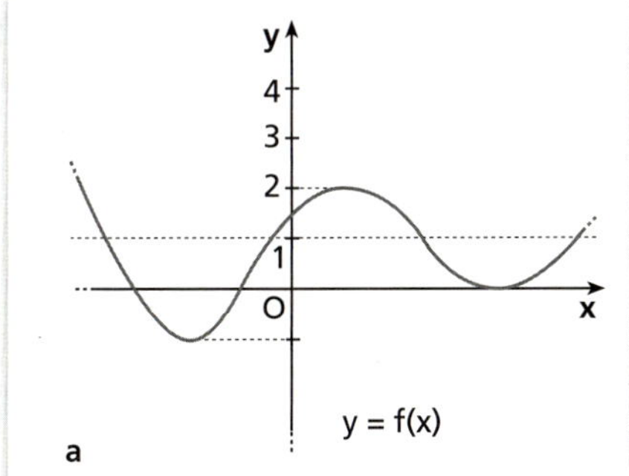

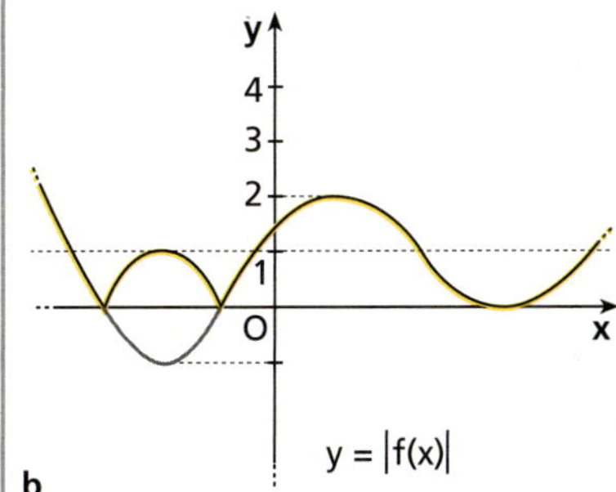

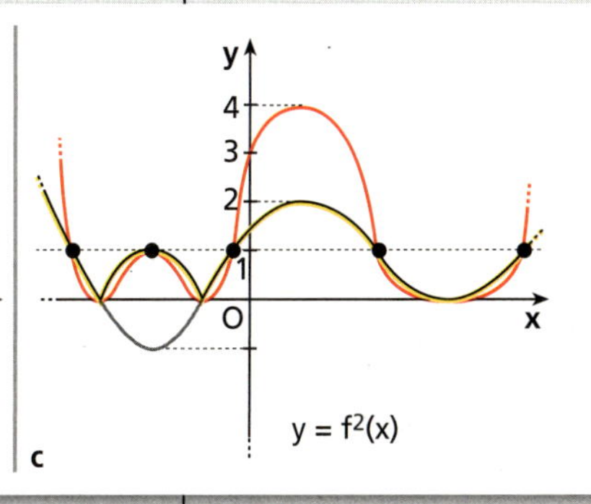

Ricaviamo anche l'andamento del grafico di $y = \tan^2 x$ in $\left]-\frac{\pi}{2}; \frac{\pi}{2}\right[$.

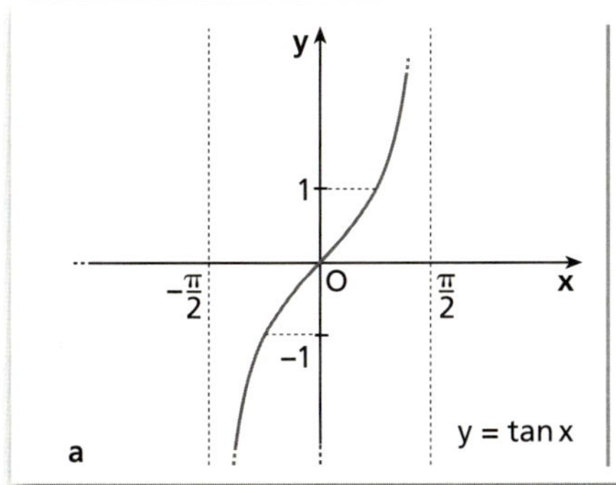

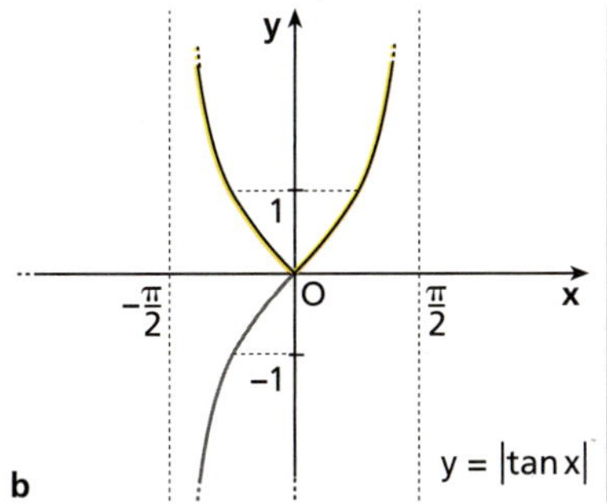

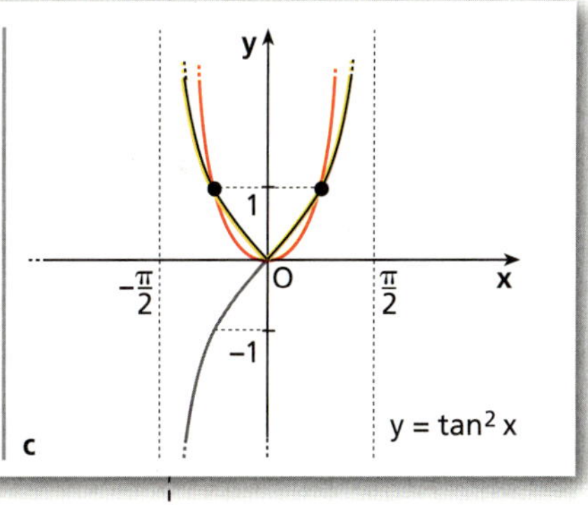

Il grafico di $y = \sqrt{f(x)}$

Dato il grafico della funzione $y = f(x)$, ricaviamo l'andamento di quello di $y = \sqrt{f(x)}$.
Sfruttiamo queste informazioni:

1. se $f(x) < 0$, $\sqrt{f(x)}$ non esiste;
2. se $f(x) = 0$, $\sqrt{f(x)} = 0$;
3. se $f(x) = 1$, $\sqrt{f(x)} = 1$;
4. se $0 < f(x) < 1$, $f(x) < \sqrt{f(x)} < 1$;
5. se $f(x) > 1$, $1 < \sqrt{f(x)} < f(x)$.

A fianco, come esempio, riportiamo il grafico di $y = \sqrt{\tan x}$ in $\left]-\frac{\pi}{2}; \frac{\pi}{2}\right[$.

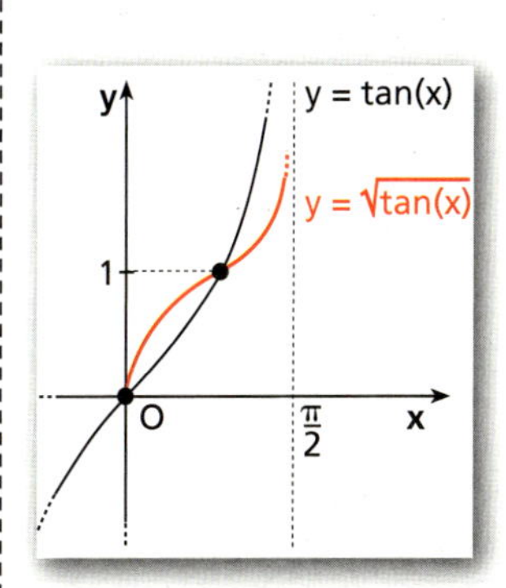

TEORIA

IN SINTESI
Funzioni goniometriche

Misura degli angoli

Un angolo può essere misurato in **gradi** oppure in **radianti**.

- Passaggio da gradi (sessagesimali) a radianti: si moltiplica la misura espressa in gradi per $\frac{\pi}{180°}$.
- Passaggio da radianti a gradi: si moltiplica la misura in radianti per $\frac{180°}{\pi}$.

Funzioni seno, coseno, secante, cosecante, tangente e cotangente

- Consideriamo un angolo orientato α e chiamiamo B l'intersezione fra il suo lato termine e la circonferenza goniometrica. Si dice:
  - **seno di α** ($\sin\alpha$) il valore dell'ordinata di B;
  - **coseno di α** ($\cos\alpha$) il valore dell'ascissa di B;
  - **tangente di α** ($\tan\alpha$) il rapporto fra l'ordinata e l'ascissa di B; è definita per $\alpha \neq \frac{\pi}{2} + k\pi$ ($k \in \mathbb{Z}$);
  - **cotangente di α** ($\cot\alpha$) il rapporto fra l'ascissa e l'ordinata di B; è definita per $\alpha \neq k\pi$ ($k \in \mathbb{Z}$).

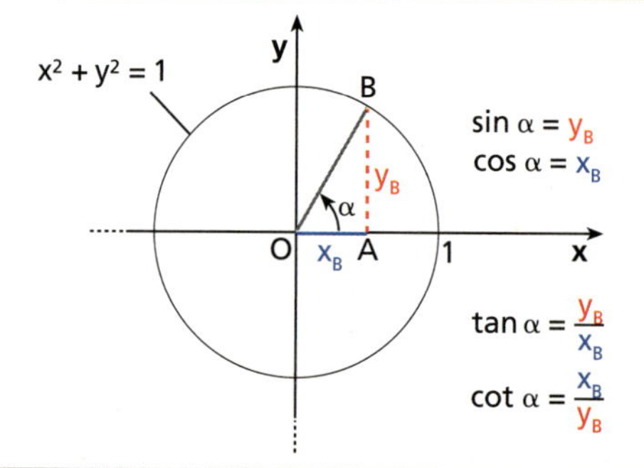

- **Relazioni fondamentali della goniometria**:

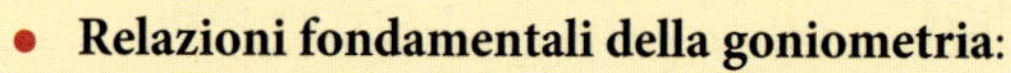

$$\sin^2\alpha + \cos^2\alpha = 1 \text{ e } \tan\alpha = \frac{\sin\alpha}{\cos\alpha}.$$

- **Secante di α**: $\sec\alpha = \frac{1}{\cos\alpha}$, con $\alpha \neq \frac{\pi}{2} + k\pi$.
- **Cosecante di α**: $\csc\alpha = \frac{1}{\sin\alpha}$, con $\alpha \neq k\pi$.

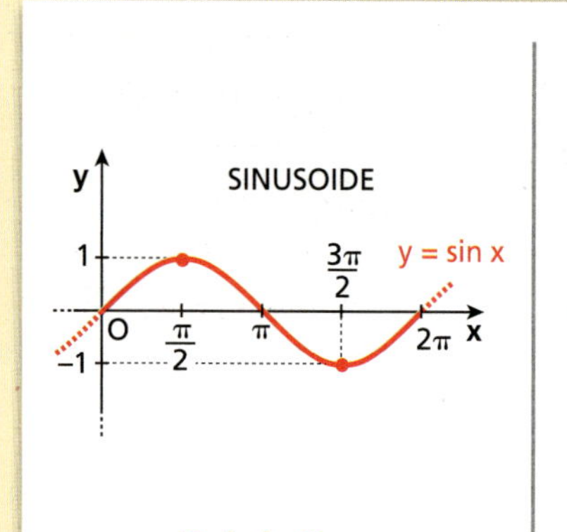

Periodo: 2π

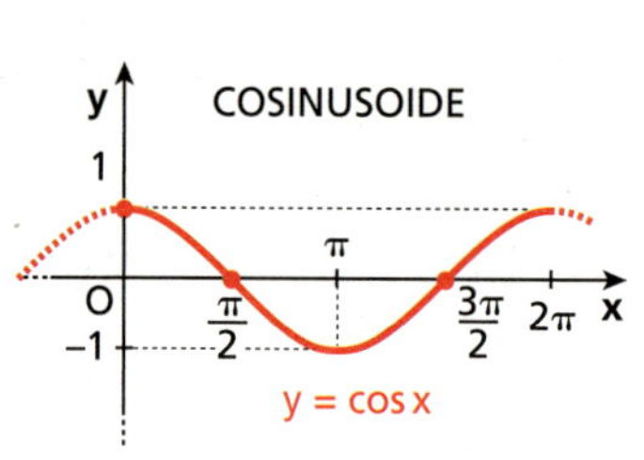

Periodo: 2π

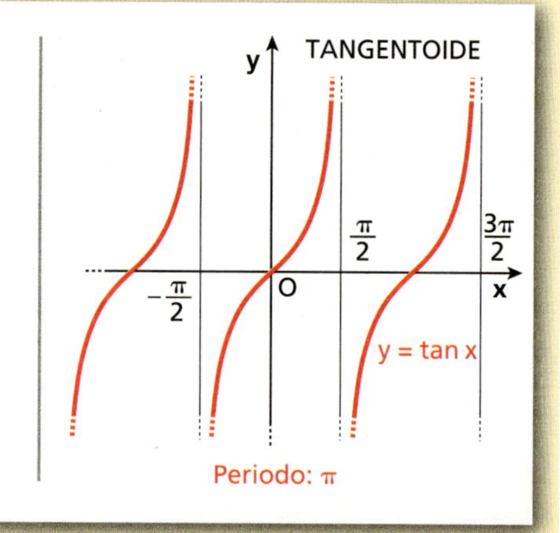

Periodo: π

Funzioni goniometriche di angoli particolari

- $\sin\frac{\pi}{6} = \frac{1}{2}$; $\cos\frac{\pi}{6} = \frac{\sqrt{3}}{2}$; $\tan\frac{\pi}{6} = \frac{1}{\sqrt{3}}$.
- $\sin\frac{\pi}{3} = \frac{\sqrt{3}}{2}$; $\cos\frac{\pi}{3} = \frac{1}{2}$; $\tan\frac{\pi}{3} = \sqrt{3}$.
- $\sin\frac{\pi}{4} = \frac{\sqrt{2}}{2}$; $\cos\frac{\pi}{4} = \frac{\sqrt{2}}{2}$; $\tan\frac{\pi}{4} = 1$.

Angoli associati

Funzioni goniometriche di angoli associati

α e $-\alpha$

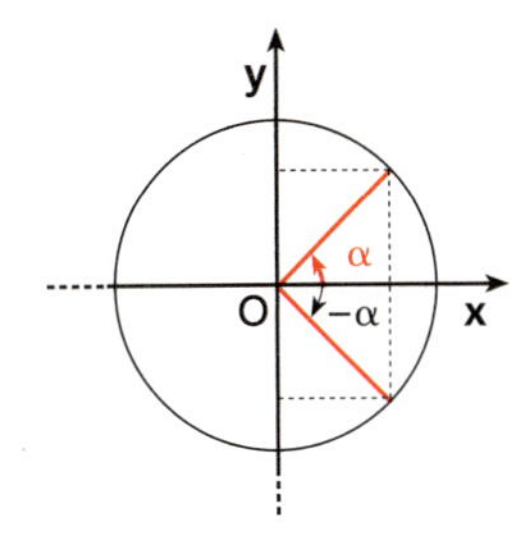

$\sin(-\alpha) = -\sin\alpha$

$\cos(-\alpha) = \cos\alpha$

$\tan(-\alpha) = -\tan\alpha$

$\cot(-\alpha) = -\cot\alpha$

α e $2\pi - \alpha$

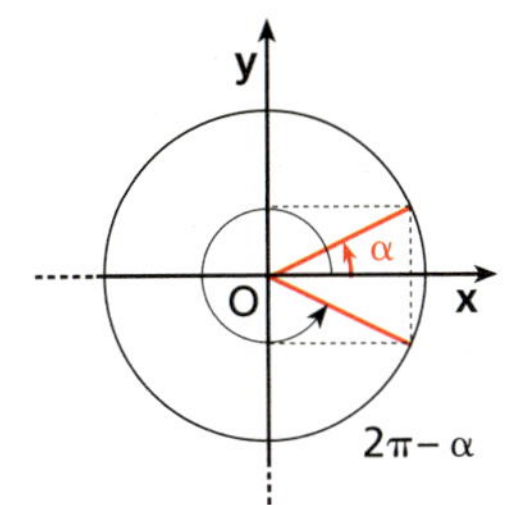

$\sin(2\pi - \alpha) = -\sin\alpha$

$\cos(2\pi - \alpha) = \cos\alpha$

$\tan(2\pi - \alpha) = -\tan\alpha$

$\cot(2\pi - \alpha) = -\cot\alpha$

α e $\pi - \alpha$

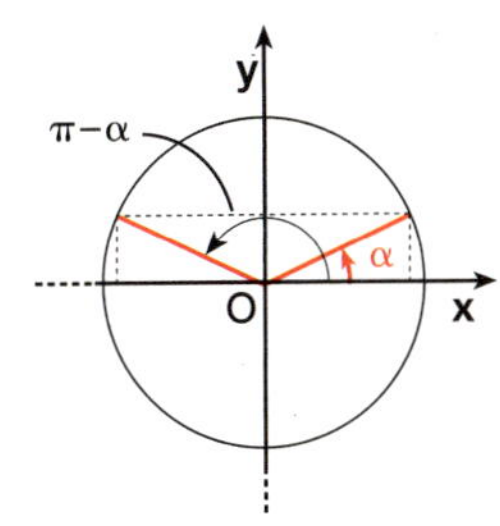

$\sin(\pi - \alpha) = \sin\alpha$

$\cos(\pi - \alpha) = -\cos\alpha$

$\tan(\pi - \alpha) = -\tan\alpha$

$\cot(\pi - \alpha) = -\cot\alpha$

α e $\pi + \alpha$

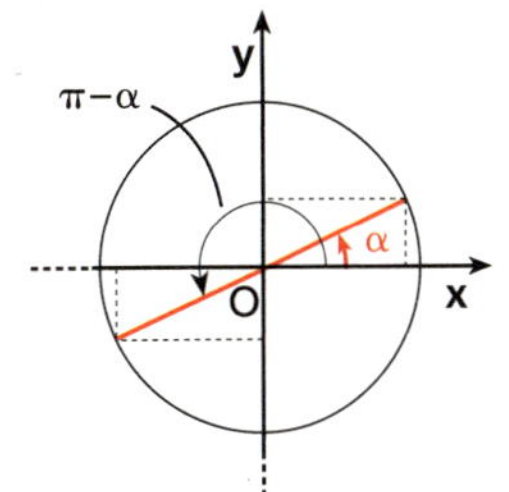

$\sin(\pi + \alpha) = -\sin\alpha$

$\cos(\pi + \alpha) = -\cos\alpha$

$\tan(\pi + \alpha) = \tan\alpha$

$\cot(\pi + \alpha) = \cot\alpha$

α e $\frac{\pi}{2} - \alpha$

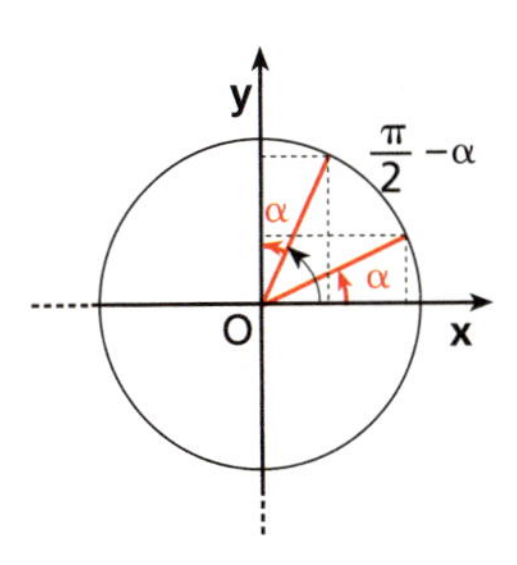

$\sin\left(\frac{\pi}{2} - \alpha\right) = \cos\alpha$

$\cos\left(\frac{\pi}{2} - \alpha\right) = \sin\alpha$

$\tan\left(\frac{\pi}{2} - \alpha\right) = \cot\alpha$

$\cot\left(\frac{\pi}{2} - \alpha\right) = \tan\alpha$

α e $\frac{\pi}{2} + \alpha$

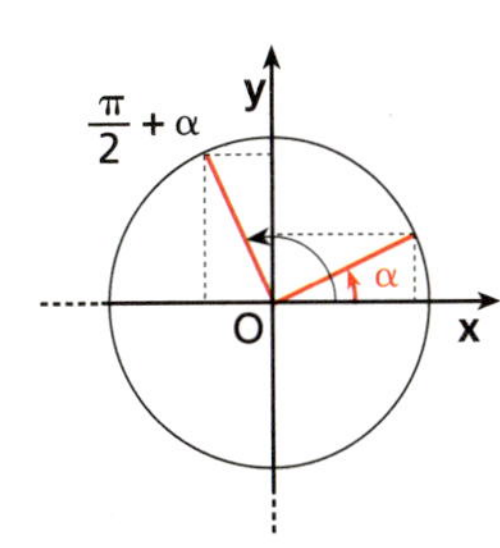

$\sin\left(\frac{\pi}{2} + \alpha\right) = \cos\alpha$

$\cos\left(\frac{\pi}{2} + \alpha\right) = -\sin\alpha$

$\tan\left(\frac{\pi}{2} + \alpha\right) = -\cot\alpha$

$\cot\left(\frac{\pi}{2} + \alpha\right) = -\tan\alpha$

α e $\frac{3}{2}\pi - \alpha$

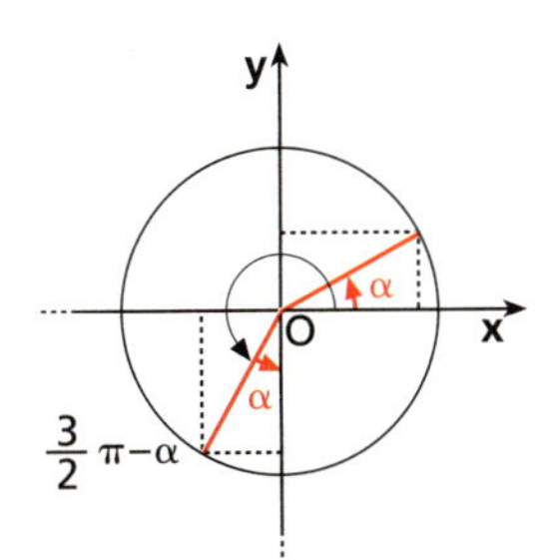

$\sin\left(\frac{3}{2}\pi - \alpha\right) = -\cos\alpha$

$\cos\left(\frac{3}{2}\pi - \alpha\right) = -\sin\alpha$

$\tan\left(\frac{3}{2}\pi - \alpha\right) = \cot\alpha$

$\cot\left(\frac{3}{2}\pi - \alpha\right) = \tan\alpha$

α e $\frac{3}{2}\pi + \alpha$

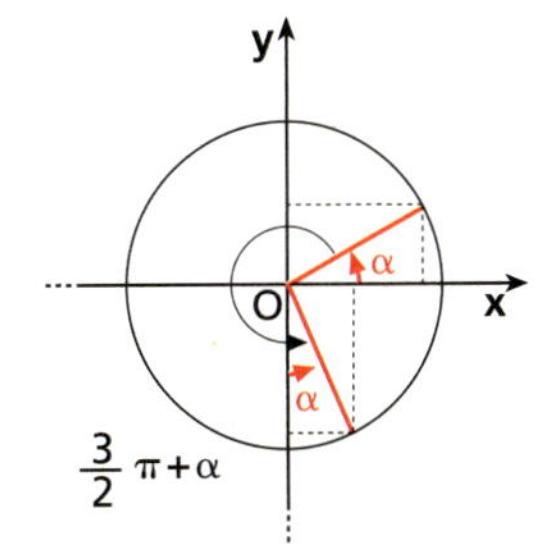

$\sin\left(\frac{3}{2}\pi + \alpha\right) = -\cos\alpha$

$\cos\left(\frac{3}{2}\pi + \alpha\right) = \sin\alpha$

$\tan\left(\frac{3}{2}\pi + \alpha\right) = -\cot\alpha$

$\cot\left(\frac{3}{2}\pi + \alpha\right) = -\tan\alpha$

Funzioni goniometriche inverse

- Le **funzioni inverse** delle funzioni seno, coseno, tangente e cotangente sono, rispettivamente:

  - **arcoseno**: $y = \arcsin x$

    $D: [-1; 1]$; $C: \left[-\frac{\pi}{2}; \frac{\pi}{2}\right]$;

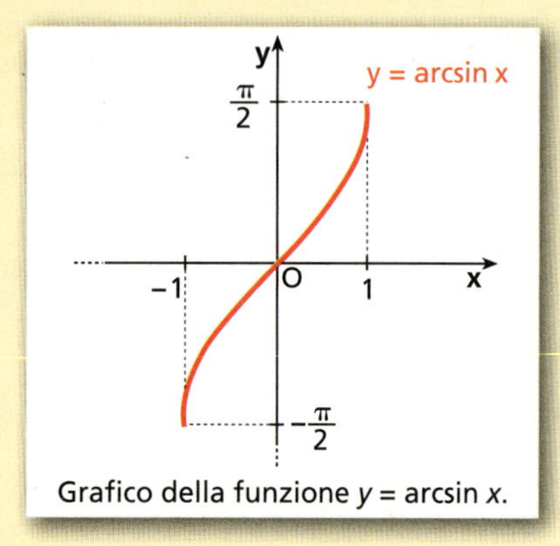

Grafico della funzione $y = \arcsin x$.

  - **arcocoseno**: $y = \arccos x$

    $D: [-1; 1]$; $C: [0; \pi]$;

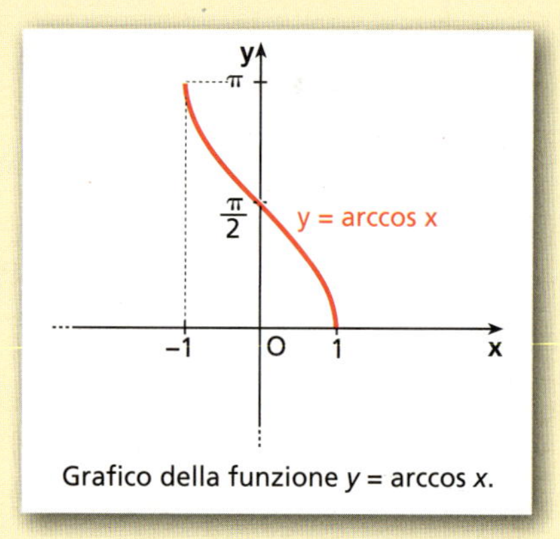

Grafico della funzione $y = \arccos x$.

  - **arcotangente**: $y = \arctan x$

    $D: \mathbb{R}$; $C: \left]-\frac{\pi}{2}; \frac{\pi}{2}\right[$;

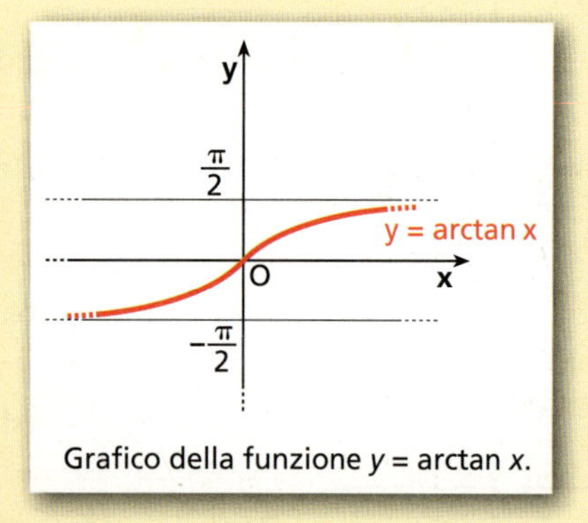

Grafico della funzione $y = \arctan x$.

  - **arcocotangente**: $y = \text{arccot}\, x$

    $D: \mathbb{R}$; $C:]0; \pi[$.

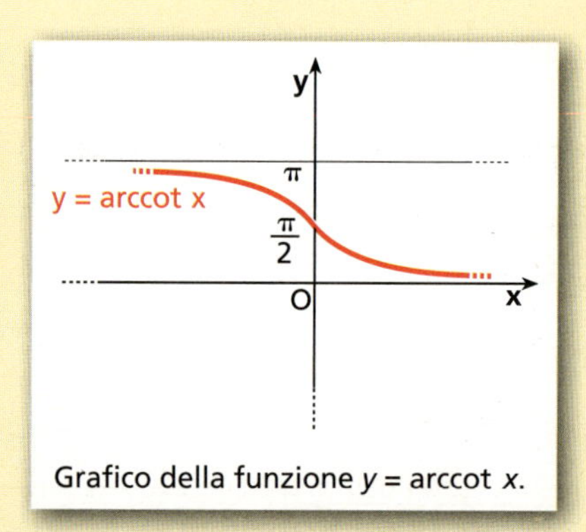

Grafico della funzione $y = \text{arccot}\, x$.

- I loro grafici si ottengono da quelli delle funzioni di cui sono le inverse (dopo opportune restrizioni dei domini), tracciando i simmetrici rispetto alla bisettrice del primo e terzo quadrante.

Funzioni goniometriche e trasformazioni geometriche

Funzioni sinusoidali: sono funzioni del tipo

$$y = A\sin(\omega x + \varphi), \quad y = A\cos(\omega x + \varphi),$$

con $A, \omega, \varphi \in \mathbb{R}$. Chiamiamo:

- **ampiezza** della funzione sinusoidale il numero $|A|$;
- **pulsazione** il numero ω;
- **sfasamento** o **fase iniziale** il numero φ.

Il **periodo** di una funzione sinusoidale è $T = \frac{2\pi}{\omega}$.

CAPITOLO 12
ESERCIZI

1 Misura degli angoli

Misura in gradi

▶ Teoria a p. 664

AL VOLO Scrivi il complementare e il supplementare dei seguenti angoli

1 30°; 64°.

2 50°; 45°.

3 20°; 15°.

Le operazioni fra angoli espressi in gradi

4 **ESERCIZIO GUIDA** Eseguiamo la sottrazione $90° - 32° 46' 22''$.

Scriviamo 90° in termini di primi e secondi.

Poiché $1° = 60'$, scriviamo:

$90° = 89° 60'$.

Poiché $1' = 60''$, scriviamo:

$90° = 89° 59' 60''$.

Ora è possibile eseguire la sottrazione in colonna, fra gradi, primi e secondi:

$$\begin{array}{l} 89° 59' 60'' - \\ 32° 46' 22'' = \\ \hline 57° 13' 38'' \end{array}$$

Esegui le seguenti operazioni fra le misure di angoli.

5 $15° 32' 52'' + 2° 12' 8''$ [17° 45']

6 $185° 2' + 6° 59' 12''$ [192° 1' 12'']

7 $27° 2' 3'' + 42° 12' 56'' + 1° 2' 4''$ [70° 17' 3'']

8 $180° - 28° 30' 58''$ [151° 29' 2'']

9 $270° - 120° 29' 32''$ [149° 30' 28'']

10 $360° - 322° 40' 50''$ [37° 19' 10'']

11 $26° - 1° 1' 1''$ [24° 58' 59'']

12 $18° 30' 15'' \cdot 2$ [37° 0' 30'']

Trova il complementare e il supplementare dei seguenti angoli.

13 $36° 25'$

14 $55° 2' 25''$

15 $42° 11' 80''$

Dai gradi sessagesimali ai gradi sessadecimali

16 **ESERCIZIO GUIDA** Esprimiamo $25° 32' 40''$ in forma sessadecimale.

Poiché $1' = \left(\frac{1}{60}\right)^°$, scriviamo $32' = \left(32 \cdot \frac{1}{60}\right)^°$.

Poiché $1'' = \left(\frac{1}{60}\right)' = \left(\frac{1}{3600}\right)^°$, scriviamo $40'' = \left(40 \cdot \frac{1}{3600}\right)^°$.

Trasformiamo la misura:

$$25° 32' 40'' = 25° + \left(\frac{32}{60}\right)^° + \left(\frac{40}{3600}\right)^° = 25° + 0{,}5\bar{3}° + 0{,}0\bar{1}° \simeq 25{,}54°.$$

La trasformazione richiesta è la seguente:

$$25° 32' 40'' \simeq 25{,}54°.$$

$1' = \left(\frac{1}{60}\right)^°$

$1'' = \left(\frac{1}{60}\right)' = \left(\frac{1}{3600}\right)^°$

Esprimi in forma sessadecimale le seguenti misure di angoli.

17 $0° 59' 59''$; $0° 30'$. [1°; 0,5°]

18 $1° 59' 30''$; $2° 40''$. [1,99°; 2,01°]

19 $20° 30'$; $60° 20'$. [20,5°; 60,33°]

20 $15° 30' 30''$; $30° 30' 30''$. [15,51°; 30,51°]

21 $44° 59' 32''$; $45° 59' 60''$. [44,99°; 46°]

22 $92° 20' 36''$; $140° 26' 55''$. [92,34°; 140,45°]

COMPLETA **trasformando le misure degli angoli in forma sessadecimale.**

23 $17° 45' 6'' \to 17,\square°$

24 $35° 16' 48'' \to 35,\square°$

25 $41° 30' 36'' \to \square,\square°$

Dai gradi sessadecimali ai gradi sessagesimali

26 **ESERCIZIO GUIDA** Trasformiamo 28,07° in gradi, primi e secondi.

Possiamo scrivere $28,07° = \boxed{28°} + 0,07°$.

Trasformiamo 0,07° in primi, moltiplicando 0,07 per 60 (poiché $1° = 60'$):

$$0,07° = (0,07 \cdot 60)' = 4,2'.$$

Scriviamo $4,2' = \boxed{4'} + 0,2'$.

Trasformiamo 0,2′ in secondi, moltiplicando 0,2 per 60 (poiché $1' = 60''$):

$$0,2' = (0,2 \cdot 60)'' = \boxed{12''}.$$

Pertanto: $28,07° = 28° 4' 12''$.

Esprimi in gradi, primi e secondi le seguenti misure di angoli, espresse in forma sessadecimale (arrotondando eventualmente i secondi).

27 28,3° [28° 18′]

28 2,23° [2° 13′ 48″]

29 22,52° [22° 31′ 12″]

30 120,36° [120° 21′ 36″]

31 90,5° [90° 30′]

32 60,46° [60° 27′ 36″]

33 90,05° [90° 3′]

34 1,567° [1° 34′ 1″]

35 25,251° [25° 15′ 4″]

COMPLETA **trasformando le misure degli angoli in gradi, primi, secondi.**

36 $45,13° \to 45° 7' \square''$

37 $39,61° \to 39° \square' \square''$

38 $105,75° \to 105° \square' \square''$

Misura in radianti

▶ Teoria a p. 665

Dai gradi sessagesimali ai radianti e viceversa

39 **ASSOCIA**

a. 90°
b. 30°
c. 300°
d. 270°
e. 135°

1. $\frac{5}{3}\pi$
2. $\frac{\pi}{2}$
3. $\frac{3}{4}\pi$
4. $\frac{\pi}{6}$
5. $\frac{3}{2}\pi$

40 **TEST** L'angolo $\frac{\pi}{4}$:

A è ottuso.
B è metà dell'angolo retto.
C è metà dell'angolo piatto.
D è un quarto dell'angolo giro.
E corrisponde a 90°.

41 COMPLETA la seguente tabella.

Gradi	$0°$		$180°$			$270°$
Radianti		$\frac{\pi}{3}$		$\frac{2}{3}\pi$	$\frac{5}{4}\pi$	

Trasforma in radianti le misure dei seguenti angoli, espresse in gradi sessagesimali.

42 $15°$, $36°$, $210°$, $300°$.

43 $20°$, $80°$, $100°$, $160°$.

44 $70°$, $5°$, $150°$, $225°$.

45 $121°\,3'$, $200°\,36'$, $15°\,12'\,58''$.

Trasforma in gradi sessagesimali le misure dei seguenti angoli, espresse in radianti.

46 $\frac{4}{5}\pi$, $\frac{5}{12}\pi$, $\frac{7}{9}\pi$, $\frac{5}{3}\pi$.

47 $\frac{2}{3}$, $\frac{2}{3}\pi$, $\frac{9}{5}\pi$, $\frac{3}{2}\pi$.

48 4π, 4, $\frac{5}{2}$, $\frac{5}{2}\pi$.

49 $\frac{7}{2}\pi$, $\frac{6}{5}\pi$, $\frac{3}{5}\pi$, 3.

50 COMPLETA la seguente tabella.

Gradi sessagesimali	$22°\,30'$			$31°\,12'$		
Radianti		$\frac{3}{8}\pi$			8	
Gradi sessadecimali			$12{,}5°$			$120{,}34°$

51 Un angolo α misura $\frac{3}{7}\pi$. Trova la misura del suo supplementare in gradi. [$102°\,51'\,36''$]

In un triangolo rettangolo trova le misure in gradi degli angoli acuti α e β utilizzando la condizione indicata.

52 $\alpha = \frac{1}{3}\beta$ [$\alpha = 22°\,30'$, $\beta = 67°\,30'$]

53 $\alpha = \beta - 20°$ [$\alpha = 35°$, $\beta = 55°$]

54 α supera il doppio di β di $15°$ [$\alpha = 65°$, $\beta = 25°$]

55 Un triangolo isoscele ha ciascun angolo alla base di $27°$. Trova l'angolo al vertice in radianti. [2,2]

56 Un triangolo ha due angoli che misurano $52°$ e $20°$. Calcola la misura del terzo angolo in gradi e radianti. $\left[108°; \frac{3}{5}\pi\right]$

57 Un angolo di un triangolo misura $32°$, un secondo angolo è $\frac{2}{3}\pi$ radianti. Calcola la misura del terzo angolo in gradi e in radianti. [$28°$; 0,49]

58 Un triangolo ha un angolo doppio di un altro e il terzo angolo misura $24°$. Trova la misura in radianti dei tre angoli del triangolo. [0,42; 0,91; 1,82]

Trova la misura, in gradi o in radianti, di due angoli supplementari α e β, utilizzando la condizione indicata.

59 $\alpha - 3\beta = 27°$ [$\alpha = 141°\,45'$, $\beta = 38°\,15'$]

60 $\beta - 2\alpha = 80°$ [$\alpha = 33°\,20'$, $\beta = 146°\,40'$]

61 $\alpha = \beta + \frac{\pi}{3}$ $\left[\alpha = \frac{2}{3}\pi, \beta = \frac{\pi}{3}\right]$

ESERCIZI

Lunghezza di un arco di circonferenza

62 Calcola la misura, in gradi e in radianti, di un angolo al centro di una circonferenza il cui raggio è uguale a 5 cm e che insiste su un arco lungo 23 cm. [263° 33′ 38″; 4,6]

63 Calcola la lunghezza di un arco di circonferenza, con il raggio lungo 7 cm, che corrisponde a un angolo al centro uguale a 4,2 radianti. [29,4 cm]

Determina la grandezza incognita.

64

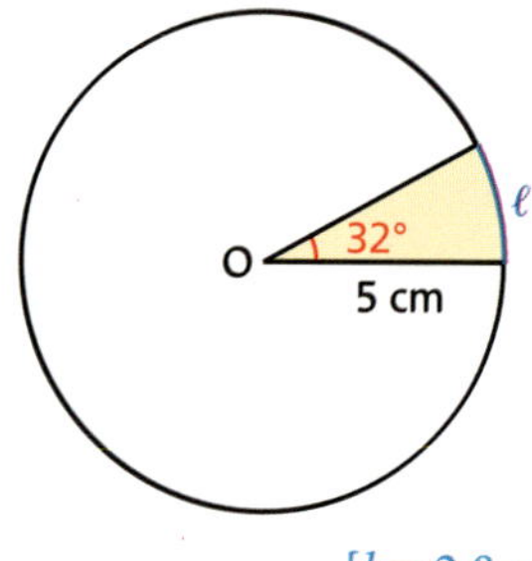

[$l = 2{,}8$ cm]

65

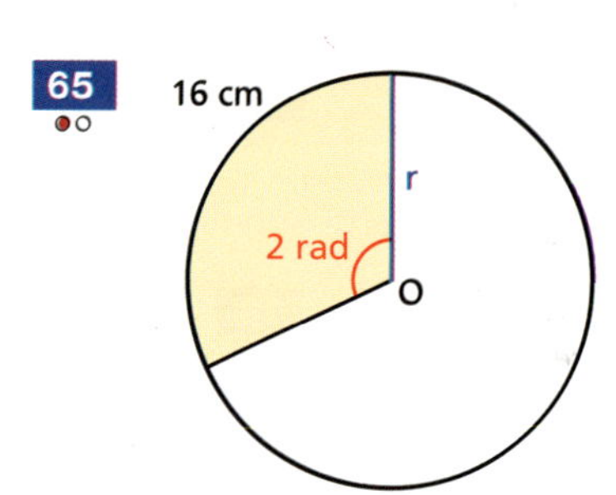

[$r = 8$ cm]

66

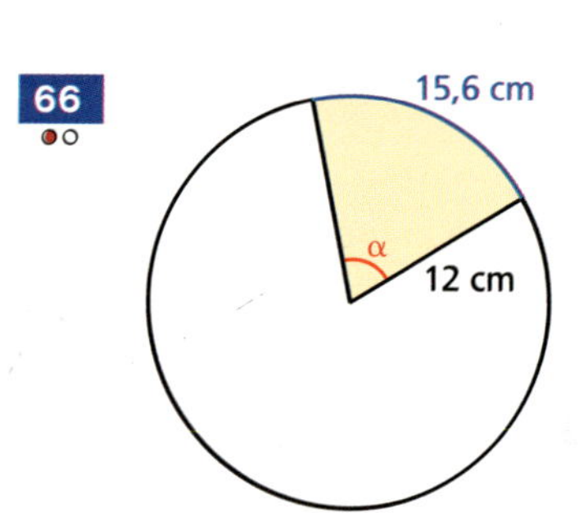

[$\alpha = 1{,}3$]

---

67 Due archi l_1 e l_2 di due circonferenze, che hanno i raggi r_1 e r_2 rispettivamente uguali a 2 cm e 3,5 cm, corrispondono allo stesso angolo. Trova la lunghezza di l_2, sapendo che l_1 è lungo 4,5 cm. [7,88 cm]

68 YOU & MATHS The diagram shows an angle of 45° at the centre of the circle of radius length 14 cm. Calculate d, taking $\pi = \frac{22}{7}$.

(IR *Leaving Certificate Examination*, Ordinary Level, 1992)

[11 cm]

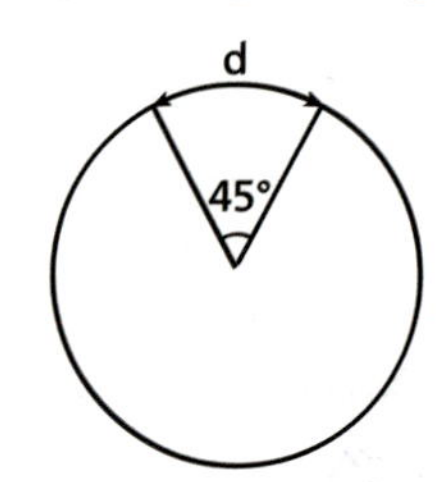

Area del settore circolare

69 Trova l'area di un settore circolare individuato da un arco lungo 22 cm di una circonferenza che ha il raggio lungo 5,2 cm e determina la misura in gradi dell'angolo che insiste sull'arco. [57,2 cm²; 242° 21′ 40″]

70 Due settori circolari appartengono allo stesso cerchio e hanno area uguale a 12 cm² e 15,4 cm². Trova le lunghezze degli archi da essi determinati, sapendo che sul primo insiste un angolo di 1,5 radianti. [6 cm; 7,7 cm]

71 Un settore circolare ha l'angolo al centro che misura 96° e l'area uguale a 60π. Determina la misura del raggio della circonferenza e dell'arco che è definito dal settore. [15; 8π]

72 Un settore circolare ha area uguale a 12 e perimetro 14. Quanto misurano il raggio e l'angolo al centro corrispondente? $\left[3, \frac{8}{3} \text{ rad}; 4, \frac{3}{2} \text{ rad}\right]$

---

73 Trova il perimetro e l'area delle zone colorate.

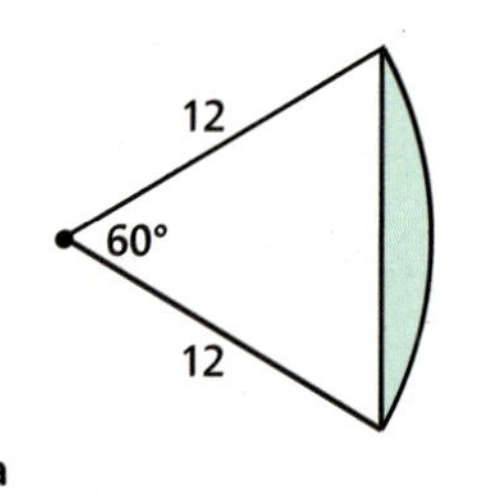

4
90°
4
b

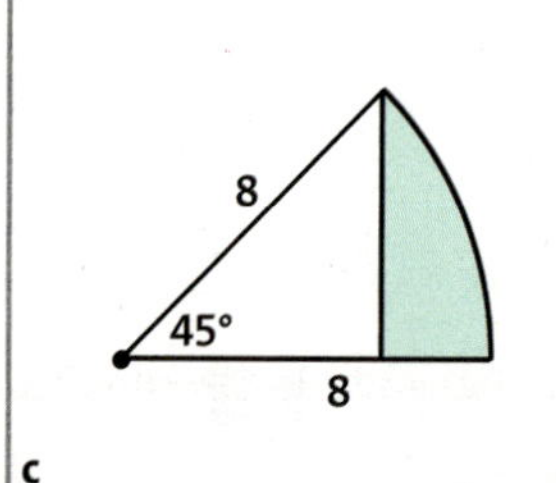

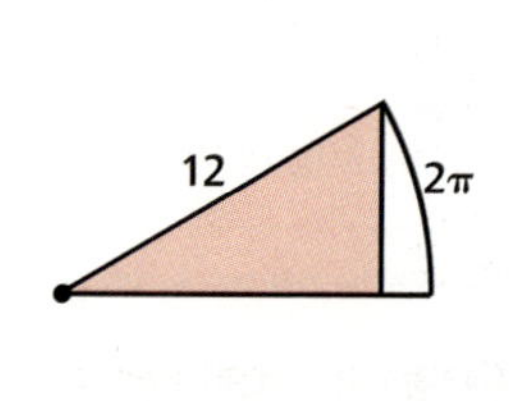

[a) $12 + 4\pi$, $24\pi - 36\sqrt{3}$; b) $2\pi + 4\sqrt{2}$, $4\pi - 8$; c) $2\pi + 8$, $8\pi - 16$; d) $18 + 6\sqrt{3}$, $18\sqrt{3}$]

74 Quanto vale l'area della zona colorata?

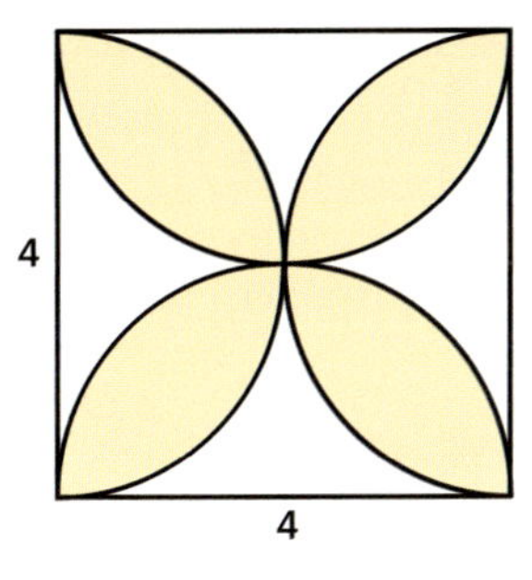

$[8(\pi - 2)]$

75 Trova perimetro e area della zona colorata.

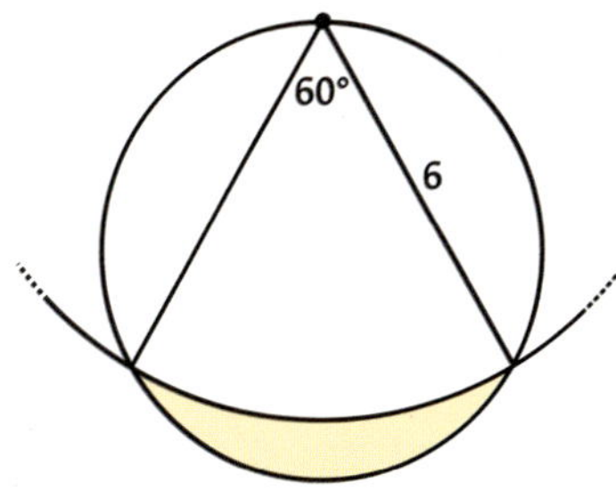

$\left[\frac{2}{3}\pi(3 + 2\sqrt{3}); 2(3\sqrt{3} - \pi)\right]$

---

76 YOU & MATHS The sector of the circle shown, of radius length r, has total perimeter length 18. Using this information, express the angle ϑ in terms of r and hence obtain a formula for the area of the sector in terms of r. $\left[\vartheta = \frac{2(9 - r)}{r}; \text{area} = (9 - r)r\right]$

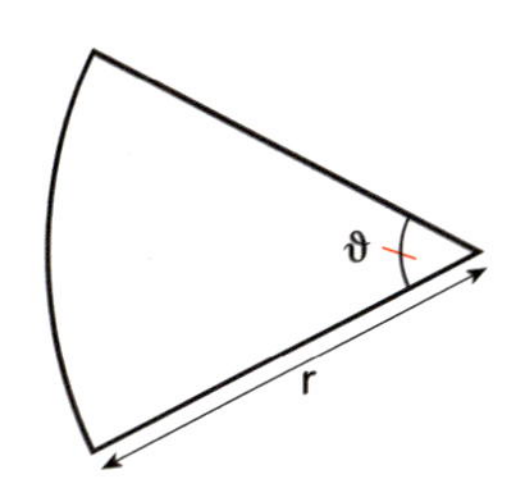

Angoli orientati

▶ Teoria a p. 666

77 Disegna i seguenti angoli orientati facendo riferimento alla circonferenza goniometrica. L'angolo $\widehat{R}$ rappresenta l'angolo retto.

$+\widehat{R}$; $-2\widehat{R}$; $-\frac{1}{2}\widehat{R}$; $+3\widehat{R}$; $+\frac{3}{2}\widehat{R}$; $-\frac{5}{2}\widehat{R}$.

Disegna i seguenti angoli, utilizzando la circonferenza goniometrica.

78 $-45°$; $-180°$; $450°$; $720°$.

79 $390°$; $765°$; $-420°$; $1200°$.

---

80 COMPLETA scrivendo in forma sintetica gli angoli rappresentati in figura.

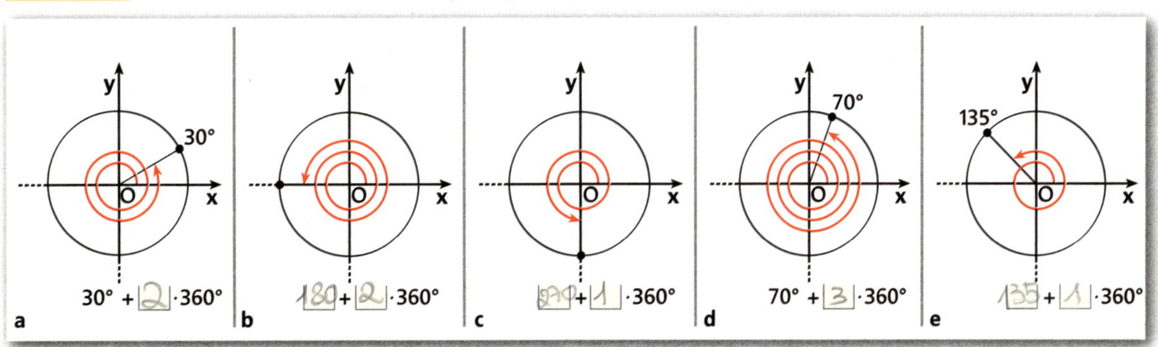

Disegna gli angoli corrispondenti a ogni scrittura sintetica, per ogni valore di *k* indicato.

81 $k360°$; $k = 1$, $k = 2$, $k = -1$.

82 $k45°$; $k = -1$, $k = 3$, $k = 4$.

83 $k90°$; $k = -2$, $k = 3$, $k = 5$.

84 $k180°$; $k = 2$, $k = -3$, $k = 5$.

85 $60° + k360°$; $k = 0$, $k = 1$, $k = 3$.

86 $45° + k180°$; $k = 0$, $k = 1$, $k = -1$.

Disegna i seguenti angoli, utilizzando la circonferenza goniometrica.

87 $\frac{\pi}{4}$; $\frac{3}{4}\pi$; $\frac{11}{4}\pi$; $\frac{\pi}{8}$.

88 $\frac{\pi}{2}$; $\frac{3}{2}\pi$; $\frac{\pi}{3}$; $\frac{13}{6}\pi$.

90° 270° 60° coincide con π/6

ESERCIZI

Disegna gli angoli corrispondenti a ogni scrittura sintetica, per ogni valore di *k* indicato.

89 $\frac{\pi}{4} + 2k\pi$; $k = 0$, $k = 1$, $k = -2$.

90 $\frac{\pi}{2} + k\pi$; $k = -1$, $k = 1$, $k = 2$.

91 $\pi + 2k\pi$; $k = -2$, $k = 1$, $k = 4$.

92 $\frac{\pi}{4} + k\frac{\pi}{4}$; $k = 1$, $k = 2$, $k = 3$.

93 **COMPLETA** indicando tutti gli angoli che hanno il lato termine che passa per i punti segnati nelle seguenti figure, con la scrittura più sintetica possibile (come nel caso **a**).

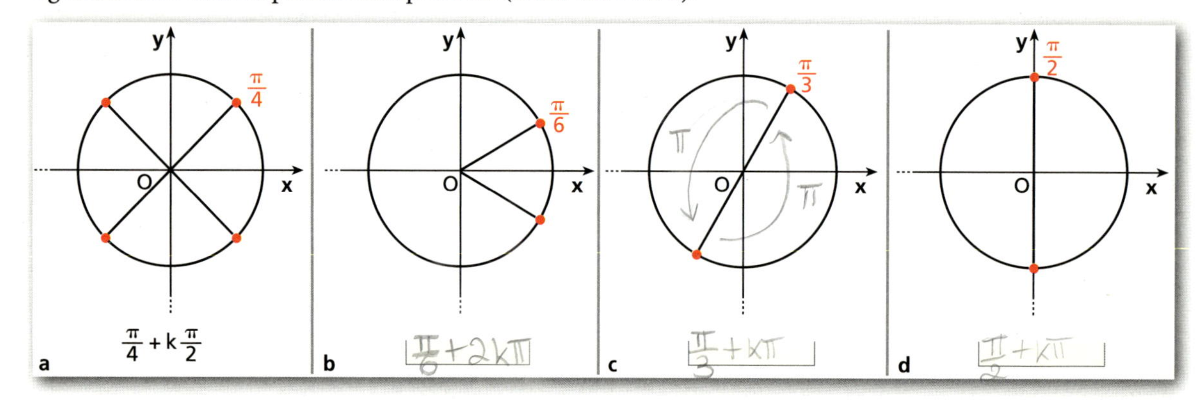

2 Funzioni seno e coseno

▶ Teoria a p. 668

VERO O FALSO?

94
a. Il seno di un angolo orientato è un segmento. V F
b. Se $\sin\alpha < 0$ e $\cos\alpha < 0$, allora α appartiene al quarto quadrante. V F
c. Se $\cos\alpha > 0$, allora $\sin\alpha > 0$. V F
d. Se $\cos\alpha > \cos\beta$, allora $\alpha > \beta$. V F

95
a. Se $-1 \leq \cos\alpha \leq 1$, allora $1 \leq \cos^2\alpha \leq 1$. V F
b. Se $\sin\alpha = \cos\alpha$, allora può essere solo $\alpha = \frac{\pi}{4}$. V F
c. Se $\sin\alpha = -\frac{8}{9}$, allora α appartiene al terzo quadrante oppure al quarto. V F
d. Non esiste nessun angolo α per cui $\cos\alpha = \frac{5}{4}$. V F

96 **COMPLETA** la tabella e disegna, utilizzando la circonferenza goniometrica, il coseno e il seno degli angoli assegnati, indicando se sono positivi o negativi.

α	30°	145°	220°	−28°	380°	460°	$\frac{\pi}{3}$	$\frac{13}{6}\pi$	$-\frac{\pi}{8}$	$\frac{17}{3}\pi$
$\cos\alpha$	+									
$\sin\alpha$	+									

97 **COMPLETA**

a. Se $\alpha = \frac{\pi}{2}$ → $\cos\alpha = \square$ e $\sin\alpha = \square$.

b. Se $\alpha = -\frac{\pi}{2}$ → $\cos\alpha = \square$ e $\sin\alpha = \square$.

c. Se $\alpha = \pi$ → $\cos\alpha = \square$ e $\sin\alpha = \square$.

d. Se $\alpha = 4\pi$ → $\cos\alpha = \square$ e $\sin\alpha = \square$.

98 ●○ **FAI UN ESEMPIO** di un angolo che abbia:

a. seno positivo e coseno negativo;

b. seno e coseno entrambi positivi.

---

99 ●○ **COMPLETA** con i simboli $>$ e $<$.

a. $\sin 3°$ ☐ $\sin 5°$

b. $\cos 12°$ ☐ $\cos 17°$

c. $\sin 190°$ ☐ $\sin 200°$

d. $\cos 350°$ ☐ $\cos 280°$

100 ●○ **VERO O FALSO?**

a. $\cos 10° = \cos 350°$ V F

b. $\sin 3 < \sin 4$ V F

c. $\sin 3° < \sin 4°$ V F

d. $\sin 8° < \sin 8$ V F

TEST

101 ●○ Quanti sono gli angoli compresi tra 0° e 360° che hanno coseno $\frac{1}{2}$?

A 0 B 1 C 2 D 3 E 4

102 ●○ Quanti sono gli angoli compresi tra 0° e 360° che hanno seno -1?

A 0 B 1 C 2 D 3 E 4

Disegna, utilizzando la circonferenza goniometrica, gli angoli a cui corrispondono i seguenti valori.

103 ●○ $\sin\alpha = \frac{1}{3}$

104 ●○ $\cos\alpha = -\frac{2}{5}$

105 ●○ $\sin\alpha = -\frac{1}{4}$

106 ●○ $\cos\alpha = -\frac{1}{3}$

107 ●○ $\sin\alpha = 1$

108 ●○ $\cos\alpha = -1$

109 ●○ $\sin\beta = -\frac{1}{2}$

110 ●○ $\cos\beta = \frac{1}{2}$

111 ●○ $\cos\gamma = -\frac{1}{2}$

Individua sulla circonferenza goniometrica i seguenti valori.

112 ●○ $\cos\left(-\frac{\pi}{3}\right)$, $\sin\frac{5}{8}\pi$, $\sin(-240°)$, $\cos\frac{7}{4}\pi$, $\sin 300°$, $\cos 330°$.

113 ●○ $\sin(-100°)$, $\cos(190°)$, $\sin\frac{13}{2}\pi$, $\cos 7\pi$, $\sin\frac{13}{6}\pi$, $\cos 200°$.

114 ●○ **AL VOLO** Indica se i seguenti valori sono positivi, negativi o nulli.

$\sin\left(-\frac{5}{2}\pi\right)$; $\cos\frac{7}{6}\pi$; $\sin 380°$; $\cos 452°$; $\sin 7\pi$; $\cos(-170°)$.

115 ●○ **COMPLETA** inserendo i segni $>$, $<$ o $=$ (senza utilizzare la calcolatrice).

$\sin\frac{3}{2}\pi$ ☐ $\sin\frac{5}{4}\pi$; $\sin 240°$ ☐ $\sin 330°$; $\sin\frac{\pi}{8}$ ☐ $\cos 4\pi$;

$\sin\frac{3}{4}\pi$ ☐ $\sin\frac{3}{5}\pi$; $\cos 3\pi$ ☐ $\sin\left(-\frac{5}{2}\pi\right)$; $\cos 80°$ ☐ $\cos 110°$.

---

116 ●○ Utilizza i dati nelle figure per determinare i valori richiesti.

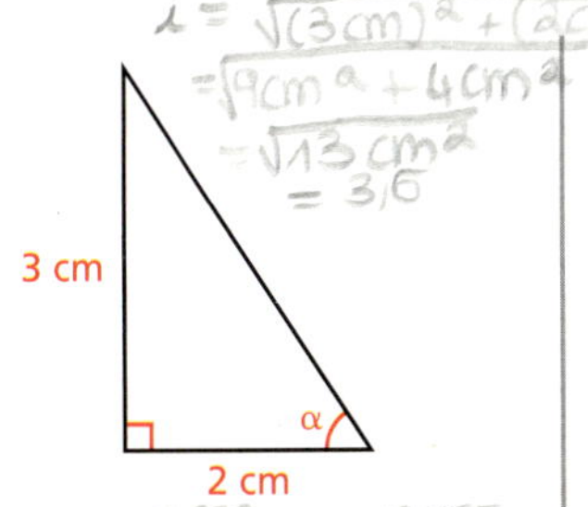

a $\sin\alpha =$ ☐ $\cos\alpha =$ ☐

α

4 cm

3 cm

b $\sin\alpha =$ ☐ $\cos\alpha =$ ☐

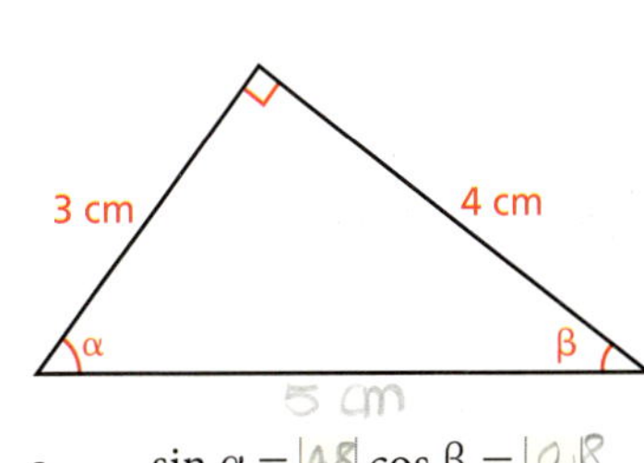

c $\sin\alpha =$ ☐ $\cos\beta =$ ☐

ESERCIZI

Trova quale condizione deve soddisfare il parametro affinché sia verificata l'uguaglianza.

117 $\cos x = k - 2$ $[1 \le k \le 3]$

118 $\sin x = -2a$ $\left[-\frac{1}{2} \le a \le \frac{1}{2}\right]$

119 $4a \cos x = a + 1$ $\left[a \le -\frac{1}{5} \vee a \ge \frac{1}{3}\right]$

120 $(k-1)\sin x = k$ $\left[k \le \frac{1}{2}\right]$

121 $\sin x = 2k - 3$, con $x \in$ terzo quadrante. $\left[1 \le k \le \frac{3}{2}\right]$

122 $(2a-3)\cos x = -a + 4$, con $x \in$ secondo quadrante. $[a \le -1 \vee a \ge 4]$

123 $(k-1)\cos x = 3 - k$, con $x \in$ quarto quadrante. $[2 \le k \le 3]$

124 $6a \sin x + a^2 + 9 = 0$, con $x \in$ terzo quadrante. $[a = 3]$

125 **TEST** Considera l'angolo nella figura. Quale delle seguenti affermazioni è corretta?

A $\cos\alpha > \sin\alpha$

B $\sin\alpha < 0$

C $\cos\alpha > 0$

D $\sin\alpha > \cos\alpha$

E $\sin\alpha = \cos\alpha$

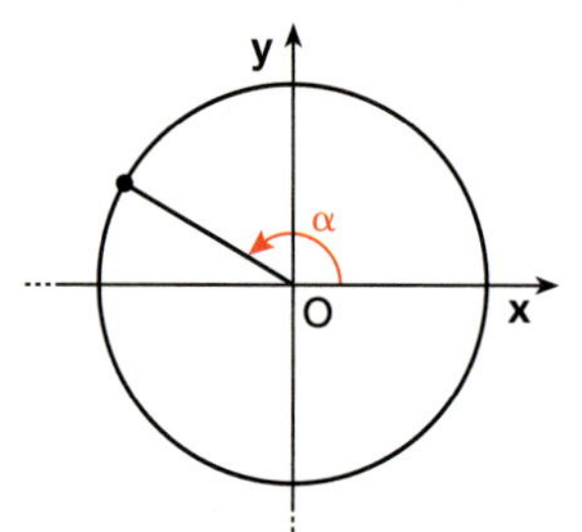

126 **VERO O FALSO?** Rispondi aiutandoti con la circonferenza goniometrica.

a. $\cos(\alpha + 6\pi) = \cos\alpha$ V F

b. $\sin(\alpha + 3\pi) = \sin\alpha$ V F

c. $\cos(-\alpha) = -\cos\alpha$ V F

d. $\sin(4\pi) = 4 \cdot \sin(\pi)$ V F

Scrivi il valore del seno e del coseno dei seguenti angoli.

127 540°; 810°.

128 630°; −540°.

129 720°; 900°.

130 $\frac{5}{2}\pi$; $-\frac{9}{2}\pi$.

Calcola il valore delle seguenti espressioni.

131 $-\cos 360° + \frac{3}{5}\sin 270° + 3\sin 720° - \frac{5}{3}\cos(-180°)$ $\left[\frac{1}{15}\right]$

132 $\frac{4}{3}\cos(-90°) + \sin(-270°) - \frac{3}{4}\sin(-450°) + \frac{1}{4}\sin 270°$ $\left[\frac{3}{2}\right]$

133 $\left(\sin\frac{\pi}{2} + \cos\pi\right)^2 - 4\cos 2\pi + 3\sin 2\pi + 1$ $[-3]$

134 $\frac{1}{3}\left[\sin 3\pi + 4\sin\left(-\frac{\pi}{2}\right) + 1\right] - \sin\left(-\frac{3}{2}\pi\right)$ $[-2]$

135 $\frac{1}{2}\cos 540° + \frac{2}{3}\sin 720° - \frac{1}{4}\sin 450° + 6\sin(-270°)$ $\left[\frac{21}{4}\right]$

136 $\cos 4\pi + 2\sin\left(-\frac{15}{2}\pi\right) + \frac{1}{3}\cos(-3\pi) + \sin\frac{9}{2}\pi$ $\left[\frac{11}{3}\right]$

137 $\cos 720° + 2\cos 1080° - \frac{1}{2}\sin 630° + 3\sin 540°$ $\left[\frac{7}{2}\right]$

138 $a\sin\left(-\frac{5}{2}\pi\right) + \frac{a}{2}\cos(8\pi) - \left(\frac{a}{2} + 1\right)\cos 0$ $[-a - 1]$

139 $\left(a\cos 2\pi + b\sin\frac{7}{2}\pi\right)^2 - \left[a\sin\left(-\frac{3}{2}\pi\right) + b\cos(-5\pi)\right]^2$ $[0]$

140 $\dfrac{\sin\frac{7}{2}\pi - \cos(-7\pi) + 2\sin\left(-\frac{11}{2}\pi\right)}{2\sin\left(-\frac{3}{2}\pi\right) + \cos 4\pi - 4\cos\frac{5}{2}\pi}$ $\left[\frac{2}{3}\right]$

141 $\dfrac{4\left(\cos^2 2\pi + \sin^2\frac{5}{2}\pi\right) + 8\cos 10\pi}{3[1 - 4\cos(-4\pi)]}$ $\left[-\frac{16}{9}\right]$

142 $\dfrac{(-\sin 5\pi + \cos\pi)\sin\frac{11}{2}\pi + 2\sin\frac{3}{2}\pi\cdot\cos 2\pi}{3\left(\cos\frac{5}{2}\pi + 2\sin\frac{9}{2}\pi\right)}$ $\left[-\frac{1}{6}\right]$

143 $\dfrac{a\sin\alpha + b\cos 2\alpha}{\sin(-4\alpha) - a\cos\left(\alpha + \frac{\pi}{2}\right) - b\cos\left(\frac{7}{2}\pi + \alpha\right)}$, con $\alpha = \frac{\pi}{2}$. $[1]$

144 $\dfrac{a^2\cos(5\pi - \alpha) - b^2\sin\left(\frac{7}{2}\pi - \alpha\right)}{a\sin\left(\frac{\pi}{2} - \alpha\right) + b\cos(4\pi - \alpha)} + a$, con $\alpha = \pi$. $[b]$

145 $\dfrac{\cos\left(\frac{9}{2}\pi + \alpha\right) + \sin(-\pi + \alpha) + \cos(\alpha - 5\pi)}{2\cos\left(\frac{\pi}{2} + 2\alpha\right) + \sin\left(\frac{3}{2}\pi - \alpha\right) + 4}$, con $\alpha = \frac{3}{2}\pi$. $\left[\frac{1}{2}\right]$

Grafici delle funzioni $y = \sin x$, $y = \cos x$

146 Disegna il grafico di $y = \cos x$ nell'intervallo $[-\pi; 4\pi]$. Scrivi le coordinate dei punti di intersezione del grafico con l'asse x in tale intervallo e trova le ordinate dei punti di ascissa $x = \frac{7}{2}\pi$, $x = -\frac{\pi}{2}$, $x = 3\pi$.

$\left[\pm\frac{\pi}{2}, \frac{3}{2}\pi, \frac{5}{2}\pi, \frac{7}{2}\pi; 0, 0, -1\right]$

147 Disegna il grafico di $y = \sin x$ nell'intervallo $\left[-\frac{5}{2}\pi; \frac{7}{2}\pi\right]$. Trova i punti di intersezione del grafico con l'asse x e determina i valori di x per cui $\sin x = -1$. $\left[-2\pi, -\pi, 0, \pi, 2\pi, 3\pi; -\frac{5}{2}\pi, -\frac{\pi}{2}, \frac{3}{2}\pi, \frac{7}{2}\pi\right]$

Trova il dominio delle seguenti funzioni.

148 $y = \dfrac{\sqrt{1+\sin x}}{\cos x}$ $\left[x \neq \frac{\pi}{2} + k\pi\right]$

149 $y = \dfrac{2}{\sin x}$ $[x \neq k\pi]$

150 $y = \dfrac{1}{\sqrt{1-\cos x}}$ $[x \neq 2k\pi]$

Trova il valore minimo e massimo delle seguenti funzioni, nell'intervallo indicato a fianco.

151 $y = -\frac{1}{2}\cos x$, $\mathbb{R}$.

152 $y = -\sin x + 4$, $[0; \pi]$.

153 $y = \sin(x + \pi)$, $\mathbb{R}$.

154 $y = \sqrt{2}\cos 2x - 1$, $\mathbb{R}$.

155 $y = 1 + 2\sin x$, $\mathbb{R}$.

156 $y = \cos x - \frac{2}{3}$, $\left[0; \frac{\pi}{2}\right]$.

157 $y = \frac{1}{4}\cos x + 2$, $\left[\pi; \frac{3}{2}\pi\right]$.

158 $y = \dfrac{1}{2 + \cos x}$, $\left[\frac{\pi}{2}; \pi\right]$.

Prima relazione fondamentale

159 ESERCIZIO GUIDA Sapendo che $\sin\alpha = \frac{5}{13}$ e che $\frac{\pi}{2} < \alpha < \pi$, calcoliamo $\cos\alpha$.

Utilizziamo $\sin^2\alpha + \cos^2\alpha = 1$ sostituendo a $\sin\alpha$ il valore $\frac{5}{13}$.

Otteniamo così:

$$\frac{25}{169} + \cos^2\alpha = 1 \rightarrow \cos^2\alpha = 1 - \frac{25}{169} \rightarrow \cos^2\alpha = \frac{144}{169} \rightarrow \cos\alpha = \pm\frac{12}{13}.$$

Poiché $\frac{\pi}{2} < \alpha < \pi$ e per tali angoli il coseno è negativo, allora: $\cos\alpha = -\frac{12}{13}$.

Calcola il valore della funzione indicata, utilizzando le informazioni fornite.

160 $\sin\alpha = \frac{7}{25}$ e $0 < \alpha < \frac{\pi}{2}$; $\cos\alpha$? $\left[\frac{24}{25}\right]$

161 $\cos\alpha = -\frac{4}{5}$ e $\pi < \alpha < \frac{3}{2}\pi$; $\sin\alpha$? $\left[-\frac{3}{5}\right]$

162 $\sin\alpha = \frac{1}{3}$ e $\frac{\pi}{2} < \alpha < \pi$; $\cos\alpha$? $\left[-\frac{2\sqrt{2}}{3}\right]$

163 $\sin\alpha = -\frac{2}{5}$ e $\frac{3}{2}\pi < \alpha < 2\pi$; $\cos\alpha$? $\left[\frac{\sqrt{21}}{5}\right]$

164 $\cos\alpha = \frac{8}{17}$ e $0 < \alpha < \frac{\pi}{2}$; $\sin\alpha$? $\left[\frac{15}{17}\right]$

165 $\cos\alpha = \frac{2}{3}$ e $\frac{3}{2}\pi < \alpha < 2\pi$; $\sin\alpha$? $\left[-\frac{\sqrt{5}}{3}\right]$

166 $\cos\alpha = \frac{1}{2}$ e $\alpha \in$ IV quadrante; $\sin\alpha$? $\left[-\frac{\sqrt{3}}{2}\right]$

167 $\sin\alpha = -\frac{9}{41}$ e $\alpha \in$ IV quadrante; $\cos\alpha$? $\left[\frac{40}{41}\right]$

168 $\cos\alpha = -\frac{28}{53}$ e $\alpha \in$ III quadrante; $\sin\alpha$? $\left[-\frac{45}{53}\right]$

169 $\sin\alpha = -\frac{12}{13}$ e $\alpha \in$ III quadrante; $\cos\alpha$? $\left[-\frac{5}{13}\right]$

RIFLETTI SULLA TEORIA

170 Esiste un angolo α tale che $\cos\alpha = \frac{1}{4}$ e $\sin\alpha = \frac{3}{4}$?

171 È vero che $\sin^2\frac{\alpha}{4} + \cos^2\frac{\alpha}{4} = 1$? Perché?

172 **VERO O FALSO?**

a. Se $\cos\alpha = \sqrt{3}\sin\alpha$, con $\pi < \alpha < \frac{3}{2}\pi$, allora $\sin\alpha = -\frac{1}{2}$. V F

b. Se $\cos x = \cos\frac{\pi}{6}$, allora $x = \frac{\pi}{6}$. V F

c. Se $\sin\alpha = \frac{4}{5}$, allora $\cos\alpha = \frac{3}{5}$. V F

d. Se $\cos\alpha = \frac{1}{3}$, con $0 < \alpha < \frac{\pi}{2}$, allora $\cos\alpha = \frac{\sqrt{2}}{4}\sin\alpha$. V F

Semplifica le seguenti espressioni.

173 $(a\sin\alpha - 2\cos\alpha)^2 + (a\cos\alpha + 2\sin\alpha)^2 - 4 + a^2\sin\frac{5}{2}\pi$ $[2a^2]$

174 $4 - 4\sin^2\alpha + (\cos\alpha - \sin\alpha)^2 + 2\cos\alpha(\sin\alpha + \cos\alpha)$ $[1 + 6\cos^2\alpha]$

175 $\sin^2\alpha + (4\cos\alpha + \sin\alpha)^2 + (4\sin\alpha - \cos\alpha)^2 + 2\cos^2\alpha$ $[18 + \cos^2\alpha]$

176 **EUREKA!** Trova per quali valori di a le soluzioni dell'equazione $x^2 - ax + a - 1 = 0$ rappresentano il seno e il coseno dello stesso angolo. $[a = 1]$

Trova i valori del seno e del coseno degli angoli indicati con l'aiuto della calcolatrice.

177 $40{,}3°$; $160{,}55°$; $200°$.

178 $\frac{7}{5}\pi$; $305°$; $\frac{12}{5}\pi$.

179 $\frac{3}{5}\pi$; $\frac{8}{3}\pi$; $\frac{3}{7}\pi$.

3 Funzione tangente

Tangente di un angolo

▶ Teoria a p. 672

Disegna la circonferenza goniometrica e rappresenta la tangente dei seguenti angoli.

180 $\frac{\pi}{4}$; $\frac{\pi}{3}$; $\frac{5}{4}\pi$; 2π.

181 $30°$; $180°$; $225°$; $320°$.

Per ogni angolo α in figura, individua $\tan\alpha$, se esiste, sulla retta tangente alla circonferenza in *E*.

182

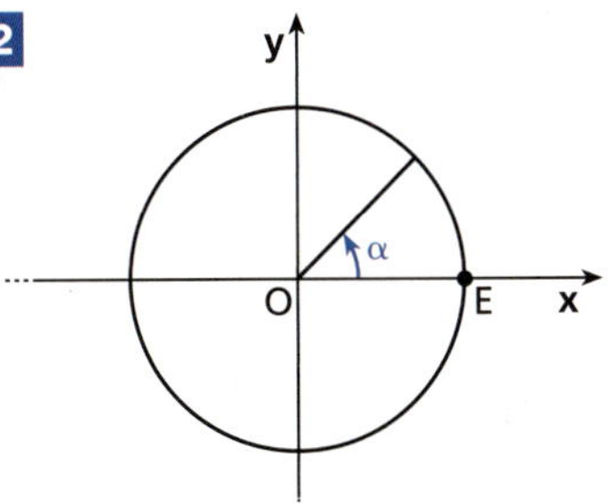

183

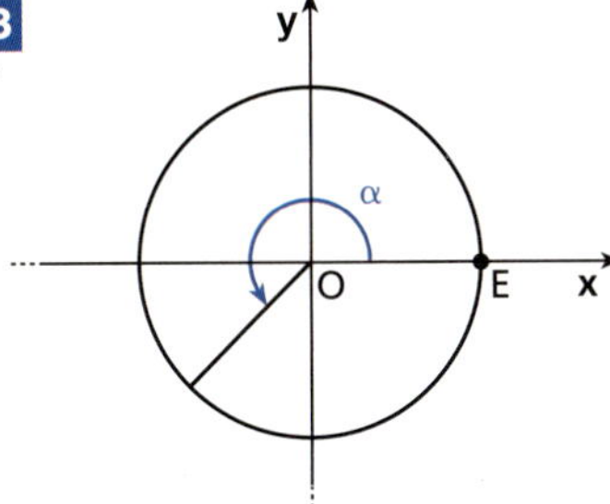

184

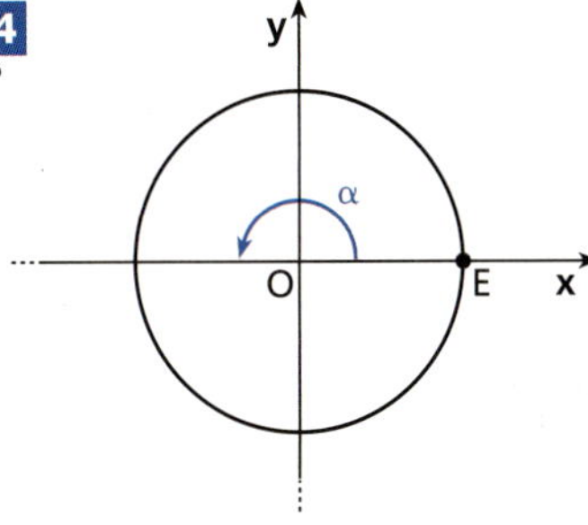

185 Rappresenta gli angoli α, β, γ tali che: $\tan\alpha = 1$; $\tan\beta = 3$; $\tan\gamma = -2$.

Utilizzando la circonferenza goniometrica, individua l'angolo α che soddisfa le seguenti relazioni.

186 $\tan\alpha = \frac{2}{3}$, $\quad \pi < \alpha < \frac{3}{2}\pi$.

187 $\tan\alpha = -\sqrt{3}$, $\quad \frac{3}{2}\pi < \alpha < 2\pi$.

188 $\tan\alpha = -\frac{1}{2}$, $\quad \frac{\pi}{2} < \alpha < \pi$.

189 $\tan\alpha = 1$, $\quad \pi < \alpha < \frac{3}{2}\pi$.

190 Utilizzando la circonferenza goniometrica rappresenta gli angoli che verificano le seguenti condizioni.

$\tan\alpha = -3$, $\alpha \in$ quarto quadrante; $\tan\beta = \frac{3}{2}$, $\beta \in$ terzo quadrante; $\tan\gamma = \sqrt{3}$, $\gamma \in$ primo quadrante.

191 VERO O FALSO?

a. $\tan\alpha$ non esiste solo per $x = \frac{\pi}{2} + 2k\pi$. V F

b. Se $\alpha = 120°$, allora $\tan\alpha < 0$. V F

c. Se $0 \leq \alpha < 360°$, $\tan\alpha = 0$ solo se $\alpha = 0$. V F

d. Se $\pi < \alpha < \frac{3}{2}\pi$, allora $\tan\alpha > 0$. V F

e. Non esiste nessun angolo per cui $\tan\alpha = 10$. V F

Nei seguenti triangoli calcola la tangente dell'angolo indicato.

192

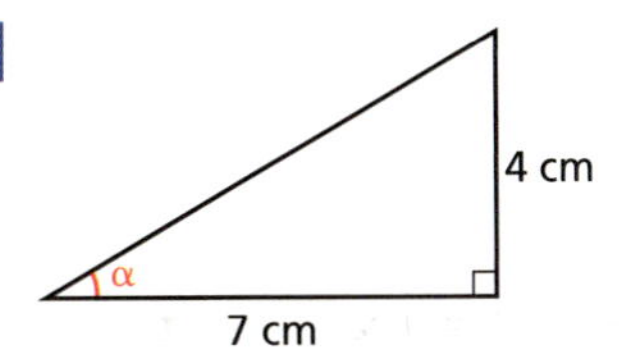

193

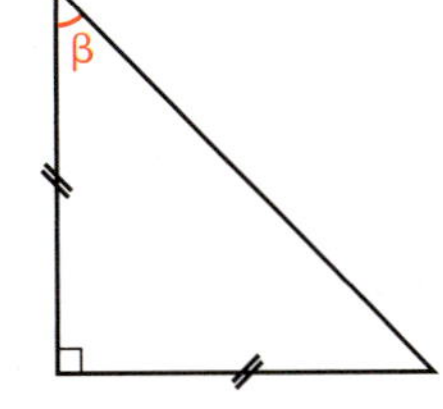

194

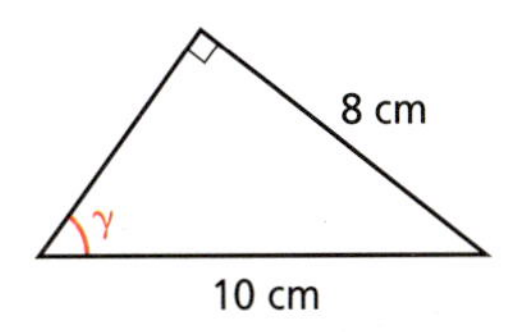

Trova quale condizione deve soddisfare il parametro k affinché sia verificata l'uguaglianza.

195 $\tan x = \dfrac{1-k}{k^2-9}$ $[k \neq \pm 3]$

196 $\tan x = \sqrt{\dfrac{4-k^2}{k+1}}$ $[k \leq -2 \vee -1 < k \leq 2]$

197 $\tan x = 2k - 1$, $x \in$ primo quadrante. $\left[k > \frac{1}{2}\right]$

198 $\tan x = \dfrac{2-k}{4k^2+9}$, $x \in$ quarto quadrante. $[k > 2]$

199 $\tan x = \sqrt{k-3} - k$, $x \in$ quarto quadrante. $[k \geq 3]$

200 TEST Solo uno dei seguenti angoli ha tangente non nulla. Quale?

A 3π B $-\pi$ C 4π D $\frac{3}{4}\pi$ E $180°$

Determina il valore delle seguenti espressioni.

201 $\tan\left(\frac{\pi}{2} + \alpha\right) + \sin\left(\frac{7}{2}\pi + 2\alpha\right) + 2\tan\left(\frac{5}{2}\pi + \alpha\right)$, con $\alpha = \frac{\pi}{2}$. $[1]$

202 $2\tan\left(\frac{\pi}{2} + \frac{\alpha}{2}\right) + \sin\left(\alpha + \frac{5}{2}\pi\right) - \tan(2\alpha + \pi)$, con $\alpha = \pi$. $[-1]$

Trova il dominio delle seguenti funzioni.

203 $y = \dfrac{2\tan x}{\sqrt{1-\sin x} + 1}$ $\left[x \neq \frac{\pi}{2} + k\pi\right]$

204 $y = \dfrac{-\tan x}{\sin x}$ $\left[x \neq k\frac{\pi}{2}\right]$

205 $y = \dfrac{2\sin x - 1}{3\tan x}$ $\left[x \neq k\frac{\pi}{2}\right]$

206 $y = \sqrt{\tan x}$ $\left[k\pi \leq x < \frac{\pi}{2} + k\pi\right]$

Utilizziamo le relazioni fondamentali della goniometria

207 ESERCIZIO GUIDA Sapendo che $\sin\alpha = \frac{5}{7}$ e che $0 < \alpha < \frac{\pi}{2}$, calcoliamo il valore di $\tan\alpha$.

Utilizziamo $\sin^2\alpha + \cos^2\alpha = 1$, per determinare $\cos\alpha$:

$$\frac{25}{49} + \cos^2\alpha = 1 \rightarrow \cos^2\alpha = \frac{24}{49}.$$

$\sin^2\alpha + \cos^2\alpha = 1$

Poiché $0 < \alpha < \frac{\pi}{2}$ e per tali angoli il coseno è positivo, abbiamo $\cos\alpha = \frac{2\sqrt{6}}{7}$.

Sfruttiamo ora $\tan\alpha = \frac{\sin\alpha}{\cos\alpha}$, per determinare $\tan\alpha$:

$\tan\alpha = \dfrac{\sin\alpha}{\cos\alpha}$

$$\tan\alpha = \frac{\frac{5}{7}}{\frac{2\sqrt{6}}{7}} = \frac{5}{7} \cdot \frac{7}{2\sqrt{6}} = \frac{5}{2\sqrt{6}} = \frac{5\sqrt{6}}{12}.$$

Calcola il valore di $\tan\alpha$, usando le informazioni fornite.

208 $\sin\alpha = \frac{4}{5}$ e $\frac{\pi}{2} < \alpha < \pi$. $\left[-\frac{4}{3}\right]$

209 $\cos\alpha = -\frac{8}{17}$ e $\frac{\pi}{2} < \alpha < \pi$. $\left[-\frac{15}{8}\right]$

210 $\cos\alpha = -\frac{5}{6}$ e $\pi < \alpha < \frac{3}{2}\pi$. $\left[\frac{\sqrt{11}}{5}\right]$

211 $\sin\alpha = \frac{2}{3}$ e $\frac{\pi}{2} < \alpha < \pi$. $\left[-\frac{2}{5}\sqrt{5}\right]$

212 $\cos\alpha = \frac{3}{4}$ e $\frac{3}{2}\pi < \alpha < 2\pi$. $\left[-\frac{\sqrt{7}}{3}\right]$

213 $\cos\alpha = \frac{1}{5}$ e $0 < \alpha < \frac{\pi}{2}$. $[2\sqrt{6}]$

214 ●○ **TEST** Quale delle seguenti affermazioni *non* è corretta?

A La tangente non esiste dove il seno è 0.

B La tangente può assumere ogni valore reale.

C La tangente è nulla dove il coseno è 1 o -1.

D Il periodo della tangente è π.

E Nel terzo quadrante la tangente è positiva.

215 ●● Utilizza le relazioni fondamentali per dimostrare le formule che permettono di trovare $\sin\alpha$ e $\cos\alpha$ in funzione di $\tan\alpha$:

$$\sin\alpha = \frac{\tan\alpha}{\pm\sqrt{1+\tan^2\alpha}}, \qquad \cos\alpha = \frac{1}{\pm\sqrt{1+\tan^2\alpha}}.$$

seno e coseno in funzione della tangente

Calcola il valore di sin α e cos α, utilizzando le informazioni fornite.

216 ●○ $\tan\alpha = \sqrt{15}$ e $0 < \alpha < \frac{\pi}{2}$. $\left[\frac{\sqrt{15}}{4}; \frac{1}{4}\right]$

217 ●○ $\tan\alpha = \frac{3}{4}$ e $\pi < \alpha < \frac{3}{2}\pi$. $\left[-\frac{3}{5}; -\frac{4}{5}\right]$

218 ●○ $\tan\alpha = -\frac{\sqrt{5}}{2}$ e $\frac{\pi}{2} < \alpha < \pi$. $\left[\frac{\sqrt{5}}{3}; -\frac{2}{3}\right]$

219 ●○ $\tan\alpha = -\frac{9}{40}$ e $\frac{\pi}{2} < \alpha < \pi$. $\left[\frac{9}{41}; -\frac{40}{41}\right]$

220 ●○ $\tan\alpha = -\frac{12}{5}$ e $\frac{3}{2}\pi < \alpha < 2\pi$. $\left[-\frac{12}{13}; \frac{5}{13}\right]$

221 ●○ $\tan\alpha = \frac{15}{8}$ e $\pi < \alpha < \frac{3}{2}\pi$. $\left[-\frac{15}{17}; -\frac{8}{17}\right]$

Trasforma le seguenti espressioni in funzione soltanto di cos α.

222 ●● $\dfrac{\tan\alpha - 2\sin^2\alpha + \cos^2\alpha + 2}{\sin\alpha}$, $\quad \pi < \alpha < \frac{3}{2}\pi$. $\left[\frac{1}{\cos\alpha} - \frac{3\cos^2\alpha}{\sqrt{1-\cos^2\alpha}}\right]$

223 ●● $\sin^2\alpha - 1 - 4(\tan^2\alpha + 1)\sin^2\alpha$, $\quad$ con $\alpha \neq \frac{\pi}{2} + k\pi$. $\left[-\frac{(\cos^2\alpha - 2)^2}{\cos^2\alpha}\right]$

224 ●● $\sin\alpha - \dfrac{2}{\sin\alpha} + \dfrac{2}{\tan\alpha}$, $\quad \frac{3}{2}\pi < \alpha < 2\pi$. $\left[\frac{(\cos\alpha - 1)^2}{\sqrt{1-\cos^2\alpha}}\right]$

Trasforma le seguenti espressioni in funzione soltanto di sin α, sapendo che $0 < \alpha < \frac{\pi}{2}$:

225 ●● $\dfrac{\tan\alpha + \cos\alpha}{\tan^2\alpha} \cdot \dfrac{1}{\cos\alpha} - \dfrac{1}{\tan^2\alpha}$ $\left[\frac{1}{\sin\alpha}\right]$

226 ●● $\dfrac{1+\sin^2\alpha}{\tan^2\alpha} + 1 - \cos^2\alpha + \dfrac{4}{\sin^2\alpha}$ $\left[\frac{5}{\sin^2\alpha}\right]$

227 ●● $\dfrac{1}{2}\cos^2\alpha + \dfrac{\tan^2\alpha}{2+2\tan^2\alpha} + \dfrac{2}{\cos^2\alpha}$ $\left[\frac{5-\sin^2\alpha}{2(1-\sin^2\alpha)}\right]$

Trasforma le seguenti espressioni in funzione soltanto di tan α, sapendo che $0 < \alpha < \frac{\pi}{2}$.

228 ●● $\left(\sin^2\alpha + \dfrac{1}{\cos^2\alpha} - 3 + 3\cos^2\alpha\right)\dfrac{1}{\cos^2\alpha}$ $[1+\tan^4\alpha]$

229 ●● $(4\sin^2\alpha + \cos^2\alpha)\left(\dfrac{\cos^2\alpha}{1+3\sin^2\alpha}\right)$ $\left[\frac{1}{1+\tan^2\alpha}\right]$

230 ●● $\left(\dfrac{\cos\alpha}{\sin^2\alpha} - \cos\alpha + \sin\alpha\right)\dfrac{\tan^2\alpha}{\cos\alpha}$ $[1+\tan^3\alpha]$

Semplifica le seguenti espressioni utilizzando le relazioni fondamentali della goniometria.

231 ●○ $\dfrac{\sin^3\alpha - \sin\alpha}{\cos\alpha} + 2\tan\alpha + \dfrac{\sin^2\alpha}{\tan\alpha}$ $[2\tan\alpha]$

ESERCIZI

232 $\dfrac{\tan\alpha}{\sin\alpha\cos^2\alpha} + \tan\alpha\cos\alpha - \dfrac{\tan^2\alpha + 1}{\cos\alpha}$ $[\sin\alpha]$

233 $\dfrac{1}{2}\cos\alpha + \dfrac{\tan^2\alpha}{1+\tan^2\alpha} - \sin^2\alpha + \dfrac{1}{2}\cdot\dfrac{\sin^2\alpha}{\cos\alpha\tan^2\alpha}$ $[\cos\alpha]$

234 $\dfrac{\cos^2\alpha}{1-\cos^2\alpha} - \tan\alpha + \dfrac{1-\sin^2\alpha}{\cos^2\alpha} - \dfrac{1}{\sin^2\alpha}$ $[-\tan\alpha]$

235 $\sin\alpha\tan\alpha + \cos\alpha(1-\sin\alpha) + \tan\alpha\cos^2\alpha$ $\left[\dfrac{1}{\cos\alpha}\right]$

236 $(\sin\alpha + \cos\alpha)^2 - 2\tan\alpha\cos^2\alpha + 2\sin^2\alpha - 1$ $[2\sin^2\alpha]$

TEST

237 Se $\tan x = 2$ e $180° < x < 270°$, quanto vale $\sin x$?

A $\dfrac{-1}{\sqrt{5}}$. B $\dfrac{1}{\sqrt{5}}$. C $\dfrac{-2}{\sqrt{5}}$. D $\dfrac{2}{\sqrt{5}}$. E $\dfrac{1}{2}$.

(USA *Marywood University Mathematics Contest*, 2006)

238 Se $\sin x = 2\cos x$, allora qual è il valore di $\sin x \cos x$?

A $\dfrac{1}{3}$. B $\dfrac{2}{3}$. C $\dfrac{1}{4}$. D $\dfrac{1}{5}$. E $\dfrac{2}{5}$.

(USA *Marywood University Mathematics Contest*, 2001)

Significato goniometrico del coefficiente angolare di una retta

▶ Teoria a p. 676

LEGGI IL GRAFICO

Utilizzando i dati della figura determina tan α e scrivi l'equazione della retta.

239

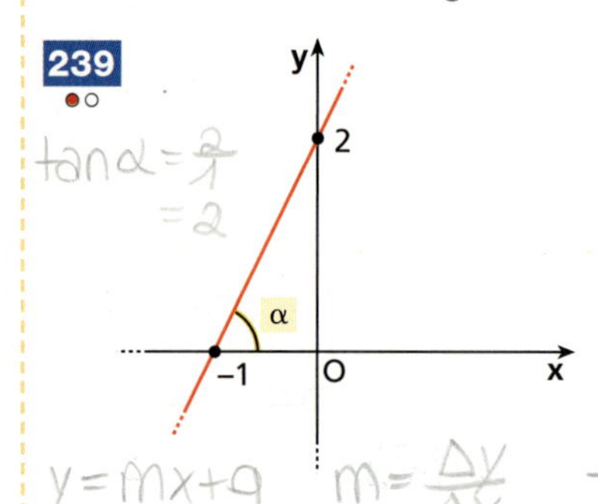

240

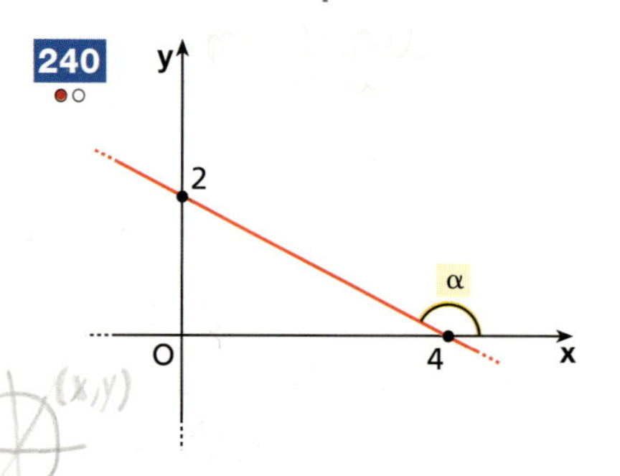

241

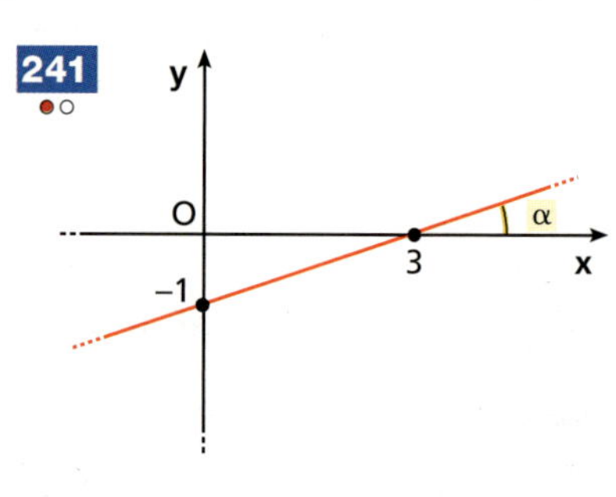

Scrivi le equazioni delle rette utilizzando i dati delle figure.

242

243

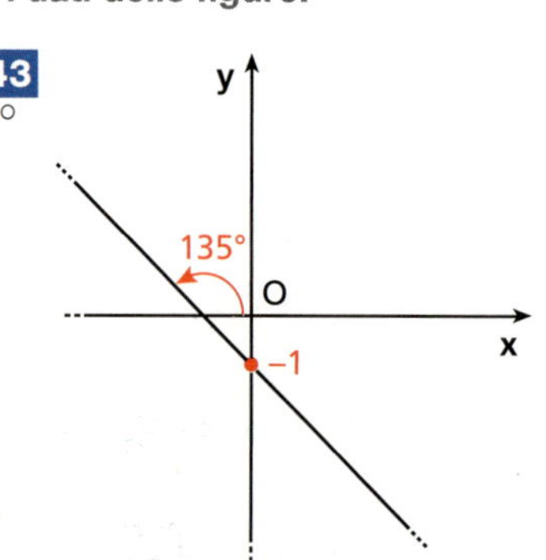

244

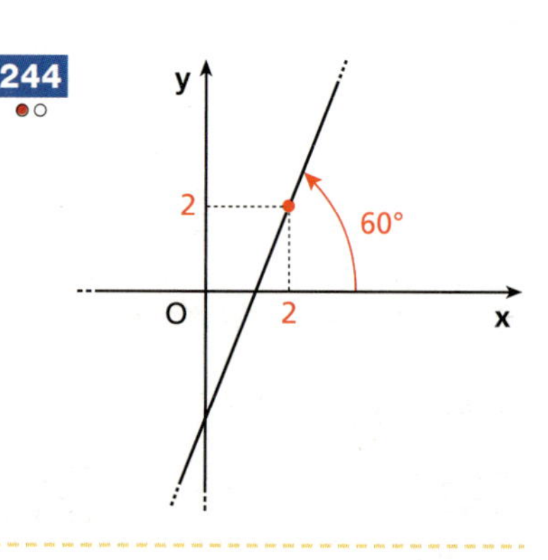

245 La retta r forma con l'asse x un angolo α che ha $\cos\alpha = \dfrac{3}{5}$. Scrivi l'equazione di r, sapendo che passa per il punto di coordinate $(0; 1)$. $[4x - 3y + 3 = 0]$

246 Calcola il coseno dell'angolo che la retta di equazione $y = -\frac{3}{4}x + 5$ forma con l'asse x. $\left[-\frac{4}{5}\right]$

247 Trova l'equazione della retta passante per il punto $A(-2;1)$ e che forma un angolo di $\frac{2}{3}\pi$ con l'asse x. $\left[y = -\sqrt{3}x - 2\sqrt{3} + 1\right]$

248 Determina l'equazione delle rette che passano per $P(2;\ 5)$ e formano con l'asse x un angolo α che ha $\sin\alpha = \frac{12}{13}$. $[12x - 5y + 1 = 0; 12x + 5y - 49 = 0]$

249 Determina il seno dell'angolo che la retta di equazione $2x - 3y + 1 = 0$ forma con la direzione positiva dell'asse delle ascisse. $\left[\frac{2\sqrt{13}}{13}\right]$

250 Trova l'angolo formato con la direzione positiva dell'asse x dalla retta passante per $A(-4;-1)$ e $B(1;3)$. $[\simeq 38{,}7°]$

251 La retta di equazione $y = \frac{2m-1}{m}x + 1$ forma con la direzione positiva dell'asse x un angolo di 120°. Calcola m. $[2 - \sqrt{3}]$

252 Trova l'equazione della retta che passa per $P(2;-5)$ e che forma con la semiretta di verso positivo dell'asse x un angolo il cui coseno è $\frac{4}{5}$. $\left[y = \frac{3}{4}x - \frac{13}{2}\right]$

253 Determina l'equazione della circonferenza di centro $C(2;0)$ e passante per $A(4;0)$. Scrivi l'equazione della tangente nel suo punto di ascissa 3 di ordinata positiva e trova l'angolo che essa forma con la direzione positiva dell'asse x. $[(x-2)^2 + y^2 = 4;\ x + \sqrt{3}y = 6;\ 150°]$

254 Considera il fascio di rette di equazione $y = (k+2)x + k - 1$, con $k \in \mathbb{R}$, e determina:

a. la retta inclinata di 150° rispetto all'asse x;

b. le rette che hanno inclinazione compresa fra $\frac{\pi}{4}$ e $\frac{\pi}{3}$. $\left[\text{a) } y = -\frac{\sqrt{3}}{3}x - 3 - \frac{\sqrt{3}}{3};\ \text{b) } -1 \le k \le \sqrt{3} - 2\right]$

4 Funzioni secante e cosecante

Teoria a p. 676

Utilizzando la circonferenza goniometrica, rappresenta gli angoli che verificano le seguenti uguaglianze.

255 $\sec\alpha = 2$

256 $\csc\alpha = \frac{3}{2}$

257 $\sec\alpha = -1$

258 $\csc\alpha = 3$

259 TEST Una sola delle seguenti uguaglianze è falsa. Quale?

A $\sec\alpha = \frac{\tan\alpha}{\sin\alpha}$

B $\tan\alpha = \frac{\sec\alpha}{\csc\alpha}$

C $\csc\alpha = \frac{\cos\alpha}{\tan\alpha}$

D $\sec\alpha \cdot \sin\alpha = \tan\alpha$

E $\sin\alpha \cdot \csc\alpha = 1$

Semplifica le seguenti espressioni.

260 $\frac{\csc\alpha}{\tan\alpha} \cdot \cos\alpha - \csc^2\alpha$ $[-1]$

261 $(\sec^2\alpha - 1)\csc\alpha - \frac{\csc\alpha}{\cos^2\alpha}$ $[-\csc\alpha]$

262 $\frac{\sin\alpha \cdot \sec\alpha + \cos\alpha \cdot \csc\alpha}{\csc\alpha}$ $[\sec\alpha]$

263 $\left(\frac{\sec\alpha}{\csc\alpha} + \frac{\csc\alpha}{\sec\alpha}\right) \cdot \cos\alpha$ $\left[\frac{1}{\sin\alpha}\right]$

264 Se $\sec\alpha = \frac{5}{4}$ e $\frac{3}{2}\pi < \alpha < 2\pi$, verifica che $\frac{2\sin\alpha - 4\cos\alpha}{\cos\alpha - 3\sin\alpha} = -\frac{22}{13}$.

ESERCIZI

265 Se $\csc\alpha = \frac{13}{12}$ e $\frac{\pi}{2} < \alpha < \pi$, verifica che $\frac{\tan\alpha - 13\sin\alpha}{\tan\alpha - 1 + 13\cos\alpha} = \frac{12}{7}$.

266 Trasforma l'uguaglianza esprimendo y in funzione soltanto di: **a.** $\sin\alpha$; **b.** $\tan\alpha$.

$$y = \frac{\sec^2\alpha + \csc^2\alpha}{2\tan^2\alpha}$$

$\left[a) \frac{1}{2\sin^4\alpha}; b) \frac{(1+\tan^2\alpha)^2}{2\tan^4\alpha}\right]$

267 Trasforma l'espressione y in funzione soltanto di: **a.** $\sec\alpha$; **b.** $\csc\alpha$.

$$y = \tan^2\alpha + 1 - \csc^2\alpha$$

$\left[a) \sec^2\alpha - \frac{\sec^4\alpha}{(\sec^2\alpha - 1)^2}; b) \frac{\csc^2\alpha}{\csc^2\alpha - 1} - \csc^4\alpha\right]$

268 Trova il valore di $\sin\alpha$ e $\cos\alpha$, con $0 < \alpha < \frac{\pi}{2}$, sapendo che:

$$3\frac{\sec\alpha}{\csc\alpha} - 4 = 0.$$

$\left[\frac{4}{5}, \frac{3}{5}\right]$

269 Determina il valore di $\sin\alpha$ e $\cos\alpha$, con $\pi < \alpha < \frac{3}{2}\pi$, sapendo che:

$$12\sec\alpha - 5\csc\alpha = 0.$$

$\left[-\frac{5}{13}, -\frac{12}{13}\right]$

270 VERO O FALSO?

a. La cosecante non è definita per $\alpha = k\pi$. V F

b. La secante è positiva per angoli il cui seno è positivo. V F

c. Se $0 < \alpha \leq \frac{\pi}{2}$, allora $\sec\alpha \geq 1$. V F

d. Non esistono angoli che verificano l'uguaglianza $\csc\alpha = \frac{1}{2}$. V F

Trova quale condizione deve soddisfare il parametro affinché sia verificata l'uguaglianza.

271 $\sec\alpha = k - 4$ $[k \leq 3 \vee k \geq 5]$

272 $\csc\alpha = \frac{2k}{k+3}$ $[k < -3 \vee -3 < k \leq -1 \vee k \geq 3]$

273 $\sec\alpha = \frac{2a-1}{a}$, con $0 < \alpha < \frac{\pi}{2}$. $[a < 0 \vee a > 1]$

274 $\csc\alpha = \frac{\sqrt{a+2}}{a+1}$, con $\pi < \alpha < \frac{3}{2}\pi$. $\left[\frac{-1-\sqrt{5}}{2} < a < -1\right]$

Grafico del reciproco di una funzione

LEGGI IL GRAFICO

In ogni figura è rappresentata la funzione $y = f(x)$. Disegna il grafico di $y = \frac{1}{f(x)}$.

275

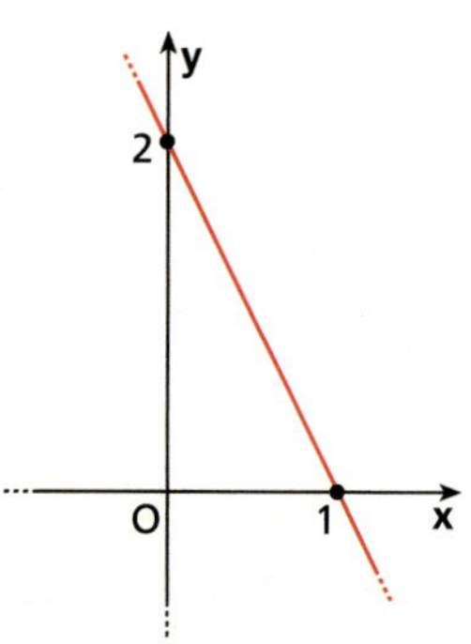

276

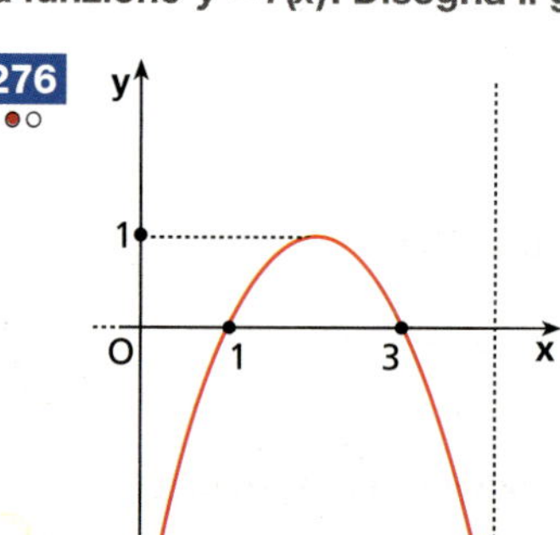

277

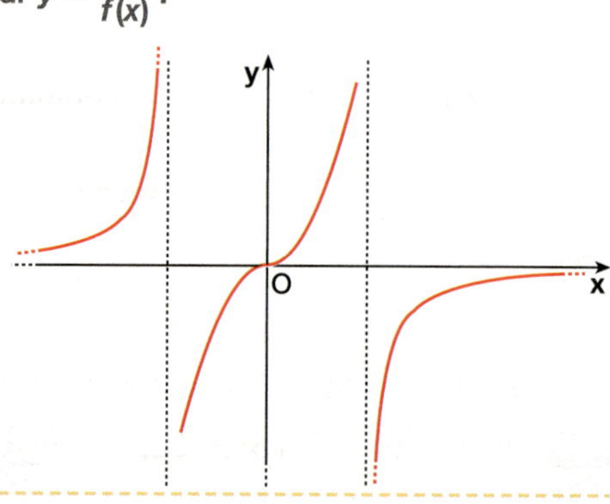

278 Rappresenta il grafico della funzione $f(x) = x^2 + 2$ e poi disegna quello di $\frac{1}{f(x)}$.

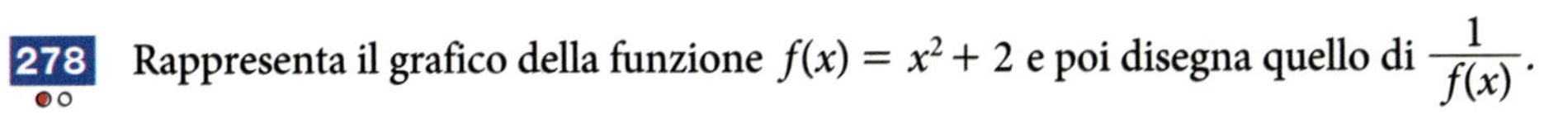

279 Disegna il grafico della funzione $f(x) = -x^2 + 4x$ e poi traccia quello di $\frac{1}{f(x)}$.

Rappresenta graficamente le seguenti funzioni.

280 $y = \frac{1}{\tan x}$

281 $y = \frac{1}{2x - 3}$

282 $y = \frac{1}{x^2 - 4x}$

283 $y = \frac{1}{|x| - 1}$

284 $y = \frac{1}{\sqrt{1 - x}}$

285 $y = -\frac{1}{|\tan x|}$

5 Funzione cotangente

▶ Teoria a p. 678

Disegna la circonferenza goniometrica e rappresenta la cotangente dei seguenti angoli.

286 60°; 90°; 150°; 330°.

287 $\frac{\pi}{4}$; $\frac{3}{4}\pi$; $\frac{5}{4}\pi$; $\frac{7}{4}\pi$.

Per ogni angolo α nelle figure, individua cot α, se esiste, sulla retta tangente in *F* alla circonferenza.

288

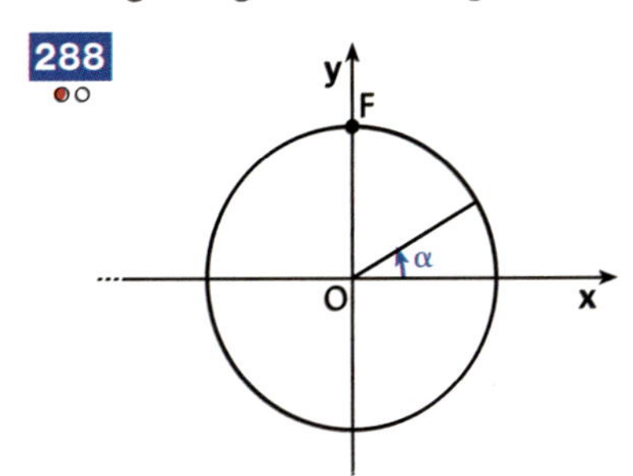

289

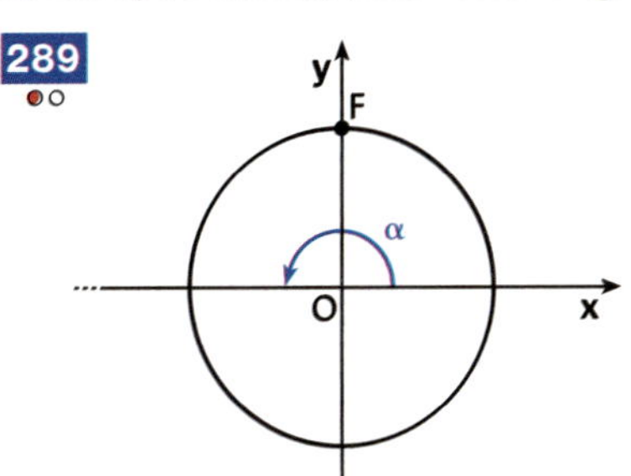

290

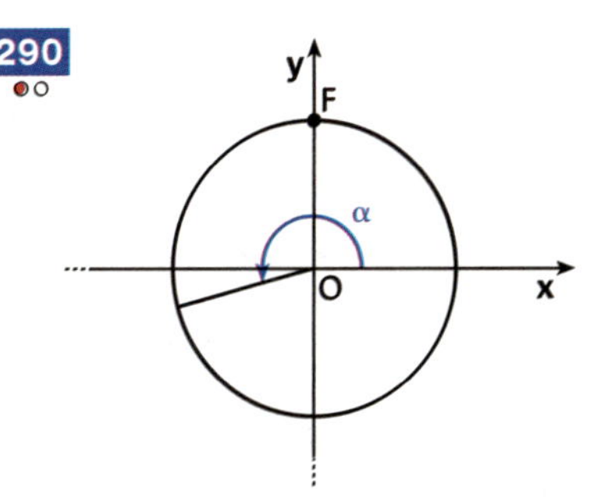

291 ASSOCIA a ogni angolo la relativa cotangente.

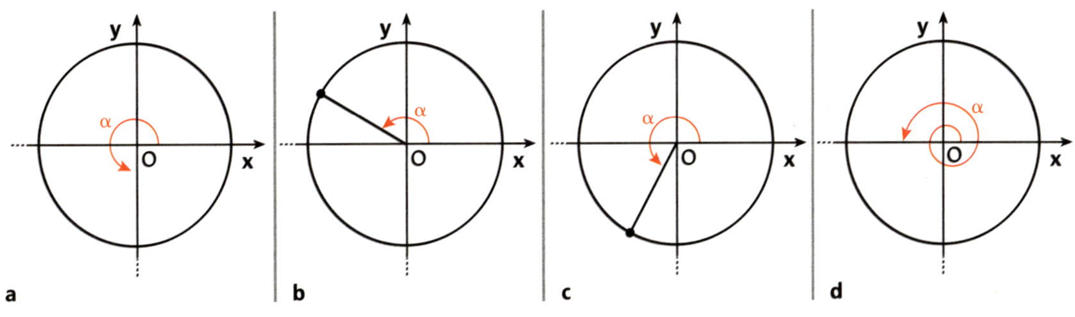

1. $\cot\alpha > 0$ 2. $\cot\alpha = 0$ 3. $\cot\alpha$ non esiste 4. $\cot\alpha < 0$

292 Disegna nella circonferenza goniometrica gli angoli tali che: $\cot\alpha = 1$; $\cot\beta = 4$; $\cot\gamma = -2$.

Trova quale condizione deve soddisfare il parametro affinché sia verificata l'uguaglianza.

293 $\cot x = \frac{a-4}{a+1}$ [$a \neq -1$]

294 $2k \cot x = k^2 - 16$ [$k \neq 0$]

295 $\cot x = \frac{\sqrt{a-3}}{2a}$ [$a \geq 3$]

Indica in quale quadrante si trova un angolo α che verifica le seguenti condizioni.

296 $\sin\alpha > 0$, $\cot\alpha < 0$.

297 $\cot\alpha < 0$, $\sec\alpha < 0$.

298 $\cos\alpha > 0$, $\cot\alpha > 0$.

ESERCIZI

299 AL VOLO Calcola il valore di: $\tan\frac{2}{3}\cdot\cot\frac{2}{3}$. [1]

Trova il dominio delle seguenti funzioni.

300 $y=\cot x+\tan x$ $\left[x\neq k\frac{\pi}{2}\right]$

301 $y=\frac{2}{\cot x}$ $\left[x\neq k\frac{\pi}{2}\right]$

302 $y=\cot x-3\sin x$ $[x\neq k\pi]$

303 Dimostra con le relazioni fondamentali le seguenti formule, che esprimono $\sin\alpha$ e $\cos\alpha$ in funzione di $\cot\alpha$.

$$\sin\alpha=\frac{1}{\pm\sqrt{1+\cot^2\alpha}},\quad \cos\alpha=\frac{\pm\cot\alpha}{\sqrt{1+\cot^2\alpha}}.$$

seno e coseno in funzione della cotangente

304 ESERCIZIO GUIDA $\cot\alpha=3$ e α appartiene al primo quadrante. Determiniamo $\sin\alpha$, $\cos\alpha$ e $\tan\alpha$.

Poiché $0<\alpha<\frac{\pi}{2}$, seno, coseno e tangente di α sono tutti positivi.

- Applichiamo le formule $\sin\alpha=\frac{1}{\sqrt{1+\cot^2\alpha}}$ e $\cos\alpha=\frac{\cot\alpha}{\sqrt{1+\cot^2\alpha}}$:

$$\sin\alpha=\frac{1}{\sqrt{1+3^2}}=\frac{1}{\sqrt{10}}=\frac{\sqrt{10}}{10};\ \cos\alpha=\frac{3}{\sqrt{1+3^2}}=\frac{3}{\sqrt{10}}=\frac{3\cdot\sqrt{10}}{10}.$$

- Calcoliamo $\tan\alpha$ tenendo presente che $\tan\alpha=\frac{1}{\cot\alpha}$: $\tan\alpha=\frac{1}{3}$.

Considera le funzioni seno, coseno, tangente e cotangente dell'angolo α: noti il valore di una funzione e l'intervallo a cui appartiene α, calcola il valore delle altre tre funzioni.

305 $\cot\alpha=2$ e $0<\alpha<\frac{\pi}{2}$.

306 $\sin\alpha=\frac{1}{2}$ e $\frac{\pi}{2}<\alpha<\pi$.

307 $\tan\alpha=-\sqrt{3}$ e $\frac{3}{2}\pi<\alpha<2\pi$.

308 $\tan\alpha=1$ e $\pi<\alpha<\frac{3}{2}\pi$.

309 $\cos\alpha=\frac{\sqrt{3}}{2}$ e $\frac{3}{2}\pi<\alpha<2\pi$.

310 $\cot\alpha=-\sqrt{3}$ e $\frac{\pi}{2}<\alpha<\pi$.

Riepilogo: Funzioni goniometriche

Calcola il valore delle funzioni indicate, utilizzando le informazioni fornite.

311 $\cos\alpha$ e $\sin\alpha$ — $\cot\alpha=-\sqrt{15},\ \frac{3}{2}\pi<\alpha<2\pi$ $\left[\frac{\sqrt{15}}{4};-\frac{1}{4}\right]$

312 $\cos\alpha$ e $\tan\alpha$ — $\sin\alpha=\frac{5}{13},\ \frac{\pi}{2}<\alpha<\pi$ $\left[-\frac{12}{13};-\frac{5}{12}\right]$

313 $\sin\alpha$ e $\tan\alpha$ — $\cos\alpha=-\frac{33}{65},\ \pi<\alpha<\frac{3}{2}\pi$ $\left[-\frac{56}{65};\frac{56}{33}\right]$

314 $\cos\alpha$ e $\tan\alpha$ — $\sin\alpha=-\frac{\sqrt{13}}{7},\ \frac{3}{2}\pi<\alpha<2\pi$ $\left[\frac{6}{7};-\frac{\sqrt{13}}{6}\right]$

Espressioni con funzioni goniometriche

Semplifica le seguenti espressioni.

315 $(\sec^2\alpha + \csc^2\alpha)\cot^2\alpha$ $\left[\frac{1}{\sin^4\alpha}\right]$

316 $\frac{\cos^2\alpha + 2\sin^2\alpha - 2}{\cot\alpha}\cdot\csc\alpha$ $[-\cos\alpha]$

317 $\frac{\cot\alpha}{\sin\alpha} + \csc\alpha - \frac{\csc\alpha}{\tan\alpha}$ $\left[\frac{1}{\sin\alpha}\right]$

318 $\frac{\cot^2\alpha + 1}{\csc^2\alpha} - \left(\frac{1}{\sec^2\alpha} + \frac{1}{\csc^2\alpha}\right)$ $[0]$

---

319 Trasforma l'espressione in funzione soltanto di $\sin\alpha$, sapendo che $\pi < \alpha < \frac{3}{2}\pi$.

$3\sin\alpha - 2\cot^2\alpha + \cos^2\alpha$ $\left[\frac{-\sin^4\alpha + 3\sin^3\alpha + 3\sin^2\alpha - 2}{\sin^2\alpha}\right]$

320 Trasforma l'espressione in funzione soltanto di $\tan\alpha$, sapendo che $\frac{\pi}{2} < \alpha < \pi$.

$\frac{\sin^2\alpha + \cot\alpha - 1}{2\cot^2\alpha + \cos^2\alpha}$ $\left[\frac{\tan\alpha(\tan^2\alpha - \tan\alpha + 1)}{3\tan^2\alpha + 2}\right]$

321 Trasforma l'espressione in funzione soltanto di $\cot\alpha$, sapendo che $0 < \alpha < \frac{\pi}{2}$.

$\frac{2\tan\alpha + \cos^2\alpha - 1}{\sin^2\alpha}$ $\left[\frac{2\cot^2\alpha - \cot\alpha + 2}{\cot\alpha}\right]$

Identità con le funzioni goniometriche

322 ESERCIZIO GUIDA Verifichiamo l'identità $1 + \cot^2\alpha = \csc^2\alpha$.

Poiché un'**identità goniometrica** è un'uguaglianza fra espressioni contenenti funzioni goniometriche di uno o più angoli che risulta verificata per **tutti** i valori appartenenti ai domini di tali funzioni, determiniamo le condizioni di esistenza del primo e secondo membro:

C.E.: $\alpha \neq k\pi$.

Consideriamo il primo membro e trasformiamo $\cot^2\alpha$ in funzione di $\sin\alpha$ e $\cos\alpha$, poi sommiamo:

$$1 + \left(\frac{\cos\alpha}{\sin\alpha}\right)^2 = 1 + \frac{\cos^2\alpha}{\sin^2\alpha} = \frac{\sin^2\alpha + \cos^2\alpha}{\sin^2\alpha} = \frac{1}{\sin^2\alpha}.$$

Trasformando il secondo membro in funzione di $\sin\alpha$ otteniamo $\frac{1}{\sin^2\alpha}$.

Pertanto l'identità è verificata, se $\alpha \neq k\pi$.

Verifica le seguenti identità.

323 $(\sin\alpha + \cos\alpha)^2 - 1 = 2\sin\alpha\cos\alpha$

324 $\cos\alpha\cdot\tan\alpha + \sin\alpha\cdot\cot\alpha = \cos\alpha + \sin\alpha$

325 $\cos^2\alpha\cdot\tan^2\alpha + \sin^2\alpha\cdot\cot^2\alpha = 1$

326 $(\tan\alpha + \cot\alpha)\sin\alpha = \frac{1}{\cos\alpha}$

327 $(\cot\alpha - \cos\alpha)\cdot\tan\alpha = 1 - \sin\alpha$

328 $\tan\alpha = \frac{\tan\alpha - 1}{1 - \cot\alpha}$

329 $\sin\alpha\cdot\cos^2\alpha + \sin^3\alpha = \sin\alpha$

330 $\csc^2\alpha + \sec^2\alpha = \frac{1}{\cos^2\alpha\cdot\sin^2\alpha}$

331 $(1 + \tan^2\alpha)\cdot(1 - \sin^2\alpha) = 1$

332 $\sec\alpha - \cos^2\alpha - \sin\alpha\cdot\tan\alpha - \cos\alpha + 1 = \sin^2\alpha$

333 $1 + \tan^2\alpha - \frac{1}{\sin^2\alpha}\cdot\tan^2\alpha + \frac{1}{\cos^2\alpha} = \frac{1}{\cos^2\alpha}$

334 $\cos^2\alpha - \sin^2\alpha = \frac{1 - \tan^2\alpha}{1 + \tan^2\alpha}$

335 $\frac{1}{2 - \sin^2\alpha} = \frac{1 + \tan^2\alpha}{2 + \tan^2\alpha}$

ESERCIZI

336 $\sin^2\alpha + \sin^2\alpha \cdot \cos^2\alpha + \cos^4\alpha = 1$

337 $\dfrac{\sec\alpha + \csc\alpha}{\tan\alpha + \cot\alpha} = \cos\alpha + \sin\alpha$

338 $\dfrac{1-\cos^2\alpha}{1+\cot^2\alpha} = \dfrac{\sin^2\alpha}{\csc^2\alpha}$

339 $\cos^6\alpha + \sin^6\alpha = 1 - 3\cos^2\alpha\sin^2\alpha$

340 $\sin^4\alpha + \cos^4\alpha = 1 - 2\cot^2\alpha\sin^4\alpha$

Allenati con **15 esercizi interattivi** con feedback "hai sbagliato, perché..."
su.zanichelli.it/tutor3 risorsa riservata a chi ha acquistato l'edizione con tutor

6 Funzioni goniometriche di angoli particolari

Teoria a p. 680

341 VERO O FALSO?

a. $\sin\frac{\pi}{6} + \cos\frac{\pi}{3} = 1$ V F

b. $\sin 30° + \sin 60° = \sin 90°$ V F

c. $\tan\frac{\pi}{4} = \cot\frac{\pi}{4}$ V F

d. $\cos\frac{\pi}{6} - \sin\frac{\pi}{6} = \frac{1}{2}$ V F

Calcola il valore delle seguenti espressioni.

342 $\sin\frac{\pi}{6} + \cos\frac{\pi}{6} - \cos\frac{\pi}{3}$ $\left[\frac{\sqrt{3}}{2}\right]$

343 $\left(\tan 0 - 2\sin\frac{\pi}{4}\right)^2$ $[2]$

344 $\frac{\sqrt{3}}{3}\tan 30° + \sqrt{3}\tan 60°$ $\left[\frac{10}{3}\right]$

---

345 $4\sin 30° - \sec 60° + \sqrt{2}\csc 45° + \cos 90° - 3\sec 0°$ $[-1]$

346 $4\cos 0 - 2\sec\frac{\pi}{3} + 2\csc\frac{\pi}{4} - 4\sin\frac{\pi}{4} + \cot\frac{\pi}{2}$ $[0]$

347 $3\tan 0° + 4\cos 30°\sin 60° - \sqrt{2}\cos 45° - 6\sin 90°$ $[-4]$

348 $\cos 0° + \sin 90° - 3\cos 180° + 5\sin^2 270° - \sin 180°$ $[10]$

349 $\cot\frac{\pi}{2} - 3\sec\frac{\pi}{4} + \csc\frac{\pi}{6}\sec\frac{\pi}{6} - 8\cot\frac{\pi}{3}\cos\frac{\pi}{3}$ $[-3\sqrt{2}]$

350 $\frac{1}{2}\sec 45° - \cos 45° - 2\cos^2 30° + \sqrt{3}\csc 60° - 3\tan 30° + 3\cot 60°$ $\left[\frac{1}{2}\right]$

351 $\frac{1}{3}\cos 0° + \sqrt{3}\sin 60° + 4\cos 90° - \frac{\sqrt{2}}{3}\cos 45° - 2\cos 60° - \frac{3}{2}\sin 90°$ $[-1]$

352 $\sin\frac{\pi}{3} + \sin\pi + \cos\frac{\pi}{3} + \sin\frac{\pi}{6} - \cos\frac{\pi}{6}$ $[1]$

353 $4\sin\frac{\pi}{2} - 3\left(\sin\frac{\pi}{6} + \cos\frac{\pi}{3}\right) - 2\sin\frac{\pi}{3} + \cos\pi$ $4\cdot 1 - 3\left(\frac{1}{2}+\frac{1}{2}\right) - 2\cdot\frac{\sqrt{3}}{2} + (-1)$ $[-\sqrt{3}]$

354 $\cos\frac{\pi}{4}\left(1 + \sin\frac{\pi}{4}\right) - \sqrt{3}\tan\frac{\pi}{3} + \csc\frac{\pi}{6}$ $\left[\frac{\sqrt{2}-1}{2}\right]$

355 $-\cos^2\frac{\pi}{6} + \frac{1}{2}\sec^2\frac{\pi}{4} - \frac{1}{2}\cos\frac{\pi}{3} - \tan\frac{\pi}{4}$ $[-1]$

356 $\frac{1}{2}\sin\frac{\pi}{6} + \frac{\sqrt{3}}{2}\cos\frac{\pi}{6} + \sqrt{2}\csc\frac{\pi}{4} + 3\cot\frac{\pi}{3}\tan\frac{\pi}{6} + \csc\frac{\pi}{6}$ $[6]$

Calcola il valore delle seguenti espressioni a coefficienti letterali.

357 $2a\sin\frac{\pi}{6} - b\sqrt{2}\csc\frac{\pi}{4} + a\cos\frac{\pi}{2} + b\cot\frac{\pi}{4}$ $[a-b]$

358 $a\sin 90° + 2b\cos 180° - 3a\sin 270° + b\cos 0°$ $[4a-b]$

359 $\frac{a^2}{4}\sin\frac{3}{2}\pi - \frac{3}{4}a\sec\frac{\pi}{4}\cdot\left(a\csc\frac{\pi}{4}\right)+\left(a\cos\frac{\pi}{6}\right)^2$ $[-a^2]$

360 $\left(a\sin\frac{\pi}{2} - b\cos\pi\right)\left(2a\sin\frac{\pi}{6} - b\cot\frac{\pi}{4}\right) + b^2\sec\frac{\pi}{3}$ $[a^2+b^2]$

361 $x\tan 0 + \left(x\cot\frac{\pi}{6} + y\tan\frac{\pi}{3}\right)^2 - 3y^2\cot\frac{\pi}{4} - x\cot\frac{3}{2}\pi$ $[3x^2+6xy]$

362 $a\sec\frac{\pi}{3} + b^2\sqrt{3}\cot\frac{\pi}{6} + 5a\sin\frac{3}{2}\pi - b^2\cos 0 - b^2\csc\frac{3}{2}\pi$ $[3b^2-3a]$

363 $\dfrac{a^2\tan 45° + ab\csc 30° + b^2\sec 0°}{a - b\sin 270°}$ $[a+b]$

7 Angoli associati

Funzioni goniometriche di angoli associati

▶ Teoria a p. 682

Angoli opposti (α e $-\alpha$) o esplementari (α e $2\pi-\alpha$)

364 VERO O FALSO?

a. $\sin(-30°) = -\sin(30°)$ V F

b. $\cos\left(-\frac{\pi}{4}\right) = -\cos\left(-\frac{\pi}{4}\right)$ V F

c. $\tan\left(2\pi - \frac{\pi}{6}\right) = \tan\left(-\frac{\pi}{6}\right)$ V F

d. $\sin(360° - 42°) = -\sin(42°)$ V F

e. $\sec\left(-\frac{\pi}{5}\right) = \sec\left(\frac{\pi}{5}\right)$ V F

Calcola il valore delle seguenti funzioni goniometriche.

365 $\sin(-30°)$; $\sin(-45°)$; $\csc(-60°)$. $\left[-\frac{1}{2}; -\frac{\sqrt{2}}{2}; -\frac{2}{\sqrt{3}}\right]$

366 $\cos(-60°)$; $\cos\left(-\frac{\pi}{6}\right)$; $\sec\left(-\frac{\pi}{4}\right)$. $\left[\frac{1}{2}; \frac{\sqrt{3}}{2}; \sqrt{2}\right]$

367 $\tan\left(-\frac{\pi}{4}\right)$; $\tan\left(-\frac{\pi}{3}\right)$; $\cot\left(-\frac{\pi}{6}\right)$. $[-1; -\sqrt{3}; -\sqrt{3}]$

368 $\sin\left(2\pi - \frac{\pi}{3}\right)$; $\tan(360° - 45°)$; $\cos\left(2\pi - \frac{\pi}{6}\right)$. $\left[-\frac{\sqrt{3}}{2}; -1; \frac{\sqrt{3}}{2}\right]$

369 TEST Una sola delle seguenti uguaglianze è vera, quale?

A $\sin^2\left(-\frac{\pi}{6}\right) = -\sin^2\left(\frac{\pi}{6}\right)$

B $\cos^2\left(-\frac{\pi}{5}\right) = -\cos^2\left(\frac{\pi}{5}\right)$

C $\sin^2(-35°) + \cos^2(-35°) = 1$

D $\sin^2(-80°) - \cos^2(-80°) = -1$

E $\sin\left(\frac{\pi}{8}\right) = \sin\left(2\pi - \frac{\pi}{8}\right)$

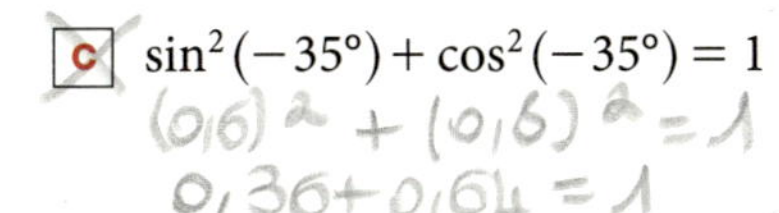

370 ESERCIZIO GUIDA Semplifichiamo $\sec\alpha - \cos(-\alpha) + \tan\alpha\sin(-\alpha)$.

Riscriviamo l'espressione in funzione solo di seno e coseno.

$$\frac{1}{\cos\alpha} - \cos(-\alpha) + \frac{\sin\alpha}{\cos\alpha}\cdot\sin(-\alpha) =$$

) trasformiamo le funzioni di $-\alpha$ come indicato in figura

$$\frac{1}{\cos\alpha} - \cos\alpha + \frac{\sin\alpha}{\cos\alpha}\cdot(-\sin\alpha) =$$

) denominatore comune

$$\frac{1-\cos^2\alpha-\sin^2\alpha}{\cos\alpha} =$$

) $\sin^2\alpha + \cos^2\alpha = 1$

$$\frac{1-1}{\cos\alpha} = 0$$

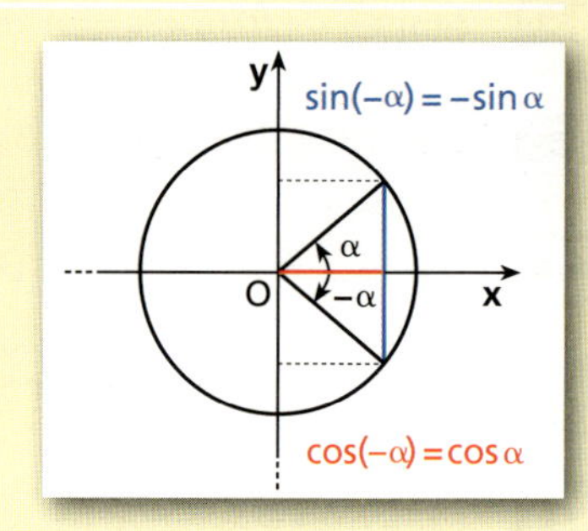

Semplifica le seguenti espressioni.

371 ●○ $-\sin\alpha\sin(-\alpha) + \cos\alpha\cos(-\alpha)$ $[1]$

372 ●○ $\tan(-\alpha) - 2\cos(-\alpha) + 2\sin(-\alpha)\cot(-\alpha)$ $[-\tan\alpha]$

373 ●○ $\sin(-\alpha) + \cos(-\alpha) + \sec(-\alpha) + 2\sin\alpha - \sec\alpha + 3\cos\alpha$ $[\sin\alpha + 4\cos\alpha]$

374 ●○ $\sin^2(-\alpha) + \cos^2\alpha + \tan\alpha\cot(-\alpha)$ $[0]$

375 ●○ $\cos(-\alpha) - \sin(-\alpha)\cot(-\alpha) + \frac{1}{\sec(-\alpha)}$ $[\cos\alpha]$

376 ●○ $\sin(2\pi-\alpha) - 2\cos(2\pi-\alpha) - \cos\alpha\tan(2\pi-\alpha)$ $[-2\cos\alpha]$

377 ●○ $\sec(360° - \alpha)\cos\alpha + \tan(360° - \alpha)\cot\alpha$ $[0]$

378 ●○ $3\sin(2\pi-\alpha) + \cos(2\pi-\alpha)\sec\alpha + 3\sin\alpha$ $[1]$

379 ●○ $\frac{\sin(2\pi-\alpha)}{\cos(-\alpha)} - 2\cos(2\pi-\alpha) - \tan(2\pi-\alpha) + \cos\alpha$ $[-\cos\alpha]$

380 ●○ $\frac{\cos(-\alpha) - \tan(-\alpha)}{\cos^2\alpha + \sin^2(-\alpha)} + \sin^2(-\alpha) - \cos(-\alpha)$ $[\tan\alpha + \sin^2\alpha]$

381 ●○ $\sqrt{3}\cos(-30°) + \sqrt{3}\sin(-60°) - \cos(-45°) - \cos(-60°)\csc(-45°)$ $[0]$

382 ●● $\csc(2\pi-\alpha) + \frac{\cos^2(2\pi-\alpha)+\sin^2\alpha}{\sin(2\pi-\alpha)}$ $\left[-\frac{2}{\sin\alpha}\right]$

Angoli complementari $\left(\alpha \text{ e } \frac{\pi}{2}-\alpha\right)$

383 ESERCIZIO GUIDA Semplifichiamo $\sin\left(\frac{\pi}{2}-\alpha\right) - \cos\alpha + \csc\left(\frac{\pi}{2}-\alpha\right)\cos\left(\frac{\pi}{2}-\alpha\right)$.

Esprimiamo $\csc\left(\frac{\pi}{2}-\alpha\right)$ in funzione di $\sin\left(\frac{\pi}{2}-\alpha\right)$:

$$\sin\left(\frac{\pi}{2}-\alpha\right) - \cos\alpha + \frac{1}{\sin\left(\frac{\pi}{2}-\alpha\right)}\cos\left(\frac{\pi}{2}-\alpha\right);$$

) trasformiamo le funzioni di $\frac{\pi}{2}-\alpha$ come indicato in figura

$$\cos\alpha - \cos\alpha + \frac{1}{\cos\alpha}\sin\alpha = \tan\alpha.$$

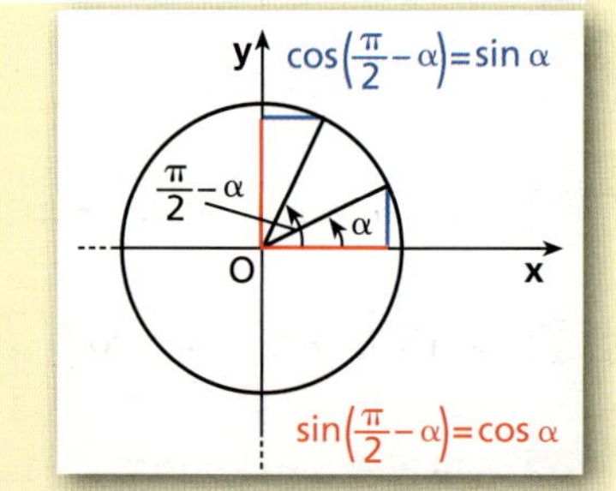

Semplifica le seguenti espressioni.

384 $\tan\left(\frac{\pi}{2}-\alpha\right)\sin\alpha-\cos\alpha+\sin\left(\frac{\pi}{2}-\alpha\right)$ $[\cos\alpha]$

385 $\csc\left(\frac{\pi}{2}-\alpha\right)\tan\left(\frac{\pi}{2}-\alpha\right)+\sin\left(\frac{\pi}{2}-\alpha\right)-\sec\left(\frac{\pi}{2}-\alpha\right)$ $[\cos\alpha]$

386 $2\cos(90°-\alpha)-3\sin(90°-\alpha)+2\cos\alpha-3\sin\alpha$ $[-\cos\alpha-\sin\alpha]$

387 $\cot\left(\frac{\pi}{2}-\alpha\right)\left[2\sin\left(\frac{\pi}{2}-\alpha\right)-3\cos(-\alpha)\right]+\cos\left(\frac{\pi}{2}-\alpha\right)$ $[0]$

388 $[\cos(90°-\alpha)+\sin(90°-\alpha)]^2-\dfrac{2\tan(90°-\alpha)}{1+\cot^2(-\alpha)}$ $[1]$

Determina il valore delle espressioni indicate nelle figure.

389

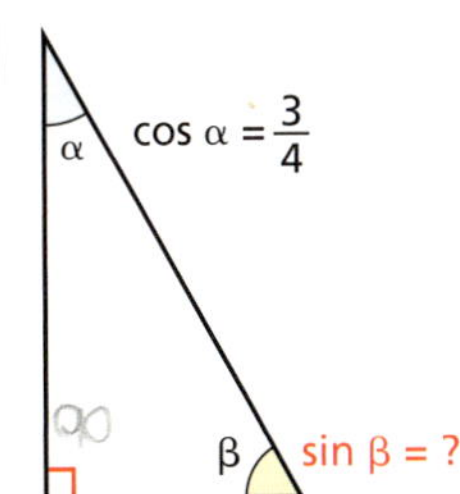

390

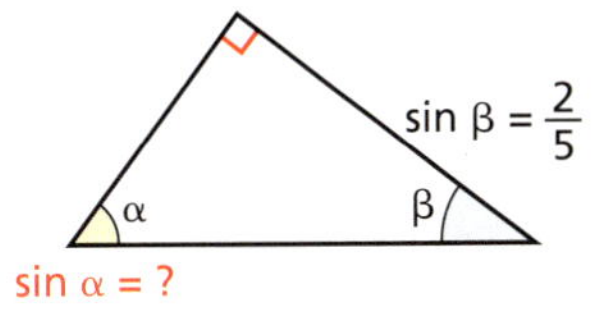

391

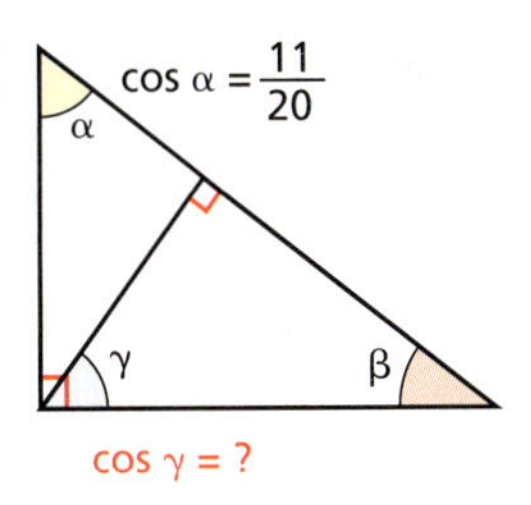

392 RIFLETTI SULLA TEORIA Dimostra che se un triangolo ABC è rettangolo allora $\sin^2\widehat{A}+\sin^2\widehat{B}+\sin^2\widehat{C}=2$.

Angoli che differiscono di un angolo retto $\left(\alpha \text{ e } \frac{\pi}{2}+\alpha\right)$

393 ESERCIZIO GUIDA Semplifichiamo la seguente espressione:

$$\cos\left(\frac{\pi}{2}+\alpha\right)+\sin\alpha+\sec\left(\frac{\pi}{2}+\alpha\right)\sin\alpha+\sin\left(\frac{\pi}{2}+\alpha\right).$$

Esprimiamo $\sec\left(\frac{\pi}{2}+\alpha\right)$ in funzione di $\cos\left(\frac{\pi}{2}+\alpha\right)$:

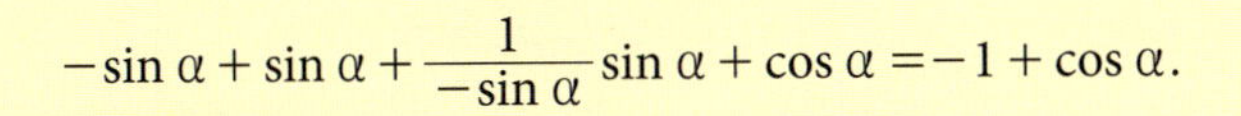

$$\cos\left(\frac{\pi}{2}+\alpha\right)+\sin\alpha+\frac{1}{\cos\left(\frac{\pi}{2}+\alpha\right)}\sin\alpha+\sin\left(\frac{\pi}{2}+\alpha\right)=$$

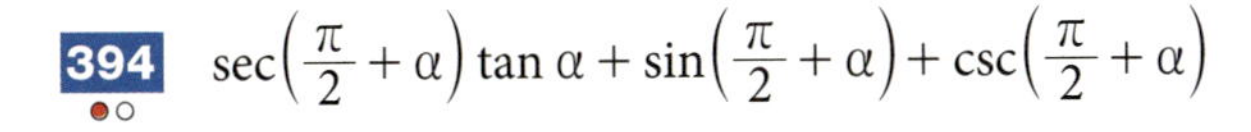

$$-\sin\alpha+\sin\alpha+\frac{1}{-\sin\alpha}\sin\alpha+\cos\alpha=-1+\cos\alpha.$$

trasformiamo le funzioni di $\frac{\pi}{2}+\alpha$ come indicato in figura

$\cos\left(\frac{\pi}{2}+\alpha\right)=-\sin\alpha$, $\sin\left(\frac{\pi}{2}+\alpha\right)=\cos\alpha$

Semplifica le seguenti espressioni.

394 $\sec\left(\frac{\pi}{2}+\alpha\right)\tan\alpha+\sin\left(\frac{\pi}{2}+\alpha\right)+\csc\left(\frac{\pi}{2}+\alpha\right)$ $[\cos\alpha]$

395 $\cos(90°+\alpha)\cot(90°+\alpha)(1+\cot^2\alpha)(-\cos\alpha)$ $[-1]$

396 $\sin^2\left(\frac{\pi}{2}+\alpha\right)-1+\cot^2\left(\frac{\pi}{2}+\alpha\right)\sin^2\left(\frac{\pi}{2}+\alpha\right)$ $[0]$

397 $\sin(90°+\alpha)\cos(90°-\alpha)+\cos(90°+\alpha)\sin(90°+\alpha)-\sin(-\alpha)$ $[\sin\alpha]$

ESERCIZI

Angoli supplementari (α e $\pi - \alpha$)

398 ESERCIZIO GUIDA Semplifichiamo la seguente espressione:

$$3\cos\alpha + \cos(\pi - \alpha) - \sin\alpha + 2\cot(\pi - \alpha)\sin\alpha + 2\sin(\pi - \alpha).$$

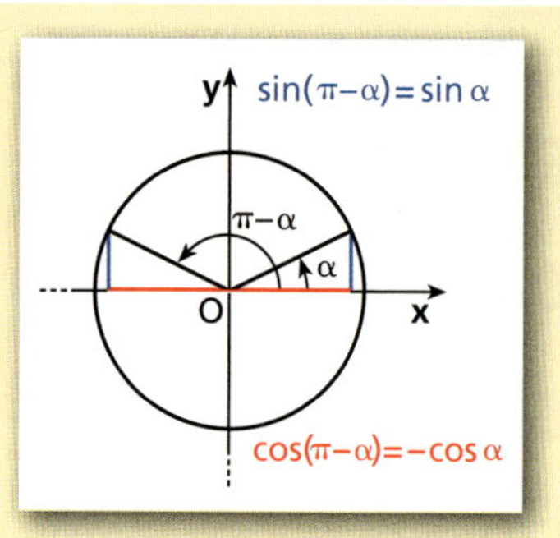

Esprimiamo $\cot(\pi - \alpha)$ mediante le funzioni seno e coseno:

$$3\cos\alpha + \cos(\pi - \alpha) - \sin\alpha + \frac{2\cos(\pi - \alpha)}{\sin(\pi - \alpha)}\sin\alpha + 2\sin(\pi - \alpha) =$$

$$3\cos\alpha - \cos\alpha - \sin\alpha + 2\frac{-\cos\alpha}{\sin\alpha}\sin\alpha + 2\sin\alpha =$$

$$2\cos\alpha + \sin\alpha - 2\cos\alpha = \sin\alpha.$$

Semplifica le seguenti espressioni.

399 $2[\sin\alpha\sin(180° - \alpha) - \cos\alpha\cos(180° - \alpha)] - 5\cos 180°$ [7]

400 $\tan(\pi - \alpha)\cot\alpha - \cot(\pi - \alpha)\tan\alpha$ [0]

401 $\cos\alpha\csc(180° - \alpha) + \sin\alpha\sec(180° - \alpha) - \cot(180° - \alpha) + \tan(180° - \alpha)$ [$2\cot\alpha - 2\tan\alpha$]

402 $\sin(\pi - \alpha) - \cot(\pi - \alpha)\sin\alpha + \cos(\pi - \alpha)$ [$\sin\alpha$]

403 Trova $\sin\gamma$, utilizzando i dati.

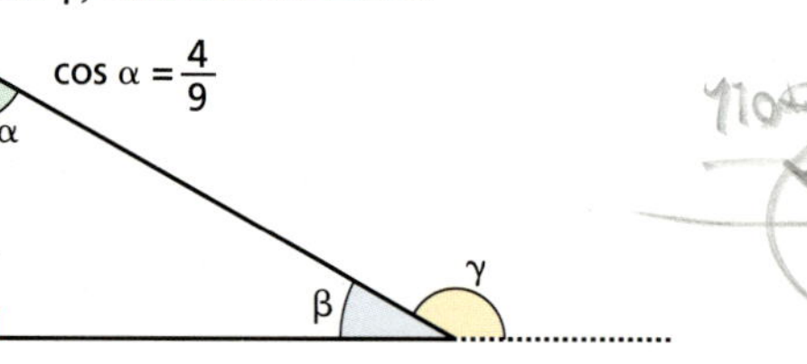

404 Trova $\cos\beta$, utilizzando i dati.

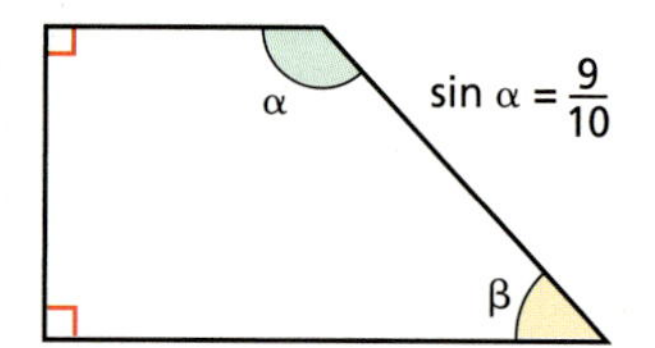

TEST

405 Il valore della somma $\cos 40° + \cos 140°$ è:

A negativo ma diverso da -1.
B positivo.
C 0.
D irrazionale.
E -1.

(Facoltà di Ingegneria, Test di ingresso, 2000)

406 Siano α e β due angoli legati fra di loro dalla relazione $\beta = \pi - \alpha$. Quale delle seguenti uguaglianze è vera?

A $\tan\alpha + \tan\beta = 0$
B $\cos\alpha = \cos\beta$
C $\sin\alpha + \sin\beta = 0$
D $\tan\alpha = \tan\beta$
E $\cos\alpha + \cos\beta = -1$

(Facoltà di Ingegneria, Test di ingresso, 1999)

407  RIFLETTI SULLA TEORIA Dato il triangolo ABC, verifica che: $\sin\widehat{A} = \sin(\widehat{B} + \widehat{C})$.

Angoli che differiscono di un angolo piatto (α e $\pi+\alpha$)

408 ESERCIZIO GUIDA Semplifichiamo la seguente espressione:

$$\csc(\pi+\alpha)+3\sin\alpha+\cot(\pi+\alpha)\sec\alpha+2\sin(\pi+\alpha).$$

Esprimiamo $\cot(\pi+\alpha)$, $\csc(\pi+\alpha)$ e $\sec\alpha$ mediante le funzioni seno e coseno:

$$\frac{1}{\sin(\pi+\alpha)}+3\sin\alpha+\frac{\cos(\pi+\alpha)}{\sin(\pi+\alpha)}\cdot\frac{1}{\cos\alpha}+2\sin(\pi+\alpha)=$$

$$\frac{1}{-\sin\alpha}+3\sin\alpha+\frac{-\cos\alpha}{-\sin\alpha}\cdot\frac{1}{\cos\alpha}-2\sin\alpha=-\frac{1}{\sin\alpha}+\sin\alpha+\frac{1}{\sin\alpha}=\sin\alpha.$$

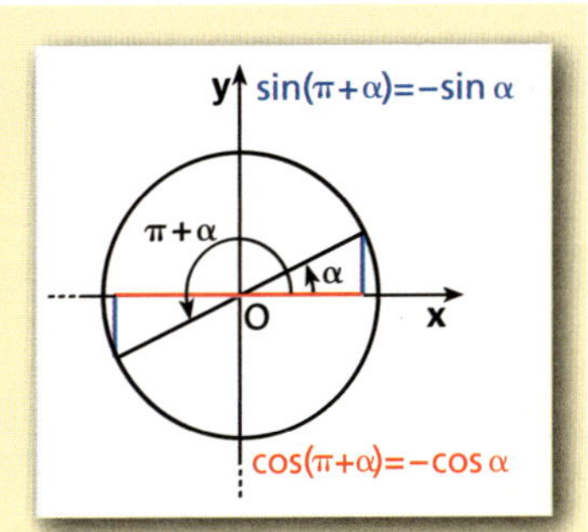

Semplifica le seguenti espressioni.

409 $\sin\alpha\sin(\pi+\alpha)+\cos(\pi+\alpha)\cos\alpha+2$ $[1]$

410 $\sin\alpha\cos(\pi+\alpha)+2\sin\alpha\cos\alpha+\cos\alpha[\sin(\pi+\alpha)+1]+\cos(\pi+\alpha)$ $[0]$

411 $[\sin(180°-\alpha)-\cos(180°+\alpha)]^2-2\sin(-\alpha)\cos(180°+\alpha)$ $[1]$

412 $\sec(180°+\alpha)\sin^2(180°+\alpha)-\tan(180°+\alpha)-\cos\alpha$ $\left[-\frac{1}{\cos\alpha}-\tan\alpha\right]$

Angoli la cui somma o differenza è $\frac{3}{2}\pi$

413 ESERCIZIO GUIDA Semplifichiamo l'espressione:

$$\sin\left(\frac{3}{2}\pi-\alpha\right)\cos\alpha+\cos\left(\frac{3}{2}\pi+\alpha\right)\cos\left(\frac{3}{2}\pi-\alpha\right)+\cot\left(\frac{3}{2}\pi-\alpha\right).$$

Trasformiamo le funzioni di $\frac{3}{2}\pi-\alpha$ e $\frac{3}{2}\pi+\alpha$ in funzioni di α tenendo conto delle relazioni delle figure:

$$-\cos\alpha\cos\alpha+\sin\alpha(-\sin\alpha)+\tan\alpha=-\cos^2\alpha-\sin^2\alpha+\tan\alpha=-1+\tan\alpha.$$

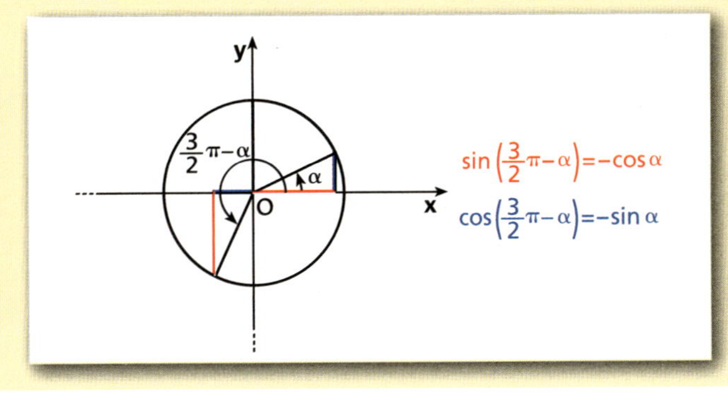

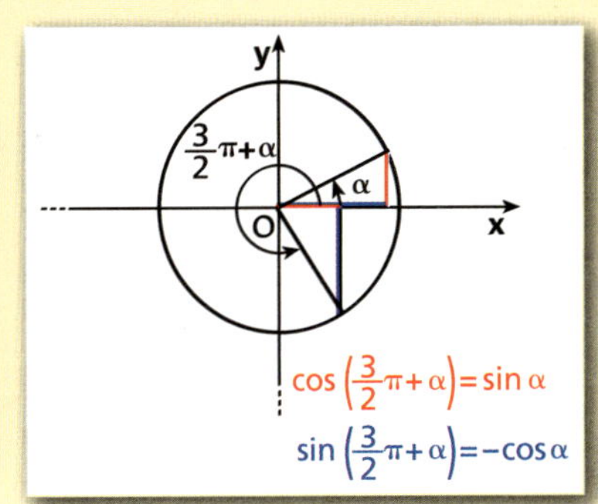

Semplifica le seguenti espressioni.

414 $\cos\left(\frac{3}{2}\pi-\alpha\right)\sin\left(\frac{3}{2}\pi+\alpha\right)+\cos\left(\frac{3}{2}\pi+\alpha\right)\sin\left(\frac{3}{2}\pi-\alpha\right)$ $[0]$

415 $2\tan\left(\frac{3}{2}\pi+\alpha\right)\cot\left(\frac{3}{2}\pi-\alpha\right)+\sin^2\left(\frac{3}{2}\pi+\alpha\right)+\cos^2\left(\frac{3}{2}\pi-\alpha\right)$ $[-1]$

416 $\sin\left(\frac{3}{2}\pi+\alpha\right)+\cos\left(\frac{3}{2}\pi-\alpha\right)+\cos(-\alpha)+2\cos\left(\frac{3}{2}\pi+\alpha\right)$ $[\sin\alpha]$

$-\cos\alpha-\sin\alpha+\cos\alpha+2\sin\alpha$
$=\sin\alpha$

ESERCIZI

417 $\sec\left(\frac{3}{2}\pi - \alpha\right)\operatorname{cosec}\left(\frac{3}{2}\pi + \alpha\right) + \tan\left(\frac{3}{2}\pi + \alpha\right)$ $[\tan\alpha]$

418 $\cos(270° + \alpha) + \tan(270° - \alpha) - \frac{\sin(270° - \alpha)}{\sin(-\alpha)}$ $[\sin\alpha]$

Riepilogo: Angoli associati

TEST

419 Quale fra le seguenti espressioni *non* è equivalente a $-\sin(\alpha + 270°)$?

- A $\cos\alpha$
- B $\cos(-\alpha)$
- C $\sin(90° - \alpha)$
- D $\sin(\pi - \alpha)$
- E $-\cos(\alpha - \pi)$

420 La somma $\sin\frac{3}{7}\pi + \sin\frac{4}{7}\pi$ vale:

- A $\sin\frac{7}{7}\pi = \sin\pi = 0$.
- B $-2\cos\frac{\pi}{14}$.
- C $2\sin\frac{\pi}{14}$.
- D $2\cos\frac{\pi}{7}$.
- E $2\cos\frac{\pi}{14}$.

421 ASSOCIA a ciascuna espressione della prima colonna una equivalente nella seconda colonna.

a. $\tan(x + \pi) + \tan(\pi - x)$	**1.** 0
b. $\sin(x + 90°) - \cos(180° - x)$	**2.** 2
c. $\csc(270° - x) + 2 + \sec(-x)$	**3.** $2\cos x$
d. $\sin^2(-x) + \sin^2(270° + x)$	**4.** 1

422 VERO O FALSO? Se $0 < \alpha < \frac{\pi}{2}$:

a. $\sin(\pi - \alpha) = \sin\alpha$ V F

b. $\cos\left(\frac{3}{2}\pi + \alpha\right) = -\sin\alpha$ V F

c. $\cot(\alpha - 4\pi) = \cot\alpha$ V F

d. $\sin\left(\frac{3}{2}\pi - \alpha\right) = \cos\alpha$ V F

423 FAI UN ESEMPIO di due angoli che abbiano:

a. lo stesso seno ma coseni opposti;

b. lo stesso coseno ma seni opposti.

Semplifica le seguenti espressioni.

424 $\csc(\pi + \alpha)\tan(\pi - \alpha) + \cos(2\pi - \alpha) - \sec(-\alpha)$ $[\cos\alpha]$

425 $\cos(-\alpha) + \cos(360° - \alpha) + \cos(180° - \alpha) - \cos(180° + \alpha)$ $[2\cos\alpha]$

426 $\tan(-\alpha) + \tan(180° - \alpha) + \tan(360° - \alpha) - \tan(180° - \alpha)$ $[-2\tan\alpha]$

427 $\sin(2\pi - \alpha) + 2\cos(\pi + \alpha) + 3\sin\left(\frac{\pi}{2} - \alpha\right) - \cos(-\alpha)$ $[-\sin\alpha]$

428 $\sin(90° + \alpha)\tan(-\alpha) + \sin(90° + \alpha)\cot(90° - \alpha)$ $[0]$

429 $\sin\left(\frac{\pi}{2} + \alpha\right)\cos(\pi - \alpha) - \cos\left(\frac{\pi}{2} - \alpha\right)\sin\alpha + \tan\left(\frac{\pi}{2} - \alpha\right)$ $[\cot\alpha - 1]$

430 $\tan(-\alpha)\cos(\pi + \alpha) - \cos\left(\frac{3}{2}\pi + \alpha\right) - \cot\left(\frac{\pi}{2} + \alpha\right)$ $[\tan\alpha]$

431 $\cos\left(\frac{\pi}{2} + \alpha\right)\cot\alpha + 2\sin\left(\frac{\pi}{2} - \alpha\right) + \cos(\pi + \alpha)$ $[0]$

432 $\tan(\alpha + \pi)\cot(\pi - \alpha) + \sin(-\alpha)\tan\left(\alpha + \frac{\pi}{2}\right)$ $[-1 + \cos\alpha]$

433 $\sin\left(\frac{3}{2}\pi-\alpha\right)\cdot\frac{\sin(2\pi+\alpha)}{\sin\left(\frac{\pi}{2}+\alpha\right)}+\sin(-\alpha)+\sin(\pi+\alpha)$ $[-3\sin\alpha]$

434 $\frac{\sin\left(\frac{\pi}{2}-\alpha\right)+\cos(-\alpha)+\sin(2\pi-\alpha)+\cos\left(\frac{\pi}{2}-\alpha\right)}{\cos\left(\frac{\pi}{2}+\alpha\right)+\sin(-\alpha)}$ $[-\cot\alpha]$

435 $\sin\left(\frac{3}{2}\pi-\alpha\right)+\cos(3\pi+\alpha)+\sin(-\alpha)\cot(\alpha-5\pi)$ $[-3\cos\alpha]$

436 $\frac{-2\sin^2(180°-\alpha)+\cos^2(180°-\alpha)+2}{\tan(180°-\alpha)\sin(90°-\alpha)+1}$ $[3(\sin\alpha+1)]$

437 $\frac{\cot^2(\alpha-3\pi)-1}{\tan\left(\alpha+\frac{\pi}{2}\right)}\cdot\frac{\cot\left(-\frac{\pi}{2}-\alpha\right)}{1-\tan^2(-\alpha-\pi)}$ $[-1]$

438 $\frac{1-\cos(8\pi-\alpha)}{\sin(-4\pi-\alpha)\cos(6\pi-\alpha)}+\tan(\alpha-3\pi)+\frac{1-\cos(10\pi-\alpha)}{\tan(7\pi+\alpha)}$ $[\sin\alpha]$

439 $\frac{\sin(-\alpha)+\cos(180°-\alpha)-\tan(180°+\alpha)}{\tan(180°-\alpha)-\cos(90°-\alpha)-\cos(-\alpha)}$ $[1]$

440 $\frac{2\tan\left(\frac{\pi}{2}-\alpha\right)}{1+[\cot(\pi-\alpha)]^2}-\left[\cos\left(\frac{\pi}{2}-\alpha\right)+\sin\left(\frac{\pi}{2}-\alpha\right)\right]^2$ $[-1]$

441 $\sin(\alpha-2\pi)\cot(-\alpha)+\sin\left(\alpha+\frac{3}{2}\pi\right)\cos(\alpha+5\pi)+\sin^2(6\pi-\alpha)$ $[1-\cos\alpha]$

442 $\cos(-\alpha)\sin\left(\frac{5}{2}\pi+\alpha\right)+\sin\left(\frac{7}{2}\pi-\alpha\right)\cot\left(\frac{\pi}{2}+\alpha\right)+\sin\left(\frac{\pi}{2}+\alpha\right)\tan(\pi-\alpha)$ $[\cos^2\alpha]$

443 $\sin(720°+\alpha)\cos(180°+\alpha)-\cos(450°+\alpha)\sin(-270°-\alpha)$ $[0]$

444 $\frac{\sin\left(\alpha-\frac{\pi}{2}\right)\sin(-\alpha)+\cos\left(\frac{3}{2}\pi-\alpha\right)\sin\left(\frac{11}{2}\pi+\alpha\right)+\cos(3\pi+\alpha)}{-\tan\left(\alpha+\frac{\pi}{2}\right)\cot\left(\alpha-\frac{3}{2}\pi\right)-\sin(\alpha+\pi)+\sin(7\pi-\alpha)}$ $[\cos\alpha]$

445 $\sin(\pi-\alpha)\cos\left(\alpha-\frac{\pi}{2}\right)-2\sin\left(\alpha-\frac{3}{2}\pi\right)\cos(2\pi-\alpha)+\frac{\tan\left(\frac{5}{2}\pi-\alpha\right)}{\cot(-\alpha)}$ $[-3\cos^2\alpha]$

446 $\frac{\cos(4\pi-\alpha)\cos(\alpha-6\pi)}{\cos\left(\alpha-\frac{3}{2}\pi\right)\sin\left(\alpha-\frac{\pi}{2}\right)}+\frac{\tan\left(\alpha-\frac{3}{2}\pi\right)\cot(-\alpha)}{\cos(\alpha-3\pi)\sin\left(\frac{3}{2}\pi+\alpha\right)}-\tan\left(\frac{\pi}{2}-\alpha\right)$ $\left[\frac{1}{\sin^2\alpha}\right]$

Calcola i valori delle seguenti espressioni, utilizzando le informazioni indicate a fianco.

447 $\cos(270°-\alpha)-\cos(180°-\alpha)+\tan(90°+\alpha)$ — $\cos\alpha=-\frac{4}{5}$, con $\pi<\alpha<\frac{3}{2}\pi$ $\left[-\frac{23}{15}\right]$

448 $\frac{\sin\left(\frac{\pi}{2}-\alpha\right)+2\cos(-\alpha)}{\sin(-\pi-\alpha)}+\tan\left(\frac{3}{2}\pi-\alpha\right)$ — $\sin\alpha=\frac{12}{13}$, con $\frac{\pi}{2}<\alpha<\pi$ $\left[-\frac{5}{3}\right]$

449 $\cos(\pi+\alpha)$, $\tan(\alpha-4\pi)$, $\cos(2\pi-\alpha)$, $\cot\left(\frac{\pi}{2}-\alpha\right)$ — $\cos\alpha=\frac{3}{5}$, con $0<\alpha<\frac{\pi}{2}$ $\left[-\frac{3}{5};\frac{4}{3};\frac{3}{5};\frac{4}{3}\right]$

450 $\cos(\pi+\alpha)$, $\tan\left(\frac{\pi}{2}+\alpha\right)$, $\sin\left(\frac{3}{2}\pi+\alpha\right)$, $\cos(-\alpha)$ — $\sin\left(\frac{\pi}{2}-\alpha\right)=-\frac{7}{25}$, con $\pi<\alpha<\frac{3}{2}\pi$

$\left[\frac{7}{25};-\frac{7}{24};\frac{7}{25};-\frac{7}{25}\right]$

451 $\sin(-\pi+\alpha)$, $\cos(-\pi-\alpha)$, $\tan\left(\frac{\pi}{2}+\alpha\right)$, $\cot\left(\alpha-\frac{\pi}{2}\right)$ $\qquad \sin\alpha = \frac{12}{13}$, con $0 < \alpha < \frac{\pi}{2}$.

$\left[-\frac{12}{13}; -\frac{5}{13}; -\frac{5}{12}; -\frac{12}{5}\right]$

452 Verifica la seguente identità.

$$\frac{\cos^2(90°+\alpha)-\sin^2(90°-\alpha)}{\cot(180°-\alpha)-1} = \sin^2(180°+\alpha)[\tan(90°-\alpha)-1]$$

Utilizza i dati nelle figure per determinare i valori richiesti.

453

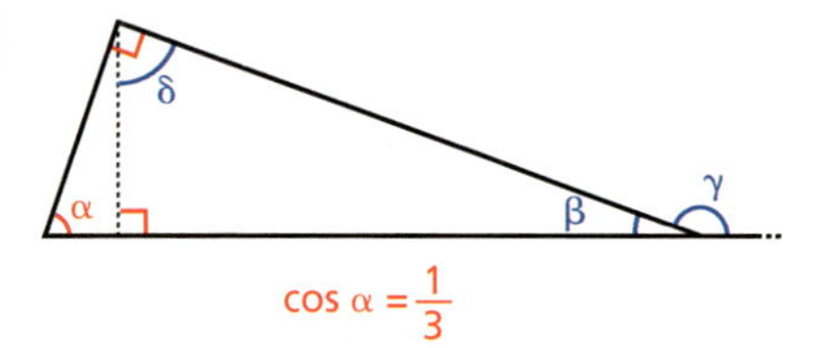

Trova $\cos\beta$, $\sin\delta$, $\sin\gamma$. $\quad \left[\frac{2}{3}\sqrt{2}; \frac{2}{3}\sqrt{2}; \frac{1}{3}\right]$

454

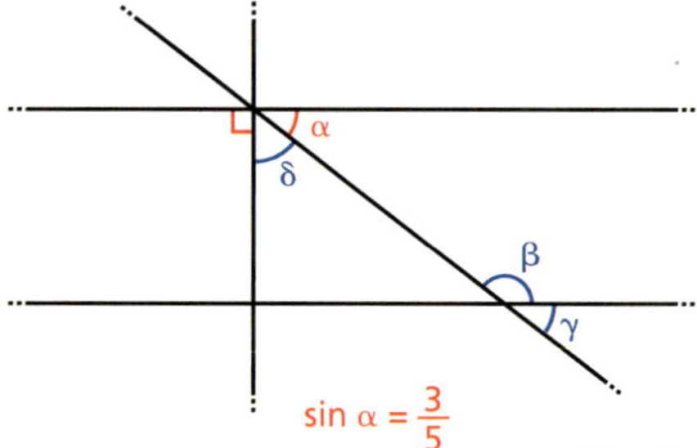

Trova $\cos\beta$, $\tan\gamma$, $\sin\delta$. $\quad \left[-\frac{4}{5}; \frac{3}{4}; \frac{4}{5}\right]$

MATEMATICA E STORIA

L'altezza di un monte Il problema illustrato nell'immagine riguarda il calcolo dell'altezza di un monte che si trova sopra un'isola. Problemi simili sono stati affrontati dai matematici di tutto il mondo: saper calcolare l'altezza o le dimensioni di oggetti difficilmente accessibili era in effetti fondamentale. Vi si cimentarono matematici cinesi, indiani (per esempio Aryabhata, matematico indiano del V-VI secolo), arabi (X-XI secolo) ed europei.

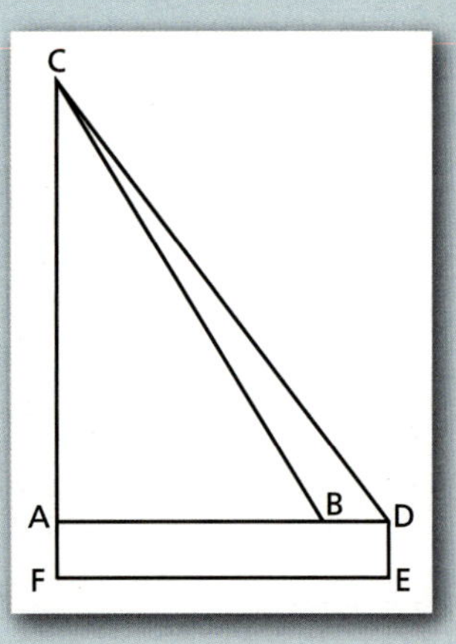

Questo è il problema espresso in termini moderni: «Calcolare $\overline{CF}$ sapendo che $A\widehat{B}C = 58°$, $A\widehat{D}C = 32°$, $\overline{BD} = 100$, $\overline{AF} = 1{,}5$».

Per risolvere il problema puoi utilizzare la seguente traccia di risoluzione:

- scrivi le tangenti dei due angoli come rapporto fra cateti;
- considera come incognite le lunghezze di AB e AC;
- ricava la lunghezza di AC e quindi quella di AF, da cui puoi ricavare quella di CF.

Risoluzione – Esercizio in più

Riduzione al primo quadrante

▶ Teoria a p. 684

455 ESERCIZIO GUIDA Esprimiamo mediante la riduzione al primo quadrante: **a.** $\sin 225°$; **b.** $\tan\frac{5}{3}\pi$.

a. $\sin 225° = \sin(180° + 45°) = -\sin 45°$.

b. $\tan\frac{5}{3}\pi = \tan\left(2\pi - \frac{\pi}{3}\right) = \tan\left(-\frac{\pi}{3}\right) = -\tan\frac{\pi}{3}$.

COMPLETA

456 $\sin 100° = \sin(90° + \square) = \square$

457 $\tan 150° = \tan(180° - \square) = \square$

458 $\cos \frac{5}{6}\pi = \cos(\pi - \square) = \square$

459 $\sin\left(\frac{4}{3}\pi\right) = \sin(\pi + \square) = \square$

Esprimi mediante la riduzione al primo quadrante.

460 $\sin 190°$; $\tan 100°$; $\cos 128°$. $[-\sin 10°; -\cot 10°; -\cos 52°]$

461 $\sin \frac{3}{4}\pi$; $\tan \frac{7}{8}\pi$; $\cot \frac{5}{6}\pi$. $\left[\sin \frac{\pi}{4}; -\tan \frac{\pi}{8}; -\cot \frac{\pi}{6}\right]$

462 $\sin 290°$; $\cos 215°$; $\tan 375°$. $[-\cos 20°; -\cos 35°; \tan 15°]$

463 $\sin 105°$; $\cos 286°$; $\cot 132°$. $[\cos 15°; \sin 16°; -\tan 42°]$

464 $\sin \frac{17}{12}\pi$; $\cos \frac{10}{7}\pi$; $\tan \frac{6}{5}\pi$. $\left[-\sin \frac{5}{12}\pi; -\cos \frac{3}{7}\pi; \tan \frac{\pi}{5}\right]$

465 $\sin \frac{13}{7}\pi$; $\cos \frac{16}{9}\pi$; $\cot \frac{17}{10}\pi$. $\left[-\sin \frac{\pi}{7}; \cos \frac{2}{9}\pi; -\cot \frac{3}{10}\pi\right]$

466 $\sin\left(-\frac{13}{8}\pi\right)$; $\cos\left(-\frac{6}{7}\pi\right)$; $\tan\left(-\frac{13}{9}\pi\right)$. $\left[\sin \frac{3}{8}\pi; -\cos \frac{\pi}{7}; -\tan \frac{4}{9}\pi\right]$

467 $\cos(-101°)$; $\tan(-53°)$; $\cot\left(-\frac{9}{11}\pi\right)$. $\left[-\cos 79°; -\tan 53°, \cot \frac{2}{11}\pi\right]$

468 **COMPLETA** riducendo gli angoli al primo quadrante.

$\sin 257° = \square$; $\tan \frac{4}{3}\pi = \square$; $\cos 124° = \square$; $\tan\left(-\frac{8}{3}\pi\right) = \square$;

$\cot\left(-\frac{6}{15}\pi\right) = \square$; $\sin 978° = \square$; $\cos(-480°) = \square$; $\sin \frac{15}{7}\pi = \square$.

469 **VERO O FALSO?**

a. $\tan 228° = -\tan 48°$ V F

b. $\cos(-320°) = \cos 40°$ V F

c. $\sin(-390°) = -\cos 120°$ V F

d. $\tan \frac{13}{4}\pi = -\cot \frac{9}{4}\pi$ V F

Calcola seno, coseno e tangente dei seguenti angoli, mediante la riduzione al primo quadrante.

470 $330°, 225°, 495°$.

471 $\frac{13}{6}\pi, \frac{5}{4}\pi, -\frac{4}{3}\pi$.

472 $\frac{11}{4}\pi, \frac{17}{6}\pi, -\frac{7}{3}\pi, \frac{13}{6}\pi$.

473 $-240°, 480°, -840°, 510°$.

Mediante la riduzione al primo quadrante, calcola il valore delle seguenti funzioni goniometriche.

474 $\sin 405°, \tan 225°, \cot(-495°), \cos 315°$.

475 $\tan \frac{7}{3}\pi, \cos \frac{15}{4}\pi, \sin\left(-\frac{5}{6}\pi\right), \cot \frac{7}{6}\pi$.

476 $\sin 150°, \cos 240°, \tan 135°, \cot(-60°)$.

477 $\cos \frac{11}{6}\pi, \sin\left(-\frac{5}{3}\pi\right), \tan \frac{2}{3}\pi, \sin \frac{4}{3}\pi$.

Calcola il valore delle seguenti espressioni.

478 $2 \sin 140° - \cos 315° + 2 \sin 220° + 3 \cos 225°$ $[-2\sqrt{2}]$

479 $\sin 240° + \cos(-60°) + 2\sin 120° + \cos 210°$ $\left[\frac{1}{2}\right]$

480 $\sin 150° + \cos 240° - \tan(-150°) + \sin 750°$ $\left[\frac{1}{2} - \frac{\sqrt{3}}{3}\right]$

481 $5\cos 36° - 2\sin 54° + 3\sin 234° + \cos 144° - 2\sin 306°$ $[\cos 36°]$

482 $\sin 198° - 4\sin 18° - 7\cos 252° + 2\sin 342°$ $[0]$

483 $\sqrt{3}\cos\frac{\pi}{3} - 3\cos\frac{7}{6}\pi + 2\tan\frac{5}{3}\pi + \sqrt{2}\sin\frac{3}{4}\pi$ $[1]$

484 $2\cos 225° + \sqrt{3}\sin 240° - \sqrt{2}\sin 315° - 2\sin 150° + \frac{3}{2}\tan 225°$ $[-\sqrt{2}]$

485 $\dfrac{2\cos 240° + 2\tan 225° - \sqrt{2}\cos 315°}{4\cos 150° + 2\cot 225°}$ $[0]$

486 $\sin 390° + \cos 120° - \frac{2}{\sqrt{2}}\cos 135° - \tan 210°$ $\left[\frac{3-\sqrt{3}}{3}\right]$

487 $\frac{2}{3}\cos 300° - \tan 150° + \cot 240° - \sin 210°$ $\left[\frac{5+4\sqrt{3}}{6}\right]$

488 $\sin\frac{5}{4}\pi + 3\tan\frac{5}{6}\pi - \cos\frac{3}{4}\pi - 2\cos\frac{7}{6}\pi$ $[0]$

489 $\cos\frac{4}{3}\pi + \sin\frac{3}{4}\pi \cdot \cos\frac{7}{4}\pi - \cot\frac{5}{6}\pi$ $[\sqrt{3}]$

490 $\cos\frac{11}{6}\pi \cdot \tan\frac{4}{3}\pi + \sin^2\frac{2}{3}\pi - \cot\frac{5}{4}\pi$ $\left[\frac{5}{4}\right]$

491 $3\tan\frac{5}{6}\pi + \cos\frac{3}{4}\pi - 2\sin\frac{5}{3}\pi + \sqrt{2}\sin\frac{7}{6}\pi$ $[-\sqrt{2}]$

492 $2(\sin 240°\cos 150° - \cot 225°)(\tan 135° - \cot 225°)$ $[1]$

493 $6\left(\tan\frac{11}{6}\pi \cdot \tan\frac{5}{6}\pi + \sin\frac{4}{3}\pi\right) - \dfrac{\tan\frac{7}{4}\pi}{\cos\frac{2}{3}\pi}$ $[-3\sqrt{3}]$

494 $\cos^2\frac{7}{6}\pi + \tan\left(-\frac{\pi}{4}\right) - \dfrac{\sin\frac{3}{4}\pi + \sin\frac{5}{4}\pi}{\cos\frac{5}{6}\pi}$ $\left[-\frac{1}{4}\right]$

495 $\left(\cot\frac{5}{6}\pi + \tan\frac{2}{3}\pi\right) \cdot \sin\frac{5}{3}\pi + 2\cos\frac{5}{4}\pi \cdot \sin\frac{3}{4}\pi$ $[2]$

496 $4(\sin 150°\cos 135° + \cos 240°\sin 135°)\sin 45°$ $[-2]$

497 $\sin\frac{5}{4}\pi\cos\frac{4}{3}\pi + \sin\frac{7}{6}\pi\cos\frac{5}{4}\pi$ $\left[\frac{\sqrt{2}}{2}\right]$

498 $\cos 30° + \cos 135° - 5\cos 270° + \sin^2 120° - \cos(-30°) + \sin 45°$ $\left[\frac{3}{4}\right]$

499 $\cos 135° \cdot \cos 315° - 2\cos 300° \cdot \sin(-30°) + \cos(-330°)$ $\left[\frac{\sqrt{3}}{2}\right]$

500 $2\sin\frac{5}{6}\pi + 4\cos\frac{5}{6}\pi\sin\frac{2}{3}\pi - 2\tan\frac{3}{4}\pi + \cot\frac{5}{6}\pi$ $[-\sqrt{3}]$

501 $\sqrt{3}\sin 240° + 3\tan 150° - 2\sec 120° + 5\cos 120° + 2\tan 600°$ $[\sqrt{3}]$

502 $\cos 120°\csc 135° - \sqrt{3}\cos 150° - \sqrt{3}\sin 120° - \sin 135°$ $[-\sqrt{2}]$

503 $4\cos 240° - \sec 225°(\sin 240° - \sqrt{3}\cos 120°) + \tan 225°$ $[-1]$

504 $\tan 108° - 2\tan 252° + 3\cot 198°$ $[0]$

505 $\left(\cot\frac{\pi}{6} + \tan\frac{7}{6}\pi\right)\cdot\left(\tan\frac{\pi}{3} - \cot\frac{\pi}{3}\right) + \sin\frac{11}{6}\pi + \cos\frac{4}{3}\pi$ $\left[\frac{5}{3}\right]$

506 $\tan^2\frac{7}{6}\pi + \sin\frac{3}{4}\pi\cdot\cos\frac{11}{4}\pi - \frac{1}{3}\cos\frac{4}{3}\pi - \left(\cos\frac{17}{6}\pi - \tan\frac{10}{3}\pi\right)^2$ $\left[-\frac{27}{4}\right]$

507 $\tan 225° + \sin^2 315° + \tan 660°(\cos 510° + \sin 600°) - \cos 420° + \sin 330°$ $\left[\frac{7}{2}\right]$

508 $\cos(-30°) + \sin(-60°) + \sin 210° - \tan 225° - \csc 150°$ $\left[-\frac{7}{2}\right]$

509 $x^2\sec 120° + y^2\cot 135° + xy\csc 150° - x^2\sin 270°$ $[-(x-y)^2]$

510 $3\cot 234° + 2\tan 216° + 2\cot 306° + 4\tan 324° + \tan 36°$ $[0]$

511 $\cos\frac{21}{4}\pi + \sin\frac{15}{6}\pi + \tan\frac{23}{3}\pi + \sin\frac{31}{4}\pi + \cot\frac{43}{6}\pi$ $[1-\sqrt{2}]$

512 $\tan\frac{27}{4}\pi + \sin\frac{33}{6}\pi + \cos\frac{45}{4}\pi - \tan\frac{23}{3}\pi + \cot\frac{29}{6}\pi$ $\left[-\frac{4+\sqrt{2}}{2}\right]$

513 $3\sin 750° - 2\cos 855° - 2\sin 570° + \tan 495°$ $\left[\frac{3+2\sqrt{2}}{2}\right]$

514 $\sin\frac{27}{6}\pi - 2\tan\frac{25}{4}\pi - \cos\frac{17}{6}\pi + \cot\frac{16}{3}\pi$ $\left[\frac{5\sqrt{3}-6}{6}\right]$

515 $2\cos 486° + 3\sin 36° - 2\cos 666° - 4\sin 216°$ $[3\sin 36°]$

Verifica le seguenti uguaglianze.

516 $\left(\sin\frac{3}{4}\pi + \cos\frac{7}{4}\pi\right)^2 = -\cos 5\pi + \cot\frac{5}{4}\pi$

517 $\dfrac{3\sin\frac{5}{6}\pi + \cos\frac{4}{3}\pi}{\tan\frac{5}{4}\pi} = \dfrac{\tan\frac{5}{3}\pi\cdot\sin\frac{3}{2}\pi}{2\cos\frac{11}{6}\pi}$

518 $\dfrac{\tan\frac{9}{4}\pi + \tan^2\left(-\frac{4}{3}\pi\right)}{\sin\left(-\frac{3}{2}\pi\right)} = \dfrac{\tan\frac{5}{6}\pi + \cot\frac{\pi}{3} - 1}{\sin\frac{7}{6}\pi\cdot\cos\frac{2}{3}\pi}$

519 $\dfrac{\cos\frac{5}{3}\pi\cdot\left(\tan\frac{3}{4}\pi - \cot\frac{11}{6}\pi\right)}{\sin\frac{2}{3}\pi - \cos\frac{7}{6}\pi} = -\frac{1}{2}\cot\frac{\pi}{3} + \frac{1}{2}$

520 $\tan\frac{11}{4}\pi + 2\cos 7\pi + 2\tan\frac{4}{3}\pi\cdot\sin\frac{8}{3}\pi = \cos\frac{11}{2}\pi$

521 $\sin 10°\cdot(\tan 190° + 1) = \dfrac{\sin^2 170°}{\cos 10°} + \cos 80°$

8 Funzioni goniometriche inverse

Teoria a p. 684

522 RIFLETTI SULLA TEORIA Esiste l'inversa della funzione seno nell'intervallo $[0;\pi]$? Spiega perché.

523 TEST Una sola delle seguenti affermazioni è *falsa*. Quale?

- **A** La funzione $y = \arccos x$ è periodica.
- **B** $-\frac{\pi}{2} \le \arcsin x \le \frac{\pi}{2}$.
- **C** $\tan(\arctan x) = x$.
- **D** Il dominio di $y = \arcsin x$ è $[-1;1]$.
- **E** $\arctan x$ esiste $\forall x \in \mathbb{R}$.

ESERCIZI

COMPLETA

524 $\arccos 1 = \square$, $\arcsin 1 = \square$.

525 $\arccos 0 = \square$, $\arctan 0 = \square$.

526 $\arctan(-1) = \square$, $\arcsin(-1) = \square$.

527 $\arcsin \square = 0$, $\arccos \square = \pi$.

528 ASSOCIA a ciascuna espressione il suo valore.

a. $\arcsin\frac{1}{2}$ b. $\arctan\left(-\frac{\sqrt{3}}{3}\right)$ c. $\arccos\left(-\frac{\sqrt{3}}{2}\right)$ d. $\operatorname{arccot}(-1)$

1. $\frac{5}{6}\pi$ 2. $\frac{3}{4}\pi$ 3. $-\frac{\pi}{6}$ 4. $\frac{\pi}{6}$

Calcola il valore delle seguenti espressioni.

529 $\arccos\left(-\frac{\sqrt{2}}{2}\right)$; $\arcsin\frac{\sqrt{3}}{2}$. $\left[\frac{3}{4}\pi, \frac{\pi}{3}\right]$

530 $\arctan(-1)$; $\arctan\sqrt{3}$. $\left[-\frac{\pi}{4}, \frac{\pi}{3}\right]$

531 $\arcsin\frac{1}{2} + \arccos\left(-\frac{\sqrt{3}}{2}\right)$ $[\pi]$

532 $\arcsin 1 + \arctan(-1)$ $\left[\frac{\pi}{4}\right]$

533 $\arctan(-1) + 2\arcsin\frac{1}{2} + \arctan(-\sqrt{3})$ $\left[-\frac{\pi}{4}\right]$

534 $\arccos\frac{\sqrt{3}}{2} + \arcsin\frac{1}{2} - \arctan\frac{\sqrt{3}}{3}$ $\left[\frac{\pi}{6}\right]$

535 $\arcsin\frac{\sqrt{3}}{2} - \frac{2}{3}\operatorname{arccot} 0 + 6\arctan\frac{\sqrt{3}}{3}$ $[\pi]$

536 $\arccos(-1) + \arcsin\left(-\frac{1}{2}\right) - \operatorname{arccot}\sqrt{3}$ $\left[\frac{2}{3}\pi\right]$

REALTÀ E MODELLI

537 **Un angolo di pizza** Calcola l'ampiezza dell'angolo della fetta di pizza in figura. [65°]

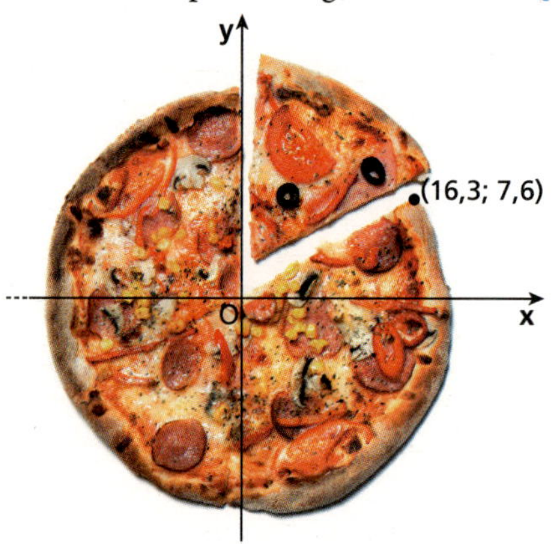

538 **Tutto aperto** Determina l'angolo di apertura del ventaglio. [≃ 143°]

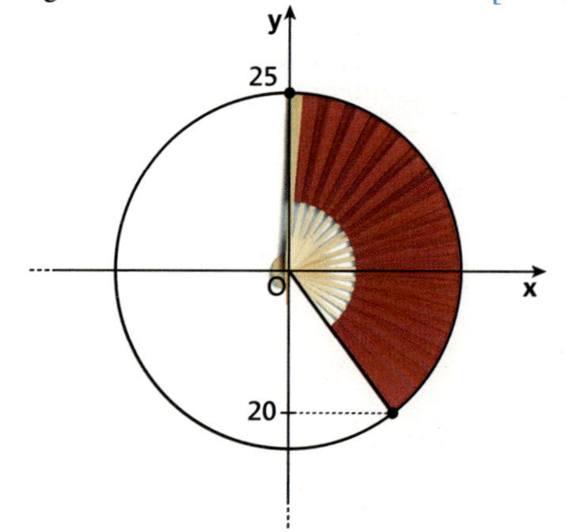

539 **Angoli di corda** Marisa spinge la figlia seduta su un'altalena con la corda lunga 2 m. La fa sedere e indietreggia afferrando il seggiolino di 0,9 m rispetto alla verticale a riposo, per poi lasciarlo andare. Che angoli descrive la corda (rispetto alla verticale) dal momento in cui Marisa lascia il seggiolino fino al passaggio per la posizione a riposo? $[0 \leq \alpha \leq 26{,}7°]$

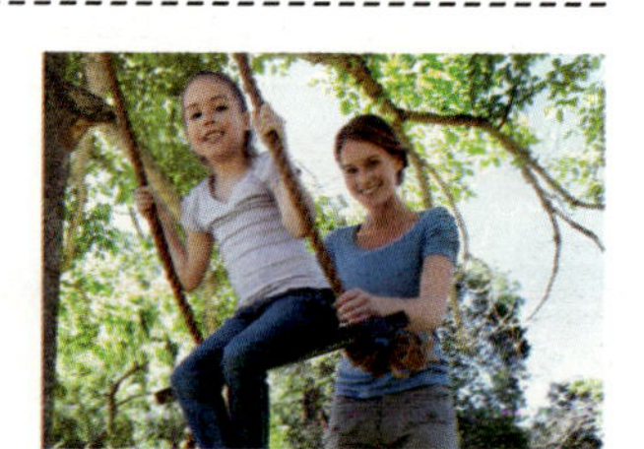

Risolvi le seguenti equazioni.

540 $\arcsin x = \pi$ [impossibile]

541 $4\arctan x - \pi = 0$ [1]

542 $\frac{1}{2}\left(2\arctan x + \frac{\pi}{2}\right) = 0$ [−1]

543 $\pi - 3\arctan x = 0$ $[\sqrt{3}]$

544 $3\arccos x - 2\pi = 0$ $\left[-\frac{1}{2}\right]$

545 $2 - 4\arcsin x = 2$ $[0]$

546 $\arccos\frac{1}{2} = \arcsin x$ $\left[\frac{\sqrt{3}}{2}\right]$

547 $4\arcsin(2x) - \pi = 0$ $\left[\frac{\sqrt{2}}{4}\right]$

AL VOLO **Determina il valore di ciascuna espressione, se esiste.**

548 $\arccos\left(\cos\frac{\pi}{4}\right)$; $\sin\left(\arcsin\frac{1}{2}\right)$.

549 $\cos\left[\arccos\left(-\frac{1}{3}\right)\right]$; $\arctan\left(\tan\frac{\pi}{5}\right)$.

550 **ESERCIZIO GUIDA** Calcoliamo $\cos\left[\arcsin\left(-\frac{1}{2}\right)\right]$.

Il valore della funzione arcsin $\left(-\frac{1}{2}\right)$, tenendo conto che l'arcoseno ha codominio $\left[-\frac{\pi}{2}; \frac{\pi}{2}\right]$, è: $-\frac{\pi}{6}$.

Pertanto: $\cos\left[\arcsin\left(-\frac{1}{2}\right)\right] = \cos\left(-\frac{\pi}{6}\right) = \frac{\sqrt{3}}{2}$.

Calcola il valore delle seguenti espressioni.

551 $\sin(\arctan 1)$ $\left[\frac{\sqrt{2}}{2}\right]$

552 $\tan\left(\arccos\frac{1}{2}\right)$ $[\sqrt{3}]$

553 $\cos[\arctan(-\sqrt{3})]$ $\left[\frac{1}{2}\right]$

554 $\sin\left(\arccos\frac{\sqrt{2}}{2}\right)$ $\left[\frac{\sqrt{2}}{2}\right]$

555 $\cos\left[\arcsin\left(-\frac{\sqrt{3}}{2}\right)\right]$ $\left[\frac{1}{2}\right]$

556 $\cot\left[\arccos\left(-\frac{1}{2}\right)\right]$ $\left[-\frac{\sqrt{3}}{3}\right]$

557 $\sin(\text{arccot}\,\sqrt{3})$ $\left[\frac{1}{2}\right]$

558 $\cos\left[\arcsin\left(-\frac{\sqrt{2}}{2}\right)\right]$ $\left[\frac{\sqrt{2}}{2}\right]$

559 $\tan\left[\text{arccot}\left(-\frac{\sqrt{3}}{3}\right)\right]$ $[-\sqrt{3}]$

560 $\cos[\arctan(-1)]$ $\left[\frac{\sqrt{2}}{2}\right]$

561 **COMPLETA**

$\arccos\left[\sin\left(-\frac{\pi}{6}\right)\right] = \square$, $\sin\left[\arctan\left(-\frac{4}{3}\right)\right] = \square$, $\cos\left(\arctan\frac{\sqrt{3}}{3}\right) = \square$,

$\cot\left[\arcsin\left(-\frac{1}{2}\right)\right] = \square$, $\arccos\left(\sin\frac{3}{2}\pi\right) = \square$, $\tan[\arctan(-1)] = \square$.

562 **VERO O FALSO?**

a. $\arcsin\frac{1}{2} = \frac{5}{6}\pi$ V F

b. $\arctan\frac{\pi}{4} = 1$ V F

c. $\arcsin 0 = \arccos 1$ V F

d. $\cos\left(\arccos\frac{1}{2}\right) = \frac{\pi}{3}$ V F

e. $\tan[\arctan(-1)] = -1$ V F

f. $\arccos\left(\cos\frac{1}{3}\right) + \text{arccot}\left(\cot\frac{1}{3}\right) = \frac{2}{3}$ V F

EUREKA!

563 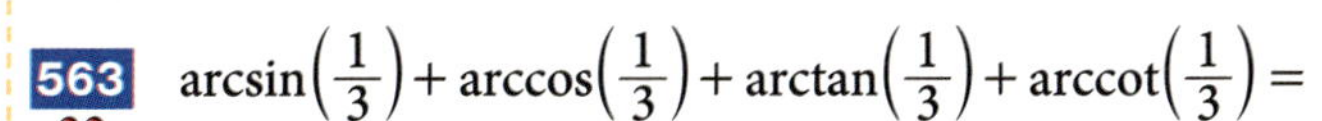

$\arcsin\left(\frac{1}{3}\right) + \arccos\left(\frac{1}{3}\right) + \arctan\left(\frac{1}{3}\right) + \text{arccot}\left(\frac{1}{3}\right) =$

A π. B $\frac{\pi}{2}$. C $\frac{\pi}{3}$. D $\frac{2\pi}{3}$. E $\frac{3\pi}{4}$.

(USA *University of South Carolina: High School Math Contest*, 1994)

564 Se $\sin^{-1}x + \sin^{-1}y = \frac{\pi}{2}$, allora il valore numerico di $x^2 + y^2$ è:

A 0. B 1. C $\frac{\pi}{2}$ D π. E nessuno di questi.

(USA *Indiana University of Pennsylvania Mathematics Competition*, 2002)

Dominio dell'inversa di una funzione goniometrica

565 ESERCIZIO GUIDA Determiniamo il dominio di $y = \arccos(3x-2)$.

Il dominio dell'arcocoseno è $[-1; 1]$, quindi dobbiamo imporre $-1 \leq 3x - 2 \leq 1$, che equivale al sistema:

$$\begin{cases} 3x-2 \geq -1 \\ 3x-2 \leq 1 \end{cases} \rightarrow \begin{cases} 3x \geq 1 \\ 3x \leq 3 \end{cases} \rightarrow \begin{cases} x \geq \frac{1}{3} \\ x \leq 1 \end{cases} \rightarrow$$

$$\frac{1}{3} \leq x \leq 1.$$

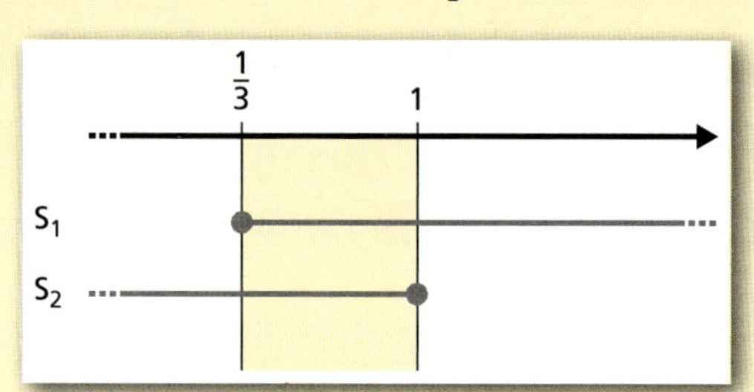

Il dominio della funzione è $\left[\frac{1}{3}; 1\right]$.

Determina il dominio delle seguenti funzioni.

566 $y = \arcsin(5x-6)$ $\left[\left[1; \frac{7}{5}\right]\right]$

567 $y = \arccos(3-x)$ $[[2; 4]]$

568 $y = \arctan\sqrt{x}$ $[[0; +\infty[]$

569 $y = \arcsin\frac{2+x}{3}$ $[[-5; 1]]$

570 $y = \arcsin x^2$ $[[-1; 1]]$

571 $y = \arccos(x^2-3)$ $[[-2; -\sqrt{2}] \cup [\sqrt{2}; 2]]$

572 $y = \arctan\frac{1}{x}$ $[]-\infty; 0[\cup]0; +\infty[]$

573 $y = \arcsin\frac{2}{x+2}$ $[]-\infty; -4] \cup [0; +\infty[]$

574 $y = \arccos\frac{x-1}{x+3}$ $[[-1; +\infty[]$

575 $y = \arctan\frac{2x+3}{x-2}$ $[]-\infty; 2[\cup]2; +\infty[]$

576 $y = \frac{1}{\arcsin\sqrt{x}}$ $[]0; 1]]$

577 $y = \sqrt{\arcsin(x-1)}$ $[[1; 2]]$

578 $y = \arctan\frac{x+1}{1-x}$ $[\mathbb{R} - \{1\}]$

Trova il dominio e la funzione inversa delle seguenti funzioni restringendo tale dominio dove necessario.

579 $y = \arccos(x+2)$ $[-3 \leq x \leq -1;\ y = \cos x - 2]$

580 $y = \tan(x-\pi)$ $\left[x \neq \frac{\pi}{2} + k\pi, k \in \mathbb{Z};\ y = \pi + \arctan x\right]$

581 $y = 2 + \arcsin(1-x)$ $[0 \leq x \leq 2;\ y = 1 - \sin(x-2)]$

582 $y = \arctan\frac{1}{x+2}$ $\left[x \neq -2;\ y = \frac{1}{\tan x} - 2, x \neq k\frac{\pi}{2}\right]$

9 Funzioni goniometriche e trasformazioni geometriche

▶ Teoria a p. 687

Disegna il grafico delle seguenti funzioni dopo aver calcolato il loro valore nei punti di ascissa indicati.

583 $y = -\sin x,\quad x = 0, \frac{\pi}{2}, \pi, \frac{3}{2}\pi, 2\pi.$

584 $y = \cos 2x,\quad x = 0, \frac{\pi}{4}, \frac{\pi}{2}, \frac{3}{4}\pi, \pi.$

585 $y = 3\sin\frac{x}{2},\quad x = 0, \pi, 2\pi, 3\pi, 4\pi.$

586 $y = 2\tan x,\quad x = -\frac{\pi}{3}, -\frac{\pi}{4}, 0, \frac{\pi}{4}, \frac{\pi}{3}.$

Traslazione

587 TEST Il grafico di $y = \sin\left(x - \frac{\pi}{2}\right) - 1$ si ottiene dal grafico di $y = \sin x$ mediante una traslazione di vettore:

A $\vec{v}\left(-\frac{\pi}{2}; -1\right)$.

B $\vec{v}\left(1; \frac{\pi}{2}\right)$.

C $\vec{v}\left(-1; \frac{\pi}{2}\right)$.

D $\vec{v}\left(\frac{\pi}{2}; -1\right)$.

E $\vec{v}(0; -1)$.

588 ASSOCIA a ciascuna funzione il vettore della traslazione corrispondente

a. $y = \cos\left(x + \frac{\pi}{4}\right)$ **b.** $y = \cos\left(x - \frac{\pi}{4}\right) + 4$ **c.** $y = \cos\left(x + \frac{\pi}{3}\right) - 4$ **d.** $y = \cos\left(x - \frac{\pi}{3}\right) + 4$

1. $\vec{v}\left(\frac{\pi}{4}; 4\right)$ **2.** $\vec{v}\left(\frac{\pi}{3}; 4\right)$ **3.** $\vec{v}\left(-\frac{\pi}{4}; 0\right)$ **4.** $\vec{v}\left(-\frac{\pi}{3}; -4\right)$

589 ESERCIZIO GUIDA Disegniamo il grafico di $y = \sin\left(x - \frac{\pi}{2}\right) + 2$.

- Tracciamo il grafico di $y = \sin x$.
- Riconosciamo che $y = \sin\left(x - \frac{\pi}{2}\right) + 2$ si ottiene da $y = \sin x$ con una traslazione di vettore $\vec{v}\left(\frac{\pi}{2}; 2\right)$.
- Trasliamo il grafico di $y = \sin x$ secondo il vettore trovato.

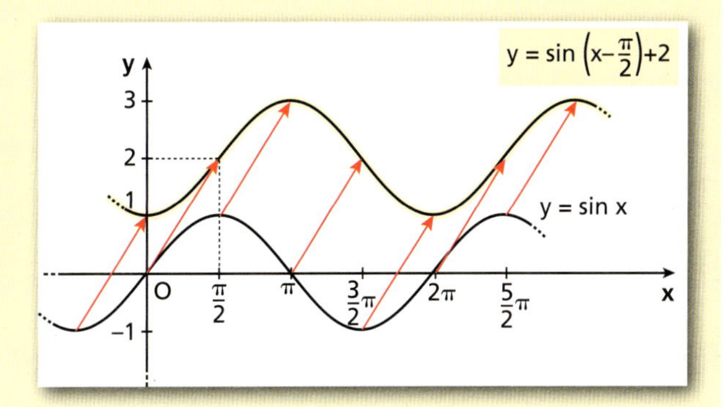

Disegna le seguenti funzioni, utilizzando i grafici delle funzioni goniometriche.

590 $y = \cos\left(x - \frac{\pi}{4}\right) + 1$

591 $y = \tan\left(x - \frac{\pi}{4}\right) - 2$

592 $y = \sin x + 1$

593 $y = \cot\left(x + \frac{\pi}{2}\right) + 4$

594 $y = \tan(x - \pi) + 1$

595 $y = \sin\left(x - \frac{\pi}{2}\right)$

596 $y = \cos\left(x + \frac{\pi}{6}\right) + 5$

597 $y = \sin(x + 2\pi) + 2$

598 $y = \cos x + 2$

599 $y = \arcsin(x - 1)$

600 $y = \arccos x + 1$

601 $y = \frac{1}{\sin x} + 2$

---

602 FAI UN ESEMPIO di un vettore $\vec{v}$, diverso dal vettore nullo, tale che la traslazione di vettore $\vec{v}$ lascia invariato il grafico di $y = \cos x$.

603 EUREKA! Risolvi la disequazione $\cos\left(x - \frac{\pi}{3}\right) + 3 \geq 0$ utilizzando le traslazioni.

604 RIFLETTI SULLA TEORIA Qual è il periodo della funzione $y = \tan x$ traslata di un vettore $\vec{v}(a; b)$?

Simmetrie

605 ESERCIZIO GUIDA Disegniamo i grafici delle funzioni: **a.** $y = \cos(-x)$; **b.** $y = -\cos x$.

a. Sappiamo che il grafico di $y = f(-x)$ è il simmetrico di quello di $y = f(x)$ rispetto all'asse y. Poiché il grafico di $y = \cos x$ è simmetrico rispetto all'asse y, il grafico di $y = \cos(-x)$ coincide con quello di $y = \cos x$.

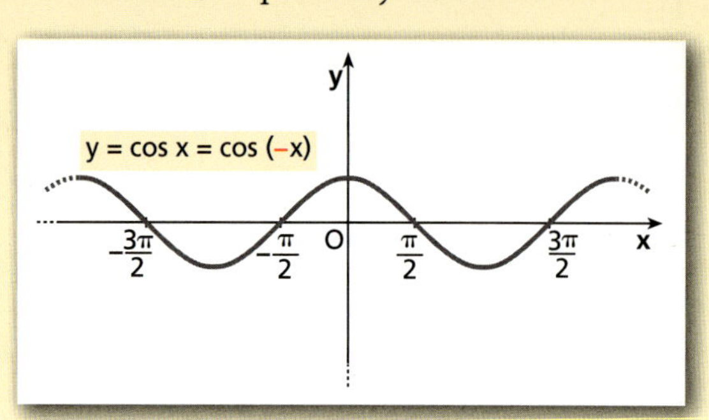

b. Il grafico della funzione $y = -f(x)$ è il simmetrico di quello di $y = f(x)$ rispetto all'asse x. Quindi, tracciato il grafico di $y = \cos x$, consideriamo il suo simmetrico rispetto all'asse delle ascisse.

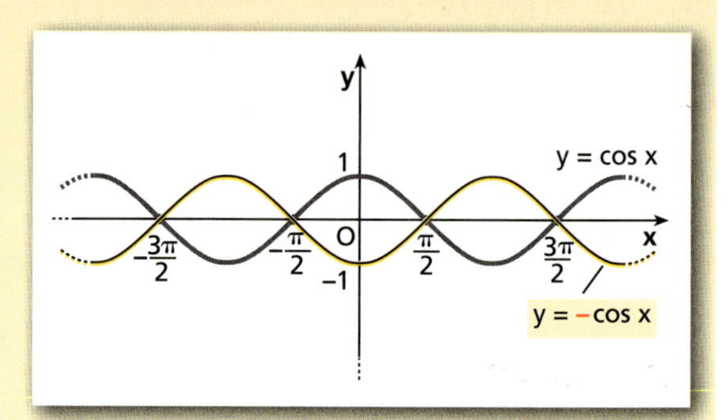

Disegna i grafici delle seguenti funzioni.

606 $y = \tan(-x)$

607 $y = -\sin(-x)$

608 $y = -\arcsin x$

609 $y = \dfrac{1}{\sin(-x)}$

610 $y = \sin(-x)$

611 $y = -\tan(-x)$

612 $y = -\sec x$

613 $y = -\arctan(-x)$

614 $y = \dfrac{1}{-\tan x}$

615 $y = -\sin x$

616 $y = \cot(-x)$

617 $y = -1 + \sin(-x)$

---

618 EUREKA! Verifica graficamente che $\sin\left(\frac{\pi}{2} - x\right) = \cos x$.

Funzioni goniometriche e valore assoluto

Grafico di $y = |f(x)|$

619 ESERCIZIO GUIDA Disegniamo il grafico di

$y = |\sin x|$, con $0 \leq x \leq 2\pi$.

- Disegniamo $y = \sin x$ e confermiamo la parte di curva che sta nel semipiano positivo delle y.
- Negli intervalli in cui la curva sta nel semipiano negativo delle y, tracciamo la curva simmetrica rispetto all'asse x.

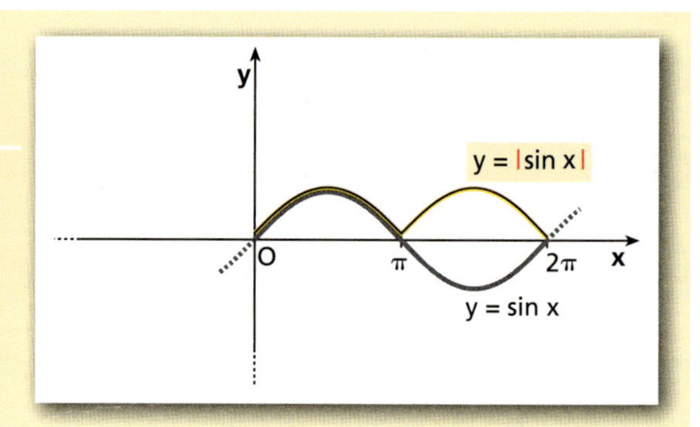

Disegna il grafico delle seguenti funzioni.

620 $y = |\cos x|$

621 $y = |\cos(-x)|$

622 $y = |\cot x|$

623 $y = |-\tan(-x)|$

624 $y = |\sec x|$

625 $y = |\sin(-x)|$

626 $y = |-\sin(-x)|$

627 $y = |\arctan x|$

628 $y = |\sin x - 2|$

629 $y = |\arcsin x|$

630 $y = \dfrac{1}{|\sin x - 1|}$

631 $y = \left|\sin\left(x - \frac{\pi}{4}\right) + \frac{1}{2}\right|$

Grafico di $y = f(|x|)$

632 ESERCIZIO GUIDA Disegniamo il grafico di $y = \sin|x|$.

Sappiamo che $f(|x|) = \begin{cases} f(x) \text{ se } x \geq 0; \\ f(-x) \text{ se } x < 0. \end{cases}$

- Disegniamo $y = \sin x$ nel semipiano positivo delle x.
- Per $x < 0$ disegniamo il simmetrico del grafico precedente rispetto all'asse y.

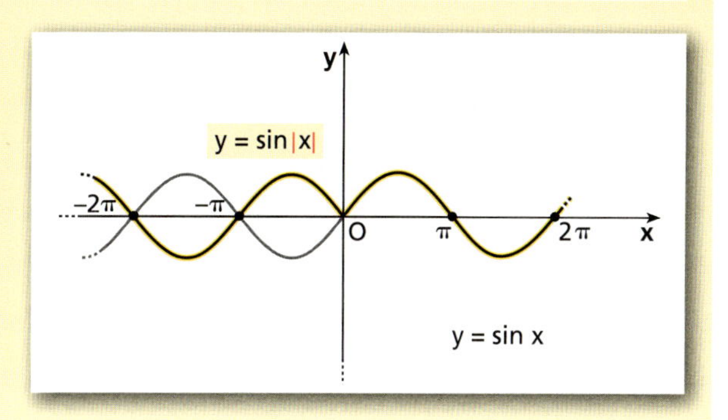

Disegna i grafici delle seguenti funzioni.

633 $y = \cos|x|$

634 $y = \tan|x|$

635 $y = \cot|x|$

636 $y = \sec|x|$

637 $y = \arcsin|x|$

638 $y = \csc|x|$

639 $y = \arctan|x|$

640 $y = \sin|x - \pi|$

641 $y = \tan\left|x - \dfrac{\pi}{2}\right|$

TEST

642 Quale, fra le seguenti funzioni, ha la stessa rappresentazione grafica della funzione $y = |\sin|x||$?

A $y = \cos x$ B $y = |\sin x|$ C $y = |\cos x|$ D $y = \sin x$ E $y = \cos|x|$

643 Il grafico a lato rappresenta la funzione:

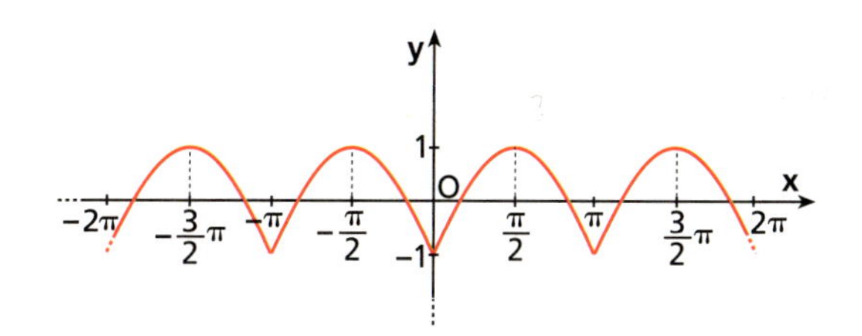

A $y = 2|\sin x| + 1.$

B $y = 2|\cos x| - 1.$

C $y = \dfrac{1}{2}|\sin x| - 1.$

D $y = \dfrac{1}{2}|\cos x| + 1.$

E $y = 2|\sin x| - 1.$

Dilatazione e contrazione

644 ESERCIZIO GUIDA Disegniamo il grafico di $y = \dfrac{1}{4}\cos 2x$.

- Passiamo da $y = \cos x$ a $y = \cos 2x$. Possiamo scrivere $2x = \dfrac{x}{\frac{1}{2}}$, quindi $y = \cos 2x = \cos\dfrac{x}{\frac{1}{2}}$, e pertanto abbiamo una contrazione orizzontale di rapporto $m = \dfrac{1}{2}$ (figura **a**, a pagina seguente).

- Da $y = \cos 2x$ passiamo a $y = \frac{1}{4}\cos 2x$ con una contrazione verticale con $n = \frac{1}{4}$ (figura **b**).

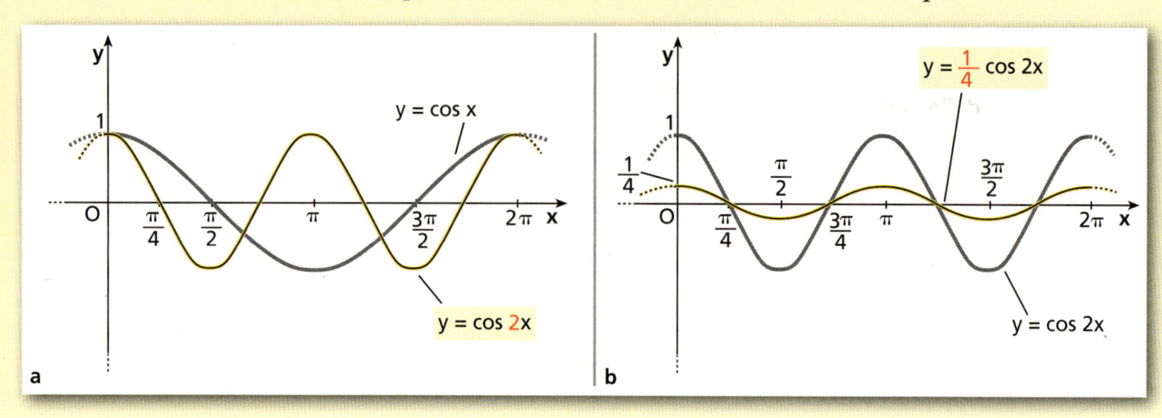

Disegna i grafici delle seguenti funzioni.

645 $y = \sin 2x$; $\quad y = 2\cos x$; $\quad y = \frac{1}{3}\sin x$.

646 $y = 3\cos x$; $\quad y = \cos\frac{x}{2}$; $\quad y = \sin\frac{x}{3}$.

647 $y = 2\sin\frac{x}{4}$; $\quad y = \frac{1}{2}\sin 2x$; $\quad y = 2\cos\frac{x}{2}$.

648 $y = 4\cos 2x$; $\quad y = \frac{1}{2}\sin\frac{x}{4}$; $\quad y = \frac{1}{4}\tan\frac{x}{2}$.

Funzioni sinusoidali

649 ESERCIZIO GUIDA Disegniamo il grafico di $y = -2\sin\left(\frac{1}{3}x + \frac{\pi}{2}\right) + 1$ e scriviamo il valore dell'ampiezza, della pulsazione, della fase iniziale e del periodo.

Riscriviamo la funzione raccogliendo $\frac{1}{3}$ all'interno della parentesi:

$$y = -2\sin\left(\frac{1}{3}x + \frac{\pi}{2}\right) + 1 \rightarrow y = -2\sin\left[\frac{1}{3}\left(x + \frac{3}{2}\pi\right)\right] + 1.$$

Applichiamo alla funzione $y = \sin x$, per passi successivi:

- la dilatazione orizzontale con $m = 3$;
- la dilatazione verticale con $n = 2$;
- la simmetria rispetto all'asse x;
- la traslazione di vettore $\left(-\frac{3\pi}{2}; 1\right)$.

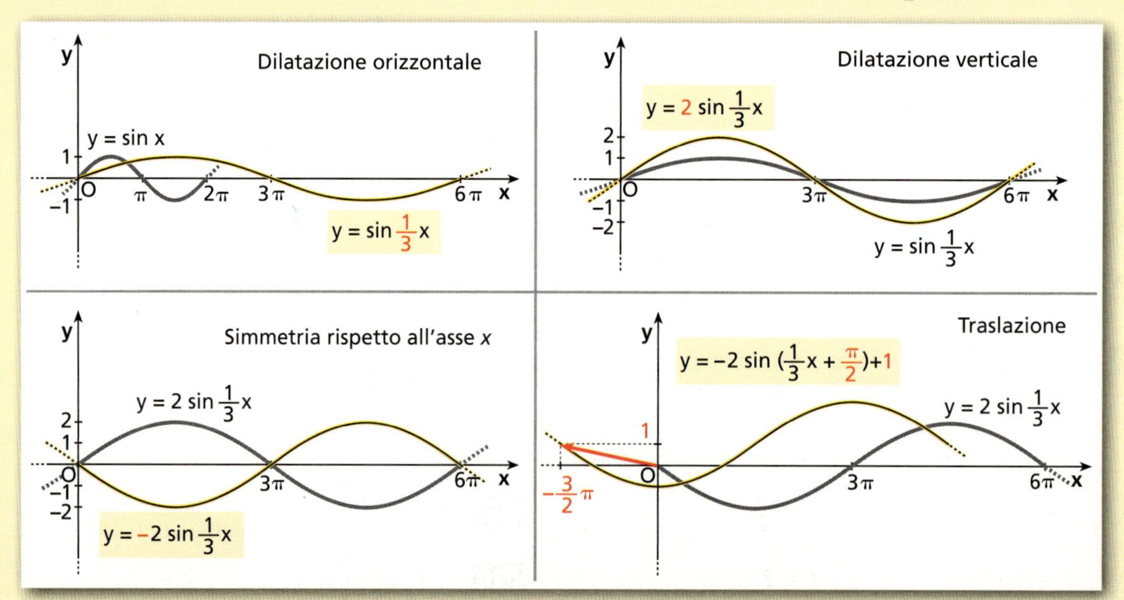

L'ampiezza $|A|$ vale 2, la pulsazione $\omega = \frac{1}{3}$, la fase iniziale $\varphi = \frac{\pi}{2}$, il periodo $T = \frac{2\pi}{\frac{1}{3}} = 6\pi$.

Disegna i grafici delle seguenti funzioni e scrivi il valore dell'ampiezza, della pulsazione, della fase iniziale e del periodo.

650 $y = 4\cos\left(2x + \frac{\pi}{4}\right)$

651 $y = -2\sin\left(x + \frac{\pi}{4}\right)$

652 $y = -\frac{1}{3}\cos\left(\frac{1}{3}x + \frac{\pi}{3}\right) + 1$

653 $y = 3\sin\left(x + \frac{\pi}{6}\right)$

654 $y = \sin\left(2x - \frac{\pi}{2}\right) + 2$

655 $y = -\cos 3x + \frac{1}{2}$

656 $y = -2\sin\frac{x}{2} - 1$

657 $y = \frac{1}{4}\sin\left(\frac{1}{2}x + \frac{\pi}{2}\right)$

658 $y = \frac{1}{2}\sin\left(\frac{1}{2}x + \frac{\pi}{4}\right)$

659 $y = 2\cos\left(\frac{1}{4}x + \frac{\pi}{2}\right)$

660 $y = 3\sin\left(\frac{1}{4}x + \pi\right)$

661 $y = -2\cos\left(\frac{1}{2}x + \frac{\pi}{3}\right)$

TEST

662 La funzione $y = 3\sin\left(\frac{1}{3}x + \frac{\pi}{4}\right)$ ha come ampiezza, pulsazione e periodo, rispettivamente:

A $3, \frac{1}{3}, 6\pi$.

B $3, \frac{1}{3}, \frac{2}{3}\pi$.

C $3, \frac{1}{3}, \frac{\pi}{4}$.

D $3, \frac{1}{3}, \frac{\pi}{6}$.

E $\frac{1}{3}, 3, 8\pi$.

663 Il grafico della funzione

$$y = -3 + 2\cos\left(\frac{4}{3}x + \frac{\pi}{3}\right)$$

A interseca l'asse y nel punto $(0; 4)$.

B ha codominio $[-4; -1]$.

C ha periodo $T = \frac{8}{3}\pi$.

D passa per il punto $(3\pi; -2)$.

E è simmetrico rispetto all'asse y.

Periodo delle funzioni goniometriche

664 **CACCIA ALL'ERRORE** Trova l'errore nella determinazione del periodo.

a. $y = 2\sin x \rightarrow T = \frac{2\pi}{2} = \pi$ b. $y = \cos\frac{x}{5} \rightarrow T = \frac{2\pi}{5}$ c. $y = \cot 3x \rightarrow T = \frac{2\pi}{3}$

Determina il periodo delle seguenti funzioni.

665 $y = \cos 2x$

666 $y = \sin 3x$

667 $y = \sin\frac{x}{2}$

668 $y = \cos\frac{3}{2}x$

669 $y = \tan 2x$

670 $y = \cot 4x$

671 $y = 2\sin\left(\frac{x}{3} + \pi\right)$

672 $y = \frac{1}{2}\cos\left(2x - \frac{\pi}{3}\right)$

673 $y = \frac{1}{3}\tan\left(\frac{x}{2} + \frac{\pi}{6}\right)$

674 **FAI UN ESEMPIO** di funzione goniometrica con periodo: a. 4π; b. $\frac{\pi}{4}$.

Determina k in modo che la funzione abbia il periodo T indicato.

675 $y = \sin 2kx$, $T = \frac{\pi}{2}$. [2]

676 $y = \tan\frac{2}{k}x$, $T = 2\pi$. [4]

677 $y = \cos\left(\frac{k}{4}x + \pi\right)$, $T = \pi$. [8]

678 $y = \cot\left(\frac{k}{3}x\right)$, $T = \frac{\pi}{3}$. [9]

679 TEST Se l'ampiezza di $y = \left(\frac{1}{k}\right)\cos(k^2\theta)$ è 2, allora il periodo deve essere:

A π. B 2π. C 4π. D 8π. E 16π.

(USA *Wolsborn-Drazovich State Mathematics Contest*, 2006)

680 Trova per quale valore di a il periodo della funzione $y = \tan\left(\frac{3a}{2}x\right)$ è $\frac{\pi}{2}$, e poi rappresentala graficamente. $\left[a = \frac{4}{3}\right]$

681 YOU & MATHS Find the value of k that makes the period of $y = \cos\left(\frac{k}{4}x\right)$ become $\frac{3}{2}\pi$. $\left[k = \frac{16}{3}\right]$

682 REALTÀ E MODELLI **Datemi un LA**
Un diapason percosso emette la nota LA pura, che è perciò rappresentabile come una sinusoide. La funzione che descrive l'intensità del suono prodotto è: $y = 10\sin(2{,}76 \cdot 10^3 t)$, dove t è il tempo espresso in secondi. Calcola il periodo dell'onda sonora e rappresentala in un riferimento cartesiano dove in ascissa c'è il tempo e in ordinata l'intensità del suono. $[2{,}27 \cdot 10^{-3}\ \text{s}]$

MATEMATICA AL COMPUTER

Funzioni goniometriche Per studiare l'influenza che il coefficiente b ha sull'andamento delle funzioni definite dalla legge da $\mathbb{R}$ a $\mathbb{R}$ $f: x \to 2\sin\left(bx + \frac{\pi}{6}\right)$, costruiamo una figura con un software di geometria dinamica che mostri i grafici in relazione ai valori assegnati a b.

Risoluzione – 8 esercizi in più

Grafico di $y = f^2(x)$ e di $y = \sqrt{f(x)}$

Nel grafico è rappresentata la funzione $y = f(x)$. Disegna $y = f^2(x)$.

683

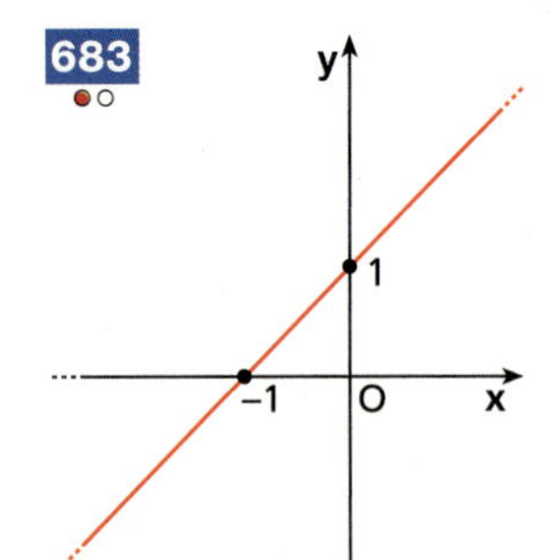

684

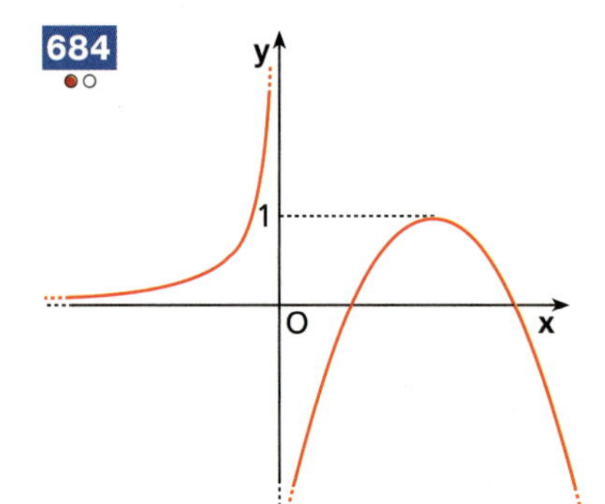

685

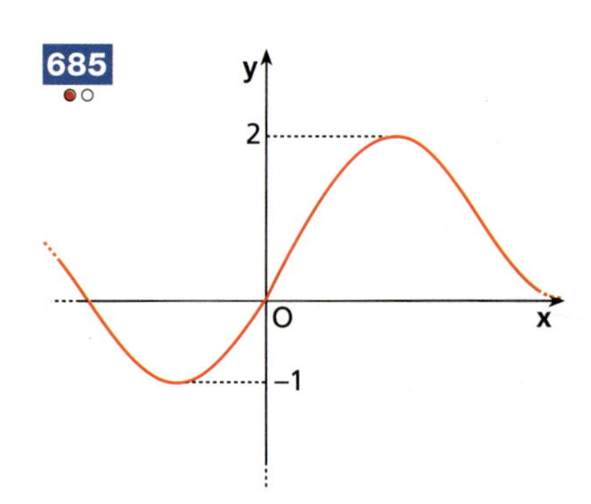

686 Disegna la funzione $f(x) = \sin x + 1$ e poi traccia il grafico di $f^2(x)$.

687 Rappresenta graficamente la funzione $f(x) = -\tan x$ nell'intervallo $[0; 2\pi]$ e poi disegna $f^2(x)$.

Rappresenta graficamente le seguenti funzioni.

688 $y = (-\cos x + 1)^2$

689 $y = \tan^2|x|$

690 $y = \tan^2 x - 1$

691 $y = \sin^2 x$

692 $y = -\cos^2 x$

693 $y = \sin^2\left(x - \frac{\pi}{4}\right)$

694 $y = \cos^2 x + 2$

695 $y = \arctan^2 x$

696 $y = \frac{1}{2}\cos^2(2x)$

Nel grafico è rappresentata la funzione $y = f(x)$. Disegna $y = \sqrt{f(x)}$

697

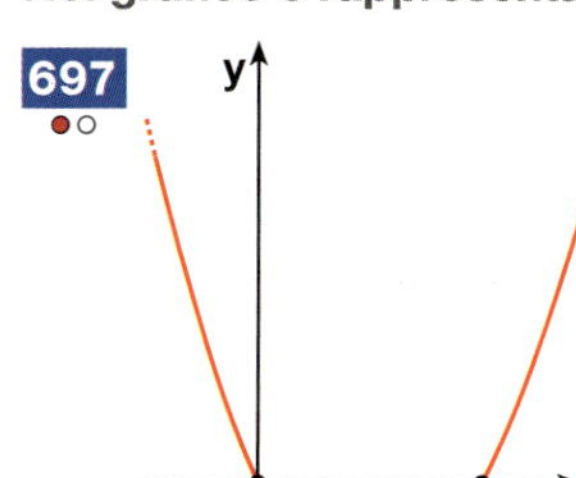

698

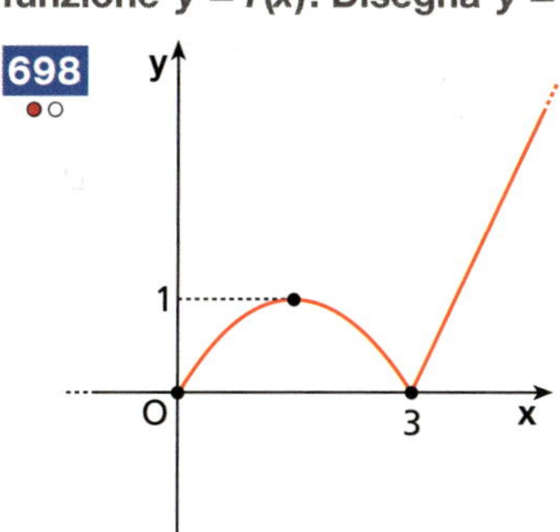

699

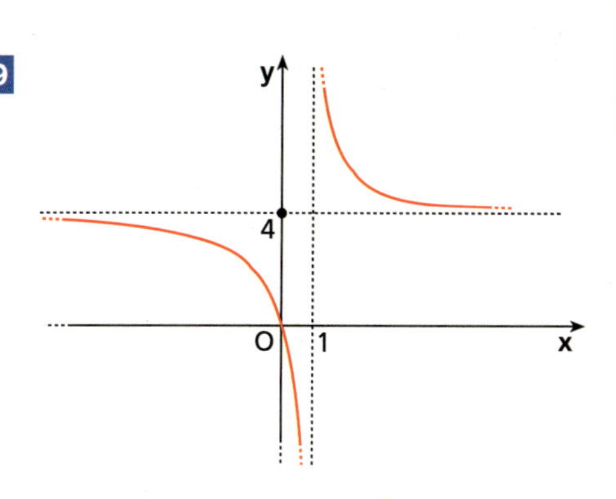

700 Disegna la funzione $f(x) = |\tan x|$ e poi traccia il grafico di $\sqrt{f(x)}$.

701 Rappresenta il grafico della funzione $f(x) = -\sin x$ nell'intervallo $[-\pi; \pi]$ e poi disegna $\sqrt{f(x)}$.

Rappresenta graficamente le seguenti funzioni.

702 $y = \sqrt{\cos x}$

703 $y = \sqrt{-\tan x}$

704 $y = \sqrt{\sin x + 1}$

705 $y = \sqrt{\tan|x|}$

706 $y = -\sqrt{|\tan x|}$

707 $y = \sqrt{\sin\left(x - \frac{\pi}{3}\right)} + 1$

708 $y = -\sqrt{\sin(-x)}$

709 $y = \sqrt{\sin\frac{1}{2}x} + 2$

710 $y = \sqrt{\csc x}$

Riepilogo: Funzioni goniometriche e trasformazioni geometriche

711 **TEST** Quale fra le seguenti funzioni *non* ha il grafico simmetrico rispetto all'origine?

A $y = \sin x$

B $y = \arctan x$

C $y = \arcsin x$

D $y = \tan x$

E $y = -\cos x$

712 **ASSOCIA** a ogni funzione quella che ha lo stesso grafico.

a. $y = -\cos x$ **b.** $y = \sin(-x)$ **c.** $y = \cos(-x)$

1. $y = \cos(x + 2\pi)$ **2.** $y = \sin\left(x + \frac{3}{2}\pi\right)$ **3.** $y = \sin(x + \pi)$

Disegna i grafici delle seguenti funzioni.

713 $y = 2\cos(-x)$

714 $y = \sin 2x - \frac{\pi}{2}$

715 $y = \cos 2x + 2$

716 $y = \tan\left(x - \frac{\pi}{3}\right)$

717 $y = \tan|x| - 3$

718 $y = -|\sin x|$

719 $y = \begin{cases} \sin x & \text{se } x \le 0 \\ |\sin x| & \text{se } x > 0 \end{cases}$

720 $y = \begin{cases} \sin(-x) & \text{se } x < 0 \\ \cos x - 1 & \text{se } x \ge 0 \end{cases}$

721 $y = \begin{cases} |\cos 2x| & \text{se } x \le 0 \\ |\arctan x| - 1 & \text{se } x > 0 \end{cases}$

722 $y = \begin{cases} \cos x & \text{se } |x| \le \frac{\pi}{2} \\ \csc x & \text{se } |x| > \frac{\pi}{2} \end{cases}$

723 **YOU & MATHS** A graph has equation $y = \cos(2x)$, where x is a real number.

a. Draw a sketch of that part of the graph for which $0 \leq x \leq 2\pi$.

b. On your sketch show two of the lines of symmetry which the complete graph possesses.

(UK *Northern Examination Assessment Board, NEAB*)

$\left[\text{b) } x = 0, \frac{\pi}{2}, \pi, \dots\right]$

---

724 Dopo aver tracciato il grafico della funzione $f(x) = -|\tan x| + 1$, disegna il grafico delle funzioni $f\left(x - \frac{\pi}{2}\right)$, $f(x) - \frac{\pi}{2}$, $2f(x)$, $f(2x)$.

725 Dopo aver trovato il dominio D e il codominio C e aver disegnato il grafico della funzione $f(x) = \frac{1 + \cos x}{\cos x}$, traccia i grafici di $f(|x|)$ e di $f(x) + 1$.

$\left[D: x \neq \frac{\pi}{2} + k\pi; C:]-\infty; 0] \cup [2; +\infty[\right]$

726 Traccia i grafici di $y = \frac{\cos x}{\cos x}$, $y = \frac{|\cos x|}{\cos x}$, $y = 1$. Rappresentano la stessa funzione?

727 **TEST** Quale delle seguenti funzioni ha il grafico della figura?

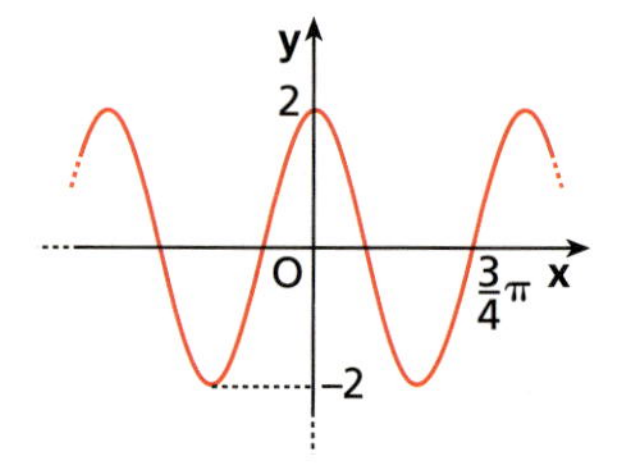

A $y = 2 \sin 2x$

B $y = 2 \sin x$

C $y = 4 \cos 2x$

D $y = 2 \cos 2x$

E $y = 2 \sin x + \pi$

728 **ASSOCIA** a ogni grafico la corrispondente funzione scelta fra le seguenti.

a. $y = \sin 2x$

b. $y = \cos 2x$

c. $y = \cos \frac{x}{2}$

d. $y = \cos|x|$

e. $y = \sin|x|$

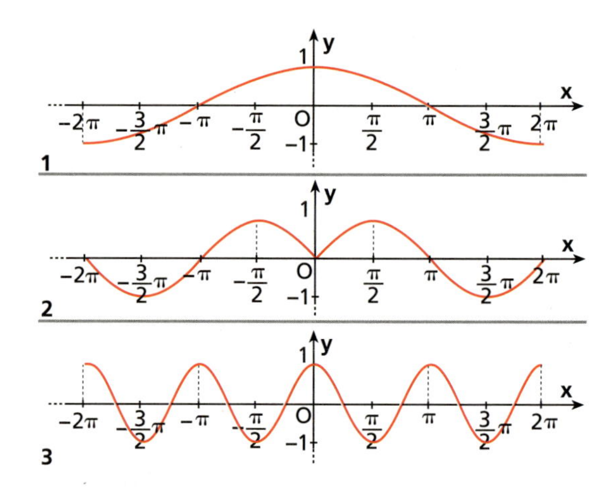

Disegna i grafici delle seguenti funzioni.

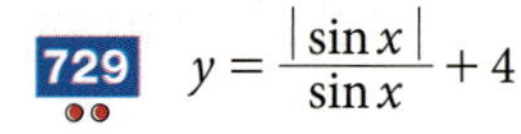

729 $y = \frac{|\sin x|}{\sin x} + 4$

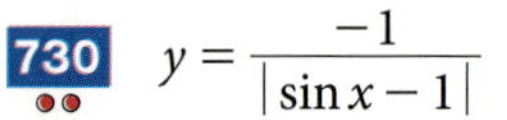

730 $y = \frac{-1}{|\sin x - 1|}$

731 $y = \frac{1}{1 - \arctan x}$

732 $y = \frac{1}{2\sin^2 x + 1}$

733 $y = 2\sqrt{\cos x} - 1$

734 $y = \frac{1}{\cos^2 \frac{x}{2}}$

LEGGI IL GRAFICO **Determina l'espressione analitica della funzione rappresentata nel grafico.**

735 ●○

$[y = \cos x + 1]$

737 ●○

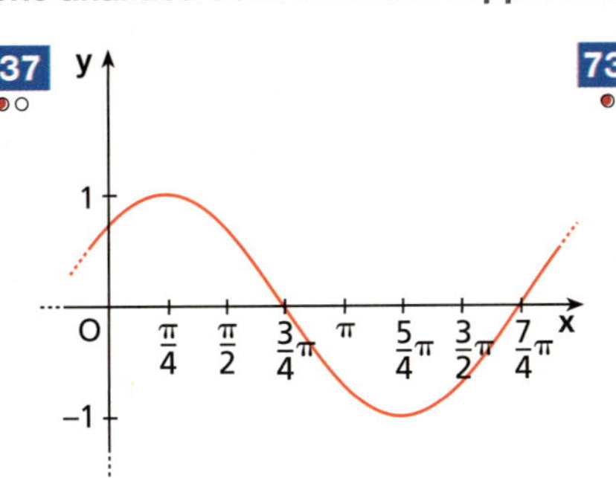

$\left[y = \cos\left(x - \frac{\pi}{4}\right)\right]$

739 ●○

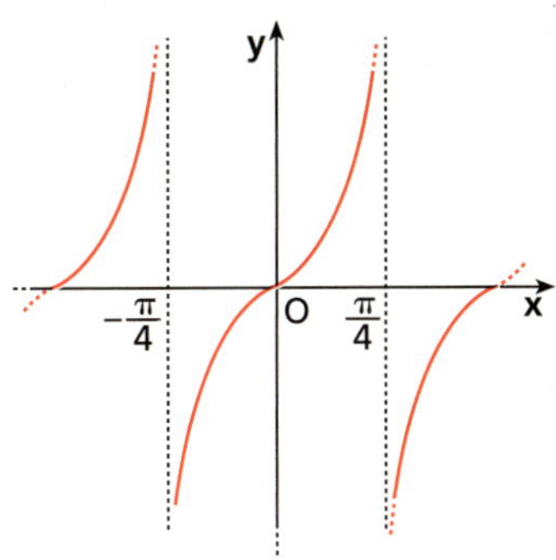

$[y = \tan 2x]$

736 ●○

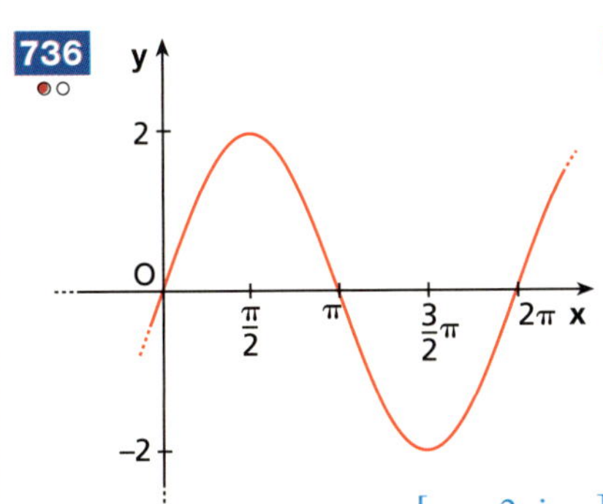

$[y = 2\sin x]$

738 ●○

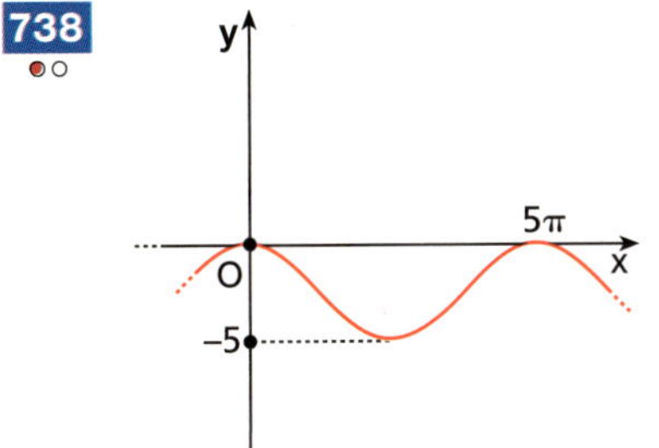

$\left[y = \frac{5}{2}\cos\frac{2}{5}x - \frac{5}{2}\right]$

740 ●○

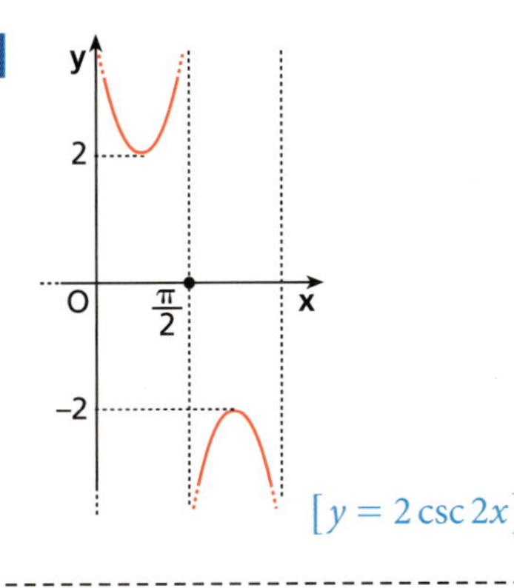

$[y = 2\csc 2x]$

---

741 ●●

a. Determina una possibile equazione della funzione f rappresentata in figura.

b. Indica il dominio e il codominio di f.

c. Traccia il grafico di $|f(x)| - 3$.

d. Disegna il grafico di $-f(x - \pi)$.

$\left[\text{a) } f(x) = -\frac{1}{\left|\sin\frac{x}{2}\right|} - 2;\ \text{b) } x \neq 2k\pi,\ k \in \mathbb{Z};\ ]-\infty; -3]\right]$

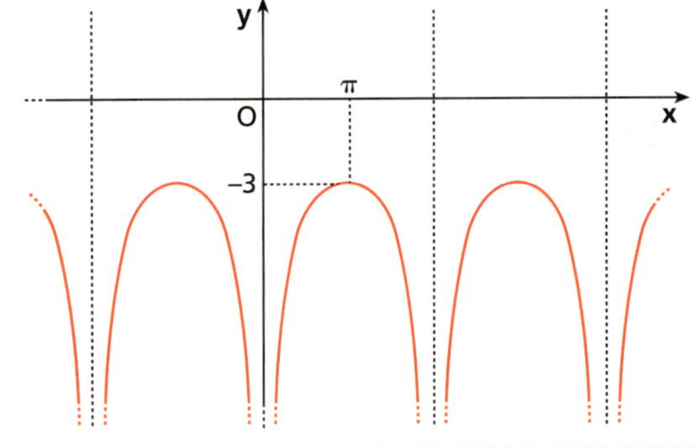

742 ●●

a. Data la funzione $y = f(x) = 2\cos kx + 2$, determina k in modo che il periodo sia $\frac{2}{3}\pi$.

b. Traccia il grafico della funzione f ottenuta con il valore di k del punto precedente.

c. Disegna il grafico di $\frac{1}{|f(x)|}$.

d. Indica un intervallo in cui f è invertibile, trova l'espressione analitica di f^{-1} e rappresentala graficamente.

$\left[\text{a) } k = 3;\ \text{d) } \left[0; \frac{\pi}{3}\right];\ f^{-1}(x) = \frac{1}{3}\arccos\frac{x-2}{2}\right]$

743 ●●

Data la funzione $y = a \cdot \arcsin(x + b)$, determina i valori di a e b in modo che sia $a > 0$ e che la funzione abbia come dominio l'intervallo $[0; 2]$ e come codominio l'intervallo $\left[-\frac{1}{2}; \frac{1}{2}\right]$.

a. Rappresenta la funzione così ottenuta.

b. Determina la funzione inversa (applicando la simmetria rispetto a $y = x$).

c. Dopo aver individuato il periodo della funzione inversa, rappresentala su un intero periodo.

$\left[y = \frac{1}{\pi}\arcsin(x - 1);\ \text{b) } y = \sin(\pi x) + 1;\ \text{c) } T = 2\right]$

ESERCIZI

Problemi REALTÀ E MODELLI

RISOLVIAMO UN PROBLEMA

T Cephei

La stella T Cephei è una gigante rossa della Via Lattea. Essa ha una luminosità variabile in modo abbastanza regolare tra i valori 5,4 e 11 di magnitudine, in cicli di 389 giorni. Supponi che la variazione di magnitudine possa essere modellizzata con una funzione del tipo $y = A\cos(\omega t + \varphi) + k$.

- Trova i valori dei parametri in modo che all'inizio del ciclo corrisponda il valore massimo di magnitudine.
- Dopo quanti giorni dall'inizio del ciclo la magnitudine è minima?
- Determina la magnitudine di T Cephei dopo 100 giorni dall'inizio del ciclo.

▶ **Calcoliamo φ e ω utilizzando i dati sul periodo.**

Poiché $\cos\alpha$ ha valore massimo 1 per $\alpha = 0$, deve essere $\omega t + \varphi = 0$ all'istante iniziale.
Per $t = 0$, abbiamo $\varphi = 0$.
Dato che il periodo è di 389 giorni, deve essere:

$$T = \frac{2\pi}{\omega} = 389 \ \rightarrow \ \omega = \frac{2\pi}{389}.$$

▶ **Calcoliamo A e k dai valori di massimo e minimo.**

Rappresentiamo la funzione che nel periodo di 389 giorni oscilla tra 5,4 e 11.

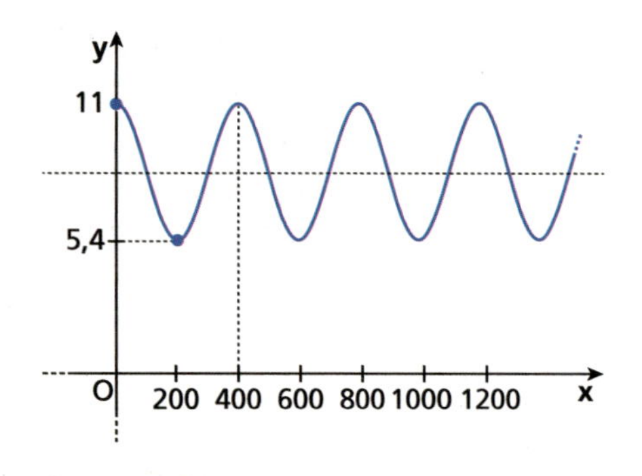

L'ampiezza dell'oscillazione è:

$$A = \frac{11 - 5{,}4}{2} = 2{,}8.$$

Notiamo poi che la funzione è una cosinusoide traslata verso l'alto di

$$k = 5{,}4 + 2{,}8 = 8{,}2.$$

La funzione è allora:

$$y = 2{,}8\cos\left(\frac{2\pi}{389}t\right) + 8{,}2.$$

▶ **Ricaviamo l'istante di magnitudine minima.**

Il valore minimo viene raggiunto dopo metà periodo, ovvero circa 194 giorni.

▶ **Ricaviamo la magnitudine a un istante fissato.**

Per determinare la magnitudine dopo 100 giorni è sufficiente sostituire a t il valore 100:

$$y = 2{,}8\cos\left(\frac{2\pi}{389}\cdot 100\right) + 8{,}2 \simeq 8{,}08.$$

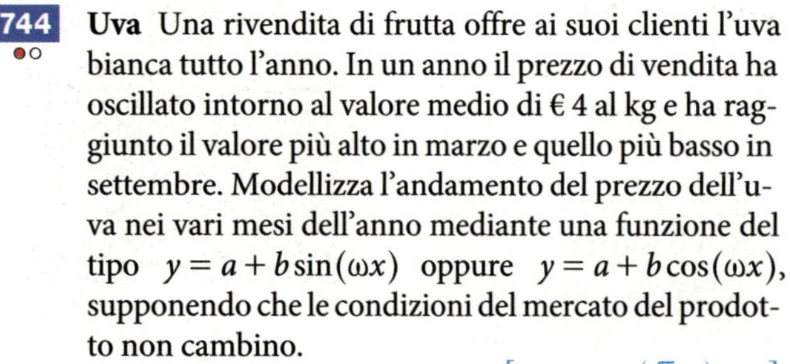

744 **Uva** Una rivendita di frutta offre ai suoi clienti l'uva bianca tutto l'anno. In un anno il prezzo di vendita ha oscillato intorno al valore medio di € 4 al kg e ha raggiunto il valore più alto in marzo e quello più basso in settembre. Modellizza l'andamento del prezzo dell'uva nei vari mesi dell'anno mediante una funzione del tipo $y = a + b\sin(\omega x)$ oppure $y = a + b\cos(\omega x)$, supponendo che le condizioni del mercato del prodotto non cambino.

$\left[y = 2\sin\left(\frac{\pi}{6}x\right) + 4\right]$

ESERCIZI

Predatori e prede L'allocco è un uccello rapace notturno che si nutre preferibilmente di topi. Alcuni biologi, monitorando il numero di esemplari delle due specie nello stesso habitat per un certo periodo, hanno osservato che tale numero può essere descritto dalle funzioni:

$$y_1 = 500\cos(2t) + 2000 \quad \text{e} \quad y_2 = 10\cos\left(2t - \frac{\pi}{4}\right) + 50,$$

dove y_1 indica il numero di topi presenti al tempo t (espresso in anni) e y_2 il numero di allocchi.

a. Al tempo $t = 0$ quanti sono i topi e gli allocchi presenti?

b. Qual è il numero massimo di topi e di allocchi raggiunto nella zona? Quando ciascuna specie lo raggiunge per la prima volta?

c. Qual è il numero minimo di topi e di allocchi raggiunto? Quando, per la prima volta, raggiungono il numero minimo?

d. Dopo 6 anni gli allocchi si trovano in una fase in cui stanno aumentando o diminuendo di numero?

[b) $y_{1\,max} = 2500$ per $t = 0$; $y_{2\,max} = 60$ per $t = \frac{\pi}{8}$;
c) $y_{1\,min} = 1500$ per $t = \frac{\pi}{2}$; $y_{2\,min} = 40$ per $t = \frac{5}{8}\pi$; d) aumentano]

In Bretagna La marea è un moto periodico di oceani e mari che si innalzano e abbassano anche di 10-15 metri, solitamente ogni sei ore circa. L'ampiezza (detta *altezza dell'onda di marea*, uguale al dislivello tra bassa e alta marea) dipende dalla conformazione della costa e del terreno.
Al molo di un villaggio in Bretagna una tabella riporta giorno per giorno gli orari della marea e precisa che l'altezza dell'acqua sul pilone del molo varia da 0,8 a 9,5 m. Per un certo giorno sono segnati i seguenti orari: alta marea ore 4:03; bassa marea ore 10:14; alta marea ore 16:25; bassa marea ore 22:36.

a. Determina l'altezza media dell'acqua sul pilone, l'ampiezza della variazione e il periodo dell'onda di marea di quel giorno.

b. La variazione dell'altezza del livello dell'acqua nel tempo può essere descritta da una funzione goniometrica; scrivi l'equazione di tale funzione fissando il tempo 0 in corrispondenza delle ore 4:03 e il livello 0 in corrispondenza dell'altezza media dell'acqua.

c. Cambia il sistema di riferimento mettendo il livello 0 in corrispondenza del fondo del mare e il tempo 0 in corrispondenza dell'ora 0 della notte (esprimi il tempo in minuti) e rappresentane il grafico.

[a) 5,15 m; 8,7 m; 12 ore e 22 minuti; b) $y = 4{,}35\cos\left(\frac{\pi t}{371}\right)$; c) $y = 5{,}15 + 4{,}35\cos\left[\frac{\pi(t-243)}{371}\right]$]

Illuminazione stradale La ditta che deve rinnovare il sistema di illuminazione della rotonda in figura colloca 6 lampioni equidistanti uno dall'altro sulla circonferenza interna, e sulla circonferenza esterna ne colloca 8: 2 ai lati di ciascun imbocco delle tre strade e 2 nei punti medi dei due archi $\widehat{BC}$ e $\widehat{FA}$. Nel sistema di assi cartesiani in figura determina:

a. l'angolo al centro individuato da due lampioni consecutivi della circonferenza interna;

b. le coordinate dei lampioni sulla circonferenza interna, supponendo che il primo lampione si trovi sul semiasse x positivo;

c. le coordinate dei lampioni posizionati sui due archi della circonferenza esterna $\widehat{BC}$ e $\widehat{FA}$.

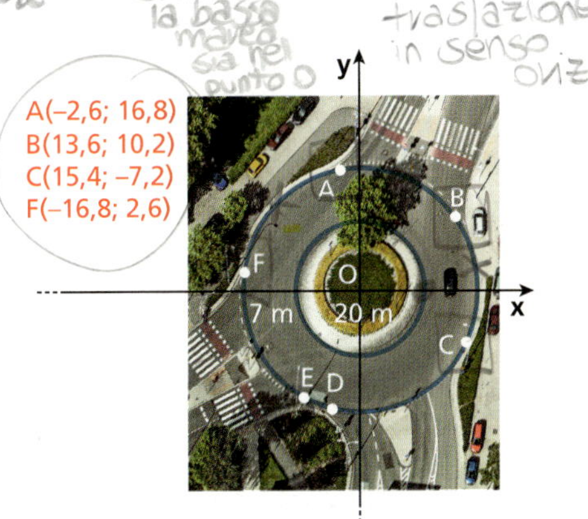

[a) 60°; c) (16,9; 1,8); (−12,0; 12,0)]

ESERCIZI

748 **Pedala!** Marta ha una bicicletta con le ruote che hanno raggi di 28 cm.

a. Scrivi la funzione che rappresenta l'altezza y del punto V, sulla periferia della ruota (in corrispondenza della valvola), rispetto all'altezza del mozzo M, in funzione dell'angolo α.

b. Determina l'altezza rispetto al suolo del punto V quando α vale 150°. Quanto vale α quando l'altezza è 0?

c. Partendo da $\alpha = 0$, Marta pedala facendo compiere alla valvola un angolo di 1500°. Quanta strada ha percorso?

[a) $y = 28 \sin\alpha$; b) 42 cm; 270°; c) 7,33 m]

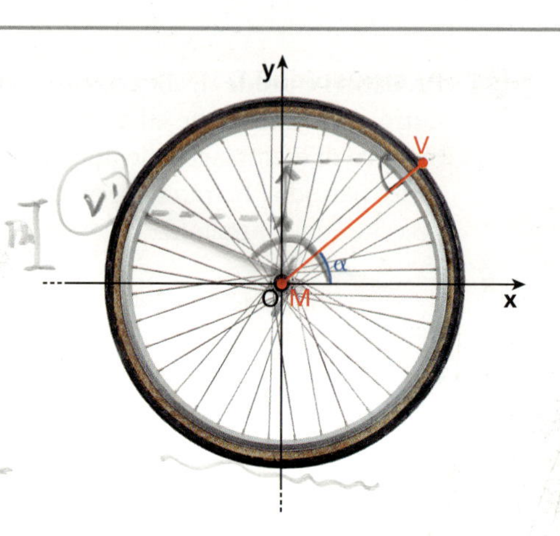

749 **Pupazzetto a molla** Roberto gioca con un pupazzetto a molla facendolo oscillare verticalmente, partendo da una posizione di equilibrio a un'altezza di 90 cm dal pavimento. Sappiamo che per effettuare un'oscillazione completa, di ampiezza 30 cm, e ritornare nella posizione iniziale impiega 3 secondi. La funzione che descrive l'altezza dal suolo del giocattolo al tempo t è del tipo $h(t) = A\sin(\omega t + y) + B$.

a. Determina il valore dei parametri che corrispondono alla situazione descritta e traccia il grafico della funzione.

b. Quale posizione occupa il pupazzetto dopo 2 secondi?

$\left[\text{a) } A = 30;\ \omega = \frac{2}{3}\pi;\ y = \pi;\ B = 90;\ \text{b) } 116 \text{ cm}\right]$

I grafici delle funzioni goniometriche e gli archi associati

Disegna i grafici delle seguenti funzioni dopo aver semplificato la loro espressione analitica mediante le regole degli archi associati.

750 $y = \sin\left(\frac{3}{2}\pi - x\right) + 2\cos(\pi + x)$ [$y = -3\cos x$]

751 $y = -\tan(-x) + 2$ [$y = \tan x + 2$]

752 $y = 2\cos\left(\frac{\pi}{2} - x\right)\cot(\pi - x)$ [$y = -2\cos x,\ x \neq k\pi$]

753 $y = \dfrac{1}{\sin\left(\frac{\pi}{2} - x\right) + \cos(-x)}$ $\left[y = \frac{1}{2}\sec x\right]$

754 $y = \dfrac{2\cos^2\left(\frac{\pi}{2} - x\right)}{-\sin(-x)}$ [$y = 2\sin x,\ x \neq k\pi$]

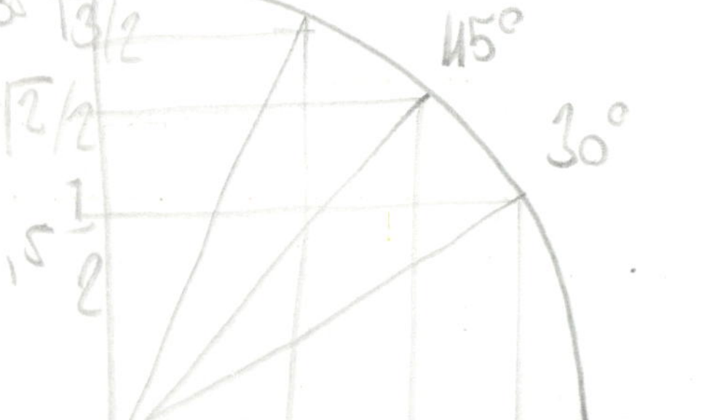

Funzioni sinusoidali e luoghi geometrici

755 ESERCIZIO GUIDA Determiniamo il luogo geometrico descritto al variare di $\alpha \in \mathbb{R}$ da $P(x; y)$, con x e y date da:

$$\begin{cases} x = 2\cos\alpha - 1 \\ y = 3\sin\alpha \end{cases}.$$

Isoliamo al primo membro $\cos\alpha$ e $\sin\alpha$:

$$\begin{cases} \cos\alpha = \dfrac{x+1}{2} \\ \sin\alpha = \dfrac{y}{3} \end{cases}$$

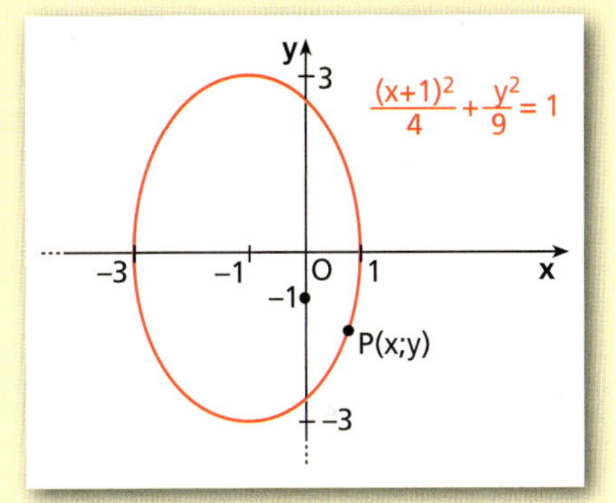

Eleviamo al quadrato entrambi i membri delle due equazioni e poi sommiamo membro a membro. Otteniamo

$$\cos^2\alpha + \sin^2\alpha = \left(\frac{x+1}{2}\right)^2 + \left(\frac{y}{3}\right)^2,$$

da cui, essendo $\sin^2\alpha + \cos^2\alpha = 1$: $\dfrac{(x+1)^2}{4} + \dfrac{y^2}{9} = 1$.

Il luogo cercato è un'ellisse traslata di centro $(-1; 0)$ e semiassi di lunghezza 2 e 3.

Determina i luoghi geometrici descritti al variare di $\alpha \in \mathbb{R}$ da $P(x; y)$, con x e y date dalle seguenti equazioni.

756 $\begin{cases} x = 3 + \cos\alpha \\ y = \sin\alpha - 2 \end{cases}$ $[(x-3)^2 + (y+2)^2 = 1]$

757 $\begin{cases} x = 3\cos\alpha \\ y = 1 + \sin\alpha \end{cases}$ $\left[\dfrac{x^2}{9} + (y-1)^2 = 1\right]$

758 $\begin{cases} x = \sin\alpha \\ y = \cos^2\alpha + 1 \end{cases}$ $[y = 2 - x^2]$

759 $\begin{cases} x = 2\tan\alpha \\ y = \sec\alpha \end{cases}$ $\left[\dfrac{x^2}{4} - y^2 = -1\right]$

760 $\begin{cases} x = 2\sin^2\alpha - 1 \\ y = \cos^2\alpha + 2 \end{cases}$, $\alpha \in \left]0; \dfrac{\pi}{2}\right[$. $[x + 2y - 5 = 0, -1 < x < 1]$

761 $\begin{cases} x = \sin\alpha + 3 \\ y = \csc\alpha \end{cases}$, $\alpha \in]0; \pi[$. $[xy - 3y - 1 = 0, 3 < x \le 4]$

762 Le coordinate dei punti di una curva sono date dalle seguenti equazioni:

$$\begin{cases} x = \cos 3\alpha - 2 \\ y = \sin 3\alpha + 1 \end{cases}, \quad \alpha \in \mathbb{R}.$$

a. Determina l'equazione cartesiana della curva.

b. Individua il tipo di conica $\mathscr{C}$ che essa rappresenta e calcola l'eccentricità.

c. Trova l'equazione della retta tangente a $\mathscr{C}$ nel suo punto di ordinata 1 e ascissa minore, dopo averla rappresentata su un piano cartesiano.

[a) $(x+2)^2 + (y-1)^2 = 1$; b) circonferenza, $e = 0$; c) $x = -3$]

VERIFICA DELLE COMPETENZE

VERIFICA DELLE COMPETENZE ALLENAMENTO

UTILIZZARE TECNICHE E PROCEDURE DI CALCOLO

VERO O FALSO?

1 a. Seno, coseno e tangente sono funzioni di periodo 2π. V F

b. $\tan 30° = \tan 210°$. V F

c. Esiste un angolo α tale che $\sin\alpha = \frac{5}{6}$ e $\cos\alpha = \frac{1}{6}$. V F

d. Esiste un angolo β tale che $\sin\beta = \frac{7}{4}$. V F

2 a. $\sin(-\alpha) = -\sin\alpha$ V F

b. $\cot\left(\frac{\pi}{2} - \alpha\right) = -\tan\alpha$ V F

c. $\cos(\pi - \alpha) = -\cos\alpha$ V F

d. $\sin(2\pi - \alpha) = -\sin\alpha$ V F

e. $\tan(\pi + \alpha) = \tan\alpha$ V F

TEST

3 Delle seguenti affermazioni relative alla funzione $y = \arcsin(\sqrt{x} - 1)$ una sola è *falsa*. Quale?

A Il dominio è $0 \leq x \leq 4$.

B Il codominio è $[-1; 1]$.

C La sua funzione inversa è $y = (1 + \sin x)^2$.

D La funzione è positiva per $1 < x \leq 4$.

E La funzione interseca l'asse y in $\left(0; -\frac{\pi}{2}\right)$.

4 Quale delle seguenti uguaglianze è sempre vera?

A $\sin(\pi + \alpha) = \cos(\pi + \alpha)$

B $\tan(-\alpha) = \tan(\pi - \alpha)$

C $\tan\left(\frac{\pi}{2} + \alpha\right) = \cot\alpha$

D $\sec(\pi - \alpha) = \sec\alpha$

E $\sin(-\alpha) = -\cos(\alpha)$

5 Le seguenti proposizioni sono tutte vere *tranne* una. Quale?

A La funzione $y = \sin\left(\frac{1}{2}x - \frac{\pi}{4}\right)$ è invertibile nell'intervallo $\left[-\frac{3}{4}\pi; \frac{5}{4}\pi\right]$.

B La funzione inversa di $y = 2\tan 2x$ ha equazione $y = \frac{1}{2}\arctan\frac{x}{2}$.

C $(\sin x)^{-1} = \frac{1}{\sin x}$.

D $\frac{1}{2\cos 2x} = \frac{1}{2}\sec 2x$.

E La funzione $y = \arctan\frac{2x-1}{x^2+1}$ ha per dominio $\mathbb{R}$.

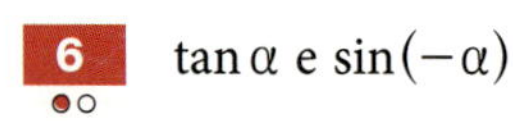

Calcola il valore delle funzioni indicate, utilizzando le informazioni fornite.

6 $\tan\alpha$ e $\sin(-\alpha)$ $\quad \cos\alpha = -\frac{2}{3}, \pi < \alpha < \frac{3}{2}\pi$ $\quad \left[\frac{\sqrt{5}}{2}; \frac{\sqrt{5}}{3}\right]$

7 $\sin\alpha$ e $\cos\alpha$ $\quad \tan\alpha = \frac{28}{45}, \pi < \alpha < \frac{3}{2}\pi$ $\quad \left[-\frac{28}{53}; -\frac{45}{53}\right]$

8 $\cos\alpha$ e $\tan\alpha$ $\quad \sin\alpha = \frac{15}{17}, \frac{\pi}{2} < \alpha < \pi$ $\quad \left[-\frac{8}{17}; -\frac{15}{8}\right]$

9 $\sin\alpha$ e $\tan\alpha$ — $\cos\alpha = \frac{39}{89}, \frac{3}{2}\pi < \alpha < 2\pi$ $\left[-\frac{80}{89}; -\frac{80}{39}\right]$

10 $\sin\beta$ e $\cos(\pi + \beta)$ — $\tan\beta = -\frac{9}{40}, \frac{\pi}{2} < \beta < \pi$ $\left[\frac{9}{41}; \frac{40}{41}\right]$

11 $\sin(-\alpha)$, $\cos\left(\frac{\pi}{2} + \alpha\right)$, $\sin(\pi + \alpha)$, $\cos\left(-\frac{3}{2}\pi + \alpha\right)$, $\tan(\pi + \alpha)$ — $\tan\alpha = \frac{3}{4}, 0 < \alpha < \frac{\pi}{2}$ $\left[-\frac{3}{5}; -\frac{3}{5}; -\frac{3}{5}; -\frac{3}{5}; \frac{3}{4}\right]$

12 $\cos\left(\frac{\pi}{2} - \alpha\right)$, $\sin\left(\frac{\pi}{2} + \alpha\right)$, $\cot(\pi - \alpha)$, $\tan\left(\frac{3}{2}\pi - \alpha\right)$ — $\sin(\pi + \alpha) = \frac{5}{13}$, con $-\frac{\pi}{2} < \alpha < 0$ $\left[-\frac{5}{13}; \frac{12}{13}; \frac{12}{5}; -\frac{12}{5}\right]$

13 Determina per quale valore di t esiste un angolo β tale che:

$$\sin\beta = \frac{t+1}{t} \text{ e } \cos\beta = \frac{1+2t}{t}.$$ $\left[-1; -\frac{1}{2}\right]$

Calcola il valore delle seguenti espressioni.

14 $\sqrt{3}\cos 30° - \sqrt{3}\sec 60° - \sin 45° + \cos 60° \csc 45° - 8\sin^2 30°$ $\left[-\frac{1}{2} - 2\sqrt{3}\right]$

15 $\frac{3}{2}\cot\frac{\pi}{4} - \sec\frac{\pi}{3} + \frac{3}{5}\csc\frac{\pi}{6} - \frac{3}{2} - \frac{1}{2}\csc\frac{\pi}{2}$ $\left[-\frac{13}{10}\right]$

16 $\left(2\cos\frac{\pi}{6} - 4\sin\frac{\pi}{4}\right)^2 + 16\sin\frac{\pi}{4}\left(\cos\frac{\pi}{6} + \cos\frac{\pi}{3}\right) - \sin\frac{\pi}{2}$ $[10 + 4\sqrt{2}]$

17 $3\cot 270° - 4\cos 330° \sin 300° - \sqrt{2}\cos(-45°) - 6\sqrt{2}\sec(-45°)$ $[-10]$

18 $\sin\frac{27}{4}\pi$; $\cos\frac{35}{6}\pi$; $\tan\frac{38}{5}\pi$; $\cot\frac{37}{6}\pi$. $\left[\sin\frac{\pi}{4}, \cos\frac{\pi}{6}, -\tan\frac{2}{5}\pi, \cot\frac{\pi}{6}\right]$

19 $(\sin 210° \cos 225° - \sin 225° \cos 210°)\cos 45° - \cos 240° - \csc 330°$ $\left[\frac{11 - \sqrt{3}}{4}\right]$

20 $$\frac{\sin\frac{7}{4}\pi \cdot \cos\frac{11}{6}\pi - \cos\frac{5}{3}\pi \cdot \cos\left(-\frac{\pi}{4}\right)}{\sin\frac{5}{4}\pi - \cos\frac{7}{4}\pi}$$ $\left[\frac{\sqrt{3} + 1}{4}\right]$

21 $\sqrt{3}\sin\frac{\pi}{3} - \sqrt{2}\cos\frac{\pi}{4} + \cos\frac{\pi}{2}\left(\sin\frac{\pi}{4} + \cos\frac{\pi}{3}\right)^2 - \left(\sin\frac{\pi}{3} - 2\cos\frac{\pi}{6}\right)^2$ $\left[-\frac{1}{4}\right]$

22 $\sec\frac{\pi}{3}\left(\sin\frac{\pi}{6} + \cos\frac{\pi}{3}\right) - 2\csc\frac{\pi}{2} + \tan 0 - \tan\frac{\pi}{4}\left(\cos\frac{\pi}{6} + \sin\frac{\pi}{3}\right)$ $[-\sqrt{3}]$

23 $$\frac{a^2\tan\frac{\pi}{4} + 2b^2\sin\frac{\pi}{6} + ab\sec\frac{\pi}{3}}{a\cos 0 + b\sin\frac{\pi}{2}} - \sqrt{2}\cdot a\sin\frac{\pi}{4}$$ $[b]$

24 $\cos(-30°) + \sin(-60°) + \sin 210° - \tan 225° - \csc 150°$ $\left[-\frac{7}{2}\right]$

---

25 $\tan\left[\arcsin\left(-\frac{1}{2}\right)\right]$ $\left[-\frac{\sqrt{3}}{3}\right]$

26 $\sin\left[\arccos\left(\frac{\sqrt{3}}{2}\right)\right]$ $\left[\frac{1}{2}\right]$

27 $\arcsin\left(\cos\frac{5}{2}\pi\right)$ $[0]$

28 $\tan\left[\arccos\left(-\frac{\sqrt{2}}{2}\right)\right]$ $[-1]$

VERIFICA DELLE COMPETENZE

29 $\pi - \arcsin\left(-\frac{\sqrt{2}}{2}\right) + \arctan\left(-\frac{1}{\sqrt{3}}\right) + 2\arccos\frac{1}{2}$ $\left[\frac{7}{4}\pi\right]$

30 $\pi - \left[4\arctan(-1) + 2\arcsin\left(-\frac{\sqrt{2}}{2}\right)\right] + \arccos\frac{\sqrt{3}}{2}$ $\left[\frac{8}{3}\pi\right]$

Semplifica le seguenti espressioni.

31 $\cos(\pi+\alpha) + \sin^2(-\alpha) + \tan(\alpha+\pi)\tan\left(\alpha+\frac{\pi}{2}\right) + \sin\left(\frac{\pi}{2}+\alpha\right)$ $[-\cos^2\alpha]$

32 $\frac{\sin(180°-\alpha)\cos(90°+\alpha)}{\sin(-\alpha)} + \frac{\sin(90°+\alpha)\cos(90°-\alpha)}{\cos(180°+\alpha)}$ $[0]$

33 $\frac{\sin(-\alpha)+\sin(\pi-\alpha)+\sin(\pi+\alpha)}{\cos(-\alpha)+\cos(\pi-\alpha)+\cos(\pi+\alpha)}$ $[\tan\alpha]$

34 $\tan(360°-\alpha) + 2\cos(360°-\alpha) + 2\sin(180°-\alpha)\cot(-\alpha) + \tan\alpha$ $[0]$

35 $\tan(90°-\alpha)\tan\alpha - \frac{\sin(180°+\alpha)}{\cos(180°-\alpha)} + \cot(90°-\alpha)$ $[1]$

36 $-\cos\left(-\alpha-\frac{3}{2}\pi\right) - \sin(\alpha-5\pi) + \sin\left(-\alpha-\frac{7}{2}\pi\right)$ $[\cos\alpha]$

37 $\cot^2\left(\frac{3}{2}\pi+\alpha\right) + \sec^2(\pi+\alpha) - \frac{\sin\left(\frac{\pi}{2}+\alpha\right)\cos(\pi-\alpha)}{\sin^2\left(\alpha-\frac{3}{2}\pi\right)}$ $[2\sec^2\alpha]$

38 $\frac{2}{\csc(90°-\alpha)} + 6\frac{\cos(180°-\alpha)}{\sin(-\alpha)} - 2\cos(180°-\alpha)$ $[2\cot\alpha(2\sin\alpha+3)]$

39 $\sin\left(\alpha+\frac{3}{2}\pi\right)\cos(\alpha+\pi) - \frac{\tan\left(\frac{3}{2}\pi-\alpha\right)\sin\left(\frac{\pi}{2}+\alpha\right)}{\sin(-\alpha)+\cos\left(\frac{\pi}{2}+\alpha\right)}$ $\left[\frac{\cos^2\alpha(2\sin^2\alpha+1)}{2\sin^2\alpha}\right]$

40 $\frac{\tan\frac{1}{5}\cot\frac{1}{5} + \tan(-\alpha)\cot\left(\frac{3}{2}\pi-\alpha\right)}{\sin^2\left(\alpha-\frac{3\pi}{2}\right)+\cos^2\left(\frac{5}{2}\pi-\alpha\right)}$ $[1-\tan^2\alpha]$

41 $\frac{\tan^2\left(\frac{3}{2}\pi-\alpha\right)-1}{\tan\left(\alpha+\frac{5}{2}\pi\right)} \cdot \frac{4\tan(4\pi-\alpha)}{1-\tan^2(3\pi+\alpha)}$ $[4]$

42 $\frac{\cos(5\pi+\alpha)\sin\left(\frac{3}{2}\pi+\alpha\right) + \tan(-\alpha)\sin\left(\alpha-\frac{5}{2}\pi\right) + \sin^2(3\pi+\alpha)}{\cos(\alpha-6\pi)\sin(2\pi-\alpha) - \cos\left(\frac{7}{2}\pi-\alpha\right)}$ $\left[\frac{1+\sin\alpha}{\sin\alpha(1-\cos\alpha)}\right]$

43 $\cot(\pi-\alpha)\cos\left(\frac{3}{2}\pi+\alpha\right) + 2\frac{\sin(-\alpha)\cos(10\pi-\alpha)}{\sin\left(\frac{\pi}{2}-\alpha\right)\cos\left(\alpha-\frac{11}{2}\pi\right)}$ $[-\cos\alpha+2]$

ANALIZZARE E INTERPRETARE DATI E GRAFICI

44 Un triangolo ha gli angoli α, β, γ tali che $\alpha = \frac{1}{3}\beta$ e $\beta = \gamma$. Trova la misura in radianti degli angoli α, β, γ. $\left[\alpha = \frac{\pi}{7}; \beta = \gamma = \frac{3}{7}\pi\right]$

45 Un quadrilatero ha due angoli che misurano 148° e $\frac{7}{15}\pi$ e gli altri due sono uno i $\frac{3}{5}$ dell'altro. Scrivi le misure degli angoli del quadrilatero in gradi e in radianti. $\left[148°, 84°, 80°, 48°; \frac{37}{45}\pi, \frac{7}{15}\pi, \frac{4}{9}\pi, \frac{4}{15}\pi\right]$

46 ●○ Dato il triangolo rettangolo della figura, è noto che $\tan\beta = \frac{4}{3}$. Calcola $\sin\beta$, $\cos\beta$, $\cos\gamma$ e $\tan\delta$.

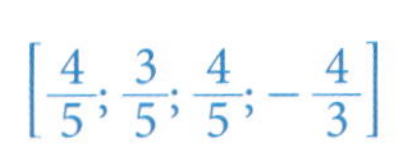

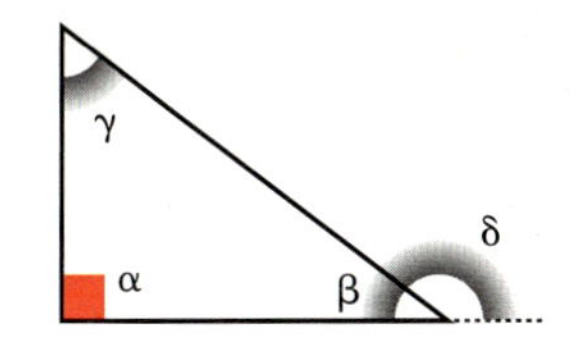

47 ●○ Determina l'equazione della retta passante per $Q(-7; 1)$, che forma con l'asse x un angolo, compreso tra 0 e π, il cui coseno è $\frac{7}{25}$. $\left[y = \frac{24}{7}x + 25\right]$

48 ●● Determina il seno dell'angolo che la retta di equazione $12x + 9y - 1 = 0$ forma con l'asse x. $\left[\frac{4}{5}\right]$

---

49 ●○

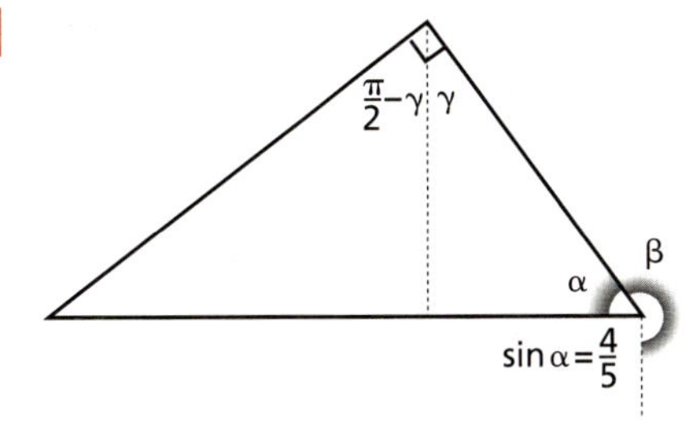

Trova: $\sin\beta$, $\tan\gamma$, $\cos\left(\frac{\pi}{2} - \gamma\right)$. $\left[-\frac{3}{5}; \frac{3}{4}; \frac{3}{5}\right]$

50 ●○

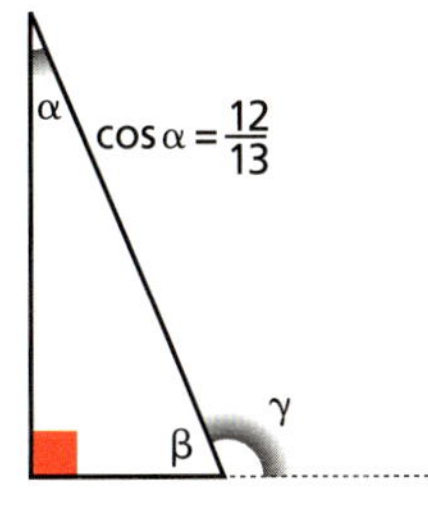

Calcola: $\tan\beta$, $\cos\gamma$, $\sin(\pi + \gamma)$. $\left[\frac{12}{5}; -\frac{5}{13}; -\frac{12}{13}\right]$

Disegna i grafici delle seguenti funzioni.

51 ●○ $y = 4\sin x - 1$

52 ●○ $y = \cos\left(\frac{\pi}{6} + x\right)$

53 ●○ $y = |\sin 2x| + 1$

54 ●○ $y = -\cos(x + \pi)$

55 ●○ $y = -\sin x + 2$

56 ●○ $y = \sin\left(x - \frac{\pi}{4}\right) - 1$

57 ●○ $y = \sin|x| + 2$

58 ●○ $y = -|\tan x|$

59 ●○ $y = \frac{1}{2}\sin\frac{x}{2}$

60 ●● $y = \frac{1}{\sin|x|} - 1$

61 ●● $y = \frac{1}{-\sqrt{\cos x} + 2}$

62 ●● $y = 2\arccos\left(x - \frac{\pi}{3}\right)$

63 ●● $y = 1 + 3\arctan\left(\frac{x}{2}\right)$

64 ●● $y = \begin{cases} \cos x & \text{se } x \leq \frac{\pi}{2} \\ -2\cos x & \text{se } x > \frac{\pi}{2} \end{cases}$

65 ●● $y = \begin{cases} |\cos x| & \text{se } x < 0 \\ |\sin x| + 1 & \text{se } x \geq 0 \end{cases}$

Determina il periodo delle seguenti funzioni.

66 ●○ $y = \sin 4x$, $y = \tan\frac{x}{2}$. $\left[\frac{\pi}{2}, 2\pi\right]$

67 ●○ $y = \cos 6x$, $y = \cot 2x$. $\left[\frac{\pi}{3}, \frac{\pi}{2}\right]$

68 ●○ $y = \sin(3x + \pi)$, $y = \tan\left(\frac{x}{4} + \frac{\pi}{2}\right)$. $\left[\frac{2}{3}\pi, 4\pi\right]$

69 ●○ $y = \cos(2x + 2\pi)$, $y = \cot\left(6x + \frac{\pi}{4}\right)$. $\left[\pi, \frac{\pi}{6}\right]$

Disegna i grafici delle seguenti funzioni e scrivi il valore dell'ampiezza, della pulsazione, della fase iniziale e del periodo.

70 ●● $y = -6\sin\left(2x + \frac{3}{2}\pi\right)$

71 ●● $y = -\frac{1}{4}\cos\left(\frac{1}{2}x + \frac{\pi}{6}\right)$

72 ●● $y = \frac{1}{2}\sin\left(\frac{1}{2}x\right) + \frac{1}{2}$

73 ●● $y = -2\cos\left(2x + \frac{\pi}{3}\right)$

VERIFICA DELLE COMPETENZE

74 Della funzione $y = 1 + \tan\frac{x}{2}$ trova il dominio, disegna il grafico e scrivi le equazioni degli asintoti.

$[D: x \neq \pi + 2k\pi;\ x = \pi + 2k\pi]$

75 Traccia il grafico di $f(x) = 4\cos\left(x - \frac{\pi}{4}\right)$, di $\frac{|f(x)|}{f(x)} + 1$ e di $\frac{f(x) + |f(x)|}{2}$.

LEGGI IL GRAFICO **Scrivi le equazioni delle funzioni che hanno i seguenti grafici.**

76

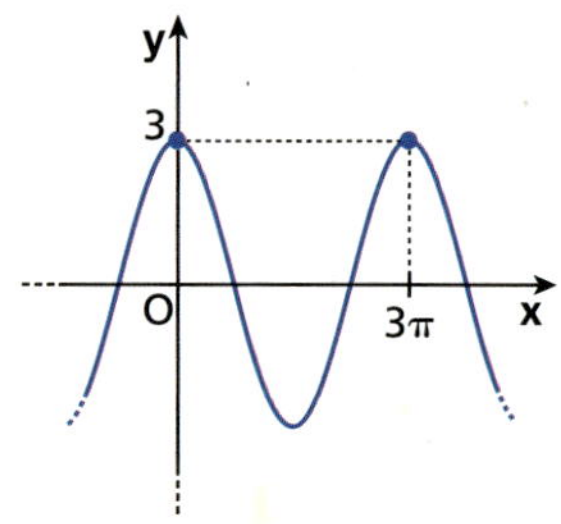

$\left[y = 3\cos\left(\frac{2}{3}x\right)\right]$

78

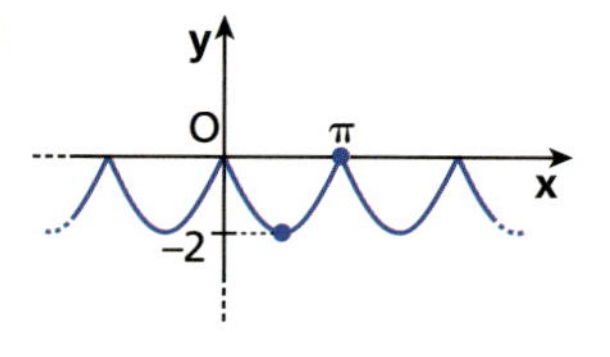

$[y = -2|\sin x|]$

80

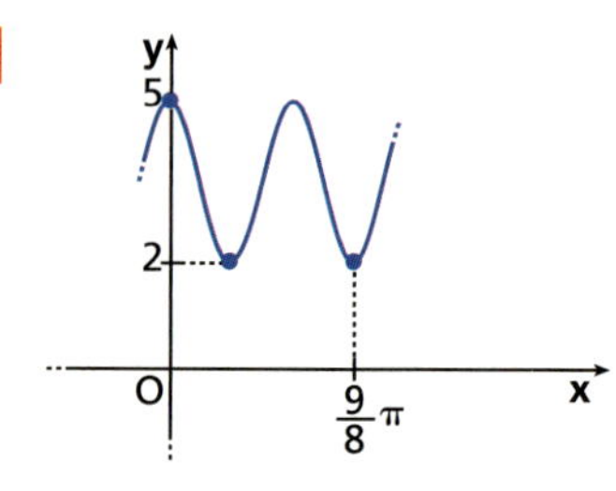

$\left[y = \frac{7}{2} + \frac{3}{2}\cos\frac{8}{3}x\right]$

77

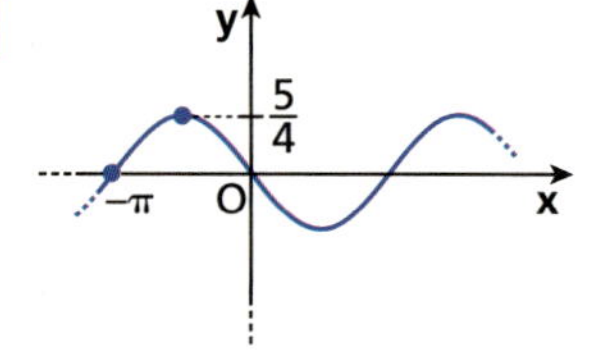

$\left[y = -\frac{5}{4}\sin x\right]$

79

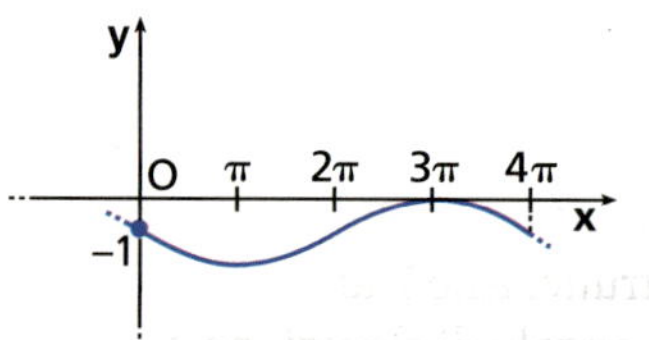

$\left[y = -1 - \sin\frac{x}{2}\right]$

81

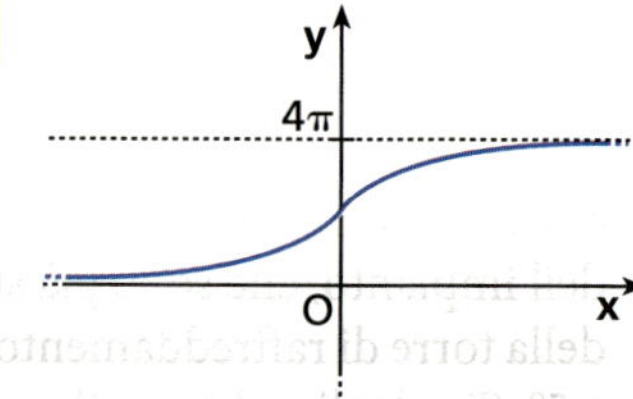

$[y = 4\arctan x + 2\pi]$

VERIFICA DELLE COMPETENZE VERSO L'ESAME

ARGOMENTARE E DIMOSTRARE

82 Spiega perché la funzione seno è invertibile se si restringe il suo dominio all'intervallo $\left[-\frac{\pi}{2}; \frac{\pi}{2}\right]$, mentre la funzione coseno è invertibile se si restringe il suo dominio all'intervallo $[0; \pi]$.

83 Spiega perché la funzione tangente è invertibile se si restringe il suo dominio all'intervallo $\left]-\frac{\pi}{2}; \frac{\pi}{2}\right[$.

84 Quanto valgono i rapporti di dilatazione m e n e il vettore $\vec{v}$ di traslazione che si applicano a $y = \cos\left(\frac{x}{3} + \frac{2}{3}\pi\right)$ per ottenere una funzione del tipo $y = \cos x$?

$[m = 3, n = 1; \vec{v}(-2\pi; 0)]$

85 **VERO O FALSO?** La funzione $f(x) = \sqrt{4\sin(5x) - 5}$ nell'insieme dei numeri reali non è definita. V F

(*Università di Lecce, Facoltà di Scienze, Test di ingresso,* 2001)

86 Confronta le funzioni $f_1(x) = \sin(\arcsin x)$ e $f_2(x) = \arcsin(\sin x)$, precisando per ciascuna il dominio e il codominio, sottolineando analogie e differenze dei rispettivi grafici.

$\left[f_1(x) = x, D = C = [-1; 1];\ f_2(x) = x \text{ solo nell'intervallo} \left[-\frac{\pi}{2}; \frac{\pi}{2}\right], D: \mathbb{R}, C: \left[-\frac{\pi}{2}; \frac{\pi}{2}\right]\right]$

87 Dimostra che per qualunque $x \in \mathbb{R}$ vale la relazione: $\cos(\arctan x) = \frac{1}{\sqrt{1+x^2}}$.

88 Dimostra che il periodo della funzione $y = A\tan(\omega x + \varphi)$ è $\frac{\pi}{\omega}$.

89 Verifica che per $-1 < x < 1$ è $\tan\arcsin x = \frac{x}{\sqrt{1-x^2}}$.

90 Se $\tan\alpha$ e $\tan\beta$ sono radici di $x^2 - px + q = 0$ e $\cot\alpha$ e $\cot\beta$ sono radici di $x^2 - rx + s = 0$, quanto vale il prodotto rs espresso in funzione di p e q?

(Esame di Stato, Liceo Scientifico, Scuole italiane all'estero, Sessione ordinaria, 2004, quesito 7)

$\left[\frac{p}{q^2}\right]$

COSTRUIRE E UTILIZZARE MODELLI

RISOLVIAMO UN PROBLEMA

La marcia

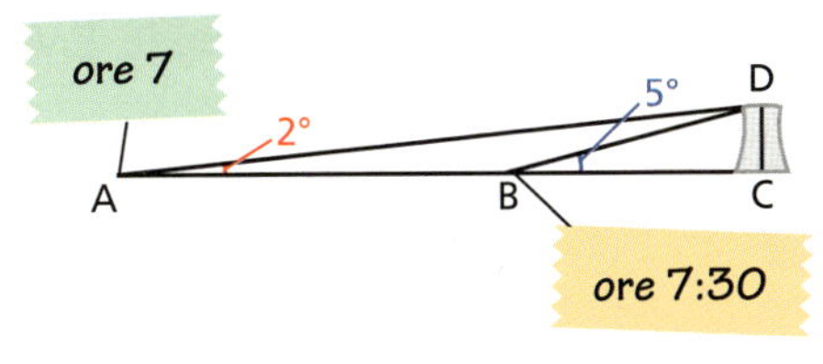

Un gruppo di attivisti antinucleari ha organizzato una marcia di protesta verso un sito scelto per la costruzione di una centrale termonucleare. I manifestanti camminano, in pianura, con velocità costante, dirigendosi in linea retta verso le torri di raffreddamento dell'impianto, che sono già state costruite. Alle 7 uno degli organizzatori della marcia antinucleare vede la cima della torre di raffreddamento con un angolo di elevazione di 2°; 30 minuti più tardi l'ampiezza dell'angolo è pari a 5°. Si calcoli a che ora il gruppo raggiungerà il cantiere, arrotondando il risultato al minuto.

(Esame di Stato, Liceo Scientifico, Corso di ordinamento, Sessione straordinaria, 2014, quesito 1)

▶ Analizziamo il problema.

Il gruppo percorre il tratto AB in un tempo $t_1 = 30'$; dobbiamo calcolare il tempo t_2 necessario a percorrere il tratto BC.
Essendo la velocità costante, il rapporto tra i tempi t_2 e t_1 deve essere uguale al rapporto tra le distanze percorse, BC e AB. Non conosciamo le distanze, ma possiamo cercare una relazione tra esse osservando i triangoli rettangoli ACD e BCD.

▶ Troviamo una relazione tra *AB* e *BC*.

Possiamo esprimere l'altezza DC della torre di raffreddamento come: $AC\tan 2°$ oppure $BC\tan 5°$.
Pertanto:

$$AC\tan 2° = BC\tan 5°;$$
$$(AB + BC)\tan 2° = BC\tan 5°;$$
$$AB\tan 2° = BC(\tan 5° - \tan 2°).$$

▶ Calcoliamo il rapporto tra *BC* e *AB*.

$$\frac{BC}{AB} = \frac{\tan 2°}{\tan 5° - \tan 2°} \simeq 0,66$$

▶ Troviamo t_2.

Deve essere:

$$\frac{t_2}{t_1} = \frac{BC}{AB} \simeq 0,66.$$

Quindi:

$$t_2 \simeq 0,66 \cdot t_1 = 0,66 \cdot 30' \simeq 20'.$$

Il tempo ulteriore necessario a raggiungere la torre è pari a 20 minuti, quindi il gruppo, che si trova nel punto B alle 7:30, giungerà alle 7:50.

91 Un aereo civile viaggia in volo orizzontale con velocità costante lungo una rotta che lo porta a sorvolare Venezia. Da uno squarcio nelle nuvole il comandante vede le luci della città con un angolo di depressione di 7°. Tre minuti più tardi ricompaiono nuovamente le luci, questa volta però l'angolo di depressione misurato è di 13°. Quanti minuti saranno ancora necessari perché l'aereo venga a trovarsi esattamente sopra la città?

(Esame di Stato, Liceo Scientifico, Corso di ordinamento, Sessione suppletiva, 2013, quesito 5)

$[3'24'']$

VERIFICA DELLE COMPETENZE

92 Un ufficiale della guardia di finanza, in servizio lungo un tratto rettilineo di costa, avvista una motobarca di contrabbandieri che dirige in linea retta, perpendicolarmente alla costa, verso un vecchio faro abbandonato. L'angolo tra la direzione della costa e il raggio visivo dell'ufficiale che guarda la motobarca è di 34,6°; il natante si trova a 6 miglia marine dal faro e si muove con una velocità di 18 nodi (miglia marine all'ora). L'ufficiale ordina di salire immediatamente in macchina, in modo da raggiungere il faro, percorrendo una strada parallela alla spiaggia, 10 minuti prima che vi approdino i contrabbandieri, per coglierli con le mani nel sacco. A che velocità media, in km/h, deve muoversi l'automezzo della guardia di finanza per arrivare nei tempi previsti? (Un miglio marino = 1853,182 m).

(*Esame di Stato, Liceo Scientifico, Corso di ordinamento, Sessione straordinaria*, 2013, *quesito* 1)

[96,7 km/h]

93 Un osservatore posto sulla riva di un lago a 236 m sopra il livello dell'acqua, vede un aereo sotto un angolo di elevazione α di 42,4° e la sua immagine riflessa sull'acqua sotto un angolo di depressione β di 46,5°. Si trovi l'altezza dell'aereo rispetto all'osservatore.

(*Esame di Stato, Liceo Scientifico, Corso di ordinamento, Sessione suppletiva*, 2014, *quesito* 5)

[3064 m]

INDIVIDUARE STRATEGIE E APPLICARE METODI PER RISOLVERE PROBLEMI

LEGGI IL GRAFICO

94 **a.** Deduci dal grafico l'equazione della funzione rappresentata e il suo periodo.

b. Traccia il grafico di $|f(x)|$.

c. Traccia il grafico di $||f(x)|-3|$.

d. Verifica se nell'intervallo $\left[-\frac{\pi}{3};\pi\right]$ la funzione $f(x)$ è invertibile, altrimenti restringi il dominio in modo che lo sia. Determina $f^{-1}(x)$ in tale dominio e rappresentala graficamente.

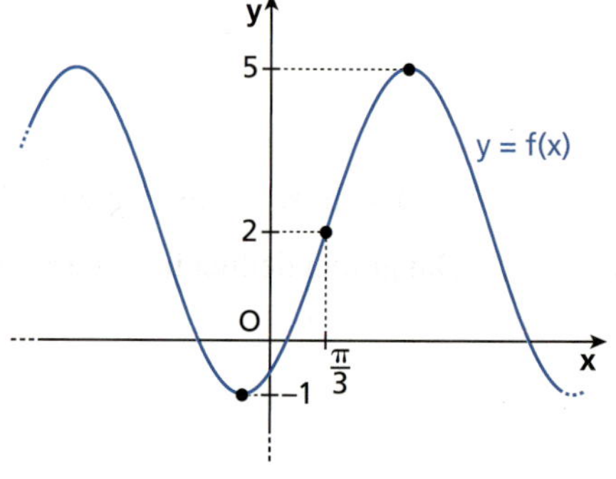

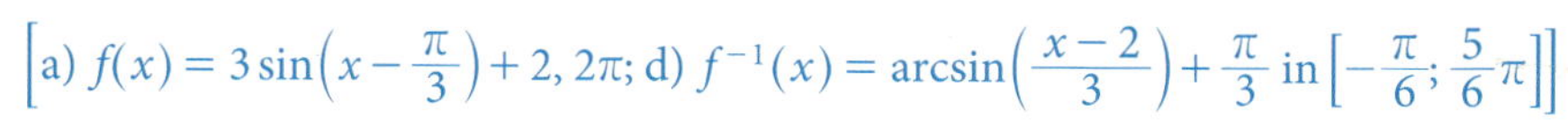

$\left[\text{a) } f(x)=3\sin\left(x-\frac{\pi}{3}\right)+2,\ 2\pi;\ \text{d) } f^{-1}(x)=\arcsin\left(\frac{x-2}{3}\right)+\frac{\pi}{3} \text{ in } \left[-\frac{\pi}{6};\frac{5}{6}\pi\right]\right]$

95 Nel grafico è rappresentata la funzione

$f(x)=a+b\arcsin[c(x+d)]$, con $b, c>0$.

a. Individua dominio e codominio di f e deduci il valore dei parametri a, b, c e d.

b. Esegui una traslazione in modo che il grafico della funzione $g(x)$ ottenuta abbia centro di simmetria nell'origine.

c. Traccia il grafico della funzione $\frac{1}{g(x)}$.

d. Trova l'equazione della funzione $g^{-1}(x)$ e disegna il suo grafico.

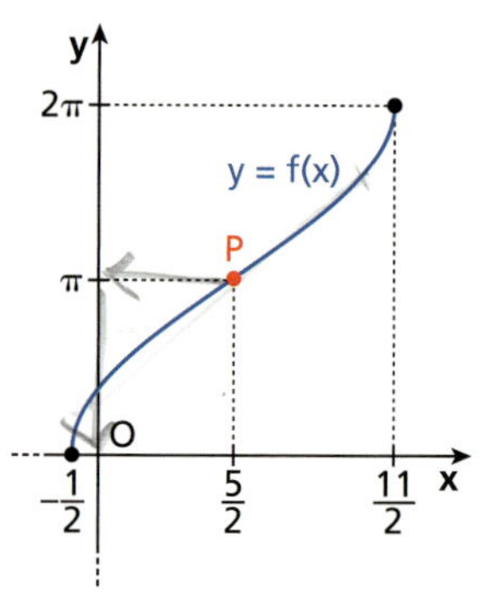

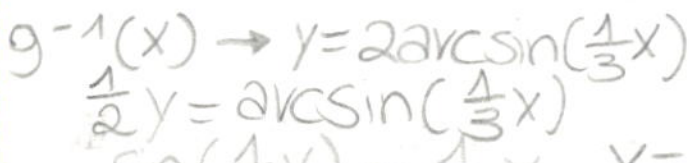

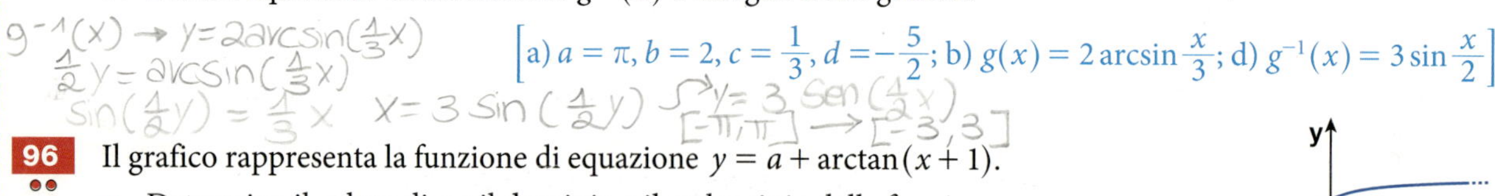

$\left[\text{a) } a=\pi, b=2, c=\frac{1}{3}, d=-\frac{5}{2};\ \text{b) } g(x)=2\arcsin\frac{x}{3};\ \text{d) } g^{-1}(x)=3\sin\frac{x}{2}\right]$

96 Il grafico rappresenta la funzione di equazione $y=a+\arctan(x+1)$.

a. Determina il valore di a e il dominio e il codominio della funzione.

b. Risolvi l'equazione $f(x)=\frac{\pi}{2}$.

c. Disegna il grafico di $f(|x|)$ e individua per quali valori di x risulta $f(x)=f(|x|)$.

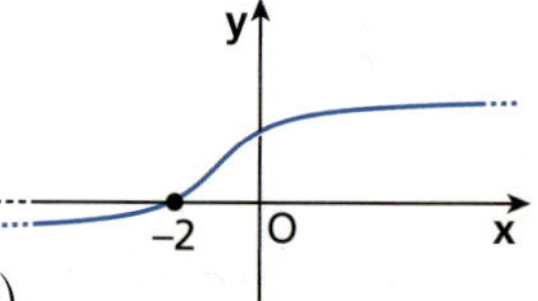

$\left[\text{a) } a=\frac{\pi}{4}, D: \mathbb{R}, C: \left]-\frac{\pi}{4};\frac{3}{4}\pi\right[;\ \text{b) } x=0;\ \text{c) } x\geq 0\right]$

97 Data la funzione $f(x) = \frac{a}{2} + \frac{4}{\pi} \arcsin(x+1)$:

a. trova a in modo che il suo grafico passi per $(0; 5)$;

b. determina il dominio e il codominio della funzione f_1 ottenuta per il valore di a del punto precedente;

c. rappresenta graficamente f_1;

d. determina il punto di intersezione del suo grafico con l'asse y;

e. traccia il grafico di $f_1(|x|) - 2$.

[a) $a = 6$; b) $D: [-2; 0]$, $C: [1; 5]$; d) $(0; 5)$]

98 **a.** Trova il dominio della funzione: $y = f(x) = \arcsin\left|\frac{2x-1}{x}\right| + \sqrt{\arctan(2x-1)}$.

b. Calcola $f\left(\frac{1}{2}\right)$ e $f(1)$.

c. Considera la funzione:

$$y = g(x) = a + b \arccos\sqrt{\frac{x-1}{x}}.$$

Per quali valori dei parametri a e b il suo grafico interseca quello di f nel punto di ascissa 1 e taglia l'asse x nel punto di ascissa 2?

$\left[\text{a) } \left[\frac{1}{2}; 1\right]; \text{ b) } 0; \frac{1}{2}(\pi + \sqrt{\pi}); \text{ c) } a = -\frac{\pi + \sqrt{\pi}}{2}, b = \frac{2(\pi + \sqrt{\pi})}{\pi}\right]$

99 Rappresenta, nello stesso sistema di assi cartesiani ortogonali, le funzioni:

$$f(x) = \arcsin|x|, \qquad g(x) = 1 - x^2.$$

a. Dai grafici deduci il numero delle soluzioni dell'equazione $\arcsin|x| = 1 - x^2$.

b. Generalizzando, discuti per quali valori di k l'equazione $\arcsin|x| = k - x^2$ ammette soluzioni.

c. Traccia i grafici di $\frac{1}{f(x)}$ e di $\frac{1}{[g(x)]^2}$.

[b) per $k = 0$ una soluzione, per $0 < k \leq 1 + \frac{\pi}{2}$ due soluzioni]

100 Data la funzione

$$f(x) = \frac{2}{\pi} \arctan x + 1,$$

rappresentala in un sistema di assi cartesiani indicando dominio e codominio.

a. Determina la funzione omografica

$$g(x) = \frac{ax + b}{x}$$

tale che il suo grafico abbia come asintoti le rette $x = 0$ e $y = 1$ e passi per il punto $(1; 0)$.

b. Utilizzando i grafici delle funzioni f e g, determina il numero delle soluzioni delle equazioni:

$$f(x) = g(x),\ f(x) = |g(x)|,\ f(x) = g(|x|),\ f(|x|) = g(|x|).$$

[a) $g(x) = \frac{x-1}{x}$; b) numero soluzioni: 0, 1, 1, 0]

101 Data la funzione $y = a \tan(bx)$, esprimi, in funzione di a e b diversi da 0, il periodo e gli asintoti paralleli all'asse y.

a. Determina la funzione di periodo $T = 2\pi$, passante per $\left(\frac{\pi}{2}; -2\right)$ e con $b > 0$.

b. Rappresenta la funzione trovata in un sistema di assi cartesiani ortogonali.

c. Come potresti modificare la legge per rendere il grafico simmetrico rispetto all'asse y?

No **d.** Determina la funzione inversa indicando dominio e codominio.

$\left[T = \frac{\pi}{|b|}; x = \frac{\pi}{2b} + k\frac{\pi}{b}; \text{ a) } y = -2\tan\frac{x}{2}; \text{ c) per esempio: } y = -2\tan\frac{|x|}{2}; \text{ d) } y = -2\arctan\frac{x}{2}; D: \mathbb{R}, C:]-\pi; \pi[\right]$

VERIFICA DELLE COMPETENZE PROVE

1 ora

PROVA A

1 Sapendo che $\sin\alpha = \frac{1}{3}$ e $\frac{\pi}{2} < \alpha < \pi$, calcola:

$\cos\alpha$, $\tan\alpha$ e $\tan\left(\frac{\pi}{2} - \alpha\right)$.

2 Calcola il valore delle seguenti espressioni.

a. $\sin\frac{\pi}{6} + \left(\cos\frac{\pi}{2} + \tan\frac{\pi}{3}\right)^2 - \cos\frac{2}{3}\pi \cdot \cot\frac{3}{4}\pi$ **b.** $\sin^2\frac{5}{3}\pi - \cot\frac{3}{2}\pi + \cos\frac{11}{6}\pi \cdot \tan\frac{\pi}{6}$

3 Semplifica le seguenti espressioni.

a. $\sin(180° - \alpha)\tan(90° - \alpha) - \cos(-\alpha) + \sin(\alpha - 90°) - \cos(360° + \alpha)$

b. $\sin(-\alpha)\cos(3\pi + \alpha) + \cos\left(\frac{3}{2}\pi - \alpha\right)\sin\left(\frac{11}{2}\pi + \alpha\right)$

4 Verifica l'identità.

$$\frac{\sin\alpha\cos\alpha}{2} + 2\tan\alpha\cos^2\alpha - (\sin\alpha + \cos\alpha)^2 = \frac{\tan\alpha}{2}(1 - \sin^2\alpha) - 1$$

5 Determina il periodo della funzione $y = 4\sin\left(\frac{x}{2} + \frac{\pi}{3}\right)$.

6 Disegna il grafico delle seguenti funzioni.

a. $y = \sin\left(x + \frac{\pi}{2}\right) - 1$ **b.** $y = -3\cos x$ **c.** $y = \left|\tan\frac{x}{2}\right|$ **d.** $y = 2\sin 2x + 2$

PROVA B

1 Semplifica la seguente espressione.

$\sin\left(\alpha - \frac{7}{2}\pi\right)\sec(\pi + \alpha) - \tan(2\pi - \alpha)\tan\left(\frac{\pi}{2} - \alpha\right)$

2 Trova le equazioni delle rette passanti per il punto $P(5; 0)$ e che formano con l'asse x un angolo il cui seno è $\frac{8}{17}$.

3 Risolvi l'equazione $\arctan x = \arcsin\left(-\frac{1}{2}\right)$.

4 Calcola: $\arcsin\left(\cos\frac{5}{2}\pi\right)$.

5 Scrivi l'equazione della funzione $f(x)$ rappresentata, quindi traccia il grafico di $y = |f(x) - 3|$.

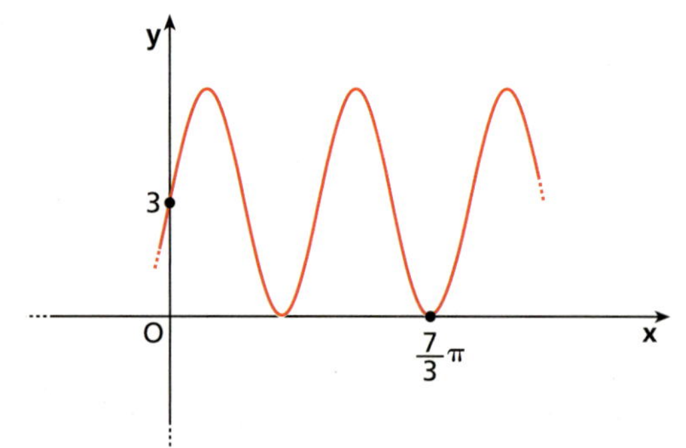

6 Disegna il grafico delle seguenti funzioni.

a. $y = \sin^2\left(\frac{x}{2}\right)$ **b.** $y = \arcsin(2x) - 1$

PROVA C

Riesenrad Nel 1897 fu costruita a Vienna la Riesenrad, una ruota panoramica alta 65 metri, tuttora esistente e in funzione. Il punto più basso dista da terra 4 metri e impiega circa 4 minuti per fare un giro completo.

a. Nel sistema di riferimento cartesiano in figura esprimi le funzioni che descrivono l'ascissa e l'ordinata della posizione di un passeggero in funzione dell'angolo α.

b. Posiziona ora il sistema di riferimento in modo che l'asse x coincida con la linea del terreno e l'asse y passi per il centro della ruota. Esprimi la funzione che descrive l'altezza del passeggero rispetto al terreno, sempre in relazione all'angolo al centro α, e rappresenta il grafico di tale funzione.

c. Esprimi l'altezza del passeggero trovata al punto precedente in funzione del tempo, anziché dell'angolo, considerando il verso di rotazione antiorario.

d. A che altezza dal suolo si trova il passeggero dopo 30 secondi dalla partenza?

PROVA D

1 Nel grafico è rappresentata la funzione $y = a \sin bx + c$, di periodo 3π.

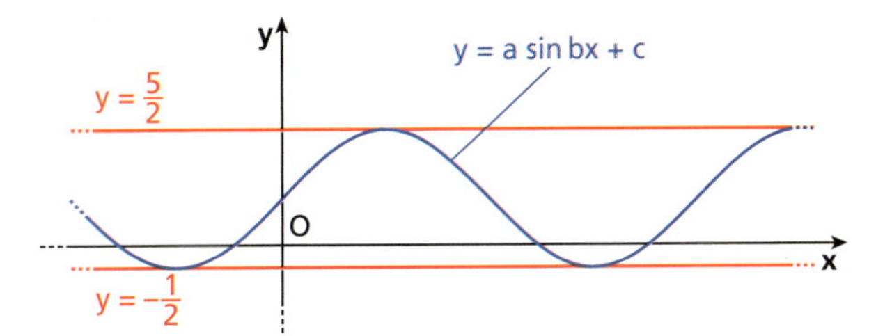

a. Trova a, b e c.

b. Esegui una traslazione di vettore $\vec{v}(0; -1)$ e determina i punti di intersezione con l'asse x del grafico della funzione $f(x)$ ottenuta, nell'intervallo $[-\pi; 2\pi]$.

c. Traccia il grafico della funzione $\frac{1}{\sqrt{f(x)}}$ indicando il suo dominio e il suo codominio.

d. Trova l'equazione di $f^{-1}(x)$ in un opportuno dominio e disegna il suo grafico.

2 Data la funzione

$$f(x) = \frac{-2(\sin x + \cos x)^2 + 2}{\sin x}:$$

a. verifica se è funzione pari o dispari;

b. rappresentala graficamente;

c. determina il suo periodo;

d. rappresenta $|f(x)| + 1$;

e. rappresenta $\frac{1}{f(x)}$.

T

CAPITOLO

13 FORMULE GONIOMETRICHE

1 Formule di addizione e sottrazione

Listen to it

Trigonometric **addition** and **subtraction formulae** (or angle **sum** and **difference formulae**) express trigonometric functions of sums and differences of two angles $\alpha \pm \beta$ in terms of functions of α and β.

Formula di sottrazione del coseno

Consideriamo $\cos(\alpha - \beta)$. **Non** è vero che:

$$\cos(\alpha - \beta) = \cos\alpha - \cos\beta. \qquad \text{falso!}$$

Per esempio, $\cos\left(\frac{\pi}{2} - \frac{\pi}{6}\right) \neq \cos\frac{\pi}{2} - \cos\frac{\pi}{6}$.

Infatti, $\cos\left(\frac{\pi}{2} - \frac{\pi}{6}\right) = \cos\frac{\pi}{3} = \frac{1}{2}$,

invece: $\cos\frac{\pi}{2} - \cos\frac{\pi}{6} = 0 - \frac{\sqrt{3}}{2} = -\frac{\sqrt{3}}{2}$.

Esiste tuttavia una relazione fra $\cos(\alpha - \beta)$ e i seni e i coseni di α e di β. Cerchiamola.
Consideriamo gli angoli $D\widehat{O}A$ di ampiezza α e $B\widehat{O}A$ di ampiezza β, con $\alpha > \beta$. La loro differenza è $D\widehat{O}B = \alpha - \beta$.
Consideriamo l'angolo $C\widehat{O}A = \alpha - \beta$, che ha il primo estremo nell'origine A degli archi.
I punti B, C e D hanno allora coordinate $B(\cos\beta; \sin\beta)$, $C(\cos(\alpha - \beta); \sin(\alpha - \beta))$, $D(\cos\alpha; \sin\alpha)$.

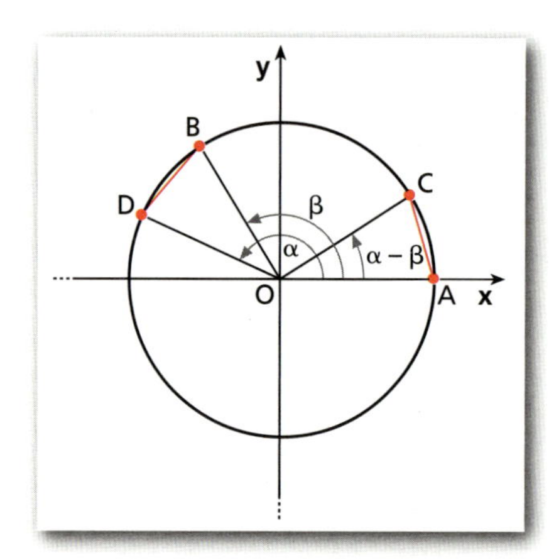

Essendo $D\widehat{O}B$ e $C\widehat{O}A$ entrambi di ampiezza $\alpha - \beta$, le corde CA e DB sono congruenti perché corrispondenti di angoli al centro congruenti. Applicando la formula della distanza tra due punti, otteniamo:

$$\overline{CA}^2 = (x_C - x_A)^2 + (y_C - y_A)^2 = [\cos(\alpha - \beta) - 1]^2 + \sin^2(\alpha - \beta),$$
$$\overline{DB}^2 = (x_D - x_B)^2 + (y_D - y_B)^2 = (\cos\alpha - \cos\beta)^2 + (\sin\alpha - \sin\beta)^2.$$

Uguagliando le due espressioni e sviluppando i calcoli otteniamo:

$$\cos^2(\alpha-\beta)+1-2\cos(\alpha-\beta)+\sin^2(\alpha-\beta)=$$

$$\cos^2\alpha+\cos^2\beta-2\cos\alpha\cos\beta+\sin^2\alpha+\sin^2\beta-2\sin\alpha\sin\beta.$$

La somma dei quadrati del seno e del coseno di un angolo è 1, quindi

$2-2\cos(\alpha-\beta)=2-2\cos\alpha\cos\beta-2\sin\alpha\sin\beta$, da cui:

$$\boldsymbol{\cos(\alpha-\beta)=\cos\alpha\cos\beta+\sin\alpha\sin\beta.}$$

ESEMPIO

Riprendiamo l'esempio iniziale e calcoliamo $\cos\frac{\pi}{3}=\frac{1}{2}$ come $\cos\left(\frac{\pi}{2}-\frac{\pi}{6}\right)$:

$$\cos\left(\frac{\pi}{2}-\frac{\pi}{6}\right)=\cos\frac{\pi}{2}\cos\frac{\pi}{6}+\sin\frac{\pi}{2}\sin\frac{\pi}{6}=0\cdot\frac{\sqrt{3}}{2}+1\cdot\frac{1}{2}=\frac{1}{2}.$$

Formula di addizione del coseno

Scriviamo $\alpha+\beta$ come $\alpha-(-\beta)$ e applichiamo la formula di sottrazione del coseno:

$$\cos(\alpha+\beta)=\cos[\alpha-(-\beta)]=\cos\alpha\cos(-\beta)+\sin\alpha\sin(-\beta).$$

Essendo $\cos(-\beta)=\cos\beta$ e $\sin(-\beta)=-\sin\beta$, otteniamo:

$$\boldsymbol{\cos(\alpha+\beta)=\cos\alpha\cos\beta-\sin\alpha\sin\beta.}$$

► Calcola $\cos\frac{5}{6}\pi$ considerandolo come $\cos\left(\frac{\pi}{2}+\frac{\pi}{3}\right)$.

Formula di addizione del seno

Poiché, per le formule degli angoli associati, è $\sin x=\cos\left(\frac{\pi}{2}-x\right)$, considerando l'angolo $x=\alpha+\beta$, abbiamo:

$$\sin(\alpha+\beta)=\cos\left[\frac{\pi}{2}-(\alpha+\beta)\right]=\cos\left[\left(\frac{\pi}{2}-\alpha\right)-\beta\right].$$

Con la formula di sottrazione del coseno otteniamo

$$=\cos\left(\frac{\pi}{2}-\alpha\right)\cos\beta+\sin\left(\frac{\pi}{2}-\alpha\right)\sin\beta.$$

Poiché $\cos\left(\frac{\pi}{2}-\alpha\right)=\sin\alpha$ e $\sin\left(\frac{\pi}{2}-\alpha\right)=\cos\alpha$:

$$\boldsymbol{\sin(\alpha+\beta)=\sin\alpha\cos\beta+\cos\alpha\sin\beta.}$$

Video

Formule di addizione
Utilizzando le proprietà dei triangoli, proponiamo una dimostrazione alternativa per le formule di addizione.

► Calcola $\sin\frac{\pi}{2}$ considerandolo come $\sin\left(\frac{\pi}{3}+\frac{\pi}{6}\right)$.

Formula di sottrazione del seno

$$\sin(\alpha-\beta)=\sin[\alpha+(-\beta)]$$

Applichiamo la formula di addizione del seno:

$$=\sin\alpha\cos(-\beta)+\cos\alpha\sin(-\beta).$$

Essendo $\sin(-\beta)=-\sin\beta$ e $\cos(-\beta)=\cos\beta$:

$$\boldsymbol{\sin(\alpha-\beta)=\sin\alpha\cos\beta-\cos\alpha\sin\beta.}$$

MATEMATICA E STORIA

Prima Tycho, poi Enrico Fin dal XVI secolo, nei principali osservatori astronomici e, in particolare, in quello danese di Tycho Brahe venivano utilizzate formule goniometriche e tavole di seni e coseni per effettuare calcoli astronomici. Qualcosa del genere l'ha fatto anche Enrico Fermi, che nel 1918, nella sua prova di ammissione alla Scuola Normale di Pisa, calcolò tan 35° senza tavole.

▶ Com'è possibile trovare tan 35° senza strumenti di calcolo e tavole?

La risposta

Formule di addizione e sottrazione della tangente

Calcoliamo $\tan(\alpha+\beta)$

Essendo $\tan x = \frac{\sin x}{\cos x}$, si ha

$$\tan(\alpha+\beta) = \frac{\sin(\alpha+\beta)}{\cos(\alpha+\beta)} = \frac{\sin\alpha\cos\beta + \cos\alpha\sin\beta}{\cos\alpha\cos\beta - \sin\alpha\sin\beta},$$

con la condizione di esistenza della tangente: $(\alpha+\beta) \neq \frac{\pi}{2} + k\pi$.

Dividiamo numeratore e denominatore per $\cos\alpha\cos\beta$, con la condizione $\cos\alpha \neq 0 \to \alpha \neq \frac{\pi}{2} + k_1\pi$, $\cos\beta \neq 0 \to \beta \neq \frac{\pi}{2} + k_2\pi$:

$$\tan(\alpha+\beta) = \frac{\frac{\sin\alpha\cos\beta}{\cos\alpha\cos\beta} + \frac{\cos\alpha\sin\beta}{\cos\alpha\cos\beta}}{\frac{\cos\alpha\cos\beta}{\cos\alpha\cos\beta} - \frac{\sin\alpha\sin\beta}{\cos\alpha\cos\beta}} = \frac{\tan\alpha + \tan\beta}{1 - \tan\alpha\tan\beta}.$$

Pertanto:

$$\mathbf{\tan(\alpha+\beta) = \frac{\tan\alpha + \tan\beta}{1 - \tan\alpha\tan\beta}},$$

con $\alpha+\beta \neq \frac{\pi}{2} + k\pi$, $\alpha \neq \frac{\pi}{2} + k_1\pi$, $\beta \neq \frac{\pi}{2} + k_2\pi$.

Calcoliamo $\tan(\alpha-\beta)$

$$\tan(\alpha-\beta) = \tan[\alpha + (-\beta)] = \frac{\tan\alpha + \tan(-\beta)}{1 - \tan\alpha\tan(-\beta)} = \frac{\tan\alpha - \tan\beta}{1 + \tan\alpha\tan\beta}.$$

Tenendo conto delle condizioni di esistenza di $\tan\alpha$, $\tan\beta$ e $\tan(\alpha-\beta)$:

$$\mathbf{\tan(\alpha-\beta) = \frac{\tan\alpha - \tan\beta}{1 + \tan\alpha\tan\beta}},$$

con $\alpha-\beta \neq \frac{\pi}{2} + k\pi$, $\alpha \neq \frac{\pi}{2} + k_1\pi$, $\beta \neq \frac{\pi}{2} + k_2\pi$.

Funzione lineare $y = a\sin x + b\cos x$ e angolo aggiunto

▶ Esercizi a p. 765

La conoscenza delle formule di addizione e sottrazione permette di studiare il grafico di una funzione del tipo $y = a\sin x + b\cos x$, detta **funzione lineare** in seno e coseno perché di primo grado rispetto a seno e coseno, riconducendolo a quello di una funzione sinusoidale del tipo $y = r\sin(x+\alpha)$. Dobbiamo risolvere il seguente problema: data l'espressione $a\sin x + b\cos x$, cerchiamo un numero r positivo e un angolo α tali che:

$$a\sin x + b\cos x = r\sin(x+\alpha).$$

α è detto **angolo aggiunto**.

Sviluppiamo il secondo membro con la formula di addizione del seno:

$$r\sin(x+\alpha) = r\sin x\cos\alpha + r\cos x\sin\alpha.$$

Perché l'espressione ottenuta coincida con $a\sin x + b\cos x$, deve essere:

$$\begin{cases} a = r\cos\alpha \\ b = r\sin\alpha \end{cases}$$

Eleviamo al quadrato i membri delle due equazioni e sommiamo:

$$a^2 + b^2 = r^2(\cos^2\alpha + \sin^2\alpha) \to a^2 + b^2 = r^2 \to r = \sqrt{a^2+b^2}.$$

Listen to it

A **linear combination** of sine and cosine with the same argument, that is $y = a\sin x + b\cos x$, can be expressed as a single **sinusoidal function** with a new amplitude and a phase shift, $y = r\sin(x+\alpha)$, where $r = \sqrt{a^2+b^2}$ and $\tan\alpha = \frac{b}{a}$.

Dividiamo membro a membro la seconda equazione per la prima:

$$\frac{b}{a} = \frac{\sin\alpha}{\cos\alpha} \to \tan\alpha = \frac{b}{a}.$$

Per determinare univocamente α, teniamo conto che, per le relazioni del sistema, il segno di a è lo stesso di $\cos\alpha$ e quello di b è lo stesso di $\sin\alpha$:

Segno di a e di $\cos\alpha$	Segno di b e di $\sin\alpha$	Quadrante del lato termine di α
+	+	I
+	–	IV
–	–	III
–	+	II

ESEMPIO

Rappresentiamo il grafico di $y = \sin x - \cos x$.
$\sin x - \cos x = r\sin(x + \alpha)$ quando:

$$r = \sqrt{1^2 + (-1)^2} = \sqrt{2}; \tan\alpha = \frac{-1}{1} = -1.$$

con $\sin\alpha$ negativo e $\cos\alpha$ positivo, cioè il lato termine di α è nel quarto quadrante. Quindi $\alpha = -\frac{\pi}{4}$.
La funzione $y = \sin x - \cos x$ si può scrivere come $y = \sqrt{2}\sin\left(x - \frac{\pi}{4}\right)$. Il suo grafico si ottiene da quello di $y = \sin x$ con una traslazione di vettore $\vec{v}\left(\frac{\pi}{4}; 0\right)$ e una dilatazione verticale con $n = \sqrt{2}$.

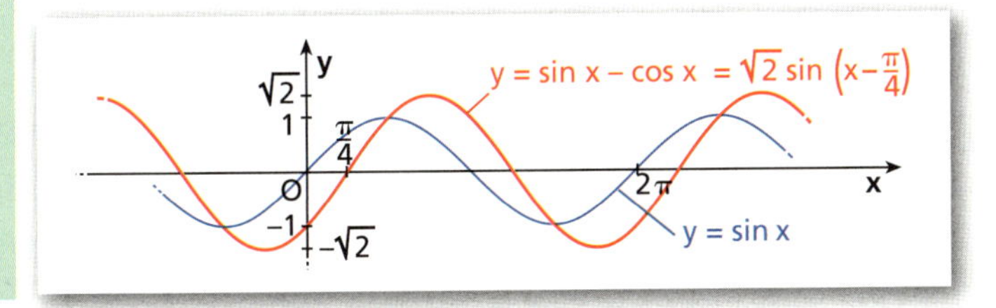

Animazione

Oltre alla figura dinamica che ti permette di osservare il grafico di $y = a\sin x + b\cos x$ al variare di a e b, in particolare ti proponiamo la funzione dell'esempio, e quella dell'esercizio, $y = \sin x + \sqrt{3}\cos x$.

► Traccia il grafico di $y = \sin x + \sqrt{3}\cos x$.

Angolo fra due rette

► Esercizi a p. 765

Consideriamo nel piano cartesiano due rette, r e s, incidenti e non perpendicolari, di equazioni:

$$y = mx + q \text{ e } y = m'x + q'.$$

Sappiamo che $m = \tan\alpha$ e $m' = \tan\beta$, dove α e β sono gli angoli che le rette formano con la direzione positiva dell'asse x.
Vogliamo trovare l'angolo γ formato dalle due rette. Gli angoli formati dalle due rette r e s sono quattro, a due a due opposti al vertice e a due a due supplementari, pertanto basta conoscere uno di questi angoli perché siano noti tutti gli altri. Nel triangolo ABC, l'angolo α è angolo esterno,

$$\alpha = \beta + \gamma \to \gamma = \alpha - \beta,$$

da cui:

$$\tan\gamma = \tan(\alpha - \beta) = \frac{\tan\alpha - \tan\beta}{1 + \tan\alpha\tan\beta} = \frac{m - m'}{1 + mm'}.$$

Se il valore della tangente ottenuto è positivo, l'angolo γ determinato è l'angolo acuto fra le due rette, altrimenti l'angolo γ è l'angolo ottuso.

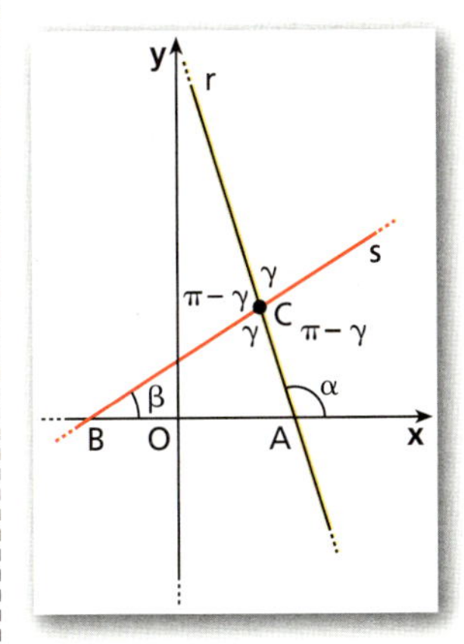

Animazione

La figura dinamica dell'animazione permette di osservare γ, e calcolare $\tan\gamma$, al variare di m e m'.

TEORIA

Osserviamo che la formula che fornisce il valore di $\tan\gamma$ non si può applicare quando le rette r e s sono perpendicolari. In tal caso, infatti, $mm' = -1$ condizione che annulla il denominatore.

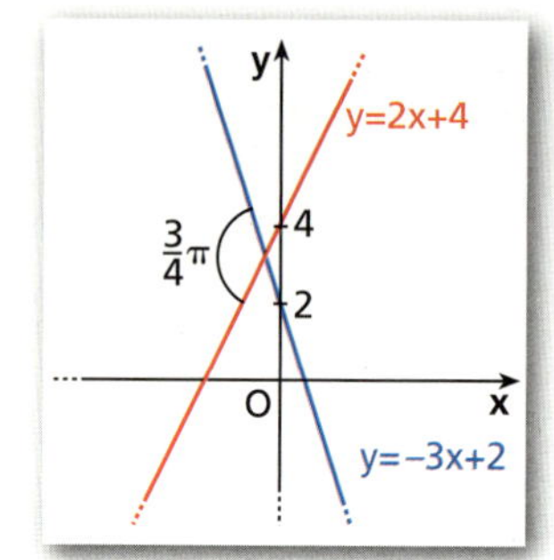

ESEMPIO

Determiniamo l'angolo fra le rette di equazioni $y = 2x + 4$ e $y = -3x + 2$:

$$\tan\gamma = \frac{2+3}{1-6} = \frac{5}{-5} = -1 \to \gamma = \frac{3}{4}\pi.$$

Gli angoli fra le rette sono $\frac{3}{4}\pi$ e $\pi - \frac{3}{4}\pi = \frac{\pi}{4}$.

▶ Trova l'angolo fra le rette di equazioni $y = -4x$ e $5x - 3y = 0$. $\left[\frac{\pi}{4}\right]$

Animazione

Coefficiente angolare di rette perpendicolari

Consideriamo due rette r_1 e r_2, fra loro perpendicolari, parallele agli assi cartesiani. Indichiamo con α_1 e α_2 gli angoli che esse formano con il semiasse positivo delle x. Analogamente al caso precedente, α_2 è angolo esterno di un triangolo, quindi, dato che r_1 e r_2 sono perpendicolari per ipotesi, possiamo scrivere

$$\alpha_2 = \alpha_1 + \frac{\pi}{2},$$

da cui si ha: $\tan\alpha_2 = \tan\left(\alpha_1 + \frac{\pi}{2}\right) = -\cot\alpha_1 = -\frac{1}{\tan\alpha_1}$.

$r_1 \perp r_2 \to m_2 = -\frac{1}{m_1}$

Poiché $m_1 = \tan\alpha_1$ e $m_2 = \tan\alpha_2$, ritroviamo la condizione nota di perpendicolarità:

$$m_2 = -\frac{1}{m_1}.$$

Due rette sono perpendicolari quando i loro coefficienti angolari sono uno l'opposto del reciproco dell'altro.

2 Formule di duplicazione

▶ Esercizi a p. 768

Consideriamo l'espressione $\sin 2\alpha$, utilizzando la convenzione secondo cui il simbolo di una funzione goniometrica davanti a più fattori riguarda tutto il prodotto, cioè $\sin 2\alpha = \sin(2\alpha)$.

Non è vero che:

$\sin 2\alpha = 2 \cdot \sin\alpha$. falso!

Per esempio: $\sin 2 \cdot \frac{\pi}{4} \neq 2\sin\frac{\pi}{4}$.

Infatti, $\sin 2 \cdot \frac{\pi}{4} = \sin\frac{\pi}{2} = 1$, mentre $2 \cdot \sin\frac{\pi}{4} = 2 \cdot \frac{\sqrt{2}}{2} = \sqrt{2}$.

Quindi, in generale, $\sin 2\alpha \neq 2\sin\alpha$ e per il calcolo dobbiamo ricorrere a una formula detta *di duplicazione*.

Anche per il coseno, **non** è vero che quando l'angolo raddoppia, raddoppia anche il coseno: $\cos 2\alpha \neq 2\cos\alpha$.

Anche per la tangente $\tan 2\alpha \neq 2\tan\alpha$.

Le **formule di duplicazione** permettono di calcolare il seno, il coseno e la tangente di 2α conoscendo il valore delle funzioni seno, coseno o tangente di α.

Le ricaviamo applicando le formule di addizione, considerando $2\alpha = \alpha + \alpha$.

Listen to it

Double-angle formulae express trigonometric functions of an angle 2α in terms of functions of an angle α.

sin 2α

$$\sin 2\alpha = \sin(\alpha + \alpha) = \sin\alpha\cos\alpha + \cos\alpha\sin\alpha \quad \rightarrow \quad \boldsymbol{\sin 2\alpha = 2\sin\alpha\cos\alpha}.$$

cos 2α

$$\cos 2\alpha = \cos(\alpha + \alpha) = \cos\alpha\cos\alpha - \sin\alpha\sin\alpha = \cos^2\alpha - \sin^2\alpha.$$

Ricordando che $\sin^2\alpha + \cos^2\alpha = 1$, può essere scritta anche nei seguenti modi:

$$\cos 2\alpha = \cos^2\alpha - \sin^2\alpha = (1 - \sin^2\alpha) - \sin^2\alpha = 1 - 2\sin^2\alpha;$$

$$\cos 2\alpha = \cos^2\alpha - (1 - \cos^2\alpha) = 2\cos^2\alpha - 1.$$

In sintesi: $\boldsymbol{\cos 2\alpha = \cos^2\alpha - \sin^2\alpha =} \begin{cases} \boldsymbol{1 - 2\sin^2\alpha,} \\ \boldsymbol{2\cos^2\alpha - 1.} \end{cases}$

tan 2α

$$\tan 2\alpha = \tan(\alpha + \alpha) = \frac{\tan\alpha + \tan\alpha}{1 - \tan\alpha\tan\alpha} \rightarrow \boldsymbol{\tan 2\alpha = \frac{2\tan\alpha}{1 - \tan^2\alpha}}.$$

Mentre le formule di $\sin 2\alpha$ e di $\cos 2\alpha$ sono valide $\forall\alpha \in \mathbb{R}$, quella di $\tan 2\alpha$ vale solo se α soddisfa le seguenti condizioni di esistenza.

$\tan 2\alpha$:	$2\alpha \neq \frac{\pi}{2} + k\pi$	$\rightarrow \quad \alpha \neq \frac{\pi}{4} + k\frac{\pi}{2};$
$\tan\alpha$:		$\alpha \neq \frac{\pi}{2} + k\pi;$
denominatore:	$\tan\alpha \neq \pm 1$	$\rightarrow \quad \alpha \neq \pm\frac{\pi}{4} + k\pi.$

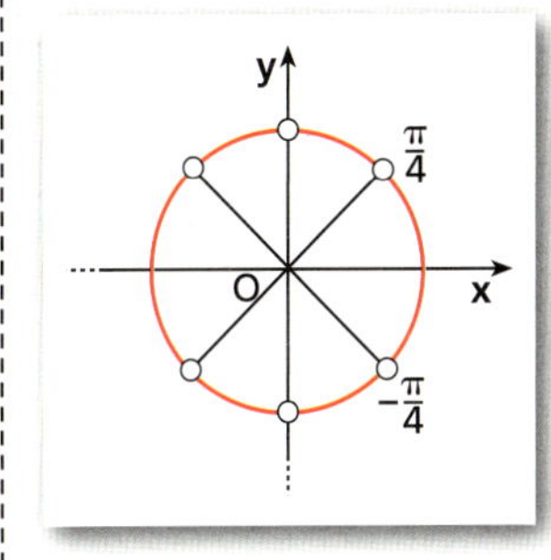

In sintesi, la formula di $\tan 2\alpha$ vale per: $\alpha \neq \frac{\pi}{4} + k\frac{\pi}{2} \wedge \alpha \neq \frac{\pi}{2} + k\pi$.

Vediamo un esempio di applicazione delle formule di duplicazione.

ESEMPIO

Calcoliamo $\sin 2\alpha$, $\cos 2\alpha$, $\tan 2\alpha$, sapendo che il lato termine dell'angolo α appartiene al secondo quadrante e $\cos\alpha = -\frac{4}{5}$.

$$\sin\alpha = +\sqrt{1 - \cos^2\alpha} = +\sqrt{1 - \frac{16}{25}} = \frac{3}{5},$$

$$\tan\alpha = \frac{\sin\alpha}{\cos\alpha} = -\frac{3}{4}, \text{ quindi:}$$

$$\sin 2\alpha = 2\sin\alpha\cos\alpha = 2 \cdot \frac{3}{5} \cdot \left(-\frac{4}{5}\right) = -\frac{24}{25},$$

$$\cos 2\alpha = \cos^2\alpha - \sin^2\alpha = \frac{16}{25} - \frac{9}{25} = \frac{7}{25},$$

$$\tan 2\alpha = \frac{2\tan\alpha}{1 - \tan^2\alpha} = \frac{2\left(-\frac{3}{4}\right)}{1 - \frac{9}{16}} = \frac{-\frac{3}{2}}{\frac{7}{16}} = -\frac{3}{2} \cdot \frac{16}{7} = -\frac{24}{7}.$$

► Calcola $\sin 2\alpha$, $\cos 2\alpha$ e $\tan 2\alpha$, sapendo che $0 < \alpha < \frac{\pi}{2}$ e $\sin\alpha = \frac{1}{3}$.

$\left[\frac{4}{9}\sqrt{2}; \frac{7}{9}; \frac{4}{7}\sqrt{2}\right]$

Animazione

Essendo α uguale alla metà di 2α, si può anche dire che le formule di duplicazione forniscono le funzioni goniometriche di un angolo, note quelle della sua metà.

Da $\cos 2\alpha = 1 - 2\sin^2\alpha$ e $\cos 2\alpha = 2\cos^2\alpha - 1$ si ricavano $\sin^2\alpha$ e $\cos^2\alpha$:

$$\boldsymbol{\sin^2\alpha = \frac{1 - \cos 2\alpha}{2}}, \qquad \boldsymbol{\cos^2\alpha = \frac{1 + \cos 2\alpha}{2}}.$$

Queste formule trasformano $\sin^2\alpha$ e $\cos^2\alpha$ in funzioni lineari del coseno di 2α.

TEORIA

Listen to it

Half-angle formulae express trigonometric functions of an angle $\frac{\alpha}{2}$ in terms of functions of an angle α.

3 Formule di bisezione

▶ Esercizi a p. 772

Le formule di bisezione permettono di scrivere le funzioni goniometriche dell'angolo $\frac{\alpha}{2}$ in funzione di quelle dell'angolo α. Anche in questo caso, in generale:

$$\sin\frac{\alpha}{2} \neq \frac{\sin\alpha}{2}, \quad \cos\frac{\alpha}{2} \neq \frac{\cos\alpha}{2}, \quad \tan\frac{\alpha}{2} \neq \frac{\tan\alpha}{2}.$$

Per ricavare queste funzioni è possibile usare le formule di duplicazione del coseno, scrivendo α come $2\cdot\frac{\alpha}{2}$.

$$\cos\alpha = \cos 2\left(\frac{\alpha}{2}\right) = 2\cos^2\frac{\alpha}{2} - 1 \text{ e } \cos\alpha = \cos 2\left(\frac{\alpha}{2}\right) = 1 - 2\sin^2\frac{\alpha}{2},$$

da cui si ricavano rispettivamente $\cos\frac{\alpha}{2}$ e $\sin\frac{\alpha}{2}$:

$$\cos\frac{\alpha}{2} = \pm\sqrt{\frac{1+\cos\alpha}{2}}, \qquad \sin\frac{\alpha}{2} = \pm\sqrt{\frac{1-\cos\alpha}{2}}.$$

Ricaviamo ora la formula che esprime $\tan\frac{\alpha}{2}$:

$$\tan\frac{\alpha}{2} = \frac{\sin\frac{\alpha}{2}}{\cos\frac{\alpha}{2}} = \frac{\pm\sqrt{\frac{1-\cos\alpha}{2}}}{\pm\sqrt{\frac{1+\cos\alpha}{2}}} = \pm\sqrt{\frac{1-\cos\alpha}{1+\cos\alpha}}.$$

- La formula della tangente vale solo se $1+\cos\alpha \neq 0 \rightarrow \cos\alpha \neq -1 \rightarrow \alpha \neq \pi + 2k\pi$, condizione necessaria anche per l'esistenza di $\tan\frac{\alpha}{2}$: infatti $\frac{\alpha}{2}$ esiste se $\frac{\alpha}{2} \neq \frac{\pi}{2} + k\pi$, ossia: $\alpha \neq \pi + 2k\pi$.
- In queste formule compare sempre il doppio segno. Nelle applicazioni dobbiamo sceglierne uno solo, in base al quadrante in cui si trova il lato termine dell'angolo $\frac{\alpha}{2}$.
- La formula di bisezione della tangente si può presentare in altre due forme, che generalmente risultano più comode perché sono razionali e non presentano il doppio segno $\pm$:

$$\tan\frac{\alpha}{2} = \frac{\sin\alpha}{1+\cos\alpha}, \qquad \text{con } \alpha \neq \pi + 2k\pi,$$

oppure

$$\tan\frac{\alpha}{2} = \frac{1-\cos\alpha}{\sin\alpha}, \qquad \text{con } \alpha \neq \pi + k\pi.$$

Dimostriamo la prima relazione:

$$\tan\frac{\alpha}{2} = \frac{\sin\frac{\alpha}{2}}{\cos\frac{\alpha}{2}} = \frac{2\sin\frac{\alpha}{2}\cos\frac{\alpha}{2}}{2\cos^2\frac{\alpha}{2}} = \frac{\sin\alpha}{\cancel{2}\frac{1+\cos\alpha}{\cancel{2}}} = \frac{\sin\alpha}{1+\cos\alpha}.$$

moltiplichiamo e dividiamo per $2\cos\frac{\alpha}{2}$

▶ Dimostra la seconda relazione.

4 Formule parametriche

Esercizi a p. 776

Le formule parametriche permettono di esprimere il seno e il coseno di un angolo α in funzione della tangente di $\frac{\alpha}{2}$.

Utilizziamo le formule di duplicazione del seno e del coseno, con $\alpha = 2 \cdot \frac{\alpha}{2}$:

$$\sin\alpha = 2\sin\frac{\alpha}{2}\cos\frac{\alpha}{2}, \qquad \cos\alpha = \cos^2\frac{\alpha}{2} - \sin^2\frac{\alpha}{2}.$$

Dividiamo il secondo membro di entrambe le uguaglianze per $\sin^2\frac{\alpha}{2} + \cos^2\frac{\alpha}{2} = 1$:

$$\sin\alpha = \frac{2\sin\frac{\alpha}{2}\cos\frac{\alpha}{2}}{\sin^2\frac{\alpha}{2} + \cos^2\frac{\alpha}{2}}, \qquad \cos\alpha = \frac{\cos^2\frac{\alpha}{2} - \sin^2\frac{\alpha}{2}}{\sin^2\frac{\alpha}{2} + \cos^2\frac{\alpha}{2}}.$$

Per la proprietà invariantiva delle frazioni dividiamo numeratore e denominatore per $\cos^2\frac{\alpha}{2}$, con la condizione

$$\cos^2\frac{\alpha}{2} \neq 0 \rightarrow \frac{\alpha}{2} \neq \frac{\pi}{2} + k\pi \rightarrow \alpha \neq \pi + 2k\pi.$$

$$\sin\alpha = \frac{\dfrac{2\sin\frac{\alpha}{2}\cos\frac{\alpha}{2}}{\cos^2\frac{\alpha}{2}}}{\dfrac{\sin^2\frac{\alpha}{2} + \cos^2\frac{\alpha}{2}}{\cos^2\frac{\alpha}{2}}}, \qquad \cos\alpha = \frac{\dfrac{\cos^2\frac{\alpha}{2} - \sin^2\frac{\alpha}{2}}{\cos^2\frac{\alpha}{2}}}{\dfrac{\sin^2\frac{\alpha}{2} + \cos^2\frac{\alpha}{2}}{\cos^2\frac{\alpha}{2}}}.$$

Da cui:

$$\mathbf{\sin\alpha = \frac{2\tan\frac{\alpha}{2}}{1 + \tan^2\frac{\alpha}{2}}}, \qquad \mathbf{\cos\alpha = \frac{1 - \tan^2\frac{\alpha}{2}}{1 + \tan^2\frac{\alpha}{2}}}, \qquad \text{con } \alpha \neq \pi + 2k\pi.$$

Spesso, per comodità, si pone $\tan\frac{\alpha}{2} = t$:

$$\mathbf{\sin\alpha = \frac{2t}{1 + t^2}}, \qquad \mathbf{\cos\alpha = \frac{1 - t^2}{1 + t^2}}.$$

La possibilità di esprimere $\sin\alpha$ e $\cos\alpha$ in funzione di t giustifica il nome di formule parametriche.

ESEMPIO

Calcoliamo $\sin\alpha$ e $\cos\alpha$, sapendo che $\tan\frac{\alpha}{2} = 2$:

$$\sin\alpha = \frac{2t}{1 + t^2} = \frac{4}{1 + 4} = \frac{4}{5}, \qquad \cos\alpha = \frac{1 - t^2}{1 + t^2} = \frac{1 - 4}{1 + 4} = -\frac{3}{5}.$$

► Calcola $\sin\alpha$ e $\cos\alpha$ sapendo che $\tan\frac{\alpha}{2} = 3$.

$\left[\frac{3}{5}; -\frac{4}{5}\right]$

5 Formule di prostaferesi e di Werner

Formule di prostaferesi

▶ Esercizi a p. 777

Le formule di prostaferesi permettono di trasformare la somma o la differenza di due funzioni seno o coseno in un prodotto di funzioni seno o coseno.
Ricaviamo tali formule utilizzando le formule di addizione e sottrazione del seno e del coseno; scriviamo le formule del seno:

$$\begin{cases}\sin(\alpha+\beta)=\sin\alpha\cos\beta+\cos\alpha\sin\beta\\ \sin(\alpha-\beta)=\sin\alpha\cos\beta-\cos\alpha\sin\beta\end{cases}.$$

Sommiamo membro a membro:

$$\sin(\alpha+\beta)+\sin(\alpha-\beta)=2\sin\alpha\cos\beta.$$

Sottraiamo membro a membro:

$$\sin(\alpha+\beta)-\sin(\alpha-\beta)=2\cos\alpha\sin\beta.$$

Scriviamo le formule del coseno:

$$\begin{cases}\cos(\alpha+\beta)=\cos\alpha\cos\beta-\sin\alpha\sin\beta\\ \cos(\alpha-\beta)=\cos\alpha\cos\beta+\sin\alpha\sin\beta\end{cases}.$$

Sommiamo membro a membro:

$$\cos(\alpha+\beta)+\cos(\alpha-\beta)=2\cos\alpha\cos\beta.$$

Sottraiamo membro a membro:

$$\cos(\alpha+\beta)-\cos(\alpha-\beta)=-2\sin\alpha\sin\beta.$$

Poniamo $\alpha+\beta=p$ e $\alpha-\beta=q$, da cui ricaviamo $\alpha=\frac{p+q}{2}$ e $\beta=\frac{p-q}{2}$.

Sostituendo, nelle quattro relazioni ricavate, ad α e a β le espressioni trovate in funzione di p e q, otteniamo le **formule di prostaferesi**:

$$\sin p+\sin q=2\sin\frac{p+q}{2}\cos\frac{p-q}{2};$$
$$\sin p-\sin q=2\cos\frac{p+q}{2}\sin\frac{p-q}{2};$$

$$\cos p+\cos q=2\cos\frac{p+q}{2}\cos\frac{p-q}{2};$$
$$\cos p-\cos q=-2\sin\frac{p+q}{2}\sin\frac{p-q}{2}.$$

ESEMPIO

$$\sin\frac{\pi}{4}-\sin\frac{\pi}{12}=2\cos\frac{\frac{\pi}{4}+\frac{\pi}{12}}{2}\sin\frac{\frac{\pi}{4}-\frac{\pi}{12}}{2}=2\cos\frac{\pi}{6}\sin\frac{\pi}{12}.$$

▶ Trasforma in prodotto la somma: $\cos\frac{\pi}{3}+\cos\frac{\pi}{6}$.

Formule di Werner

▶ Esercizi a p. 778

Le formule di Werner risolvono il problema inverso rispetto a quello delle formule di prostaferesi, cioè permettono di trasformare espressioni contenenti prodotti di funzioni seno e coseno in somme o differenze di funzioni seno e coseno.
Si ottengono facendo uso delle stesse relazioni ricavate per ottenere le formule di prostaferesi, e cioè:

$$\sin(\alpha+\beta)+\sin(\alpha-\beta)=2\sin\alpha\cos\beta;$$
$$\cos(\alpha+\beta)+\cos(\alpha-\beta)=2\cos\alpha\cos\beta;$$
$$\cos(\alpha+\beta)-\cos(\alpha-\beta)=-2\sin\alpha\sin\beta.$$

Dividiamo tutti i membri per 2 e riscriviamo le uguaglianze leggendole da destra a sinistra:

$$\sin\alpha\cos\beta=\frac{1}{2}[\sin(\alpha+\beta)+\sin(\alpha-\beta)];$$
$$\cos\alpha\cos\beta=\frac{1}{2}[\cos(\alpha+\beta)+\cos(\alpha-\beta)];$$
$$\sin\alpha\sin\beta=\frac{1}{2}[\cos(\alpha-\beta)-\cos(\alpha+\beta)].$$

ESEMPIO

$$\cos\frac{5}{12}\pi\cos\frac{\pi}{12}=\frac{1}{2}\left[\cos\left(\frac{5}{12}\pi+\frac{\pi}{12}\right)+\cos\left(\frac{5}{12}\pi-\frac{\pi}{12}\right)\right]=$$
$$\frac{1}{2}\left(\cos\frac{\pi}{2}+\cos\frac{\pi}{3}\right)=$$
$$\frac{1}{2}\left(0+\frac{1}{2}\right)=\frac{1}{4}$$

▶ Calcola $\sin\frac{5}{8}\pi\cos\frac{\pi}{8}$. $\left[\frac{\sqrt{2}+2}{4}\right]$

MATEMATICA INTORNO A NOI

Onde e sinusoidi La sinusoide è la curva che rappresenta la funzione seno. Questa descrive molto fenomeni ondulatori presenti in natura, come per esempio il suono o le onde generate da un sasso lanciato nell'acqua.
Quando si sommano due sinusoidi, molto spesso si trova una curva che non è più una sinusoide, ma che continua a essere periodica.

▶ Cerca esempi di fenomeni fisici che coinvolgono onde sinusoidali e scopri come entrano in campo le formule di prostaferesi.

Cerca nel Web: interferenza, diffrazione, battimenti

IN SINTESI
Formule goniometriche

Formule di addizione e sottrazione

Funzione	Formula di addizione	Formula di sottrazione
seno	$\sin(\alpha+\beta)=\sin\alpha\cos\beta+\cos\alpha\sin\beta$	$\sin(\alpha-\beta)=\sin\alpha\cos\beta-\cos\alpha\sin\beta$
coseno	$\cos(\alpha+\beta)=\cos\alpha\cos\beta-\sin\alpha\sin\beta$	$\cos(\alpha-\beta)=\cos\alpha\cos\beta+\sin\alpha\sin\beta$
tangente	$\tan(\alpha+\beta)=\frac{\tan\alpha+\tan\beta}{1-\tan\alpha\cdot\tan\beta}$, con $\alpha+\beta\neq\frac{\pi}{2}+k\pi, \alpha\neq\frac{\pi}{2}+k_1\pi, \beta\neq\frac{\pi}{2}+k_2\pi$	$\tan(\alpha-\beta)=\frac{\tan\alpha-\tan\beta}{1+\tan\alpha\cdot\tan\beta}$, con $\alpha-\beta\neq\frac{\pi}{2}+k\pi, \alpha\neq\frac{\pi}{2}+k_1\pi, \beta\neq\frac{\pi}{2}+k_2\pi$

Una funzione del tipo $y=a\sin x+b\cos x$ può essere ricondotta alla forma sinusoidale

$y=r\sin(x+\alpha)$, con $r=\sqrt{a^2+b^2}$ e $\tan\alpha=\frac{b}{a}$.

α è detto **angolo aggiunto**.

Formule di duplicazione e bisezione

Funzione	Formula di duplicazione	Formula di bisezione
seno	$\sin 2\alpha = 2\sin\alpha\cos\alpha$	$\sin\frac{\alpha}{2}=\pm\sqrt{\frac{1-\cos\alpha}{2}}$
coseno	$\cos 2\alpha=\cos^2\alpha-\sin^2\alpha=$ $1-2\sin^2\alpha$ / $2\cos^2\alpha-1$	$\cos\frac{\alpha}{2}=\pm\sqrt{\frac{1+\cos\alpha}{2}}$
tangente	$\tan 2\alpha=\frac{2\tan\alpha}{1-\tan^2\alpha}$, con $\alpha\neq\frac{\pi}{4}+k\frac{\pi}{2}\wedge\alpha\neq\frac{\pi}{2}+k\pi$	$\tan\frac{\alpha}{2}=\pm\sqrt{\frac{1-\cos\alpha}{1+\cos\alpha}}$, con $\alpha\neq\pi+2k\pi$; $\frac{\sin\alpha}{1+\cos\alpha}$, con $\alpha\neq\pi+2k\pi$; $\frac{1-\cos\alpha}{\sin\alpha}$, con $\alpha\neq\pi+k\pi$

Sono utili anche le seguenti formule:

- $\sin^2\alpha=\frac{1-\cos 2\alpha}{2}$;
- $\cos^2\alpha=\frac{1+\cos 2\alpha}{2}$.

Altre formule

- **Formule parametriche**
  - $\sin\alpha=\frac{2\tan\frac{\alpha}{2}}{1+\tan^2\frac{\alpha}{2}}$, con $\alpha\neq\pi+2k\pi$;
  - $\cos\alpha=\frac{1-\tan^2\frac{\alpha}{2}}{1+\tan^2\frac{\alpha}{2}}$, con $\alpha\neq\pi+2k\pi$.

- **Formule di prostaferesi**
  - $\sin p+\sin q=2\sin\frac{p+q}{2}\cdot\cos\frac{p-q}{2}$;
  - $\sin p-\sin q=2\cos\frac{p+q}{2}\cdot\sin\frac{p-q}{2}$;
  - $\cos p+\cos q=2\cos\frac{p+q}{2}\cdot\cos\frac{p-q}{2}$;
  - $\cos p-\cos q=-2\sin\frac{p+q}{2}\cdot\sin\frac{p-q}{2}$.

- **Formule di Werner**
  - $\sin\alpha\sin\beta=\frac{1}{2}[\cos(\alpha-\beta)-\cos(\alpha+\beta)]$;
  - $\cos\alpha\cos\beta=\frac{1}{2}[\cos(\alpha+\beta)+\cos(\alpha-\beta)]$;
  - $\sin\alpha\cos\beta=\frac{1}{2}[\sin(\alpha+\beta)+\sin(\alpha-\beta)]$.

CAPITOLO 13

ESERCIZI

1 Formule di addizione e sottrazione

1 VERO O FALSO?

a. $\cos(30° + 90°) = \cos 30° - \cos 90°$. V F

b. $\sin 70° \cos 10° - \cos 70° \sin 10° = \frac{1}{2}$. V F

c. $\cos 15° = \cos 45° \cos 30° - \sin 45° \sin 30°$. V F

d. $\tan 105° = \frac{\tan 60° + \tan 45°}{1 + \tan 60° \tan 45°}$. V F

2 COMPLETA

a. $\sin 50° = \sin 30° \cos \square + \square$.

b. $\cos \square = \cos 90° \cos 30° - \square$.

c. $\cos\left(\frac{\pi}{5} - \alpha\right) = \cos \square \cos \square + \sin \square \sin \square$.

d. $\sin\left(\alpha - \frac{\pi}{3}\right) = \square - \square$.

3 FAI UN ESEMPIO per verificare che $\sin(\alpha + \beta) \neq \sin\alpha + \sin\beta$ e che $\tan(\alpha - \beta) \neq \tan\alpha - \tan\beta$.

4 ESERCIZIO GUIDA Calcoliamo seno, coseno e tangente di 75° e cos 15° utilizzando le formule di addizione e sottrazione.

- Sappiamo che $75° = 30° + 45°$.

  Applichiamo le formule di addizione del seno, del coseno e della tangente:

$$\sin(30° + 45°) = \sin 30° \cos 45° + \sin 45° \cos 30° = \frac{1}{2} \cdot \frac{\sqrt{2}}{2} + \frac{\sqrt{2}}{2} \cdot \frac{\sqrt{3}}{2} = \frac{\sqrt{2} + \sqrt{6}}{4};$$

$$\cos(30° + 45°) = \cos 30° \cos 45° - \sin 45° \sin 30° = \frac{\sqrt{3}}{2} \cdot \frac{\sqrt{2}}{2} - \frac{\sqrt{2}}{2} \cdot \frac{1}{2} = \frac{\sqrt{6} - \sqrt{2}}{4};$$

$$\tan(30° + 45°) = \frac{\tan 30° + \tan 45°}{1 - \tan 30° \tan 45°} = \frac{\frac{\sqrt{3}}{3} + 1}{1 - \frac{\sqrt{3}}{3} \cdot 1} = \frac{\sqrt{3} + 3}{3 - \sqrt{3}} = 2 + \sqrt{3}.$$

- Calcoliamo ora cos 15°.
  Possiamo scrivere: $15° = 45° - 30°$.

  Per la formula di sottrazione del coseno:

$$\cos(45° - 30°) = \cos 45° \cos 30° + \sin 45° \sin 30° = \frac{\sqrt{2}}{2} \cdot \frac{\sqrt{3}}{2} + \frac{\sqrt{2}}{2} \cdot \frac{1}{2} = \frac{\sqrt{6} + \sqrt{2}}{4}.$$

Applicando opportunamente le formule di addizione e sottrazione, calcola le seguenti funzioni goniometriche.

5 $\sin 15°$; $\cos 135°$; $\tan 150°$. $\left[\frac{\sqrt{6} - \sqrt{2}}{4}; -\frac{\sqrt{2}}{2}; -\frac{\sqrt{3}}{3}\right]$

6 $\cos 105°$; $\sin 165°$; $\tan \frac{5}{12}\pi$. $\left[\frac{\sqrt{2} - \sqrt{6}}{4}; \frac{\sqrt{6} - \sqrt{2}}{4}; 2 + \sqrt{3}\right]$

ESERCIZI

7 $\sin 195°$; $\cos 165°$; $\sin 285°$. $\left[\frac{\sqrt{2}-\sqrt{6}}{4}; \frac{-\sqrt{6}-\sqrt{2}}{4}; \frac{-\sqrt{6}-\sqrt{2}}{4}\right]$

8 $\cos\frac{7}{12}\pi$; $\sin\frac{13}{12}\pi$; $\tan\frac{7}{12}\pi$. $\left[\frac{\sqrt{2}-\sqrt{6}}{4}; \frac{\sqrt{2}-\sqrt{6}}{4}; -2-\sqrt{3}\right]$

9 REALTÀ E MODELLI **Una prof agrodolce** L'ultimo giorno di scuola la professoressa porta una buonissima torta al cioccolato per i suoi alunni. Ha già tagliato 24 fette, tutte uguali, ma sfida i suoi studenti: potrà ottenerne una soltanto chi calcola esattamente, senza utilizzare la calcolatrice, il seno dell'angolo formato dalla punta di una fetta. $\left[\frac{\sqrt{6}-\sqrt{2}}{4}\right]$

10 COMPLETA

a. $\cos\frac{11}{12}\pi = \cos\left(\frac{\pi}{4}+\square\right) = \square$.

b. $\sin\frac{19}{12}\pi = \sin\left(\frac{11}{6}\pi-\square\right) = \square$.

c. $\cos\frac{17}{12}\pi = \cos\left(\frac{7}{4}\pi-\square\right) = \square$.

d. $\tan 345° = \tan(210° + \square) = \square$.

Espressioni e identità con le formule di addizione e sottrazione

11 ESERCIZIO GUIDA Sviluppiamo $\sin\left(\frac{\pi}{6}+x\right)$ e $\cos\left(\frac{\pi}{3}-x\right)$, con le formule di addizione e sottrazione.

$$\sin\left(\frac{\pi}{6}+x\right) = \sin\frac{\pi}{6}\cos x + \sin x\cos\frac{\pi}{6} = \frac{1}{2}\cos x + \frac{\sqrt{3}}{2}\sin x$$

$$\cos\left(\frac{\pi}{3}-x\right) = \cos\frac{\pi}{3}\cos x + \sin\frac{\pi}{3}\sin x = \frac{1}{2}\cos x + \frac{\sqrt{3}}{2}\sin x$$

Semplifica le seguenti espressioni.

12 $\sin\left(\frac{\pi}{3}+x\right)+\cos\left(\frac{\pi}{6}+x\right)$ $[\sqrt{3}\cos x]$

13 $\sin\left(\alpha+\frac{2}{3}\pi\right)-\cos\left(\frac{\pi}{6}+\alpha\right)$ $[0]$

14 $\cos(\alpha+135°)-\cos(225°-\alpha)+\cos(-\alpha)$ $[\cos\alpha]$

15 $\cos\left(\alpha-\frac{11}{6}\pi\right)-\sin\left(\frac{5}{3}\pi+\alpha\right)$ $[\sqrt{3}\cos\alpha-\sin\alpha]$

16 $\sin(45°+\alpha)-\sin(135°+\alpha)$ $[\sqrt{2}\sin\alpha]$

17 $\cos\left(\frac{\pi}{3}+\alpha\right)+\cos\left(\frac{2}{3}\pi-\alpha\right)$ $[0]$

18 $\sin\left(\frac{3}{4}\pi+x\right)+\cos\left(\frac{\pi}{4}-x\right)$ $[\sqrt{2}\cos x]$

19 $\cos\left(\frac{5}{6}\pi+\alpha\right)-\sin\left(\frac{\pi}{3}-\alpha\right)$ $[-\sqrt{3}\cos\alpha]$

20 $\sin\left(\alpha+\frac{7}{6}\pi\right)-\cos\left(\alpha-\frac{2}{3}\pi\right)$ $[-\sqrt{3}\sin\alpha]$

21 $(\sqrt{3}\tan\alpha-1)\cdot\tan\left(\alpha+\frac{\pi}{3}\right)+\sqrt{3}$ $[-\tan\alpha]$

22 $\cos(210°-x)-\sin(120°+x)$ $[-\sqrt{3}\cos x]$

23 $\cos(60°-\alpha)\cdot\cos(300°-\alpha)$ $\left[\frac{\cos^2\alpha-3\sin^2\alpha}{4}\right]$

24 $\tan\left(x+\frac{\pi}{4}\right)(1-\tan x)-1$ $[\tan x]$

25 $\sin(\alpha+300°)\cdot\sin(240°+\alpha)$ $\left[\frac{1}{4}(-\sin^2\alpha+3\cos^2\alpha)\right]$

26 $\tan\left(x+\frac{\pi}{4}\right)+\cot\left(x-\frac{\pi}{4}\right)$ $[0]$

27 $\cos(60°+x)+\sin(30°-x)-\sqrt{3}\sin(-x)$ $[\cos x]$

28 $\sin\left(\frac{2}{3}\pi-\alpha\right)+\sin\left(\alpha+\frac{5}{6}\pi\right)-\cos\left(\frac{\pi}{3}+\alpha\right)$ $\left[\frac{\sqrt{3}}{2}\cos\alpha+\frac{1}{2}\sin\alpha\right]$

29 $\sin(240°-\alpha)+\cos(\alpha-330°)-\cos(180°-\alpha)$ $[\cos\alpha]$

30 $\sin^2(30° + x) + \cos x \cos(x - 240°) - \sin^2 x$ $\left[-\frac{1}{4}\right]$

31 $\dfrac{\cos\left(\alpha + \frac{\pi}{6}\right) + \cos\left(\alpha - \frac{\pi}{6}\right)}{\sin\left(\alpha - \frac{\pi}{6}\right) - \sin\left(\alpha + \frac{\pi}{6}\right)}$ $[-\sqrt{3}]$

32 $\sin^2(\alpha - 150°) + \cos^2(\alpha + 330°) - 1$ $[\sqrt{3}\sin\alpha\cos\alpha]$

33 $\tan(\alpha - 135°) \cdot \tan(\alpha + 225°) - 1$ $\left[\dfrac{4\tan\alpha}{(1-\tan\alpha)^2}\right]$

34 $\sin\left(\frac{7}{6}\pi - \alpha\right) \cdot \cos\left(\alpha - \frac{\pi}{3}\right) - \frac{1}{2}\cos^2\alpha$ $\left[-\frac{3}{4}\cos 2\alpha\right]$

Verifica le seguenti identità.

35 $\sin(30° + \alpha) = \sin(-210° - \alpha)$

36 $\sin\left(\alpha + \frac{\pi}{3}\right) = \cos\left(\frac{\pi}{6} - \alpha\right)$

37 $\tan\left(\alpha + \frac{\pi}{4}\right) = \dfrac{\cos\left(\alpha - \frac{5}{4}\pi\right)}{\cos\left(\frac{3}{4}\pi - \alpha\right)}$

38 $\sin(\alpha + \beta) \cdot \sin(\alpha - \beta) = \cos^2\beta - \cos^2\alpha$

39 $\sin\left(\frac{5}{6}\pi - \alpha\right) = \cos\left(\alpha - \frac{\pi}{3}\right)$

40 $\cos(\alpha + \beta) \cdot \cos(\alpha - \beta) = \cos^2\beta - \sin^2\alpha$

---

41 $\sin^2\left(\alpha - \frac{3}{4}\pi\right) - \sin^2\left(\frac{\pi}{4} + \alpha\right) = \cos\left(\frac{2}{3}\pi - \alpha\right) + \cos\left(\frac{\pi}{3} + \alpha\right)$

42 $\cos\left(\frac{\pi}{3} + \alpha\right) \cdot \cos\left(\frac{\pi}{6} + \alpha\right) = \sin\left(\frac{\pi}{3} + \alpha\right) \cdot \sin\left(\frac{\pi}{6} + \alpha\right) - \sin 2\alpha$

43 $1 + \cot^2\alpha + \sin\left(\frac{\pi}{4} + \alpha\right) = \csc^2\alpha + \cos\left(\frac{\pi}{4} - \alpha\right)$

44 $\dfrac{2\sin(\alpha - \beta)}{\tan\alpha - \tan\beta} = \cos(\alpha - \beta) + \cos(\alpha + \beta)$

45 $4\cos\left(\frac{5}{6}\pi + \alpha\right) \cdot \cos\left(\frac{\pi}{6} + \alpha\right) = \dfrac{\tan^2\alpha - 3}{\tan^2\alpha + 1}$

46 $\tan\left(\frac{\pi}{4} + \alpha\right) \cdot \tan\left(\alpha - \frac{\pi}{4}\right) = \dfrac{2\sin^2\alpha - 1}{2\cos^2\alpha - 1}$

Calcolo di funzioni goniometriche

47 Dati gli angoli acuti α e β, con $\sin\alpha = \frac{1}{3}$ e $\cos\beta = \frac{2}{3}$, calcola $\cos(\alpha + \beta)$. $\left[\dfrac{4\sqrt{2} - \sqrt{5}}{9}\right]$

48 Dati gli angoli α e β, con $\pi < \alpha < \frac{3}{2}\pi$ e $\frac{3}{2}\pi < \beta < 2\pi$, sapendo che $\sin\alpha = -\frac{2}{3}$ e $\cos\beta = \frac{1}{3}$, calcola $\tan(\alpha + \beta)$. $\left[\dfrac{2 - 2\sqrt{10}}{\sqrt{5} + 4\sqrt{2}}\right]$

49 Dati gli angoli α e β, con $\frac{\pi}{2} < \alpha < \pi$ e $0 < \beta < \frac{\pi}{2}$, sapendo che $\sin\alpha = \frac{1}{4}$ e $\cos\beta = \frac{3}{4}$, calcola $\sin(\alpha + \beta)$. $\left[\dfrac{3 - \sqrt{105}}{16}\right]$

Sapendo che $\cos\alpha = \frac{3}{5}$ e che $0 < \alpha < \frac{\pi}{2}$, calcola le seguenti funzioni goniometriche.

50 $\sin\left(\frac{\pi}{3} - \alpha\right)$; $\tan\left(\alpha + \frac{\pi}{6}\right)$. $\left[\frac{-4+3\sqrt{3}}{10}; \frac{48+25\sqrt{3}}{11}\right]$

51 $\cos\left(\frac{2}{3}\pi - \alpha\right)$; $\cot\left(\alpha - \frac{\pi}{4}\right)$. $\left[\frac{4\sqrt{3}-3}{10}; 7\right]$

Sapendo che $\cos\alpha = -\frac{2}{3}$ e che $90° < \alpha < 180°$, calcola le seguenti funzioni goniometriche.

52 $\sin\left(\frac{\pi}{6} + \alpha\right)$; $\cos\left(\frac{2\pi}{3} + \alpha\right)$. $\left[\frac{\sqrt{15}-2}{6}; \frac{2-\sqrt{15}}{6}\right]$

53 $\sin(45° + \alpha)$; $\cos\left(-\frac{\pi}{6} + \alpha\right)$. $\left[\frac{\sqrt{10}-2\sqrt{2}}{6}; \frac{\sqrt{5}-2\sqrt{3}}{6}\right]$

Calcola i valori richiesti, utilizzando le informazioni.

54 $\tan(\alpha - \beta)$. $\tan\alpha = \frac{1}{3}$, $\sin\beta = -\frac{4}{5}$, con $0 < \alpha < \frac{\pi}{2}$, $\frac{3}{2}\pi < \beta < 2\pi$ [3]

55 $\tan\left(\alpha + \frac{\pi}{4}\right)$, $\cot\left(\frac{3}{4}\pi + \alpha\right)$, $\sin\left(\alpha - \frac{\pi}{6}\right)$. $\cos\alpha = -\frac{3}{5}$, con $\pi < \alpha < \frac{3}{2}\pi$ $\left[-7; 7; \frac{3-4\sqrt{3}}{10}\right]$

56 $\cos\left(\alpha + \frac{\pi}{4}\right)$, $\sin\left(\frac{5}{6}\pi - \alpha\right)$, $\tan\left(\frac{5}{4}\pi - \alpha\right)$. $\sin\alpha = \frac{1}{3}$, con $\frac{\pi}{2} < \alpha < \pi$

$\left[-\frac{4+\sqrt{2}}{6}; \frac{\sqrt{3}-2\sqrt{2}}{6}; \frac{9+4\sqrt{2}}{7}\right]$

57 $\tan\left(\alpha - \frac{\pi}{4}\right)$, $\sin\left(\frac{\pi}{6} + \alpha\right)$. $\cot\alpha = \frac{1}{2}$, $\pi < \alpha < \frac{3}{2}\pi$ $\left[\frac{1}{3}; \frac{-\sqrt{5}(1+2\sqrt{3})}{10}\right]$

58 $\tan\beta$, $\tan(\alpha - \beta)$, $\cos(\alpha + \beta)$. $\tan(\alpha + \beta) = 5$, $\tan\alpha = \frac{2}{3}$, α e β nel primo quadrante $\left[1; -\frac{1}{5}; \frac{\sqrt{26}}{26}\right]$

59 $\tan\beta$, $\tan(\alpha + \beta)$, $\sin(\alpha + \beta)$. $\tan(\alpha - \beta) = \frac{3}{19}$, $\tan\alpha = \frac{1}{3}$, α e β nel primo quadrante

$\left[\frac{1}{6}; \frac{9}{17}; \frac{9\sqrt{370}}{370}\right]$

60 $\sin(\alpha + \beta)$, $\tan(\alpha - \beta)$, $\cos(\pi + \alpha - \beta)$. $\tan\alpha = \frac{3}{4}$, $\tan\beta = -\frac{4}{3}$, $0 < \alpha < \frac{\pi}{2}$, $\frac{\pi}{2} < \beta < \pi$

$\left[\frac{7}{25}; \text{non esiste}; 0\right]$

61 EUREKA! Calcola $\sin(\alpha + \beta + \gamma)$, sapendo, che α, β e γ sono angoli del primo quadrante e che $\sin\alpha = \frac{1}{2}$, $\sin\beta = \frac{4}{5}$, $\sin\gamma = \frac{1}{3}$. $\left[\frac{6\sqrt{2}+8\sqrt{6}+3\sqrt{3}-4}{30}\right]$

Calcola il valore delle seguenti espressioni.

62 $\sin\left[\frac{\pi}{6} - \arccos\left(-\frac{1}{3}\right)\right]$ $\left[\frac{-(2\sqrt{6}+1)}{6}\right]$

63 $\sin\left(\frac{\pi}{3} + \arccos\frac{4}{5}\right)$ $\left[\frac{4\sqrt{3}+3}{10}\right]$

64 $\tan\left(\arcsin\frac{3}{5} - \arcsin\frac{1}{2}\right)$ $\left[\frac{48-25\sqrt{3}}{39}\right]$

65 $\cos\left[\arccos\frac{12}{13} - \arcsin\left(-\frac{4}{5}\right)\right]$ $\left[\frac{16}{65}\right]$

66 $\sin\left(\arctan\frac{1}{3} - \frac{\pi}{6}\right)$ $\left[\frac{\sqrt{10}(-3+\sqrt{3})}{20}\right]$

67 $\tan\left[\arctan\frac{12}{5} - \arcsin\left(-\frac{5}{13}\right)\right]$ [non esiste]

68 EUREKA! α, β, γ sono angoli acuti, $\sin\alpha = \frac{1}{3}$, $\cos\beta = \frac{3}{5}$, $\tan\gamma = \frac{3}{4}$. Calcola $\sin(\alpha + \beta + \gamma)$. $\left[\frac{2}{3}\sqrt{2}\right]$

69 YOU & MATHS When $\sin\alpha = \frac{5}{13}$ and $\cos\beta = \frac{4}{5}$, α and β less than 90°, express $\sin(\alpha + \beta)$ in the form $\frac{a}{b}$, where $a, b \in \mathbb{Q}$.

(IR *Leaving Certificate Examination*, Higher Level, 1995)

$\left[\sin(\alpha + \beta) = \frac{56}{65}\right]$

70 EUREKA! α e β appartengono al primo quadrante, $\tan\alpha = \frac{1}{2}$, $\cot\beta = 3$. Dimostra che $\alpha + \beta = \frac{\pi}{4}$.

71 Dimostra che $\cot(\alpha \pm \beta) = \dfrac{\cot\alpha \cdot \cot\beta \mp 1}{\cot\beta \pm \cot\alpha}$.

Applicazioni alla geometria

Utilizzando i dati forniti nelle figure, determina quanto richiesto.

72

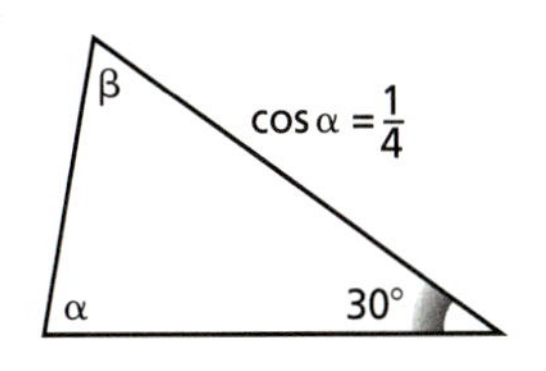

Determina tan β.

$\left[\frac{\sqrt{3}(4 + \sqrt{5})}{3}\right]$

73

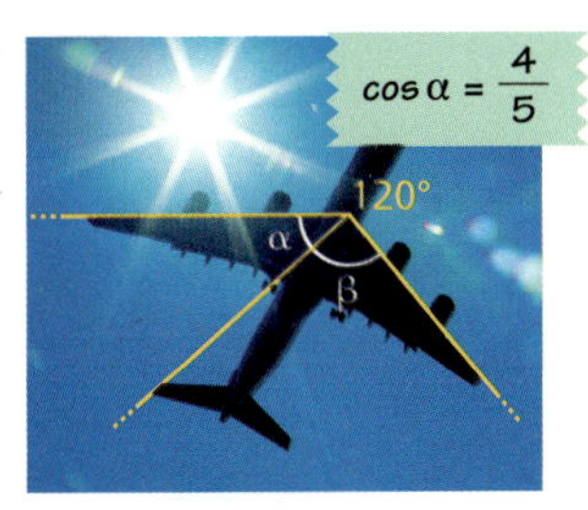

Determina sin β.

$\left[\frac{3 + 4\sqrt{3}}{10}\right]$

74

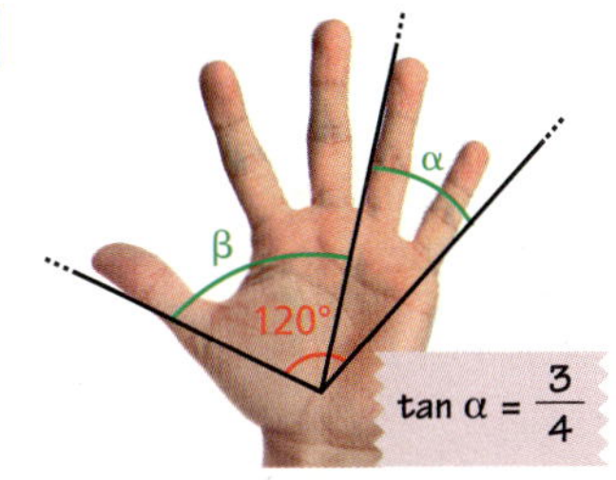

Determina cos β.

$\left[\frac{3\sqrt{3} - 4}{10}\right]$

75 In un triangolo acutangolo con angoli α, β, γ, sai che $\sin\alpha = \frac{12}{13}$ e $\tan\beta = \frac{3}{4}$. Calcola seno e coseno dell'angolo γ. $\left[\frac{63}{65}; \frac{16}{65}\right]$

76 Dato il triangolo di angoli α, β e γ, determina $\tan\gamma$ sapendo che $\cos\alpha = \frac{12}{13}$ e $\cos\beta = \frac{4}{5}$. Puoi dire se il triangolo è acutangolo o ottusangolo?

$\left[-\frac{56}{33}; \text{ottusangolo}\right]$

Funzione lineare $y = a\sin x + b\cos x$ e angolo aggiunto

Teoria a p. 752

Disegna il grafico delle seguenti funzioni dopo averle trasformate nella forma $y = r\sin(x + \alpha) + c$.

77 $y = \sqrt{3}\sin x - \cos x$

78 $y = \sqrt{2}\sin x + \sqrt{2}\cos x - 1$

79 $y = \frac{1}{4}\sin x + \frac{\sqrt{3}}{4}\cos x$

80 $y = -\sin x + \sqrt{3}\cos x + 1$

81 $y = \sin(x + 60°) + \cos(x + 60°)$

82 $y = \sin(\pi + x) + \sin\left(\frac{\pi}{2} - x\right)$

83 $y = \sin 2x - \cos 2x - \frac{1}{2}$

84 $y = \sin(-x) + \sin\left(\frac{3}{2}\pi - x\right)$

Angolo fra due rette

Teoria a p. 753

85 Determina l'equazione della circonferenza di centro $C(2; 0)$ e passante per $A(4; 0)$. Scrivi l'equazione della tangente nel suo punto di ascissa 3 di ordinata positiva e trova l'angolo che essa forma con la direzione positiva dell'asse x. $[(x-2)^2 + y^2 = 4; x + \sqrt{3}y = 6; 150°]$

ESERCIZI

86 ESERCIZIO GUIDA Determiniamo l'angolo (acuto) formato da due rette incidenti, r e s, di equazioni:

r: $y = -x + 5$, s: $y = \sqrt{3}x - 1$.

Rappresentiamo in una figura le rette r e s e indichiamo con α e β le misure degli angoli che formano con la direzione positiva dell'asse delle ascisse.

$$\gamma = \alpha - \beta$$

perché l'angolo α è angolo esterno del triangolo ABC.

Calcoliamo la tangente di γ con la formula:

$$\tan\gamma = \frac{m_1 - m_2}{1 + m_1 m_2}.$$

I coefficienti angolari di r e di s sono:

$$m_1 = -1 \text{ e } m_2 = \sqrt{3}.$$

Sostituendo nella relazione precedente, otteniamo:

$$\tan\gamma = \frac{-1-\sqrt{3}}{1-\sqrt{3}} = 2 + \sqrt{3}.$$

Quindi $\alpha - \beta = 75°$.

Questo risultato coincide anche con quello che si ottiene con il calcolo diretto:

$$\tan\alpha = -1 \rightarrow \alpha = 135°; \quad \tan\beta = \sqrt{3} \rightarrow \beta = 60° \rightarrow \alpha - \beta = 75°.$$

Osservazione. Utilizzando la formula $\frac{m_1 - m_2}{1 + m_1 m_2}$ per calcolare la tangente dell'angolo di due rette, possiamo ottenere un risultato positivo oppure negativo. Nel primo caso otteniamo la tangente dell'angolo acuto tra le due rette, nel secondo quella dell'angolo ottuso.

Calcola la tangente goniometrica dell'angolo acuto formato dalle seguenti coppie di rette.

87 $y = -5x$; $\quad x - y = 2$. $\left[\frac{3}{2}\right]$

88 $y = -3x + 1$; $\quad x + 2y = 0$. $[1]$

89 $y + x - 1 = 0$; $\quad y = -2x$. $\left[\frac{1}{3}\right]$

90 $3y - x + 1 = 0$; $\quad y = -\frac{1}{3}x + 2$. $\left[\frac{3}{4}\right]$

91 $\sqrt{3}x - y + 3 = 0$; $\quad x - \sqrt{3}y = -2$. $\left[\frac{\sqrt{3}}{3}\right]$

92 $y = -\frac{8}{5}x + 6$; $\quad 8x - 5y - 6 = 0$. $\left[\frac{80}{39}\right]$

MATEMATICA AL COMPUTER

Rette e goniometria Date le equazioni implicite di due rette r_1 e r_2 nel piano cartesiano, stabiliamo con Wiris se si incontrano e, in tal caso, calcoliamo l'ampiezza di uno dei quattro angoli che esse formano, espressa in gradi, primi e secondi.

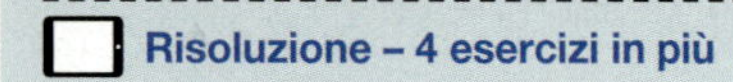
Risoluzione – 4 esercizi in più

93 Determina le equazioni delle rette che passano per il punto $P(-3; 1)$ e che formano un angolo di 45° con la retta di equazione $4x - 2y + 3 = 0$. $[y + 3x + 8 = 0; 3y - x - 6 = 0]$

94 Trova gli angoli del triangolo che ha i lati sulle rette di equazioni

$$x - 4y + 9 = 0, \quad 4x + y - 15 = 0,$$
$$7x + 6y - 5 = 0.$$

$\left[\frac{\pi}{2}, \arctan 2, \arctan\frac{1}{2}\right]$

95 Scrivi le equazioni delle rette che formano un angolo di 45° con la retta di equazione $y = -3x + 2$ e che passano per il vertice della parabola di equazione $y = x^2 - 8x + 17$. $\left[y = 2x - 7; y = -\frac{1}{2}x + 3\right]$

96 Trova le equazioni delle rette passanti per il punto $A(2; -1)$ che formano un angolo di 60° con la retta di equazione $y = \sqrt{3}x + 1$. $[y = -1, y = -\sqrt{3}x + 2\sqrt{3} - 1]$

97 ●● Le due rette di equazioni $y = 2x - 6$ e $x - 3y - 3 = 0$ si intersecano nel punto A e definiscono con l'asse y il triangolo ABC. Trova gli angoli del triangolo.
$\left[\frac{\pi}{4}, \frac{\pi}{2} + \arctan\frac{1}{3}, \frac{\pi}{2} - \arctan 2\right]$

98 ●● Determina l'ampiezza dell'angolo formato dalle tangenti alla circonferenza di equazione $(x-4)^2 + y^2 = 4$ condotte dal punto $A(8; 4)$.
$\left[\arctan\frac{\sqrt{7}}{3}\right]$

99 ●○ Calcola le ampiezze degli angoli del triangolo di vertici $(2; 1)$, $(6; 1)$, $(3; 5)$. [51°; 53°; 76°]

100 ●● Determina l'angolo formato dalle diagonali del quadrilatero della figura. $\left[\arctan\frac{5}{3}\right]$

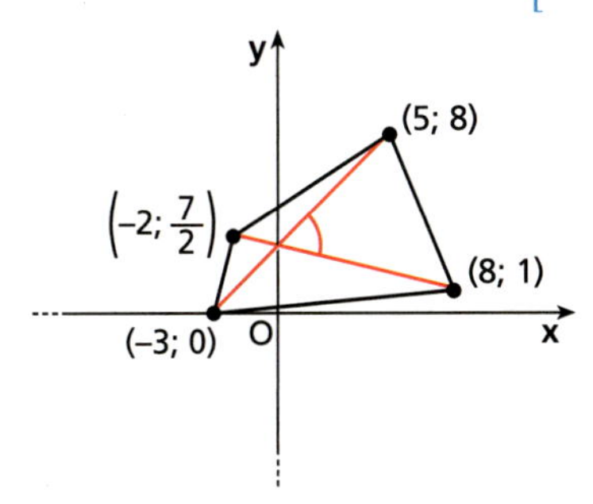

101 ●● Considera il triangolo di vertici $A(-2; -1)$, $B(-1; 3)$, $C(2; 3)$; detto D il centro della circonferenza circoscritta, trova l'angolo $B\widehat{D}C$.
$\left[\arctan\frac{15}{8}\right]$

102 ●● Rappresenta l'iperbole di equazione $4x^2 - y^2 = 4$ e determina l'angolo acuto formato dagli asintoti.
$\left[\arctan\frac{4}{3}\right]$

103 ●● Considera i triangoli ABC con $A\left(-\frac{5}{3}; 0\right)$, $B(4; 0)$ e C variabile sulla retta r di equazione $y = -x + 9$. Verifica che esistono due posizioni di C per cui è $A\widehat{C}B = \frac{\pi}{4}$.
$\left[C_1(5; 4), C_2\left(\frac{7}{3}; \frac{20}{3}\right)\right]$

104 ●● Considera la parabola γ di equazione $y = x^2 - 4x + 4$ e la retta r passante per il punto $A(-1; 1)$ e per il punto B di γ di ascissa $\frac{3}{5}$.
La retta r interseca γ, oltre che in B, anche in C. Trova l'equazione della retta tangente t alla parabola in C e l'angolo formato dalle rette r e t.
$\left[r\text{: } y = \frac{3}{5}x + \frac{8}{5}; t\text{: } y = 4x - 12; \frac{\pi}{4}\right]$

105 ●● Due rette r e s passanti per $A(4; 2)$ formano un angolo α tale che $\tan\alpha = \frac{1}{2}$. Sapendo che r passa per $B(10; 4)$ e che s interseca l'asse y in un punto di ordinata negativa, trova l'equazione della retta s.
$[y = x - 2]$

106 ●● 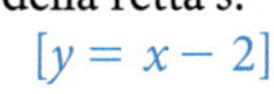 LEGGI IL GRAFICO Scrivi l'equazione della parabola e della tangente t nel punto A del grafico. Determina poi l'ampiezza dell'angolo acuto formato dalle rette s e t.

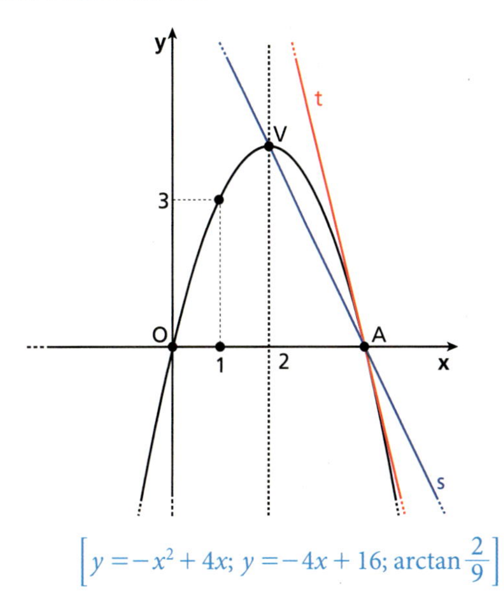

$\left[y = -x^2 + 4x; y = -4x + 16; \arctan\frac{2}{9}\right]$

107 ●● Il triangolo ABC ha i vertici in $A(1; 0)$, $B(5; 4)$ e in C, che si trova sull'asse x, con ascissa maggiore di 1. Determina la posizione di C, sapendo che $\tan A\widehat{C}B = \frac{2}{3}$. Detto poi M il punto medio di AB, determina gli angoli $A\widehat{C}M$ e $M\widehat{C}B$.
$\left[C(11; 0); \arctan\frac{1}{4}; \arctan\frac{5}{14}\right]$

108 ●● Trova le ampiezze degli angoli del triangolo di vertici $A(1; 0)$, $B(2; 2\sqrt{3})$, $C(7; -\sqrt{3})$ e determina le equazioni delle rette che dividono l'angolo $B\widehat{A}C$ in tre parti uguali.
$\left[\widehat{A} = \frac{\pi}{2}, \widehat{B} = \frac{\pi}{3}, \widehat{C} = \frac{\pi}{6};\right.$
$\left.\sqrt{3}x - 7y = \sqrt{3}, 5\sqrt{3}x - 9y = 5\sqrt{3}\right]$

109 ●● Date le rette r e s, di equazioni $y = 3x - 3$ e $3y + x - 1 = 0$, che si intersecano nel punto A, considera su r il punto B di ascissa 2 e su s il punto C di ascissa 7. Nel triangolo ABC determina l'ampiezza dell'angolo $\widehat{A}$ e dei due angoli in cui esso resta diviso dall'altezza AH relativa al lato BC.
$\left[\widehat{A} = \frac{\pi}{2}; \arctan\frac{1}{2}, \arctan 2\right]$

ESERCIZI

110 Considera il fascio di rette di equazione $(k+2)x+(1-k)y+2k-1=0$, con $k \in \mathbb{R}$.

a. Determina l'angolo formato dalle due generatrici.

b. Trova per quale valore di k si ottiene la retta del fascio che forma con la bisettrice del primo e terzo quadrante un angolo la cui tangente è $-\frac{1}{3}$. [a) arctan 3; b) $k=4 \vee k=-5$]

111 Dato il fascio di rette di equazione $(2k+1)x-(2-k)y+1=0$, determina:

a. le due generatrici e il centro C del fascio e l'angolo formato dalle due generatrici;

b. le rette del fascio che formano un angolo di 45° con la generatrice a cui non corrisponde un valore finito di k.
$\left[\text{a) } x-2y+1=0,\ 2x+y=0,\ C\left(-\frac{1}{5};\frac{2}{5}\right); \frac{\pi}{2}; \text{b) } |k|=1\right]$

112 LEGGI IL GRAFICO Scrivi l'equazione della circonferenza e della parabola del grafico. Quindi determina l'angolo formato dalle rette r e s passanti per V e tangenti rispettivamente alla circonferenza e alla parabola, e l'angolo formato dalle due tangenti alla parabola nei suoi punti di intersezione con l'asse x.
$\left[x^2+y^2=2,\ y=-x^2+2x;\ 45°;\ \arctan\frac{4}{3}\right]$

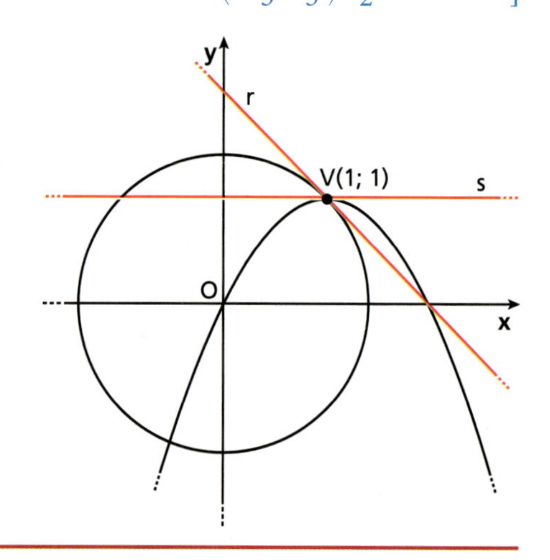

2 Formule di duplicazione

Teoria a p. 754

TEST

113 $\cos 2\beta$ non è uguale a:

A $\cos^2\beta - \sin^2\beta$.
B $2\cos^2\beta - 1$.
C $\cos(-2\beta)$. → archi associati
D $2\cos\beta$.
E $1-2\sin^2\beta$.

114 $\frac{\sin 2\alpha}{2}$ è uguale a:

A $\sin\alpha$.
B $2\sin\alpha\cos\alpha$.
C $\sin\alpha\cos\alpha$.
D $4\sin\alpha\cos\alpha$.
E $\frac{\sin^2\alpha-\cos^2\alpha}{2}$.

115 FAI UN ESEMPIO per mostrare che $\cos 2\alpha \neq 2\cos\alpha$.

Espressioni e identità con le formule di duplicazione

116 ESERCIZIO GUIDA Sviluppiamo $\sin 4\alpha$ utilizzando le formule di duplicazione.

$\sin 4\alpha = \sin(2\cdot 2\alpha) =$) applichiamo la formula di duplicazione del seno

$2\sin 2\alpha \cdot \cos 2\alpha =$) applichiamo le formule di duplicazione del seno e del coseno

$2\cdot(2\sin\alpha\cos\alpha)(\cos^2\alpha-\sin^2\alpha) =$

$4(\sin\alpha\cos^3\alpha - \sin^3\alpha\cos\alpha)$

$\sin 2\alpha = 2\sin\alpha\cos\alpha$
$\cos 2\alpha = \cos^2\alpha - \sin^2\alpha$

117 Sviluppa $\cos 4\alpha$ utilizzando le formule di duplicazione. $[1-8\sin^2\alpha\cos^2\alpha]$

118 Calcola $\sin 3\alpha$ e $\cos 3\alpha$ utilizzando le formule di addizione e sottrazione e le formule di duplicazione.
$[3\sin\alpha\cos^2\alpha-\sin^3\alpha,\ \cos^3\alpha-3\cos\alpha\sin^2\alpha]$

Semplifica le seguenti espressioni.

119 $\cos 2\alpha + \sin 2\alpha \cdot \tan \alpha$ $[1]$

120 $\cos 2\alpha + \sin 2\alpha + 2\sin^2\alpha$ $[(\cos\alpha + \sin\alpha)^2]$

121 $\tan 2\alpha \cdot (1 + \tan\alpha) \cdot \cot\alpha$ $\left[\dfrac{2}{1-\tan\alpha}\right]$

122 $\cos 2\alpha - \sin 2\alpha + (\sin\alpha + \cos\alpha)^2$ $[2\cos^2\alpha]$

123 $\cos 2\alpha - \dfrac{\cos\alpha \cdot \sin 2\alpha}{\sin\alpha}$ $[-1]$

124 $\dfrac{\sin 2\alpha}{1+\cos 2\alpha} - \tan\alpha$ $[0]$

125 $\dfrac{1-\cos 2\alpha}{1+\cos 2\alpha} \cdot \cot\alpha$ $[\tan\alpha]$

126 $\sin^2(2\pi - \alpha) + \cos^2(2\pi + \alpha) + \sin^2 2\alpha - 1$ $[4\sin^2\alpha\cos^2\alpha]$

127 $\tan\left(\dfrac{\pi}{4} - 2\alpha\right) \cdot (1 + \tan 2\alpha) - 1$ $\left[\dfrac{2\tan\alpha}{\tan^2\alpha - 1}\right]$

128 $\sin\left(2\alpha - \dfrac{\pi}{6}\right) + 2\cos^2\left(\dfrac{\pi}{3} + \alpha\right)$ $[2\sin^2\alpha]$

129 $\dfrac{3\sin 2\alpha + \tan 2\alpha}{2\tan 2\alpha}$ $[3\cos^2\alpha - 1]$

130 $\sin 2\alpha + \cos 2\alpha - 2\sqrt{2}\cos\alpha\sin\left(\alpha + \dfrac{\pi}{4}\right)$ $[-1]$

---

131 $2\cos\alpha \cdot (1 + \cos 2\alpha) - \sin\alpha\sin 2\alpha$ $[2\cos\alpha(3\cos^2\alpha - 1)]$

132 $\sin 2\alpha - 2\sin\alpha(\cos\alpha + 1) - \cos 2\alpha + 1 - 2\sin\alpha(\sin\alpha - 1)$ $[0]$

133 $\sin 2\alpha - 2\cos^2(-\alpha) + 3\cos 2\alpha + 4\sin^2(-\alpha) - (\sin\alpha + \cos\alpha)^2$ $[0]$

Verifica le seguenti identità indicando i valori di α per i quali non sono definite.

134 $\dfrac{2}{1-\cos 2\alpha} = \csc^2\alpha$

135 $1 + \cos 2\alpha = 2 - 2\sin^2\alpha$

136 $2\csc 2\alpha = \tan\alpha + \cot\alpha$

137 $(1 - \cos 2\alpha) \cdot \csc 2\alpha = \tan\alpha$

138 $\cot 2\alpha = \csc 2\alpha - \tan\alpha$

139 $2\cot 2\alpha + \tan\alpha = \cot\alpha$

140 $\dfrac{\sin 2\alpha}{\cos^2\alpha} = \tan 2\alpha(1 - \tan^2\alpha)$

141 $\dfrac{\tan 2\alpha}{\tan\alpha} = \dfrac{\cos 2\alpha + 1}{\cos 2\alpha}$

142 $\sin^2 2\alpha \cdot \tan^2\alpha = \cos^2 2\alpha - 4\cos^2\alpha + 3$

143 $(\cos 2\alpha - 1)^2 \cdot \csc^2\alpha = \dfrac{4}{\cot^2\alpha + 1}$

---

144 $\dfrac{\cos 2\alpha}{\cos\alpha - \sin\alpha} - \dfrac{\sin 2\alpha}{\cos\alpha + \sin\alpha} = \dfrac{1}{\sqrt{2}\sin\left(\alpha + \dfrac{\pi}{4}\right)}$

145 $\cos^4\alpha - \sin^4\alpha + 2\cos\left(\alpha - \dfrac{\pi}{3}\right) = \cos 2\alpha + \cos\alpha + \sqrt{3}\sin\alpha$

Calcolo di funzioni goniometriche

146 **ESERCIZIO GUIDA** Senza determinare il valore di α, calcoliamo $\sin 2\alpha$ e $\cos 2\alpha$ sapendo che:

$$\sin\alpha = \frac{3}{5} \text{ e } \frac{\pi}{2} < \alpha < \pi.$$

- $\sin 2\alpha = 2\sin\alpha\cos\alpha$

Determiniamo $\cos\alpha$ per mezzo della prima relazione fondamentale, osservando che $\cos\alpha$ deve essere negativo, poiché $\dfrac{\pi}{2} < \alpha < \pi$:

$$\cos\alpha = -\sqrt{1 - \sin^2\alpha} = -\sqrt{1 - \frac{9}{25}} = -\sqrt{\frac{16}{25}} = -\frac{4}{5}.$$

Sostituendo i valori di cos α e sin α, otteniamo:

$$\sin 2\alpha = 2 \cdot \frac{3}{5} \cdot \left(-\frac{4}{5}\right) = -\frac{24}{25}.$$

- $\cos 2\alpha = \cos^2\alpha - \sin^2\alpha = \frac{16}{25} - \frac{9}{25} = \frac{7}{25}.$

Calcola quanto è richiesto utilizzando le informazioni.

147 ●○ $\cos 2\alpha$. $\sin\alpha = \frac{1}{6}$, con $0 < \alpha < \frac{\pi}{2}$ $\left[\frac{17}{18}\right]$

148 ●○ $\sin 2\alpha$. $\cos\alpha = \frac{\sqrt{5}}{5}$, con $\frac{3}{2}\pi < \alpha < 2\pi$ $\left[-\frac{4}{5}\right]$

149 ●○ $\sin 2\alpha$, $\cos 2\alpha$. $\cos\alpha = \frac{3}{4}$, con $0 < \alpha < \frac{\pi}{2}$ $\left[\frac{3}{8}\sqrt{7}; \frac{1}{8}\right]$

150 ●○ $\cos 2\alpha$, $\tan 2\alpha$. $\sin\alpha = \frac{1}{4}$, con $0 < \alpha < \frac{\pi}{2}$ $\left[\frac{7}{8}; \frac{\sqrt{15}}{7}\right]$

151 ●○ $\sin 2\alpha$, $\cos 2\alpha$, $\tan 2\alpha$. $\tan\alpha = -\frac{3}{4}$, con $\frac{\pi}{2} < \alpha < \pi$ $\left[-\frac{24}{25}; \frac{7}{25}; -\frac{24}{7}\right]$

152 ●○ $\sin 2\alpha$, $\cos 2\alpha$. $\tan\alpha = \frac{24}{7}$, con $0 < \alpha < \frac{\pi}{2}$ $\left[\frac{336}{625}; -\frac{527}{625}\right]$

153 ●● $\sin 2\beta$, $\cos 2\beta$. $\cot\beta = -3$, con $\frac{3}{2}\pi < \beta < 2\pi$ $\left[-\frac{3}{5}; \frac{4}{5}\right]$

154 ●● $\cos\left(2\alpha + \frac{\pi}{3}\right)$. $\cos\alpha = -\frac{\sqrt{3}}{4}$, con $\frac{\pi}{2} < \alpha < \pi$ $\left[\frac{3\sqrt{13} - 5}{16}\right]$

155 ●● $\tan 6\alpha$. $\tan 3\alpha = \frac{2}{3}$, con $0 < \alpha < \frac{\pi}{6}$ $\left[\frac{12}{5}\right]$

156 ●● $\sin 2\alpha$, $\cos 2\alpha$, $\tan\left(2\alpha - \frac{\pi}{4}\right)$. $\cot\alpha = -\frac{1}{2}$, con $\frac{3}{2}\pi < \alpha < 2\pi$ $\left[-\frac{4}{5}; -\frac{3}{5}; \frac{1}{7}\right]$

157 ●● $\sin(\pi - 2\alpha)$, $\cos 2\alpha$, $\tan\left(\frac{3}{2}\pi + 2\alpha\right)$. $\csc\alpha = \frac{29}{21}$, con $\frac{\pi}{2} < \alpha < \pi$ $\left[-\frac{840}{841}; -\frac{41}{841}; -\frac{41}{840}\right]$

158 ●● $\sin 4\alpha$, $\cos 4\alpha$. $\sin 2\alpha = \frac{4}{5}$, con $\frac{\pi}{4} < \alpha < \frac{\pi}{2}$ $\left[-\frac{24}{25}; -\frac{7}{25}\right]$

159 ●● $\sin 8\alpha$, $\cos 8\alpha$, $\tan 8\alpha$. $\sin 4\alpha = \frac{8}{17}$, con $0 < \alpha < \frac{\pi}{8}$ $\left[\frac{240}{289}; \frac{161}{289}; \frac{240}{161}\right]$

160 ●● $\cos 2(\alpha + \beta)$, $\sin(2\alpha + \beta)$. $\sin\alpha = \frac{24}{25}$, $\sin\beta = -\frac{3}{5}$, con $\frac{\pi}{2} < \alpha < \pi$ e $\pi < \beta < \frac{3}{2}\pi$ $\left[\frac{7}{25}; \frac{117}{125}\right]$

161 ●● $\tan(2\alpha - \beta)$, $\cos(\alpha - 2\beta)$. $\cos\alpha = -\frac{4}{5}$, $\sin\beta = \frac{7}{25}$, con $\pi < \alpha < \frac{3}{2}\pi$ e $\frac{\pi}{2} < \beta < \pi$ [non esiste; $-\frac{44}{125}$]

162 ●● $\sin\left(2\alpha + \frac{\pi}{4}\right)$, $\tan\left(2\alpha - \frac{3\pi}{4}\right)$. $\cos\alpha = -\frac{1}{3}$, con $\frac{\pi}{2} < \alpha < \pi$ $\left[-\frac{8 + 7\sqrt{2}}{18}; \frac{81 + 56\sqrt{2}}{17}\right]$

163 EUREKA! Sapendo che $\sin\frac{\alpha}{2} = \frac{4}{5}$, con $\frac{\pi}{2} < \alpha < \pi$, calcola $\sin\alpha$. $\left[\frac{24}{25}\right]$

164 RIFLETTI SULLA TEORIA È possibile che sia $\sin 2\alpha = \sin\alpha$ per qualche valore di α? Motiva la risposta.

165 VERO O FALSO?

a. Se $\cos\alpha = \frac{3}{7}$ e $\cos\beta = \frac{6}{7}$, allora $\beta = 2\alpha$. V F

b. L'uguaglianza $\sin 5\alpha = 2\sin\frac{5}{2}\alpha\cos\frac{5}{2}\alpha$ è vera $\forall\alpha\in\mathbb{R}$. V F

c. $\sin 2\alpha = 2\sin\alpha$ è vera solo per $\alpha = k\pi$. V F

d. $\sin 2\alpha > \sin\alpha\ \forall\alpha\in\mathbb{R}$. V F

e. Se $\cos 2\alpha = \frac{1}{4}$, allora $\cos 4\alpha = \frac{7}{8}$. V F

Calcola il valore delle seguenti espressioni.

166 $\sin\left(2\arctan\frac{3}{4}\right)$ $\left[\frac{24}{25}\right]$

167 $\cos\left(2\arccos\frac{1}{4}\right)$ $\left[-\frac{7}{8}\right]$

168 $\tan\left(2\arctan\frac{1}{2}\right)$ $\left[\frac{4}{3}\right]$

169 $\cos\left(2\arctan\frac{8}{15}\right)$ $\left[\frac{161}{289}\right]$

Applicazioni alla geometria

170

Determina $\cos\beta$ e $\tan\beta$. $\left[\frac{1}{2}; \sqrt{3}\right]$

171

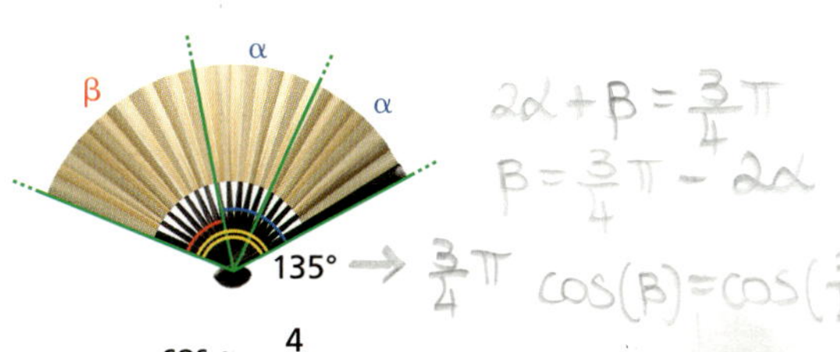

Determina $\sin\beta$ e $\cos\beta$. $\left[\frac{31\sqrt{2}}{50}; \frac{17\sqrt{2}}{50}\right]$

172

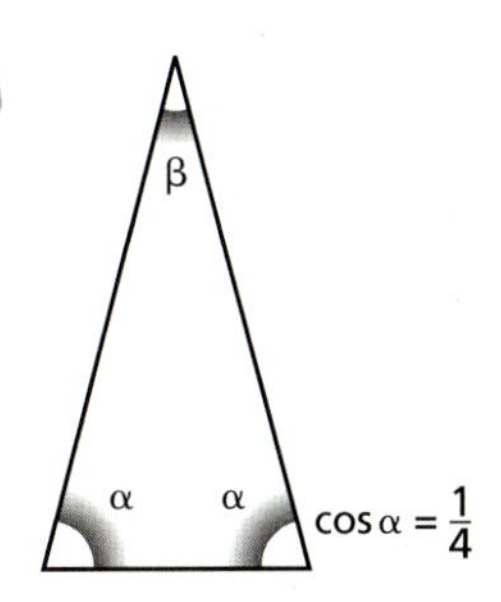

Calcola $\sin\beta$ e $\cos\beta$. $\left[\frac{\sqrt{15}}{8}; \frac{7}{8}\right]$

173

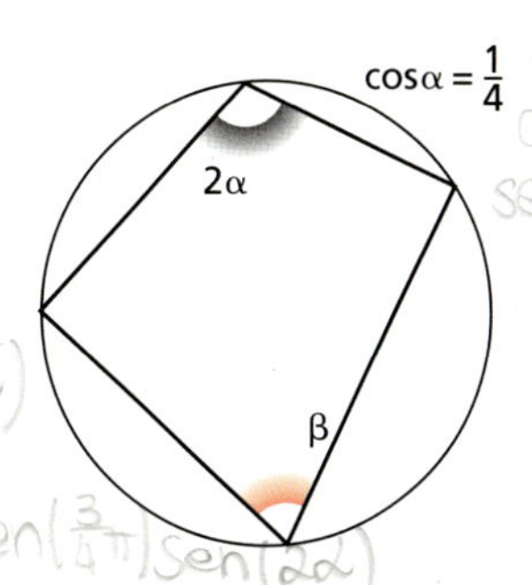

Determina $\tan\beta$. $\left[\frac{\sqrt{15}}{7}\right]$

174 Un angolo alla circonferenza ha ampiezza α e $\cos\alpha = \frac{8}{17}$. Trova seno e coseno del corrispondente angolo al centro. $\left[\sin\beta = \frac{240}{289}; \cos\beta = -\frac{161}{289}\right]$

175 Nel quadrilatero $ABCD$ inscritto in una circonferenza l'angolo $\widehat{A}$ è tale che $\tan\widehat{A} = \frac{24}{7}$ e l'angolo $\widehat{B}$ è doppio di $\widehat{A}$. Trova $\cos\widehat{C}$ e $\cos\widehat{D}$. $\left[-\frac{7}{25}; \frac{527}{625}\right]$

ESERCIZI

176 In un quadrilatero $ABCD$ l'angolo $\widehat{A}$ misura 135°, l'angolo $\widehat{B}$ è tale che $\cos\widehat{B} = \frac{1}{\sqrt{10}}$ e $\widehat{C} \cong \widehat{B}$. Trova $\tan\widehat{D}$. [7]

177 Un triangolo isoscele ABC ha gli angoli alla base $\widehat{A}$ e $\widehat{B}$ di ampiezza α, con $\sin\alpha = \frac{4}{5}$. Traccia l'altezza BH e determina $\tan C\widehat{B}H$. $\left[\frac{7}{24}\right]$

Formule di duplicazione e grafici

Traccia il grafico delle seguenti funzioni dopo aver trasformato le loro equazioni.

178 $y = -\sin x \cos x$

179 $y = 2\cos^2 x$

180 $y = \sin x \cos x + 1$

181 $y = \frac{\sin 2x}{\cos^2 x - \sin^2 x}$

182 $y = 1 - 2\sin^2 x$

183 $y = \frac{2\sin 2x}{\cos x}$

184 $y = -(\sin x + \cos x)^2$

185 $y = \frac{2\sin 4x}{\cos 2x}$

186 $y = 4\tan 2x\,(1 - \tan^2 x)$

187 $y = \sin 4x \cos 4x + \frac{1}{2}$

188 $y = \frac{\cos 2x - \cos^2 x}{2\sin x}$

189 $y = |2\sin x \csc 2x| - 1$

190 **ASSOCIA** ogni espressione nella prima riga a quella equivalente nella seconda.

a. $\sin^2\alpha$ **b.** $\cos^2\alpha$ **c.** $\sin\alpha\cos\alpha$ **d.** $\sin^2\alpha - \cos^2\alpha$

1. $\frac{\sin 2\alpha}{2}$ **2.** $-\cos 2\alpha$ **3.** $\frac{1-\cos 2\alpha}{2}$ **4.** $\frac{1+\cos 2\alpha}{2}$

Mediante le formule di duplicazione, trasforma le seguenti espressioni in espressioni lineari in seno e coseno.

191 $2\cos^2 x - 1 - 2\sin x \cos x$ $[\cos 2x - \sin 2x]$

192 $2\sin^2 x + 4\cos^2 x$ $[3 + \cos 2x]$

193 $\cos^2 x - 2\sqrt{3}\sin x \cos x - \sin^2 x$ $[\cos 2x - \sqrt{3}\sin 2x]$

194 $2\sqrt{2}\sin x \cos\left(x + \frac{\pi}{4}\right)$ $[\sin 2x + \cos 2x - 1]$

195 $6\sin^2 x - 4\cos x \sin x - 3$ $[-3\cos 2x - 2\sin 2x]$

196 $2\sin^2 x - 4\sin x \cos x$ $[1 - \cos 2x - 2\sin 2x]$

Utilizzando il metodo dell'angolo aggiunto, traccia il grafico delle seguenti funzioni, dopo averle trasformate in funzioni lineari in seno e coseno.

197 $y = \sin x \cos x + \cos^2 x$

198 $y = 2\sin^2 x - 2\sin x \cos x$

199 $y = \cos^2 x + 2\sin^2 x - \sin x \cos x$

200 $y = \sqrt{2}\cos^2 x + \sqrt{2}\sin x \cos x$

201 $y = \sqrt{3}\sin^2 x + \sin x \cos x - 1$

202 $y = \sin x \cos x + \frac{\sqrt{3}}{2}(\cos^2 x - \sin^2 x)$

203 $y = 2\sqrt{2}\cos x \sin\left(x + \frac{\pi}{4}\right) - 1$

204 $y = \frac{1}{2}\sin x \cos x - \frac{1}{2}\cos^2 x$

3 Formule di bisezione

▶ Teoria a p. 756

$$\sin\frac{\alpha}{2} = \pm\sqrt{\frac{1-\cos\alpha}{2}}$$

$$\cos\frac{\alpha}{2} = \pm\sqrt{\frac{1+\cos\alpha}{2}}$$

205 **TEST** $\sin\frac{7}{12}\pi$ vale:

A $\frac{\sqrt{3}}{2}$.

B $-\frac{\sqrt{3}}{2}$.

C $\frac{\sqrt{2+\sqrt{3}}}{2}$.

D $-\frac{\sqrt{2+\sqrt{3}}}{2}$.

E $\frac{\sqrt{2-\sqrt{3}}}{2}$.

Calcola il valore delle seguenti espressioni, utilizzando le formule di bisezione.

206 $\sin\frac{\pi}{8}$; $\quad\tan\frac{\pi}{8}$. $\quad\left[\frac{1}{2}\sqrt{2-\sqrt{2}}; \sqrt{2}-1\right]$

207 $\cos\frac{\pi}{12}$; $\quad\sin\frac{\pi}{12}$. $\quad\left[\frac{1}{2}\sqrt{2+\sqrt{3}}; \frac{1}{2}\sqrt{2-\sqrt{3}}\right]$

208 $\sin\frac{5}{8}\pi$; $\quad\sin\frac{3}{8}\pi$. $\quad\left[\frac{1}{2}\sqrt{2+\sqrt{2}}; \frac{1}{2}\sqrt{2+\sqrt{2}}\right]$

209 $\tan\frac{5}{12}\pi$; $\quad\cot\frac{5}{8}\pi$. $\quad\left[2+\sqrt{3}; 1-\sqrt{2}\right]$

210 **VERO O FALSO?**

a. $\cos 2x = \sqrt{\frac{1+\cos 4x}{2}}$ V F

b. $\cos\frac{\alpha}{2} = \frac{\cos\alpha}{2}$ V F

c. $\tan\frac{\pi}{8} = \frac{1-\cos\frac{\pi}{4}}{\sin\frac{\pi}{4}}$ V F

d. $2\sin\frac{\pi}{12} = \sin\frac{\pi}{6}$ V F

211 **TEST** Nel terzo quadrante l'angolo α ha il seno che vale $-0,8$. Quanto vale $\sin\frac{\alpha}{2}$?

A $-0,4$ $\quad$ B $0,4$ $\quad$ C $-\frac{2\sqrt{5}}{5}$ $\quad$ D $\frac{2}{\sqrt{5}}$ $\quad$ E $\frac{1}{\sqrt{5}}$

Espressioni e identità con le formule di bisezione

Semplifica le seguenti espressioni.

212 $\dfrac{\sin^2\frac{\alpha}{2}\cdot\cos^2\frac{\alpha}{2}}{1-\cos\alpha}$ $\quad\left[\frac{1+\cos\alpha}{4}\right]$

213 $\dfrac{1-2\sin^2\frac{\alpha}{2}}{\sin\frac{\alpha}{2}\cdot\cos\frac{\alpha}{2}}$ $\quad[2\cot\alpha]$

214 $\left(\sin\frac{\alpha}{2}+\cos\frac{\alpha}{2}\right)^2-\sin\alpha+1$ $\quad[2]$

215 $\left(\cos^2\frac{\alpha}{2}-\frac{1}{2}\right)\left(\sin^2\frac{\alpha}{2}-\frac{1}{2}\right)$ $\quad\left[-\frac{1}{4}\cos^2\alpha\right]$

216 $\tan\frac{\alpha}{2}-\dfrac{\sin\alpha}{\cos^2\frac{\alpha}{2}}$ $\quad\left[-\frac{\sin\alpha}{1+\cos\alpha}\right]$

217 $\sin^2\frac{\alpha}{2}+\cos\alpha-\cos^2\frac{\alpha}{2}$ $\quad[0]$

218 $\dfrac{4\sin\frac{\alpha}{2}\cos\frac{\alpha}{2}}{\tan\frac{\alpha}{2}}-1$ $\quad[1+2\cos\alpha]$

219 $2\cot\alpha\cdot\tan\frac{\alpha}{2}\cdot\sec^2\frac{\alpha}{2}$ $\quad\left[\frac{4\cos\alpha}{(1+\cos\alpha)^2}\right]$

220 $\left(2\tan\alpha\cdot\tan\frac{\alpha}{2}+2\right)\cdot\sin 2\alpha$ $\quad[4\sin\alpha]$

221 $\tan\frac{\alpha}{2}+2\cos^2\frac{\alpha}{2}\cdot\csc\alpha$ $\quad\left[\frac{2}{\sin\alpha}\right]$

222 $\dfrac{2-\sec^2\frac{\alpha}{2}}{2\tan\frac{\alpha}{2}}$ $\quad[\cot\alpha]$

223 $\tan\left(\frac{\pi}{4}-\frac{\alpha}{2}\right)-\tan\left(\frac{\pi}{4}+\frac{\alpha}{2}\right)-\tan\alpha$ $\quad[-3\tan\alpha]$

224 $\tan\frac{\alpha}{2}+\cot\alpha-\csc\alpha+2\sin\alpha$ $\quad[2\sin\alpha]$

225 $\left(\sin\frac{\alpha}{2}+\cos\frac{\alpha}{2}\right)^2-\cos^2\frac{\alpha}{2}+\frac{1}{2}\cos\alpha$ $\quad\left[\frac{1}{2}+\sin\alpha\right]$

226 $\dfrac{1}{1-\tan\frac{\alpha}{2}}+\dfrac{1}{1+\tan\frac{\alpha}{2}}$ $\quad\left[\frac{1+\cos\alpha}{\cos\alpha}\right]$

227 $2\sin^2\frac{\alpha}{2}\cdot\cot^2\frac{\alpha}{2}-\cos^2\frac{\alpha}{2}$ $\quad\left[\frac{1+\cos\alpha}{2}\right]$

Verifica le seguenti identità.

228 $\sin\alpha\cdot\tan\frac{\alpha}{2}=\sin^2\alpha-2\cos\alpha\cdot\sin^2\frac{\alpha}{2}$

229 $\cot\frac{\alpha}{2}=2\cot\alpha+\tan\frac{\alpha}{2}$

230 $\cot^2\frac{\alpha}{2}=4\cot\alpha\cdot\csc\alpha+\tan^2\frac{\alpha}{2}$

231 $\dfrac{\sin\frac{\alpha}{2}\cos\frac{\alpha}{2}}{\cos\alpha}-\sin^2\frac{\alpha}{2}=\dfrac{\tan\alpha}{2}-\tan\frac{\alpha}{2}\cdot\dfrac{\sin\alpha}{2}$

232 $\dfrac{1+\sin\alpha}{\cos\alpha}=\dfrac{\cot\frac{\alpha}{2}+1}{\cot\frac{\alpha}{2}-1}$

233 $\dfrac{2\sin^2\frac{\alpha}{2}\cdot(1+\cos\alpha)}{2\sin^2\frac{\alpha}{2}\cdot\sin\alpha}=\dfrac{\sin\alpha}{1-\cos\alpha}$

234 $\dfrac{\cos^2\frac{\alpha}{2}+3\tan\frac{\alpha}{2}-\frac{\cos\alpha}{1+\cos\alpha}}{\csc\alpha+\cos\alpha\cot\alpha+6}=\dfrac{1}{2}\tan\dfrac{\alpha}{2}$

Calcolo di funzioni goniometriche

235 ESERCIZIO GUIDA Senza determinare il valore dell'angolo α, calcoliamo $\sin\frac{\alpha}{2}$, $\cos\frac{\alpha}{2}$, $\tan\frac{\alpha}{2}$, sapendo che $\sin\alpha=-\frac{12}{13}$ e $\pi<\alpha<\frac{3}{2}\pi$.

Poiché $\pi<\alpha<\frac{3}{2}\pi$, $\cos\alpha$ deve essere negativo. Da $\sin^2\alpha+\cos^2\alpha=1$ ricaviamo il valore di $\cos\alpha$:

$$\cos\alpha=-\sqrt{1-\sin^2\alpha}=-\sqrt{1-\frac{144}{169}}=-\frac{5}{13}.$$

Inoltre, essendo $\pi<\alpha<\frac{3}{2}\pi$, si ha $\frac{\pi}{2}<\frac{\alpha}{2}<\frac{3}{4}\pi$, quindi il lato termine di $\frac{\alpha}{2}$ si trova nel secondo quadrante. Perciò $\sin\frac{\alpha}{2}$ deve essere positivo e $\cos\frac{\alpha}{2}$ negativo. Abbiamo:

$$\cos\frac{\alpha}{2}=-\sqrt{\frac{1+\cos\alpha}{2}}=-\sqrt{\frac{1-\frac{5}{13}}{2}}=-\sqrt{\frac{\cancel{8}^{4}}{13}\cdot\frac{1}{\cancel{2}_{1}}}=-\frac{2\sqrt{13}}{13},$$

$$\sin\frac{\alpha}{2}=+\sqrt{\frac{1-\cos\alpha}{2}}=\sqrt{\frac{1+\frac{5}{13}}{2}}=\sqrt{\frac{\cancel{18}^{9}}{13}\cdot\frac{1}{\cancel{2}_{1}}}=\frac{3\sqrt{13}}{13},$$

$$\tan\frac{\alpha}{2}=\frac{\sin\alpha}{1+\cos\alpha}=\frac{-\frac{12}{13}}{\frac{8}{13}}=-\frac{12}{8}=-\frac{3}{2}.$$

Osservazione. $\tan\frac{\alpha}{2}$ si può ricavare anche applicando la definizione:

$$\tan\frac{\alpha}{2}=\frac{\sin\frac{\alpha}{2}}{\cos\frac{\alpha}{2}}=\frac{\frac{3\sqrt{13}}{13}}{-\frac{2\sqrt{13}}{13}}=-\frac{3}{2}.$$

Calcola quanto è richiesto, utilizzando le informazioni assegnate.

236 Seno, coseno e tangente di $\frac{\alpha}{2}$. $\cos\alpha=\frac{3}{5}$, con $0<\alpha<\frac{\pi}{2}$ $\left[\frac{\sqrt5}{5};\frac{2\sqrt5}{5};\frac{1}{2}\right]$

237 Seno, coseno e tangente di $\frac{\alpha}{2}$. $\sin\alpha=\frac{\sqrt{15}}{8}$, con $\frac{\pi}{2}<\alpha<\pi$ $\left[\frac{\sqrt{15}}{4};\frac{1}{4};\sqrt{15}\right]$

238 Seno, coseno e tangente di $\frac{\alpha}{2}$. $\cos\alpha=\frac{5}{7}$, con $0<\alpha<\frac{\pi}{2}$ $\left[\frac{\sqrt7}{7};\frac{\sqrt{42}}{7};\frac{\sqrt6}{6}\right]$

239 $\tan\frac{\alpha}{2}$ e $\sin\left(\frac{\pi}{2}-\frac{\alpha}{2}\right)$. $\sec\alpha=-\frac{5}{3}$, con $\frac{\pi}{2}<\alpha<\pi$ $\left[2;\frac{\sqrt5}{5}\right]$

240 $\sin\alpha$ e $\cos\alpha$. $\sin2\alpha=\frac{-\sqrt{15}}{4}$, con $\frac{3}{2}\pi<2\alpha<2\pi$ $\left[\frac{\sqrt6}{4};-\frac{\sqrt{10}}{4}\right]$

241 $\sin\alpha$ e $\tan\alpha$. $\cos2\alpha=\frac{1}{4}$, con $\frac{3}{2}\pi<2\alpha<2\pi$ $\left[\frac{\sqrt6}{4};-\frac{\sqrt{15}}{5}\right]$

242 $\cot\frac{\alpha}{2}$ e $\tan\left(\frac{\pi}{4}-\frac{\alpha}{2}\right)$. $\tan\alpha = \frac{15}{8}$, con $0 < \alpha < \frac{\pi}{2}$ $\left[\frac{5}{3}; \frac{1}{4}\right]$

243 $\sin\frac{3}{2}\alpha$ e $\cos\frac{3}{2}\alpha$. $\cos 3\alpha = -\frac{7}{8}$, con $\frac{\pi}{3} < \alpha < \frac{\pi}{2}$ $\left[\frac{\sqrt{15}}{4}; -\frac{1}{4}\right]$

244 $\sin\frac{\alpha+\beta}{2}$. $\sin\alpha = \frac{24}{25}$, $\sin\beta = \frac{4}{5}$, con $0 < \alpha < \frac{\pi}{2}$, $0 < \beta < \frac{\pi}{2}$ $\left[\frac{2\sqrt{5}}{5}\right]$

245 $\tan\frac{\alpha-\beta}{2}$. $\cos\alpha = \frac{5}{13}$, $\sin\beta = -\frac{3}{5}$, con $\frac{3}{2}\pi < \alpha < 2\pi$, $\pi < \beta < \frac{3}{2}\pi$ $\left[\frac{7}{9}\right]$

246 $\sin\left(\frac{\alpha}{2}+\beta\right)$. $\tan\alpha = \frac{8}{15}$, $\sin\beta = \frac{3}{5}$, con $0 < \alpha < \frac{\pi}{2}$, $0 < \beta < \frac{\pi}{2}$ $\left[\frac{16\sqrt{17}}{85}\right]$

247 **VERO O FALSO?**

a. $\sin 4x = \pm\sqrt{\frac{1+\cos 8x}{2}}$ V F

b. $\cos^2 2x = \frac{1+\cos 4x}{2}$ V F

c. $\cos\frac{\alpha}{2} = \frac{\cos\alpha}{2}$ V F

d. $\tan\frac{\alpha}{2} = \frac{\sin\alpha}{\cos\alpha + 1}$ se $\alpha \neq \frac{\pi}{2} + k\pi$. V F

248 **EUREKA!** Se $\cos 4\alpha = \frac{17}{32}$, con $0 < \alpha < \frac{\pi}{8}$, quanto vale $\cos\alpha$? $\left[\frac{\sqrt{15}}{4}\right]$

Calcola il valore delle seguenti espressioni.

249 $\sin\left(\frac{1}{2}\arccos\frac{4}{5}\right)$ $\left[\frac{\sqrt{10}}{10}\right]$

250 $\cos\left(\frac{1}{2}\arcsin\frac{3}{5}\right)$ $\left[\frac{3\sqrt{10}}{10}\right]$

251 $\sin\left(\frac{1}{2}\arctan\frac{5}{12}\right)$ $\left[\frac{\sqrt{26}}{26}\right]$

252 $\tan\left(\frac{1}{2}\arctan\frac{8}{15}\right)$ $\left[\frac{1}{4}\right]$

Applicazioni alla geometria

253

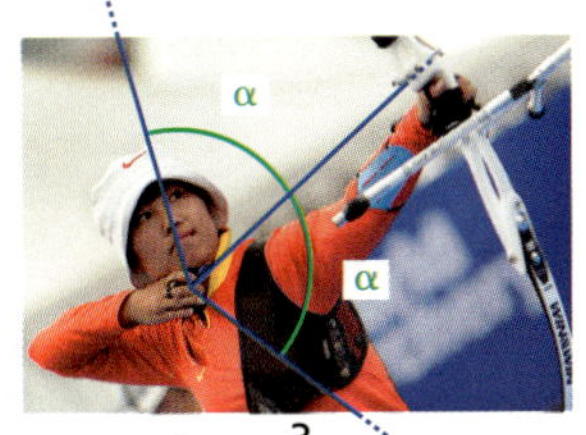

Calcola sin α e cos α. $\left[\frac{\sqrt{14}}{4}; \frac{\sqrt{2}}{4}\right]$

254

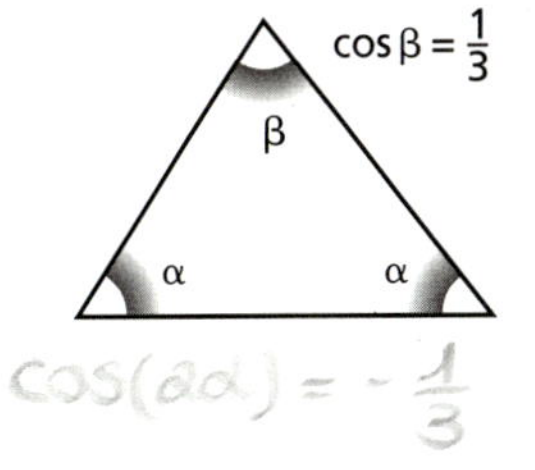

Trova cos α. $\left[\frac{\sqrt{3}}{3}\right]$

255

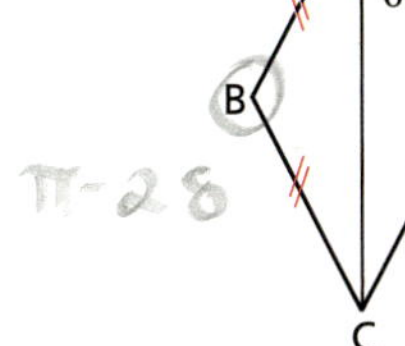

Determina: $\tan\delta$, $\sin\widehat{B}$, $\cos\widehat{B}$. $\left[\frac{1}{4}; \frac{8}{17}; -\frac{15}{17}\right]$

256

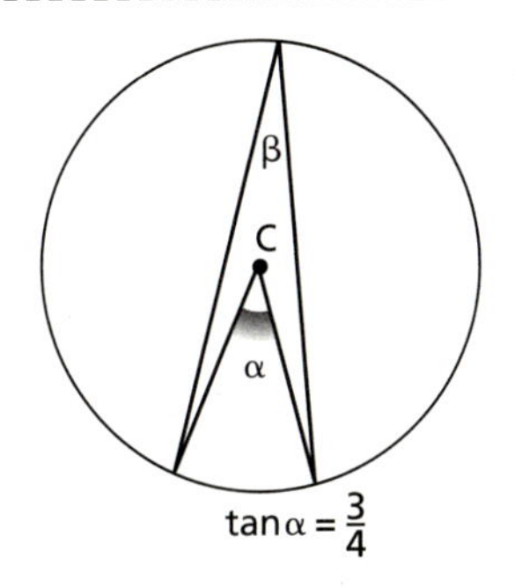

Calcola $\sin\beta$ e $\cos\beta$. $\left[\frac{\sqrt{10}}{10}; \frac{3\sqrt{10}}{10}\right]$

257

C
α
α
β
A
B
$\tan\beta = \frac{7}{24}$

Calcola $\sin\alpha$ e $\cos\alpha$. $\left[\frac{3}{5}; \frac{4}{5}\right]$

258 Nel triangolo isoscele ABC, acutangolo di base AB, si ha $\sin\widehat{C} = \frac{\sqrt{15}}{8}$. Traccia la bisettrice AP dell'angolo $\widehat{A}$ e calcola $\cos P\widehat{A}B$. $\left[\frac{\sqrt{10}}{4}\right]$

259 Determina seno e coseno dell'angolo α, sapendo che α è un angolo al centro di una circonferenza, che α è acuto e che $\tan\alpha = \frac{12}{5}$. Calcola poi il seno dell'angolo alla circonferenza che insiste sullo stesso arco. $\left[\frac{12}{13}; \frac{5}{13}; \frac{2}{13}\sqrt{13}\right]$

Formule di bisezione e grafici

Traccia il grafico delle seguenti funzioni dopo aver trasformato le loro equazioni.

260 $y = 2\tan\frac{x}{2}(1+\cos x)$

261 $y = \tan\frac{x}{2} + \cot\frac{x}{2}$

262 $y = \cos^2\frac{x}{2} - \sin^2\frac{x}{2}$

263 $y = -\frac{\sin x}{1+\cos x}$

264 $y = \cos x + 2\cos^2\frac{x}{2}$

265 $y = \tan\frac{x}{2}\cdot\sin x - 2\cos x$

266 $y = 4\sin^2\frac{x}{2} + 3\cos x$

267 $y = \frac{\sin^2\frac{x}{2}}{\cos x} + 1$

268 $y = \left|\sin^2\frac{x}{2} - \frac{1}{2}\right|$

4 Formule parametriche

Teoria a p. 757

$\sin\alpha = \frac{2t}{1+t^2}$

$\cos\alpha = \frac{1-t^2}{1+t^2}$

$t = \tan\frac{\alpha}{2}$

269 $\tan\frac{\alpha}{2} = -\frac{7}{4}$. Calcola: $\sin\alpha$, $\cos\alpha$, $\tan\alpha$. $\left[-\frac{56}{65}; -\frac{33}{65}; \frac{56}{33}\right]$

270 $\tan\frac{\alpha}{2} = \frac{1}{3}$. Calcola: $\sin\alpha$, $\cos\alpha$, $\tan\alpha$. $\left[\frac{3}{5}; \frac{4}{5}; \frac{3}{4}\right]$

271 $\tan\frac{\alpha}{2} = -2$. Calcola: $\frac{\tan\alpha + \cos\alpha}{\sec\alpha + \cot\alpha}$. $\left[-\frac{4}{5}\right]$

Scrivi nella variabile $t = \tan\frac{\alpha}{2}$ le seguenti espressioni.

272 $\frac{\cos\alpha - 1}{\sin\alpha}$ $[-t]$

273 $\frac{2\sin\alpha + \cos\alpha + 1}{\sin\alpha}$ $\left[\frac{2t+1}{t}\right]$

274 $\frac{1+\cos\alpha - \sin\alpha}{2+2\cos\alpha + \sin\alpha}$ $\left[\frac{1-t}{t+2}\right]$

275 $\frac{2\sin\alpha + 3\cos\alpha}{1+\cos\alpha}$ $\left[\frac{4t+3-3t^2}{2}\right]$

276 $\frac{2\sin\alpha + 4\cos\alpha}{\cos\alpha} - 2\tan\alpha$ $[4]$

277 $\frac{\sin^2\frac{\alpha}{2}+1}{4-\cos^2\frac{\alpha}{2}} - \frac{1}{2}$ $\left[\frac{-1}{8t^2+6}\right]$

278 $2\tan\alpha + \frac{\cos\alpha}{1+\sin\alpha}$ $\left[\frac{1+t}{1-t}\right]$

279 $\cos^2\frac{\alpha}{2} - \sin^2\frac{\alpha}{2} + 2$ $\left[\frac{t^2+3}{t^2+1}\right]$

280 **ASSOCIA** a ciascuna espressione la sua equivalente ottenuta utilizzando le formule parametriche e ponendo $\tan\frac{\alpha}{2} = t$.

a. $\sin\alpha + 1 - \cos\alpha$ **b.** $\frac{\cos\alpha - 1}{\tan\alpha}$ **c.** $\cos\alpha + 1$ **d.** $\sin\alpha + 1$

1. $\frac{2}{1+t^2}$ **2.** $\frac{(1+t)^2}{t^2+1}$ **3.** $\frac{t(t^2-1)}{t^2+1}$ **4.** $\frac{2t(t+1)}{1+t^2}$

5 Formule di prostaferesi e di Werner

Formule di prostaferesi

▶ Teoria a p. 758

Calcola il valore delle seguenti somme o differenze applicando le formule di prostaferesi.

281 $\sin 15° + \sin 75°$ $\left[\frac{\sqrt{6}}{2}\right]$

282 $\cos\frac{7}{12}\pi + \cos\frac{\pi}{12}$ $\left[\frac{\sqrt{2}}{2}\right]$

283 $\sin\frac{5}{12}\pi - \sin\frac{\pi}{12}$ $\left[\frac{\sqrt{2}}{2}\right]$

284 $\cos 105° - \cos 15°$ $\left[-\frac{\sqrt{6}}{2}\right]$

Trasforma in prodotto le seguenti somme.

285 $\sin 20° + \sin 100°$ $[\sqrt{3}\cos 40°]$

286 $\cos 135° - \cos 15°$ $[-\sqrt{3}\sin 75°]$

287 $\frac{\sqrt{2}}{2} - \sin 75°$ $[-\sin 15°]$

288 $\sin 60° - \frac{1}{2}$ $[\sqrt{2}\sin 15°]$

289 $1 + \cos 45°$ $[2\cos^2(22° 30')]$

290 $\sin 3\alpha + \sin\alpha$ $[2\sin 2\alpha\cos\alpha]$

291 $\cos 7\alpha - \cos\alpha$ $[-2\sin 4\alpha\sin 3\alpha]$

292 $\sin 2\alpha + \sin 6\alpha$ $[2\sin 4\alpha\cos 2\alpha]$

293 $\cos 10\alpha + \cos 4\alpha$ $[2\cos 7\alpha\cos 3\alpha]$

294 $\cos 5\alpha - \cos 3\alpha$ $[-2\sin 4\alpha\sin\alpha]$

295 $\sin 8\alpha - \sin 2\alpha$ $[2\cos 5\alpha\sin 3\alpha]$

296 $\cos(\alpha - \beta) - \cos(\alpha + \beta)$ $[2\sin\alpha\sin\beta]$

297 $\sin(60° - \alpha) + \sin(240° + \alpha)$ $[-\sin\alpha]$

298 $\sin\alpha + \sin 2\alpha + \sin 3\alpha$ $[\sin 2\alpha(1 + 2\cos\alpha)]$

299 $\cos 2\alpha + \sin 8\alpha$ $[2\sin(45° + 3\alpha)\cos(45° - 5\alpha)]$

300 $1 + \cos\alpha$ $\left[2\cos^2\frac{\alpha}{2}\right]$

301 $\cos 6\alpha + \cos 4\alpha - 2\cos 5\alpha$ $[2\cos 5\alpha(\cos\alpha - 1)]$

302 $\sin 5\alpha - \sin 4\alpha + \sin 3\alpha$ $[\sin 4\alpha(2\cos\alpha - 1)]$

Semplifica le seguenti espressioni.

303 $\frac{\sin 15° + \sin 25°}{\cos 5°\sin 20°}$ $[2]$

304 $\frac{\sin(60° + \alpha) + \sin(60° - \alpha)}{\cos 3\alpha + \cos 5\alpha}$ $\left[\frac{\sqrt{3}}{2\cos 4\alpha}\right]$

305 $\frac{\sin 5\alpha - \sin 3\alpha}{\cos 3\alpha - \cos 5\alpha}$ $[\cot 4\alpha]$

306 $\frac{\cos\alpha + \cos 3\alpha}{\sin 5\alpha + \sin 3\alpha}$ $\left[\frac{1}{2\sin 2\alpha}\right]$

307 $\frac{\cos 2\alpha + \cos 4\alpha + \cos 6\alpha}{\sin 2\alpha + \sin 4\alpha + \sin 6\alpha}$ $[\cot 4\alpha]$

308 $\sin^2(30° - \alpha) - \sin^2(30° + \alpha)$ $\left[-\frac{\sqrt{3}}{2}\sin 2\alpha\right]$

309 $\frac{\sin 9x - \sin x}{(\cos^2 x - \sin^2 x)(\cos 4x + \cos 6x)}$ $[4\sin x]$

310 $\frac{\cos(4\alpha - \beta) - \cos(\beta + 4\alpha)}{\sin 2\alpha\sin\beta}$ $[4\cos 2\alpha]$

Formule di prostaferesi e grafici

Disegna i grafici delle seguenti funzioni dopo aver semplificato la loro espressione analitica con le formule di prostaferesi.

311 $y = \frac{\sin 9x - \sin x}{2\cos 5x}$

312 $y = \frac{\cos 7x + \cos 5x}{4\cos 6x} + 1$

313 ●● $y = \sin(30° - x) - \sin(30° + x)$

314 ●● $y = \dfrac{\cos 3x - \cos 5x}{\sin 5x - \sin 3x}$

315 ●● $y = \dfrac{\cos 3x + \cos x}{\sin(60° + x) + \sin(60° - x)}$

316 ●● $y = \dfrac{\sin x + \sin 2x + \sin 3x}{\sin 2x}$

Formule di Werner

▶ Teoria a p. 759

Trasforma in somme i seguenti prodotti.

317 ●○ $\sin 2\alpha \cos 3\alpha$ $\left[\frac{1}{2}(\sin 5\alpha - \sin \alpha)\right]$

318 ●○ $\cos 7\alpha \cos 5\alpha$ $\left[\frac{1}{2}(\cos 12\alpha + \cos 2\alpha)\right]$

319 ●○ $\sin 4\alpha \sin 5\alpha$ $\left[\frac{1}{2}(\cos \alpha - \cos 9\alpha)\right]$

320 ●○ $\sin \frac{x}{2} \sin \frac{5}{2}x$ $\left[\frac{1}{2}(\cos 2x - \cos 3x)\right]$

321 ●○ $\sin 6x \cos 2x$ $\left[\frac{1}{2}(\sin 8x + \sin 4x)\right]$

322 ●○ $\sin(x + y)\sin(x - y)$ $\left[\frac{1}{2}(\cos 2y - \cos 2x)\right]$

Riepilogo: Formule goniometriche

TEST

323 ●○ Quale fra le seguenti relazioni goniometriche è vera per ogni valore di α?

A $\tan \alpha = \dfrac{\sin \alpha}{\cos \alpha}$

B $\sin(\pi + \alpha) = \sin \alpha$

C $\cot \alpha = \dfrac{1}{\tan \alpha}$

D $\cos\left(\dfrac{\pi}{2} + \alpha\right) = \sin \alpha$

E $\sin 2\alpha = 2 \sin \alpha \cos \alpha$

(*MIUR, Corso di laurea in Odontoiatria, Test di ingresso*, 2002)

324 ●● Se le coordinate del punto P nel piano xy in figura sono (2; 3), allora $\cos(2\theta) =$

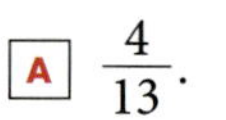

A $\dfrac{4}{13}$.

B $\dfrac{4}{\sqrt{13}}$.

C nessuna di queste.

D $\dfrac{2}{\sqrt{13}}$.

E $\dfrac{-5}{13}$.

(USA *Marywood University Mathematics Contest*, 2001)

325 ●● L'espressione goniometrica

$$\frac{\cos(2\alpha)}{1 - \sin(2\alpha)} + 1 \quad \left(\alpha \neq \frac{\pi}{4} + k\pi\right)$$

è equivalente a:

A $2 - \cot(2\alpha)$.

B $\dfrac{2\sin(\alpha)}{\cos(\alpha) - \sin(\alpha)}$.

C $\dfrac{2\cos(\alpha)}{\cos(\alpha) - \sin(\alpha)}$.

D $\dfrac{1}{\cos(\alpha) + \sin(\alpha)}$.

E $\dfrac{1}{\cot(2\alpha)}$.

(*Università di Bergamo, Facoltà di Ingegneria, Corso propedeutico di Matematica*)

326 ●● **YOU & MATHS** Prove that

$$\sin^2(x + \alpha) + \sin^2(x + \beta) - 2\cos(\alpha - \beta)\sin(x + \alpha)\sin(x + \beta)$$

is a constant function of x.

(USA *Atlantic Provinces Council on the Sciences, APICS, Mathematics Contest*, 1999)

Determina i valori richiesti, utilizzando le informazioni.

327 $\cos(\alpha-\beta)$, $\tan 2\beta$ e $\sin\frac{\beta}{2}$. $\quad \sin\alpha = \frac{\sqrt{5}}{3}$, con $0<\alpha<\frac{\pi}{2}$ e $\cos\beta = \frac{3}{5}$, con $\frac{3}{2}\pi < \beta < 2\pi$

$\left[\frac{6-4\sqrt{5}}{15}; \frac{24}{7}; \frac{\sqrt{5}}{5}\right]$

328 $\sin 2\alpha$, $\cos 2\alpha$ e $\tan\left(2\alpha-\frac{\pi}{4}\right)$. $\quad \cot\alpha = -\frac{1}{2}$, con $\frac{3}{2}\pi<\alpha<2\pi$ $\quad \left[-\frac{4}{5}; -\frac{3}{5}; \frac{1}{7}\right]$

329 $\cos(60°+\alpha)$, $\sin(\alpha-225°)$ e $\tan 2\alpha$. $\quad \cos\alpha = \frac{1}{4}$, con $270°<\alpha<360°$ $\quad \left[\frac{1+3\sqrt{5}}{8}; \frac{\sqrt{30}+\sqrt{2}}{8}; \frac{\sqrt{15}}{7}\right]$

TEST

330 Se α e β sono gli angoli acuti di un triangolo rettangolo, quale fra le seguenti uguaglianze è *vera*?

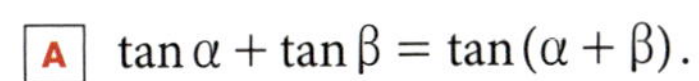

A $\tan\alpha + \tan\beta = \tan(\alpha+\beta)$.

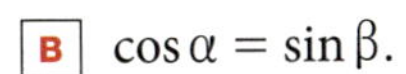

B $\cos\alpha = \sin\beta$.

C $\cos\beta = \cos\left(\frac{\pi}{2}+\alpha\right)$.

D $\cos\alpha = \sin\left(\beta-\frac{\pi}{2}\right)$.

E $\tan\alpha + \tan\beta > \tan(\alpha+\beta)$.

331

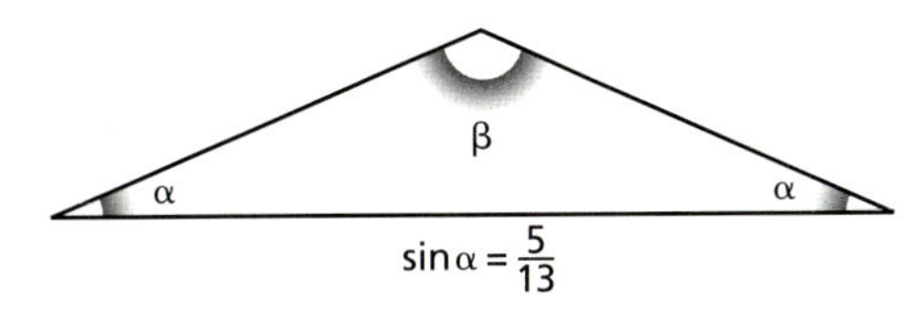

Nella figura, β è:

A $\pi - \arcsin\frac{120}{169}$.

B $\pi - \arccos\frac{12}{13}$.

C $\frac{\pi}{2} - \arcsin\frac{5}{13}$.

D $\pi - 2\arctan\frac{12}{5}$.

E $\pi - \arccos\frac{5}{13}$.

Semplifica le seguenti espressioni.

332 $\dfrac{\tan\left(\frac{\pi}{4}-\frac{\alpha}{2}\right)+\tan\alpha}{\sec\alpha}$ $\quad [1]$

333 $2\cot\left(\frac{\pi}{2}-\beta\right) - \dfrac{\sin(\alpha+\beta)-\sin(\alpha-\beta)}{\cos(\alpha+\beta)+\cos(\alpha-\beta)}$ $\quad [\text{tg}\,\beta]$

334 $\dfrac{(\sin\alpha+\cos\alpha)^2-\sin 2\alpha}{(\csc\alpha+\cot\alpha)^2} - \dfrac{1-\cos\alpha}{1+\cos\alpha}$ $\quad [0]$

335 $\dfrac{\cos 2\alpha+\sin 2\alpha}{2} + \dfrac{\sqrt{2}\sin\left(2\alpha-\frac{\pi}{4}\right)}{2\cos 4\alpha}$ $\quad \left[\dfrac{\sin 2\alpha\cos 2\alpha}{\cos 2\alpha+\sin 2\alpha}\right]$

336 $\dfrac{\sin(\alpha+\beta)\cos\beta-\sin\beta\cos(\alpha+\beta)}{\cos(\alpha-\beta)\cos\beta-\sin\beta\sin(\alpha-\beta)}$ $\quad [\tan\alpha]$

337 $4ab\csc(\pi-\alpha)\cdot\left(\sin^2\frac{\alpha+\beta}{2}-\sin^2\frac{\alpha-\beta}{2}\right)+\dfrac{(a+b)^2}{\csc\beta}\cdot\tan\frac{7}{4}\pi$ $\quad [-(a-b)^2\sin\beta]$

338 $\dfrac{\tan\alpha-\cos 2\alpha+\cos^2\alpha}{\sin(\pi-2\alpha)} - \dfrac{\tan^2(\alpha-\pi)}{2\sin\alpha\csc(2\pi+\alpha)} + \dfrac{\sin(\pi+2\alpha)}{4\cos^2\alpha}$ $\quad \left[\frac{1}{2}\right]$

339 $\left(\cos^2\frac{\alpha-\beta}{2}-\sin^2\frac{\alpha+\beta}{2}\right)\cdot\dfrac{\sin(\pi+\beta)}{\sin 2\alpha\sin 2\beta}$ $\quad \left[-\frac{1}{4}\cdot\frac{1}{\sin\alpha}\right]$

340 $(\csc\alpha-\cot\alpha)\cdot\left(2\cot\alpha+\tan\frac{\alpha}{2}\right)-\cos^2\alpha$ $\quad [\sin^2\alpha]$

341 $\dfrac{\cos 3\alpha+\cos 4\alpha+\cos 5\alpha}{\sin 3\alpha+\sin 4\alpha+\sin 5\alpha}$ $\quad [\cot 4\alpha]$

342 $\sin^2(\alpha - 150°) - \cos^2(300° - \alpha) - \sqrt{3}\sin\alpha\cos\alpha$ $[0]$

343 $\dfrac{\sin 2\alpha}{1+\cos 2\alpha}\cdot\cot\dfrac{\alpha}{2}+\dfrac{1+\cos\alpha}{\cos\alpha}$ $\left[2+\dfrac{2}{\cos\alpha}\right]$

344 $\dfrac{\sin(\alpha+\beta)\cdot\sin(\alpha-\beta)}{\cos\beta+\cos\alpha}$ $[\cos\beta-\cos\alpha]$

345 $\dfrac{\sin(60°+\alpha)\cdot\sin(60°-\alpha)}{1+\cos 2\alpha}$ $\left[\dfrac{4-\sec^2\alpha}{8}\right]$

346 $\left[2\sin\left(\dfrac{2}{3}\pi-\alpha\right)-\sin\alpha\right]\cdot\tan\alpha-\sin 2\alpha\cdot\sec\alpha$ $[(\sqrt{3}-2)\sin\alpha]$

347 $\cos^2\alpha-4[\sin^2(150°+\alpha)]-\sqrt{3}\sin 2\alpha$ $[-3\sin^2\alpha]$

348 $\left(\tan^2\dfrac{\alpha}{2}+\cot^2\dfrac{\alpha}{2}\right)\cdot\sin^2\alpha-2$ $[2\cos^2\alpha]$

349 $\dfrac{\tan\left(\dfrac{\pi}{4}+\alpha\right)\tan\left(\dfrac{\pi}{4}-\alpha\right)-1}{\tan\left(\alpha+\dfrac{\pi}{4}\right)+\tan\left(\dfrac{3}{4}\pi+\alpha\right)}$ $[0]$

350 $(1+\cos 2\alpha)\cdot(1+\tan\alpha)^2$ $[2(1+\sin 2\alpha)]$

351 $\dfrac{\cos 2\alpha}{\cos\alpha-\sin\alpha}\cdot(\sin\alpha+\cos\alpha)-\sin 2\alpha$ $[1]$

352 $\dfrac{1+\cos 2\alpha}{\cos\alpha\cdot\sin 2\alpha}\cdot(\cot^2\alpha+1)$ $\left[\dfrac{1}{\sin^3\alpha}\right]$

353 $(\cos\alpha-\sin\alpha)\cdot\dfrac{\cos 2\alpha}{\cos\alpha+\sin\alpha}+2\sin 2\alpha$ $[(\sin\alpha+\cos\alpha)^2]$

354 $\sec\alpha\cdot\cos 3\alpha+3-4\cos 2\alpha$ $[4\sin^2\alpha]$

355 $(\sin\alpha+\cos\alpha)^3-2\sin 2\alpha[\cos(-\alpha)-\sin(-\alpha)]+(\sin\alpha-\cos\alpha)\cos 2\alpha$ $[0]$

356 $(1-\sin\alpha)(1+\sin\alpha)-\cos(\pi-\alpha)(\cos\alpha-\sin\alpha)^2+2\cos^2\dfrac{\alpha}{2}\cos(\pi+\alpha)$ $[-2\cos^2\alpha\sin\alpha]$

Verifica le seguenti identità.

357 $\tan\alpha=2\tan\alpha\cos^2\dfrac{\alpha}{2}-\sin\alpha$

358 $\dfrac{2\left[\sin\left(\alpha-\dfrac{\pi}{6}\right)+\cos\left(\alpha+\dfrac{\pi}{3}\right)\right]\cdot\sin\alpha}{\sin 2\alpha}+\sqrt{3}\tan\alpha=\sqrt{3}\tan\alpha$

359 $\dfrac{\cos\left(\alpha-\dfrac{2}{3}\pi\right)+\sin\left(\alpha+\dfrac{7}{6}\pi\right)}{\sin\left(\alpha-\dfrac{\pi}{4}\right)+\cos\left(\alpha+\dfrac{7}{4}\pi\right)}\cdot\sqrt{2}\sin 2\alpha=-2\cos^2\alpha$

360 $\cos\dfrac{5}{3}\alpha\sin\dfrac{\alpha}{3}=\sin\alpha\cos\alpha-\sin\dfrac{2}{3}\alpha\cos\dfrac{2}{3}\alpha$

361 $\dfrac{\cos(\alpha+\beta)\cdot\cos(\alpha-\beta)}{\sin^2\alpha-\sin^2\alpha\cdot\sin^2\beta}=\dfrac{1}{\tan^2\alpha}-\tan^2\beta$

362 $\dfrac{\sin 3\alpha-\left[\cos\left(\dfrac{3}{2}\pi-\alpha\right)\right]^3}{\tan\dfrac{\alpha}{2}-\tan\alpha}=-3\cos^3\alpha(1+\cos\alpha)$

363 $\cos^2\left(\alpha+\frac{\pi}{6}\right)+\cos^2\left(\frac{\pi}{3}-\alpha\right)=\sin^2\alpha+\sin^2\left(\frac{\pi}{2}+\alpha\right)$

364 $\tan\alpha+\frac{2\cos^2\alpha}{\sin 2\alpha}-\cot\alpha+1=\frac{\sin\alpha+\cos\alpha}{\cos\alpha}$

365 $\frac{\sin^2\frac{\alpha}{2}\cdot\cos^2\frac{\alpha}{2}+\frac{\cos 2\alpha}{4}}{\sin 2\alpha}=\frac{\cot\alpha}{8}$

366 $\tan^2\alpha+2\tan\alpha=\frac{\sin\frac{\pi}{2}+2\sin 2\alpha-\cos 2\alpha}{1+\cos 2\alpha}$

Formule goniometriche e funzioni

Disegna i grafici delle seguenti funzioni dopo averle opportunamente trasformate con le formule goniometriche.

367 $y=\frac{\cos^2x\sin x-\sin^3x}{-\sin x}$

368 $y=\cos 2x-\cos^2x$

369 $y=\cos^2\frac{x}{2}\cdot\frac{\sin x}{1+\cos x}$

370 $y=-\sin^4\frac{x}{2}+\sin^2\frac{x}{2}$

371 $y=4\sin^2x-2\sin 2x$

372 $y=\cos^2 2x-\sin 2x\cos 2x$

373 $y=\frac{\sin 3x-\sin 7x}{\cos 5x}$

374 $y=(\sin x-\cos x)^2$

375 $y=(1+\tan x)\tan\left(x-\frac{\pi}{4}\right)$

376 $y=\left|\frac{\sin 4x-\sin 2x}{\cos 3x}\right|$

Periodo delle funzioni goniometriche

377 ESERCIZIO GUIDA Determiniamo il periodo delle seguenti funzioni:

a. $y=\sin 3x+\cos 5x$; **b.** $y=\frac{\sin 4x-\sin 2x}{\cos 3x}$

a. Il periodo di $\sin 3x$ è $T_1=\frac{2\pi}{3}$, quello di $\cos 5x$ è $T_2=\frac{2\pi}{5}$.

Esprimiamo T_1 e T_2 come funzioni con denominatore comune: $T_1=\frac{10}{15}\pi$, $T_2=\frac{6}{15}\pi$.

Consideriamo il minimo comune multiplo fra i numeratori:

mcm(10; 6) = 30.

Si ha pertanto uno stesso valore della funzione per x_0 e $x_0+\frac{30}{15}\pi$, perché $\frac{30}{15}\pi$ contiene un numero intero di volte sia T_1 sia T_2.

Quindi $\frac{30}{15}\pi=2\pi$ è il periodo cercato.

Osservazione. In generale, non ci sono regole per determinare il periodo di funzioni che siano somme o prodotti di altre funzioni periodiche. Tuttavia, se si hanno due funzioni periodiche con periodi diversi T_1 e T_2, e se esistono multipli comuni di T_1 e T_2, allora le funzioni somma o prodotto hanno periodo uguale al minimo comune multiplo dei periodi.

b. Deve essere $\cos 3x\neq 0$, cioè:

$$3x\neq\frac{\pi}{2}+k\pi \quad\to\quad x\neq\frac{\pi}{6}+k\frac{\pi}{3}.$$

Applicando una delle formule di prostaferesi, otteniamo:

$$\frac{\sin 4x-\sin 2x}{\cos 3x}=\frac{2\cancel{\cos 3x}\sin x}{\cancel{\cos 3x}}=2\sin x.$$

Quindi il periodo cercato è 2π.

Determina il periodo delle seguenti funzioni, dopo averle opportunamente trasformate.

378 $y = \frac{2 + 4\sin x}{\cos x}$ $[2\pi]$

379 $y = 1 - 2\sin^2 6x$ $\left[\frac{\pi}{6}\right]$

380 $y = \cos^2 4x - \sin^2 4x$ $\left[\frac{\pi}{4}\right]$

381 $y = 2\sin^2\frac{x}{2} - \cos x$ $[2\pi]$

382 $y = \sin^2\frac{x}{2} + 1$ $[2\pi]$

383 $y = \sin 4x \cos 8x$ $\left[\frac{\pi}{2}\right]$

384 $y = \sin 4x \cos 4x$ $\left[\frac{\pi}{4}\right]$

385 $y = \frac{\sin x - \cos x}{\cos 8x - \cos 4x}$ $\left[\frac{\pi}{3}\right]$

386 $y = \frac{\cos 2x}{\cos x - \sin x}$ $[2\pi]$

387 $y = \tan 2x + \cos\frac{x}{2}$ $[4\pi]$

388 $y = \frac{\sin 3x + \sin 2x}{\cos 2x - \cos 3x}$ $[2\pi]$

389 $y = \sin^2 x + 1$ $[\pi]$

390 $y = \sin 3x + \cos 6x$ $\left[\frac{2}{3}\pi\right]$

391 $y = \sin 4x \cos 8x$ $\left[\frac{\pi}{2}\right]$

392 $y = \frac{\sin 3x + \sin 5x}{\cos 5x - \cos 3x}$ $[\pi]$

---

393 **TEST** La funzione $y = \sin^2 x + \cos\frac{3x}{2}$ ha periodo:

A 2π. **B** 4π. **C** 3π. **D** $\frac{4}{3}\pi$. **E** π.

394 Data la funzione $f(x) = 3\cos 8x - 2\sin 4x$, somma di due funzioni periodiche $f_1(x)$ e $f_2(x)$, dimostra che la media aritmetica dei periodi di f_1, f_2 e f è un angolo di 75°.

Nei seguenti esercizi determina *k* in modo che la funzione abbia il periodo *T* indicato.

395 $y = \cos\frac{4}{k}x$, $T = \pi$. $[2]$

396 $y = \tan k\frac{x}{2}$, $T = \frac{\pi}{3}$. $[6]$

397 $y = 2\cos^2 kx$, $T = \frac{\pi}{4}$. $[4]$

398 $y = \sin\left(2kx + \frac{\pi}{2}\right)$, $T = \frac{\pi}{2}$. $[2]$

399 $y = \sin^2 kx$, $T = \frac{\pi}{2}$. $[2]$

400 $y = \sin kx + \cos 6x$, $T = \frac{2}{3}\pi$. $[3]$

Problemi

401 Determina le equazioni degli asintoti dell'iperbole di equazione $16x^2 - 9y^2 = 144$ e la tangente dell'angolo acuto α da essi formato. Calcola poi $\sin\alpha$, $\cos\alpha$, $\tan\frac{\alpha}{2}$.

$\left[y = \pm\frac{4}{3}x; \frac{24}{7}; \frac{24}{25}; \frac{7}{25}; \frac{3}{4}\right]$

402
a. Dati i vettori $\vec{a}(1; 1)$ e $\vec{b}(2; 3)$, determina l'angolo α da essi formato.
b. Trova le componenti del vettore somma $\vec{c} = \vec{a} + \vec{b}$, l'angolo α_1 formato da $\vec{c}$ con $\vec{a}$ e l'angolo α_2 formato da $\vec{c}$ con $\vec{b}$.
c. Verifica che $\tan(\alpha_1 + \alpha_2) = \tan\alpha$.

$\left[\text{a) } \tan\alpha = \frac{1}{5}; \text{ b) } \tan\alpha_1 = \frac{1}{7}, \tan\alpha_2 = \frac{1}{18}\right]$

403 Rappresenta graficamente la funzione di equazione $y = \sin 2x + \sqrt{3}\cos 2x - 4$ e indica il suo periodo. Scrivi l'espressione della funzione nella forma: $y = A \cdot \sin(x + k)\cos(x + k) - 4$.

$\left[T = \pi; A = 4, k = \frac{\pi}{6}\right]$

YOU & MATHS

404 Let x be a real number such that $\sec x - \tan x = 2$. Then $\sec x + \tan x =$

A 0.1.

B 0.2.

C 0.3.

D 0.4.

E 0.5.

(USA *American High School Mathematical Examination, AHSME*, 1999)

405 Express $2\cos x - \sin x$ in the form $R\cos(x+\alpha)$, where R is a positive constant, and α is an angle between 0° and 360°.

(UK *Northern Examination Assessment Board, NEAB*)

$[\sqrt{5}\cos(x + 26{,}57°)]$

406 LEGGI IL GRAFICO Osserva il grafico della funzione $f(x)$.

a. Determina i valori di a e b.

b. Trasforma la funzione nella forma $f(x) = A\cos(x+\alpha)$ e determina i suoi zeri nell'intervallo $[-\pi; \pi]$.

c. Disegna il grafico della funzione $g(x) = f(-x)$ e determina la traslazione che trasforma f in g.

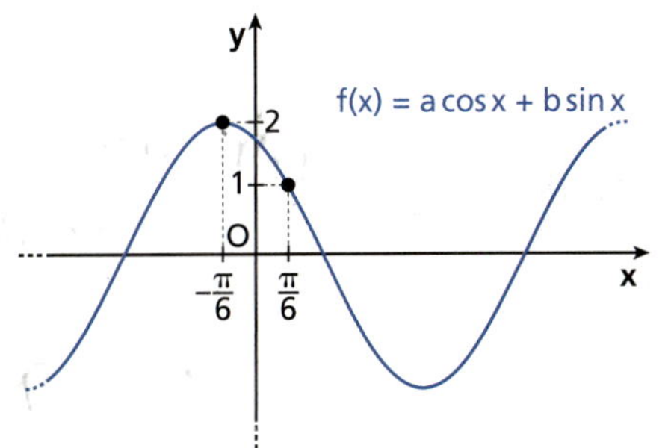

$\left[\text{a) } a = \sqrt{3}, b = -1; \text{ b) } f(x) = 2\cos\left(x + \frac{\pi}{6}\right), -\frac{2}{3}\pi, \frac{\pi}{3}; \text{ c) } \vec{v}\left(\frac{\pi}{3}; 0\right)\right]$

407 Considera il fascio di parabole di equazione: $y = -x^2 + bx$.

a. Trova la parabola la cui tangente t nell'origine forma un angolo di 75° con l'asse delle x.

b. Determina il luogo γ dei vertici delle parabole.

c. Dal punto P di γ di ascissa -1, manda le rette che formano con t angoli di 60°.

$[\text{a) } b = 2 + \sqrt{3}; \text{ b) } y = x^2; \text{ c) } x + y = 0, (2-\sqrt{3})x - y + 3 - \sqrt{3} = 0]$

408 Dimostra che, se α, β e γ sono gli angoli interni di un triangolo rettangolo, sono valide le seguenti relazioni:

a. $\sin 12\alpha + \sin 12\beta + \sin 12\gamma = 0$;

b. $\cos 14\alpha + \cos 14\beta + \cos 14\gamma = -1$.

409 Date le rette di equazioni $y = \frac{1+\sin\alpha}{\cos\alpha}x$ e $y = \frac{1-\sin\alpha}{\cos\alpha}x$, dimostra che l'angolo da esse formato è α, scrivi le loro equazioni quando $\alpha = 45°$ e rappresentale graficamente.

410 Verifica che, se α, β e γ sono gli angoli interni di un triangolo, valgono le seguenti identità:

$$\sin(\alpha+\beta+2\gamma) + \sin(\alpha+\beta) = 0, \quad \tan\frac{\gamma}{2} = \frac{\sin\alpha - \sin\beta}{\cos\beta - \cos\alpha}.$$

411 Dimostra che in un quadrilatero $ABCD$ inscrivibile in una circonferenza, con l'angolo $\widehat{B} = 2\widehat{A}$, si ha:

$$\tan\widehat{D} = \frac{2\tan\widehat{C}}{1-\tan^2\widehat{A}}.$$

VERIFICA DELLE COMPETENZE ALLENAMENTO

UTILIZZARE TECNICHE E PROCEDURE DI CALCOLO

1 TEST Quanto vale l'espressione $\sin 13° \cos 17° + \cos 13° \sin 17°$?

A 1 B 0 C $0{,}5$ D -1 E $-0{,}5$

Calcola il valore delle seguenti espressioni.

2 $\cos 105° - \tan 15°$ $\left[\frac{\sqrt{2}-\sqrt{6}-8+4\sqrt{3}}{4}\right]$

3 $\cos^2\frac{\pi}{12} - \sin\frac{\pi}{3}$ $\left[\frac{2-\sqrt{3}}{4}\right]$

4 $\cos 55° \cos 35° - \sin 55° \sin 35°$ $[0]$

5 $\sin 40° \cos 20° + \sin 20° \cos 40°$ $\left[\frac{\sqrt{3}}{2}\right]$

TEST

6 Una sola delle seguenti uguaglianze è *falsa*. Quale?

A $\sin 3\alpha = 2\sin\frac{3}{2}\alpha\cos\frac{3}{2}\alpha$

B $\sin 3\alpha = 3\sin\alpha - 4\sin^3\alpha$

C $\sin 3\alpha = \pm\sqrt{\frac{1-\cos 6\alpha}{2}}$

D $\sin 3\alpha + \sin 5\alpha = 2\sin 4\alpha\cos\alpha$

E $\sin 3\alpha - \sin 5\alpha = 2\cos 4\alpha\sin\alpha$

7 $\frac{[(\sin\alpha+\cos\alpha)^2 - \sin 2\alpha]\cos 4\alpha}{\cos 3\alpha + \cos 5\alpha}$ è equivalente a:

A $\cos 4\alpha$. B $-\frac{1}{2\sin 4\alpha}$. C $-\frac{1}{2\cos\alpha}$. D $\frac{1}{\cos\alpha}$. E $\frac{1}{2\cos\alpha}$.

Semplifica le seguenti espressioni.

8 $\sin\left(\frac{\pi}{3}-x\right) - \cos\left(\frac{\pi}{6}-x\right)$ $[-\sin x]$

9 $\frac{\cos(\pi-\alpha)\cos(-\alpha)+\cos 2\alpha}{\cos^2\left(\frac{\pi}{2}-\alpha\right)}$ $[-1]$

10 $\cos\left(\alpha-\frac{2}{3}\pi\right)+\frac{1}{2}\sin\alpha+\cos\left(\alpha-\frac{7}{6}\pi\right)-\sin\left(\alpha-\frac{\pi}{6}\right)$ $\left[-\frac{\sqrt{3}}{2}\cos\alpha\right]$

11 $\cos\left(\alpha+\frac{3}{4}\pi\right)\sec\alpha + \tan(\pi+\alpha)\sin\left(\frac{\pi}{4}\right)$ $\left[-\frac{\sqrt{2}}{2}\right]$

12 $\sin(-\alpha)\cos(\alpha+60°)+\frac{1}{4}\sin 2\alpha+\frac{\sqrt{3}}{2}\cos^2\alpha$ $\left[\frac{\sqrt{3}}{2}\right]$

13 $\sin^2\frac{\alpha}{2}+\sin(30°+\alpha)+\sin 60°\cos\left(\frac{\pi}{2}+\alpha\right)$ $\left[\frac{1}{2}\right]$

14 $\frac{\cos 2\alpha}{\sin^2\left(\frac{\pi}{2}+\alpha\right)} - \frac{2\tan\alpha}{\tan 2\alpha}$ $[0]$

15 $\tan\left(\alpha+\frac{\pi}{4}\right) - \frac{\cos 2\alpha}{1-2\sin^2\alpha}$ $\left[\frac{2\tan\alpha}{1-\tan\alpha}\right]$

16 $\sin^2\left(\alpha+\frac{\pi}{4}\right)-\sin 2\alpha+\sin\left(\alpha+\frac{\pi}{2}\right)\cos\left(\frac{\pi}{2}-\alpha\right)$ $\left[\frac{1}{2}\right]$

17 $\sin\left(\alpha+\frac{\pi}{6}\right)\cos\left(\alpha-\frac{2}{3}\pi\right)+\frac{3}{4}\cos 2\alpha$ $\left[\frac{1}{2}\cos^2\alpha\right]$

18 $\tan\frac{\alpha}{2}\left[\cos 2\pi + \sin\left(\frac{\pi}{2}+\alpha\right)\right] + \frac{\sin 2\alpha}{\cos(\pi+\alpha)}$ $[-\sin\alpha]$

19 $\sqrt{2}\cos\left(\frac{\pi}{4}+\alpha\right) - \tan(\pi-\alpha)\cos\alpha$ $[\cos\alpha]$

20 $4[\cos(\alpha-30°)+\sin(-60°)\cos\alpha]+2\cos(90°+\alpha)$ $[0]$

21 $\frac{\cos\left(\alpha+\frac{\pi}{4}\right)\cdot\cos\left(\alpha-\frac{\pi}{4}\right)}{\cos 2\alpha}$ $\left[\frac{1}{2}\right]$

22 $[\tan(150°-\alpha)\tan(-\alpha-30°)+1]\cos(\alpha+30°) - \frac{1}{\sin(60°-\alpha)}$ $[0]$

23 $\cos(\alpha+30°)\cos(\alpha+60°) - \sin(\alpha+60°)\sin(\alpha+30°) + \sin 2\alpha$ $[0]$

24 $2\cos\left(x-\frac{\pi}{4}\right)+\sin\left(x-\frac{\pi}{6}\right)+4\cos\left(\frac{7}{4}\pi+x\right)+\cos\left(\frac{\pi}{3}+x\right)-3\sqrt{2}\sin x$ $[3\sqrt{2}\cos x]$

25 $\sin^2\frac{\alpha}{2}-\frac{1}{2}-\cos(\pi+\alpha)-\sin^2(-\alpha)+\sin^2(\pi-\alpha)$ $\left[\frac{1}{2}\cos\alpha\right]$

26 $(1-\sin\alpha)^2+(1+\cos\alpha)^2+\cos 2\alpha+2\sin(\pi-\alpha)+2\cos(\pi+\alpha)+2\sin^2\alpha$ $[4]$

27 $(1-\cos\alpha)^2+(1-\cos\alpha)(1+\cos\alpha)-4\sin^2\frac{\alpha}{2}+\sin(-\alpha)-\sin(\pi-\alpha)$ $[-2\sin\alpha]$

28 $2(1-\sin\alpha)^2-4\sin(\pi+\alpha)+2\cos 2\alpha+(1-\cos\alpha)(1+\cos\alpha)-4\cos^2\alpha$ $[3\sin^2\alpha]$

Verifica le seguenti identità.

29 $\frac{1+\cos 2\alpha+\cos\alpha}{\sin\alpha+\sin 2\alpha}=\cot\alpha$

30 $\cos 2\alpha = 2\cos\left(\frac{\pi}{4}+\alpha\right)\cos\left(\frac{\pi}{4}-\alpha\right)$

31 $4\cos(60°+\alpha)\cos(60°-\alpha)=\cos 2\alpha - 2\sin^2\alpha$

32 $\frac{1-\sin\alpha}{\cos\alpha}=\frac{1-\tan\frac{\alpha}{2}}{1+\tan\frac{\alpha}{2}}$

33 $\sin\alpha\cos 2\alpha-\cos\alpha\sin 2\alpha=\cos\left(\frac{\pi}{2}+\alpha\right)$

34 $\frac{\cos 2\alpha}{1-\tan^2\alpha}=\cos^2\alpha$

35 $\sin 2\alpha\cdot\tan\alpha+\cos^2\alpha=2-\cos 2\alpha-\sin^2\alpha$

36 $\frac{1}{1+\tan\alpha}-\frac{1}{1-\tan\alpha}=-\tan 2\alpha$

37 TEST Le seguenti proposizioni sono tutte vere *tranne* una. Quale?

A Se $\cos\alpha=\frac{1}{3}$, allora $\cos 2\alpha=-\frac{7}{9}$.

B Se $\sin\alpha=-\frac{3}{5}$ e $\pi<\alpha<\frac{3}{2}\pi$, allora $\tan 2\alpha=\frac{24}{7}$.

C Se $\cos 2\alpha=\frac{12}{13}$ e $\frac{\pi}{2}<\alpha<\pi$, allora $\cos\alpha=-\frac{5}{\sqrt{26}}$.

D Se $\cos\alpha=\frac{1}{4}$, $\frac{3}{2}\pi<\alpha<2\pi$ e $\beta=30°$, allora $\sin(\alpha-\beta)=\frac{3\sqrt{5}-1}{8}$.

E Se $\tan\alpha=\frac{1}{2}$, allora $\tan 2\alpha=\frac{4}{3}$.

Determina i valori richiesti, utilizzando le informazioni.

38 $\sin 2\alpha$, $\cos^2\frac{\alpha}{2}$ e $\tan 2\alpha$. $\sin\alpha=\frac{1}{3}$, con $0<\alpha<\frac{\pi}{2}$ $\left[\frac{4}{9}\sqrt{2};\ \frac{3+2\sqrt{2}}{6};\ \frac{4}{7}\sqrt{2}\right]$

VERIFICA DELLE COMPETENZE

39 $\cos\alpha$ e $\sin\alpha$. $\cos\frac{\alpha}{2} = -\frac{1}{3}$, con $\pi < \alpha < 2\pi$ $\left[-\frac{7}{9}; -\frac{4}{9}\sqrt{2}\right]$

40 $\tan\left(2\alpha - \frac{\pi}{4}\right)$. $\sin\alpha = -\frac{2}{5}\sqrt{5}$, con $\pi < \alpha < \frac{3}{2}\pi$ [7]

41 $\sin\left(2\alpha + \frac{\pi}{4}\right)$. $\cos\alpha = \frac{1}{3}$, con $0 < \alpha < \frac{\pi}{2}$ $\left[\frac{8-7\sqrt{2}}{18}\right]$

42 $\cos 4\alpha$. $\cos\alpha = \frac{1}{4}$, con $0 < \alpha < \frac{\pi}{2}$ $\left[\frac{17}{32}\right]$

43 $\sin 2\alpha$ e $\cos 2\alpha$. $\tan\alpha = -\frac{1}{3}$, con $\frac{\pi}{2} < \alpha < \pi$ $\left[-\frac{3}{5}; \frac{4}{5}\right]$

RISOLVERE PROBLEMI

44 Determina seno e coseno dell'angolo α, sapendo che α è un angolo al centro di una circonferenza, la sua tangente vale $\frac{4}{3}$ e inoltre $0 < \alpha < \frac{\pi}{2}$. Calcola poi il seno dell'angolo alla circonferenza che insiste sullo stesso arco. $\left[\frac{4}{5}, \frac{3}{5}, \frac{\sqrt{5}}{5}\right]$

45 Determina gli angoli del triangolo di vertici $(2; 2)$, $(5; 4)$, $\left(5; -\frac{5}{2}\right)$. [33,7°; 56,3°; 90°]

46 Data la funzione $f(x) = \tan x - \cot x$:

a. determina il dominio di $f(x)$ e dimostra l'identità $\tan x - \cot x = -2\cot 2x$;

b. trova il periodo e il codominio di $f(x)$.

$\left[\text{a) } x \neq k\frac{\pi}{2}; \text{ b) } \frac{\pi}{2}, C: \mathbb{R}\right]$

47 Rappresenta graficamente l'iperbole di equazione $\frac{x^2}{16} - \frac{y^2}{4} = 1$ e trova l'angolo formato dagli asintoti. $\left[\alpha = \arctan\frac{4}{3}\right]$

Utilizza le informazioni fornite nelle figure per calcolare quanto è richiesto.

48

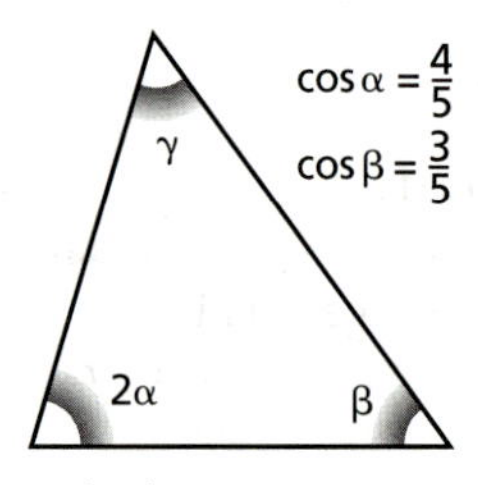

Calcola $\sin\gamma$ e $\cos\gamma$. $\left[\frac{4}{5}; \frac{3}{5}\right]$

49

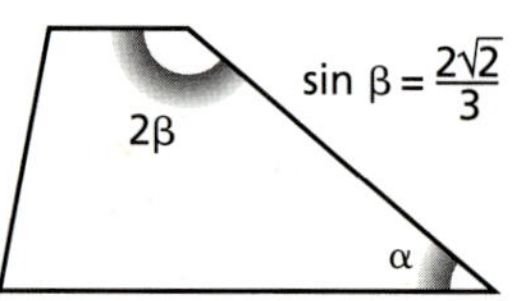

Calcola $\cot\alpha$. $\left[\frac{7\sqrt{2}}{8}\right]$

50

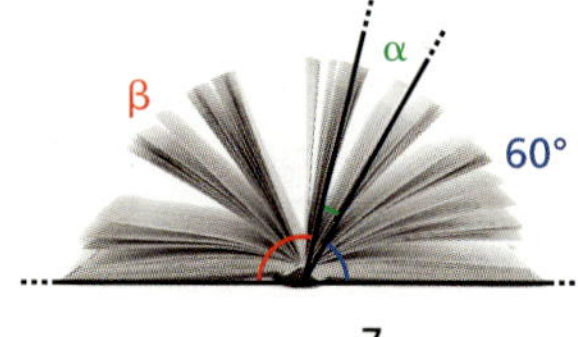

$\sin\alpha = \frac{7}{25}$

Calcola $\cos\beta$. $\left[\frac{7\sqrt{3}-24}{50}\right]$

ANALIZZARE E INTERPRETARE DATI E GRAFICI

Disegna i grafici delle seguenti funzioni e indica il loro periodo.

51 $y = \frac{-\sin 2x}{\cos x}$

52 $y = 2\sin\frac{3}{2}x\cos\frac{3}{2}x - 1$

53 $y = \frac{\sin 2x}{1-\sin^2 x} + 1$

54 $y = \cos^2 x - \sin^2 x - 1$

55 $y = 2\sin 2x\cos 2x$

56 $y = \frac{\sin 2x - \cos x}{2\cos x}$

57 $y = \frac{\cos 2x}{\cos x + \sin x}$

58 $y = \frac{\sin 2x}{\cos^2 x - \sin^2 x}$

59 $y = -\sin x - \sqrt{3}\cos x$

60 $y = \sqrt{2}(\sin x + \cos x)$

61 $y = |2 \sin x \cos x| - 1$

62 $y = \sin x + \cos x - 2$

63 $y = \dfrac{\cos 4x - \cos 2x}{\sin 2x - \sin 4x}$

64 $y = -\left|\cos\dfrac{x}{2}\sin\dfrac{x}{2}\right| + 1$

65 $y = -\cos^2 x + \sqrt{3}\sin x \cos x$

66 $y = \dfrac{\sqrt{3}}{2}\cos x + \dfrac{1}{2}\sin x + 2$

67 $y = \sin\left(2x - \dfrac{\pi}{3}\right) - \cos\left(2x - \dfrac{\pi}{3}\right)$

Allenati con **15 esercizi interattivi** con feedback "hai sbagliato, perché..."
su.zanichelli.it/tutor3 risorsa riservata a chi ha acquistato l'edizione con tutor

VERIFICA DELLE COMPETENZE VERSO L'ESAME

ARGOMENTARE E DIMOSTRARE

68 Dimostra in due modi diversi che, in un triangolo rettangolo, la somma dei seni degli angoli acuti è uguale alla somma dei loro coseni.

69 In un piano, riferito ad assi cartesiani ortogonali, sono assegnate una retta a di coefficiente angolare 2 e una retta b di coefficiente angolare -2. Calcolare il seno dell'angolo orientato $(a; b)$.

(Esame di Stato, Liceo Scientifico, Corso sperimentale, Sessione ordinaria, 2001, quesito 10)

$\left[\dfrac{4}{5}\right]$

70 In un piano, riferito a un sistema di assi cartesiani ortogonali (Oxy), è assegnata la curva di equazione $y = \cos x - 2\sin x$. Determinare una traslazione degli assi che trasformi l'equazione nella forma $Y = k\sin X$.

(Esame di Stato, Liceo Scientifico, Scuole italiane all'estero, Sessione ordinaria, 2003, quesito 2)

$\left[X = x + \alpha, Y = y, \text{con } \alpha = \pi + \arctan\left(-\dfrac{1}{2}\right)\right]$

71 Cosa si intende per «funzione periodica»? Qual è il periodo della funzione $f(x) = \tan 2x + \cos 2x$?

(Esame di Stato, Liceo Scientifico, Scuole italiane all'estero, Sessione suppletiva, 2003, quesito 1)

72 Dimostra che se in un triangolo ABC l'angolo $\widehat{B} = 2\widehat{A}$, allora:

$$\frac{\sin\widehat{C}}{\sin\widehat{A} + \sin\widehat{B}} = 2\cos\widehat{A} - 1.$$

73 Scrivi una legge del tipo $y = r\cos\omega(x + \vartheta)$ nella forma $y = r\sin\omega(x + \varphi)$. Quale relazione lega ϑ e φ?

74 Si provi che le espressioni

$$y = 2\sin\left(x + \frac{\pi}{6}\right) \text{ e } y = \sqrt{3}\sin(x) + \cos(x)$$

definiscono la stessa funzione f. Di f si precisi: dominio, codominio e periodo.

(Esame di Stato, Liceo Scientifico, Scuole italiane all'estero (calendario australe), Sessione ordinaria, 2008, quesito 8)

75 Trovare il periodo della funzione:

$$y = \sin\frac{2}{3}x + \sin\frac{1}{4}x.$$

(Esame di Stato, Liceo Scientifico, Scuole italiane all'estero, Sessione ordinaria, 2005, quesito 7)

$[24\pi]$

76 Si calcoli, senza l'aiuto della calcolatrice, il valore di $\sin^2(35°) + \sin^2(55°)$, ove le misure degli angoli sono in gradi sessagesimali.

(Esame di Stato, Liceo Scientifico, Corso di ordinamento, Sessione ordinaria, 2005, quesito 9)

$[1]$

77 Dimostra che, se α e β sono gli angoli acuti di un triangolo rettangolo non isoscele, è valida la relazione:

$$\frac{\tan^2\alpha}{(1 - \tan^2\alpha)^2} = \frac{\tan^2\beta}{(1 - \tan^2\beta)^2}.$$

78 Si provi l'identità:

$$\arctan x + \arctan y = \arctan\frac{x + y}{1 - xy}.$$

(Esame di Stato, Liceo Scientifico, Scuole italiane all'estero (Americhe), Sessione ordinaria, 2014, quesito 5)

VERIFICA DELLE COMPETENZE

COSTRUIRE E UTILIZZARE MODELLI

RISOLVIAMO UN PROBLEMA

Mezzogiorno e un quarto

Michele e Laura vogliono calcolare il seno dell'angolo formato dalle lancette delle ore e dei minuti della sveglia che vedi nella foto. Non hanno una calcolatrice scientifica. Come possono fare?

▶ **Esprimiamo l'angolo come differenza di due angoli.**

L'angolo formato dalle lancette vale $\alpha - \beta$, dove α e β sono gli angoli indicati in figura.

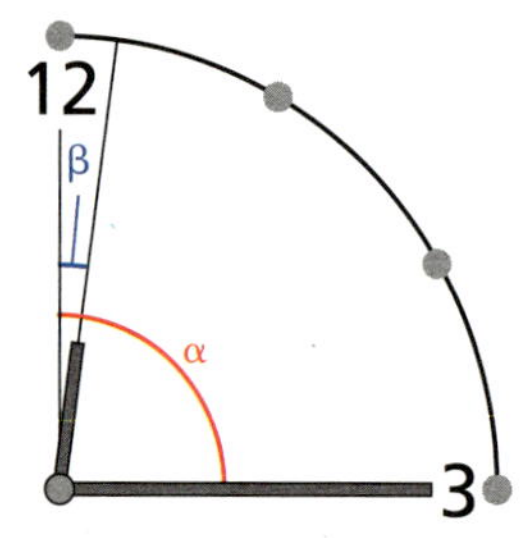

▶ **Troviamo α.**

L'angolo α è $\frac{1}{4}$ dell'angolo giro, quindi $\alpha = 90°$.

▶ **Troviamo β.**

Ogni ora la lancetta delle ore percorre un dodicesimo di angolo giro, cioè 30°. Poiché è passato un quarto d'ora dalle 12, la lancetta delle ore ha percorso un quarto del suo cammino tra le 12 e l'una, quindi

$$\beta = \frac{30°}{4} = 7{,}5°.$$

▶ **Calcoliamo il seno dell'angolo.**

$$\sin(\alpha - \beta) = \sin(90° - 7{,}5°) = \cos 7{,}5°$$

Utilizziamo la formula di bisezione:

$$\cos 7{,}5° = \sqrt{\frac{1 + \cos 15°}{2}}.$$

Il valore di cos 15° si può ottenere con la formula di bisezione, applicata a $\cos\frac{30°}{2}$, oppure con la formula di sottrazione, applicata a $\cos(45° - 30°)$. Troviamo:

$$\cos 15° = \frac{\sqrt{2} + \sqrt{6}}{4}.$$

Sostituiamo nella formula precedente:

$$\sin(\alpha - \beta) = \sqrt{\frac{1 + \frac{\sqrt{2}+\sqrt{6}}{4}}{2}} = \frac{1}{2}\sqrt{\frac{4 + \sqrt{2} + \sqrt{6}}{2}}.$$

79 ●○ **Mach supersonico** Il numero di Mach (M) per un aereo in volo è dato dal rapporto tra la velocità dell'aereo e la velocità del suono nell'aria. Quando l'aereo supera la velocità del suono ($M > 1$), si genera un'onda d'urto a forma di cono e un bang sonico viene avvertito nell'area di intersezione fra cono e suolo (linea gialla in figura). Se l'angolo al vertice misura 2α, allora vale la relazione:

$$M = \frac{1}{\sin\alpha}.$$

a. Trova l'esatto valore del numero di Mach quando $2\alpha = \frac{\pi}{6}$.

b. Quanto deve valere l'angolo 2α affinché il numero di Mach sia uguale a 2?

$\left[\text{a) } \sqrt{6} + \sqrt{2}; \text{ b) } \frac{\pi}{3}\right]$

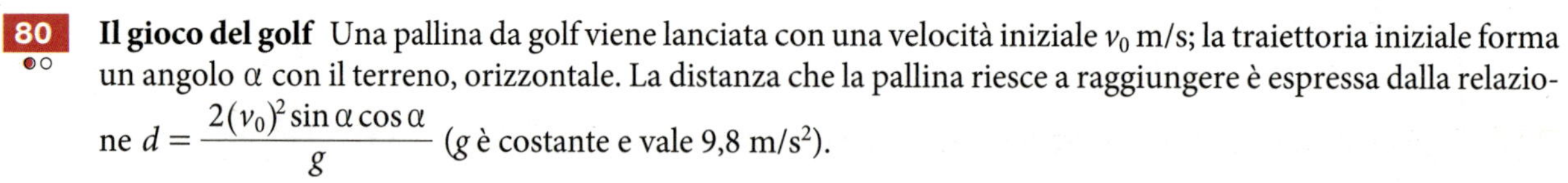

80 ●○ **Il gioco del golf** Una pallina da golf viene lanciata con una velocità iniziale v_0 m/s; la traiettoria iniziale forma un angolo α con il terreno, orizzontale. La distanza che la pallina riesce a raggiungere è espressa dalla relazione $d = \frac{2(v_0)^2 \sin\alpha\cos\alpha}{g}$ (g è costante e vale 9,8 m/s²).

a. Come si può esprimere la distanza percorsa d in funzione dell'angolo 2α?

b. Quanto vale l'angolo α se la velocità iniziale è di 40 m/s e la distanza raggiunta è di 83 m?

$\left[\text{a) } d = \frac{(v_0)^2 \sin 2\alpha}{g}; \text{ b) } \alpha \simeq 15°\right]$

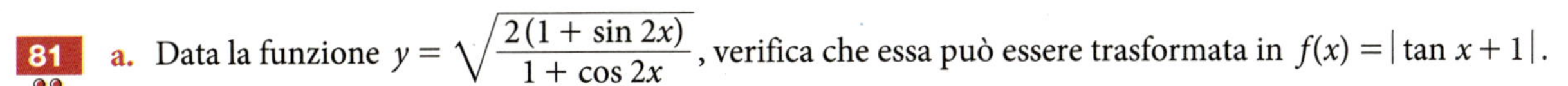

INDIVIDUARE STRATEGIE E APPLICARE METODI PER RISOLVERE PROBLEMI

81 a. Data la funzione $y = \sqrt{\dfrac{2(1 + \sin 2x)}{1 + \cos 2x}}$, verifica che essa può essere trasformata in $f(x) = |\tan x + 1|$.

b. Determina il dominio e il periodo di $f(x)$.

c. Rappresenta la funzione su un periodo completo.

$\left[\text{b) } D: x \neq \frac{\pi}{2} + k\pi;\ T = \pi\right]$

82 a. Determina i valori di a e b affinché valga la seguente identità:

$$\frac{\cos\alpha - \sin\alpha + 1}{1 + \cos\alpha} = a \cdot \tan\frac{\alpha}{2} + b.$$

b. Determina dominio e periodo della funzione $f(x) = a \cdot \tan\dfrac{x}{2} + b$.

c. Rappresenta $f(x)$ dopo aver attribuito ad a e b i valori trovati al punto **a**.

$[\text{a) } a = -1,\ b = 1;\ \text{b) } D: x \neq \pi + 2k\pi,\ T = 2\pi]$

83 a. Data la funzione $f(x) = 2\cos^2\dfrac{x}{2} + \sin x$, determina il suo periodo. Usando le formule goniometriche semplifica l'espressione della funzione in modo da poterla rappresentare.

b. Qual è il codominio della funzione?

c. Risolvi graficamente l'equazione $f(x) = 0$, indicando tutte le soluzioni in $\mathbb{R}$.

$\left[\text{a) } T = 2\pi;\ y = 1 + \sqrt{2}\sin\left(x + \frac{\pi}{4}\right);\ \text{b) } C: [1 - \sqrt{2}; 1 + \sqrt{2}];\ \text{c) } x = \pi + 2k\pi \text{ e } x = \frac{3}{2}\pi + 2k\pi\right]$

84 Considera la funzione $y = 2\cos^2 ax + b\sin x\cos x$, con $a \in \mathbb{N}$ e $b \in \mathbb{Z}$.

a. Trasformala in modo da ottenere una funzione lineare.

b. Verifica che il periodo della funzione è indipendente da a ed è $T = \pi$.

c. Posto $a = 1$, determina b in modo che la funzione passi per il punto $\left(\frac{\pi}{4}; 2\right)$, quindi trova il codominio e disegna il grafico.

$\left[\text{a) } y = 1 + \cos 2ax + \frac{b}{2}\sin 2x;\ \text{c) } b = 2,\ C: [1 - \sqrt{2}; 1 + \sqrt{2}]\right]$

85 LEGGI IL GRAFICO La funzione $f(x) = a \cdot \sin[b(x - \varphi)] + k$ ha il grafico mostrato in figura.

a. Individua dominio, codominio e periodo di $f(x)$.

b. Determina il valore dei parametri a, b, φ e k.

c. Applica alla funzione la traslazione di vettore $\left(-\frac{\pi}{6}; 1\right)$, indicando con $g(x)$ la funzione traslata.

d. Rappresenta la funzione

$$h(x) = 3\sin\left(2x - \frac{\pi}{3}\right) - 3 + 3\cos\left(2x + \frac{\pi}{6}\right)$$

dopo averla opportunamente semplificata e individua, graficamente e algebricamente, i punti di intersezione tra g e h.

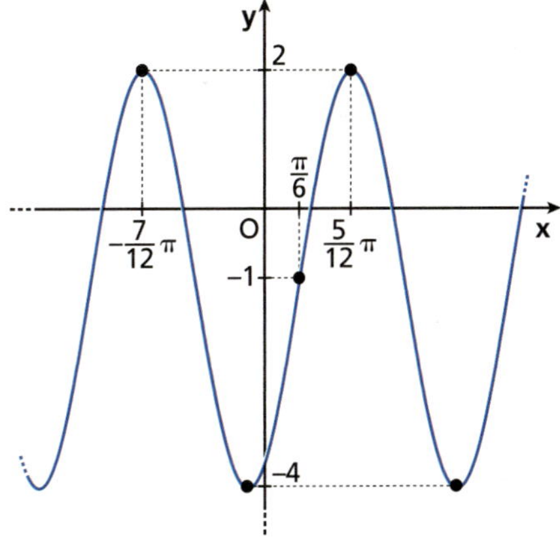

$\left[\text{a) } D: \mathbb{R},\ C: [-4; 2],\ T = \pi;\ \text{b) } 3,\ 2,\ \frac{\pi}{6},\ -1;\ \text{c) } g(x) = 3\sin 2x;\ \text{d) } h(x) = -3,\ x = \frac{3}{4}\pi + k\pi\right]$

86 a. Trasforma in funzioni lineari rispetto a seno e coseno $f(x) = \sin^2\dfrac{x}{2}$ e $g(x) = \dfrac{1}{1 + \tan^2 x}$.

b. Rappresenta $f(x)$ e $g(x)$ nello stesso piano cartesiano dopo aver trovato il dominio e il periodo di ciascuna.

c. Verifica che i due grafici si intersecano nei punti di ascissa $x = \pi + 2k\pi$ e $x = \pm\dfrac{\pi}{3} + k\pi$.

d. Trova sia graficamente sia analiticamente per quali x nell'intervallo $[0; 2\pi]$ le funzioni assumono il loro massimo valore.

$\left[\text{a) } f(x) = \frac{1 - \cos x}{2},\ g(x) = \frac{1 + \cos 2x}{2};\ \text{b) } f(x): D: \mathbb{R},\ T = 2\pi,\ g(x): D: \mathbb{R} - \left\{\frac{\pi}{2} + k\pi\right\};\ T = \pi\right]$

VERIFICA DELLE COMPETENZE PROVE

1 ora

PROVA A

1 Calcola il valore di: **a.** $\sin\frac{\pi}{8}+\cos\frac{\pi}{12}$; **b.** $\sin 72°\cos 18° + \cos 72°\sin 18°$.

2 Semplifica le seguenti espressioni:

a. $\frac{\sin(\alpha+45°)-\cos(\alpha+45°)}{\sin(\alpha+135°)+\cos(\alpha+315°)}$;

b. $4\cos^2\frac{\alpha}{2}-2(\sin\alpha-\cos\alpha)^2-2\sin 2\alpha$;

c. $4\cos^2\frac{\alpha}{2}+\frac{1-\cos 2\alpha}{1+\cos\alpha}$.

3 Sapendo che $\sin\alpha=\frac{3}{5}$ e $\cos\beta=\frac{5}{13}$, con $\frac{\pi}{2}<\alpha<\pi$ e $0<\beta<\frac{\pi}{2}$, calcola: $\cos(\alpha+\beta)$, $\sin(\alpha-\beta)$, $\tan 2\alpha$.

4 Verifica le identità: **a.** $\tan(45°+\alpha)=\frac{1+\sin 2\alpha}{\cos 2\alpha}$; **b.** $2\sin\alpha\cos 2\alpha+\sin\alpha=\sin 3\alpha$.

5

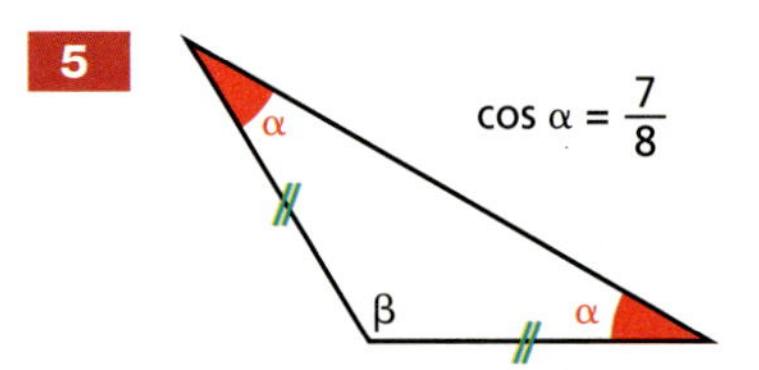

Trova $\cos\beta$ e $\sin\alpha$.

6 Traccia il grafico della funzione

$$y=\frac{\sin 2x}{4\cos x}-2.$$

PROVA B

1 Semplifica le seguenti espressioni:

a. $\cos\left(\frac{3}{4}\pi+2\alpha\right)-\cos\left(2\alpha+\frac{\pi}{4}\right)+\sqrt{2}\cos^2\alpha$;

b. $2\cos\left(\alpha-\frac{\beta}{2}\right)\sin\frac{\beta}{2}-2\cos^2\frac{\alpha}{2}\sin\beta+\sin\alpha\cos\beta$.

2 Trova l'ampiezza dell'angolo acuto formato dalle tangenti alla parabola di equazione $y=x^2-5x+4$ nei suoi punti di ascissa -3 e 2.

3 Nel triangolo ABC l'angolo $\widehat{A}$ è il doppio dell'angolo $\widehat{B}$ e $\tan\widehat{A}=\frac{24}{7}$. Trova $\sin\widehat{B}$ e $\sin\widehat{C}$.

4 Dimostra che in un triangolo ABC, con l'angolo $\widehat{B}=2\widehat{A}$, si ha: $\frac{\tan\widehat{A}\sin\widehat{B}}{\sin\widehat{A}}=\frac{2\sin\widehat{C}}{4\cos^2\widehat{A}-1}$.

5 Rappresenta graficamente la funzione

$$y=2\sqrt{3}\sin 4x-2\cos 4x+\frac{1}{2}$$

e indica il suo periodo.

PROVA C

Il Sancarlone Su una collina vicino ad Arona, sul Lago Maggiore, si trova il Colosso di San Carlo Borromeo, una delle più grosse statue al mondo visitabili dall'interno, costruita nel XVII secolo. La statua è alta 23,50 m, il piedistallo 11,50 m e l'altura su cui è situata circa 36 m rispetto al livello del piazzale antistante.

Considerando le lettere in figura, indica con D il piede della perpendicolare condotta da A e C (il segmento AC è verticale) alla retta OD, che rappresenta il livello del piazzale, e con O il punto in cui un osservatore si trova sul piazzale di fronte all'entrata.

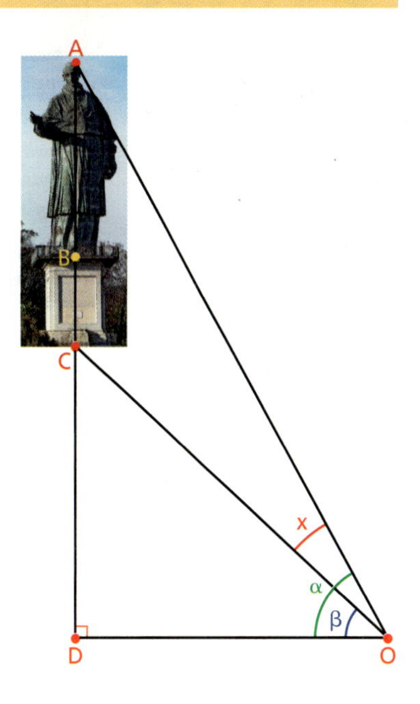

a. Calcola i valori del seno, del coseno e della tangente dell'angolo x mediante i valori delle stesse funzioni per α e β.

b. Supposto che il segmento OD sia lungo 40 m, determina gli angoli α, β e x e verifica la formula di sottrazione della tangente.

c. Se si raddoppia la distanza a cui si trova l'osservatore, qual è il rapporto tra il nuovo angolo x' e il precedente?

PROVA D

1

a. Dal grafico deduci il valore di a e b.

b. Trasforma $f(x)$ nella forma $y = r\sin(x + \varphi)$.

c. Deduci dal grafico le soluzioni della disequazione

$$f(x) > \frac{\sqrt{3}}{2}$$

nell'intervallo $[0; 2\pi]$.

y
$\frac{\sqrt{3}}{2}$
$\frac{1}{2}$
O
$\frac{\pi}{2}$
x
$f(x) = a\sin x + b\cos x$

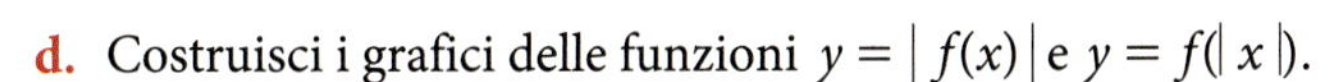

d. Costruisci i grafici delle funzioni $y = |f(x)|$ e $y = f(|x|)$.

e. Quale traslazione potresti applicare alla funzione $y = f(x)$ per renderla pari?

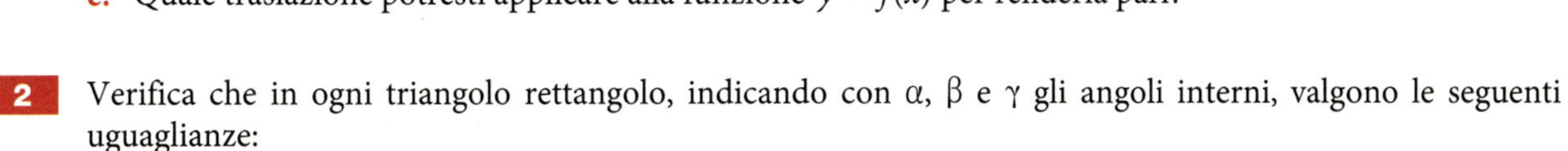

2 Verifica che in ogni triangolo rettangolo, indicando con α, β e γ gli angoli interni, valgono le seguenti uguaglianze:

a. $\cos^2\alpha + \cos^2\beta + \cos^2\gamma = 1$;

b. $\sin 8\alpha + \sin 8\beta + \sin 8\gamma = 0$.

CAPITOLO

14 EQUAZIONI E DISEQUAZIONI GONIOMETRICHE

 **Listen to it**

A **trigonometric equation** involves trigonometric functions of an unknown angle.

1 Equazioni goniometriche elementari

DEFINIZIONE

Un'**equazione goniometrica** contiene almeno una funzione goniometrica dell'incognita.

ESEMPIO

$2\cos x - 1 = 0$ è un'equazione goniometrica perché l'argomento della funzione coseno contiene l'incognita x.

$2x\cos\frac{\pi}{4} - 1 = 0$ **non** è un'equazione goniometrica perché $\cos\frac{\pi}{4}$ è un numero.

Le **equazioni goniometriche elementari** sono quelle del tipo:

$\boldsymbol{\sin x = a}$, $\boldsymbol{\cos x = b}$, $\boldsymbol{\tan x = c}$, con $a, b, c \in \mathbb{R}$.

Animazione

Nell'animazione c'è la figura dinamica per l'equazione
$\sin x = a$
al variare di a e la risoluzione di:

- $\sin x = \frac{1}{2}$;
- $\sin x = 1$;
- $\sin x = \frac{3}{2}$.

$\sin x = a$

▶ Esercizi a p. 811

Disegniamo la circonferenza goniometrica e indichiamo gli assi cartesiani con X e Y, per non confonderli con l'incognita x dell'equazione goniometrica.
Poiché il seno di un angolo rappresenta l'ordinata del punto della circonferenza goniometrica a cui l'angolo è associato, dobbiamo trovare i punti della circonferenza goniometrica di ordinata a, ovvero i punti di intersezione della circonferenza di equazione $X^2 + Y^2 = 1$ con la retta di equazione $Y = a$. Distinguiamo due casi.

$-1 \leq a \leq 1$

ESEMPIO

Risolviamo l'equazione $\sin x = \frac{\sqrt{3}}{2}$.

Disegniamo nel piano cartesiano la circonferenza goniometrica e la retta di equazione $Y = \frac{\sqrt{3}}{2}$. Le loro intersezioni sono date dai punti B_1 e B_2.

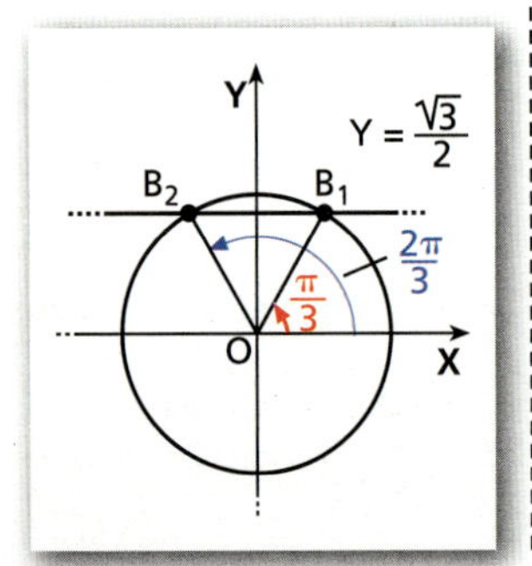

Gli angoli che hanno seno uguale a $\frac{\sqrt{3}}{2}$ sono $\frac{\pi}{3}$ e $\pi - \frac{\pi}{3} = \frac{2}{3}\pi$.

Poiché il seno è una funzione periodica di periodo 2π, alle soluzioni $x = \frac{\pi}{3}$ e $x = \frac{2}{3}\pi$ dobbiamo aggiungere quelle ottenute sommando i multipli interi di 2π, quindi le soluzioni dell'equazione data sono:

$$x = \frac{\pi}{3} + 2k\pi \ \vee \ x = \frac{2}{3}\pi + 2k\pi, \text{ con } k \in \mathbb{Z}.$$

▶ Risolvi l'equazione $\sin x = -\frac{1}{2}$.

$a < -1 \vee a > 1$

Poiché i valori di $\sin x$ sono compresi fra -1 e 1, l'equazione $\sin x = a$ è impossibile quando $a > 1$ oppure $a < -1$.

ESEMPIO

L'equazione $\sin x = \frac{5}{4}$ non ha soluzione, perché $\frac{5}{4} > 1$.

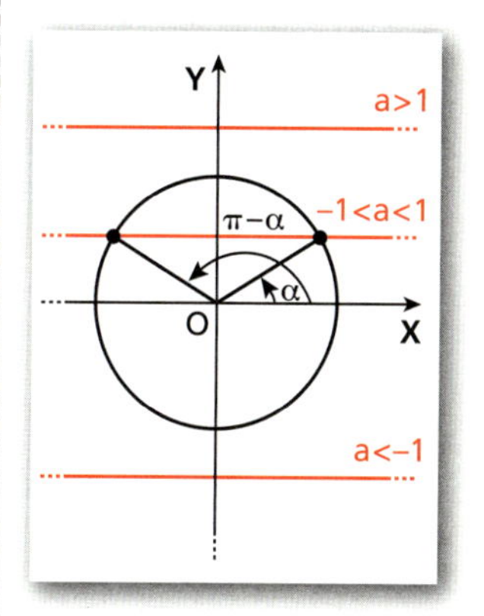

In generale, l'equazione elementare **$\sin x = a$** può essere:

- **determinata** se **$-1 \leq a \leq 1$**; una volta trovata una soluzione α, cioè un angolo α tale che $\sin \alpha = a$, le soluzioni dell'equazione sono:

  $$x = \alpha + 2k\pi \ \vee \ x = (\pi - \alpha) + 2k\pi;$$

- **impossibile** se **$a < -1$** oppure **$a > 1$**.

Casi particolari.

- $a = 1$, $\sin x = 1$; soluzioni: $x = \frac{\pi}{2} + 2k\pi$.
- $a = -1$, $\sin x = -1$; soluzioni: $x = -\frac{\pi}{2} + 2k\pi$, ossia $x = \frac{3}{2}\pi + 2k\pi$.

Osserviamo che la soluzione α dell'equazione può essere uno qualsiasi dei valori che indicano lo stesso angolo. Le soluzioni possono essere scritte allora in modi diversi. Conveniamo di considerare $\alpha \in \left[-\frac{\pi}{2}; \frac{\pi}{2}\right]$.

Se il valore a dell'equazione $\sin x = a$ non corrisponde a un angolo noto del primo o del quarto quadrante, possiamo applicare la funzione inversa del seno ($x = \arcsin a$) e calcolare un valore approssimato della soluzione α con la calcolatrice.

ESEMPIO

Risolviamo $\sin x = -\frac{7}{8}$. Otteniamo:

$$x = \arcsin\left(-\frac{7}{8}\right) + 2k\pi \ \vee \ x = \pi - \arcsin\left(-\frac{7}{8}\right) + 2k\pi.$$

Per trovare il valore approssimato di $\arcsin\left(-\frac{7}{8}\right)$ con la calcolatrice, scegliamo la modalità RAD e, dopo aver calcolato $-\frac{7}{8} = -0{,}875$, premiamo il tasto <sin^{-1}>, oppure i tasti <INV> e <sin>. Viene visualizzato il valore della misura in radianti dell'angolo x, ossia $-1{,}065435817$, che approssimiamo a $-1{,}07$. Le soluzioni dell'equazione sono:

$$x \simeq -1{,}07 + 2k\pi \ \vee \ x \simeq 3{,}14 + 1{,}07 + 2k\pi \simeq 4{,}21 + 2k\pi.$$

Se scegliamo la modalità DEG, viene visualizzato il valore in gradi sessadecimali: $-61{,}04497563 \simeq -61 \rightarrow x \simeq -61° + k360° \vee x \simeq 241° + k360°$.

▶ Risolvi l'equazione $\sin x = \frac{2}{5}$.

TEORIA

Animazione

Nell'animazione c'è la figura dinamica per l'equazione
$\cos x = b$
al variare di b e la risoluzione di:
- $\cos x = \frac{\sqrt{3}}{2}$;
- $\cos x = -1$;
- $\cos x = -\frac{5}{2}$.

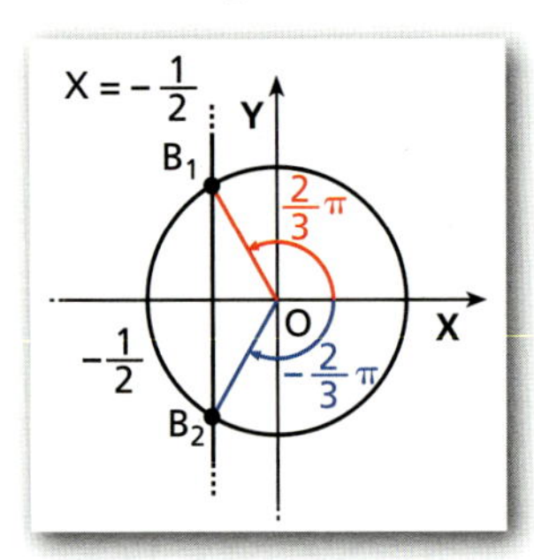

$\cos x = b$

▶ Esercizi a p. 814

Il coseno di un angolo è l'ascissa del punto della circonferenza goniometrica a cui l'angolo è associato, quindi cerchiamo i punti della circonferenza goniometrica di ascissa b. Distinguiamo due casi.

$-1 \leq b \leq 1$

ESEMPIO

Risolviamo $\cos x = -\frac{1}{2}$.

Disegniamo la retta di equazione $X = -\frac{1}{2}$. Le sue intersezioni con la circonferenza goniometrica sono B_1 e B_2.

Gli angoli che hanno coseno uguale a $-\frac{1}{2}$ sono $\frac{2}{3}\pi$ e $-\frac{2}{3}\pi$.

Per la periodicità della funzione coseno, alle due soluzioni $x = \frac{2}{3}\pi$ e $x = -\frac{2}{3}\pi$ dobbiamo aggiungere quelle ottenute sommando i multipli interi di 2π. Quindi le soluzioni dell'equazione data sono

$$x = \frac{2}{3}\pi + 2k\pi \ \vee \ x = -\frac{2}{3}\pi + 2k\pi,$$

che possiamo anche indicare con: $x = \pm\frac{2}{3}\pi + 2k\pi$.

$b < -1 \vee b > 1$

L'equazione $\cos x = b$ è impossibile se $b > 1$ o $b < -1$, poiché $-1 \leq \cos x \leq 1$.

ESEMPIO

L'equazione $\cos x = -\frac{4}{3}$ non ha soluzioni perché $-\frac{4}{3} < -1$.

In generale, l'equazione elementare $\boldsymbol{\cos x = b}$ può essere:

- **determinata** se $-1 \leq b \leq 1$; data una soluzione β, cioè un angolo β tale che $\cos\beta = b$, le soluzioni dell'equazione sono:

  $$x = \beta + 2k\pi \quad \vee \quad x = -\beta + 2k\pi;$$

- **impossibile** se $b < -1$ oppure $b > 1$.

Casi particolari.

- $b = 1 \rightarrow \cos x = 1$; soluzioni: $x = 2k\pi$.
- $b = -1 \rightarrow \cos x = -1$; soluzioni: $x = \pi + 2k\pi$.

Per angoli non noti, anche per l'equazione $\cos x = b$ possiamo utilizzare la calcolatrice, calcolando arccos b con i tasti <INV> e <cos>, oppure con il tasto <cos^{-1}>.

▶ Risolvi le seguenti equazioni:
- $\cos x = \frac{1}{2}$;
- $\cos x = -2$.

$\tan x = c$

▶ Esercizi a p. 816

La tangente di un angolo è l'ordinata del punto di intersezione della retta tangente alla circonferenza nell'origine degli archi con la retta OP che individua l'angolo.

ESEMPIO Animazione

Risolviamo $\tan x = \frac{\sqrt{3}}{3}$.

Sulla retta tangente in E alla circonferenza goniometrica, prendiamo il punto T di ordinata $\frac{\sqrt{3}}{3}$. La retta OT interseca la circonferenza nei punti P e Q che individuano gli angoli cercati: $\frac{\pi}{6}$ e $\frac{7}{6}\pi$.

Per la periodicità della funzione tangente, scriviamo in forma compatta tutte le soluzioni dell'equazione: $x = \frac{\pi}{6} + k\pi$.

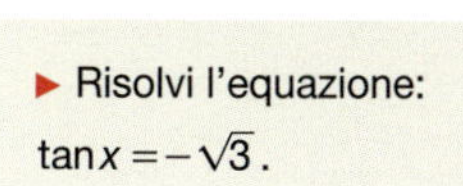
▶ Risolvi l'equazione: $\tan x = -\sqrt{3}$.

In generale, poiché, data l'equazione $\tan x = c$, il valore di c corrisponde sempre all'ordinata del punto T, per ogni valore di c si può determinare il punto T e la retta OT interseca la circonferenza in due punti distinti, quindi l'equazione elementare $\mathbf{\tan x = c}$ è sempre **determinata**.

Data una soluzione γ, cioè un angolo γ tale che $\tan \gamma = c$, le soluzioni dell'equazione sono $x = \gamma + k\pi$.
Con la calcolatrice, per calcolare $\arctan c$, si usano i tasti <INV> e <tan>, oppure <tan⁻¹>.

Equazioni e funzioni

Le equazioni goniometriche possono essere interpretate graficamente. Per esempio, consideriamo ancora $\cos x = -\frac{1}{2}$, vista in un esempio precedente, e poniamo $y = \cos x$ e $y = -\frac{1}{2}$. Risolvere l'equazione significa trovare i punti di intersezione dei grafici relativi.

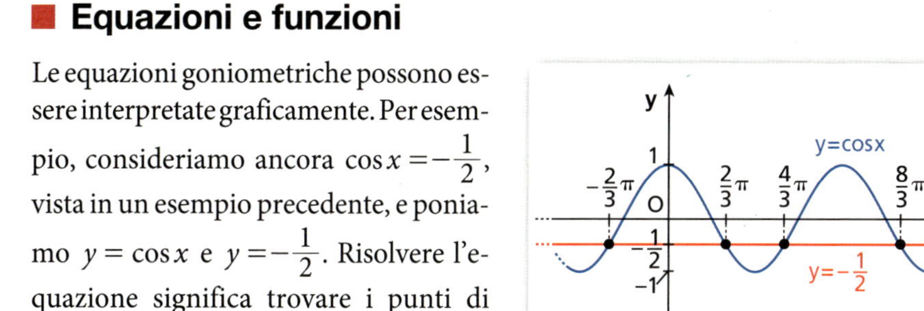

▶ Risolvi e interpreta graficamente l'equazione $\tan x = 1$.

Particolari equazioni goniometriche elementari

▶ Esercizi a p. 818

sin α = **sin** α'

Osserviamo che due angoli hanno lo stesso seno se e solo se sono congruenti o supplementari, a meno di un numero intero di angoli giro:

$$\sin \alpha = \sin \alpha' \leftrightarrow \alpha = \alpha' + 2k\pi \ \vee \ \alpha + \alpha' = \pi + 2k\pi.$$

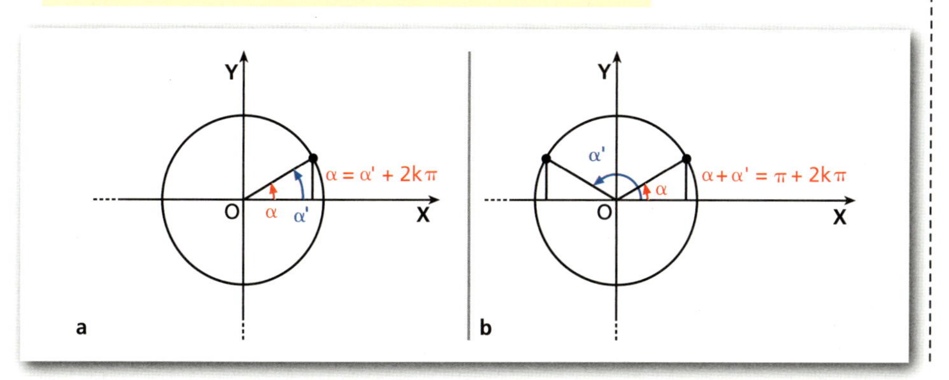

TEORIA

MATEMATICA E TECNOLOGIA

Le fibre ottiche Le fibre ottiche consentono connessioni tv e internet velocissime per far viaggiare informazioni digitali.
A differenza dei cavi di rame, che conducono elettroni, le fibre ottiche fanno passare impulsi luminosi. I cavi in fibra ottica sono sottilissimi fili di vetro. Sono formati da un cilindro interno trasparente, chiamato **nucleo** o **core**, ricoperto da un rivestimento detto **mantello** o **cladding**. Il fenomeno fisico alla base del funzionamento della fibra ottica è stato studiato ben 350 anni prima che trovasse applicazione in questa tecnologia. Si tratta della riflessione totale della luce.

▶ Come fa un raggio di luce a viaggiare all'interno di una fibra ottica sfruttando la riflessione totale?

La risposta

ESEMPIO

Risolviamo $\sin\left(\frac{1}{2}x - \frac{\pi}{2}\right) = \sin\left(\frac{1}{4}x - \frac{\pi}{4}\right)$.

Applichiamo la proprietà precedente:

$$\underbrace{\frac{1}{2}x - \frac{\pi}{2}}_{\alpha} = \underbrace{\frac{1}{4}x - \frac{\pi}{4}}_{\alpha'} + 2k\pi \ \vee\ \underbrace{\frac{1}{2}x - \frac{\pi}{2}}_{\alpha} + \underbrace{\frac{1}{4}x - \frac{\pi}{4}}_{\alpha'} = \pi + 2k\pi.$$

Svolgendo i calcoli: $x = \pi + 8k\pi \ \vee\ x = \frac{7}{3}\pi + \frac{8}{3}k\pi$.

Animazione

Nell'animazione, oltre all'equazione dell'esempio, trovi:

- $\sin\left(3x + \frac{2}{5}\pi\right) = -\sin\left(2x - \frac{3}{4}\pi\right)$;
- $\sin\left(3x - \frac{\pi}{5}\right) = \cos\left(5x + \frac{2}{3}\pi\right)$.

$\sin\alpha = -\sin\alpha'$

Possiamo ricondurci al caso precedente scrivendo $\sin\alpha = \sin(-\alpha')$.
Infatti, per le proprietà degli archi associati, è: $-\sin\alpha' = \sin(-\alpha')$.

$\sin\alpha = \cos\alpha'$

Per le proprietà degli archi associati, $\cos\alpha' = \sin\left(\frac{\pi}{2} - \alpha'\right)$, quindi

$$\sin\alpha = \sin\left(\frac{\pi}{2} - \alpha'\right),$$

che permette di ricondurci al primo caso.

$\sin\alpha = -\cos\alpha'$

Per risolvere equazioni di questo tipo, scriviamo $\cos\alpha' = \sin\left(\frac{\pi}{2} - \alpha'\right)$, da cui $-\cos\alpha' = -\sin\left(\frac{\pi}{2} - \alpha'\right)$. Pertanto l'equazione data si trasforma nella seguente:

$$\sin\alpha = -\sin\left(\frac{\pi}{2} - \alpha'\right), \text{ e quindi } \sin\alpha = \sin\left(-\frac{\pi}{2} + \alpha'\right).$$

$\cos\alpha = \cos\alpha'$

Ricordiamo che due angoli hanno lo stesso coseno se e solo se sono congruenti oppure sono opposti, a meno di un numero intero di angoli giro

$$\cos\alpha = \cos\alpha' \ \leftrightarrow\ \alpha = \alpha' + 2k\pi \ \vee\ \alpha = -\alpha' + 2k\pi,$$

ossia, in forma più compatta:

$$\cos\alpha = \cos\alpha' \leftrightarrow \alpha = \pm\alpha' + 2k\pi.$$

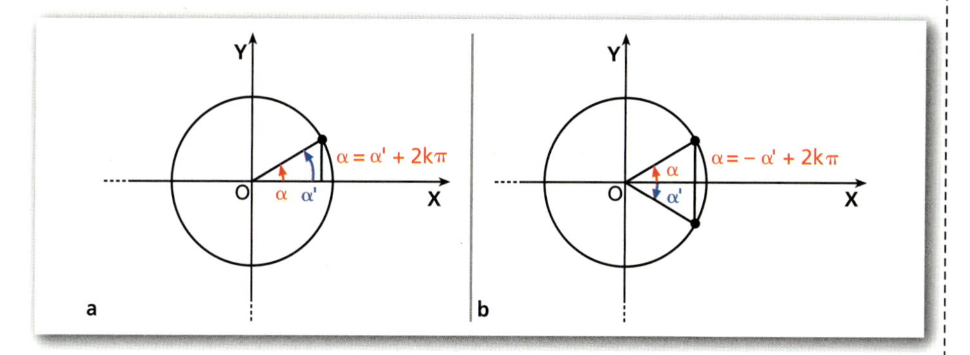

$\cos\alpha = -\cos\alpha'$

Poiché gli angoli supplementari hanno coseni opposti, ossia

$$\cos(\pi - \alpha) = -\cos\alpha,$$

possiamo scrivere l'equazione nella forma $\cos\alpha = \cos(\pi - \alpha')$ e ricondurci al caso precedente.

▶ Risolvi le seguenti equazioni:

- $\cos\left(\frac{3}{4}\pi - 4x\right) = \cos\left(2x - \frac{\pi}{3}\right)$;
- $\cos\left(x + \frac{\pi}{6}\right) = -\cos 2x$.

Animazione

$\tan\alpha = \tan\alpha'$

Equazioni di questo tipo sono risolubili tenendo presente che due angoli hanno la stessa tangente se e solo se sono congruenti, a meno di un numero intero di angoli piatti:

$$\tan\alpha = \tan\alpha' \leftrightarrow \alpha = \alpha' + k\pi.$$

ESEMPIO

Risolviamo $\tan x = \tan\left(2x + \frac{\pi}{4}\right)$.

Essa è equivalente all'equazione $x = 2x + \frac{\pi}{4} + k\pi$, con la condizione:

$$x \neq \frac{\pi}{2} + k\pi \wedge 2x + \frac{\pi}{4} \neq \frac{\pi}{2} + k\pi \quad \rightarrow \quad x \neq \frac{\pi}{2} + k\pi \wedge x \neq \frac{\pi}{8} + k\frac{\pi}{2}.$$

Risolvendo l'equazione, otteniamo:

$$x = -\frac{\pi}{4} - k\pi, \text{ soluzioni accettabili.}$$

Animazione

Nell'animazione, oltre all'equazione dell'esempio, risolviamo:

$\tan 2x = -\tan\left(\frac{\pi}{3} - x\right)$.

Per entrambe le equazioni, forniamo inoltre una verifica grafica della accettabilità delle soluzioni.

$\tan\alpha = -\tan\alpha'$

Poiché $\tan(-\alpha) = -\tan\alpha$, possiamo scrivere l'equazione nella forma $\tan\alpha = \tan(-\alpha')$, che permette di ricondurci al caso precedente.

Equazioni riconducibili a equazioni elementari

▶ Esercizi a p. 821

Per ricondurre, quando è possibile, equazioni che contengono più funzioni goniometriche a equazioni elementari si deve:

- esprimere le diverse funzioni mediante una sola di esse, utilizzando eventualmente le formule goniometriche;

Listen to it

When possible, to solve a trigonometric equation involving more than one function, express all the trigonometric functions in terms of only one of them using the trigonometric formulae.

- risolvere l'equazione ottenuta rispetto a tale funzione considerata come incognita;
- risolvere le equazioni elementari che si ottengono.

Animazione

Nell'animazione, oltre alla risoluzione commentata dell'equazione dell'esempio, c'è la risoluzione di: $\cos^2 x + \sin^2 2x = 1$.

ESEMPIO

Risolviamo $2\sin^2 x + 5\cos x - 4 = 0$.

- Scriviamo l'espressione del primo membro in funzione soltanto di $\cos x$, essendo $\sin^2 x = 1 - \cos^2 x$:

$$2(1 - \cos^2 x) + 5\cos x - 4 = 0 \rightarrow 2\cos^2 x - 5\cos x + 2 = 0.$$

- Risolviamo l'equazione rispetto a $\cos x$:

$$\cos x = \frac{5 \pm \sqrt{25 - 16}}{4} \quad \rightarrow \quad \cos x = \frac{1}{2} \vee \cos x = 2.$$

- Se $\cos x = \frac{1}{2}$, $x = \pm\frac{\pi}{3} + 2k\pi$. Se $\cos x = 2$, nessuna soluzione.
- L'equazione di partenza ha quindi le soluzioni $x = \pm\frac{\pi}{3} + 2k\pi$.

2 Equazioni lineari in seno e coseno

▶ Esercizi a p. 825

DEFINIZIONE

Un'**equazione goniometrica lineare in $\sin x$ e $\cos x$** si può ricondurre alla forma:

$$a\sin x + b\cos x + c = 0, \quad \text{con } a, b, c \in \mathbb{R}, a \neq 0 \text{ e } b \neq 0.$$

Se fosse $a = 0$ o $b = 0$, si avrebbe un'equazione goniometrica elementare.
Per risolvere un'equazione lineare si possono applicare tre metodi: quello algebrico, quello grafico e quello dell'angolo aggiunto.

Metodo algebrico

Se $c = 0$

Con $c = 0$ l'equazione diventa della forma: $a\sin x + b\cos x = 0$.

Osserviamo che $x = \frac{\pi}{2} + k\pi$ non può essere soluzione dell'equazione perché per tale valore si avrebbe

$$a \cdot 1 + b \cdot 0 = 0 \vee a \cdot (-1) + b \cdot 0 = 0$$

e cioè $a = 0$, che è impossibile perché per definizione a deve essere diverso da 0.
Allora, se $x \neq \frac{\pi}{2} + k\pi$, è anche $\cos x \neq 0$. Possiamo così dividere tutti i termini per $\cos x$ ottenendo l'equazione elementare

$$a\tan x + b = 0 \rightarrow \tan x = -\frac{b}{a}.$$

ESEMPIO

Risolviamo $\sin x - \sqrt{3}\cos x = 0$. Dividiamo i due membri per $\cos x$,

$$\frac{\sin x}{\cos x} - \frac{\sqrt{3}\cos x}{\cos x} = \frac{0}{\cos x} \quad \to \quad \tan x - \sqrt{3} = 0,$$

e otteniamo l'equazione elementare $\tan x = \sqrt{3}$, le cui soluzioni sono:

$$x = \frac{\pi}{3} + k\pi.$$

Animazione

Quali sono le soluzioni se scambi seno e coseno? Risolvi l'equazione $\cos x - \sqrt{3}\sin x = 0$ e confronta la tua risposta con quella fornita nell'animazione.

Se $c \neq 0$

L'equazione goniometrica è del tipo: $a \sin x + b \cos x + c = 0$.

Per la soluzione si utilizzano le **formule parametriche**:

$$\sin x = \frac{2t}{1+t^2} \quad \text{e} \quad \cos x = \frac{1-t^2}{1+t^2}, \quad \text{con } t = \tan\frac{x}{2} \text{ e } x \neq \pi + 2k\pi.$$

Sostituendo ed eseguendo le semplificazioni, si ottiene un'equazione di secondo grado in t del tipo:

$$a' t^2 + b' t + c' = 0.$$

Poiché le formule parametriche si applicano solo per valori di x per cui esiste la tangente di $\frac{x}{2}$, cioè per $\frac{x}{2} \neq \frac{\pi}{2} + k\pi \to x \neq \pi + 2k\pi$, occorre, prima di tutto, verificare se l'equazione di partenza ammette come soluzioni $x = \pi + 2k\pi$. Risolvendo poi l'equazione in t, si ottengono tutte le altre soluzioni.

ESEMPIO Animazione

Risolviamo $\sin x + \cos x - 1 = 0$.

Dapprima verifichiamo se $x = \pi + 2k\pi$ è soluzione dell'equazione.
Sostituiamo nel primo membro dell'equazione $x = \pi$:

$$\sin\pi + \cos\pi - 1 = 0 + (-1) - 1 \neq 0,$$

quindi $x = \pi + 2k\pi$ **non** è soluzione dell'equazione.
Sostituiamo ora a $\sin x$ e $\cos x$ le relative espressioni delle formule parametriche e l'equazione data diventa:

$$\frac{2t}{1+t^2} + \frac{1-t^2}{1+t^2} - 1 = 0.$$

Moltiplichiamo i due membri per $1 + t^2 \neq 0$ e semplifichiamo:

$$2t + 1 - t^2 - 1(1+t^2) = 0 \quad \to \quad -2t^2 + 2t = 0 \quad \to$$

$$2t(t-1) = 0 \begin{cases} t_1 = 0, \\ t_2 = 1. \end{cases}$$

Siamo giunti a due equazioni elementari, che risolviamo:

$$\tan\frac{x}{2} = 0 \to \frac{x}{2} = k\pi \to x = 2k\pi;$$

$$\tan\frac{x}{2} = 1 \to \frac{x}{2} = \frac{\pi}{4} + k\pi \to x = \frac{\pi}{2} + 2k\pi.$$

Le soluzioni dell'equazione lineare $\sin x + \cos x - 1 = 0$ sono:

$$x = 2k\pi \vee x = \frac{\pi}{2} + 2k\pi.$$

► Risolvi l'equazione:
$\cos x - \sin x - \sqrt{2} = 0$.
$\left[-\frac{\pi}{4} + 2k\pi\right]$

TEORIA

Video

Equazioni lineari in seno e coseno Come risolvere in forma grafica le equazioni lineari in seno e coseno?

Metodo grafico

Risolviamo un'equazione lineare in seno e coseno con la geometria analitica.

- Sostituiamo l'equazione $a \sin x + b \cos x + c = 0$ con un sistema formato dall'equazione stessa e dall'equazione $\sin^2 x + \cos^2 x = 1$, la prima relazione fondamentale della goniometria:

$$\begin{cases} a\sin x + b\cos x + c = 0 \\ \cos^2 x + \sin^2 x = 1 \end{cases}.$$

- Poniamo $\cos x = X$ e $\sin x = Y$ e otteniamo un sistema algebrico.

$$\begin{cases} aY + bX + c = 0 & \text{equazione di una retta} \\ X^2 + Y^2 = 1 & \text{equazione della circonferenza con centro l'origine e raggio 1} \end{cases}$$

- Troviamo le soluzioni dell'equazione lineare, rappresentate dalle coordinate dei punti di intersezione della retta e della circonferenza.

ESEMPIO **Animazione**

Risolviamo $\sqrt{3}\sin x + \cos x = 2$.

Trasformiamo l'equazione nel sistema: $\begin{cases} \sqrt{3}\sin x + \cos x = 2 \\ \cos^2 x + \sin^2 x = 1 \end{cases}.$

Poniamo $\sin x = Y$ e $\cos x = X$:

$$\begin{cases} \sqrt{3}\,Y + X = 2 & \text{equazione di una retta} \\ X^2 + Y^2 = 1 & \text{equazione della circonferenza con centro l'origine e raggio 1} \end{cases}$$

Le soluzioni dell'equazione data sono rappresentate dalle coordinate degli eventuali punti di intersezione della retta con la circonferenza.

Svolgendo i calcoli, si ottiene:

$$\begin{cases} X = \frac{1}{2} \\ Y = \frac{\sqrt{3}}{2} \end{cases}$$

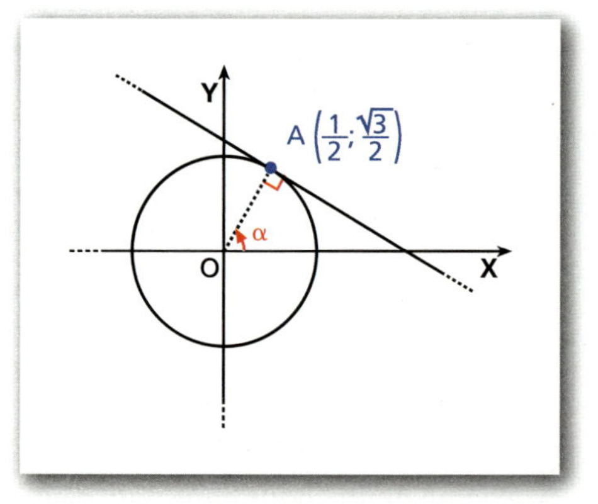

Sostituiamo $\cos x$ a X e $\sin x$ a Y, ottenendo il sistema:

$$\begin{cases} \cos x = \frac{1}{2} \\ \sin x = \frac{\sqrt{3}}{2} \end{cases}$$

che ha per soluzioni $x = \frac{\pi}{3} + 2k\pi$.

▶ Risolvi graficamente l'equazione $\sin x + \cos x - \sqrt{2} = 0$. $\left[\frac{\pi}{4} + 2k\pi\right]$

Metodo dell'angolo aggiunto

Poiché l'espressione $a \sin x + b \cos x$ equivale a

$$r\sin(x + \alpha), \quad \text{con } r = \sqrt{a^2 + b^2} \ \text{ e } \ \tan\alpha = \frac{b}{a},$$

è possibile trasformare l'equazione lineare $a \sin x + b \cos x + c = 0$ in

$$r \sin(x + \alpha) + c = 0 \rightarrow \sin(x + \alpha) = -\frac{c}{r},$$

ossia in un'equazione elementare.

ESEMPIO Animazione

Risolviamo $\sin x - \sqrt{3} \cos x + 1 = 0$.

$$r = \sqrt{1 + 3} = 2; \quad \tan\alpha = \frac{-\sqrt{3}}{1} = -\sqrt{3} \rightarrow \alpha = -\frac{\pi}{3}.$$

L'equazione equivale a:

$$2 \sin\left(x - \frac{\pi}{3}\right) + 1 = 0 \rightarrow \sin\left(x - \frac{\pi}{3}\right) = -\frac{1}{2}.$$

Questo ci porta a due insiemi di soluzioni:

- $x - \frac{\pi}{3} = \frac{7}{6}\pi + 2k\pi \rightarrow x = \frac{3}{2}\pi + 2k\pi;$
- $x - \frac{\pi}{3} = \frac{11}{6}\pi + 2k\pi \rightarrow x = \frac{13}{6}\pi + 2k\pi.$

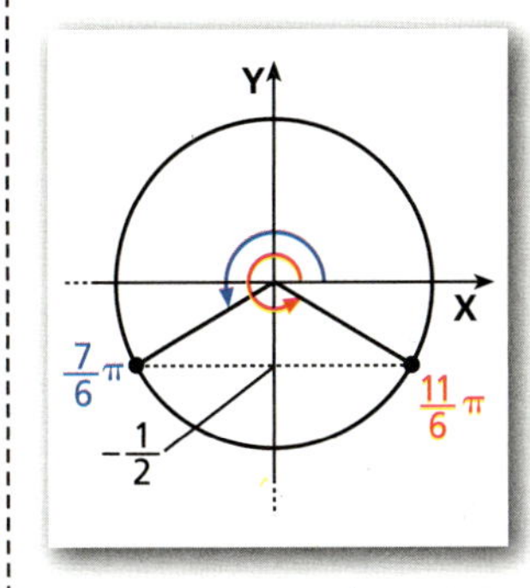

► Risolvi con il metodo dell'angolo aggiunto l'equazione:
$\sin x + \sqrt{3} \cos x = 1.$
$\left[-\frac{\pi}{6} + 2k\pi \vee \frac{\pi}{2} + 2k\pi\right]$

3 Equazioni omogenee di secondo grado in seno e coseno

► Esercizi a p. 828

Ricordiamo che un'equazione è omogenea quando tutti i suoi termini sono dello stesso grado.

DEFINIZIONE

Un'**equazione goniometrica omogenea di secondo grado in sin *x* e cos *x*** si può scrivere nella forma:

$$a \sin^2 x + b \sin x \cos x + c \cos^2 x = 0.$$

Consideriamo due casi.

- $a = 0 \vee c = 0$.

  Se $a = 0$ si ha: $b \sin x \cos x + c \cos^2 x = 0$.

  Se $c = 0$ si ha: $a \sin^2 x + b \sin x \cos x = 0$.

  Si può poi eseguire un raccoglimento di $\cos x$ nel primo caso e di $\sin x$ nel secondo,

  $\cos x\,(b \sin x + c \cos x) = 0$, oppure

  $\sin x\,(a \sin x + b \cos x) = 0$,

  ottenendo equazioni che si possono risolvere mediante la legge di annullamento del prodotto. Uguagliando a 0 i singoli fattori, si hanno equazioni elementari o equazioni lineari.

► Risolvi l'equazione:
$\cos x \sin x - \sqrt{3} \sin^2 x = 0.$
$\left[k\pi; \frac{\pi}{6} + k\pi\right]$

TEORIA

- $a \neq 0 \wedge c \neq 0$. Sono presenti entrambi i termini con $\sin^2 x$ e con $\cos^2 x$.

  Poiché $a \neq 0$, possiamo assumere: $\cos^2 x \neq 0$.

  Infatti è $\cos^2 x = 0$ per $x = \frac{\pi}{2} + k\pi$ e se questo valore fosse soluzione dell'equazione data, risulterebbe $a \cdot 1 + 0 + 0 = 0$, ossia $a = 0$, contro l'ipotesi.

  Dividiamo allora entrambi i membri per $\cos^2 x$, ottenendo un'equazione di secondo grado in $\tan x$, equivalente alla data:

$$\frac{a\sin^2 x}{\cos^2 x} + \frac{b\sin x\cos x}{\cos^2 x} + \frac{c\cos^2 x}{\cos^2 x} = \frac{0}{\cos^2 x} \rightarrow$$

$$a\tan^2 x + b\tan x + c = 0.$$

ESEMPIO Animazione

Risolviamo $\sin^2 x - (1 + \sqrt{3})\sin x\cos x + \sqrt{3}\cos^2 x = 0$.

Poiché sono presenti i termini in $\sin^2 x$ e $\cos^2 x$ (quindi $x = \frac{\pi}{2} + k\pi$ non è soluzione dell'equazione), dividiamo i due membri per $\cos^2 x$:

$$\frac{\sin^2 x}{\cos^2 x} - \frac{(1+\sqrt{3})\sin x\cos x}{\cos^2 x} + \frac{\sqrt{3}\cos^2 x}{\cos^2 x} = \frac{0}{\cos^2 x}.$$

Otteniamo l'equazione in $\tan x$: $\tan^2 x - (1 + \sqrt{3}) \cdot \tan x + \sqrt{3} = 0$.
Poniamo $\tan x = y$ e risolviamo l'equazione di secondo grado in y:

$$y = \frac{(1+\sqrt{3}) \pm \sqrt{(1-\sqrt{3})^2}}{2} = \frac{(1+\sqrt{3}) \pm (1-\sqrt{3})}{2} \begin{cases} y_1 = 1, \\ y_2 = \sqrt{3}. \end{cases}$$

Risolviamo, dunque, le due equazioni elementari:

$$\tan x = 1 \;\rightarrow\; x = \frac{\pi}{4} + k\pi; \quad \tan x = \sqrt{3} \;\rightarrow\; x = \frac{\pi}{3} + k\pi.$$

L'equazione omogenea data ha per soluzioni:

$$x = \frac{\pi}{4} + k\pi \vee x = \frac{\pi}{3} + k\pi.$$

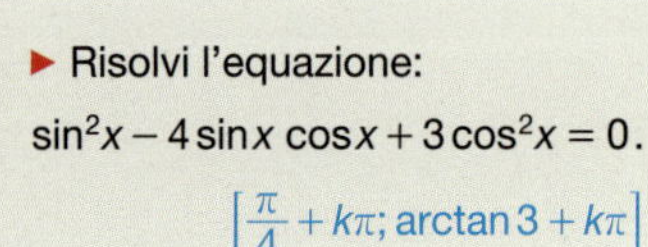

Un'equazione omogenea di secondo grado può essere risolta anche trasformandola in un'equazione lineare, tenendo presente che:

$$\sin^2 x = \frac{1-\cos 2x}{2}, \quad \cos^2 x = \frac{1+\cos 2x}{2}, \quad \sin x\cos x = \frac{\sin 2x}{2}.$$

► Risolvi l'equazione: $5\sin^2 x - 2 = 2\sqrt{3}\sin x\cos x + \cos^2 x$.

Animazione

Equazioni riconducibili a omogenee di secondo grado in seno e coseno

Un'equazione del tipo

$$\boldsymbol{a\sin^2 x + b\sin x\cos x + c\cos^2 x = d}, \quad \text{con } d \neq 0,$$

è **riconducibile a omogenea di secondo grado in seno e coseno**. Infatti, può essere scritta in modo da risultare omogenea moltiplicando il termine noto d per $(\sin^2 x + \cos^2 x)$, uguale a 1 per ogni x.

L'equazione diventa:

$$a\sin^2 x + b\sin x\cos x + c\cos^2 x = d(\sin^2 x + \cos^2 x).$$

▶ Risolvi l'equazione: $2\sqrt{3}\sin^2 x - \sin x\cos x + \sqrt{3}\cos^2 x = \sqrt{3}$.

Animazione

4 Sistemi di equazioni goniometriche

▶ Esercizi a p. 838

È possibile trattare i sistemi di equazioni goniometriche in modo analogo ai sistemi di equazioni algebriche.

ESEMPIO Animazione

Risolviamo il seguente sistema di due equazioni goniometriche in due incognite x e y, utilizzando il metodo di sostituzione:

$$\begin{cases} 4\cos^2 x + 3\cos^2 y = 4 \\ 2\cos x + 5\cos y = 6 \end{cases}$$

Poniamo $\cos x = X$ e $\cos y = Y$:

$$\begin{cases} 4X^2 + 3Y^2 = 4 \\ 2X + 5Y = 6 \end{cases}$$

Dalla seconda equazione ricaviamo $X = \frac{6-5Y}{2}$; sostituiamo nella prima:

$$\begin{cases} 4\left(\frac{6-5Y}{2}\right)^2 + 3Y^2 = 4 \rightarrow 7Y^2 - 15Y + 8 = 0 \rightarrow Y = \frac{8}{7} \text{ e } Y = 1 \\ X = \frac{6-5Y}{2} \end{cases}$$

Poiché $Y = \cos y$ e la funzione coseno ha i valori compresi fra -1 e 1, l'equazione $\cos y = \frac{8}{7}$ non ha soluzioni.

Consideriamo soltanto la soluzione $Y = 1$, per cui il sistema diventa:

$$\begin{cases} Y = 1 \\ X = \frac{1}{2} \end{cases} \rightarrow \begin{cases} \cos y = 1 \\ \cos x = \frac{1}{2} \end{cases} \rightarrow \begin{cases} y = 2k\pi \\ x = \pm\frac{\pi}{3} + 2k_1\pi \end{cases}, \quad \text{con } k, k_1 \in \mathbb{Z}.$$

▶ Risolvi il seguente sistema:

$$\begin{cases} \tan x - \tan y = -\frac{\sqrt{3}}{3} \\ \tan x + \tan y = \frac{\sqrt{3}}{3} \end{cases}.$$

$\left[x = k\pi;\ y = \frac{\pi}{6} + k_1\pi\right]$

5 Disequazioni goniometriche

DEFINIZIONE

Una **disequazione goniometrica** contiene almeno una funzione goniometrica dell'incognita.

TEORIA

Disequazioni goniometriche elementari

Esercizi a p. 840

Le **disequazioni goniometriche elementari** sono del tipo:

$$\sin x > a, \quad \cos x > b, \quad \tan x > c,$$

o del tipo analogo con i simboli $\geq$, $<$, $\leq$.
È possibile risolverle in due modi:

1. utilizzando il grafico della relativa funzione goniometrica;
2. utilizzando la circonferenza goniometrica.

Primo metodo

ESEMPIO Animazione

Risolviamo $\sin x < \frac{1}{2}$.

L'equazione associata è $\sin x = \frac{1}{2}$, le cui soluzioni in $[0; 2\pi]$ sono $x = \frac{\pi}{6}$ e $x = \frac{5}{6}\pi$.

Tracciamo il grafico della funzione $y = \sin x$ nell'intervallo $[0; 2\pi]$ e il grafico della retta $y = \frac{1}{2}$. Le ascisse dei punti di intersezione della retta con la sinusoide sono $\frac{\pi}{6}$ e $\frac{5}{6}\pi$.

Poiché dev'essere $\sin x < \frac{1}{2}$, coloriamo la parte di sinusoide che sta strettamente «sotto» la retta $y = \frac{1}{2}$ (figura **c**).

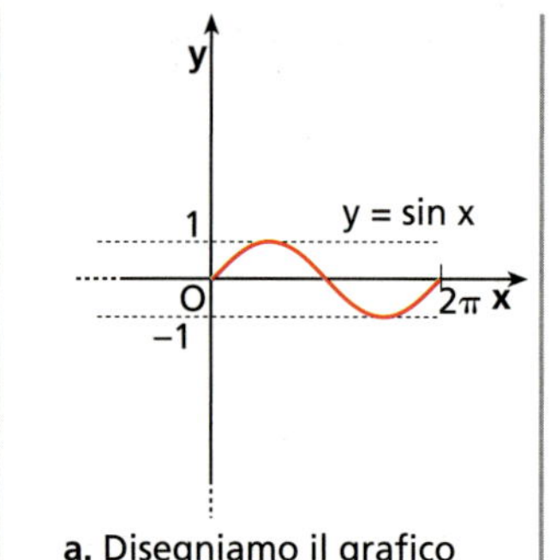

a. Disegniamo il grafico di $y = \sin x$, $x \in [0; 2\pi]$.

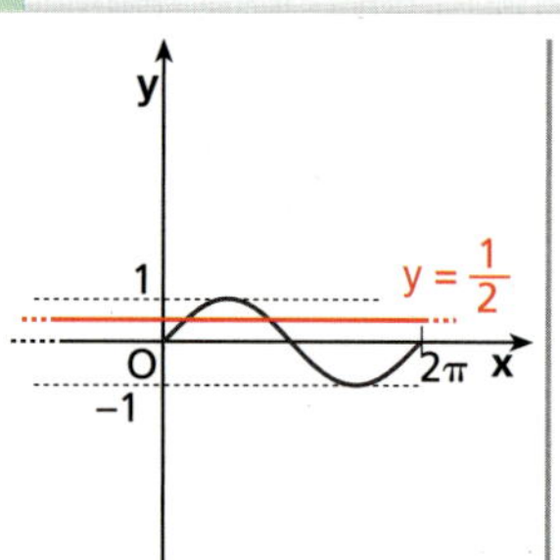

b. Tracciamo la retta $y = \frac{1}{2}$.

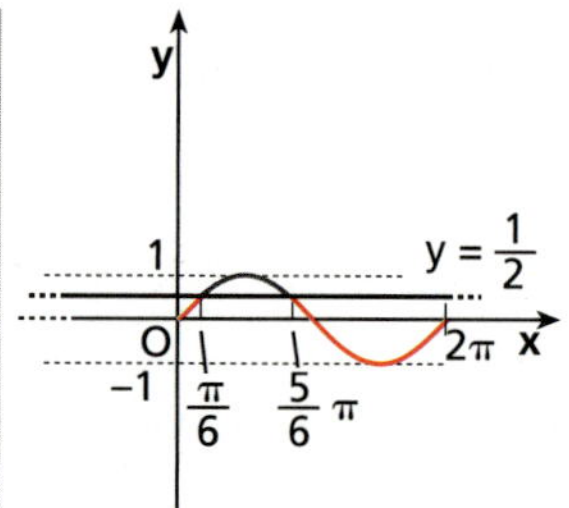

c. Evidenziamo in rosso la parte di sinusoide le cui ordinate sono strettamente minori di $\frac{1}{2}$.

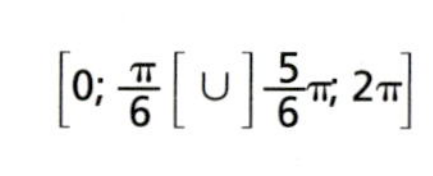

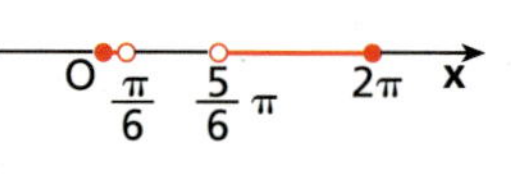

d. La soluzione della disequazione è data dalle ascisse corrispondenti ai punti evidenziati.

Le ascisse dei punti della sinusoide evidenziata variano da 0 a $\frac{\pi}{6}$ e da $\frac{5}{6}\pi$ a 2π. Pertanto le soluzioni nell'intervallo $[0; 2\pi]$ sono:

$$0 \leq x < \frac{\pi}{6} \vee \frac{5}{6}\pi < x \leq 2\pi.$$

Se teniamo conto della periodicità della funzione seno, le soluzioni della disequazione in $\mathbb{R}$ sono:

$$2k\pi \leq x < \frac{\pi}{6} + 2k\pi \vee \frac{5}{6}\pi + 2k\pi < x \leq 2\pi + 2k\pi.$$

► Risolvi la disequazione $\cos x > \frac{\sqrt{3}}{2}$, utilizzando il grafico di $y = \cos x$.

Animazione

Secondo metodo

ESEMPIO Animazione

Consideriamo di nuovo la disequazione $\sin x < \frac{1}{2}$.

Disegniamo la circonferenza goniometrica e su di essa evidenziamo i punti P e Q che hanno ordinata uguale a $\frac{1}{2}$. A essi corrispondono gli angoli $\frac{\pi}{6}$ e $\frac{5}{6}\pi$ che risolvono l'equazione associata.

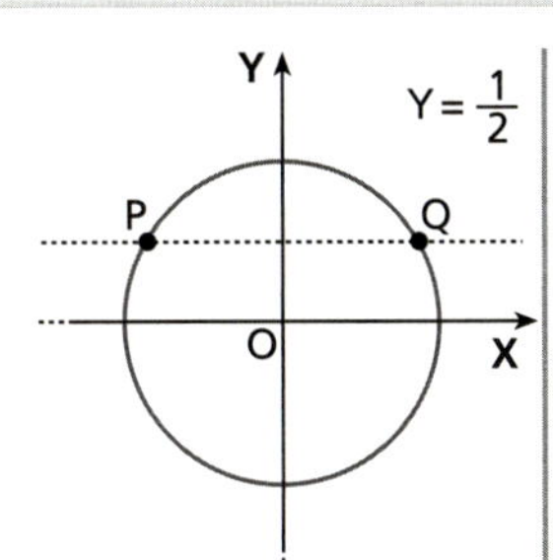

a. Tracciamo la retta $Y = \frac{1}{2}$ e indichiamo con P e Q i punti aventi ordinata $\frac{1}{2}$.

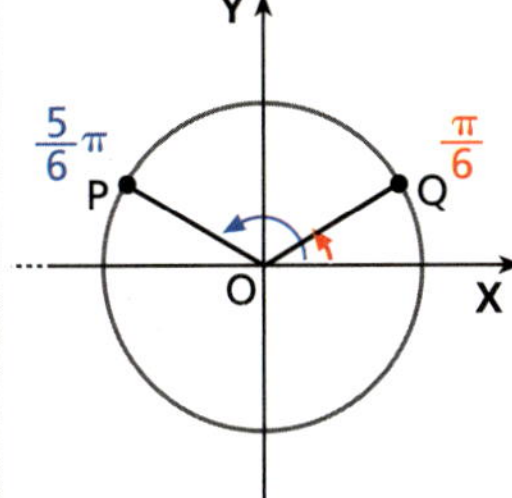

b. Evidenziamo gli angoli $\frac{\pi}{6}$ e $\frac{5}{6}\pi$ individuati da P e Q.

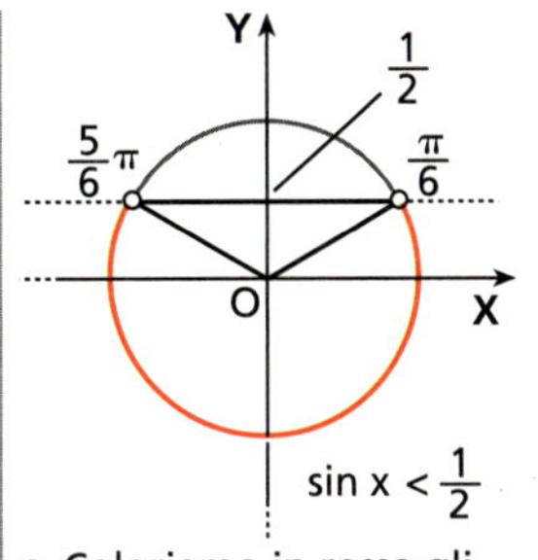

c. Coloriamo in rosso gli archi i cui punti hanno ordinata minore di $\frac{1}{2}$.

Le soluzioni nell'intervallo $[0; 2\pi]$ sono date da tutti gli angoli a cui corrispondono sulla circonferenza goniometrica punti con ordinata minore di $\frac{1}{2}$:

$$0 \leq x < \frac{\pi}{6} \vee \frac{5}{6}\pi < x \leq 2\pi.$$

Abbiamo ottenuto lo stesso risultato del primo metodo.

► Risolvi utilizzando la circonferenza goniometrica:

$\cos x > \frac{\sqrt{3}}{2}$.

Animazione

Disequazioni goniometriche non elementari

► Esercizi a p. 843

Esaminiamo un esempio.

ESEMPIO Animazione

Risolviamo $\sqrt{2}\sin^2 x - \sin x \geq 0$, nell'intervallo $[0; 2\pi]$.

Questa è una disequazione di secondo grado in $\sin x$, soddisfatta per valori esterni all'intervallo delle soluzioni dell'equazione associata.

Determiniamo le soluzioni dell'equazione associata:

$$\sqrt{2}\sin^2 x - \sin x = 0$$

$$\sin x \cdot (\sqrt{2}\sin x - 1) = 0 \quad \rightarrow \quad \sin x = 0 \vee \sin x = \frac{\sqrt{2}}{2}.$$

Consideriamo i valori esterni all'intervallo delle soluzioni:

$$\sin x \leq 0 \vee \sin x \geq \frac{\sqrt{2}}{2}.$$

Ci siamo quindi ricondotti a risolvere due disequazioni elementari.

Rappresentiamo graficamente gli intervalli soluzione, utilizzando i due metodi appena visti.

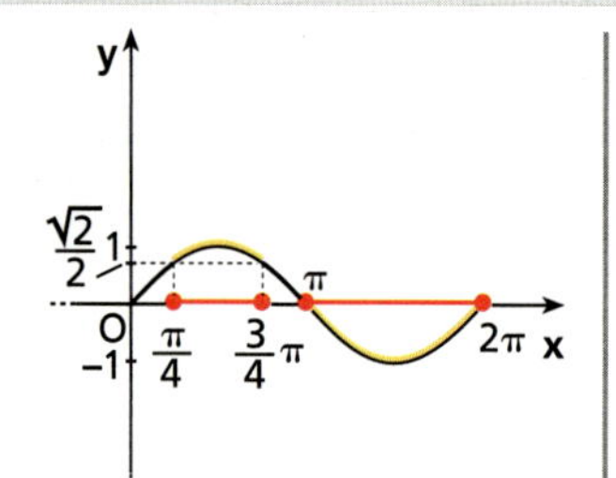

a. Risoluzione con il grafico della funzione seno.

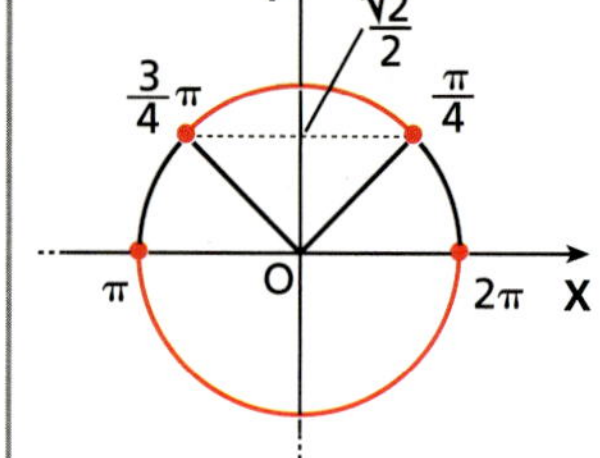

b. Risoluzione con la circonferenza goniometrica.

▶ Risolvi la disequazione $\cos x + \cos^2 x > 0$.
$\left[-\frac{\pi}{2} + 2k\pi < x < \frac{\pi}{2} + 2k\pi\right]$

Le soluzioni della disequazione di partenza, nell'intervallo $[0; 2\pi]$, sono

$$\frac{\pi}{4} \le x \le \frac{3}{4}\pi \vee \pi \le x \le 2\pi.$$

Disequazioni fratte o sotto forma di prodotto

▶ Esercizi a p. 845

Esaminiamo un esempio in cui viene risolta una disequazione fratta.

ESEMPIO Animazione

Risolviamo la disequazione $\tan x \ge \frac{1}{2\cos x}$.

- Scriviamo la disequazione in seno e coseno, nella forma $\frac{N}{D} \ge 0$:

$$\frac{\sin x}{\cos x} \ge \frac{1}{2\cos x} \quad \rightarrow \quad \frac{2\sin x - 1}{2\cos x} \ge 0.$$

- Studiamo il segno di N e D in $[0; 2\pi]$:

$$N > 0: 2\sin x - 1 > 0 \quad \rightarrow \quad \sin x > \frac{1}{2} \quad \rightarrow \quad \frac{\pi}{6} < x < \frac{5}{6}\pi;$$

$$D > 0: 2\cos x > 0 \quad \rightarrow \quad \cos x > 0 \quad \rightarrow \quad 0 < x < \frac{\pi}{2} \vee \frac{3}{2}\pi < x < 2\pi.$$

- Rappresentiamo i segni su circonferenze concentriche (quella più interna è relativa al segno di N) e applichiamo la regola dei segni, riportando i risultati su una terza circonferenza, che nella figura è la più esterna.

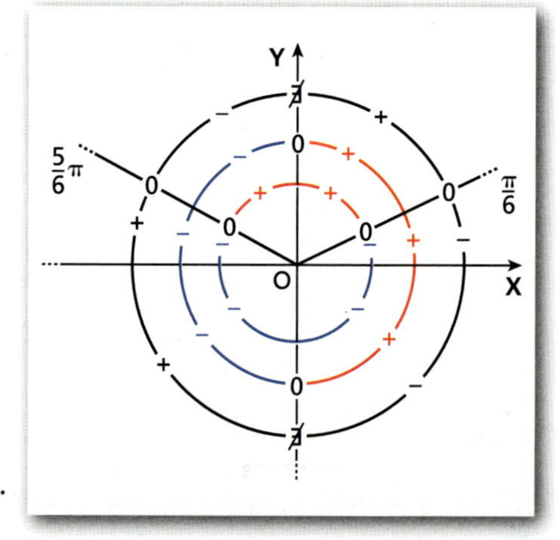

Scegliamo gli intervalli in cui in $[0; 2\pi]$ è $\frac{N}{D} \ge 0$:

$$\frac{\pi}{6} \le x < \frac{\pi}{2} \vee \frac{5}{6}\pi \le x < \frac{3}{2}\pi.$$

Tenendo conto della periodicità, la disequazione è verificata in $\mathbb{R}$ per:

$$\frac{\pi}{6} + 2k\pi \le x < \frac{\pi}{2} + 2k\pi \vee \frac{5}{6}\pi + 2k\pi \le x < \frac{3}{2}\pi + 2k\pi.$$

▶ Risolvi la disequazione:
$(2\sin x + 1)\cdot(\sqrt{2}\cos x - 1) < 0$.

Sistemi di disequazioni goniometriche

▶ Esercizi a p. 852

Un sistema di disequazioni goniometriche è l'insieme di due o più disequazioni goniometriche nella stessa incognita. Le soluzioni del sistema sono quei valori che soddisfano contemporaneamente tutte le disequazioni.

ESEMPIO Animazione

Risolviamo il sistema $\begin{cases} 4\sin^2 x - 3 \geq 0 \\ \tan x \geq 1 \end{cases}$.

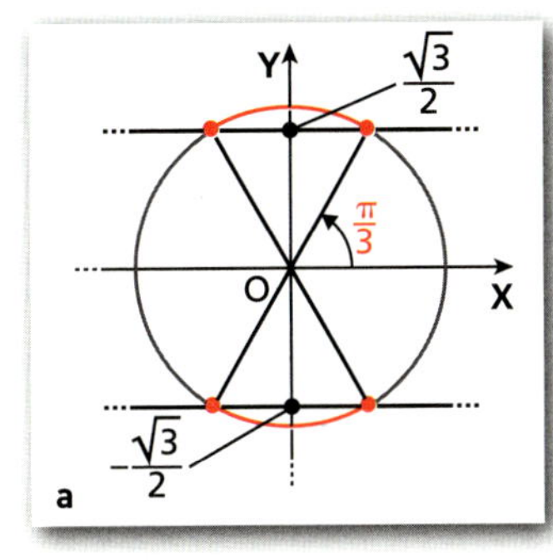

- Risolviamo la prima disequazione.

$$4\sin^2 x - 3 \geq 0 \rightarrow \sin^2 x \geq \frac{3}{4} \rightarrow$$

$$\sin x \leq -\frac{\sqrt{3}}{2} \vee \sin x \geq \frac{\sqrt{3}}{2}$$

- Dallo schema grafico (figura **a**) deduciamo che la disequazione è verificata per:

$$\frac{\pi}{3} + k\pi \leq x \leq \frac{2}{3}\pi + k\pi.$$

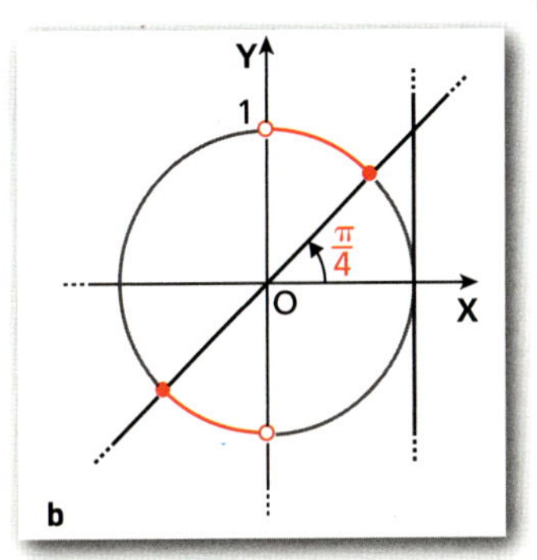

- Risolviamo la seconda disequazione (figura **b**):

$$\tan x \geq 1 \rightarrow \frac{\pi}{4} + k\pi \leq x < \frac{\pi}{2} + k\pi.$$

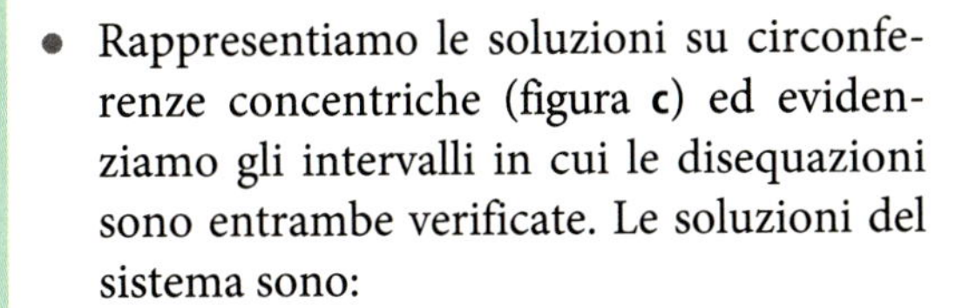

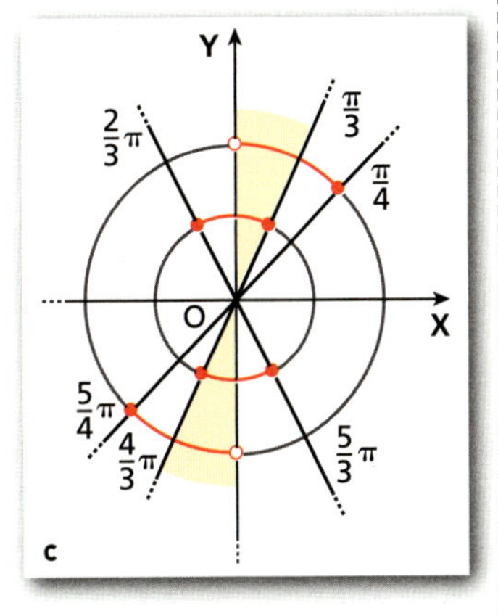

- Rappresentiamo le soluzioni su circonferenze concentriche (figura **c**) ed evidenziamo gli intervalli in cui le disequazioni sono entrambe verificate. Le soluzioni del sistema sono:

$$\frac{\pi}{3} + k\pi \leq x < \frac{\pi}{2} + k\pi.$$

▶ Risolvi il sistema:
$\begin{cases} 2\cos x + \sqrt{2} > 0 \\ 2\sin x \leq -1 \end{cases}$.

MATEMATICA E TECNOLOGIA

I pannelli solari Il Sole è una fonte di energia rinnovabile ed economica. Chiunque può diventare produttore di energia solare se possiede dei pannelli solari.

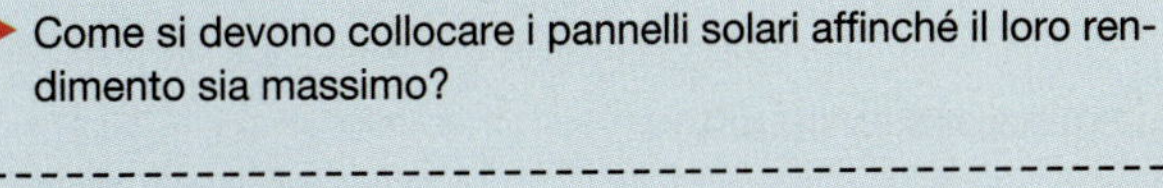

▶ Come si devono collocare i pannelli solari affinché il loro rendimento sia massimo?

La risposta

IN SINTESI
Equazioni e disequazioni goniometriche

Equazioni goniometriche elementari

Equazioni goniometriche elementari		
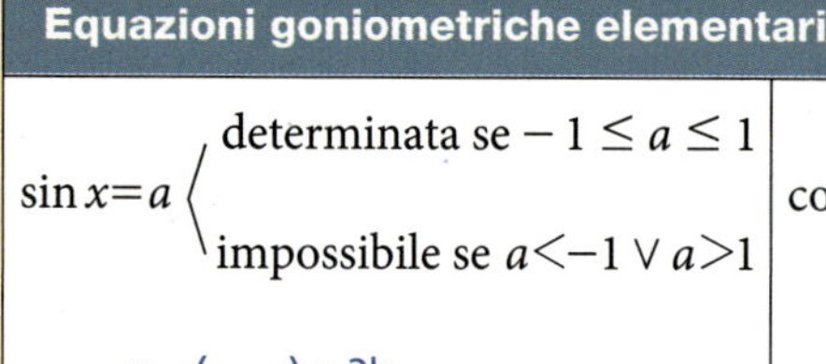 $\sin x = a \begin{cases} \text{determinata se } -1 \le a \le 1 \\ \text{impossibile se } a < -1 \vee a > 1 \end{cases}$	$\cos x = b \begin{cases} \text{determinata se } -1 \le b \le 1 \\ \text{impossibile se } b < -1 \vee b > 1 \end{cases}$	$\tan x = c$ determinata $\forall c \in \mathbb{R}$
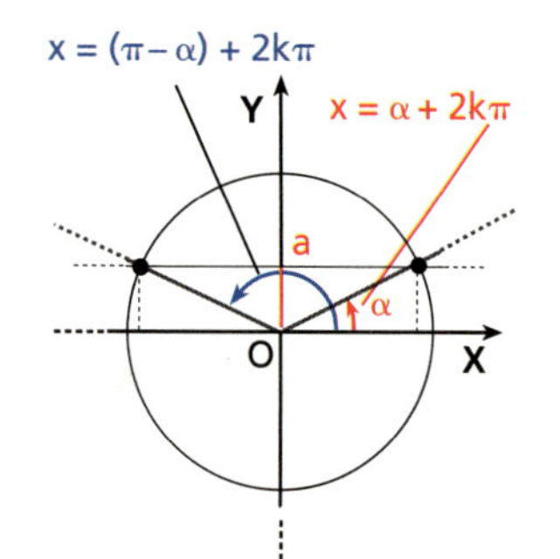	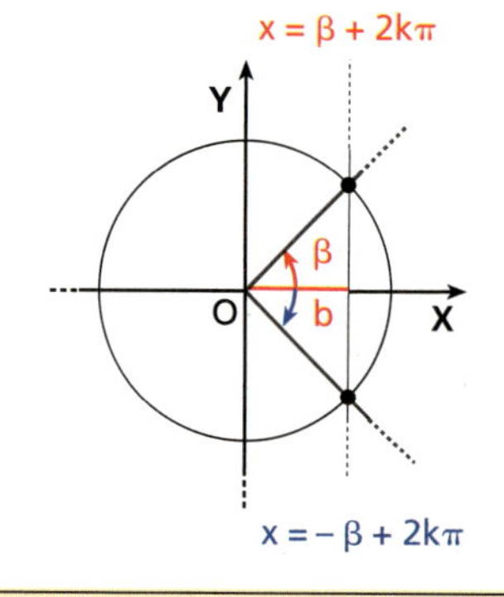	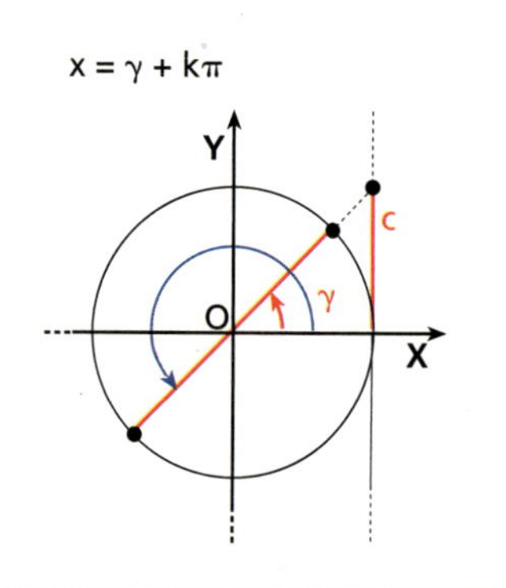

Equazioni lineari in seno e coseno

- **Equazioni lineari**: sono della forma $a\sin x + b\cos x + c = 0$, con $a \neq 0$ e $b \neq 0$.
- **Metodo di risoluzione algebrico**
  - $c = 0$: si dividono i membri per $\cos x \neq 0$ e si risolve l'equazione in tangente.
  - $c \neq 0$:
    - si determinano eventuali soluzioni del tipo $x = \pi + 2k\pi$;
    - si utilizzano le formule parametriche per $x \neq \pi + 2k\pi$,
      $\sin x = \frac{2t}{1+t^2}$ e $\cos x = \frac{1-t^2}{1+t^2}$, con $t = \tan\frac{x}{2}$
      risolvendo l'equazione in t.
- **Metodo di risoluzione grafico**
  - Si eseguono le sostituzioni $\sin x = Y$ e $\cos x = X$.
  - Si risolve il sistema tra equazione della retta $aY + bX + c = 0$ e $X^2 + Y^2 = 1$, equazione della circonferenza goniometrica. Le soluzioni del sistema sono i punti di intersezione tra retta e circonferenza.
- **Metodo di risoluzione dell'angolo aggiunto**
  - Si considera
    $$a\sin x + b\cos x = r\sin(x + \alpha), \text{ con } r = \sqrt{a^2 + b^2} \text{ e } \tan\alpha = \frac{b}{a}.$$
  - Si sostituisce in $a\sin x + b\cos x + c = 0$:
    $$r\sin(x + \alpha) + c = 0 \rightarrow \sin(x + \alpha) = -\frac{c}{r}, \text{ equazione elementare.}$$

Equazioni omogenee di secondo grado in seno e coseno

- **Equazioni omogenee di secondo grado in seno e coseno**: sono le equazioni riconducibili alla forma:

  $a\sin^2 x + b\sin x\cos x + c\cos^2 x = 0.$

- **Metodo risolutivo**
  - Se $a = 0$: $b\sin x\cos x + c\cos^2 x = 0 \to \cos x(b\sin x + c\cos x) = 0$.
  - Se $c = 0$: $a\sin^2 x + b\sin x\cos x = 0 \to \sin x(a\sin x + b\cos x) = 0$.
  - Se $a \neq 0 \wedge c \neq 0$: si divide per $\cos^2 x$ (diverso da 0, essendo $a \neq 0$) $\to a\tan^2 x + b\tan x + c = 0$.

- Sono **riconducibili** a omogenee di secondo grado in seno e coseno le equazioni del tipo:

  $a \cdot \sin^2 x + b \cdot \sin x\cos x + c \cdot \cos^2 x = d, \quad \text{con } d \neq 0.$

  Per risolverle, si moltiplica d per $1 = \sin^2 x + \cos^2 x$ e si risolve l'equazione omogenea così ottenuta.

Disequazioni goniometriche

- **Disequazioni goniometriche elementari**: sono le disequazioni del tipo $\sin x < a$, $\cos x < a$, $\tan x < a$ e quelle analoghe con diversi simboli di diseguaglianza.

- **Metodi risolutivi**
  - Con il **grafico della funzione goniometrica**.

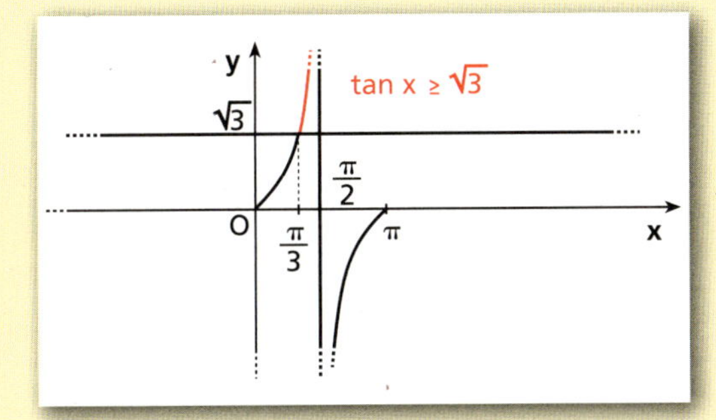

  - Con la **circonferenza goniometrica**.

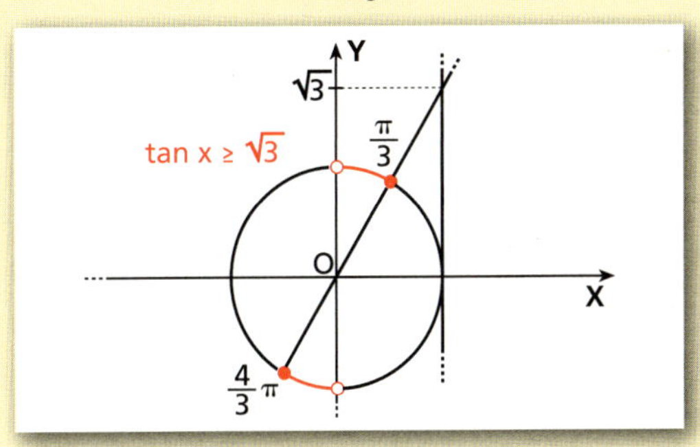

- Si risolvono le **disequazioni goniometriche non elementari** riconducendole a disequazioni elementari. Le disequazioni sotto forma di prodotti si risolvono mediante lo **studio del segno** dei fattori.

  ESEMPIO: $(2\sin x + \sqrt{2})(2\cos x - 1) > 0$.

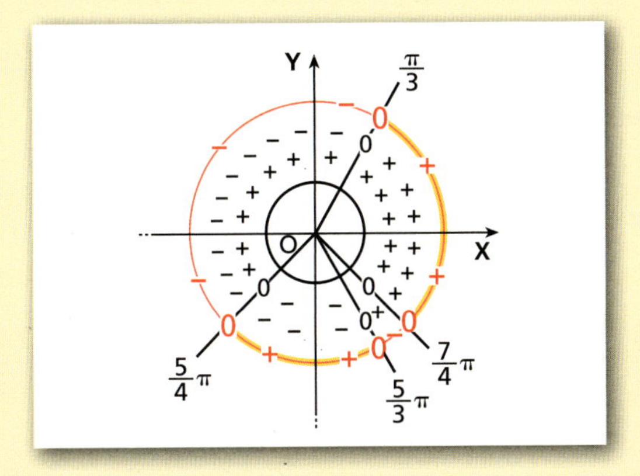

- Un **sistema di disequazioni goniometriche** ha come soluzioni quei valori che soddisfano contemporaneamente tutte le sue disequazioni.

  ESEMPIO: $\begin{cases} 2\sin x + \sqrt{2} > 0 \\ 2\cos x - 1 > 0 \end{cases}$

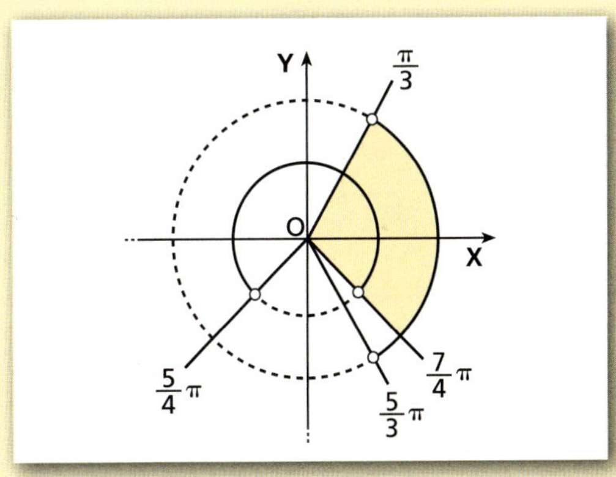

ESERCIZI

CAPITOLO 14
ESERCIZI

1 Equazioni goniometriche elementari

1 Riconosci fra le seguenti equazioni quelle goniometriche.

$3 \sin x = 1$; $3x \sin \pi = 1$; $2 \cos x + 2 = 0$; $2x - \tan 30° = 0$; $\sin^2 x - \cos x - 3 = 0$.

Scrittura sintetica delle soluzioni di un'equazione

2 TEST Fra le seguenti espressioni, una sola *non* è equivalente a $x = \frac{\pi}{2} + k\frac{\pi}{2}$. Quale?

A $x = \pi + k\frac{\pi}{2}$

B $x = \frac{3}{2}\pi + k\frac{\pi}{2}$

C $x = k\pi \lor x = \frac{\pi}{2} + k\pi$

D $x = 2k\pi \lor x = \frac{\pi}{2} + k\pi$

E $x = k\frac{\pi}{2}$

3 ASSOCIA a ciascuna espressione della prima colonna un'espressione della seconda colonna che descriva gli stessi angoli.

a. $x = k\pi$	1. $x = 2k\pi$
b. $x = \pi + 2k\pi$	2. $x = \pi + k\pi$
c. $x = -4\pi + 2k\pi$	3. $x = -\pi + 2k\pi$
d. $x = k\frac{\pi}{2}$	4. $x = \frac{\pi}{2} + k\frac{\pi}{2}$

4 VERO O FALSO? Le due scritture sintetiche indicate sono equivalenti.

a. $x = -\frac{\pi}{4} + 2k\pi$, $\quad x = \frac{7}{4}\pi + 2k\pi$. V F

b. $x = \frac{\pi}{3} + 2k\pi \lor x = \frac{4}{3}\pi + 2k\pi$, $\quad x = \frac{\pi}{3} + k\pi$. V F

c. $x = \frac{5}{6}\pi + k\pi$, $\quad x = \frac{11}{6}\pi + 2k\pi$. V F

d. $x = \frac{\pi}{2} + 2k\pi \lor x = \frac{3}{2}\pi + 2k\pi$, $\quad x = -\frac{\pi}{2} + k\pi$. V F

e. $x = k\pi$, $\quad x = 2k\pi \lor x = \pi + 2k\pi$. V F

f. $x = \frac{\pi}{4} + k\frac{\pi}{2}$, $\quad x = \pm\frac{\pi}{4} + k\pi$. V F

Rappresenta nella circonferenza goniometrica le seguenti soluzioni di equazioni goniometriche.

5 a. $x = -\frac{\pi}{4} + k\pi$; b. $x = \frac{3}{2}\pi + k\pi$.

6 a. $x = \frac{\pi}{4} + k\frac{\pi}{2}$; b. $x = -\frac{2}{3}\pi + k\pi$.

7 a. $x = \frac{\pi}{6} + k\pi \lor x = -\frac{\pi}{6} + 2k\pi$; b. $x = \frac{3}{4}\pi + k\pi \lor x = k\pi$.

LEGGI IL GRAFICO In ogni figura sono indicate le soluzioni di un'equazione goniometrica. Scrivi il risultato nella forma più sintetica possibile, indicando anche la periodicità.

8

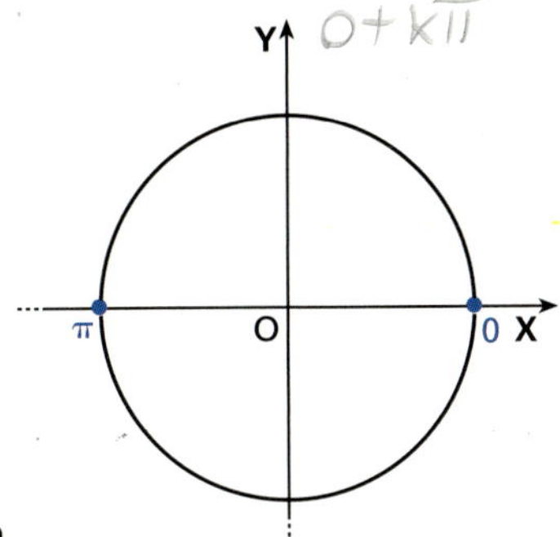

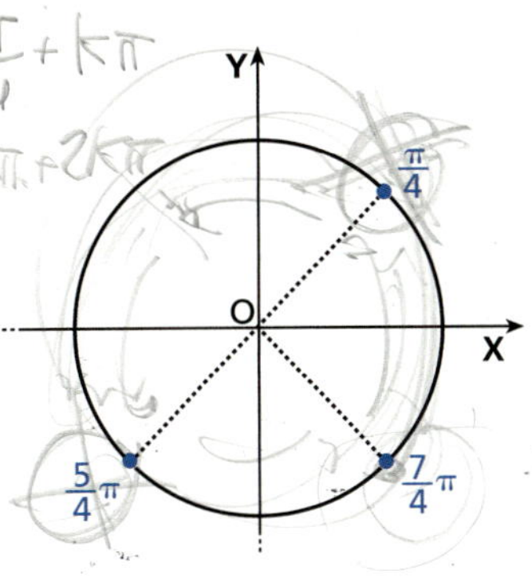

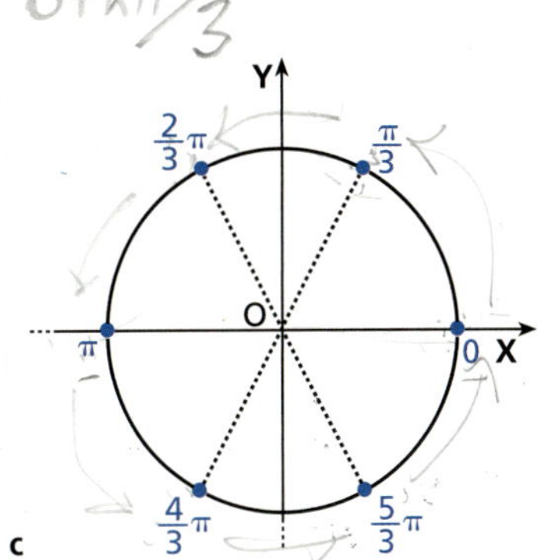

9

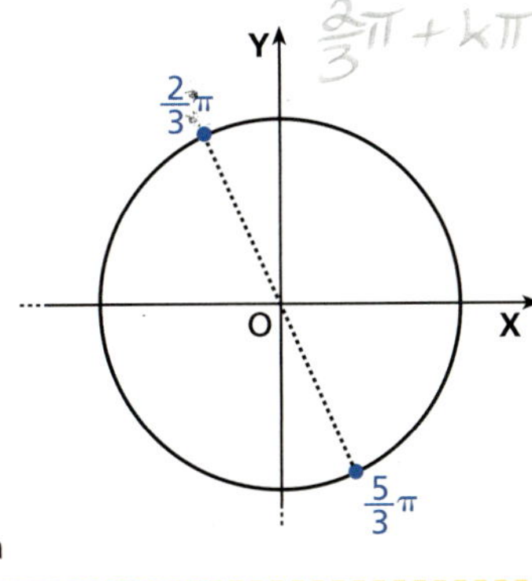

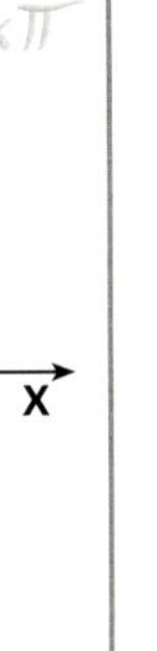

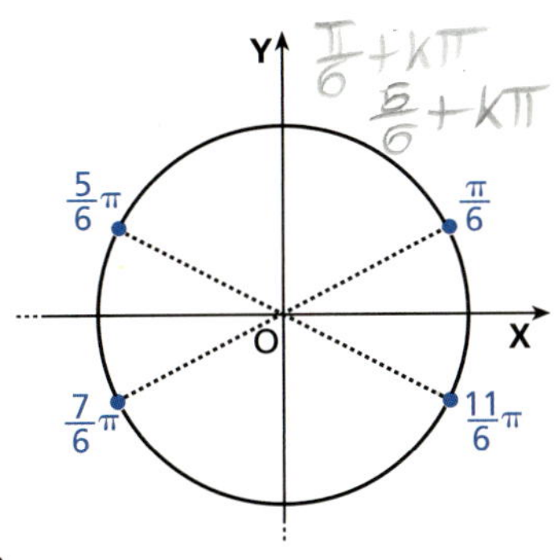

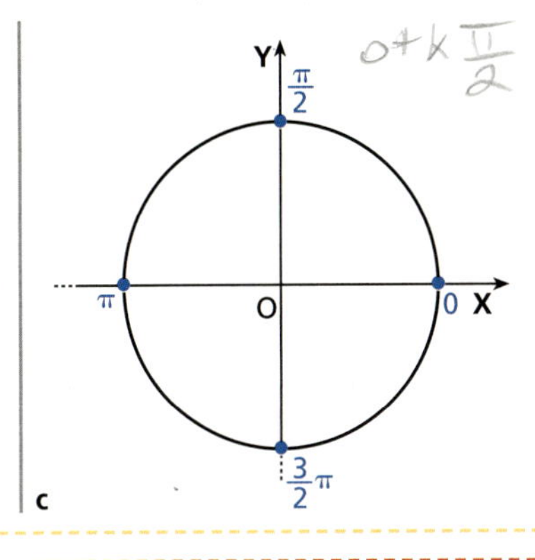

sin *x* = *a*

Teoria a p. 792

10 **ESERCIZIO GUIDA** Risolviamo le seguenti equazioni:

a. $2\sin x - 1 = 0$; **b.** $2\sin x - 4 = 0$; **c.** $\sin\left(x - \frac{\pi}{6}\right) = \frac{\sqrt{3}}{2}$; **d.** $\sin x = \frac{1}{3}$.

a. Risolviamo l'equazione rispetto a $\sin x$:

$$2\sin x - 1 = 0 \rightarrow \sin x = \frac{1}{2}.$$

Usando la circonferenza goniometrica, cerchiamo i punti di ordinata $\frac{1}{2}$. A essi corrispondono gli angoli $\frac{\pi}{6}$ e $\pi - \frac{\pi}{6} = \frac{5}{6}\pi$. Inoltre, tutti gli angoli che si ottengono da $\frac{\pi}{6}$ e $\frac{5}{6}\pi$ aggiungendo (o sottraendo) 2π e i suoi multipli hanno lo stesso seno, quindi sono soluzioni dell'equazione. In conclusione, le soluzioni dell'equazione sono: $x = \frac{\pi}{6} + 2k\pi \vee x = \frac{5}{6}\pi + 2k\pi$.

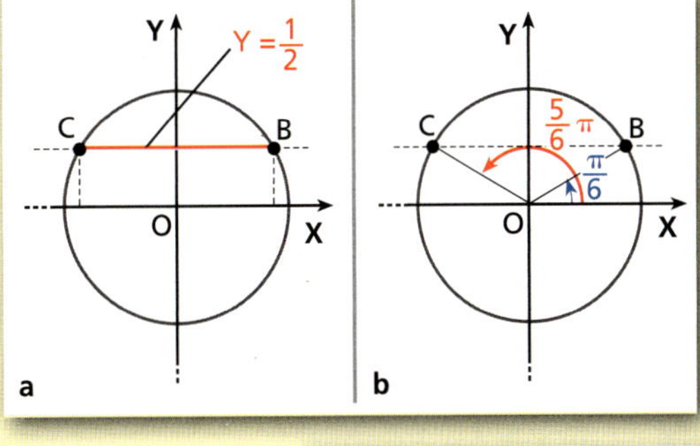

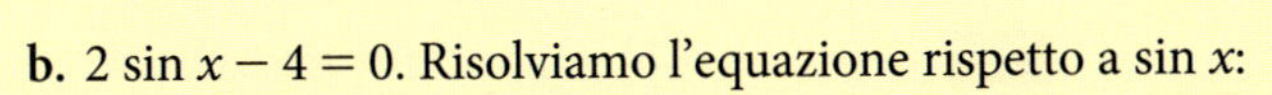

b. $2\sin x - 4 = 0$. Risolviamo l'equazione rispetto a $\sin x$:

$$2\sin x = 4 \quad \rightarrow \quad \sin x = 2.$$

L'equazione è impossibile perché deve essere $-1 \leq \sin x \leq 1$ per qualsiasi valore di x. Graficamente osserviamo che la retta dei punti che hanno ordinata 2 non incontra mai la circonferenza goniometrica.

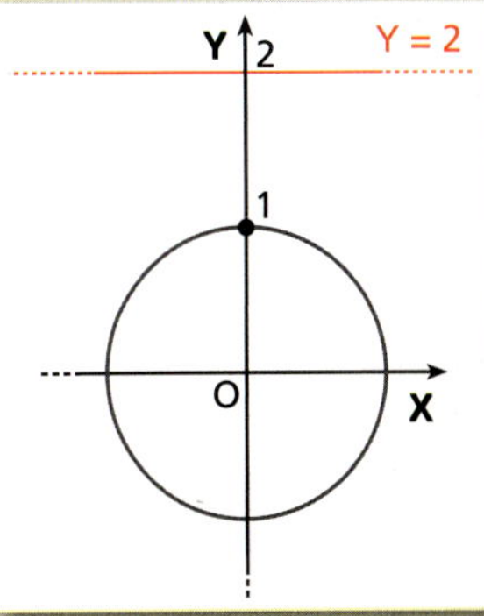

c. $\sin\left(x - \frac{\pi}{6}\right) = \frac{\sqrt{3}}{2}$. Poniamo $x - \frac{\pi}{6} = t$. Otteniamo l'equazione:

$$\sin t = \frac{\sqrt{3}}{2}.$$

Le soluzioni sono $t = \frac{\pi}{3} + 2k\pi$ e $t = \frac{2}{3}\pi + 2k\pi$.
Sostituiamo i valori trovati per t nell'equazione $x - \frac{\pi}{6} = t$ e otteniamo: $x = \frac{\pi}{2} + 2k\pi \vee x = \frac{5}{6}\pi + 2k\pi$.

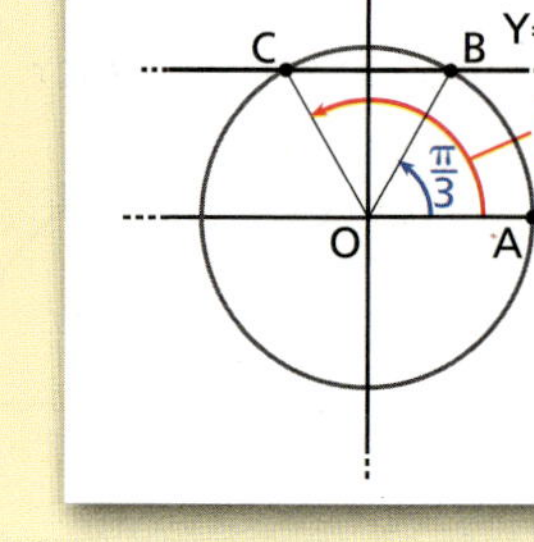

d. $\sin x = \frac{1}{3}$.

Procediamo come nel caso **a.** Tuttavia, notiamo che il valore del seno non corrisponde ad angoli noti, quindi esprimiamo le soluzioni mediante la funzione arcoseno:

$$x = \arcsin\frac{1}{3} + 2k\pi \vee x = \pi - \arcsin\frac{1}{3} + 2k\pi.$$

Con l'aiuto della calcolatrice scriviamo i valori approssimati degli angoli:

$$x \simeq 0,34 + 2k\pi \vee x \simeq 2,8 + 2k\pi.$$

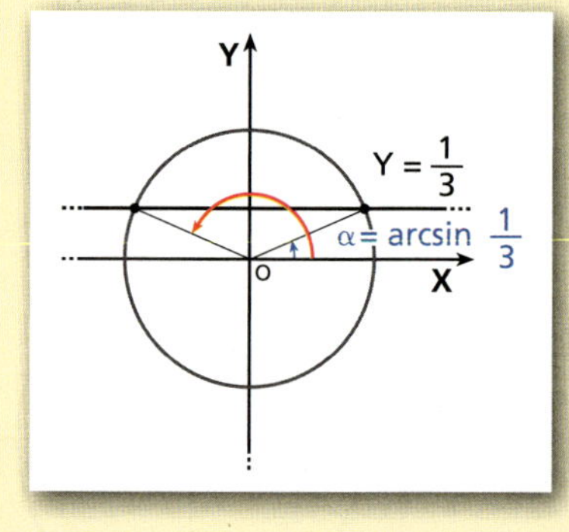

11 Scrivi le soluzioni dell'equazione $\sin x = \frac{\sqrt{2}}{2}$ in $[0; 3\pi]$. $\left[\frac{\pi}{4}; \frac{3}{4}\pi; \frac{9}{4}\pi; \frac{11}{4}\pi\right]$

12 Scrivi le soluzioni dell'equazione $\sin 2x = \frac{1}{2}$ in $[0; 2\pi]$. $\left[\frac{\pi}{12}; \frac{5}{12}\pi; \frac{13}{12}\pi; \frac{17}{12}\pi\right]$

13 TEST Solo una tra le seguenti *non* è soluzione dell'equazione $\sin 2x = \frac{\sqrt{3}}{2}$. Quale?

A $\frac{\pi}{3}$ B $\frac{\pi}{6}$ C $\frac{13}{6}\pi$ D $\frac{2}{3}\pi$ E $\frac{7}{6}\pi$

Risolvi le seguenti equazioni in $\mathbb{R}$.

14 $2\sin x = -\sqrt{2}$ $\left[\frac{5}{4}\pi + 2k\pi; \frac{7}{4}\pi + 2k\pi\right]$

15 $\sin x - 1 = 0$ $\left[\frac{\pi}{2} + 2k\pi\right]$

16 $2\sin x - 4 = 3$ [impossibile]

17 $\sin x = \cos\frac{\pi}{6}$ $\left[\frac{\pi}{3} + 2k\pi; \frac{2}{3}\pi + 2k\pi\right]$

18 $2\sin x + 2 = 3\sin x + 4$ [impossibile]

19 $\sin x + 1 = 1$ $[k\pi]$

20 $2\sin 3x - 1 = 0$ $\left[\frac{\pi}{18} + k\frac{2}{3}\pi; \frac{5}{18}\pi + k\frac{2}{3}\pi\right]$

21 $2\sin\frac{x}{3} + \sqrt{3} = 0$ $[-\pi + 6k\pi; 4\pi + 6k\pi]$

22 $2\sin\left(x - \frac{\pi}{3}\right) - 1 = 0$ $\left[\frac{\pi}{2} + 2k\pi; \frac{7}{6}\pi + 2k\pi\right]$

23 $\sin\left(\frac{\pi}{3} - x\right) = 0$ $\left[\frac{\pi}{3} + k\pi\right]$

24 $2\sin\frac{x}{2} = \cos 2\pi$ $\left[\frac{\pi}{3} + 4k\pi; \frac{5}{3}\pi + 4k\pi\right]$

25 $\sin x = \cos\frac{2}{3}\pi$ $\left[-\frac{\pi}{6} + 2k\pi; \frac{7}{6}\pi + 2k\pi\right]$

26 $3\sin x + 1 = 2\sin x$ $\left[\frac{3}{2}\pi + 2k\pi\right]$

27 $\sin(x + 1) = \tan\frac{\pi}{3}$ [impossibile]

28 $2\sin 5x - \sqrt{2} = 0$ $\left[\frac{\pi}{20} + k\frac{2}{5}\pi; \frac{3}{20}\pi + k\frac{2}{5}\pi\right]$

29 $3\sin x - 10 = 2(\sin x - 1)$ [impossibile]

30 $2(\sin 2x + 3) - 1 = 3(1 - \sin 2x) + 2$ $\left[k\frac{\pi}{2}\right]$

31 $8\sin 8x = 8$ $\left[\frac{\pi}{16} + k\frac{\pi}{4}\right]$

32 $\sin x + 3 = 2(\sin x + 1)$ $\left[\frac{\pi}{2} + 2k\pi\right]$

33 $2\sin x + \sqrt{3} = 0$ $\left[-\frac{\pi}{3} + 2k\pi; \frac{4}{3}\pi + 2k\pi\right]$

34 $4 \sin x = -1$ $\left[\arcsin\left(-\frac{1}{4}\right) + 2k\pi; \pi - \arcsin\left(-\frac{1}{4}\right) + 2k\pi\right]$

35 $\frac{3}{5}\sin x - \frac{4}{3} = -\frac{2}{5}\sin x - \sin\frac{\pi}{2} + \frac{2}{3}$ $\left[\frac{\pi}{2} + 2k\pi\right]$

36 $2\cos 60° \sin x - \sin 30° = \tan 180°$ $[30° + k360°; 150° + k360°]$

37 $\csc x = -2$ $\left[\frac{7}{6}\pi + 2k\pi; \frac{11}{6}\pi + 2k\pi\right]$

38 $4\sin(x + 10°) = 3\sin(x + 10°) + 2[13 + 3\sin(x + 10°)]$ [impossibile]

39 $5 + \sin\left(x - \frac{\pi}{14}\right) = 2\left[\sin\left(x - \frac{\pi}{14}\right) + 3\right]$ $\left[\frac{11}{7}\pi + 2k\pi\right]$

40 $(\sin 3x - 2)(\sin 3x - 3) = (\sin 3x + 2)(\sin 3x + 3)$ $\left[k\frac{\pi}{3}\right]$

41 $\left|\sin\left(x - \frac{\pi}{6}\right)\right| = 1$ $\left[\frac{2}{3}\pi + k\pi\right]$

42 $2\sin x - 2\cos 45° = 2(\sqrt{2}\sin 60° - \sin x)$ $[75° + k360°; 105° + k360°]$

43 $|2\sin 3x| = 1$ $\left[\pm\frac{\pi}{18} + k\frac{\pi}{3}\right]$

44 $\sin(2x - 10°) + 3 = 3\sin(2x - 10°) + 4$ $[-10° + k180°; 110° + k180°]$

45 REALTÀ E MODELLI **La scala** Determina la misura dell'angolo che una scala lunga 4 m forma con il terreno quando è appoggiata a una parete in modo da raggiungere un'altezza di 3 m. $[\alpha \simeq 49°]$

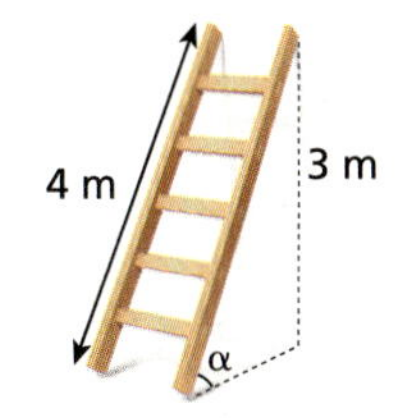

46 Disegna nel piano cartesiano i grafici delle funzioni $y = 2\sin x$ e $y = -\sqrt{2}$ nell'intervallo $[-\pi; \pi]$ e determina le coordinate dei loro punti di intersezione. $\left[\left(-\frac{3}{4}\pi; -\sqrt{2}\right); \left(-\frac{\pi}{4}; -\sqrt{2}\right)\right]$

47 Traccia i grafici delle funzioni $y = \sin x - 1$ e $y = 3\sin x - 2$ nell'intervallo $[-\pi; 2\pi]$ e determina le coordinate dei loro punti di intersezione. $\left[\left(\frac{\pi}{6}; -\frac{1}{2}\right); \left(\frac{5}{6}\pi; -\frac{1}{2}\right)\right]$

LEGGI IL GRAFICO **Determina in ognuna delle figure le coordinate dei punti *A* e *B*.**

48

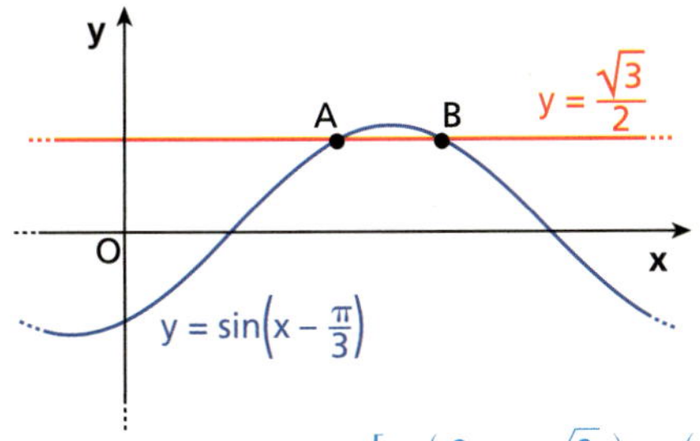

$\left[A\left(\frac{2}{3}\pi; \frac{\sqrt{3}}{2}\right); B\left(\pi; \frac{\sqrt{3}}{2}\right)\right]$

49

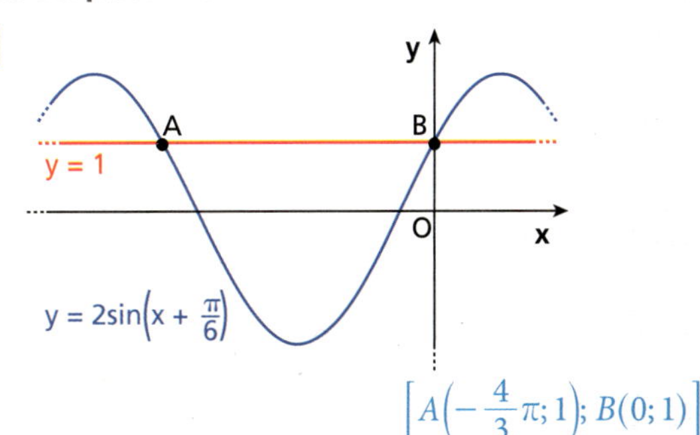

$\left[A\left(-\frac{4}{3}\pi; 1\right); B(0; 1)\right]$

ESERCIZI

Scrivi l'equazione delle funzioni goniometriche rappresentate nelle figure e trova i punti di intersezione con le rette tracciate.

50

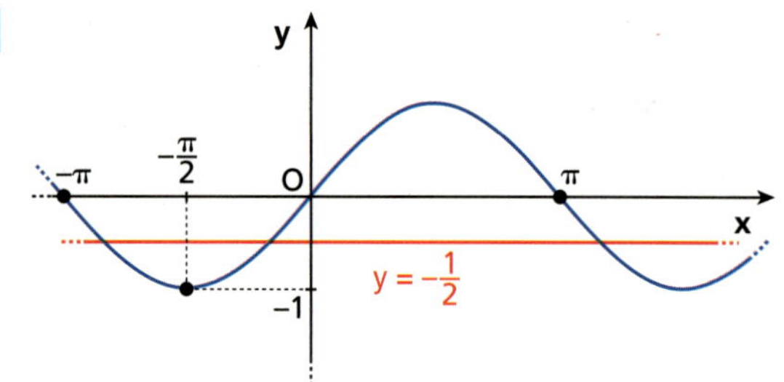

51

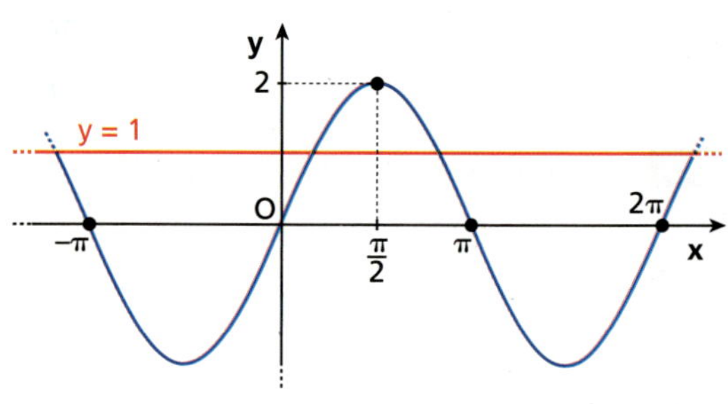

cos x = b

▶ Teoria a p. 794

52 ESERCIZIO GUIDA Risolviamo: **a.** $2\cos x - \sqrt{3} = 0$; **b.** $\cos 5x = \frac{\sqrt{2}}{2}$.

a. Risolviamo l'equazione rispetto a $\cos x$:

$$2\cos x - \sqrt{3} = 0 \rightarrow \cos x = \frac{\sqrt{3}}{2}.$$

Sulla circonferenza goniometrica cerchiamo i punti di ascissa $\frac{\sqrt{3}}{2}$.

Le soluzioni sono $x = \frac{\pi}{6}$ e $x = -\frac{\pi}{6}$.

Tenendo conto che il periodo della funzione coseno è 2π, scriviamo in forma sintetica:

$$x = \pm\frac{\pi}{6} + 2k\pi.$$

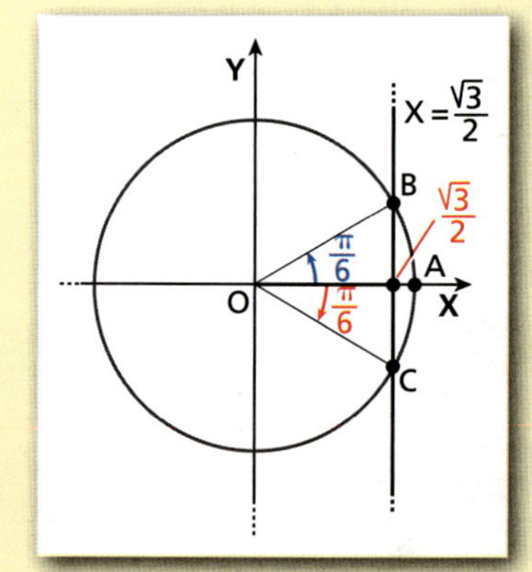

b. Poniamo $5x = t$, ottenendo l'equazione: $\cos t = \frac{\sqrt{2}}{2}$.

Le sue soluzioni sono: $t = \pm\frac{\pi}{4} + 2k\pi$.

Sostituiamo i valori determinati in $5x = t$ e troviamo: $5x = \pm\frac{\pi}{4} + 2k\pi \rightarrow x = \pm\frac{\pi}{20} + \frac{2}{5}k\pi$.

53 Scrivi le soluzioni dell'equazione $\cos x = 1$ in $[2\pi; 5\pi]$. $[2\pi; 4\pi]$

54 Scrivi le soluzioni dell'equazione $\cos 3x = -\frac{1}{2}$ in $[0; 2\pi]$. $\left[\frac{2}{9}\pi; \frac{4}{9}\pi; \frac{8}{9}\pi; \frac{10}{9}\pi; \frac{14}{9}\pi; \frac{16}{9}\pi\right]$

55 VERO O FALSO?

a. $\cos 2x = 2$ e $\cos x = 1$ sono equazioni equivalenti. V F

b. L'equazione $\frac{1}{4}\cos x = \frac{1}{2}$ è impossibile. V F

c. Le soluzioni dell'equazione $\cos x = -\frac{1}{3}$ corrispondono ad angoli ai quali sono associati punti del secondo e terzo quadrante. V F

d. L'equazione $\cos x = \frac{1}{5}$ ha infinite soluzioni. V F

Risolvi le seguenti equazioni in $\mathbb{R}$.

56 $\cos x = 1$ $[2k\pi]$

57 $2\cos x = \sqrt{2}$ $\left[\pm\frac{\pi}{4} + 2k\pi\right]$

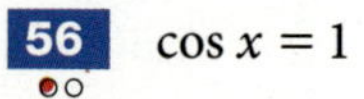

58 $4\cos x = 8$ [impossibile]

59 $2\cos 5x + \sqrt{2} = 0$ $[\pm 27° + k72°]$

60 $2\cos 6x - 1 = 0$ $\left[\pm \frac{\pi}{18} + k\frac{\pi}{3}\right]$

61 $8\cos x = 1$ $\left[\pm \arccos\frac{1}{8} + 2k\pi\right]$

62 $2\cos x + \sqrt{3} = 0$ $\left[\pm \frac{5}{6}\pi + 2k\pi\right]$

63 $\cos x - 4 = 3\cos x + 8$ [impossibile]

64 $\cos\frac{x}{4} - 1 = 0$ $[8k\pi]$

65 $\cos\left(\frac{\pi}{9} - x\right) = 0$ $\left[\frac{11}{18}\pi + k\pi\right]$

66 $\cos 3x = -1 - \cos 3x$ $\left[\pm \frac{2}{9}\pi + k\cdot\frac{2}{3}\pi\right]$

67 $\cos 4x = \frac{1}{3}$ $\left[\pm \frac{1}{4}\arccos\frac{1}{3} + k\frac{\pi}{2}\right]$

68 $\cos\left(x - \frac{\pi}{6}\right) = \frac{1}{4}$ $\left[\frac{\pi}{6} \pm \arccos\frac{1}{4} + 2k\pi\right]$

---

69 $\sqrt{3}\sec 2x = 2$ $\left[\pm \frac{\pi}{12} + k\pi\right]$

70 $2\cos\left(x - \frac{\pi}{18}\right) - \sqrt{3} = 0$ $\left[-\frac{\pi}{9} + 2k\pi; \frac{2}{9}\pi + 2k\pi\right]$

71 $2\cos\left(x + \frac{\pi}{6}\right) + 1 = 0$ $\left[\frac{\pi}{2} + 2k\pi; -\frac{5}{6}\pi + 2k\pi\right]$

72 $2\cos x + 2 = \cos x + 2\sin\frac{\pi}{2}$ $\left[\frac{\pi}{2} + k\pi\right]$

73 $2\sin\frac{\pi}{3}\cos x - \cos\frac{\pi}{6} = \tan\pi$ $\left[\pm \frac{\pi}{3} + 2k\pi\right]$

74 $2(\cos 2x + 3) - 1 = 3(1 - \cos 2x) + 2$ $\left[\pm \frac{\pi}{4} + k\pi\right]$

75 $2(\cos x - 1) + 3 = 3(\cos x - 2) - 2(\cos x - 3)$ $[\pi + 2k\pi]$

76 $\cos\left(x - \frac{2}{3}\pi\right) = 2\cos\left(x - \frac{2}{3}\pi\right) + \tan\frac{\pi}{4}$ $\left[\frac{5}{3}\pi + 2k\pi\right]$

77 $5\cos\left(x - \frac{\pi}{9}\right) + 3 = 3\cos\left(x - \frac{\pi}{9}\right) + 4$ $\left[-\frac{2}{9}\pi + 2k\pi; \frac{4}{9}\pi + 2k\pi\right]$

78 $4\cos(x - 115°) - 5 + 6\cos(x - 115°) = \cos(x - 115°) + 4$ $[115° + k360°]$

79 $2\sqrt{3}\cos(x + 1°) + 10 = 3 - 2[1 + 2\sqrt{3}\cos(x + 1°)]$ $[-151° + k360°; 149° + k360°]$

80 $2\cos x - 2\cos 45° = 2(\sqrt{2}\sin 60° - \cos x)$ $[\pm 15° + k360°]$

81 $2|\cos x| = 1$ $\left[\pm \frac{\pi}{3} + k\pi\right]$

82 $\left|\cos\left(x - \frac{\pi}{4}\right)\right| = \frac{\sqrt{2}}{2}$ $\left[\frac{\pi}{2} + k\frac{\pi}{2}\right]$

83 Disegna nel piano cartesiano i grafici delle funzioni $y = \cos x + 2$ e $y = 1$ nell'intervallo $[0; 2\pi]$ e determina le coordinate dei loro punti di intersezione. $[(\pi; 1)]$

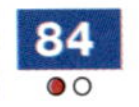

LEGGI IL GRAFICO **Calcola l'area del triangolo *ABO*.**

84

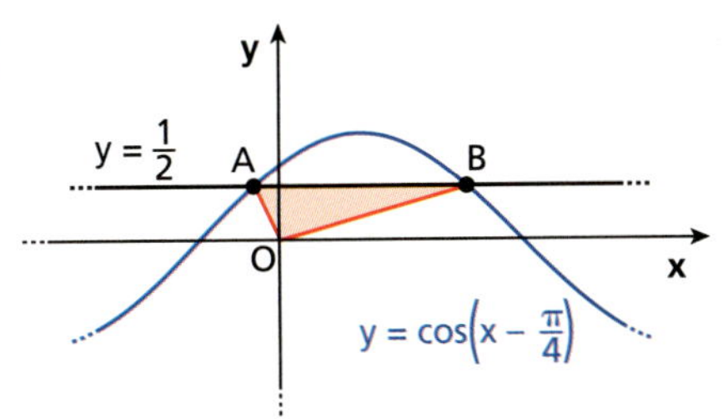

$\left[\frac{\pi}{6}\right]$

85

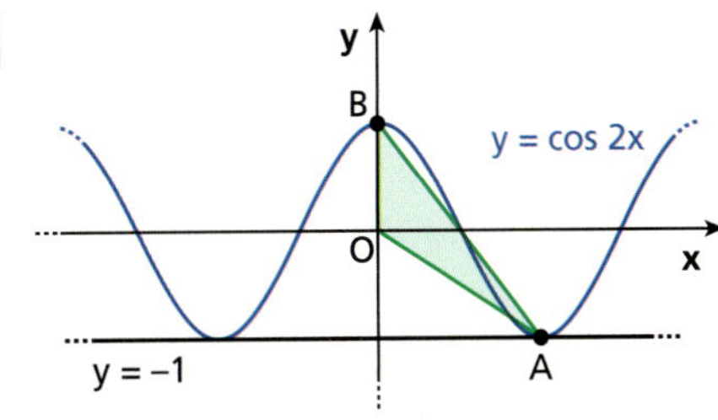

$\left[\frac{\pi}{4}\right]$

ESERCIZI

86 ●● Traccia nel piano cartesiano i grafici delle funzioni $y = 2\cos x$ e $y = \cos x - \frac{\sqrt{3}}{2}$ nell'intervallo $[-\pi; \pi]$ e calcola l'area del triangolo che ha per vertici i loro punti di intersezione e l'origine. $\left[\frac{5}{6}\sqrt{3}\,\pi\right]$

tan *x* = *c*

Teoria a p. 794

87 ESERCIZIO GUIDA Risolviamo $\tan\left(x + \frac{\pi}{3}\right) = \sqrt{3}$.

Poniamo $x + \frac{\pi}{3} = t$ e otteniamo l'equazione $\tan t = \sqrt{3}$.
Sulla retta tangente alla circonferenza nel punto A origine degli archi prendiamo il punto T di ordinata $\sqrt{3}$. Tracciata TO, vediamo che al valore $\sqrt{3}$ della tangente corrispondono l'angolo $\frac{\pi}{3}$ e tutti quelli che si ottengono da $\frac{\pi}{3}$ aggiungendo un multiplo di π.

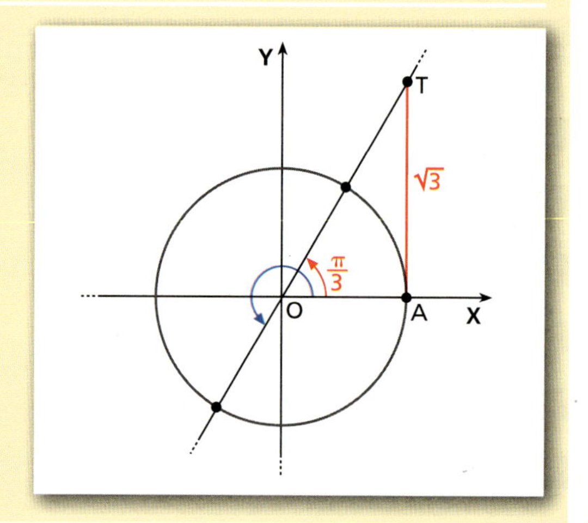

Le soluzioni sono $t = \frac{\pi}{3} + k\pi$.

Sostituendo il valore di t in $x + \frac{\pi}{3} = t$ troviamo:

$$x + \frac{\pi}{3} = \frac{\pi}{3} + k\pi \rightarrow x = k\pi.$$

88 ●○ Scrivi le soluzioni dell'equazione $\tan x = -1$ in $[0; 3\pi]$. $\left[\frac{3}{4}\pi; \frac{7}{4}\pi; \frac{11}{4}\pi\right]$

89 ●○ Scrivi le soluzioni dell'equazione $\tan\frac{x}{2} - \sqrt{3} = 0$ in $[-\pi; \pi]$. $\left[\frac{2}{3}\pi\right]$

90 ●○ TEST L'equazione $\tan x = 4$:

A è impossibile.

B è verificata per $x = \arctan 4 + k\frac{\pi}{2}$.

C è verificata per $x = \arctan 4 + k\pi$.

D ammette due soluzioni nell'intervallo $\left[-\frac{\pi}{2}; \frac{\pi}{2}\right]$.

E non ha soluzioni nell'intervallo $\left[\pi; \frac{3}{2}\pi\right]$.

Risolvi le seguenti equazioni in ℝ.

91 ●○ $\tan x - \sqrt{3} = 0$ $\left[\frac{\pi}{3} + k\pi\right]$

92 ●○ $\tan x = \sin\pi$ $[k\pi]$

93 ●○ $\tan x = 2$ $[\arctan 2 + k\pi]$

94 ●○ $\tan\frac{x}{4} + 1 = 0$ $[-\pi - 4k\pi]$

95 ●○ $3\tan\left(x + \frac{\pi}{9}\right) - \sqrt{3} = 0$ $\left[\frac{\pi}{18} + k\pi\right]$

96 ●○ $3\tan x = \tan x$ $[k\pi]$

97 ●○ $\tan\left(x + \frac{\pi}{6}\right) + 1 = 0$ $\left[-\frac{5}{12}\pi + k\pi\right]$

98 ●○ $2\sin\frac{\pi}{3}\tan x - \tan\frac{\pi}{3} = 0$ $\left[\frac{\pi}{4} + k\pi\right]$

99 ●○ $3\tan\frac{x}{2} - 2 = 2\tan\frac{x}{2} - 1$ $\left[\frac{\pi}{2} + 2k\pi\right]$

100 ●○ $\tan 3x = 3$ $\left[\frac{1}{3}\arctan 3 + k\frac{\pi}{3}\right]$

101 ●○ $\cot 2x = 1$ $\left[\frac{\pi}{8} + k\frac{\pi}{2}\right]$

102 ●○ $\tan(50° - x) = 0$ $[50° + k180°]$

103 ●○ $3\tan 6x + \sqrt{3} = 0$ $\left[x = -\frac{\pi}{36} + k\frac{\pi}{6}\right]$

104 ●○ $3\tan 3x = -1 + 2\tan 3x$ $\left[-\frac{\pi}{12} + k\frac{\pi}{3}\right]$

105 ●○ $\tan\left(x - \frac{\pi}{5}\right) + 7 = 0$ $\left[\frac{\pi}{5} + \arctan(-7) + k\pi\right]$

106 ●● $\left|\tan\left(x - \frac{\pi}{3}\right)\right| = \sqrt{3}$ $\left[k\pi; \frac{2}{3}\pi + k\pi\right]$

107 $-2\sqrt{3}\tan(x+100°) = 4[1+\sqrt{3}\tan(x+100°)]+2$ $[-130° + k180°]$

108 $\tan(x-12°)-3 = 2\tan(x-12°)-2$ $[-33° + k180°]$

109 $2(\tan x+1)+3(1-\tan x) = -2(\tan x-1)+4$ $\left[\frac{\pi}{4}+k\pi\right]$

110 REALTÀ E MODELLI **Pendenza** Francesca si trova all'inizio di una salita e deve raggiungere la sua auto, parcheggiata in cima. Vede il cartello qui a fianco e sa che la strada è lunga 100 metri: con quale angolo rispetto all'orizzontale vede la sua auto? A che altezza? [5,7°; 9,95 m]

111 Disegna nel piano cartesiano i grafici delle funzioni $y=\sqrt{3}$ e $y=3\tan\frac{x}{6}$ nell'intervallo $[-3\pi; 3\pi]$ e determina le coordinate dei loro punti di intersezione. $[(\pi; \sqrt{3})]$

Equazioni elementari a confronto

TEST

112 Una sola delle seguenti equazioni ha come soluzioni $x=\frac{\pi}{6}+k\pi$. Quale?

- **A** $2\sin x-1=0$
- **B** $3\tan x-\sqrt{3}=0$
- **C** $3\cot x-\sqrt{3}=0$
- **D** $2\cos x-\sqrt{3}=0$
- **E** $\sqrt{3}\sec x-2=0$

113 Quale fra le seguenti equazioni *non* ammette 0 fra le soluzioni?

- **A** $\sin x=0$
- **B** $\sec x-1=0$
- **C** $\tan x=0$
- **D** $\csc x=0$
- **E** $\sin x+\cos x-1=0$

114 Indica per ogni equazione se l'insieme scritto a fianco rappresenta tutte le sue soluzioni.

a. $\cos x=0;\quad x=\frac{\pi}{2}+2k\pi.$

b. $\tan x=-1;\quad x=\frac{3}{4}\pi+k\pi.$

c. $\sin x=-\frac{1}{2};\quad x=\frac{11}{6}\pi+2k\pi.$

d. $\cos x=\pm\frac{\sqrt{2}}{2};\quad x=\frac{\pi}{4}+k\frac{\pi}{2}.$

115 VERO O FALSO?

a. L'equazione $\sin\frac{1}{4}x=\frac{1}{4}$ è equivalente a $\sin x=1$. V F

b. L'equazione $|\cos x|=1$ ha come soluzioni $x=k\pi$. V F

c. L'equazione $\sin x=-4k^2$ ammette soluzione solo se $-\frac{1}{2}<k<\frac{1}{2}$. V F

d. L'equazione $\tan x=4\pi$ non ammette soluzioni. V F

116 COMPLETA

a. $\sin x=\square \;\rightarrow\; x=\frac{3}{2}\pi+2k\pi.$

b. $\cos 2x=\frac{\sqrt{2}}{2} \;\rightarrow\; x=\pm\frac{\pi}{8}+\square.$

c. $\cos x=\square \;\rightarrow\; x=\frac{2}{3}\pi+2k\pi \vee x=\square.$

d. $\tan x=-\sqrt{3} \;\rightarrow\; x=-\frac{\pi}{3}+\square.$

117 ASSOCIA ogni equazione al suo insieme soluzione.

a. $x=\frac{\pi}{6}+2k\pi \vee x=\frac{5}{6}\pi+2k\pi$ **b.** $x=\frac{\pi}{4}+k\frac{\pi}{2}$ **c.** $x=\frac{\pi}{6}+k\pi$ **d.** $x=\frac{\pi}{4}+k\pi$

1. $|\cos x|=\frac{\sqrt{2}}{2}$ **2.** $\sqrt{3}\tan x=1$ **3.** $\sin x=\frac{1}{2}$ **4.** $\cot x=1$

118 Indica quali tra le seguenti equazioni ammettono soluzione e per ciascuna determina le eventuali soluzioni.

a. $\tan x=\frac{\pi}{2}$ **b.** $\tan\frac{\pi}{2}=x$ **c.** $\sin x=\frac{\pi}{2}$ **d.** $\sin\frac{\pi}{2}=x$

$\left[\text{a) } \arctan\frac{\pi}{2}+k\pi;\ \text{b) impossibile; c) impossibile; d) } 1\right]$

Particolari equazioni goniometriche elementari

▶ Teoria a p. 795

119 ESERCIZIO GUIDA Risolviamo le seguenti equazioni:

a. $\sin 4x = \sin\left(2x - \frac{\pi}{3}\right)$; **b.** $\cos 6x = \cos\left(x - \frac{\pi}{3}\right)$; **c.** $\sin\left(x + \frac{\pi}{4}\right) = \cos 3x$.

a. $\sin 4x = \sin\left(2x - \frac{\pi}{3}\right)$. $\sin\alpha = \sin\alpha' \leftrightarrow \alpha = \alpha' + 2k\pi \vee \alpha + \alpha' = \pi + 2k\pi$

Utilizzando la regola, dobbiamo risolvere le due equazioni:

- $4x = 2x - \frac{\pi}{3} + 2k\pi \rightarrow 2x = -\frac{\pi}{3} + 2k\pi \rightarrow x = -\frac{\pi}{6} + k\pi$;
- $4x + 2x - \frac{\pi}{3} = \pi + 2k\pi \rightarrow 6x = \frac{\pi}{3} + \pi + 2k\pi \rightarrow 6x = \frac{4}{3}\pi + 2k\pi \rightarrow x = \frac{2}{9}\pi + k\frac{\pi}{3}$.

In sintesi, le soluzioni dell'equazione data sono: $x = -\frac{\pi}{6} + k\pi \vee x = \frac{2}{9}\pi + k\frac{\pi}{3}$.

b. $\cos 6x = \cos\left(x - \frac{\pi}{3}\right)$. $\cos\alpha = \cos\alpha' \leftrightarrow \alpha = \pm\alpha' + 2k\pi$

Utilizzando la regola $\cos\alpha = \cos\alpha' \leftrightarrow \alpha = \pm\alpha' + 2k\pi$, dobbiamo risolvere le seguenti equazioni:

- $6x = x - \frac{\pi}{3} + 2k\pi \rightarrow 5x = -\frac{\pi}{3} + 2k\pi \rightarrow x = -\frac{\pi}{15} + \frac{2}{5}k\pi$;
- $6x = -x + \frac{\pi}{3} + 2k\pi \rightarrow 7x = \frac{\pi}{3} + 2k\pi \rightarrow x = \frac{\pi}{21} + \frac{2}{7}k\pi$.

In sintesi, le soluzioni dell'equazione data sono: $x = -\frac{\pi}{15} + \frac{2}{5}k\pi \vee x = \frac{\pi}{21} + \frac{2}{7}k\pi$.

c. $\sin\left(x + \frac{\pi}{4}\right) = \cos 3x$. L'equazione si può trasformare utilizzando gli angoli associati.
Poiché $\cos\alpha = \sin\left(\frac{\pi}{2} - \alpha\right)$, scriviamo:

$$\sin\left(x + \frac{\pi}{4}\right) = \sin\left(\frac{\pi}{2} - 3x\right).$$

Otteniamo le soluzioni dalle equazioni:

- $x + \frac{\pi}{4} = \frac{\pi}{2} - 3x + 2k\pi \rightarrow 4x = \frac{\pi}{4} + 2k\pi \rightarrow x = \frac{\pi}{16} + k\frac{\pi}{2}$;
- $x + \frac{\pi}{4} + \frac{\pi}{2} - 3x = \pi + 2k\pi \rightarrow -2x = \frac{\pi}{4} + 2k\pi \rightarrow x = -\frac{\pi}{8} - k\pi \rightarrow x = -\frac{\pi}{8} + k\pi$.

Risolvi le seguenti equazioni in $\mathbb{R}$.

120 $\sin\left(2x + \frac{\pi}{5}\right) = \sin\left(5x + \frac{\pi}{2}\right)$ $\left[-\frac{\pi}{10} - \frac{2}{3}k\pi; \frac{3}{70}\pi + \frac{2}{7}k\pi\right]$

121 $\sin\left(3x - \frac{\pi}{4}\right) = \sin x$ $\left[\frac{\pi}{8} + k\pi; \frac{5}{16}\pi + k\frac{\pi}{2}\right]$

122 $\sin\left(2x - \frac{\pi}{3}\right) = \sin 2x$ $\left[\frac{\pi}{3} + k\frac{\pi}{2}\right]$

123 $\sin\left(2x - \frac{\pi}{8}\right) = -\sin\left(\frac{3}{4}\pi - 3x\right)$ $\left[\frac{5}{8}\pi + 2k\pi; \frac{3}{8}\pi + 2k\frac{\pi}{5}\right]$

124 $\sin x = \cos x$ $\left[\frac{\pi}{4} + k\pi\right]$

125 $\sin x = -\cos x$ $\left[\frac{3}{4}\pi + k\pi\right]$

126 $\cos 6x = -\cos 4x$ $\left[\frac{\pi}{2} + k\pi; \frac{\pi}{10} + k\frac{\pi}{5}\right]$

127 $\sin 2x = -\sin 8x$ $\left[k\frac{\pi}{5}; \frac{\pi}{6}+k\frac{\pi}{3}\right]$

128 $\sin 3x = -\cos 4x$ $\left[\frac{\pi}{2}+2k\pi; \frac{3}{14}\pi+\frac{2}{7}k\pi\right]$

129 $\sin 4x = \cos\left(\frac{\pi}{4}-2x\right)$ $\left[\frac{\pi}{8}+k\frac{\pi}{3}\right]$

130 $\sin\left(4x-\frac{\pi}{10}\right) = -\cos\left(3x+\frac{\pi}{5}\right)$ $\left[-\frac{\pi}{5}+2k\pi; \frac{\pi}{5}+\frac{2}{7}k\pi\right]$

131 $\sin 8x = \sin 6x$ $\left[k\pi; \frac{\pi}{14}+k\frac{\pi}{7}\right]$

132 $\sin\left(\frac{2}{3}x-\frac{\pi}{4}\right) = \sin\left(2x-\frac{\pi}{3}\right)$ $\left[\frac{\pi}{16}+\frac{3}{2}k\pi; \frac{19}{32}\pi+\frac{3}{4}k\pi\right]$

133 $\cos\left(5x-\frac{2}{3}\pi\right) = \cos\left(3x+\frac{\pi}{4}\right)$ $\left[\frac{11}{24}\pi+k\pi; \frac{5}{96}\pi+k\frac{\pi}{4}\right]$

134 $\cos\left(4x-\frac{2}{5}\pi\right) = -\cos\left(3x+\frac{4}{5}\pi\right)$ $\left[\frac{3}{35}\pi+\frac{2}{7}k\pi; \frac{\pi}{5}+2k\pi\right]$

135 $\sin\frac{x}{3} = \cos 5x$ $\left[\frac{3}{32}\pi+\frac{3}{8}k\pi; -\frac{3}{28}\pi-\frac{3}{7}k\pi\right]$

136 $\sin\left(x-\frac{2}{3}\pi\right) = \sin(\pi+2x)$ $\left[-\frac{5}{3}\pi+2k\pi; \frac{2}{9}\pi+\frac{2}{3}k\pi\right]$

137 $\cos x = \sin\left(4x-\frac{\pi}{4}\right)$ $\left[\frac{3}{20}\pi+\frac{2}{5}k\pi; \frac{\pi}{4}+\frac{2}{3}k\pi\right]$

138 $\cos\left(2x-\frac{\pi}{5}\right) = -\cos\left(x+\frac{\pi}{2}\right)$ $\left[\frac{7}{30}\pi+\frac{2}{3}k\pi; -\frac{3}{10}\pi+2k\pi\right]$

139 $\sin(2x-108°) = \sin(-54°-5x)$ $\left[\frac{54°}{7}+k\frac{360°}{7}; -114°+k120°\right]$

140 $\cos\left(3x-\frac{4}{5}\pi\right) = \cos\left(\frac{2}{5}\pi-2x\right)$ $\left[\frac{6}{25}\pi+\frac{2}{5}k\pi; \frac{2}{5}\pi+2k\pi\right]$

141 $\sin 4x = -\cos\frac{3}{2}x$ $\left[\frac{3}{5}\pi+\frac{4}{5}k\pi; \frac{3}{11}\pi+\frac{4}{11}k\pi\right]$

142 $\cos\left(3x-\frac{\pi}{9}\right) = -\cos\left(4x-\frac{2}{3}\pi\right)$ $\left[\frac{16}{63}\pi+\frac{2}{7}k\pi; \frac{14}{9}\pi+2k\pi\right]$

143 $\sin\left(2x-\frac{\pi}{3}\right)-\sin x = 0$ $\left[\frac{\pi}{3}+2k\pi; \frac{4}{9}\pi+\frac{2}{3}k\pi\right]$

144 $\sin(3x-25°) = -\sin(75°-5x)$ $[25°+k180°; 35°+k45°]$

145 $\sin\left(2x-\frac{2}{9}\pi\right) = -\cos\left(3x+\frac{5}{3}\pi\right)$ $\left[\frac{11}{18}\pi+2k\pi; \frac{\pi}{90}+\frac{2}{5}k\pi\right]$

146 $\sin(x-\pi)+\sin 4x = 0$ $\left[\frac{\pi}{5}+\frac{2}{5}k\pi; \frac{2}{3}k\pi\right]$

147 $\sin(70°-3x) = -\cos(2x+14°)$ $\left[\frac{146°}{5}+k72°; 174°+k360°\right]$

148 $\cos\left(2x-\frac{\pi}{5}\right) = \cos x$ $\left[\frac{\pi}{5}+2k\pi; \frac{\pi}{15}+\frac{2}{3}k\pi\right]$

149 $|\cos x| = \cos 3x$ $\left[2k\pi; \frac{\pi}{2}+k\pi; \frac{3}{4}\pi+2k\pi; \frac{5}{4}\pi+2k\pi\right]$

ESERCIZI

150 TEST La soluzione dell'equazione $\sin x - \cos\frac{x}{2} = 0$ nell'intervallo $[0; 2\pi]$ è:

A $\pi, \frac{\pi}{3}, \frac{5\pi}{3}$. B $\pi, \frac{\pi}{6}, \frac{5\pi}{6}$. C $0, \frac{\pi}{3}, \frac{5\pi}{3}$. D $\frac{\pi}{3}, \frac{5\pi}{3}$. E $0, \frac{\pi}{6}, \frac{5\pi}{6}$.

(Università di Bergamo, Facoltà di Ingegneria, Corso propedeutico di Matematica)

Determina x utilizzando le informazioni delle figure.

151

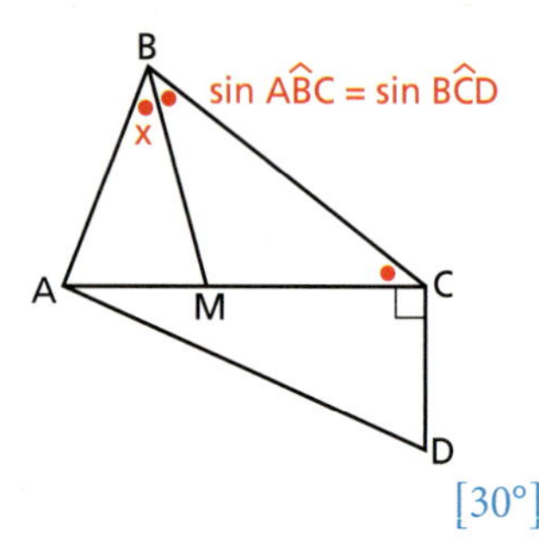

[30°]

152

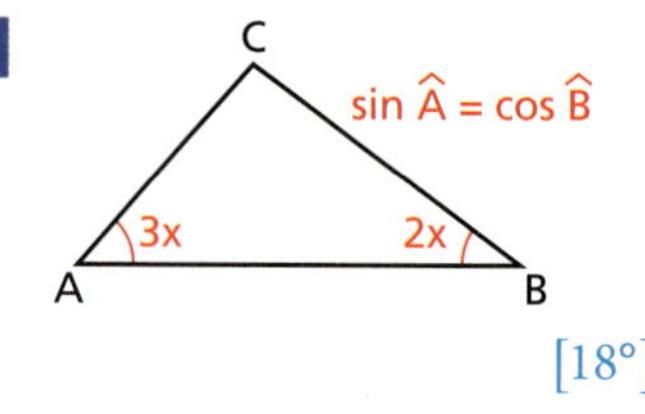

[18°]

153

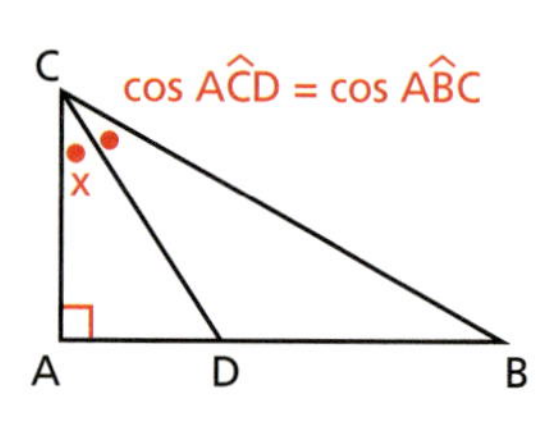

[30°]

154 ESERCIZIO GUIDA Risolviamo:

a. $\tan\left(x - \frac{\pi}{6}\right) = \tan\frac{5x}{6}$; b. $\tan 3x = -\tan\left(\frac{\pi}{4} - 2x\right)$.

a. $\tan\left(x - \frac{\pi}{6}\right) = \tan\frac{5x}{6}$. $\tan\alpha = \tan\alpha' \leftrightarrow \alpha = \alpha' + k\pi$ Posta la condizione di esistenza

$$x - \frac{\pi}{6} \neq \frac{\pi}{2} + k\pi \wedge \frac{5}{6}x \neq \frac{\pi}{2} + k\pi \rightarrow x \neq \frac{2}{3}\pi + k\pi \wedge x \neq \frac{3}{5}\pi + k\frac{6}{5}\pi,$$

si ha: $x - \frac{\pi}{6} = \frac{5}{6}x + k\pi \rightarrow x - \frac{5}{6}x = \frac{\pi}{6} + k\pi \rightarrow \frac{x}{6} = \frac{\pi}{6} + k\pi \rightarrow x = \pi + 6k\pi$.

Le soluzioni sono accettabili.

b. $\tan 3x = -\tan\left(\frac{\pi}{4} - 2x\right)$.

Poniamo: $3x \neq \frac{\pi}{2} + k\pi \wedge \frac{\pi}{4} - 2x \neq \frac{\pi}{2} + k\pi \rightarrow x \neq \frac{\pi}{6} + k\frac{\pi}{3} \wedge x \neq -\frac{\pi}{8} - k\frac{\pi}{2}$.

Poiché $-\tan\alpha = \tan(-\alpha)$, l'equazione è equivalente a:

$$\tan 3x = \tan\left(2x - \frac{\pi}{4}\right).$$

Analogamente al caso precedente, dobbiamo risolvere l'equazione:

$$3x = 2x - \frac{\pi}{4} + k\pi \rightarrow x = -\frac{\pi}{4} + k\pi.$$

Le soluzioni sono accettabili.

Risolvi le seguenti equazioni in $\mathbb{R}$.

155 $\tan\left(3x + \frac{\pi}{7}\right) = \tan\left(4x - \frac{\pi}{8}\right)$ $\left[\frac{15}{56}\pi - k\pi\right]$

156 $\tan(3x + 65°) = -\tan(2x - 25°)$ $[28° + k36°]$

157 $\tan\left(4x + \frac{\pi}{2}\right) = \tan 2x$ $[\nexists x \in \mathbb{R}]$

158 $\tan\left(2x + \frac{\pi}{5}\right) = \tan\left(5x + \frac{\pi}{3}\right)$ $\left[\frac{43}{45}\pi + k\frac{\pi}{3}\right]$

159 $\tan x = -\tan\left(x - \frac{2}{5}\pi\right)$ $\left[\frac{\pi}{5} + k\frac{\pi}{2}\right]$

160 $\tan\left(x + \frac{3}{4}\pi\right) + \tan x = 0$ $\left[-\frac{3}{8}\pi + k\frac{\pi}{2}\right]$

161 $\tan(2x + 35°) = \tan(7x - 75°)$ $[22° + k36°]$

162 $\tan 2x - \cot\frac{3}{2}x = 0$ $\left[\frac{\pi}{7} + \frac{2}{7}k\pi\right]$

163 ASSOCIA ogni equazione nella seconda colonna al suo insieme soluzione nella prima colonna.

a. $x = k\frac{\pi}{3}$.

b. $x = \frac{\pi}{3} + k\frac{\pi}{2}$.

c. $x = \frac{\pi}{6} + k\pi$.

d. $x = \pi + 2k\pi \vee x = \frac{5}{3}\pi + 2k\pi$.

1. $\tan\left(\frac{2}{3}\pi - x\right) = \tan x$.

2. $\sqrt{3}\tan x = 1$.

3. $2\cos\left(\frac{2}{3}\pi + x\right) = 1$.

4. $\cos 4x = \sin\left(\frac{\pi}{2} + 2x\right)$.

164 VERO O FALSO?

a. L'equazione $\cos 2x = \cos x$ ha come soluzioni $x = 2k\pi$. V F

b. L'equazione $\tan x + \cot x = 0$ non ha soluzione. V F

c. L'equazione $\sin 2x = \cos 2x$ ha come soluzioni $x = \frac{\pi}{8} + k\frac{\pi}{2}$. V F

d. L'equazione $\cos x = -\sin x$ ha come soluzioni $x = -\frac{\pi}{4} + 2k\pi$. V F

165 TEST Ci sono due valori di x, con $0 < x < \frac{\pi}{2}$, per i quali $\tan\left(\frac{\pi}{4} + x\right) = 9\tan\left(\frac{\pi}{4} - x\right)$.
Trova questi valori di x in radianti e calcola il loro prodotto.

A 1,107. B 0,5133. C 0,7512. D 1,525. E 0,9871.

(USA *North Carolina State High School Mathematics Contest*, 2003)

Equazioni riconducibili a equazioni elementari

▶ Teoria a p. 797

166 ESERCIZIO GUIDA Risolviamo $2\cos^2 x - \sin x - 1 = 0$.

Esprimiamo $\cos^2 x$ come $(1 - \sin^2 x)$, in modo da avere un'equazione contenente solo $\sin x$:

$$2(1 - \sin^2 x) - \sin x - 1 = 0 \rightarrow 2\sin^2 x + \sin x - 1 = 0.$$

Poniamo $\sin x = t$:

$$2t^2 + t - 1 = 0 \rightarrow t = \frac{-1 \pm \sqrt{1+8}}{4} \rightarrow t_1 = -1;\ t_2 = \frac{1}{2}.$$

$$t_1 = -1 \rightarrow \sin x = -1 \rightarrow x = \frac{3}{2}\pi + 2k\pi$$

$$t_2 = \frac{1}{2} \rightarrow \sin x = \frac{1}{2} \rightarrow x = \frac{\pi}{6} + 2k\pi \vee x = \frac{5}{6}\pi + 2k\pi$$

Risolvi le seguenti equazioni in $\mathbb{R}$.

167 $2\cos^2 x - \cos x = 0$ $\left[\frac{\pi}{2} + k\pi; \pm\frac{\pi}{3} + 2k\pi\right]$

168 $2\sin^2 x - 1 = 0$ $\left[\frac{\pi}{4} + k\frac{\pi}{2}\right]$

169 $\sin^3 4x + 1 = 0$ $\left[\frac{3}{8}\pi + k\frac{\pi}{2}\right]$

170 $\sin x\cos x + \sin x = 0$ $[k\pi]$

171 $\sin x\tan x - \sin x = 0$ $\left[k\pi; \frac{\pi}{4} + k\pi\right]$

172 $3 + 4\cos^2 x - 4\sqrt{3}\cos x = 0$ $\left[\pm\frac{\pi}{6} + 2k\pi\right]$

173 $\cos(\pi - x) + \cos^2 x = 0$ $\left[\frac{\pi}{2} + k\pi; 2k\pi\right]$

174 $\sqrt{2 + \sin^2 x} = \frac{3}{2}$ $\left[\pm\frac{\pi}{6} + k\pi\right]$

175 $\cot^2 x + 1 = 2\tan^2 x$ $\left[\pm\frac{\pi}{4} + k\pi\right]$

176 $\tan^2 x - 3 = 0$ $\left[\pm\frac{\pi}{3} + k\pi\right]$

ESERCIZI

177 $\tan^2 4x - \tan 4x = 0$ $\left[k\frac{\pi}{4}; \frac{\pi}{16} + k\frac{\pi}{4}\right]$

178 $\cot^2 x - \sqrt{3}\cot x = 0$ $\left[\frac{\pi}{2} + k\pi; \frac{\pi}{6} + k\pi\right]$

179 $5\sin(\pi - x) + 4 - 2\cos^2 x = 0$ $\left[\frac{7}{6}\pi + 2k\pi; \frac{11}{6}\pi + 2k\pi\right]$

180 $2\sin^2 x + \sin x = 0$ $\left[k\pi; \frac{7}{6}\pi + 2k\pi; \frac{11}{6}\pi + 2k\pi\right]$

181 $\sqrt{2}\cos^2 x + \cos x = 0$ $\left[\frac{\pi}{2} + k\pi; \pm\frac{3}{4}\pi + 2k\pi\right]$

182 $(\tan x - \sqrt{3})(\cos x + 1) = 0$ $\left[\frac{\pi}{3} + k\pi; \pi + 2k\pi\right]$

183 $2\sin^2 x + \sin x - 1 = 0$ $\left[\frac{\pi}{6} + 2k\pi; \frac{5}{6}\pi + 2k\pi; \frac{3}{2}\pi + 2k\pi\right]$

184 $3\tan^2 x - 4\sqrt{3}\tan x + 3 = 0$ $\left[\frac{\pi}{6} + k\pi; \frac{\pi}{3} + k\pi\right]$

185 $2\cos^2 x - 3\cos x + 1 = 2\sin^2 x$ $\left[2k\pi; \pm\arccos\left(-\frac{1}{4}\right) + 2k\pi\right]$

186 $2\tan x + \cot x - 3 = 0$ $\left[\frac{\pi}{4} + k\pi; \arctan\frac{1}{2} + k\pi\right]$

187 $2\cos^4 x - \cos^2 x = 0$ $\left[\frac{\pi}{2} + k\pi; \frac{\pi}{4} + k\frac{\pi}{2}\right]$

188 $3\sin x \cdot \cot^2 x + 5\sin x = 7$ $\left[\frac{\pi}{6} + 2k\pi; \frac{5}{6}\pi + 2k\pi\right]$

189 $\cos^2 x - \sin(-x) = \sin^2 x + 1$ $\left[k\pi; \frac{\pi}{6} + 2k\pi; \frac{5}{6}\pi + 2k\pi\right]$

190 $\cot^2 x - \csc x = 1$ $\left[\frac{\pi}{6} + 2k\pi; \frac{5}{6}\pi + 2k\pi; \frac{3}{2}\pi + 2k\pi\right]$

191 $2\sin^2 x - 5\sin x + 1 = 2\left(\cos^2 x - \frac{1}{2}\right)$ $[k\pi]$

192 $\tan^2 x - (1 + \sqrt{3})\tan x + \sqrt{3} = 0$ $\left[\frac{\pi}{4} + k\pi; \frac{\pi}{3} + k\pi\right]$

193 $(\tan x + \cot x) \cdot (2\cos x) = 4$ $\left[\frac{\pi}{6} + 2k\pi; \frac{5}{6}\pi + 2k\pi\right]$

194 $2\cos x - \sqrt{2} - \cos^2 x + \sin^2 x = 0$ $\left[\pm\frac{\pi}{4} + 2k\pi; \pm\arccos\frac{2 - \sqrt{2}}{2} + 2k\pi\right]$

195 $2\cos 3x + 1 = \frac{1}{\cos 3x}$ $\left[\pm\frac{\pi}{9} + \frac{2}{3}k\pi; \frac{\pi}{3} + \frac{2}{3}k\pi\right]$

196 $4\sin^4 x - 5\sin^2 x + 1 = 0$ $\left[\frac{\pi}{2} + k\pi; \pm\frac{\pi}{6} + k\pi\right]$

197 $\frac{4\cos x - 7}{2\cos^2 x - \cos x} - \frac{5 - 6\cos x}{\cos x} = 7$ $\left[\pm\frac{2}{3}\pi + 2k\pi\right]$

198 $\frac{\cos x + 2}{\sqrt{\cos x}} - \sqrt{\cos x} = \sqrt{4\cos x + 6}$ $\left[\pm\frac{\pi}{3} + 2k\pi\right]$

199 $\frac{2}{\sqrt{2 - \sin x}} - \sqrt{\sin x} = \sqrt{2 + \cos\left(\frac{\pi}{2} + x\right)}$ $\left[k\pi; \frac{\pi}{2} + 2k\pi\right]$

200 $3\tan^4 x - 10\tan^2 x + 3 = 0$ $\left[\pm\frac{\pi}{6} + k\pi; \pm\frac{\pi}{3} + k\pi\right]$

201 $\frac{1}{\sin x + 1} - \frac{1}{6(1 - \sin x)} = \frac{1}{3}$ $\left[\frac{\pi}{6} + 2k\pi; \frac{5}{6}\pi + 2k\pi\right]$

202 ASSOCIA ogni equazione alle rispettive soluzioni.

a. $2\sin^2 x = 1$ b. $3\sin x + \sin^2 x = 0$ c. $\tan^2 x - \tan x = 0$ d. $\sin^2 x \cos^2 x = 1$

1. $x = \frac{\pi}{4} + k\pi \vee x = k\pi$ 2. $x = k\pi$ 3. impossibile 4. $x = \frac{\pi}{4} + k\frac{\pi}{2}$

203 YOU & MATHS Find all solutions ϑ to $2\cos^2\vartheta - 3\cos\vartheta = -1$.

(USA *Southern Illinois University Carbondale,* Final Exam, 2001)

$\left[2k\pi; \pm\frac{\pi}{3} + 2k\pi\right]$

204 EUREKA! Risolvi l'equazione $4(16^{\sin^2 x}) = 2^{6\sin x}$ per $0 \le x \le 2\pi$.

(CAN *Canadian Open Mathematics Challenge,* 2000)

$\left[\frac{\pi}{6}; \frac{\pi}{2}; \frac{5\pi}{6}\right]$

Con le formule goniometriche

205 ESERCIZIO GUIDA Risolviamo $\sin\left(x - \frac{\pi}{6}\right) + \cos\left(x + \frac{2}{3}\pi\right) + \cos 2x = 0$.

Applichiamo le formule di addizione, sottrazione e duplicazione in modo che l'argomento delle funzioni goniometriche sia solo x:

$$\left(\sin x \cdot \cos\frac{\pi}{6} - \cos x \cdot \sin\frac{\pi}{6}\right) + \left(\cos x \cdot \cos\frac{2}{3}\pi - \sin x \cdot \sin\frac{2}{3}\pi\right) + (\cos^2 x - \sin^2 x) = 0.$$

Svolgiamo i calcoli:

$$\left(\frac{\sqrt{3}}{2}\sin x - \frac{1}{2}\cos x\right) + \left(-\frac{1}{2}\cos x - \frac{\sqrt{3}}{2}\sin x\right) + [\cos^2 x - (1 - \cos^2 x)] = 0 \rightarrow$$

$$2\cos^2 x - \cos x - 1 = 0.$$

Poniamo $\cos x = t$: $2t^2 - t - 1 = 0 \rightarrow t = \frac{1 \pm \sqrt{1+8}}{4} = \frac{1 \pm 3}{4} \rightarrow t_1 = -\frac{1}{2}, t_2 = 1$.

$$t_1 = -\frac{1}{2} \rightarrow \cos x = -\frac{1}{2} \rightarrow x = \pm\frac{2}{3}\pi + 2k\pi; \quad t_2 = 1 \rightarrow \cos x = 1 \rightarrow x = 2k\pi.$$

Risolvi le seguenti equazioni in $\mathbb{R}$.

206 $\cos 2x + \sin^2 x = 0$ $\left[\frac{\pi}{2} + k\pi\right]$

207 $1 - \sin^2 x - \cos^2\frac{x}{2} = 0$ $\left[\pm\frac{2}{3}\pi + 2k\pi; 2k\pi\right]$

208 $3\sin 2x + 10\sin x = 0$ $[k\pi]$

209 $\cos 2x - \sin 2x \cdot \tan x = 0$ $\left[\pm\frac{\pi}{6} + k\pi\right]$

210 $2\sin\left(x + \frac{\pi}{6}\right) \cdot \cos x = 1$ $\left[k\pi; \frac{\pi}{3} + k\pi\right]$

211 $\cos x - 2\sin^2\frac{x}{2} = \cos^2\frac{x}{2}$ $[2k\pi]$

212 $2\cos\left(x + \frac{\pi}{4}\right) = \sqrt{2}(1 - \sin x)$ $[2k\pi]$

213 $\tan\frac{x}{2} \cdot \cot x = -1$ $\left[\pm\frac{2}{3}\pi + 2k\pi\right]$

214 $4\cos x + \tan^2\frac{x}{2} = 3$ $\left[\pm\frac{\pi}{4} + k\pi\right]$

215 $\cot 2x \cdot \cot x = 1$ $\left[\frac{\pi}{6} + k\pi; \frac{5}{6}\pi + k\pi\right]$

216 $3\sin 2x \cdot \tan x - 2\cos^2 x = 2$ $\left[\frac{\pi}{4} + k\frac{\pi}{2}\right]$

217 $\tan\left(x - \frac{\pi}{4}\right)\tan x = 0$ $\left[k\pi; \frac{\pi}{4} + k\pi\right]$

218 $2\sin\left(x - \frac{\pi}{4}\right) = \sqrt{2}(1 - \cos x)$ $\left[\frac{\pi}{2} + 2k\pi\right]$

219 $\sin\left(x + \frac{\pi}{6}\right) + \cos\left(x + \frac{5}{6}\pi\right) = 0$ $\left[\frac{\pi}{4} + k\pi\right]$

220 $\sin^2 2x - 2 - 2\cos 2x = 0$ $\left[\frac{\pi}{2} + k\pi\right]$

221 $\cos^2 x + \sin^2 2x = 1$ $\left[\pm\frac{\pi}{3} + k\pi; k\pi\right]$

222 $\sin 2x - \cos x = 0$ $\left[\frac{\pi}{2} + k\pi; \frac{\pi}{6} + 2k\pi; \frac{5}{6}\pi + 2k\pi\right]$

223 $\sin x + \sqrt{3}\sin\frac{x}{2} = 0$ $\left[2k\pi; \frac{5}{3}\pi + 4k\pi; \frac{7}{3}\pi + 4k\pi\right]$

224 $2\sin^2\left(x - \frac{\pi}{4}\right) - \sqrt{2}\sin\left(x - \frac{\pi}{4}\right) = 0$ $\left[\pi + 2k\pi; \frac{\pi}{4} + k\pi; \frac{\pi}{2} + 2k\pi\right]$

225 $\cos 2x - (\sin x - 1)^2 + \sin x = 0$ $\left[k\pi; \frac{\pi}{2} + 2k\pi\right]$

226 $4\cos^2 x - 4\sqrt{3}\sin\left(\frac{\pi}{2} + x\right) + 3 = 0$ $\left[\pm\frac{\pi}{6} + 2k\pi\right]$

227 $\sqrt{2}\sin 2x + 2\cos x - \sqrt{2}\sin x - 1 = 0$ $\left[\pm\frac{\pi}{3} + 2k\pi; \frac{5}{4}\pi + 2k\pi; \frac{7}{4}\pi + 2k\pi\right]$

228 $2\sin\left(x - \frac{\pi}{3}\right) + 2\cos\left(x - \frac{\pi}{6}\right) = \sin^2 x + 1$ $\left[\frac{\pi}{2} + 2k\pi\right]$

229 $\sin 2x + \sin 3x + \sin 4x = 0$ $\left[k\frac{\pi}{3}\right]$

230 $\cos x + \cos\frac{x}{2} + 1 = 0$ $\left[\pi + 2k\pi; \frac{4}{3}\pi + 4k\pi; \frac{8}{3}\pi + 4k\pi\right]$

231 $\cos 4x - \cos 2x = \sin 3x$ $\left[k\frac{\pi}{3}; \frac{7}{6}\pi + k\pi; \frac{11}{6}\pi + 2k\pi\right]$

232 $\sin 2x \cdot \cot x + \cos x - 1 = 0$ $\left[\pm\frac{\pi}{3} + 2k\pi\right]$

233 $\tan\left(x + \frac{\pi}{4}\right) - (1 + \tan x) = 0$ $\left[k\pi; \frac{3}{4}\pi + k\pi\right]$

234 $(1 - \tan x) \cdot \tan 2x - \tan x = 0$ $[k\pi]$

235 $4\sin x \cdot \cos\left(x - \frac{11}{6}\pi\right) = \sqrt{3} \cdot \sin 2x - 1$ $\left[\pm\frac{\pi}{4} + k\pi\right]$

236 $2\cos x \cdot \sin\left(x + \frac{2}{3}\pi\right) = \sin x(-\cos x - \sqrt{3}\sin x) + \tan x$ $\left[\frac{\pi}{3} + k\pi\right]$

237 $\cos 2x + \cos 3x + \cos 4x + \cos 5x = 0$ $\left[\frac{\pi}{2} + k\pi; \frac{\pi}{7} + \frac{2}{7}k\pi\right]$

238 $\sin 4x \cos 5x = \sin 6x \cos 3x$ $\left[k\frac{\pi}{2}\right]$

239 YOU & MATHS Solve each equation on the interval $0 \le \vartheta \le 2\pi$.

a. $3\sec^2\vartheta - 4 = 0$; **b.** $\cos 2\vartheta - \sin\vartheta = 0$.

(USA *Southern Illinois University Carbondale*, Final Exam, 2004)

$\left[\text{a) } \frac{\pi}{6}, \frac{5\pi}{6}, \frac{7\pi}{6}, \frac{11\pi}{6}; \text{ b) } \frac{\pi}{6}, \frac{5\pi}{6}, \frac{3\pi}{2}\right]$

Equazioni e funzioni

240 YOU & MATHS How many x-intercepts does the graph of $y = \cos x - \sin 2x$ have in the interval $0 \le x \le 2\pi$?

A 0 B 2 C 4 D 6 E 8

(USA *Marywood University Mathematics Contest*, 2003)

Determina le intersezioni con l'asse x dei grafici delle seguenti funzioni, nell'intervallo $[-\pi; \pi]$.

241 $y = \cos 2x + 1 + \cos x$ $\left[\left(-\frac{2}{3}\pi; 0\right); \left(-\frac{\pi}{2}; 0\right); \left(\frac{\pi}{2}; 0\right); \left(\frac{2}{3}\pi; 0\right)\right]$

242 $y = 2\sin^2 x - 3\sin x + 1$ $\left[\left(\frac{\pi}{6}; 0\right); \left(\frac{\pi}{2}; 0\right); \left(\frac{5}{6}\pi; 0\right)\right]$

243 $y = \tan(\pi - x) + \tan^2 x$ $\left[(-\pi; 0); \left(-\frac{3}{4}\pi; 0\right); (0; 0); \left(\frac{\pi}{4}; 0\right); (\pi; 0)\right]$

2 Equazioni lineari in seno e coseno

▶ Teoria a p. 798

244 ESERCIZIO GUIDA Risolviamo $\sqrt{3}\cos x + \sin x = \sqrt{3}$.

Metodo algebrico

L'equazione è del tipo $a \sin x + b \cos x + c = 0$, con $c \neq 0$.
Per risolverla ci serviamo delle formule parametriche.

$$\sin x = \frac{2t}{1+t^2}, \quad \cos x = \frac{1-t^2}{1+t^2}, \quad \text{con } t = \tan\frac{x}{2}.$$

Poiché tali formule valgono per $x \neq \pi + 2k\pi$, dobbiamo verificare, prima di applicarle, se $x = \pi + 2k\pi$ è una soluzione dell'equazione data. Sostituendo π otteniamo:

$$\sqrt{3}\cos\pi + \sin\pi = -\sqrt{3} + 0 = -\sqrt{3} \neq \sqrt{3}.$$

In questo caso $x = \pi + 2k\pi$ **non** è soluzione dell'equazione data.

Se $x = \pi + 2k\pi$ avesse soddisfatto l'equazione, l'avremmo considerata come una soluzione.

Utilizziamo ora le formule parametriche per determinare le soluzioni diverse da $\pi + 2k\pi$:

$$\sqrt{3}\frac{1-t^2}{1+t^2} + \frac{2t}{1+t^2} = \sqrt{3} \to \frac{\sqrt{3}(1-t^2)+2t}{1+t^2} = \frac{\sqrt{3}(1+t^2)}{1+t^2} \to \sqrt{3} - \sqrt{3}t^2 + 2t = \sqrt{3} + \sqrt{3}t^2.$$

L'equazione ridotta in forma normale è:

$$\sqrt{3}t^2 - t = 0 \to t(\sqrt{3}t - 1) = 0 \quad \to \quad t = 0 \vee t = \frac{\sqrt{3}}{3}.$$

Torniamo alla variabile x:

- $\tan\frac{x}{2} = 0 \quad \to \quad \frac{x}{2} = k\pi \quad \to \quad x = 2k\pi;$
- $\tan\frac{x}{2} = \frac{\sqrt{3}}{3} \quad \to \quad \frac{x}{2} = \frac{\pi}{6} + k\pi \quad \to \quad x = \frac{2\pi}{6} + 2k\pi \quad \to \quad x = \frac{\pi}{3} + 2k\pi.$

Le soluzioni dell'equazione data sono: $x = 2k\pi \vee x = \frac{\pi}{3} + 2k\pi$.

Metodo grafico

Trasformiamo l'equazione nel sistema $\begin{cases} \sqrt{3}\cos x + \sin x = \sqrt{3} \\ \cos^2 x + \sin^2 x = 1 \end{cases}$.

Poniamo $\sin x = Y$ e $\cos x = X$ e sostituiamo nel sistema.

$$\begin{cases} \sqrt{3}X + Y = \sqrt{3} & \text{— equazione di una retta} \\ X^2 + Y^2 = 1 & \text{— equazione della circonferenza goniometrica} \end{cases}$$

Risolviamo il sistema per sostituzione.

$$\begin{cases} Y = -\sqrt{3}X + \sqrt{3} \\ X^2 + (-\sqrt{3}X + \sqrt{3})^2 = 1 \end{cases}$$

Risolviamo la seconda equazione:

$$X^2 + (3X^2 + 3 - 6X) = 1 \quad \to \quad 4X^2 - 6X + 2 = 0 \quad \to \quad 2X^2 - 3X + 1 = 0 \quad \to \quad X = 1, X = \frac{1}{2}.$$

Le soluzioni del sistema sono: $\begin{cases} X = 1 \\ Y = 0 \end{cases} \to E(1;0);\ \begin{cases} X = \frac{1}{2} \\ Y = \frac{\sqrt{3}}{2} \end{cases} \to A\left(\frac{1}{2}; \frac{\sqrt{3}}{2}\right).$

Disegniamo sul piano cartesiano la retta e la circonferenza.
Torniamo all'incognita x con i sistemi:

1. $\begin{cases} \cos x = 1 \\ \sin x = 0 \end{cases} \rightarrow x = 2k\pi;$

2. $\begin{cases} \cos x = \frac{1}{2} \\ \sin x = \frac{\sqrt{3}}{2} \end{cases} \rightarrow x = \frac{\pi}{3} + 2k\pi.$

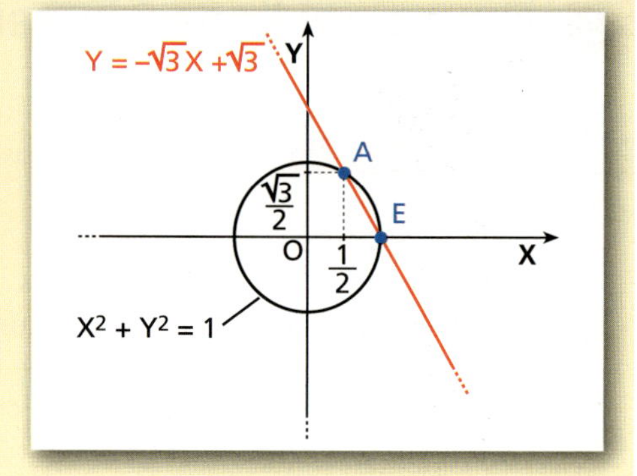

Le soluzioni dell'equazione data sono:

$$x = 2k\pi \quad \vee \quad x = \frac{\pi}{3} + 2k\pi.$$

Metodo dell'angolo aggiunto

Utilizzando le formule, nell'equazione data, per l'espressione $\sqrt{3}\cos x + \sin x$ abbiamo:

$$r = \sqrt{1+3} = 2; \quad \tan\alpha = \frac{\sqrt{3}}{1} \rightarrow \alpha = \frac{\pi}{3}.$$

$a \sin x + b \cos x = r \sin(x + \alpha)$, con $r = \sqrt{a^2 + b^2}$ e $\tan\alpha = \frac{b}{a}$

Quindi l'equazione data equivale a:

$$2\sin\left(x + \frac{\pi}{3}\right) = \sqrt{3},$$

equazione elementare che ha come soluzioni $x = 2k\pi \vee x = \frac{\pi}{3} + 2k\pi$.

245 VERO O FALSO? L'equazione $\cos x - \sqrt{3}\sin x = 0$:

a. è lineare in seno e coseno. V F

b. è equivalente all'equazione $1 - \sqrt{3}\tan x = 0$. V F

c. è equivalente all'equazione $2\sin\left(x - \frac{\pi}{6}\right) = 0$. V F

d. non si può risolvere con il metodo grafico. V F

246 CACCIA ALL'ERRORE Trova l'errore nell'applicazione del metodo dell'angolo aggiunto.

a. $\sin x + \cos x = 1 \rightarrow r = \sqrt{2}, \tan\alpha = 1 \rightarrow \sin\left(x + \frac{\pi}{4}\right) = 1$

b. $\sqrt{3}\sin x - \cos x = 0 \rightarrow r = \sqrt{2}, \tan\alpha = -\sqrt{3} \rightarrow \sqrt{2}\sin\left(x - \frac{\pi}{3}\right) = 0$

247 RIFLETTI SULLA TEORIA Fabio sostiene che l'equazione $\sin\left(\frac{3}{2}\pi - x\right) + 2\sin x = 1$ non è lineare in seno e coseno, ma Alessia la risolve come equazione lineare. Come fa?

Risolvi le seguenti equazioni goniometriche lineari.

248 $\sin x + \cos x = 0$ $\left[\frac{3}{4}\pi + k\pi\right]$

249 $\sin x - \cos x = 0$ $\left[\frac{\pi}{4} + k\pi\right]$

250 $\cos x - \sin x = 1$ $\left[-\frac{\pi}{2} + 2k\pi; 2k\pi\right]$

251 $\cos x + \sin x - 3 = 0$ [impossibile]

252 $\cos x - \sqrt{3}\sin x = 1$ $\left[2k\pi; -\frac{2}{3}\pi + 2k\pi\right]$

253 $\sin\left(\frac{\pi}{2} + x\right) + \sin x = 1$ $\left[\frac{\pi}{2} + 2k\pi; 2k\pi\right]$

254 $\sqrt{3}\sin x - 2\cos x = \sqrt{3} - \cos x$ $\left[\frac{\pi}{2} + 2k\pi; \frac{5}{6}\pi + 2k\pi\right]$

255 $\cos 5x + \sin 5x = 0$ $\left[\frac{3}{20}\pi + k\frac{\pi}{5}\right]$

256 $\sin 4x - \cos 4x - 1 = 0$ $\left[\frac{\pi}{4} + k\frac{\pi}{2}; \frac{\pi}{8} + k\frac{\pi}{2}\right]$

257 $\sqrt{3} \sin x + \cos x = \sqrt{3}$ $\left[\frac{\pi}{2} + 2k\pi; \frac{\pi}{6} + 2k\pi\right]$

258 $\sin x - \cos(-x) = \frac{\sqrt{2}}{2}$ $\left[\frac{5}{12}\pi + 2k\pi; \frac{13}{12}\pi + 2k\pi\right]$

259 $\sqrt{3} \sin x + 3 \cos x + 3 = 0$ $\left[\pi + 2k\pi; \frac{4}{3}\pi + 2k\pi\right]$

260 $\cos\left(x + \frac{\pi}{6}\right) + \sin\left(x + \frac{\pi}{6}\right) = 1$ $\left[\frac{\pi}{3} + 2k\pi; -\frac{\pi}{6} + 2k\pi\right]$

261 $\sqrt{3} \sin 3x + \cos 3x = \sqrt{3}$ $\left[\frac{\pi}{18} + \frac{2k\pi}{3}; \frac{\pi}{6} + \frac{2k\pi}{3}\right]$

262 $\sqrt{3} \sin x + \cos x + 1 = 0$ $\left[\pi + 2k\pi; \frac{5}{3}\pi + 2k\pi\right]$

263 $\sin x + (\sqrt{2} - 1) \cos x - 1 = 0$ $\left[\frac{\pi}{4} + 2k\pi; \frac{\pi}{2} + 2k\pi\right]$

264 $(2 + \sqrt{3}) \sin x - \cos x + 2 + \sqrt{3} = 0$ $\left[-\frac{\pi}{3} + 2k\pi; -\frac{\pi}{2} + 2k\pi\right]$

265 $\sin x + 2 \cos x - 6 = 0$ [impossibile]

266 $\sin x + 3 \cos x = 2 + \sqrt{2} \cos\left(x + \frac{\pi}{4}\right)$ $\left[\frac{\pi}{2} + 2k\pi; 2k\pi\right]$

267 $\sin\left(x - \frac{\pi}{4}\right) + \cos\left(x - \frac{\pi}{4}\right) - 1 = 0$ $\left[\frac{\pi}{4} + 2k\pi; \frac{3}{4}\pi + 2k\pi\right]$

268 $\sqrt{3} \sin x - 5 \cos x + 1 = 0$ $\left[\frac{\pi}{3} + 2k\pi; 2\arctan\left(-\frac{2\sqrt{3}}{3}\right) + 2k\pi\right]$

269 $\sin\left(\frac{3}{4}\pi + x\right) + \cos\left(x - \frac{7}{4}\pi\right) = \sqrt{2}$ $\left[2k\pi; \frac{3}{2}\pi + 2k\pi\right]$

270 $\sqrt{3} \sin\left(x + \frac{4}{3}\pi\right) + \sin\left(x - \frac{7}{6}\pi\right) + 2 = 0$ $\left[\frac{\pi}{3} + 2k\pi\right]$

271 $\cos\left(\frac{11}{6}\pi - x\right) + \sin\left(x - \frac{\pi}{6}\right) = \frac{\sqrt{6} - \sqrt{2}}{4}$ $\left[-\frac{\pi}{12} + 2k\pi; \frac{7}{12}\pi + 2k\pi\right]$

MATEMATICA AL COMPUTER

Le equazioni goniometriche Nel laboratorio che ti proponiamo puoi imparare a risolvere con il computer un'equazione goniometrica e a verificare le soluzioni trovate.

risolvere $(2 \cdot \sin(x) + 3 \cdot \cos(x) = -2) \rightarrow \left\{\left\{x = -\frac{\pi}{2}\right\}, \{x = 2.7468\}\right\}$

Risoluzione – 3 esercizi in più

272 Determina i punti di intersezione con gli assi cartesiani del grafico della funzione $y = \sin x + \cos x + \sqrt{2}$.
$\left[(0; 1 + \sqrt{2}); \left(-\frac{3}{4}\pi + 2k\pi; 0\right)\right]$

ESERCIZI

REALTÀ E MODELLI

273 •• **Scorciatoia per amore** La casa del fidanzato di Sara dista 1 km in linea d'aria dalla sua, ma per raggiungerla Sara deve percorrere via Libertà e via Risorgimento, un percorso di 1,2 km. Se volesse attraversare il parco in linea retta, che direzione dovrebbe prendere, espressa come valore dell'angolo α? (Considera via Libertà più lunga di via Risorgimento.) [13°]

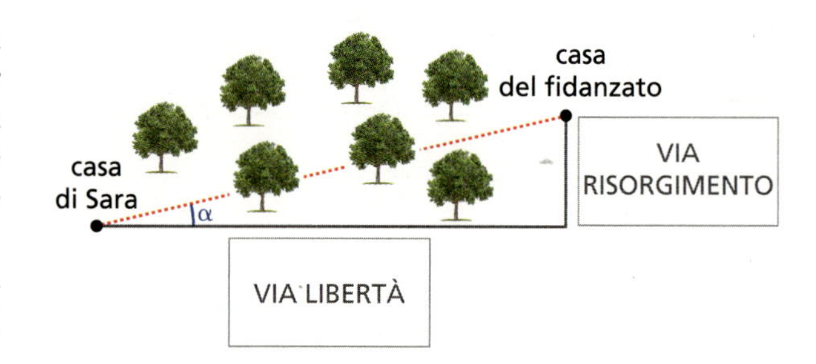

274 •• **La pista di sci** Nella prima parte di un percorso di slalom alcune bandierine sono posizionate lungo la traiettoria come mostrato in figura.
Supponendo che la curva in figura abbia equazione $y = 2\sin x + \sqrt{3}\cos x - \frac{5}{2}$ e che lo sciatore si trovi in $A(0; 1)$, determina:

a. la posizione delle bandierine;
b. l'equazione della traiettoria rettilinea da seguire per passare all'esterno della seconda bandierina;
c. le equazioni delle possibili traiettorie rettilinee per passare tra la prima e la seconda bandierina.

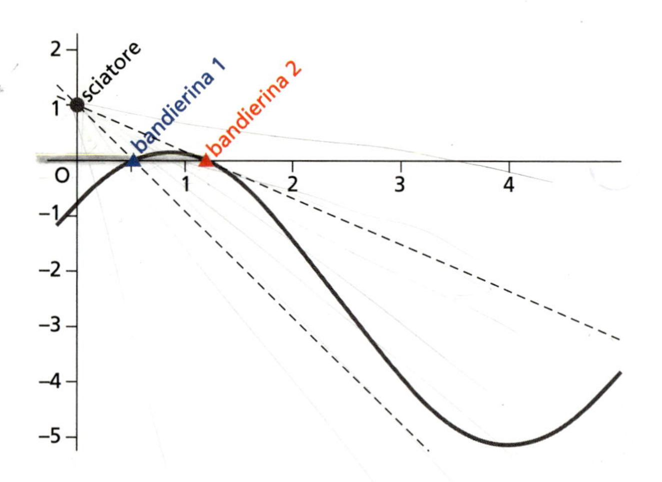

$\left[\text{a) } \left(\frac{\pi}{6}; 0\right), (1{,}19; 0); \text{ b) } y = mx + 1, \text{ con } m < -1{,}19; \text{ c) } y = mx + 1, \text{ con } -1{,}19 < m < -\frac{\pi}{6}\right]$

Determina graficamente e algebricamente i punti di intersezione dei grafici delle seguenti funzioni.

275 •• $y = 1 - \sqrt{3}\sin x; \quad y = \cos x.$ $\left[(2k\pi; 1); \left(\frac{2}{3}\pi + 2k\pi; -\frac{1}{2}\right)\right]$

276 •• $y = \sqrt{3}\sin x; \quad y = 2 - \cos x.$ $\left[\left(\frac{\pi}{3} + 2k\pi; \frac{3}{2}\right)\right]$

277 •• $y = \sqrt{2}\sin x + 2; \quad y = -\sqrt{2}\cos x.$ $\left[\left(\frac{5}{4}\pi + 2k\pi; 1\right)\right]$

3 Equazioni omogenee di secondo grado in seno e coseno

▶ Teoria a p. 801

278 ESERCIZIO GUIDA Risolviamo $\sqrt{3}\cos^2 x - \sin x \cos x = \sqrt{3}$.

Così come è scritta, l'equazione non è un'equazione omogenea, perché compare il termine noto $\sqrt{3}$. Usiamo la relazione $\sin^2 x + \cos^2 x = 1$ per trasformarla nell'equazione equivalente:

$$\sqrt{3}\cos^2 x - \sin x \cos x = \sqrt{3}(\sin^2 x + \cos^2 x) \rightarrow \sqrt{3}\sin^2 x + \sin x \cos x = 0.$$

Risolviamo l'equazione omogenea ottenuta, raccogliendo $\sin x$:

$$\sin x(\sqrt{3}\sin x + \cos x) = 0.$$

Per la legge dell'annullamento del prodotto dobbiamo risolvere le due equazioni:

- $\sin x = 0 \to x = k\pi$;
- $\sqrt{3}\sin x + \cos x = 0 \to \frac{\pi}{2} + k\pi$ non è soluzione, quindi dividiamo per $\cos x$ e otteniamo:

$$\sqrt{3}\tan x + 1 = 0 \quad \to \quad \tan x = -\frac{\sqrt{3}}{3} \quad \to \quad x = -\frac{\pi}{6} + k\pi.$$

Le soluzioni dell'equazione sono: $x = k\pi \vee x = -\frac{\pi}{6} + k\pi$.

Risolvi le seguenti equazioni.

279 $\sin x \cos x - \sin^2 x = 0$ $\left[k\pi; \frac{\pi}{4} + k\pi\right]$

280 $\sqrt{3}\sin x \cos x - 3\sin^2 x = 0$ $\left[k\pi; \frac{\pi}{6} + k\pi\right]$

281 $\sin^2 x - \cos^2 x = 0$ $\left[\frac{\pi}{4} + k\frac{\pi}{2}\right]$

282 $\sin^2 x - \sqrt{3}\sin x \cos x = 0$ $\left[k\pi; \frac{\pi}{3} + k\pi\right]$

283 $4\sin^2 x - \sin x \cos x + 3 = 0$ [impossibile]

284 $\sin x \cos x - \cos^2 x = 0$ $\left[\frac{\pi}{2} + k\pi; \frac{\pi}{4} + k\pi\right]$

---

285 $\sqrt{3}(\cos^2 x - \sin^2 x) + 2\sin x \cos x = 0$ $\left[\frac{\pi}{3} + k\pi; \frac{5}{6}\pi + k\pi\right]$

286 $3\cos^2 x - \sin x \cos x = 0$ $\left[\frac{\pi}{2} + k\pi; \arctan 3 + k\pi\right]$

287 $\sqrt{2}\sin x \cos x + \sqrt{6}\cos^2 x = 0$ $\left[\frac{\pi}{2} + k\pi; -\frac{\pi}{3} + k\pi\right]$

288 $3\sin^2 x + 2\sqrt{3}\sin x \cos x + \cos^2 x = 0$ $\left[\frac{5}{6}\pi + k\pi\right]$

289 $3\sin^2 x + \cos^2 x + 2\sin x \cos x = 2$ $\left[\frac{\pi}{8} + k\frac{\pi}{2}\right]$

290 $2\sqrt{3}\cos^2 x - 2\sin x \cos x = \sqrt{3}$ $\left[\frac{2}{3}\pi + k\pi; \frac{\pi}{6} + k\pi\right]$

291 $2\sin^2 x + 3\sin x \cos x = 2 + \cos^2 x$ $\left[\frac{\pi}{2} + k\pi; \frac{\pi}{4} + k\pi\right]$

292 $4\sin^2 x + 2\sin x \cos x + 4\cos^2 x = 3$ $\left[\frac{3}{4}\pi + k\pi\right]$

293 $6\sin^2 x - 5\sin x \cos x = 1 - \cos^2 x$ $\left[k\pi; \frac{\pi}{4} + k\pi\right]$

294 $3\sin^2 x + 2\sqrt{3}\sin x \cos x + 5\cos^2 x - 3 = 0$ $\left[\frac{\pi}{2} + k\pi; -\frac{\pi}{6} + k\pi\right]$

295 $3\sin^2 x + 2\sin x \cos x = 2 - 3\cos^2 x$ $\left[-\frac{\pi}{4} + k\pi\right]$

296 $2\sin^2 x + 2\sqrt{3}\sin x \cos x - 4\cos^2 x + 1 = 0$ $\left[\frac{\pi}{6} + k\pi; \frac{2}{3}\pi + k\pi\right]$

297 $3\sin^2 x - \sin x \cos x - 2 = 0$ $\left[\arctan 2 + k\pi; \frac{3}{4}\pi + k\pi\right]$

298 $10\sin^2 x + 2\sqrt{3}\sin x \cos x + 4\cos^2 x = 7$ $\left[\frac{\pi}{6} + k\pi; -\frac{\pi}{3} + k\pi\right]$

299 $\cos x - \sqrt{3}\sin x = \frac{1 - 4\sin^2 x}{\cos x}$ $\left[k\pi; \frac{\pi}{6} + k\pi\right]$

300 $\frac{2\cos^2 x - 5}{\sin x} = 2(\sqrt{3}\cos x - 4\sin x)$ $\left[-\frac{\pi}{6} + k\pi; \frac{\pi}{3} + k\pi\right]$

301 $2(2 + \sin x \cos x) = 5\cos x(\cos x + \sin x)$ $\left[\frac{\pi}{4} + k\pi; \arctan\left(-\frac{1}{4}\right) + k\pi\right]$

302 $\cos x \sin\left(\frac{2}{3}\pi + x\right) - \sqrt{3}\cos^2 x = \sin x \cos\left(x - \frac{\pi}{6}\right)$ $\left[-\frac{\pi}{4} + k\pi; -\frac{\pi}{3} + k\pi\right]$

ESERCIZI

303 $(3+\sqrt{3})\sin^2 x + 2\cos^2 x + (\sqrt{3}-1)\sin x \cos x = 3$ $\left[\frac{3}{4}\pi + k\pi; \frac{\pi}{6} + k\pi\right]$

304 $(\sqrt{3}-1)\sin^2 x + (\sqrt{3}+1)\sin x \cos x + 1 = 0$ $\left[-\frac{\pi}{6} + k\pi; -\frac{\pi}{4} + k\pi\right]$

305 $\sin^2 x + 4\sqrt{3}\sin x \cos x + \cos^2 x + 2 = 0$ $\left[\frac{5}{6}\pi + k\pi; \frac{2}{3}\pi + k\pi\right]$

306 $(\sqrt{2}-1)\cos^2 x + (\sqrt{2}-2)\sin x \cos x - \sin^2 x = 0$ $\left[\frac{\pi}{8} + k\pi; \frac{3}{4}\pi + k\pi\right]$

307 $2\cos^2 x + 1 + \sqrt{3} = 2(2+\sqrt{3})\sin x \cos x$ $\left[\frac{\pi}{4} + k\pi; \frac{\pi}{3} + k\pi\right]$

Determina le coordinate dei punti di intersezione con gli assi cartesiani dei grafici delle seguenti funzioni.

308 $y = \sin^2 x + \sin x \cos x$ $\left[(k\pi; 0); \left(\frac{3}{4}\pi + k\pi; 0\right); (0; 0)\right]$

309 $y = 2\cos^2 x - \sin x \cos x$ $\left[\left(\frac{\pi}{2} + k\pi; 0\right); (\arctan 2 + k\pi; 0); (0; 2)\right]$

310 $y = 2\sin^2 x - \cos^2 x - \sin x \cos x$ $\left[\left(\frac{\pi}{4} + k\pi; 0\right); \left(\arctan\left(-\frac{1}{2}\right) + k\pi; 0\right); (0; -1)\right]$

Equazioni omogenee di grado superiore al secondo

Risolvi le seguenti equazioni.

311 $\sin^4 x - \cos^2 x \sin^2 x = 0$ $\left[k\pi; \frac{\pi}{4} + k\frac{\pi}{2}\right]$

312 $2\sin^4 x + \sin^2 x \cos^2 x - 3\cos^4 x = 0$ $\left[\frac{\pi}{4} + k\frac{\pi}{2}\right]$

313 $\sin^4 x + 4\cos^4 x - 5\sin^2 x \cos^2 x = 0$ $\left[\pm\arctan 2 + k\pi; \frac{\pi}{4} + k\frac{\pi}{2}\right]$

314 $5\cos^4 x + 2\sin^2 x \cos^2 x - 3\sin^4 x + 1 = 0$ $\left[\pm\frac{\pi}{3} + k\pi\right]$

315 $\cos^3 x = -5\sin^2 x \cos x + 4\sin x \cos^2 x + 2\sin^3 x$ $\left[\frac{\pi}{4} + k\pi; \arctan\frac{1}{2} + k\pi\right]$

316 $\sqrt{3}\cos^3 x - \sin^3 x + \sin x \cos^2 x = \sqrt{3}\cos x \sin^2 x$ $\left[\frac{\pi}{4} + k\frac{\pi}{2}; -\frac{\pi}{3} + k\pi\right]$

Riepilogo: Equazioni goniometriche

TEST

317 Una sola fra le seguenti equazioni ammette esattamente due soluzioni comprese fra 0 e 2π. Quale?

A $\sin\left(x + \frac{\pi}{3}\right) = 1$

B $\cos\left(\frac{\pi}{4} - x\right) = -1$

C $\sin 2x = 0$

D $\tan\left(x - \frac{\pi}{3}\right) = 0$

E $\cos(2x - \pi) = \frac{1}{2}$

318 L'equazione $\sin\left(\frac{3}{2}x - \frac{3}{2}\pi\right) = \frac{1}{2}$ è equivalente a:

A $\cos\frac{3}{2}x = -\frac{1}{2}$.

B $\sin x = \frac{1}{3}$.

C $\sin\frac{3}{2}x = \frac{1}{2}$.

D $\cos x = -\frac{1}{2}$.

E $\cos\frac{3}{2}x = \frac{1}{2}$.

319 **VERO O FALSO?**

a. $\sin x = \sin 2x \rightarrow x = k\pi$. V F

b. $\cos^4 x - \sin^4 x = 2 \rightarrow$ impossibile. V F

c. $\sin x - \cos x = \sqrt{2} \rightarrow x = \frac{3}{4}\pi + k\pi$. V F

d. $\frac{1}{4}\cos 4x = 1 \rightarrow \cos x = 1$. 

Identità

Verifica le seguenti identità indicando i valori di α per i quali non sono definite.

320 $\dfrac{\cos\alpha \tan 2\alpha}{\sin\alpha} = \dfrac{2\cos^2\alpha}{2\cos^2\alpha - 1}$

321 $\tan\alpha = 2\tan\alpha\cos^2\dfrac{\alpha}{2} - \sin\alpha$

322 $\dfrac{\cos^2\alpha}{1+\sin 2\alpha} = \dfrac{1}{(1+\tan\alpha)^2}$

323 $\dfrac{\tan\dfrac{\alpha}{2}}{1-\cos\alpha} = \dfrac{1}{\sin\alpha}$

324 $\dfrac{\sin 3\alpha - \sin\alpha}{\cos 2\alpha} = 2\sin\alpha$

325 $\dfrac{1-\tan\alpha}{1+\tan\alpha} = \dfrac{(\cos\alpha - \sin\alpha)^2}{\cos 2\alpha}$

326 $\dfrac{\cos 2\alpha}{\sin 2\alpha - \cos 2\alpha + 1} = \dfrac{\cot\alpha - 1}{2}$

327 $\dfrac{\sin\alpha}{1+\cos\alpha+\sin\alpha} = \dfrac{1}{1+\cot\dfrac{\alpha}{2}}$

Equazioni

Risolvi le seguenti equazioni.

AL VOLO

328 $2\cos x = 4$

329 $\sin\left(\dfrac{\pi}{2}+x\right) = 0$

330 $2\sin\left(x-\dfrac{\pi}{3}\right) = 3$

331 $\cos^2 x - \sin^2 x = 2$

332 $2\tan x = 0$

333 $2\cos x = 1$

334 $2(\tan x - 1) + 3 = \tan x + 1 + \sqrt{3}$ $\left[\dfrac{\pi}{3}+k\pi\right]$

335 $3\tan^2 x - 2\sqrt{3}\tan x + 1 = 0$ $\left[\dfrac{\pi}{6}+k\pi\right]$

336 $4\cos^2 x + \operatorname{cosec}^2 x - 7 = 0$ $\left[\pm\dfrac{\pi}{6}+k\pi\right]$

337 $4\sin^2 x - 7 + 10\cos^2 x = 0$ $\left[\dfrac{\pi}{4}+k\dfrac{\pi}{2}\right]$

338 $\sin 2x + \cos 2x + 1 = 0$ $\left[\dfrac{\pi}{2}+k\pi; \dfrac{3}{4}\pi+k\pi\right]$

339 $\dfrac{1+\cos^2 x}{\cos x} + \cos^2 x + 1 = 0$ $[\pi + 2k\pi]$

340 $\sin^2\dfrac{x}{2}\cos^2 x + 2\cos x = 0$ $\left[\dfrac{\pi}{2}+k\pi\right]$

341 $\tan^2\left(x+\dfrac{\pi}{3}\right) - 3 = 0$ $\left[k\pi; \dfrac{\pi}{3}+k\pi\right]$

342 $2\cos^2 6x - 1 = 0$ $\left[\pm\dfrac{\pi}{24}+k\dfrac{\pi}{3}; \pm\dfrac{\pi}{8}+k\dfrac{\pi}{3}\right]$

343 $2\sin x\cos^2 x - \sin x = 0$ $\left[k\pi; \dfrac{\pi}{4}+k\dfrac{\pi}{2}\right]$

344 $\sin x - \sqrt{3}\cos x = -2$ $\left[\dfrac{11}{6}\pi + 2k\pi\right]$

345 $2\sin^2 x = \sin 2x$ $\left[k\pi; \dfrac{\pi}{4}+k\pi\right]$

346 $8\sin\left(\dfrac{\pi}{2}-x\right) - 1 = 4\sin^2 x$ $\left[\pm\dfrac{\pi}{3}+2k\pi\right]$

347 $\sin x - (\sqrt{2}-1)\cos x = 0$ $\left[\dfrac{\pi}{8}+k\pi\right]$

348 $\cos^4 x - 3\cos^2 x + 2 = 0$ $[k\pi]$

349 $4\sin^4 x - 11\sin^2 x + 6 = 0$ $\left[\pm\dfrac{\pi}{3}+k\pi\right]$

350 $3\sin x + \cos x - 3 = 0$ $\left[\dfrac{\pi}{2}+2k\pi; 2\arctan\dfrac{1}{2}+2k\pi\right]$

351 $2\cos^2\left(x+\dfrac{\pi}{3}\right) + \cos\left(x+\dfrac{\pi}{3}\right) - 1 = 0$ $\left[\pm\dfrac{2}{3}\pi+2k\pi; 2k\pi\right]$

352 $2 - \sqrt{2}\sin x = 2\sqrt{2}\sin x + 5$ $\left[-\dfrac{\pi}{4}+2k\pi; \dfrac{5}{4}\pi+2k\pi\right]$

353 $\cos\left(2x+\dfrac{\pi}{5}\right) = -\sin\left(3x-\dfrac{4}{3}\pi\right)$ $\left[\dfrac{31}{30}\pi+2k\pi; \dfrac{19}{150}\pi+\dfrac{2}{5}k\pi\right]$

354 $\tan\left(2x-\dfrac{2}{7}\pi\right) = -\cot\left(3x-\dfrac{3}{5}\pi\right)$ $\left[\dfrac{57}{70}\pi+k\pi\right]$

355 $5\sin^2 x - \sqrt{3}\sin 2x = 2 + \cos^2 x$ $\left[\dfrac{5}{6}\pi+k\pi; \dfrac{\pi}{3}+k\pi\right]$

356 $\cos\left(\dfrac{x}{3}+\dfrac{\pi}{9}\right) = -\cos\left(2x-\dfrac{5}{3}\pi\right)$ $\left[\dfrac{5}{3}\pi+\dfrac{6}{5}k\pi; \dfrac{23}{21}\pi+\dfrac{6}{7}k\pi\right]$

357 $\cos x \cot x + \sqrt{3}\cos x = 0$ $\left[\frac{\pi}{2} + k\pi; \frac{5}{6}\pi + k\pi\right]$

358 $\sin\left(x + \frac{\pi}{6}\right) + \sin\left(x + \frac{\pi}{3}\right) = \frac{\sqrt{3}+1}{2}$ $\left[\frac{\pi}{2} + 2k\pi; 2k\pi\right]$

359 $\cot(5x - 125°) = -\tan(15° - 3x)$ $\left[\frac{25°}{4} + k\frac{45°}{2}\right]$

360 $4\sin^2 x - 8\sin x - 5 = 0$ $\left[\frac{7}{6}\pi + 2k\pi; \frac{11}{6}\pi + 2k\pi\right]$

361 $\cos\left(3x - \frac{\pi}{4}\right) = \cos\left(\frac{2}{3}\pi - 2x\right)$ $\left[\frac{19}{12}\pi + 2k\pi; \frac{11}{60}\pi + \frac{2}{5}k\pi\right]$

362 $\tan x \cos x + \tan x = \sqrt{3}\cos x + \sqrt{3}$ $\left[\pi + 2k\pi; \frac{\pi}{3} + k\pi\right]$

363 $3\sin^2 x - \sqrt{3}\sin 2x - 3\cos^2 x = 0$ $\left[\frac{\pi}{3} + k\pi; -\frac{\pi}{6} + k\pi\right]$

364 $\cot\left(\frac{x}{3} + \frac{\pi}{5}\right) = -\tan\left(3x - \frac{\pi}{7}\right)$ $\left[\frac{177}{560}\pi + \frac{3}{8}k\pi\right]$

365 $5\sin^2 x + 3\cos^2 x + \cos(-x) = 5$ $\left[\frac{\pi}{2} + k\pi; \pm\frac{\pi}{3} + 2k\pi\right]$

366 $\cos x \cdot \cos(x - 300°) = \sin x \cdot \sin(x - 210°)$ $[45° + k180°; 30° + k180°]$

367 $4\sin 2x \cos 2x - 1 = 0$ $\left[\frac{\pi}{24} + k\frac{\pi}{2}; \frac{5}{24}\pi + k\frac{\pi}{2}\right]$

368 $2\sin^2 x + \sqrt{3}\sin x \cos x + 1 - \cos^2 x = 0$ $\left[k\pi; \frac{5}{6}\pi + k\pi\right]$

369 $2\sin^2 x - 4\sqrt{2}\sin x + 3 = 0$ $\left[\frac{\pi}{4} + 2k\pi; \frac{3}{4}\pi + 2k\pi\right]$

370 $2\sin^2 x + 9\cos\left(\frac{3}{2}\pi - x\right) + 4 = 0$ $\left[\frac{\pi}{6} + 2k\pi; \frac{5}{6}\pi + 2k\pi\right]$

371 $\frac{2}{1 + \sin x} = \frac{\sin^2 x + 5}{\cos^2 x}$ [impossibile]

372 $\frac{1 - \cos 2x}{\sin 2x} - \frac{\sin x}{1 + \cos 2x} = 0$ $\left[\pm\frac{\pi}{3} + 2k\pi\right]$

373 $\frac{2\cos x - 1}{\tan 3x} = 0$ [impossibile]

374 $\frac{\sin(\pi - x)}{\cos x} = \frac{1}{\sqrt{3}}$ $\left[\frac{\pi}{6} + k\pi\right]$

375 $\sqrt{3} - 2\sin x = \frac{\cos x}{\sin 2x}$ [impossibile]

376 $\cos x + \tan x = \frac{1}{\cos x}$ $[k\pi]$

377 $\tan\left(x + \frac{\pi}{3}\right) + \tan x = 0$ $\left[-\frac{\pi}{6} + \frac{k}{2}\pi\right]$

378 $\cos 2x - 2\cos\left(x + \frac{3}{4}\pi\right) = 0$ $\left[-\frac{\pi}{4} + k\pi\right]$

379 $\frac{2\sin x \cos x - \cos x}{3\tan^2 x - 1} = 0$ [impossibile]

380 $\tan\left(x - \frac{\pi}{4}\right) - \tan 2x + 2 = 0$ $\left[\pm\frac{\pi}{6} + k\pi\right]$

381 $\frac{(\cos x - 3)(2\cos x + 1)}{3 - 4\sin^2 x} = 0$ [impossibile]

382 $2\sin^2\frac{x}{2} - \cos 2x - \cos x = 2$ $\left[\pi + 2k\pi; \frac{\pi}{2} + k\pi\right]$

383 $2\cos^2\frac{x}{2} + \cos 2x - 2\cos x = 0$ $\left[\frac{\pi}{2} + k\pi; \pm\frac{\pi}{3} + 2k\pi\right]$

384 $\sin\left(x+\frac{\pi}{3}\right)+\cos\left(x+\frac{\pi}{3}\right)=1$ $\left[\frac{5}{3}\pi+2k\pi;\ \frac{\pi}{6}+2k\pi\right]$

385 $2\sin^4 x-4\sin^2 x=\sqrt{3}\cos^3 x-2$ $\left[\frac{\pi}{2}+k\pi;\ \pm\frac{\pi}{6}+2k\pi\right]$

386 $\sin x\,(\sqrt{3}\cos x-2\sin x)=3-5\sin^2 x$ $\left[\frac{\pi}{3}+k\pi;\ \frac{\pi}{2}+k\pi\right]$

387 $4\cdot\cos x\cdot\sin\left(x+\frac{5}{6}\pi\right)=2-\sqrt{3}\sin 2x$ $[k\pi]$

388 $2\cos\left(x-\frac{3}{4}\pi\right)+\cos 2x=0$ $\left[\frac{\pi}{4}+k\pi\right]$

389 $\sin^4 x+2\sin^2 x\cos^2 x-3\cos^4 x=0$ $\left[\pm\frac{\pi}{4}+k\pi\right]$

390 $2\sin\left(x-\frac{\pi}{6}\right)-2\cos\left(x-\frac{\pi}{3}\right)+\sin^2\frac{x}{2}=3$ $[\pi+2k\pi]$

391 $\cos 2x-2\sin^2\frac{x}{2}+2\cos x=0$ $\left[\pm\frac{\pi}{3}+2k\pi\right]$

392 $\sin 4x+\sin 6x=2\cos x$ $\left[\frac{\pi}{2}+k\pi;\ \frac{\pi}{10}+\frac{2}{5}k\pi\right]$

393 $2\cos x\cdot\sin\left(x-\frac{7}{6}\pi\right)-\sin x(\sqrt{3}\cos x+\sin x)=1$ $\left[k\pi;\ -\frac{\pi}{3}+k\pi\right]$

394 $2\cdot(1+\cos x)\cdot\tan\frac{x}{2}=1+\sin^2 x$ $\left[\frac{\pi}{2}+2k\pi\right]$

395 $\dfrac{\sin^2\frac{x}{2}}{\sin^2 x}+\cos x=1$ $\left[\frac{\pi}{4}+k\frac{\pi}{2}\right]$

396 $\sin^2\left(x+\frac{\pi}{4}\right)-\sin\left(x-\frac{\pi}{4}\right)\cos\left(x-\frac{3}{4}\pi\right)=0$ $\left[k\pi;\ \frac{\pi}{2}+k\pi\right]$

397 $\sin 6x+\sin 2x=2\cos^2 x-1$ $\left[\frac{\pi}{4}+k\frac{\pi}{2};\ \frac{\pi}{24}+k\frac{\pi}{2};\ \frac{5}{24}\pi+\frac{k\pi}{2}\right]$

398 $2\cos^2 x+\sqrt{3}\sin 2x+1=0$ $\left[-\frac{\pi}{3}+k\pi\right]$

399 $4\sin^2 x+\cos 2x-\sqrt{3}\sin 2x=0$ $\left[\frac{\pi}{6}+k\pi\right]$

400 $2\sin^2 x+2\cos 2x+\sin 2x=0$ $\left[\frac{\pi}{2}+k\pi;\ -\frac{\pi}{4}+k\pi\right]$

401 $2\sin x\cdot\cot x+\cot x-2\sin x-1=0$ $\left[\frac{\pi}{4}+k\pi;\ \frac{7}{6}\pi+2k\pi;\ \frac{11}{6}\pi+2k\pi\right]$

402 $2\cos\left(x-\frac{\pi}{6}\right)-\tan\frac{x}{2}=\sqrt{3}\cdot\cos x$ $\left[\frac{\pi}{2}+k\pi;\ 2k\pi\right]$

403 $\tan^2\left(\frac{\pi}{4}-\frac{x}{2}\right)+8\sin x=7$ $\left[\pm\frac{\pi}{3}+k\pi\right]$

404 $2\sin^2 3x-3\sin(\pi-3x)-2=0$ $\left[\frac{7}{18}\pi+\frac{2}{3}k\pi;\ \frac{11}{18}\pi+\frac{2}{3}k\pi\right]$

405 $3\sin^2 x+(\sqrt{3}+1)\sin x\cos x+(\sqrt{3}+2)\cos^2 x=2$ $\left[\frac{3}{4}\pi+k\pi;\ \frac{2}{3}\pi+k\pi\right]$

406 $\dfrac{3-2\sin x}{\cos x}=4\tan x$ $\left[\frac{\pi}{6}+2k\pi;\ \frac{5}{6}\pi+2k\pi\right]$

407 $\dfrac{\sin 4x-\sin 6x}{\cos 3x+\cos 7x}=1$ $\left[\frac{\pi}{2}+2k\pi;\ \frac{7}{6}\pi+2k\pi;\ \frac{11}{6}\pi+2k\pi\right]$

408 $\dfrac{\cos 8x-\cos 2x}{\cos(\pi-4x)}=1$ $\left[\pm\frac{\pi}{4}+k\pi;\ \pm\frac{\pi}{18}+k\frac{\pi}{3}\right]$

409 $\cos x+\cos 3x=2\sin 6x\cos x$ $\left[\frac{\pi}{2}+2k\pi;\ \frac{\pi}{16}+k\frac{\pi}{4};\ \frac{\pi}{8}+k\frac{\pi}{2}\right]$

ESERCIZI

410 $\sin 6x + \cos 4x + \sin 4x + \cos 6x = 0$ $\left[\frac{\pi}{2} + k\pi; \frac{3}{20}\pi + k\frac{\pi}{5}\right]$

411 $\frac{\sin 2x - \cos 2x - 1}{\tan 2x} = 0$ [impossibile]

412 $\frac{1 + \cos x}{\tan x} = \frac{5\cos^2 x - \cos x}{\sin x}$ $\left[\pm\frac{\pi}{3} + 2k\pi\right]$

413 $\cos\left(x - \frac{\pi}{6}\right) - \cos\left(x + \frac{\pi}{6}\right) - 2\sin^3 x = 0$ $\left[k\pi; \pm\frac{\pi}{4} + k\pi\right]$

414 $\cot^2 x = \frac{2 + 3\cos x}{1 - \cos x}$ $\left[\pm\frac{2}{3}\pi + 2k\pi\right]$

415 $\sin 5x + \sin 3x = \cos 4x + \cos 2x$ $\left[\frac{\pi}{2} + k\pi; \frac{\pi}{14} + \frac{2}{7}k\pi\right]$

416 $8\cos^2 x - 3\tan^2 x - 5 = 0$ $\left[\pm\frac{\pi}{6} + k\pi\right]$

417 $6\tan^2 x - 4\sin^2 x - 1 = 0$ $\left[\pm\frac{\pi}{6} + k\pi\right]$

418 $\frac{\sin x + 1}{\sin x} + \cot^2 x = 2$ $\left[\frac{\pi}{2} + 2k\pi; -\frac{5}{6}\pi + 2k\pi; -\frac{\pi}{6} + 2k\pi\right]$

419 $\cos\frac{x}{2} - 2\cos x - 2 = 0$ $\left[\pi + 2k\pi; \pm 2\arccos\left(\frac{1}{4}\right) + 4k\pi\right]$

420 $\sin^4 x + \cos^4 x = \frac{1}{2}$ $\left[\frac{\pi}{4} + k\frac{\pi}{2}\right]$

421 $\cot 2x \cdot \sin x + \cos x = 0$ $\left[\pm\frac{\pi}{3} + k\pi\right]$

422 $\sin 2x = \cos x\,(1 - \cos 2x)$ $\left[k\frac{\pi}{2}\right]$

423 $\tan\left(x + \frac{\pi}{6}\right) \cdot \tan\left(x + \frac{\pi}{3}\right) = 1$ $\left[k\frac{\pi}{2}\right]$

424 $\sin\left(x - \frac{\pi}{4}\right) \cdot \cos\left(x - \frac{\pi}{4}\right) - \sin 2x = \cos^2 x + \frac{1}{2}$ $\left[\frac{3}{4}\pi + k\pi; \frac{\pi}{2} + k\pi\right]$

425 $\sin 5x \cos 7x = \sin 4x \cos 8x$ $\left[k\pi; \frac{\pi}{6} + k\frac{\pi}{3}\right]$

426 $\cos\left(x - \frac{\pi}{6}\right) + \cos\left(x - \frac{\pi}{3}\right) + \cos 2x = 0$ $\left[\frac{3}{4}\pi + k\pi; \frac{2}{3}\pi + 2k\pi; \frac{5}{6}\pi + 2k\pi\right]$

427 $\frac{\tan x}{\cot\frac{x}{2}} = 1$ $\left[\pm\frac{\pi}{3} + 2k\pi\right]$

428 $\frac{1 + \cos 2x}{\cos x} - \frac{\sin 2x}{2 - 2\cos^2 x} = 0$ $\left[\frac{\pi}{6} + 2k\pi; \frac{5}{6}\pi + 2k\pi\right]$

429 $\sin x \cdot \sin\left(x + \frac{4}{3}\pi\right) = \cos x \cdot \cos\left(\frac{5}{3}\pi + x\right) + \frac{\sqrt{3} - 1}{2}$ $\left[\frac{3}{4}\pi + k\pi\right]$

430 $2\sin x \sin 4x \sin 6x + \sin 2x \cos 9x = 0$ $\left[k\pi; \frac{\pi}{10} + k\frac{\pi}{5}; \frac{\pi}{6} + k\frac{\pi}{3}\right]$

431 $\sin 16x = \sqrt{2}\cos 8x$ $\left[\frac{\pi}{16} + k\frac{\pi}{8}; \frac{\pi}{32} + k\frac{\pi}{4}; \frac{3}{32}\pi + k\frac{\pi}{4}\right]$

432 $\frac{\cos 2x - \cos x}{\sin x} = 2\tan\left(x + \frac{\pi}{2}\right)$ $\left[\frac{\pi}{3} + 2k\pi; \frac{5}{3}\pi + 2k\pi\right]$

433 $\frac{\cos x}{1 + \sin x} + \tan x = \frac{1}{\cos x}$ $\left[x \neq \frac{\pi}{2} + k\pi\right]$

434 $\frac{\sin\left(x + \frac{5}{3}\pi\right)}{1 - \cos x} - \frac{\cos(x + 2\pi) + 1}{\sin(-x)} = 0$ $\left[\frac{\pi}{6} + k\pi\right]$

435 $\cos\frac{x}{2} + \cos x + \cos\frac{3}{2}x = 0$ $\left[\frac{\pi}{2} + k\pi; \pm\frac{4}{3}\pi + 4k\pi\right]$

436 $\frac{\sqrt{3}\cos x + 2\sin x}{\cot x} = \frac{1 + \sin^2 x - \cos 2x}{\cos x}$ $\left[\frac{\pi}{3} + k\pi\right]$

437 $\sin 2x \tan x + 4 = 6\cos\left(\frac{3}{2}\pi + x\right)$ [impossibile]

---

438 TEST Trova l'angolo ϑ in radianti per il quale $0 \leq \vartheta \leq \pi$ e $4\cos 2\vartheta + 4\sin^2\vartheta - 4\cos\vartheta = -1$.

A $\frac{\pi}{6}$ B $\frac{\pi}{4}$ C $\frac{\pi}{3}$ D $\frac{\pi}{2}$ E $\frac{2\pi}{3}$

(USA *University of North Carolina at Wilmington High School Math Contest*, 2004)

439 YOU & MATHS Find x if $\frac{1}{\sqrt{3}}\sin x = \cos\frac{x}{2}$, where $0 \leq x \leq 2\pi$.

(IR *Leaving Certificate Examination*, Higher Level, 1994)

$\left[\pi; \frac{2}{3}\pi; \frac{4}{3}\pi\right]$

440 EUREKA! Considera l'equazione $a\sin x + b\cos x + c = 0$ e dimostra che le sue soluzioni sono $x = \pi + 2k\pi$ e $x = \frac{3}{2}\pi + 2k\pi$ se e solo se $a = b = c$.

Problemi REALTÀ E MODELLI

RISOLVIAMO UN PROBLEMA

La galleria

Un trasporto eccezionale transita attraverso una galleria a doppio senso di marcia con sezione semicircolare di raggio 6 m.

Determina l'area di ingombro massima che il mezzo può avere (intesa come l'area della sezione trasversale del veicolo) per poter attraversare la galleria senza bisogno di interrompere il traffico in senso opposto.

▶ Modellizziamo il problema.

Schematizziamo la situazione con una figura.

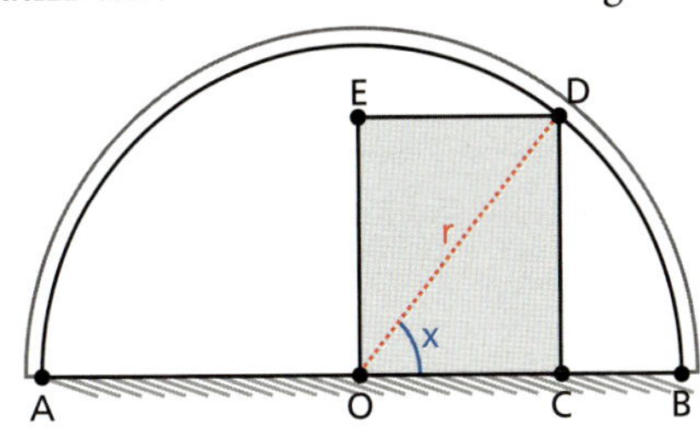

L'area da calcolare è rappresentata dalla superficie del rettangolo $OCDE$ (il veicolo può occupare solo una metà della carreggiata). Per risolvere il problema, dobbiamo esprimere i lati della figura in funzione di $D\widehat{O}C = x$.

▶ Esprimiamo l'area in funzione di x.

$\overline{CD} = r\sin x$;

$\overline{OC} = r\cos x$;

$$\text{area} = \overline{CD} \cdot \overline{OC} = r\sin x \cdot r\cos x = r^2 \sin x \cdot \cos x = \frac{1}{2}r^2 \sin 2x.$$

▶ Troviamo la soluzione.

Il valore di $\sin 2x$ è massimo quando

$$\sin 2x = 1, \text{ cioè } 2x = \frac{\pi}{2} \rightarrow x = \frac{\pi}{4},$$

dal quale, poiché $\sin\frac{\pi}{4} = \cos\frac{\pi}{4} = \frac{\sqrt{2}}{2}$, si ricava:

$$\overline{CD} = \overline{OC} = r\cos x = 6 \cdot \frac{\sqrt{2}}{2} \simeq 4{,}24 \text{ m} \rightarrow$$

$$\text{area} = \overline{CD} \cdot \overline{OC} = (4{,}24)^2 \simeq 17{,}98.$$

L'area massima della superficie della sezione del veicolo corrisponde a una sezione quadrata di circa 18 m^2.

ESERCIZI

441 ●● **Rifrazione** Un raggio luminoso che attraversa un oggetto di vetro e poi si propaga nell'aria nel passaggio da un mezzo all'altro subisce il fenomeno ottico della rifrazione. Gli angoli α_1 e α_2 che il raggio forma con la perpendicolare alla superficie di separazione tra i due mezzi sono legati dalla relazione:

$$\frac{\sin\alpha_1}{\sin\alpha_2} = \frac{n_2}{n_1},$$

dove n_1 e n_2 sono valori caratteristici dei due mezzi, chiamati indici di rifrazione.

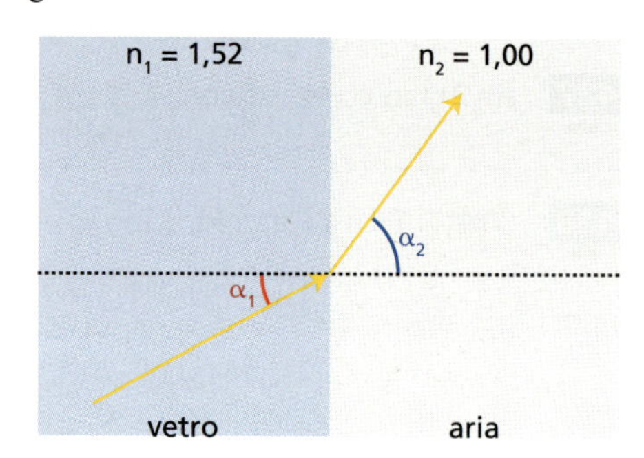

a. Quanto dovrebbe misurare l'angolo di incidenza α_1 perché l'angolo di rifrazione α_2 sia esattamente il doppio?

b. La rifrazione si verifica se α_2 è minore di 90°. Qual è, dunque, il più grande valore di α_1 per cui si ha rifrazione nel passaggio da vetro ad aria? [a) 40,5°; b) 41,1°]

442 ●● **Decollo in sicurezza** Una pista per aeroplani turistici è progettata in modo che D sia il punto di decollo, posizionato a distanza l da B, dove si trova la torre BC, per il ponte radio. La sicurezza del volo è garantita se gli aerei superano, al decollo, il punto A, che si trova a un'altezza tripla della torre.

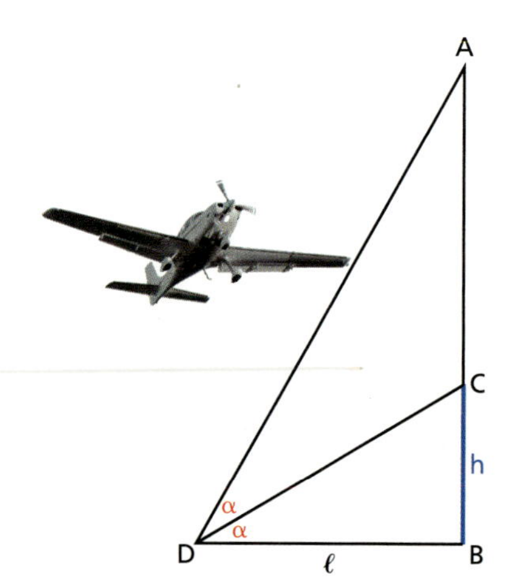

a. Trova il valore minimo dell'angolo di salita 2α (angolo tra la traiettoria e l'orizzontale) che gli aerei devono assumere al decollo.

b. Se $BC = 30$ m e α ha il valore trovato al punto precedente, qual è la distanza di D da B?

$\left[\text{a) } 2\alpha = \frac{\pi}{3}; \text{ b) } 52 \text{ m}\right]$

Funzioni

Determina il dominio delle seguenti funzioni.

443 ●○ $f(x) = \dfrac{1}{\sin 4x}$ $\left[x \neq k\frac{\pi}{4}\right]$

444 ●○ $f(x) = \dfrac{1}{2\cos^2 x - 1}$ $\left[x \neq \frac{\pi}{4} + k\frac{\pi}{2}\right]$

445 ●○ $f(x) = \dfrac{\tan 2x}{\cos^2 x - \sin^2 x}$ $\left[x \neq \frac{\pi}{4} + k\frac{\pi}{2}\right]$

446 ●○ $f(x) = \dfrac{-2\cos x - \cos^2 x}{2\sin^2 x - 3\cos x + 3}$ $[x \neq 2k\pi]$

---

447 ●○ $f(x) = \dfrac{\sin 5x + \cos 5x}{2\cos x - \sqrt{3}}$ $\left[x \neq \frac{\pi}{6} + 2k\pi \wedge x \neq \frac{11}{6}\pi + 2k\pi\right]$

448 ●○ $f(x) = \dfrac{\tan x}{\sin x - \cos x}$ $\left[x \neq \frac{\pi}{4} + k\pi \wedge x \neq \frac{\pi}{2} + k\pi\right]$

449 ●○ $f(x) = \dfrac{\cot x}{4\sin x\cos x - 1}$ $\left[x \neq k\pi \wedge x \neq \frac{\pi}{12} + k\pi \wedge x \neq \frac{5}{12}\pi + k\pi\right]$

450 ●○ $f(x) = \dfrac{2\cos x}{\sin x - \sin 2x}$ $\left[x \neq k\pi \wedge x \neq \pm\frac{\pi}{3} + 2k\pi\right]$

451 ●● $f(x) = \dfrac{\cos 2x}{|\cos x| - |\sin x|}$ $\left[x \neq \frac{\pi}{4} + k\frac{\pi}{2}\right]$

452 LEGGI IL GRAFICO Nella figura è rappresentata la funzione

$y = a\sin x + b$.

a. Determina a e b.

b. Trova le coordinate dei punti P e Q.

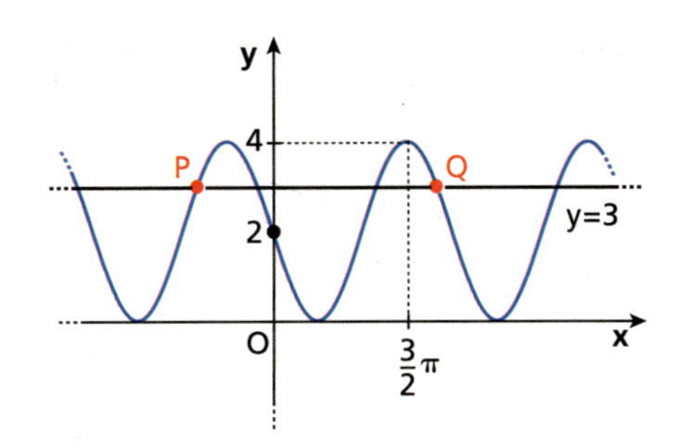

453 Traccia i grafici delle funzioni $y = \sin x + \cos x$ e $y = \cos 2x$ e determina i loro punti di intersezione sia graficamente che algebricamente. $\left[x = 2k\pi,\ x = \frac{3}{2}\pi + 2k\pi,\ x = -\frac{\pi}{4} + k\pi\right]$

454 Disegna i grafici delle funzioni $y = -\frac{1}{4}\tan x$ e $y = \sin^2 x$, indicandone dominio, codominio, periodo, e trova i loro punti di intersezione sia graficamente che algebricamente. $\left[x = k\pi,\ x = -\frac{\pi}{12} + k\pi,\ x = \frac{7}{12}\pi + k\pi\right]$

Determina graficamente il numero delle soluzioni delle seguenti equazioni.

455 $\cos x - 2x = 0$ [1 soluzione]

456 $2\tan x + x - 1 = 0$ [∞ soluzioni]

457 $2\sin\frac{x}{2} + x = 1$ [1 soluzione]

458 $\sin x + \cos x = 4x^2$ [2 soluzioni]

459 $|\sin x| - x^2 + 1 = 0$ [2 soluzioni]

460 $\cos\frac{x}{2} - 2|x| = 0$ [2 soluzioni]

461 $\sqrt{1 - x^2} = |\cos x|$ [1 soluzione]

462 $\arccos x + x^2 - 4 = 0$ [1 soluzione]

463 $\sqrt{x + 4} = \tan\frac{x}{2}$ [∞ soluzioni]

464 $\sin 2x + x^2 - 3x + 2 = 0$ [2 soluzioni]

LEGGI IL GRAFICO **Scrivi l'equazione della funzione goniometrica rappresentata nel grafico e scrivi l'equazione le cui soluzioni sono le ascisse dei punti colorati in rosso.**

465

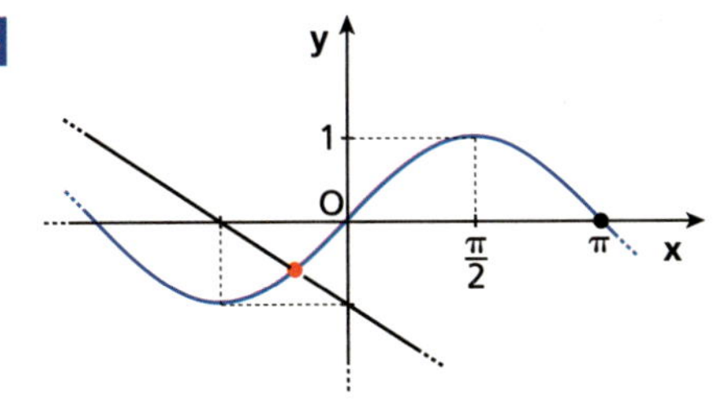

466

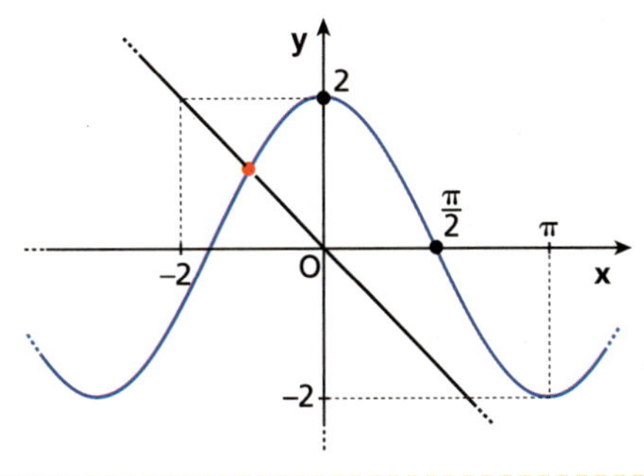

Equazioni con le funzioni goniometriche inverse

Risolvi le seguenti equazioni.

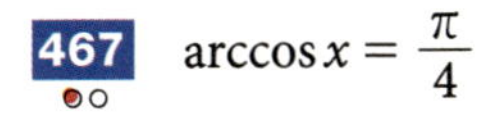

467 $\arccos x = \frac{\pi}{4}$ $\left[\frac{\sqrt{2}}{2}\right]$

468 $\arctan\frac{2x + 1}{x} = \frac{\pi}{4}$ [-1]

469 $4(\arcsin x)^2 = \pi^2$ [± 1]

470 $3(\arcsin x)^2 + \pi\arcsin x = 0$ $\left[0; -\frac{\sqrt{3}}{2}\right]$

471 $6\arcsin\sqrt{x - 3} = \pi$ $\left[\frac{13}{4}\right]$

472 $2\arcsin|2x - 1| = \pi$ [0; 1]

ESERCIZI

473 Se $\arcsin x = \frac{\pi}{2}$, quanto vale $\arctan x$? $\left[\frac{\pi}{4}\right]$

474 Se $\arctan x = -\frac{\pi}{4}$, quanto vale $\arcsin x$? E $\arccos x$? $\left[-\frac{\pi}{2}; \pi\right]$

475 Risolvi l'equazione $\sin(\arctan\sqrt{3}) = \cos x$. $\left[\pm\frac{\pi}{6} + 2k\pi\right]$

476 Risolvi l'equazione $\sin 2x = \cos(\arctan 1)$. $\left[\frac{\pi}{8} + k\pi; \frac{3}{8}\pi + k\pi\right]$

4 Sistemi di equazioni goniometriche

▶ Teoria a p. 803

477 ESERCIZIO GUIDA Risolviamo i seguenti sistemi di equazioni.

a. $\begin{cases} x + y = \frac{\pi}{2} \\ \sin x + \sin y = 1 \end{cases}$ b. $\begin{cases} \tan x - \tan y = \sqrt{3} + 1 \\ \tan x + \tan y = \sqrt{3} - 1 \end{cases}$

a. Ricaviamo x dalla prima equazione e sostituiamo nella seconda:

$$\begin{cases} x = \frac{\pi}{2} - y \\ \sin\left(\frac{\pi}{2} - y\right) + \sin y = 1 \end{cases} \rightarrow \begin{cases} x = \frac{\pi}{2} - y \\ \cos y + \sin y = 1 \end{cases}$$

Nella seconda equazione, utilizziamo le formule parametriche $\cos y = \frac{1-t^2}{1+t^2}$ e $\sin y = \frac{2t}{1+t^2}$, dove $t = \tan\frac{y}{2}$, con $y \neq \pi + 2k\pi$.

$$\frac{1-t^2}{1+t^2} + \frac{2t}{1+t^2} = 1 \rightarrow 1 - t^2 + 2t = 1 + t^2 \rightarrow 2t^2 - 2t = 0$$

Le soluzioni sono:

$$t = 0, \text{ da cui } \frac{y}{2} = k\pi \rightarrow y = 2k\pi; \qquad t = 1, \text{ da cui } \frac{y}{2} = \frac{\pi}{4} + k\pi \rightarrow y = \frac{\pi}{2} + 2k\pi.$$

Le soluzioni del sistema sono:

$$\begin{cases} x = \frac{\pi}{2} - 2k\pi \\ y = 2k\pi \end{cases} \vee \begin{cases} x = -2k\pi \\ y = \frac{\pi}{2} + 2k\pi \end{cases}$$

b. Sommiamo membro a membro le due equazioni del sistema.

$$\begin{cases} \tan x - \tan y = \sqrt{3} + 1 \\ \tan x + \tan y = \sqrt{3} - 1 \end{cases}$$
$$\overline{2\tan x = 2\sqrt{3}} \rightarrow \tan x = \sqrt{3} \rightarrow x = \frac{\pi}{3} + k\pi$$

Sottraendo la prima equazione dalla seconda otteniamo:

$$2\tan y = -2 \rightarrow \tan y = -1 \rightarrow y = -\frac{\pi}{4} + k\pi.$$

Le soluzioni del sistema sono:

$$\begin{cases} x = \frac{\pi}{3} + k\pi \\ y = -\frac{\pi}{4} + k_1\pi \end{cases} \quad \text{con } k, k_1 \in \mathbb{Z}.$$

Risolvi i seguenti sistemi.

478 $\begin{cases} x + y = \pi \\ 2\sin x + 2\cos y = \sqrt{3} + 1 \end{cases}$ $\left[\left(x = \frac{5}{6}\pi - 2k\pi \wedge y = \frac{\pi}{6} + 2k\pi\right) \vee \left(x = \frac{2}{3}\pi - 2k\pi \wedge y = \frac{\pi}{3} + 2k\pi\right)\right]$

479 $\begin{cases} \sin x + \sin y = \frac{3}{2} \\ \sin x - \sin y = -\frac{1}{2} \end{cases}$ $\left[\left(x = \frac{\pi}{6} + 2k\pi \vee x = \frac{5}{6}\pi + 2k\pi\right) \wedge y = \frac{\pi}{2} + 2k_1\pi\right]$

480 $\begin{cases} x - y = \frac{\pi}{2} \\ \sin x + \cos y = \sqrt{3} \end{cases}$ $\left[\left(x = \frac{\pi}{3} + 2k\pi \wedge y = -\frac{\pi}{6} + 2k\pi\right) \vee \left(x = \frac{2}{3}\pi + 2k\pi \wedge y = \frac{\pi}{6} + 2k\pi\right)\right]$

481 $\begin{cases} 8\sin x - 6\sin y = 1 \\ \sin x + \sin y = 1 \end{cases}$ $\left[\left(x = \frac{\pi}{6} + 2k\pi \vee x = \frac{5}{6}\pi + 2k\pi\right) \wedge \left(y = \frac{\pi}{6} + 2k_1\pi \vee y = \frac{5}{6}\pi + 2k_1\pi\right)\right]$

482 $\begin{cases} x + y = \pi \\ \tan x - \tan y = -2 \end{cases}$ $\left[x = \frac{3}{4}\pi - k\pi \wedge y = \frac{\pi}{4} + k\pi\right]$

483 $\begin{cases} x - y = \frac{\pi}{2} \\ \sin x + \cos y = \sqrt{2} \end{cases}$ $\left[\left(x = \frac{3}{4}\pi + 2k\pi \wedge y = \frac{\pi}{4} + 2k\pi\right) \vee \left(x = \frac{\pi}{4} + 2k\pi \wedge y = -\frac{\pi}{4} + 2k\pi\right)\right]$

484 $\begin{cases} \cos x + 3\cos y = \sqrt{3} \\ \cos x - 3\cos y = -2\sqrt{3} \end{cases}$ $\left[\left(x = \frac{5}{6}\pi + 2k\pi \vee x = \frac{7}{6}\pi + 2k\pi\right) \wedge \left(y = \frac{\pi}{6} + 2k_1\pi \vee y = \frac{11}{6}\pi + 2k_1\pi\right)\right]$

485 $\begin{cases} 2\tan x - 3\tan y = 2 + \sqrt{3} \\ \tan x + \tan y = \frac{3 - \sqrt{3}}{3} \end{cases}$ $\left[x = \frac{\pi}{4} + k\pi \wedge y = \frac{5}{6}\pi + k_1\pi\right]$

486 $\begin{cases} x + y = \pi \\ \sin(\pi - x) + \sqrt{3}\cos y = 1 \end{cases}$ $\left[\left(x = \frac{\pi}{2} + 2k\pi \wedge y = \frac{\pi}{2} - 2k\pi\right) \vee \left(x = -\frac{5}{6}\pi + 2k\pi \wedge y = \frac{11}{6}\pi - 2k\pi\right)\right]$

487 $\begin{cases} \sin x + \sin y = \frac{3}{2} \\ 2\sin^2 x + 4\sin^2 y = \frac{9}{2} \end{cases}$ $\left[\left(x = \frac{\pi}{6} + 2k\pi \vee x = \frac{5}{6}\pi + 2k\pi\right) \wedge y = \frac{\pi}{2} + 2k_1\pi\right]$

488 $\begin{cases} 2\cos x + 3\cos y = -\sqrt{3} \\ 4\cos^2 x - 2\cos^2 y = 3 \end{cases}$ $\left[\left(x = \frac{5}{6}\pi + 2k\pi \vee x = \frac{7}{6}\pi + 2k\pi\right) \wedge y = \frac{\pi}{2} + k_1\pi\right]$

489 $\begin{cases} x + y = \pi \\ 3\tan x + 3\cot y = -2\sqrt{3} \end{cases}$ $\left[\left(x = \frac{2}{3}\pi - k\pi \wedge y = \frac{\pi}{3} + k\pi\right) \vee \left(x = \frac{\pi}{6} - k\pi \wedge y = \frac{5}{6}\pi + k\pi\right)\right]$

490 $\begin{cases} x + y = \frac{5}{6}\pi \\ 2\sin x - \sqrt{3}\sin y = -1 \end{cases}$ $\left[x = -\frac{\pi}{6} - 2k\pi \wedge y = \pi + 2k\pi\right]$

491 $\begin{cases} \tan x + 3\cot y = 0 \\ \tan^2 x + 3\cot^2 y = 4 \end{cases}$ $\left[\left(x = \frac{2}{3}\pi + k\pi \wedge y = \frac{\pi}{3} + k_1\pi\right) \vee \left(x = \frac{\pi}{3} + k\pi \wedge y = \frac{2}{3}\pi + k_1\pi\right)\right]$

492 **EUREKA!** Esistono valori di φ per i quali la seguente equazione ha soluzioni?

$|\sin 2x| + |\cos(2x - \varphi)| = 0$

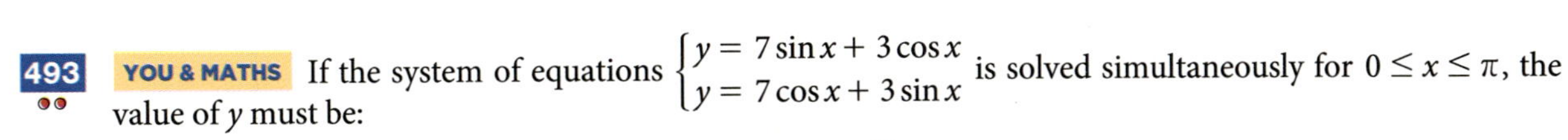

493 **YOU & MATHS** If the system of equations $\begin{cases} y = 7\sin x + 3\cos x \\ y = 7\cos x + 3\sin x \end{cases}$ is solved simultaneously for $0 \leq x \leq \pi$, the value of y must be:

A $4\sqrt{2}$. **B** $2\sqrt{5}$. **C** 2. **D** $5\sqrt{2}$. **E** -2.

(USA *North Carolina State High School Mathematics Contest*, 2003)

ESERCIZI

5 Disequazioni goniometriche

494 VERO O FALSO? Nella figura è indicato graficamente (in rosso) l'insieme delle soluzioni di una disequazione goniometrica. In forma algebrica si può scrivere:

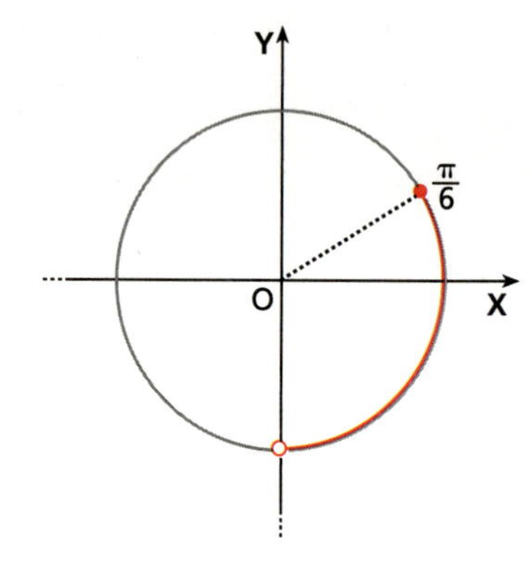

a. $-\frac{\pi}{2}+2k\pi < x < \frac{\pi}{6}+2k\pi$. V F

b. $2k\pi \leq x \leq \frac{\pi}{6}+2k\pi \vee \frac{3}{2}\pi+2k\pi < x \leq 2\pi+2k\pi$. V F

c. $-\frac{\pi}{2}+2k\pi < x \leq \frac{\pi}{6}+2k\pi$. V F

d. $\frac{3}{2}\pi+2k\pi < x \leq \frac{\pi}{6}+2k\pi$. V F

495 LEGGI IL GRAFICO Nelle seguenti figure sono indicate le soluzioni di alcune disequazioni goniometriche. Scrivile in forma algebrica.

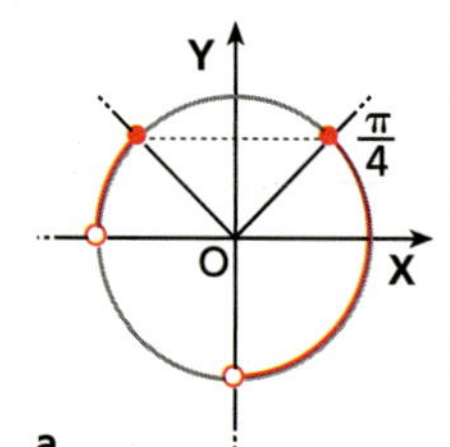

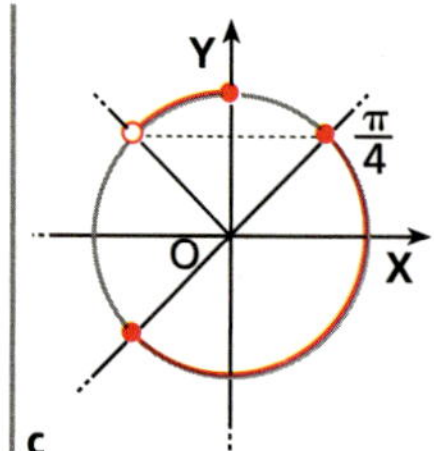

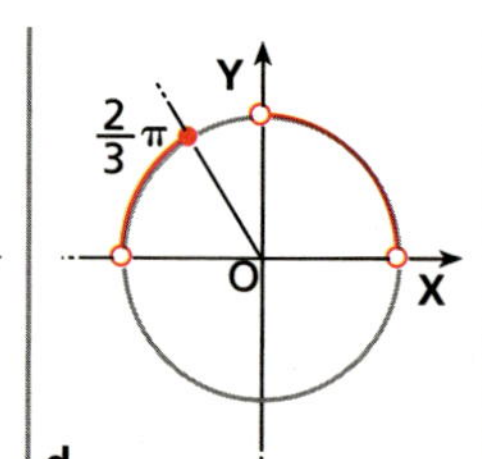

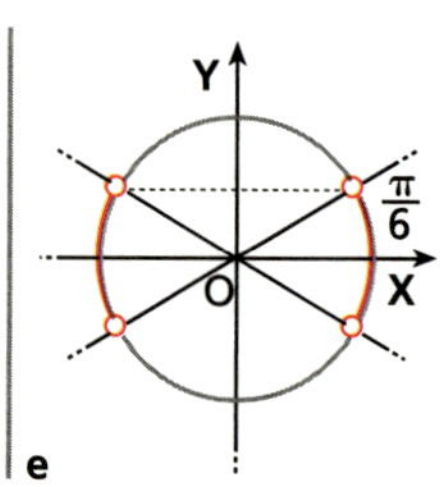

e

$\frac{\pi}{6}$

Disequazioni goniometriche elementari

▶ Teoria a p. 804

496 ESERCIZIO GUIDA Risolviamo:

a. $2\sin x - \sqrt{3} > 0$;

b. $2\cos x + 1 \leq 0$;

c. $\tan x > 1$.

a. $2\sin x - \sqrt{3} > 0 \rightarrow \sin x > \frac{\sqrt{3}}{2}$.

Disegniamo la circonferenza goniometrica e tracciamo la retta di equazione $Y = \frac{\sqrt{3}}{2}$, che intersecando la circonferenza individua gli angoli $\alpha = \frac{\pi}{3}$ e $\beta = \frac{2}{3}\pi$, soluzioni dell'equazione associata.

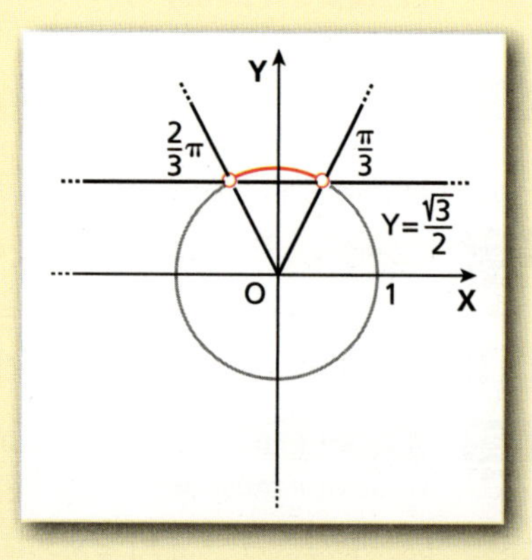

Poiché deve risultare $\sin x > \frac{\sqrt{3}}{2}$, scegliamo l'arco di circonferenza che sta al di sopra della retta.
Gli estremi dell'arco sono esclusi, perché la disuguaglianza è stretta.

Le soluzioni sono: $\frac{\pi}{3}+2k\pi < x < \frac{2}{3}\pi+2k\pi$.

b. $2\cos x + 1 \leq 0 \;\rightarrow\; \cos x \leq -\frac{1}{2}$.

Disegniamo la circonferenza goniometrica e tracciamo la retta di equazione $X = -\frac{1}{2}$.

$\alpha = \frac{2}{3}\pi$ e $\beta = \frac{4}{3}\pi$ sono le soluzioni dell'equazione associata.

Poiché deve risultare $\cos x \leq -\frac{1}{2}$, scegliamo l'arco evidenziato in rosso.

Gli estremi dell'arco sono inclusi, perché la disuguaglianza è larga.

Le soluzioni sono: $\frac{2}{3}\pi + 2k\pi \leq x \leq \frac{4}{3}\pi + 2k\pi$.

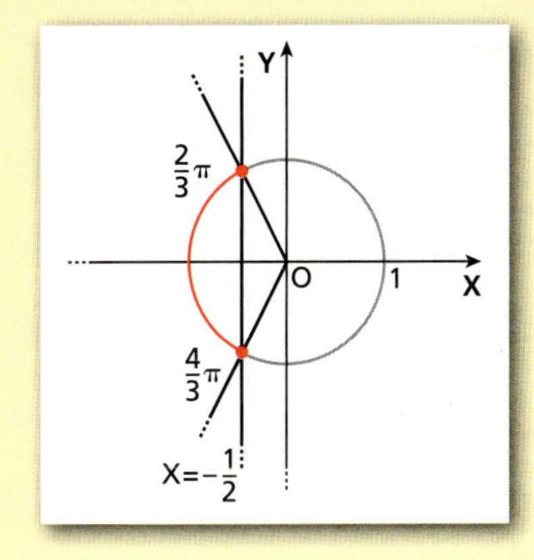

c. $\tan x > 1$.

Disegniamo la circonferenza goniometrica e la retta tangente nel punto $E(1; 0)$. Su tale retta scegliamo il punto $T(1; 1)$ e tracciamo OT in modo da individuare gli angoli con tangente uguale a 1, cioè $x = \frac{\pi}{4}$ e $x = \frac{5}{4}\pi$.

Poiché deve risultare $\tan x > 1$, gli archi da scegliere sono quelli compresi fra $\frac{\pi}{4}$ e $\frac{\pi}{2}$ e fra $\frac{5}{4}\pi$ e $\frac{3}{2}\pi$.

Tenendo conto che la funzione $\tan x$ ha periodo π, scriviamo tutte le soluzioni in forma compatta: $\frac{\pi}{4} + k\pi < x < \frac{\pi}{2} + k\pi$.

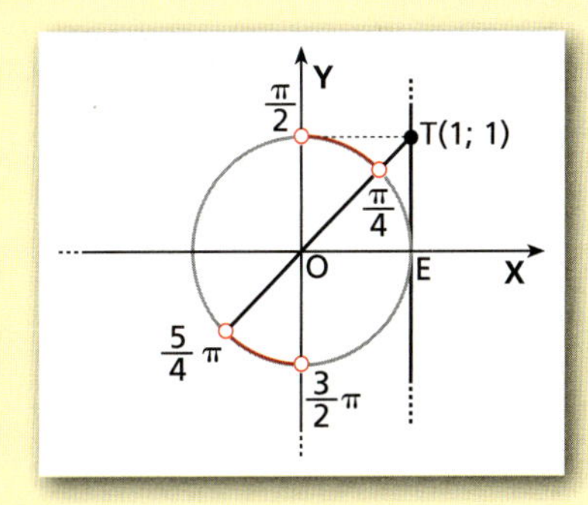

497 ●○ **ASSOCIA** ogni disequazione al grafico che ne rappresenta le soluzioni.

a. $\sin x > \frac{\sqrt{2}}{2}$ **b.** $\cos x \leq -\frac{1}{2}$ **c.** $\sin x \leq \frac{\sqrt{2}}{2}$ **d.** $\tan x < \frac{1}{2}$

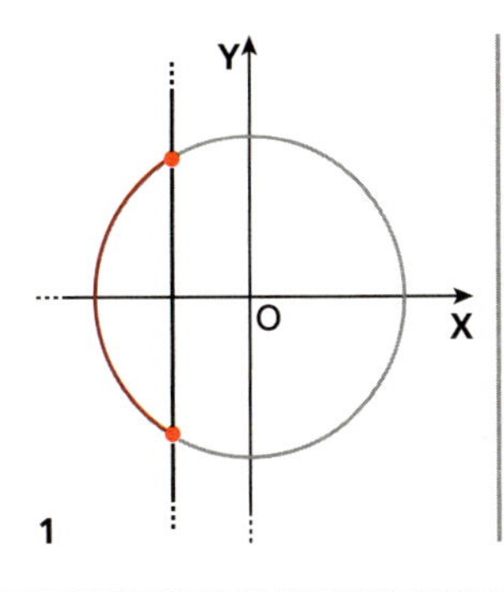

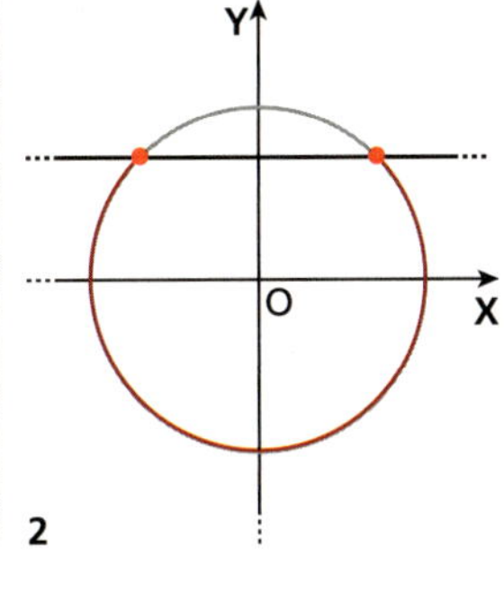

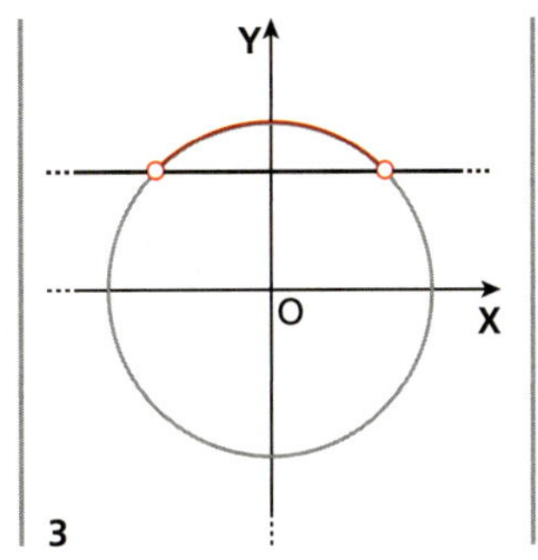

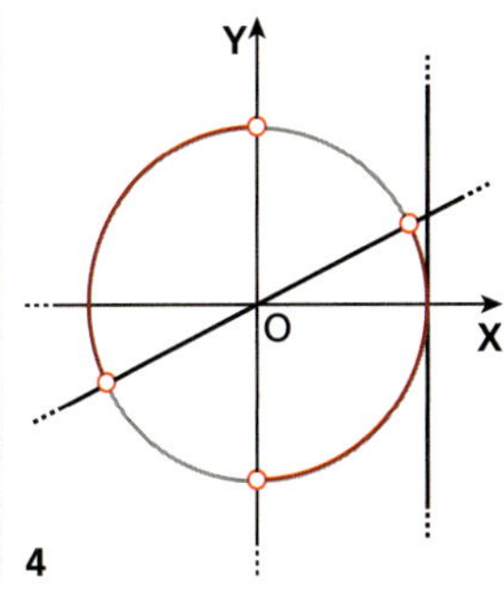

Risolvi le seguenti disequazioni nell'intervallo $[0; 2\pi]$.

498 ●○ $2\sin x > 1$ $\left[\frac{\pi}{6} < x < \frac{5}{6}\pi\right]$

499 ●○ $3\tan x > \sqrt{3}$ $\left[\frac{\pi}{6} < x < \frac{\pi}{2} \vee \frac{7}{6}\pi < x < \frac{3}{2}\pi\right]$

500 ●○ $\cos x > \frac{1}{2}$ $\left[0 \leq x < \frac{\pi}{3} \vee \frac{5}{3}\pi < x \leq 2\pi\right]$

501 ●○ $2\cos x < \sqrt{2}$ $\left[\frac{\pi}{4} < x < \frac{7\pi}{4}\right]$

502 ●○ $2\sin x + 1 < 0$ $\left[\frac{7}{6}\pi < x < \frac{11}{6}\pi\right]$

503 ●○ $\tan x \leq -1$ $\left[\frac{\pi}{2} < x \leq \frac{3}{4}\pi \vee \frac{3}{2}\pi < x \leq \frac{7}{4}\pi\right]$

504 ●○ $\cos x \geq -\frac{\sqrt{2}}{2}$ $\left[0 \leq x \leq \frac{3}{4}\pi \vee \frac{5}{4}\pi \leq x \leq 2\pi\right]$

505 ●○ $\sqrt{3}\tan x - 3 \geq 0$ $\left[\frac{\pi}{3} \leq x < \frac{\pi}{2} \vee \frac{4}{3}\pi \leq x < \frac{3}{2}\pi\right]$

506 $2\sin\frac{x}{2} \geq \sqrt{2}$ $\left[\frac{\pi}{2} \leq x \leq \frac{3}{2}\pi\right]$

507 $\sin x + 1 < 0$ [impossibile]

508 $3\tan x + 2 > \tan x + 2$ $\left[0 < x < \frac{\pi}{2} \vee \pi < x < \frac{3}{2}\pi\right]$

509 $2\cos x + \sqrt{3} < 0$ $\left[\frac{5\pi}{6} < x < \frac{7\pi}{6}\right]$

510 $\sin x \leq 1$ $[0 \leq x \leq 2\pi]$

511 $\tan x \leq -\sqrt{3}$ $\left[\frac{\pi}{2} < x \leq \frac{2}{3}\pi \vee \frac{3}{2}\pi < x \leq \frac{5}{3}\pi\right]$

512 $\cot x \leq -1$ $\left[\frac{3}{4}\pi \leq x < \pi \vee \frac{7}{4}\pi \leq x < 2\pi\right]$

513 $\sin\left(x - \frac{\pi}{5}\right) \geq 0$ $\left[\frac{\pi}{5} \leq x \leq \frac{6}{5}\pi\right]$

514 $\tan\frac{x}{2} + 1 > 0$ $\left[0 \leq x < \pi \vee \frac{3}{2}\pi < x \leq 2\pi\right]$

515 $2\cos 2x - 1 \leq 0$ $\left[\frac{\pi}{6} \leq x \leq \frac{5}{6}\pi \vee \frac{7}{6}\pi \leq x \leq \frac{11}{6}\pi\right]$

516 $1 - \sqrt{2}\cos\left(x + \frac{\pi}{6}\right) > 0$ $\left[\frac{\pi}{12} < x < \frac{19}{12}\pi\right]$

517 $\sqrt{3}\cot\frac{x}{2} \geq 3$ $\left[0 < x \leq \frac{\pi}{3}\right]$

518 $2\sin 2x - \sqrt{3} < 0$ $\left[0 \leq x < \frac{\pi}{6} \vee \frac{\pi}{3} < x < \frac{7}{6}\pi \vee \frac{4}{3}\pi < x \leq 2\pi\right]$

FAI UN ESEMPIO **Scrivi una disequazione elementare che abbia per soluzioni gli angoli rappresentati nella circonferenza goniometrica.**

519

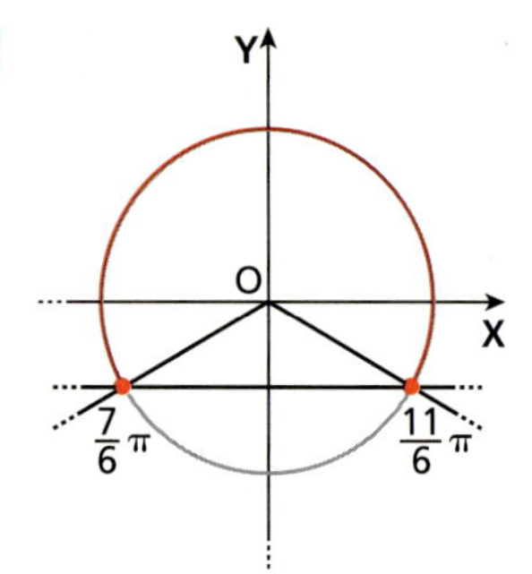

520

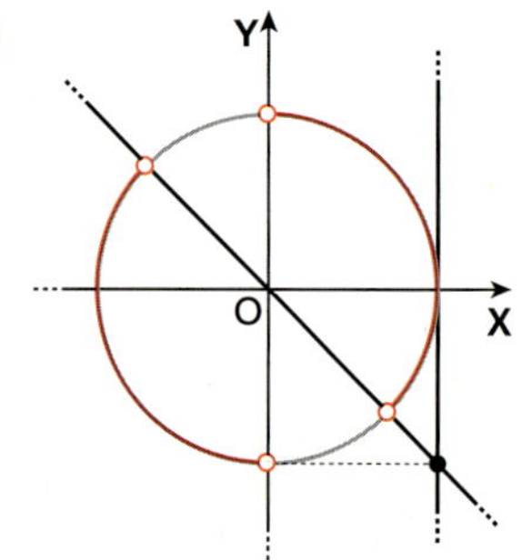

521

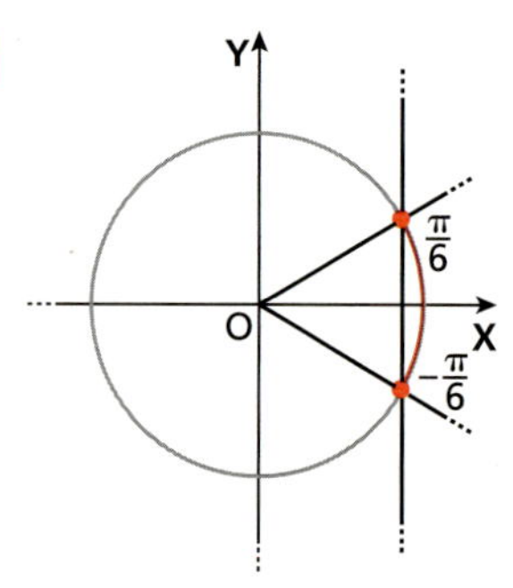

TEST

522 Considera le seguenti disequazioni in $[0; 2\pi]$. Quale ha come soluzioni solo angoli compresi fra 0 e π?

A $2\sin x < 1$ B $\cos x > \frac{1}{3}$ C $\tan x \leq 1$ D $\sin x > \frac{4}{5}$ E $\cos x < 1$

523 Quale fra le seguenti disequazioni *non* è verificata $\forall x \in \mathbb{R}$?

A $\sin x - 1 \leq 0$ B $\sin x + \pi > 0$ C $\tan x < 1$ D $\cos x + 2 \geq 0$ E $3 - \cos x > 1$

Risolvi le seguenti disequazioni in $\mathbb{R}$.

524 $\sin x < -\frac{1}{2}$ $\left[\frac{7\pi}{6} + 2k\pi < x < \frac{11}{6}\pi + 2k\pi\right]$

525 $\cos x \geq 1$ $[x = 2k\pi]$

526 $2\cos x < \cos x$ $\left[\frac{\pi}{2} + 2k\pi < x < \frac{3\pi}{2} + 2k\pi\right]$

527 $3\tan x + \sqrt{3} < 0$ $\left[\frac{\pi}{2} + k\pi < x < \frac{5\pi}{6} + k\pi\right]$

528 $2\cos x \geq -1$ $\left[-\frac{2}{3}\pi + 2k\pi \leq x \leq \frac{2}{3}\pi + 2k\pi\right]$

529 $\tan x \geq \cos\pi$ $\left[-\frac{\pi}{4} + k\pi \leq x < \frac{\pi}{2} + k\pi\right]$

530 $\tan 2x \leq 0$ $\left[\frac{\pi}{4} + k\frac{\pi}{2} < x \leq \frac{\pi}{2} + k\frac{\pi}{2}\right]$

531 $3\cot x \geq \sqrt{3}$ $\left[k\pi < x \leq \frac{\pi}{3} + k\pi\right]$

532 $\cot x < \sqrt{3}$ $\left[\frac{\pi}{6} + k\pi < x < \pi + k\pi\right]$

533 $2\sin x \leq -\sqrt{2}$ $\left[\frac{5}{4}\pi + 2k\pi \leq x \leq \frac{7}{4}\pi + 2k\pi\right]$

534 $2\sin x + \sqrt{2} > 0$ $\left[-\frac{\pi}{4} + 2k\pi < x < \frac{5}{4}\pi + 2k\pi\right]$

535 $2\cos x + \sqrt{3} \geq 0$ $\left[2k\pi \leq x \leq \frac{5}{6}\pi + 2k\pi \vee \frac{7}{6}\pi + 2k\pi \leq x \leq 2\pi + 2k\pi\right]$

536 $\sin x + 3 \geq 2(\sin x + 2)$ $\left[x = \frac{3}{2}\pi + 2k\pi\right]$

537 $2(\sin x + 3) < 3(2 - \sin x)$ $[\pi + 2k\pi < x < 2\pi + 2k\pi]$

538 $\cos x - \sqrt{2} > 3\cos x$ $\left[\frac{3\pi}{4} + 2k\pi < x < \frac{5\pi}{4} + 2k\pi\right]$

539 $2(\tan x + 1) + 3(1 - \tan x) < -2(\tan x - 3)$ $\left[-\frac{\pi}{2} + k\pi < x < \frac{\pi}{4} + k\pi\right]$

540 $2(1 + \cos x) - 3(2 - \cos x) < 3(\cos x - 1)$ $\left[\frac{\pi}{3} + 2k\pi < x < \frac{5}{3}\pi + 2k\pi\right]$

541 $2\cos^2 x - 1 \leq 2(1 - \sin x)(1 + \sin x) + \cos x$ $[\forall x \in \mathbb{R}]$

542 $\cos\left(x + \frac{\pi}{3}\right) \geq \frac{\sqrt{2}}{2}$ $\left[-\frac{7}{12}\pi + 2k\pi \leq x \leq -\frac{\pi}{12} + 2k\pi\right]$

543 $\sin\left(x - \frac{\pi}{4}\right) < 1$ $\left[x \neq \frac{3}{4}\pi + 2k\pi\right]$

544 $\sin\frac{x}{2} \leq \frac{1}{2}$ $\left[-\frac{7}{3}\pi + 4k\pi \leq x \leq \frac{\pi}{3} + 4k\pi\right]$

Disequazioni goniometriche non elementari

▶ Teoria a p. 805

545 TEST Quale fra le seguenti disequazioni è verificata per ogni x dell'insieme $\mathbb{R}$?

A $|\sin x| > 0$

B $\cos^2 x > 1$

C $\sin x + \pi > 0$

D $|-\cos x| \leq 0$

E $2\tan^2 x > 0$

Risolvi le seguenti disequazioni riconducibili a disequazioni elementari.

546 $\cos\left(x - \frac{\pi}{6}\right) + \cos\left(x + \frac{\pi}{6}\right) \geq \frac{3}{2}$ $\left[-\frac{\pi}{6} + 2k\pi \leq x \leq \frac{\pi}{6} + 2k\pi\right]$

547 $\sin\left(\frac{\pi}{4} + x\right) - \cos\left(x - \frac{\pi}{4}\right) > -1$ $[\forall x \in \mathbb{R}]$

548 $\sin\left(x + \frac{\pi}{3}\right) - \cos\left(x + \frac{\pi}{6}\right) > -\frac{1}{2}$ $\left[-\frac{\pi}{6} + 2k\pi < x < \frac{7}{6}\pi + 2k\pi\right]$

549 $\sin\left(\frac{5}{6}\pi + x\right) + \sin\left(x + \frac{\pi}{6}\right) < \frac{\sqrt{2}}{2}$ $\left[\frac{\pi}{4} + 2k\pi < x < \frac{7}{4}\pi + 2k\pi\right]$

550 ESERCIZIO GUIDA Risolviamo $4\cos^2 x - 4\cos x - 3 \leq 0$.

Risolviamo dapprima l'equazione associata.

$$4\cos^2 x - 4\cos x - 3 = 0 \quad \to \quad \cos x = \frac{2 \pm \sqrt{4 + 12}}{4} = \frac{2 \pm 4}{4} \begin{cases} \cos x = -\frac{1}{2} \\ \cos x = \frac{3}{2} \end{cases}$$

La disequazione è soddisfatta per i valori interni all'intervallo delle soluzioni, cioè:

$$-\frac{1}{2} \leq \cos x \leq \frac{3}{2}.$$

ESERCIZI

Rappresentiamo graficamente gli intervalli soluzione della disequazione con il grafico della funzione $y = \cos x$ (figura **a**) oppure con la circonferenza goniometrica (figura **b**).

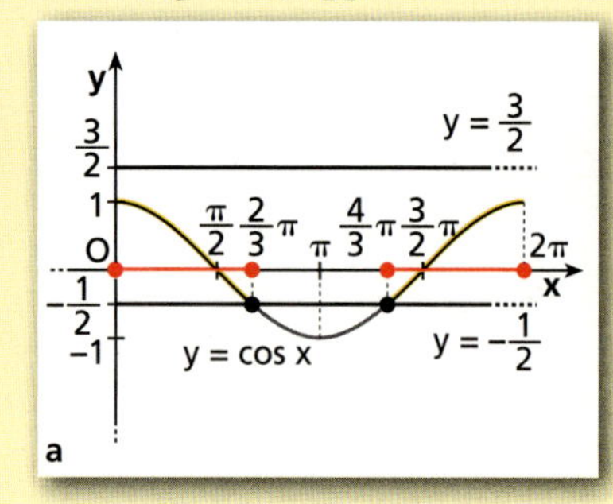

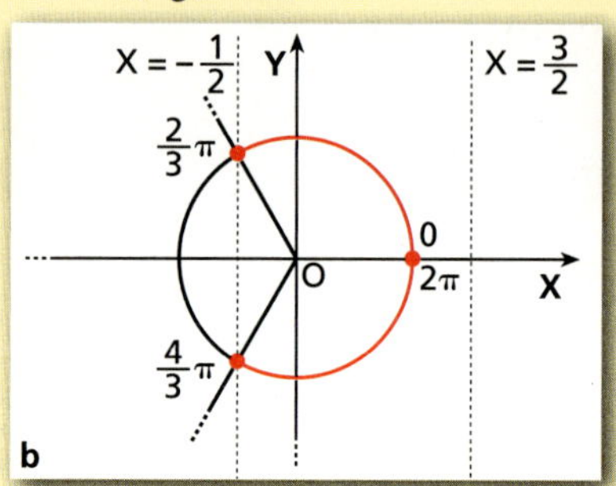

Le soluzioni della disequazione sono:

$$2k\pi \leq x \leq \frac{2}{3}\pi + 2k\pi \vee \frac{4}{3}\pi + 2k\pi \leq x \leq 2\pi + 2k\pi.$$

Risolvi le seguenti disequazioni.

551 $2\sin^2 x - 1 \leq 0$ $\left[\frac{3}{4}\pi + k\pi \leq x \leq \frac{5}{4}\pi + k\pi\right]$

552 $\cos^2 x - \frac{1}{4} \leq 0$ $\left[\frac{\pi}{3} + k\pi \leq x \leq \frac{2}{3}\pi + k\pi\right]$

553 $2\cos^2 x + \cos x \geq 0$ $\left[-\frac{\pi}{2} + 2k\pi \leq x \leq \frac{\pi}{2} + 2k\pi \vee \frac{2}{3}\pi + 2k\pi \leq x \leq \frac{4}{3}\pi + 2k\pi\right]$

554 $\tan^2 x - 1 \geq 0$ $\left[\frac{\pi}{4} + k\pi \leq x < \frac{\pi}{2} + k\pi \vee \frac{\pi}{2} + k\pi < x \leq \frac{3}{4}\pi + k\pi\right]$

555 $3 - \cot^2 x \leq 0$ $\left[\frac{5}{6}\pi + k\pi \leq x \leq \frac{7}{6}\pi + k\pi \wedge x \neq \pi + k\pi\right]$

556 $2\sin^2 x + \sqrt{3}\sin x \geq 0$ $\left[2k\pi \leq x \leq \pi + 2k\pi \vee \frac{4}{3}\pi + 2k\pi \leq x \leq \frac{5}{3}\pi + 2k\pi\right]$

557 $3\tan^2 x + \sqrt{3}\tan x \leq 0$ $\left[\frac{5}{6}\pi + k\pi \leq x \leq \pi + k\pi\right]$

558 $\cos^2 x - \cos x \geq 0$ $\left[\frac{\pi}{2} + 2k\pi \leq x \leq \frac{3}{2}\pi + 2k\pi \vee x = 2k\pi\right]$

559 $\sin^2 x + \sin x < 0$ $\left[\pi + 2k\pi < x < 2\pi + 2k\pi \wedge x \neq \frac{3}{2}\pi + 2k\pi\right]$

560 $\cos 2x + \cos x < 0$ $\left[\frac{\pi}{3} + 2k\pi < x < \frac{5}{3}\pi + 2k\pi \wedge x \neq \pi + 2k\pi\right]$

561 $2\sin^2 x + \sin x - 1 < 0$ $\left[-\frac{7}{6}\pi + 2k\pi < x < \frac{\pi}{6} + 2k\pi \wedge x \neq \frac{3}{2}\pi + 2k\pi\right]$

562 $\sin^2 x - 3\sin x + 2 \leq 0$ $\left[x = \frac{\pi}{2} + 2k\pi\right]$

563 $\cos 2x - \sin x \leq 0$ $\left[\frac{\pi}{6} + 2k\pi \leq x \leq \frac{5}{6}\pi + 2k\pi \vee x = \frac{3}{2}\pi\right]$

564 $\cos^2 x - 2\cos x + 1 > 0$ $[x \neq 2k\pi]$

565 $4\sin x\cos x + 1 \leq 0$ $\left[\frac{7}{12}\pi + k\pi \leq x \leq \frac{11}{12}\pi + k\pi\right]$

566 $2 - \cos x \leq \sqrt{2}\sin\left(x - \frac{\pi}{4}\right) + \sin x$ $\left[x = \frac{\pi}{2} + 2k\pi\right]$

567 $1 - 3\cos^2 x - \sin x\cos x \geq 0$ $\left[\arctan 2 + k\pi \leq x \leq \frac{3}{4}\pi + k\pi\right]$

568 $1 + 2\sin\left(x + \frac{\pi}{6}\right) - 2\cos x \geq 0$ $\left[2k\pi \leq x \leq \frac{4}{3}\pi + 2k\pi\right]$

569 $3\tan^2 x - (\sqrt{3} - 3)\tan x - \sqrt{3} \geq 0$ $\left[\frac{\pi}{6} + k\pi \leq x \leq \frac{3}{4}\pi + k\pi \wedge x \neq \frac{\pi}{2} + k\pi\right]$

570 $4\cos^2 x + 4\cos x - 3 \geq 0$ $\left[-\frac{\pi}{3} + 2k\pi \leq x \leq \frac{\pi}{3} + 2k\pi\right]$

Confrontando grafici

571 ESERCIZIO GUIDA Risolviamo $\sin x - \cos x \geq 0$ utilizzando il metodo grafico.

Scriviamo la disequazione nella forma $\sin x \geq \cos x$ e consideriamo il seguente sistema.

$$\begin{cases} y_1 = \sin x \\ y_2 = \cos x \\ y_1 \geq y_2 \end{cases}$$

Disegniamo i grafici di $y = \sin x$ e di $y = \cos x$ e determiniamo gli intervalli in cui il grafico di $y_1 = \sin x$ si trova sopra a quello di $y_2 = \cos x$.

Le soluzioni sono: $\frac{\pi}{4} + 2k\pi \leq x \leq \frac{5}{4}\pi + 2k\pi$.

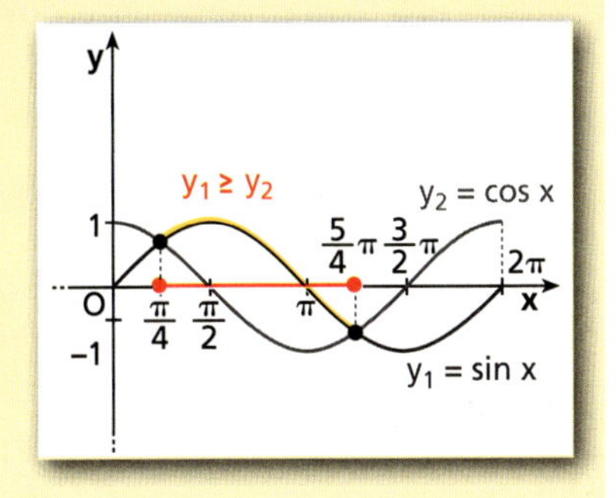

Risolvi le seguenti disequazioni con il metodo grafico.

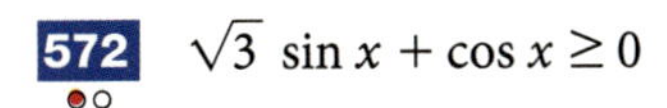

572 $\sqrt{3}\sin x + \cos x \geq 0$ $\left[-\frac{\pi}{6} + 2k\pi \leq x \leq \frac{5}{6}\pi + 2k\pi\right]$

573 $3\sin x - \sqrt{3}\cos x \leq 0$ $\left[-\frac{5}{6}\pi + 2k\pi \leq x \leq \frac{\pi}{6} + 2k\pi\right]$

574 $\sin x + \cos x \leq 0$ $\left[\frac{3}{4}\pi + 2k\pi \leq x \leq \frac{7}{4}\pi + 2k\pi\right]$

575 $\sin x - (\sqrt{2} - 1)\cos x \leq 0$ $\left[-\frac{7}{8}\pi + 2k\pi \leq x \leq \frac{\pi}{8} + 2k\pi\right]$

576 $\sqrt{3}\cos x - \sin x \geq 0$ $\left[-\frac{2}{3}\pi + 2k\pi \leq x \leq \frac{\pi}{3} + 2k\pi\right]$

577 $\sin x - \cos x + 1 \geq 0$ $\left[2k\pi \leq x \leq \frac{3}{2}\pi + 2k\pi\right]$

578 $\sin x + \cos x + 1 \leq 0$ $\left[\pi + 2k\pi \leq x \leq \frac{3}{2}\pi + 2k\pi\right]$

579 $\sqrt{3}\sin x - \cos x - 1 \geq 0$ $\left[\frac{\pi}{3} + 2k\pi \leq x \leq \pi + 2k\pi\right]$

Disequazioni fratte o sotto forma di prodotto

▶ Teoria a p. 806

580 ESERCIZIO GUIDA Risolviamo: **a.** $\frac{\tan x + \sqrt{3}}{2\cos x - 1} \leq 0$; **b.** $(\tan x + \sqrt{3})(2\cos x - 1) \leq 0$.

a. La disequazione è fratta.
Studiamo il segno del numeratore e del denominatore nell'intervallo tra 0 e 2π, ponendoli maggiori di 0:

$N > 0$: $\tan x + \sqrt{3} > 0 \rightarrow \tan x > -\sqrt{3} \rightarrow 0 < x < \frac{\pi}{2} \vee \frac{2}{3}\pi < x < \frac{3}{2}\pi \vee \frac{5}{3}\pi < x < 2\pi$;

$D > 0$: $2\cos x - 1 > 0 \rightarrow \cos x > \frac{1}{2} \rightarrow 0 < x < \frac{\pi}{3} \vee \frac{5}{3}\pi < x < 2\pi$.

Rappresentiamo i segni su due circonferenze concentriche.

Sulla circonferenza interna è individuato il segno del numeratore. Segniamo con ∄ i valori per cui la tangente non esiste.

Sulla seconda circonferenza è individuato il segno del denominatore.

Applichiamo la regola dei segni e registriamo i risultati in una terza circonferenza, dove il segno ∄ indica che la frazione non esiste, cioè indica i valori in corrispondenza dei quali il denominatore è 0 oppure la tangente non esiste.

Tenendo conto della periodicità, la disequazione è soddisfatta nei seguenti intervalli:

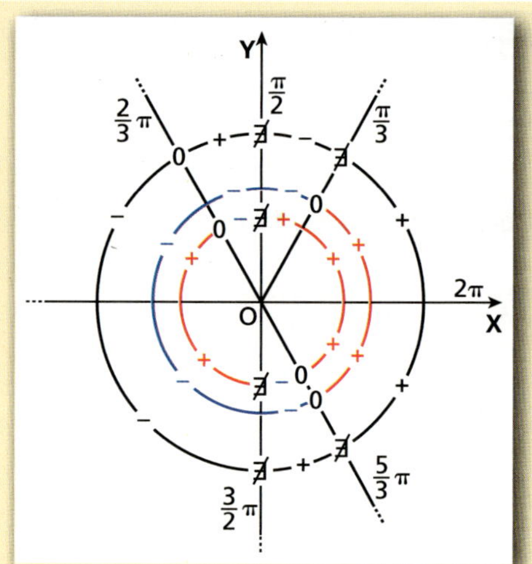

$$\frac{\pi}{3} + 2k\pi < x < \frac{\pi}{2} + 2k\pi \vee \frac{2}{3}\pi + 2k\pi \le x < \frac{3}{2}\pi + 2k\pi.$$

b. Anche per lo studio di un prodotto procediamo applicando la regola dei segni.

Utilizziamo la stessa figura del caso **a** poiché i fattori sono identici. La differenza rispetto al quoziente si ha per i valori in cui si annulla il secondo fattore: in corrispondenza di tali valori il prodotto esiste e si annulla, quindi essi, al contrario del caso **a**, sono soluzioni della disequazione.

La disequazione è soddisfatta per:

$$\frac{\pi}{3} + 2k\pi \le x < \frac{\pi}{2} + 2k\pi \vee \frac{2}{3}\pi + 2k\pi \le x < \frac{3}{2}\pi + 2k\pi \vee x = \frac{5}{3}\pi + 2k\pi.$$

Risolvi le seguenti disequazioni nell'intervallo [0; 2π].

581 $\frac{\cos^2 x}{2\sin x} \ge 0$ $\left[0 < x < \pi \vee x = \frac{3}{2}\pi\right]$

582 $\tan x \cdot \sin x \le 0$ $\left[\frac{\pi}{2} < x < \frac{3}{2}\pi\right]$

583 $\sin x(\tan x - 1) < 0$ $\left[0 < x < \frac{\pi}{4} \vee \frac{\pi}{2} < x < \pi \vee \frac{5}{4}\pi < x < \frac{3}{2}\pi\right]$

584 $\frac{2\sin x + 1}{\cot x - 1} > 0$ $\left[0 < x < \frac{\pi}{4} \vee \pi < x < \frac{7}{6}\pi \vee \frac{5}{4}\pi < x < \frac{11}{6}\pi\right]$

585 $\sin x > \sin 2x$ $\left[\frac{\pi}{3} < x < \pi \vee \frac{5}{3}\pi < x < 2\pi\right]$

586 $\frac{\cos x}{\sqrt{3} - 2\sin x} < 0$ $\left[\frac{\pi}{3} < x < \frac{\pi}{2} \vee \frac{2}{3}\pi < x < \frac{3}{2}\pi\right]$

587 $\frac{2\sin^2 x - 1}{\cos x} \le 0$ $\left[0 \le x \le \frac{\pi}{4} \vee \frac{\pi}{2} < x \le \frac{3}{4}\pi \vee \frac{5}{4}\pi \le x < \frac{3}{2}\pi \vee \frac{7}{4}\pi \le x \le 2\pi\right]$

588 $\frac{2\sin x\cos x - \sin x}{\tan x + 1} \le 0$ $\left[x = 0 \vee \frac{\pi}{3} \le x < \frac{\pi}{2} \vee \frac{3}{4}\pi < x \le \pi \vee \frac{3}{2}\pi < x \le \frac{5}{3}\pi \vee \frac{7}{4}\pi < x \le 2\pi\right]$

589 $\sin x \cdot (2\cos x + 1)(\tan x - 1) \ge 0$ $\left[x = 0 \vee \frac{\pi}{4} \le x < \frac{\pi}{2} \vee \frac{2}{3}\pi \le x \le \pi \vee \frac{5}{4}\pi \le x \le \frac{4}{3}\pi \vee \frac{3}{2}\pi < x \le 2\pi\right]$

590 $\sin x\,(\tan^2 x - 1) \le 0$ $\left[0 \le x \le \frac{\pi}{4} \vee \frac{3}{4}\pi \le x \le \pi \vee \left(\frac{5}{4}\pi \le x \le \frac{7}{4}\pi \wedge x \ne \frac{3}{2}\pi\right)\right]$

591 $\frac{2\sin^2 x - \sin x}{\cos^2 x} \ge 0$ $\left[\left(\frac{\pi}{6} \le x \le \frac{5}{6}\pi \wedge x \ne \frac{\pi}{2}\right) \vee \left(\pi \le x \le 2\pi \wedge x \ne \frac{3}{2}\pi\right)\right]$

592 $\frac{2\sin x\cos x}{\sin x-\cos x}\geq 0$ $\left[\frac{\pi}{4}<x\leq\frac{\pi}{2}\vee\pi\leq x<\frac{5}{4}\pi\vee\frac{3}{2}\pi\leq x\leq 2\pi\vee x=0\right]$

Risolvi le seguenti disequazioni in $\mathbb{R}$.

593 $\frac{\cos x}{\sin x}\geq 0$ $\left[k\pi<x\leq\frac{\pi}{2}+k\pi\right]$

594 $\frac{2\sin x-\sqrt{2}}{\cos x}<0$ $\left[-\frac{\pi}{2}+2k\pi<x<\frac{\pi}{4}+2k\pi\vee\frac{\pi}{2}+2k\pi<x<\frac{3}{4}\pi+2k\pi\right]$

595 $\tan x(1-\sin x)\leq 0$ $\left[\frac{\pi}{2}+k\pi<x\leq\pi+k\pi\right]$

596 $(1-2\sin x)(2\cos x+\sqrt{3})\leq 0$ $\left[\frac{\pi}{6}+2k\pi\leq x\leq\frac{7}{6}\pi+2k\pi\right]$

597 $(2\sin x-\sqrt{3})(2\cos x+\sqrt{2})\leq 0$ $\left[-\frac{3}{4}\pi+2k\pi\leq x\leq\frac{\pi}{3}+2k\pi\vee\frac{2}{3}\pi+2k\pi\leq x\leq\frac{3}{4}\pi+2k\pi\right]$

598 $\frac{3\cos x}{\sqrt{2}-2\sin x}\geq 0$ $\left[-\frac{\pi}{2}+2k\pi\leq x<\frac{\pi}{4}+2k\pi\vee\frac{\pi}{2}+2k\pi\leq x<\frac{3}{4}\pi+2k\pi\right]$

599 $(3\tan^2 x-1)(\sin x+1)\geq 0$ $\left[\frac{\pi}{6}+k\pi\leq x\leq\frac{5}{6}\pi+k\pi\wedge x\neq\frac{\pi}{2}+k\pi\right]$

600 $(2\cos x-1)(\cos^2 x-1)\leq 0$ $\left[-\frac{\pi}{3}+2k\pi\leq x\leq\frac{\pi}{3}+2k\pi\vee x=\pi+2k\pi\right]$

601 $(\sqrt{2}\cot x-\sqrt{6})(\sin x-1)\leq 0$ $\left[k\pi<x\leq\frac{\pi}{6}+k\pi\vee x=\frac{\pi}{2}+2k\pi\right]$

602 $\frac{2\cos x-\sqrt{3}}{\cos x+1}\geq 0$ $\left[-\frac{\pi}{6}+2k\pi\leq x\leq\frac{\pi}{6}+2k\pi\right]$

603 $\frac{2\sin x-\sqrt{3}}{\tan x-\sqrt{3}}\leq 0$ $\left[\frac{\pi}{2}+2k\pi<x\leq\frac{2}{3}\pi+2k\pi\vee\frac{4}{3}\pi+2k\pi<x<\frac{3}{2}\pi+2k\pi\right]$

604 $\frac{3\tan x-\sqrt{3}}{\cos x}>0$ $\left[\frac{\pi}{6}+2k\pi<x<\frac{7}{6}\pi+2k\pi\wedge x\neq\frac{\pi}{2}+2k\pi\right]$

605 $\sin x\cos x(2+\sin x)<0$ $\left[\frac{\pi}{2}+k\pi<x<\pi+k\pi\right]$

606 $2\cos x-\sin 2x\leq 0$ $\left[\frac{\pi}{2}+2k\pi\leq x\leq\frac{3}{2}\pi+2k\pi\right]$

607 $(\tan^2 x-3)(2\cos x-1)\leq 0$ $\left[-\frac{2}{3}\pi+2k\pi\leq x\leq\frac{2}{3}\pi+2k\pi\wedge x\neq\frac{\pi}{2}+k\pi\right]$

608 $(\tan x+\sqrt{3})(2\cos^2 x-1)\leq 0$ $\left[\frac{\pi}{4}+k\pi\leq x<\frac{\pi}{2}+k\pi\vee\frac{2}{3}\pi+k\pi\leq x\leq\frac{3}{4}\pi+k\pi\right]$

609 $\frac{\sqrt{3}\sin x-\cos x}{1-\sin^2 x}\geq 0$ $\left[\frac{\pi}{6}+2k\pi\leq x\leq\frac{7}{6}\pi+2k\pi\wedge x\neq\frac{\pi}{2}+2k\pi\right]$

610 $\frac{\cos^2 x-\sin^2 x}{\sqrt{3}\tan x+1}\leq 0$ $\left[\frac{\pi}{4}+k\pi\leq x<\frac{\pi}{2}+k\pi\vee\frac{3}{4}\pi+k\pi\leq x<\frac{5}{6}\pi+k\pi\right]$

Riepilogo: Disequazioni goniometriche

611 **TEST** La disequazione $(\sin x + 2)(3\cos x - 3) \geq 0$ è verificata per:

- **A** $x = k\pi$.
- **B** nessun valore di x.
- **C** $x = \frac{\pi}{2} + 2k\pi$.
- **D** ogni valore di x.
- **E** $x = 2k\pi$.

612 Giustifica l'equivalenza tra le disequazioni $\frac{1}{\cos x} < 1$ e $\cos x < 0$.

Quali soluzioni ha invece la disequazione $\frac{1}{|\cos x|} < 1$? [impossibile]

613 **ASSOCIA** a ciascuna disequazione della prima riga una disequazione della seconda riga a essa equivalente.

a. $\frac{1}{\sin x} \leq 2$ **b.** $\sin x \geq 0$ **c.** $\frac{\sin x}{\cos^2 x + \pi} > 0$ **d.** $\frac{\cos x + 2}{\sin x} > 0$

1. $\sin x(\cos x + 2) > 0$ **2.** $\frac{\sin x}{\cos x + 2} \geq 0$ **3.** $\frac{2\sin x - 1}{\sin x} \geq 0$ **4.** $\frac{1}{\sin x} \geq 0$

Risolvi le seguenti disequazioni nell'intervallo [0; 2π].

AL VOLO

614 $\frac{\sin x}{\cos^2 x} > 0$

615 $1 + \cos x \geq 0$

616 $\frac{|-\cos x|}{\tan x} < 0$

617 $\frac{2\sin x - 1}{1 + \cos^2 x} > 0$

618 $\cos x > \sqrt{2}$

619 $(1 - \sin^2 x)\sin x \geq 0$

620 $(2\sin^2 x + \sin x)(\tan x - 1) \leq 0$ $\left[0 \leq x \leq \frac{\pi}{4} \vee \frac{\pi}{2} \leq x \leq \pi \vee \frac{7}{6}\pi \leq x \leq \frac{5}{4}\pi \vee \frac{3}{2}\pi \leq x \leq \frac{11}{6}\pi\right]$

621 $\frac{\sin x}{4\cos^2 x - 1} \leq 0$ $\left[x = 0 \vee \frac{\pi}{3} < x < \frac{2}{3}\pi \vee \pi \leq x < \frac{4}{3}\pi \vee \frac{5}{3}\pi < x \leq 2\pi\right]$

622 $\frac{1 - \tan x}{2\cos x + 1} \geq 0$ $\left[0 < x \leq \frac{\pi}{4} \vee \frac{\pi}{2} < x < \frac{2}{3}\pi \vee \frac{5}{4}\pi \leq x < \frac{4}{3}\pi \vee \frac{3}{2}\pi < x \leq 2\pi\right]$

623 $|\cos x| \geq \frac{\sqrt{2}}{2}$ $\left[0 \leq x \leq \frac{\pi}{4} \vee \frac{3}{4}\pi \leq x \leq \frac{5}{4}\pi \vee \frac{7}{4}\pi \leq x \leq 2\pi\right]$

624 $|\tan x| \leq \sqrt{3}$ $\left[0 \leq x \leq \frac{\pi}{3} \vee \frac{2}{3}\pi \leq x \leq \frac{4}{3}\pi \vee \frac{5}{3}\pi \leq x \leq 2\pi\right]$

625 $2|\sin(-x)| \leq \sqrt{2}$ $\left[0 \leq x \leq \frac{\pi}{4} \vee \frac{3}{4}\pi \leq x \leq \frac{5}{4}\pi \vee \frac{7}{4}\pi \leq x \leq 2\pi\right]$

626 $4\cos^2 \frac{x}{2} - 2 - \cos x - 2\sin^2 \frac{x}{2} \geq 0$ $\left[0 \leq x \leq \frac{\pi}{3} \vee \frac{5}{3}\pi \leq x \leq 2\pi\right]$

627 $\cos x + |\sin x| < 0$ $\left[\frac{3}{4}\pi < x < \frac{5}{4}\pi\right]$

628 $\frac{\tan x}{\cos x + \sqrt{3}\sin x} \geq 0$ $\left[0 \leq x < \frac{\pi}{2} \vee \frac{5}{6}\pi < x \leq \pi \vee \frac{3}{2}\pi < x < \frac{11}{6}\pi \vee x = 2\pi\right]$

629 $\frac{\sin x(2\cos x + 1)}{\sin x + \cos x} \leq 0$ $\left[x = 0 \vee \frac{2}{3}\pi \leq x < \frac{3}{4}\pi \vee \pi \leq x \leq \frac{4}{3}\pi \vee \frac{7}{4}\pi < x \leq 2\pi\right]$

630 $\frac{\sin 2x(4\cos^2 x - 1)}{\sin x} \geq 0$ $\left[0 < x \leq \frac{\pi}{3} \vee \frac{\pi}{2} \leq x \leq \frac{2}{3}\pi \vee \frac{4}{3}\pi \leq x \leq \frac{3}{2}\pi \vee \frac{5}{3}\pi \leq x < 2\pi\right]$

Risolvi le seguenti disequazioni in $\mathbb{R}$.

631 $\sqrt{3}\sin x - \cos x > 0$ $\left[\frac{\pi}{6} + 2k\pi < x < \frac{7}{6}\pi + 2k\pi\right]$

632 $\sin x + \sqrt{3}\cos x - 1 < 0$ $\left[\frac{\pi}{2} + 2k\pi < x < \frac{11}{6}\pi + 2k\pi\right]$

633 $4\cos^2 x - 2(1-\sqrt{2})\cos x - \sqrt{2} \geq 0$ $\left[-\frac{\pi}{3} + 2k\pi \leq x \leq \frac{\pi}{3} + 2k\pi \vee \frac{3}{4}\pi + 2k\pi \leq x \leq \frac{5}{4}\pi + 2k\pi\right]$

634 $\sqrt{3}\tan^2 x - (\sqrt{3}+1)\tan x + 1 \geq 0$ $\left[\frac{\pi}{4} + k\pi \leq x \leq \frac{7}{6}\pi + k\pi \wedge x \neq \frac{\pi}{2} + k\pi\right]$

635 $2\sin^2 x - (2+\sqrt{3})\sin x + \sqrt{3} > 0$ $\left[2k\pi \leq x \leq \frac{\pi}{3} + 2k\pi \vee \frac{2}{3}\pi + 2k\pi \leq x \leq 2\pi + 2k\pi\right]$

636 $(\tan^2 x - 3)(2\sin^2 x - 1) \leq 0$ $\left[\frac{\pi}{4} + k\pi \leq x \leq \frac{\pi}{3} + k\pi \vee \frac{2}{3}\pi + k\pi \leq x \leq \frac{3}{4}\pi + k\pi\right]$

637 $(\sin^2 x - 2\sin x + 1)(\cot^2 x - 1) \leq 0$ $\left[\frac{\pi}{4} + k\pi \leq x \leq \frac{3}{4}\pi + k\pi\right]$

638 $\frac{|\sin x|}{2\cos x - 1} \geq 0$ $\left[-\frac{\pi}{3} + 2k\pi < x < \frac{\pi}{3} + 2k\pi \vee x = \pi + 2k\pi\right]$

639 $\frac{1 + |\cos x|}{2\sin x - \sqrt{3}} < 0$ $\left[-\frac{4}{3}\pi + 2k\pi < x < \frac{\pi}{3} + 2k\pi\right]$

640 $|\cos x - 2| < 1$ [impossibile]

641 $\left|\frac{2\sin x - 1}{\cos x + \sin x}\right| > 0$ $\left[x \neq \frac{\pi}{6} + 2k\pi \wedge x \neq \frac{5}{6}\pi + 2k\pi \wedge x \neq -\frac{\pi}{4} + k\pi\right]$

642 $|\cot^2 x - 3| \leq 0$ $\left[x = \pm\frac{\pi}{6} + k\pi\right]$

643 $2|\cos x| < 1$ $\left[\frac{\pi}{3} + k\pi < x < \frac{2}{3}\pi + k\pi\right]$

644 $\sqrt{\sin x} < \frac{\sqrt{2}}{2}$ $\left[2k\pi \leq x < \frac{\pi}{6} + 2k\pi \vee \frac{5}{6}\pi + 2k\pi < x \leq \pi + 2k\pi\right]$

645 $\sqrt{\sqrt{3} - 2\cos x} \geq 0$ $\left[\frac{\pi}{6} + 2k\pi \leq x \leq \frac{11}{6}\pi + 2k\pi\right]$

646 $(\cos x + \sin x)\tan\left(\frac{3}{2}x - \pi\right) > 0$ $\left[k\pi < x < \frac{\pi}{3} + k\pi \vee \frac{2}{3}\pi + k\pi < x < \frac{3}{4}\pi + k\pi\right]$

647 $2 - 3\sin^2 x - \cos x < \cos^2 x$ $\left[-\frac{2}{3}\pi + 2k\pi < x < \frac{2}{3}\pi + 2k\pi \wedge x \neq 2k\pi\right]$

angolo aggiunto

648 $|1 - \tan x| \leq 1$ $[k\pi \leq x \leq \arctan 2 + k\pi]$

649 $3\sin^2 x + 2\sqrt{3}\sin x\cos x - 3\cos^2 x \leq 0$ $\left[-\frac{\pi}{3} + k\pi \leq x \leq \frac{\pi}{6} + k\pi\right]$

650 $2\sin^2 x - 2\sin x\cos x + 2\cos^2 x \geq 1$ $[\forall x \in \mathbb{R}]$

651 $\frac{3\sin x - \sqrt{3}\cos x}{2\cos x + 1} \leq 0$ $\left[-\frac{2}{3}\pi + 2k\pi < x \leq \frac{\pi}{6} + 2k\pi \vee \frac{2}{3}\pi + 2k\pi < x \leq \frac{7}{6}\pi + 2k\pi\right]$

652 $|\tan^2 x - 1| - 2\tan^2 x < 0$ $\left[\frac{\pi}{6} + k\pi < x < \frac{5}{6}\pi + k\pi \wedge x \neq \frac{\pi}{2} + k\pi\right]$

653 $\sqrt{1 + 2\cos x} > 1 - \cos x$ $\left[-\frac{\pi}{2} + 2k\pi < x < \frac{\pi}{2} + 2k\pi\right]$

654 $2\tan x + \sqrt{\tan^2 x - 1} \leq 1 + \tan x$ $\left[x = \frac{\pi}{4} + k\pi \vee \frac{\pi}{2} + k\pi < x \leq \frac{3}{4}\pi + k\pi\right]$

655 $|5 - \sqrt{\cot x}| \leq 4$ $\left[\operatorname{arccot} 81 + k\pi \leq x \leq \frac{\pi}{4} + k\pi\right]$

656 $\frac{\sin x - \tan x}{\sin x(\tan x - 1)} \leq 0$ $\left[\frac{\pi}{4} + 2k\pi < x < \frac{5}{4}\pi + 2k\pi \wedge x \neq \frac{\pi}{2} + 2k\pi \wedge x \neq \pi + 2k\pi\right]$

657 $\dfrac{\sin x(2-\cos x)}{\tan x} \le 1$ $\left[x \neq k\dfrac{\pi}{2}\right]$

658 $\dfrac{1-2\cos^2 x}{|\cos x|} > \tan x$ $\left[\dfrac{\pi}{2}+2k\pi < x < \dfrac{5}{6}\pi + 2k\pi \vee \dfrac{3}{2}\pi + 2k\pi < x < \dfrac{11}{6}\pi + 2k\pi\right]$

659 $\dfrac{\cos x + \dfrac{1}{\tan x}}{\tan x} \ge -1$ $\left[x \neq k\dfrac{\pi}{2}\right]$

660 $\dfrac{\sqrt{2}}{\cos x} + \dfrac{4\cos x}{\sin^2 2x} + \dfrac{\sin\left(x+\dfrac{\pi}{2}\right)}{\sin^2 x} < 0$ $\left[\dfrac{\pi}{2}+2k\pi < x < \dfrac{3}{2}\pi + 2k\pi \wedge x \neq \pi + 2k\pi\right]$

661 $\sqrt{3}\cos^2 x - 3\sin 2x > \sqrt{3}(1-3\sin^2 x)$ $\left[\dfrac{\pi}{3}+k\pi < x < \pi + k\pi\right]$

662 $\dfrac{\sqrt{3}\sin x + \cos x - \sqrt{3}}{\cos^2 x} > 0$ $\left[\dfrac{\pi}{6}+2k\pi < x < \dfrac{\pi}{2} + 2k\pi\right]$

663 $\dfrac{\cos 2x - \sin x}{\sqrt{2}\cos x - 1} \le 0$ $\left[\dfrac{\pi}{6}+2k\pi \le x < \dfrac{\pi}{3} + 2k\pi\right]$

664 $\sqrt{7\sin^2 x + 3\sin x + 6\cos^2 x} - 2 \le 0$ $\left[x = \dfrac{3}{2}\pi + 2k\pi\right]$

665 $\dfrac{\sqrt{4\cos^2 \dfrac{x}{2} + 8\cos x - 7}}{|2\sin^2 x - 1|} \ge 0$ $\left[-\dfrac{\pi}{3}+2k\pi \le x \le \dfrac{\pi}{3} + 2k\pi \wedge x \neq \pm\dfrac{\pi}{4} + 2k\pi\right]$

666 $|\sin^2 3x - \cos^2 3x| - \sin 6x > 0$ $\left[\dfrac{\pi}{8}+k\dfrac{\pi}{3} < x < \dfrac{3}{8}\pi + k\dfrac{\pi}{3}\right]$

667 $\sqrt{\cos x + \sin x} - \sqrt{\cos 2x} \ge 0$ $\left[2k\pi \le x \le \dfrac{\pi}{4} + 2k\pi \vee x = \dfrac{3}{4}\pi + k\pi\right]$

668 Data la disequazione $\sqrt{2|\sin x|} \ge 1$, determina:

a. la periodicità delle soluzioni;

b. le soluzioni relative a un periodo;

c. quali tra le seguenti disequazioni sono equivalenti alla precedente:

$2|\sin x| \ge 1; \qquad \sqrt{2\sin x} \ge 1; \qquad \dfrac{1}{\sqrt{2|\sin x|}} \le 1.$

$\left[\text{a) } \pi; \text{ b) } \dfrac{\pi}{6} \le x \le \dfrac{5}{6}\pi; \text{ c) prima e terza}\right]$

Disequazioni con le funzioni inverse

669 Determina, quando possibile, le soluzioni delle seguenti disequazioni:

a. $\arccos x < \dfrac{\pi}{2}$; **b.** $\arccos x < 0$; **c.** $\arcsin x < \dfrac{\pi}{2}$; **d.** $\arccos x > \dfrac{\pi}{4}$; **e.** $\arcsin x > 0$.

$\left[\text{a) } 0 < x \le 1; \text{ b) impossibile; c) } -1 \le x < 1; \text{ d) } -1 \le x < \dfrac{\sqrt{2}}{2}; \text{ e) } 0 < x \le 1\right]$

---

670 $\arccos \dfrac{x}{x-2} > 0$ $[x \le 1]$

671 $3\arcsin(x+1) \le 0$ $[-2 \le x \le -1]$

672 $4\arcsin x - \pi > 0$ $\left[\dfrac{\sqrt{2}}{2} < x \le 1\right]$

673 $\arccos x \arctan x < 0$ $[-1 \le x < 0]$

674 $\dfrac{x+5}{\arccos x} < 0$ [impossibile]

675 $\arctan x \arcsin \dfrac{x-1}{x} > 0$ $[x > 1]$

676 $\dfrac{4\arctan x - \pi}{\arcsin(2-x)} > 0$ $[1 < x < 2]$

677 $(4\arcsin x - \pi)\arccos x > 0$ $\left[\dfrac{\sqrt{2}}{2} < x < 1\right]$

678 $\dfrac{\arctan x}{6\arcsin x + \pi} > 0$ $\left[-1 \le x < -\dfrac{1}{2} \vee 0 < x \le 1\right]$

679 $\dfrac{\arctan(x-3)}{x^2 - 3x} \ge 0$ $[0 < x < 3 \vee x > 3]$

680 ●● Determina graficamente il numero delle soluzioni delle equazioni:

$$\arcsin\frac{x}{2} = \sin(\pi x); \qquad \arcsin\frac{x}{2} = \cos(\pi x).$$

a. Quale delle due equazioni ha come soluzione un numero intero?

b. Determina algebricamente i punti di intersezione dei grafici di $y = \sin\pi x$ e $y = \cos\pi x$.

c. Risolvi sia graficamente che algebricamente la disequazione $\sin\pi x > \cos\pi x$ nel dominio della funzione $y = \arcsin\frac{x}{2}$.

[a) 3 sol. per ciascuna equazione, la prima: $x = 0$; b) $\frac{1}{4} + k$; c) $-\frac{7}{4} < x < -\frac{3}{4} \vee \frac{1}{4} < x < \frac{5}{4}$]

Disequazioni e funzioni

Determina il dominio delle seguenti funzioni.

681 ●○ $f(x) = \sqrt{\tan x}$ — $\left[k\pi \le x < \frac{\pi}{2} + k\pi\right]$

682 ●○ $f(x) = \sqrt{2\cos x + 1}$ — $\left[2k\pi \le x \le \frac{2}{3}\pi + 2k\pi \vee \frac{4}{3}\pi + 2k\pi \le x \le 2\pi + 2k\pi\right]$

683 ●○ $f(x) = \sqrt{2\cos x(\cos x - 1)}$ — $\left[x = 2k\pi \vee \frac{\pi}{2} + 2k\pi \le x \le \frac{3}{2}\pi + 2k\pi\right]$

684 ●○ $f(x) = \sqrt{\cos x - \sin x}$ — $\left[2k\pi \le x \le \frac{\pi}{4} + 2k\pi \vee \frac{5}{4}\pi + 2k\pi \le x \le 2\pi + 2k\pi\right]$

685 ●○ $f(x) = \sqrt{2 + \cos^2 x + \sin x}$ — $[\forall x \in \mathbb{R}]$

686 ●● $f(x) = \sqrt{\cos x + \sin x - 1}$ — $\left[2k\pi < x < \frac{\pi}{2} + 2k\pi\right]$

687 ●○ $f(x) = \sqrt{\frac{|\sin x|}{\sin 2x - \cos x}}$ — $\left[\frac{\pi}{6} + 2k\pi < x < \frac{\pi}{2} + 2k\pi \vee \frac{5}{6}\pi + 2k\pi < x < \frac{3}{2}\pi + 2k\pi\right]$

688 ●● $f(x) = \sqrt{\cos x + \sin\frac{x}{2}}$ — $\left[-\frac{\pi}{3} + 4k\pi \le x \le \frac{7}{3}\pi + 4k\pi\right]$

689 ●● EUREKA! Trova per quali valori di a il dominio della funzione $y = \sqrt{\cos x - 2a}$:

a. è un insieme non vuoto;

b. è l'intervallo $\left[-\frac{\pi}{3} + 2k\pi; \frac{\pi}{3} + 2k\pi\right]$.

[a) $a \le \frac{1}{2}$; b) $a = \frac{1}{4}$]

Studia il segno delle seguenti funzioni.

690 ●○ $f(x) = \tan x - \sqrt{3}$ — $\left[f(x) \ge 0: \frac{\pi}{3} + k\pi \le x < \frac{\pi}{2} + k\pi\right]$

691 ●○ $f(x) = 3\sin x + \sqrt{3}\cos x$ — $\left[f(x) \ge 0: -\frac{\pi}{6} + 2k\pi \le x \le \frac{5}{6}\pi + 2k\pi\right]$

692 ●○ $f(x) = \frac{\sin x + 1}{2\cos x - 1}$ — $\left[f(x) \ge 0: -\frac{\pi}{3} + 2k\pi < x < \frac{\pi}{3} + 2k\pi \vee x = \frac{3}{2}\pi + 2k\pi\right]$

693 ●○ $f(x) = \frac{4\sin^2 x - 1}{\tan^2 x}$ — $\left[f(x) \ge 0: \frac{\pi}{6} + k\pi \le x \le \frac{5}{6}\pi + k\pi \wedge x \ne \frac{\pi}{2} + k\pi\right]$

Rappresenta graficamente le funzioni $f(x)$ e $g(x)$ e trova per quali valori di x si ha $f(x) > g(x)$.

694 ●○ $f(x) = \sin x; \quad g(x) = \sin\left(x - \frac{\pi}{3}\right).$ — $\left[-\frac{\pi}{3} + 2k\pi < x < \frac{2}{3}\pi + 2k\pi\right]$

695 ●○ $f(x) = \cos\left(x + \frac{\pi}{4}\right); \quad g(x) = \cos x.$ — $\left[\frac{7}{8}\pi + 2k\pi < x < \frac{15}{8}\pi + 2k\pi\right]$

ESERCIZI

696 $f(x) = 2|\cos x|; \quad g(x) = 2(1 - \sin x).$ $\left[2k\pi < x < \pi + 2k\pi \wedge x \neq \frac{\pi}{2} + 2k\pi\right]$

697  LEGGI IL GRAFICO Utilizza il grafico per determinare i valori di a e b nell'espressione della funzione rappresentata e trova algebricamente, evidenziandoli anche in figura, gli intervalli in cui $f(x) \leq 1$ tra $-\pi$ e 2π.

$\left[a = 2, b = 2; -\pi \leq x \leq -\frac{2}{3}\pi \vee \frac{2}{3}\pi \leq x \leq \frac{4}{3}\pi\right]$

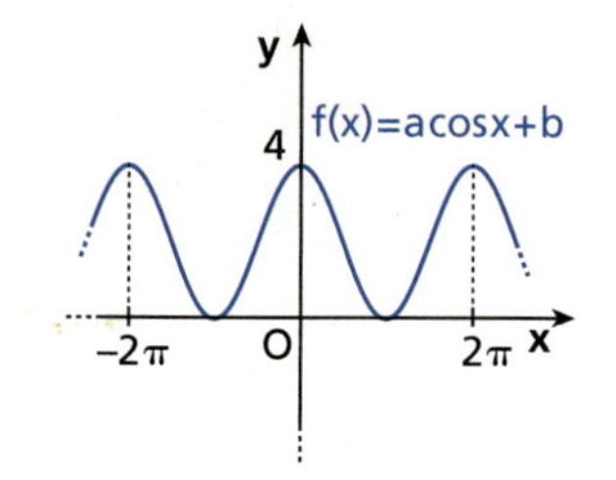

Sistemi di disequazioni goniometriche

Teoria a p. 807

698 ESERCIZIO GUIDA Risolviamo il seguente sistema di disequazioni:

$$\begin{cases} \cos x > 0 \\ \cot^2 x - 3 \geq 0 \\ 2\sin x - 1 \leq 0 \end{cases}.$$

Dobbiamo risolvere ogni disequazione nell'intervallo $[0; 2\pi]$ e poi scegliere le soluzioni comuni a tutte e tre.

- Risolviamo la prima disequazione:

$$\cos x > 0 \quad \rightarrow \quad 0 \leq x < \frac{\pi}{2} \vee \frac{3}{2}\pi < x \leq 2\pi.$$

- Risolviamo la seconda disequazione (figura **a**):

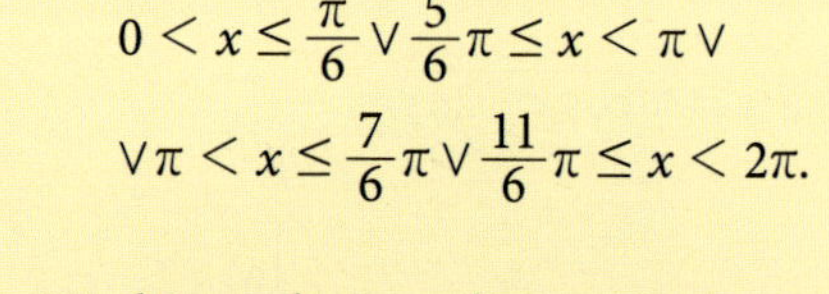

$$\cot^2 x - 3 \geq 0 \quad \rightarrow$$
$$\cot x \leq -\sqrt{3} \vee \cot x \geq \sqrt{3} \quad \rightarrow$$
$$0 < x \leq \frac{\pi}{6} \vee \frac{5}{6}\pi \leq x < \pi \vee$$
$$\vee \pi < x \leq \frac{7}{6}\pi \vee \frac{11}{6}\pi \leq x < 2\pi.$$

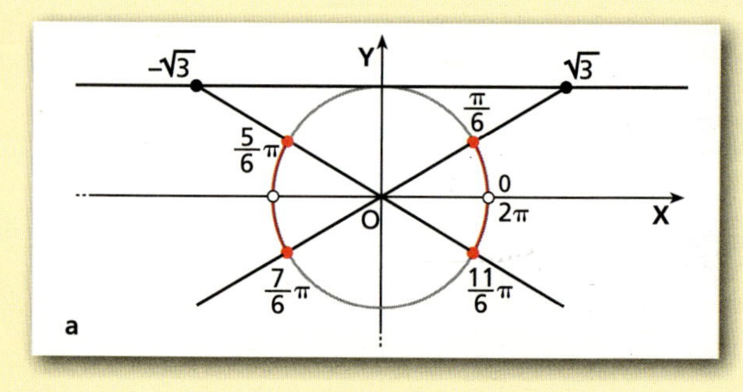

- Risolviamo la terza disequazione:

$$2\sin x - 1 \leq 0 \quad \rightarrow \quad \sin x \leq \frac{1}{2} \quad \rightarrow$$
$$0 \leq x \leq \frac{\pi}{6} \vee \frac{5}{6}\pi \leq x \leq 2\pi.$$

Riuniamo i risultati delle tre disequazioni in un grafico formato da tre circonferenze concentriche (figura **b**).

Dal grafico, considerando la periodicità, deduciamo che le soluzioni in $\mathbb{R}$ del sistema sono:

$$2k\pi < x \leq \frac{\pi}{6} + 2k\pi \quad \vee$$
$$\frac{11}{6}\pi + 2k\pi \leq x < 2\pi + 2k\pi.$$

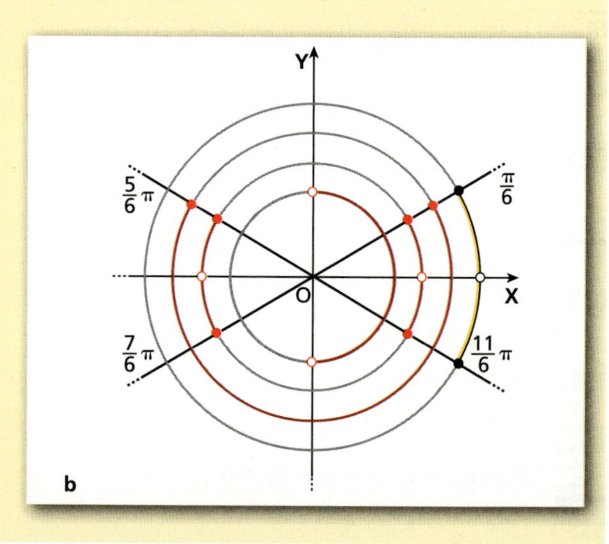

Risolvi i seguenti sistemi di disequazioni.

699 $\begin{cases} \sin x \leq 0 \\ \cos x < 1 \end{cases}$ $[\pi + 2k\pi \leq x < 2\pi + 2k\pi]$

700 $\begin{cases} \sin x > \frac{1}{2} \\ \tan x < 1 \end{cases}$ $\left[\frac{\pi}{6} + 2k\pi < x < \frac{\pi}{4} + 2k\pi \vee \frac{\pi}{2} + 2k\pi < x < \frac{5}{6}\pi + 2k\pi\right]$

701 $\begin{cases} 2\cos x + 1 \geq 0 \\ 2\sin x - \sqrt{2} < 0 \end{cases}$ $\left[-\frac{2}{3}\pi + 2k\pi \leq x < \frac{\pi}{4} + 2k\pi\right]$

702 $\begin{cases} \tan x \geq 1 \\ \cos x < \frac{1}{2} \end{cases}$ $\left[\frac{\pi}{3} + 2k\pi < x < \frac{\pi}{2} + 2k\pi \vee \frac{5}{4}\pi + 2k\pi \leq x < \frac{3}{2}\pi + 2k\pi\right]$

703 $\begin{cases} 2\sin x \leq 1 \\ 2\cos x < \sqrt{3} \end{cases}$ $\left[\frac{5}{6}\pi + 2k\pi \leq x < \frac{11}{6}\pi + 2k\pi\right]$

704 $\begin{cases} 2\sin^2 x - 1 \leq 0 \\ 2\cos x + 1 \geq 0 \end{cases}$ $\left[-\frac{\pi}{4} + 2k\pi \leq x \leq \frac{\pi}{4} + 2k\pi\right]$

705 $\begin{cases} \tan^2 x - 1 \geq 0 \\ \sqrt{3} + 2\sin x \geq 0 \end{cases}$, con $0 \leq x \leq 2\pi$. $\left[\left(\frac{\pi}{4} \leq x \leq \frac{3}{4}\pi \wedge x \neq \frac{\pi}{2}\right) \vee \frac{5}{4}\pi \leq x \leq \frac{4}{3}\pi \vee \frac{5}{3}\pi \leq x \leq \frac{7}{4}\pi\right]$

706 $\begin{cases} 1 - 2\sin x \geq 0 \\ 2\cos x - \sqrt{2} \leq 0 \end{cases}$ $\left[\frac{5}{6}\pi + 2k\pi \leq x \leq \frac{7}{4}\pi + 2k\pi\right]$

707 $\begin{cases} \tan^2 x - 3 \geq 0 \\ 2\cos^2 x - 1 \geq 0 \end{cases}$ [impossibile]

708 $\begin{cases} 3\tan^2 x - 1 \leq 0 \\ 3\cot^2 x - 1 \geq 0 \end{cases}$ $\left[-\frac{\pi}{6} + k\pi \leq x \leq \frac{\pi}{6} + k\pi \wedge x \neq k\pi\right]$

709 $\begin{cases} 1 - 2\cos^2 x \geq 0 \\ \sin^2 x + \sin x \geq 0 \\ 4\sin^2 x - 3 \geq 0 \end{cases}$ $\left[\frac{\pi}{3} + 2k\pi \leq x \leq \frac{2}{3}\pi + 2k\pi \vee x = \frac{3}{2}\pi + 2k\pi\right]$

710 $\begin{cases} 2\sin^2 x - \sin x \geq 0 \\ 2\cos x - 1 \geq 0 \\ \cos^2 x + \cos x \geq 0 \end{cases}$, con $0 \leq x \leq 2\pi$. $\left[x = 0 \vee \frac{\pi}{6} \leq x \leq \frac{\pi}{3} \vee \frac{5}{3}\pi \leq x \leq 2\pi\right]$

711 $\begin{cases} \sin x - \sqrt{3}\cos x \leq 0 \\ \cos x(2\sin x + 1) \geq 0 \end{cases}$ $\left[-\frac{\pi}{6} + 2k\pi \leq x \leq \frac{\pi}{3} + 2k\pi \vee \frac{4}{3}\pi + 2k\pi \leq x \leq \frac{3}{2}\pi + 2k\pi\right]$

712 $\begin{cases} \sin x(2\cos x + 1) \leq 0 \\ \cos x(\tan x + 1) \geq 0 \end{cases}$, con $0 \leq x \leq 2\pi$. $\left[x = 0 \vee \frac{2}{3}\pi \leq x \leq \frac{3}{4}\pi \vee \frac{7}{4}\pi \leq x \leq 2\pi\right]$

713 $\begin{cases} \sqrt{3}\sin x + \cos x \geq 0 \\ 4\sin^2 x - 3 \leq 0 \\ 2\cos x + 1 \geq 0 \end{cases}$ $\left[-\frac{\pi}{6} + 2k\pi \leq x \leq \frac{\pi}{3} + 2k\pi \vee x = \frac{2}{3}\pi + 2k\pi\right]$

714 $\begin{cases} (2\sin x - 1)(2\cos x + 3) \geq 0 \\ \tan x \cdot (\cot x - \sqrt{3}) \leq 0 \end{cases}$ $\left[\frac{\pi}{6} + 2k\pi \leq x < \frac{\pi}{2} + 2k\pi\right]$

ESERCIZI

715 $\begin{cases} \sin x(\cos^2 x + 2\cos x) \geq 0 \\ \dfrac{\cos x + 1}{\tan x - 1} \leq 0 \end{cases}$ $\left[k\pi \leq x < \dfrac{\pi}{4} + k\pi\right]$

716 $\begin{cases} \sin x - \cos x + 1 \geq 0 \\ \cot^4 x - 9 \geq 0 \end{cases}$, con $0 \leq x \leq 2\pi$. $\left[0 < x \leq \dfrac{\pi}{6} \vee \left(\dfrac{5}{6}\pi \leq x \leq \dfrac{7}{6}\pi \wedge x \neq \pi\right)\right]$

717 $\begin{cases} \sin x + \cos x - 1 \geq 0 \\ \dfrac{4\sin^2 x - 3}{\cos^2 x} \geq 0 \end{cases}$ $\left[\dfrac{\pi}{3} + 2k\pi \leq x < \dfrac{\pi}{2} + 2k\pi\right]$

718 $\begin{cases} \cot x - \sqrt{3} \leq 0 \\ 2\cos^2 x - 1 \leq 0 \\ \sin^2 x + 2\sin x + 1 \leq 0 \end{cases}$ $\left[x = \dfrac{3}{2}\pi + 2k\pi\right]$

719 $\begin{cases} (2\sin^2 x - 1)(\cos^2 x + \cos x) \leq 0 \\ \cot x + 1 \leq 0 \end{cases}$ $\left[x = \dfrac{3}{4}\pi + 2k\pi \vee \dfrac{7}{4}\pi + 2k\pi \leq x < 2\pi + 2k\pi\right]$

720 $\begin{cases} 4\sin^2 x - 1 > 0 \\ |\tan x| \geq 1 \end{cases}$ $\left[\dfrac{\pi}{4} + k\pi \leq x \leq \dfrac{3}{4}\pi + k\pi \wedge x \neq \dfrac{\pi}{2} + k\pi\right]$

721 $\begin{cases} \tan^2 x + (1 - \sqrt{3})\tan x - \sqrt{3} < 0 \\ \dfrac{\cos x + \sin x}{\sin\left(\dfrac{\pi}{4} - x\right)} \geq 0 \end{cases}$ $\left[-\dfrac{\pi}{4} + k\pi < x < \dfrac{\pi}{4} + k\pi\right]$

722 $\begin{cases} \dfrac{1 - \sin x}{\cos x} > \sqrt{3} \\ \sin 2x + \sin x \geq 0 \end{cases}$ [impossibile]

723 $\begin{cases} \sqrt{3}\sin x > \sin 2x \\ \left|\tan\dfrac{x}{2}\right| < 1 \end{cases}$ $\left[\dfrac{\pi}{6} + 2k\pi < x < \dfrac{\pi}{2} + 2k\pi \vee \dfrac{11}{6}\pi + 2k\pi < x < 2\pi + 2k\pi\right]$

724 $\begin{cases} 2|\sin(\pi - x)| < \sqrt{3} \\ \sqrt{3\cot^2 x - 1} < \sqrt{3}\cot x \end{cases}$ $\left[k\pi < x < \dfrac{\pi}{3} + k\pi\right]$

725 $\begin{cases} \cot\dfrac{x}{2}(1 + \cos x) < \sin x \\ 2\csc 2x < \sqrt{2} \end{cases}$ $\left[\dfrac{\pi}{2} + k\pi < x < \pi + k\pi\right]$

726 $\begin{cases} \sqrt{\sin\dfrac{x}{2} - \cos x} > 0 \\ 3\sin x - 1 - \cos(-2x) < 0 \end{cases}$, con $0 \leq x \leq 2\pi$. $\left[\dfrac{5}{6}\pi < x < \dfrac{5}{3}\pi\right]$

727 $\begin{cases} \dfrac{\cos^2 x + 3}{\cos 2x + 2} - \dfrac{\cos 2x}{3 - \cos^2 x} \geq \dfrac{5}{6} \\ |\cos x - \sin x| < \sqrt{2} \end{cases}$ $\left[x \neq \dfrac{3}{4}\pi + k\pi\right]$

728 **TEST** Sulla circonferenza goniometrica della figura sono rappresentate le soluzioni di uno fra i seguenti sistemi. Quale?

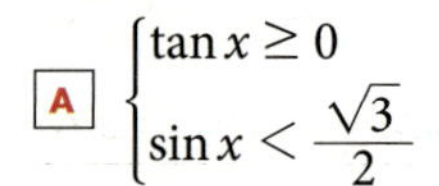

A $\begin{cases} \tan x \geq 0 \\ \sin x < \dfrac{\sqrt{3}}{2} \end{cases}$

B $\begin{cases} \sin x < \dfrac{\sqrt{3}}{2} \\ \cot x > 0 \end{cases}$

C $\begin{cases} \cos x < \dfrac{\sqrt{3}}{2} \\ \tan x > 0 \end{cases}$

D $\begin{cases} \sin x < \dfrac{\sqrt{3}}{2} \\ \cos x < 0 \end{cases}$

E $\begin{cases} \sin x \leq \dfrac{\sqrt{3}}{2} \\ \tan x > 0 \end{cases}$

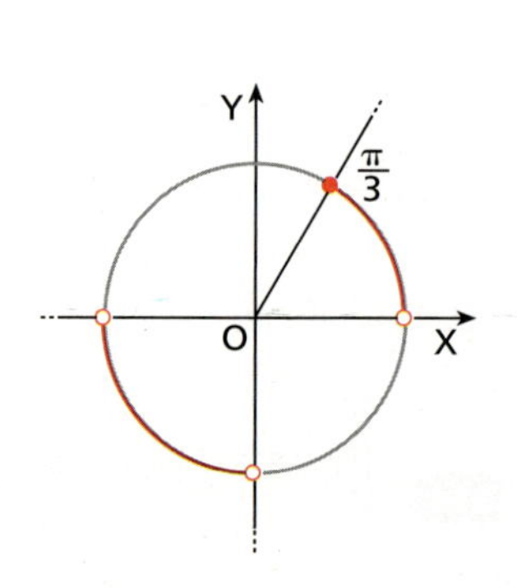

Sistemi di disequazioni e funzioni

Determina il dominio delle seguenti funzioni.

729 $f(x) = \sqrt{\cos x} - \sqrt{\sin x}$ $\left[2k\pi \leq x \leq \frac{\pi}{2} + 2k\pi\right]$

730 $f(x) = \sqrt{2\sin x - 1} + \frac{1}{\sqrt{\tan x}}$ $\left[\frac{\pi}{6} + 2k\pi \leq x < \frac{\pi}{2} + 2k\pi\right]$

731 $f(x) = \sqrt{\sqrt{2} - 2\sin x} - \frac{1}{\sqrt{-\cos x}}$ $\left[\frac{3}{4}\pi + 2k\pi \leq x < \frac{3}{2}\pi + 2k\pi\right]$

732 $f(x) = \sqrt{\sin x - \cos x} + \sqrt{1 - \tan^2 x}$ $\left[x = \frac{\pi}{4} + 2k\pi \vee \frac{3}{4}\pi + 2k\pi \leq x \leq \frac{5}{4}\pi + 2k\pi\right]$

733 $f(x) = \sqrt{\tan x} + \sqrt{\frac{\sin x + 1}{2\cos x - 1}}$ $\left[2k\pi \leq x < \frac{\pi}{3} + 2k\pi\right]$

734 Determina il dominio della funzione $f(x) = \sqrt{1 - 2\cos x} + \frac{1}{\sqrt{a\sin x}}$ al variare di a in $\mathbb{R}$.

$\left[\text{se } a > 0, \frac{\pi}{3} + 2k\pi \leq x < (2k+1)\pi; \text{ se } a = 0, \nexists x; \text{ se } a < 0, (2k+1)\pi < x \leq \frac{5}{3}\pi + 2k\pi\right]$

Equazioni goniometriche parametriche

Equazioni elementari

735 **ESERCIZIO GUIDA** Determiniamo graficamente il numero delle soluzioni della seguente equazione parametrica nell'intervallo indicato, al variare di k in $\mathbb{R}$.

$$\begin{cases} k\sin x - 2k + 1 = 0 \\ 0 \leq x \leq \frac{2}{3}\pi \end{cases}$$

Se $k = 0$, l'equazione diventa:

$0\sin x - 2 \cdot 0 + 1 = 0 \rightarrow 1 = 0$ impossibile.

Se $k \neq 0$, dividiamo per k e isoliamo $\sin x$:

$$\sin x = \frac{2k-1}{k}.$$

Poniamo uguali a y i membri dell'uguaglianza:

$$\begin{cases} y = \sin x \\ y = \frac{2k-1}{k} \end{cases}.$$

Graficamente le soluzioni dell'equazione sono le ascisse dei punti di intersezione fra la sinusoide e il fascio di rette parallele all'asse x, rappresentato dalla seconda equazione, nell'intervallo $\left[0; \frac{2}{3}\pi\right]$.

Una retta del fascio ha nessuna, una o due intersezioni con la sinusoide in $\left[0; \frac{2}{3}\pi\right]$ a seconda della sua posizione rispetto all'asse x e alle rette di equazioni $y = \frac{\sqrt{3}}{2}$ e $y = 1$.

Queste tre rette sono dette **rette caposaldo**.

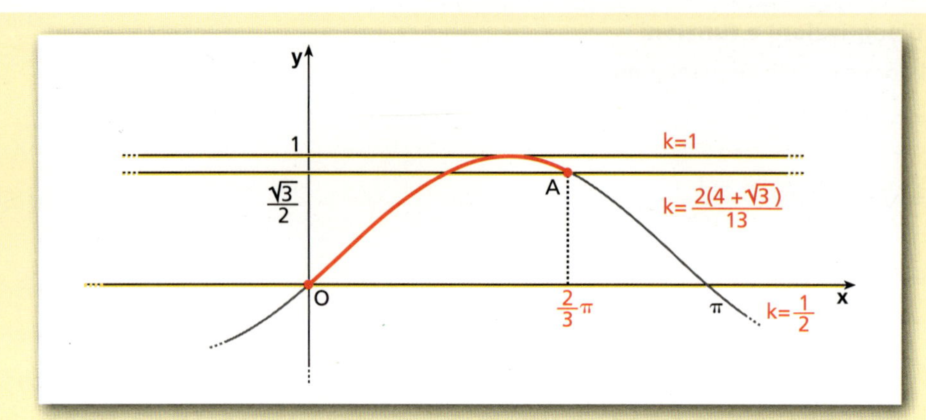

Determiniamo i valori di k corrispondenti alle rette caposaldo del fascio:

retta per $O \to y = 0 \to \frac{2k-1}{k} = 0 \to k = \frac{1}{2}$;

retta per $A \to y = \frac{\sqrt{3}}{2} \to \frac{2k-1}{k} = \frac{\sqrt{3}}{2} \to 4k - 2 = \sqrt{3}\,k \to k = \frac{2(4+\sqrt{3})}{13}$;

retta tangente $\to y = 1 \to \frac{2k-1}{k} = 1 \to k = 1$.

L'equazione ha:

- **una soluzione** per $\frac{1}{2} \leq k < \frac{2(4+\sqrt{3})}{13}$;
- **due soluzioni** per $\frac{2(4+\sqrt{3})}{13} \leq k \leq 1$.

Determina graficamente il numero delle soluzioni delle seguenti equazioni parametriche nell'intervallo indicato, al variare del parametro in $\mathbb{R}$.

736 $\begin{cases} \tan x = k + 1 \\ 0 \leq x \leq \frac{\pi}{3} \end{cases}$ $[1 \text{ sol. per } -1 \leq k \leq \sqrt{3} - 1]$

737 $\begin{cases} \sin x = 2k - 1 \\ 0 \leq x \leq \frac{\pi}{3} \end{cases}$ $\left[1 \text{ sol. per } \frac{1}{2} \leq k \leq \frac{\sqrt{3}+2}{4}\right]$

738 $\begin{cases} 2\tan x - 2a - 1 = 0 \\ -\frac{\pi}{4} < x < \frac{\pi}{2} \end{cases}$ $\left[1 \text{ sol. per } a > -\frac{3}{2}\right]$

739 $\begin{cases} \cos\left(x - \frac{\pi}{6}\right) = \frac{k+3}{2} \\ \frac{\pi}{3} \leq x \leq \pi \end{cases}$ $[1 \text{ sol. per } -3 - \sqrt{3} \leq k \leq \sqrt{3} - 3]$

740 $\begin{cases} (2k+3)\cos x = k - 1 \\ 0 \leq x \leq \frac{5}{6}\pi \end{cases}$ $\left[1 \text{ sol. per } k \leq -4 \vee k \geq \frac{5\sqrt{3}-11}{4}\right]$

741 $\begin{cases} k \sin x \cos x = 2 \\ 0 \leq x \leq \frac{\pi}{4} \end{cases}$ $[1 \text{ sol. per } k \geq 4]$

742 ●●
$$\begin{cases} \tan\left(\frac{\pi}{4} - x\right) = k - 3 \\ -\frac{\pi}{12} \le x \le \frac{\pi}{2} \end{cases}$$
$[1 \text{ sol. per } 2 \le k \le 3 + \sqrt{3}]$

743 ●●
$$\begin{cases} \frac{k}{2}\cos\left(2x - \frac{\pi}{3}\right) = k - 2 \\ \frac{\pi}{6} < x \le \frac{5}{6}\pi \end{cases}$$
$\left[1 \text{ sol. per } \frac{8}{5} < k < 4; 2 \text{ sol. per } \frac{4}{3} \le k \le \frac{8}{5}\right]$

Equazioni di secondo grado

744 **ESERCIZIO GUIDA** Determiniamo graficamente il numero delle soluzioni della seguente equazione parametrica nell'intervallo indicato, al variare di k in $\mathbb{R}$.

$$\begin{cases} k\cos^2 x + 2\cos x - k + 1 = 0 \\ 0 < x < \frac{\pi}{3} \end{cases}$$

Consideriamo come incognita non l'angolo x, ma la funzione $\cos x$, quindi poniamo $\cos x = t$. Passiamo dalle limitazioni di x a quelle di t:

$$0 < x < \frac{\pi}{3} \rightarrow \frac{1}{2} < t < 1.$$

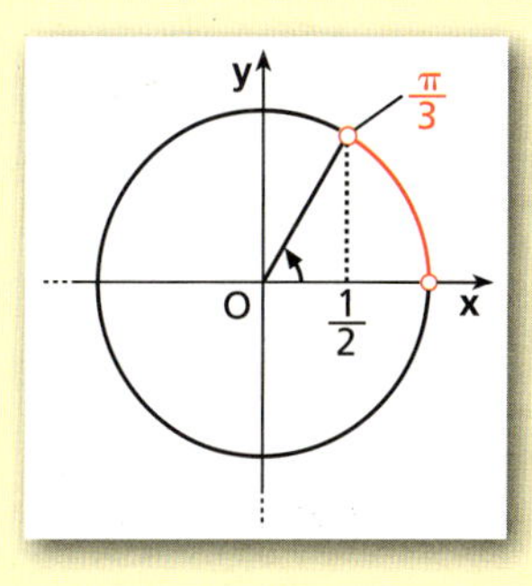

Il sistema diventa:

$$\begin{cases} kt^2 + 2t - k + 1 = 0 \\ \frac{1}{2} < t < 1 \end{cases}.$$

Applichiamo ora il **metodo della parabola fissa**, ponendo $y = t^2$:

$$\begin{cases} y = t^2 \\ ky + 2t - k + 1 = 0. \\ \frac{1}{2} < t < 1 \end{cases}$$

La prima equazione rappresenta una parabola con il vertice nell'origine.
La seconda equazione si può scrivere come $k(y - 1) + 2t + 1 = 0$, che corrisponde a un fascio di rette di generatrici $t = -\frac{1}{2}$ e $y = 1$ e di centro $C\left(-\frac{1}{2}; 1\right)$.

Nel fascio, procedendo in senso antiorario dalla retta $t = -\frac{1}{2}$, corrispondente a $k = 0$, si hanno valori di k crescenti tendenti a $+\infty$ per rette tendenti a $y = 1$.
Per determinare il valore di k corrispondente a $t = \frac{1}{2}$, troviamo l'ordinata di A mediante l'equazione della parabola

$$y_A = \left(\frac{1}{2}\right)^2 = \frac{1}{4}$$

e sostituiamo le coordinate di $A\left(\frac{1}{2}; \frac{1}{4}\right)$ nell'equazione del fascio:

$$\frac{1}{4}k + 1 - k + 1 = 0 \rightarrow k - 4k + 8 = 0 \rightarrow k = \frac{8}{3}.$$

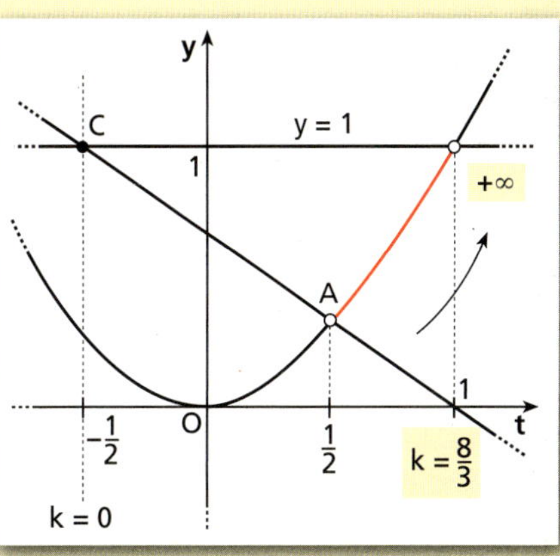

Dal grafico ricaviamo che l'equazione ha **una soluzione** per $k > \frac{8}{3}$.

ESERCIZI

Determina graficamente il numero delle soluzioni delle seguenti equazioni parametriche nell'intervallo indicato, al variare del parametro in $\mathbb{R}$.

745 ●● $\begin{cases} \sin^2 x + k\sin x - 1 = 0 \\ 0 < x < \dfrac{\pi}{2} \end{cases}$ [1 sol. per $k > 0$]

746 ●● $\begin{cases} k\tan^2 x + \tan x + 1 - 2k = 0 \\ 0 \leq x < \dfrac{\pi}{2} \end{cases}$ $\left[1 \text{ sol. per } k < 0 \vee k \geq \dfrac{1}{2}\right]$

747 ●● $\begin{cases} 4(\cos^2 x + \sin x) = k - 1 \\ 0 \leq x \leq \dfrac{\pi}{2} \end{cases}$ [2 sol. per $5 \leq k \leq 6$]

748 ●● $\begin{cases} (2k+1)\sin^2 x + 2\cos x = 2k \\ 0 \leq x \leq \dfrac{2}{3}\pi \end{cases}$ $\left[1 \text{ sol. per } -\dfrac{1}{2} \leq k < 1; 2 \text{ sol. per } k \geq 1\right]$

749 ●● $\begin{cases} \sin x + 2\cot x = \dfrac{2k}{\sin x} \\ 0 < x \leq \dfrac{\pi}{2} \end{cases}$ $\left[1 \text{ sol. per } \dfrac{1}{2} \leq k < 1\right]$

750 ●● $\begin{cases} \tan 3x + k\cot 3x = 2 \\ \dfrac{\pi}{6} < x \leq \dfrac{\pi}{3} \end{cases}$ [1 sol. per $k < 0$]

751 ●● $\begin{cases} (k+1)\cos^2 x + \cos x = 2k \\ \dfrac{\pi}{3} < x \leq \dfrac{\pi}{2} \end{cases}$ $\left[1 \text{ sol. per } 0 \leq k \leq \dfrac{3}{7}\right]$

752 ●● $\begin{cases} \dfrac{1}{\sin x} + k\sin x = k + 2 \\ -\dfrac{\pi}{6} \leq x \leq \dfrac{\pi}{2} \end{cases}$ $\left[1 \text{ sol. per } k > -\dfrac{8}{3}; 2 \text{ sol. per } k \leq -\dfrac{8}{3}\right]$

753 ●● $\begin{cases} 4\cos^2 x - 4k\cos x = 2k - 1 \\ 0 \leq x \leq \dfrac{\pi}{2} \end{cases}$ $\left[1 \text{ sol. per } \dfrac{1}{2} < k \leq \dfrac{5}{6}; 2 \text{ sol. per } -1 + \sqrt{2} \leq k \leq \dfrac{1}{2}\right]$

754 ●● $\begin{cases} \cos 2x + k\sin^2 x + \cos\left(x + \dfrac{3}{2}\pi\right) = k - 1 \\ \dfrac{\pi}{4} < x < \dfrac{\pi}{2} \end{cases}$ [1 sol. per $k > 2 + \sqrt{2}$]

Equazioni lineari e omogenee

755 ESERCIZIO GUIDA Determiniamo graficamente il numero delle soluzioni della seguente equazione parametrica nell'intervallo indicato, al variare di k in $\mathbb{R}$:

$$\begin{cases} k\sin x - \cos x - 1 = 0 \\ 0 < x \leq \dfrac{\pi}{4} \end{cases}$$

Utilizziamo il **metodo della circonferenza goniometrica**, cioè poniamo $\sin x = Y$ e $\cos x = X$, ottenendo:

$$\begin{cases} kY - X - 1 = 0 & \text{fascio di rette di centro } C(-1;0) \\ X^2 + Y^2 = 1 & \text{circonferenza goniometrica} \\ 0 < x \le \frac{\pi}{4} \end{cases}$$

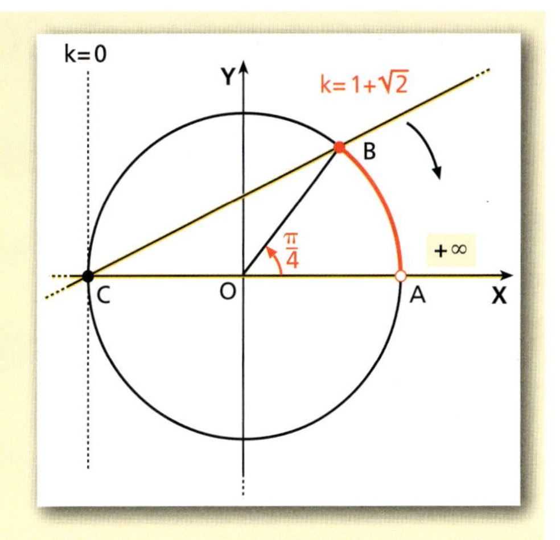

I valori di k tendono a $+\infty$ procedendo in senso orario dalla retta $X = -1$, corrispondente a $k = 0$, verso la retta $Y = 0$. Determiniamo il valore di k corrispondente alla retta passante per $B\left(\frac{\sqrt{2}}{2}; \frac{\sqrt{2}}{2}\right)$:

$$k\frac{\sqrt{2}}{2} - \frac{\sqrt{2}}{2} - 1 = 0 \rightarrow \sqrt{2}\,k = \sqrt{2} + 2 \rightarrow k = 1 + \sqrt{2}.$$

L'equazione ha **una soluzione** per $k \ge 1 + \sqrt{2}$.

Determina graficamente il numero delle soluzioni delle seguenti equazioni parametriche nell'intervallo indicato, al variare del parametro in $\mathbb{R}$.

756 $\begin{cases} \sin x - \cos x = k - 2 \\ 0 < x \le \frac{\pi}{4} \end{cases}$ $[1 \text{ sol. per } 1 < k \le 2]$

757 $\begin{cases} 2\sin x + 2\sqrt{3}\cos x = k \\ -\frac{\pi}{3} < x < \frac{\pi}{2} \end{cases}$ $[1 \text{ sol. per } 0 < k \le 2; 2 \text{ sol. per } 2 < k \le 4]$

758 $\begin{cases} 2\cos x - k\sin x + 1 = 0 \\ 0 < x < \frac{\pi}{2} \end{cases}$ $[1 \text{ sol. per } k > 1]$

759 $\begin{cases} \cos\left(\frac{3}{2}\pi + x\right) - k\sin x + 2 - 4k = 0 \\ -\frac{\pi}{2} \le x \le \pi \end{cases}$ $\left[1 \text{ sol. per } \frac{1}{3} \le k < \frac{1}{2}; 2 \text{ sol. per } \frac{1}{2} \le k \le \frac{3}{5}\right]$

760 $\begin{cases} \sin x\cos x + \cos^2 x = k - 2 \\ 0 < x < \frac{\pi}{4} \end{cases}$ $\left[2 \text{ sol. per } 3 < k \le \frac{5 + \sqrt{2}}{2}\right]$

761 $\begin{cases} \sin^2 x - k = k\sin x\cos x \\ 0 < x < \frac{\pi}{2} \end{cases}$ $[1 \text{ sol. per } 0 < k < 1]$

762 $\begin{cases} \sin^2 x - \cos^2 x + 4k\cos x\sin x - k = 0 \\ 0 < x \le \frac{3}{4}\pi \end{cases}$ $[1 \text{ sol. per } -1 \le k < 0; 2 \text{ sol. per } k < -1 \vee k \ge 0]$

763 $\begin{cases} k\cos\left(x + \frac{\pi}{4}\right) - 2\sin\left(x + \frac{\pi}{2}\right) = 0 \\ -\frac{\pi}{4} \le x \le \frac{\pi}{2} \end{cases}$ $[1 \text{ sol. per } k > \sqrt{2} \vee k \le 0]$

764 $\begin{cases} 2k\sin^2 x + 2k + 1 = 4\sin x\cos x + 2k\cos^2 x \\ \frac{\pi}{12} < x \le \frac{\pi}{2} \end{cases}$ $\left[1 \text{ sol. per } -\frac{1}{4} \le k \le 0; 2 \text{ sol. per } 0 < k \le \frac{3}{4}\right]$

VERIFICA DELLE COMPETENZE ALLENAMENTO

UTILIZZARE TECNICHE E PROCEDURE DI CALCOLO

Equazioni goniometriche

TEST

1 Per una sola delle seguenti equazioni, le soluzioni indicate sono quelle corrette.

A $\sin x = -1 \quad \to \quad x = \frac{3}{2}\pi + k\pi$

B $6\sin 6x = 6 \quad \to \quad x = \frac{\pi}{12} + k\frac{\pi}{3}$

C $\cos 2x = 0 \quad \to \quad x = \frac{\pi}{2} + 2k\pi$

D $\arctan x = 1 \quad \to \quad x = \frac{\pi}{4} + k\pi$

E $\tan 2x = 4\pi \quad \to \quad x = 2\pi + k\pi$

2 Indica quale delle seguenti equazioni ha come soluzione $x = \frac{\pi}{4} + k\frac{\pi}{2}$.

A $\sin^2 x = \frac{1}{2}$.

B $\cos x = \frac{\sqrt{2}}{2}$.

C $\tan x = 1$.

D $\sin x = \frac{\sqrt{2}}{2}$.

E $\cot x = -1$.

Risolvi le seguenti equazioni.

3 $\sin\left(5x - \frac{\pi}{3}\right) = -\sin\left(2x - \frac{\pi}{5}\right)$ $\left[\frac{8}{105}\pi + \frac{2}{7}k\pi; \frac{17}{45}\pi + \frac{2}{3}k\pi\right]$

4 $5\sin^2 x + \sqrt{3}\sin x\cos x - 2 = 0$ $\left[\frac{\pi}{6} + k\pi; \arctan\left(-\frac{2}{3}\sqrt{3}\right) + k\pi\right]$

5 $3\cot^2 x - 4\sqrt{3}\cot x + 3 = 0$ $\left[\frac{\pi}{6} + k\pi; \frac{\pi}{3} + k\pi\right]$

6 $2\cos^4 x - 3\cos^2 x + 1 = 0$ $\left[k\pi; \frac{\pi}{4} + k\frac{\pi}{2}\right]$

7 $\sqrt{3}\sin x - \cos x + 2 = 0$ $\left[\frac{5}{3}\pi + 2k\pi\right]$

8 $\tan\left(3x - \frac{\pi}{7}\right) = \cot\left(\frac{2}{5}\pi - 2x\right)$ $\left[\frac{17}{70}\pi + k\pi\right]$

9 $10\sin x + 7 - 6(\sin x - 1) = 3(\sin x + 3)$ [impossibile]

10 $\sin 2x - \sqrt{3}\cos 2x = 0$ $\left[\frac{\pi}{6} + k\frac{\pi}{2}\right]$

11 $\sin\left(x - \frac{\pi}{6}\right) + \cos\left(x + \frac{2}{3}\pi\right) + \cos 2x = 0$ $\left[\pm\frac{2}{3}\pi + 2k\pi; 2k\pi\right]$

12 $2\sqrt{2}\sin x\cos x + 2\cos x - \sqrt{2}\sin x - 1 = 0$ $\left[\pm\frac{\pi}{3} + 2k\pi; \frac{5}{4}\pi + 2k\pi; \frac{7}{4}\pi + 2k\pi\right]$

13 $2\sin\left(x - \frac{\pi}{3}\right) + 2\sin\left(x - \frac{\pi}{6}\right) = \sqrt{3} + 1$ $\left[\frac{\pi}{2} + 2k\pi; \pi + 2k\pi\right]$

14 $2\sqrt{2}\cos x + 3 = -\sqrt{2}\cos x$ $\left[\pm\frac{3}{4}\pi + 2k\pi\right]$

15 $2\sin^2 x - 5\sin x - 3 = 0$ $\left[\frac{7}{6}\pi + 2k\pi; \frac{11}{6}\pi + 2k\pi\right]$

16 $3\sin^2 x + 2\sin x\cos^2\frac{x}{2} - \sin x = 0$ $\left[k\pi; \arctan\left(-\frac{1}{3}\right) + k\pi\right]$

17 $\cot\left(\frac{5}{4}\pi + x\right) = \cot 3x$ $\left[\frac{5}{8}\pi + k\frac{\pi}{2}\right]$

18 $\sqrt{3}\sin x - \cos x + \sqrt{2} = 0$ $\left[-\frac{\pi}{12} + 2k\pi; \frac{17}{12}\pi + 2k\pi\right]$

19 $2\cos^2\left(x - \frac{\pi}{3}\right) - \cos\left(x - \frac{\pi}{3}\right) - 1 = 0$ $\left[\pm\frac{\pi}{3} + 2k\pi; \pi + 2k\pi\right]$

20 $2\sec x = \frac{2 - \sin^2 x}{\cos^2 x}$ $[2k\pi]$

21 $\sin\left(\frac{5}{6}\pi - x\right) - \cos\left(\frac{4}{3}\pi - x\right) = -\sqrt{3}$ $\left[\frac{7}{6}\pi + 2k\pi; \frac{3}{2}\pi + 2k\pi\right]$

22 $2(\sin x - \cos x) = \sqrt{3}\tan x - \sqrt{3}$ $\left[\frac{\pi}{4} + k\pi; \pm\frac{\pi}{6} + 2k\pi\right]$

23 $\tan\left(x - \frac{\pi}{3}\right)\cdot\tan\left(x - \frac{\pi}{6}\right) = 1$ $\left[k\frac{\pi}{2}\right]$

24 $\sin\left(x+\frac{\pi}{4}\right)\cdot\cos\left(x+\frac{\pi}{4}\right)+\frac{\sqrt{3}}{2}\sin 2x = 2\cos^2 x$ $\left[\frac{\pi}{3}+k\pi\right]$

25 $\cot\left(\frac{x}{4}+24°\right)=-\cot(2x-48°)$ $\left[\frac{32°}{3}+k80°\right]$

26 $\sin\left(\frac{2}{3}\pi+x\right)+\frac{1}{2}=\sqrt{3}\cos(-x)$ $\left[\frac{\pi}{2}+2k\pi; -\frac{\pi}{6}+2k\pi\right]$

27 $\sin 3x+\sin 7x = 2\sin 5x$ $\left[k\frac{\pi}{5}\right]$

28 $\cos 4x\cos 6x - \cos 3x\cos 5x = 0$ $\left[k\frac{\pi}{9}\right]$

29 $\frac{\cos^2 x+3}{-\sin^2 x}=\frac{2\cos x}{1+\cos x}$ [impossibile]

30 $\sin x\cdot\tan\frac{x}{2}=2\cos^2\frac{x}{2}-2\cos^2 x$ $\left[\frac{\pi}{2}+k\pi; 2k\pi\right]$

Risolvi i seguenti sistemi di equazioni goniometriche.

31 $\begin{cases}\cos x+\cos y=\frac{\sqrt{3}+1}{2}\\ \cos x-\cos y=\frac{\sqrt{3}-1}{2}\end{cases}$ $\left[x=\pm\frac{\pi}{6}+2k\pi \wedge y=\pm\frac{\pi}{3}+2k_1\pi\right]$

32 $\begin{cases}x+y=\frac{\pi}{6}\\ \sin x+\cos y=\frac{\sqrt{3}}{2}\end{cases}$ $\left[\left(x=2k\pi\wedge y=\frac{\pi}{6}-2k\pi\right)\vee\left(x=\frac{2}{3}\pi+2k\pi\wedge y=-\frac{\pi}{2}-2k\pi\right)\right]$

33 $\begin{cases}\sin x+\sin y=0\\ \sin x-\sin y=1\end{cases}$ $\left[\left(x=\frac{\pi}{6}+2k\pi\vee x=\frac{5}{6}\pi+2k\pi\right)\wedge\left(y=-\frac{\pi}{6}+2k\pi\vee y=-\frac{5}{6}\pi+2k\pi\right)\right]$

34 $\begin{cases}\sin^2 x+\cos^2 y=1\\ 5\cos^2 x+\sin^2 y=2\end{cases}$ $\left[\left(x=\pm\frac{\pi}{3}+2k\pi\vee x=\pm\frac{2}{3}\pi+2k\pi\right)\wedge\left(y=\pm\frac{\pi}{3}+2k_1\pi\vee y=\pm\frac{2}{3}\pi+2k_1\pi\right)\right]$

Disequazioni goniometriche

TEST

35 Una sola delle seguenti disequazioni ha come soluzioni

$$0<x<\frac{2}{3}\pi\vee\pi<x<\frac{4}{3}\pi \text{ in } [0; 2\pi].$$

Quale?

A $2\cos x+1>0$

B $\frac{\sin x}{2\cos x+1}>0$

C $\frac{\sin x}{2\cos x+1}\geq 0$

D $\tan^2 x-3>0$

E $\frac{2\sin x+1}{\cos x}>0$

36 L'insieme

$$A=\left\{x\mid x\in\left]\frac{\pi}{4}+k\pi; \frac{3\pi}{4}+k\pi\right[\right\}$$

verifica una sola delle seguenti disequazioni. Quale?

A $2\sin^2 x-1<0$

B $2\cos^2 x-1\leq 0$

C $\cot^2 x-1>0$

D $\tan^2 x-1>0$

E $2\cos^2 x-1>0$

37 Quale grafico evidenzia le soluzioni della disequazione $\sin x<\frac{1}{2}$?

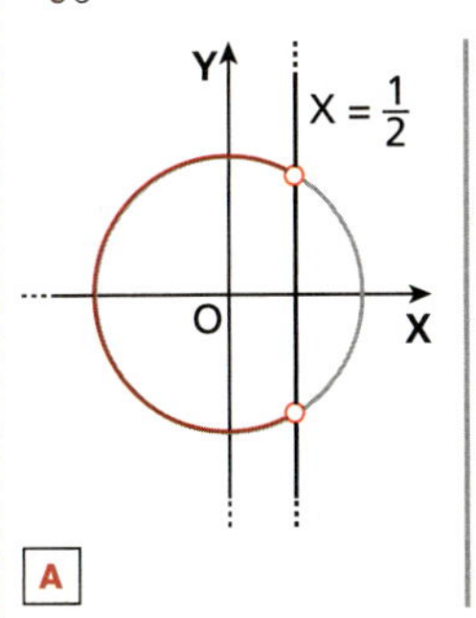

A

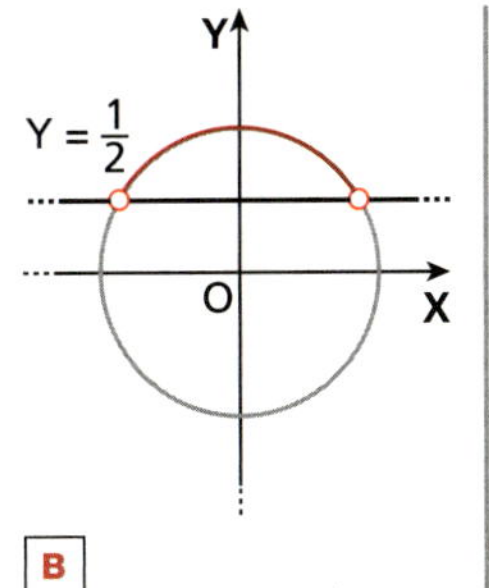

B

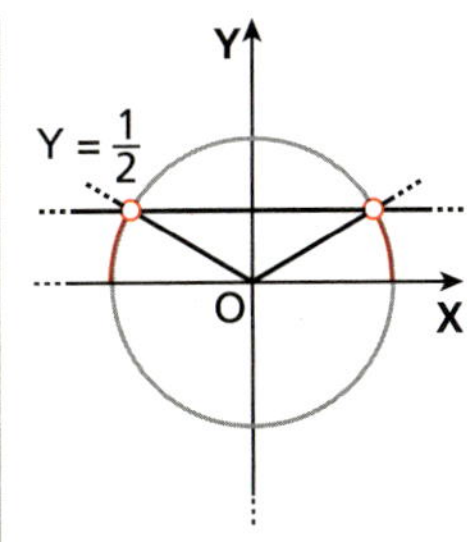

C

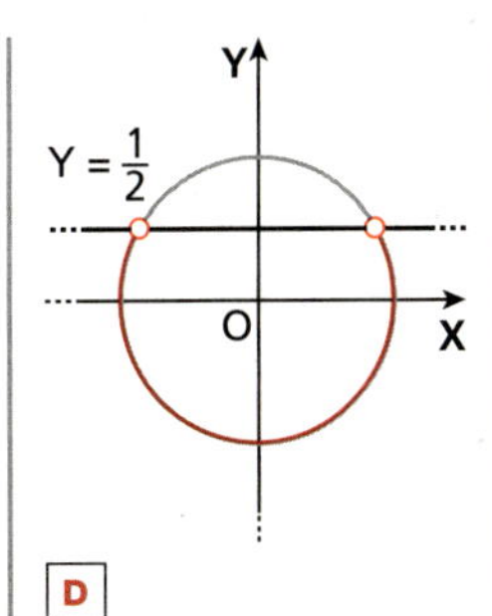

D

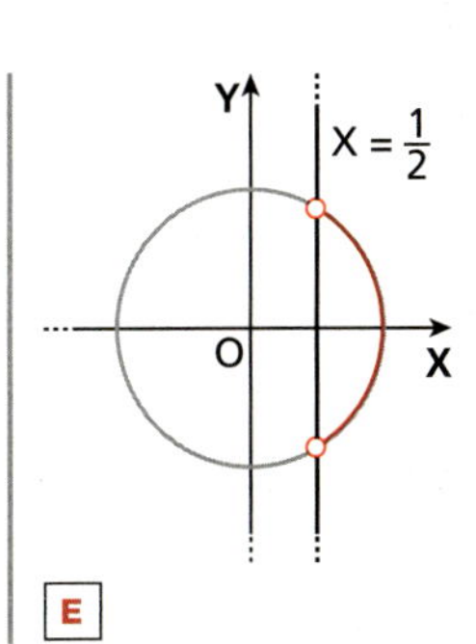

E

VERIFICA DELLE COMPETENZE

38 Fra le seguenti espressioni, una sola risulta sempre maggiore o uguale a 1. Quale?

A $\cos 2\alpha + 2\sin^2\alpha - 1$

B $-2\cos 2\alpha - 3\sin^2\alpha$

C $3\sin^2\alpha + 2\cos 2\alpha$

D $\sin^2\frac{\alpha}{2} + \frac{1}{2}\cos\alpha$

E $2\cos 2\alpha + 3\sin^2\alpha - 2$

39 **ASSOCIA** ciascuna disequazione alla corrispondente proprietà.

a. $4\cos^2 x + 4\cos x + 1 > 0$

b. $(2\cos x + 1)^2 \frac{4 + \sin^2 x}{|1 + 2\sin x|} \geq 0$

c. $\frac{|1 + 2\cos x|}{8} \geq 0$

1. È verificata per $x \neq \frac{7}{6}\pi + 2k\pi$ e $x \neq \frac{11}{6}\pi + 2k\pi$.

2. È equivalente alla disequazione $\frac{5}{(2\cos x + 1)^2} \geq 0$.

3. È verificata per qualunque valore di x.

Risolvi le seguenti disequazioni.

40 $\sin\left(x - \frac{\pi}{3}\right) > \frac{1}{2}$ $\left[\frac{\pi}{2} + 2k\pi < x < \frac{7}{6}\pi + 2k\pi\right]$

41 $\cos\left(\frac{\pi}{4} - x\right) \leq \frac{\sqrt{3}}{2}$ $\left[-\frac{19}{12} + 2k\pi \leq x \leq \frac{\pi}{12} + 2k\pi\right]$

42 $2(1 - \sin x) - 3(\sin x + 2) > -7\sin x - 3$ $\left[\frac{\pi}{6} + 2k\pi < x < \frac{5}{6}\pi + 2k\pi\right]$

43 $6(1 + \sin x) + 2(3 + 2\sin x) \geq 2$ $[\forall x \in \mathbb{R}]$

44 $(\sqrt{3} - 2\sin x)(2\cos x - 1)(\cos^2 x + 1) \geq 0$ $\left[-\frac{\pi}{3} + 2k\pi \leq x \leq \frac{2}{3}\pi + 2k\pi\right]$

45 $(\sin x + 1)^2 + 2\sin x < \sin x(2 + \sin x)$ $\left[\frac{7}{6}\pi + 2k\pi < x < \frac{11}{6}\pi + 2k\pi\right]$

46 $2\sin^2 x + 3\sqrt{2}\sin x < 4$, con $0 \leq x \leq 2\pi$. $\left[0 \leq x < \frac{\pi}{4} \vee \frac{3}{4}\pi < x \leq 2\pi\right]$

47 $\frac{2\cos x - 1}{\tan x - \sqrt{3}} \leq 0$, con $0 \leq x \leq 2\pi$. $\left[\left(0 \leq x < \frac{\pi}{2} \vee \frac{4}{3}\pi < x < \frac{3}{2}\pi \vee \frac{5}{3}\pi \leq x \leq 2\pi\right) \wedge x \neq \frac{\pi}{3}\right]$

48 $\tan x(1 - \cos^2 x) \geq 0$ $\left[k\pi \leq x < \frac{\pi}{2} + k\pi\right]$

49 $\left|\frac{1}{\cot x}\right| > \sqrt{3}$ $\left[\frac{\pi}{3} + k\pi < x < \frac{2}{3}\pi + k\pi \wedge x \neq \frac{\pi}{2} + k\pi\right]$

50 $\sqrt{3}\cot x - 4\cos^2 x \geq 0$ $\left[k\pi < x \leq \frac{\pi}{6} + k\pi \vee \frac{\pi}{3} + k\pi \leq x \leq \frac{\pi}{2} + k\pi\right]$

51 $(2\sin^2 x - 1)(1 - 2\cos x) \geq 0$, con $0 \leq x \leq 2\pi$. $\left[0 \leq x \leq \frac{\pi}{4} \vee \frac{\pi}{3} \leq x \leq \frac{3}{4}\pi \vee \frac{5}{4}\pi \leq x \leq \frac{5}{3}\pi \vee \frac{7}{4}\pi \leq x \leq 2\pi\right]$

52 $\frac{\sin x \cos x}{\tan^2 x - 1} \leq 0$ $\left[k\pi \leq x < \frac{\pi}{4} + k\pi \vee \frac{\pi}{2} + k\pi < x < \frac{3}{4}\pi + k\pi\right]$

53 $(\tan x - \sqrt{3})(1 + \cot x) \leq 0$ $\left[k\pi < x \leq \frac{\pi}{3} + k\pi \vee \frac{\pi}{2} + k\pi < x \leq \frac{3}{4}\pi + k\pi\right]$

54 $\frac{\sin 2x}{\sin x - \sqrt{3}\cos x} \leq 0$, con $0 \leq x \leq 2\pi$. $\left[0 \leq x < \frac{\pi}{3} \vee \frac{\pi}{2} \leq x \leq \pi \vee \frac{4}{3}\pi < x \leq \frac{3}{2}\pi \vee x = 2\pi\right]$

55 $\frac{\tan x - \tan^2 x}{2\sin x - 1} \geq 0$, con $0 \leq x \leq 2\pi$. $\left[\left(\frac{\pi}{6} < x \leq \frac{\pi}{4} \vee \frac{5}{6}\pi < x \leq \pi \vee \frac{5}{4}\pi \leq x \leq 2\pi\right) \wedge x \neq \frac{3}{2}\pi\right]$

56 $\frac{2|\cos x| - 1}{2\tan x} > 0$ $\left[k\pi < x < \frac{\pi}{3} + k\pi \vee \frac{\pi}{2} + k\pi < x < \frac{2}{3}\pi + k\pi\right]$

57 $\left|\cos\left(2x + \frac{\pi}{4}\right)\right| < \frac{\sqrt{2}}{2}$ $\left[k\frac{\pi}{2} \leq x \leq \frac{\pi}{4} + k\frac{\pi}{2}\right]$

TEST

58 Considera la disequazione:

$$\sqrt{2}\sin x > \frac{1}{\sqrt{2}\cos x}, \text{ con } x \in [0; 2\pi].$$

Quale fra le seguenti proposizioni è *vera*?

A L'insieme delle soluzioni è $\left]\frac{\pi}{6}; \frac{5\pi}{6}\right[$.

B L'insieme delle soluzioni è $\left]\frac{\pi}{12}; \frac{5\pi}{12}\right[$.

C L'insieme delle soluzioni è:

$$\left]\frac{\pi}{12}; \frac{5\pi}{12}\right[\cup \left]\frac{13\pi}{12}; \frac{17\pi}{12}\right[.$$

D La disequazione non ha soluzioni.

E Nessuna delle proposizioni precedenti è vera.

59 Quale dei seguenti sistemi ha per soluzioni quelle rappresentate in figura?

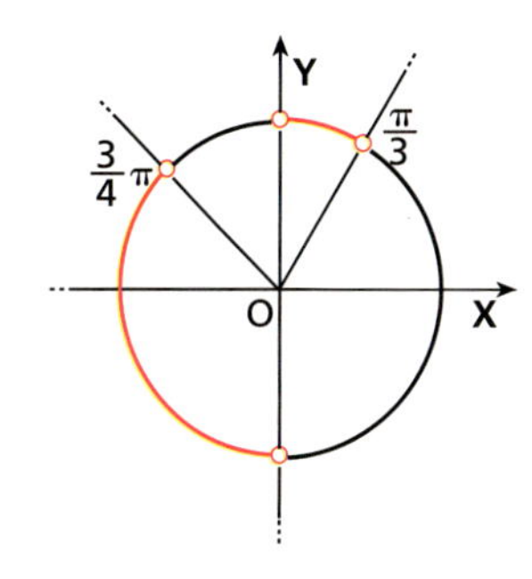

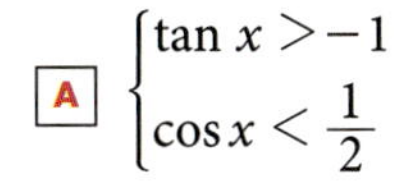

A $\begin{cases} \tan x > -1 \\ \cos x < \frac{1}{2} \end{cases}$

B $\begin{cases} \cot x < 1 \\ \cos x < \frac{1}{2} \end{cases}$

C $\begin{cases} \sin x < \frac{\sqrt{2}}{2} \\ \cos x < 0 \end{cases}$

D $\begin{cases} \cos x \leq 0 \\ \tan x > \sqrt{3} \end{cases}$

E $\begin{cases} \sin x > \frac{\sqrt{3}}{2} \\ \tan x < -1 \end{cases}$

Risolvi i seguenti sistemi di disequazioni.

60 $\begin{cases} \sin x > 0 \\ \tan x \leq 1 \end{cases}$ $\left[2k\pi < x \leq \frac{\pi}{4} + 2k\pi \vee \frac{\pi}{2} + 2k\pi < x < \pi + 2k\pi\right]$

61 $\begin{cases} \cos x + \frac{1}{2} < 0 \\ 2\sin x \leq \sqrt{3} \end{cases}$ $\left[\frac{2}{3}\pi + 2k\pi < x < \frac{4}{3}\pi + 2k\pi\right]$

62 $\begin{cases} \sin^2 x - 1 \leq 0 \\ \sin^2 x - \sin x \geq 0 \end{cases}$ $\left[x = \frac{\pi}{2} + 2k\pi \vee \pi + 2k\pi \leq x \leq 2\pi + 2k\pi\right]$

63 $\begin{cases} 4\cos^2 x - 3 \leq 0 \\ \cot^2 x - 1 < 0 \end{cases}$ $\left[\frac{1}{4}\pi + k\pi < x < \frac{3}{4}\pi + k\pi\right]$

64 $\begin{cases} 2\cos^2 x + \cos x - 1 \geq 0 \\ 2\sin x + 1 \geq 0 \end{cases}$ $\left[-\frac{\pi}{6} + 2k\pi \leq x \leq \frac{\pi}{3} + 2k\pi \vee x = \pi + 2k\pi\right]$

65 $\begin{cases} 2\sin^2 x - \sin x - 1 \leq 0 \\ \sqrt{3}\cot^2 x - 3\cot x \leq 0 \end{cases}$ $\left[\frac{\pi}{6} + 2k\pi \leq x \leq \frac{\pi}{2} + 2k\pi \vee x = \frac{7}{6}\pi + 2k\pi\right]$

Determina graficamente il numero delle soluzioni delle seguenti equazioni, al variare di k in $\mathbb{R}$.

66 $\begin{cases} 4\cos 2x - k + 2 = 0 \\ 0 \leq x \leq \frac{2}{3}\pi \end{cases}$ $[1 \text{ sol. per } 0 < k \leq 6; 2 \text{ sol. per } -2 \leq k \leq 0]$

67 $\begin{cases} \cos^2 x + k\sin x + k = 0 \\ 0 \leq x \leq \frac{\pi}{3} \end{cases}$ $\left[1 \text{ sol. per } -1 \leq k \leq \frac{\sqrt{3}}{2} - 1\right]$

68 $\begin{cases} 2\sin\left(\frac{\pi}{6} - x\right) + \cos x = 2k \\ -\frac{\pi}{2} \leq x \leq \frac{\pi}{2} \end{cases}$ $\left[1 \text{ sol. per } -\frac{\sqrt{3}}{2} \leq k < \frac{\sqrt{3}}{2}; 2 \text{ sol. per } \frac{\sqrt{3}}{2} \leq k \leq \frac{\sqrt{7}}{2}\right]$

VERIFICA DELLE COMPETENZE

69 $\begin{cases} k\sin\left(x+\frac{\pi}{3}\right)=k-\frac{1}{2} \\ -\frac{\pi}{6}\le x\le\frac{\pi}{6} \end{cases}$ [1 sol. per $k\ge 1$]

70 $\begin{cases} \tan^2 x-(k-1)\tan x+1=k \\ -\frac{\pi}{4}< x<\frac{\pi}{2} \end{cases}$ [2 sol. per $k\ge 1$]

71 $\begin{cases} \sin^2 x+k\cos x-1=0 \\ 0< x<\frac{\pi}{2} \end{cases}$ [1 sol. per $0<k<1$]

72 $\begin{cases} \cos(x+60°)-k\sin x=2k \\ 0°< x<210° \end{cases}$ $\left[1 \text{ sol. per } 0\le k<\frac{1}{4}; 2 \text{ sol. per } -\frac{\sqrt{3}-\sqrt{15}}{6}\le k<0\right]$

ANALIZZARE E INTERPRETARE DATI E GRAFICI

Trova il dominio delle seguenti funzioni.

73 $f(x)=\sqrt{2\sin x-1}+\sqrt{\cos x}$ $\left[\frac{\pi}{6}+2k\pi\le x\le\frac{\pi}{2}+2k\pi\right]$

74 $g(x)=\sqrt{\frac{\tan x-1}{\sin 2x}}$ $\left[\frac{\pi}{4}+k\pi\le x<\pi+k\pi \wedge x\ne\frac{\pi}{2}+k\pi\right]$

75 $f(x)=-\sqrt{\frac{\sin 2x}{\cos^2 x}}$ $\left[k\pi\le x<\frac{\pi}{2}+k\pi\right]$

76 $h(x)=\frac{3\sin^2 x-4}{\sin x-\cos x}$ $\left[x\ne\frac{\pi}{4}+k\pi\right]$

Determina le coordinate dei punti di intersezione con gli assi cartesiani dei grafici delle seguenti funzioni.

77 $f(x)=\sin\left(x-\frac{\pi}{6}\right)-1$ $\left[\left(0;-\frac{3}{2}\right);\left(\frac{2}{3}\pi+2k\pi;0\right)\right]$

78 $g(x)=\sqrt{3}\sin x-\cos x$ $\left[(0;-1);\left(\frac{\pi}{6}+k\pi;0\right)\right]$

79 $f(x)=\sqrt{2\cos x-1}$ $\left[(0;1);\left(\pm\frac{\pi}{3}+2k\pi;0\right)\right]$

80 $f(x)=\sin^2 x-2\cos x\sin x-1$ $\left[(0;-1);\left(\frac{\pi}{2}+k\pi;0\right);\left(-\arctan\frac{1}{2}+k\pi;0\right)\right]$

81 Quanti punti di intersezione ha il grafico della funzione $y=\sin 2x-\cos x$ con l'asse x nell'intervallo $[0;\pi]$? [tre]

82 Determina i punti di intersezione del grafico della funzione $y=\frac{1}{2}\sin 2x-\cos^2 x$ con la retta $y=-1$ nell'intervallo $\left[-\frac{\pi}{2};\frac{\pi}{2}\right]$. $\left[\left(-\frac{\pi}{4};-1\right);(0;-1)\right]$

83 Trova i valori di a, b, c in modo che il grafico della funzione $f(x)=a\cos\left(x-\frac{\pi}{3}\right)+b\cos x+c$ passi per l'origine O e per i punti $\left(\frac{2}{3}\pi;3\right)$ e $\left(-\frac{\pi}{3};-1\right)$. Calcola poi i punti di intersezione con l'asse x nell'intervallo $[-\pi;\pi]$. $\left[a=2, b=-2, c=1; x=-\frac{2}{3}\pi, x=0\right]$

LEGGI IL GRAFICO

84 Nella figura è rappresentata la funzione $f(x) = \tan kx$. Determina k e trova sia algebricamente sia graficamente gli intervalli in cui $f(x) < -1$ tra $-\pi$ e 3π.

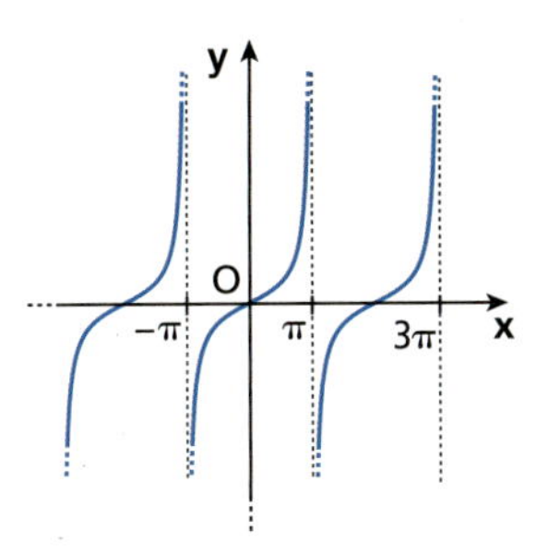

85 Determina la funzione sinusoidale $f(x)$ e individua le coordinate dei punti A, B e C.

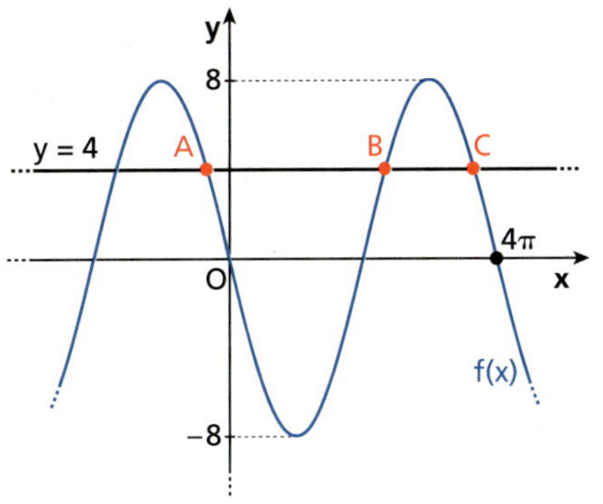

$\left[A\left(-\frac{\pi}{3}; 4\right), B\left(\frac{7}{3}\pi; 4\right), C\left(\frac{11}{3}\pi; 4\right)\right]$

86 Nella figura sono rappresentate le funzioni $f(x) = 2\cos x$ e $g(x) = \sin 2x$.

a. Indica qual è il grafico di $f(x)$ e quale quello di $g(x)$.

b. Risolvi graficamente la disequazione $f(x) \leq g(x)$ nell'intervallo $[-\pi; 2\pi]$.

c. Conferma algebricamente il risultato trovato.

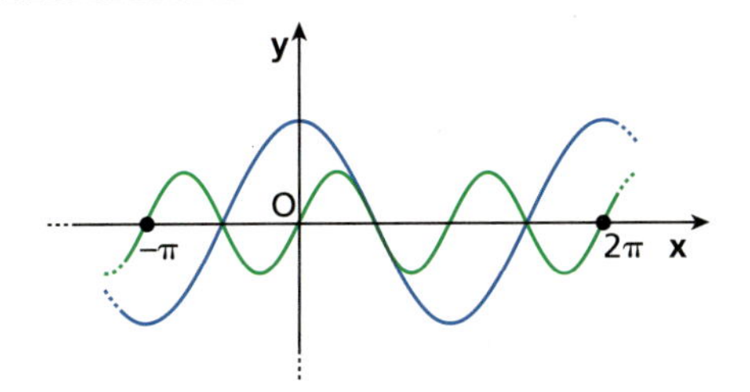

VERIFICA DELLE COMPETENZE VERSO L'ESAME

ARGOMENTARE E DIMOSTRARE

87 Si determini il dominio della funzione $f(x) = \sqrt{\cos x}$.

(*Esame di Stato, Liceo Scientifico, Corso di ordinamento, Sessione ordinaria*, 2010, *quesito* 6)

88 Si determini il campo di esistenza della funzione $y = \arcsin(\tan x)$, con $0 \leq x \leq 2\pi$.

(*Esame di Stato, Liceo Scientifico, Corso di ordinamento, Sessione suppletiva*, 2007, *quesito* 2)

TEST

89 Quale delle seguenti funzioni è positiva per ogni x reale?

A $\cos(\sin(x^2+1))$ B $\sin(\cos(x^2+1))$ C $\sin(\ln(x^2+1))$ D $\cos(\ln(x^2+1))$

Si giustifichi la risposta. (*Esame di Stato, Liceo Scientifico, Corso di ordinamento, Sessione ordinaria*, 2012, *quesito* 10)

90 Il numero delle soluzioni dell'equazione $\sin 2x \cos x = 2$ nell'intervallo reale $[0; 2\pi]$ è:

A 0. B 2. C 3. D 5.

Una sola alternativa è corretta: individuarla e fornire un'esauriente spiegazione della scelta operata.

(*Esame di Stato, Liceo Scientifico, Corso sperimentale, Sessione suppletiva*, 2006, *quesito* 2)

VERIFICA DELLE COMPETENZE

91 Può essere $\arcsin x = \arccos x$? E $\arcsin x = \arctan x$?

92 La risoluzione di un problema assegnato conduce all'equazione $2\sin x + k\cos x = 1$, dove $k > 0$ e $0 \leq x \leq \frac{\pi}{3}$. Si discutano le possibili soluzioni del problema.

(*Esame di Stato, Liceo Scientifico, Scuole italiane all'estero, Sessione ordinaria*, 2007, *quesito* 8)

93 Si trovi per quali valori di k ammetta soluzione l'equazione trigonometrica: $\sin x + \cos x = k$.

(*Esame di Stato, Liceo Scientifico, Corso sperimentale, Sessione straordinaria*, 2007, *quesito* 10)

94 L'equazione risolvente un dato problema è: $k\cos 2x - 5k + 2 = 0$, dove k è un parametro reale e x ha le seguenti limitazioni: $15° < x < 45°$. Si discuta per quali valori di k le radici dell'equazione siano soluzioni del problema. (*Esame di Stato, Liceo Scientifico, Corso di ordinamento, Sessione ordinaria*, 2006, *quesito* 6)

95 Considerata l'equazione: $\cos\frac{x}{2}\sin(2x) = 12$, spiegare in maniera esauriente se ammette soluzioni reali o se non ne ammette. (*Esame di Stato, Liceo Scientifico, Corso di ordinamento, Sessione straordinaria*, 2006, *quesito* 9)

96 Per quale o quali valori di x, con $90° < x \leq 450°$, è vero che:

a. $2\cos 5x = 1$;

b. $2\cos 5x > 1$. (*Esame di Stato, Liceo Scientifico, Scuole italiane all'estero, Sessione ordinaria*, 2006, *quesito* 3)

COSTRUIRE E UTILIZZARE MODELLI

RISOLVIAMO UN PROBLEMA

Rampa a norma

Per accedere a un edificio pubblico ci sono 6 gradini alti 16 cm e profondi 30 cm; è necessario costruire una rampa di accesso per carrozzine.

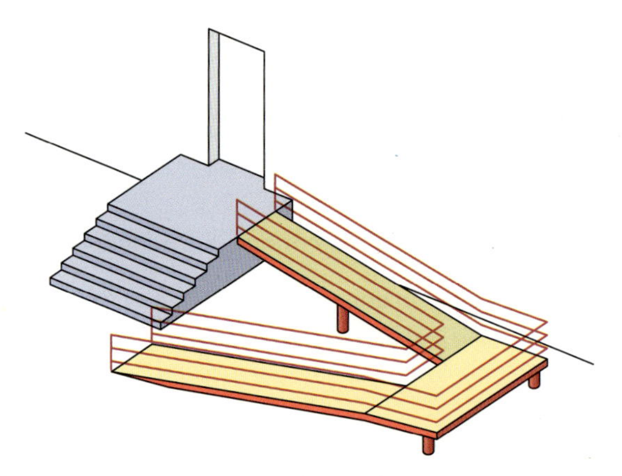

La normativa prevede che la massima pendenza delle rampe (ovvero il rapporto tra lo spostamento verticale e quello orizzontale) sia dell'8%.

- Qual è il massimo angolo che una rampa può formare con l'orizzontale?
- Lo spazio disponibile di fronte alla base della scala è di 260 cm. Una rampa che costeggia la scala occupando tutto lo spazio antistante a essa è a norma?
- Lungo la parete dell'edificio di fianco alla scala si può costruire una rampa doppia, come in figura (ciascuna delle due rampe si può sviluppare, in orizzontale, per 650 cm). In questo modo è a norma? Di quanto risulta inclinata?

▶ **Calcoliamo l'angolo relativo alla pendenza dell'8%.**

Sia h l'altezza a cui arriva la rampa, l la lunghezza in orizzontale e α l'angolo formato dalla rampa con l'orizzontale.
Secondo la normativa deve essere $\frac{h}{l} \leq 0{,}08$; nel triangolo rettangolo si ha $\frac{h}{l} = \tan\alpha$, che sostituito nella relazione precedente dà $\tan\alpha \leq 0{,}08$, da cui si ottiene $\alpha \leq 4{,}57°$ (con α positivo).

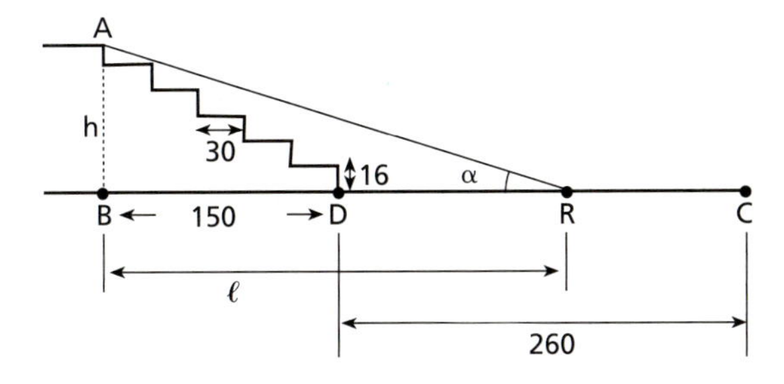

▶ **Verifichiamo se è a norma.**

Sulla base della figura precedente: $\overline{AB} = 6 \cdot 16 = 96$ cm,

$$\overline{BC} = \overline{BD} + \overline{DC} = 5 \cdot 30 + 260 = 410 \text{ cm}.$$

Nell'ipotesi di minor pendenza, in cui $R \equiv C$, si ha:

$$\tan\alpha = \frac{\overline{AB}}{\overline{BC}} \simeq 0{,}23 \rightarrow \alpha \simeq \arctan 0{,}23 = 13°.$$

In tal caso, quindi, la rampa non risulta a norma.

▶ **Analizziamo il caso della rampa doppia.**

Sulla base della figura seguente e dei dati noti si ha $\overline{AB} = 96$ cm,

$$\overline{BT} = \overline{MN} = 650 \text{ cm}, \; T\widehat{B}N = M\widehat{N}A = \alpha$$

e deve essere $\overline{NT} + \overline{AM} = 96$ cm, ovvero:

$$(650 \cdot \tan\alpha) \cdot 2 = 96 \rightarrow \tan\alpha = \frac{96}{1300} \rightarrow \alpha \simeq 4{,}22°.$$

In questo modo la rampa risulta a norma.

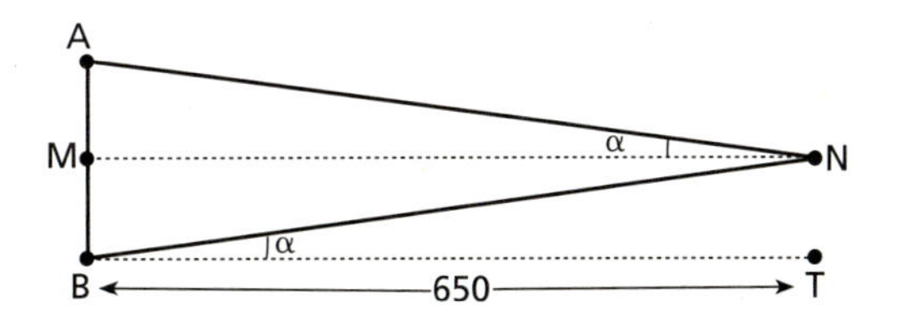

97 ●● **Bioritmo** Secondo una teoria *non scientificamente provata*, l'energia fisica, emotiva e intellettuale di una persona sono regolate da ritmi periodici matematizzabili, il cosiddetto *bioritmo*.
Lorena ha un bioritmo regolato dalle funzioni $f_1(t) = \sin k_1 t$ per l'energia fisica, $f_2(t) = \sin(k_2 t + 3)$ per l'emotività, $f_3(t) = \sin k_3 t$ per la lucidità intellettuale, rispettivamente con periodi di 24, 28 e 32 giorni.

a. Trova k_1, k_2 e k_3 e determina dopo quanti giorni il ciclo si ripete in modo identico per f_1, f_2 e f_3.

b. Rappresenta le tre funzioni nello stesso piano cartesiano nell'arco di 32 giorni.

c. Trova in quali giorni si intersecano f_1 e f_2 e f_1 e f_3 nell'intervallo $[0; 15]$.

$\left[\text{a) } \frac{\pi}{12}, \frac{\pi}{14}, \frac{\pi}{16}, 672 \text{ giorni; c) } \simeq 0{,}3, \simeq 13; 0, \simeq 7\right]$

98 ●● **Più giochi che picnic** All'interno di una zona verde si vogliono delimitare un'area giochi quadrata e un'area picnic triangolare, come in figura, in modo che la superficie dell'area giochi sia almeno il triplo di quella dell'area picnic e la superficie totale sia al massimo di 400 m². Determina i valori, approssimati al grado, che l'angolo x può assumere per soddisfare le condizioni poste. $[27° \leq x \leq 34°]$

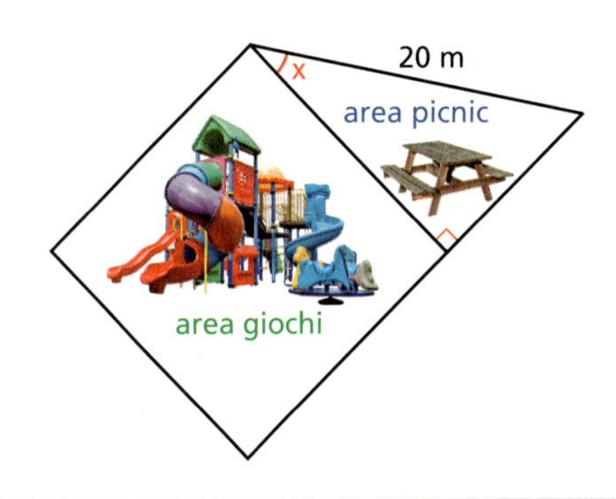

99 **Ghiacci polari** Anna e Claudio sono appassionati di matematica ed ecologia. Provano a studiare l'andamento dell'estensione dei ghiacci artici con un modello semplificato. In figura è rappresentato il grafico della funzione che secondo il modello fornisce l'estensione dei ghiacci a partire dal primo gennaio. Per maggior praticità, la durata dell'anno solare è arrotondata a 360 giorni.

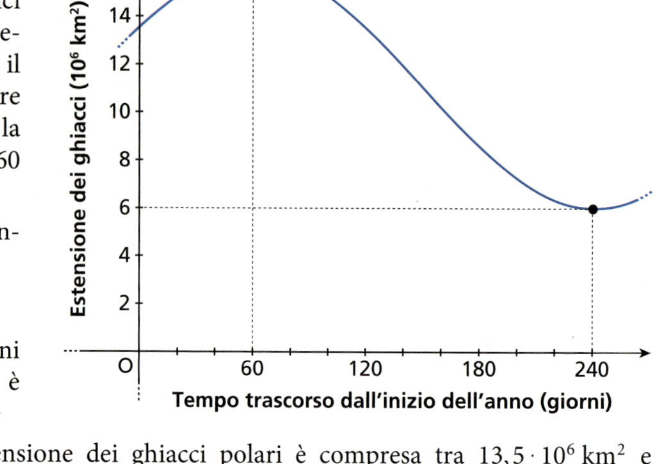

a. Determina l'espressione analitica della funzione, che è del tipo
$$f(t) = A\cos(k\cdot t + \phi) + B.$$

b. In base al modello, determina i giorni dell'anno in cui l'estensione dei ghiacci è $13{,}5 \cdot 10^6$ km².

c. Individua i giorni dell'anno in cui l'estensione dei ghiacci polari è compresa tra $13{,}5 \cdot 10^6$ km² e $8{,}5 \cdot 10^6$ km².

$\left[\text{a) } f(t) = 5\cos\left(\frac{\pi}{180}t - \frac{\pi}{3}\right) + 11;\ \text{b) } 0; 120; 360;\ \text{c) } 120 \le t \le 180;\ 300 \le t \le 360\right]$

INDIVIDUARE STRATEGIE E APPLICARE METODI PER RISOLVERE PROBLEMI

LEGGI IL GRAFICO

100 Nella figura è rappresentato il grafico della funzione
$$f(x) = 2\sin^2 x - 2\cos x \sin x + k.$$

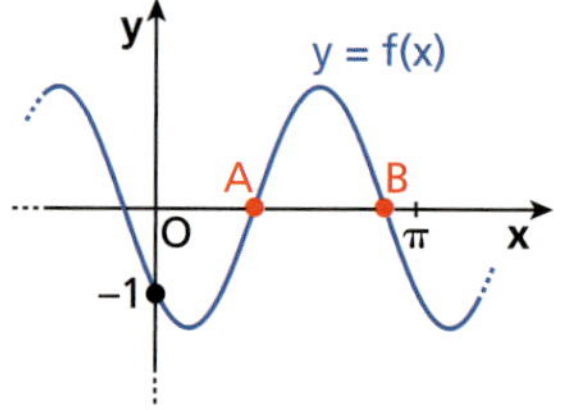

a. Determina il valore di k.

b. Trova il periodo della funzione e determina le coordinate di A e B.

c. Dimostra che può essere scritta nella forma $f(x) = A\sin(2x + \varphi)$ e calcola per quali valori di x si ha $f(x) < -1$ in $[0; \pi]$.

$\left[\text{a) } -1;\ \text{b) } T = \pi;\ A\left(\frac{3}{8}\pi; 0\right), B\left(\frac{7}{8}\pi; 0\right);\ \text{c) } 0 < x < \frac{\pi}{4}\right]$

101 Data la funzione rappresentata nella figura:

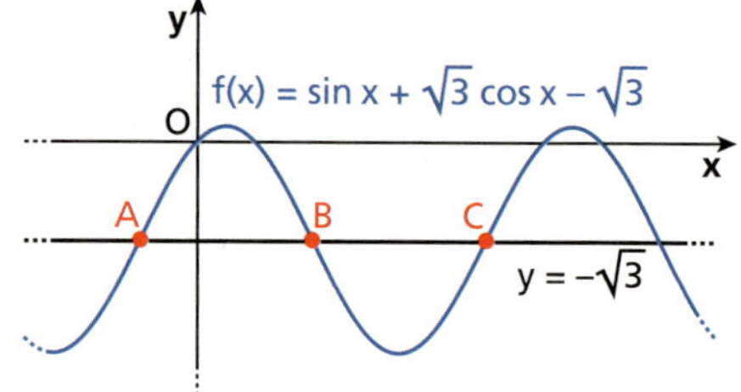

a. trova le coordinate di A, B e C;

b. determina gli intervalli in cui è positiva;

c. disegna il grafico della funzione $g(x) = 2\cos\left(x + \frac{\pi}{3}\right) + 1$ e determina, graficamente e algebricamente, i punti di intersezione tra i grafici di $f(x)$ e $g(x)$.

$\left[\text{a) } A\left(-\frac{\pi}{3}; -\sqrt{3}\right), B\left(\frac{2}{3}\pi; -\sqrt{3}\right), C\left(\frac{5}{3}\pi; -\sqrt{3}\right);\ \text{b) } 2k\pi < x < \frac{\pi}{3} + 2k\pi;\ \text{c) } \left(\frac{\pi}{3} + 2k\pi; 0\right), \left(\frac{\pi}{2} + 2k\pi; 1 - \sqrt{3}\right)\right]$

102 Data la funzione $y = \left|\frac{3\sin x}{\cos x - 1}\right|$:

a. determina il dominio e i punti di intersezione con l'asse x;

b. calcola per quali valori di x la funzione è minore o uguale a 3 in $[0; 2\pi]$;

c. dimostra che è possibile scrivere l'equazione della funzione nella forma $y = 3\left|\cot\frac{x}{2}\right|$ e traccia il grafico, verificando i risultati ottenuti nei punti precedenti;

d. discuti al variare di k il numero delle soluzioni dell'equazione $3\left|\cot\frac{x}{2}\right| = k - 1$ quando $\frac{\pi}{3} < x \le \frac{3}{2}\pi$.

$\left[\text{a) } D\colon x \ne 2k\pi, x = \pi + 2k\pi;\ \text{b) } \frac{\pi}{2} \le x \le \frac{3}{2}\pi;\ \text{d) 2 sol. per } 1 \le k \le 4, \text{1 sol. per } 4 < k < 3\sqrt{3} + 1\right]$

103 **a.** Determina a in modo che il grafico di $f(x) = a\cos x + 2\sin\left(\frac{\pi}{6} + x\right)$ intersechi l'asse y nel punto di ordinata 3. Sostituisci il valore di a trovato e rappresenta graficamente $f(x)$.

b. Discuti graficamente il numero delle soluzioni dell'equazione $|f(x)| = k - 4$ in $\left[0; \frac{5}{3}\pi\right]$ al variare di k.

[a) $a = 2$; b) 3 sol. per $4 \leq k < 7$, 4 sol. per $7 \leq k \leq 4 + 2\sqrt{3}$]

104 Data la funzione $y = f(x) = 2\sin^2 x - \sin x - 1$:

a. determina il periodo;

b. calcola le coordinate dei punti di intersezione del suo grafico con l'asse delle ascisse in $[-\pi; \pi]$;

c. considera la funzione $y = g(x) = \sin x(2\cos x - 1)$ e trova i punti di intersezione fra i grafici di $f(x)$ e $g(x)$;

d. determina gli intervalli in cui entrambe le funzioni sono positive.

[a) 2π; b) $\left(-\frac{5}{6}\pi; 0\right), \left(-\frac{\pi}{6}; 0\right), \left(\frac{\pi}{2}; 0\right)$; c) $\frac{3}{8}\pi + k\frac{\pi}{2}$; d) $\frac{7}{6}\pi + 2k\pi < x < \frac{5}{3}\pi + 2k\pi$]

105 **a.** Data la funzione $y = \sqrt{\cos x + k\sin x}$, trova il valore di k per cui il suo grafico passa per $A\left(\frac{\pi}{3}; \sqrt{2}\right)$.

b. Assegnato a k il valore calcolato, determina il dominio della funzione e i punti di intersezione con gli assi per x appartenente all'intervallo $[0; 2\pi]$; calcola per quali valori di x è $y > 1$.

c. Determina il periodo, trasforma l'equazione della funzione nella forma $y = \sqrt{a\sin(x + \varphi)}$ e rappresentala graficamente.

[a) $k = \sqrt{3}$; b) $D: 0 \leq x \leq \frac{5}{6}\pi \vee \frac{11}{6}\pi \leq x \leq 2\pi$; $(0; 1), \left(\frac{5}{6}\pi; 0\right), \left(\frac{11}{6}\pi; 0\right)$; $2k\pi < x < \frac{2}{3}\pi + 2k\pi$; c) $T = 2\pi$; $y = \sqrt{2\sin\left(x + \frac{\pi}{6}\right)}$]

106 Data la funzione $f(x) = \dfrac{\cos x + \cot x}{\sin\left(x + \frac{\pi}{6}\right) + \cos\left(x + \frac{\pi}{3}\right)}$:

a. determina il dominio e calcola i valori di x per cui $f(x) = 0$;

b. studia il segno della funzione;

c. trova eventuali valori di x per i quali $f(x) = 3$.

[a) $D: x \neq \frac{\pi}{2} + k\pi \wedge x \neq k\pi$; impossibile; b) $f(x) > 0$ per $2k\pi < x < \frac{\pi}{2} + 2k\pi \vee \frac{\pi}{2} + 2k\pi < x < \pi + 2k\pi$; c) $\frac{\pi}{6} + 2k\pi, \frac{5}{6}\pi + 2k\pi$]

107 Data la funzione $f(x) = \dfrac{\cos x + \sin x}{\tan^2 x - 1}$:

a. determina il dominio D e il periodo;

b. trova per quali valori di x la funzione $g(x) = \dfrac{\cos x}{\tan x - 1}$ coincide con $f(x)$;

c. studia il segno di $f(x)$ in un periodo;

d. dimostra che nell'intervallo $[0; 2\pi]$ $f(x)$ assume almeno una volta valore 1.

[a) $D: \mathbb{R} - \left\{\frac{\pi}{4} + m\frac{\pi}{2}, \frac{\pi}{2} + k\pi\right\}$, 2π; b) $\forall x \in D$; c) $f(x) > 0$ per $x \in \left]\frac{\pi}{4}; \frac{\pi}{2}\right[\cup \left]\frac{\pi}{2}; \frac{3\pi}{4}\right[\cup \left]\frac{3\pi}{4}; \frac{5\pi}{4}\right[$; d) $x = \pi$ (con metodo grafico si trova anche 0,99597...)]

VERIFICA DELLE COMPETENZE PROVE

1 ora

PROVA A

1 VERO O FALSO?

a. L'equazione $\tan x = -2$ è impossibile. V F

b. La disequazione $\sin 3x \leq 1$ è verificata $\forall x \in \mathbb{R}$. V F

c. $\frac{\pi}{4}$ è soluzione dell'equazione $\frac{2\sin x - \sqrt{2}}{2\cos x - \sqrt{2}} = 0$. V F

d. L'equazione $\cos x = -\frac{\sqrt{5}}{4}$ ammette due soluzioni nell'intervallo $\left[\frac{\pi}{2}; \frac{3}{2}\pi\right]$. V F

2 Risolvi le seguenti equazioni.

a. $\tan 2x = -\tan\left(x - \frac{\pi}{3}\right)$;

b. $3\sin x + \sqrt{3}\cos x = 0$.

3 Risolvi le seguenti disequazioni.

a. $\cos\left(x - \frac{\pi}{6}\right) \geq -\frac{1}{2}$;

b. $2\sin^2 x - 3\sin x + 1 \geq 0$.

4 Risolvi il seguente sistema:

$$\begin{cases} 2\sin^2 x - \cos x - 1 < 0 \\ 1 - \tan x \leq 0 \end{cases}.$$

5 Determina il dominio di $f(x) = \sqrt{\frac{2\cos x + 1}{\tan x}}$.

6 Determina le coordinate dei punti di intersezione con gli assi cartesiani della funzione:

$$f(x) = 2\cos^2 x + 3\sin^2 x + \sin x \cos x - 3.$$

PROVA B

1 Risolvi le seguenti equazioni:

a. $2\sin^2 x + \sqrt{3}\sin(-2x) - 3 = 0$; b. $2\sqrt{3}\sin x \cos x - \cos 2x - 1 = 0$; c. $\frac{\sin^2(2x)}{\cos(2x) + 1} = 2$.

2 Risolvi le seguenti disequazioni:

a. $(2\sin x - 1)(\sin x - \cos x) \geq 0$;

b. $\frac{2\cos x - \sqrt{2}}{1 - \tan^2 x} > 0$, con $0 \leq x \leq 2\pi$;

c. $4\{2\cos x[\cos(-x) + 1] + \sin^2 x\}[\cos(-x) - 1] \leq 0$.

3 Trova il dominio della funzione:

$$f(x) = \sqrt{\sin 2x - \cos x} - \sqrt{\sin x}.$$

4 Traccia i grafici delle funzioni $y = \sin x - \cos x$ e $y = \frac{\sqrt{2}}{2}(\tan x - 1)$ e determina i loro punti di intersezione.

5 Discuti e individua graficamente il numero di soluzioni dell'equazione $k \sin\frac{x}{2} - 2k + 1 = 0$ nell'intervallo $-\pi \leq x \leq \frac{5}{3}\pi$, con $k \in \mathbb{R}$.

6 Data la funzione $f(x) = \cos 2x + \cos x$, determina dominio, codominio e periodo e trova per quali valori di x si ha $f(x) > -1$.

PROVA C

Con vincoli Nel progettare una casa, un architetto disegna una finestra ottagonale con una vetrata colorata, come quella rappresentata in figura.
Nel realizzare la finestra l'architetto ha due vincoli: i tratti AB, CD, EF, GH devono essere lunghi 1 m e la superficie in vetro deve essere di 3 m^2.

a. Calcola il valore dell'angolo α affinché i due vincoli siano rispettati.

b. Determina quali valori può assumere l'angolo α affinché l'area della vetrata sia maggiore di 2,75 m^2 e il lato AD sia minore di 2 m.

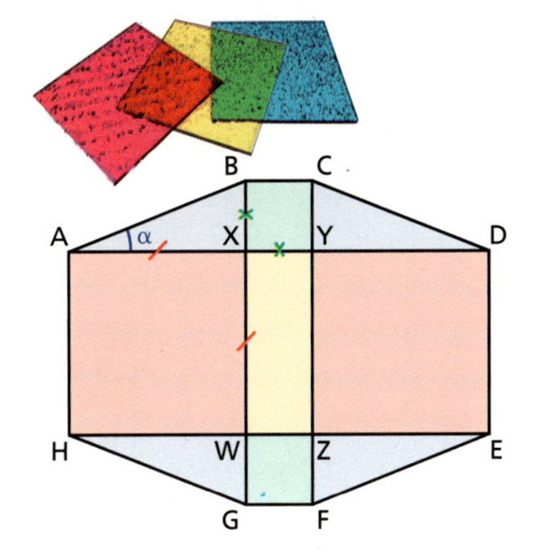

PROVA D

1 TEST Una sola delle seguenti proposizioni è *falsa*. Quale?

A La soluzione dell'equazione $\arcsin x = \frac{\pi}{2}$ è $x = 1$.

B $|\sin x| + \sin x = 2$ solo per $x = \frac{\pi}{2} + 2k\pi$.

C $|\cos x| < 1$ per $0 < x < 2\pi \wedge x \neq \pi$, nell'intervallo $[0; 2\pi]$.

D $\sqrt{\tan^2 x} = 1$ solo per $x = \frac{\pi}{4} + k\pi$.

E Nell'intervallo $[0; 2\pi]$, $\begin{cases} \sin x < 1 \\ \cos x \leq 0 \end{cases}$ per $\frac{\pi}{2} < x \leq \frac{3}{2}\pi$.

2 Nella figura è rappresentato il grafico della funzione:

$$y = a\sin^2 x + b\sin x\cos x + c.$$

a. Calcola a, b e c.

b. Determina dominio e codominio della funzione.

c. Trova le intersezioni con l'asse x nell'intervallo $[0; \pi]$.

d. Trasforma l'equazione nella forma $y = A\sin(wx + \varphi)$ e calcola per quali valori di x si ha $y \geq \sqrt{3}$ in $[0; \pi]$, verificando graficamente il risultato.

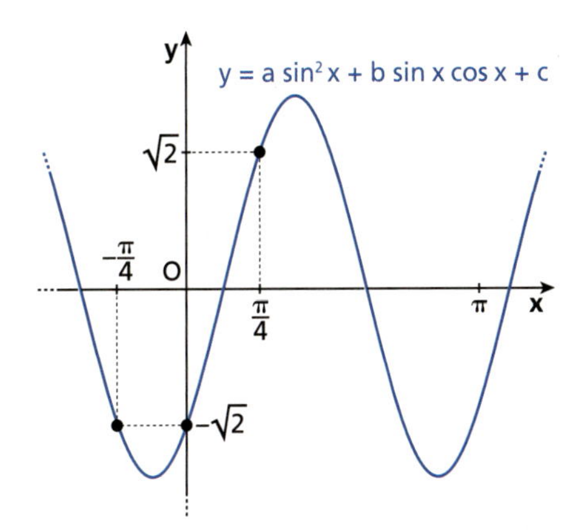

3 Data la funzione $y = f(x) = \frac{\cot\frac{x}{2}}{\cos x} - \frac{1}{\sin 2x}$:

a. dimostra che la funzione $y = g(x) = \frac{2\cos x + 1}{\sin 2x}$ coincide con $f(x)$ e determina il suo dominio;

b. calcola gli zeri di $f(x)$;

c. determina per quali valori di x in $[0; 2\pi]$ la funzione assume valori negativi.

CAPITOLO

15 TRIGONOMETRIA

1 Triangoli rettangoli

Finora ci siamo occupati di goniometria, ossia della misurazione degli angoli e delle funzioni associate a essi. Ora tratteremo la trigonometria, che studia le relazioni metriche fra i lati e gli angoli di un triangolo. La parola **trigonometria** deriva dal greco e significa «misura dei triangoli».

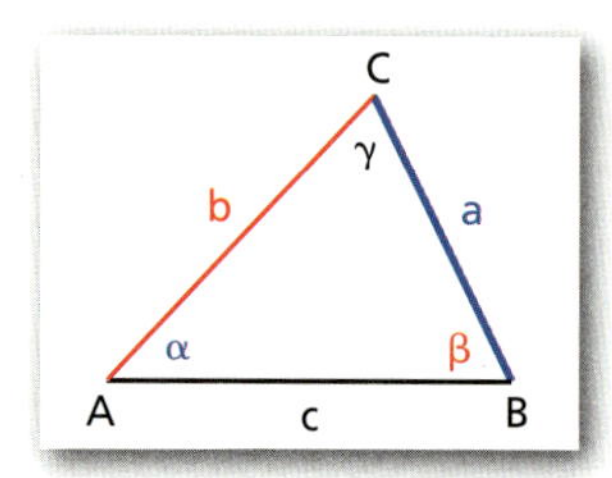

D'ora in poi, quando ci occuperemo di triangoli, rispetteremo le seguenti convenzioni per la nomenclatura dei diversi elementi. Disegnato un triangolo ABC, indichiamo con α la misura dell'angolo $\widehat{A}$, con β la misura dell'angolo $\widehat{B}$ e con γ la misura dell'angolo $\widehat{C}$. Indichiamo poi con a la misura del lato BC, che si oppone al vertice A, con b la misura del lato AC, che si oppone al vertice B, e con c la misura del lato AB, che si oppone al vertice C.

Teoremi sui triangoli rettangoli

▶ Esercizi a p. 885

Disegniamo un triangolo rettangolo ABC, con l'angolo retto in $\widehat{C}$, e indichiamo le misure dei lati e degli angoli, secondo le convenzioni appena stabilite.

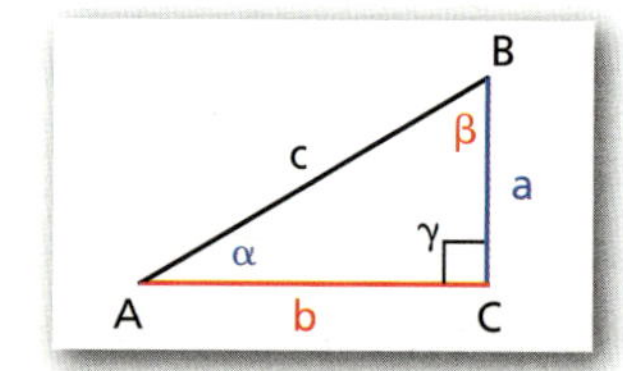

Tracciamo la circonferenza goniometrica di centro A.

In figura sono indicati il punto P, in cui il lato AB incontra la circonferenza goniometrica, e il punto H, proiezione di P sul lato AC.

I triangoli APH e ABC sono simili in quanto sono rettangoli e hanno l'angolo acuto α in comune.

Possiamo scrivere le proporzioni

$$BC : AB = PH : AP,$$

$$AC : AB = AH : AP,$$

e, poiché $\overline{AP} = 1$, $\overline{PH} = \sin\alpha$ e $\overline{AH} = \cos\alpha$, otteniamo:

$$\overline{BC} = \overline{AB}\sin\alpha \rightarrow a = c\sin\alpha,$$

$$\overline{AC} = \overline{AB}\cos\alpha \rightarrow b = c\cos\alpha.$$

Le due uguaglianze ottenute portano a enunciare il seguente teorema.

TEOREMA

Primo teorema dei triangoli rettangoli

In un triangolo rettangolo la misura di un cateto è uguale a quella dell'ipotenusa moltiplicata per il seno dell'angolo opposto al cateto o per il coseno dell'angolo (acuto) adiacente al cateto.

cateto = ipotenusa · seno dell'angolo opposto
cateto = ipotenusa · coseno dell'angolo adiacente

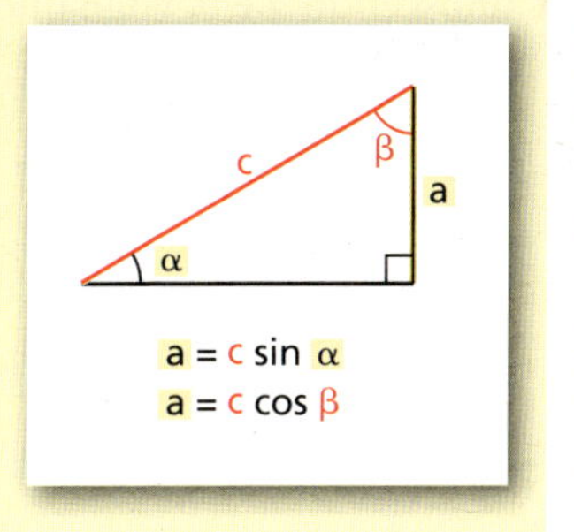

Listen to it

In a right triangle the length of a leg equals the length of the hypotenuse multiplied by the sine of the angle opposite to the leg or by the cosine of the angle adjacent to the leg.

Consideriamo nuovamente i triangoli *APH* e *ABC* esaminati per ricavare le relazioni precedenti. Possiamo anche scrivere la proporzione

$$BC : AC = PH : AH,$$

da cui:

$$\frac{\overline{BC}}{\overline{AC}} = \frac{\sin\alpha}{\cos\alpha} = \tan\alpha, \quad \text{oppure}$$

$$\frac{\overline{AC}}{\overline{BC}} = \frac{\cos\alpha}{\sin\alpha} = \cot\alpha.$$

Scritte nella forma

$$\overline{BC} = \overline{AC}\tan\alpha \rightarrow a = b\tan\alpha,$$

$$\overline{AC} = \overline{BC}\cot\alpha \rightarrow b = a\cot\alpha,$$

le due uguaglianze portano al seguente teorema.

Listen to it

In a right triangle, the length of a leg equals the length of the other leg multiplied by the tangent of the angle opposite to the unknown leg or by the cotangent of the angle adjacent to the unknown leg.

TEOREMA

Secondo teorema dei triangoli rettangoli

In un triangolo rettangolo la misura di un cateto è uguale a quella dell'altro cateto moltiplicata per la tangente dell'angolo opposto al primo cateto o per la cotangente dell'angolo (acuto) adiacente al primo cateto.

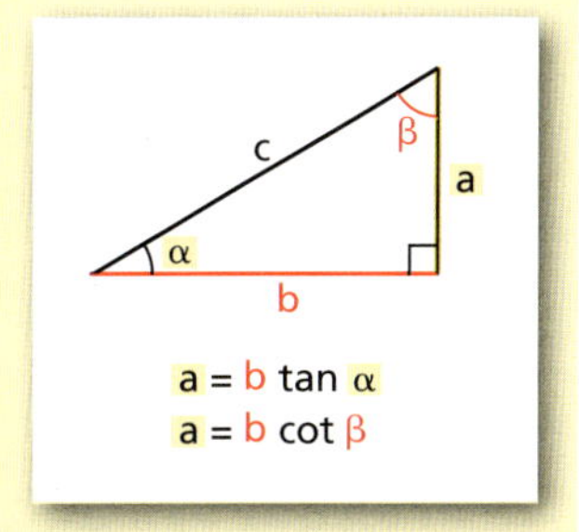

cateto = altro cateto · tangente dell'angolo opposto al primo cateto
cateto = altro cateto · cotangente dell'angolo acuto adiacente al primo cateto

Video

Misura del raggio terrestre

▶ Come riuscì Eratostene di Cirene, nel III secolo a.C., a calcolare il raggio della Terra sfruttando solamente la trigonometria?

Risoluzione dei triangoli rettangoli

▶ Esercizi a p. 886

Risolvere un triangolo rettangolo significa determinare le misure dei suoi lati e dei suoi angoli conoscendo **almeno un lato** e un altro dei suoi elementi (cioè, un angolo o un altro lato).

Se di un triangolo sono noti solo gli angoli, non è infatti possibile trovare i lati, perché esistono infiniti triangoli, tutti simili al triangolo dato, che hanno gli angoli congruenti.

Esaminiamo quattro casi.

TEORIA

Sono noti i due cateti

Conoscendo a e b, vogliamo determinare α, β e c:

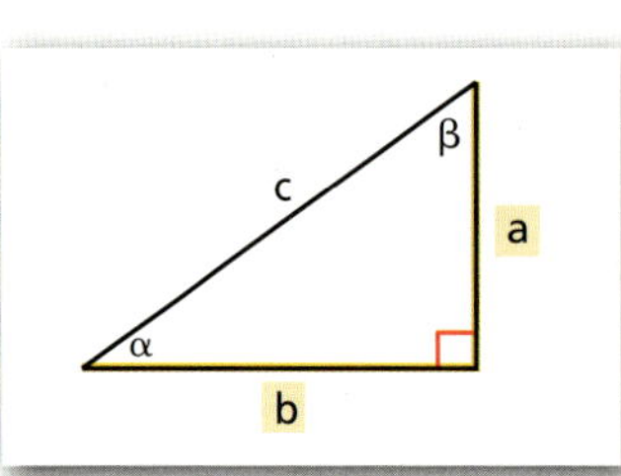

$$\tan\alpha = \frac{a}{b}, \text{ da cui ricaviamo}$$

$$\alpha = \arctan\frac{a}{b}\,; \beta = 90° - \alpha;$$

$$c = \sqrt{a^2 + b^2}, \text{ per il teorema di Pitagora.}$$

ESEMPIO

Le misure dei due cateti del triangolo in figura sono $a = 40$ e $b = 110$:

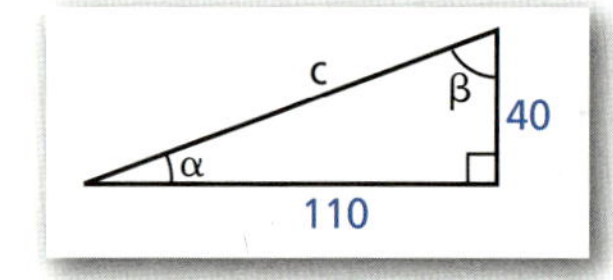

$$\tan\alpha = \frac{40}{110} \quad \rightarrow \quad \alpha = \arctan\frac{40}{110} \simeq 20°;$$

$$\alpha \simeq 20° \quad \rightarrow \quad \beta \simeq 90° - 20° \simeq 70°;$$

$$c = \sqrt{40^2 + 110^2} = \sqrt{1600 + 12100} = \sqrt{13700} \simeq 117.$$

► I cateti di un triangolo rettangolo sono lunghi 7 cm e 24 cm. Calcola l'ampiezza degli angoli acuti e la lunghezza dell'ipotenusa.
[16°, 74°; 25 cm]

È possibile calcolare il valore di c anche senza applicare il teorema di Pitagora, ma ricavando c dalla formula: $a = c \sin\alpha$.

Sono noti un cateto e l'ipotenusa

Conoscendo a e c, vogliamo determinare α, β e b:

Animazione

Nell'animazione c'è la risoluzione dei due esercizi che ti proponiamo in questa pagina.

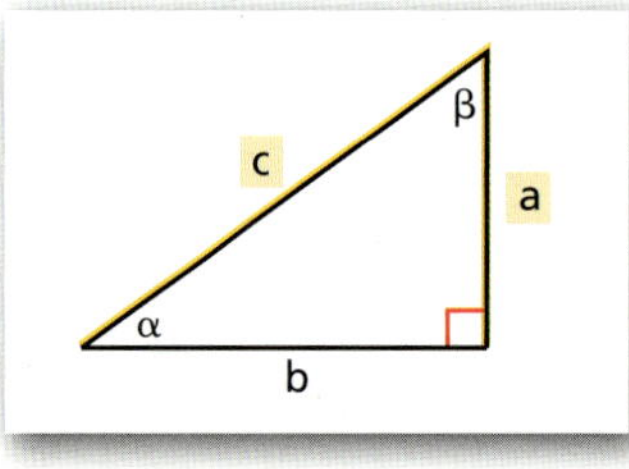

$$\sin\alpha = \frac{a}{c}, \text{ da cui ricaviamo}$$

$$\alpha = \arcsin\frac{a}{c}\,; \beta = 90° - \alpha;$$

$$b = \sqrt{c^2 - a^2}, \text{ per il teorema di Pitagora.}$$

Si può ricavare b anche senza applicare il teorema di Pitagora, ma con:

$$b = c\cos\alpha \quad \text{o} \quad b = c\sin\beta.$$

ESEMPIO

In un triangolo rettangolo le misure di un cateto e dell'ipotenusa sono

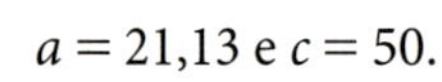

$$a = 21{,}13 \text{ e } c = 50.$$

c = 50
β
a = 21,13
α
b

Ricaviamo:

$$\sin\alpha = \frac{21{,}13}{50} = 0{,}4226 \rightarrow \alpha = \arcsin 0{,}4226 \simeq 25°;$$

$$\beta \simeq 90° - 25° \simeq 65°;$$

$$b = \sqrt{50^2 - (21{,}13)^2} = \sqrt{2500 - 446{,}4769} = \sqrt{2053{,}5231} \simeq 45{,}3.$$

► Un triangolo rettangolo ha l'ipotenusa di 37 cm e un cateto di 35 cm. Qual è l'ampiezza degli angoli acuti? Qual è la lunghezza dell'altro cateto?
[71°, 19°; 12 cm]

Sono noti un cateto e un angolo acuto

Conoscendo a e α, vogliamo determinare β, b e c:

$\beta = 90° - \alpha$;

$b = a \tan \beta$;

$c = \sqrt{a^2 + b^2}$.

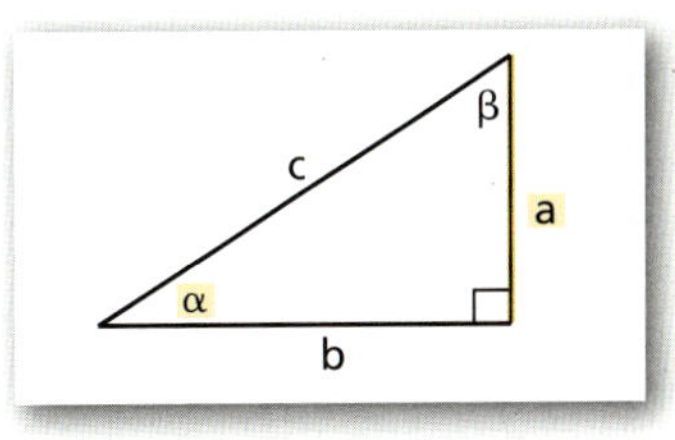

ESEMPIO

Consideriamo il triangolo rettangolo in cui sono noti $a = 8$ e $\alpha = 28°$.
Si ricava:

$\beta = 90° - 28° = 62°$;

$b = 8 \tan 62° \simeq 8 \cdot 1{,}88 \simeq 15$;

$c \simeq \sqrt{8^2 + 15^2} = \sqrt{289} = 17$.

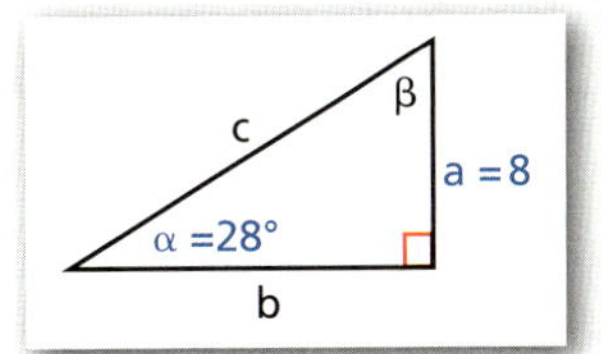

► In un triangolo rettangolo un cateto è lungo 5 dm e l'angolo acuto opposto è di 23°. Determina l'ampiezza dell'altro angolo acuto e le lunghezze dell'altro cateto e dell'ipotenusa.
[67°; 12 dm, 13 dm]

Sono noti l'ipotenusa e un angolo acuto

Conoscendo c e α, vogliamo determinare β, a e b:

$\beta = 90° - \alpha$;

$a = c \sin \alpha$; $b = c \sin \beta$.

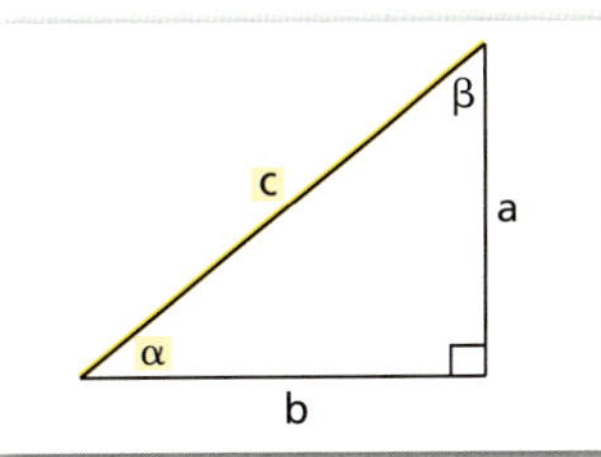

Animazione

Nell'animazione trovi i due esercizi risolti.

ESEMPIO

Consideriamo il triangolo rettangolo della figura. Le misure dell'ipotenusa e dell'angolo α sono rispettivamente $c = 28{,}3$ e $\alpha = 58°$.
Si ricava:

$\beta = 90° - 58° = 32°$;

$a = 28{,}3 \cdot \sin 58° \simeq 28{,}3 \cdot 0{,}848 \simeq 24$;

$b = 28{,}3 \cdot \sin 32° \simeq 28{,}3 \cdot 0{,}5299 \simeq 15$.

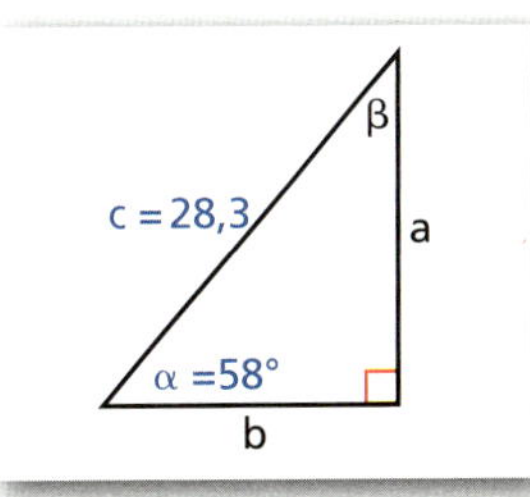

► Se l'ipotenusa di un triangolo rettangolo è lunga 1 cm e uno dei suoi angoli acuti ha ampiezza di 53°, quali sono le lunghezze dei due cateti e l'ampiezza dell'altro angolo acuto?
[0,8 cm, 0,6 cm; 37°]

2 Applicazioni dei teoremi sui triangoli rettangoli

Area di un triangolo

► Esercizi a p. 895

Consideriamo un triangolo qualsiasi ABC e supponiamo noti due lati e l'angolo α compreso fra essi. Distinguiamo due casi:

a. α è acuto

Tracciata l'altezza CH, si ha $\overline{CH} = b \sin \alpha$, per il primo teorema dei triangoli rettangoli, quindi la misura dell'area S del triangolo è:

$$S = \frac{1}{2}\overline{AB} \cdot \overline{CH} = \frac{1}{2} cb \sin \alpha.$$

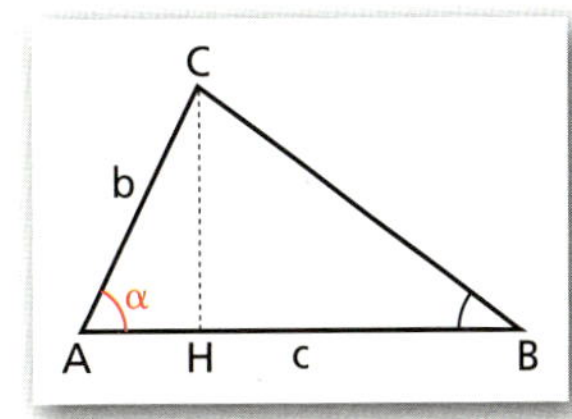

TEORIA

Animazione

Per vedere la proprietà in modo dinamico puoi utilizzare l'animazione, dove trovi anche la risoluzione dell'esercizio che è di fianco all'esempio.

Listen to it

The area of a triangle is half the product of two sides times the sine of the included angle.

▶ Calcola l'area di un triangolo che ha due lati lunghi 5 cm e 12 cm, sapendo che tra essi c'è un angolo di 150°.

Listen to it

In a circle, the length of a chord equals the diameter times the sine of one of the inscribed angles subtended by the chord.

Animazione

Esamina la figura dinamica del teorema nell'animazione, dove c'è anche la risoluzione degli esercizi della pagina a fianco.

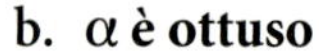

b. α è ottuso

Il triangolo rettangolo CHA ha un angolo acuto di misura $\pi - \alpha$, quindi $\overline{CH} = b\sin(\pi - \alpha) = b\sin\alpha$ e la misura dell'area è ancora:

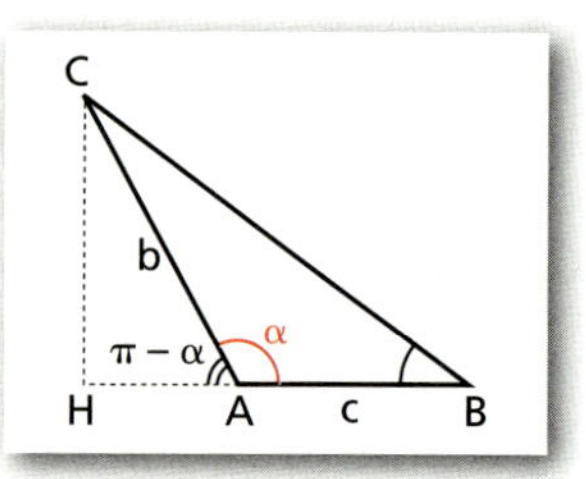

$$S = \frac{1}{2}\overline{AB}\cdot\overline{CH} = \frac{1}{2}cb\sin\alpha.$$

Abbiamo quindi il seguente teorema.

TEOREMA

Area di un triangolo

La misura dell'area di un triangolo è uguale al semiprodotto delle misure di due lati e del seno dell'angolo compreso fra essi.

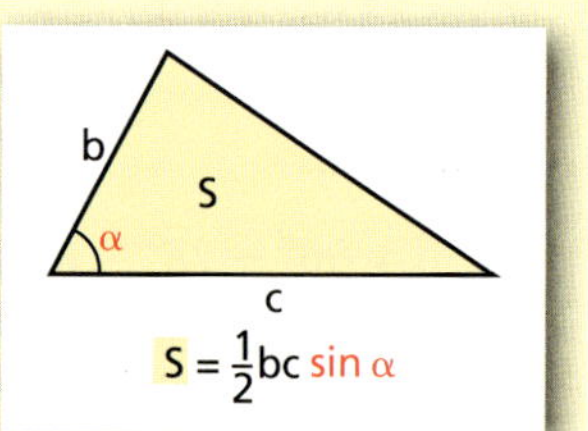

$$\textbf{area} = \frac{1}{2}\cdot \textbf{lato}_1\cdot \textbf{lato}_2\cdot \textbf{seno dell'angolo compreso}$$

ESEMPIO

Calcoliamo S, sapendo che $a = 4$, $b = 6$ e che l'angolo compreso tra essi è $\gamma = 45°$:

$$S = \frac{1}{2}4\cdot 6\cdot \sin 45° = 12\cdot\frac{\sqrt{2}}{2} = 6\cdot\sqrt{2}.$$

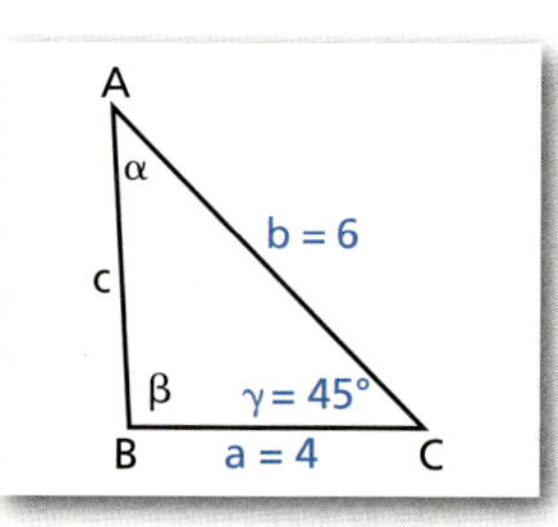

Teorema della corda

▶ Esercizi a p. 896

TEOREMA

In una circonferenza la misura di una corda è uguale al prodotto della misura del diametro per il seno di uno degli angoli alla circonferenza che insistono sulla corda.

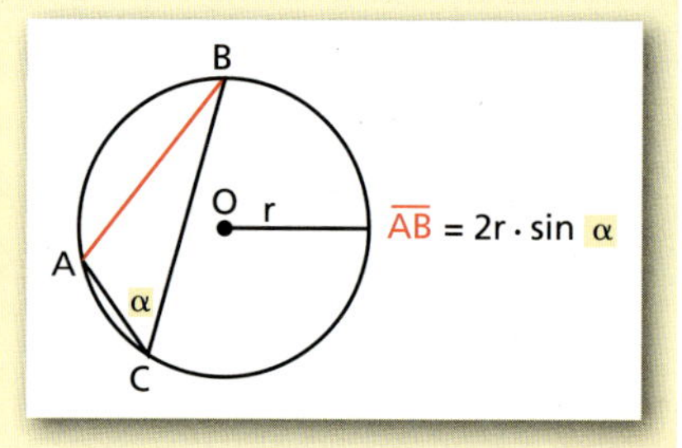

DIMOSTRAZIONE

Considerato un qualsiasi angolo $A\widehat{C}B$ alla circonferenza che insista sulla corda AB e sull'arco $\widehat{AB}$ minore, tracciamo il diametro BD e congiungiamo il vertice A con l'estremo D del diametro.

Il triangolo ABD è rettangolo in A, perché inscritto in una semicirconferenza.

Inoltre, si ha $A\widehat{D}B \cong A\widehat{C}B$, perché i due angoli insistono sullo stesso arco $\widehat{AB}$. Chiamiamo α la loro misura comune.

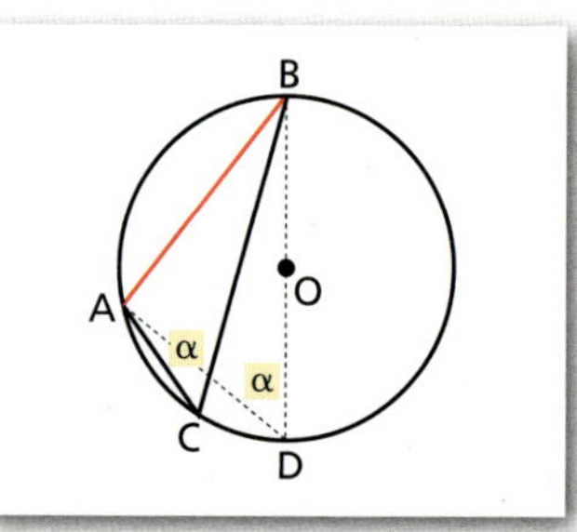

Calcoliamo la misura della corda AB applicando il teorema dei triangoli rettangoli al triangolo ABD:

$$\overline{AB} = 2r\cdot\sin\alpha.$$

Il teorema continua a valere anche se consideriamo l'angolo $A\hat{E}B = \beta$ che insiste sull'arco maggiore $\widehat{AB}$. Infatti il quadrilatero $AEBC$, essendo inscritto in una circonferenza, ha gli angoli opposti supplementari, quindi $\alpha + \beta = \pi$, perciò $\beta = \pi - \alpha$ e $\sin\beta = \sin(\pi - \alpha) = \sin\alpha$.

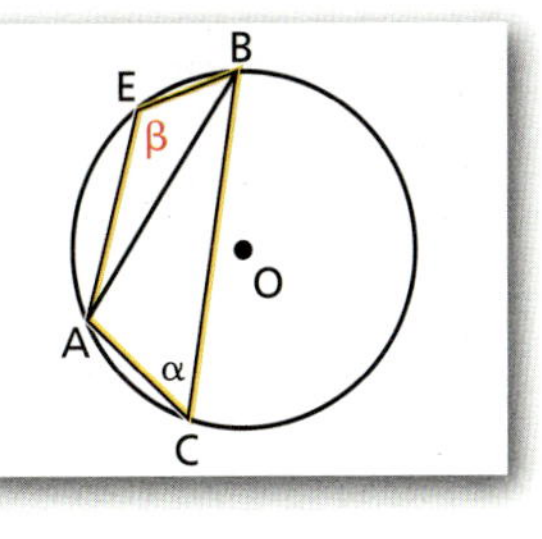

ESEMPIO

Determiniamo la misura della corda di una circonferenza di raggio 2, sapendo che su di essa insiste un angolo di $\frac{\pi}{3}$.

Applichiamo il teorema della corda.

$$\overline{AB} = 2 \cdot 2 \cdot \sin\frac{\pi}{3} = 4 \cdot \frac{\sqrt{3}}{2} = 2\sqrt{3}.$$

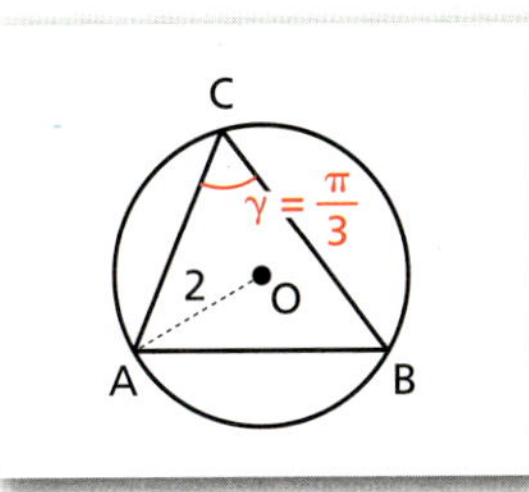

► Una circonferenza di centro C ha raggio 3. Determina la lunghezza di una corda AB, sapendo che i segmenti AC e BC formano tra loro un angolo di 60°.

[3]

Il raggio della circonferenza circoscritta a un triangolo

ABC è inscritto in una circonferenza di raggio r.

Con il teorema della corda scriviamo le relazioni

$$a = 2r \cdot \sin\alpha, \quad b = 2r \cdot \sin\beta, \quad c = 2r \cdot \sin\gamma,$$

dalle quali ricaviamo r:

$$r = \frac{a}{2\sin\alpha}, \quad r = \frac{b}{2\sin\beta}, \quad r = \frac{c}{2\sin\gamma}.$$

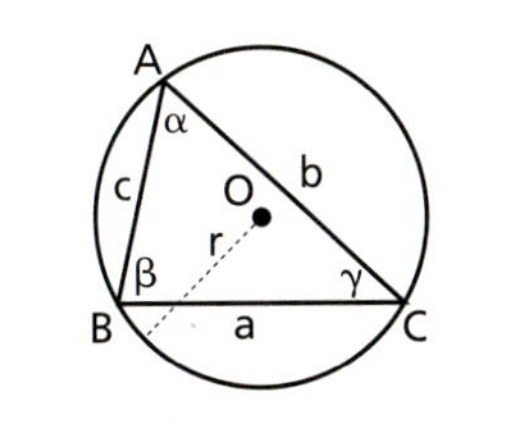

Queste formule consentono di calcolare il raggio della circonferenza circoscritta a un triangolo conoscendo un lato del triangolo e l'angolo opposto a esso.

ESEMPIO

Calcoliamo il raggio della circonferenza circoscritta al triangolo ABC, di cui sono noti il lato $\overline{AB} = 10$ e l'angolo $A\hat{C}B = 120°$.

Utilizziamo la relazione:

$$r = \frac{c}{2\sin\gamma} = \frac{10}{2 \cdot \frac{\sqrt{3}}{2}} = \frac{10\sqrt{3}}{3}.$$

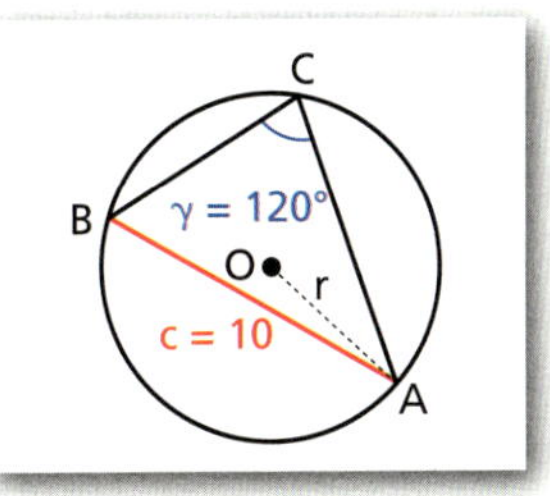

► Calcola il raggio della circonferenza circoscritta al triangolo ABC, sapendo che il lato BC è lungo 15 cm e l'angolo $B\hat{A}C$ è di 45°.

$\left[\frac{15}{2}\sqrt{2}\text{ cm}\right]$

3 Triangoli qualunque

Esaminiamo ora le relazioni che legano le misure dei lati di un triangolo qualunque ai valori delle funzioni goniometriche degli angoli.

Teorema dei seni

► Esercizi a p. 899

TEOREMA

In un triangolo le misure dei lati sono proporzionali ai seni degli angoli opposti.

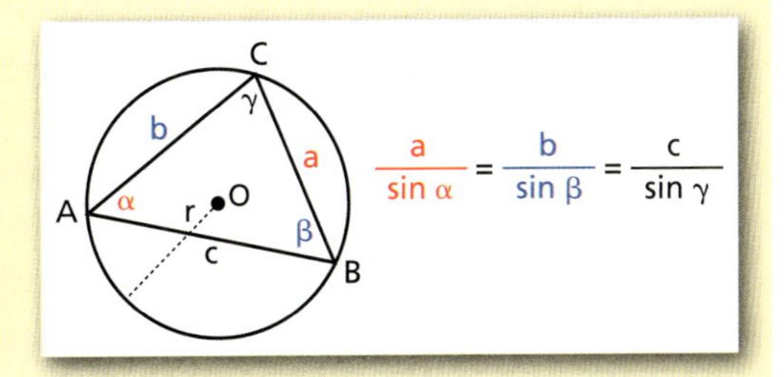

Listen to it

In a triangle, the ratio of the length of a side to the sine of the opposite angle is constant.

MATEMATICA E ASTRONOMIA

Dalla Terra alla Luna
Per misurare la distanza tra la Terra e altri corpi celesti, si utilizzano radar in grado di emettere e ricaptare, al suo ritorno sulla Terra, un segnale che «rimbalza» sulla superficie del corpo.

► Senza apparecchiature tecnologiche sofisticate, come si può, dalla Terra, stimare la distanza della Luna?

La risposta

► Nel triangolo *ABC* il lato *AB* è lungo 10 cm. L'angolo opposto ad *AB* è di 30° e l'angolo $C\hat{A}B$ è di 120°. Calcola la lunghezza del lato *BC*. $[10\sqrt{3}\text{ cm}]$

Animazione

DIMOSTRAZIONE

È sempre possibile inscrivere un triangolo in una circonferenza, perché per tre punti distinti e non allineati passa sempre una e una sola circonferenza. Consideriamo allora un triangolo *ABC* inscritto in una circonferenza di diametro $2r$. Applichiamo il teorema della corda ai lati del triangolo *ABC*:

$$a = 2r \cdot \sin\alpha \rightarrow \frac{a}{\sin\alpha} = 2r;$$

$$b = 2r \cdot \sin\beta \rightarrow \frac{b}{\sin\beta} = 2r;$$

$$c = 2r \cdot \sin\gamma \rightarrow \frac{c}{\sin\gamma} = 2r.$$

Confrontando le relazioni precedenti, essendo i tre rapporti uguali alla misura del diametro della circonferenza circoscritta, concludiamo che:

$$\frac{a}{\sin\alpha} = \frac{b}{\sin\beta} = \frac{c}{\sin\gamma} = 2r.$$

ESEMPIO

Calcoliamo la misura del lato *AB* del triangolo *ABC* sapendo che $\alpha = 30°$, $\beta = 105°$ e che la misura di *BC* è 6. Per poter applicare il teorema dei seni dobbiamo calcolare l'ampiezza dell'angolo γ:

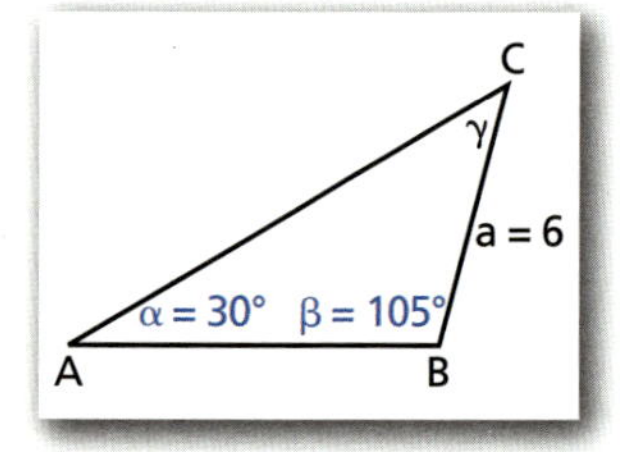

$$\gamma = 180° - (30° + 105°) = 45°.$$

Utilizziamo la relazione $\frac{a}{\sin\alpha} = \frac{c}{\sin\gamma}$:

$$\frac{6}{\sin 30°} = \frac{c}{\sin 45°} \rightarrow \frac{6}{\frac{1}{2}} = \frac{c}{\frac{\sqrt{2}}{2}}.$$

Ricaviamo $c = \dfrac{6 \cdot \frac{\sqrt{2}}{2}}{\frac{1}{2}} = 6\sqrt{2}.$

Teorema del coseno

► Esercizi a p. 902

TEOREMA

In un triangolo il quadrato della misura di un lato è uguale alla somma dei quadrati delle misure degli altri due lati diminuita del doppio prodotto della misura di questi due lati per il coseno dell'angolo compreso fra essi.

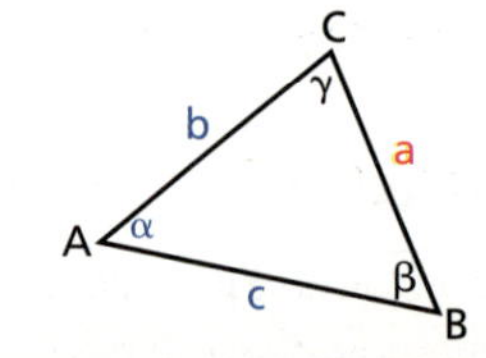

$a^2 = b^2 + c^2 - 2bc\cos\alpha$

Listen to it

In a triangle, the square of the length of any side equals the sum of the squares of the other two sides minus twice the product of those two sides times the cosine of the included angle.

DIMOSTRAZIONE

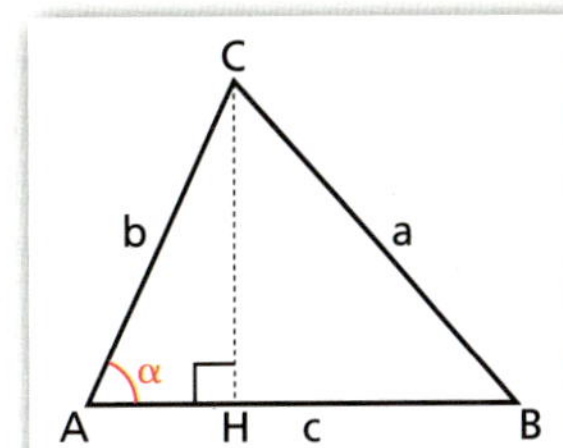
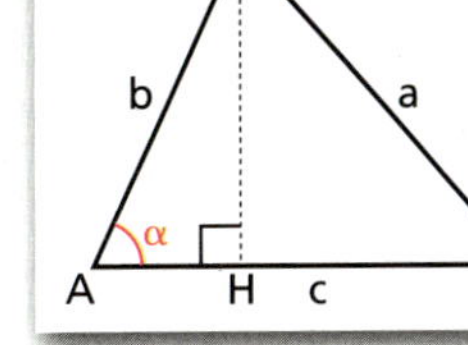

Consideriamo un triangolo ABC acutangolo. La dimostrazione è analoga se il triangolo è ottusangolo.
Tracciamo l'altezza CH relativa al lato AB.
Applichiamo il primo teorema dei triangoli rettangoli al triangolo ACH:

$$\overline{CH} = b \sin\alpha \text{ e } \overline{AH} = b \cos\alpha.$$

Per differenza, otteniamo:

$$\overline{HB} = c - b\cos\alpha.$$

Determiniamo $\overline{CB}$ applicando il teorema di Pitagora al triangolo CHB:

$$\overline{CB}^2 = \overline{CH}^2 + \overline{HB}^2.$$

$$a^2 = b^2\sin^2\alpha + (c - b\cos\alpha)^2 = b^2\sin^2\alpha + c^2 + b^2\cos^2\alpha - 2bc\cos\alpha =$$

$$b^2(\sin^2\alpha + \cos^2\alpha) + c^2 - 2bc\cos\alpha = b^2 + c^2 - 2bc\cos\alpha.$$

Quindi: $\boldsymbol{a^2 = b^2 + c^2 - 2bc\cos\alpha}$.

Analogamente, per gli altri due lati:

$\boldsymbol{b^2 = a^2 + c^2 - 2ac\cos\beta}$; $\boldsymbol{c^2 = a^2 + b^2 - 2ab\cos\gamma}$.

ESEMPIO

Calcoliamo la lunghezza del lato AB di un triangolo ABC in cui:

$$AC = 2 \text{ m}, BC = 3 \text{ m e } \gamma = 60°.$$

Applichiamo il teorema del coseno:

$$\overline{AB}^2 = \overline{AC}^2 + \overline{BC}^2 - 2 \cdot \overline{AC} \cdot \overline{BC} \cdot \cos\gamma =$$

$$4 + 9 - 12 \cdot \frac{1}{2} = 7,$$

da cui $AB = \sqrt{7}$ m.

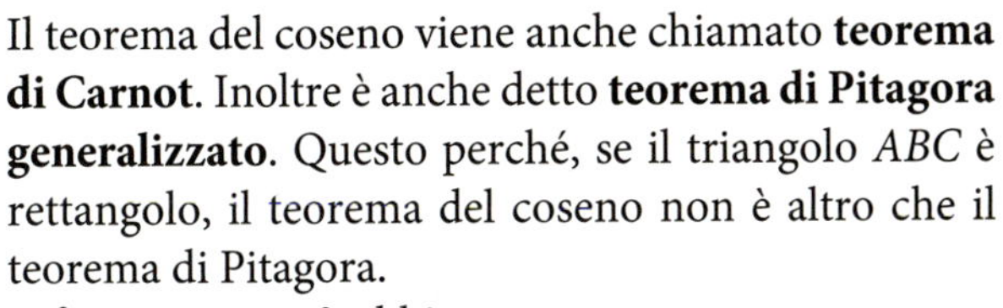

Il teorema del coseno viene anche chiamato **teorema di Carnot**. Inoltre è anche detto **teorema di Pitagora generalizzato**. Questo perché, se il triangolo ABC è rettangolo, il teorema del coseno non è altro che il teorema di Pitagora.
Infatti, se $\alpha = 90°$, abbiamo

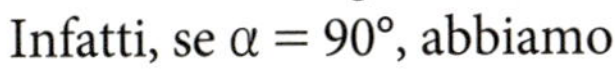

$$a^2 = b^2 + c^2 - 2bc \cdot \cos 90°,$$

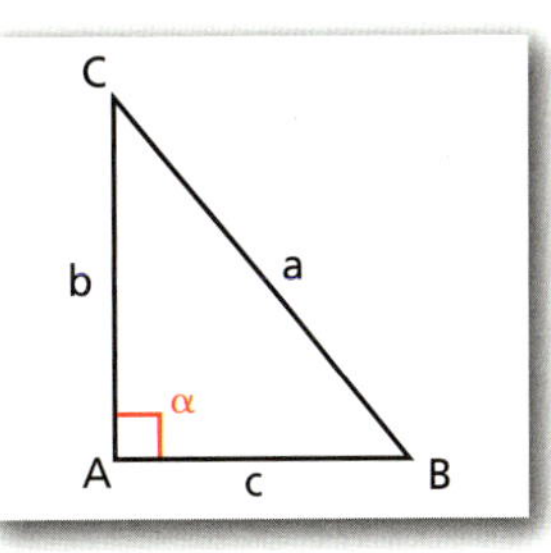

e poiché $\cos 90° = 0$, ritroviamo il teorema di Pitagora: $a^2 = b^2 + c^2$.

Risoluzione dei triangoli qualunque

▶ Esercizi a p. 905

Risolvere un triangolo qualunque significa determinare le misure dei suoi lati e dei suoi angoli. È sempre possibile risolvere un triangolo se sono noti *tre* suoi elementi, di cui *almeno uno sia un lato*.

Video

Teorema del coseno
Il teorema del coseno consente di risolvere problemi in cui di un triangolo conosciamo le misure di due lati e un angolo.

- Come si può dimostrare graficamente?
- Perché il teorema del coseno è un'estensione del teorema di Pitagora?

Animazione

Osserva la figura dinamica del teorema nell'animazione, dove trovi anche la risoluzione dell'esercizio.

▶ In un triangolo ABC calcola la lunghezza del lato BC, sapendo che $AB = 3$ m, $AC = 5$ m e $\alpha = 45°$.
[$BC \simeq 3{,}58$ m]

Possiamo utilizzare il teorema dei seni e il teorema del coseno.
Esaminiamo i quattro possibili casi.

Sono noti un lato e due angoli

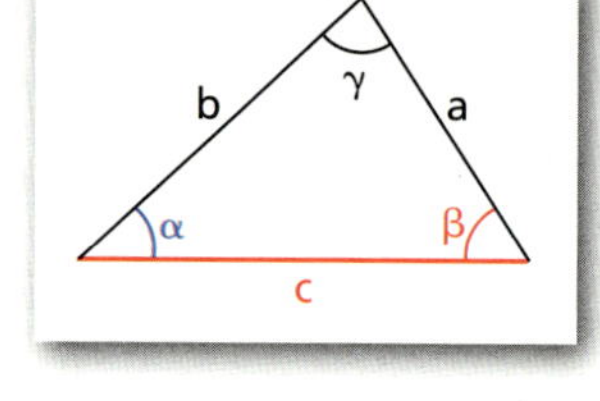

Conoscendo c, α e β, vogliamo determinare γ, a e b.

Determiniamo $\gamma = 180° - (\alpha + \beta)$.
Per il teorema dei seni:

$$\frac{a}{\sin\alpha} = \frac{c}{\sin\gamma} \rightarrow a = \frac{c \cdot \sin\alpha}{\sin\gamma}.$$

Ancora per il teorema dei seni:

$$\frac{b}{\sin\beta} = \frac{c}{\sin\gamma} \rightarrow b = \frac{c \cdot \sin\beta}{\sin\gamma}.$$

ESEMPIO

Sono noti $c = 12$, $\alpha = 40°$ e $\beta = 60°$.
Ricaviamo γ:

$$\gamma = 180° - (40° + 60°) = 80°.$$

Per il teorema dei seni:

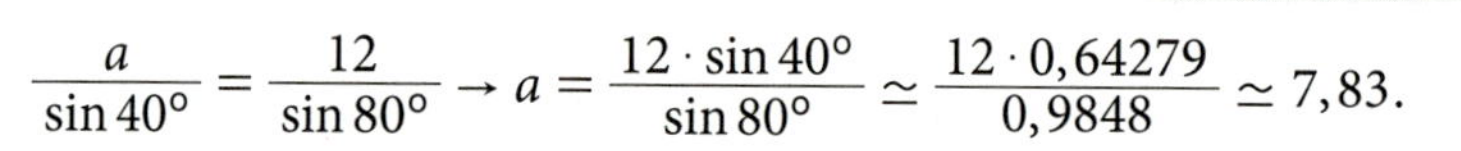

$$\frac{a}{\sin 40°} = \frac{12}{\sin 80°} \rightarrow a = \frac{12 \cdot \sin 40°}{\sin 80°} \simeq \frac{12 \cdot 0{,}64279}{0{,}9848} \simeq 7{,}83.$$

Ancora per il teorema dei seni:

$$\frac{b}{\sin 60°} = \frac{12}{\sin 80°} \rightarrow b = \frac{12 \cdot \sin 60°}{\sin 80°} \simeq \frac{12 \cdot 0{,}866}{0{,}9848} \simeq 10{,}55.$$

▶ Risolvi il triangolo ABC di cui sono dati $a = 10$, $\alpha = 45°$, $\beta = 30°$.
$[\gamma = 105°, b = 5\sqrt{2}, c = 5(\sqrt{3} + 1)]$

Animazione

Sono noti due lati e l'angolo fra essi compreso

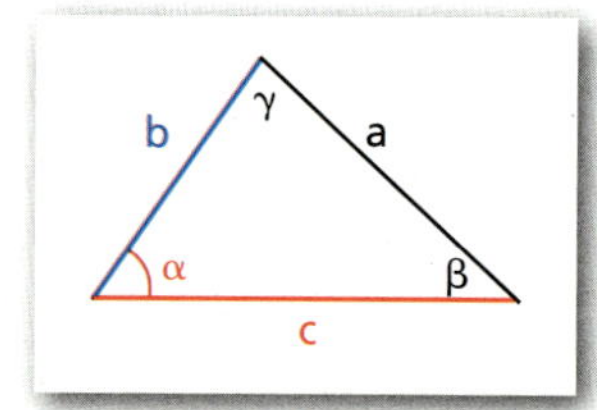

Conosciamo b, c e α; determiniamo β, γ e a.
Determiniamo a mediante il teorema del coseno:

$$a = \sqrt{b^2 + c^2 - 2bc\cos\alpha}.$$

Applichiamo nuovamente il teorema del coseno per calcolare β:

$$b^2 = a^2 + c^2 - 2ac\cos\beta \rightarrow 2ac\cos\beta = a^2 + c^2 - b^2 \rightarrow \cos\beta = \frac{a^2 + c^2 - b^2}{2ac}.$$

Troviamo quindi β utilizzando la funzione arcocoseno.
Infine determiniamo $\gamma = 180° - (\alpha + \beta)$.
Per calcolare β abbiamo usato il teorema del coseno, invece del teorema dei seni, perché, se determiniamo un angolo conoscendo il valore del suo coseno, allora l'angolo che otteniamo è unico. Infatti l'equazione

$$\cos x = k, \quad \text{con} -1 \leq k \leq 1,$$

ha un'unica soluzione se $0° < x < 180°$, mentre

$$\sin x = k$$

ha due soluzioni se $0° < x < 180°$.
Quindi, se si calcola un angolo conoscendo il valore del suo seno, si ottengono due soluzioni di cui si dovrà poi verificare l'accettabilità.

ESEMPIO

Sono noti $b = 46$, $c = 62$ e $\alpha = 20°$.

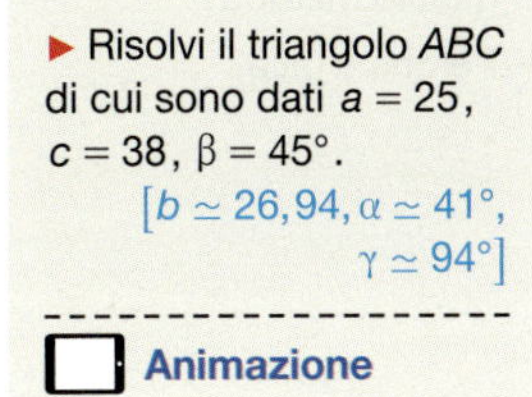

Applichiamo il teorema del coseno per calcolare a:

$$a = \sqrt{46^2 + 62^2 - 2 \cdot 46 \cdot 62 \cdot \cos 20°}$$

$$a \simeq \sqrt{2116 + 3844 - 5704 \cdot 0{,}93969} \simeq \sqrt{600{,}0082} \rightarrow a \simeq 24{,}50.$$

Applichiamo il teorema del coseno per calcolare β:

$$b^2 = a^2 + c^2 - 2ac\cos\beta \rightarrow 46^2 = 24{,}5^2 + 62^2 - 2 \cdot 24{,}5 \cdot 62 \cdot \cos\beta,$$

$$\cos\beta \simeq 0{,}77 \rightarrow \beta \simeq 40°.$$

$$\gamma \simeq 180° - (20° + 40°) = 120°.$$

▶ Risolvi il triangolo ABC di cui sono dati $a = 25$, $c = 38$, $\beta = 45°$.
$[b \simeq 26{,}94, \alpha \simeq 41°, \gamma \simeq 94°]$

Animazione

Sono noti due lati e l'angolo opposto a uno di essi

Consideriamo il triangolo ABC e supponiamo noti a, b e α. Vogliamo conoscere β, γ e c.
Applichiamo il teorema dei seni per calcolare β:

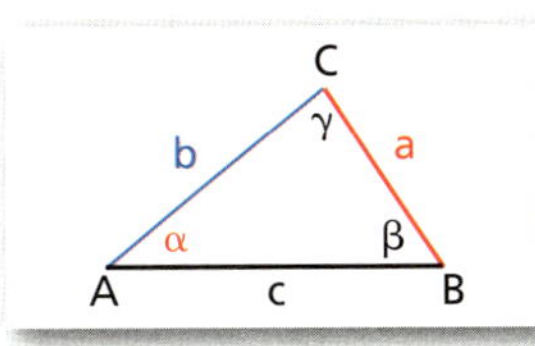

$$\frac{a}{\sin\alpha} = \frac{b}{\sin\beta} \quad \rightarrow \quad \sin\beta = \frac{b}{a}\sin\alpha.$$

Esaminiamo i casi che si possono presentare a seconda del valore di $\sin\beta$, ricordando che deve risultare $0 < \sin\beta \leq 1$, altrimenti β non esiste.

1. $\sin\beta = 1 \rightarrow \beta = 90°$. Distinguiamo due casi:
   - se $\alpha \geq 90°$, il problema non ha soluzioni;
   - se $\alpha < 90°$, il problema ammette una sola soluzione (figura **a**).
2. $0 < \sin\beta < 1$: in questo caso si hanno due soluzioni, β_1 e β_2, tra loro supplementari, per esempio β_1 acuto e β_2 ottuso.
   Per sapere se questi valori sono accettabili, dobbiamo considerare α, a e b.
   - Se $\alpha \geq 90°$, la soluzione β_2 non è accettabile perché un triangolo non può avere due angoli ottusi. Accettiamo solo β_1 acuto; il problema ammette una sola soluzione (figura **b**).
   - Se $\alpha < 90°$ e $b > a$, allora, poiché a lato maggiore sta opposto angolo maggiore, è $\beta_1 > \alpha$ e $\beta_2 > \alpha$; entrambe le situazioni sono accettabili: il problema ammette due soluzioni (figure **c** e **d**).
   - Se $\alpha < 90°$ e $b < a$, allora $\beta < \alpha$, per cui β_2, che è ottuso, non è accettabile e abbiamo per soluzione solo β_1.

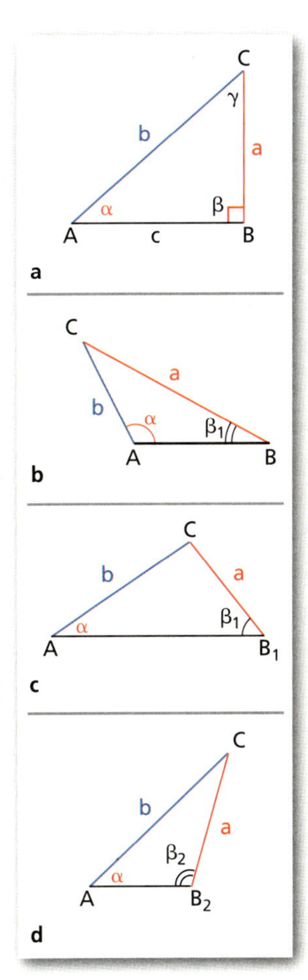

Per finire, dopo aver calcolato β, determiniamo $\gamma = 180° - (\alpha + \beta)$ e poi calcoliamo la misura del terzo lato, applicando il teorema dei seni:

$$\frac{a}{\sin\alpha} = \frac{c}{\sin\gamma} \quad \rightarrow \quad c = a\frac{\sin\gamma}{\sin\alpha}.$$

Trovi due esempi del caso appena esaminato nell'esercizio 274 a pagina 906.

▶ Risolvi il triangolo ABC, noti $b = 6\sqrt{3}$, $c = 6\sqrt{2}$, $\cos\beta = \frac{1}{2}$.
$\left[\alpha = \frac{5}{12}\pi; \gamma = \frac{\pi}{4}; a = 3\sqrt{2} + 3\sqrt{6}\right]$

Animazione

Video

Triangolazione Nel video usiamo la triangolazione per calcolare la distanza di due punti lontani da noi.

- In che cosa consiste questo metodo?
- Perché è utile?

Sono noti i tre lati

Conoscendo a, b e c, determiniamo α, β e γ.

Ricaviamo α applicando il teorema del coseno:

$$a^2 = b^2 + c^2 - 2bc\cos\alpha \rightarrow$$

$$2bc\cos\alpha = b^2 + c^2 - a^2 \rightarrow$$

$$\cos\alpha = \frac{b^2 + c^2 - a^2}{2bc}.$$

Troviamo poi α con la funzione arcocoseno.

Allo stesso modo, ricaviamo β con la funzione arcocoseno, utilizzando:

$$b^2 = a^2 + c^2 - 2ac\cos\beta \quad \rightarrow \quad \cos\beta = \frac{a^2 + c^2 - b^2}{2ac}.$$

Ricaviamo γ per differenza:

$$\gamma = 180° - (\alpha + \beta).$$

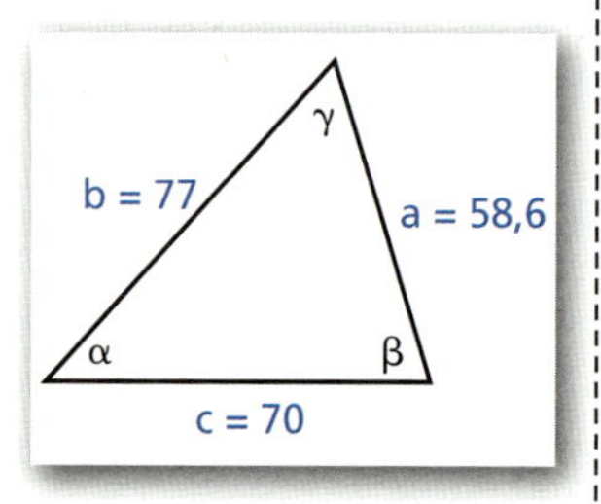

ESEMPIO

Consideriamo il triangolo con:

$$a = 58{,}6,\ b = 77 \text{ e } c = 70.$$

Per ricavare α possiamo sostituire, nella formula che esprime la relazione tra il coseno di un angolo e le misure dei lati del triangolo, i valori di a, b e c:

$$\cos\alpha = \frac{77^2 + 70^2 - 58{,}6^2}{2 \cdot 70 \cdot 77} = \frac{5929 + 4900 - 3433{,}96}{10780};$$

$$\cos\alpha = \frac{7395{,}04}{10780} \rightarrow \cos\alpha \simeq 0{,}686 \rightarrow \alpha \simeq \arccos 0{,}686 \simeq 47°.$$

Ricaviamo β allo stesso modo:

$$\cos\beta = \frac{58{,}6^2 + 70^2 - 77^2}{2 \cdot 58{,}6 \cdot 70} \simeq 0{,}293 \rightarrow \beta \simeq \arccos 0{,}293 \simeq 73°.$$

Ricaviamo, infine, γ per differenza:

$$\gamma \simeq 180° - (47° + 73°) = 60°.$$

- Risolvi il triangolo *ABC* di cui sono dati $a = 30$, $b = 19$, $c = 25$. [$\alpha \simeq 85°, \beta \simeq 39°, \gamma \simeq 56°$]

Animazione

MATEMATICA E STORIA

Astri, seni, coseni, tangenti La statua della fotografia è l'*Atlante Farnese*, conservato nel Museo archeologico nazionale di Napoli.

Il gigante sorregge un globo in cui sono rappresentate delle costellazioni. È stato ipotizzato che il globo riproduca la prima mappa stellare, quella di Ipparco di Nicea, astronomo greco del II secolo a.C.

Ipparco è anche considerato il fondatore della trigonometria.

- Quali furono, nel corso dei secoli, i principali collegamenti fra astronomia e trigonometria?

La risposta

IN SINTESI
Trigonometria

Triangoli rettangoli

- La **trigonometria** è lo studio delle relazioni fra i lati e gli angoli di un triangolo.
- **Primo teorema dei triangoli rettangoli**
  In un triangolo rettangolo la misura di un cateto è uguale:
  - alla misura dell'ipotenusa moltiplicata per il seno dell'angolo opposto al cateto stesso;
  - alla misura dell'ipotenusa moltiplicata per il coseno dell'angolo acuto adiacente al cateto stesso.
- **Secondo teorema dei triangoli rettangoli**
  In un triangolo rettangolo la misura di un cateto è uguale:
  - alla misura dell'altro cateto moltiplicata per la tangente dell'angolo opposto al primo cateto;
  - alla misura dell'altro cateto moltiplicata per la cotangente dell'angolo adiacente al primo cateto.

$a = c \cdot \sin\alpha$, $a = c \cdot \cos\beta$, $a = b \cdot \tan\alpha$, $a = b \cdot \cot\beta$

- **Risolvere un triangolo rettangolo** significa determinare le misure dei suoi lati e dei suoi angoli conoscendo **almeno un lato** e **un altro dei suoi elementi**.

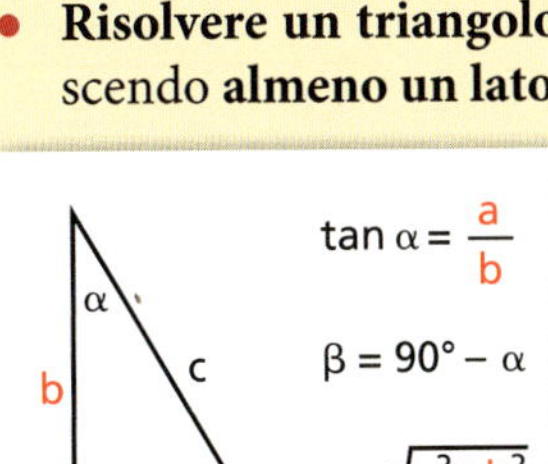

a. Sono noti i due cateti.

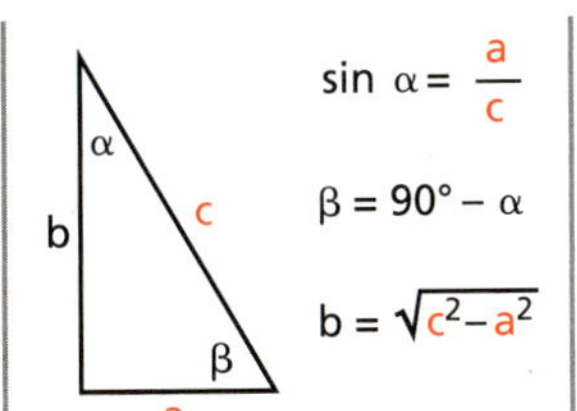

b. Sono noti l'ipotenusa e un cateto.

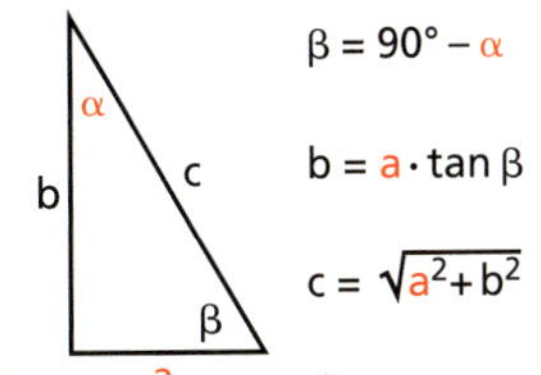

c. Sono noti un cateto e l'angolo opposto.

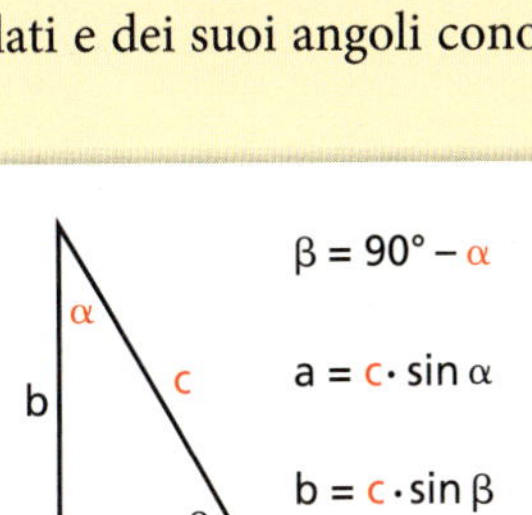

d. Sono noti l'ipotenusa e un angolo adiacente.

Applicazioni dei teoremi sui triangoli rettangoli

- **Area di un triangolo**
  La misura dell'area di un triangolo è uguale al semiprodotto delle misure di due lati e del seno dell'angolo compreso fra essi.

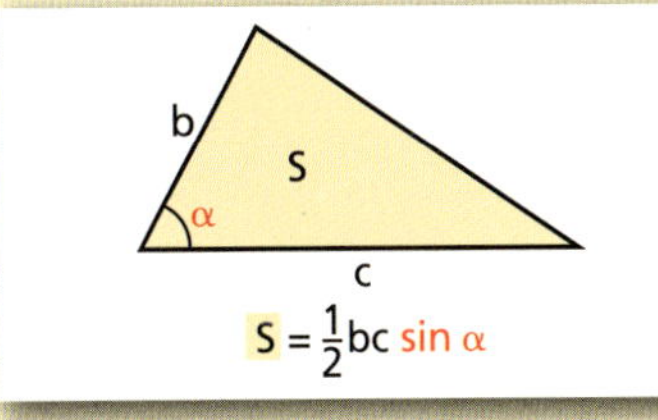

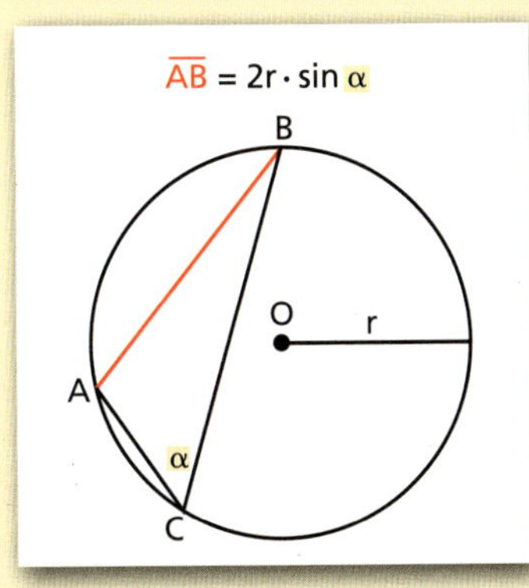

- **Teorema della corda**
  In una circonferenza la misura di una corda è uguale al prodotto della misura del diametro per il seno di uno degli angoli alla circonferenza che insistono sulla corda.
- Il **raggio della circonferenza circoscritta a un triangolo**, noti un lato a del triangolo e l'angolo α opposto a esso, si calcola con:

$$r = \frac{a}{2\sin\alpha}.$$

Triangoli qualunque

- **Teorema dei seni**
  In un triangolo le misure dei lati sono proporzionali ai seni degli angoli opposti.

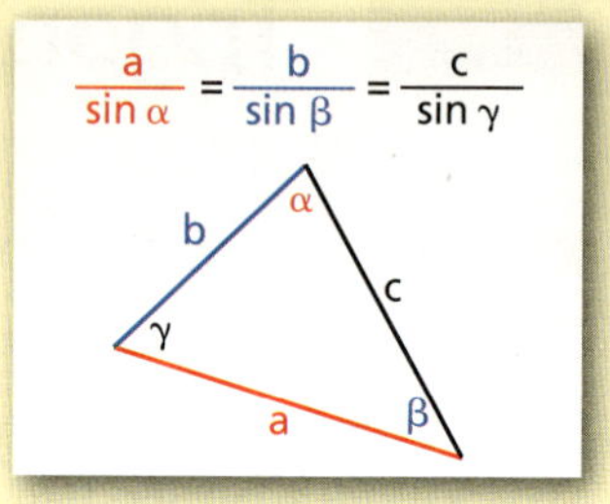

- **Teorema del coseno**
  In un triangolo il quadrato della misura di un lato è uguale alla somma dei quadrati delle misure degli altri due lati diminuita del doppio prodotto della misura di questi due lati per il coseno dell'angolo compreso fra essi.

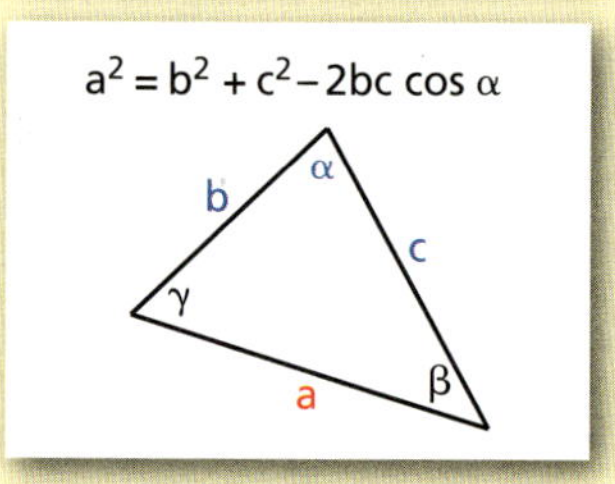

- **Risolvere un triangolo qualunque** significa determinare le misure dei suoi lati e dei suoi angoli conoscendo **almeno un lato** e altri **due** suoi elementi.

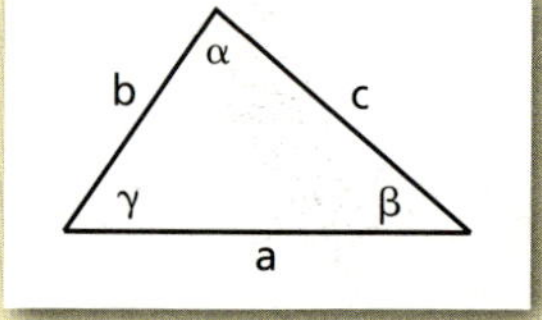

  - Sono noti **un lato e due angoli**. Per esempio: c, α, β noti.

    $$\gamma = 180° - (\alpha + \beta),$$
    $$\frac{a}{\sin\alpha} = \frac{c}{\sin\gamma} \to a = \frac{\sin\alpha \cdot c}{\sin\gamma},$$
    $$\frac{b}{\sin\beta} = \frac{c}{\sin\gamma} \to b = \frac{\sin\beta \cdot c}{\sin\gamma}.$$

  - Sono noti **due lati e l'angolo compreso** fra essi. Per esempio: b, c, α noti.

    $$a = \sqrt{b^2 + c^2 - 2bc\cos\alpha},$$
    $$\cos\beta = \frac{a^2 + c^2 - b^2}{2ac} \to \beta = \arccos\frac{a^2 + c^2 - b^2}{2ac},$$
    $$\gamma = 180° - (\alpha + \beta).$$

  - Sono noti **due lati e un angolo opposto** a uno di essi.
    Per esempio: a, b, α noti.

    $$\frac{a}{\sin\alpha} = \frac{b}{\sin\beta} \to \sin\beta = \frac{\sin\alpha \cdot b}{a},$$

    $\sin\beta$
    - $= 1 \to \beta = 90°$
      - $\alpha < 90°$: una soluzione
      - $\alpha \geq 90°$: problema impossibile
    - $< 1 \to$ β_1 acuto, β_2 ottuso
      - $\alpha \geq 90°$: solo β_1 accettabile
      - $\alpha < 90°$
        - e $b < a$: solo β_1 accettabile
        - e $b > a$: β_1 e β_2 accettabili

  - Sono noti **i tre lati** a, b, c.

    $$\cos\alpha = \frac{b^2 + c^2 - a^2}{2bc} \to \alpha = \arccos\frac{b^2 + c^2 - a^2}{2bc},$$
    $$\cos\beta = \frac{a^2 + c^2 - b^2}{2ac} \to \beta = \arccos\frac{a^2 + c^2 - b^2}{2ac},$$
    $$\gamma = 180° - (\alpha + \beta).$$

CAPITOLO 15
ESERCIZI

1 Triangoli rettangoli

Teoremi sui triangoli rettangoli

▶ Teoria a p. 872

1 ●○ **VERO O FALSO?** Nel triangolo rettangolo della figura si ha:

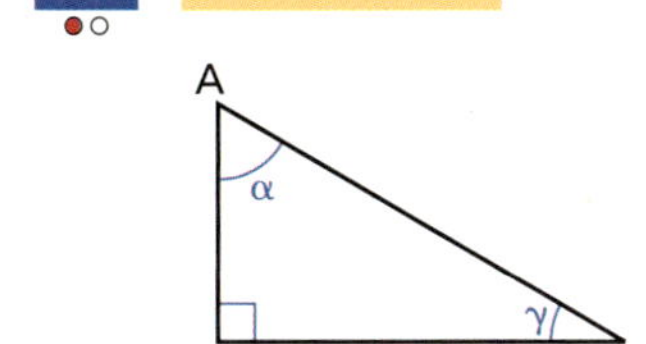

a. $\overline{AB} = \overline{AC}\cos\gamma$ V F

b. $\overline{AC} = \dfrac{\overline{AB}}{\cos\alpha}$ V F

c. $\overline{BC} = \overline{AB}\tan\gamma$ V F

d. $\overline{AC} = \overline{BC}\sin\alpha$ V F

e. $\overline{AB} = \overline{BC}\cot\alpha$ V F

f. $\overline{AB} = \overline{AC}\cos\alpha$ V F

2 ●● **COMPLETA** osservando la figura.

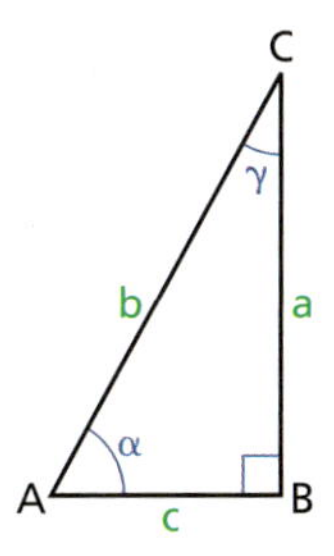

a. $b\cos\alpha = \square$, $\dfrac{c}{\sin\gamma} = \square$.

b. $\sin\alpha = \dfrac{\square}{\square}$, $a\tan\gamma = \square$.

c. $\dfrac{c}{a} = \tan\square$, $a = c\cot\square$.

d. $\dfrac{a}{b} = \cos\square$, $b\sin\alpha = \square$.

COMPLETA arrotondando il risultato a meno di un decimo.

3 ●○

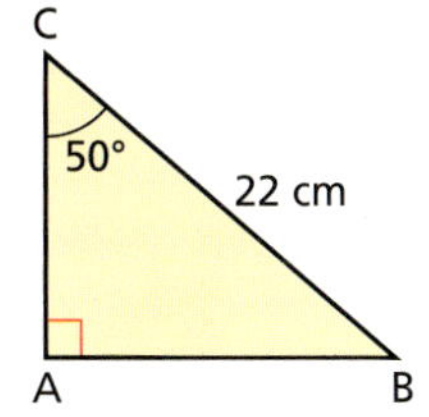

$AB = \square$ cm

$AC = \square$ cm

4 ●○

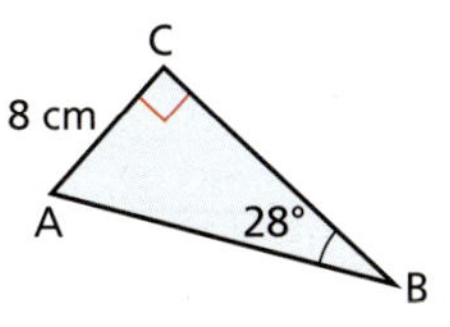

$BC = \square$ cm

$AB = \square$ cm

5 ●○

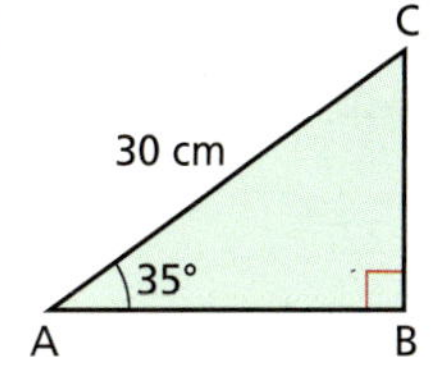

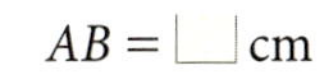

$AB = \square$ cm

$BC = \square$ cm

6 ●○ **TEST** Se in un triangolo rettangolo un cateto è lungo 30 cm e la tangente dell'angolo a esso opposto è $\frac{3}{5}$, quanto è lungo l'altro cateto?

A 50 cm **B** 18 cm **C** 2 cm **D** 40 cm **E** 30 cm

7 ●○ **TEST** In un triangolo rettangolo un cateto è lungo 12 cm e l'ipotenusa 28 cm. Quanto vale il coseno dell'angolo adiacente al cateto dato?

A $\frac{3}{7}$ **B** $\frac{7}{3}$ **C** $\frac{2\sqrt{10}}{7}$ **D** $\frac{7\sqrt{10}}{20}$ **E** Non ci sono elementi sufficienti per poterlo calcolare.

Risoluzione dei triangoli rettangoli

▶ Teoria a p. 873

8 **ESERCIZIO GUIDA** Risolviamo un triangolo ABC rettangolo in A, sapendo che:

a. i due cateti sono lunghi 12 cm e 15 cm;

b. un cateto è lungo 10 cm e l'angolo adiacente misura 20°.

a. $\tan\beta = \frac{12}{15} \rightarrow \beta = \arctan\frac{12}{15} \simeq 39°$;

$\gamma = 90° - \beta \simeq 51°$.

Calcoliamo la misura dell'ipotenusa BC con il primo teorema dei triangoli rettangoli:

$$\overline{AB} = \overline{BC}\cos\beta \rightarrow \overline{BC} = \frac{\overline{AB}}{\cos\beta} \simeq \frac{15}{\cos 39°} \simeq 19.$$

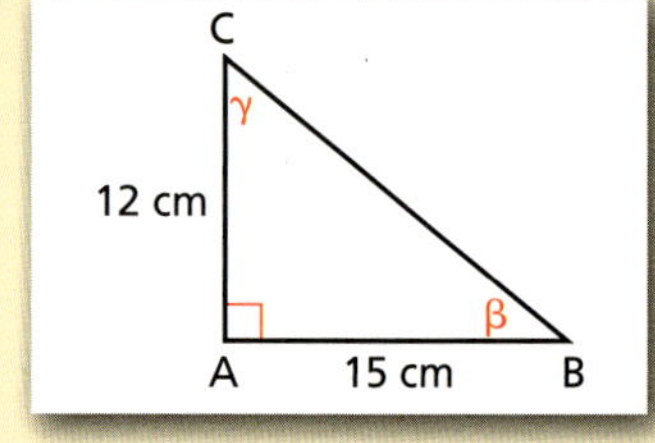

b. $\gamma = 90° - \beta = 90° - 20° = 70°$.

Per il secondo teorema dei triangoli rettangoli:

$$\overline{AC} = \overline{AB}\tan\beta = 10\tan 20° \simeq 3{,}6.$$

Troviamo $\overline{BC}$ con il teorema di Pitagora:

$$\overline{BC} = \sqrt{\overline{AB}^2 + \overline{AC}^2} \simeq \sqrt{100 + 12{,}96} \simeq 10{,}6.$$

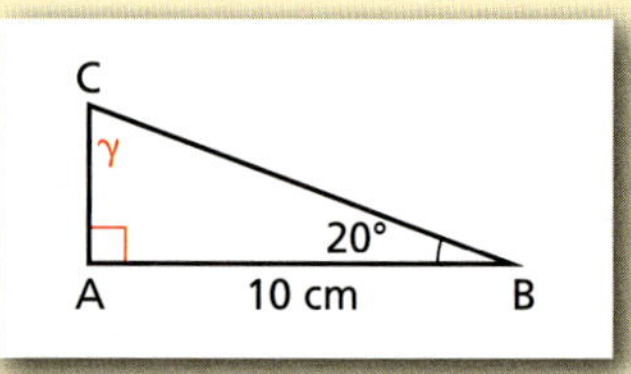

Risolvi il triangolo *ABC*, rettangolo in *A*, noti gli elementi indicati.

9 ●○ $b = 15$; $\gamma = 30°$. $[a = 10\sqrt{3}; c = 5\sqrt{3}; \beta = 60°]$

10 ●○ $a = 24$; $\beta = 60°$. $[b = 12\sqrt{3}; c = 12; \gamma = 30°]$

11 ●○ $b = 8$; $c = 8\sqrt{3}$. $[a = 16; \beta = 30°; \gamma = 60°]$

12 ●○ $a = 48$; $b = 24$. $[c = 24\sqrt{3}; \beta = 30°; \gamma = 60°]$

13 ●○ $b = 22$; $\gamma = 45°$. $[a = 22\sqrt{2}; c = 22; \beta = 45°]$

14 ●○ $a = 28$; $\gamma = 45°$. $[b = 14\sqrt{2}; c = 14\sqrt{2}; \beta = 45°]$

15 ●○ $a = 26$; $b = 10$. $[c = 24; \beta \simeq 23°; \gamma \simeq 67°]$

16 ●○ $b = 30$; $c = 40$. $[a = 50; \beta \simeq 37°; \gamma \simeq 53°]$

17 ●○ $a = 36$; $\beta = 18°$. $[b \simeq 11{,}1; c \simeq 34{,}2; \gamma = 72°]$

18 ●○ $c = 5$; $b = 12$. $[a = 13; \beta \simeq 67°; \gamma \simeq 23°]$

19 ●○ $c = 5$; $a = 5\sqrt{2}$. $[b = 5; \beta = \gamma = 45°]$

20 $c = 15$; $\beta = \arctan\frac{3}{5}$. $[b = 9; a \simeq 17{,}5; \gamma \simeq 59°]$

21 $a = 5$; $\beta = 10°$. $[b \simeq 0{,}87; c \simeq 4{,}92; \gamma = 80°]$

22 $b = 16$; $a = 34$. $[c = 30; \beta \simeq 28°; \gamma \simeq 62°]$

23 $b = 12$; $\beta = \frac{\pi}{3}$. $\left[a = 8\sqrt{3}; c = 4\sqrt{3}; \gamma = \frac{\pi}{6}\right]$

24 $c = 3{,}5$; $b = 12$. $[a = 12{,}5; \beta \simeq 74°; \gamma \simeq 16°]$

25 $b = 14$; $\gamma = \arccos\frac{2}{3}$. $[a = 21; c \simeq 15{,}6; \beta \simeq 42°]$

26 $a = 10$; $\gamma = 20°$. $[\beta = 70°; b \simeq 9{,}4; c \simeq 3{,}42]$

27 $c = 80$; $b = 150$. $[a = 170; \beta \simeq 62°; \gamma \simeq 28°]$

28 $a = 8$; $\beta = 65°$. $[\gamma = 25°; b \simeq 7{,}2; c \simeq 3{,}4]$

29 $c = 36$; $\gamma = \frac{\pi}{4}$. $\left[\beta = \frac{\pi}{4}; b = 36; a = 36\sqrt{2}\right]$

30 $a = 9$; $\beta = \arcsin\frac{3}{5}$. $\left[\gamma \simeq 53°; b = \frac{27}{5}; c = \frac{36}{5}\right]$

31 $a = 40$; $\gamma = 85°$. $[\beta = 5°; b \simeq 3{,}5; c \simeq 39{,}8]$

32 $c = 32$; $\gamma = \frac{\pi}{6}$. $\left[\beta = \frac{\pi}{3}; b = 32\sqrt{3}; a = 64\right]$

33 $b = 5\sqrt{3}$; $c = 5$. $\left[a = 10; \beta = \frac{\pi}{3}; \gamma = \frac{\pi}{6}\right]$

34 $c = 75$; $\beta = 28°$. $[\gamma = 62°; a \simeq 85; b \simeq 40]$

35 $b = 30$; $\gamma = \arccos\frac{15}{17}$. $[a = 34; c = 16; \beta \simeq 62°]$

Risolvi i seguenti triangoli rettangoli, noti gli elementi indicati in figura.

36

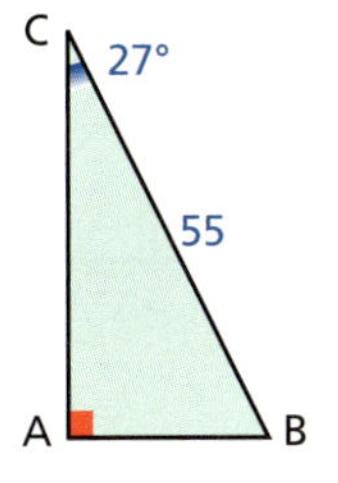

$[c \simeq 25; b \simeq 49; \beta = 63°]$

37

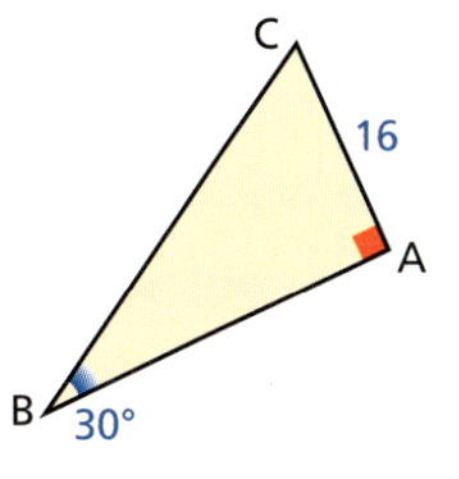

$[a = 32; c \simeq 27{,}7; \gamma = 60°]$

38

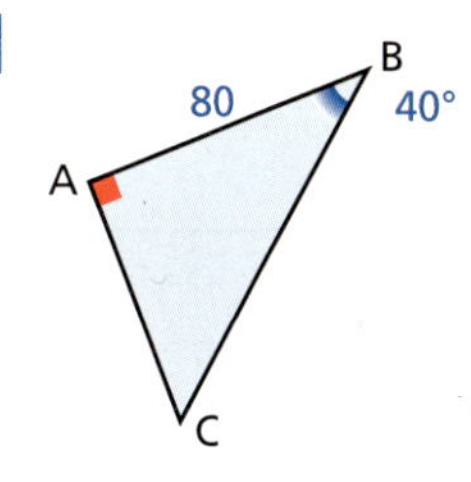

$[b \simeq 67; a \simeq 104; \gamma = 50°]$

39

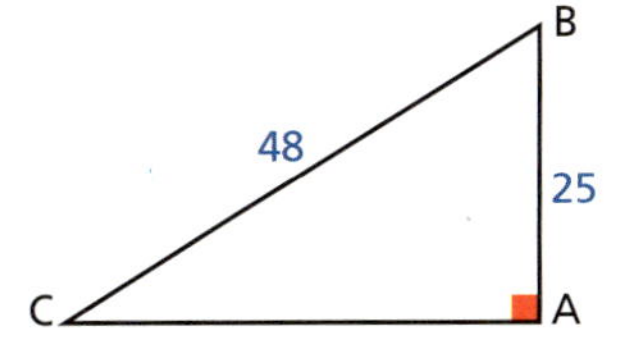

$[b \simeq 41; \beta \simeq 59°; \gamma \simeq 31°]$

40

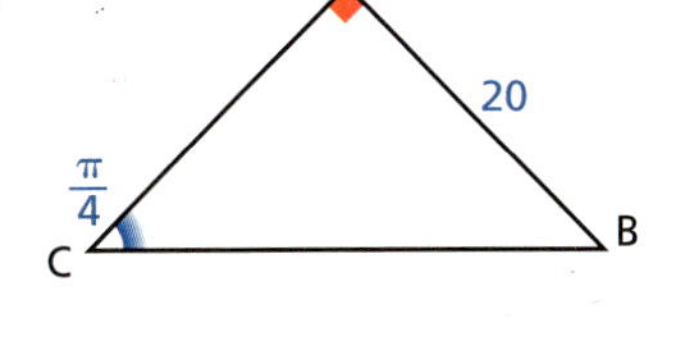

$\left[\beta = \frac{\pi}{4}; b = 20; a = 20\sqrt{2}\right]$

41

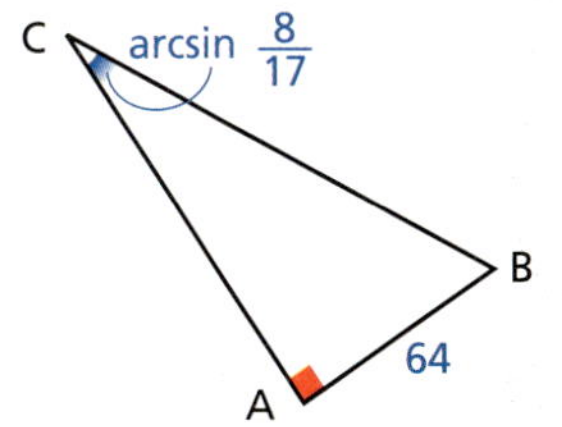

$[a = 136; b = 120; \beta \simeq 62°]$

ESERCIZI

42

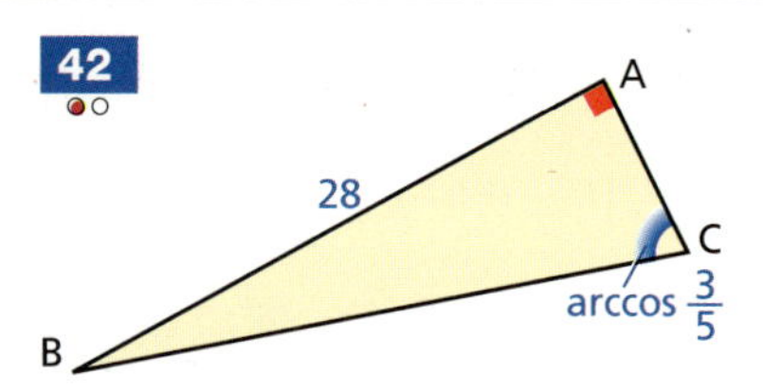

$[a = 35; b = 21; \beta \simeq 37°]$

43

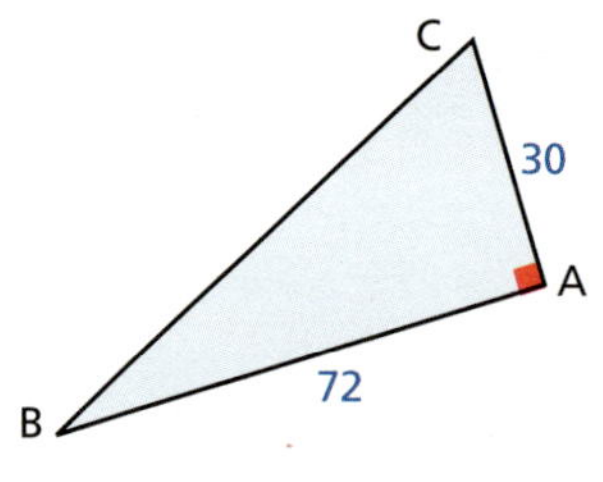

$[a = 78; \beta \simeq 23°; \gamma \simeq 67°]$

44

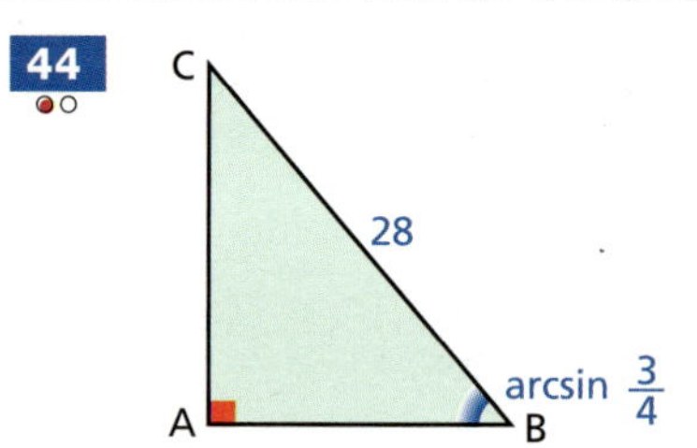

$[b = 21; c = 7\sqrt{7}; \gamma \simeq 41°]$

45 ASSOCIA ciascun segmento alla sua misura.

a. BH — 1. $8\cos 62°$

b. AC — 2. $8\sin 62°$

c. AH — 3. $\dfrac{8}{\cos 62°}$

d. BC — 4. $8\tan 62°$

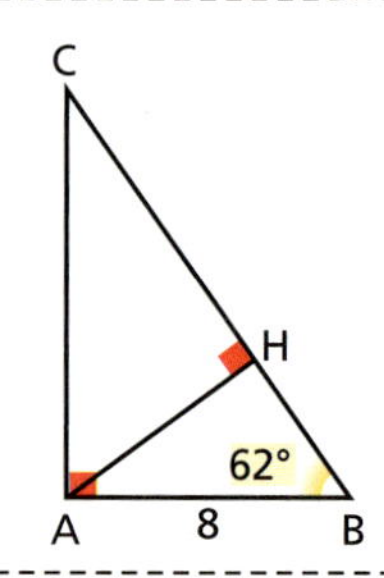

Verifica che tra gli elementi di un triangolo *ABC*, rettangolo in *A*, valgono le seguenti relazioni.

46 $\cot\beta\cot\gamma = 1$

47 $\cos\beta\cos\gamma = \dfrac{bc}{a^2}$

48 $\dfrac{a+c}{a+b} = \dfrac{1+\cos\beta}{1+\sin\beta}$

49 $\dfrac{a^2}{b^2} = \dfrac{1}{\sin\beta\cos\gamma}$

50 $\tan\beta + \tan\gamma = \dfrac{a}{b\sin\gamma}$

51 $\sin^2\dfrac{\gamma}{2} = \dfrac{a-b}{2a}$

Problemi con i triangoli rettangoli

Utilizzando i dati della figura, deduci ciò che è indicato in rosso.

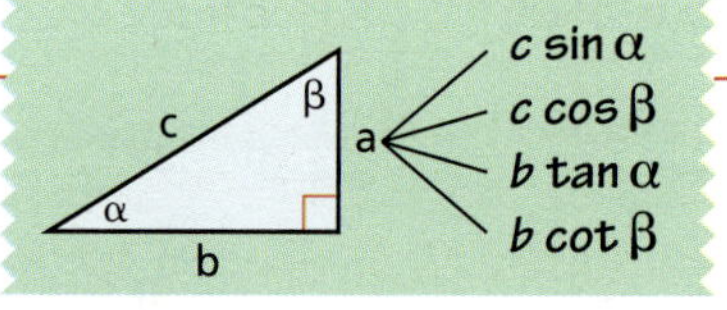

52

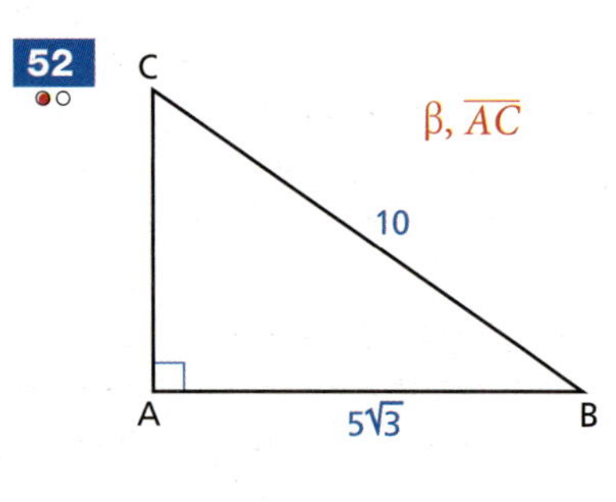

$\beta, \overline{AC}$

$[30°; 5]$

53

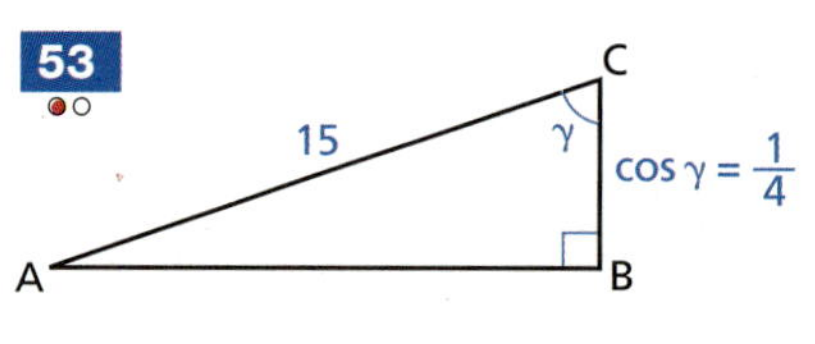

$\overline{BC}, \sin\alpha$

$\left[\frac{15}{4}; \frac{1}{4}\right]$

54

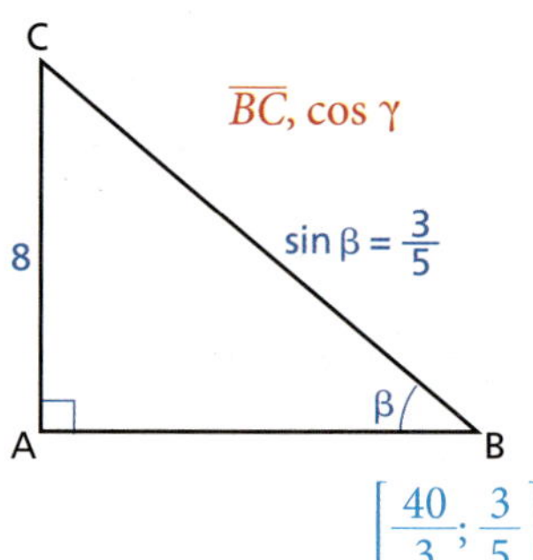

$\overline{BC}, \cos\gamma$

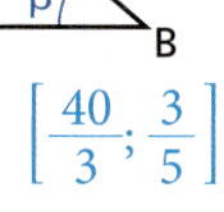

$\left[\frac{40}{3}; \frac{3}{5}\right]$

55

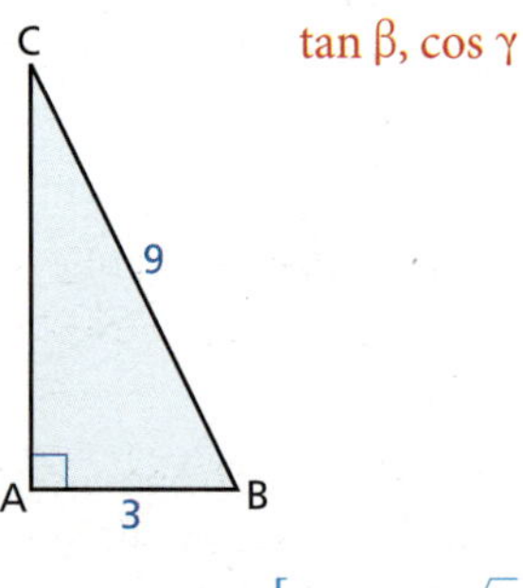

$\tan\beta, \cos\gamma$

$\left[2\sqrt{2}; \frac{2\sqrt{2}}{3}\right]$

56

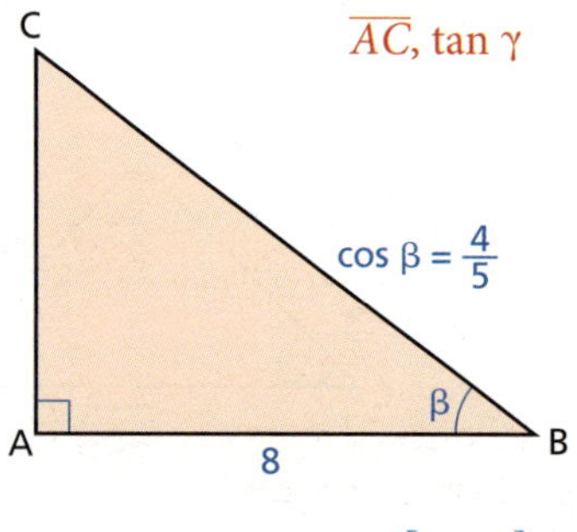

$\overline{AC}, \tan\gamma$

$\left[6; \frac{4}{3}\right]$

57

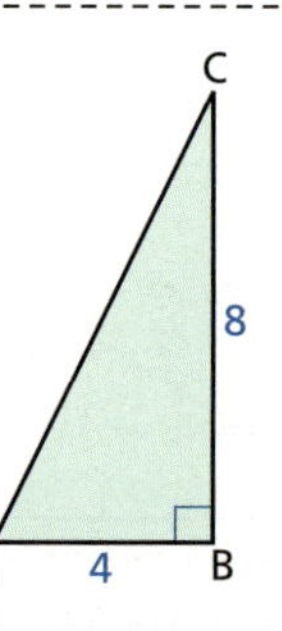

$\sin\gamma, \sin\alpha$

$\left[\frac{\sqrt{5}}{5}; \frac{2\sqrt{5}}{5}\right]$

Nei seguenti esercizi, dato un triangolo come quello della figura e noti gli elementi indicati, determina i lati e gli angoli incogniti.

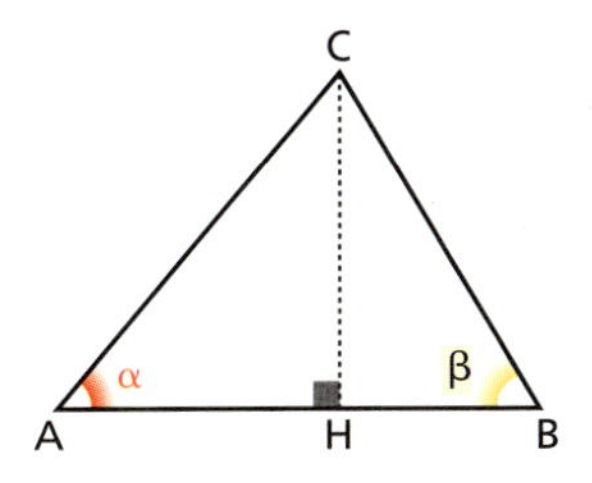

58 $\alpha = 30°$, $\beta = 45°$, $\overline{CH} = 12$. $[24; 12\sqrt{2}; 12(\sqrt{3}+1); 105°]$

59 $\alpha = 60°$, $\overline{HB} = 9$, $\cos\beta = \frac{1}{3}$. $[27; 12\sqrt{6}; 3(2\sqrt{6}+3); \simeq 49°]$

60 $\overline{AC} = 24$, $\beta = \frac{\pi}{3}$, $\tan\alpha = \frac{4}{3}$. $\left[\frac{64\sqrt{3}}{5}; \frac{8(9+4\sqrt{3})}{5}; \simeq 67°\right]$

61 $\overline{CH} = 8$, $\overline{AH} = 6$, $\beta = 30°$. $[2(3+4\sqrt{3}); 16; 10; \simeq 53°; \simeq 97°]$

62 **ESERCIZIO GUIDA** Nel triangolo ABC, CH è l'altezza relativa al lato AB, AH ha lunghezza 6 cm e gli angoli $A\widehat{C}H$ e $B\widehat{C}H$ sono ampi rispettivamente 20° e 40°. Calcoliamo perimetro e area del triangolo (approssimando tutte le misure a una sola cifra decimale).

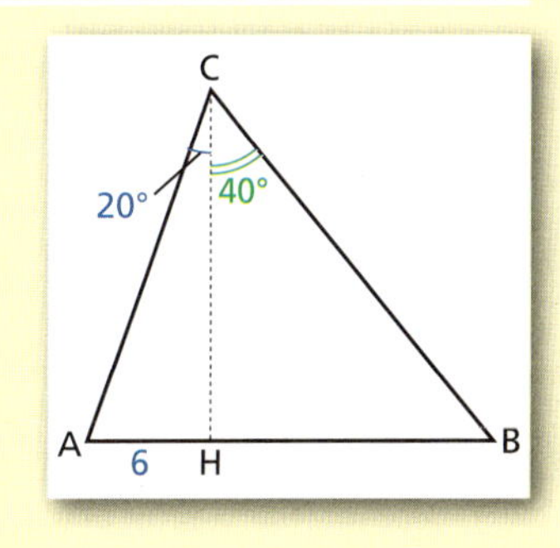

Per il primo teorema dei triangoli rettangoli:

$$\overline{AH} = \overline{AC} \cdot \sin A\widehat{C}H \rightarrow \overline{AC} = \frac{\overline{AH}}{\sin A\widehat{C}H} = \frac{6}{\sin 20°} \simeq 17{,}5;$$

$$\overline{CH} = \overline{AC} \cdot \cos A\widehat{C}H = 17{,}5 \cdot \cos 20° \simeq 16{,}4.$$

Per il secondo teorema dei triangoli rettangoli:

$$\overline{HB} = \overline{CH} \cdot \tan B\widehat{C}H = 16{,}4 \cdot \tan 40° \simeq 13{,}8.$$

Calcoliamo $\overline{CB}$ con il teorema di Pitagora:

$$\overline{CB} = \sqrt{\overline{HB}^2 + \overline{CH}^2} \simeq 21{,}4.$$

Il perimetro di ABC misura: $\overline{AB} + \overline{BC} + \overline{AC} = \overline{AH} + \overline{HB} + \overline{BC} + \overline{AC} \simeq 58{,}7$.

L'area misura: $\frac{1}{2}\overline{AB} \cdot \overline{CH} \simeq 162{,}4$.

Quindi il perimetro è 58,7 cm, l'area è 162,4 cm^2.

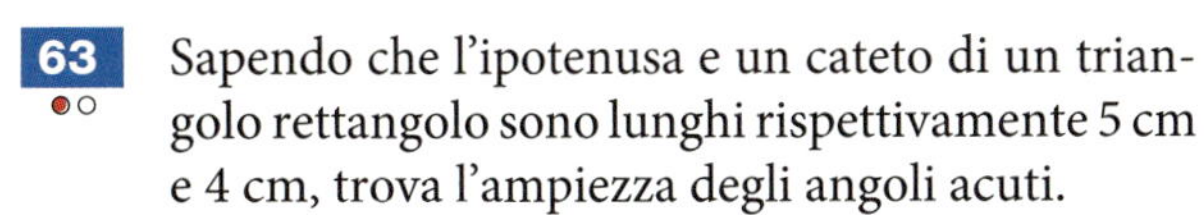

63 Sapendo che l'ipotenusa e un cateto di un triangolo rettangolo sono lunghi rispettivamente 5 cm e 4 cm, trova l'ampiezza degli angoli acuti. $[\alpha = 53{,}1°; \beta = 36{,}9°]$

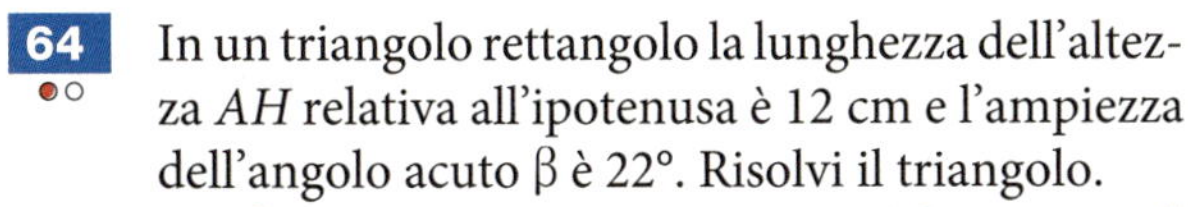

64 In un triangolo rettangolo la lunghezza dell'altezza AH relativa all'ipotenusa è 12 cm e l'ampiezza dell'angolo acuto β è 22°. Risolvi il triangolo. $[AB \simeq 32 \text{ cm}; AC \simeq 12{,}9 \text{ cm}; BC \simeq 34{,}5 \text{ cm}]$

65 In un triangolo rettangolo un cateto è lungo 10 cm e l'angolo opposto a esso è di 40°. Trova il perimetro del triangolo. [37,5 cm]

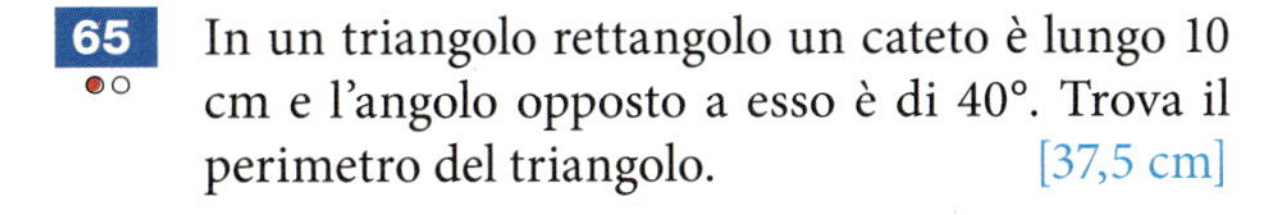

66 Calcola perimetro e area di un triangolo rettangolo la cui ipotenusa è lunga 3 cm e l'ampiezza di un angolo è di 30°. [7,1 cm; 1,9 cm^2]

67 Determina perimetro e area di un triangolo rettangolo in cui un cateto è lungo 4 cm e l'angolo adiacente a esso ha ampiezza 50°. [15 cm; 9,6 cm^2]

68 In un triangolo isoscele la somma degli angoli alla base vale 80° e la lunghezza del lato obliquo è 5 cm. Calcola perimetro e area del triangolo. [17,7 cm; 12,3 cm^2]

69 In un rettangolo la diagonale, che è lunga 4 cm, divide l'angolo retto in due angoli in modo che uno di essi è uguale a 20°. Determina perimetro e area del rettangolo. [10,4 cm; 5,3 cm^2]

70 Nel triangolo rettangolo ABC l'altezza AH relativa all'ipotenusa è lunga 3 m, la proiezione HC del cateto AC sull'ipotenusa è lunga 7 m. Calcola il perimetro e l'area del triangolo. [19,18 m; 12,46 m^2]

71 In un triangolo isoscele gli angoli alla base sono di 50°. Determina l'area, sapendo che la base del triangolo è 40 cm. [476,7 cm^2]

72 Determina i cateti di un triangolo rettangolo, sapendo che l'altezza relativa all'ipotenusa è 50 cm e che uno degli angoli del triangolo è 25°. [55,17 cm; 118,31 cm]

ESERCIZI

Trova l'area delle seguenti figure geometriche.

73 ●○

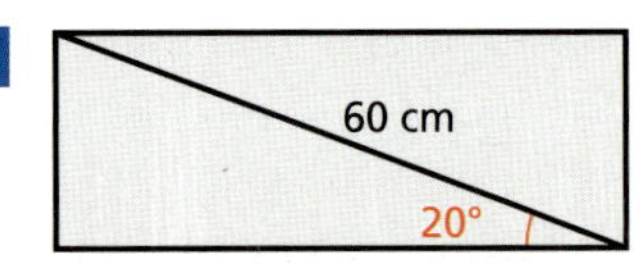

[1157 cm²]

74 ●○

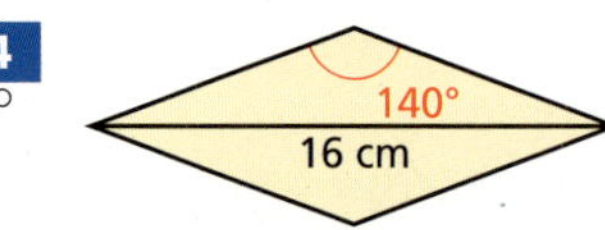

[46,4 cm²]

75 ●○

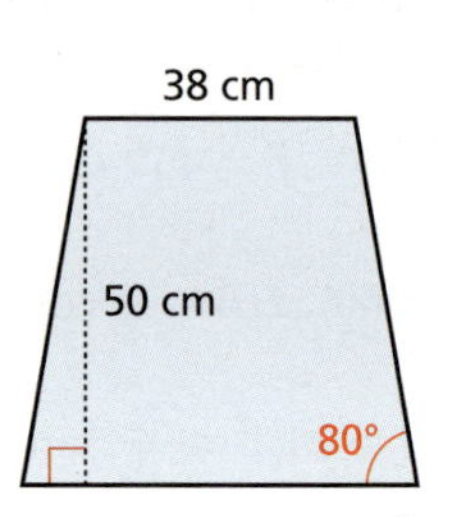

[2340 cm²]

76 ●● Trova gli angoli di un triangolo isoscele sapendo che il perimetro è 72 cm e la base 32 cm. [36,9°; 106,2°]

77 ●○ In un triangolo rettangolo un cateto è lungo 75 cm e il seno del suo angolo opposto è $\frac{15}{17}$. Determina il perimetro del triangolo e l'altezza relativa all'ipotenusa. [200 cm; $h \simeq 35{,}3$ cm]

78 ●○ In un triangolo rettangolo un cateto è i $\frac{3}{8}$ dell'altro e la loro somma è 44 cm. Determina l'ampiezza degli angoli acuti. [$\beta \simeq 21°$; $\gamma \simeq 69°$]

79 ●○ In un triangolo isoscele la base è lunga 24 cm e il coseno dell'angolo al vertice è $\frac{7}{25}$. Determina le altezze del triangolo. [16 cm; 19,2 cm]

80 ●○ Il lato obliquo di un triangolo isoscele è lungo 41 cm e il coseno dell'angolo alla base è $\frac{9}{41}$. Trova il perimetro e l'area del triangolo. [100 cm; 360 cm²]

81 ●○ Nel trapezio isoscele $ABCD$ di base AB è $AD = DC = 82$ cm e $\tan\widehat{A} = \frac{9}{40}$. Determina perimetro e area del trapezio. [488 cm; 2916 cm²]

82 ●○ Trova il perimetro di un triangolo isoscele, di base 48 cm, in cui il coseno dell'angolo al vertice è $-\frac{7}{25}$. [108 cm]

83 ●○ Trova i lati del triangolo ABC in cui $\cos\widehat{A} = \frac{4}{5}$, $\widehat{B} = 45°$ e l'altezza relativa ad AB è lunga 24 cm. [56 cm; 40 cm; $24\sqrt{2}$ cm]

84 ●○ Determina i lati del triangolo ABC nella figura.

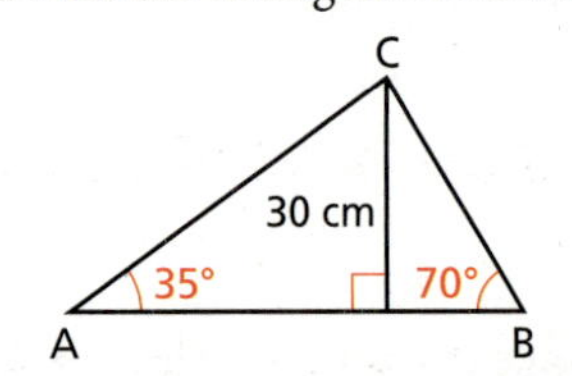

[$AC \simeq 52{,}3$ cm; $BC \simeq 31{,}9$ cm; $AB \simeq 53{,}8$ cm]

85 ●● Il trapezio $ABCD$ è rettangolo in A e D. Sapendo che $AB = 32$ cm, $CD = 8$ cm e $\tan\widehat{B} = \frac{5}{12}$, calcola il perimetro e l'area del trapezio e determina il valore di $\cos\widehat{C}$. $\left[76 \text{ cm}; 200 \text{ cm}^2; -\frac{12}{13}\right]$

86 ●● In un triangolo rettangolo il rapporto tra un cateto e l'ipotenusa è $\frac{5}{13}$, e l'altro cateto è lungo 48 cm.
Determina l'area del triangolo e le misure degli angoli acuti. [480 cm²; 22° 37′; 67° 23′]

87 ●● Nel triangolo rettangolo ABC la lunghezza dell'ipotenusa BC è 41 cm e la tangente dell'angolo $\widehat{B}$ è $\frac{40}{9}$.
Determina il perimetro e l'area del triangolo. [90 cm; 180 cm²]

88 ●● Calcola l'area di un triangolo rettangolo, sapendo che il suo perimetro è 46 m e l'ampiezza di un angolo acuto è 34°. [85,99 m²]

89 ●● Una circonferenza ha diametro $\overline{AB} = 60$. La corda AC misura 40 e il suo prolungamento incontra in T la tangente alla circonferenza condotta per il punto B. Calcola $\overline{BT}$. [$30\sqrt{5}$]

90 ●● Nel trapezio rettangolo $ABCD$ il lato obliquo BC forma un angolo di 30° con la base maggiore AB e la diagonale AC è perpendicolare a BC. Calcola il perimetro e l'area del trapezio, sapendo che la sua altezza è 10 cm. [58,9 cm; 144,3 cm²]

91 ●● In un triangolo rettangolo l'ipotenusa è lunga 20 cm e fra gli angoli acuti β e γ vale la relazione $\sin\beta = 2\sin\gamma$. Trova l'area del triangolo. [80 cm²]

92 ●● L'area di un trapezio isoscele è 184 m², il suo perimetro è 64 m e la sua altezza è 8 m. Determina gli angoli del trapezio. $\left[\arcsin\frac{8}{9}; \pi - \arcsin\frac{8}{9}\right]$

93 Le altezze di un parallelogramma sono 9 m e 12 m e il perimetro 70 m. Determina gli angoli del parallelogramma. $\left[\arcsin\frac{3}{5}; \pi - \arcsin\frac{3}{5}\right]$

94 In un trapezio rettangolo $ABCD$ l'angolo $D\widehat{C}B$ è di 120° e il lato obliquo BC, che misura $6l$, è perpendicolare alla diagonale minore AC. Determina il perimetro e l'area del trapezio. $\left[3(9+\sqrt{3})l; \frac{63\sqrt{3}}{2}l^2\right]$

95 Nel triangolo rettangolo ABC le proiezioni dei cateti sull'ipotenusa BC sono $BH = 25$ cm e $CH = 49$ cm. Determina i cateti e gli angoli acuti. $[AB \simeq 43 \text{ cm}; AC \simeq 60{,}2 \text{ cm}; \widehat{B} \simeq 54°; \widehat{C} \simeq 36°]$

96 Determina il perimetro del triangolo in figura. [140 cm]

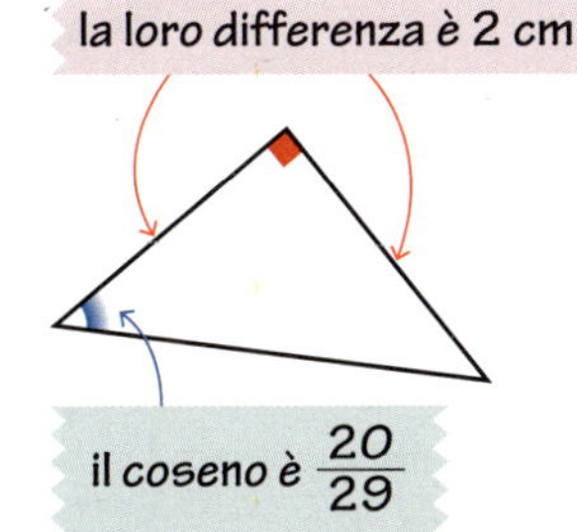

97 EUREKA! Determina il perimetro e l'area di un ottagono regolare inscritto in una circonferenza di raggio $r = \sqrt{2+\sqrt{2}}$. $[8\sqrt{2}; 4(\sqrt{2}+1)]$

98 Da un punto P esterno a una circonferenza di centro C si mandano le tangenti PA e PB. Sapendo che $\cos A\widehat{P}B = -\frac{7}{25}$ e che $PC = 15$ cm, determina i valori delle funzioni goniometriche degli angoli $C\widehat{P}A$ e $P\widehat{C}A$ e il raggio della circonferenza. $\left[\sin C\widehat{P}A = \frac{4}{5}; \sin P\widehat{C}A = \frac{3}{5}; r = 12 \text{ cm}\right]$

99 In un triangolo rettangolo la differenza dei cateti è 6 cm e la tangente dell'angolo opposto al cateto maggiore è $\frac{21}{20}$. Calcola il perimetro e l'area del triangolo. [420 cm; 7560 cm^2]

100 Nel triangolo ABC l'altezza CH divide AB in due parti, una tripla dell'altra. Sapendo che $\overline{AB} = 8a$ e $\overline{CH} = 2a$, calcola:

a. la tangente di ciascun angolo del triangolo;

b. il perimetro del triangolo.

$\left[\text{a) } \tan\widehat{A} = 1; \tan\widehat{B} = \frac{1}{3}; \tan\widehat{C} = -2; \text{ b) } 2a(\sqrt{2}+\sqrt{10}+4)\right]$

---

101 Determina i lati di un triangolo ABC rettangolo in A, conoscendo i dati che seguono.

perimetro = 180 cm $\qquad$ $\tan\beta = \frac{12}{5}$ $\qquad$ [30 cm; 72 cm; 78 cm]

102 Gli angoli $\widehat{B}$ e $\widehat{C}$ del triangolo ABC sono acuti e $\sin\widehat{C} = \frac{4}{5}$. Sapendo che la lunghezza del lato AB è 12 cm e quella dell'altezza AH è 8 cm, determina la lunghezza degli altri due lati e il valore di $\sin\widehat{A}$.

$\left[AC = 10 \text{ cm}; BC = (4\sqrt{5}+6) \text{ cm}; \sin\widehat{A} = \frac{6+4\sqrt{5}}{15}\right]$

103 Nel triangolo ABC l'angolo $\widehat{B}$ è ottuso e AH è l'altezza relativa al lato BC. Sapendo che $HB = 12$ cm, $HC = 48$ cm e $\tan\widehat{C} = \frac{1}{3}$, determina i lati e gli angoli del triangolo.

$\left[AB = 20 \text{ cm}; AC = 16\sqrt{10} \text{ cm}; BC = 36 \text{ cm}; \widehat{B} = \pi - \arcsin\frac{4}{5}; \widehat{A} = \arcsin\frac{9}{50}\sqrt{10}\right]$

104 L'ipotenusa di un triangolo rettangolo è lunga 53 cm e il perimetro 126 cm. Determina le tangenti degli angoli acuti. $\left[\frac{28}{45}; \frac{45}{28}\right]$

105 Nel trapezio rettangolo $ABCD$ la base minore CD è 9 cm e il lato obliquo 20 cm. Inoltre $\cos\widehat{C} = -\frac{4}{5}$. Determina perimetro e area del trapezio. [66 cm; 204 cm^2]

106 Nel triangolo isoscele ABC il lato misura $26l$ e il coseno dell'angolo al vertice è $-\frac{119}{169}$. Trova il perimetro e le altezze del triangolo. [$100l$; $10l$; $18{,}5l$]

ESERCIZI

107 EUREKA! **Dimostrazione aurea** Pierluigi, con un software CAD, ha disegnato un triangolo isoscele ABC di vertice B, con l'altezza BH congruente alla base AC. Tracciata la circonferenza inscritta nel triangolo, di centro O, Pierluigi osserva con l'aiuto del software che i rapporti $\frac{\overline{AH}}{\overline{OH}}$ e $\frac{\overline{OH}}{\overline{AH}-\overline{OH}}$ sono uguali, ossia il raggio della circonferenza inscritta è la sezione aurea di AH.
Dimostra la proprietà che ha trovato Pierluigi.

Problemi REALTÀ E MODELLI

108 Calcola l'altezza di un campanile, sapendo che da un bar distante 80 metri da esso si vede la sua cima secondo un angolo di 42°. [$\simeq$ 72 m]

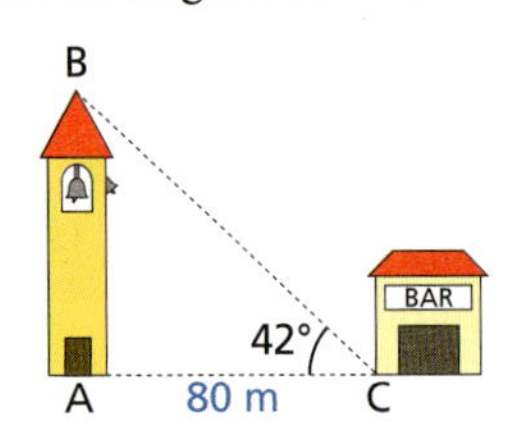

109 Una funivia collega due località, A e B, distanti 1200 m ed è inclinata di 42° sul piano orizzontale. A che altezza, rispetto ad A, si trova la stazione B? [802,96 m]

110 **Acquapark** Uno scivolo di una piscina per bambini è alto 2,5 m. Per arrivare in acqua un bimbo scivola per 3,36 m. Che angolo forma lo scivolo con il piano orizzontale? [48°]

111 La rampa di accesso a un sotterraneo è lunga 9,5 m e forma un angolo di 21° con il piano orizzontale. A che profondità si trova il locale sotterraneo? [3,4 m]

112 **Pendenza** In un cartello stradale si legge: «Pendenza del 14%». Questo significa che ogni 100 m in orizzontale la strada sale (o scende) di 14 m in verticale. Percorrendo un tratto orizzontale di 280 m, quanto si sale in altezza? Che angolo forma la strada con il piano orizzontale? [39,2 m; 8°]

113 **Pista!** Nel corso di una gara di sci, Aldo percorre un lungo tratto di discesa con pendenza costante del 32%.

a. Supponendo che nel corso della discesa Aldo abbia coperto un dislivello verticale di 400 m, quanto è lunga la pista?

b. Quanto misura, in gradi e primi, l'angolo α formato dalla pista con l'orizzontale?

[a) 1312 m; b) 17°45′]

114 TEST L'ombra di un campanile è lunga la metà della sua altezza. Detta α la misura dell'angolo formato dal sole sull'orizzonte in quel momento, si può dire che:

A $45° \leq \alpha < 60°$.
B $60° \leq \alpha$.
C $\alpha < 30°$.
D è notte.
E $30° \leq \alpha < 45°$.

(*CISIA, Facoltà di Ingegneria, Test di ingresso*, 2003)

115 **Che occhio!** Nell'occhio umano il massimo angolo di visuale in orizzontale è di 160°. A che distanza dall'occhio deve trovarsi una trave lunga 3 m, disposta orizzontalmente e al centro del campo visivo, affinché possa essere vista per intero? [0,26 m]

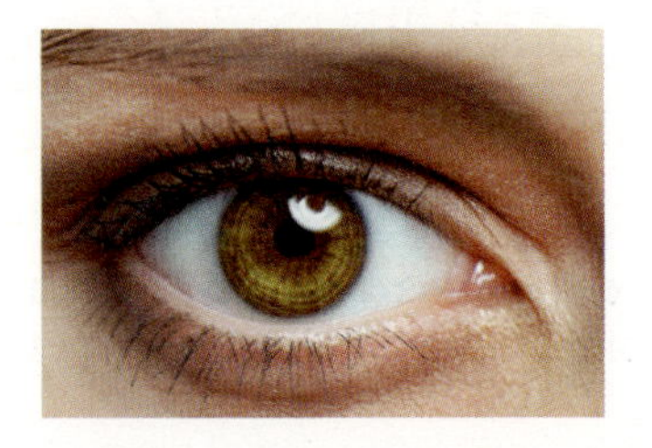

TEST

116 La lunghezza dell'equatore è di circa 40 000 km. La lunghezza del parallelo che si trovi a 60° di latitudine Nord (si veda la figura a lato), arrotondata alle centinaia di km è:

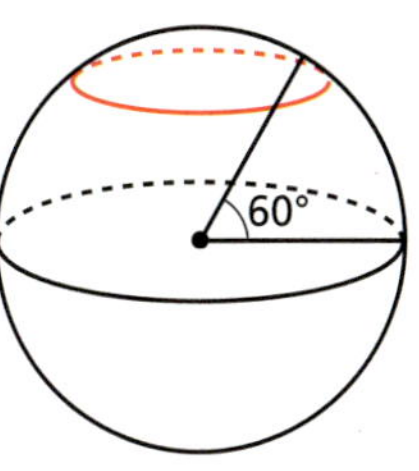

A 34 600 km.
B 23 500 km.
C 26 700 km.
D 30 000 km.
E nessuno dei precedenti.

(*Giochi di Archimede*, 1998)

117 In un giorno di sole una sfera è posata su un terreno orizzontale. In un certo istante l'ombra della sfera raggiunge la distanza di 10 metri dal punto in cui la sfera tocca il terreno. Nello stesso istante un'asta di lunghezza 1 metro posta verticalmente al terreno getta un'ombra lunga 2 metri. Qual è il raggio della sfera in metri?

A $\frac{5}{2}$. B $9 - 4\sqrt{5}$. C $10\sqrt{5} - 20$. D $8\sqrt{10} - 23$. E $6 - \sqrt{15}$.

(*Olimpiadi di Matematica, Gara di 2° livello*, 2008)

118 **London Eye** Paolo, Sandro e Rosa sono saliti sulla ruota panoramica di Londra e si tengono in contatto con i loro cellulari, dotati di altimetro e di livella digitale. Sandro e Paolo occupano due posti diametralmente opposti. A un certo punto i tre si scambiano nello stesso istante i seguenti messaggi:
Sandro: «Vedo Paolo perfettamente allineato con me lungo la direzione orizzontale».
Paolo: «Vedo Rosa sopra di me a un angolo di 30° sull'orizzontale».
Rosa: «Mi trovo a 120 metri di altezza rispetto al punto più basso della ruota!».
Qual è la distanza PR tra Paolo e Rosa? [$PR \simeq 111{,}4$ m]

Problemi con equazioni, disequazioni e funzioni

119 In un rettangolo $ABCD$, di area $8a^2$, la diagonale DB misura $4a$. Trova l'angolo $D\widehat{B}A$. [45°]

120 Considera sulla semicirconferenza di centro O e diametro $AB = 4$ cm un punto P e, posto $A\widehat{B}P = x$, trova per quali valori di x:

$$\frac{8\overline{PB} + 5\overline{PO}}{\overline{AB}} = \frac{13}{2}.$$

$\left[x = \frac{\pi}{3}\right]$

121 Osserva la figura e trova per quale posizione di P sulla semicirconferenza si ha

$$\overline{PC} + \overline{PB} = \frac{25}{2}.$$

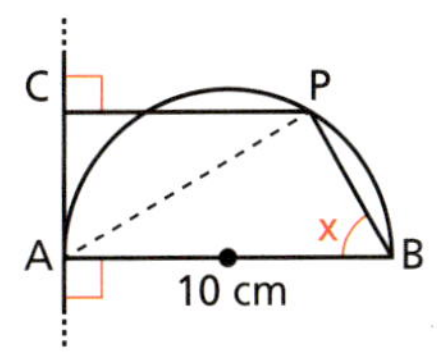

[$x = 60°$]

122 È dato il triangolo ABC inscritto in una semicirconferenza il cui diametro AB misura 4. Indicata con x l'ampiezza dell'angolo $C\widehat{A}B$, determina l'area del triangolo al variare di C sulla semicirconferenza e il valore di x per cui l'area misura $2\sqrt{3}$.

$\left[4 \sin 2x;\ x = \frac{\pi}{6} \vee x = \frac{\pi}{3}\right]$

123 Inscrivi un triangolo ABC in una semicirconferenza di centro O e diametro $\overline{AB} = 4a$, in modo che l'angolo in B risulti maggiore dell'angolo in A. Da O conduci la perpendicolare al diametro che incontra AC in H. Determina l'angolo $\widehat{B}$ in modo che il rettangolo di base OH e altezza AC abbia area $4a^2$. [60°]

ESERCIZI

124 Nel triangolo ABC, rettangolo in A, il cateto AB misura $10a$ e l'angolo $\widehat{C}$ ha il coseno uguale a $\frac{12}{13}$. Disegna la semicirconferenza di diametro CB esterna al triangolo e su di essa trova un punto P in modo che: $\overline{CP} \cdot \overline{PB} = 169a^2$. (Poni $C\widehat{B}P = x$.) $[x = 15° \vee x = 75°]$

125 Nel triangolo rettangolo ABC, di ipotenusa $\overline{BC} = 2a$, il cateto minore è AB. Traccia la perpendicolare all'ipotenusa BC nel suo punto medio M, fino a incontrare il cateto AC in P. Determina l'ampiezza di $A\widehat{C}B$ in modo che:

$$\frac{\overline{AC}}{\overline{PM}} = 3\frac{\overline{CM}}{\overline{AB}}.$$

[30°]

126 È dato il rombo $ABCD$ circoscritto a una circonferenza di centro O e raggio r. Indica con x l'angolo $O\widehat{A}B$ e determina, al variare di x, l'area $A(x)$ del rombo. Trova per quali valori di x si ha $A(x) = \frac{8}{3}\sqrt{3}\,r^2$. $\left[A(x) = \frac{4r^2}{\sin 2x}; \frac{\pi}{6} \vee \frac{\pi}{3}\right]$

127 Dato il quadrato $ABCD$ di lato a, sia r una retta passante per B e non intersecante altri punti del quadrato. A' e C' sono le proiezioni su r, rispettivamente, di A e C. Determina l'angolo $A'\widehat{B}A = x$ in modo che l'area del trapezio $A'ACC'$ sia $\frac{3}{4}a^2$. $\left[x = \frac{\pi}{12} \vee x = \frac{5}{12}\pi\right]$

---

128 È dato il triangolo ABC rettangolo in $\widehat{A}$, con: $\overline{AC} = 7$ e $\cos B\widehat{C}A = \frac{7}{25}$.

a. Determina $\overline{AB}$, $\overline{BC}$.

b. Considera sul prolungamento di AB dalla parte di A un punto D tale che $A\widehat{C}D = \frac{1}{2}B\widehat{C}A$. Risolvi il triangolo rettangolo ACD.

c. Traccia la semicirconferenza di diametro CB esterna ai triangoli e su di essa considera un punto P tale che l'area del quadrilatero $BDCP$ sia $\frac{361}{2}$, ponendo $P\widehat{B}C = x$.

$\left[\text{a) } \overline{AB} = 24, \overline{BC} = 25; \text{ b) } \cos A\widehat{C}D = \frac{4}{5}, \overline{DC} = \frac{35}{4}, \overline{AD} = \frac{21}{4}; \text{ c) } x = \frac{\pi}{12} \vee x = \frac{5}{12}\pi\right]$

129 Nel quadrato $ABCD$, di lato lungo 1 m, traccia l'arco di circonferenza $\overset{\frown}{AC}$ di centro B. Su di esso considera il punto P individuato dall'angolo $A\widehat{B}P = x$. Sia H la proiezione di P su AD.

a. Trova per quali valori di x si ha $\overline{PD}^2 = 3 - \sqrt{6}$. (**SUGGERIMENTO** Calcola $\overline{DH}$ e $\overline{HP}$...)

b. Traccia il grafico di $y = 2 \cdot \overline{AB} \cdot \overline{AH} + \overline{PD}^2$ in funzione di x. [a) $x = 15° \vee x = 75°$; b) $y = 3 - 2\cos x$]

130 Dato il segmento AB di lunghezza unitaria, considera la semiretta AP che forma con AB un angolo acuto $P\widehat{A}B = x$. Sia Q la proiezione di B su AP. Costruisci il triangolo AQC rettangolo e isoscele, di ipotenusa AQ, nel semipiano generato da AP non contenente B.

a. Determina i valori di x per cui l'area del quadrilatero $ABQC$ risulta minore di $\frac{1}{4}$.

b. Considera la funzione $f(x)$ che rappresenta l'area del triangolo ABQ, tracciane il grafico limitatamente all'intervallo del problema geometrico e individua il suo valore massimo.

$\left[\text{a) } \arctan 2 < x < \frac{\pi}{2}; \text{ b) } f(x) = \frac{1}{4}\sin 2x; \frac{1}{4}\right]$

131 Data la semicirconferenza di diametro $\overline{AB} = 2r$, siano P un punto su di essa e H la proiezione di P sul diametro AB. Determina $f(x) = \frac{\overline{AH} + \overline{PH}}{\overline{HB}}$ in funzione dell'angolo $P\widehat{B}A = x$ e calcola per quale valore di x si ha $f(x) = 2$. $\left[f(x) = \tan^2 x + \tan x; x = \frac{\pi}{4}\right]$

132 Dato il settore circolare AOB di ampiezza $\frac{\pi}{3}$ e raggio $\sqrt{3}$, considera il punto P sull'arco AB e con esso costruisci il rettangolo inscritto $DCPS$ tale che DC appartenga al raggio OA. Determina l'area del rettangolo $DCPS$ in funzione dell'angolo $A\widehat{O}P = x$. Calcola per quale valore di x l'area vale $\frac{\sqrt{3}}{2}$. Per quale valore di x il rettangolo diventa un quadrato?

$\left[\text{area} = 3\cos x \sin x - \sqrt{3}\sin^2 x; x = \frac{\pi}{6}; x = \arctan\frac{3-\sqrt{3}}{2}\right]$

2 Applicazioni dei teoremi sui triangoli rettangoli

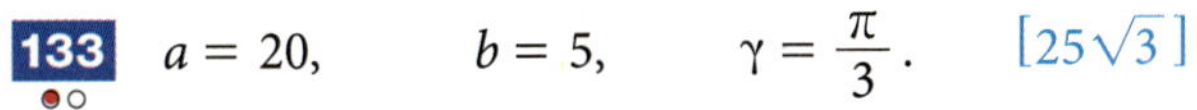

Area di un triangolo

▶ Teoria a p. 875

Determina l'area di un triangolo *ABC*, noti gli elementi indicati.

$S = \frac{1}{2} bc \sin \alpha$

133 $a = 20, \quad b = 5, \quad \gamma = \frac{\pi}{3}.$ $[25\sqrt{3}]$

134 $a = 12, \quad c = 3\sqrt{2}, \quad \beta = \frac{3}{4}\pi.$ $[18]$

135 $b = \frac{5}{2}\sqrt{3}, \quad c = 16, \quad \alpha = 120°.$ $[30]$

136 $a = 20, \quad b = 12, \quad \gamma = 150°.$ $[60]$

137 $b = 65, \quad c = 20, \quad \sin\alpha = \frac{5}{13}.$ $[250]$

138 $a = 26, \quad c = 10, \quad \tan\beta = \frac{12}{5}.$ $[120]$

139 **TEST** L'area del rombo in figura misura:

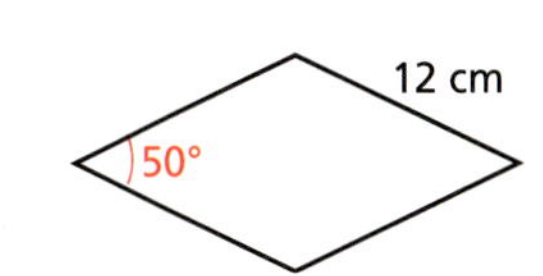

A $144 \cos 50°\ \text{cm}^2$.

B $144 \sin 50°\ \text{cm}^2$.

C $72 \sin 50°\ \text{cm}^2$.

D $288 \sin 50°\ \text{cm}^2$.

E $72 \cos 50°\ \text{cm}^2$.

140 Calcola l'area di un triangolo sapendo che due suoi lati sono lunghi 30 cm e 18 cm e l'angolo compreso tra essi è di 40°. $[173,6\ \text{cm}^2]$

141 In un triangolo due lati sono lunghi 28 cm e 39 cm. L'angolo compreso tra essi ha il coseno uguale a $\frac{12}{13}$. Determina l'area del triangolo. $[210\ \text{cm}^2]$

142 Calcola l'area di un parallelogramma in cui due lati consecutivi misurano 12 e 28 e l'angolo compreso fra essi ha ampiezza $\frac{\pi}{3}$. $[168\sqrt{3}]$

143 In un triangolo ABC, $\overline{AC} = 26$ e $\overline{AB} = 18\sqrt{2}$. Sapendo che l'area è 234, trova l'angolo $C\widehat{A}B$. $\left[\frac{\pi}{4} \vee \frac{3}{4}\pi\right]$

144 Un triangolo isoscele ha area 192 e l'angolo alla base misura $\arcsin\frac{4}{5}$. Determina il perimetro. $[64]$

145 Dal vertice A del triangolo equilatero ABC di lato l traccia una semiretta secante il triangolo e fissa su di essa il punto P tale che $\overline{AP} = l$. Calcola le ampiezze degli angoli del triangolo ABP, sapendo che è valida la seguente relazione fra le aree dei due triangoli: $\mathcal{A}_{ABC} = \sqrt{3}\,\mathcal{A}_{ABP}$. $\left[\frac{5}{12}\pi; \frac{5}{12}\pi; \frac{\pi}{6}\right]$

146 Un rombo ha l'area di $208,6\ \text{cm}^2$ e un angolo misura 68°. Trova il lato e le diagonali. [15 cm; 16,8 cm; 24,9 cm]

Nei seguenti esercizi determina gli elementi richiesti utilizzando i dati forniti nelle figure.

147

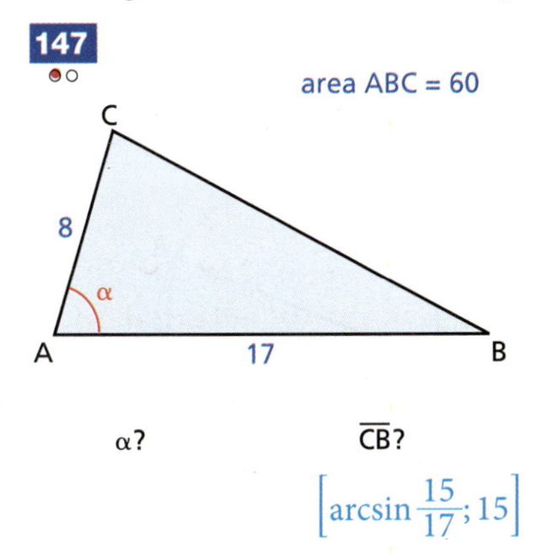

$\left[\arcsin\frac{15}{17}; 15\right]$

148

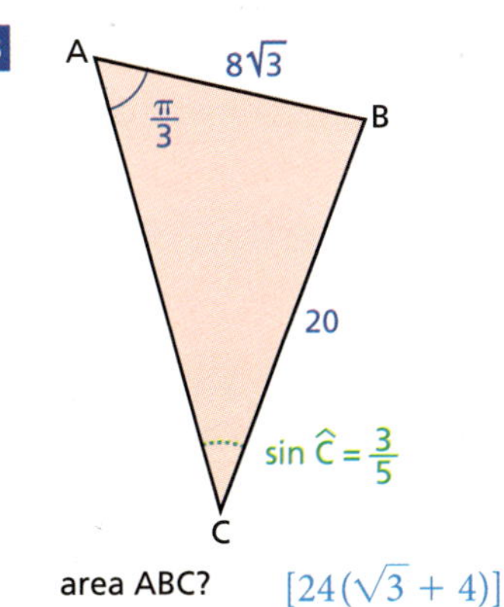

$[24(\sqrt{3} + 4)]$

149

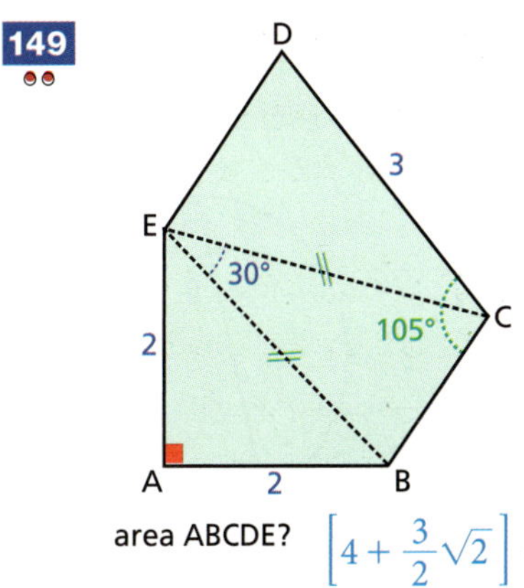

$\left[4 + \frac{3}{2}\sqrt{2}\right]$

150 ●● **EUREKA!** Dato un triangolo ABC, costruisci sui tre lati, esternamente al triangolo, i quadrati $ABHK$, $BCLM$ e $ACNP$. Congiungi H con M, L con N, P con K e dimostra, utilizzando la trigonometria, che i triangoli AKP, BMH e CNL sono equivalenti.

Teorema della corda

▶ Teoria a p. 876

151 **ESERCIZIO GUIDA** In una circonferenza il raggio è 20 cm. Calcoliamo la lunghezza di una sua corda, sapendo che l'angolo al centro che insiste su di essa ha ampiezza di 120°.

Se l'angolo al centro che insiste sulla corda è di 120°, allora il corrispondente angolo alla circonferenza è $\alpha = 60°$. Applichiamo il teorema della corda.

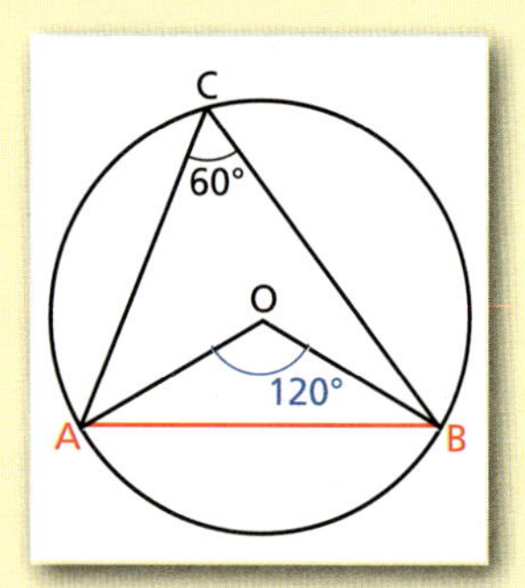

$\overline{AB} = 2r \sin\alpha$

$\overline{AB} = 2 \cdot 20 \cdot \sin 60° = \overset{20}{\cancel{40}} \cdot \frac{\sqrt{3}}{\cancel{2}_1} = 20\sqrt{3}$.

La corda è lunga $20\sqrt{3}$ cm.

Osservazione. Sulla corda AB insistono angoli alla circonferenza di 60° (come $A\widehat{C}B$) e angoli alla circonferenza di 120° (come $A\widehat{D}B$). La lunghezza della corda AB che calcoliamo non dipende dall'angolo scelto, perché $\sin 60° = \sin 120°$.

Negli esercizi che seguono trova gli elementi richiesti riferendoti alla figura.

152 ●○ $\overline{AB} = ?$, $r = 5$, $\alpha = 30°$. [5]

153 ●○ $\overline{AB} = ?$, $r = 12$, $\gamma = 135°$. $[12\sqrt{2}]$

154 ●○ $\overline{AB} = ?$, $r = 15$, $\beta = \arccos\frac{7}{25}$. [18]

155 ●○ $r = ?$, $\overline{AB} = 10$, $\alpha = 40°$. [7,8]

156 ●○ $r = ?$, $\overline{AB} = 20$, $\beta = 120°$. $\left[\frac{20}{3}\sqrt{3}\right]$

157 ●○ $\alpha = ?$, $\beta = ?$, $\gamma = ?$, $\overline{AB} = 7\sqrt{2}$, $r = 7$. [45°; 90°; 135°]

158 ●○ $\alpha = ?$, $r = ?$, $\beta = ?$, $\gamma = \frac{5}{6}\pi$, $\overline{AB} = 24$. $\left[\frac{\pi}{6}; 24; \frac{\pi}{3}\right]$

159 ●○ $r = ?$, $\beta = ?$, $\gamma = ?$, $\alpha = \arccos\frac{4}{5}$, $\overline{AB} = 18$. $\left[15; 2\arccos\frac{4}{5}; \pi - \arccos\frac{4}{5}\right]$

160 ●○ **Corde notevoli** In una circonferenza disegna le corde lunghe r, $r\sqrt{2}$, $r\sqrt{3}$. Quanto misurano gli angoli alla circonferenza che insistono su ognuna di esse?

Nei seguenti esercizi determina gli elementi richiesti utilizzando i dati forniti nelle figure.

161 ●○

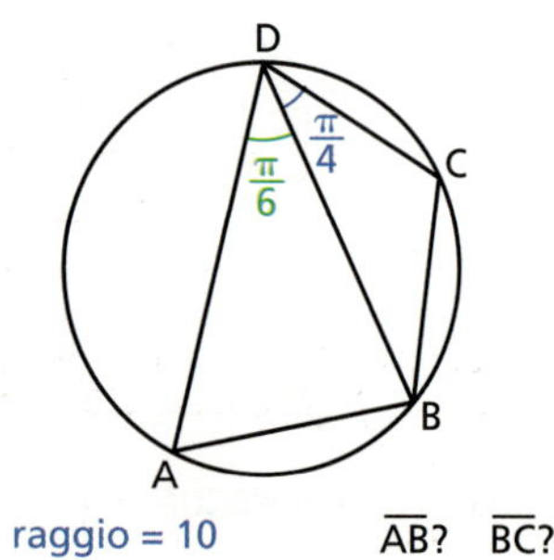

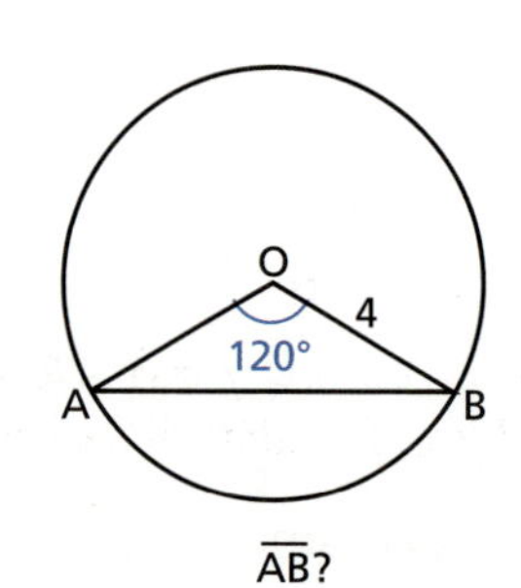

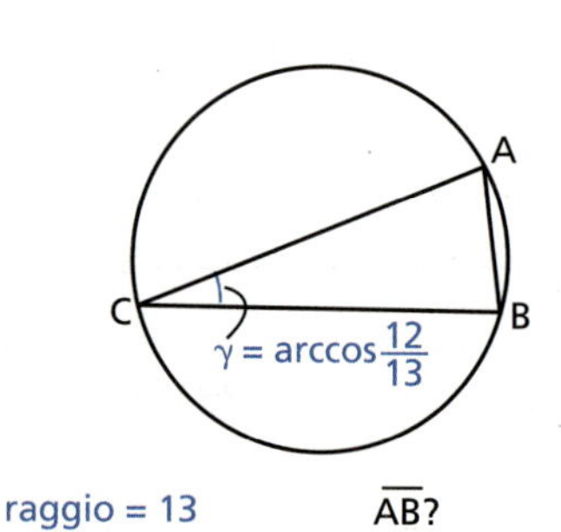

$[10; 10\sqrt{2}; 4\sqrt{3}; 10]$

162 ●○

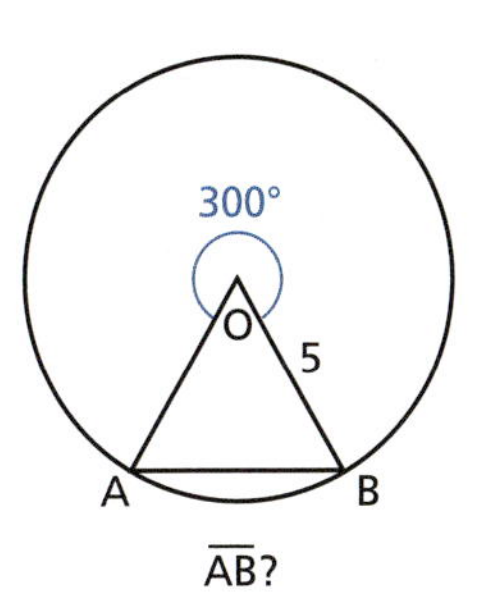

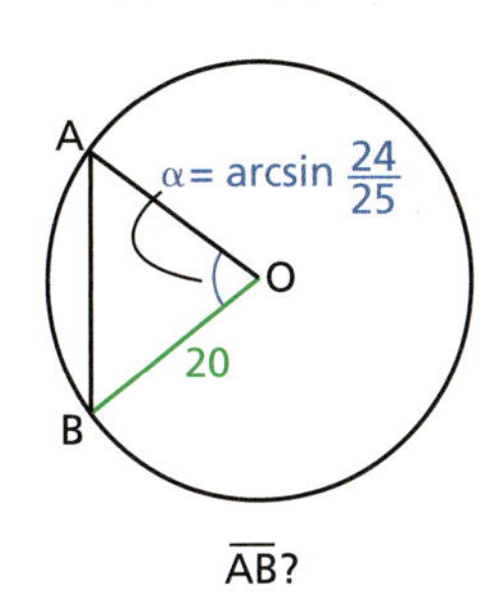

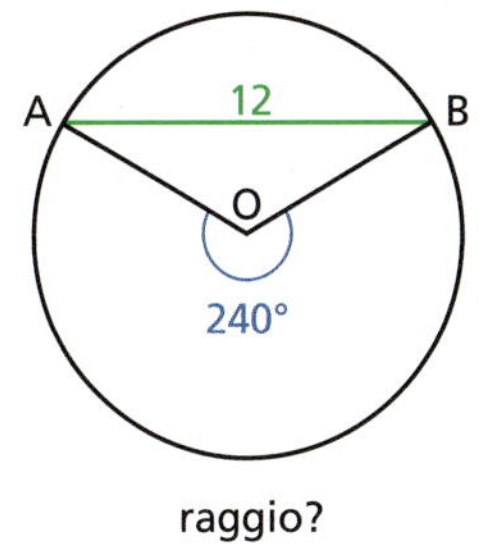

$[5; 24; 4\sqrt{3}]$

---

163 ●○ Utilizzando il teorema della corda, trova le misure dei lati del triangolo equilatero, del quadrato e dell'esagono regolare inscritti in una circonferenza di raggio r. $[r\sqrt{3}; r\sqrt{2}; r]$

164 ●○ In una circonferenza di diametro 16 cm, un angolo alla circonferenza di 36° insiste su una corda. Determina la lunghezza della corda. [9,4 cm]

165 ●○ In una circonferenza di raggio 24 cm, un angolo al centro di 48° insiste su una corda AB. Determina la lunghezza di AB. [19,5 cm]

166 ●○ Determina il raggio della circonferenza circoscritta al triangolo ABC, sapendo che $AB = 40$ cm e che $\cos A\widehat{C}B = \frac{12}{13}$. [52 cm]

167 ●○ Il quadrilatero $ABCD$ è inscritto in una circonferenza di raggio 5 e $\overline{AC} = 8$. Calcola seno e coseno degli angoli $\widehat{B}$ e $\widehat{D}$ supponendo che il vertice B si trovi sul maggiore dei due archi di estremi A e C.
$\left[\sin\widehat{B} = \frac{4}{5}; \cos\widehat{B} = \frac{3}{5}; \sin\widehat{D} = \frac{4}{5}; \cos\widehat{D} = -\frac{3}{5}\right]$

168 ●○ Nel triangolo isoscele ABC il rapporto fra il raggio della circonferenza circoscritta e la base AB è $\frac{\sqrt{2}}{2}$. Trova l'ampiezza dell'angolo al vertice $A\widehat{C}B$. $\left[\frac{\pi}{4} \text{ o } \frac{3}{4}\pi\right]$

169 ●○ Sia ABC un triangolo inscritto in una circonferenza. Determina la misura del raggio, sapendo che la corda BC misura $12l$ e gli angoli $\widehat{B}$ e $\widehat{C}$ misurano rispettivamente 45° e 105°. Trova poi il perimetro del triangolo.
$[r = 12l; 6l(\sqrt{6} + 2 + 3\sqrt{2})]$

170 ●● In una circonferenza di raggio 2, la corda AB misura $\frac{16}{9}\sqrt{5}$. Preso C sull'arco maggiore $\widehat{AB}$ in modo che $\overline{AC} = \overline{CB}$, determina il perimetro del triangolo ABC. $\left[\frac{40}{9}\sqrt{5}\right]$

171 ●● In una circonferenza di raggio r, considera quattro punti consecutivi A, B, C e D. Le tre corde AB, BC e CD misurano rispettivamente r, $r\sqrt{3}$ e $r\sqrt{2}$. Quanto misura la corda AD? $[r\sqrt{2}]$

172 ●○ **EUREKA!** Dimostra che l'area di un triangolo qualsiasi ABC è data dalla seguente formula:

$$\mathcal{A}_{ABC} = 2r_c^2 \sin\widehat{A} \sin\widehat{B} \sin\widehat{C},$$

dove r_c è il raggio della circonferenza circoscritta.

173 ●○ **TEST** Nella figura a fianco, calcolare CD sapendo che $OB = 1$, $A\widehat{B}C = 45°$, $B\widehat{C}D = 15°$.

A $2 - \sqrt{2}$.

B $\sqrt{3} - \sqrt{2}$.

C $\frac{1}{\sqrt{2}}$.

D 1.

E 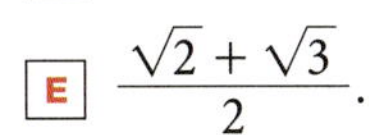 $\frac{\sqrt{2} + \sqrt{3}}{2}$.

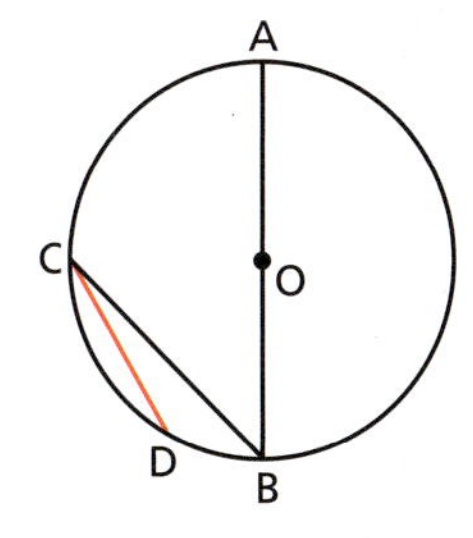

(*Giochi di Archimede*, 2001)

Problemi con equazioni, disequazioni e funzioni

174 ●● Considera una circonferenza di raggio r e una sua corda $\overline{AB} = r$. Sul maggiore dei due archi $\widehat{AB}$ prendi un punto P e poni $P\widehat{B}A = x$. Determina $\overline{BP}$ in funzione di x e trova per quali valori di x si ha $\overline{BP} = r\sqrt{2}$.
$\left[\overline{BP} = 2r\sin\left(\frac{5}{6}\pi - x\right); x = \frac{\pi}{12} \vee x = \frac{7}{12}\pi\right]$

ESERCIZI

175 Su una semicirconferenza di diametro $\overline{AB} = 2r$ considera la corda $\overline{AC} = r$ e sull'arco $\widehat{CB}$ un punto P variabile, con $P\widehat{A}B = x$. Calcola x in modo che il perimetro di $ACPB$ sia $5r$. Trova poi l'area del quadrilatero corrispondente al valore di x determinato.
$\left[\frac{\pi}{6}; \frac{3}{4}r^2\sqrt{3}\right]$

176 In una semicirconferenza di diametro $\overline{AB} = 2r$, la corda AC misura $r\sqrt{2}$. Il punto P, preso sull'arco $\widehat{AC}$, ha proiezione H sul segmento AC e C ha proiezione K sulla tangente in P. Detto x l'angolo $C\widehat{A}P$, determina la funzione $y = \overline{CK} + \sqrt{2}\,\overline{PH} + \overline{PK}$ e rappresenta il suo grafico tenendo conto dei limiti del problema.
$\left[y = 2r\sin 2x; 0 \leq x \leq \frac{\pi}{4}\right]$

177 È dato il quadrilatero $ABCD$ inscritto in una circonferenza di raggio r. L'angolo in A è di $\frac{\pi}{3}$, quello in B è tale che $A\widehat{B}D$ è doppio di $D\widehat{B}C$. Poni $D\widehat{B}C = x$ e determina l'espressione analitica della funzione

$$f(x) = \frac{\overline{AD}}{\overline{DC}} - 3\frac{\overline{BC}}{\overline{DB}}$$

Trova per quali valori di x si ha $f(x) < \sqrt{3}$.
$\left[f(x) = 2\sin\left(x - \frac{\pi}{6}\right), \text{con } 0 < x < \frac{\pi}{3}; 0 < x < \frac{\pi}{6}\right]$

178 Il quadrilatero $ABCD$ è inscritto in una circonferenza di raggio r e $\overline{AB} = \overline{BC}$, $A\widehat{B}C = \frac{\pi}{3}$.
Posto $A\widehat{C}D = x$:

a. dimostra che $\overline{AD} + \overline{CD} = \overline{BD}$;

b. esprimi la funzione $f(x) = \frac{\overline{CD}}{\overline{BD}}$ e trova per quali valori di x risulta $f(x) = \frac{1}{2}$.

$\left[\text{b) } f(x) = \frac{\sqrt{3} - \tan x}{\sqrt{3} + \tan x}, \text{con } 0 < x < \frac{\pi}{3}; x = \frac{\pi}{6}\right]$

179 Data la semicirconferenza di diametro $\overline{AB} = 2$, considera il punto P appartenente a essa e tale che $P\widehat{B}A = x$; traccia la tangente in P e sia H la proiezione del punto B sulla tangente.

a. Determina la funzione $f(x) = \overline{PH} + \overline{HB}$, traccia il suo grafico ed evidenzia la parte relativa al problema.

b. Risolvi la disequazione $f(x) \geq 2$.
$\left[\text{a) } f(x) = \sqrt{2}\sin\left(2x + \frac{\pi}{4}\right) + 1; \text{b) } 0 \leq x \leq \frac{\pi}{4}\right]$

180 Data la semicirconferenza di diametro $\overline{AB} = 2r$, considera le corde AC e CD consecutive e congruenti. Posto $A\widehat{B}C = x$, trova per quali valori di x si ha:

$$\overline{AC} + \overline{CD} + 2\overline{DB} = \overline{AB}.$$

[nessun valore di x]

181 Date la semicirconferenza di diametro $\overline{AB} = 2r$ e la corda $\overline{AC} = r\sqrt{3}$, considera la corda BD che interseca AC in P. Posto $P\widehat{B}C = x$, determina la funzione $f(x) = \frac{\overline{PC} + \overline{CB}}{\overline{PB}}$ e rappresentala graficamente evidenziando il tratto che si riferisce al problema.
$\left[y = \sin x + \cos x, \text{con } 0 \leq x \leq \frac{\pi}{3}\right]$

182 Preso il punto P sull'arco $\widehat{DC}$ della circonferenza nella figura e posto $P\widehat{A}C = x$, rappresenta la funzione

$$f(x) = 2\overline{PA}^2 + 2\overline{PB}^2$$

in un periodo ed evidenzia la parte relativa al problema.
Determina il valore massimo di $f(x)$, indicando per quale valore di x lo si ottiene.

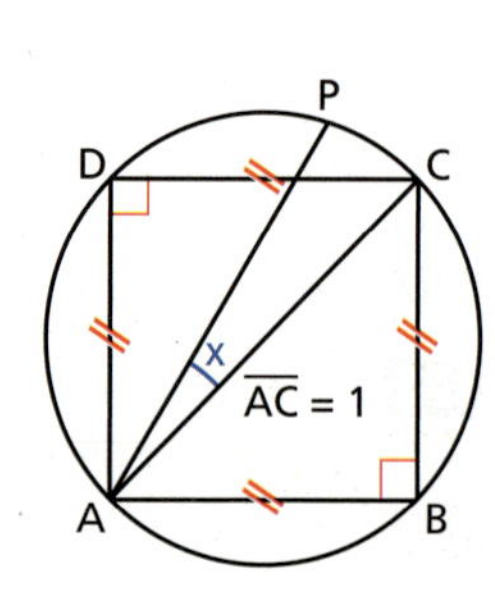

$\left[f(x) = 2 + \sqrt{2}\sin\left(2x + \frac{\pi}{4}\right) + 2, \text{con } 0 \leq x \leq \frac{\pi}{4}; \text{max: }\left(\frac{\pi}{8}; 2 + \sqrt{2}\right)\right]$

183 Una semicirconferenza ha diametro $\overline{AB} = 4$ e la corda $\overline{BC} = 2$. Sia P un punto dell'arco $\widehat{AC}$. Considera D la sua proiezione sulla tangente in A ed E quella su AC. Poni $P\widehat{A}C = x$ e determina la funzione

$$f(x) = \overline{PD} + 2\overline{PE}.$$

Rappresenta il grafico di $f(x)$ e indica per quali valori di x si ha $f(x) = \frac{9}{2}$.

$[f(x) = \sqrt{3}\sin 2x + 3\cos 2x;\ \nexists x \in \mathbb{R}]$

184 **a.** È data la semicirconferenza di centro O e diametro $\overline{AB} = 2$ e la corda $\overline{CD} = \sqrt{2}$, con C più vicino a B. Costruisci il quadrilatero $ABCD$ e determina l'area $f(x)$ in funzione dell'angolo $A\widehat{O}D = x$ indicando le limitazioni per x.

b. Trova per quali valori di a, b, c la funzione $f(x)$ può essere scritta nella forma $y = a\sin(x+b) + c$.

c. Rappresenta graficamente $f(x)$ evidenziando il tratto relativo al problema e indica i punti di massimo e di minimo.

$\left[\text{a) } f(x) = \frac{1}{2}(\sin x + \cos x + 1), \text{ con } 0 \le x \le \frac{\pi}{2};\ \text{b) } \frac{\sqrt{2}}{2}, \frac{\pi}{4}, \frac{1}{2};\ \text{c) max:}\left(\frac{\pi}{4}; \frac{1+\sqrt{2}}{2}\right), \text{min:}(0;1), \left(\frac{\pi}{2};1\right)\right]$

Allenati con **15 esercizi interattivi** con feedback "hai sbagliato, perché…"
su.zanichelli.it/tutor3 risorsa riservata a chi ha acquistato l'edizione con tutor

3 Triangoli qualunque

Teorema dei seni

▶ Teoria a p. 877

185 **VERO O FALSO?** Stabilisci se le seguenti uguaglianze sono vere o false, in riferimento al triangolo in figura.

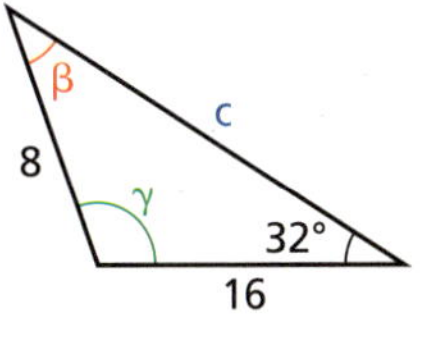

a. $\frac{8\sin\gamma}{\sin 32°} = c$ V F

b. $\sin\beta = 2\sin 32°$ V F

c. $\frac{\sin\beta}{\sin\gamma} = \frac{c}{16}$ V F

d. $\frac{\sin 32°}{\sin\beta} = \frac{c}{8}$ V F

186 **ESERCIZIO GUIDA** Utilizziamo gli elementi indicati nella figura per trovare l'angolo β e i lati CB e AC del triangolo.

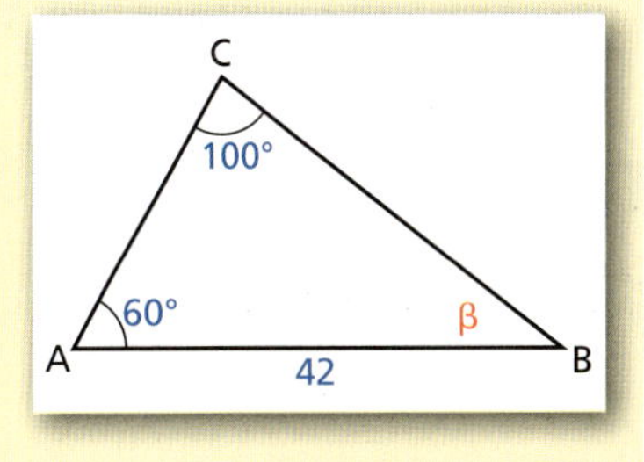

$$\beta = 180° - (100° + 60°) = 20°.$$

Applichiamo il teorema dei seni per determinare CB e AC:

$$\frac{\overline{CB}}{\sin 60°} = \frac{42}{\sin 100°} \rightarrow \overline{CB} = \frac{42}{\sin 100°} \cdot \sin 60° \simeq 36{,}9.$$

$$\frac{\overline{AC}}{\sin 20°} = \frac{42}{\sin 100°} \rightarrow \overline{AC} = \frac{42}{\sin 100°} \cdot \sin 20° \simeq 14{,}6.$$

Del triangolo *ABC* sono noti alcuni elementi. Determina ciò che è richiesto.

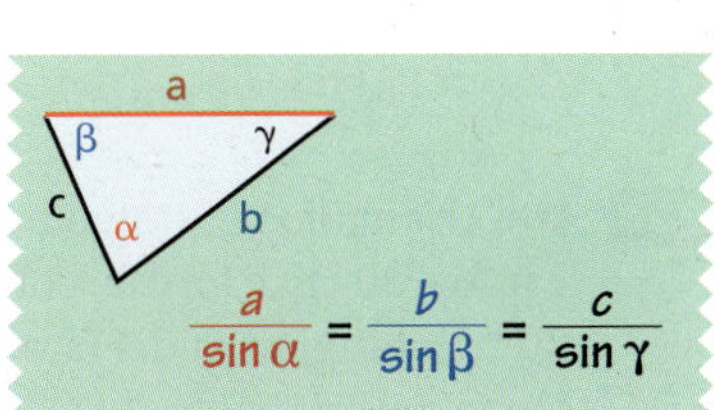

187 $a = 12$, $b = 9$, $\beta = 30°$. $\sin\alpha$? $\left[\frac{2}{3}\right]$

188 $a = 20$, $b = 9$, $\alpha = 120°$. $\sin\beta$? $\left[\frac{9\sqrt{3}}{40}\right]$

189 $a = 21$, $c = 12$, $\gamma = \frac{\pi}{3}$. $\sin\alpha$? [impossibile]

190 $a = 12\sqrt{2}$, $\beta = 60°$, $\gamma = 45°$. b? c? $[12\sqrt{3}(\sqrt{3}-1); 12\sqrt{2}(\sqrt{3}-1)]$

191 $\alpha = 60°$, $\gamma = 75°$, $b = 12$. a? c? $[6\sqrt{6}; 6(1+\sqrt{3})]$

192 $\alpha = 82°$, $\beta = 36°$, $c = 63$. a? b? $[70{,}6; 41{,}9]$

193 $\beta = 28°$, $\gamma = 107°$, $b = 48$. a? c? $[72{,}3; 97{,}8]$

194 TEST In un triangolo $a = 18$, $\sin\alpha = \frac{3}{5}$ e $\sin\beta = \frac{1}{10}$. Quanto vale b?

A 3 B 60 C $\frac{27}{25}$ D $\frac{25}{27}$ E 30

Nelle seguenti figure determina ciò che è richiesto.

195

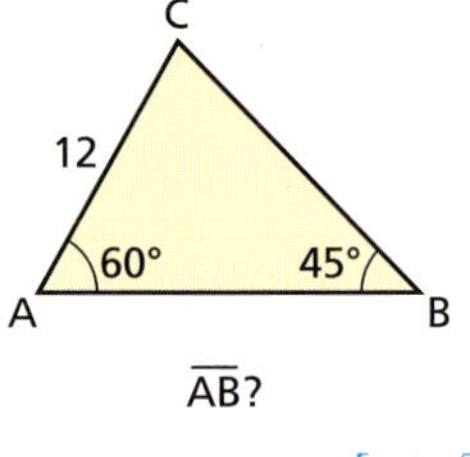

$\overline{AB}$? $[6(\sqrt{3}+1)]$

196

C, 75°, A, 50°, 15, B

$\overline{AC}$? $[12{,}7]$

197

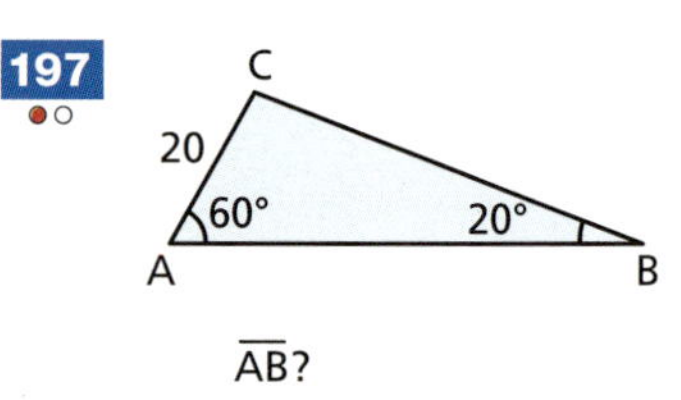

$\overline{AB}$? $[57{,}6]$

MATEMATICA AL COMPUTER

La trigonometria Scriviamo un programma nel linguaggio di Wiris che, letti il perimetro $2p$ e l'ampiezza dell'angolo alla base α di un triangolo isoscele, determini il lato obliquo ℓ, la base b e l'area S del triangolo. Proviamo il programma con $2p = 12$ m e $\alpha = 34°20'54''$.

Risoluzione – 7 esercizi in più

198 Nel triangolo ABC sono noti

$$\overline{AB} = 20,\ \cot\widehat{A} = \frac{3}{4} \text{ e } \widehat{C} = \frac{\pi}{6}.$$

Determina la misura degli altri due lati.

$[\overline{BC} = 32; \overline{AC} = 4(3+4\sqrt{3})]$

199 Determina il perimetro del parallelogramma $ABCD$ di base AB, sapendo che $\overline{BD} = 12$, $D\widehat{A}B = \frac{\pi}{3}$, $A\widehat{B}D = \frac{\pi}{4}$. $[12\sqrt{2}(\sqrt{3}+1)]$

200 Nel triangolo LMN il lato LM è lungo 60 cm e l'angolo $M\widehat{L}N$ ha ampiezza 30°. Sapendo che $\cos L\widehat{N}M = \frac{2}{3}\sqrt{2}$, determina gli altri lati del triangolo.

$[MN = 90 \text{ cm}; LN = 30(2\sqrt{2}+\sqrt{3}) \text{ cm}]$

201 Nel triangolo acutangolo ABC la mediana AM è lunga 80 cm e forma, col lato AB, un angolo di 30°. La lunghezza del lato BC è 120 cm. Calcola l'area del triangolo ABC.

$[800(\sqrt{5}+2\sqrt{3}) \text{ cm}^2]$

202 La bisettrice NP del triangolo LMN misura 40. Determina $\overline{NM}$, noti $L\widehat{N}M = \arccos\frac{7}{25}$ e $\widehat{M} = 30°$.

$[8(4+3\sqrt{3})]$

203 REALTÀ E MODELLI **Passaggi** Durante una partita di calcio, si svolge l'azione rappresentata in figura: un giocatore in A passa la palla a un compagno in B, che gliela ripassa nella posizione A', dove si è spostato nel frattempo.

Si sa che $AB = 20$ m e $A'B = 30$ m, mentre l'angolo formato dalle direzioni AB e $A'A$ è $\alpha = 60°$.

a. Calcola la distanza AA' percorsa dal primo giocatore.

b. Determina l'angolo formato dalle direzioni della palla in arrivo e in partenza da B.

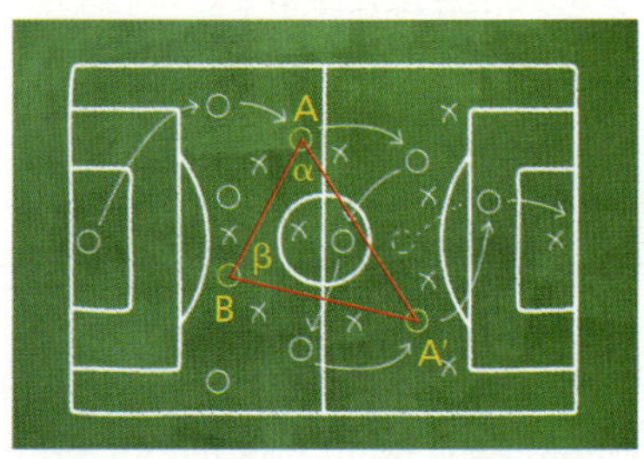

[a) 34,5 m; b) 84,7°]

204 Nel triangolo ABC i lati AB e BC sono lunghi rispettivamente 50 cm e 80 cm. La tangente di $B\widehat{A}C$ è $-\frac{4}{3}$. Determina il perimetro e l'area.

$[20(5+2\sqrt{3}) \text{ cm}; 200(4\sqrt{3}-3) \text{ cm}^2]$

Nelle seguenti figure determina ciò che è richiesto.

205

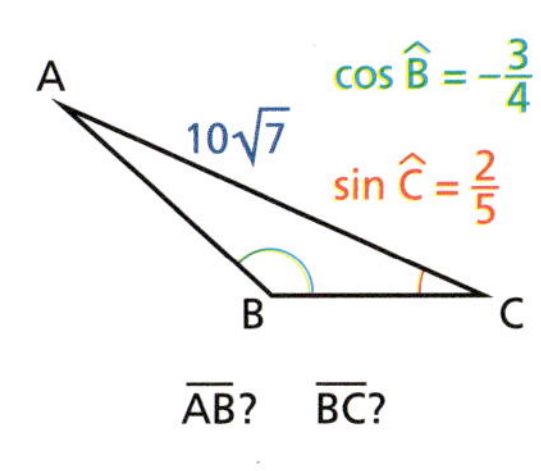

$[16; 2(7\sqrt{3} - 6)]$

206

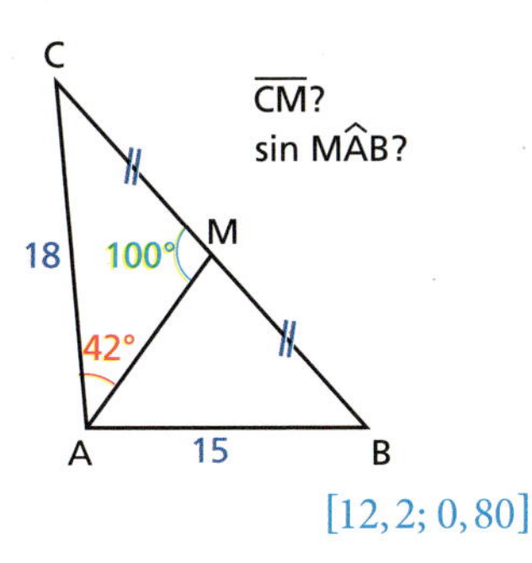

$[12,2; 0,80]$

207

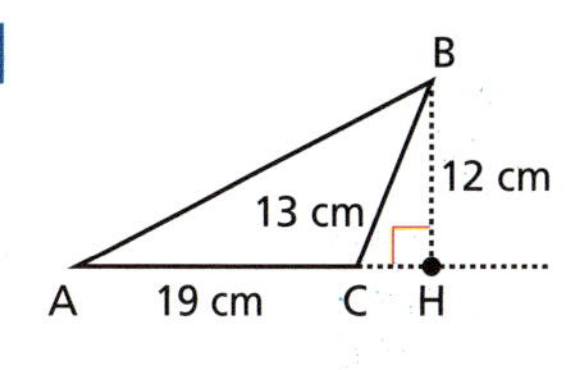

$[(32 + 12\sqrt{5})\text{ cm}; \simeq 40,8°]$

Problemi con equazioni, disequazioni e funzioni

208 Considera il triangolo equilatero ABC e la circonferenza a esso circoscritta di raggio r. Sull'arco $\widehat{AB}$ che non contiene C prendi il punto P. Calcola $A\hat{B}P$ in modo che l'area del quadrilatero $APBC$ sia i $\frac{4}{3}$ dell'area del triangolo equilatero. $\left[\frac{\pi}{6}\right]$

209 Sia ABC un triangolo equilatero inscritto in una circonferenza di raggio r. Considera una corda CD interna all'angolo $A\widehat{C}B$ e su CD un punto E tale che $AD \cong DE$. Dopo aver dimostrato che il triangolo ADE è equilatero, esprimi in funzione di $x = A\widehat{C}D$ il perimetro del triangolo AEC.
Determina poi per quale valore di x il perimetro misura $(2 + \sqrt{3})r$. $\left[r(\sin x + \sqrt{3}\cos x + \sqrt{3}); x = \frac{\pi}{6}\right]$

210 Sono dati i triangoli ABC e ABD, appartenenti allo stesso semipiano rispetto al segmento AB, tali che l'angolo $A\widehat{C}B$ è la metà dell'angolo $A\widehat{D}B$, $\overline{CB} = 2a$, $\overline{AD} = a$ e $C\widehat{B}D = \frac{\pi}{6}$. Indica con P il punto di intersezione tra AC e BD e, posto $A\widehat{C}B = x$, determina la funzione:

$$f(x) = \frac{\overline{PC} - \overline{PB}}{\overline{PD}}.$$

Calcola poi in quali intervalli di $[0; 2\pi]$ si ha $f(x) \geq 0$.

$\left[f(x) = \frac{2(1 - 2\sin x)}{\cos x - \sqrt{3}\sin x}, \text{con } 0 \leq x < \frac{\pi}{6}; 0 \leq x < \frac{\pi}{6} \vee \frac{\pi}{6} < x \leq \frac{5}{6}\pi \vee \frac{7}{6}\pi < x \leq 2\pi\right]$

211 Considera il segmento AB e nei due semipiani opposti disegna il triangolo ABC con $C\widehat{B}A = 2x$ e $\overline{CB} = 2$ e il triangolo ABD con $B\widehat{A}D = x$. I due triangoli sono tali che $C\widehat{B}D = \frac{\pi}{2}$. Indica con P il punto di intersezione dei segmenti CD e AB. Sapendo che $P\widehat{C}B = \frac{\pi}{6}$, determina la misura di AD in funzione di x e calcola per quali valori di x è:

$$\overline{AD} > \frac{2\sqrt{3}}{3}.$$

$\left[\overline{AD} = \frac{2\cos 2x}{\sqrt{3}\sin x}; 0 < x < \frac{\pi}{6}\right]$

212 È dato il triangolo ABC tale che $\overline{AB} = 3$, $C\widehat{A}B = 60°$, $A\widehat{B}C = 2x$. Traccia la bisettrice dell'angolo $A\widehat{B}C$ che incontra il lato AC nel punto P, considera la funzione $f(x) = \frac{\overline{AC}}{\overline{AP}}$ e, nei limiti imposti dal problema, risolvi la disequazione $f(x) \leq 1 + \sqrt{3}$. $[0° < x \leq 45°]$

213 Data la circonferenza di diametro $\overline{AB} = 6$, considera su AB il punto H e costruisci il triangolo equilatero AEF che ha AH come altezza.
Dal punto E conduci la parallela ad AB che incontra in M e L la circonferenza (L è da parte opposta di A rispetto al segmento EF). In funzione di $B\widehat{A}L = x$, determina $\overline{EF}$, $\overline{EL}$. Calcola poi l'angolo x tale che $\overline{EF} = \overline{EL}$.
$[\overline{EF} = 6\sin 2x, \overline{EL} = 3 - 6\sin(2x - 30°), \text{con } 0° \leq x \leq 30°; x = 15°]$

214 È dato il triangolo ABC tale che $\widehat{B} = 2\widehat{C}$ e $\overline{AC} = 2$. Considerato l'angolo in $\widehat{C}$ come variabile x, determina l'espressione di $\overline{AB}$ e $\overline{BC}$. Verifica che, nei limiti imposti dal problema geometrico, vale l'uguaglianza

$$\overline{AB} + \overline{BC} = 4\cos x$$

e determina il valore di x per cui $\overline{BC} = \frac{4}{3}\sqrt{3}$. $\left[\overline{AB} = \frac{1}{\cos x}, \overline{BC} = \frac{4\cos^2 x - 1}{\cos x}; x = \frac{\pi}{6}\right]$

215 Nel trapezio rettangolo in figura, determina x in modo che si abbia $5\overline{AD} + \overline{DC} > 2$. $\left[\frac{\pi}{2} - \alpha < x < \frac{\pi}{2}\right]$

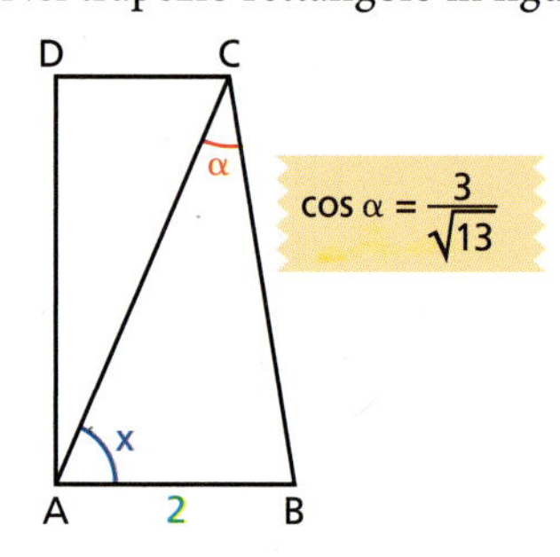

216 Considera la semicirconferenza di diametro $\overline{AB} = 10$ della figura, in cui il punto D è un punto qualsiasi dell'arco $\widehat{BC}$.

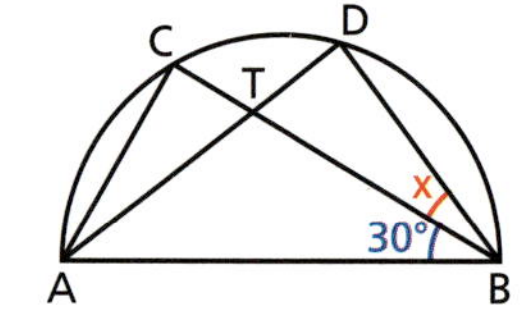

a. Esprimi la funzione

$$f(x) = \frac{\overline{DT}}{\overline{TC}}$$

e rappresenta il suo grafico, indicando il tratto relativo al problema.

b. Calcola per quale valore di x si ha $f(x) = \sqrt{2}$.

$\left[\text{a) } f(x) = 2\sin\left(\frac{\pi}{3} - x\right), \text{con } 0 < x \le \frac{\pi}{3}; \text{b) } \frac{\pi}{12}\right]$

Teorema del coseno

▶ Teoria a p. 878

217 TEST Se in un triangolo due lati sono lunghi rispettivamente 6 cm e 15 cm e il coseno dell'angolo compreso fra essi vale $\frac{3}{10}$, quanto è lungo in centimetri il terzo lato?

A 207 B 315 C $\sqrt{315}$ D $\sqrt{207}$ E $\sqrt{261}$

218 ESERCIZIO GUIDA Determiniamo la misura del lato BC utilizzando gli elementi indicati nella figura.

Applichiamo il teorema del coseno: $a^2 = b^2 + c^2 - 2bc\cos\alpha$

$$\overline{BC}^2 = \overline{AB}^2 + \overline{AC}^2 - 2\overline{AB}\cdot\overline{AC}\cos B\widehat{A}C =$$

$$12^2 + 28^2 - 2\cdot 12\cdot 28\cos 60° = 144 + 784 - 2\cdot 12\cdot 28\cdot\frac{1}{2} = 592.$$

Quindi $\overline{BC} = \sqrt{592} \simeq 24{,}3$.

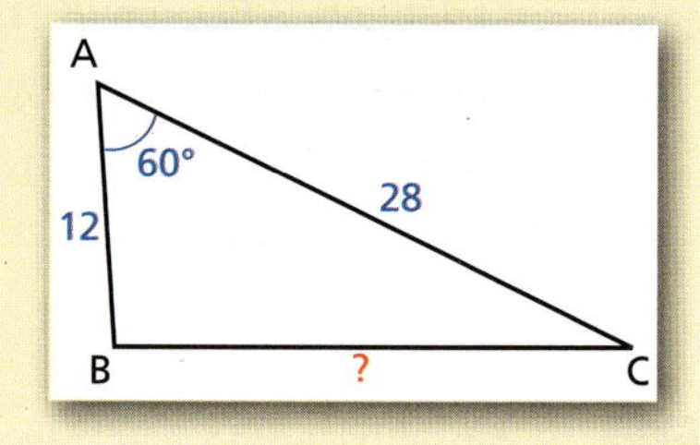

Del triangolo *ABC* sono noti alcuni elementi. Determina ciò che è richiesto.

219 $a = 12$, $b = 6$, $\gamma = \frac{\pi}{3}$. c? $[6\sqrt{3}]$

220 $b = \sqrt{2}$, $c = 10$, $\alpha = \frac{\pi}{4}$. a? $[\sqrt{82}]$

221 $a = 15$, $c = 21$, $\beta = 40°$. b? $[13{,}5]$

222 $a = 24$, $b = 12$, $c = 12\sqrt{3}$. γ? $[60°]$

223 $a = \sqrt{56}$, $b = 10$, $c = 6$. $\cos\alpha$? $\left[\frac{2}{3}\right]$

224 $a = 12$, $b = 4\sqrt{10}$, $c = 8$. $\tan\beta$? $[\sqrt{15}]$

225 $a = 5$, $c = 9$, $\beta = \arccos\frac{1}{3}$. b? $[\sqrt{76}]$

226 $b = 20$, $c = 6$, $\alpha = \arctan\frac{3}{4}$. a? $[2\sqrt{61}]$

Nelle seguenti figure determina ciò che è richiesto.

227

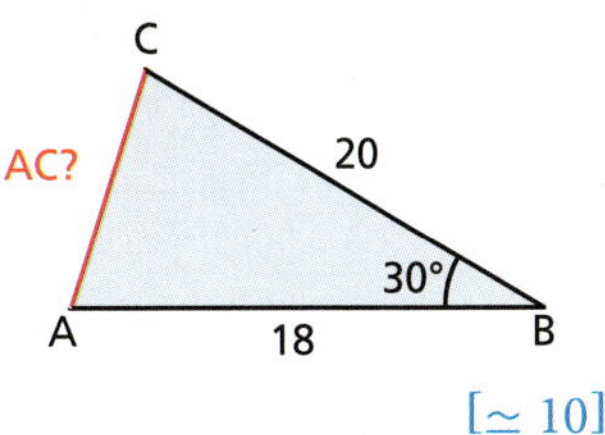

$[\simeq 10]$

228

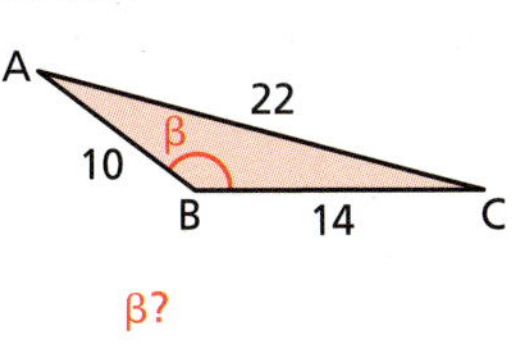

$[\simeq 132°]$

229

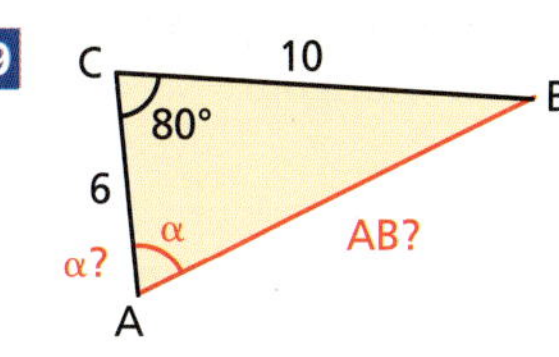

$[\simeq 11; \simeq 64°]$

230 Nel triangolo acutangolo ABC si ha $\sin A\widehat{C}B = \frac{5}{13}$, $AC = 26$ cm e $BC = 8$ cm. Trova AB. [18,9 cm]

231 Un rombo ha i lati lunghi 10 cm e un angolo di 25°. Determina le lunghezze delle diagonali. [4,3 cm; 19,5 cm]

232 Nel triangolo ABC, $\overline{BC} = 4$, $\overline{AB} = x$, $\overline{AC} = x + 2$ e $\cos B\widehat{A}C = \frac{x+8}{2x+4}$. Determina tutti i possibili valori di x.

(CAN *Canadian Open Mathematics Challenge*, 2006)

$[x = 6]$

233 TEST Un triangolo ha lati di lunghezza 1, 2 e $\sqrt{7}$. La misura in radianti dell'angolo opposto al lato di lunghezza $\sqrt{7}$ è

A $\frac{\pi}{2}$. B $\frac{5\pi}{8}$. C $\frac{2\pi}{3}$. D $\frac{3\pi}{4}$. E $\frac{5\pi}{6}$.

(USA *University of South Carolina, High School Math Contest*, 1994)

234 RIFLETTI SULLA TEORIA Verifica che un triangolo che ha i lati lunghi 9 cm, 15 cm e 21 cm è ottusangolo.

235 Nel triangolo ABC la misura di AC è 4 e il coseno dell'angolo $\widehat{A}$ è $\frac{3}{4}$. Il punto D divide AB in modo che $\overline{AD} = 2$ e $\overline{DB} = 1$. Trova $\overline{CD}$, $\overline{CB}$ e la misura di CM, mediana relativa ad AB.

$\left[2\sqrt{2}; \sqrt{7}; \frac{\sqrt{37}}{2}\right]$

236 In un parallelogramma due lati consecutivi misurano 4 e 20 e l'angolo fra essi compreso è $\alpha = \arcsin\frac{4}{5}$. Calcola le misure dell'area e delle diagonali. $[64; 8\sqrt{5}; 16\sqrt{2}]$

237 La base maggiore AB del trapezio rettangolo $ABCD$ misura 26, il lato obliquo CB misura 5 e $\widehat{B} = \arcsin\frac{5}{13}$. Determina $\overline{AC}$ e l'area.

$\left[\sqrt{461}; \frac{7700}{169}\right]$

238 In un trapezio isoscele $ABCD$ la base maggiore AB e il lato obliquo CB sono lunghi rispettivamente 70 cm e 32 cm. L'angolo $A\widehat{B}C$ è di 72°. Calcola le lunghezze delle diagonali e del perimetro del trapezio. [67,4 cm; 184,2 cm]

239 Determina l'angolo $B\widehat{C}D$ nel quadrilatero della figura. $[\simeq 104°]$

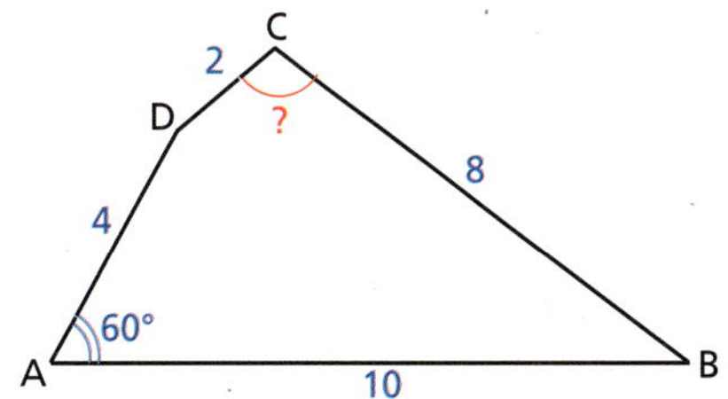

240 YOU & MATHS In the triangle ABC the length of the side AB is 24 cm and the length of the side AC is 20 cm. The cosine of the angle included between them is $-\frac{1}{4}$. Compute the perimeter, the area, and the length of the median BM.

$[(44 + 8\sqrt{19})$ cm; $60\sqrt{15}$ cm^2; $2\sqrt{199}$ cm$]$

241 Nel triangolo ABC il lato AB supera di 4 cm il lato AC. Inoltre, $B\widehat{A}C = 120°$ e $BC = 14$ cm. Trova le lunghezze dei lati AC e AB. [6 cm; 10 cm]

242 Nel triangolo LMN la lunghezza del lato LM è $6\sqrt{21}$ cm, quella del lato MN è 50 cm e il seno dell'angolo compreso fra essi è $\frac{2}{5}$. Determina l'area del triangolo e il raggio della circonferenza circoscritta.

$[S_1 = S_2 = 60\sqrt{21}$ cm^2; $r_1 = 95$ cm, $r_2 = 5\sqrt{46}$ cm$]$

243 Determina gli angoli, il perimetro e l'area del trapezio in figura.

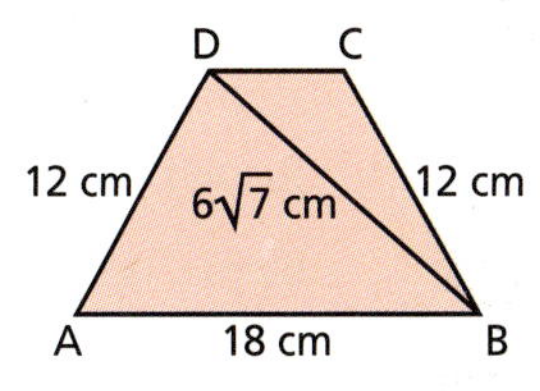

$[\widehat{A} = \widehat{B} = 60°; \widehat{C} = \widehat{D} = 120°; 48$ cm; $72\sqrt{3}$ cm$^2]$

ESERCIZI

244 Nel triangolo ABC sono noti il lato AB, la bisettrice AT dell'angolo $B\widehat{A}C$ e il segmento BT staccato da tale bisettrice sul lato BC; le loro lunghezze sono: $AB = (\sqrt{3}+1)$ cm, $AT = 2$ cm e $BT = \sqrt{2}$ cm. Calcola l'area del triangolo.

$\left[\frac{\sqrt{3}}{2}(\sqrt{3}+1)\text{ cm}^2\right]$

Problemi con equazioni, disequazioni e funzioni

245 Il triangolo ABC ha i lati $\overline{AB} = 3-3a$, $\overline{BC} = 6a+3$ e l'angolo $A\widehat{B}C = 120°$. Trova per quali valori di a si ha $\overline{AC}^2 > 39$.

$\left[\frac{1}{3} < a < 1\right]$

246 La corda AB di una circonferenza di centro O e raggio r è lunga quanto il lato di un triangolo equilatero inscritto nella circonferenza. Traccia da B la tangente alla circonferenza e prendi su di essa un punto P appartenente al semipiano che è individuato da AB e contiene O. Poni $\overline{PB} = x$. Esprimi:

$$f(x) = \overline{AP}^2 - \overline{AB}^2,$$

rappresenta la funzione $f(x)$ nel piano cartesiano e determina per quale valore di x è $f(x) = \frac{1}{4}r^2$.

$\left[f(x) = x^2 + \sqrt{3}\,rx, x \geq 0; x = \frac{r}{2}(2-\sqrt{3})\right]$

247 Sia $ABCD$ un quadrato di lato 4 cm. Traccia la circonferenza di diametro AB e considera un punto P appartenente alla semicirconferenza interna al quadrato, ponendo $P\widehat{A}B = x$. Sia P' il simmetrico di P rispetto ad AB. Determina la funzione

$$f(x) = \overline{DP'}^2 - \overline{PA}^2,$$

rappresentala graficamente ed evidenzia la parte del grafico relativa al problema. In tale tratto indica il massimo e il minimo valore della funzione. Trova per quale valore di x la funzione assume valore massimo.

$\left[f(x) = 16(1+\sin 2x);\text{ massimo} = 32;\text{ minimo} = 16; x = \frac{\pi}{4}\right]$

248 È data la semicirconferenza di diametro $\overline{AB} = 2$ e centro O. Nel triangolo ABC in essa inscritto poni $B\widehat{A}C = x$. Sulla semiretta OC considera il punto P tale che $\overline{OC} = \overline{CP}$.

a. Verifica che $\overline{PA}^2 + \overline{PB}^2 = 10$.

b. Risolvi, nei limiti geometrici imposti dal problema, la disequazione $\frac{\overline{PA}^2}{\overline{PB}^2} \geq \frac{7}{3}$.

$\left[\text{b) } 0 \leq x \leq \frac{\pi}{6}\right]$

249 È dato il segmento $\overline{AB} = 4$. Dal suo punto medio M conduci una semiretta in modo che formi con MB un angolo acuto variabile di ampiezza x. Sia K la proiezione ortogonale di B sulla semiretta.

a. Risolvi, nei limiti imposti dal problema, l'equazione:

$$\overline{AK}^2 + \overline{KB}^2 = 10.$$

b. Verifica che la funzione $f(x) = \overline{AK}^2 + \overline{KB}^2$ può essere espressa con $y = 12 + 4\cos 2x$.

c. Rappresenta la funzione $g(x)$ ottenuta da $f(x)$ con una traslazione di vettore

$$\vec{v}\left(-\frac{\pi}{2}; -12\right).$$

$\left[\text{a) } x = \frac{\pi}{3};\text{ c) } g(x) = -4\cos 2x\right]$

250 È dato il triangolo equilatero ABC di lato $2l$. Traccia la semicirconferenza di diametro AB esterna al triangolo e considera su di essa un punto P, con $B\widehat{A}P = x$.
Determina la funzione

$$f(x) = \frac{\overline{PC}^2 + \overline{PB}^2}{\overline{AB}^2}$$

verificando che può essere scritta nella forma $f(x) = \sin(ax+b) + c$. Determina a, b, c e rappresenta graficamente $f(x)$.

$\left[a = 2, b = -\frac{\pi}{6}, c = \frac{3}{2}\right]$

251 È data una semicirconferenza di diametro $\overline{AB} = \sqrt{3}$; conduci la tangente in A e fissa su di essa il punto C, appartenente al semipiano della semicirconferenza, tale che $\overline{AC} = 1$. Sulla semicirconferenza considera un punto P e poni $P\widehat{A}B = x$.

a. Determina le funzioni
$f(x) = \overline{PB}^2 + \overline{PC}^2$ e $g(x) = 2\overline{PA}^2 + 4\overline{AC}^2$.

b. Traccia i grafici di $f(x)$ e $g(x)$ evidenziando la parte relativa al dominio del problema.

c. Risolvi la disequazione $f(x) \geq g(x)$ senza tener conto dei limiti del problema.

$\left[\text{a) } f(x) = 4 - \sqrt{3}\sin 2x, g(x) = 7 + 3\cos 2x,\text{ con } 0 \leq x \leq \frac{\pi}{2};\text{ c) } \frac{\pi}{2} + k\pi \leq x \leq \frac{2}{3}\pi + k\pi\right]$

ESERCIZI

252 ●● Il triangolo ABC è inscritto nella circonferenza di raggio 1 e ha l'angolo $C\widehat{A}B = \alpha$ tale che $\cos\alpha = \frac{4}{5}$. Posto $A\widehat{B}C = x$ e indicato con M il punto medio di AB, calcola per quali valori di x si ha: $25\overline{CM}^2 - \frac{19}{4}\overline{AC}^2 = 9$. $\left[x = \frac{\pi}{4}\right]$

253 ●● Presi i punti D e C rispettivamente sulle tangenti in A e B a una semicirconferenza di diametro $\overline{AB} = 2$, si abbia $\overline{AD} = \overline{CB} = 1$. Sia P un punto sulla semicirconferenza. Posto $P\widehat{A}B = x$, risolvi l'equazione:

$\overline{PC}^2 + 2\overline{PD}^2 + 2\overline{AP}^2 = 7$. $\left[x = \frac{\pi}{4} \vee x = \frac{\pi}{2}\right]$

254 ●● Considera il punto P sulla semicirconferenza di diametro $\overline{AB} = 2r$ e poni $P\widehat{B}A = x$. Sia BC una semiretta di origine B, con C che si trova nel semipiano di origine AB contenente la semicirconferenza e tale che $C\widehat{B}A = \frac{3}{4}\pi$ e $\overline{BC} = 2r$. Risolvi la disequazione:

$\overline{PC}^2 + \overline{AP}^2 > 2\overline{AB}^2$. $\left[0 < x < \frac{\pi}{4}\right]$

Risoluzione dei triangoli qualunque

▶ Teoria a p. 879

Sono noti un lato e due angoli

255 **ESERCIZIO GUIDA** Risolviamo il triangolo ABC, sapendo che: $c = 4\sqrt{3}$, $\alpha = 120°$, $\beta = 15°$.

Ricaviamo γ per differenza: $\gamma = 180° - (120° + 15°) = 45°$.

Applichiamo il teorema dei seni per calcolare a e b.

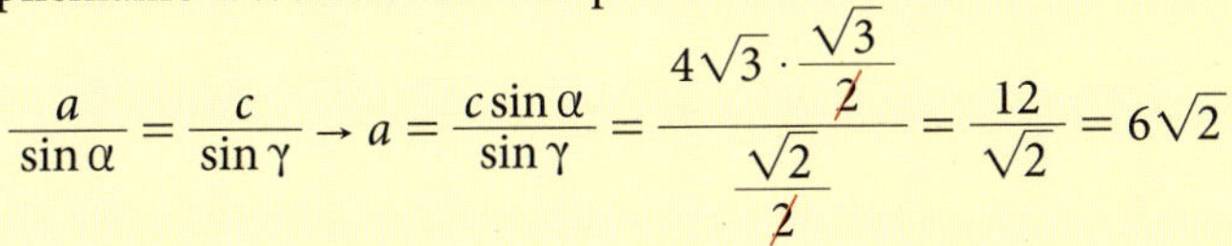

$$\frac{a}{\sin\alpha} = \frac{c}{\sin\gamma} \to a = \frac{c\sin\alpha}{\sin\gamma} = \frac{4\sqrt{3}\cdot\frac{\sqrt{3}}{2}}{\frac{\sqrt{2}}{2}} = \frac{12}{\sqrt{2}} = 6\sqrt{2}$$

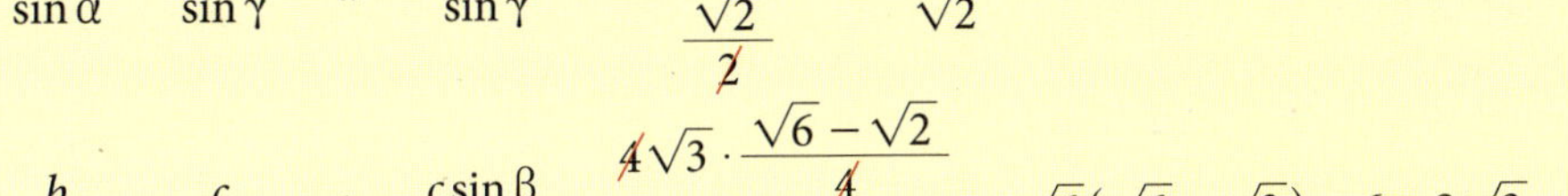

$$\frac{b}{\sin\beta} = \frac{c}{\sin\gamma} \to b = \frac{c\sin\beta}{\sin\gamma} = \frac{4\sqrt{3}\cdot\frac{\sqrt{6}-\sqrt{2}}{4}}{\frac{\sqrt{2}}{2}} = \sqrt{6}(\sqrt{6}-\sqrt{2}) = 6 - 2\sqrt{3}$$

Risolvi il triangolo *ABC*, noti gli elementi indicati.

256 ●○ $c = 12\sqrt{3}$, $\alpha = \frac{\pi}{4}$, $\gamma = \frac{\pi}{3}$. $\left[\beta = \frac{5}{12}\pi; a = 12\sqrt{2}; b = 6(\sqrt{2}+\sqrt{6})\right]$

257 ●○ $b = \sqrt{3} + 1$, $\beta = 15°$, $\gamma = 120°$. $[\alpha = 45°; a = 4 + 2\sqrt{3}; c = 2\sqrt{6} + 3\sqrt{2}]$

258 ●○ $a = 8\sqrt{6}$, $\alpha = \frac{2}{3}\pi$, $\beta = \frac{\pi}{12}$. $\left[\gamma = \frac{\pi}{4}; b = 8\sqrt{3} - 8; c = 16\right]$

259 ●○ $c = 4\sqrt{2}$, $\alpha = 30°$, $\gamma = \frac{7}{12}\pi$. $\left[\beta = \frac{\pi}{4}; a = 4\sqrt{3} - 4; b = 4\sqrt{6} - 4\sqrt{2}\right]$

260 ●○ $a = 28$, $\alpha = 30°$, $\cos\beta = \frac{1}{3}$. $\left[\gamma \simeq 79°28'; b = \frac{112}{3}\sqrt{2}; c = \frac{28}{3}(2\sqrt{6}+1)\right]$

261 ●○ $a = 10\sqrt{2}$, $\alpha = \frac{\pi}{4}$, $\gamma = \frac{5}{12}\pi$. $\left[\beta = \frac{\pi}{3}; b = 10\sqrt{3}; c = 5\sqrt{2}(\sqrt{3}+1)\right]$

262 ●○ $b = 4\sqrt{6}$, $\beta = \frac{\pi}{4}$, $\tan\gamma = -\sqrt{3}$. $\left[\alpha = \frac{\pi}{12}; a = 6\sqrt{2} - 2\sqrt{6}; c = 12\right]$

263 ●○ Determina la lunghezza della diagonale BD del parallelogramma. $[4(\sqrt{3}+3)]$

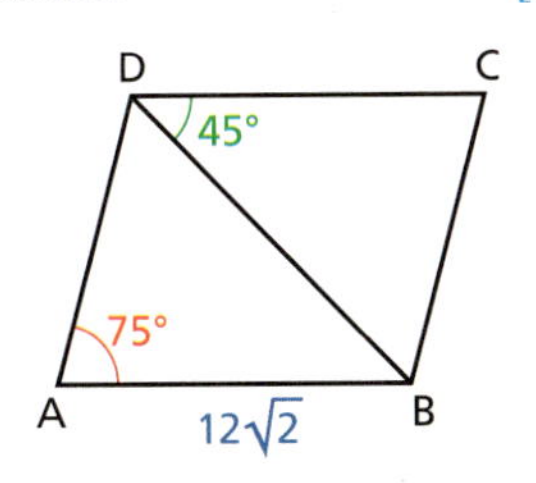

264 ●○ Trova $\cos\alpha$ e poi calcola il perimetro e l'area del triangolo ABC. $[0; 270; 1620]$

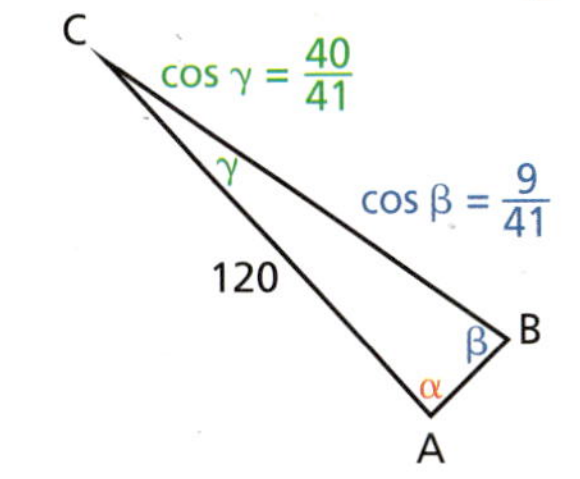

Sono noti due lati e l'angolo fra essi compreso

265 ESERCIZIO GUIDA Risolviamo il triangolo ABC, sapendo che $b = 12$, $c = 18$, $\alpha = 21°$.

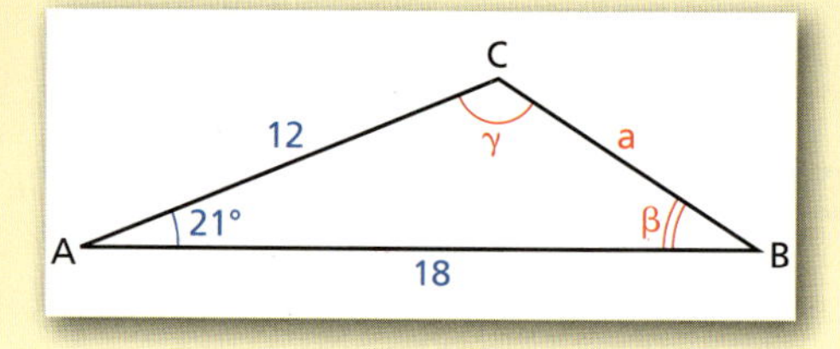

Applicando il teorema del coseno, ricaviamo a:

$a^2 = b^2 + c^2 - 2bc\cos\alpha$;

$a^2 = 12^2 + 18^2 - 2 \cdot 12 \cdot 18\cos 21° \simeq 64{,}69$;

$a \simeq 8{,}04$.

Ricaviamo β, applicando ancora il teorema del coseno:

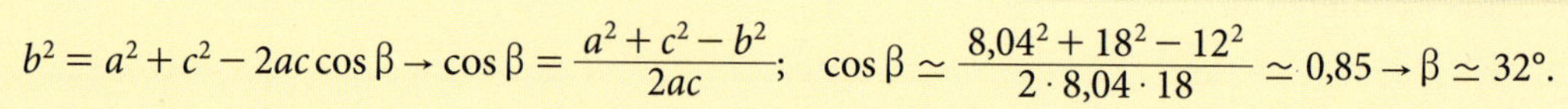

$$b^2 = a^2 + c^2 - 2ac\cos\beta \to \cos\beta = \frac{a^2 + c^2 - b^2}{2ac}; \quad \cos\beta \simeq \frac{8{,}04^2 + 18^2 - 12^2}{2 \cdot 8{,}04 \cdot 18} \simeq 0{,}85 \to \beta \simeq 32°.$$

Ricaviamo γ per differenza: $\gamma \simeq 180° - (21° + 32°) = 127°$.

Risolvi il triangolo *ABC*, noti gli elementi indicati.

266 $b = 14$, $c = 28$, $\alpha = 34°$. $[a \simeq 18{,}17; \beta \simeq 26°; \gamma \simeq 120°]$

267 $a = 15{,}3$, $b = 6{,}2$, $\gamma = 128°$. $[c \simeq 19{,}73; \alpha \simeq 38°; \beta \simeq 14°]$

268 $a = \sqrt{3}$, $c = 5\sqrt{3}$, $\beta = 60°$. $[b \simeq 7{,}94; \alpha \simeq 11°; \gamma \simeq 109°]$

269 $b = 4$, $c = 20$, $\alpha = \frac{2}{3}\pi$. $[a \simeq 22{,}27; \beta \simeq 9°; \gamma \simeq 51°]$

270 $a = 4\sqrt{3}$, $b = 6\sqrt{2}$, $\tan\gamma = \sqrt{3}$. $[\alpha \simeq 50°; \beta \simeq 70°; c \simeq 7{,}82]$

271 $a = 14$, $c = 10$, $\cos\beta = \frac{2}{7}$. $[b = 6\sqrt{6}; \alpha \simeq 66°; \gamma \simeq 41°]$

---

272 Determina la lunghezza del segmento DC.

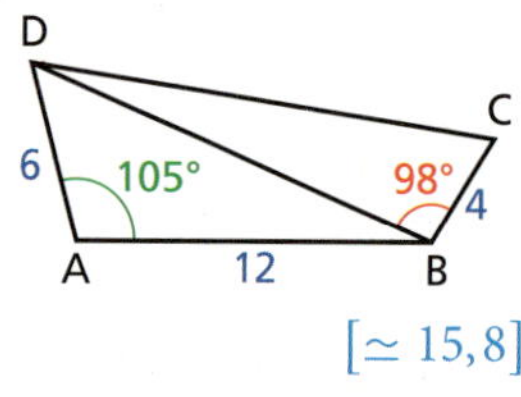

$[\simeq 15{,}8]$

273 Le diagonali del parallelogramma $ABCD$ sono lunghe 24 cm e 40 cm. Calcola il perimetro.

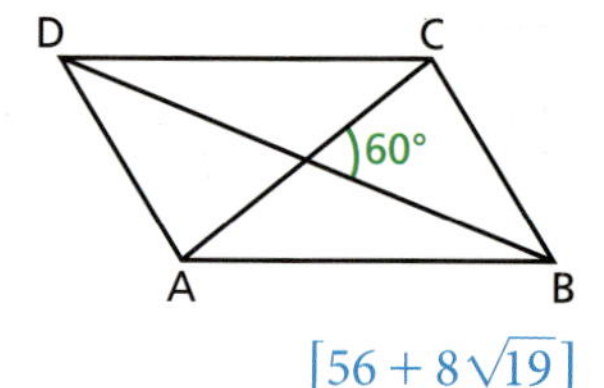

$[56 + 8\sqrt{19}]$

Sono noti due lati e l'angolo opposto a uno di essi

274 ESERCIZIO GUIDA Risolviamo un triangolo ABC, sapendo che:

a. $b = 6\sqrt{2}$, $c = 12$, $\gamma = 45°$; **b.** $b = 4\sqrt{2}$, $c = 4\sqrt{6}$, $\beta = 30°$.

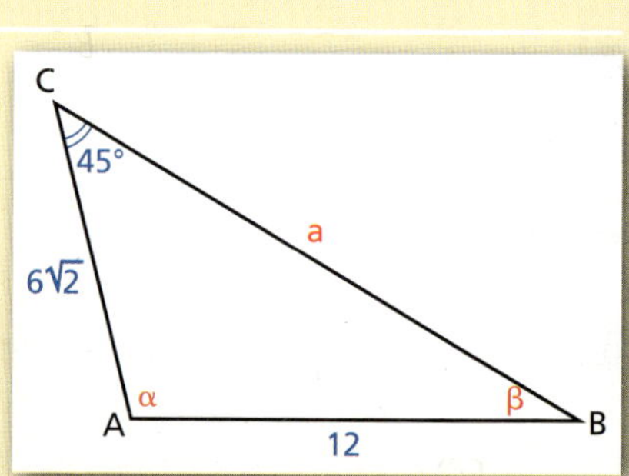

a. Ricaviamo β con il teorema dei seni, $\frac{c}{\sin\gamma} = \frac{b}{\sin\beta}$.

$$\frac{12^2}{\frac{\sqrt{2}}{2}} = \frac{{}^1 6\sqrt{2}}{\sin\beta} \to \sin\beta = \frac{1}{2} \quad \begin{cases} \beta_1 = 30° \\ \beta_2 = 150° \end{cases}$$

È accettabile solo il valore $\beta_1 = 30°$, in quanto per $\beta_2 = 150°$ si avrebbe $\beta + \gamma = 150° + 45° = 195° > 180°$.
Inoltre non sarebbe vero che ad angolo maggiore sta opposto lato maggiore: $6\sqrt{2}$, che è minore di 12, sarebbe opposto a 150°, che è maggiore di 45°.

Determiniamo α per differenza: $\alpha = 180° - (30° + 45°) = 105°$.

Troviamo a con il teorema dei seni: $\frac{a}{\sin\alpha} = \frac{b}{\sin\beta} \to \frac{a}{\sin 105°} = \frac{6\sqrt{2}}{\frac{1}{2}} \to a \simeq 16{,}4$.

b. Applichiamo il teorema dei seni, $\frac{c}{\sin\gamma} = \frac{b}{\sin\beta}$.

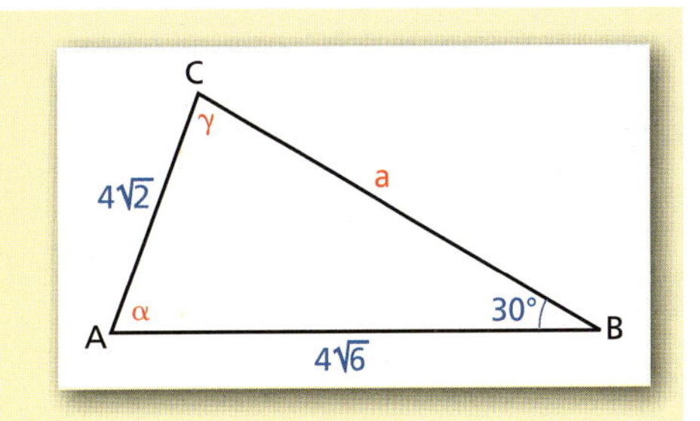

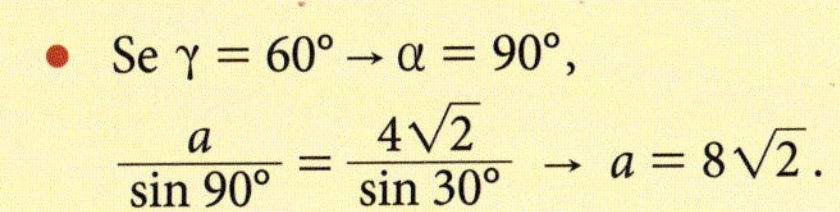

$$\frac{4\sqrt{6}}{\sin\gamma} = \frac{4\sqrt{2}}{\frac{1}{2}} \rightarrow \sin\gamma = \frac{\sqrt{3}}{2} \begin{cases} \gamma_1 = 60° \\ \gamma_2 = 120° \end{cases}$$

Entrambe le soluzioni sono accettabili.

- Se $\gamma = 60° \rightarrow \alpha = 90°$,
  $$\frac{a}{\sin 90°} = \frac{4\sqrt{2}}{\sin 30°} \rightarrow a = 8\sqrt{2}.$$
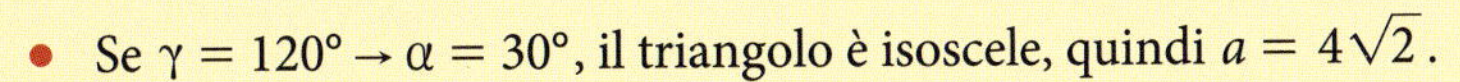

- Se $\gamma = 120° \rightarrow \alpha = 30°$, il triangolo è isoscele, quindi $a = 4\sqrt{2}$.

Risolvi il triangolo *ABC*, noti gli elementi indicati.

275 ●○ $a = 12\sqrt{2}$, $b = 8\sqrt{3}$, $\alpha = 60°$. $[\beta = 45°; \gamma = 75°; c = 12 + 4\sqrt{3}]$

276 ●○ $a = 2\sqrt{2}$, $c = \sqrt{2} + \sqrt{6}$, $\alpha = 45°$. $[\beta = 60°, \gamma = 75°, b = 2\sqrt{3} \vee \beta = 30°, \gamma = 105°, b = 2]$

277 ●○ $b = 7$, $c = 7\sqrt{3}$, $\gamma = 120°$. $[\alpha = 30°; \beta = 30°; a = 7]$

278 ●○ $b = 3\sqrt{3}$, $c = 3$, $\beta = \frac{\pi}{3}$. $\left[\alpha = \frac{\pi}{2}; \gamma = \frac{\pi}{6}; a = 6\right]$

279 ●○ $b = 4$, $c = 2\sqrt{2}$, $\tan\gamma = \frac{\sqrt{3}}{3}$.
$\left[\alpha = \frac{7}{12}\pi, \beta = \frac{\pi}{4}, a = 2(\sqrt{3} + 1) \vee \alpha = \frac{\pi}{12}, \beta = \frac{3}{4}\pi, a = 2(\sqrt{3} - 1)\right]$

280 ●○ $a = 6(\sqrt{2} + 1)$, $b = 6 + 3\sqrt{2}$, $\beta = \frac{\pi}{4}$. $\left[\alpha = \frac{\pi}{2}; \gamma = \frac{\pi}{4}; c = 6 + 3\sqrt{2}\right]$

281 ●○ $a = 2\sqrt{3}$, $b = 3\sqrt{3}$, $\sin\alpha = \frac{2}{3}$ (α acuto). $[\beta = 90°; \gamma \simeq 48°; c = \sqrt{15}]$

YOU & MATHS

282 ●● Two sides and an angle are given. Determine whether the given information results in one triangle, two triangles or no triangle at all. Solve any triangle(s) that result.

$a = 4$, $b = 8$, $\alpha = 20°$. (USA *Southern Illinois University Carbondale*, Final Exam, 2002)

[1st tr.: $\alpha = 20°, \beta = 43.16°, \gamma = 116.84°, a = 4, b = 8, c = 10.44$; 2nd tr.: $\alpha = 20°, \beta = 136.84°, \gamma = 23.16°, a = 4, b = 8, c = 4.6$]

283 ●● In triangle ABC, $\overline{AB} = 10$, $\overline{BC} = 9$, and $\widehat{A} = 60$ degrees. Find the sum of all possible lengths of AC.

(USA *Bay Area Math Meet, Bowl Sampler*, 1995)

[10]

Sono noti i tre lati

284 **ESERCIZIO GUIDA** Risolviamo un triangolo ABC, sapendo che $a = 9, b = 20, c = 13$.

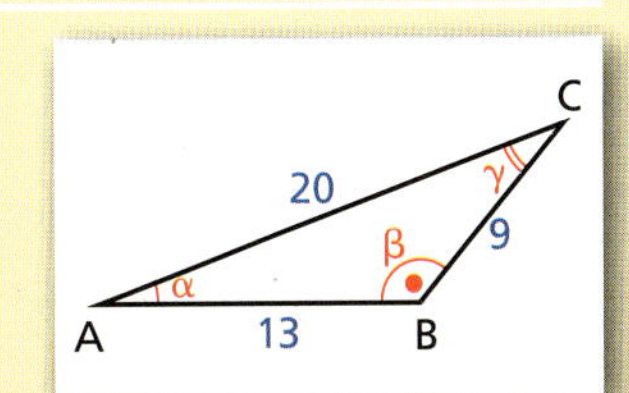

$$\cos\alpha = \frac{b^2 + c^2 - a^2}{2bc} = \frac{20^2 + 13^2 - 9^2}{2 \cdot 20 \cdot 13} \simeq 0{,}94 \rightarrow \alpha \simeq 20°$$

$$\cos\beta = \frac{a^2 + c^2 - b^2}{2ac} = \frac{9^2 + 13^2 - 20^2}{2 \cdot 9 \cdot 13} \simeq -0{,}64 \rightarrow \beta \simeq 130°$$

Troviamo γ per differenza: $\gamma \simeq 180° - (20° + 130°) = 30°$.

ESERCIZI

Risolvi il triangolo *ABC*, noti gli elementi indicati.

285 $a = 4$, $b = 9$, $c = 12$. [$\alpha \simeq 15°; \beta \simeq 35°; \gamma \simeq 130°$]

286 $a = 20$, $b = 7$, $c = 14$. [$\alpha \simeq 142°; \beta \simeq 12°; \gamma \simeq 26°$]

287 $a = 52$, $b = 48$, $c = 36$. [$\alpha \simeq 75°; \beta \simeq 63°; \gamma \simeq 42°$]

288 $a = 15$, $b = 26$, $c = 40$. [$\alpha \simeq 10°; \beta \simeq 17°; \gamma \simeq 153°$]

289 $a = 4$, $b = 2\sqrt{6}$, $c = 2 + 2\sqrt{3}$. [45°; 60°; 75°]

290 $a = 12$, $b = 8$, $c = 4\sqrt{7}$. [$\alpha \simeq 79°; \beta \simeq 41°; \gamma \simeq 60°$]

291 $a = 2\sqrt{3}$, $b = 2\sqrt{2}$, $c = \sqrt{2} + \sqrt{6}$. $\left[\alpha = \frac{\pi}{3}; \beta = \frac{\pi}{4}; \gamma = \frac{5}{12}\pi\right]$

292 Determina l'ampiezza degli angoli interni di un parallelogramma, sapendo che i lati misurano 12 cm e 17 cm e la diagonale minore misura 20 cm. [85°; 95°]

Problemi con triangoli qualunque

293 VERO O FALSO? Nel triangolo della figura:

a. $a = \dfrac{\sqrt{3}\,b}{2\sin\beta}$. V F

b. $\overline{CH} = \dfrac{\sqrt{3}}{2}$. V F

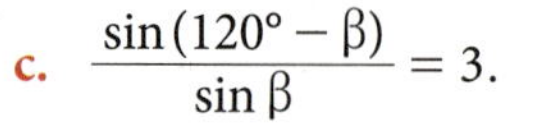

c. $\dfrac{\sin(120° - \beta)}{\sin\beta} = 3$. V F

d. $\cos A\widehat{C}B = \dfrac{a^2 - 8b^2}{2ab}$. V F

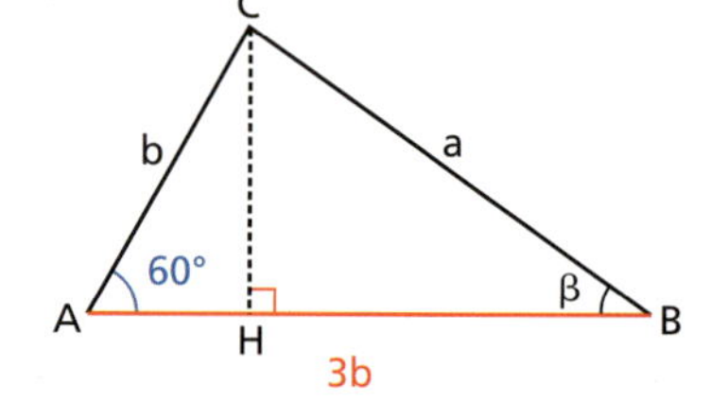

294 In un triangolo isoscele il rapporto $\dfrac{r_i}{r_c}$ fra i raggi della circonferenza inscritta e circoscritta è $\dfrac{1}{2}$: determina gli angoli del triangolo. [triangolo equilatero]

295 In un triangolo un lato misura $9\sqrt{2}$. Un angolo a esso adiacente è $\dfrac{\pi}{4}$ e l'altro ha tangente uguale a $-\dfrac{4}{3}$. Determina le misure degli altri elementi del triangolo. $\left[\arccos\dfrac{\sqrt{98}}{10}; 72, 45\sqrt{2}\right]$

296 In un triangolo l'area misura $\dfrac{\sqrt{3}}{2}(1 + \sqrt{3})$ e due angoli hanno ampiezze $\dfrac{\pi}{4}$ e $\dfrac{\pi}{3}$. Calcola le misure degli altri elementi del triangolo. $\left[\dfrac{5}{12}\pi; 2, \sqrt{6}, \sqrt{3} + 1\right]$

297 In un triangolo le misure dell'area e di due lati sono rispettivamente $\dfrac{25}{2}(3 - \sqrt{3})$, 10 e $5(\sqrt{3} - 1)$. Trova gli altri elementi del triangolo. [$60°, 81°, 39°, 8{,}76 \vee 120°, 45°, 15°, 5\sqrt{6}$]

298 REALTÀ E MODELLI **Che vista!** Dalla finestra della propria stanza con vista sul lago, Giulia può ammirare un panorama dominato, alla sua sinistra, dalla vetta del monte Alto, distante 8 km in linea d'aria, e, alla sua destra, dalla vetta del monte Brullo, distante 12 km in linea d'aria. Se per passare dall'una all'altra Giulia deve girare lo sguardo di 75°, qual è la distanza tra le due vette? [12,6 km]

299 Determina il perimetro e la diagonale minore di un parallelogramma, sapendo che la diagonale maggiore è lunga 20 cm e forma con un lato un angolo di 30°, mentre l'angolo a essa opposto è di 135°. [$20(\sqrt{2} + \sqrt{3} - 1)$ cm, $20\sqrt{2 - \sqrt{3}}$ cm]

300 In un parallelogramma la diagonale minore è lunga $2\sqrt{2}$ cm e forma con un lato un angolo di 30°. Sapendo che l'angolo opposto a tale diagonale è di 45°, calcola il perimetro del parallelogramma.
[$2(\sqrt{6} + \sqrt{2} + 2)$ cm]

301 Determina le diagonali del parallelogramma $ABCD$ in figura.

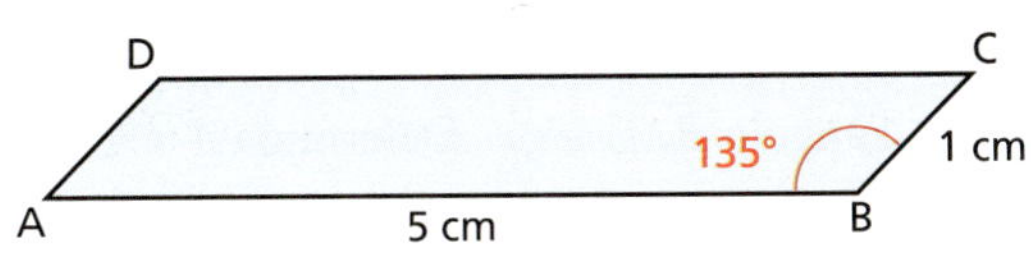

[5,75 cm; 4,35 cm]

302 Il triangolo acutangolo ABC è inscritto in una circonferenza di raggio 5; la misura del lato AB è $5\sqrt{3}$ e quella del lato AC è 8. Calcola l'area del triangolo.
[$2(4\sqrt{3} + 9)$]

303 Sulla semicirconferenza di diametro $\overline{AB} = 2r$ è assegnato un punto Q tale che $\overline{AQ} + \overline{QB} = \sqrt{6}\,r$. Quanto misura l'angolo $Q\widehat{A}B$?
[15°; 75°]

304 Nella semicirconferenza di diametro $\overline{AB} = 4$ è data la corda $\overline{BC} = 2$. Sul raggio OA è fissato il punto D tale che $\overline{DO} = 3\overline{AD}$. Calcola la misura del segmento DC.
$\left[\frac{\sqrt{37}}{2}\right]$

305 L'ampiezza dell'angolo al vertice di un triangolo isoscele è 120°. Calcola il rapporto fra il raggio della circonferenza circoscritta al triangolo e il raggio di quella inscritta.
$\left[\frac{2(2\sqrt{3} + 3)}{3}\right]$

306 Il triangolo RST ha il lato RS lungo 8 cm e la mediana RM lunga 5 cm. Sapendo che l'ampiezza dell'angolo $S\widehat{R}M$ è $\arccos\frac{3}{5}$, determina i lati RT e ST e l'angolo $R\widehat{S}T$.
$\left[RT = 2\sqrt{17}\text{ cm};\ ST = 2\sqrt{41}\text{ cm};\ \arcsin\frac{4}{\sqrt{41}}\right]$

307 Sai che nel triangolo ABC il lato BC è lungo 14 cm, la mediana AM è lunga 8 cm e l'angolo $A\widehat{M}C$ è di 60°. Determina l'area e il perimetro del triangolo.
[$28\sqrt{3}$ cm²; $(27 + \sqrt{57})$ cm]

308 REALTÀ E MODELLI **Relax!** La sedia a sdraio di Gianni ha uno schienale la cui base d'appoggio AB è lunga 40 cm. All'estremo A è incernierato lo schienale AD, lungo 70 cm, all'estremo B è incernierata un'asta di sostegno BC, che è lunga 25 cm e può essere fissata in qualunque punto C di AD.

a. A quale distanza da A Gianni deve fissare l'estremo C dell'asta se vuole avere l'angolo di inclinazione α di 30°?

b. Può Gianni fissare l'estremo C dell'asta in modo che l'angolo di inclinazione α sia 45°?

[a) $5(4\sqrt{3} + 3)$ cm $\simeq$ 49,6 cm $\vee$ $5(4\sqrt{3} - 3)$ cm $\simeq$ 19,6 cm; b) no]

309 Nel triangolo PQR conosci il lato $\overline{PQ} = 2\sqrt{2}$, il lato $\overline{QR} = 2$ e la mediana $\overline{RM} = \sqrt{3} - 1$. Calcola l'area e il perimetro del triangolo.
[$\sqrt{3} - 1$; $2 + \sqrt{2} + \sqrt{6}$]

310 La base maggiore del trapezio rettangolo $ABCD$ è $AB = 48$ cm; la diagonale maggiore BD è lunga $32\sqrt{3}$ cm ed è bisettrice dell'angolo $A\widehat{B}C$. Determina gli angoli, il perimetro e l'area del trapezio.
[$\widehat{B} = 60°$; $\widehat{C} = 120°$; $16(7 + \sqrt{3})$ cm; $640\sqrt{3}$ cm²]

311 Il rettangolo $ABCD$ ha i lati $AB = 40$ cm e $BC = 25$ cm; il parallelogramma $ABC'D'$ ha i vertici C' e D' appartenenti alla retta CD. Il perimetro di $ABC'D'$ è i $\frac{6}{5}$ del perimetro di $ABCD$. Calcola gli angoli del parallelogramma $ABC'D'$.
$\left[\widehat{C'} = \arcsin\frac{25}{38}\right]$

312 Il triangolo ABC ha $\widehat{B} = 45°$ e $\overline{AB} = 28\sqrt{2}$. La mediana AM misura 35. Calcola l'area.
[196 o 1372]

313 L'area di un triangolo isoscele è 160 m²; l'altezza relativa alla base è $AH = 20$ m. Determina gli angoli del triangolo e le altezze relative ai lati obliqui.
$\left[\beta = \gamma = \arctan\frac{5}{2};\ \alpha = \arctan\frac{20}{21};\ h = \frac{80\sqrt{29}}{29}\text{ m}\right]$

314 ●● Nel triangolo ABC la lunghezza del lato AB è $5\sqrt{21}$ cm, quella della proiezione del lato AC su BC è 8 cm. Gli angoli $\widehat{B}$ e $\widehat{C}$ sono acuti e $\sin\widehat{C} = \frac{\sqrt{21}}{5}$; calcola i lati e gli angoli del triangolo. $\left[AC = 20\text{ cm}; BC = (3\sqrt{21}+8)\text{ cm}; \widehat{B} = \arccos\frac{3}{5}; \widehat{A} = \arccos\frac{4\sqrt{21}-6}{25}\right]$

315 ●● Risolvi il triangolo ABC in figura.

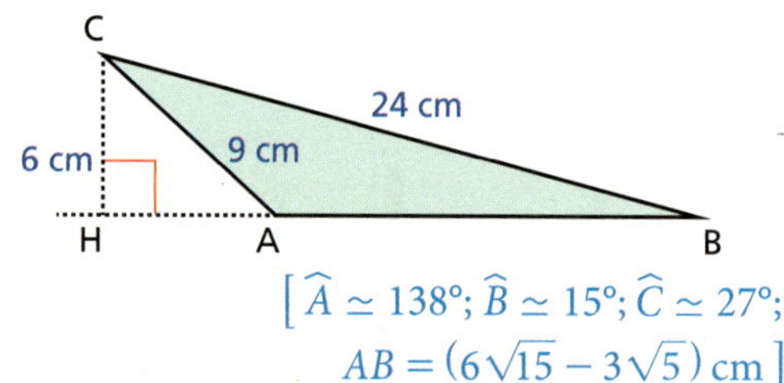

$\left[\widehat{A} \simeq 138°; \widehat{B} \simeq 15°; \widehat{C} \simeq 27°; AB = (6\sqrt{15} - 3\sqrt{5})\text{ cm}\right]$

316 ●● Determina gli angoli del triangolo ABC e il raggio della circonferenza circoscritta, sapendo che $AB = 2$ cm, $BC = \sqrt{6}$ cm e $AC = (1+\sqrt{3})$ cm. $\left[\widehat{A} = 60°, \widehat{B} = 75°, \widehat{C} = 45°; \sqrt{2}\text{ cm}\right]$

317 ●● Nel triangolo ABC la lunghezza della proiezione HC del lato AC su BC è 40 cm; sai inoltre che $\cos\widehat{C} = \frac{4}{7}$, $\sin B\widehat{A}H = \frac{2}{7}$ e l'angolo $\widehat{B}$ è acuto. Calcola le lunghezze dei lati del triangolo. $\left[AB = \frac{14}{3}\sqrt{165}\text{ cm}; AC = 70\text{ cm}; BC = \left(\frac{4}{3}\sqrt{165}+40\right)\text{cm}\right]$

318 ●● Nel triangolo PQR sono noti il lato $PQ = 2(\sqrt{3}+1)$ m, la bisettrice $PT = 2$ m e l'angolo $P\widehat{Q}R = 15°$. Determina il perimetro e l'area del triangolo. $[2\sqrt{3}(\sqrt{2}+2)\text{ m}; 2\sqrt{3}\text{ m}^2]$

319 ●● Nel triangolo ABC la bisettrice di $\widehat{C}$ interseca AB in P. Sapendo che $\overline{PB} = 12$, $\widehat{B} = \arctan\frac{\sqrt{2}}{4}$ e $A\widehat{C}B = \arccos\frac{7}{9}$, calcola l'area del triangolo. $\left[\frac{1024}{23}\sqrt{2}\right]$

320 ●● **YOU & MATHS** The measure of the vertex angle of isosceles triangle ABC is ϑ and the sides of the triangle are $\sin\vartheta$, $\sqrt{\sin\vartheta}$, and $\sqrt{\sin\vartheta}$. Compute the area of ABC.

(USA *American Regions Math League, ARML, Contest*, Sample Problem) $\left[\frac{8}{25}\right]$

321 ●● Nel triangolo ABC l'angolo $\widehat{B}$ è ottuso e AH è l'altezza relativa al lato BC. Sapendo che $HB = 12$ cm, $HC = 48$ cm e $\tan B\widehat{C}A = \frac{1}{3}$, determina i lati e gli angoli del triangolo ABC. $\left[AB = 20\text{ cm}; AC = 16\sqrt{10}\text{ cm}; BC = 36\text{ cm}; \sin A\widehat{B}C = \frac{4}{5}; \sin B\widehat{A}C = \frac{9}{50}\sqrt{10}\right]$

322 ●● Nel triangolo ABC i lati AB e BC sono lunghi rispettivamente 32 cm e 66 cm; la tangente dell'angolo $B\widehat{A}C$ è $\frac{6}{5}$. Determina il terzo lato e l'area del triangolo. $[AC \simeq 81{,}74\text{ cm}; \text{area} \simeq 1004{,}67\text{ cm}^2]$

323 ●● Il parallelogramma $ABCD$ ha l'angolo $\widehat{B} = \frac{2}{3}\pi$ e la sua bisettrice incontra la diagonale AC nel punto P in modo che $\overline{AP} = \frac{35}{8}$ e $\overline{BP} = \frac{15}{8}$. Determina i lati del parallelogramma. [5; 3]

324 ●● In un trapezio scaleno $ABCD$ le basi misurano: $\overline{AB} = 5\sqrt{3}+21$ e $\overline{CD} = 9$. Sapendo che l'angolo in B è di 60° e che $\cos\widehat{D} = -\frac{5}{13}$, calcola la misura dei lati obliqui. $[24; 13\sqrt{3}]$

325 ●● Gli angoli del parallelogramma $ABCD$ hanno il seno uguale a $\frac{3}{5}$ e le distanze del centro O del parallelogramma dai lati sono $\overline{OM} = 5$ e $\overline{OP} = 8$. Calcola le lunghezze delle diagonali e l'area del parallelogramma. $\left[10\sqrt{17}, \frac{50}{3}; \frac{800}{3}\right]$

326 ●● In un triangolo isoscele ABC l'altezza BH relativa al lato obliquo AC lo divide in due parti, AH e HC, con $AH = 2HC$. Determina gli angoli del triangolo. $\left[\widehat{A} = \widehat{B} = \arccos\frac{1}{\sqrt{3}}, \widehat{C} = \arccos\frac{1}{3}\right]$

327 ●○ Sapendo che il perimetro del quadrato $ABCD$ è $8\sqrt{6}$ e quello di $PQRS$ è 16, determina l'ampiezza degli angoli α e β indicati. [15°; 75°]

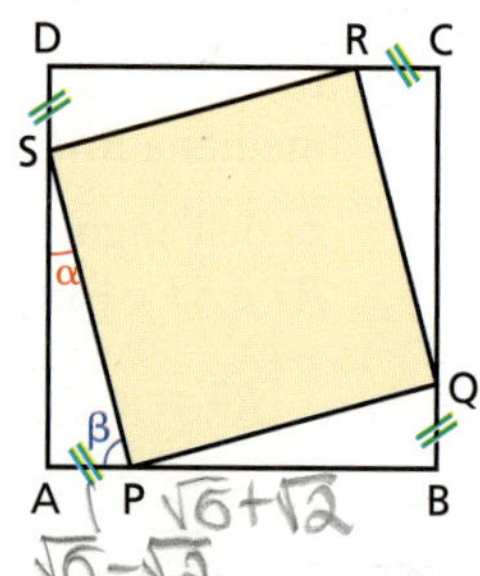

328 ●● Il triangolo acutangolo MNP è inscritto in una circonferenza di raggio 2; la misura del lato MN è $2\sqrt{3}$ e l'area della superficie è $(3+\sqrt{3})$. Determina gli angoli del triangolo. [due soluzioni: 60°, 75°, 45°; 60°, 45°, 75°]

329 ●● EUREKA! **Rombo, circonferenza, rettangolo** In un rombo di lato l è inscritta una circonferenza; in tale circonferenza è inscritto il rettangolo che ha i vertici nei punti di tangenza fra rombo e circonferenza. Sapendo che l'ampiezza degli angoli acuti è α, trova l'area del rettangolo. $\left[\frac{1}{2}l^2\sin^3\alpha\right]$

330 ●● EUREKA! **Seno e poligoni regolari** Dimostra che il perimetro e l'area di un poligono regolare di n lati inscritto in una circonferenza di raggio r misurano rispettivamente $2nr\sin\frac{\pi}{n}$ e $\frac{1}{2}r^2n\sin\frac{2\pi}{n}$. Calcola poi:

a. perimetro e area del dodecagono regolare inscritto in una circonferenza di raggio 2;

b. il raggio di una circonferenza in cui è inscritto un ottagono regolare di area $32\sqrt{2}$.

[a) $12\sqrt{2}(\sqrt{3}-1)$; 12; b) 4]

Problemi con equazioni, disequazioni e funzioni

331 ●○ In una circonferenza di centro O e diametro $\overline{AB} = 10$ la corda MN è perpendicolare al diametro e lo divide in due parti che stanno nel rapporto $\frac{7}{3}$. Determina l'ampiezza $2x$ di $M\widehat{O}N$. $\left[2\arcsin\frac{\sqrt{21}}{5}\right]$

332 ●○ Considera il triangolo rettangolo ABC che ha gli angoli acuti $\widehat{B} = 60°$ e $\widehat{C} = 30°$ e l'ipotenusa $\overline{BC} = 2$. Per il vertice A conduci una retta s esterna al triangolo e indica con B' e C' le proiezioni ortogonali di B e C su di essa. Poni $C\widehat{A}C' = x$ e calcola per quale valore di x il perimetro del trapezio $BCC'B'$ è $2+\sqrt{6}+\sqrt{2}$. [45°]

333 ●○ Nel rettangolo $ABCD$ è inscritto il triangolo ABP, con il vertice P sul lato CD. Le misure dei lati del rettangolo sono $\overline{AB} = a$ e $\overline{AD} = (2-\sqrt{3})a$. Determina $D\widehat{A}P$, sapendo che $\overline{AP}^2 + \overline{AD}^2 = \overline{BP}^2$. [60°]

334 ●○ Un triangolo LMN è inscritto in una circonferenza di raggio $r = 5$; la lunghezza del lato LM è $5\sqrt{3}$. Determina l'ampiezza di $M\widehat{L}N$ in modo che $\overline{LN}^2 - \overline{MN}^2 = 25\sqrt{3}$. [due soluzioni: 45°; 15°]

335 ●○ Trova l'ampiezza dell'angolo α nel trapezio in figura, sapendo che:

$$\overline{AB} + 2\overline{CH} = (1+2\sqrt{2})\overline{DC}.$$ [45°]

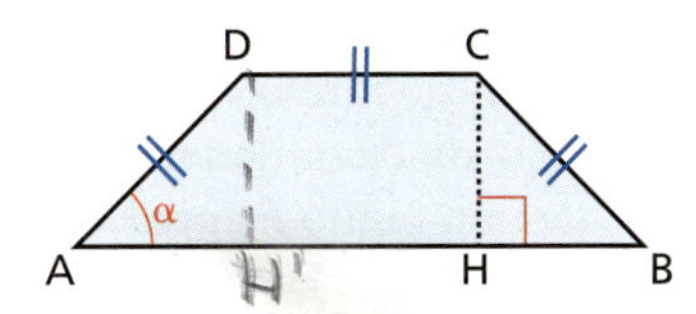

336 ●○ In un settore circolare AOB di raggio r e di ampiezza uguale a 90° traccia un raggio OP. Considera la proiezione ortogonale D di P sul raggio OB e il punto medio C del raggio OA. Determina l'angolo $A\widehat{O}P$, sapendo che:

$$\overline{PC}^2 + \overline{PD}^2 = \frac{11}{10}r^2.$$

$\left[\text{due soluzioni: } \cos A\widehat{O}P = \frac{5\pm\sqrt{10}}{10}\right]$

337 ●○ Considera il triangolo rettangolo ABC inscritto in una circonferenza di diametro $\overline{AB} = 2r$: sul lato BC costruisci il quadrato $BPQC$ esternamente al triangolo. Se il trapezio $ABPQ$ ha area $S = \frac{4+3\sqrt{2}}{2}r^2$, quanto misura l'angolo $B\widehat{A}C$? $\left[\frac{3}{8}\pi, \arctan(5\sqrt{2}+7)\right]$

338 ●● Determina gli angoli di un trapezio isoscele, sapendo che la base maggiore è $\overline{AB} = 14$, la base minore è $\overline{CD} = 8$ e il rapporto fra il quadrato della diagonale e il quadrato del lato obliquo è $\frac{37}{9}$. $\left[\frac{\pi}{3}; \frac{2}{3}\pi\right]$

339 ●● Nel triangolo ABC il lato AC ha misura l, il lato BC ha misura $2l$. Determina gli angoli del triangolo sapendo che fra i due lati noti e l'angolo $\widehat{A}$ intercorre la seguente relazione:

$$\overline{BC}\sin 2\widehat{A} - \overline{AC}\tan 2\widehat{A} = 0.$$

[tre soluzioni: $\widehat{A} = 90°$, $\widehat{B} = 30°$; $\widehat{A} = 30°$, $\widehat{B} \simeq 14{,}477°$; $\widehat{A} = 150°$, $\widehat{B} \simeq 14{,}477°$]

340 ●● Traccia la tangente t nel punto B alla semicirconferenza di diametro $\overline{AB} = 4$. Considera un punto P sulla semicirconferenza e indica con Q e R le sue proiezioni rispettivamente su AB e su t; determina $P\widehat{A}B$ in modo che:

$$2\sqrt{3}\,\overline{PQ} + \overline{PR} = 5\overline{AQ}.$$

$\left[\frac{\pi}{6} + \frac{1}{2}\arcsin\frac{\sqrt{3}}{3}\right]$

ESERCIZI

341 Il trapezio rettangolo $ABCD$ con base maggiore AB è circoscritto a una semicirconferenza di diametro $\overline{AD} = 4$.
Posto $A\widehat{B}C = x$, trova l'area $S(x)$ del trapezio e calcola per quali valori di x si ha $S(x) = \frac{16}{3}\sqrt{3}$.

$\left[S(x) = \frac{8}{\sin x}; x = 60°\right]$

342 Due semicirconferenze che hanno diametri $\overline{AB} = \overline{BC} = 2r$ giacciono nello stesso semipiano e sono tangenti esternamente in B. Presi i punti P sulla prima e Q sulla seconda in modo che $P\widehat{B}Q = 45°$, calcola $x = P\widehat{B}A$ in modo che:

$$\overline{BQ} + \sqrt{2}\,\overline{PB} = \frac{\sqrt{3}}{2}\overline{AB}.$$

$\left[x = \frac{\pi}{12} \vee x = \frac{5}{12}\pi\right]$

343 La circonferenza della figura ha raggio 2. Calcola l'area $A(x)$ del quadrilatero $ABCD$ e determina per quale valore di x si ha $A(x) = \sqrt{3}$.

$\left[x = 0, x = \frac{2}{3}\pi\right]$

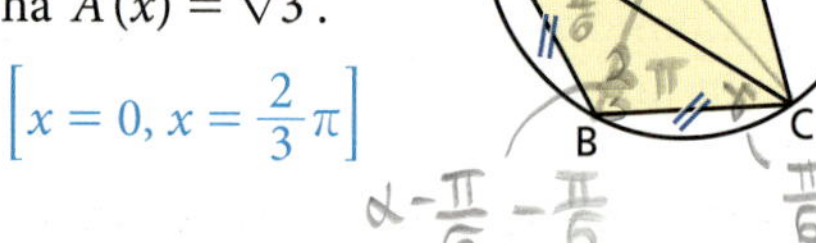

344 Sono dati il triangolo equilatero ABC di lato 1 e la semiretta di origine A che incontra il lato BC nel punto P. Su tale semiretta, considera il punto S proiezione di C e il punto T proiezione di B. Indicato con x l'angolo $B\widehat{A}P$, determina la funzione:

$$f(x) = \overline{AB}^2 - \overline{CS}^2 - \overline{BT}^2.$$

Trova x in modo che $f(x) = \frac{\sqrt{3}}{4}$.

$\left[f(x) = \frac{\cos 2x + \sqrt{3}\sin 2x}{4}; \frac{\pi}{12} \vee \frac{\pi}{4}\right]$

345 Data la semicirconferenza di diametro $\overline{AB} = 4$, sia C il punto medio dell'arco $\widehat{AB}$. Considera sull'arco $\widehat{BC}$ un punto P, traccia la tangente in P che incontra la retta AB nel punto Q e, posto $P\widehat{A}B = x$, determina $\overline{PQ}$ in funzione di x. Rappresenta poi la funzione $f(x) = \frac{\overline{PQ}}{\overline{AB}}$ su un periodo completo ed evidenzia la parte relativa al problema.

$\left[\overline{PQ} = 2\tan 2x;\right.$
$\left. f(x) = \frac{1}{2}\tan 2x, \text{ con } 0 \leq x < \frac{\pi}{4}\right]$

346 Dato il quadrato $ABCD$ di lato $l = 1$, costruisci una semicirconferenza di diametro AB esterna al quadrato. Considerato sulla semicirconferenza un punto P, con $A\widehat{B}P = x$, determina l'espressione della funzione:

$$f(x) = \overline{PC}^2 + \overline{PD}^2.$$

Rappresenta la funzione su un periodo completo ed evidenzia la parte relativa al problema. Individua la situazione geometrica corrispondente al valore massimo della funzione.

$\left[f(x) = 3 + 2\sin 2x; 0 \leq x \leq \frac{\pi}{2};\right.$
$\left. \max: \left(\frac{\pi}{4}; 5\right)\right]$

347 È dato il triangolo ABC tale che il lato $\overline{AB} = 2$ e la mediana a esso relativa $\overline{CM} = 1$. Determina, in funzione dell'angolo $C\widehat{A}B = x$, il perimetro del triangolo ABC. Rappresenta la funzione ottenuta ed evidenzia la parte relativa al problema. Descrivi la situazione geometrica corrispondente al valore massimo del perimetro.

[$f(x) = 2\sqrt{2}\sin(x + 45°) + 2$, con $0° < x < 90°$;
max: $(45°; 2(\sqrt{2} + 1))$,
triangolo rettangolo isoscele]

348 Data la semicirconferenza di centro O e raggio unitario, prolunga il diametro AB di un segmento $\overline{BC} = 1$ e congiungi il punto C con i punti P e Q della semicirconferenza tali che $C\widehat{O}Q = 2 \cdot C\widehat{O}P$. Indicato con x l'angolo $C\widehat{O}P$, determina l'espressione della funzione:

$$f(x) = \frac{\overline{QC}^2 - \overline{PC}^2}{2 \cdot \overline{QP}^2}.$$

Rappresenta il grafico di $f(x)$ ed evidenzia il tratto relativo al problema. Indipendentemente dal problema geometrico, risolvi la disequazione $f(x) \leq 0$.

$\left[f(x) = 2\cos x + 1, 0 < x \leq \frac{\pi}{2};\right.$
$\left. \frac{2}{3}\pi + 2k\pi \leq x \leq \frac{4}{3}\pi + 2k\pi\right]$

349 Sono dati il quadrato $ABCD$ di lato $l = 1$ e in esso l'arco di circonferenza $\widehat{BD}$, di centro C. Considera un punto P appartenente all'arco $\widehat{BD}$ e poni $D\widehat{C}P = 2x$. Determina l'espressione analitica della funzione:

$$y = \overline{AP}^2 - \overline{BP}^2.$$

Verifica che la funzione può essere espressa come $y = -2\cos 2x + 1$ e rappresentala graficamente.

350 ●● È data una semicirconferenza di diametro $\overline{AB} = 2r$. Inscrivi in essa il triangolo ABC e traccia la bisettrice dell'angolo $C\widehat{A}B$ che interseca la circonferenza in D e il lato CB in T. Indicato con $2x$ l'angolo $C\widehat{A}B$, determina, al variare di x, il rapporto $y = \dfrac{\overline{AT}}{\overline{TD}}$ e calcola per quale valore di x tale rapporto è 1.

$$\left[y = \frac{1}{\sin^2 x} - 2;\, 0 < x \leq \frac{\pi}{4};\, x = \arcsin\frac{\sqrt{3}}{3}\right]$$

351 ●● È data la semicirconferenza di diametro $\overline{AB} = 4$ e centro O. Sul raggio perpendicolare ad AB considera un punto C tale che $CP \cong CO$, con P punto appartenente alla semicirconferenza. Indica con H la proiezione di P su AB.

a. Esprimi la funzione $f(x) = \dfrac{\overline{CP} + \overline{OH}}{\overline{PH}}$, con $x = C\widehat{P}O$.

b. Determina le limitazioni per x e trova per quali valori di x si ha $f(x) > 1$.

$$\left[\text{a) } f(x) = \frac{1 + \sin 2x}{1 + \cos 2x};\ \text{b) } 0 \leq x \leq \frac{\pi}{3},\ \frac{\pi}{8} < x \leq \frac{\pi}{3}\right]$$

352 ●● Il quadrato $ABCD$ nella figura ha il lato di lunghezza 2 e il punto P appartiene alla semicirconferenza di diametro AB.

a. Risolvi l'equazione $\dfrac{\overline{PK}}{\overline{PQ}} = \dfrac{3}{4}$.

b. Esprimi la funzione $f(x) = \overline{PK} + \overline{PQ}$ al variare di P sulla semicirconferenza e rappresentala in un periodo evidenziando la parte relativa al problema.

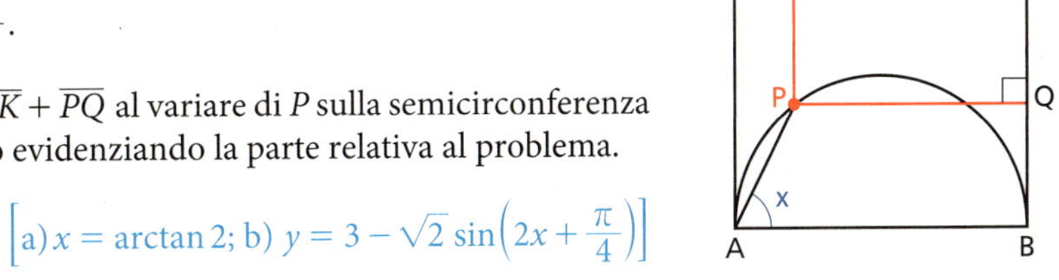

$$\left[\text{a) } x = \arctan 2;\ \text{b) } y = 3 - \sqrt{2}\sin\left(2x + \frac{\pi}{4}\right)\right]$$

353 ●● In una circonferenza di centro O e raggio r, è data la corda AB congruente al lato del triangolo equilatero inscritto. Conduci la tangente in B e considera su di essa un punto C appartenente allo stesso semipiano di O rispetto alla retta AB.

a. Indicato con x l'angolo $B\widehat{A}C$, calcola il valore di x per cui l'area del triangolo ABC vale $\dfrac{3\sqrt{3}}{4}r^2$.

b. Rappresenta in un periodo la funzione

$$f(x) = \frac{\overline{BC}}{\overline{AC}},$$

evidenziando il tratto relativo al problema.

$$\left[\text{a) } x = 30°;\ \text{b) } f(x) = \frac{2\sqrt{3}}{3}\sin x, \text{ con } 0° \leq x < 60°\right]$$

354 ●● Considerato il triangolo ABC avente i lati $\overline{CA} = a$ e $\overline{CB} = 2a$, si costruisca da parte opposta a C, rispetto alla retta AB, il triangolo rettangolo ABD il cui cateto BD sia uguale alla metà del cateto AB.
Si studi come varia l'area del quadrangolo $ADBC$ al variare dell'angolo $A\widehat{C}B$ e si calcoli il perimetro di detto quadrangolo quando la sua area è massima. *(Esame di maturità scientifica, Sessione ordinaria*, 1988, *quesito* 3)

$$\left[S(x) = a^2\left(\sin x - \cos x + \frac{5}{4}\right), \text{ con } 0 \leq x \leq \pi, S(x) \text{ massima per } x = \frac{3}{4}\pi;\ a\left(3 + \frac{1+\sqrt{5}}{2}\sqrt{5 + 2\sqrt{2}}\right)\right]$$

355 ●● Si conduca internamente a un angolo retto AOB una semiretta OC che forma con OA un angolo $A\widehat{O}C = x$; presi rispettivamente su OA e OB due punti M ed N, tali che $\overline{OM} = 1$, $\overline{ON} = \sqrt{3}$, siano M' ed N' le rispettive proiezioni di M ed N su OC. Detto P il punto medio di $M'N'$, si determini x in modo che risulti massima l'area del triangolo NOP. *(Esame di maturità scientifica, Sessione ordinaria*, 1975, *quesito* 3)

$$\left[S(x) = \frac{\sqrt{3}}{4}(\cos^2 x + \sqrt{3}\sin x \cos x), \text{ con } 0 \leq x \leq \frac{\pi}{2}, S(x) \text{ massima per } x = \frac{\pi}{6}\right]$$

ESERCIZI

356 In un trapezio isoscele $ABCD$ la base minore CD e i lati obliqui hanno lunghezza 2, gli angoli acuti hanno ampiezza $\frac{\pi}{3}$. Sia P un punto del lato obliquo BC, H la sua proiezione su AB. Posto $P\widehat{A}B = x$:

a. esprimi la funzione $f(x) = \frac{\overline{PC}}{\overline{PH}}$;

b. calcola per quale valore di x risulta $\overline{PC} = \overline{PH}$;

c. indipendentemente dal problema geometrico studia il dominio e il segno della funzione $f(x)$.

$\left[\text{a) } f(x) = \frac{1}{2}(\cot x - \sqrt{3}), \text{ con } 0 < x \leq \frac{\pi}{6}; \text{ b) } \frac{\pi}{12}; \text{ c) } x \neq k\pi,\ f(x) \geq 0 \text{ per } k\pi < x \leq \frac{\pi}{6} + k\pi\right]$

357 Nella semicirconferenza di diametro $\overline{AB} = 2$ della figura, il punto D è un punto qualunque dell'arco $\overset{\frown}{BC}$.

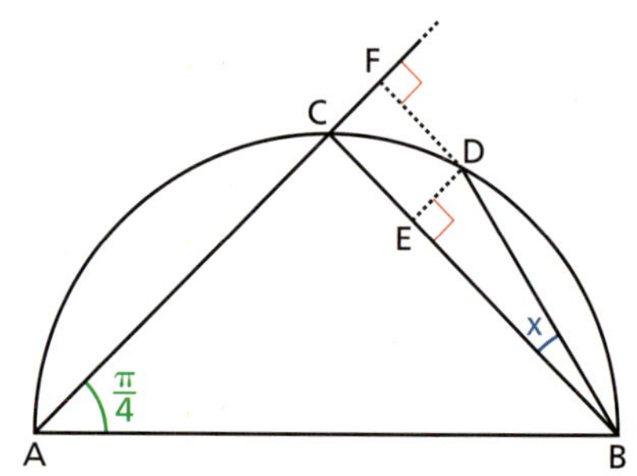

a. Determina l'espressione analitica della funzione

$$f(x) = \frac{\overline{DE} + \overline{DF}}{\overline{BC}}.$$

b. Scrivi l'espressione $s(x)$ dell'area del rettangolo $CEDF$ e calcola per quali valori di x si ha $0 < s(x) \leq \frac{1}{4}$.

$\left[\text{a) } y = \sin 2x, \text{ con } 0 \leq x \leq \frac{\pi}{4}; \text{ b) } s(x) = \cos 2x - \cos^2 2x, 0 < x < \frac{\pi}{4}\right]$

358 In una circonferenza di raggio 1 è assegnata la corda AB con distanza $\frac{\sqrt{3}}{2}$ dal centro O. Sul maggiore dei due archi $\overset{\frown}{AB}$ considera un punto P e poni $B\widehat{A}P = x$.
Trova l'espressione analitica della funzione $f(x)$ perimetro del triangolo APB e indipendentemente dal problema geometrico risolvi la disequazione $f(x) > 0$.

$\left[f(x) = (2 + \sqrt{3})\sin x + \cos x + 1, \text{ con } 0 \leq x \leq \frac{5\pi}{6}; -\frac{\pi}{6} + 2k\pi < x < \pi + 2k\pi\right]$

359 Considera i punti C e D appartenenti alle semicirconferenze opposte rispetto al diametro AB di una circonferenza di raggio r, tali che $C\widehat{B}A = 2A\widehat{B}D$.

a. Posto $A\widehat{B}D = x$, esprimi la funzione $f(x) = \frac{\overline{CD}}{\overline{AD}}$.

b. Determina il periodo di $f(x)$, rappresenta il suo grafico senza tenere conto dei limiti del problema e trova i punti di intersezione con l'asse x.

$\left[\text{a) } f(x) = 4\cos^2 x - 1, \text{ con } 0 < x \leq \frac{\pi}{4}; \text{ b) } T = \pi,\ x = \pm\frac{\pi}{3} + k\pi\right]$

360 In una circonferenza di raggio r, la corda AB è congruente al lato del quadrato inscritto. Sia C un punto variabile sul minore degli archi $\overset{\frown}{AB}$ e sia x l'angolo $A\widehat{B}C$.

a. Determina la funzione:

$$f(x) = \frac{2\sqrt{2}\,\text{area}_{ABC}}{\text{area}_{\text{quadrato inscritto}}}.$$

b. Rappresenta $f(x)$ ed evidenzia il tratto che riguarda il problema.

$\left[\text{a) } f(x) = \cos\left(2x - \frac{\pi}{4}\right) - \frac{\sqrt{2}}{2}, \text{ con } 0 \leq x \leq \frac{\pi}{4}\right]$

361 È data la semicirconferenza di diametro $\overline{AB} = 2$. All'esterno della semicirconferenza costruisci il triangolo rettangolo ABC tale che $\widehat{A} = \frac{\pi}{2}$ e $\tan\widehat{B} = \frac{1}{2}$.

a. Considerato il punto P della semicirconferenza tale che $A\widehat{B}P = x$, esprimi la funzione:
$f(x) = \overline{CP}^2$.

b. Rappresenta graficamente la funzione ottenuta e calcola per quale valore di x l'espressione $\overline{CP}^2$ assume il valore massimo.

$\left[\text{a) } f(x) = 2\sqrt{2}\sin\left(2x - \frac{\pi}{4}\right) + 3, \text{ con } 0 \leq x \leq \frac{\pi}{2}; \text{ b) } x = \frac{3}{8}\pi\right]$

362 ●● In una semicirconferenza di centro O e diametro $\overline{AB} = 2$ conduci una corda PQ congruente al lato del quadrato inscritto con Q più vicino a B e poni $B\widehat{O}Q = 2x$.

a. Scrivi l'espressione analitica della funzione $f(x) = \left| \frac{\overline{PB}}{2} - \frac{\overline{AQ}}{\sqrt{2}} \right|$ e disegna il suo grafico.

b. Senza tener conto delle limitazioni imposte dal problema, risolvi la disequazione $f(x) \geq \frac{1}{2}$.

$\left[\text{a) } f(x) = \left|\sin\left(x - \frac{\pi}{4}\right)\right|, \text{ con } 0 \leq x \leq \frac{\pi}{4}; \text{ b) } \frac{5}{12}\pi + k\pi \leq x \leq \frac{13}{12}\pi + k\pi\right]$

363 ●● È dato un triangolo ABC in cui l'angolo $B\widehat{A}C = 2\alpha$ ha il coseno uguale a $\frac{7}{25}$ e la bisettrice AD misura 2.

a. Poni $A\widehat{D}B = x$ e dimostra che, nell'ambito delle limitazioni del problema, l'area di ABC può essere espressa dalla funzione $f(x) = \frac{48}{16 - 9\cot^2 x}$; determina poi il triangolo con area minima.

b. Scrivi l'espressione analitica della funzione $g(x) = \frac{96}{25} \cdot \frac{f(x)}{\overline{BC}^2}$ e disegna il suo grafico.

$\left[\text{a) isoscele con area 3; b) } g(x) = \frac{7}{25} - \cos 2x\right]$

364 ●● Nella semicirconferenza di diametro $\overline{AB} = 2$ e centro O è inscritto il quadrilatero $ABCD$ nel quale il lato CD è congruente al raggio. Posto l'angolo $B\widehat{O}C = 2x$:

a. determina x in modo che il perimetro del quadrilatero $ABCD$ valga $(3 + \sqrt{3})$;

b. rappresenta la funzione $f(x) = \frac{\text{perimetro}_{ABCD}}{2}$ su un intero periodo e indica l'arco di curva relativo al problema;

c. descrivi la situazione geometrica nella quale il perimetro raggiunge il suo valore massimo.

$\left[\text{a) } x = 0 \vee x = \frac{\pi}{3}; \text{ b) } y = \sin\left(x + \frac{\pi}{3}\right) + \frac{3}{2}; \text{ c) trapezio isoscele}\right]$

Problemi con parametri

365 ●● Il triangolo equilatero ABC è inscritto in una circonferenza di raggio 3. Considera sull'arco minore BC il punto P, con $P\widehat{A}B = x$. Esprimi la funzione

$$f(x) = 3\frac{\text{area}_{APB}}{\text{area}_{ABC}},$$

rappresentala ed evidenzia il tratto relativo al problema.
Considera la retta di equazione $y = k$ e indica, al variare di k, il numero delle intersezioni del grafico di $f(x)$ con tale retta.

$\left[f(x) = 2\sin\left(2x - \frac{\pi}{6}\right) + 1; 0 \leq k \leq 3 \text{ una sol.}\right]$

366 ●● Nel trapezio rettangolo $ABCD$ la base maggiore AB ha misura 2 e il lato obliquo BC misura 4. Determina l'angolo alla base $A\widehat{B}C$, sapendo che il perimetro misura $8 + 2k$. Discuti al variare di k in $\mathbb{R}$.

$\left[2\sin x - 2\cos x - k = 0, \text{ con } \frac{\pi}{3} < x < \frac{\pi}{2}; \sqrt{3} - 1 < k < 2 \text{ una sol.}\right]$

367 ●● È dato il triangolo ABC tale che $\overline{AB} = l$ e $C\widehat{A}B = 3\,C\widehat{B}A$. Considera un punto P sul lato CB tale che $\overline{PA} = \overline{PB}$. Posto $P\widehat{B}A = x$, esprimi e rappresenta in un periodo la funzione:

$$f(x) = \frac{\overline{AP}}{\overline{AC}}.$$

Evidenzia la parte del grafico che si riferisce al problema geometrico e indica il numero di intersezioni con le rette $y = k$, con $k \in \mathbb{R}$.

$\left[f(x) = 2\cos 2x, \text{ con } 0 < x < \frac{\pi}{4}; 0 < k < 2 \text{ una sol.}\right]$

ESERCIZI

368 ●● In una circonferenza di raggio 1, considera la corda $\overline{AB} = \sqrt{2}$ e il punto P, appartenente al maggiore dei due archi AB, con $B\widehat{A}P = x$.

a. Costruisci e rappresenta la funzione:

$$f(x) = \frac{\sqrt{2}\,\overline{PB} - \overline{AP}}{\overline{AB}}.$$

b. Discuti le intersezioni con la retta di equazione $y = k$ al variare di k in $\mathbb{R}$ e nei limiti imposti dal problema.

c. Determina per quale valore di x si ha $f(x) = \frac{\sqrt{2}}{2}$.

$\left[\text{a) } f(x) = \sin x - \cos x, \text{ con } 0 < x < \frac{3}{4}\pi; \text{ b) } -1 < k < \sqrt{2}; \text{ c) } x = \frac{5}{12}\pi\right]$

369 ●● È dato il triangolo equilatero ABC di lato $\sqrt{2}$ e la semicirconferenza di diametro CB esterna al triangolo. Sia P un punto variabile sulla semicirconferenza, con $P\widehat{C}B = x$.

a. Esprimi e rappresenta la funzione:

$$f(x) = \frac{\overline{AP}^2 + \overline{PB}^2}{2}.$$

b. Individua la situazione geometrica corrispondente al valore massimo della funzione.

c. Discuti graficamente le soluzioni dell'equazione $f(x) = k$ nei limiti geometrici imposti dal problema ($k \in \mathbb{R}$).

$\left[\text{a) } f(x) = \frac{3}{2} + \sin\left(2x - \frac{\pi}{6}\right), \text{ con } 0 \le x \le \frac{\pi}{2}; \text{ b) max: } \left(\frac{\pi}{3}; \frac{5}{2}\right); \text{ c) } 1 \le k < 2 \text{ una sol., } 2 \le k \le \frac{5}{2} \text{ due sol.}\right]$

370 ●● Sono date una circonferenza di diametro $\overline{AB} = 2$ e la corda BC di lunghezza uguale al lato dell'esagono regolare inscritto nella circonferenza. Considera sulla semicirconferenza non contenente C il punto D, con $A\widehat{B}D = x$. Determina la funzione $f(x) = \frac{\overline{AD} + \overline{DC}}{\overline{AC}}$ e rappresenta il grafico relativo. Discuti graficamente il numero delle intersezioni di $f(x)$ con la retta di equazione $y = k - 3$.
Studia la situazione geometrica corrispondente al massimo valore della funzione.

$\left[f(x) = 2\sin\left(x + \frac{\pi}{6}\right), \text{ con } 0 \le x \le \frac{\pi}{2}; 4 \le k < 3 + \sqrt{3} \text{ una intersez., } 3 + \sqrt{3} \le k \le 5 \text{ due intersez.;}\right.$
$\left.\text{max:} \left(\frac{\pi}{3}; 2\right) \text{ triangolo equilatero}\right]$

371 ●● In una circonferenza di centro O e raggio 4, sono date due corde AB e CD tali che $C\widehat{O}D = 2A\widehat{O}B = 2x$.

a. Dopo aver individuato i limiti geometrici del problema imponendo che $\overline{AB} < \overline{CD}$, determina per quale valore di x si ha $\overline{CD} = \sqrt{3}\,\overline{AB}$.

b. Discuti, nei limiti imposti dal problema, per quali valori di $k \in \mathbb{R}$ ha soluzione la seguente equazione:

$$\frac{\overline{CD}}{\overline{AB}} = k.$$

c. Considera la funzione $f(x) = \frac{\overline{AB} + \overline{CD}}{8}$. Qual è il suo periodo?

$\left[\text{a) } 0 < x < \frac{2}{3}\pi; x = \frac{\pi}{3}; \text{ b) } 1 < k < 2 \text{ una sol.; c) } T = 4\pi\right]$

372 ●● In una semicirconferenza di diametro $\overline{AB} = 8$ determina un punto P in modo che, detta Q la sua proiezione su AB, risulti verificata la relazione $\overline{AQ} + \overline{QP} = k\overline{QB}$, con k parametro reale.

$\left[\text{con } P\widehat{A}B = x, (1 + k)\cos 2x + \sin 2x + 1 - k = 0 \text{ con } 0 < x \le \frac{\pi}{2}; k \ge 0 \text{ una sol.}\right]$

373 ●● Dato il quadrato $ABCD$ di lato $\overline{AB} = 1$, sulla diagonale DB determina un punto P tale che $\overline{AP}^2 + \overline{PD}^2 = k$. Indica il numero delle soluzioni al variare di k in $\mathbb{R}^+$.

$\left[\frac{3}{4} \le k \le 1 \text{ due sol.; } 1 < k \le 3 \text{ una sol.}\right]$

Applicazioni della trigonometria

Applicazioni alla fisica

374 ESERCIZIO GUIDA Calcoliamo il lavoro che compie una forza costante di intensità pari a 25 N, inclinata di 60° rispetto all'orizzontale, agente su un corpo che viene spostato da tale forza di 15 m in direzione orizzontale.

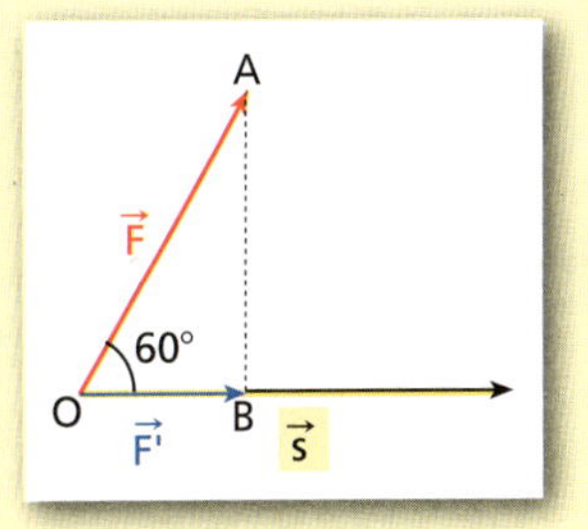

Sono dati la forza $\vec{F}$ e lo spostamento $\vec{s}$. Il lavoro L compiuto dalla forza è $L = F' \cdot s$, dove F' è l'intensità della proiezione della forza lungo la direzione dello spostamento.
F' è la misura di un cateto del triangolo rettangolo OAB, quindi

$$F' = \overline{OB} = \overline{OA} \cdot \cos\alpha = F \cdot \cos\alpha,$$

da cui: $L = F \cdot s \cdot \cos\alpha = 25 \cdot 15 \cdot \frac{1}{2} = 187{,}5$.

Il lavoro è di 187,5 J.

375 Calcola l'intensità e la direzione della risultante delle due forze di intensità $F' = 8$ N, $F'' = 10$ N che sono applicate nel punto A e formano tra loro un angolo di 30°. [17,39 N; 16° 42′ 19″ risp. a $\vec{F'}$]

376 Generalizza il problema precedente, determinando l'intensità e la direzione della risultante $\vec{R}$ di due forze $\vec{F'}$ e $\vec{F''}$ che sono applicate a uno stesso punto e le cui direzioni formano un angolo α.

$\left[R = \sqrt{F'^2 + F''^2 + 2F'F''\cos\alpha};\ \sin\beta = \frac{F''}{R}\sin\alpha\right]$

377 Una massa puntiforme di 0,5 kg è appesa a un filo verticale di massa trascurabile. Una forza $\vec{F}$ orizzontale di modulo pari a 2 N è applicata alla massa e la tiene in equilibrio in una posizione in cui il filo forma un angolo α con la verticale. Trova l'ampiezza di α. [22° 12′ 13″]

378 Calcola il lavoro che svolge una forza costante di intensità pari a 15 N, inclinata di 30° rispetto all'orizzontale, agente su un corpo che per effetto di tale forza si sposta lungo l'orizzontale di 25 m. [324,8 J]

379 Qual è il lavoro relativo a una forza perpendicolare a uno spostamento? Giustifica la risposta. [0]

380 Un carrello di massa $m = 1{,}2$ kg, vincolato a muoversi su una rotaia rettilinea senza attrito, è spinto da una forza $\vec{F}$ che forma un angolo di 25° rispetto alla direzione di movimento. Se l'intensità della forza F è 3,2 N, qual è l'accelerazione del carrello? [2,42 m/s²]

381 Un ragazzo sta girando in una giostra a sedili; la catena del suo sedile è inclinata di 36° rispetto alla verticale. Se la massa complessiva del sedile e del ragazzo è di 80 kg, quanto è la tensione della catena? (Considera trascurabile la massa della catena.) [969,1 N]

382 ●● **Attrito** Un blocchetto di legno è in equilibrio su un piano inclinato di legno. L'intensità della forza di attrito statico si ottiene dalla formula $F_a = \mu \cdot P_\perp$. Ricava il coefficiente di attrito statico μ, sapendo che l'angolo di inclinazione massimo, dopo il quale il blocchetto inizia a muoversi, è $\alpha = 27°$. [0,51]

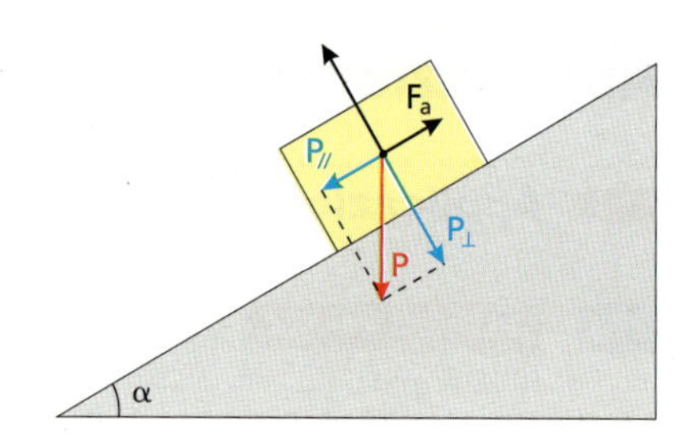

383 ●● Una lastra trasparente a facce piane e parallele ha uno spessore di 50 cm. Un raggio luminoso incide su di essa con un angolo di incidenza di 35°: quale spostamento subisce nell'attraversarla se l'angolo di rifrazione per il raggio che entra nella lastra è di 28°? Per spostamento intendiamo la distanza fra la retta del raggio entrante e quella del raggio uscente. [6,9 cm]

384 ●● Generalizza il problema precedente: determina lo spostamento che subisce un raggio luminoso quando attraversa una lastra piana e trasparente di spessore d, essendo noti gli angoli di incidenza i e di rifrazione r. $\left[s = d\dfrac{\sin(i-r)}{\cos r}\right]$

385 ●● Tre forze, $\vec{F}_1$, $\vec{F}_2$, $\vec{F}_3$, i cui moduli sono 8 N, 4 N e 10 N, sono applicate su una stessa massa puntiforme. Determina gli angoli che $\vec{F}_1$ e $\vec{F}_2$ formano con $\vec{F}_3$, sapendo che le tre forze si equilibrano. [157° 40′ 06″; 130° 32′ 30″]

386 ●● Due sbarre omogenee, PO e OR, sono saldate all'estremo O formando un angolo di 110°. La prima è lunga 58 cm e pesa 10 N; la seconda è lunga 70 cm e pesa 14 N. Il sistema si trova in un piano verticale ed è libero di ruotare attorno a un asse orizzontale passante per O. Nella posizione di equilibrio quanto misura l'angolo che PO forma con la direzione verticale? [75° 06′ 44″]

387 ●● Determina l'inclinazione α del piano per cui la forza F è sufficiente per mantenere in equilibrio il corpo. [$\alpha \simeq 10° 9′ 51″$]

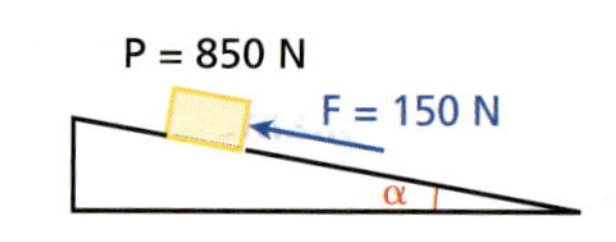

388 ●○ Una torre ha la sezione quadrata di area $s = 64\ \text{m}^2$ ed è inclinata su un lato di 4° 45′ 9″ rispetto alla verticale. Il suo baricentro si trova a 25,6 m da terra al centro della sezione della torre. La verticale passante per il baricentro cade dentro la base della torre? [sì, a 2,13 m dal centro]

389 ●● Un pendolo è formato da una sferetta di piccole dimensioni appesa a un filo lungo 80 cm. Nella posizione di riposo l'altezza della sfera dal suolo è di 60 cm; durante l'oscillazione essa raggiunge l'altezza massima dal suolo di 75 cm. Qual è l'ampiezza di oscillazione? [35° 39′ 33″]

390 ●● Un'altalena a bilancia misura 3 m e il suo fulcro si trova a 30 cm da terra. Qual è la massima altezza raggiungibile da ciascun sedile? (I sedili si trovano alle due estremità.) [60 cm]

391 ●● Un blocco avente la massa di 150 kg è spinto su un piano orizzontale scabro da una forza inclinata verso il basso che forma un angolo di 34° con l'orizzontale. Se l'intensità della forza è 300 N e il coefficiente di attrito è $k = 0{,}12$, qual è l'accelerazione impressa al blocco? [$0{,}348\ \text{m/s}^2$]

392 ●● Un raggio luminoso proveniente dall'aria incide sulla superficie piana di un mezzo trasparente con un angolo di incidenza di 40°; il corrispondente angolo di rifrazione è di 30°. Trova l'ampiezza dell'angolo limite nel passaggio inverso, dal mezzo trasparente all'aria. [51° 03′ 55″]

393 Un raggio di luce incide su un prisma ottico con un angolo di incidenza di 45°; l'indice di rifrazione del prisma è $n = 1{,}6$ e il suo angolo rifrangente è $\delta = 60°$. Quando il raggio trasmesso raggiunge la seconda faccia del prisma subisce la riflessione totale o è ulteriormente rifratto in aria? Se viene ulteriormente rifratto, qual è il secondo angolo di rifrazione? [è ulteriormente rifratto; 62° 48′ 05″]

Problemi REALTÀ E MODELLI

RISOLVIAMO UN PROBLEMA

Il tunnel

Un'impresa deve costruire un tunnel che colleghi con una strada rettilinea i punti A e B, posti alla stessa quota sui due versanti opposti di una collina.

I due punti non sono reciprocamente visibili, quindi è stata tracciata la poligonale $ACDB$, riportata in figura, su cui sono indicati i dati rilevati dai tecnici. Sapendo che A, B, C e D hanno la stessa quota, e quindi $ABCD$ giace su un piano orizzontale, calcola:

- la distanza tra i punti A e B;
- l'ampiezza degli angoli α e β.

▶ Analizziamo il problema.

Il segmento AB è un lato del triangolo ABC, di cui per ora conosciamo la misura dell'angolo opposto al lato AB. Se riusciamo a calcolare le misure dei lati AC e BC, con il teorema del coseno rispondiamo alla prima domanda. Per quanto riguarda la seconda, dovremo utilizzare il teorema dei seni, sfruttando i risultati ottenuti.

▶ Calcoliamo le lunghezze di *AC* e *BC*.

Consideriamo il triangolo ADC:

$$C\widehat{A}D = 180° - (60° + 20° + 45°) = 55°.$$

Applichiamo il teorema dei seni:

$$\frac{AC}{\sin A\widehat{D}C} = \frac{CD}{\sin C\widehat{A}D} \rightarrow$$

$$AC = 550 \cdot \frac{\sin 45°}{\sin 55°} \rightarrow AC \simeq 475 \text{ m}.$$

Consideriamo il triangolo CDB:

$$C\widehat{B}D = 180° - (20° + 45° + 75°) = 40°.$$

Applichiamo il teorema dei seni:

$$\frac{CB}{\sin C\widehat{D}B} = \frac{CD}{\sin C\widehat{B}D} \rightarrow$$

$$CB = 550 \cdot \frac{\sin 120°}{\sin 40°} \rightarrow CB \simeq 741 \text{ m}.$$

▶ Calcoliamo la distanza *AB*.

Applichiamo il teorema del coseno al triangolo ABC:

$$\overline{AB} = \sqrt{AC^2 + BC^2 - 2AC \cdot BC \cdot \cos A\widehat{C}B} =$$

$$\sqrt{475^2 + 741^2 - 2 \cdot 475 \cdot 741 \cdot \cos 60°} \simeq 650.$$

La distanza AB è di circa 650 m.

▶ Calcoliamo la misura degli angoli.

Per calcolare α applichiamo il teorema dei seni al triangolo ABC:

$$\frac{AB}{\sin A\widehat{C}B} = \frac{CB}{\sin \alpha} \rightarrow$$

$$\sin \alpha = \sin 60° \cdot \frac{741}{680} = 0{,}987 \rightarrow$$

$$\alpha = \arcsin 0{,}987 \simeq 81°.$$

Per calcolare l'angolo β sfruttiamo la proprietà dei quadrilateri di avere la somma degli angoli interni uguale a 360°:

$$\beta = 360° - (\alpha + A\widehat{C}D + C\widehat{D}B) =$$

$$360° - (81° + 80° + 120°) \simeq 79°.$$

L'ampiezza di α è di circa 81°, quella di β di circa 79°.

394 Calcoliamo la distanza fra due laghi separati da una collina. Scegliamo come punto di riferimento un monastero che dista dai due laghi rispettivamente 850 m e 680 m. Inoltre, le direzioni in cui dal monastero si vedono i due laghi formano tra loro un angolo di 72°. [909,77 m]

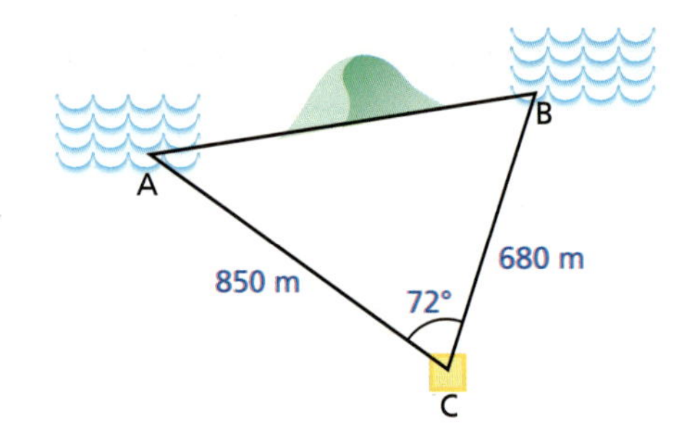

395 Due case, A e B, sono separate da un fiume. Una torre T è posta dalla stessa parte di B, a una distanza da B di 375 m. L'angolo $B\widehat{T}A$ è di 60°; l'angolo $A\widehat{B}T$ è di 75°. Calcola la distanza fra le due case. [459,28 m]

396 **In spiaggia** Ti trovi su una spiaggia e vuoi calcolare l'altezza di un isolotto scoglioso. Scegli due punti A e B allineati con l'isolotto e distanti fra loro 20 m. Misuri gli angoli $D\widehat{A}C = 28°$ e $D\widehat{B}C = 20°$ (D è un punto alla base dell'isolotto, C è un punto sulla sua sommità). Quanto risulta alto? [23,07 m]

397 In un terreno pianeggiante vuoi calcolare la distanza fra due punti inaccessibili A e B. Scegli due posizioni P e Q, distanti 50 m fra loro, e misuri gli angoli $Q\widehat{P}A = 120°$, $Q\widehat{P}B = 50°$, $P\widehat{Q}B = 110°$, $P\widehat{Q}A = 40°$. Quanto sono distanti A e B? [137,37 m]

398 Ti trovi su una collinetta e vuoi calcolare la sua altezza. Come riferimenti scegli, sulla cresta, due posizioni, A e B, distanti 80 m e una casa C ai piedi del colle, dopodiché misuri gli angoli $C\widehat{A}B = 75°\,15'$ e $A\widehat{B}C = 69°\,39'$. Misurando l'angolo che la direzione BC forma con la verticale in B, trovi 125° 33'. Quanto è alta la collina rispetto alla quota della casa? [78,22 m]

399 Sul pendio di una montagna di inclinazione $\alpha = 20°$ ci sono due alberi che indichiamo con AD e BC, alti rispettivamente 12 m e 39 m e piantati a distanza $AB = 42$ m.
Qual è la distanza DC tra le loro cime? [$\simeq 41,4$ m]

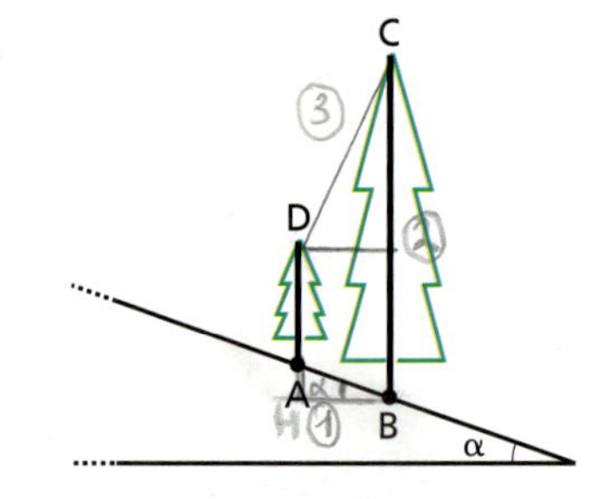

400 **Campane sul colle** Una chiesa si trova in cima a una collina e la cella campanaria del suo campanile è a 25 m dal suolo. Per calcolare l'altezza del colle scegli come riferimento una casa situata nella pianura sottostante; misuri, rispetto alla verticale, l'angolo $\widehat{A} = 73°\,20'$, sotto cui vedi la casa dalla base del campanile, e l'angolo $\widehat{B} = 65°\,40'$, sotto cui la vedi dalla cella campanaria. Quanto è alto il colle rispetto alla pianura? [48,97 m]

401 Per calcolare l'area di un appezzamento di terreno a forma di quadrilatero convesso un agronomo ne misura i lati trovando: $AB = 58$ m, $BC = 53$ m, $CD = 104$ m e $DA = 82$ m. Misura poi l'angolo $D\widehat{A}B = 112°\,42'$. Qual è l'area del terreno? [4949,59 m^2]

402 In una zona montuosa un topografo deve calcolare l'altezza di una cima V rispetto alla sua postazione P. Per base prende la distanza $PQ = 483$ m dal punto noto Q situato sulla cima di un'altra montagna. Misura gli angoli $P\widehat{Q}V = 54°$, $Q\widehat{P}V = 50°$ e l'angolo $\alpha = 68°$ che la direzione PV forma col piano orizzontale. Quanto è il dislivello fra P e V? [381 m]

403 Due edifici sono posti uno di fronte all'altro alla distanza di 20 m. Un osservatore A sta sul cornicione (figura a lato) dell'edificio più basso e vede il cornicione C di quello più alto sotto l'angolo $\alpha = 20°$ rispetto al piano orizzontale. L'angolo sotto cui A vede la base B dello stesso edificio è $\beta = 35°$. Trova le altezze dei due palazzi. [14 m; 21,28 m]

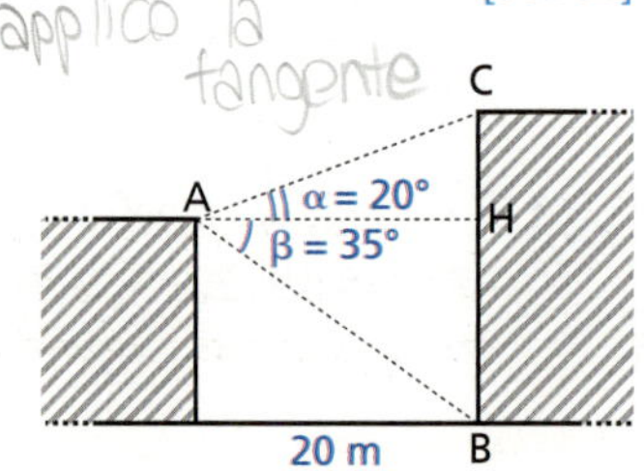

404 YOU & MATHS A vertical flagpole stands on horizontal ground. The angle of elevation of the top of the pole from a certain point on the ground is ϑ. From a point on the ground 10 meters closer to the pole the angle of elevation is β. Show that the height of the pole is $\dfrac{10 \sin \vartheta \sin \beta}{\sin(\beta - \vartheta)}$.

(IR *Leaving Certificate Examination*, Higher Level, 1994)

405 **Salite a San Francisco** Alcune strade di San Francisco hanno una notevole pendenza e inoltre sono rettilinee, senza curve. In una strada il cartello indica una pendenza del 15% per 800 m e successivamente dell'11% per altri 800 m.

a. Al termine della strada, di quanto si è saliti in quota?
b. Se per tutto il percorso la strada avesse avuto la stessa pendenza, quanto dovrebbe segnalare il cartello iniziale?

[a) 206, 14 m; b) 13%]

406 **L'altezza del monte** Alcuni amici in estate affittano una casa in montagna per fare trekking. Da una delle finestre vedono la cima della montagna da raggiungere e, non avendo una cartina, cercano di valutare la sua altezza. Camilla propone di misurare l'angolo α con cui si vede la cima dalla base della casa e l'angolo β con il quale si vede la cima dalla stazione di partenza dell'ovovia.
Sapendo che la distanza fra la casa e l'ovovia è di 1000 m e che l'angolo α è di 35° circa, mentre β è di 50° circa, quanto è alta la montagna rispetto al livello della casa? (Supponi che casa e ovovia si trovino alla stessa altitudine.)

[$\simeq$ 1698 m]

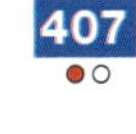

407 **Proprietà privata** Alcune misure di una zona edificabile di forma triangolare sono riportate in figura. Il proprietario vuole dividere la zona in due parti in modo che le aree siano proporzionali ai numeri 1,5 e 2,5, mediante la linea di confine CD.

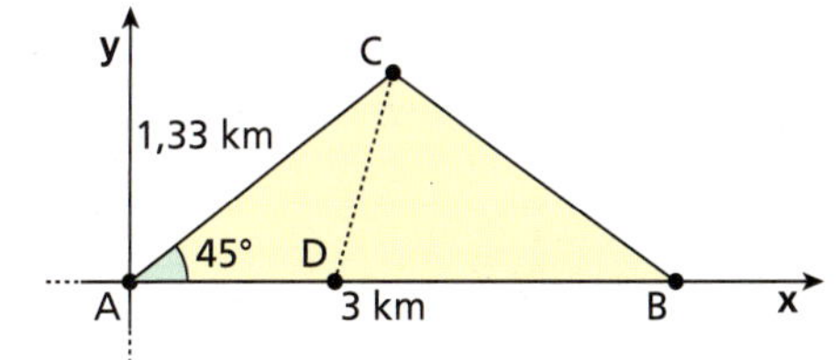

a. Calcola l'area della zona complessiva e quelle delle due parti.
b. Determina le coordinate di D e la misura di CD.

[a) 1,41 km^2; 0,53 km^2; 0,88 km^2; b) $D(1,27; 0)$; 0,99 km]

Applicazioni alla geometria solida

408 TEST Le misure degli spigoli del prisma retto a base quadrata $ABCDA'B'C'D'$ sono:

$\overline{AB} = \overline{BC} = 1, \ \overline{AA'} = 2.$

Riguardo all'angolo $\varphi = D'\widehat{A}B'$ possiamo dire che:

A $\varphi = 90°$.
B $\sin\varphi = \dfrac{1}{\sqrt{10}}$.
C $\sin\varphi = \dfrac{3}{5}$.
D $\sin\varphi = \dfrac{2}{\sqrt{5}}$.
E $\tan\varphi = \sqrt{2}$.

409 La diagonale d di un parallelepipedo retto è lunga $\sqrt{5}$ cm e gli spigoli della base misurano $\frac{3}{2}$ cm e $\frac{\sqrt{6}}{2}$ cm. Determina l'ampiezza dell'angolo α che d forma con la diagonale di base.

[30°]

410 Una piramide regolare a base quadrata ha gli spigoli laterali lunghi 12 cm e l'area della base di 144 cm^2. Determina gli angoli delle facce laterali, l'angolo che ciascuna di esse forma con la base e l'altezza della piramide.

$\left[60°; \arccos\frac{\sqrt{3}}{3}; 6\sqrt{2} \text{ cm}\right]$

411 Un cubo di spigolo l è inscritto in una piramide regolare a base quadrata in modo che quattro dei suoi vertici si trovano sugli spigoli laterali della piramide, mentre gli altri stanno sulla sua base. Determina il volume della piramide, sapendo che la tangente dell'angolo che le sue facce laterali formano con la base è 2.

$\left[\frac{8}{3}l^3\right]$

ESERCIZI

412 ●○ La piramide $ABCV$ ha per base il triangolo equilatero ABC, di lato a, e lo spigolo CV è perpendicolare alla base. Sai che il volume misura $\frac{1}{4}a^3$; determina l'angolo α che lo spigolo BV forma con lo spigolo BC e l'angolo ϕ della faccia ABV con la base. [$\alpha = 60°$; $\phi = \arctan 2$]

413 ●○ L'apotema di una piramide regolare a base quadrata forma, con il piano della base, un angolo α tale che $\tan\alpha = \frac{12}{5}$. Determina la tangente dell'angolo β che lo spigolo laterale forma con il piano della base. $\left[\tan\beta = \frac{6\sqrt{2}}{5}\right]$

414 ●● Un cono circolare retto è circoscritto a una semisfera di raggio r il cui cerchio di base giace sulla base del cono. Esprimi il volume del cono in funzione dell'angolo x che il suo apotema forma col piano di base e calcola tale volume nel caso in cui l'area laterale del cono sia doppia di quella della base. $\left[V_c = \frac{\pi r^3}{3\sin^2 x\cos x};\ x = \frac{\pi}{3} \text{ e } V_c = \frac{8}{9}\pi r^3\right]$

415 ●● Un trapezio isoscele $ABCD$ è circoscritto a una semicirconferenza di diametro $2r$. Determina l'angolo acuto, sapendo che il rapporto fra il volume del solido generato dalla rotazione completa del trapezio attorno alla base maggiore e quello della sfera di raggio r è $\frac{2}{3}\sqrt{3}$. $\left[60° \vee \arctan\frac{5\sqrt{3}}{11}\right]$

Applicazioni alla geometria analitica

416 ●● Nel triangolo di vertici $A(-3; -1)$, $B(3; 2)$ e $C(5; 0)$ calcola la tangente goniometrica dell'angolo in B e determina il lato AC applicando il teorema del coseno. [-3]

417 ●● Un'iperbole con i fuochi sull'asse y e centro nell'origine degli assi ha un asintoto inclinato di 30° rispetto al semiasse positivo delle x. Sapendo che l'iperbole passa per il punto $M(-12; 7)$, determina:

a. la sua equazione;

b. la tangente goniometrica dell'angolo $A\widehat{M}B$ (A e B sono i vertici reali dell'iperbole);

c. il diametro della circonferenza passante per A, M e B applicando il teorema della corda.

$\left[\text{a) } \frac{x^2}{3} - y^2 = -1;\ \text{b) } \frac{1}{8};\ \text{c) } 2\sqrt{65}\right]$

418 ●● Dati i punti $A(2; 0)$ e $B(4; 2)$, determina il luogo geometrico dei punti P tali che $\tan A\widehat{P}B = \pm 1$.
[l'unione delle due circonferenze di equazioni $x^2 + y^2 - 8x + 12 = 0$ e $x^2 + y^2 - 4x - 4y + 4 = 0$, esclusi i punti A e B]

419 ●● Siano A e B i punti di intersezione fra la retta $2x - y - 5 = 0$ e la parabola $y = x^2 - 4x$, V il vertice. Determina il coseno dell'angolo $A\widehat{V}B$, utilizzando il teorema di Carnot nel triangolo AVB, e confrontalo con il valore della sua tangente dedotto dalle equazioni delle rette AV e VB. $\left[\cos A\widehat{V}B = \frac{1}{\sqrt{5}};\ \tan A\widehat{V}B = 2\right]$

420 ●● I punti $A(-4; 2)$ e $B(-1; -1)$ sono vertici di un triangolo in cui il lato BC ha equazione $x - 2y - 1 = 0$ e $\overline{AC} = \sqrt{29}$. Determina l'angolo $A\widehat{C}B$ e l'equazione del lato AC.
$\left[\sin\widehat{C} = \frac{9}{\sqrt{145}};\ \text{due soluzioni: } 2x + 5y - 2 = 0,\ 26x - 7y + 118 = 0\right]$

Allenati con **15 esercizi interattivi** con feedback "hai sbagliato, perché..."
su.zanichelli.it/tutor3 risorsa riservata a chi ha acquistato l'edizione con tutor

VERIFICA DELLE COMPETENZE ALLENAMENTO

ANALIZZARE E INTERPRETARE DATI E GRAFICI

TEST

1 Del quadrilatero convesso $ABCD$ si conoscono i lati $\overline{AB} = \overline{DA} = 6$, $\overline{BC} = 4$, $\overline{CD} = 5$ e l'angolo $\widehat{B} = 120°$. Riguardo all'angolo $\widehat{D}$ si può affermare che:

- A non ci sono elementi sufficienti per calcolarlo.
- B il coseno è uguale a $-\frac{1}{4}$.
- C la sua misura è 60°.
- D è congruente a $\widehat{B}$.
- E è un angolo acuto.

2 Nel triangolo della figura l'angolo $B\widehat{A}C$ misura:

- A 120°.
- B 60°.
- C 45°.
- D 30°.
- E 150°.

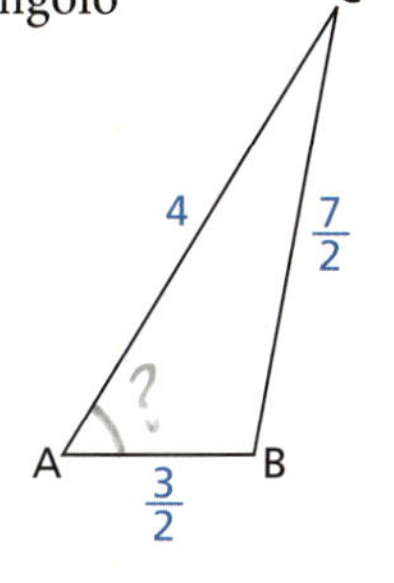

3 Individua l'affermazione errata fra le seguenti, in riferimento alla figura.

- A $\overline{AC} = 30 \sin 35°$
- B $\overline{BC} = 30 \cos 35°$
- C $\overline{AC} = \overline{BC} \tan 55°$
- D $\overline{CH} = 30 \cos 35° \cdot \sin 35°$
- E $\overline{AH} = \overline{AC} \cos 55°$

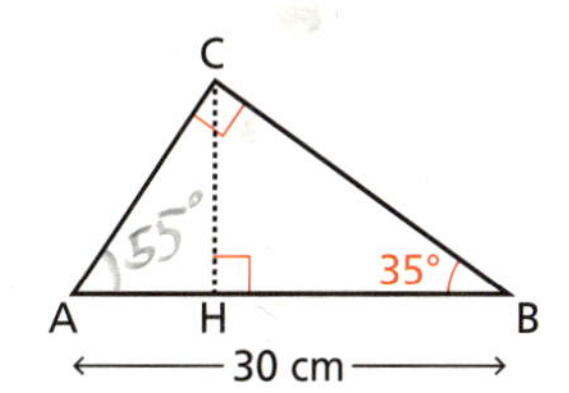

Risolvi il triangolo *ABC*, noti gli elementi indicati.

4 $\alpha = \frac{\pi}{2}$, $a = 41$, $c = 40$. $\left[b = 9; \beta = \arcsin\frac{9}{41}; \gamma = \arcsin\frac{40}{41}\right]$

5 $\alpha = 40°$, $\beta = 38°$, $b = 15$. $[a \simeq 15{,}7; c \simeq 23{,}8; \gamma = 102°]$

6 $a = 8$, $b = 21$, $\gamma = 15°$. $[c \simeq 13{,}4; \alpha \simeq 9°; \beta \simeq 156°]$

7 $b = 21$, $c = 35$, $\tan\beta = \frac{3}{4}$. $[a = 28; \alpha \simeq 53°; \gamma = 90°]$

8 $a = 7$, $b = 10$, $c = 16$. $[\alpha \simeq 16°; \beta \simeq 24°; \gamma = 140°]$

9 Determina l'elemento incognito nelle seguenti figure.

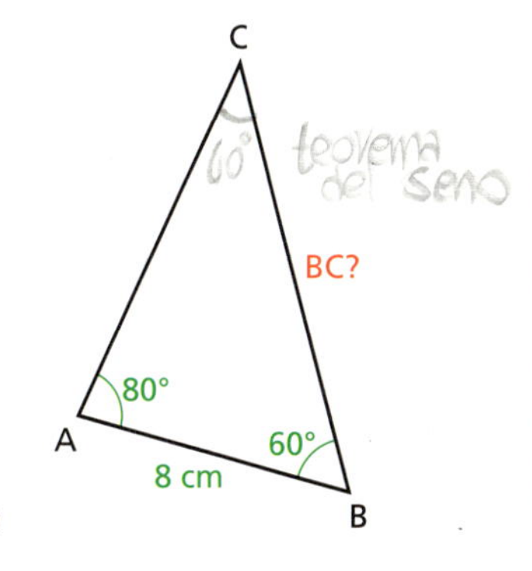

a

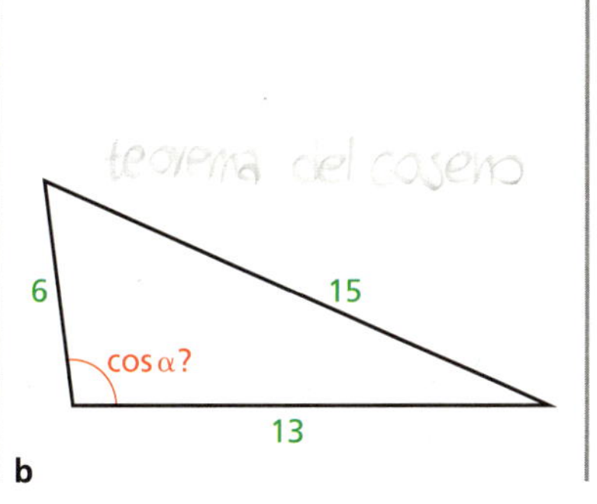

b

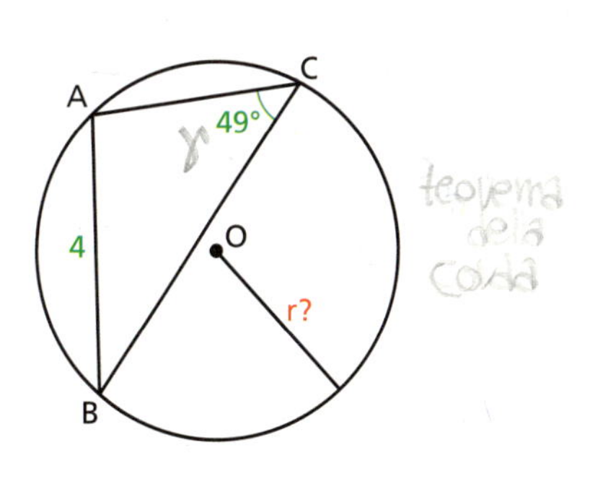

c

[a) $BC \simeq 12{,}3$ cm; b) $\cos\alpha \simeq -0{,}13$; c) $r \simeq 2{,}7$]

RISOLVERE PROBLEMI

10 Nel triangolo ABC, rettangolo in A, un cateto è lungo 20 cm e il coseno dell'angolo acuto a esso adiacente è 0,7. Determina l'area e il perimetro del triangolo. [204 cm^2; 68,97 cm]

VERIFICA DELLE COMPETENZE

11 ●○ In un triangolo ABC, $\widehat{A} = 30°$ e $\widehat{B} = 45°$. Essendo $AC = 20$ cm, calcola la lunghezza del lato AB.
$[(10\sqrt{3} + 10)$ cm$]$

12 ●○ In un triangolo rettangolo un cateto è i $\frac{33}{56}$ dell'altro e l'area è 231 cm^2. Determina i cateti e gli angoli acuti.
[28 cm, 16,5 cm; 30,5°; 59,5°]

13 ●○ Calcola l'area di un rombo di lato 106 cm, sapendo che il coseno dell'angolo acuto è $\frac{28}{53}$. [9540 cm^2]

14 ●○ Calcola il perimetro e l'area di un trapezio isoscele, sapendo che la base maggiore è 90 cm, il lato obliquo 30 cm e l'angolo alla base ha il coseno uguale a $\frac{3}{5}$. [204 cm; 1728 cm^2]

15 ●○ In un parallelogramma un angolo misura 75°, un lato 15 e l'area $15\sqrt{3}$. Calcola la misura dell'altro lato.
$[3\sqrt{2} - \sqrt{6}]$

16 ●○ Una circonferenza ha il diametro $\overline{AB} = 6$. Determina la misura della corda AC, sapendo che il suo prolungamento incontra in T la tangente alla circonferenza condotta per B e che $\overline{BT} = 3\sqrt{5}$. [4]

17 ●○ Nel triangolo ABC la bisettrice BP è lunga 78 cm, l'ampiezza dell'angolo $A\widehat{C}B$ è 24° e quella dell'angolo $A\widehat{B}C$ è 54°. Risolvi il triangolo. $[\widehat{A} = 102°;\ BC \simeq 149{,}03$ cm; $AC \simeq 123{,}26$ cm; $AB \simeq 61{,}97$ cm$]$

18 ●○ Un triangolo ABC è inscritto in una circonferenza; le misure dei lati AC e BC sono rispettivamente 5 e 3 e l'area è 6. Determina il raggio della circonferenza circoscritta.
$\left[\frac{5}{2} \vee \frac{5}{4}\sqrt{13}\right]$

19 ●● In un triangolo ABC conosci il lato $AB = 35$ cm, l'angolo $A\widehat{B}C = 45°$ e la mediana $AM = 28$ cm. Calcola l'area e il perimetro del triangolo. $[S \simeq 936{,}6$ cm^2; $2p \simeq 167{,}3$ cm; oppure: $S \simeq 288{,}4$ cm^2; $2p \simeq 83{,}1$ cm$]$

20 ●● Nel triangolo ABC i lati AB e BC sono lunghi rispettivamente 42 cm e 78 cm; la tangente dell'angolo $B\widehat{A}C$ è $-\frac{3}{2}$. Determina gli angoli, il terzo lato del triangolo e la mediana BN.
$[\simeq 123{,}7°; \simeq 29{,}7°; \simeq 26{,}6°; 46{,}44$ cm; $58{,}18$ cm$]$

21 ●○ In un triangolo rettangolo l'ipotenusa è lunga 20 dm e un angolo acuto ha ampiezza 27°. Calcola le proiezioni dei cateti sull'ipotenusa. [15,88 dm; 4,12 dm]

22 ●● Inscrivi un triangolo ABC in una semicirconferenza di diametro $\overline{AB} = 4$ in modo che l'angolo in B risulti maggiore dell'angolo in A. Prolunga AC fino a intersecare in T la tangente in B alla circonferenza e trova per quali valori di $x = A\widehat{B}C$ si ha $3\overline{CT} + \sqrt{3}\,\overline{CB} = 2\overline{AC}$. [60°]

23 ●● Un trapezio rettangolo $ABCD$ circoscritto a una circonferenza ha gli angoli retti in A e in D e l'angolo acuto in B è di 54°. Sapendo che il perimetro è $20\sqrt{5}$, calcola l'area e la lunghezza del lato obliquo BC.
$[S = 50\sqrt{5};\ BC = 10(\sqrt{5} - 1)]$

24 ●● Le misure dei lati del trapezio scaleno $ABCD$ sono: base maggiore $\overline{AB} = 60$, base minore $\overline{CD} = 20$, lati obliqui $\overline{BC} = 20\sqrt{3}$ e $\overline{AD} = 20$. Determina gli angoli del trapezio, la sua area e la misura delle sue diagonali.
$[\widehat{A} = 60°, \widehat{B} = 30°, \widehat{C} = 150°, \widehat{D} = 120°; 400\sqrt{3}; 20\sqrt{7}, 20\sqrt{3}]$

25 ●● Il triangolo PQR ha l'angolo in Q di 30° e la lunghezza del lato PQ è 120 cm. La mediana RM incontra PQ in M in modo che $R\widehat{M}Q = 110°$. Trova i lati e gli angoli incogniti.
[una soluzione accettabile: $QR \simeq 87{,}71$ cm; $PR \simeq 62{,}15$ cm; $P\widehat{R}Q \simeq 105°$]

26 ●● Dimostra che tra l'angolo al vertice α di un triangolo isoscele e un suo angolo alla base β sussiste la relazione: $\cos\alpha = 1 - 2\cos^2\beta$. Se $\beta = \arcsin\frac{5}{13}$ e il lato è lungo 120 cm, trova la base e l'altezza del triangolo.
$\left[\frac{2880}{13}\text{ cm}; \frac{600}{13}\text{ cm}\right]$

27 ●● Una piramide retta avente per base un rettangolo $ABCD$ è inscritta in un cono circolare retto. L'altezza comune ai due solidi è $\overline{VO} = 24$; nelle facce laterali gli angoli al vertice $A\widehat{V}B = 2\alpha$ e $B\widehat{V}C = 2\beta$ sono tali che $\sin\alpha = \frac{3}{13}$ e $\sin\beta = \frac{4}{13}$. Determina il seno dell'angolo $x = A\widehat{V}O$ di apertura del cono e il volume del cono. $\left[\sin x = \frac{5}{13};\, V_c = 800\pi\right]$

28 ●● Nella piramide $ABCV$ la base è il triangolo ABC rettangolo in B; lo spigolo VC è perpendicolare alla base e la faccia ABV ha un angolo retto in B. Sapendo che $\overline{VA} = 8$, $V\widehat{A}B = 30°$ e $C\widehat{B}V = 45°$, trova l'ampiezza dell'angolo $A\widehat{C}B$ e il volume della piramide. $\left[\tan A\widehat{C}B = \sqrt{6};\, \text{volume} = \frac{16}{3}\sqrt{3}\right]$

Problemi con equazioni e funzioni

29 ●○ È dato il trapezio $ABCD$, di base maggiore AB, tale che l'angolo $B\widehat{C}D$ è di 120°, il triangolo HCB (con H piede della perpendicolare tracciata da D su AB) è rettangolo e l'altezza DH è lunga 4 cm. Indica con x l'angolo $D\widehat{A}B$ e determina l'area del trapezio. Trova poi per quale valore di x l'area è $\frac{80}{3}\sqrt{3}$ cm^2. $\left[8\left(\frac{7}{3}\sqrt{3} + \cot x\right);\, 30°\right]$

30 ●● Nel trapezio rettangolo $ABCD$ l'altezza AD e la base minore DC sono lunghe 20 cm. Traccia da A e D le perpendicolari alla retta CB, che la intersechino rispettivamente in Q e in P. Determina $\overline{AQ}$, $\overline{DP}$ e $\overline{PQ}$ in funzione della misura x di $A\widehat{B}C$ e calcola x in modo che $\overline{AQ} = \sqrt{3}\,\overline{PD} + \overline{PQ}$. $\left[\overline{AQ} = 20(\sin x + \cos x);\, \overline{DP} = 20\sin x;\, \overline{PQ} = 20\sin x;\, x = \frac{\pi}{6}\right]$

31 ●● Nel trapezio rettangolo $ABCD$, di base maggiore AB e base minore DC, è $\overline{AD} = \overline{DC} = 8$. E e F sono le proiezioni sulla retta CB, rispettivamente, di D e A. Indica con x l'angolo $A\widehat{B}C$ e determina la funzione

$f(x) = \overline{AF} + \overline{DE} + \overline{EC}$.

a. Calcola per quali valori di x si ha: $f(x) = 8\sqrt{6}$.

b. Rappresenta graficamente $f(x)$ nell'intervallo in cui può variare x geometricamente.

$\left[f(x) = 16(\sin x + \cos x);\, \text{a) } x = \frac{\pi}{12} \vee x = \frac{5}{12}\pi\right]$

32 ●● Nella figura la retta CE è tangente alla circonferenza che ha raggio 4. Studia, al variare dell'angolo x, la funzione

$$y = \frac{\overline{CD}}{\overline{AB}} + \frac{\overline{CE}}{\overline{EO}}$$

e disegnane il grafico, evidenziando il tratto che si riferisce al problema.

$\left[y = 2\sin 2x;\, 0 \leq x \leq \frac{\pi}{2} \wedge x \neq \frac{\pi}{4}\right]$

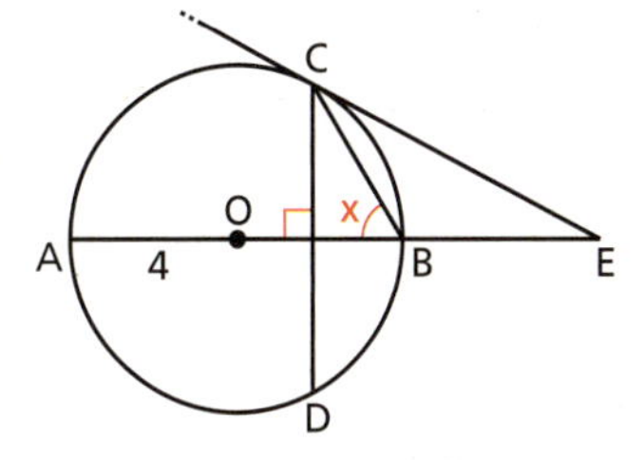

33 ●● Nel triangolo ABC, rettangolo in C, l'area misura 24 e $\overline{AC} = 6$. Considera un punto P variabile sulla semicirconferenza di diametro CB esterna al triangolo. Sia D la sua proiezione su CB ed E la proiezione di D su AB. Posto $P\widehat{B}C = x$, trova per quali valori di x si ha:

$$\overline{DB} + \overline{PD} + \frac{5}{2}\overline{AE} = 25.$$

$\left[x = \frac{\pi}{4} \vee x = \frac{\pi}{2}\right]$

34 ●● Nella semicirconferenza di diametro $\overline{AB} = 2$ traccia il punto C tale che $A\widehat{B}C = 60°$. Considera P sull'arco $\overset{\frown}{AC}$ e H proiezione di P su AC. Poni $P\widehat{A}C = x$ e determina per quale posizione di P si ha:

$\sqrt{3}\,\overline{AH} + \overline{PH} = 1$. $[x = 45°]$

35 È dato il quadrato $ABCD$ di lato 4 cm. Al suo interno traccia l'arco di circonferenza $\widehat{AC}$ con centro nel punto D. Considera un punto T dell'arco e la tangente in esso che incontra i lati del quadrato nei punti P e Q. Scrivi $\overline{PQ}$ in funzione dell'angolo $A\hat{D}T = 2x$ e trova per quali valori di x si ha $\overline{PQ} = 8(\sqrt{2} - 1)$.

$\left[\overline{PQ} = 4\frac{1 + \tan^2 x}{1 + \tan x}; x = \frac{\pi}{8}\right]$

36 Nel trapezio $ABCD$ in figura, la base maggiore AB misura 12. Considera la funzione $f(x)$ che esprime il perimetro del triangolo APD al variare di P su AB e trova, tenendo conto dei limiti del problema, per quali valori di x si ha:

$$f(x) \geq 18.$$

$[60° \leq x \leq 90°]$

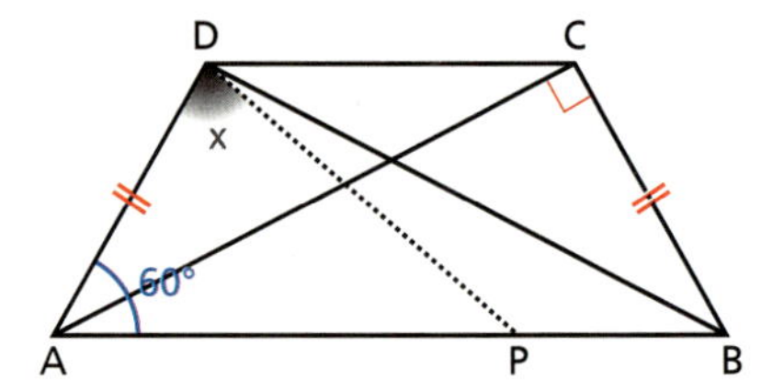

37 Il triangolo rettangolo ABC ha l'ipotenusa BC lunga 16 cm e l'angolo $A\hat{B}C = 60°$. Trova un punto Q sull'altezza AH relativa all'ipotenusa in modo che sia: $4\overline{QB}^2 + \frac{1}{6}\overline{AC}^2 = \overline{CQ}^2$.
(Poni $Q\hat{B}C = x$.)

$[x = 45°]$

38 In una circonferenza di raggio r traccia il diametro AB e il diametro CD a esso perpendicolare. Sull'arco minore $\widehat{DB}$ considera un punto P e, posto $P\hat{A}B = x$, trova per quali valori di x si ha:

$$2\overline{PA} = \sqrt{2}\,\overline{PC} + \overline{AC}.$$

$\left[\frac{\pi}{12}\right]$

39 In un triangolo equilatero ABC di lato 2, la retta s è perpendicolare al lato BC in un suo punto H. Sia P il punto di s, nel semipiano non contenente il triangolo, tale che $\overline{BP} = 2$; posto $C\hat{B}P = x$:

a. determina la funzione $f(x)$ che esprime la somma dell'area del triangolo BPH con il doppio di quella del triangolo equilatero di lato BH e disegna il grafico corrispondente;

b. risolvi la disequazione $f(x) \geq 2\sqrt{3}$. $\left[\text{a) } f(x) = \sin 2x + \sqrt{3}\cos 2x + \sqrt{3}, \text{ con } 0 \leq x \leq \frac{\pi}{2}; \text{ b) } 0 \leq x \leq \frac{\pi}{6}\right]$

40 Sui due lati di un angolo retto di vertice O, si considerano due segmenti OM e ON tali che $\overline{OM} = 1$ e $\overline{ON} = \sqrt{3}$. Dopo aver tracciato una semiretta r interna all'angolo, indica con M' e con N' le proiezioni rispettivamente di M e di N su r. Sia P il punto medio di $M'N'$ e S il punto di intersezione tra r e la parallela a OM passante per N.

a. Indica con A_1 l'area del triangolo PNS e con A_2 quella del triangolo ONS e determina, al variare dell'angolo $M\hat{O}N' = x$, la funzione $f(x) = \frac{A_1}{A_2}$.

b. Rappresenta $f(x)$ in un periodo ed evidenzia la parte relativa al problema.

$\left[\text{a) } f(x) = \frac{3}{4} - \frac{\sqrt{3}}{6}\sin\left(2x - \frac{\pi}{3}\right), 0 < x < \frac{\pi}{2}\right]$

41 Nella semicirconferenza di diametro $\overline{AB} = 2$ e centro O, è condotta la semiretta contenente il raggio OQ perpendicolare ad AB. Considerato il generico punto P della semicirconferenza indica con H la sua proiezione su AB e con L il punto della semiretta OQ tale che l'angolo $H\hat{P}L$ sia diviso in due parti congruenti dal raggio OP.

a. Esprimi la misura di OL in funzione dell'angolo $x = O\hat{P}L$, indicando anche il corrispondente dominio.

b. Determina per quali valori di x la misura di OL è maggiore del raggio.

$\left[\text{a) } \overline{OL} = \frac{1}{2\cos x}, 0 < x < \frac{\pi}{2}; \text{ b) } \frac{\pi}{3} < x < \frac{\pi}{2}\right]$

42 P è un punto variabile su una semicirconferenza di raggio 2 e H la sua proiezione sul diametro AB.

a. Studia la funzione $f(x) = \overline{PH} + \overline{HB}$ al variare dell'angolo $x = P\hat{A}H$ e rappresenta il tratto di grafico che si riferisce al problema.

b. Trova per quali valori di x il valore della funzione è minore della misura del raggio.

$\left[\text{a) } f(x) = 2\sqrt{2}\sin\left(2x - \frac{\pi}{4}\right) + 2; \text{ b) } 0 \leq x < \frac{\pi}{8}\right]$

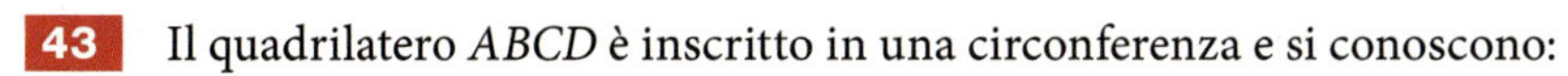

43 Il quadrilatero $ABCD$ è inscritto in una circonferenza e si conoscono:

$$\overline{AB} = \overline{DA} = 2, \quad \cos\widehat{A} = \cos\widehat{C} = 0.$$

Posto $B\widehat{D}C = x$, esprimi, in funzione di x, l'area del quadrilatero e calcola per quali valori di x l'area è $2 + \sqrt{3}$.

$\left[2(\sin 2x + 1); \frac{\pi}{6}, \frac{\pi}{3}\right]$

44 In una circonferenza di raggio 1 traccia la corda AB lunga come il lato del triangolo equilatero inscritto e la tangente alla circonferenza nel punto B. Sul minore degli archi AB, considera il punto P e indica con il punto H l'intersezione della semiretta AP con la tangente in B.
Posto $P\widehat{A}B = x$, risolvi, nei limiti geometrici del problema, l'equazione:

$$(\overline{AP} + \overline{PB}) \cdot \overline{BH} = \sqrt{3}.$$

$[x = 30°]$

45 Un triangolo ABC ha l'angolo $\widehat{B}$ doppio dell'angolo $\widehat{C}$, e il lato AC misura 2.

a. Determina $\overline{AB}$ e $\overline{BC}$ in funzione dell'ampiezza x dell'angolo $\widehat{C}$.

b. Risolvi, limitatamente al problema, la disequazione:
$$\overline{AB} \geq \sqrt{2}.$$

c. Determina il valore di $\widehat{C}$ per cui $\overline{BC} = 2$.

$\left[\text{a) } \overline{AB} = \frac{1}{\cos x}, \overline{BC} = \frac{4\cos^2 x - 1}{\cos x}; \text{ b) } \frac{\pi}{4} \leq x < \frac{\pi}{3}; \text{ c) } \frac{\pi}{5}\right]$

46 È dato il trapezio rettangolo $ABCD$ la cui base minore AB misura l, l'angolo $A\widehat{B}C = \frac{2}{3}\pi$ e la diagonale $\overline{AC} = \sqrt{3} \cdot l$. Sull'altezza BH considera il punto P tale che $P\widehat{C}D = x$. In funzione di x determina l'espressione di $f(x) = \frac{\overline{PD}^2 - \overline{PB}^2}{l^2}$ e verifica che $f(x) > 0$ nei limiti imposti dal problema. Indipendentemente dal problema geometrico, risolvi la disequazione $f(x) \geq \frac{3}{4}$.

$\left[f(x) = \frac{\sqrt{3}}{2}\tan x + \frac{1}{4}, 0 \leq x \leq \frac{\pi}{3}; \frac{\pi}{6} + k\pi \leq x < \frac{\pi}{2} + k\pi\right]$

47 Nel rettangolo $ABCD$ la diagonale AC misura l. Dette $\mathscr{A}_1$ l'area della superficie totale del cilindro ottenuto con una rotazione completa del rettangolo intorno ad AB e $\mathscr{A}_2$ l'area del cerchio di raggio l, poni $C\widehat{A}B = x$ e trova per quali valori di x si ha $f(x) \geq 2$, con:

$$f(x) = \frac{\mathscr{A}_1}{\mathscr{A}_2}.$$

$\left[f(x) = \sin 2x - \cos 2x + 1; \frac{\pi}{4} \leq x < \frac{\pi}{2}\right]$

48 Un prisma retto ha per base il rettangolo $ABCD$ inscritto in una circonferenza di diametro 4 e centro O. Posto $A\widehat{O}D = 2x$ e supposto $\overline{AB} \geq \overline{AD}$, esprimi, in funzione di x, il volume del prisma sapendo che l'area della superficie laterale vale S. Calcola quindi per quale valore di x il volume ha misura $\frac{S}{\sqrt{2}}$.

$\left[V(x) = \frac{2S\sin x\cos x}{\cos x + \sin x}; \frac{\pi}{4}\right]$

49 Nella semicirconferenza di centro O e diametro $\overline{AB} = 2r$ è condotta la corda AC. Detta H la proiezione di C sul diametro, indica con V_1 il volume del cono generato dal triangolo AHC in una rotazione completa attorno alla retta AB, con V_2 quello del cono generato dal triangolo OHC. Esprimi, in funzione dell'angolo $B\widehat{A}C = x$, il rapporto $f(x) = \frac{V_2}{V_1}$ e calcola per quale valore di x si ha $f(x) = \frac{1}{3}$.

$\left[f(x) = \frac{|\cos 2x|}{1 + \cos 2x}, \text{con } 0 < x < \frac{\pi}{2}; x = \frac{\pi}{6} \vee x = \frac{1}{2}\arccos\left(-\frac{1}{4}\right)\right]$

VERIFICA DELLE COMPETENZE VERSO L'ESAME

ARGOMENTARE E DIMOSTRARE

50 L'area di un quadrilatero si può ottenere dalla seguente formula:

$$S = \frac{1}{2} d_1 d_2 \sin \alpha,$$

dove d_1 e d_2 sono le misure delle diagonali del quadrilatero e α è uno degli angoli da esse formato. Giustifica geometricamente la formula. (**SUGGERIMENTO** Somma le aree dei quattro triangoli...)

51 Dimostra che la misura della mediana relativa al lato AB del triangolo ABC, avente i lati di misure a, b, c, ha la seguente espressione: $m_c^2 = \frac{1}{2}\left(a^2 + b^2 - \frac{c^2}{2}\right)$.

(**SUGGERIMENTO** Applica ai triangoli ACM e MCB il teorema del coseno; somma le due relazioni...)

52 Nel triangolo disegnato a lato, qual è la misura, in gradi e primi sessagesimali, di α?

(*Esame di Stato, Liceo Scientifico, Corso di ordinamento, Sessione ordinaria, 2014, quesito* 1)

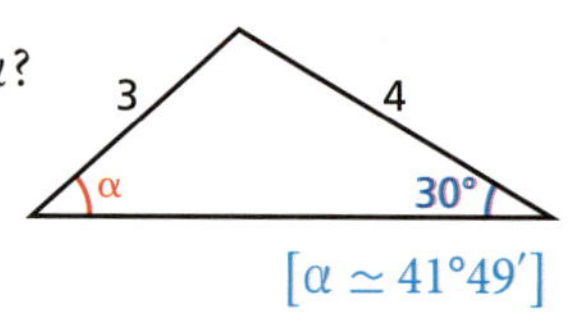

[$\alpha \simeq 41°49'$]

53 Si dimostri che il teorema di Pitagora è un caso particolare del teorema di Carnot.

(*Esame di Stato, Liceo Scientifico, Corso di ordinamento, Sessione straordinaria, 2012, quesito* 10)

54 Verifica che in un triangolo isoscele ABC, di base BC, vale la relazione $\cos^2 \frac{\alpha}{2} = \sin \beta \sin \gamma$.

55 Dimostra che, se in un triangolo il quadrato di un lato è maggiore della somma dei quadrati degli altri due, il triangolo è ottusangolo.
Verifica che il triangolo di lati $a = 4$, $b = 9$ e $c = 10$ è ottusangolo e calcola la misura dell'angolo ottuso.

[$92°23'17''$]

56 Le misure dei lati di un triangolo sono 40, 60 e 80 cm. Si calcolino, con l'aiuto di una calcolatrice, le ampiezze degli angoli del triangolo approssimandole in gradi e primi sessagesimali.

(*Esame di Stato, Liceo Scientifico, Corso di ordinamento, Sessione ordinaria, 2007, quesito* 2)

57 Secondo il codice della strada il segnale di «salita ripida» (figura a lato) preavverte di un tratto di strada con pendenza tale da costituire pericolo. La pendenza vi è espressa in percentuale e nell'esempio è 10%.
Se si sta realizzando una strada rettilinea che, con un percorso di 1,2 km, supera un dislivello di 85 m, qual è la sua inclinazione (in gradi sessagesimali)? Quale la percentuale da riportare sul segnale?

(*Esame di Stato, Liceo Scientifico, Corso di ordinamento, Sessione ordinaria, 2008, quesito* 10)

[$4°\,3'$; 7%]

58 Si consideri la seguente proposizione: «In ogni triangolo isoscele la somma delle distanze di un punto della base dai due lati eguali è costante». Si dica se è vera o falsa e si motivi esaurientemente la risposta.

(*Esame di Stato, Liceo Scientifico, Corso sperimentale, Sessione suppletiva, 2007, quesito* 4)

59 ●● Spiegare come utilizzare il teorema di Carnot per trovare la distanza tra due punti accessibili ma separati da un ostacolo.

(*Esame di Stato, Liceo Scientifico, Scuole italiane all'estero, Sessione ordinaria,* 2005, *quesito* 6)

60 ●● TEST Di triangoli non congruenti, di cui un lato è lungo 10 cm e i due angoli interni adiacenti ad esso, α e β, sono tali che $\sin\alpha = \frac{3}{5}$ e $\sin\beta = \frac{24}{25}$, ne esistono:

A 0. B 1. C 2. D 3.

Una sola risposta è corretta. Individuarla e fornire una spiegazione esauriente della scelta operata.

(*Esame di stato, Liceo Scientifico, Corso di ordinamento, Sessione suppletiva,* 2004, *quesito* 10)

61 ●● Le ampiezze degli angoli di un triangolo sono α, β, γ. Sapendo che $\cos\alpha = \frac{5}{13}$ e $\cos\beta = \frac{12}{13}$, calcolare il valore esatto di $\cos\gamma$, specificando se il triangolo è rettangolo, acutangolo o ottusangolo.

(*Esame di Stato, Liceo Scientifico, Scuole italiane all'estero, Sessione ordinaria,* 2003, *quesito* 1)

62 ●● Dimostra che in ogni triangolo rettangolo la tangente di un angolo acuto è uguale a $\sqrt{\frac{a_1}{a_2}}$, dove a_1 e a_2 sono le misure delle proiezioni dei cateti sull'ipotenusa.
Determina le misure dei lati del triangolo quando $a_1 = 12$ cm e $a_2 = 4$ cm. [16 cm, $8\sqrt{3}$ cm, 8 cm]

COSTRUIRE E UTILIZZARE MODELLI

63 ●○ **Congiunzioni astrali** Quando i primi tre pianeti del sistema solare sono allineati, si hanno le distanze: Sole-Mercurio $57{,}9 \cdot 10^6$ km, Mercurio-Venere $39{,}1 \cdot 10^6$ km, Venere-Terra $38{,}2 \cdot 10^6$ km.

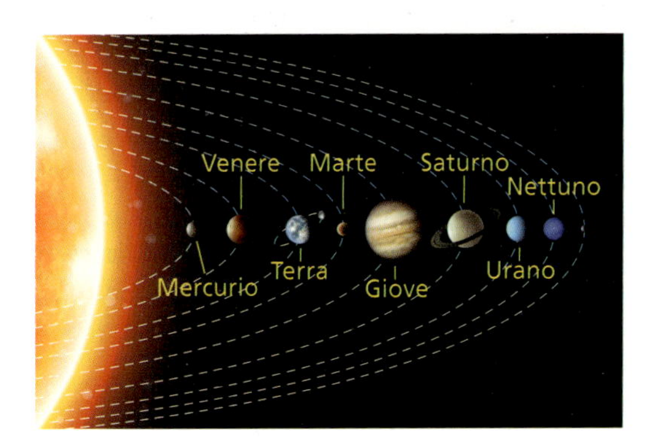

a. Calcola la distanza Mercurio-Venere nel momento in cui le due rette congiungenti i centri dei corpi Sole-Mercurio e Sole-Venere formano un angolo di 30°. (Approssima le orbite a circonferenze.)

b. Nel caso in cui le rette congiungenti i centri di Sole-Venere e Sole-Terra formino un angolo di 18°, determina l'angolo formato tra le congiungenti Sole-Venere e Venere-Terra.

[a) $55 \cdot 10^6$ km; b) 127°]

64 ●○ **Un problema nautico** Due barche a vela, Laura e Mara, lasciano il molo nello stesso istante in una bella giornata ventosa. Laura può navigare percorrendo 12 miglia nautiche in un'ora (1 nmi = 1852 m), Mara invece può fare 15 miglia nautiche in un'ora. Dal momento del distacco dal molo, le loro direzioni di navigazione rimangono costanti e formano tra loro un angolo di 115° circa. Dopo tre ore di navigazione, Laura lancia un segnale di aiuto che viene raccolto da Mara.

a. Quanto sono lontane le due barche quando viene lanciato il segnale?

b. Se Laura si ferma e Mara cerca di raggiungerla, quanto tempo impiega?

[a) 127 km; b) 4 ore e 34 minuti]

RISOLVIAMO UN PROBLEMA

Il satellite geostazionario

I satelliti per le comunicazioni o per le informazioni meteo sono geostazionari, cioè percorrono un'orbita fissa sopra l'equatore all'altezza di circa 35 790 km dal suolo terrestre con un periodo di rivoluzione uguale a quello della Terra, e quindi si trovano sempre sopra lo stesso punto della superficie terrestre. Sapendo che il raggio equatoriale medio della Terra è di 6371 km e che le onde elettromagnetiche emesse dal satellite viaggiano in linea retta, rispondi alle seguenti domande.

- Una persona che si trova al Polo Nord può ricevere le informazioni dal satellite?
- Fino a quale latitudine si possono ricevere i segnali del satellite?
- Supponiamo che una persona che si trova al Polo Nord possa piantare verticalmente un'antenna; quanto deve essere alta per ricevere i segnali dal satellite?
- Le onde elettromagnetiche viaggiano alla velocità della luce ($c \simeq 2{,}9979 \cdot 10^8$ m/s); con quanto ritardo arriva un segnale a un ricevente che si trova al 45° parallelo sulla stessa longitudine del satellite?

▶ **Schematizziamo la situazione con un disegno.**

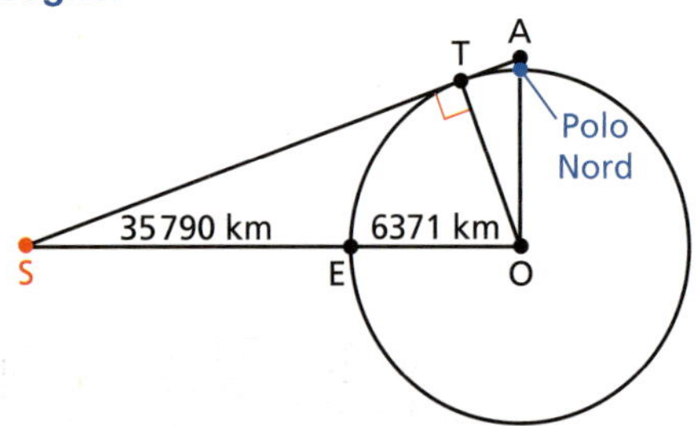

STA rappresenta il percorso dei segnali emessi dal satellite e *OT* è perpendicolare a *SA* (per la proprietà della tangente alla circonferenza). Dalla figura si capisce che una persona al Polo non può ricevere il segnale. Il segnale può essere ricevuto fino alla latitudine a cui si trova *T*.

▶ **Calcoliamo la latitudine di *T*.**

Il punto *T* si trova a una latitudine pari alla misura in gradi dell'angolo $S\widehat{O}T$. Nel triangolo rettangolo *SOT* si ha:

$$\cos S\widehat{O}T = \frac{\overline{OT}}{\overline{SO}} = \frac{6371}{35790 + 6371} \simeq 0{,}1511;$$

$$S\widehat{O}T = \arccos(0{,}1511) \simeq 81{,}3°.$$

▶ **Calcoliamo l'altezza dell'antenna $\overline{AP}$.**

Nel triangolo rettangolo *TOA* si ha:

$$OA = \frac{TO}{\sin T\widehat{A}O} = \frac{TO}{\sin S\widehat{O}T} = \frac{6371}{0{,}9885} \simeq 6445 \text{ km};$$

$$AP = OA - OP = 6445 - 6371 = 74 \text{ km}.$$

Perciò l'antenna dovrebbe essere alta almeno 74 km.

▶ **Rappresentiamo il ricevente R al 45° parallelo.**

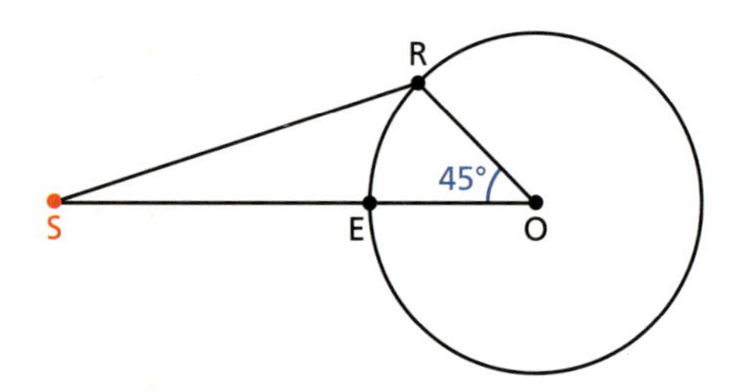

Il segnale deve percorrere la distanza *RS*.

▶ **Calcoliamo $\overline{RS}$ con il teorema del coseno.**

Nel triangolo *RSO*:

$$SO = SE + OE = 42161 \text{ km};$$

$$RS = \sqrt{SO^2 + RO^2 - 2 \cdot SO \cdot RO \cdot \cos 45°} =$$

$$\sqrt{42161^2 + 6371^2 - 2 \cdot 42161 \cdot 6371 \cdot \frac{\sqrt{2}}{2}} \simeq$$

37 924 km.

▶ **Calcoliamo il tempo necessario a percorrere tale distanza.**

$$t = \frac{RS}{c} = \frac{37924 \cdot 10^3}{2{,}9979 \cdot 10^8} \simeq 0{,}13 \text{ s}.$$

Quindi il segnale impiega circa 0,13 s ad arrivare a *R*.

65 ●● **Da sponda a sponda** Un geometra deve misurare la larghezza di un canale. Dopo aver individuato un punto di riferimento A sulla sponda opposta alla sua, pianta due paletti: uno sull'argine nella posizione B e l'altro nella posizione H, in modo che la retta ABH risulti perpendicolare alle sponde (figura a lato). Dalla posizione P, tale che $P\widehat{H}A = 90°$, misura gli angoli $H\widehat{P}B$, $H\widehat{P}A$ e la distanza PH: $H\widehat{P}B = 35°$; $H\widehat{P}A = 65°$; $PH = 20$ m.
Qual è la larghezza AB del canale? [28,89 m]

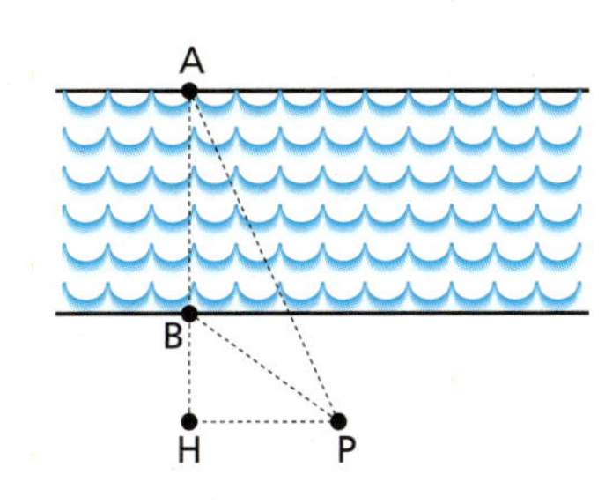

66 ●● **Montagna riflessa** Un osservatore è sulla riva di un lago in una postazione a 241 m di altezza dalla sua superficie. Dall'altra parte del lago vede la cima di una montagna in una direzione che forma, col piano orizzontale, un angolo $\alpha = 43° \, 12'$ verso l'alto e la sua immagine riflessa sull'acqua sotto un angolo $\beta = 49° \, 33'$ verso il basso. Quanto è alta la cima della montagna? (Ricorda che per le leggi della riflessione l'angolo di incidenza e quello di riflessione sono congruenti.) [2176 m]

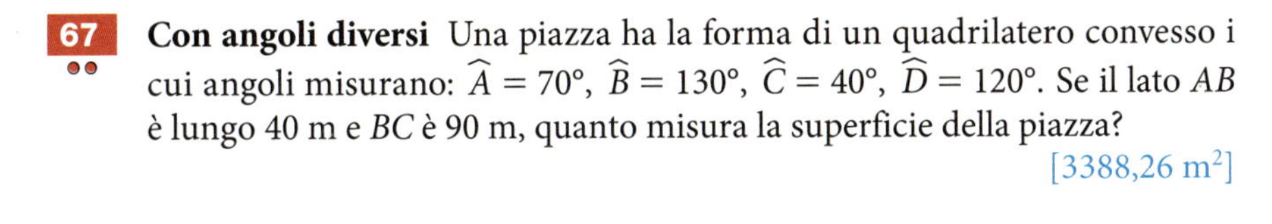

67 ●● **Con angoli diversi** Una piazza ha la forma di un quadrilatero convesso i cui angoli misurano: $\widehat{A} = 70°$, $\widehat{B} = 130°$, $\widehat{C} = 40°$, $\widehat{D} = 120°$. Se il lato AB è lungo 40 m e BC è 90 m, quanto misura la superficie della piazza? [3388,26 m^2]

68 ●● **La biella-manovella** La biella è un'asta (MP) di collegamento tra due parti di una macchina, alle quali è incernierata; ha la funzione di trasformare il moto rotatorio continuo della manovella OM nel moto rettilineo alterno del punto P che può essere collegato a un pistone; in tal caso si parla di «meccanismo biella-manovella».
Indichiamo con m la lunghezza della manovella OM e con b la lunghezza della biella MP, con α e β gli angoli formati dalla manovella e dalla biella con la verticale; A e B identificano le posizioni estreme del punto P variabile.

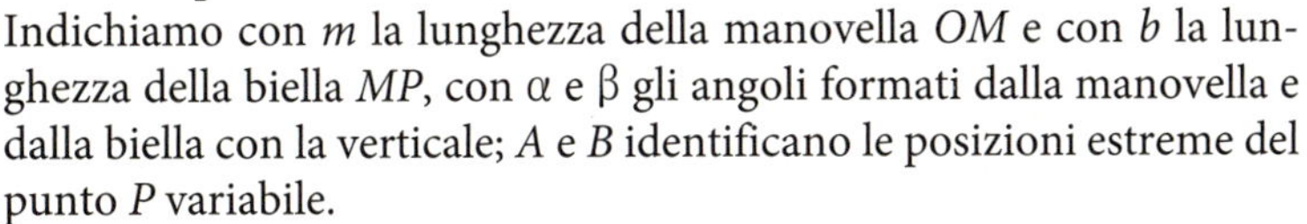

a. Trova quanto vale l'ampiezza del moto del punto P.

b. Trova la relazione tra m, b, α e β.

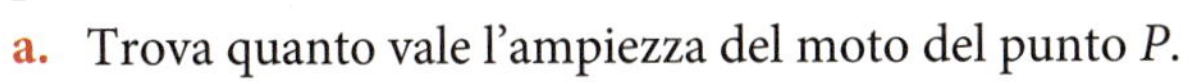

c. Calcola la distanza OP in funzione di α quando P si trova in una posizione qualsiasi tra A e B (come in figura).

$\left[\text{a) } 2m; \text{ b) } \beta = \arcsin\left(\frac{m}{b}\sin\alpha\right); \text{ c) } \sqrt{b^2 - m^2\sin^2\alpha} - m\cos\alpha\right]$

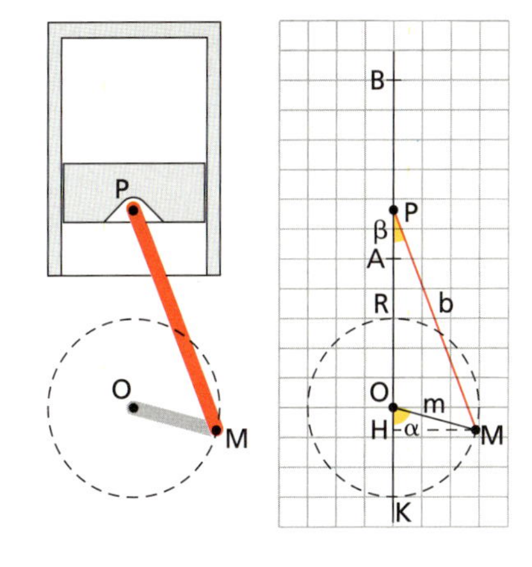

69 ●● **La finestra basculante** La signora Ada vuole far montare, nella sua mansarda, finestre che si aprono a ribalta, come in figura. Le dimensioni sono di 1,10 m di larghezza per 1 m di altezza, e il vincolo intorno al quale ruota si trova a 40 cm dal davanzale. L'installatore le dice che normalmente l'angolo formato dalla finestra aperta con lo stipite verticale è di 20°. La signora Ada pensa che in tal modo la finestra si apra troppo poco e chiede che l'apertura sia doppia. Il tecnico le risponde che allora bisogna raddoppiare l'angolo.

Il tecnico ha detto una cosa corretta?
Per capirlo, segui queste indicazioni:

- rappresenta con un disegno la finestra aperta vista di lato;
- calcola la distanza degli spigoli della finestra dallo stipite, con la finestra aperta di 20°, sia nella parte superiore che in quella inferiore.

Che cosa succede raddoppiando l'angolo?

[raddoppiando l'angolo, l'apotema non raddoppia, perché...]

70 ●● **Il cespuglio di elicriso** Una fotografa marina, dopo un'immersione, approda su uno scoglio per riposarsi e vede, sulla parete di fronte, un enorme cespuglio di elicriso. Con la macchina fotografica valuta che l'angolo di visuale è di circa 22° e che la distanza dal punto dove si trova alla parete opposta è di 15 m circa. Inoltre l'altezza dello scoglio su cui è seduta è di circa 7 m dal livello del mare.

a. A quale altezza dall'acqua si trova il cespuglio?

b. Quanto dovrebbe essere lunga una canna per poter raggiungere il cespuglio?

[a) 13,1 m; b) $\simeq$ 16,2 m]

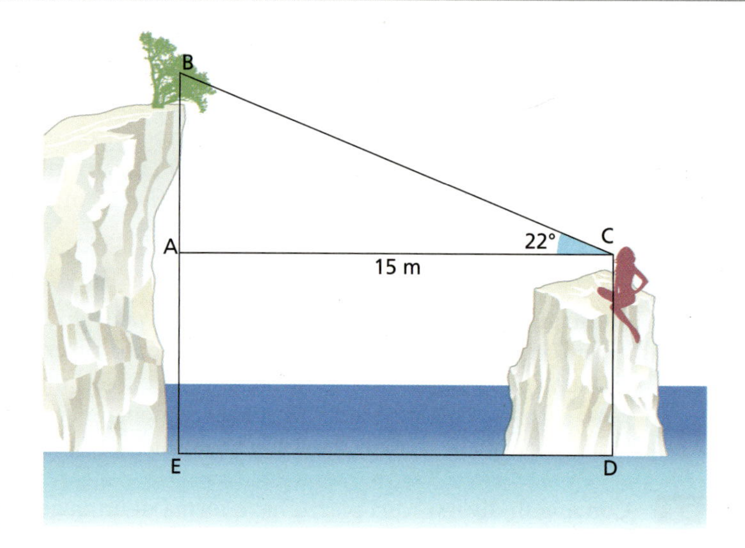

INDIVIDUARE STRATEGIE E APPLICARE METODI PER RISOLVERE PROBLEMI

71 ●● È data la semicirconferenza di diametro $\overline{AB} = 2$. Dal punto A traccia la tangente t alla semicirconferenza e su t considera un punto M (con $\overline{AM} < 1$). Da M conduci la tangente alla circonferenza e, indicati con P il punto di tangenza e con x l'angolo $P\widehat{B}A$, determina l'area $S(x)$ del triangolo AMP e l'area $R(x)$ del triangolo APB.

Esprimi la funzione $y = \sqrt{\dfrac{S(x)}{R(x)}}$ e rappresenta il suo grafico, senza tener conto delle limitazioni geometriche.

$\left[S(x) = \dfrac{\sin^3 x}{\cos x}, R(x) = \sin 2x, 0 \le x < \dfrac{\pi}{4}; y = \dfrac{\sqrt{2}}{2}|\tan x|\right]$

72 ●● Osserva il triangolo della figura.

a. Calcola le misure di BC, CQ e BQ.

b. Determina $\cos A\widehat{B}C$ e la lunghezza di AQ.

c. Indicato con P un punto della bisettrice AQ e con x la misura del segmento AP, determina la funzione

$$f(x) = \overline{AP}^2 + \overline{BP}^2 + \overline{CP}^2$$

e il valore minimo assunto da essa nei limiti imposti dal problema.

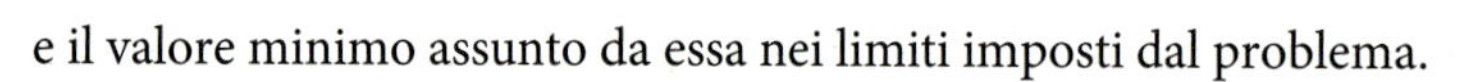

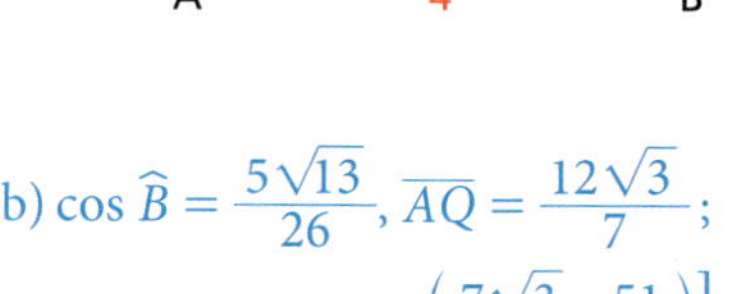

$\left[\text{a) } \overline{BC} = \sqrt{13}, \overline{CQ} = \dfrac{3}{7}\sqrt{13}, \overline{QB} = \dfrac{4}{7}\sqrt{13}; \text{b) } \cos\widehat{B} = \dfrac{5\sqrt{13}}{26}, \overline{AQ} = \dfrac{12\sqrt{3}}{7};\right.$

$\left.\text{c) } f(x) = 3x^2 - 7\sqrt{3}x + 25; \text{minimo: } \left(\dfrac{7\sqrt{3}}{6}; \dfrac{51}{4}\right)\right]$

73 ●● Il triangolo isoscele ABC ha i lati obliqui $\overline{AB} = \overline{AC} = 6$ e l'angolo al vertice $B\widehat{A}C = 2x$.

a. Determina il rapporto $f(x) = \dfrac{r_i}{r_c}$ fra il raggio r_i della circonferenza inscritta e quello r_c della circonferenza circoscritta; dimostra che può essere scritto nella forma $f(x) = 2\sin x(1 - \sin x)$.

b. Trova per quale valore di x è $r_c = 2r_i$ e calcola, per tale valore di x, r_i, r_c, perimetro e area del triangolo ABC.

$\left[\text{b) } x = \dfrac{\pi}{6}; r_i = \sqrt{3}; r_c = 2\sqrt{3}; 2p = 18; S = 9\sqrt{3}\right]$

74 ●●
È data la semicirconferenza di diametro $\overline{CB} = 4l$. Sia H il punto medio dell'arco $\widehat{CB}$. Sul prolungamento di BH dalla parte di H considera il punto A tale che $\overline{AH} = l\sqrt{2}$. Sia D il punto di intersezione fra la parallela ad AB passante per C e la perpendicolare per A ad AB.

a. Determina la misura del raggio della circonferenza quando il perimetro del trapezio $ABCD$ misura $3\sqrt{2} + 2$.

b. Considera un punto P sull'arco $\widehat{HB}$ e indica con M il punto di intersezione tra CP e HB. Posto $P\widehat{C}B = x$, esprimi la funzione $f(x) = \dfrac{\overline{CP} - \overline{PB}}{\overline{HM}}$ e rappresentala graficamente, tenendo conto dei limiti imposti dal problema.

$\left[\text{a) } 1; \text{b) } f(x) = 2\sin\left(\frac{\pi}{4} + x\right)\right]$

75 ●●
Del triangolo ABC si sa che $\overline{AC} = 1$, $\cos B\widehat{A}C = \frac{3}{5}$, $\cos A\widehat{C}B = -\frac{1}{3}$.

a. Determina perimetro e area del triangolo.

b. Se invece dei coseni i valori assegnati rappresentassero i seni dei due angoli, il problema avrebbe soluzione?

c. Risolvi il problema proposto in **b** nel caso in cui: $\overline{AC} = 1$, $\sin B\widehat{A}C = \frac{1}{2}$, $\sin A\widehat{C}B = \frac{\sqrt{2}}{2}$.

$\left[\text{a) } 2p = (4 + 2\sqrt{2}), S = \frac{(6 + 2\sqrt{2})}{7}; \text{b) no; c) } \widehat{A} = 30°, \widehat{B} = 105°, \widehat{C} = 45° \text{ opp. } \widehat{A} = 30°, \widehat{B} = 15°, \widehat{C} = 135°\right]$

76 ●●
Nel triangolo ABC, rettangolo in A, risulta:

$$\overline{AB} = 3, \quad \sin A\widehat{B}C = \frac{4}{5}.$$

a. Indicato con D un punto della semicirconferenza di diametro BC, non contenente A, esprimere l'area S del triangolo ABD in funzione dell'ampiezza x dell'angolo $B\widehat{A}D$.

b. Constatato che si ha:

$$S = \frac{3}{2}(4\sin^2 x + 3\sin x \cos x),$$

studiare questa funzione e disegnarne l'andamento con riferimento alla questione geometrica.

c. Utilizzare il disegno ottenuto al fine di calcolare per quali valori di x l'area S risulta uguale a $9k$, dove k è un parametro reale.

d. Determinare infine il perimetro del triangolo ABD per il quale è massima l'area S.

(*Esame di maturità scientifica, Sessione suppletiva*, 1996, *quesito* 3)

$\left[\text{c) una sol. per } 0 \leq k < \frac{2}{3}, \text{ due sol. per } \frac{2}{3} \leq k \leq \frac{3}{4}; \text{d) } S \text{ massima per } x = \arctan 3, 2p = 3(1 + \sqrt{10})\right]$

77 ●●
Una piramide regolare a base triangolare ha lo spigolo laterale lungo 5. Indicato con x l'angolo che tale spigolo forma con il piano della base:

a. determina, in funzione di x, il rapporto fra il volume V_1 della piramide e il volume V_2 del prisma la cui base coincide con quella della piramide e con altezza uguale allo spigolo di base della piramide;

b. trova per quali valori di x risulta $V_1 > V_2$;

c. determina l'angolo nel caso in cui $V_2 = 3V_1$.

$\left[\text{a) } \frac{V_1}{V_2} = \frac{\sqrt{3}}{9}\tan x; \text{b) } \arctan 3\sqrt{3} < x < \frac{\pi}{2}; \text{c) } \frac{\pi}{3}\right]$

VERIFICA DELLE COMPETENZE PROVE

1 ora

PROVA A

1 COMPLETA in riferimento alla figura.

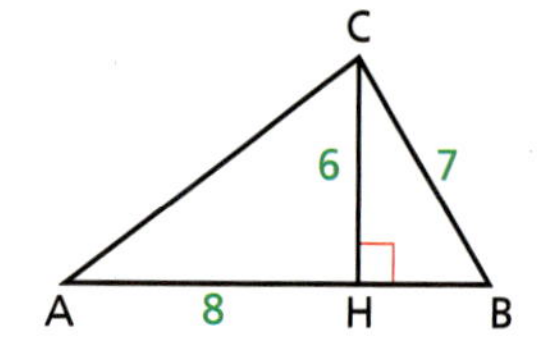

a. $\sin\widehat{B} = \square$

b. $\tan A\widehat{C}H = \square$

c. $\overline{AC}\sin\widehat{A} = \square \sin\widehat{B}$

d. $\sin C\widehat{A}H = \square$

e. $\cos H\widehat{C}B = \square$

f. perimetro di $ABC = \square$

2 In un triangolo rettangolo un cateto è lungo 72 cm ed è i $\frac{12}{13}$ dell'ipotenusa. Risolvi il triangolo.

3 In un triangolo isoscele il seno degli angoli alla base è uguale a $\frac{1}{5}$. Calcola il perimetro e l'area, sapendo che la base misura 40.

4 Risolvi il triangolo ABC, sapendo che:

a. $a = 3\sqrt{5}$, $b = 3$, $\cos\alpha = \frac{1}{4}$;

b. $a = 12$, $b = 17$, $c = 20$.

5 Nel triangolo ABC la bisettrice dell'angolo in C incontra il lato AB nel punto P tale che $PB = 70$ cm. Sapendo che $A\widehat{B}C = 40°$ e $A\widehat{C}B = 80°$, calcola perimetro e area del triangolo.

6 Il trapezio scaleno $ABCD$ è circoscritto a una circonferenza; gli angoli alla base maggiore sono $\widehat{A} = 75°$, $\widehat{B} = 45°$ e l'area è $\mathcal{A} = 32\sqrt{6}$. Calcola il raggio della circonferenza.

PROVA B

1 Nel triangolo ABC, la differenza tra le lunghezze dei lati AB e AC è 6 cm, il lato CB è $3\sqrt{7}$ cm e l'angolo A è 60°. Trova il perimetro e l'area del triangolo.

2 Verifica che tra gli elementi di un triangolo ABC, rettangolo in A, vale:

$$\tan\frac{\gamma}{2} = \frac{c}{a+b}.$$

3 L'area di un triangolo rettangolo è 54 m^2 e la tangente di uno degli angoli acuti misura $\frac{3}{4}$. Calcola il perimetro del triangolo.

4 Nel quadrilatero $ABCD$ inscritto in una circonferenza di raggio 4 calcola $\overline{AD}$ e l'ampiezza dei quattro angoli, sapendo che $\overline{AB} = 4$, $\overline{BC} = 4\sqrt{3}$, $\overline{CD} = 4\sqrt{2}$.

5 Nel triangolo ABC la bisettrice CD misura 8 e forma con la base AB l'angolo $C\widehat{D}B = 60°$. Determina $D\widehat{C}B$ sapendo che:

$$\overline{AC} + \overline{CB} = 24.$$

6 Data la semicirconferenza di diametro $\overline{AB} = 2r$, traccia la tangente t in B e considera la semiretta di origine A che interseca la semicirconferenza in P e la retta t in D. Indica con H la proiezione di P su t, poni $P\widehat{A}B = x$ e trova per quali posizioni di P si ha:

$$\overline{PH} + \overline{DH} > \frac{1}{2}\overline{DB}.$$

PROVA C

Il terrazzo Nell'appartamento di Barbara c'è un terrazzo della forma rappresentata in figura. La lunghezza dei due lati è $AB = 9$ m e $BC = 7$ m e il lato AB forma un angolo di 30° con la parete esterna AC.

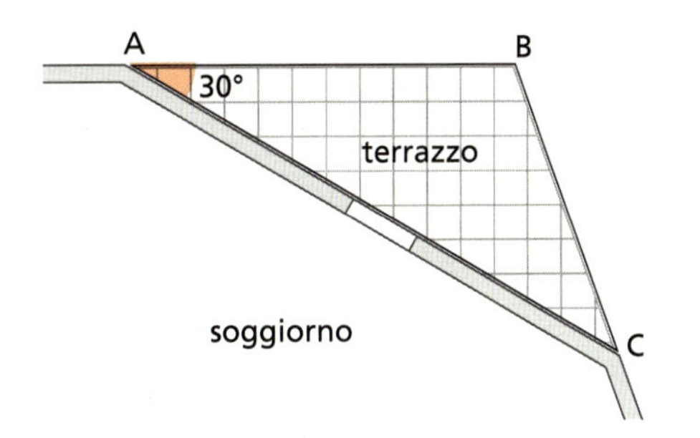

a. Qual è l'ampiezza dell'angolo che il lato BC forma con la parete AC? E di quello formato tra i due lati esterni?

b. Qual è la superficie del terrazzo?

c. Se si volesse che il terrazzo fosse di soli 20 m², quanto misurerebbe l'angolo formato dai due lati esterni? (Le misure di AB e di BC rimangono uguali.)

PROVA D

1 Nel quadrato $ABCD$ in figura, di lato 1, F è un punto qualsiasi di BC.

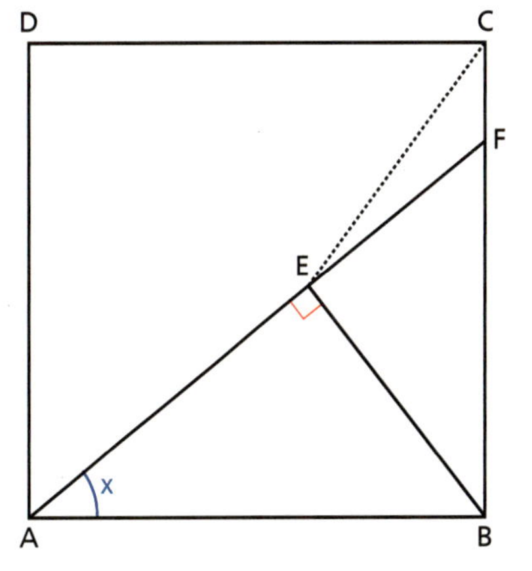

a. Dimostra che la somma

$$\overline{BE}^2 + \overline{CE}^2$$

può essere scritta nella forma:

$$f(x) = 2 - \sqrt{2}\sin\left(2x + \frac{\pi}{4}\right).$$

b. Disegna il grafico di $f(x)$ e, in relazione alle limitazioni geometriche, trova per quali x assume il massimo e il minimo.

c. Determina graficamente il numero delle soluzioni dell'equazione

$$f(x) = k, \text{ con } k \in \mathbb{R}, 0 \leq x \leq \frac{5\pi}{8}.$$

d. Trova il vettore della traslazione che trasforma il grafico della funzione $f(x)$ in quello della funzione

$$g(x) = \sqrt{2}(1 - \cos 2x).$$

2 I lati di un triangolo sono lunghi 8, 15, 17 centimetri. Determina l'area del triangolo e il raggio della circonferenza inscritta.

3 a. Scrivi l'equazione dell'ellisse riferita agli assi e con i fuochi sull'asse x, avente due vertici nei punti $A(-2\sqrt{3}; 0)$ e $B(0; 2)$.

b. Indicato con F il fuoco con ascissa negativa, calcola il coseno dell'angolo $A\widehat{F}B$.

c. Verifica il teorema di Carnot relativamente al lato AB del triangolo AFB.

T

CAPITOLO 16

NUMERI COMPLESSI

1 Numeri complessi

Esercizi a p. 958

Problema:

«Qual è il *numero reale* x il cui quadrato è uguale a -4?».

Il problema non ammette soluzione, perché non esiste alcun numero reale che elevato al quadrato fornisca un numero negativo.

Introdurremo ora un nuovo insieme numerico, più ampio di $\mathbb{R}$, in cui invece il problema proposto avrà soluzione.

Questo nuovo insieme, che indicheremo con la lettera $\mathbb{C}$, è l'insieme dei **numeri complessi**.

Definizione di numero complesso

DEFINIZIONE

Chiamiamo **numero complesso** ogni coppia ordinata $(a; b)$ di numeri reali.

Possiamo anche dire che un numero complesso è un qualsiasi elemento dell'insieme $\mathbb{R} \times \mathbb{R}$.

ESEMPIO

$(2; 3)$, $(5; 0)$, $\left(-\frac{2}{7}; \sqrt{3}\right)$, $\left(0; \frac{1}{2}\right)$ sono numeri complessi.

Definiamo in $\mathbb{C}$ le operazioni di addizione e di moltiplicazione e l'elevamento al quadrato.

Operazioni con i numeri complessi

Addizione

DEFINIZIONE

Somma di numeri complessi

Dati due numeri complessi $(a; b)$ e $(c; d)$, la loro somma è il numero complesso definito dalla coppia $(a + c; b + d)$.

$$(a; b) + (c; d) = (a + c; b + d)$$

ESEMPIO

$(2; 4) + (6; -9) = (8; -5)$.

- Si può dimostrare che l'addizione fra numeri complessi gode delle proprietà **commutativa** e **associativa**. Il numero $(0; 0)$ è l'**elemento neutro** dell'addizione.
- **Somma di numeri del tipo $(a; 0)$**: il risultato è ancora un numero dello stesso tipo, perché il secondo elemento della coppia è 0:

  $(h; 0) + (k; 0) = (h + k; 0)$.

  Per esempio: $(5; 0) + (3; 0) = (8; 0)$.

Moltiplicazione

La definizione del prodotto è più complicata di quella della somma. Tuttavia, come vedremo, è proprio questa definizione che permette di fornire una risposta al problema di ottenere un numero che, elevato al quadrato, dia un numero negativo.

DEFINIZIONE

Prodotto di due numeri complessi
Dati due numeri complessi $(a; b)$ e $(c; d)$, il loro prodotto è il numero complesso definito dalla coppia $(ac - bd; ad + bc)$.

$$(a; b) \cdot (c; d) = (ac - bd; ad + bc)$$

ESEMPIO

$(2; 4) \cdot (3; 1) = (2 \cdot 3 - 4 \cdot 1; 2 \cdot 1 + 4 \cdot 3) = (2; 14)$.

- Si può dimostrare che la moltiplicazione fra numeri complessi gode delle proprietà **commutativa** e **associativa** e di quella **distributiva rispetto all'addizione**. Inoltre, il numero $(1; 0)$ è l'**elemento neutro**, mentre $(0; 0)$ è l'**elemento assorbente**, ossia moltiplicato per un numero qualsiasi dà come risultato se stesso.
- **Prodotto di numeri del tipo $(a; 0)$**: il risultato è ancora dello stesso tipo, perché il secondo elemento della coppia è 0:

  $(h; 0) \cdot (k; 0) = (h \cdot k - 0 \cdot 0; h \cdot 0 + k \cdot 0) = (h \cdot k; 0)$.

  Per esempio: $(5; 0) \cdot (3; 0) = (15; 0)$.

► Calcola:
$(-1; 2) + (2; -3)$;
$(1; -1) \cdot (4; 1)$.

Quadrato di un numero complesso

Calcoliamo il quadrato di un numero complesso, eseguendo il prodotto del numero per se stesso.

ESEMPIO

$(2; 3)^2 = (2; 3) \cdot (2; 3) = (4 - 9; 6 + 6) = (-5; 12)$.

In generale:

$(a; b)^2 = (a; b) \cdot (a; b) = (a^2 - b^2; 2ab)$.

- **Quadrato di numeri del tipo $(a; 0)$**

  $(a; 0)^2 = (a; 0) \cdot (a; 0) = (a \cdot a - 0 \cdot 0; a \cdot 0 + 0 \cdot a) = (a^2; 0)$.

  Per esempio: $(7; 0)^2 = (49; 0)$.

TEORIA

- **Quadrato di numeri del tipo (0; *b*)**

ESEMPIO

$$(0; 2)^2 = (0; 2) \cdot (0; 2) = (0 \cdot 0 - 2 \cdot 2; 0 \cdot 2 + 2 \cdot 0) = (-4; 0) = -4.$$

Questo esempio dà finalmente una risposta al problema posto inizialmente: «Qual è quel *numero* il cui quadrato è uguale a − 4?»

▶ Verifica che anche il numero complesso (0; −2) è soluzione del problema.

Il numero complesso (0; 2) soddisfa la richiesta del problema.

In generale, il quadrato di un numero complesso del tipo $(0; b)$ è uguale al numero complesso $(-b^2; 0)$ a cui associamo il numero reale negativo $-b^2$. Infatti:

$$(0; b)^2 = (0; b) \cdot (0; b) = (0 \cdot 0 - b \cdot b; 0 \cdot b + b \cdot 0) = (-b^2; 0) = -b^2.$$

Dal numero complesso (*a*; 0) al numero reale *a*

In generale, si può creare una corrispondenza biunivoca che associa a ogni numero complesso del tipo $(a; 0)$ il numero reale a, primo elemento della coppia:

$$(a; 0) \longleftrightarrow a.$$

Le operazioni di addizione e di moltiplicazione fra numeri complessi del tipo $(a; 0)$ forniscono gli stessi risultati delle stesse operazioni fra numeri reali corrispondenti.

ESEMPIO

$$\begin{array}{ccccc} (2; 0) & + & (3; 0) & = & (5; 0) \\ \updownarrow & & \updownarrow & & \updownarrow \\ 2 & + & 3 & = & 5 \end{array} \qquad \begin{array}{ccccc} (2; 0) & \cdot & (3; 0) & = & (6; 0) \\ \updownarrow & & \updownarrow & & \updownarrow \\ 2 & \cdot & 3 & = & 6 \end{array}$$

Chiamiamo **numero complesso reale** ogni numero complesso del tipo $(a; 0)$, che possiamo anche identificare con il numero reale a.

Pertanto potremo rappresentare un numero complesso reale in due modi:

a e $(a; 0)$.

Per esempio, il numero 5 indica il numero complesso reale (5; 0) e viceversa.

Per semplicità chiameremo **numero reale** un numero complesso reale.
Questa proprietà si esprime anche dicendo che l'insieme $\mathbb{R}$ è **isomorfo** al sottoinsieme $\mathbb{C}'$ di $\mathbb{C}$ formato dalle coppie del tipo $(a; 0)$, rispetto alle operazioni di addizione e di moltiplicazione.

$\mathbb{C}$ $\left(-\frac{2}{3}; \sqrt{3}\right)$ $\mathbb{C}'$ (0;0) $\left(-\frac{1}{3}; 0\right)$ $(\sqrt{5}; 0)$ (0;−1) $(-2; \sqrt{2})$

Numeri immaginari

DEFINIZIONE
Chiamiamo **numero immaginario** ogni numero complesso del tipo $(0; b)$.

L'insieme di questi numeri si chiama **insieme dei numeri immaginari** e si indica con $\mathbb{I}$.

Il numero (0; 1) si chiama **unità immaginaria**, che indichiamo con il simbolo i.

- Il quadrato dell'unità immaginaria vale -1:

  $(0; 1)^2 = -1.$

  Infatti:

  $(0; 1)^2 = (0; 1) \cdot (0; 1) = (0 \cdot 0 - 1 \cdot 1; 0 \cdot 1 + 1 \cdot 0) = (-1; 0).$

  Possiamo anche scrivere $\boldsymbol{i^2 = -1}$.

- Moltiplicando un numero del tipo $(b; 0)$ per l'unità immaginaria si ottiene il numero $(0; b)$:

  $(b; 0) \cdot (0; 1) = (b \cdot 0 - 0 \cdot 1; b \cdot 1 + 0 \cdot 0) = (0; b).$

  Per esempio: $(3; 0) \cdot (0; 1) = (0; 3)$.

2 Forma algebrica dei numeri complessi

Ogni numero complesso $(a; b)$ può essere scritto come somma dei due numeri complessi $(a; 0)$ e $(0; b)$:

$(a; b) = (a; 0) + (0; b).$

Poiché un numero del tipo $(a; 0)$ è reale e un numero del tipo $(0; b)$ è immaginario, ogni numero complesso si può vedere come somma di un numero reale e di un numero immaginario.

Abbiamo visto inoltre che ogni numero immaginario $(0; b)$ può essere scritto come prodotto del numero reale $(b; 0)$ per l'unità immaginaria, cioè:

$(0; b) = (b; 0) \cdot (0; 1).$

Un generico numero complesso $(a; b)$ può allora essere scritto in questo modo:

$(a; b) = (a; 0) + (b; 0) \cdot (0; 1).$

Indichiamo il reale $(a; 0)$ con a, il reale $(b; 0)$ con b, e poiché $(0; 1) = i$, sostituendo nella relazione precedente, scriviamo in altro modo il numero $(a; b)$:

$(a; b) = a + bi.$

La forma $\boldsymbol{a + bi}$ è detta **forma algebrica** del numero complesso $(a; b)$.

ESEMPIO

La forma algebrica del numero complesso $(2; 3)$ è $2 + 3i$.

▶ Scrivi in forma algebrica i numeri complessi $(2; 2)$, $(0; -3)$, $(4; -5)$.

Dato il numero complesso $z = a + bi$, a è la **parte reale** di z, e la indichiamo con $Re(z)$, mentre b è la **parte immaginaria**, e la indichiamo con $Im(z)$.

ESEMPIO

Nel numero complesso $z = 1 + 5i$, 1 è la parte reale, 5 è la parte immaginaria:

$Re(z) = 1, \quad Im(z) = 5.$

TEORIA

Casi particolari

- Se $b = 0$, il numero complesso $a + bi$ coincide con il numero reale a, quindi ogni numero reale a può essere visto come il numero complesso $a + 0i$.
- Se $a = 0$, il numero complesso $a + bi$ coincide con il numero immaginario bi, quindi ogni numero immaginario bi può essere visto come il numero complesso $0 + bi$.

ESEMPIO
Il numero reale 5 può essere visto come il numero complesso $5 + 0i$.
Il numero immaginario $2i$ può essere visto come il numero complesso $0 + 2i$.

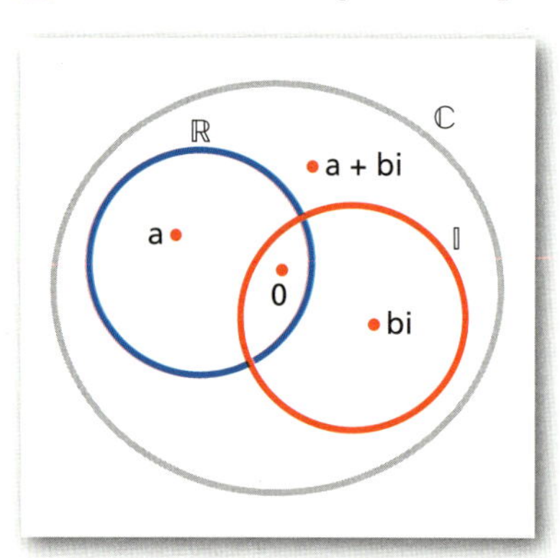

L'insieme dei numeri complessi contiene dunque due sottoinsiemi propri:

- il sottoinsieme $\mathbb{R}$ dei numeri reali;
- il sottoinsieme $\mathbb{I}$ dei numeri immaginari.

Sono sottoinsiemi propri, in quanto numeri complessi del tipo $a + ib$ (con $a \neq 0$ e $b \neq 0$) non appartengono né a $\mathbb{R}$ né a $\mathbb{I}$.
Il numero 0 è considerato sia un numero reale sia un numero immaginario.

MATEMATICA E STORIA

Per non lasciare i calcoli a metà Si può far risalire l'introduzione dei numeri immaginari e complessi a Raffaele Bombelli, che li introdusse nel suo libro *L'algebra*, pubblicato nel 1579.

► Perché Bombelli utilizzò questi numeri?

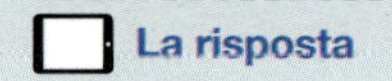
La risposta

Il confronto fra numeri complessi

Due numeri complessi sono uguali quando hanno la stessa parte reale e la stessa parte immaginaria.

Non viene definita una relazione d'ordine che permetta di dire se un numero complesso è maggiore o minore di un altro.

Modulo di un numero complesso

► Esercizi a p. 960

DEFINIZIONE
Il **modulo del numero complesso** $a + bi$ è la radice quadrata della somma del quadrato di a e del quadrato di b. Lo indichiamo con $|a + bi|$.

$$|a + bi| = \sqrt{a^2 + b^2}.$$

Listen to it

The **magnitude** $|a+ib|$ of the complex number $a+ib$ is the square root of the sum of the squares of the **real part** a and the **imaginary part** b.

Il modulo di un numero complesso è un numero reale positivo (o nullo).

ESEMPIO

$$|4 + 3i| = \sqrt{4^2 + 3^2} = \sqrt{16 + 9} = \sqrt{25} = 5.$$

► Calcola il modulo di $-9i$ e di $-6+8i$.

Complessi coniugati e opposti

► Esercizi a p. 961

Due numeri complessi che hanno la stessa parte reale e la parte immaginaria opposta si dicono **complessi coniugati.**

Il complesso coniugato di $z = a + bi$ si indica con $\overline{z}$, quindi $\overline{z} = a - bi$.

ESEMPIO
$-2 + 5i$ e $-2 - 5i$ sono complessi coniugati.

► Scrivi il complesso coniugato di $-4i$ e di $-8-3i$.

Se due numeri complessi hanno opposte sia la parte reale sia quella immaginaria, si dicono numeri **complessi opposti**.

ESEMPIO

Sono complessi opposti:

$\sqrt{5} + 4i$ e $-\sqrt{5} - 4i$,

$-8 + 9i$ e $8 - 9i$.

▸ Qual è il numero complesso opposto di $-3-2i$?

3 Operazioni con i numeri immaginari

Le quattro operazioni

▸ Esercizi a p. 961

Dalle definizioni date per le operazioni fra numeri complessi si ricavano le seguenti regole relative ai numeri immaginari.

1. **Addizione e sottrazione**: $ai + bi = (a + b)\, i$.
2. **Moltiplicazione**: $ai \cdot bi = -a \cdot b$.

   Algebricamente si può procedere così (essendo $i^2 = -1$):

   $a \cdot i \cdot b \cdot i = a \cdot b \cdot i^2 = a \cdot b \cdot (-1) = -ab$.
3. **Divisione**: $ai : bi = a : b$.

ESEMPIO

1. $5i + 6i = 11i$; $5i - 3i = 2i$; $10i - 9i = i$; $2i - 2i = 0i = 0$.
2. $3i \cdot 5i = 15i^2 = 15(-1) = -15$.
3. $8i : 2i = 4$; $3i : i = 3$.

▸ Calcola $(3i - 7i) \cdot i$.

L'addizione e la sottrazione fra due numeri immaginari hanno come risultato un numero immaginario, mentre la moltiplicazione e la divisione fra due numeri immaginari hanno come risultato un numero reale. Quindi, l'addizione e la sottrazione nell'insieme $\mathbb{I}$ sono operazioni interne, mentre non lo sono la moltiplicazione e la divisione.

Potenze con i numeri immaginari

▸ Esercizi a p. 962

Calcoliamo alcune potenze con esponente naturale di i:

$$i^0 = 1; \quad i^1 = i; \quad i^2 = -1; \quad i^3 = i^2 \cdot i = -1 \cdot i = -i;$$
$$i^4 = i^2 \cdot i^2 = (-1) \cdot (-1) = 1; \quad i^5 = i^4 \cdot i = 1 \cdot i = i; \quad \ldots$$

Nella tabella possiamo notare che le potenze si ripetono nell'ordine: $1, i, -1, -i$, cioè sono cicliche di periodo 4.

Le potenze con esponente pari valgono 1 oppure -1, quelle con esponente dispari valgono i oppure $-i$.

Per calcolare per esempio i^{14}, tenendo conto che anche per i numeri immaginari valgono le proprietà delle potenze che già conosciamo, possiamo scrivere:

$$i^{14} = i^{4 \cdot 3 + 2} = (i^4)^3 \cdot i^2 = 1^3 \cdot (-1) = -1.$$

Le potenze di i

i^0	1
i^1	i
i^2	-1
i^3	$-i$
i^4	1
i^5	i
i^6	-1
i^7	$-i$
i^8	1
i^9	i
i^{10}	-1
i^{11}	$-i$
...	...

TEORIA

In generale, una potenza di i con esponente naturale $n \geq 4$ è uguale alla potenza che ha per base i e per esponente il resto r della divisione fra n e 4:

$$i^n = i^{4k+r} = \left(i^4\right)^k \cdot i^r = 1^k \cdot i^r = i^r.$$

Per calcolare la potenza di un numero immaginario basta applicare la quarta proprietà delle potenze, $(x \cdot y)^n = x^n \cdot y^n$.

ESEMPIO

$(7i)^2 = 49i^2 = 49(-1) = -49$; $(-3i^2)^2 = 9i^4 = 9$; $(\sqrt{2}\,i)^2 = -2$.

▶ Calcola il valore dell'espressione: $32i^5(-i)^8 : (2i)^4 + \dfrac{(i^7 - 3i)(2i^{11} + i^9)^8}{(-i)^2}$.

Animazione

4 Operazioni con i numeri complessi in forma algebrica

Un numero complesso $a + bi$ ha una forma simile a un binomio e, nel calcolo, possiamo eseguire le operazioni con i numeri complessi seguendo le stesse regole valide per i binomi.

Addizione

▶ Esercizi a p. 963

$$(a + bi) + (c + di) = (a + c) + (b + d)i.$$

▶ Calcola $(3 + i) + (4 - i)$.

ESEMPIO

$(4 + 2i) + (5 + 3i) = (4 + 5) + (2 + 3)i = 9 + 5i$.

In generale, la **somma di due numeri complessi** è un numero complesso che ha:

- per parte reale la somma delle parti reali;
- per parte immaginaria la somma delle parti immaginarie.

La **somma di due numeri complessi coniugati** è un numero reale doppio della parte reale degli addendi.

$$(a + bi) + (a - bi) = 2a.$$

ESEMPIO

$(6 - i) + (6 + i) = 12$.

La **somma di due numeri complessi opposti** è 0.

$$(a + bi) + (-a - bi) = 0.$$

ESEMPIO

$(-5 + 4i) + (5 - 4i) = 0$.

Sottrazione

▶ Esercizi a p. 963

$$(a + bi) - (c + di) = (a - c) + (b - d)i.$$

La **differenza fra due numeri complessi** è un numero complesso che ha:
- per parte reale la differenza delle parti reali;
- per parte immaginaria la differenza delle parti immaginarie.

ESEMPIO

$$(12-7i)-(4+2i)=12-7i-4-2i=$$
$$(12-4)+(-7-2)i=8-9i.$$

▶ Calcola $(5+2i)-(7-i)$.

$$(a+bi)-(a-bi)=a+bi-a+bi=2bi,$$

quindi la **differenza fra due numeri complessi coniugati** è un numero immaginario che ha per coefficiente il doppio della parte immaginaria del minuendo.

ESEMPIO

$$(2-15i)-(2+15i)=-30i.$$

Moltiplicazione

▶ Esercizi a p. 963

Calcoliamo algebricamente il **prodotto fra numeri complessi**:

$$(a+bi)\cdot(c+di)=ac+adi+bci+bdi^2.$$

Essendo $i^2=-1$, abbiamo $bdi^2=-bd$, quindi:

$$(a+bi)\cdot(c+di)=ac+adi+bci-bd=(ac-bd)+(ad+bc)i.$$

ESEMPIO

$$(1-3i)(2-i)=2-i-6i+3i^2=2-3-7i=-1-7i.$$

▶ Calcola $(2+3i)\cdot(1-2i)$.

Il **prodotto di due numeri complessi coniugati** è un numero reale dato dalla somma del quadrato della parte reale e del quadrato della parte immaginaria:

$$(a+bi)\cdot(a-bi)=a^2-(bi)^2=a^2-b^2i^2=a^2+b^2.$$

ESEMPIO

$$(6+7i)\cdot(6-7i)=36+49=85.$$

Reciproco

▶ Esercizi a p. 964

Il **reciproco di un numero complesso** $a+bi$ è il numero complesso che, moltiplicato per il numero dato, dà come risultato 1 (elemento neutro della moltiplicazione).

Lo indichiamo con $\frac{1}{a+bi}$.

Se moltiplichiamo numeratore e denominatore della frazione per il coniugato di $a+bi$, cioè per $a-bi$, otteniamo che il reciproco di $a+bi$ è:

$$\frac{1}{a+bi}=\frac{a-bi}{(a+bi)(a-bi)}=\frac{a-bi}{a^2+b^2}.$$

Verifichiamo che il prodotto del numero complesso $a+bi$ per il suo reciproco è uguale a 1:

$$(a+bi)\cdot\frac{a-bi}{a^2+b^2}=\frac{a^2+b^2}{a^2+b^2}=1.$$

MATEMATICA E STORIA

Numeri più che complessi Il matematico Hamilton non si accontentò di definire i numeri complessi mediante coppie di reali. Egli inventò i quaternioni, costituiti da quaterne ordinate di numeri reali.

▶ Fai una ricerca sui quaternioni e sulle loro proprietà.

Cerca nel Web: Hamilton, quaternioni, quaternions

ESEMPIO

Il reciproco di $3+2i$ è $\frac{1}{3+2i} = \frac{3-2i}{13}$.

Divisione

▶ Esercizi a p. 964

Il **quoziente fra due numeri complessi** $a+bi$ e $c+di$ è il prodotto del primo per il reciproco del secondo.

$$(a+bi):(c+di) = (a+bi)\cdot\frac{1}{c+di} = \frac{a+bi}{c+di}.$$

Possiamo quindi indicare la divisione anche con $\frac{a+bi}{c+di}$.

Per ottenere il quoziente possiamo applicare la definizione, ma si può verificare che giungiamo allo stesso risultato se moltiplichiamo numeratore e denominatore per $c-di$ (complesso coniugato del denominatore):

$$\frac{a+bi}{c+di} = \frac{(a+bi)(c-di)}{(c+di)(c-di)} = \frac{ac+bd}{c^2+d^2} + \frac{bc-ad}{c^2+d^2}i.$$

▶ Calcola $(12+2i):(3-i)$.

ESEMPIO

$$(3-2i):(4+i) = \frac{3-2i}{4+i} = \frac{(3-2i)(4-i)}{(4+i)(4-i)} =$$
$$\frac{12-3i-8i-2}{16+1} = \frac{10}{17} - \frac{11}{17}i.$$

Potenza

▶ Esercizi a p. 965

Fra le potenze di numeri complessi esaminiamo solo l'elevamento al quadrato e al cubo.

Per il calcolo del **quadrato** utilizziamo la regola del quadrato di un binomio:

$$(a+bi)^2 = a^2 + 2abi + b^2i^2 = a^2 - b^2 + 2abi.$$

▶ Calcola $(4+2i)^2$.

ESEMPIO

$$(5-3i)^2 = 25 - 30i + 9i^2 = 25 - 30i - 9 = 16 - 30i.$$

Per il calcolo del **cubo** utilizziamo la regola del cubo di un binomio:

$$(a+bi)^3 = a^3 + 3\cdot a^2\cdot bi + 3\cdot a\cdot b^2i^2 + b^3i^3 =$$
$$a^3 + 3a^2bi - 3ab^2 - b^3i = a^3 - 3ab^2 + (3a^2b - b^3)i.$$

▶ Calcola $(3i+1)^3$.

ESEMPIO

$$(3+2i)^3 = 27 + 54i + 36i^2 + 8i^3 = 27 + 54i - 36 - 8i = -9 + 46i.$$

Tutte le operazioni che abbiamo esaminato (addizione e sottrazione, moltiplicazione, divisione e potenza) sono operazioni interne nell'insieme $\mathbb{C}$.

▶ Calcola il valore dell'espressione:

$(2-i)^3 + \frac{1+i^{24}}{1+i^{23}} - (3+i)(3-i)$.

Animazione

5 Rappresentazione geometrica dei numeri complessi

Piano di Gauss

▶ Esercizi a p. 969

Poiché un numero complesso, per definizione, è una coppia ordinata $(a; b)$ di numeri reali, fissato su un piano un sistema di assi cartesiani Oxy, è possibile associare a ogni numero complesso un punto $P(a; b)$ del piano e viceversa.

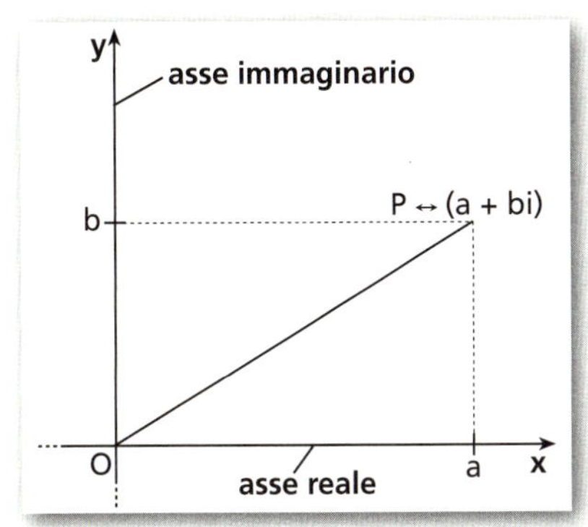

Abbiamo così creato una corrispondenza biunivoca fra i numeri complessi e i punti del piano che permette di rappresentare geometricamente i numeri complessi.

Il piano in cui si rappresenta $\mathbb{C}$ si chiama **piano complesso** o **piano di Gauss**.

In tale piano i punti dell'asse x corrispondono a numeri reali, i punti dell'asse y corrispondono a numeri immaginari, gli altri punti del piano corrispondono a numeri complessi. L'asse x è detto **asse reale**, l'asse y **asse immaginario**.

Listen to it

The **Gauss plane** or **complex plane** allows a geometric representation of complex numbers established by two orthogonal axes, the **real axis** *x* and the **imaginary axis** *y*. The points on the real axis correspond to real numbers, which are complex numbers with zero imaginary part. The points on the imaginary axis correspond to imaginary numbers, which are complex numbers with zero real part. On the rest of the plane we find all the complex numbers.

ESEMPIO

Nella figura sono rappresentati nel piano di Gauss il numero reale -3 (punto A) il numero immaginario $4i$ (punto B), e il numero complesso $5 + 2i$ (punto C).

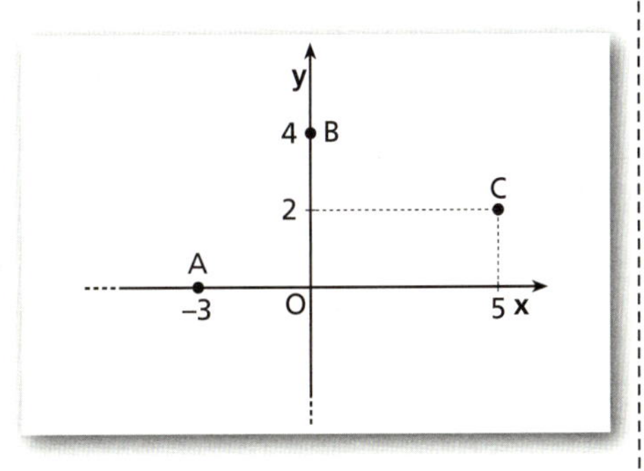

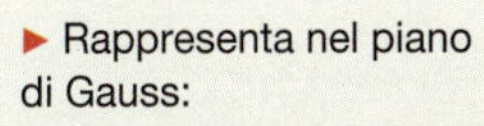

▶ Rappresenta nel piano di Gauss:
7,
$4i$,
$3 + i$,
$2 + 2i$.

Se P rappresenta $z = a + bi$, abbiamo che: $\overline{OP} = \sqrt{a^2 + b^2} = |z|$.

Vettori

Un segmento AB può essere percorso da A verso B oppure da B verso A. Se a ogni segmento assegniamo un verso di percorrenza, otteniamo l'insieme dei **segmenti orientati**. Indichiamo con AB il segmento orientato da A verso B e con BA lo stesso segmento orientato, però, da B verso A. A seconda del verso di percorrenza chiamiamo A e B primo o secondo estremo.

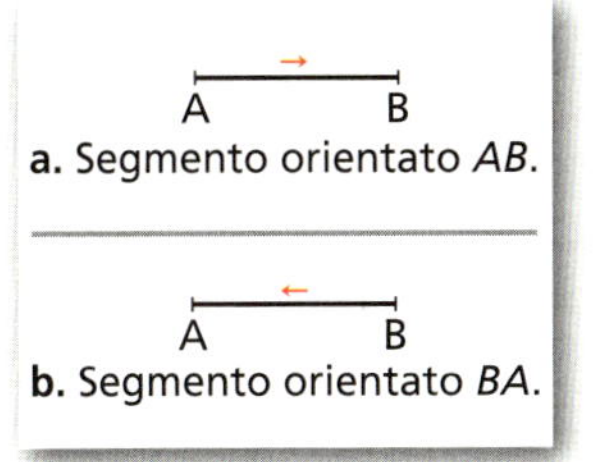

a. Segmento orientato *AB*.

b. Segmento orientato *BA*.

DEFINIZIONE

Un **vettore** è l'insieme costituito da tutti i segmenti paralleli, ugualmente orientati, e con la stessa lunghezza di un dato segmento orientato.

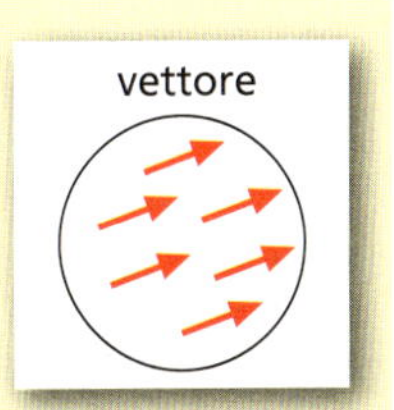

Ciascun segmento orientato che fa parte dell'insieme è un **rappresentante** del vettore.

Un vettore si indica tramite una lettera con sopra una freccia. Per esempio $\vec{a}$, $\vec{v}$, $\vec{u}$, oppure può essere indicato anche tramite gli estremi di un segmento orientato $\overrightarrow{AB}$.

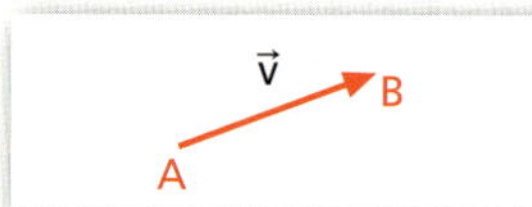

Per rappresentare graficamente un vettore $\vec{v}$ basta disegnare un qualunque rappresentante, cioè un qualsiasi segmento AB orientato dell'insieme.

Dalla definizione si deduce che un vettore ha tre caratteristiche:

- la **lunghezza** comune a tutti i segmenti orientati dell'insieme, detta anche **intensità** oppure **modulo** del vettore;
- la **direzione** delle rette a cui appartengono tali segmenti;
- il **verso** di percorrenza di tali rette.

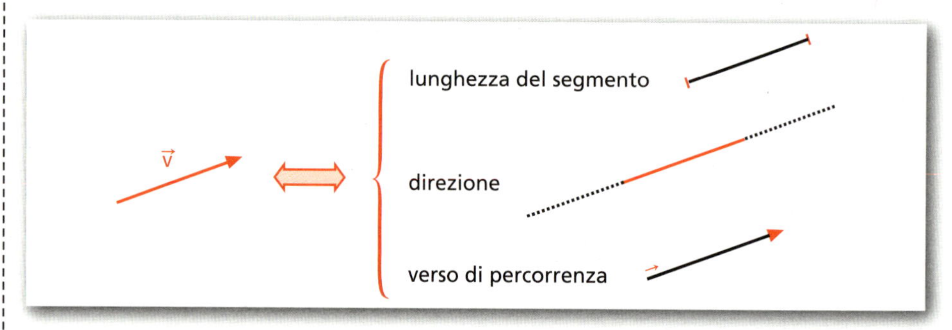

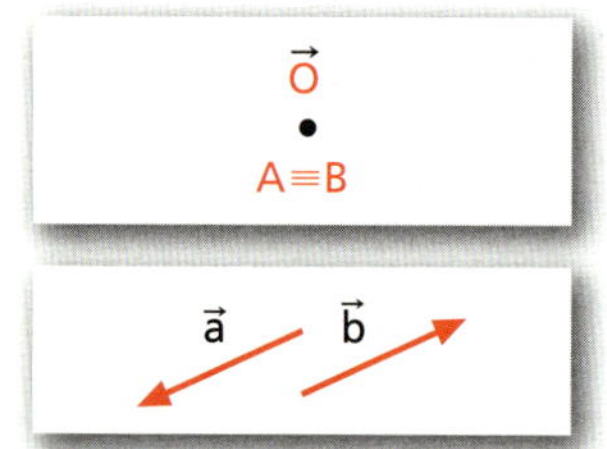

- Un vettore con gli estremi coincidenti (cioè rappresentato dal segmento di lunghezza nulla) viene chiamato **vettore nullo** e si indica con il simbolo $\vec{0}$.
- Due vettori si dicono **opposti** se hanno la stessa lunghezza e la stessa direzione, ma verso opposto.

MATEMATICA E TECNOLOGIA

Mouse e cursore Come riescono mouse e trackpad a comunicare al computer i movimenti del cursore?

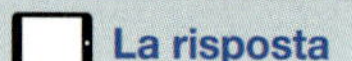 La risposta

Vettori e numeri complessi

▶ Esercizi a p. 970

Dato un vettore $\vec{v}$, è sempre possibile disegnarlo nel piano cartesiano scegliendo come suo rappresentante il segmento orientato $\overrightarrow{OP}$ con primo estremo nell'origine.

Le coordinate del punto P, secondo estremo del vettore $\overrightarrow{OP}$, si chiamano **componenti cartesiane** del vettore.

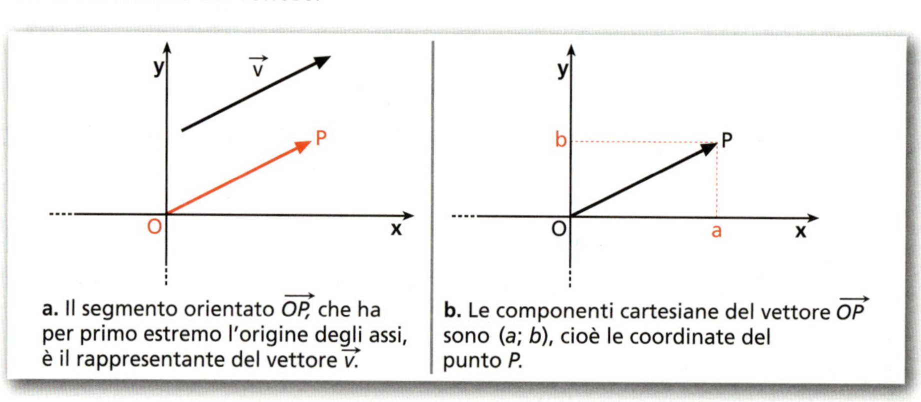

a. Il segmento orientato $\overrightarrow{OP}$, che ha per primo estremo l'origine degli assi, è il rappresentante del vettore $\vec{v}$.

b. Le componenti cartesiane del vettore $\overrightarrow{OP}$ sono $(a; b)$, cioè le coordinate del punto P.

Per esempio, se le coordinate di P sono $P(3; 2)$, 3 e 2 sono anche le componenti cartesiane del vettore $\overrightarrow{OP}$.

Poiché a ogni punto del piano P è associato uno e un solo vettore $\overrightarrow{OP}$, esiste una **corrispondenza biunivoca** fra i **numeri complessi** e i **vettori** del piano di Gauss, che associa a ogni numero $a + bi$ il vettore che ha per componenti cartesiane a e b, e viceversa.

y
b
P
$a + bi$
O
a
x

$a + bi \leftrightarrow \overrightarrow{OP}$

Coordinate polari

▶ Esercizi a p. 970

Disegnato un vettore $\overrightarrow{OP}$ (figura a lato), vediamo che è caratterizzato da due grandezze:

- α: l'ampiezza dell'angolo orientato $x\widehat{O}P$, ossia l'angolo formato con il semiasse x positivo preso in senso antiorario (che esprime la direzione e il verso);
- r: la distanza di P dall'origine (che rappresenta il modulo).

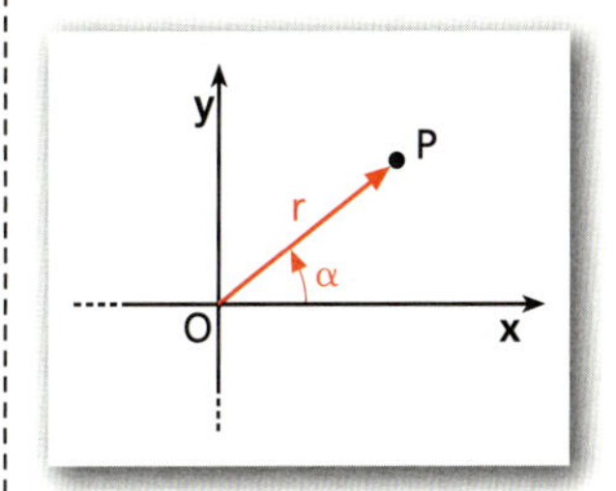

Dunque possiamo individuare il vettore $\overrightarrow{OP}$ in modo equivalente con $[r; \alpha]$ o con le sue componenti cartesiane. In modo analogo il punto P può essere rappresentato sia dalla coppia $(x; y)$ sia da $[r; \alpha]$.

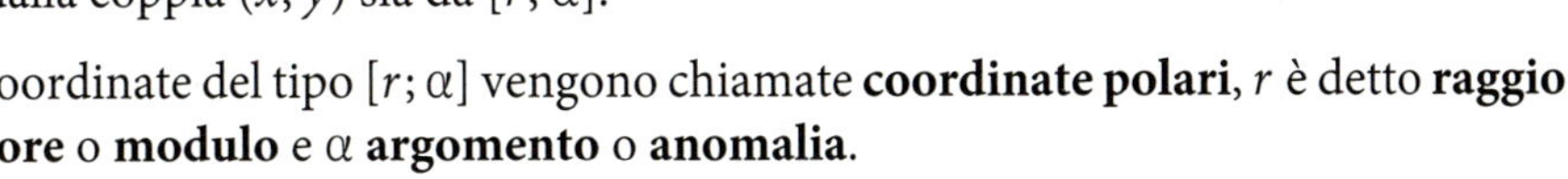

Le coordinate del tipo $[r; \alpha]$ vengono chiamate **coordinate polari**, r è detto **raggio vettore** o **modulo** e α **argomento** o **anomalia**.

ESEMPIO

Rappresentiamo nel piano il punto $P\left[3; \frac{\pi}{4}\right]$ individuato in coordinate polari. I due numeri 3 e $\frac{\pi}{4}$ hanno il seguente significato:

$$3 = \overline{OP},$$

$$\frac{\pi}{4} = x\widehat{O}P.$$

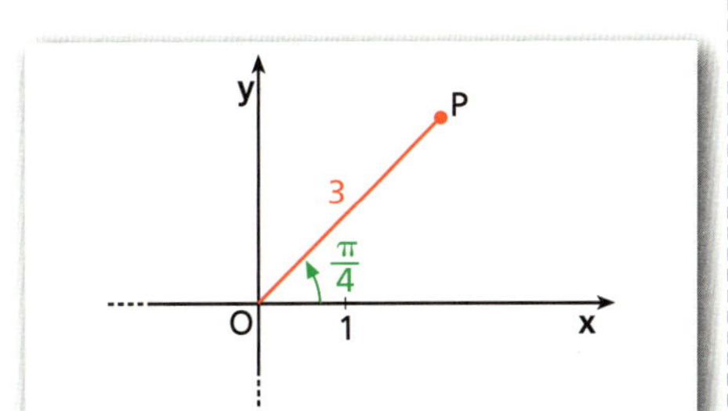

Le coppie $[r; \alpha]$ e $[r; \alpha + 2k\pi]$ rappresentano lo stesso punto P del piano. Per convenzione, si indica come **argomento principale** l'angolo α tale che $0 \leq \alpha < 2\pi$. In seguito considereremo sempre l'argomento principale, indicandolo anche, per brevità, con **argomento**.

Video

Coordinate polari

- Cos'è un sistema di coordinate polari?
- Come si costruisce?
- Quanto è utile?

▶ Rappresenta nel piano di Gauss il punto $Q\left[2; \frac{\pi}{2}\right]$, di cui sono indicate le coordinate polari.

Coordinate polari e coordinate cartesiane

Conoscendo le coordinate polari di un punto $P[r; \alpha]$, si possono ricavare le sue coordinate cartesiane $(a; b)$.
Nel triangolo OPH (figura a lato) possiamo applicare il primo teorema dei triangoli rettangoli, ottenendo:

$$\boldsymbol{a = r\cos\alpha}, \qquad \boldsymbol{b = r\sin\alpha}.$$

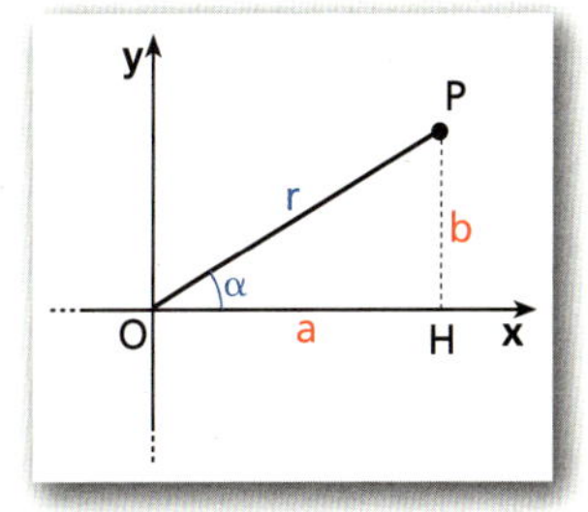

Viceversa, possiamo ricavare le coordinate polari da quelle cartesiane applicando il teorema di Pitagora e il secondo teorema dei triangoli rettangoli:

$$\boldsymbol{r = \sqrt{a^2 + b^2}}, \qquad \boldsymbol{\alpha\text{: } \tan\alpha = \frac{b}{a}}.$$

L'angolo α si determina tenendo conto del quadrante in cui si trova il punto e considerando solo l'argomento principale.

ESEMPIO

1. Date le coordinate polari del punto $A\left[2; \frac{\pi}{3}\right]$, determiniamo le sue coordinate cartesiane:

$$x_A = r\cos\alpha = 2\cos\frac{\pi}{3} = \cancel{2} \cdot \frac{1}{\cancel{2}} = 1,$$

$$y_A = r\sin\alpha = 2\sin\frac{\pi}{3} = \cancel{2} \cdot \frac{\sqrt{3}}{\cancel{2}} = \sqrt{3}.$$

▶ Determina:
a. le coordinate cartesiane di P, che ha coordinate polari $\left[2; \frac{\pi}{4}\right]$;
b. le coordinate polari di Q, che ha coordinate cartesiane $(-1; 1)$.

Animazione

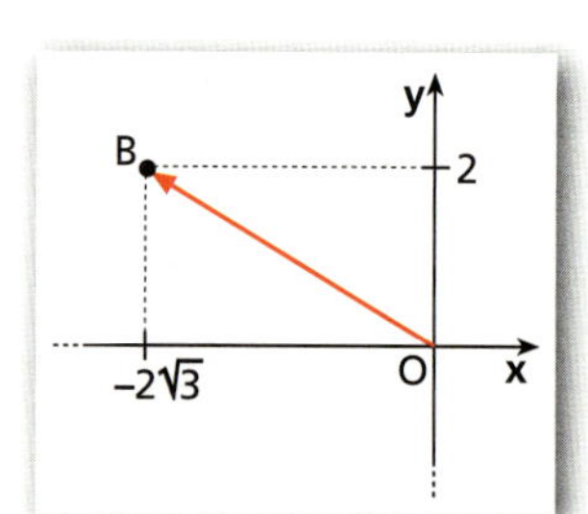

2. Date le coordinate cartesiane del punto $B(-2\sqrt{3}; 2)$, determiniamo le sue coordinate polari:

$$r = \sqrt{(-2\sqrt{3})^2 + 2^2} = \sqrt{12+4} = 4,$$

$$\alpha\text{: } \tan\alpha = \frac{b}{a} = \frac{2}{-2\sqrt{3}} = -\frac{1}{\sqrt{3}} = -\frac{\sqrt{3}}{3} \to \alpha_1 = \frac{5}{6}\pi \vee \alpha_2 = \frac{11}{6}\pi.$$

Poiché B è nel secondo quadrante, scegliamo $\alpha = \frac{5}{6}\pi$.

6 Forma trigonometrica di un numero complesso

▶ Esercizi a p. 972

Abbiamo visto che a un numero complesso $z = a + bi$ corrisponde un vettore $\overrightarrow{OP}$ di componenti cartesiane a e b, con P di coordinate polari $[r; \alpha]$, dove r è il modulo di z e α è detto argomento di z. Valgono le relazioni

$$a = r\cos\alpha, \qquad b = r\sin\alpha,$$

quindi: $a + ib = r\cos\alpha + i(r\sin\alpha) = r(\cos\alpha + i\sin\alpha)$.

Possiamo pertanto scrivere il numero complesso z nella **forma trigonometrica**:

$$\boldsymbol{z = r(\cos\alpha + i\sin\alpha)}, \quad \text{dove } \boldsymbol{r = \sqrt{a^2+b^2}} \text{ e } \boldsymbol{\tan\alpha = \frac{b}{a}}.$$

ESEMPIO

Consideriamo il numero complesso $\sqrt{3} + i$.
Calcoliamo r e α:

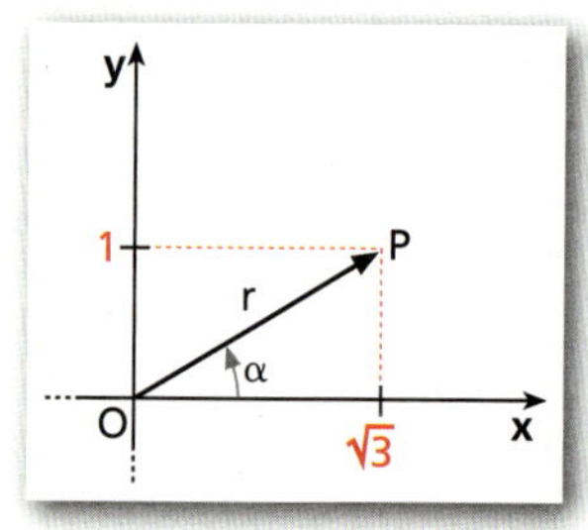

$$r = \sqrt{(\sqrt{3})^2 + 1^2} = \sqrt{4} = 2;$$

$$\tan\alpha = \frac{1}{\sqrt{3}} = \frac{\sqrt{3}}{3} \to \alpha_1 = \frac{\pi}{6} \vee \alpha_2 = \frac{7}{6}\pi.$$

Scegliamo $\alpha_1 = \frac{\pi}{6}$ perché a e b sono positivi, quindi α appartiene al primo quadrante.
La forma trigonometrica del numero complesso $\sqrt{3} + i$ è:

$$2\left(\cos\frac{\pi}{6} + i\sin\frac{\pi}{6}\right).$$

▶ Scrivi in forma trigonometrica $3 - 3i$.

Per determinare α, invece di calcolare $\tan\alpha$, possiamo considerare:

$$\boldsymbol{\cos\alpha = \frac{a}{r} = \frac{a}{\sqrt{a^2+b^2}}} \quad \text{e} \quad \boldsymbol{\sin\alpha = \frac{b}{r} = \frac{b}{\sqrt{a^2+b^2}}}.$$

ESEMPIO

Riprendendo l'esempio precedente, $\cos\alpha = \frac{\sqrt{3}}{2}$ e $\sin\alpha = \frac{1}{2}$, quindi:

$$\alpha = \frac{\pi}{6}.$$

7 Operazioni fra numeri complessi in forma trigonometrica

La scrittura di un numero complesso in forma trigonometrica rende più agevoli le operazioni di moltiplicazione, divisione, potenza e radice n-esima di numeri complessi. Le operazioni di addizione e sottrazione sono invece più semplici se i numeri sono in forma algebrica.

Moltiplicazione

▶ Esercizi a p. 973

Calcoliamo il prodotto dei numeri complessi $z_1 = r(\cos\alpha + i\sin\alpha)$ e $z_2 = s(\cos\beta + i\sin\beta)$:

$$z_1 \cdot z_2 = r \cdot s \cdot (\cos\alpha + i\sin\alpha) \cdot (\cos\beta + i\sin\beta) =$$

$$r \cdot s \cdot (\underbrace{\cos\alpha\cos\beta}_{} + \overbrace{i\cos\alpha\sin\beta + i\sin\alpha\cos\beta}^{i\sin(\alpha+\beta)} - \underbrace{\sin\alpha\sin\beta}_{}),$$

$\cos\alpha\cos\beta - \sin\alpha\sin\beta = \cos(\alpha + \beta)$

$$\mathbf{z_1 \cdot z_2 = r \cdot s[\cos(\alpha+\beta) + i\sin(\alpha+\beta)].}$$

Prodotto di due numeri complessi
Il prodotto di due numeri complessi scritti in forma trigonometrica è uguale al numero complesso che ha per modulo il prodotto dei moduli dei numeri dati e per argomento la somma degli argomenti.

ESEMPIO

Il prodotto di $z_1 = 2 \cdot \left(\cos\frac{\pi}{6} + i\sin\frac{\pi}{6}\right)$ e $z_2 = 3 \cdot \left(\cos\frac{\pi}{3} + i\sin\frac{\pi}{3}\right)$ è:

$$z_1 \cdot z_2 = 2 \cdot 3\left[\cos\left(\frac{\pi}{6} + \frac{\pi}{3}\right) + i\sin\left(\frac{\pi}{6} + \frac{\pi}{3}\right)\right] = 6 \cdot \left(\cos\frac{\pi}{2} + i\sin\frac{\pi}{2}\right).$$

▶ Verifica che, trasformando i numeri z_1 e z_2 dell'esempio in forma algebrica, si ottiene lo stesso risultato.

Divisione

▶ Esercizi a p. 974

Determiniamo il quoziente dei numeri complessi $z_1 = r(\cos\alpha + i\sin\alpha)$ e $z_2 = s(\cos\beta + i\sin\beta)$, con $z_2 \neq 0$:

$$\frac{z_1}{z_2} = \frac{r(\cos\alpha + i\sin\alpha)}{s(\cos\beta + i\sin\beta)}.$$

Eliminiamo i al denominatore moltiplicando numeratore e denominatore per $(\cos\beta - i\sin\beta)$.

$$\frac{z_1}{z_2} = \frac{r(\cos\alpha + i\sin\alpha)}{s(\cos\beta + i\sin\beta)} \cdot \frac{(\cos\beta - i\sin\beta)}{(\cos\beta - i\sin\beta)} =$$

$$\frac{r}{s} \cdot \frac{\cos\alpha\cos\beta - i\cos\alpha\sin\beta + i\sin\alpha\cos\beta - i^2\sin\alpha\sin\beta}{\cos^2\beta - i^2\sin^2\beta} =$$

$$\frac{r}{s}\cdot\frac{\overbrace{\cos\alpha\cos\beta+\sin\alpha\sin\beta}^{\cos(\alpha-\beta)}+\overbrace{i(\sin\alpha\cos\beta-\cos\alpha\sin\beta)}^{i\sin(\alpha-\beta)}}{\underbrace{\cos^2\beta+\sin^2\beta}_{1}},$$

$$\frac{z_1}{z_2}=\frac{r}{s}\cdot[\cos(\alpha-\beta)+i\sin(\alpha-\beta)].$$

Quoziente di due numeri complessi
Il quoziente di due numeri complessi scritti in forma trigonometrica è uguale al numero complesso che ha per modulo il quoziente dei moduli dei numeri dati e per argomento la differenza degli argomenti.

ESEMPIO
Calcoliamo il quoziente fra:

$$z_1=6\cdot\left(\cos\frac{3}{4}\pi+i\sin\frac{3}{4}\pi\right)\quad \text{e}\quad z_2=3\cdot\left(\cos\frac{\pi}{4}+i\sin\frac{\pi}{4}\right).$$

$$\frac{z_1}{z_2}=\frac{6}{3}\cdot\left[\cos\left(\frac{3}{4}\pi-\frac{\pi}{4}\right)+i\sin\left(\frac{3}{4}\pi-\frac{\pi}{4}\right)\right]=2\cdot\left(\cos\frac{\pi}{2}+i\sin\frac{\pi}{2}\right).$$

▶ Verifica che si ottiene lo stesso risultato trasformando i numeri z_1 e z_2 dell'esempio in forma algebrica.

Reciproco

Il reciproco del numero complesso $z=r(\cos\alpha+i\sin\alpha)$ è:

$$\frac{1}{r(\cos\alpha+i\sin\alpha)}=\frac{1(\cos 0+i\sin 0)}{r(\cos\alpha+i\sin\alpha)}=\frac{1}{r}[\cos(-\alpha)+i\sin(-\alpha)]$$

Ricordando che $\sin(-\alpha)=-\sin\alpha$ e $\cos(-\alpha)=\cos\alpha$, si ottiene:

$$\frac{1}{z}=\frac{1}{r}(\cos\alpha-i\sin\alpha).$$

Potenza

▶ Esercizi a p. 975

Calcoliamo il quadrato del numero complesso $z=r\cdot(\cos\alpha+i\sin\alpha)$:

$$z^2=z\cdot z=[r\cdot(\cos\alpha+i\sin\alpha)]\cdot[r\cdot(\cos\alpha+i\sin\alpha)].$$

Per la regola del prodotto, moltiplichiamo i moduli e sommiamo gli argomenti:

$$z^2=r^2[\cos(\alpha+\alpha)+i\sin(\alpha+\alpha)]=r^2(\cos 2\alpha+i\sin 2\alpha).$$

In generale, la potenza n-esima di un numero complesso (con $n\in\mathbb{Z}^+$) è calcolabile con la seguente formula, detta anche **formula di De Moivre**:

$$[r\cdot(\cos\alpha+i\sin\alpha)]^n=r^n\cdot(\cos n\alpha+i\sin n\alpha),\ \text{con}\ n\in\mathbb{Z}^+.$$

DIMOSTRAZIONE

- Scriviamo la potenza come prodotto di fattori uguali:

$$[r(\cos\alpha+i\sin\alpha)]^n=$$
$$\underbrace{[r(\cos\alpha+i\sin\alpha)]\cdot[r(\cos\alpha+i\sin\alpha)]\cdot\ldots\cdot[r(\cos\alpha+i\sin\alpha)]}_{n\ \text{fattori}}=$$

- Applichiamo la regola del prodotto fra numeri complessi:

$$\underbrace{r \cdot r \cdot \ldots \cdot r}_{n \text{ fattori}} \cdot [\cos\underbrace{(\alpha + \alpha + \ldots + \alpha)}_{n \text{ addendi}} + i \sin\underbrace{(\alpha + \alpha + \ldots + \alpha)}_{n \text{ addendi}}] =$$

$$r^n(\cos n\alpha + i \sin n\alpha).$$

Se n è un numero intero positivo, anche nei numeri complessi definiamo $z^{-n} = \frac{1}{z^n}$.

Per la regola del reciproco di un numero complesso:

$$[r \cdot (\cos\alpha + i\sin\alpha)]^{-n} = \frac{1}{r^n(\cos n\alpha + i \sin n\alpha)} = \frac{1}{r^n} \cdot (\cos n\alpha - i \sin n\alpha).$$

Per quanto abbiamo visto, per una potenza con esponente *intero*, vale dunque la seguente regola.

Potenza di un numero complesso
La potenza con esponente intero di un numero complesso scritto in forma trigonometrica è uguale al numero complesso che ha per modulo la potenza del modulo del numero dato e per argomento il prodotto dell'esponente per l'argomento del numero dato.

Come per i numeri reali, se la base della potenza è diversa da 0, si pone per definizione:

$$[r(\cos\alpha + i \sin\alpha)]^0 = 1 \ (r \neq 0).$$

Video

Frattali Una figura che si ripete uguale a se stessa su diverse scale è un frattale. Troviamo in natura frattali di ogni tipo, ma possiamo costruirne anche con semplici algoritmi matematici, usando i numeri complessi.

► Come si costruisce l'insieme di Mandelbrot, uno dei frattali più noti in matematica?

8 Radici *n*-esime dell'unità

► Esercizi a p. 978

DEFINIZIONE
Chiamiamo **radice *n*-esima dell'unità**, con n intero positivo, ogni numero complesso u tale che $u^n = 1$. La indichiamo con $\sqrt[n]{1}$.

$$\sqrt[n]{1} = u \leftrightarrow u^n = 1.$$

Listen to it

Let n be a positive integer; the ***n*th roots of unity** are the n complex numbers u such that $u^n = 1$. We write $\sqrt[n]{1} = u$.

Poniamo $u = r(\cos\alpha + i\sin\alpha)$, scriviamo 1 in forma trigonometrica, cioè $1 = \cos 0 + i \sin 0$, e sostituiamo nella relazione $u^n = 1$:

$$[r(\cos\alpha + i \sin\alpha)]^n = \cos 0 + i \sin 0.$$

Per determinare u dobbiamo ricavare r e α.

Sviluppiamo la potenza al primo membro con la formula di De Moivre:

$$r^n(\cos n\alpha + i \sin n\alpha) = \cos 0 + i \sin 0.$$

L'uguaglianza è valida se sono uguali i moduli dei due numeri e gli argomenti, a meno di multipli interi di 2π, ossia se:

$$\begin{cases} r^n = 1 \\ n\alpha = 0 + 2k\pi \end{cases} \rightarrow \begin{cases} r = 1 \\ \alpha = \frac{2k\pi}{n} \end{cases}.$$

TEORIA

Animazione

Nell'animazione c'è una sintesi di tutto il paragrafo.

Pertanto le **radici *n*-esime dell'unità** si ricavano dalla formula:

$$\sqrt[n]{1} = \cos\frac{2k\pi}{n} + i\sin\frac{2k\pi}{n}, \quad \text{con } k \in \mathbb{Z}.$$

Ma quante sono le radici *distinte* dell'unità? Per capirlo, vediamolo prima con degli esempi, calcolando le radici per $n = 2$, 3 e 4.

Calcoliamo $\sqrt[2]{1}$

$$\sqrt[2]{1} = \cos\frac{2k\pi}{2} + i\sin\frac{2k\pi}{2} = \cos k\pi + i\sin k\pi.$$

Al variare di k si ottengono infiniti numeri, ma non tutti diversi tra loro. Compiliamo la seguente tabella.

k	0	1	2	3	...
$\sqrt[2]{1} = \cos k\pi + i\sin k\pi$	1	-1	1	-1	...

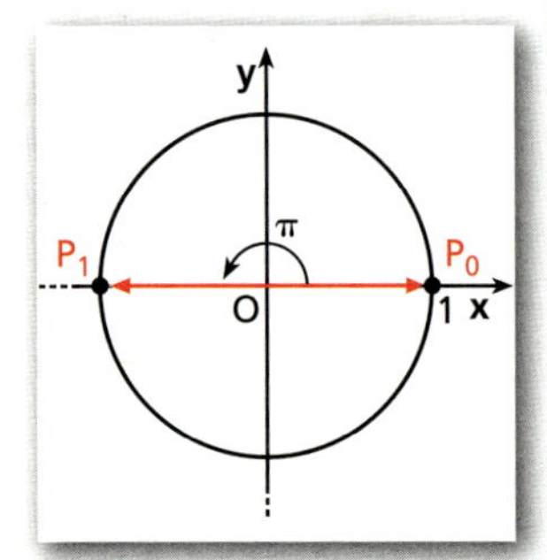

Proseguendo ad attribuire valori a k, le radici sono ciclicamente 1 e -1 e, poiché si ottengono per $k = 0$ e $k = 1$, le indichiamo rispettivamente con u_0 e u_1.
Pertanto le radici quadrate distinte dell'unità sono due:

$$u_0 = 1 \text{ e } u_1 = -1.$$

Possiamo rappresentare geometricamente le due radici nel piano di Gauss. I punti P_0 e P_1 sono i corrispondenti di u_0 e u_1. Poiché i due numeri hanno lo stesso modulo uguale a 1, i due punti si trovano su una circonferenza di centro O e raggio 1; i loro argomenti sono $\alpha_0 = 0$ e $\alpha_1 = \pi$.

Calcoliamo $\sqrt[3]{1}$

$$\sqrt[3]{1} = \cos\frac{2k\pi}{3} + i\sin\frac{2k\pi}{3}.$$

Scriviamo la tabella sostituendo a k i valori 0, 1, 2, 3, 4.

k	0	1	2	3	4	...
$\sqrt[3]{1}$	1	$-\frac{1}{2} + \frac{\sqrt{3}}{2}i$	$-\frac{1}{2} - \frac{\sqrt{3}}{2}i$	1	$-\frac{1}{2} + \frac{\sqrt{3}}{2}i$	...

Anche in questo caso la situazione è ciclica: procedendo nel calcolo per valori di k superiori a 2, si ottengono ancora gli stessi valori trovati inizialmente.

Pertanto le radici cubiche distinte dell'unità sono tre:

$$u_0 = 1; \quad u_1 = -\frac{1}{2} + \frac{\sqrt{3}}{2}i; \quad u_2 = -\frac{1}{2} - \frac{\sqrt{3}}{2}i.$$

Il modulo dei tre numeri è 1 e i loro argomenti sono:

$\alpha_0 = 0,$ per $k = 0$;

$\alpha_1 = \frac{2}{3}\pi,$ per $k = 1$;

$\alpha_2 = \frac{4}{3}\pi,$ per $k = 2$.

Quindi possiamo rappresentare sulla circonferenza unitaria le tre radici come vertici di un triangolo equilatero inscritto in essa.

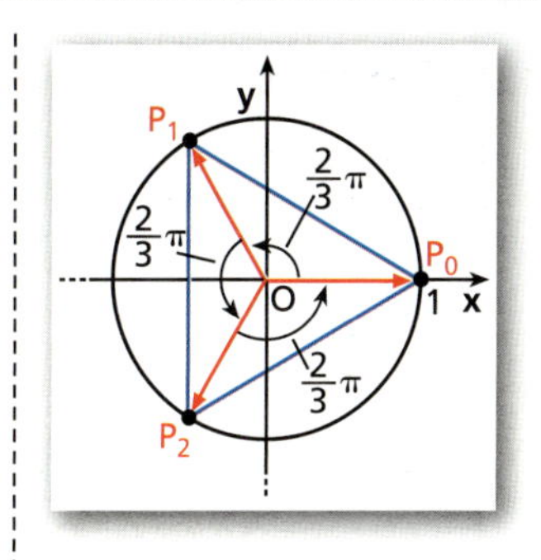

Calcoliamo $\sqrt[4]{1}$

$$\sqrt[4]{1} = \cos\frac{2k\pi}{4} + i\sin\frac{2k\pi}{4} = \cos\frac{k\pi}{2} + i\sin\frac{k\pi}{2}.$$

Calcoliamo i valori delle radici sostituendo a k i valori in tabella.

k	0	1	2	3	4	5	6	7	...
$\sqrt[4]{1}$	1	i	-1	$-i$	1	i	-1	$-i$	...

Le radici quarte distinte dell'unità sono quattro:

$$u_0 = 1;\quad u_1 = i;\quad u_2 = -1;\quad u_3 = -i.$$

Possiamo disegnarle nel piano di Gauss, considerando la circonferenza di raggio 1, tenendo presente che:

$$\alpha_0 = 0;\ \alpha_1 = \frac{\pi}{2};\ \alpha_2 = \pi;\ \alpha_3 = \frac{3}{2}\pi.$$

I punti che rappresentano le radici sono i vertici di un quadrato.

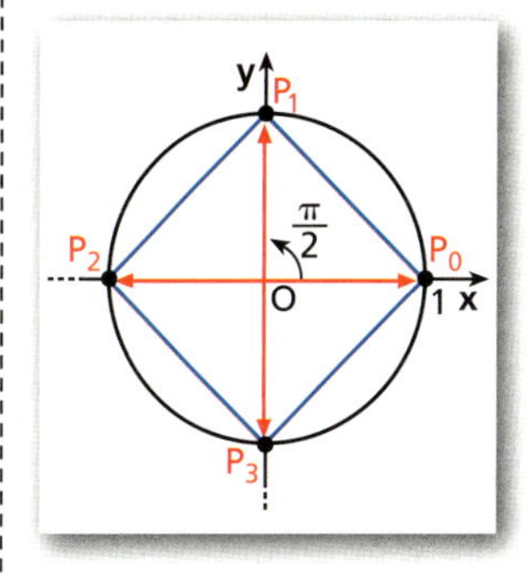

Radici n-esime dell'unità

In generale, si dimostra che le radici n-esime distinte dell'unità sono n. Per calcolarle, nella formula, basta attribuire a k i valori 0, 1, 2, ..., $n - 1$:

$$\sqrt[n]{1} = \cos\frac{2k\pi}{n} + i\sin\frac{2k\pi}{n},\quad \text{con } k = 0, 1, 2, \ldots, n-1.$$

Per rappresentare le n radici distinte nel piano di Gauss, basta disegnare la circonferenza con centro nell'origine e raggio 1, quindi inscrivere in essa il poligono regolare di n lati con uno dei vertici nel punto $P(1; 0)$. Ogni vettore che parte da O e ha un estremo in uno dei vertici del poligono rappresenta una delle radici.

9 Radici n-esime di un numero complesso

▶ Esercizi a p. 979

DEFINIZIONE

Dati il numero complesso z e il numero n intero positivo, la **radice n-esima** di z è ogni numero complesso w tale che $w^n = z$.

$$\sqrt[n]{z} = w \leftrightarrow w^n = z.$$

Listen to it

Let n be a positive integer and z a complex number; the ***n*th roots of *z*** are the n complex numbers w such that $w^n = z$. We write $\sqrt[n]{z} = w$.

Sia $z = r(\cos\alpha + i\sin\alpha)$ e sia $w = s(\cos\beta + i\sin\beta)$ una radice n-esima di z. Vogliamo determinare s e β in funzione di r e di α, applicando la definizione:

$$\underbrace{[s(\cos\beta + i\sin\beta)]^n}_{w^n} = \underbrace{r(\cos\alpha + i\sin\alpha)}_{z}.$$

TEORIA

Applichiamo la formula di De Moivre:

$$s^n(\cos n\beta + i \sin n\beta) = r(\cos\alpha + i \sin\alpha).$$

Dal confronto dei due numeri ricaviamo il sistema:

$$\begin{cases} s^n = r \\ n\beta = \alpha + 2k\pi \end{cases} \quad \rightarrow \quad \begin{cases} s = \sqrt[n]{r} \\ \beta = \dfrac{\alpha}{n} + \dfrac{2k\pi}{n}, \text{ con } k \in \mathbb{Z} \end{cases}.$$

Pertanto, le radici n-esime del numero complesso z sono:

$$\sqrt[n]{r(\cos\alpha + i\sin\alpha)} = \sqrt[n]{r}\left[\cos\left(\frac{\alpha}{n} + \frac{2k\pi}{n}\right) + i\sin\left(\frac{\alpha}{n} + \frac{2k\pi}{n}\right)\right].$$

Anche nel caso delle radici n-esime di un numero complesso si dimostra che le radici sono n distinti numeri complessi, che si possono ottenere attribuendo a k tutti i valori interi da 0 a $n-1$.

ESEMPIO Animazione

Calcoliamo le radici cubiche di $z = 8\left(\cos\frac{3}{2}\pi + i\sin\frac{3}{2}\pi\right)$.

Sappiamo che le radici cubiche sono tre, corrispondenti a $k = 0, 1, 2$.

Scriviamo le radici, applicando la formula:

$$\sqrt[3]{z} = \sqrt[3]{8\left(\cos\frac{3}{2}\pi + i\sin\frac{3}{2}\pi\right)} =$$

$$\sqrt[3]{8}\cdot\left(\cos\frac{\frac{3}{2}\pi + 2k\pi}{3} + i\sin\frac{\frac{3}{2}\pi + 2k\pi}{3}\right) =$$

$$2\cdot\left[\cos\left(\frac{\pi}{2} + \frac{2}{3}k\pi\right) + i\sin\left(\frac{\pi}{2} + \frac{2}{3}k\pi\right)\right], \quad \text{con } k = 0, 1, 2.$$

Gli argomenti $\left(\frac{\pi}{2} + \frac{2}{3}k\pi\right)$ sono:

$$\frac{\pi}{2} \text{ per } k = 0; \quad \frac{7}{6}\pi \text{ per } k = 1; \quad \frac{11}{6}\pi \text{ per } k = 2.$$

Determiniamo le tre radici, che sono i vertici del triangolo equilatero inscritto nella circonferenza di raggio 2 rappresentato in figura:

$$\text{per } k = 0, \quad z_0 = 2\left(\cos\frac{\pi}{2} + i\sin\frac{\pi}{2}\right) = 2i;$$

$$\text{per } k = 1, \quad z_1 = 2\left(\cos\frac{7}{6}\pi + i\sin\frac{7}{6}\pi\right) = -\sqrt{3} - i;$$

$$\text{per } k = 2, \quad z_2 = 2\left(\cos\frac{11}{6}\pi + i\sin\frac{11}{6}\pi\right) = \sqrt{3} - i.$$

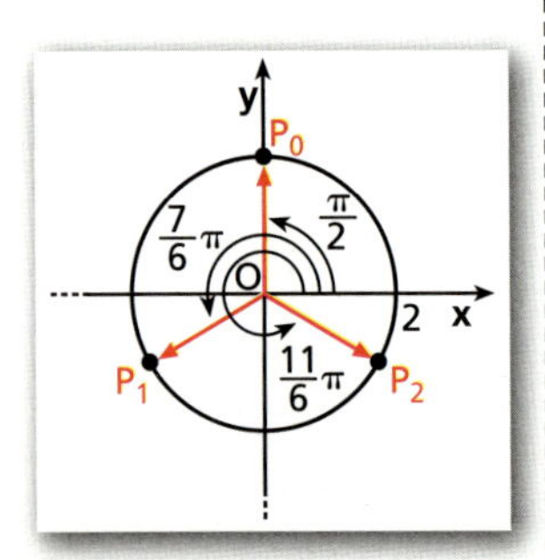

► Verifica che nell'esempio precedente ottieni il risultato moltiplicando $-\sqrt{3} - i$ per le tre radici cubiche dell'unità, oppure moltiplicando $\sqrt{3} - i$ per le stesse radici.

Per determinare le radici n-esime di un numero complesso $r(\cos\alpha + i\sin\alpha)$, è sufficiente determinarne una qualunque e poi moltiplicare questa per le radici n-esime dell'unità.

Infatti, abbiamo visto che

$$\sqrt[n]{r(\cos\alpha + i\sin\alpha)} = \sqrt[n]{r}\cdot\left[\cos\left(\frac{\alpha}{n}+\frac{2k\pi}{n}\right)+i\sin\left(\frac{\alpha}{n}+\frac{2k\pi}{n}\right)\right].$$

Applichiamo la formula del prodotto di numeri complessi,

$$[r(\cos\alpha + i\sin\alpha)]\cdot[s(\cos\beta + i\sin\beta)] = r\cdot s[\cos(\alpha+\beta)+i\sin(\alpha+\beta)],$$

leggendola da destra verso sinistra. Otteniamo:

$$\sqrt[n]{r}\cdot\left[\cos\left(\frac{\alpha}{n}+\frac{2k\pi}{n}\right)+i\sin\left(\frac{\alpha}{n}+\frac{2k\pi}{n}\right)\right]=$$

$$\underbrace{\sqrt[n]{r}\cdot\left(\cos\frac{\alpha}{n}+i\sin\frac{\alpha}{n}\right)}_{\text{una radice del numero dato}}\cdot\underbrace{\left(\cos\frac{2k\pi}{n}+i\sin\frac{2k\pi}{n}\right)}_{\text{radici } n\text{-esime dell'unità}}.$$

Equazioni in $\mathbb{C}$

La definizione relativa alle radici n-esime di un numero complesso e la formula per calcolarle permettono di risolvere il problema che ci siamo posti all'inizio di questo capitolo. Per risolvere in $\mathbb{C}$

$$x^2 = -4,$$

dobbiamo determinare quei numeri che sono, in $\mathbb{C}$, le radici quadrate di -4.
Essendo

$$-4 = 4(\cos\pi + i\sin\pi), \quad \text{con } r = 4 \text{ e } \alpha = \pi,$$

abbiamo:

$$\sqrt{-4} = \sqrt{4}\left[\cos\left(\frac{\pi}{2}+\frac{2k\pi}{2}\right)+i\sin\left(\frac{\pi}{2}+\frac{2k\pi}{2}\right)\right], \quad \text{con } k = 0, 1;$$

$$\text{per } k = 0, \quad \sqrt{-4} = 2\left(\cos\frac{\pi}{2}+i\sin\frac{\pi}{2}\right) = 2i;$$

$$\text{per } k = 1, \quad \sqrt{-4} = 2\left(\cos\frac{3}{2}\pi+i\sin\frac{3}{2}\pi\right) = -2i.$$

I due numeri che elevati al quadrato danno -4 sono $2i$ e $-2i$.
In generale, data in $\mathbb{C}$ l'equazione di secondo grado $ax^2 + bx + c = 0$, la formula risolutiva è $x = \dfrac{-b+\sqrt{b^2-4ac}}{2a}$.

Prima del simbolo di radice abbiamo messo il solo segno $+$ perché in $\mathbb{C}$ la radice stessa fornisce i valori con ambedue i segni.

ESEMPIO
L'equazione $x^2 - 6x + 25 = 0$ in $\mathbb{C}$ ha per soluzioni $x_{1,2} = 3 + \sqrt{-16}$.
Essendo $\sqrt{-16} = \pm 4i$, le soluzioni sono $x_1 = 3 - 4i$, $x_2 = 3 + 4i$.

► Risolvi in $\mathbb{C}$ l'equazione $x^2 + 2x + 10 = 0$.

10 Forma esponenziale di un numero complesso

▶ Esercizi a p. 984

Un numero complesso può essere espresso in una terza forma, diversa da quella algebrica ($a + bi$) e da quella trigonometrica $r(\cos\alpha + i\sin\alpha)$.

Questa terza forma, detta **esponenziale**, viene utilizzata soprattutto per semplificare i calcoli nelle scienze applicate.

I numeri complessi scritti in forma esponenziale sono utili perché si possono eseguire tutte le operazioni applicando le proprietà delle potenze.

Consideriamo un numero complesso con $r = 1$. In forma trigonometrica è scritto $\cos\alpha + i\sin\alpha$. Vale la seguente relazione che non dimostriamo:

$e^{i\alpha} = \cos\alpha + i\sin\alpha$, dove e indica il numero di Nepero.

Osserviamo che due numeri complessi $e^{i\alpha}$ ed $e^{i\beta}$ sono uguali solo se α e β differiscono di multipli interi di 2π, ossia se $\beta = \alpha + 2k\pi$.
Applicando le proprietà delle potenze, troviamo una corrispondenza formale con le operazioni di moltiplicazione, divisione ed elevamento a potenza fra numeri complessi scritti in forma trigonometrica.

Moltiplicazione

$$e^{i\alpha} \cdot e^{i\beta} = e^{i(\alpha+\beta)}$$

$$(\cos\alpha + i\sin\alpha)\cdot(\cos\beta + i\sin\beta) = \cos(\alpha+\beta) + i\sin(\alpha+\beta).$$

Divisione

$$\frac{e^{i\alpha}}{e^{i\beta}} = e^{i(\alpha-\beta)}$$

$$\frac{\cos\alpha + i\sin\alpha}{\cos\beta + i\sin\beta} = \cos(\alpha-\beta) + i\sin(\alpha-\beta).$$

Potenza

$$(e^{i\alpha})^n = e^{i(\alpha n)}$$

$$(\cos\alpha + i\sin\alpha)^n = \cos n\alpha + i\sin n\alpha.$$

In generale, passando a un numero complesso $z = r(\cos\alpha + i\sin\alpha)$, con modulo r qualsiasi, possiamo scrivere $z = r(\cos\alpha + i\sin\alpha) = re^{i\alpha}$.
La scrittura $re^{i\alpha}$ si chiama **forma esponenziale del numero complesso z**.

Listen to it

We can express the same complex number z in three different ways: the **rectangular form** $z = a + ib$, the **polar form** by giving the angle α and the radius r such that $z = r(\cos\alpha + i\sin\alpha)$, and the **exponential form** $z = re^{i\alpha}$, where $e^{i\alpha} = \cos\alpha + i\sin\alpha$.

Formule di Eulero

Consideriamo le uguaglianze $e^{i\alpha} = \cos\alpha + i\sin\alpha$ ed $e^{-i\alpha} = \cos\alpha - i\sin\alpha$.

- Sommiamo membro a membro:

$$\begin{array}{rl} & e^{i\alpha} = \cos\alpha + i\sin\alpha \\ + & e^{-i\alpha} = \cos\alpha - i\sin\alpha \\ \hline & e^{i\alpha} + e^{-i\alpha} = 2\cos\alpha \quad \rightarrow \end{array}$$

$$\cos\alpha = \frac{e^{i\alpha} + e^{-i\alpha}}{2}.$$

- Sottraiamo membro a membro:

$$\begin{array}{rl} & e^{i\alpha} = \cos\alpha + i\sin\alpha \\ - & e^{-i\alpha} = \cos\alpha - i\sin\alpha \\ \hline & e^{i\alpha} - e^{-i\alpha} = 2i\sin\alpha \quad \rightarrow \end{array}$$

$$\sin\alpha = \frac{e^{i\alpha} - e^{-i\alpha}}{2i}.$$

Le quattro formule evidenziate sono dette **formule di Eulero**.

Per $\alpha = \pi$ la prima formula è $e^{\pi i} = \cos\pi + i\sin\pi = -1$: $\boldsymbol{e^{\pi i} + 1 = 0}$, dove compaiono insieme cinque numeri importanti: $1, 0, e, \pi, i$.

IN SINTESI
Numeri complessi

Numeri complessi

- **Numero complesso:** coppia ordinata $(a; b)$ di numeri reali.
- **Addizione:** $(a; b) + (c; d) = (a + c; b + d)$.
  Moltiplicazione: $(a; b) \cdot (c; d) = (ac - bd; ad + bc)$.
- I numeri complessi del tipo $(0; b)$ vengono detti **immaginari**. $(0; 1)$ è l'**unità immaginaria**, si indica con i ed è tale che $i^2 = -1$.
- **Forma algebrica**: $a + bi$, con $a, b \in \mathbb{R}$: a è detta **parte reale**; b è detta **parte immaginaria**.
- Il **modulo** del numero complesso $a + bi$ è: $|a + bi| = \sqrt{a^2 + b^2}$.
- Il **complesso coniugato** di $z = a + bi$ è $\bar{z} = a - bi$.
- A ogni numero complesso $a + bi$ è possibile associare un punto $P(a; b)$ nel piano di Gauss e viceversa.
- Date le **coordinate cartesiane** di un punto $P(a; b)$, si possono ricavare le sue **coordinate polari** $[r; \alpha]$ e viceversa.

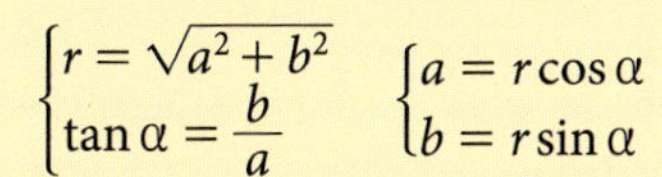

$$\begin{cases} r = \sqrt{a^2 + b^2} \\ \tan\alpha = \dfrac{b}{a} \end{cases} \qquad \begin{cases} a = r\cos\alpha \\ b = r\sin\alpha \end{cases}$$

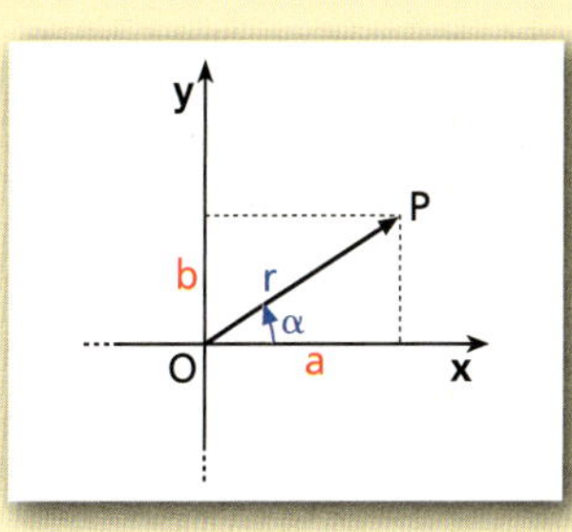

Forma trigonometrica

- Dato il vettore $\overrightarrow{OP}$ di componenti cartesiane a e b e con P di coordinate polari $[r; \alpha]$, abbiamo:
  $a + ib = r(\cos\alpha + i\sin\alpha)$.
- Dati due numeri complessi in forma trigonometrica $z_1 = r(\cos\alpha + i\sin\alpha)$ e $z_2 = s(\cos\beta + i\sin\beta)$, calcoliamo:
  - **prodotto**: $z_1 \cdot z_2 = r \cdot s[\cos(\alpha + \beta) + i\sin(\alpha + \beta)]$;
  - **quoziente**: $\dfrac{z_1}{z_2} = \dfrac{r}{s} \cdot [\cos(\alpha - \beta) + i\sin(\alpha - \beta)]$;
  - **reciproco**: $\dfrac{1}{z_1} = \dfrac{1}{r} \cdot (\cos\alpha - i\sin\alpha)$;
  - **potenza**: $z^n = r^n(\cos n\alpha + i\sin n\alpha)$ (**formula di De Moivre**);

    $z^{-n} = \dfrac{1}{r^n} \cdot (\cos n\alpha - i\sin n\alpha)$.

Radici *n*-esime

- **Radice *n*-esima dell'unità**: ogni numero complesso u tale che $u^n = 1$.
  $\sqrt[n]{1} = \cos\dfrac{2k\pi}{n} + i\sin\dfrac{2k\pi}{n}$, con $k \in \mathbb{Z}$ e $k = 0, 1, 2, ..., n - 1$.
- **Radice *n*-esima del numero complesso *z***: ogni numero complesso w tale che $w^n = z$.
  $\sqrt[n]{r(\cos\alpha + i\sin\alpha)} = \sqrt[n]{r} \cdot \left(\cos\dfrac{\alpha + 2k\pi}{n} + i\sin\dfrac{\alpha + 2k\pi}{n}\right)$, con $k \in \mathbb{Z}$ e $k = 0, 1, 2, ..., n - 1$.

Forma esponenziale

- La **forma esponenziale** del numero complesso $r(\cos\alpha + i\sin\alpha)$ è $re^{i\alpha}$.
- **Formule di Eulero**: $e^{i\alpha} = \cos\alpha + i\sin\alpha$, $e^{-i\alpha} = \cos\alpha - i\sin\alpha$,

$$\cos\alpha = \frac{e^{i\alpha} + e^{-i\alpha}}{2}, \quad \sin\alpha = \frac{e^{i\alpha} - e^{-i\alpha}}{2i}.$$

ESERCIZI

CAPITOLO 16 ESERCIZI

1 Numeri complessi

▶ Teoria a p. 936

Operazioni con i numeri complessi

Addizione e moltiplicazione

1 ESERCIZIO GUIDA Eseguiamo l'addizione e la moltiplicazione dei due numeri complessi $(-3; 2)$ e $(4; -10)$.

Addizione

Essendo $(a; b) + (c; d) = (a + c; b + d)$:

$(-3; 2) + (4; -10) = (-3 + 4; 2 - 10) =$

$= (1; -8)$.

Moltiplicazione

Essendo $(a; b) \cdot (c; d) = (a \cdot c - b \cdot d; a \cdot d + b \cdot c)$:

$(-3; 2) \cdot (4; -10) = (-12 - (-20); 30 + 8) =$

$= (8; 38)$.

Esegui le seguenti addizioni di numeri complessi.

2 $(1; 3) + (-1; 2)$; $\quad (-4; -2) + (-1; 6)$.

3 $(-2; 3) + (0; 0)$; $\quad (-1; 2) + (1; -2)$.

4 $\left(\frac{1}{4}; -\frac{1}{2}\right) + \left(\frac{1}{3}; \frac{1}{4}\right)$; $\quad \left(2; \frac{2}{3}\right) + \left(-\frac{1}{3}; 1\right)$.

5 $(1; -2) + (-3; 5) + (4; -1)$

Esegui le seguenti moltiplicazioni di numeri complessi.

6 $(1; -3) \cdot (-2; 1)$; $\quad (-2; 0) \cdot (-1; 2)$.

7 $(5; 7) \cdot (1; 1)$; $\quad (-2; 3) \cdot (0; 0)$.

8 $(5; 7) \cdot \left(\frac{1}{5}; \frac{1}{7}\right)$; $\quad \left(\frac{1}{3}; -\frac{1}{2}\right) \cdot \left(-\frac{1}{3}; \frac{1}{2}\right)$.

9 $\left(\frac{1}{2}; 3\right) \cdot \left(\frac{1}{2}; -3\right)$; $\quad (2; -1) \cdot (2; 1)$.

Calcola il valore delle seguenti espressioni.

10 $(1; 2) + (-1; 3) \cdot (0; -1)$

11 $\left(\frac{1}{2}; 2\right) \cdot \left(\frac{1}{2}; -2\right) + \left(\frac{1}{2}; 2\right) \cdot \left(-\frac{1}{2}; -2\right)$

12 $(3; -1) \cdot [(-4; 3) + (4; -3)]$

13 $(1; -1) \cdot [(2; -1) + (3; 1)]$

14 $(2; 3) \cdot (2; -3) + (-2; -3)$

15 $(-1; -1) \cdot (0; 1) + (-2; 2) \cdot (3; 1)$

Dimostra le seguenti proprietà relative alle operazioni fra numeri complessi.

16 Nell'addizione vale la proprietà commutativa.

17 Nell'addizione vale la proprietà associativa.

18 $(0; 0)$ è l'elemento neutro dell'addizione.

19 Nella moltiplicazione vale la proprietà commutativa.

20 Nella moltiplicazione vale la proprietà associativa.

21 $(1; 0)$ è l'elemento neutro della moltiplicazione.

22 Dimostra che $(0; 1)$ non è l'elemento neutro della moltiplicazione.

TEST

23 Il prodotto $(a; b) \cdot (1; 1)$ è uguale a:

A $(a; b)$. B $(b; a)$. C $(a + b; a - b)$. D $(a - b; a + b)$. E $(b - a; b + a)$.

24 Il prodotto $(a; b) \cdot (b; a)$ è uguale a:

A $(ab; ba)$. B $(a^2 - b^2; a^2 + b^2)$. C $(0; a^2 + b^2)$. D $(a^2 - b^2; 0)$. E $(-ab; ba)$.

Quadrato di un numero complesso

Calcola i seguenti quadrati, verificando che i numeri immaginari hanno come quadrato un numero reale negativo.

25 $(0;1)^2$; $(1;0)^2$; $(1;1)^2$.

26 $(-1;0)^2$; $(0;-1)^2$; $(-1;-1)^2$.

27 $(2;0)^2$; $(0;2)^2$; $(2;2)^2$.

28 $(2;1)^2$; $(1;3)^2$; $(-1;2)^2$.

---

29 TEST Il numero il cui quadrato è -9 è:

A -3. B $(-3;0)$. C $(0;3)$. D $(1;3)$ E non esiste.

2 Forma algebrica dei numeri complessi

30 ESERCIZIO GUIDA Scriviamo in forma algebrica il numero complesso $(4;-5)$.

Essendo $(a;b) = a + bi$: $(4;-5) = 4 - 5i$.

Scrivi in forma algebrica i seguenti numeri complessi.

31 $(0;1)$; $(1;0)$; $(-1;0)$; $(0;-1)$.

32 $(1;1)$; $(3;-1)$; $(-1;2)$; $(5;-7)$.

---

33 Scrivi nella forma $(a;b)$ i seguenti numeri complessi espressi in forma algebrica.

$5-3i$; $3+2i$; -7; i; $-3i$.

Per ognuna delle seguenti coppie di numeri, calcola la somma e il prodotto mediante la definizione. Scrivi poi i risultati in forma algebrica.

34 $(4;1)$; $(2;0)$.

35 $(1;-2)$; $(-1;3)$.

36 $\left(\frac{1}{2};0\right)$; $\left(1;-\frac{1}{2}\right)$.

37 $\left(\frac{3}{2};2\right)$; $\left(\frac{1}{3};-\frac{1}{2}\right)$.

38 $(0;1)$; $(1;0)$.

39 $(0;-1)$; $(-1;0)$.

40 $(1;1)$; $(-1;-1)$.

41 $(1;-1)$; $(-1;1)$.

---

42 Scrivi in forma algebrica i numeri complessi aventi come parte reale il primo numero e come parte immaginaria il secondo numero delle seguenti coppie.

$1;-1$, $-1;1$, $-1;-1$, $2;3$, $-2;-5$, $\frac{1}{2};-\sqrt{2}$.

---

43 ASSOCIA a ogni numero la sua parte reale o immaginaria.

a. $z=3$ b. $z=1-3i$ c. $z=3i-1$ d. $z=-3+i$

1. $Re(z)=-3$ 2. $Im(z)=3$ 3. $Im(z)=-3$ 4. $Im(z)=0$

---

44 TEST I numeri complessi:

A sono i numeri immaginari.

B contengono i numeri reali come sottoinsieme.

C sono dati dall'insieme $\mathbb{R} \cup \mathbb{I}$.

D non contengono lo 0.

E sono formati da una parte reale e da una parte immaginaria, entrambe non nulle.

45 ESERCIZIO GUIDA Determiniamo per quale valore di k il numero complesso $3 + ki - 4i$ è un numero complesso reale.

Occorre che la parte immaginaria sia 0.

Raccogliamo i: $3 + i(k - 4)$.

Uguagliamo a 0 il coefficiente di i: $k - 4 = 0 \rightarrow k = 4$.

Pertanto, il numero $3 + ki - 4i$ è complesso reale per $k = 4$, e in tal caso vale 3.

Determina per quali valori di k i seguenti numeri complessi sono numeri complessi reali.

46 $\frac{1}{2} - ki + 3i$; $\frac{2}{3} + 3ki - \frac{1}{2}i$.

47 $\frac{5}{4} + \frac{3}{2}i - \frac{2}{5}ki$; $\frac{7}{8} - \frac{1}{8}i + \frac{9}{2}ki$.

48 $2 - ki + 9i$; $6 + 9ki + \frac{1}{4}i$.

49 $\frac{2}{3} - 3i + 2ki$; $\frac{1}{2} - i + \frac{3}{2}ki$.

Determina per quali valori di k i seguenti numeri complessi sono immaginari.

50 $k + 1 - 4ki$; $2k - 1 + \frac{1}{2}ki$.

51 $5k + 2 - \frac{3}{2}ki$; $\frac{3}{2}k - 6 - 2ki - \frac{i}{2}$.

52 $8k - \frac{16}{3} - \frac{3}{2}ki + \frac{i}{2}$; $\frac{5}{4} - 2k + 8ki - \frac{5}{2}i$.

53 $1 - 4k + \frac{1}{2}ki + 4i$; $9 + k - \frac{3}{2}i - \frac{5}{2}ki$.

54 Determina per quali valori di a il numero $a - 1 + 4ai - i$ ha:

a. parte reale 3; **b.** parte immaginaria 5. $\left[\text{a) } 4; \text{ b) } \frac{3}{2}\right]$

55 Determina $x, y \in \mathbb{R}$ in modo che i due numeri complessi $3x + 1 + (x - y + 2)i$ e $x - y + 2xi$ siano uguali. $[x = -3, y = 5]$

Modulo di un numero complesso

Teoria a p. 940

56 ESERCIZIO GUIDA Calcoliamo il modulo di $2 - 3i$.

$|a + bi| = \sqrt{a^2 + b^2}$

Il modulo di $a + bi$ è: $|a + bi| = \sqrt{a^2 + b^2}$.

Poiché $a = 2$ e $b = -3$, abbiamo: $|2 - 3i| = \sqrt{(2)^2 + (-3)^2} = \sqrt{4 + 9} = \sqrt{13}$.

57 Calcola il modulo dei numeri complessi dell'esercizio 42.

Calcola il modulo dei seguenti numeri complessi.

58 i; $3 + 4i$; 5; $1 - i$.

59 $2i$; $i - 3$; $5 + 12i$; $1 - 3i$.

Trova per quali valori di $x \in \mathbb{R}$ il numero complesso dato ha il modulo indicato.

60 $ix - x$, modulo 2. $[\pm\sqrt{2}]$

61 $1 + x + 5i$, modulo 13. $[-13; 11]$

62 $x + 2 + xi$, modulo $\sqrt{2}$. $[-1]$

63 $2x + 1 + xi - i$, modulo 3. $\left[1; -\frac{7}{5}\right]$

64 ASSOCIA a ogni numero complesso il suo modulo.

a. $1 + i$ **b.** $-i$ **c.** $i + \sqrt{2}$ **d.** $\sqrt{2} - \sqrt{2}i$ **e.** $2\sqrt{2} + i$

1. 1 **2.** $\sqrt{2}$ **3.** $\sqrt{3}$ **4.** 2 **5.** 3

65 TEST Quale dei seguenti numeri complessi ha modulo a, con $a \in \mathbb{R}$?

A $a + ai$ B $\frac{a^2+1}{a} - \frac{i}{a}$ C $\frac{3}{2}a - \frac{a}{2}i$ D $2a - ai$ E $\frac{\sqrt{3}}{2}a - \frac{a}{2}i$

Complessi coniugati e opposti

▶ Teoria a p. 940

66 Scrivi il complesso coniugato e l'opposto dei seguenti numeri complessi.

$3 - 6i$; $2 + \sqrt{3}\,i$; $\frac{1}{3} - i$; $-1 + i$; $-\frac{1}{4} - 2i$.

67 COMPLETA la seguente tabella.

Numero complesso	Complesso coniugato	Opposto
$4 - 3i$	$4 + 3i$	$-4 + 3i$
$5 + 6i$		
	$-3 - \frac{1}{2}i$	
$-4 - \frac{2}{3}i$		
	$\frac{1}{2} + \frac{1}{5}i$	
		$\frac{2}{3} - \frac{1}{2}i$

68 Dati i due numeri complessi $z_1 = 2a - 1 + 3bi$ e $z_2 = a + b - ai$, determina a e b in modo che:

a. $z_1 = z_2$; b. $z_1 = \overline{z_2}$; c. z_1 e z_2 siano opposti.

$\left[\text{a) } a = \frac{3}{4}, b = -\frac{1}{4}; \text{ b) } a = \frac{3}{2}, b = \frac{1}{2}; \text{ c) } a = \frac{3}{10}, b = \frac{1}{10}\right]$

69 VERO O FALSO?

a. $3 - i$ e $-3 - i$ sono due numeri complessi coniugati. V F

b. $\overline{2i - 1} = -2i - 1$. V F

c. $\overline{\overline{z}} = z$. V F

d. L'opposto di $\sqrt{3} - 4i$ è $\sqrt{3} + 4i$. V F

70 FAI UN ESEMPIO di numero complesso z tale che:

a. $\overline{z} = z$;

b. $\overline{z}$ sia uguale all'opposto di z.

71 Dato $z \in \mathbb{C}$, verifica che $|z| = |\overline{z}|$.

72 Considera i due numeri complessi $z_1 = x + 2 - yi$ e $z_2 = x - y + 2xi$ e stabilisci per quali valori di x e $y \in \mathbb{R}$ essi sono:

a. opposti; b. coniugati.

[a) impossibile; b) $x = -1$ e $y = -2$]

3 Operazioni con i numeri immaginari

73 VERO O FALSO?

a. 0 è un numero immaginario. V F

b. $i^2 + 1 = 0$. V F

c. L'opposto di $2i$ è $-2i$. V F

d. $\mathbb{R} \cap \mathbb{I} = \varnothing$. V F

Le quattro operazioni

▶ Teoria a p. 941

74 ESERCIZIO GUIDA Eseguiamo le quattro operazioni fra i numeri immaginari $2i$ e $5i$.

ESERCIZI

Per eseguire i calcoli, trattiamo i numeri immaginari come monomi nella lettera i; dobbiamo però ricordare che **i è un numero** e che $i^2 = -1$:

$2i + 5i = (2+5)i = 7i$, $\quad 2i \cdot 5i = 2 \cdot 5 \cdot i \cdot i = 10 \cdot (-1) = -10$,

$2i - 5i = (2-5)i = -3i$, $\quad 2i : 5i = \frac{2i}{5i} = \frac{2}{5}$.

Esegui le quattro operazioni fra i numeri immaginari dati.

75 i, $4i$.

76 $-3i$, $3i$.

77 $\frac{i}{2}$, $-i$.

78 $5i$, $10i$.

---

79 VERO O FALSO?

a. Il prodotto di due numeri immaginari è un numero immaginario. V F

b. La somma di due numeri immaginari non può essere un numero reale. V F

c. $8i : (-4i) = -2i$. V F

d. La somma di due numeri immaginari opposti è nulla. V F

Calcola il valore delle seguenti espressioni.

80 $i - 2i$; $\quad 4i + 2i$; $\quad 8i - 3i$.

81 $i + \frac{1}{2}i$; $\quad i - \frac{1}{2}i$; $\quad \frac{1}{3}i + \frac{1}{2}i$.

82 $3i : i$; $\quad 5i : 2i$; $\quad 4i : (-i)$.

83 $i \cdot 9i$; $\quad i \cdot \left(-\frac{1}{2}i\right)$; $\quad \frac{3}{4}i \cdot \frac{2}{9}i$.

84 $\left[(2i - 3i) \cdot \frac{4}{3}i\right] : \frac{2}{3}$ $\quad [2]$

85 $\left(\frac{1}{3}i - \frac{1}{2}i\right)\left(\frac{1}{3}i + \frac{1}{2}i\right) : \frac{5}{4i \cdot 9i}$ $\quad [-1]$

86 $-5i - (14i - 6i) + (-2i + 6i)$ $\quad [-9i]$

87 $6i(-2i + 5i) - \frac{1}{2}i(13i - 7i) + i(-2i)$ $\quad [-13]$

88 $8i : (-4i) + 16i(-2i + i)$ $\quad [14]$

89 $4i(-5i) + 6\sqrt{2}\,i : (-\sqrt{2}\,i)$ $\quad [14]$

Potenze con i numeri immaginari

▶ Teoria a p. 941

90 ESERCIZIO GUIDA Calcoliamo la potenza i^{35}.

Sappiamo che $i^0 = 1$, $i^1 = i$, $i^2 = -1$, $i^3 = -i$. I valori si ripetono secondo la regola $i^n = i^{\text{resto di } n:4}$.
Applichiamo la regola:

$35 : 4 = 8$ (con resto 3) $\rightarrow$ $i^{35} = i^3 = -i$.

$i^0 = 1, i^1 = i, i^2 = -1, i^3 = -i$

Calcola il valore delle seguenti espressioni contenenti potenze di numeri immaginari.

91 i^4; $\quad i^5$; $\quad i^6$; $\quad i^7$.

92 $-i^8$; $\quad -i^{12}$; $\quad -i^{33}$; $\quad -i^{49}$.

93 $(\sqrt{2}\,i)^2$; $\quad (-3\sqrt{3}\,i)^3$; $\quad (-2\sqrt{5}\,i)^2$.

94 $-\left(-\frac{\sqrt{2}}{6}i\right)^2$; $\quad -\left(-\frac{3}{5}\sqrt{5}\,i\right)^3$; $\quad \left(\frac{i}{\sqrt{2}}\right)^5$.

95 $i^5 + 2i^{17} - 3i^{25}$ $\quad [0]$

96 $2i^{14} + 7i^{22} - 5i^{30}$ $\quad [-4]$

97 $\frac{i^{31} - 5i^{39} + 4i^{47}}{2i^{21} + 3i^{41}}$ $\quad [0]$

98 $\left(\frac{4}{5}i^{17} - \frac{1}{3}i^{29}\right) : \left(\frac{1}{2}i^{36} + \frac{1}{5}i^{52}\right)$ $\quad \left[\frac{2}{3}i\right]$

99 $(2i)^4 - i^5 + (-i)^3 + (-2i)^6$ $\quad [-48]$

100 $i(2i - 5i)^2 - (9i - i) : (6i - 4i)^2$ $\quad [-7i]$

101 $(-5i)^2 - i^{30} + 4i^{20} : (i^6) - i^2$ $[-27]$

102 $[2i - 3(-i)^3]^5 + [(-2i)^3]^5 + (3i^7 - 5i)^5$ $[-i]$

103 $-2i^{27} : (-i)^5 + 4i^8 - i(-i)^4(-2i)^3$ $[10]$

104 $(-2i^2)^3(-i)^8 + \dfrac{8i - 6i^5}{2i} - (-i)^7 i^{15}$ $[8]$

105 $\dfrac{(2i - i^3)(-i^{25} - 3i^{13})^2}{(-2i)^4} + i^{12}(-i)^2 i^5$ $[-4i]$

106 $\dfrac{-2i^5}{-5i} \cdot [-6i - (-i)^5]^2 - i(i^8 - 2i^{20})(i^7 - i^9)$ $[-8]$

107 $\dfrac{\frac{1}{2}i^{21} - \frac{1}{3}i}{\frac{3}{2}i^{31} - \frac{2}{3}i^{35}} \cdot (2i^{17} + 3i^5)$ $[-i]$

108 $(i^2)^4 + i(-i^2)i^3 + 4(-i)^4(-2i)^2(-i^3)^2$ $[18]$

109 $[-3i^3 + 2i^4(-i)]^3 + (-i)[(-4i)^2 + (i^2)^5]$ $[16i]$

4 Operazioni con i numeri complessi in forma algebrica

Addizione e sottrazione

▶ Teoria a p. 942

110 ESERCIZIO GUIDA Eseguiamo l'addizione e la sottrazione fra $4 + 3i$ e $-5 + 2i$.

Addizione

$(4 + 3i) + (-5 + 2i) =$

Sommiamo tra loro le parti reali e le parti immaginarie.

$(4 - 5) + (3i + 2i) = -1 + (3 + 2)i = -1 + 5i.$

Sottrazione

$(4 + 3i) - (-5 + 2i) =$

Trasformiamo la sottrazione in un'addizione, cambiando il segno del sottraendo.

$(4 + 3i) + (5 - 2i) =$

$(4 + 5) + (3i - 2i) = 9 + i.$

Esegui le seguenti addizioni e sottrazioni fra numeri complessi.

111 $(4 + 2i) + (4 - 2i)$

112 $(6 - 3i) + (-6 + 3i)$

113 $(2 + 7i) + (-12i) + 7$

114 $\left(\frac{1}{3} + \frac{1}{2}i\right) + \left(\frac{1}{3} - \frac{1}{2}i\right)$

115 $\left(\frac{1}{3} + \frac{1}{2}i\right) - \left(\frac{1}{3} - \frac{1}{2}i\right)$

116 $(-9 - i) + (2 + i) - (-5 + 2i)$

117 $(2 - 3i) - \left(\frac{1}{7}i\right)$

118 $\frac{3}{4}i + \left(2 - \frac{1}{3}i\right)$

119 $\left(\frac{1}{2} - 6i\right) - \left(\frac{3}{2} + 6i\right) + 2i$

120 $\left(-\frac{1}{2} - \frac{1}{2}i\right) + \left(-\frac{1}{2} - \frac{1}{2}i\right)$

121 $\left(\frac{2}{5} - \frac{5}{3}i\right) - \left(\frac{2}{5} - \frac{5}{3}i\right)$

122 $(-2i) - (-4 + 7i) - (-5i)$

123 $(3 - i) - (-2 - 2i) + (5 - i)$

124 RIFLETTI SULLA TEORIA Considera due numeri complessi $z_1 = a + ib$ e $z_2 = c + id$ e dimostra che $\overline{z_1 + z_2} = \overline{z_1} + \overline{z_2}$.

Moltiplicazione

▶ Teoria a p. 943

125 ESERCIZIO GUIDA Moltiplichiamo: **a.** $2 - 3i$ e $-6 + i$; **b.** $3 - 2i$ e $3 + 2i$.

a. Utilizziamo la regola di moltiplicazione di due binomi e $i^2 = -1$:

$(2 - 3i)(-6 + i) = -12 + 2i + 18i - 3i^2 = -12 + 20i + 3 = -9 + 20i.$

b. I numeri dati sono complessi coniugati. Il loro prodotto è un numero complesso reale. Infatti, poiché $(a-b)(a+b)=a^2-b^2$:

$$(3-2i)(3+2i)=9-4i^2=9+4=13.$$

Esegui le seguenti moltiplicazioni fra numeri complessi.

126 $(1-i)(1+i)$; $\quad (2-3i)(2+3i)$.

127 $(6+3i)(6+2i)$; $\quad (-7+2i)(7+2i)$.

128 $(2-5i)(1+i)$; $\quad (8+2i)(-4-2i)$.

129 $\left(\frac{1}{2}-\frac{1}{3}i\right)(2+3i)$; $\quad \left(\frac{4}{5}+\frac{2}{3}i\right)\left(-\frac{5}{4}-\frac{3}{2}i\right)$.

130 TEST Quanto vale il prodotto $(2+3i)(3-i)$?

A $9+7i$
B $6-3i$
C $3+7i$
D $6+7i$
E $7+9i$

131 Trova per quali valori di k il prodotto

$$(k+3+ki)\cdot(1-2ki)$$

risulta un numero reale. $\left[0, -\frac{5}{2}\right]$

132 Dato $z \in \mathbb{C}$, stabilisci se è vero che:

a. $3\bar{z}=\overline{3z}$; **b.** $|z\cdot\bar{z}|=|z|\cdot|\bar{z}|$.

133 TEST Il prodotto $(x-2i)(1-x+xi)$ è un numero immaginario per x uguale a:

A $-3, 0$.
B $-1\pm\sqrt{3}$.
C $0, 3$.
D 3.
E 0.

134 RIFLETTI SULLA TEORIA Considera due numeri complessi $z_1=a+ib$ e $z_2=c+id$ e dimostra che $\overline{z_1\cdot z_2}=\overline{z_1}\cdot\overline{z_2}$.

Reciproco

▶ Teoria a p. 943

Calcola il reciproco dei seguenti numeri complessi.

135 i; $\quad 4-i$.

136 $1-i$; $\quad 3+2i$.

137 $i+3$; $\quad -3i$.

138 $2-i$; $\quad 2+2i$.

139 RIFLETTI SULLA TEORIA Dato $z=a+ib$, dimostra che $\overline{z^{-1}}=(\bar{z})^{-1}$.

Divisione

▶ Teoria a p. 944

140 ESERCIZIO GUIDA Calcoliamo $(2+i):(1-i)$.

Scriviamo il quoziente sotto forma di frazione e moltiplichiamo numeratore e denominatore per il complesso coniugato del denominatore, ossia $1+i$:

$$\frac{2+i}{1-i}=\frac{2+i}{1-i}\cdot\frac{1+i}{1+i}=\frac{2+2i+i+i^2}{1-i^2}=\frac{2+3i-1}{1+1}=\frac{1+3i}{2}.$$

Il quoziente cercato è il numero complesso $\frac{1}{2}+\frac{3}{2}i$.

Calcola i seguenti quozienti fra numeri complessi.

141 $(1+i):i$; $\quad 2:i$; $\quad 1:(3-2i)$.

142 $\frac{3+4i}{2i}$; $\quad \frac{-6-2i}{5i}$; $\quad \frac{8-3i}{2i}$.

143 $\frac{73}{8-3i}$; $\quad \frac{40}{4+2i}$; $\quad \frac{22i}{3-i}$.

144 $\frac{1-i}{2+i}$; $\quad \frac{2-i}{2+3i}$; $\quad \frac{3-i}{3+2i}$.

145 TEST Quanto vale il quoziente $\frac{4-2i}{1-i}$?

A $4+i$ B $3+i$ C $1+i$ D $4-i$ E $3-3i$

146 Trova il coniugato del numero complesso z, essendo $z=\frac{2-3i}{1+i}$. $\left[-\frac{1}{2}+\frac{5}{2}i\right]$

YOU & MATHS

147 Express the complex number below in the form $a+bi$, where a and b are real numbers:

$\frac{3-2i}{5+i}$. (USA *Southern Illinois University Carbondale*, Final Exam, Fall 2002)

$\left[\frac{1}{2}-\frac{1}{2}i\right]$

148 Let $w=\frac{1+i}{2-2i}$. Express w in the form $p+qi$, p, $q\in\mathbb{R}$. Calculate $|w|$. Verify that $|w|^2=w\cdot\overline{w}$, where $\overline{w}$ is the complex conjugate of w.

(IR *Leaving Certificate Examination*, Ordinary Level, 1995)

$\left[w=\frac{1}{2}i; |w|=\frac{1}{2}\right]$

149 Dato $z=\frac{2i-1}{1+i}$, trova:

a. il suo modulo;

b. il suo coniugato;

c. il suo opposto.

$\left[\text{a) }\sqrt{\frac{5}{2}}; \text{ b) }\frac{1}{2}-\frac{3}{2}i; \text{ c) }-\frac{1}{2}-\frac{3}{2}i\right]$

150 TEST Dati

$$z_1=k+1+i(k-1) \quad \text{e} \quad z_2=2k-ki,$$

indica il valore di k per cui $\frac{z_1}{z_2}$ è un numero reale.

A $\frac{1}{3}$.

B -3.

C 0 e -3.

D 0 e $\frac{1}{3}$.

E $\forall k\neq 0$.

Potenza

▶ Teoria a p. 944

Il quadrato

151 ESERCIZIO GUIDA Calcoliamo il quadrato di $-2-i$.

Applichiamo la regola del quadrato di un binomio $(a+b)^2=a^2+b^2+2ab$:

$$(-2-i)^2=4+i^2+4i=4-1+4i=3+4i.$$

Calcola il quadrato dei seguenti numeri complessi.

152 $1+i$; $\quad 1-i$; $\quad -1+i$.

153 $1+2i$; $\quad 1-2i$; $\quad -1+2i$.

154 $-\frac{1}{2}-\frac{1}{2}i$; $\quad \frac{1}{4}-i$; $\quad -5-\frac{1}{5}i$.

155 $2-3i$; $\quad \frac{1}{\sqrt{2}}-\sqrt{2}\,i$; $\quad \frac{3}{2}-2i$.

RIFLETTI SULLA TEORIA

156 Stabilisci se è vero che $z^2=(\overline{z})^2$, con $z\in\mathbb{C}$.

157 Dato $z\in\mathbb{C}$, dimostra che $|z^2|=|z|^2$.

158 Calcola per quale valore di a il prodotto

$$(a-2+3ai)\cdot(1-i)^2$$

risulta un numero immaginario. $[0]$

159 Dato il numero complesso $z=a+2-2i$, trova a in modo che:

a. z^2 sia un numero reale;

b. $\overline{z}^2$ sia un numero immaginario;

c. $z\cdot\overline{z}=13$.

[a) -2; b) $0, -4$; c) $1; -5$]

160 TEST Se $z=3+4i$, allora $|z^{-2}|=$

A $\frac{1}{13}$. B $\frac{1}{\sqrt{13}}$. C $\frac{1}{25}$. D $\frac{1}{5}$.

(*Università di Trento, Facoltà di Scienze*, 2003)

ESERCIZI

Il cubo

161 ESERCIZIO GUIDA Calcoliamo il cubo di $5-2i$.

Sviluppiamo il cubo del binomio, applicando la regola $(a+b)^3 = a^3+3a^2b+3ab^2+b^3$:

$$(5-2i)^3 = 5^3+3\cdot(5^2)(-2i)+3\cdot(5)\cdot(-2i)^2+(-2i)^3 = 125-150i+15\cdot 4i^2-8i^3 =$$

$$125-150i-60+8i = 65-142i.$$

Calcola il cubo dei seguenti numeri complessi.

162 $1+i$; $3-i$. **163** $2+i$; $2+3i$. **164** $3-2i$; $1-5i$.

TEST

165 Una delle seguenti uguaglianze è *falsa*. Quale?

A $\left(-\frac{1}{2}+\frac{\sqrt{3}}{2}i\right)^3 = 1$

B $(1+i)^2 = 2+2i$

C $(1-i)^2 = -2i$

D $\left(-\frac{1}{2}-\frac{\sqrt{3}}{2}i\right)^3 = 1$

E $(1+i)^2\cdot(1-i) = 2(1+i)$

166 Soltanto una delle seguenti uguaglianze è *vera*. Quale?

A $(1+i)^3 = 1+3i$ B $(1-i)^3 = -1+3i$ C $(1+i)(1-i) = 2$ D $\frac{1+i}{1-i} = 2i$ E $\frac{1-i}{1+i} = i$

167 Se $(x+iy)^3 = -74+ki$, ricava il valore assoluto di k, posto che $x = 1$ e $i = \sqrt{-1}$.

(USA *North Carolina State High School Mathematics Contest*, 2000)

[110]

Allenati con **15 esercizi interattivi** con feedback "hai sbagliato, perché..."
su.zanichelli.it/tutor3 risorsa riservata a chi ha acquistato l'edizione con tutor

Riepilogo: Operazioni con i numeri complessi

168 ASSOCIA a ogni espressione il relativo risultato.

a. $(4-i)(3+2i)$ — 1. $\frac{i+1}{2}$

b. $\frac{i}{1+i}$ — 2. 0

c. $(-1-i)^2$ — 3. $14+5i$

d. $(i^4-1)(i+1)$ — 4. $2i$

e. i^8+i^{20} — 5. 2

169 Dato il numero complesso $z = 2+i$, determina $\bar{z}$, $|z|$, $\bar{z}+z$, $|\bar{z}|$. $[2-i, \sqrt{5}, 4, \sqrt{5}]$

170 Considera il numero complesso $z = 3-4i$. Calcola $\bar{\bar{z}}$, $z\cdot\bar{z}$, $|\bar{z}|^2$, $|z+\bar{z}|$. $[3-4i, 25, 25, 6]$

171 Dato il numero complesso $z = 2-2i$, calcola $|z|$, z^2, z^3, $(\bar{z})^3 - z\cdot z^2$. $[2\sqrt{2}, -8i, -16-16i, 32i]$

Calcola il valore delle seguenti espressioni.

172 $\frac{1-2i}{2+i}+\frac{2-3i}{5}$ $\left[\frac{2}{5}-\frac{8}{5}i\right]$

173 $(2-i)(2+i)-\frac{1+i}{1-i}$ $[5-i]$

174 $3+2i-\frac{5}{4}-\left(\frac{2}{5}-\frac{1}{3}\right)i-\left(2-\frac{1}{2}\right)+\frac{16}{15}i$ $\left[\frac{1}{4}+3i\right]$

175 $(3+2i)(3-2i)+(2-4i)3i-(6+2i)^2$ $[-(7+18i)]$

176 $\left[(2-3i):\frac{13}{2+3i}-(4+3i)\left(\frac{4}{25}-\frac{3}{25}i\right)\right]:12$ $[0]$

177 $\left(\frac{1+2i}{i-1}+\frac{39i}{2+3i}-\frac{19}{2}\right)\cdot 2i+6i$ $[-9+6i]$

178 $\frac{(2i^{28}-i^{45})^2}{2i^{41}}$ $\left[-2-\frac{3}{2}i\right]$

179 $\frac{1-6i}{1+i}-\frac{2-5i}{1-i}+\left(\frac{3-2i}{2}\right)^2$ $\left[-\frac{19}{4}-5i\right]$

180 $\frac{3+i}{2-i}-\frac{i-2}{3-i}+(i-1)(i+2)-i$ $\left[\frac{9i-13}{10}\right]$

181 $(2+3i)(2-3i)-(3+i)^2+i(\overline{3+2i})-6(i+2)$ $[-5-9i]$

182 $\frac{9+7i}{2+i}+\frac{-2i^4+3i^3-2i^2+3i}{3-2i}$ $[5+i]$

MATEMATICA E STORIA

Cardano e un problema impossibile Girolamo Cardano (1501-1576) è uno dei grandi algebristi italiani del Cinquecento; fu contemporaneo di Tartaglia e si occupò come lui di formule per la soluzione di equazioni.
Nel capitolo XXXVII del suo trattato *Artis magnae, sive de regulis algebraicis, liber unus*, Cardano mostra come già sapesse trattare i numeri complessi.

«[...] dividi 10 in due parti il prodotto delle quali sia 30 o 40: è chiaramente un caso impossibile. Tuttavia opereremo dividendo 10 in due parti uguali: ognuna vale 5 ed elevata al quadrato dà 25. Sottratto 40 [...] rimarrà -15 e la sua radice quadrata addizionata a e sottratta da 5 mostra le parti il cui prodotto è 40: saranno dunque $5+\sqrt{-15}$ e $5-\sqrt{-15}$.»

a. Verifica che il prodotto delle «parti» riportate a fine documento è proprio 40.

b. Utilizza il procedimento illustrato da Cardano per risolvere il problema nel caso non impossibile in cui il prodotto delle due parti sia 16.

Risoluzione – Esercizio in più

183 $\frac{4i}{1-2i}+\frac{1-i}{1+2i}+\frac{12}{5}$ $\left[\frac{3+i}{5}\right]$

184 $\frac{1-i}{1-i^2}+\frac{1}{1-i}+\frac{1-2i}{2i}$ $\left[-\frac{i}{2}\right]$

185 $\frac{1+i}{(2-i)^2}-\frac{i}{2+i}$ $\left[\frac{-3i-6}{25}\right]$

186 $\frac{3-4i}{i}\cdot(\overline{1-i})-2$ $[-7i-3]$

187 $(1-i)(3-2i)-\frac{i}{4-2i}$ $\left[\frac{11-52i}{10}\right]$

188 $(1+i)^3-\frac{(1-i)^2}{i}$ $[2i]$

189 $\frac{1}{2-i}+\frac{1-i}{i(1+i)}$ $\left[\frac{i-3}{5}\right]$

190 $\left(\frac{1-i}{2i-1}\right)^2+\frac{2i}{1-2i}$ $\left[\frac{16i-12}{25}\right]$

191 $\frac{(2i)^2-(1+i)^2}{i(2+3i)}-i(2-i)$ $\left[\frac{-5-12i}{13}\right]$

192 $\left(\frac{2+i}{3-i}\right)^3+(1-i)^2$ $\left[-\frac{1+7i}{4}\right]$

193 $\frac{2i}{(2-i)^2}-(1-i)^2-\frac{i(1+i)}{2}$ $\left[\frac{9+87i}{50}\right]$

194 $\frac{1-i^2}{1+i^4}-\frac{i^5}{i(i-1)}-2i$ $\left[\frac{3-3i}{2}\right]$

195 $\frac{18i^{18}+7i^6}{(2i^{52}+i^{53})^2}:\frac{4i^{36}-2i^{20}}{(2i^8+i^7-i^{20})^2}$ $[4+3i]$

196 $(3-2i)(3+2i)+(1-3i)^2+(1-i)^3$ $[3-8i]$

197 $\left(\frac{3}{5}-\frac{4}{5}i\right)\left(\frac{3}{5}+\frac{4}{5}i\right)+\frac{i(2-i)}{(\sqrt{3}+\sqrt{3}\,i)^2}-(1+2i)^3$ $\left[\frac{74+11i}{6}\right]$

198 $(1+i)^5+4i$ $[-4]$

199 $4\frac{2-i}{3+i}-i^{28}+\left[\frac{2i}{i-1}(4-i)-(2i+1)^2\right]\cdot 2i$ $[19+10i]$

200 $\frac{5(1+2i)(1-2i)}{(2i-1)^2}:\frac{9i^{24}i^{17}}{(3i^{14}+i^3-2i)^2}-\frac{5}{i-2}$ $[-4+9i]$

201 $6i^{12}+\frac{i^{15}+1}{3-i^{13}}-7i-\frac{4-2i}{i^{21}}+(2-3i)i^{11}-\frac{2-i}{5}$ $[5(1-i)]$

ESERCIZI

202 $\frac{i(1+i)}{2-i} - \frac{3+2i}{1-2i} - (2-i)\overline{(2-3i)}\,i$ $\left[\frac{18-42i}{5}\right]$

203 $(1+i)\left(\frac{2}{3+i} - \frac{1+i}{3-i}\right) + i(i+2)$ $\left[\frac{9}{5}i\right]$

---

204 **TEST** Se $f(x) = \left(\frac{x^4 - x^3 + x^2 - x + 1}{x}\right)^3$ e $i = \sqrt{-1}$, allora $f(i)$ è uguale a:

A i. **B** -1. **C** $-i$. **D** 1. **E** $2i$.

(USA *North Carolina State High School Mathematics Contest*, 2000)

---

205 Dato il numero complesso $z = a + bi$, determina a e b in modo che il prodotto $z \cdot \overline{z}^{-1}$ sia:

a. reale; **b.** immaginario.

$[a)(a = 0 \wedge b \neq 0) \vee (b = 0 \wedge a \neq 0);$ $b)\ a = \pm b \neq 0]$

206 Dati i due numeri complessi

$$z_1 = 2p - q + 1 + (q-2)i,$$
$$z_2 = p + 3q - 2 + 2pi,$$

trova per quali valori reali di p e q risulta:

a. $z_1 = -\overline{z_2}$; **b.** $z_1 + z_2 = 0$.

$\left[a)\ p = -\frac{3}{7} \wedge q = \frac{8}{7};\ b)\ p = 3 \wedge q = -4\right]$

207 Considera i due numeri complessi

$$z_1 = -1 - 2i,\ z_2 = 2 - i$$

e trova per quali $p, q \in \mathbb{R}$ il numero $z = pz_1 + qz_2$:

a. è immaginario;

b. è reale;

c. ha modulo $|z| = 2\sqrt{5}$.

$[a)\ p = 2q;\ b)\ q = -2p;\ c)\ p^2 + q^2 = 4]$

208 Sia $z = a + bi$ un numero complesso. Dimostra che $z = \overline{z}^{-1}$ *soltanto se* $a^2 + b^2 = 1$.
Trova per quali valori reali di x il numero $z = x - 1 + (x-2)i$ verifica la condizione precedente. $[1; 2]$

---

209 **YOU & MATHS** If i represents the imaginary unit, what is the ordered pair of real numbers $(a; b)$ for which $(1+i)^{13} = (a + bi)$?

(USA *California Math League*, Sample Problem)

$[(a; b) = (-64; -64)]$

210 **ESERCIZIO GUIDA** Risolviamo l'equazione

$$z^2 + |z|^2 - 10 = 8 + 6i, \quad \text{con } z = a + bi.$$

Svolgiamo i calcoli:

$$(a + bi)^2 + |a + bi|^2 - 10 - 8 - 6i = 0,$$
$$a^2 + 2abi \cancel{- b^2} + a^2 \cancel{+ b^2} - 18 - 6i = 0,$$
$$2a^2 - 18 + 2i(ab - 3) = 0.$$

Il numero complesso ottenuto è 0 se sono nulle sia la parte reale sia la parte immaginaria. Quindi dobbiamo risolvere il sistema:

$$\begin{cases} 2a^2 - 18 = 0 \\ 2(ab-3) = 0 \end{cases} \rightarrow \begin{cases} a = \pm 3 \\ ab = 3 \end{cases} \quad \begin{matrix} a = 3, b = 1 \\ a = -3, b = -1 \end{matrix}$$

Pertanto l'equazione iniziale ha due soluzioni:

$$z_1 = 3 + i, \quad z_2 = -3 - i.$$

Se $z = a + bi$, risolvi le equazioni seguenti.

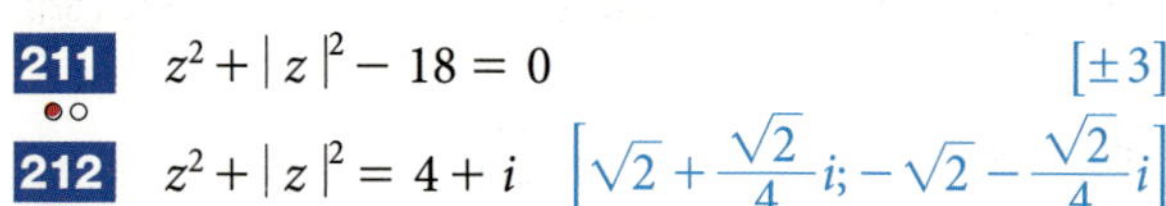

211 $z^2 + |z|^2 - 18 = 0$ $[\pm 3]$

212 $z^2 + |z|^2 = 4 + i$ $\left[\sqrt{2} + \frac{\sqrt{2}}{4}i; -\sqrt{2} - \frac{\sqrt{2}}{4}i\right]$

213 $|i + z|^2 - i = 2$ [impossibile]

214 $|i + z|^2 - i - 2 = z$ $[2 - i; -1 - i]$

215 **TEST** Si denoti con $z = x + iy, x, y \in \mathbb{R}$, un generico numero complesso. Qual è l'insieme delle soluzioni di $|z + 1| z = \overline{z}$?

A $\{0 \leq x \leq 2, y = 0\}$

B $\{-2 \leq x \leq 0, y = 0\}$

C $\{0\} \cup \{2\}$

D $\{0\} \cup \{-2\}$

(*Università di Trento, Facoltà di Scienze*, 2004)

5 Rappresentazione geometrica dei numeri complessi

Piano di Gauss

Teoria a p. 945

Rappresenta nel piano di Gauss i seguenti numeri complessi.

216 $-1-i$; $2i$; -4; $4+i$.

217 $6i$; $1+i$; $\frac{1}{2}-i$; $1-3i$.

218 Dati i seguenti punti nel piano di Gauss, scrivi i numeri complessi a essi associati.

$$A(1;0),\ B(-2;-4),\ C(0;-3),\ D\left(-\frac{1}{2};1\right),\ E(2;-5),\ F\left(1;\frac{1}{2}\right).$$

219 FAI UN ESEMPIO di numero complesso che nel piano di Gauss si trova nel:
a. primo quadrante; b. quarto quadrante.

220 Dati i seguenti numeri complessi, determina i loro coniugati e rappresenta entrambi nel piano di Gauss. Cosa noti?

$3+i$, $-2-i$, $-4+2i$, $1-3i$.

221 Come nell'esercizio precedente, ma considerando gli opposti dei numeri complessi.

$2-5i$, $-3-2i$, $4+i$, $-1+3i$.

222 Considera il numero $z=2+i$ e rappresenta nel piano di Gauss: $-z$, $\bar{z}$, iz, z^{-1}.

223 Considera il numero $z=1-3i$ e rappresenta nel piano di Gauss: $\bar{z}$, z^{-1}, z^2, iz.

224 ESERCIZIO GUIDA Rappresentiamo nel piano di Gauss i punti corrispondenti ai numeri complessi z tali che:
a. $|z|=4$; **b.** $Re(z)+Im(z)=0$.

a. Il modulo di un numero complesso è la distanza dall'origine del punto che lo rappresenta. Pertanto $|z|=4$ per tutti i punti appartenenti alla circonferenza di centro O e raggio 4.

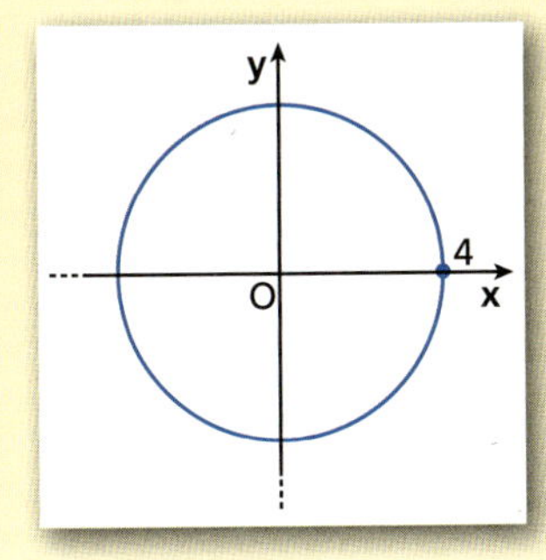

b. Posto $z=x+iy$, allora $Re(z)=x$ e $Im(z)=y$, pertanto la condizione richiesta è $x+y=0$, soddisfatta da tutti i punti appartenenti alla retta di equazione $y=-x$.

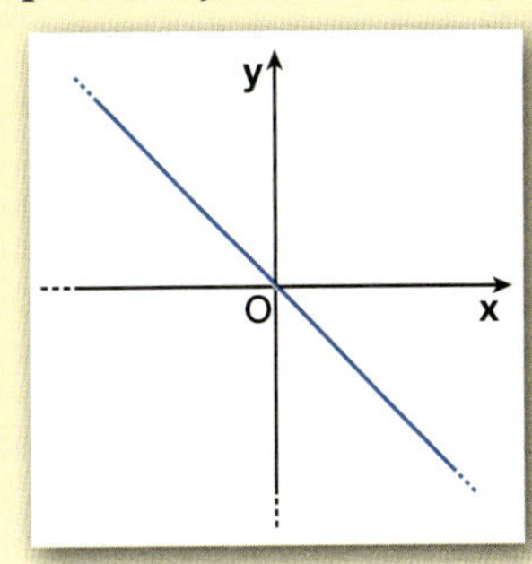

Rappresenta nel piano di Gauss i punti corrispondenti ai numeri complessi *z* che verificano le seguenti equazioni e disequazioni.

225 $|z|=2$

226 $Re(z)=3$

227 $Im(z)\geq 4$

228 $|z|\leq 5$

229 $|z|>1$

230 $Re(z)-Im(z)=1$

231 $|Re(z)|\leq 2$

232 $1\leq|z|\leq 3$

233 $2<|z|<3$

234 $|z-3|=1$

235 $|2z-3|=|z+i|$

236 $|z-1|\leq|2-z|$

ESERCIZI

237 Considera i numeri complessi $z_1 = 2 + 4i$, $z_2 = -2 + 2i$.

a. Calcola per quali valori reali di h e k risulta $hz_1 + kz_2 = 1 + i$.

b. Determina i numeri complessi $z = x + yi$ tali che $|z - z_1| = |z - z_2|$ e rappresentali nel piano di Gauss.

$\left[\text{a) } h = \frac{1}{3} \wedge k = -\frac{1}{6}; \text{ b) } 2x + y - 3 = 0\right]$

238 Verifica che, dati due numeri complessi z_1 e z_2 rappresentati rispettivamente dai punti A e B nel piano di Gauss, il modulo della loro differenza coincide con la distanza tra i punti A e B.

239 TEST L'insieme dei numeri complessi z tali che $|z| = |z + 1|$ è:

A una circonferenza. B l'insieme vuoto. C una retta orizzontale. D una retta verticale.

(*Università di Trento, Facoltà di Scienze,* 2003)

Vettori e numeri complessi

Teoria a p. 946

Rappresenta il vettore associato a ogni numero complesso.

240 $2 - i$; i; $4 + 2i$; 3.

241 $2i$; $\frac{1}{2} + 4i$; $\frac{1+i}{3}$; $6 - 2i$.

242 Determina il numero complesso associato a ogni vettore.

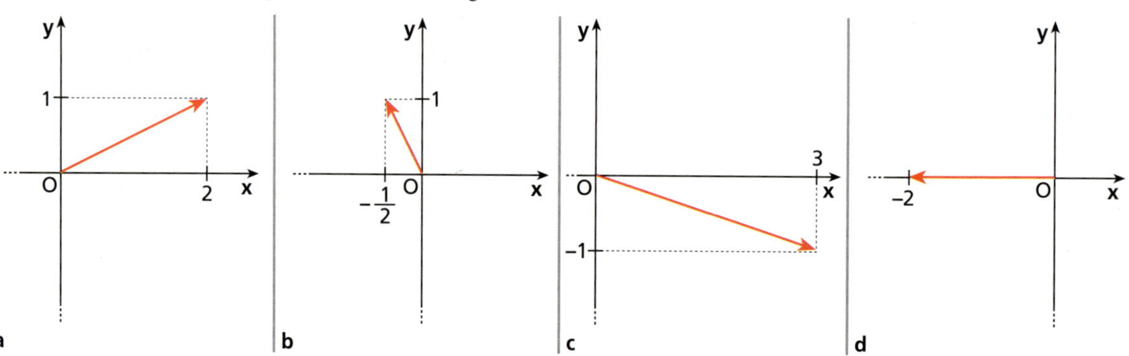

243 Considera i numeri complessi $6 + i$ e $-1 + 5i$. Rappresenta i vettori associati, determina la loro somma con la regola del parallelogramma e verifica che il vettore ottenuto è associato alla somma dei numeri dati.

244 Il vettore corrispondente al numero complesso opposto di $a + bi$ è opposto al vettore individuato da $a + bi$. Verificalo.

245 Disegna nel piano cartesiano i vettori aventi per componenti cartesiane le seguenti coppie di numeri.

$(1; -2)$, $(2; 5)$, $(3; -1)$, $(-4; -6)$, $(7; 1)$.

Coordinate polari

Teoria a p. 947

Dalle coordinate polari alle coordinate cartesiane

246 VERO O FALSO? Se $[r; \alpha]$ sono le coordinate polari di un punto P diverso dall'origine, allora:

a. r è sicuramente positivo. V F

b. se $\alpha = 130°$, P si trova nel secondo quadrante. V F

c. in coordinate cartesiane $x_P = r \sin \alpha$. V F

d. il punto $Q[r; -\alpha]$ è il simmetrico di P rispetto all'asse x. V F

247 ESERCIZIO GUIDA Trasformiamo le coordinate polari del punto $P\left[4; \frac{\pi}{4}\right]$ in coordinate cartesiane.

$$\begin{cases} x_P = r\cos\alpha \\ y_P = r\sin\alpha \end{cases}$$

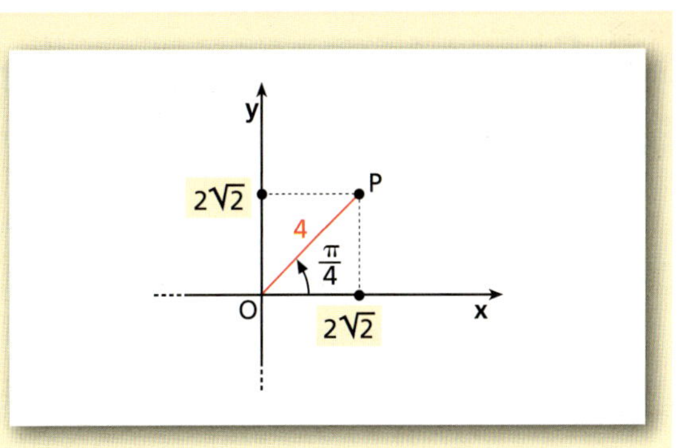

Utilizziamo le formule di trasformazione:

$$x_P = 4\cos\frac{\pi}{4} = 4\frac{\sqrt{2}}{2} = 2\sqrt{2},$$

$$y_P = 4\sin\frac{\pi}{4} = 4\frac{\sqrt{2}}{2} = 2\sqrt{2}.$$

Il punto P ha coordinate cartesiane $(2\sqrt{2};\ 2\sqrt{2})$.

Trasforma in coordinate cartesiane le coordinate polari dei seguenti punti.

248 ●○ $A\left[1;\frac{\pi}{6}\right]$, $B\left[2;\frac{\pi}{3}\right]$, $C\left[1;\frac{2}{3}\pi\right]$.

249 ●○ $P\left[6;\frac{5}{6}\pi\right]$, $Q\left[1;\frac{3}{2}\pi\right]$, $R\left[\frac{1}{2};2\pi\right]$.

250 ●○ $D\left[4;\frac{\pi}{2}\right]$, $E\left[2;\frac{11}{6}\pi\right]$, $F\left[3;\frac{3}{4}\pi\right]$.

251 ●○ $S\left[\frac{1}{4};\pi\right]$, $T\left[3;\frac{4}{3}\pi\right]$, $V\left[\frac{1}{3};-\frac{\pi}{3}\right]$.

Dalle coordinate cartesiane alle coordinate polari

252 ●○ TEST Le coordinate cartesiane di un punto P sono $(2;\ 2\sqrt{3})$. Quali sono le sue coordinate polari?

A $[4;\ 30°]$ B $[30;\ 4°]$ C $[16;\ 30°]$ D $[30;\ 16°]$ E $[4;\ 60°]$

253 ESERCIZIO GUIDA Trasformiamo in coordinate polari le coordinate cartesiane di $Q(-3\sqrt{2};3\sqrt{2})$.

$$r = \sqrt{x_Q^2 + y_Q^2}, \qquad \tan\alpha = \frac{y_Q}{x_Q}.$$

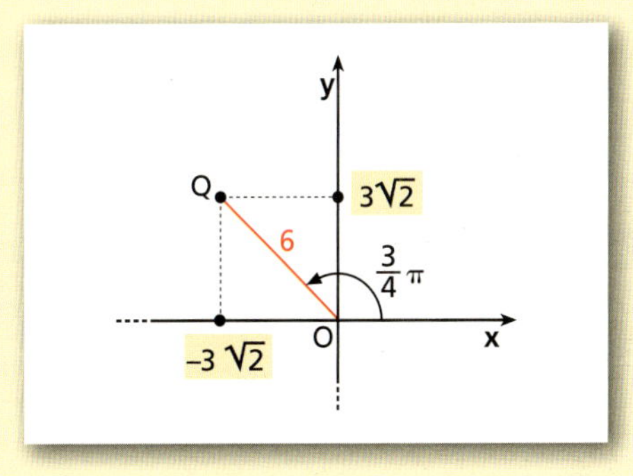

Utilizziamo le formule di trasformazione:

$$r = \sqrt{(-3\sqrt{2})^2 + (3\sqrt{2})^2} = \sqrt{18+18} = \sqrt{36} = 6;$$

$$\tan\alpha = \frac{3\sqrt{2}}{-3\sqrt{2}} = -1 \ \rightarrow\ \alpha = \frac{3}{4}\pi + k\pi.$$

Poiché Q è nel secondo quadrante, scegliamo: $\alpha = \frac{3}{4}\pi$.

Il punto Q ha coordinate polari $\left[6;\ \frac{3}{4}\pi\right]$.

Trasforma in coordinate polari le coordinate cartesiane dei seguenti punti.

254 ●○ $A(4\sqrt{3};4)$, $B(0;2)$, $C(5\sqrt{2};5\sqrt{2})$. $\left[A\left[8;\frac{\pi}{6}\right], B\left[2;\frac{\pi}{2}\right], C\left[10;\frac{\pi}{4}\right]\right]$

255 ●○ $A\left(-\frac{1}{4};0\right)$, $B(0;-\sqrt{3})$, $C\left(\frac{1}{4};\frac{\sqrt{3}}{4}\right)$. $\left[A\left[\frac{1}{4};\pi\right], B\left[\sqrt{3};\frac{3}{2}\pi\right], C\left[\frac{1}{2};\frac{\pi}{3}\right]\right]$

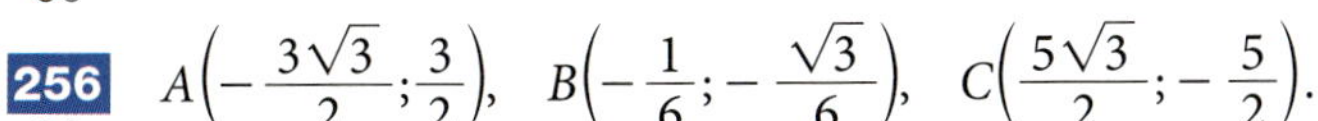

256 ●○ $A\left(-\frac{3\sqrt{3}}{2};\frac{3}{2}\right)$, $B\left(-\frac{1}{6};-\frac{\sqrt{3}}{6}\right)$, $C\left(\frac{5\sqrt{3}}{2};-\frac{5}{2}\right)$. $\left[A\left[3;\frac{5}{6}\pi\right], B\left[\frac{1}{3};\frac{4}{3}\pi\right], C\left[5;\frac{11}{6}\pi\right]\right]$

Dato il seguente numero complesso, rappresenta il corrispondente vettore $\overrightarrow{OP}$ e determina le coordinate polari di P.

257 ●○ $4-4i$

258 ●○ $5i$

259 ●○ $-2+2\sqrt{3}\,i$

260 ●○ $1+\frac{5}{2}i$

261 ●○ 2

262 ●○ $-\sqrt{3}-i$

ESERCIZI

6 Forma trigonometrica di un numero complesso

▶ Teoria a p. 948

263 Scrivi in forma trigonometrica i numeri complessi individuati dai vettori delle figure.

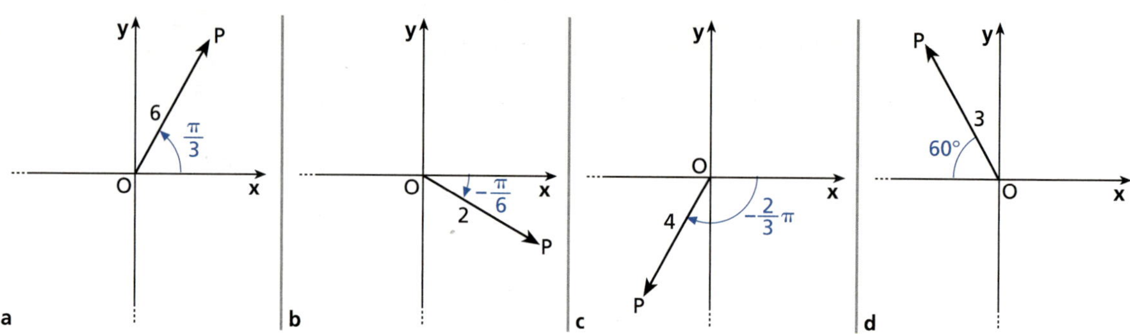

Determina modulo e argomento dei seguenti numeri complessi.

264 $5-5i$; $6i$; -8; 3π. $\left[5\sqrt{2}, \frac{7}{4}\pi; 6, \frac{\pi}{2}; 8, \pi; 3\pi, 0\right]$

265 $1-\sqrt{3}\,i$; $2\sqrt{3}-2i$; $-5i$; 2. $\left[2, \frac{5}{3}\pi; 4, \frac{11}{6}\pi; 5, \frac{3\pi}{2}; 2, 0\right]$

TEST

266 Il modulo e l'argomento del numero complesso $4-4i$ sono, rispettivamente:

A $0; 45°$. B $8; 45°$. C $16; -45°$. D $2\sqrt{2}; -45°$. E $4\sqrt{2}; -45°$.

267 La forma trigonometrica di $-\sqrt{3}+i$ è:

A $\frac{1}{2}\left(\cos\frac{\pi}{6}+i\sin\frac{\pi}{6}\right)$.

B $2\left(\cos\frac{\pi}{6}+i\sin\frac{\pi}{6}\right)$.

C $2\left(\cos\frac{5}{6}\pi+i\sin\frac{5}{6}\pi\right)$.

D $4\left(\cos\frac{\pi}{3}+i\sin\frac{\pi}{3}\right)$.

E $2\left(\cos\frac{\pi}{3}+i\sin\frac{\pi}{3}\right)$.

268 **ESERCIZIO GUIDA** Scriviamo $1-i$ in forma trigonometrica.

Dobbiamo scrivere $1-i$ nella forma $r\cos\alpha+i\,r\sin\alpha$. Calcoliamo r e α:

$$r=\sqrt{1^2+(-1)^2}=\sqrt{2};\qquad \tan\alpha=\frac{b}{a}=\frac{-1}{1}=-1 \;\rightarrow\; \alpha_1=\frac{3}{4}\pi \vee \alpha_2=\frac{7}{4}\pi.$$

Scegliamo $\alpha=\frac{7}{4}\pi$ perché il punto corrispondente al numero complesso si trova nel quarto quadrante.

La forma trigonometrica di $1-i$ è quindi: $\sqrt{2}\left(\cos\frac{7}{4}\pi+i\sin\frac{7}{4}\pi\right)$.

Scrivi i seguenti numeri complessi in forma trigonometrica.

269 $6\sqrt{2}+6\sqrt{2}\,i$ $\left[12\left(\cos\frac{\pi}{4}+i\sin\frac{\pi}{4}\right)\right]$

270 $\frac{3}{4}+\frac{3\sqrt{3}}{4}i$ $\left[\frac{3}{2}\left(\cos\frac{\pi}{3}+i\sin\frac{\pi}{3}\right)\right]$

271 $-\frac{1}{4}$ $\left[\frac{1}{4}(\cos\pi+i\sin\pi)\right]$

272 $-\sqrt{3}-i$ $\left[2\left(\cos\frac{7}{6}\pi+i\sin\frac{7}{6}\pi\right)\right]$

273 $2-2\sqrt{3}\,i$ $\left[4\left(\cos\frac{5}{3}\pi+i\sin\frac{5}{3}\pi\right)\right]$

274 $-2i$ $\left[2\left(\cos\frac{3}{2}\pi+i\sin\frac{3}{2}\pi\right)\right]$

275 $-2\sqrt{2}+2\sqrt{2}\,i$ $\left[4\left(\cos\frac{3}{4}\pi+i\sin\frac{3}{4}\pi\right)\right]$

276 $\frac{1}{2}+\frac{\sqrt{3}}{2}i$ $\left[\cos\frac{\pi}{3}+i\sin\frac{\pi}{3}\right]$

277 $-\sqrt{3}$ $\left[\sqrt{3}\,(\cos\pi+i\sin\pi)\right]$

278 1 $[\cos 0+i\sin 0]$

279 **VERO O FALSO?**

a. L'argomento di $2i - 3$ è $\arccos\left(-\frac{3\sqrt{3}}{13}\right)$. V F

b. $4\left(\cos\frac{\pi}{3} + i\sin\frac{\pi}{6}\right)$ è un numero complesso in forma trigonometrica. V F

c. $\sqrt{2}\left(\cos\frac{5}{6}\pi - i\sin\frac{5}{6}\pi\right)$ si trova nel secondo quadrante. V F

d. Il numero i espresso in forma trigonometrica è $\sin\frac{\pi}{2} + i\cos\frac{\pi}{2}$. V F

280 **ASSOCIA** la forma algebrica e la forma trigonometrica dei seguenti numeri complessi.

a. $\cos\frac{3}{4}\pi + i\sin\frac{3}{4}\pi$ b. $\cos\frac{3}{4}\pi - i\sin\frac{3}{4}\pi$ c. $\cos\frac{7}{4}\pi + i\sin\frac{7}{4}\pi$ d. $\sqrt{2}\left(\cos\frac{\pi}{4} - i\sin\frac{\pi}{4}\right)$

1. $\frac{\sqrt{2}}{2} - i\frac{\sqrt{2}}{2}$ 2. $1 - i$ 3. $-\frac{\sqrt{2}}{2} - i\frac{\sqrt{2}}{2}$ 4. $-\frac{\sqrt{2}}{2} + i\frac{\sqrt{2}}{2}$

Esprimi in forma algebrica i seguenti numeri complessi.

281 $\sqrt{3}\left(\cos\frac{5}{6}\pi + i\sin\frac{5}{6}\pi\right)$ $\left[-\frac{3}{2} + \frac{\sqrt{3}}{2}i\right]$

282 $8(\cos\pi - i\sin\pi)$ $[-8]$

283 $2\sqrt{2}\left(\cos\frac{13}{4}\pi + i\sin\frac{13}{4}\pi\right)$ $[-2-2i]$

284 $\frac{\sqrt{3}}{2}\left(\cos\frac{8}{3}\pi - i\sin\frac{8}{3}\pi\right)$ $\left[-\frac{\sqrt{3}}{4} - \frac{3}{4}i\right]$

285 $2\left(\cos\frac{3}{4}\pi - i\sin\frac{3}{4}\pi\right)$ $[-\sqrt{2} - \sqrt{2}\,i]$

286 $4\left(\cos\frac{7}{6}\pi + i\sin\frac{7}{6}\pi\right)$ $[-2\sqrt{3} - 2i]$

287 $\cos\frac{7}{2}\pi + i\sin\frac{7}{2}\pi$ $[-i]$

288 $6\sqrt{2}\left(\cos\frac{5}{4}\pi + i\sin\frac{5}{4}\pi\right)$ $[-6-6i]$

7 Operazioni fra numeri complessi in forma trigonometrica

Moltiplicazione

▶ Teoria a p. 949

289 **ESERCIZIO GUIDA** Calcoliamo il prodotto di z_1 e z_2 e scriviamolo in forma algebrica, con:

$$z_1 = \frac{1}{2}\left(\cos\frac{2}{3}\pi + i\sin\frac{2}{3}\pi\right) \text{ e } z_2 = \frac{2}{3}\left(\cos\frac{5}{6}\pi + i\sin\frac{5}{6}\pi\right).$$

Ricordiamo che, se $z_1 = r(\cos\alpha + i\sin\alpha)$ e $z_2 = s(\cos\beta + i\sin\beta)$, il loro prodotto è

$$z_1z_2 = rs[\cos(\alpha+\beta) + i\sin(\alpha+\beta)],$$

quindi, essendo $r = \frac{1}{2}$, $s = \frac{2}{3}$, $\alpha = \frac{2}{3}\pi$, $\beta = \frac{5}{6}\pi$:

$$z_1z_2 = \left(\frac{1}{2}\cdot\frac{2}{3}\right)\left[\cos\left(\frac{2}{3}\pi + \frac{5}{6}\pi\right) + i\sin\left(\frac{2}{3}\pi + \frac{5}{6}\pi\right)\right] = \frac{1}{3}\left(\cos\frac{3}{2}\pi + i\sin\frac{3}{2}\pi\right).$$

Poiché $\cos\frac{3}{2}\pi = 0$ e $\sin\frac{3}{2}\pi = -1$, sostituendo: $z_1z_2 = \frac{1}{3}[0 + i(-1)] = -\frac{1}{3}i$.

Calcola il prodotto dei seguenti numeri complessi e scrivilo in forma algebrica.

290 $z_1 = 2\left(\cos\frac{\pi}{6} + i\sin\frac{\pi}{6}\right)$, $z_2 = \frac{1}{2}\left(\cos\frac{\pi}{3} + i\sin\frac{\pi}{3}\right)$. $[i]$

291 $z_1 = \frac{4}{3}\left(\cos\frac{5}{6}\pi + i\sin\frac{5}{6}\pi\right)$, $z_2 = \frac{1}{2}\left(\cos\frac{\pi}{3} + i\sin\frac{\pi}{3}\right)$. $\left[-\frac{\sqrt{3}}{3} - \frac{1}{3}i\right]$

292 $z_1 = \sqrt{3}\left(\cos\frac{\pi}{3} + i\sin\frac{\pi}{3}\right)$, $z_2 = \frac{\sqrt{3}}{2}\left(\cos\frac{5}{6}\pi + i\sin\frac{5}{6}\pi\right)$. $\left[-\frac{3\sqrt{3}}{4} - \frac{3}{4}i\right]$

ESERCIZI

293 $z_1 = \left(\cos\frac{3}{4}\pi + i\sin\frac{3}{4}\pi\right)$, $\quad z_2 = 2\left(\cos\frac{11}{4}\pi + i\sin\frac{11}{4}\pi\right)$. $\quad [-2i]$

294 $z_1 = \frac{\sqrt{2}}{2}\left(\cos\frac{11}{6}\pi + i\sin\frac{11}{6}\pi\right)$, $\quad z_2 = \sqrt{3}\left(\cos\frac{\pi}{4} + i\sin\frac{\pi}{4}\right)$. $\quad \left[\frac{3+\sqrt{3}}{4} + i\frac{3-\sqrt{3}}{4}\right]$

295 $z_1 = \sqrt{2}\left(\cos\frac{\pi}{3} + i\sin\frac{\pi}{3}\right)$, $\quad z_2 = 3\left(\cos\frac{\pi}{4} + i\sin\frac{\pi}{4}\right)$, $\quad z_3 = \frac{2}{5}\left(\cos\frac{\pi}{6} + i\sin\frac{\pi}{6}\right)$. $\quad \left[-\frac{6}{5} + \frac{6}{5}i\right]$

LEGGI IL GRAFICO Moltiplica i numeri complessi z_1 e z_2 e rappresenta nel piano di Gauss il loro prodotto.

296

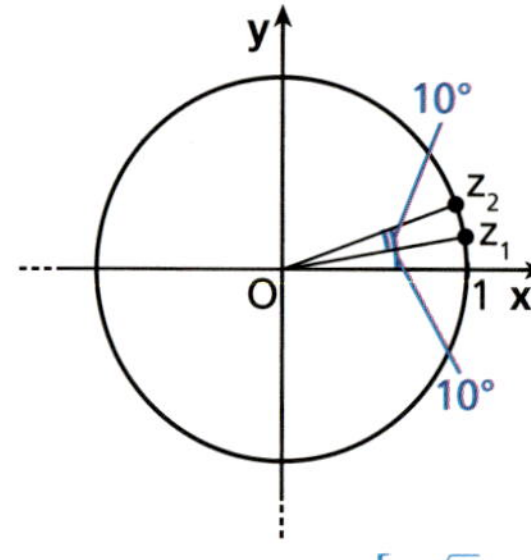

$\left[\frac{\sqrt{3}}{2} + \frac{i}{2}\right]$

297

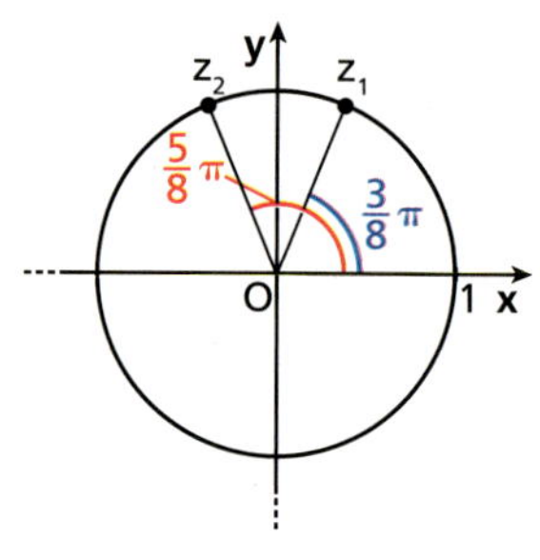

$[-1]$

298

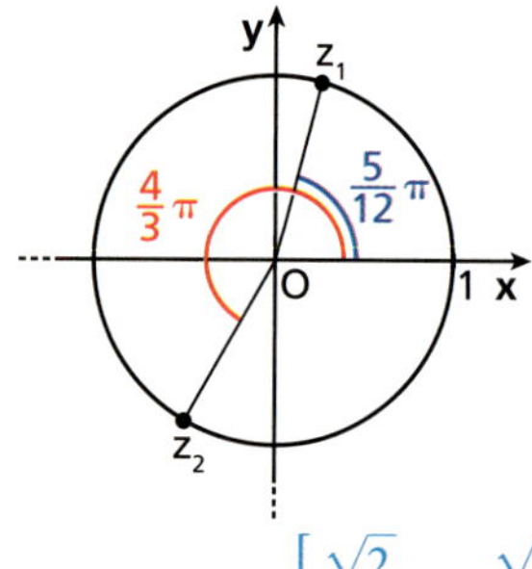

$\left[\frac{\sqrt{2}}{2} - i\frac{\sqrt{2}}{2}\right]$

Calcola i seguenti prodotti sia in forma algebrica sia in forma trigonometrica e verifica l'uguaglianza dei risultati.

299 $(1+i)(\sqrt{3} - \sqrt{3}\,i)$ $\quad [2\sqrt{3}]$

300 $(8-8i)(-3+3i)$ $\quad [48i]$

301 $i(2-2i)$ $\quad [2+2i]$

302 $2i(1+\sqrt{3}\,i)$ $\quad [-2\sqrt{3}+2i]$

303 $(4+4i)(-3-3i)$ $\quad [-24i]$

304 $6i(1+i)$ $\quad [-6+6i]$

305 $(\sqrt{3}-i)(1+\sqrt{3}\,i)$ $\quad [2\sqrt{3}+2i]$

306 $(1-i)(\sqrt{3}-i)$ $\quad [(\sqrt{3}-1)+i(-1-\sqrt{3})]$

Divisione

▶ Teoria a p. 949

307 **ESERCIZIO GUIDA** Calcoliamo il quoziente di z_1 e z_2 e scriviamolo in forma algebrica, con:

$$z_1 = 6\left(\cos\frac{7}{4}\pi + i\sin\frac{7}{4}\pi\right) \text{ e } z_2 = 2\left(\cos\frac{\pi}{2} + i\sin\frac{\pi}{2}\right).$$

Se $z_1 = r(\cos\alpha + i\sin\alpha)$ e $z_2 = s(\cos\beta + i\sin\beta)$, il loro quoziente è:

$$\frac{z_1}{z_2} = \frac{r}{s}[\cos(\alpha-\beta) + i\sin(\alpha-\beta)] \quad \rightarrow$$

$$\frac{z_1}{z_2} = \frac{6}{2}\left[\cos\left(\frac{7}{4}\pi - \frac{\pi}{2}\right) + i\sin\left(\frac{7}{4}\pi - \frac{\pi}{2}\right)\right] = 3\left(\cos\frac{5}{4}\pi + i\sin\frac{5}{4}\pi\right).$$

Per scrivere la soluzione in forma algebrica ricordiamo che $\cos\frac{5}{4}\pi = -\frac{\sqrt{2}}{2}$ e $\sin\frac{5}{4}\pi = -\frac{\sqrt{2}}{2}$, quindi:

$$\frac{z_1}{z_2} = 3\left(-\frac{\sqrt{2}}{2} - i\frac{\sqrt{2}}{2}\right) = -\frac{3\sqrt{2}}{2} - \frac{3\sqrt{2}}{2}i.$$

Calcola il quoziente fra z_1 e z_2 e scrivilo in forma algebrica.

308 $z_1 = \cos\frac{7}{4}\pi + i\sin\frac{7}{4}\pi$, $\quad z_2 = \cos\frac{3}{4}\pi + i\sin\frac{3}{4}\pi$. $\quad [-1]$

309 $z_1 = \cos\frac{7}{6}\pi + i\sin\frac{7}{6}\pi$, $\quad z_2 = \cos\frac{5}{6}\pi + i\sin\frac{5}{6}\pi$. $\left[\frac{1}{2} + \frac{\sqrt{3}}{2}i\right]$

310 $z_1 = 4\left(\cos\frac{9}{16}\pi + i\sin\frac{9}{16}\pi\right)$, $\quad z_2 = 2\left(\cos\frac{5}{16}\pi + i\sin\frac{5}{16}\pi\right)$. $[\sqrt{2} + i\sqrt{2}]$

311 $z_1 = 2\sqrt{2}\left(\cos\frac{\pi}{3} + i\sin\frac{\pi}{3}\right)$, $\quad z_2 = 4\left(\cos\frac{\pi}{4} + i\sin\frac{\pi}{4}\right)$. $\left[\frac{1+\sqrt{3}}{4} - i\frac{1-\sqrt{3}}{4}\right]$

312 $z_1 = \sqrt{2}\left(\cos\frac{\pi}{6} + i\sin\frac{\pi}{6}\right)$, $\quad z_2 = \cos\frac{7}{4}\pi + i\sin\frac{7}{4}\pi$. $\left[\frac{-1+\sqrt{3}}{2} + \frac{1+\sqrt{3}}{2}i\right]$

313 $z_1 = (\sqrt{3}+1)\left(\cos\frac{7}{6}\pi + i\sin\frac{7}{6}\pi\right)$, $\quad z_2 = 2\sqrt{2}\left(\cos\frac{5}{4}\pi + i\sin\frac{5}{4}\pi\right)$. $\left[\frac{2+\sqrt{3}}{4} - i\frac{1}{4}\right]$

Calcola, utilizzando la forma trigonometrica, il reciproco di ognuno dei seguenti numeri complessi.

314 $\frac{\sqrt{3}}{4} + \frac{1}{4}i$; $\quad \frac{1}{2} + \frac{1}{2}i$. $[\sqrt{3} - i; 1 - i]$

315 $-\frac{1}{2} - \frac{1}{2}i$; $\quad -\frac{3}{2} + \frac{\sqrt{3}}{2}i$. $\left[-1 + i; -\frac{1}{2} - \frac{\sqrt{3}}{6}i\right]$

316 $-\frac{3}{2} - \frac{\sqrt{3}}{2}i$; $\quad \frac{\sqrt{3}}{4} - \frac{3}{4}i$. $\left[-\frac{1}{2} + \frac{\sqrt{3}}{6}i; \frac{\sqrt{3}}{3} + i\right]$

317 $2\sqrt{2} - 2\sqrt{2}\,i$; $\quad -1 + \sqrt{3}\,i$. $\left[\frac{\sqrt{2}}{8} + \frac{\sqrt{2}}{8}i; -\frac{1}{4} - \frac{\sqrt{3}}{4}i\right]$

Calcola i seguenti quozienti sia in forma algebrica sia in forma trigonometrica e verifica l'uguaglianza dei risultati.

318 $\frac{1 - i\sqrt{3}}{\sqrt{3} + i}$ $[-i]$

319 $\frac{5 + 5i}{2i}$ $\left[\frac{5}{2} - \frac{5}{2}i\right]$

320 $\frac{\sqrt{3} - 3i}{3 + \sqrt{3}\,i}$ $[-i]$

321 $\frac{4 - 4i}{6 + 6i}$ $\left[-\frac{2}{3}i\right]$

322 $\frac{-8i}{1 - \sqrt{3}\,i}$ $[2\sqrt{3} - 2i]$

323 $\frac{\sqrt{2} - \sqrt{2}\,i}{1 + i}$ $[-\sqrt{2}\,i]$

Potenza

Teoria a p. 950

Potenza con esponente intero positivo

324 ESERCIZIO GUIDA Calcoliamo $\left[2\left(\cos\frac{2}{3}\pi + i\sin\frac{2}{3}\pi\right)\right]^5$ ed esprimiamo il risultato in forma algebrica.

formula di De Moivre: $[r(\cos\alpha + i\sin\alpha)]^n = r^n(\cos n\alpha + i\sin n\alpha)$.

Nel nostro caso è $n = 5$,

$$\left[2\left(\cos\frac{2}{3}\pi + i\sin\frac{2}{3}\pi\right)\right]^5 = 2^5\left[\cos\left(5\frac{2}{3}\pi\right) + i\sin\left(5\frac{2}{3}\pi\right)\right] = 32\left(\cos\frac{10}{3}\pi + i\sin\frac{10}{3}\pi\right),$$

quindi, essendo $\frac{10}{3}\pi = \frac{4}{3}\pi + \frac{6}{3}\pi = \frac{4}{3}\pi + 2\pi$:

$$32\left(\cos\frac{4}{3}\pi + i\sin\frac{4}{3}\pi\right).$$

ESERCIZI

$\cos\frac{4}{3}\pi = -\frac{1}{2}$, $\sin\frac{4}{3}\pi = -\frac{\sqrt{3}}{2}$, pertanto la forma algebrica è:

$$32\left[-\frac{1}{2}+i\left(-\frac{\sqrt{3}}{2}\right)\right] = -\frac{32}{2}-\frac{32\sqrt{3}}{2}i = -16-16\sqrt{3}\,i.$$

Calcola le seguenti potenze di numeri complessi ed esprimi il risultato in forma algebrica.

325 $\left[\frac{1}{2}\left(\cos\frac{\pi}{4}+i\sin\frac{\pi}{4}\right)\right]^6$ $\left[-\frac{1}{64}i\right]$

326 $\left[\frac{2}{\sqrt{5}}\left(\cos\frac{\pi}{8}+i\sin\frac{\pi}{8}\right)\right]^4$ $\left[\frac{16}{25}i\right]$

327 $\left[\sqrt[12]{3}\left(\cos\frac{\pi}{6}+i\sin\frac{\pi}{6}\right)\right]^6$ $[-\sqrt{3}]$

328 $\left[\frac{1}{2}\left(\cos\frac{4}{3}\pi+i\sin\frac{4}{3}\pi\right)\right]^3$ $\left[\frac{1}{8}\right]$

329 $\left[2\left(\cos\frac{\pi}{9}+i\sin\frac{\pi}{9}\right)\right]^3$ $[4+4\sqrt{3}\,i]$

330 $\left[2\left(\cos\frac{\pi}{10}+i\sin\frac{\pi}{10}\right)\right]^5$ $[32i]$

331 $\left(\cos\frac{4}{3}\pi+i\sin\frac{4}{3}\pi\right)^6$ $[1]$

332 $\left(\cos\frac{3}{4}\pi+i\sin\frac{3}{4}\pi\right)^4$ $[-1]$

---

333 Scrivi il numero i in forma trigonometrica e verifica che $i^2=-1$.

Calcola le seguenti potenze di numeri complessi in forma algebrica, dopo averli trasformati in forma trigonometrica.

334 $(\sqrt{2}-\sqrt{2}\,i)^4$ $[-16]$

335 $(-2-2\sqrt{3}\,i)^3$ $[64]$

336 $\left(-\frac{3}{2}+\frac{\sqrt{3}}{2}i\right)^3$ $[3\sqrt{3}\,i]$

337 $(\sqrt{3}+i)^4$ $[-8+8\sqrt{3}\,i]$

338 $\left(\frac{3}{2}-\frac{3\sqrt{3}}{2}i\right)^4$ $\left[-\frac{81}{2}+\frac{81\sqrt{3}}{2}i\right]$

339 $[(\sqrt{2}-\sqrt{6})+(-\sqrt{2}-\sqrt{6})i]^{12}$ $[-4^{12}]$

Potenza con esponente intero negativo

340 ESERCIZIO GUIDA Calcoliamo $\left[2\left(\cos\frac{\pi}{6}+i\sin\frac{\pi}{6}\right)\right]^{-3}$, esprimendo il risultato in forma algebrica.

Sappiamo che, se $z = r(\cos\alpha + i\sin\alpha)$, allora $[r(\cos\alpha+i\sin\alpha)]^{-n} = \frac{1}{r^n}(\cos n\alpha - i\sin n\alpha)$, quindi:

$$\left[2\left(\cos\frac{\pi}{6}+i\sin\frac{\pi}{6}\right)\right]^{-3} = \frac{1}{2^3}\left[\cos\left(3\frac{\pi}{6}\right)-i\sin\left(3\frac{\pi}{6}\right)\right] = \frac{1}{8}\left(\cos\frac{\pi}{2}-i\sin\frac{\pi}{2}\right).$$

In forma algebrica il risultato è: $\frac{1}{8}\left(\cos\frac{\pi}{2}-i\sin\frac{\pi}{2}\right) = \frac{1}{8}[0-i(1)] = -\frac{1}{8}i.$

Calcola le seguenti potenze e scrivi il risultato in forma algebrica.

341 $\left[\sqrt{2}\left(\cos\frac{7}{4}\pi+i\sin\frac{7}{4}\pi\right)\right]^{-4}$ $\left[-\frac{1}{4}\right]$

342 $\left[\sqrt{3}\left(\cos\frac{2}{3}\pi+i\sin\frac{2}{3}\pi\right)\right]^{-3}$ $\left[\frac{\sqrt{3}}{9}\right]$

343 $\left[\sqrt{3}\left(\cos\frac{5}{6}\pi+i\sin\frac{5}{6}\pi\right)\right]^{-3}$ $\left[-\frac{\sqrt{3}}{9}i\right]$

344 $\left[2\left(\cos\frac{\pi}{6}+i\sin\frac{\pi}{6}\right)\right]^{-4}$ $\left[-\frac{1}{32}-\frac{\sqrt{3}}{32}i\right]$

345 $\left[\frac{1}{3}\left(\cos\frac{5}{3}\pi+i\sin\frac{5}{3}\pi\right)\right]^{-6}$ $[3^6]$

346 $\left[\frac{1}{2\sqrt{2}}\left(\cos\frac{5}{12}\pi+i\sin\frac{5}{12}\pi\right)\right]^{-12}$ $[-8^6]$

MATEMATICA AL COMPUTER

Numeri complessi con il foglio elettronico Costruiamo un foglio che calcoli la potenza *n*-esima di un numero complesso in forma algebrica $a + bi$. Usiamo poi il foglio per calcolare $(1 + i)^3$.

Risoluzione – 13 esercizi in più

Riepilogo: Espressioni con i numeri complessi in forma trigonometrica

Calcola le seguenti espressioni e scrivi il risultato in forma algebrica.

347 $\sqrt{2}\left(\cos\frac{2}{3}\pi + i\sin\frac{2}{3}\pi\right)\cdot\frac{\sqrt{3}}{2}\left(\cos\frac{5}{3}\pi + i\sin\frac{5}{3}\pi\right)$ $\left[\frac{\sqrt{6}}{4}+\frac{3\sqrt{2}}{4}i\right]$

348 $\left(\cos\frac{\pi}{8} + i\sin\frac{\pi}{8}\right)^2 : \left(\cos\frac{3}{4}\pi + i\sin\frac{3}{4}\pi\right)$ $[-i]$

349 $\dfrac{3\left(\cos\frac{\pi}{5} + i\sin\frac{\pi}{5}\right)\cdot\frac{2}{3}\left(\cos\frac{2}{5}\pi + i\sin\frac{2}{5}\pi\right)}{\cos\frac{7}{5}\pi - i\sin\frac{7}{5}\pi}$ $[2]$

350 $\left[\sqrt{2}\left(\cos\frac{\pi}{12} + i\sin\frac{\pi}{12}\right)\right]^2\cdot\left(\cos\frac{\pi}{6} + i\sin\frac{\pi}{6}\right)$ $[1+\sqrt{3}\,i]$

351 $\dfrac{\left[\sqrt[8]{2}\left(\cos\frac{\pi}{8} + i\sin\frac{\pi}{8}\right)\right]^8\left[\sqrt[9]{2}\left(\cos\frac{\pi}{36} + i\sin\frac{\pi}{36}\right)\right]^9}{\left[\sqrt[5]{2}\left(\cos\frac{\pi}{10} + i\sin\frac{\pi}{10}\right)\right]^5}$ $[-\sqrt{2}+\sqrt{2}\,i]$

Calcola il valore delle espressioni utilizzando i numeri z_1 e z_2 assegnati a fianco. Scrivi il risultato in forma algebrica.

352 $z_1^2 + z_2$; $z_1 = \cos\frac{\pi}{3} + i\sin\frac{\pi}{3}$, $z_2 = \cos\frac{4}{3}\pi + i\sin\frac{4}{3}\pi$. $[-1]$

353 $z_1 - z_2^3$; $z_1 = \sqrt{2}\left(\cos\frac{\pi}{4} + i\sin\frac{\pi}{4}\right)$, $z_2 = \cos\frac{\pi}{3} + i\sin\frac{\pi}{3}$. $[2+i]$

354 $z_1^3 + z_2^2$; $z_1 = \cos\frac{\pi}{6} + i\sin\frac{\pi}{6}$, $z_2 = \cos\frac{\pi}{4} + i\sin\frac{\pi}{4}$. $[2i]$

355 $z_1^4 + z_2^2$; $z_1 = \cos\frac{\pi}{12} + i\sin\frac{\pi}{12}$, $z_2 = 3\left(\cos\frac{\pi}{6} + i\sin\frac{\pi}{6}\right)$. $[5+5\sqrt{3}\,i]$

356 $z_1^3 + z_2^2$; $z_1 = 2\left(\cos\frac{5}{6}\pi + i\sin\frac{5}{6}\pi\right)$, $z_2 = 2\sqrt{2}\left(\cos\frac{3}{4}\pi + i\sin\frac{3}{4}\pi\right)$. $[0]$

357 $z_1^6 + z_2^3$; $z_1 = 2\sqrt{2}\left(\cos\frac{5}{12}\pi + i\sin\frac{5}{12}\pi\right)$, $z_2 = \sqrt{2}\left(\cos\frac{5}{6}\pi + i\sin\frac{5}{6}\pi\right)$. $[2(256+\sqrt{2})i]$

358 $z_1^2 + \frac{1}{z_2}$; $z_1 = \cos\frac{\pi}{3} + i\sin\frac{\pi}{3}$, $z_2 = \cos\frac{5}{3}\pi + i\sin\frac{5}{3}\pi$. $[i\sqrt{3}]$

359 $\frac{1}{z_1} + \frac{1}{z_2}$; $z_1 = \sqrt{2}\left(\cos\frac{\pi}{4} + i\sin\frac{\pi}{4}\right)$, $z_2 = \frac{\sqrt{3}}{3}\left(\cos\frac{\pi}{3} + i\sin\frac{\pi}{3}\right)$. $\left[\frac{1+\sqrt{3}}{2} - 2i\right]$

360 $z_1^2 - \frac{1}{z_2^2}$; $z_1 = 2\left(\cos\frac{\pi}{6} + i\sin\frac{\pi}{6}\right)$, $z_2 = \cos\frac{\pi}{4} + i\sin\frac{\pi}{4}$. $[2+i(1+2\sqrt{3})]$

ESERCIZI

361 $\frac{1}{z_1^2}+\frac{1}{z_2^3}$; $z_1=\frac{\sqrt{2}}{4}\left(\cos\frac{7}{4}\pi+i\sin\frac{7}{4}\pi\right)$, $z_2=\sqrt{3}\left(\cos\frac{5}{6}\pi+i\sin\frac{5}{6}\pi\right)$. $\left[\frac{-\sqrt{3}+72}{9}i\right]$

362 $z_1^6+\frac{1}{z_2^3}$; $z_1=\cos\frac{5}{12}\pi+i\sin\frac{5}{12}\pi$, $z_2=\sqrt{3}\left(\cos\frac{7}{6}\pi+i\sin\frac{7}{6}\pi\right)$. $\left[\frac{9+\sqrt{3}}{9}i\right]$

363 $z_1^2z_2^4-z_1^4$; $z_1=\cos\frac{\pi}{4}+i\sin\frac{\pi}{4}$, $z_2=\cos\frac{5}{4}\pi+i\sin\frac{5}{4}\pi$. $[1-i]$

Semplifica le seguenti espressioni.

364 $\frac{1}{16}(1+i)^6(\sqrt{3}+i)^4$ $[4(i+\sqrt{3})]$

365 $(-1-i)^{10}:(\sqrt{3}-i)^5$ $\left[\frac{-1-\sqrt{3}\,i}{2}\right]$

366 $(1-i)^6\cdot(2+2i)^4$ $[-512i]$

367 $\frac{(1+i)^4\cdot(\sqrt{3}-i)^3}{(1+i\sqrt{3})^8}$ $\left[\frac{1}{16}(\sqrt{3}-i)\right]$

368 $\frac{\left(-\frac{\sqrt{2}}{2}+i\frac{\sqrt{2}}{2}\right)^4(2i)^4}{\left(-\frac{1}{2}-\frac{\sqrt{3}}{2}i\right)^6}$ $[-16]$

8 Radici *n*-esime dell'unità

▶ Teoria a p. 951

369 ESERCIZIO GUIDA Calcoliamo le radici n-esime dell'unità per $n=5$ e rappresentiamole sulla circonferenza unitaria.

Utilizziamo la formula $\sqrt[n]{1}=\cos\frac{2k\pi}{n}+i\sin\frac{2k\pi}{n}$, con $k=0, 1, 2, ..., n-1$. Poiché $n=5$:

$$\sqrt[5]{1}=\cos\frac{2k\pi}{5}+i\sin\frac{2k\pi}{5}, \text{ con } k=0, 1, 2, 3, 4.$$

Compiliamo la tabella seguente e rappresentiamo le soluzioni nel piano di Gauss, utilizzando la circonferenza unitaria e inscrivendo in essa un pentagono regolare.

k	α	$\sqrt[5]{1}$
0	0	$u_0=1$
1	$\frac{2}{5}\pi$	$u_1=\frac{\sqrt{5}-1}{4}+i\frac{1}{4}\sqrt{10+2\sqrt{5}}$
2	$\frac{4}{5}\pi$	$u_2=\frac{-\sqrt{5}-1}{4}+i\frac{1}{4}\sqrt{10-2\sqrt{5}}$
3	$\frac{6}{5}\pi$	$u_3=\frac{-\sqrt{5}-1}{4}-i\frac{1}{4}\sqrt{10-2\sqrt{5}}$
4	$\frac{8}{5}\pi$	$u_4=\frac{\sqrt{5}-1}{4}-i\frac{1}{4}\sqrt{10+2\sqrt{5}}$

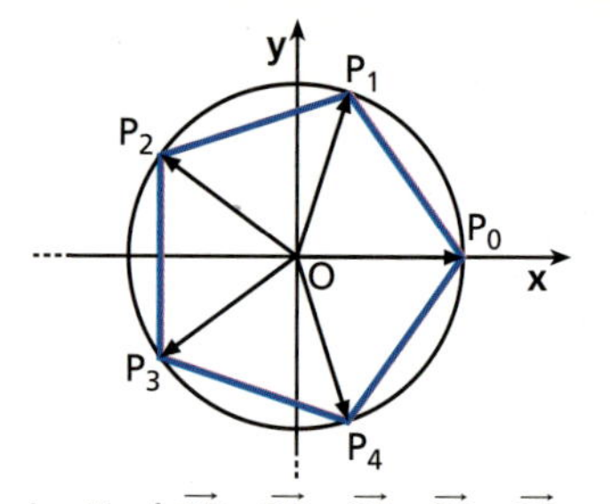

I vettori $\overrightarrow{OP_0}$, $\overrightarrow{OP_1}$, $\overrightarrow{OP_2}$, $\overrightarrow{OP_3}$, $\overrightarrow{OP_4}$ rappresentano le radici quinte dell'unità.

Calcola le radici *n*-esime dell'unità per i seguenti valori di *n* e rappresentale sulla circonferenza unitaria.

370 $n=6$ $\left[u_0=1, u_1=\frac{1}{2}+i\frac{\sqrt{3}}{2}, u_2=-\frac{1}{2}+i\frac{\sqrt{3}}{2}, u_3=-1, u_4=-\frac{1}{2}-i\frac{\sqrt{3}}{2}, u_5=\frac{1}{2}-i\frac{\sqrt{3}}{2}\right]$

371 $n = 8$

$$\left[u_0 = 1, u_1 = \frac{\sqrt{2}}{2} + i\frac{\sqrt{2}}{2}, u_2 = i, u_3 = -\frac{\sqrt{2}}{2} + i\frac{\sqrt{2}}{2}, u_4 = -1, u_5 = -\frac{\sqrt{2}}{2} - i\frac{\sqrt{2}}{2}, u_6 = -i, u_7 = \frac{\sqrt{2}}{2} - i\frac{\sqrt{2}}{2}\right]$$

372 $n = 12$

$$\left[u_0 = 1, u_1 = \frac{\sqrt{3}}{2} + i\frac{1}{2}, u_2 = \frac{1}{2} + i\frac{\sqrt{3}}{2}, u_3 = i, u_4 = -\frac{1}{2} + i\frac{\sqrt{3}}{2}, u_5 = -\frac{\sqrt{3}}{2} + i\frac{1}{2}, u_6 = -1, u_7 = -\frac{\sqrt{3}}{2} - i\frac{1}{2}, u_8 = -\frac{1}{2} - i\frac{\sqrt{3}}{2}, u_9 = -i, u_{10} = \frac{1}{2} - i\frac{\sqrt{3}}{2}, u_{11} = \frac{\sqrt{3}}{2} - i\frac{1}{2}\right]$$

373 VERO O FALSO?

a. Le radici di indice 7 dell'unità sono 7 distinte. 

b. I vertici del quadrato in figura rappresentano le radici di indice 4 dell'unità. 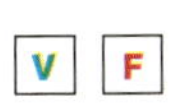

c. Se z è tale che $z^5 = 1$, allora anche $z^{10} = 1$.

d. -1 è una radice di indice 9 dell'unità. 

e. Nell'insieme dei numeri complessi, $\sqrt[n]{1} = 1 \; \forall n \in \mathbb{N}$. 

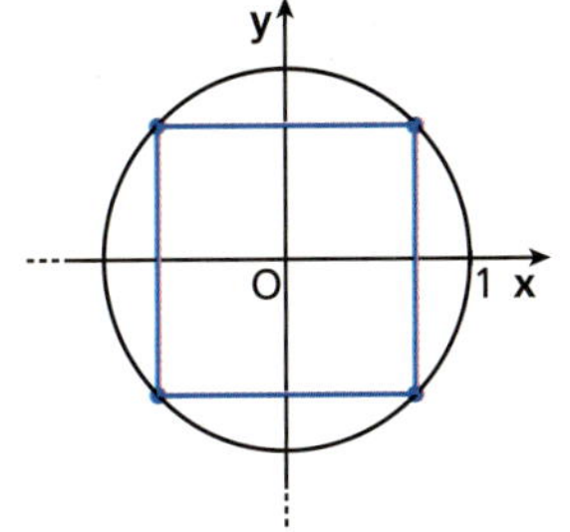

Considera la radice cubica dell'unità $u_3 = \cos\frac{2\pi}{3} + i\sin\frac{2\pi}{3}$ e la radice sesta dell'unità $u_6 = \cos\frac{\pi}{3} + i\sin\frac{\pi}{3}$, esegui le seguenti operazioni e verifica che in tutti i casi il risultato ottenuto è ancora una radice dell'unità.

 $u_3 \cdot u_6$ $[-1]$

375 $\dfrac{u_3}{u_6}$ $\left[\frac{1}{2} + i\frac{\sqrt{3}}{2}\right]$

376 $u_3^2;\ u_6^2.$ $\left[-\frac{1}{2} - i\frac{\sqrt{3}}{2}; -\frac{1}{2} + i\frac{\sqrt{3}}{2}\right]$

377 $u_3^{-3};\ u_6^{-3}.$ $[1; -1]$

9 Radici n-esime di un numero complesso

▶ Teoria a p. 953

378 ESERCIZIO GUIDA Calcoliamo le radici cubiche del numero complesso $z = 8\left(\cos\frac{\pi}{4} + i\sin\frac{\pi}{4}\right)$ e rappresentiamole nel piano di Gauss.

Applichiamo la formula per determinare le radici n-esime di $z = r(\cos a + i \sin a)$, con $n = 3$:

$$\sqrt[3]{z} = \sqrt[3]{r}\left(\cos\frac{\alpha + 2k\pi}{3} + i\sin\frac{\alpha + 2k\pi}{3}\right), \text{ con } k = 0, 1, 2.$$

Otteniamo, per $k = 0$:

$$z_0 = \sqrt[3]{8}\left(\cos\frac{\frac{\pi}{4}}{3} + i\sin\frac{\frac{\pi}{4}}{3}\right) = 2\left(\cos\frac{\pi}{12} + i\sin\frac{\pi}{12}\right) =$$

$$2\left(\frac{\sqrt{6}+\sqrt{2}}{4} + i\frac{\sqrt{6}-\sqrt{2}}{4}\right) = \frac{\sqrt{6}+\sqrt{2}}{2} + i\frac{\sqrt{6}-\sqrt{2}}{2};$$

per $k = 1$:

$$z_1 = 2\left(\cos\frac{\frac{\pi}{4} + 2\pi}{3} + i\sin\frac{\frac{\pi}{4} + 2\pi}{3}\right) = 2\left(\cos\frac{9\pi}{12} + i\sin\frac{9\pi}{12}\right) = 2\left(\cos\frac{3}{4}\pi + i\sin\frac{3}{4}\pi\right) =$$

$$2\left(-\frac{\sqrt{2}}{2} + i\frac{\sqrt{2}}{2}\right) = -\sqrt{2} + i\sqrt{2};$$

per $k=2$:

$$z_2 = 2\left(\cos\frac{\frac{\pi}{4}+4\pi}{3} + i\sin\frac{\frac{\pi}{4}+4\pi}{3}\right) =$$

$$2\left(\cos\frac{17\pi}{12} + i\sin\frac{17\pi}{12}\right) =$$

$$2\left(-\frac{\sqrt{6}-\sqrt{2}}{4} - i\frac{\sqrt{6}+\sqrt{2}}{4}\right) =$$

$$-\frac{\sqrt{6}-\sqrt{2}}{2} - i\frac{\sqrt{6}+\sqrt{2}}{2}.$$

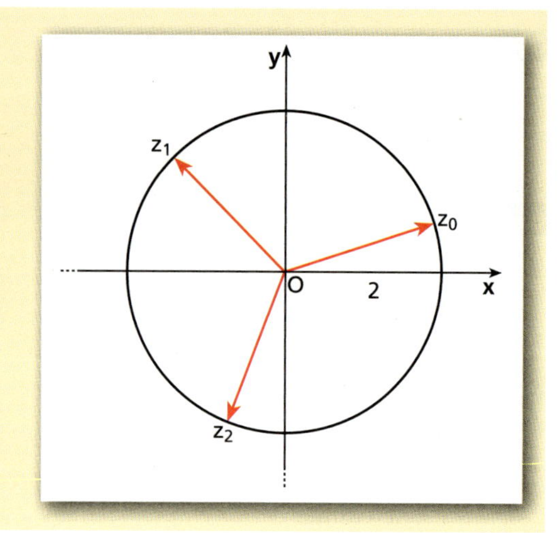

Per ciascuno dei seguenti numeri complessi calcola le radici *n*-esime per i valori di *n* indicati e rappresentale nel piano di Gauss.

379 $4\left(\cos\frac{\pi}{3} + i\sin\frac{\pi}{3}\right)$, $\quad 8\left(\cos\frac{3}{2}\pi + i\sin\frac{3}{2}\pi\right)$, $\quad n=2$. $\quad [\sqrt{3}+i, -\sqrt{3}-i; -2+2i, 2-2i]$

380 $16\left(\cos\frac{2\pi}{3} + i\sin\frac{2\pi}{3}\right)$, $\quad 8\left(\cos\frac{\pi}{2} + i\sin\frac{\pi}{2}\right)$, $\quad n=2$. $\quad [2+i2\sqrt{3}, -2-i2\sqrt{3}; 2+2i, -2-2i]$

381 $4\left(\cos\frac{4}{3}\pi + i\sin\frac{4}{3}\pi\right)$, $\quad 16\left(\cos\frac{5}{3}\pi + i\sin\frac{5}{3}\pi\right)$, $\quad n=2$. $\quad [-1+i\sqrt{3}, 1-i\sqrt{3}; -2\sqrt{3}+2i, 2\sqrt{3}-2i]$

382 $8\left(\cos\frac{\pi}{2} + i\sin\frac{\pi}{2}\right)$, $\quad n=3$. $\quad [\sqrt{3}+i, -\sqrt{3}+i, -2i]$

383 $27(\cos\pi + i\sin\pi)$, $\quad n=3$. $\quad \left[\frac{3}{2}+i\frac{3\sqrt{3}}{2}, -3, \frac{3}{2}-i\frac{3\sqrt{3}}{2}\right]$

384 $64\left(\cos\frac{\pi}{3} + i\sin\frac{\pi}{3}\right)$, $\quad n=4$.
$[\sqrt{3}+1+i(\sqrt{3}-1), -\sqrt{3}+1+i(\sqrt{3}+1), -\sqrt{3}-1+i(-\sqrt{3}+1), \sqrt{3}-1-i(\sqrt{3}+1)]$

385 $64(\cos\pi + i\sin\pi)$, $\quad n=4$. $\quad [2+2i, -2+2i, -2-2i, 2-2i]$

Calcola le seguenti radici e rappresentale nel piano di Gauss.

386 $\sqrt{-16}$; $\quad \sqrt{-i}$. $\quad \left[4i, -4i; -\frac{\sqrt{2}}{2}+i\frac{\sqrt{2}}{2}, \frac{\sqrt{2}}{2}-i\frac{\sqrt{2}}{2}\right]$

387 $\sqrt{1+i\sqrt{3}}$; $\quad \sqrt{i}$. $\quad \left[\frac{\sqrt{2}}{2}(\sqrt{3}+i), -\frac{\sqrt{2}}{2}(\sqrt{3}+i); \frac{\sqrt{2}}{2}+i\frac{\sqrt{2}}{2}, -\frac{\sqrt{2}}{2}-i\frac{\sqrt{2}}{2}\right]$

388 $\sqrt{-\frac{6}{i}}$ $\quad [\sqrt{3}(1+i), -\sqrt{3}(1+i)]$

389 $\sqrt[6]{64}$ $\quad [2, 1+i\sqrt{3}, -1+i\sqrt{3}, -2, -1-i\sqrt{3}, 1-i\sqrt{3}]$

390 $\sqrt[4]{-256}$ $\quad [2\sqrt{2}(1+i), 2\sqrt{2}(-1+i), -2\sqrt{2}(1+i), 2\sqrt{2}(1-i)]$

391 $\sqrt{2+2\sqrt{3}i}$ $\quad [\sqrt{3}+i, -\sqrt{3}-i]$

392 $\sqrt{-8-8\sqrt{3}i}$ $\quad [2(-1+i\sqrt{3}), 2(1-i\sqrt{3})]$

393 $\sqrt{i(i-\sqrt{3})}$ $\quad \left[\frac{\sqrt{2}}{2}(-1+\sqrt{3}i), \frac{\sqrt{2}}{2}(1-\sqrt{3}i)\right]$

394 $\sqrt{\dfrac{i}{1-\sqrt{3}\,i}}$ $\left[\pm\left(\dfrac{\sqrt{3}-1}{4}+i\dfrac{\sqrt{3}+1}{4}\right)\right]$

395 $\sqrt{(4i-3)(4i+3)}$ $[5i, -5i]$

396 $\sqrt{\dfrac{12}{\sqrt{3}-3i}}$ $\left[\pm\sqrt[4]{12}\left(\dfrac{\sqrt{3}}{2}+\dfrac{i}{2}\right)\right]$

397 $\sqrt{(\sqrt{3}-i)^4}$ $[\pm 2(1-\sqrt{3}\,i)]$

398 $\sqrt{(1+i)^6}$ $[2(-1+i), 2(1-i)]$

399 $\sqrt[3]{\left(\dfrac{2-2i}{2+2i}\right)^5}$ $\left[i, +\dfrac{1}{2}(\sqrt{3}-i), \dfrac{1}{2}(-\sqrt{3}-i)\right]$

400 È dato il numero complesso $z=\dfrac{\sqrt{3}}{2}-\dfrac{i}{2}$. Scrivi la forma trigonometrica di z e calcola z_1 potenza dodicesima del numero z. Estrai poi le radici seste di z_1 e rappresentale nel piano di Gauss.

$\left[\cos\dfrac{11}{6}\pi+i\sin\dfrac{11}{6}\pi;\ z_1=1;\ \dfrac{1}{2}\pm i\dfrac{\sqrt{3}}{2}, -\dfrac{1}{2}\pm i\dfrac{\sqrt{3}}{2}, \pm 1\right]$

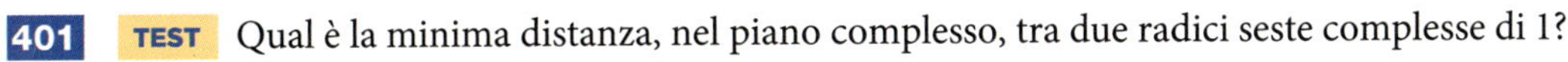

401 TEST Qual è la minima distanza, nel piano complesso, tra due radici seste complesse di 1?

A $\sqrt{2}$ B 1 C $\sqrt{3}$ D 2

(*Università di Trento, Facoltà di Scienze,* 2005)

402 REALTÀ E MODELLI **La tavola rotonda** Giovanni ha invitato a pranzo alcuni amici che pranzeranno con lui intorno a un tavolo rotondo. Giovanni, che ama la matematica, trova un modo originale di stabilire dove verranno collocati i segnaposto: immaginando un piano complesso riferito ad assi con l'origine nel centro del tavolo, i segnaposto occupano i punti definiti dalle soluzioni dell'equazione

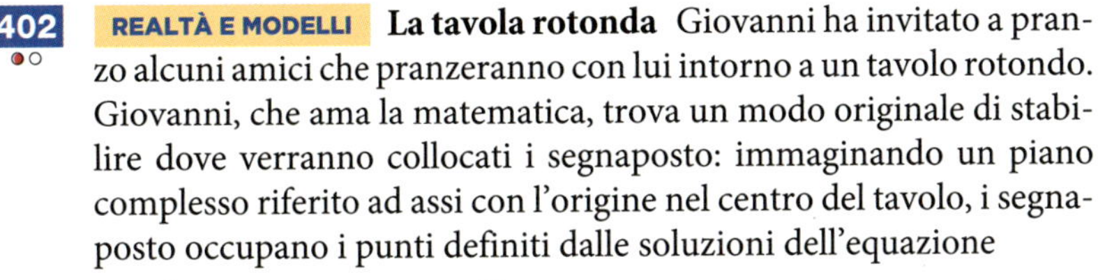

$$z^8 - r = 0, \qquad z \in \mathbb{C}.$$

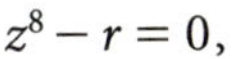

a. Quanti sono gli amici di Giovanni?

b. Supponendo di esprimere le posizioni dei segnaposto in coordinate polari, determina il valore dell'argomento per ciascun segnaposto.

Equazioni in $\mathbb{C}$

403 VERO O FALSO?

a. L'equazione $x^n = a$ ha n soluzioni nell'insieme dei numeri complessi. V F

b. L'equazione $x^2+4=0$ non ha soluzioni nell'insieme $\mathbb{C}$. V F

c. Il numero i è soluzione dell'equazione $x^2+3x-3i-1=0$. V F

d. Nell'insieme dei numeri complessi $\sqrt{9}=\pm 3i$. V F

404 ESERCIZIO GUIDA Risolviamo in $\mathbb{C}$ l'equazione $x^4+16=0$.

Trasportiamo il termine noto a secondo membro: $x^4=-16$.

Le soluzioni (complesse) dell'equazione sono le radici quarte di -16. Per poter utilizzare la formula

$$\sqrt[4]{z}=\sqrt[4]{r}\left(\cos\frac{\alpha+2k\pi}{4}+i\sin\frac{\alpha+2k\pi}{4}\right), \quad \text{con } k=0,1,2,3,$$

scriviamo -16 in forma trigonometrica: $-16=16(\cos\pi+i\sin\pi)$.

Le radici quarte di -16 sono ottenute da: $\sqrt[4]{16}\left(\cos\dfrac{\pi+2k\pi}{4}+i\sin\dfrac{\pi+2k\pi}{4}\right)$, con $k=0,1,2,3$.

Per $k=0$:

$$x_0=\sqrt[4]{16}\left(\cos\frac{\pi}{4}+i\sin\frac{\pi}{4}\right)=2\left(\frac{\sqrt{2}}{2}+i\frac{\sqrt{2}}{2}\right)=\sqrt{2}(1+i);$$

per $k=1$:

$$x_1=\sqrt[4]{16}\left(\cos\frac{\pi+2\pi}{4}+i\sin\frac{\pi+2\pi}{4}\right)=2\left(\cos\frac{3\pi}{4}+i\sin\frac{3\pi}{4}\right)=2\left(-\frac{\sqrt{2}}{2}+i\frac{\sqrt{2}}{2}\right)=\sqrt{2}(-1+i);$$

per $k=2$:

$$x_2=\sqrt[4]{16}\left(\cos\frac{\pi+4\pi}{4}+i\sin\frac{\pi+4\pi}{4}\right)=2\left(\cos\frac{5\pi}{4}+i\sin\frac{5\pi}{4}\right)=2\left(-\frac{\sqrt{2}}{2}-i\frac{\sqrt{2}}{2}\right)=-\sqrt{2}(1+i);$$

per $k=3$:

$$x_3=\sqrt[4]{16}\left(\cos\frac{\pi+6\pi}{4}+i\sin\frac{\pi+6\pi}{4}\right)=2\left(\cos\frac{7\pi}{4}+i\sin\frac{7\pi}{4}\right)=2\left(\frac{\sqrt{2}}{2}-i\frac{\sqrt{2}}{2}\right)=\sqrt{2}(1-i).$$

Risolvi in $\mathbb{C}$ le seguenti equazioni.

405 $x^4+1=0$ $\left[-\frac{\sqrt{2}}{2}\pm i\frac{\sqrt{2}}{2}; \frac{\sqrt{2}}{2}\pm i\frac{\sqrt{2}}{2}\right]$

406 $y^3+8=0$ $[1\pm i\sqrt{3}; -2]$

407 $x^2=-25$ $[\pm 5i]$

408 $x^6-64=0$ $[\pm 2, \pm(1+i\sqrt{3}); \pm(1-i\sqrt{3})]$

409 $x^4+64=0$ $[\pm 2(1+i); \pm 2(-1+i)]$

410 $x^2-4x+13=0$ $[2\pm 3i]$

411 $x^2-2x+5=0$ $[1\pm 2i]$

412 $x^2-6x+13=0$ $[3\pm 2i]$

413 $x^2+4x+29=0$ $[-2\pm 5i]$

414 $x^2+(\sqrt{6}+\sqrt{2})=0$ $[\pm i\sqrt{\sqrt{2}+\sqrt{6}}]$

415 $x^4+13x^2+36=0$ $[\pm 2i, \pm 3i]$

416 $x^4+6x^2+25=0$ $[\pm(1+2i), \pm(1-2i)]$

417 $x^4+23x^2-50=0$ $[\pm\sqrt{2}, \pm 5i]$

418 $x^6+7x^3-8=0$ $\left[-2, 1\pm i\sqrt{3}, 1, \frac{-1\pm i\sqrt{3}}{2}\right]$

---

419 REALTÀ E MODELLI **Caccia al tesoro** Chiara è alle prese con il seguente messaggio, la cui comprensione può portarla al tesoro cercato: «... Ciascuno dei due numeri fortunati è uguale all'ottava parte della somma tra il proprio quadrato e 25: muovi verso est di tanti passi quanto è la somma dei due numeri, e poi arretra verso ovest di tanti passi quanto è il loro prodotto, quindi scava...»

a. Di che tipo sono i «numeri fortunati» di cui parla il messaggio?

b. Dove si trova il tesoro, rispetto alla posizione di Chiara?

[a) complessi coniugati: $4\pm 3i$; b) 17 passi verso ovest]

420 RIFLETTI SULLA TEORIA Spiega perché se un'equazione di secondo grado a coefficienti reali ammette soluzioni complesse, allora queste sono coniugate.

Risolvi le seguenti equazioni a coefficienti complessi.

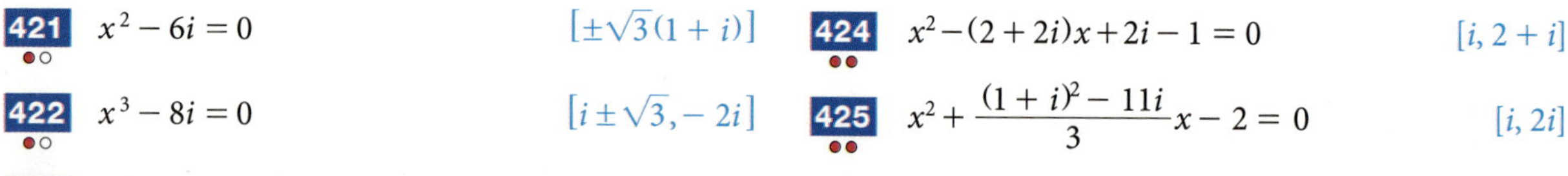

421 $x^2-6i=0$ $[\pm\sqrt{3}(1+i)]$

422 $x^3-8i=0$ $[i\pm\sqrt{3}, -2i]$

423 $x^2-2ix+3=0$ $[3i, -i]$

424 $x^2-(2+2i)x+2i-1=0$ $[i, 2+i]$

425 $x^2+\frac{(1+i)^2-11i}{3}x-2=0$ $[i, 2i]$

426 $x^2+\frac{(2-i)^2-1+4i}{i}x+3=0$ $[3i, -i]$

---

427 YOU & MATHS Determine real numbers s and t so that $(s+it)^2=-3+4i$. Hence determine the two roots of the equation $z^2-(4-2i)z+6-8i=0$. (IR *Leaving Certificate Examination*, Higher Level, 1994)

$[s=\pm 1, t=\pm 2; z_1=3+i, z_2=1-3i]$

428 TEST L'equazione $x^3 = i$ ha:

A) tre soluzioni distinte $x_1 = -i$, $x_2 = \frac{\sqrt{3}}{2} + \frac{i}{2}$, $x_3 = -\frac{\sqrt{3}}{2} - \frac{i}{2}$.

B) come unica soluzione $x = i$.

C) come unica soluzione $x = -i$.

D) tre soluzioni distinte $x_1 = -i$, $x_2 = \frac{\sqrt{3}}{2} + \frac{i}{2}$, $x_3 = -\frac{\sqrt{3}}{2} - \frac{i}{2}$.

(*Università di Modena, Corso di laurea in Matematica, Test propedeutico,* 2002)

429 ESERCIZIO GUIDA Scriviamo l'equazione di secondo grado le cui radici sono $z_1 = 1 + i$ e $z_2 = 2 - 3i$.

Se z_1 e z_2 sono radici, reali o complesse, dell'equazione $ax^2 + bx + c = 0$, allora:

$$ax^2 + bx + c = a(x - z_1)(x - z_2).$$

Scegliendo $a = 1$ e sostituendo z_1 e z_2, otteniamo:

$$(x - z_1)(x - z_2) = [x - (1 + i)][x - (2 - 3i)].$$

Eseguiamo i calcoli:

$$[x - (1 + i)][x - (2 - 3i)] = x^2 - (2 - 3i)x - (1 + i)x + (1 + i)(2 - 3i) =$$

$$x^2 - (2 - 3i + 1 + i)x + 2 - 3i + 2i - 3i^2 = x^2 - (3 - 2i)x + 5 - i.$$

Uguagliamo a 0, ottenendo l'equazione: $x^2 - (3 - 2i)x + 5 - i = 0$.

Osserviamo che non si tratta di un'equazione a coefficienti reali: questo dipende dal fatto che le due radici $z_1 = 1 + i$ e $z_2 = 2 - 3i$ non sono due numeri complessi coniugati.

Scrivi le equazioni di secondo grado le cui radici sono le seguenti coppie di numeri complessi.

430 $z_1 = 1 + i$, $z_2 = 2 + i$. $[x^2 - (3 + 2i)x + 1 + 3i = 0]$

431 $z_1 = -1 + i$, $z_2 = 2 - i$. $[x^2 - x - 1 + 3i = 0]$

432 $z_1 = -1 - 2i$, $z_2 = 3 + i$. $[x^2 - (2 - i)x - 1 - 7i = 0]$

433 $z_1 = -3 - 2i$, $z_2 = -3 + 2i$. $[x^2 + 6x + 13 = 0]$

434 $z_1 = 1 - i$, $z_2 = -1 + 5i$. $[x^2 - 4ix + 4 + 6i = 0]$

435 $z_1 = \sqrt{2} + i$, $z_2 = \sqrt{2} - i$. $[x^2 - 2\sqrt{2}x + 3 = 0]$

Problemi

436 **a.** Calcola, dopo averne opportunamente semplificato l'espressione, le soluzioni z_1, z_2, z_3 dell'equazione $(1 + i)z^3 = 8\sqrt{2}\,i$, con $z \in \mathbb{C}$.

b. Calcola $z_1^2 + z_2^2 + z_3^2$.

[a) $z_1 = 2(\cos 15° + i \cdot \sin 15°)$, $z_2 = 2(\cos 135° + i \cdot \sin 135°)$, $z_3 = 2(\cos 255° + i \cdot \sin 255°)$; b) 0]

437 Indicato con s il complesso coniugato di $z = x + yi$, scrivi l'equazione $s = z^2$. Dimostra che i soli quattro numeri complessi $z_1 = 0$, $z_2 = 1$, $z_3 = -\frac{1}{2} + \frac{\sqrt{3}}{2}i$, $z_4 = -\frac{1}{2} - \frac{\sqrt{3}}{2}i$ sono soluzioni dell'equazione.

Determina poi il modulo di z_3 e rappresenta nel piano di Gauss il vettore $v = z_2 + 4z_3$. $[|z_3| = 1]$

ESERCIZI

438 ●● È data l'equazione $z^5 - z^4 + 9z - 9 = 0$, dove $z \in \mathbb{C}$. Verifica che $z = 1$ è una radice e dopo avere abbassato il grado dell'equazione determina le restanti radici. Rappresenta le soluzioni nel piano di Gauss.
$\left[\frac{\sqrt{6}}{2}(1+i), \frac{\sqrt{6}}{2}(-1+i), \frac{\sqrt{6}}{2}(-1-i), \frac{\sqrt{6}}{2}(1-i)\right]$

439 ●● Risolvi in $\mathbb{C}$ l'equazione $(z-1)^3 + 8 = 0$. Detta z_0 la radice che ha il coefficiente della parte immaginaria positivo, calcola $(z_0 - 1)^6$. $[2 + i\sqrt{3}, -1, 2 - i\sqrt{3}; 64]$

440 ●● Dato $z \in \mathbb{C}$, sia $\bar{z}$ il suo complesso coniugato. Rappresenta nel piano di Gauss l'insieme $E \cap F$, con:

$$E = \{z \in \mathbb{C}: |z-1| < |\bar{z}|\}, \quad F = \left\{z \in \mathbb{C}: \left|z - \frac{1}{2}\right| \leq 2\right\}.$$

10 Forma esponenziale di un numero complesso

▶ Teoria a p. 956

Formule di Eulero

Dalla forma esponenziale alla forma algebrica

441 ESERCIZIO GUIDA Scriviamo in forma algebrica il numero complesso: $2e^{i\frac{\pi}{6}}$.

Applichiamo la prima formula di Eulero: $2e^{i\frac{\pi}{6}} = 2\left(\cos\frac{\pi}{6} + i\sin\frac{\pi}{6}\right) = 2\left(\frac{\sqrt{3}}{2} + i\frac{1}{2}\right) = \sqrt{3} + i.$

Scrivi in forma algebrica i seguenti numeri complessi.

442 ●○ $\sqrt{2}\,e^{i\frac{\pi}{4}}$ $[1+i]$

443 ●○ $\sqrt{3}\,e^{i\frac{\pi}{3}}$ $\left[\frac{\sqrt{3}}{2} + \frac{3}{2}i\right]$

444 ●○ $2e^{i\frac{5\pi}{3}}$ $[1 - i\sqrt{3}]$

445 ●○ $4e^{i\frac{7\pi}{4}}$ $[2\sqrt{2} - 2\sqrt{2}\,i]$

446 ●○ $2e^{i\frac{5\pi}{6}}$ $[-\sqrt{3} + i]$

447 ●○ $3\sqrt{2}\,e^{i\frac{11\pi}{4}}$ $[-3 + 3i]$

448 ●○ $9e^{i\frac{3}{2}\pi}$ $[-9i]$

449 ●○ $8e^{i\frac{3}{4}\pi}$ $[4\sqrt{2}(i-1)]$

450 ●○ $24e^{i\frac{\pi}{6}}$ $[12\sqrt{3} + 12i]$

451 ●○ $\sqrt{2}\,e^{i\frac{9}{4}\pi}$ $[1+i]$

452 ●○ $-2e^{i\frac{4}{3}\pi}$ $[1 + i\sqrt{3}]$

453 ●○ $e^{i\pi + \frac{\pi}{3}i}$ $\left[-\frac{1}{2}(1 + i\sqrt{3})\right]$

454 ●○ $e^{2 + \frac{\pi}{2}i}$ $[ie^2]$

455 ●○ $e^{1 + \pi i}$ $[-e]$

456 ●○ $e^{1 - \frac{\pi}{2}i}$ $[-ie]$

457 ●○ VERO O FALSO?

a. $e^{i\alpha}$ ed $e^{-i\alpha}$ sono numeri complessi opposti. V F

b. Il coniugato di $e^{i\frac{\pi}{3}}$ è $e^{-i\frac{\pi}{3}}$. V F

c. $e^{i0} = 1$. V F

d. $e^{i\frac{\pi}{2}} = i$. V F

458 ●○ CACCIA ALL'ERRORE

a. $e^{i\frac{\pi}{6}} = -\cos\frac{\pi}{6} - i\sin\frac{\pi}{6}$

b. $e^{1 + \frac{5}{3}\pi i} = \cos 1 + i\sin\frac{5}{3}\pi$

Dalla forma algebrica alla forma esponenziale

459 ESERCIZIO GUIDA Scriviamo in forma esponenziale $-2\sqrt{3} + 2i$.

Trasformiamo la forma algebrica $a + bi$ in forma trigonometrica $r(\cos\alpha + i\sin\alpha)$:

$$r = \sqrt{a^2 + b^2} = \sqrt{(-2\sqrt{3})^2 + 2^2} = \sqrt{12 + 4} = \sqrt{16} = 4;$$

$$\tan\alpha = \frac{b}{a} = \frac{2}{-2\sqrt{3}} = -\frac{1}{\sqrt{3}} = -\frac{\sqrt{3}}{3} \quad \rightarrow \quad \alpha = \frac{5}{6}\pi \vee \alpha = \frac{11}{6}\pi.$$

Essendo $a < 0$ e $b > 0$, il punto corrispondente a $-2\sqrt{3}+2i$ è nel secondo quadrante, quindi $\alpha = \frac{5}{6}\pi$.

La forma trigonometrica del numero complesso $-2\sqrt{3}+2i$ è:

$$4\left(\cos\frac{5}{6}\pi + i\sin\frac{5}{6}\pi\right).$$

Trasformiamo la forma trigonometrica in forma esponenziale $re^{i\alpha}$, dove $r = 4$ e $\alpha = \frac{5}{6}\pi$:

$$4e^{i\frac{5}{6}\pi}.$$

Scrivi in forma esponenziale i seguenti numeri complessi.

460 $1+i$ $\left[\sqrt{2}\,e^{i\frac{\pi}{4}}\right]$

461 $-\frac{1}{2}+i\frac{\sqrt{3}}{2}$ $\left[e^{i\frac{2}{3}\pi}\right]$

462 $-2\sqrt{2}-2\sqrt{2}\,i$ $\left[4e^{i\frac{5}{4}\pi}\right]$

463 $\sqrt{3}-i$ $\left[2e^{i\frac{11}{6}\pi}\right]$

464 $-\sqrt{3}-i$ $\left[2e^{i\frac{7}{6}\pi}\right]$

465 $-4+4i$ $\left[4\sqrt{2}\,e^{i\frac{3}{4}\pi}\right]$

466 $6i$ $\left[6e^{i\frac{\pi}{2}}\right]$

467 -4 $\left[4e^{i\pi}\right]$

468 $1+\sqrt{3}\,i$ $\left[2e^{i\frac{\pi}{3}}\right]$

469 $-7i$ $\left[7e^{i\frac{3}{2}\pi}\right]$

470 9 $\left[9e^{i2\pi}\right]$

471 $(1+i)^2$ $\left[2e^{i\frac{\pi}{2}}\right]$

Operazioni fra numeri complessi in forma esponenziale

Calcola i seguenti prodotti e scrivi il risultato in forma trigonometrica.

472 $3e^{i\frac{\pi}{2}}\cdot\frac{2}{3}e^{i\frac{3}{4}\pi}$ $\left[2\left(\cos\frac{5}{4}\pi+i\sin\frac{5}{4}\pi\right)\right]$

473 $2e^{i\frac{4}{3}\pi}\cdot e^{i\frac{\pi}{3}}\cdot 6e^{i\frac{3}{2}\pi}$ $\left[12\left(\cos\frac{19}{6}\pi+i\sin\frac{19}{6}\pi\right)\right]$

Calcola i seguenti quozienti e scrivi il risultato in forma trigonometrica.

474 $e^{i\frac{5}{6}\pi}:\left(\frac{1}{2}e^{-i\frac{\pi}{6}}\right)$ $[2(\cos\pi+i\sin\pi)]$

475 $27e^{i\frac{\pi}{3}}:(3e^{i\pi})$ $\left[9\left(\cos\frac{4}{3}\pi+i\sin\frac{4}{3}\pi\right)\right]$

---

476 Calcola le seguenti potenze e scrivi il risultato in forma algebrica:

$$\left(\frac{1}{3}e^{i\frac{\pi}{2}}\right)^4,\quad \left(2e^{i\frac{\pi}{8}}\right)^2,\quad \left(\frac{1}{2}e^{i\frac{2}{9}\pi}\right)^3.$$

$\left[\frac{1}{81}, 2\sqrt{2}(1+i), \frac{1}{16}(-1+i\sqrt{3})\right]$

Calcola le seguenti radici e rappresentale nel piano di Gauss.

477 $\sqrt{4e^{\pi i}}$ $\left[2e^{\frac{\pi}{2}i}, 2e^{\frac{3}{2}\pi i}\right]$

478 $\sqrt[3]{27e^{\frac{3}{2}\pi i}}$ $\left[3e^{\frac{\pi}{2}i}, 3e^{\frac{7}{6}\pi i}, 3e^{\frac{11}{6}\pi i}\right]$

479 $\sqrt[4]{16e^{\frac{\pi}{2}i}}$ $\left[2e^{\frac{\pi}{8}i}, 2e^{\frac{5}{8}\pi i}, 2e^{\frac{9}{8}\pi i}, 2e^{\frac{13}{8}\pi i}\right]$

Semplifica le seguenti espressioni e scrivi il risultato in forma algebrica.

480 $\left(2e^{-i\frac{\pi}{4}}\cdot 3e^{i\frac{3}{4}\pi}\right):\left(4e^{i\frac{7}{4}\pi}\right)$ $\left[\frac{3}{4}\sqrt{2}(-1+i)\right]$

481 $\sqrt{2}\cdot e^{\frac{\pi}{4}i}-e^{\frac{\pi}{2}i}$ $[1]$

482 $\left(e^{\frac{2}{3}\pi i}\right)^2:\left(e^{\frac{2}{3}\pi i}\right)^4$ $\left[\frac{\sqrt{3}\,i-1}{2}\right]$

483 $\left(e^{i\frac{\pi}{6}}\right)^2\cdot\left(e^{i\frac{2}{3}\pi}\right)^3\cdot 2e^{i\pi}$ $[-1-i\sqrt{3}]$

484 $\dfrac{(e^{i\pi})^2\cdot e^{i\frac{\pi}{4}}\cdot 2e^{i\frac{\pi}{2}}}{3e^{i\frac{5}{4}\pi}}$ $\left[-\frac{2}{3}i\right]$

485 $\left(e^{i\frac{\pi}{4}}\right)^2\cdot\left(2e^{i\frac{\pi}{12}}\right)^3+\left(4e^{i\frac{3}{8}\pi}\right)^2$ $[12\sqrt{2}(-1+i)]$

486 $\left(e^{i\frac{\pi}{6}}\right)^3\cdot e^{i\frac{\pi}{2}}+2\left(e^{i\frac{\pi}{8}}\right)^2\cdot e^{i\frac{3}{4}\pi}$ $[-3]$

487 $\dfrac{\left(3\sqrt{2}\,e^{i\frac{\pi}{4}}+2e^{i\frac{5\pi}{4}}\right)^2}{e^{i\frac{\pi}{6}}}$ $[(11-6\sqrt{2})(1+i\sqrt{3})]$

488 $\dfrac{\left(\sqrt{3}\,e^{i\frac{\pi}{3}}\cdot 2e^{i\frac{\pi}{6}}\right)^2}{e^{i\frac{\pi}{4}}+e^{i\frac{3}{4}\pi}}$ $[6\sqrt{2}\,i]$

489 $\dfrac{\left(e^{i\frac{\pi}{12}}\cdot e^{i\frac{\pi}{6}}\right)^3\cdot e^{i\frac{4}{3}\pi}}{e^{i\frac{\pi}{3}}+e^{i\frac{5}{6}\pi}}$ $\left[-\frac{\sqrt{2}}{2}i\right]$

ESERCIZI

Risolvi le seguenti equazioni in $\mathbb{C}$, utilizzando per le soluzioni la forma esponenziale.

490 $x^3+27=0$ $\left[3e^{\frac{\pi}{3}i}, 3e^{\pi i}, 3e^{\frac{5}{3}\pi i}\right]$

491 $x^2-4i=0$ $\left[2e^{\frac{\pi}{4}i}, 2e^{\frac{5}{4}\pi i}\right]$

492 $x^4+81=0$ $\left[3e^{\frac{\pi}{4}i}, 3e^{\frac{3}{4}\pi i}, 3e^{\frac{5}{4}\pi i}, 3e^{\frac{7}{4}\pi i}\right]$

493 $x^3+8i=0$ $\left[2e^{\frac{\pi}{2}i}, 2e^{\frac{7}{6}\pi i}, 2e^{\frac{11}{6}\pi i}\right]$

494 $x^2-2x+2=0$ $\left[\sqrt{2}\,e^{\frac{\pi}{4}i}, \sqrt{2}\,e^{\frac{7}{4}\pi i}\right]$

495 $x^5+16x=0$ $\left[0, 2e^{\frac{\pi}{4}i}, 2e^{\frac{3}{4}\pi i}, 2e^{\frac{5}{4}\pi i}, 2e^{\frac{7}{4}\pi i}\right]$

Dati i numeri complessi scritti in forma esponenziale, esegui le operazioni indicate e scrivi i risultati in forma trigonometrica.

496 $z_1=2e^{i\frac{\pi}{3}}$; $z_2=3e^{i\frac{\pi}{4}}$; $z_1\cdot z_2$. $\left[6\left(\cos\frac{7}{12}\pi+i\sin\frac{7}{12}\pi\right)\right]$

497 $z_1=2e^{i\frac{\pi}{2}}$; $z_2=4e^{i\frac{\pi}{4}}$; $\frac{z_1}{z_2}$. $\left[\frac{1}{2}\left(\cos\frac{\pi}{4}+i\sin\frac{\pi}{4}\right)\right]$

498 $z_1=5e^{i\frac{3}{4}\pi}$; $z_2=3e^{i\frac{\pi}{6}}$; $z_1\cdot z_2$. $\left[15\left(\cos\frac{11}{12}\pi+i\sin\frac{11}{12}\pi\right)\right]$

499 $z_1=5e^{i\frac{3}{4}\pi}$; $z_2=3e^{i\frac{\pi}{6}}$; $\frac{z_1}{z_2}$. $\left[\frac{5}{3}\left(\cos\frac{7}{12}\pi+i\sin\frac{7}{12}\pi\right)\right]$

500 $z_1=\sqrt{3}\,e^{i\frac{\pi}{8}}$; $z_2=3e^{i\frac{\pi}{4}}$; $z_1^2\cdot z_2$. $\left[9\left(\cos\frac{\pi}{2}+i\sin\frac{\pi}{2}\right)\right]$

501 $z_1=\sqrt{5}\,e^{i\frac{\pi}{6}}$; $z_2=25e^{i\frac{\pi}{4}}$; $\frac{z_1^2}{z_2}$. $\left[\frac{1}{5}\left(\cos\frac{\pi}{12}+i\sin\frac{\pi}{12}\right)\right]$

502 $z_1=7e^{i\frac{7\pi}{6}}$; $z_2=e^{i\frac{\pi}{12}}$; $\frac{z_1}{z_2^2}$. $[7(\cos\pi+i\sin\pi)]$

503 $z_1=e^{i\frac{\pi}{6}}$; $z_2=e^{i\frac{\pi}{12}}$; $\frac{z_1^3}{z_2^4}$. $\left[\cos\frac{\pi}{6}+i\sin\frac{\pi}{6}\right]$

504 $z_1=4e^{i\frac{\pi}{8}}$; $z_2=2e^{i\frac{\pi}{24}}$; $\frac{z_1^4}{z_2^4}$. $\left[16\left(\cos\frac{\pi}{3}+i\sin\frac{\pi}{3}\right)\right]$

505 **VERO O FALSO?**

a. $e^{\frac{5}{2}\pi i}+e^{\frac{\pi}{2}i}=-1$ V F

b. $e^{\frac{5}{2}\pi i}+e^{\frac{3}{2}\pi i}=0$ V F

c. $e^{i\alpha}+e^{i\alpha}=2\cos\alpha$ V F

d. $e^{i(\pi+\alpha)}=-e^{i\alpha}$ V F

Applicando le formule di Eulero verifica le seguenti uguaglianze.

506 $\sin^2\alpha+\cos^2\alpha=1$

507 $\sin 2\alpha=2\sin\alpha\cos\alpha$

508 $\cos 2\alpha=2\cos^2\alpha-1$

509 $\sin^2\alpha=\frac{1-\cos 2\alpha}{2}$

510 $\cos^2\alpha=\frac{1+\cos 2\alpha}{2}$

VERIFICA DELLE COMPETENZE ALLENAMENTO

UTILIZZARE TECNICHE E PROCEDURE DI CALCOLO

1 VERO O FALSO?

a. $\overline{i-4} = 4 - i$. V F

b. Il punto $A\left(4; \frac{3}{4}\pi\right)$ in coordinate cartesiane è $A(2\sqrt{2}; -2\sqrt{2})$. V F

c. $3e^{2+i\pi} = -3e^2$. V F

d. Se $z \in \mathbb{C}$, la disequazione $|z| \leq 2$ rappresenta i punti di un cerchio di raggio 2 con centro nell'origine. V F

COMPLETA

2 Dato $z = 1 + i\sqrt{3}$:

$\bar{z} =$ ____;

$|z| =$ ____;

$-z =$ ____.

3 Dato $z = \frac{4-\sqrt{2}i}{i}$:

$\bar{z} =$ ____;

$|z| =$ ____;

$z^2 =$ ____.

TEST

4 Del numero complesso $z = \frac{2+i}{2-i}$ possiamo dire che:

A è uguale a $\frac{3+4i}{5}$.

B è uguale a $\frac{3-4i}{5}$.

C è il complesso coniugato di $\frac{2-i}{2+i^2}$.

D è il complesso coniugato di $(2+i)(2-i)$.

E se ne calcolano la parte reale e la parte immaginaria moltiplicando numeratore e denominatore per $2-i$.

5 Il numero complesso scritto in forma esponenziale $\sqrt{2}\,e^{i\frac{\pi}{4}}$ corrisponde al seguente numero scritto in forma algebrica:

A $1+i$.

B $1-i$.

C $2+i$.

D $2-i$.

E $2i$.

6 Scrivi in forma trigonometrica: $3\sqrt{2} - 3\sqrt{2}\,i$; $2 - 2\sqrt{3}\,i$; $-4i$; $\frac{\sqrt{3}}{4} - \frac{1}{4}i$.

7 Scrivi in forma esponenziale: $i(\sqrt{3}+i)$; $(1-i)^4$.

Dato il numero complesso *z*, determina e disegna nel piano di Gauss i numeri complessi indicati.

8 $z = 4 - \sqrt{3}\,i$, $\bar{z}$, z^{-1}, iz.

9 $z = e^{\frac{7}{6}\pi i}$, $\bar{z}$, z^2, $z + \bar{z}$.

10 $z = \frac{2+i}{i}$, $-z$, z^{-1}, $i+z$.

11 Dato $z = \frac{2i-2}{(1+\sqrt{3}\,i)(1+i)}$, trova:

a. il suo modulo;

b. il suo coniugato;

c. il suo opposto.

$\left[\text{a) } 1;\ \text{b) } \frac{\sqrt{3}}{2} - \frac{1}{2}i;\ \text{c) } -\frac{\sqrt{3}}{2} - \frac{1}{2}i\right]$

Calcola il valore delle seguenti espressioni ed esprimi i risultati in forma algebrica.

12 ●○ $\left(\frac{2}{3}+3i\right)+\left(\frac{1}{3}-2i\right)$; $\quad (2-3i)(5+4i)$; $\quad \frac{3-5i}{2+i}$; $\quad (3-2i)^2$.

13 ●○ $\frac{10-5i}{3-i}+2-i-\frac{1+8i}{1+3i}$ $\quad [3-2i]$

14 ●○ $\left[\sqrt{2}\left(\cos\frac{7}{4}\pi+i\sin\frac{7}{4}\pi\right)\right]^3+\left[2\sqrt{2}\left(\cos\frac{5}{4}\pi+i\sin\frac{5}{4}\pi\right)\right]^2$ $\quad [-2+6i]$

15 ●○ $\left[\sqrt{2}\left(\cos\frac{5}{4}\pi+i\sin\frac{5}{4}\pi\right)\right]^{-2}+\left[\frac{\sqrt{3}}{3}\left(\cos\frac{2}{3}\pi+i\sin\frac{2}{3}\pi\right)\right]^{-2}$ $\quad \left[-\frac{3}{2}+\frac{3\sqrt{3}-1}{2}i\right]$

16 ●○ $\sqrt{2}\left(\cos\frac{3}{2}\pi+i\sin\frac{3}{2}\pi\right):\left(\cos\frac{7}{6}\pi+i\sin\frac{7}{6}\pi\right)$ $\quad \left[\frac{\sqrt{2}}{2}+i\frac{\sqrt{6}}{2}\right]$

17 ●○ $\frac{2e^{i\frac{\pi}{4}}\cdot e^{i\frac{\pi}{4}}}{9e^{i\frac{\pi}{3}}}$ $\quad \left[\frac{1}{9}(\sqrt{3}+i)\right]$

18 ●● $\frac{4-i}{2+3i}-\sqrt{2}\,e^{\frac{\pi}{4}i}$ $\quad \left[-\frac{8}{13}-\frac{27}{13}i\right]$

19 ●● $\frac{3i^{10}}{(2-i^{21})^2}+\frac{\sqrt{2}\,i}{(3-i)^2}$ $\quad \left[\frac{-18-3\sqrt{2}}{50}+\frac{2\sqrt{2}-12}{25}i\right]$

20 ●● $\frac{3i}{2+i}-\frac{i-1}{2-i}-\frac{3(2-i)}{2i+1}+2(i-3)^2+(i+1)(1-i)-\frac{1}{5}$ $\quad [19-8i]$

21 ●● $\frac{1+2i}{3-2i}+\frac{1-i}{1+2i}+\frac{1-i}{5}-\frac{i(i-1)}{13}$ $\quad \left[-\frac{7}{65}i\right]$

22 ●● $(3-2i)^3+\frac{1-i^{21}}{-1+i^{19}}-\frac{5(2+i)}{2-i}-(2+i)(2-i)$ $\quad [-17-49i]$

23 ●● $\frac{\left[\sqrt[4]{2}\left(\cos\frac{\pi}{16}+i\sin\frac{\pi}{16}\right)\right]^8\left[2\sqrt{2}\left(\cos\frac{\pi}{36}+i\sin\frac{\pi}{36}\right)\right]^6}{\left[2\left(\cos\frac{\pi}{10}+i\sin\frac{\pi}{10}\right)\right]^{10}}$ $\quad [1-i\sqrt{3}]$

Rappresenta nel piano di Gauss i punti corrispondenti ai numeri complessi *z* che verificano le seguenti equazioni e disequazioni.

24 ●○ $1\le|z|<4$

25 ●○ $|Re(z)|>2$

26 ●○ $Re(z)+Im(z)=1$

27 ●● $|z-1|=|2z+i|$

Calcola le seguenti radici e rappresentale nel piano di Gauss.

28 ●○ $\sqrt[3]{-27}$ $\quad \left[-3,\ \frac{3}{2}-i\frac{3\sqrt{3}}{2},\ \frac{3}{2}+i\frac{3\sqrt{3}}{2}\right]$

29 ●○ $\sqrt{4i}$ $\quad [\sqrt{2}+i\sqrt{2},\ -\sqrt{2}-i\sqrt{2}]$

30 ●○ $\sqrt[3]{-i}$ $\quad \left[i,\ \frac{1}{2}(-\sqrt{3}-i),\ \frac{1}{2}(\sqrt{3}-i)\right]$

31 ●○ $\sqrt{9e^{i\pi}}$ $\quad \left[3e^{i\frac{\pi}{2}},\ 3e^{\frac{3}{2}\pi i}\right]$

---

32 ●● $\sqrt[3]{64\left(\cos\frac{3}{4}\pi+i\sin\frac{3}{4}\pi\right)}$ $\quad [2\sqrt{2}+i2\sqrt{2},\ -\sqrt{6}-\sqrt{2}+i(\sqrt{6}-\sqrt{2}),\ \sqrt{6}-\sqrt{2}+i(-\sqrt{6}-\sqrt{2})]$

Risolvi in $\mathbb{C}$ le seguenti equazioni.

33 ●○ $x^3-8=0$ $\quad [2,\ -1\pm i\sqrt{3}]$

34 ●● $9i-x^2=0$ $\quad \left[\frac{3}{2}\sqrt{2}(1+i),\ \frac{3}{2}\sqrt{2}(-1-i)\right]$

35 ●○ $x^2+2\sqrt{2}\,x+3=0$ $\quad [-\sqrt{2}\pm i]$

36 ●○ $x^2+4x+7=0$ $\quad [-2\pm i\sqrt{3}]$

37 ●○ $x^8-17x^4+16=0$ $\quad [\pm1,\ \pm i,\ \pm2,\ \pm2i]$

38 ●○ $x^4+40x^2+144=0$ $\quad [\pm2i,\ \pm6i]$

39 $x^4 + 82x^2 + 81 = 0$ $[\pm i, \pm 9i]$

40 $x^5 + 4x^3 + x^2 + 4 = 0$ $\left[\pm 2i, \frac{1 \pm i\sqrt{3}}{2}, -1\right]$

41 $(x^2 + 4)(x^3 - 27i) = 0$ $\left[\frac{3}{2}(\sqrt{3} + i), \frac{3}{2}(-\sqrt{3} + i), -3i, \pm 2i\right]$

42 $x^3 = 4 - 4i\sqrt{3}$ $\left[2\left[\cos\left(\frac{5}{9}\pi + \frac{2k\pi}{3}\right) + i\sin\left(\frac{5}{9}\pi + \frac{2k\pi}{3}\right)\right], k = 0, 1, 2\right]$

RISOLVERE PROBLEMI

43 Calcola $a, b \in \mathbb{R}$ in modo che siano uguali i numeri complessi $a - b + 7 + (2a - b)i$ e $4a - 3b + 5bi$.
$[a = 3, b = 1]$

44 Dati $z_1 = 2 - ai$ e $z_2 = 1 + ai$, trova per quali valori di $a \in \mathbb{R}$:
a. $z_1 \cdot z_2 \in \mathbb{R}$; **b.** $\overline{z_1} \cdot z_2 \in \mathbb{I}$; **c.** $z_1 + \overline{z_2} = 3$.
$[\text{a) } 0; \text{ b) } \pm\sqrt{2}; \text{ c) } 0]$

45 Dato $z = \sqrt{2} - \sqrt{2}\,i$, calcola z^4. Indica con $\bar{z}$ il numero complesso coniugato di z, trova $z^5 \cdot \bar{z}$.
Determina infine il numero $w \in \mathbb{C}$ tale che $z \cdot w = 1$.
$\left[-16; -64; \frac{\sqrt{2}}{4}(1 + i)\right]$

46 **a.** Sia $z = \frac{3\sqrt{3} - 3i}{2\sqrt{3}\,i}$. Scrivi z in forma trigonometrica e calcola z^{-2}.

b. Sia $w = \frac{\sqrt{3}}{3} + bi$. Determina per quali $b \in \mathbb{R}$ si ha che $|z \cdot w| = \sqrt{7}$.
$\left[\text{a) } \sqrt{3}\left(\cos\frac{4}{3}\pi + i\sin\frac{4}{3}\pi\right); -\frac{1}{6} - \frac{\sqrt{3}}{6}i; \text{ b) } \pm\sqrt{2}\right]$

47 Discuti al variare di $a \in \mathbb{R}$ le soluzioni dell'equazione $az^2 - 4z + 1 = 0$, dove $z \in \mathbb{C}$.
Determina $a < 0$ in modo tale che il prodotto del modulo delle radici sia uguale a 8.
$\left[a = 0\colon\ z = \frac{1}{4}, a \leq 4 \wedge a \neq 0\colon\ z = \frac{2 \pm \sqrt{4 - a}}{a}, a > 4\colon\ z = \frac{2 \pm (\sqrt{a - 4})i}{2}; -\frac{1}{8}\right]$

48 **a.** Risolvi in $\mathbb{C}$ l'equazione $x^8 - 82x^4 + 81 = 0$.
b. Scrivi in forma esponenziale le soluzioni ottenute. $\left[\text{a) } \pm 1, \pm i, \pm 3, \pm 3i; \text{ b) } e^{i0}, e^{i\pi}, e^{\pm i\frac{\pi}{2}}, 3e^{i0}, 3e^{i\pi}, 3e^{\pm i\frac{\pi}{2}}\right]$

49 **a.** Dopo aver opportunamente semplificato i coefficienti, risolvi in $\mathbb{C}$ l'equazione:

$$\left[\left(-\frac{1}{\sqrt{3} + i} + \frac{1}{\sqrt{3} - i} + \frac{1}{2}\right) : (i + 1)\right]z^4 - 2(1 + i)^4 = 0.$$

b. Calcola $z_1 \cdot z_2 \cdot z_3 \cdot z_4$.
c. Scrivi le soluzioni in forma esponenziale. $\left[\text{a) } \sqrt{2}(1 \pm i), \sqrt{2}(-1 \pm i); \text{ b) } 16; \text{ c) } 2e^{ik\frac{\pi}{4}}, \text{con } k = 1, 3, 5, 7\right]$

50 REALTÀ E MODELLI **Uno strano orologio** Uno studio di design vuole produrre un nuovo gadget: un oggetto simile a un orologio, che però segni con una lancetta i giorni della settimana anziché le ore. Determina le coordinate di sette punti che suddividono una circonferenza in sette archi uguali.
$\left[(1; 0), \left(\cos\frac{2\pi}{7}; \sin\frac{2\pi}{7}\right), \left(\cos\frac{4\pi}{7}; \sin\frac{4\pi}{7}\right), \ldots\right]$

Allenati con **15 esercizi interattivi** con feedback “hai sbagliato, perché...”
su.zanichelli.it/tutor3 risorsa riservata a chi ha acquistato l'edizione con tutor

VERIFICA DELLE COMPETENZE

VERIFICA DELLE COMPETENZE VERSO L'ESAME

ARGOMENTARE E DIMOSTRARE

51 ●○ Spiega la differenza fra numero immaginario e numero complesso, esaminando anche casi particolari.

52 ●○ Scegli un numero complesso scritto in forma algebrica e trasformalo in forma trigonometrica, poi in forma esponenziale. Illustra ciascun passaggio.

53 ●○ Dato il numero complesso $z = r(\cos\alpha + i \cdot \sin\alpha)$, dimostra che $\frac{1}{z} = \frac{1}{r}(\cos\alpha - i \cdot \sin\alpha)$.

54 ●● Dimostra che se $z = re^{i\alpha}$, il suo coniugato è $\overline{z} = re^{-i\alpha}$.

INDIVIDUARE STRATEGIE E APPLICARE METODI PER RISOLVERE PROBLEMI

55 ●● Dati i numeri z_1 e z_2 rappresentati nel piano di Gauss:

a. calcola l'espressione $\overline{z_1} \cdot z_2 + 3z_1^2 - \frac{z_2}{z_1}$;

b. determina il luogo dei punti del piano complesso tali che

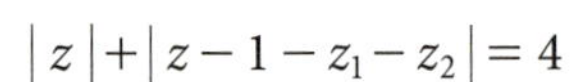

$$|z| + |z - 1 - z_1 - z_2| = 4$$

e rappresentalo.

$\left[\text{a)} -\frac{1}{2} - \frac{11}{2}i;\ \text{b) ellisse } \frac{(x-1)^2}{4} + \frac{y^2}{3} = 1\right]$

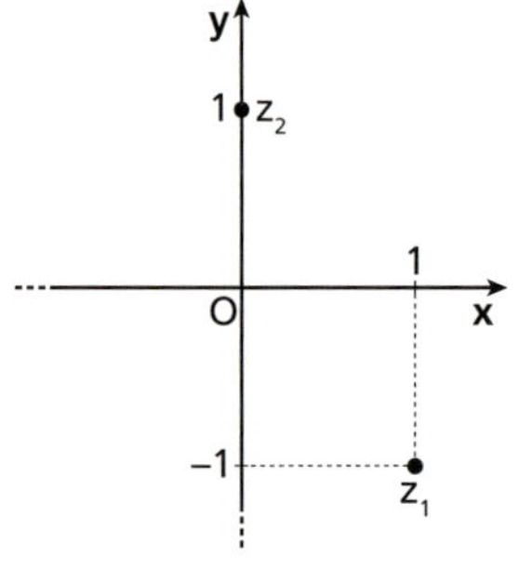

56 ●● **a.** Determina le soluzioni in $\mathbb{C}$ dell'equazione:

$$|z - 1 - i| = |\overline{z} + 2i \cdot Im(z) + 2 - i|, \quad \text{con } z \in \mathbb{C}.$$

b. Rappresenta sul piano di Gauss l'insieme delle soluzioni.

c. Determina le eventuali soluzioni che abbiano modulo uguale a 1.

$\left[\text{a)}\ z = -\frac{1}{2} + bi, \forall b \in \mathbb{R};\ \text{c)} -\frac{1}{2} + \frac{\sqrt{3}}{2}i, -\frac{1}{2} - \frac{\sqrt{3}}{2}i\right]$

57 ●● **a.** È data l'equazione $z^4 - 2z^3 + 3z^2 - 2z + 2 = 0$, dove $z \in \mathbb{C}$. Verifica che i e $-i$ sono soluzioni.

b. Dopo averne abbassato il grado determina le rimanenti soluzioni.

c. Scrivi le soluzioni trovate in forma trigonometrica e calcola il loro prodotto verificando che è uguale al termine noto dell'equazione.

$\left[\text{b)}\ 1 \pm i;\ \text{c)}\ \sqrt{2}\left(\cos\frac{\pi}{4} + i\sin\frac{\pi}{4}\right), \sqrt{2}\left(\cos\frac{7}{4}\pi + i\sin\frac{7}{4}\pi\right)\right]$

58 ●● Dato il numero complesso $z = x + iy$ e il coniugato s:

a. descrivi l'insieme dei numeri complessi z tali che $|s - 2| \leq |z + i|$;

b. rappresenta graficamente l'insieme;

c. determina tra i numeri z che verificano l'equazione $|s - 2| = |z + i|$ quello la cui parte reale vale 2.

$\left[\text{a)}\ y \geq -2x + \frac{3}{2};\ \text{c)}\ 2 - \frac{5}{2}i\right]$

59 ●●

a. È data l'equazione $x^2 - 4kx + 2 - 2k = 0$, con $k \in \mathbb{R}$ e $x \in \mathbb{C}$. Discuti le soluzioni al variare di k.

b. Trova per quali k la soluzione complessa ha parte immaginaria che vale $\sqrt{2}\,i$.

c. Considera la soluzione z ottenuta per il valore negativo di k trovato al punto precedente e calcola z^{-3}.

$\left[\text{a) } k \le -1 \vee k \ge \frac{1}{2}, x_{1,2} = 2k \pm \sqrt{4k^2 + 2k - 2}; -1 < k < \frac{1}{2}, x_{1,2} = 2k \pm i\sqrt{-4k^2 - 2k + 2};\right.$
$\left.\text{b) } k = 0, k = -\frac{1}{2}; \text{c) } \frac{5}{27} - \frac{\sqrt{2}}{27}i\right]$

60 ●●

a. Determina l'equazione della retta r e le coordinate del punto P.

b. Trasforma le coordinate cartesiane di P in coordinate polari.

c. Considera il punto P rappresentativo del numero complesso z nel piano di Gauss e verifica che $z^3 i + z^2 + 2z + 4 - 8i = 0$.

$\left[\text{a) } r\text{: } y = \sqrt{3}x + 2\sqrt{3}, P(-1; \sqrt{3}); \text{b) } \left(2; \frac{2\pi}{3}\right)\right]$

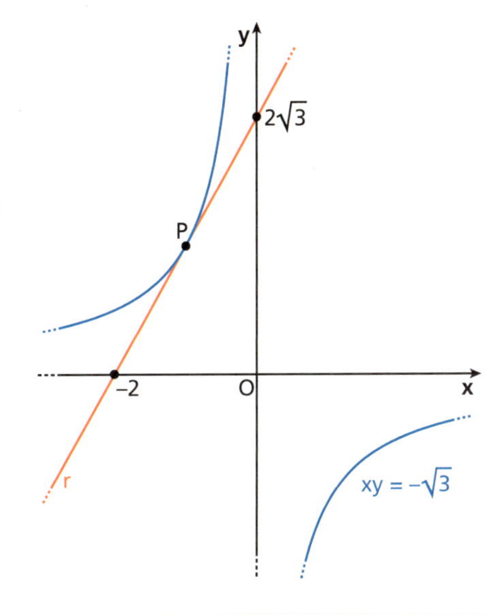

COSTRUIRE E UTILIZZARE MODELLI

61 ●●

Il labirinto circolare Costruisci una successione di numeri complessi w_i che rappresenti il percorso verso l'uscita del labirinto in figura, partendo dal punto O. Sia $z_0 = -i$, scrivi in notazione esponenziale con argomenti in radianti, i numeri complessi z_1, z_2, z_3, z_4, z_5 tali che:

$$w_0 = z_0,\ w_1 = z_0 \cdot z_1,\ w_2 = z_0 \cdot z_1 \cdot z_2,\ \ldots,$$

$$w_5 = z_0 \cdot z_1 \cdot z_2 \cdot z_3 \cdot z_4 \cdot z_5.$$

$\left[z_1 = \frac{3}{2}e^{\frac{\pi}{6}i}, z_2 = \frac{2}{3}e^{-\frac{\pi}{3}i}, z_3 = \frac{3}{2}e^{-\frac{5\pi}{12}i}, z_4 = \frac{2}{3}e^{-\frac{2\pi}{9}i}, z_5 = 2e^{-\frac{\pi}{9}i}\right]$

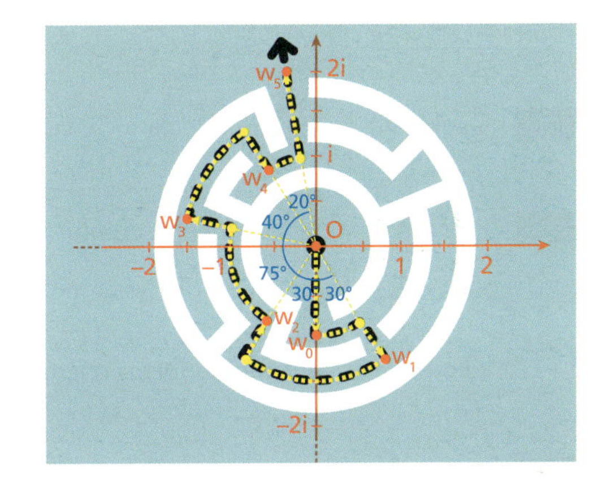

62 ●●

La scala a chiocciola I gradini della scala in figura, visti dall'alto, formano una successione di triangoli adiacenti che si avvolgono a spirale attorno al punto centrale O. Considera tale punto come il centro di un piano complesso e OA come l'unità reale.

a. Qual è il valore del numero complesso z_0 affinché la successione

$$\ldots, z_0^{-n}, \ldots, z_0^{-2}, z_0^{-1}, 1, z_0, z_0^2, \ldots, z_0^n, \ldots$$

delle potenze intere di z_0 sia rappresentabile come la successione dei vettori in figura?

b. Dimostra che, nell'ipotesi del punto precedente, i gradini formano una successione di triangoli tutti simili fra loro.

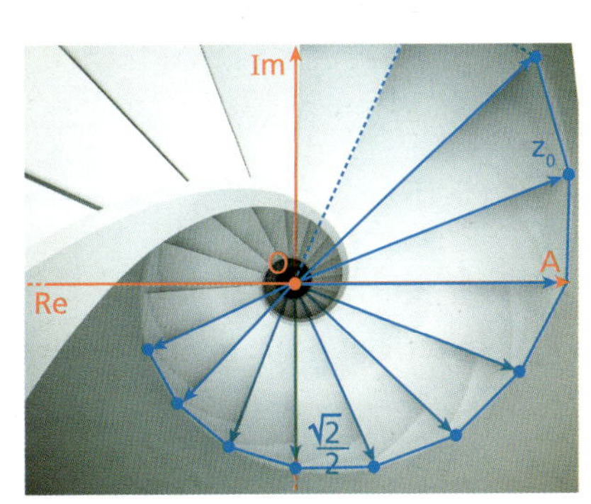

$\left[\text{a) } z_0 = \sqrt[8]{2}\,e^{\frac{\pi}{8}i}\right]$

VERIFICA DELLE COMPETENZE PROVE

1 ora

PROVA A

1 Dato il numero complesso $z = \frac{i+1}{3-i}$, determina il suo modulo e rappresenta nel piano di Gauss: z, $\bar{z}$ e z^{-1}.

2 Calcola il valore di: **a.** $(2-i)^3 + \frac{1+i^4}{1+i^3}$; **b.** $\frac{25(3+4i)}{3-4i} + (3+i)(3-i)$.

3 Scrivi $z = 2i - 2\sqrt{3}$ in forma trigonometrica, calcola z^{12} ed esprimilo in forma algebrica.

4 Calcola il valore di $\frac{\left(e^{i\frac{\pi}{6}}\right)^2 \cdot 3e^{i\frac{\pi}{4}}}{e^{i\frac{\pi}{4}}}$ ed esprimi il risultato in forma trigonometrica.

5 Determina le radici cubiche di -1 e rappresentale nel piano di Gauss.

6 Risolvi in $\mathbb{C}$ le equazioni: **a.** $x^2 + i = 0$; **b.** $x^3 - 27 = 0$; **c.** $x^2 + 2\sqrt{2}x + 5 = 0$.

PROVA B

1 Dati i due numeri complessi $z_1 = 3x + 1 + yi$ e $z_2 = 2x - y + xi$, stabilisci per quali valori di x, $y \in \mathbb{R}$ si ha:
a. $z_1 + z_2 = 0$; **b.** $z_1 = \overline{z_2}$.

2 Considera $z = \frac{1+i}{i-2}$, calcola $\overline{z^{-1}}$ e verifica che è uguale a $(\bar{z})^{-1}$.

3 Dopo aver opportunamente semplificato i coefficienti, risolvi in $\mathbb{C}$ l'equazione

$$-\frac{(1-i)^4}{4} z^6 + 4(-1-i)^8 = 0$$

ed esprimi le soluzioni in forma trigonometrica.

4 Rappresenta nel piano di Gauss i punti corrispondenti ai numeri complessi z tali che:
a. $|\bar{z}| = 2$; **b.** $|z-1| = |z+2|$.

5 Scrivi $z_1 = \frac{3}{2} + \frac{\sqrt{3}}{2}i$ e $z_2 = \sqrt{2} - \sqrt{2}\,i$ in forma esponenziale, quindi calcola

a. $z_1 \cdot z_2$, **b.** $\frac{z_1}{z_2}$, **c.** $(\overline{z_1} \cdot \overline{z_2})^2$

e scrivi il risultato in forma trigonometrica.

6 Risolvi in $\mathbb{C}$ le equazioni:
a. $x^2 - (2-i)x + 3 - i = 0$; **b.** $x^3 + x^2 + x + 1 = 0$.

PROVA C

1 Scrivi in forma algebrica, trigonometrica ed esponenziale i numeri complessi rappresentati nel piano di Gauss in figura.

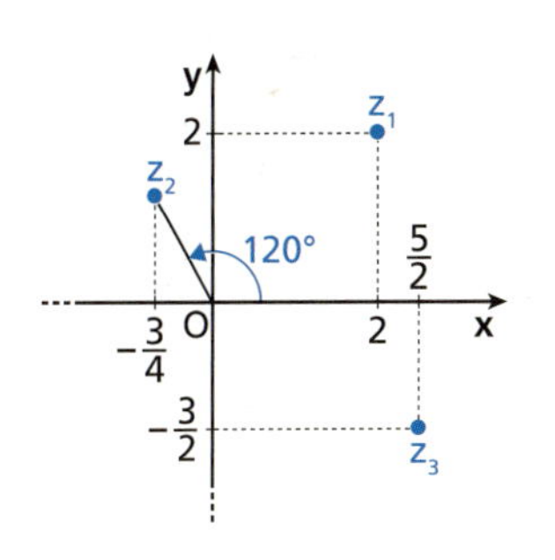

2 Rappresenta nel piano di Gauss i numeri complessi z tali che $Im(z) + 5 = 0$.

3 Scrivi in forma algebrica:

a. $\frac{3}{4}\left(\cos\frac{4}{3}\pi + i\sin\frac{4}{3}\pi\right)$; **b.** $5\left(\cos\frac{5}{4}\pi + i\sin\frac{5}{4}\pi\right)$; **c.** $\frac{\sqrt{3}}{3}\left(\cos\frac{\pi}{6} + i\sin\frac{\pi}{6}\right)$.

4 In base alla figura esegui le operazioni richieste e rappresenta nel piano di Gauss il risultato:

a. z_1^4;

b. $z_1 \cdot z_2$;

c. $z_2 : z_1$.

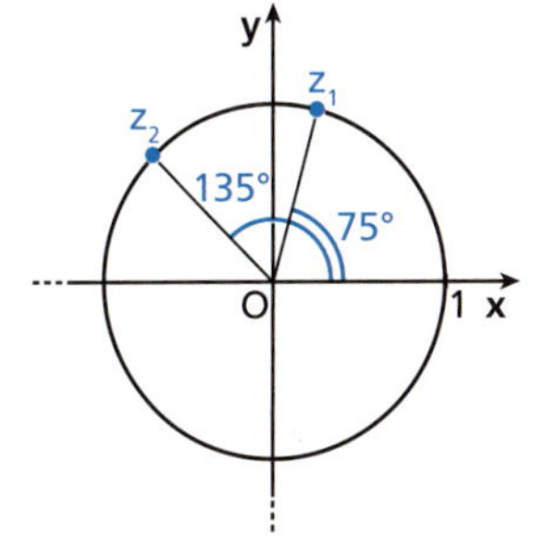

5 Scrivi l'equazione le cui radici sono rappresentate in figura nel piano di Gauss.

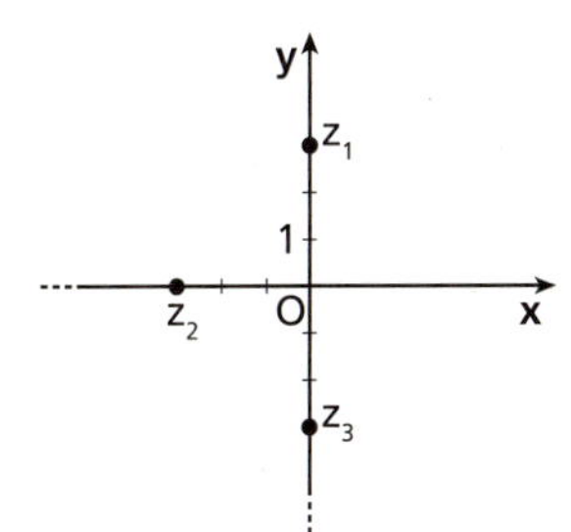

PROVA D

1 **a.** Rappresenta sul piano di Gauss l'insieme $E = \{z \in \mathbb{C} : |z| = 5\}$.

b. Siano $z_1 = 4 + 4\sqrt{3}\,i$, $z_2 = \frac{4\sqrt{3}}{5} - \frac{4}{5}i$; verifica che il punto $\frac{z_1}{z_2}$ appartiene all'insieme E.

c. Disegna nel piano di Gauss il vettore $z_1 - 5z_2$.

2 Considera la circonferenza rappresentata.

a. Determina la sua equazione e le coordinate di B.

b. Considera i numeri complessi z_1 e z_2 individuati nel piano di Gauss da A e B rispettivamente. Preso AB come lato di un poligono regolare inscritto nella circonferenza, determina il numero dei lati e i rimanenti vertici.

c. Determina un'equazione a coefficienti complessi che abbia come soluzioni i vertici del poligono.

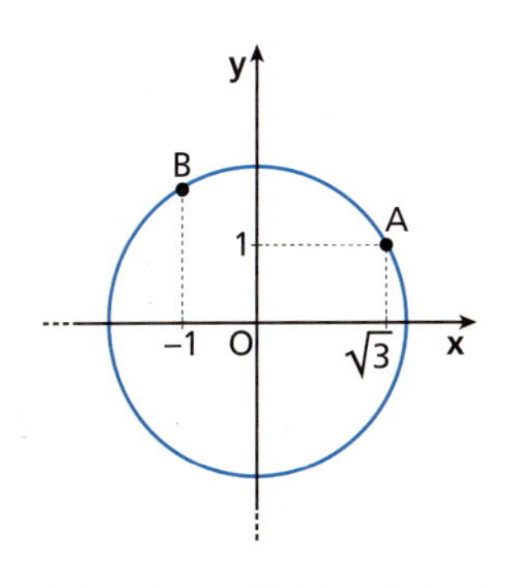

T

CAPITOLO

β1

STATISTICA UNIVARIATA

MATEMATICA INTORNO A NOI

Possiamo fidarci?
I giornali sono sommersi di sondaggi, che rivelano opinioni, tendenze, orientamenti politici della popolazione.

▸ Quanto sono attendibili i risultati dei sondaggi?

La risposta

1 Dati statistici

Immagina di parlare con uno sconosciuto e di raccogliere informazioni sulle sue abitudini, sui suoi gusti, sul suo stato di salute. Potresti dedurre un ritratto significativo di questa persona.

Se raccogliessi le stesse informazioni per un gruppo di persone, diciamo mille, e ti accorgessi che alcune risposte si assomigliano e altre differiscono completamente le une dalle altre, cosa potresti dedurne? Potresti fare, in qualche modo, un ritratto di gruppo?

A volte anche molte informazioni possono essere inutili, se non sono ben organizzate. In tal caso può essere utile *raggruppare e sintetizzare i dati*: in questo modo si rinuncia a parte dell'informazione che essi contengono, ma si guadagna in leggibilità e facilità di interpretazione. In particolare si possono elaborare tanti dati relativi a singoli individui per trarne informazioni sulla popolazione nel suo complesso. A seconda poi di come questi dati vengono raggruppati è possibile studiare aspetti diversi del problema in esame.

Statistica, popolazione e campione

▸ Esercizi a p. β34

La *statistica* si occupa proprio dei modi di raccogliere e analizzare **dati** relativi a un certo gruppo di persone (gli studenti di una scuola, gli abitanti di un quartiere, gli elettori di una regione, ...) o di oggetti (le automobili, i dischi, i libri, ...), per trarne conclusioni e fare previsioni. Le **fasi fondamentali** di un'indagine statistica sono quindi:

- rilevamento dei dati e raccolta in tabelle;
- rappresentazione grafica dei dati;
- elaborazione dei dati.

Il gruppo preso in considerazione viene detto **popolazione** o **universo** o **collettivo statistico**.
Spesso viene presa in esame soltanto una parte della popolazione, detta **campione**, scelta in modo che rappresenti l'intero gruppo. Osserviamo che la raccolta dei dati di tipo globale sarebbe più significativa di quella campionaria, ma è molto costosa e talvolta impossibile. Per questo la maggior parte della raccolta dati è di tipo campionario.

Il campione deve essere attendibile: per esempio, se si sta eseguendo un'indagine per verificare o meno il successo di una trasmissione televisiva, l'intervistato non deve essere qualcuno che lavora per quella trasmissione. Le tecniche utilizzate per la raccolta dei dati possono essere l'intervista diretta o indiretta. Nel caso di intervista indiretta, si possono ottenere le informazioni volute facendo compilare un questionario che viene poi spedito o consegnato dall'intervistato a un incaricato (pensa, per esempio, al censimento).

Si propongono di solito questionari anonimi con la sola richiesta dell'indicazione del sesso e dell'età. Il linguaggio utilizzato deve essere chiaro e non ambiguo e spesso il questionario è di tipo strutturato. Nella figura seguente puoi osservare una parte di un questionario spedito a casa da una ditta per una ricerca di mercato sulle automobili.

AUTOMOBILI

- **Quante autovetture possedete in famiglia?** 9 ☐ Nessuna 1 ☐ 1 2 ☐ 2 3 ☐ 3+

Che tipo di auto possedete?	**VETTURA 1**	**VETTURA 2**
• **Marca**		
• **Modello**		
• **Categoria**	1 ☐ Berlina 3 ☐ Cabriolet 5 ☐ 4 x 4 2 ☐ Coupé 4 ☐ Familiare 6 ☐ Altra	1 ☐ Berlina 3 ☐ Cabriolet 5 ☐ 4 x 4 2 ☐ Coupé 4 ☐ Familiare 6 ☐ Altra
• **Cilindrata e anno** (es. 1 6 0 0 cc., 2 0 1 6)	cc.	cc.
• **Alimentazione**	1 ☐ Benzina 2 ☐ Gasolio 3 ☐ Altro	1 ☐ Benzina 2 ☐ Gasolio 3 ☐ Altro
• **L'auto è guidata più spesso da:**	1 ☐ Me 2 ☐ Altri	1 ☐ Me 2 ☐ Altri
• **L'auto è intestata a:**	1 ☐ Privato 2 ☐ Ditta	1 ☐ Privato 2 ☐ Ditta
• **Quanti km percorre in media in un anno:**	.000	.000
• **Quando prevede di cambiare l'auto:**	1 ☐ Entro 6 mesi 2 ☐ Tra 1 o 2 anni 3 ☐ Più tardi	1 ☐ Entro 6 mesi 2 ☐ Tra 1 o 2 anni 3 ☐ Più tardi
• **L'auto è utilizzata principalmente per:**	1 ☐ Uso personale 2 ☐ Lavoro 3 ☐ Entrambi	1 ☐ Uso personale 2 ☐ Lavoro 3 ☐ Entrambi

Raccolte le schede compilate:

- si contano le schede per sapere il numero effettivo delle unità che costituiscono il campione;
- si contano le diverse risposte date a ciascuna domanda predisponendo tabelle di spoglio;
- si rappresentano graficamente i dati;
- si elaborano i dati con metodi matematici;
- si interpretano i dati e si traggono conclusioni in modo tale che si possano ritenere valide per tutta la popolazione.

Delle prime fasi di questo procedimento si occupa la **statistica descrittiva**.

La **statistica inferenziale**, invece, si occupa dell'ultima fase, cioè di trarre conclusioni generali con un errore predeterminato a partire da dati ottenuti su una parte della popolazione. Si avvale dei risultati della statistica descrittiva e di strumenti di probabilità.

Definizioni fondamentali

1. **Popolazione**: è l'insieme delle persone (o oggetti) sui quali si effettua l'indagine; ogni singolo individuo (o soggetto) è detto **unità statistica**.
2. **Carattere**: è la caratteristica oggetto dell'indagine; la **modalità** di un carattere è uno dei modi possibili in cui il carattere si può manifestare. In base alle modalità un carattere può essere di due tipi.

- **Quantitativo**: se espresso attraverso un numero. In questo caso si parla di **variabile statistica**, che può essere a sua volta di due tipi:
  - **continua**: se le modalità derivano da un'operazione di *misurazione*, per esempio l'altezza delle persone o il prezzo di un prodotto;
  - **discreta**: se le modalità derivano da un'operazione di *conteggio*, per esempio l'età in anni o il numero di ingressi giornalieri a un museo.
- **Qualitativo**: se espresso attraverso parole. Si parla, in tal caso, di **mutabile statistica**, per esempio il colore degli occhi o la marca di un certo tipo di prodotto.

3. **Frequenza assoluta di una modalità**: è il numero di volte in cui si presenta la modalità in una distribuzione di dati.

4. **Frequenza relativa di una modalità**: è il rapporto tra la frequenza assoluta della modalità e il numero totale delle unità statistiche.

5. **Frequenza cumulata di una modalità**: è la somma della frequenza assoluta della modalità con tutte le frequenze assolute precedenti. Per calcolare la frequenza cumulata, le modalità devono essere ordinate in modo crescente.

Si chiama **distribuzione di frequenze**, o più semplicemente **distribuzione**, l'insieme delle coppie ordinate in cui il primo elemento è la modalità e il secondo è la frequenza corrispondente.

Occupiamoci, innanzitutto, delle **distribuzioni semplici**, cioè delle distribuzioni che interessano un solo carattere.

Per riassumere i dati è utile organizzarli in tabelle e poi rappresentarli con un grafico opportuno, in modo da rendere più evidenti le loro caratteristiche.

Serie e seriazioni

▶ Esercizi a p. β34

Serie statistiche

In questo tipo di tabelle, la prima colonna contiene le modalità di un carattere *qualitativo* e le colonne successive contengono le corrispondenti frequenze assolute e relative.

Per esempio, consideriamo la tabella che riporta i tipi di elettrodomestici che sono stati acquistati presso un negozio.

Serie statistica		
Elettrodomestici	**Frequenze assolute**	**Frequenze relative**
apparecchi TV	15	30%
lavatrici	10	20%
forni a microonde	8	16%
aspirapolvere	17	34%
Totale	50	100%

Rappresentazione delle serie statistiche

Possiamo rappresentare i dati in tabella in vari modi: con un **ortogramma**, con un **areogramma** o con un **cartogramma**.

Per costruire un **ortogramma**, rappresentiamo sull'asse orizzontale le modalità e su quello verticale le frequenze assolute. Questo tipo di grafico permette di confrontare velocemente le frequenze delle modalità in base all'altezza dei rettangoli.

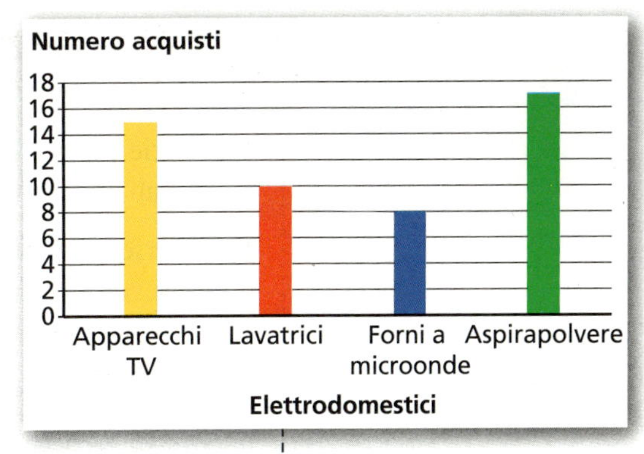

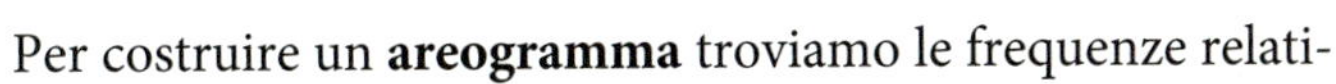

Per costruire un **areogramma** troviamo le frequenze relative di ogni modalità e dividiamo un cerchio in spicchi in modo che l'area di ogni spicchio sia proporzionale alla frequenza relativa della modalità corrispondente allo spicchio. A tal fine è sufficiente calcolare l'angolo al centro di ogni spicchio.
Per esempio, l'angolo corrispondente allo spicchio degli apparecchi TV soddisfa la proporzione:

$$x : 360° = 30 : 100, \text{ da cui } x = 108°.$$

È preferibile non utilizzare l'areogramma nel caso in cui ci siano tante modalità.

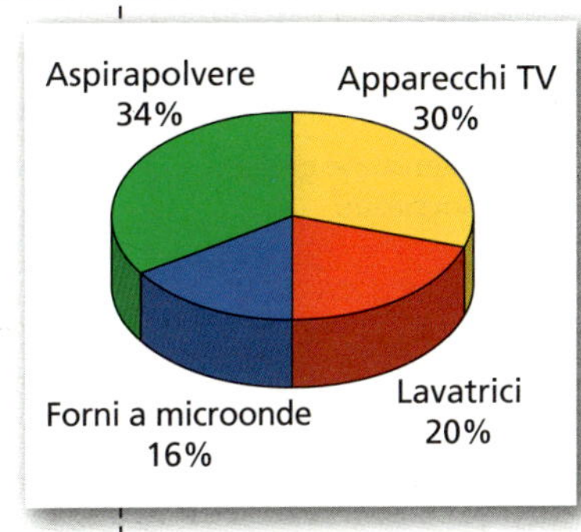

I **cartogrammi** sono grafici utilizzati per rappresentare dati relativi ad aree geografiche. Sono particolarmente indicati per le cosiddette *serie territoriali*, cioè quelle in cui le modalità qualitative sono zone geografiche. Si costruiscono utilizzando una carta geografica del territorio considerato e segnando le varie aree con segni convenzionali o colori diversi. I cartogrammi sono frequentissimi sui libri di geografia e sugli atlanti.
Nel cartogramma a fianco, maggiore è l'intensità del verde, maggiore è la percentuale dei Comuni della regione a rischio idrogeologico secondo i rilevamenti del 2008.

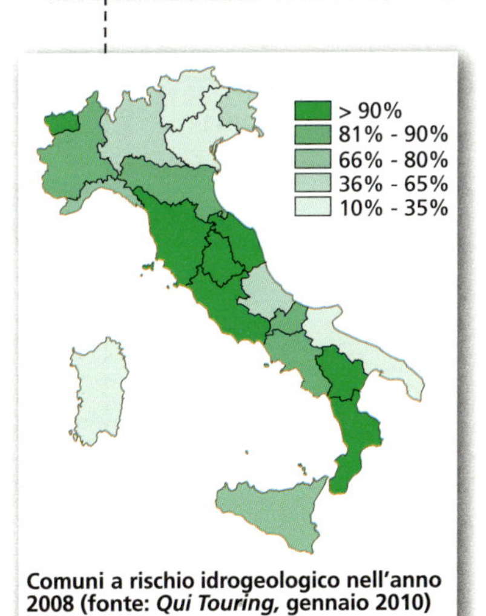

Comuni a rischio idrogeologico nell'anno 2008 (fonte: *Qui Touring*, gennaio 2010)

Serie storiche

Un tipo particolare di serie statistiche è costituito dalle **serie storiche**, che mostrano l'evoluzione nel tempo del fenomeno considerato.
Questa tabella, per esempio, mostra la percentuale di giovani disoccupati negli anni dispari tra il 2005 e 2013.

Serie storica

Anno	Giovani disoccupati tra i 15 e i 29 anni (%)
2005	20,0
2007	18,9
2009	20,5
2011	22,7
2013	26,0

Vendita di una merce	
Giorno	**Vendite (kg)**
lunedì	140
martedì	310
mercoledì	185
giovedì	170
venerdì	280
sabato	135

Un altro esempio di serie storica è quello della tabella a fianco, relativa alle vendite di una merce, espresse in kilogrammi, nei giorni di una settimana.

Una serie storica di questo tipo viene detta **serie ciclica**, in quanto le modalità temporali si ripetono secondo un ordine prefissato.

Nelle serie storiche la seconda colonna spesso riporta non la frequenza, cioè il numero di volte in cui si è presentato un fenomeno, ma l'intensità di un fenomeno (pesi, valori monetari ecc.).

Rappresentazione delle serie storiche

Il metodo migliore per rappresentare una serie storica è il **diagramma cartesiano**. Per costruirlo si mettono in ascissa i tempi di osservazione e in ordinata i valori rilevati. Collegando i punti con una spezzata, risulta evidente l'andamento del carattere nel tempo.

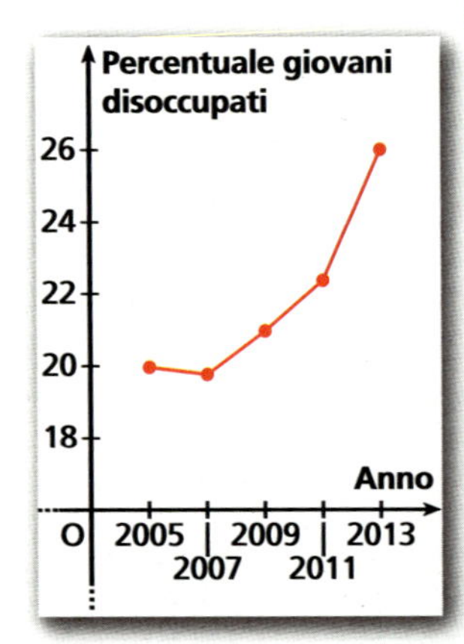

Il diagramma cartesiano a lato rappresenta la serie storica dell'esempio della pagina precedente.

Un altro modo per rappresentare le serie storiche è l'**ideogramma**.
Gli ideogrammi utilizzano figure che richiamano il contenuto del fenomeno e servono per darne una visione immediata. Le figure hanno dimensioni diverse, proporzionali ai dati che rappresentano.

Consideriamo, per esempio, la serie storica della tabella seguente, che riporta il numero di tazzine di caffè servite al bar di un circolo sportivo. Abbiamo l'ideogramma a fianco della tabella.

Tazzine di caffè	
Anno	**Numero tazzine caffè**
2013	4600
2014	6400
2015	7230
2016	8890

Per rappresentare serie storiche aventi carattere ciclico possiamo utilizzare il **radar**.

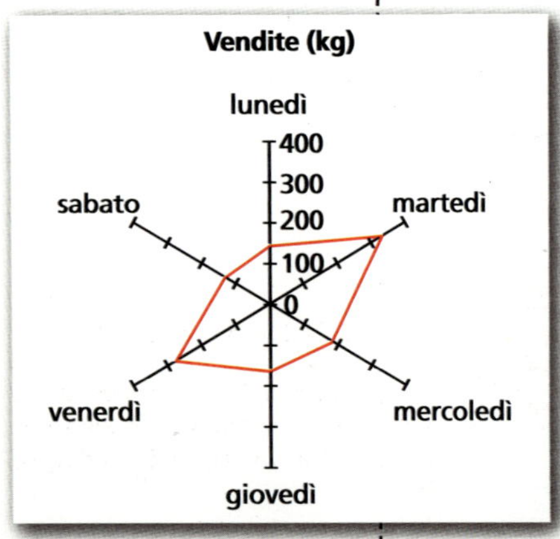

Da un punto del piano tracciamo tante semirette quante sono le modalità temporali. Gli angoli fra due semirette consecutive sono uguali e su di esse si segnano i valori, che si collegano con una spezzata. Rappresentiamo i dati della serie ciclica precedente, riguardante la vendita di una merce nei giorni della settimana. Dal grafico si vede con immediatezza che i giorni di maggiore vendita sono il martedì e il venerdì.

Seriazioni statistiche

In queste tabelle, la prima colonna contiene un carattere *quantitativo* e le colonne successive contengono le corrispondenti frequenze (assolute, relative o cumulate).

Per esempio, consideriamo la spesa sostenuta dai clienti abituali di un supermercato in un mese.

Seriazione statistica				
Spesa sostenuta dai clienti (€)	**Frequenza**	**Frequenza relativa percentuale**	**Frequenza cumulata**	**Frequenza relativa percentuale cumulata**
0-300	12	30%	12	30%
300-600	18	45%	30	75%
600-900	6	15%	36	90%
900-1200	4	10%	40	100%
Totale	40	100%		

Rappresentazioni delle seriazioni statistiche

Una seriazione statistica in cui compare un carattere discreto può essere rappresentata con un diagramma cartesiano o con un areogramma o con un ortogramma. Nel caso in cui il carattere sia continuo la rappresentazione più conveniente è il diagramma cartesiano.

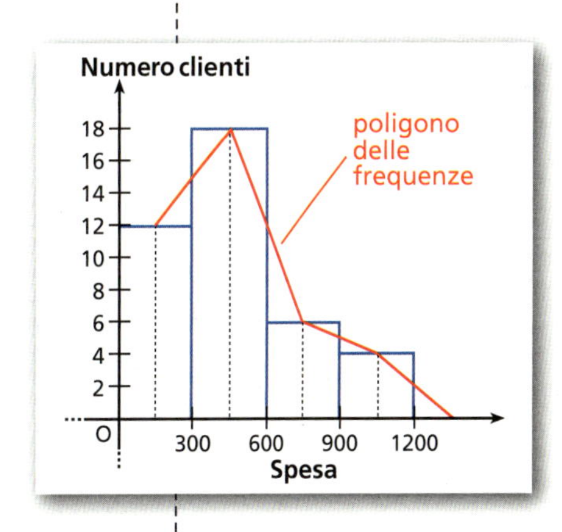

Nella tabella precedente i dati sono raggruppati in **classi** e le frequenze riportate sono relative a ogni classe. In tal caso la rappresentazione migliore è l'**istogramma**.
Per costruire un istogramma si disegnano, su un riferimento cartesiano, tanti rettangoli adiacenti quante sono le classi. Ogni rettangolo ha la base proporzionale all'ampiezza della classe e l'area proporzionale alla corrispondente frequenza. Se le classi hanno tutte la stessa ampiezza, allora i rettangoli hanno altezza proporzionale alla frequenza.
Se in un istogramma si congiungono i punti medi dei lati superiori dei rettangoli, si ottiene una spezzata chiamata **poligono delle frequenze**.

2 Indici di posizione e variabilità

Dopo aver raccolto, organizzato e rappresentato i dati, è necessario sintetizzarli in modo da identificare le relazioni che li caratterizzano.
La sintesi dei dati avviene attraverso gli **indici**, che si distinguono in **indici di posizione** e **indici di variabilità**.
Gli indici di posizione vengono anche detti **medie**, che a loro volta si distinguono in **medie di calcolo** e **medie di posizione**.

Video

Medie di calcolo In statistica vengono definiti diversi tipi di media.

▶ Come scegliere quella più adatta al nostro caso?

Medie di calcolo

▶ Esercizi a p. β39

Media aritmetica

DEFINIZIONE
La **media aritmetica** M di n numeri $x_1, x_2, \ldots, x_n$ è il quoziente fra la loro somma e il numero n.

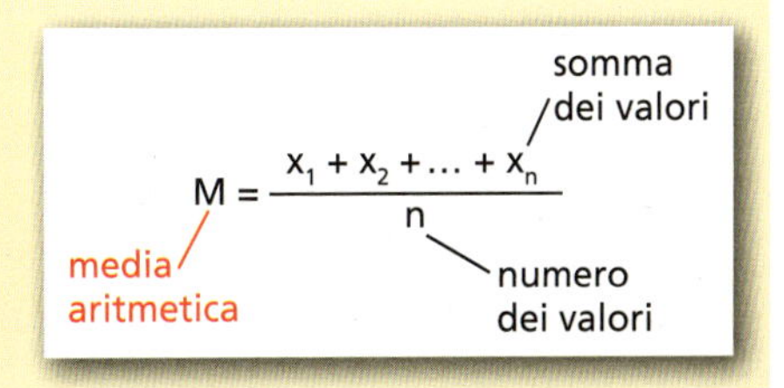

Listen to it

Given a set of n values, the **arithmetic mean** is the sum of all the values divided by n.

► In tre test Chiara ha ottenuto i seguenti punteggi:

5,4; 7,8; 6,3.

Calcola la media dei punteggi.

La media aritmetica di n numeri è quel numero che, sostituito a ciascuno di essi, lascia invariata la somma totale.

ESEMPIO

Tre amici mangiano in pizzeria e spendono rispettivamente € 10,50, € 13 e € 11. Se vogliono dividere il conto in parti uguali, possono calcolare la spesa media:

$$M = \frac{10,50 + 13 + 11}{3} = 11,50.$$

Evidentemente, se ciascuno paga € 11,50, la somma totale resta invariata e il conto può essere saldato.

Possiamo calcolare la media anche nel caso in cui conosciamo la distribuzione di frequenze.
Consideriamo, per esempio, questa tabella.

Voto	Frequenza
6	4
7	3
8	1

Per calcolare la media, dovremmo sommare 4 volte 6, 3 volte 7 e una volta 8, e dividere tutto per il numero totale dei dati. Abbiamo, perciò:

$$M = \frac{6+6+6+6+7+7+7+8}{8} = \frac{6 \cdot 4 + 7 \cdot 3 + 8}{4+3+1} = 6,625.$$

Possiamo dare una formula equivalente per calcolare la media usando le modalità e le frequenze. Date k modalità $v_1, \ldots, v_k$ con frequenze assolute $f_1, \ldots, f_k$, la media aritmetica è il quoziente tra le somme dei prodotti delle modalità per le corrispondenti frequenze e la somma delle frequenze:

$$M = \frac{v_1 \cdot f_1 + v_2 \cdot f_2 + \ldots + v_k \cdot f_k}{f_1 + f_2 + \ldots + f_k}.$$

Se in una distribuzione di frequenze le modalità sono raggruppate in classi, possiamo considerare come valori $v_1, \ldots, v_k$ i valori centrali di ogni classe.

ESEMPIO

Calcoliamo la media aritmetica relativa alla seriazione statistica di pagina β7:

$$\frac{150 \cdot 12 + 450 \cdot 18 + 750 \cdot 6 + 1050 \cdot 4}{12 + 18 + 6 + 4} = 465.$$

Media ponderata

► Dati i numeri −2, 0 e 2, con pesi rispettivamente 4, 8 e 2, ti aspetti che la media ponderata sia positiva, negativa o nulla? Verifica la tua risposta calcolando la media ponderata.

DEFINIZIONE

Dati i numeri $x_1, x_2, \ldots, x_n$ e associati a essi i numeri $p_1, p_2, \ldots, p_n$, detti *pesi*, la **media aritmetica ponderata** P è il rapporto fra la somma dei prodotti dei numeri per i loro pesi e la somma dei pesi stessi.

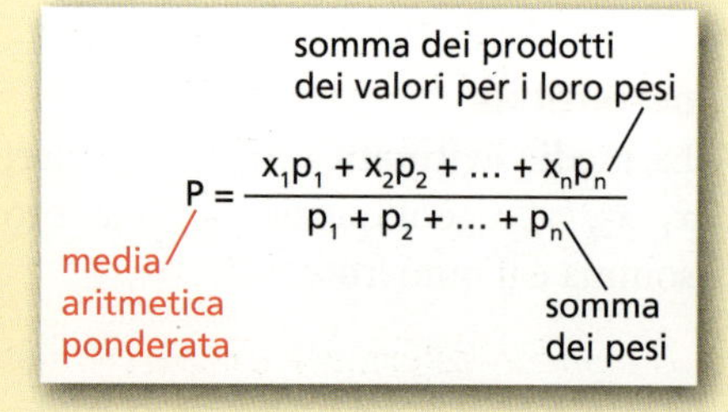

La media aritmetica può essere considerata un caso particolare di media ponderata in cui tutti i pesi sono uguali a 1.

La media ponderata è particolarmente significativa quando i pesi servono per indicare l'*importanza* dei diversi valori.

ESEMPIO Animazione

In un quadrimestre vengono svolte prove alle quali viene attribuita una diversa importanza (compiti in classe, relazioni, interrogazioni, test). Per un certo studente, i voti riportati e i pesi da attribuire ai voti sono quelli della tabella.

Calcoliamo la media ponderata:

$$P = \frac{5 \cdot 1 + 6 \cdot 2{,}5 + 5 \cdot 1 + 5 \cdot 1 + 7 \cdot 2{,}5 + 6 \cdot 3}{1 + 2{,}5 + 1 + 1 + 2{,}5 + 3} \simeq 5{,}95.$$

Se avessimo calcolato la media aritmetica semplice, cioè senza considerare i pesi, avremmo avuto

$$M = \frac{5 + 6 + 5 + 5 + 7 + 6}{6} \simeq 5{,}67.$$

Il valore della media ponderata è maggiore di quello della media aritmetica semplice, perché i voti maggiori sono stati ottenuti nelle prove con peso maggiore, cosa di cui la media aritmetica semplice non tiene conto.

Voti pesati

Voto	Peso
5	1
6	2,5
5	1
5	1
7	2,5
6	3

Media geometrica

DEFINIZIONE

La **media geometrica** G di n numeri $x_1, x_2, \ldots, x_n$, tutti positivi, è la radice n-esima del prodotto degli n numeri.

$$G = \sqrt[n]{x_1 \cdot x_2 \cdot \ldots \cdot x_n}$$

numero dei valori; media geometrica; prodotto dei valori

Listen to it

Given a set of n positive values, the **geometric mean** is the nth root of the product of all the values.

► Trova la media geometrica dei seguenti numeri.

1 2 4

[2]

La media geometrica trova impiego ogniqualvolta si descrive il variare di un fenomeno nel tempo e vogliamo resti costante il prodotto dei valori considerati.

Infatti, la media geometrica è l'unico numero che sostituito ai dati ne lascia inalterato il prodotto, come possiamo dedurre dalla formula della sua definizione:

$$x_1 \cdot x_2 \cdot \ldots \cdot x_n = G^n.$$

ESEMPIO Animazione

Consideriamo la tabella relativa alla produzione di grano ottenuta da un'azienda agricola tra il 2012 e il 2016.

Abbiamo ottenuto le percentuali della terza colonna calcolando l'incremento percentuale rispetto all'anno precedente. Per esempio, nel 2013 si è avuto un incremento rispetto al 2012 di 27 t, cioè una variazione percentuale:

$$\frac{125 - 98}{98} = \frac{27}{98} \simeq 0{,}276 = 27{,}6\%.$$

Vogliamo determinare la percentuale media di variazione.

Produzione di grano

Anno	Produzione (tonnellate)	Variazione %
2012	98	
2013	125	27,6%
2014	145,5	16,4%
2015	143	−1,7%
2016	165	15,4%

Osserviamo come possiamo passare dal valore della produzione di un anno a quello dell'anno successivo:

2013 $\quad 98 + 98 \cdot 0{,}276 = 98 \cdot (1 + 0{,}276) = 98 \cdot 1{,}276 \simeq 125;$

2014 $\quad 125 + 125 \cdot 0{,}164 = 125 \cdot (1 + 0{,}164) = 125 \cdot 1{,}164 \simeq 145{,}5;$

2015 $\quad 145{,}5 + 145{,}5 \cdot (-0{,}017) = 145{,}5 \cdot (1 - 0{,}017) = 145{,}5 \cdot 0{,}983 \simeq 143;$

2016 $\quad 143 + 143 \cdot 0{,}154 = 143 \cdot (1 + 0{,}154) = 143 \cdot 1{,}154 \simeq 165.$

Possiamo ottenere il valore relativo all'anno 2016 anche direttamente, a partire dal valore iniziale relativo all'anno 2012:

$$165 \simeq 143 \cdot (1 + 0{,}154) \simeq 145{,}5 \cdot (1 - 0{,}017) \cdot (1 + 0{,}154) \simeq$$
$$125 \cdot (1 + 0{,}164) \cdot (1 - 0{,}017) \cdot (1 + 0{,}154) \simeq$$
$$98 \cdot (1 + 0{,}276) \cdot (1 + 0{,}164) \cdot (1 - 0{,}017) \cdot (1 + 0{,}154).$$

Abbiamo ottenuto

$$165 \simeq 98 \cdot 1{,}276 \cdot 1{,}164 \cdot 0{,}983 \cdot 1{,}154.$$

Cerchiamo il fattore che, sostituito a ognuno dei quattro fattori per cui è moltiplicato il valore iniziale 98, lascia invariato il risultato. Deve essere:

$$98 \cdot (1 + x) \cdot (1 + x) \cdot (1 + x) \cdot (1 + x) = 165 \quad \rightarrow \quad 98 \cdot (1 + x)^4 = 165.$$

Confrontando l'uguaglianza con la relazione precedente:

$$(1 + x)^4 = 1{,}276 \cdot 1{,}164 \cdot 0{,}983 \cdot 1{,}154;$$
$$(1 + x) = \sqrt[4]{1{,}276 \cdot 1{,}164 \cdot 0{,}983 \cdot 1{,}154} \simeq 1{,}139.$$

Il valore ottenuto per $(1 + x)$ è la media geometrica dei quattro fattori.
Da esso ricaviamo:

$$1 + x = 1{,}139 \quad \rightarrow \quad x = 1{,}139 - 1 = 0{,}139 \quad \rightarrow \quad x = 13{,}9\%.$$

La percentuale media di variazione è quindi del 13,9%.

▶ Considera i seguenti prezzi (in euro) di un bene di consumo negli ultimi quattro anni.

20 18 21 23

Calcola la percentuale media di variazione. [4,92%]

Media armonica

Listen to it

Given a set of n positive values, the **harmonic mean** is the reciprocal of the arithmetic mean of the reciprocal of each of the values.

DEFINIZIONE

La **media armonica** A di n numeri $x_1, x_2, \ldots, x_n$, tutti positivi, è il reciproco della media aritmetica dei reciproci dei valori.

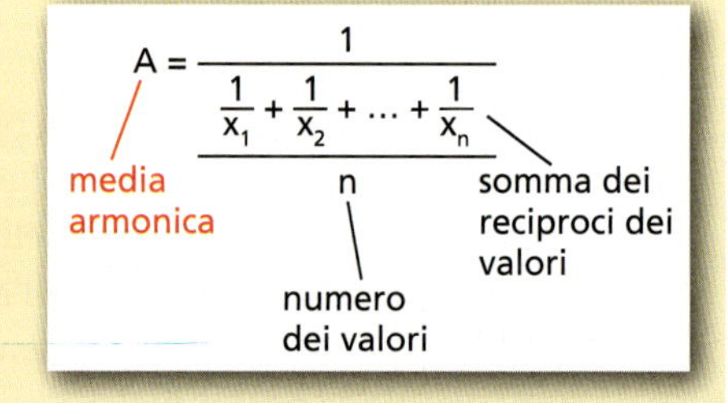

La media armonica è utilizzata per la determinazione di valori medi di dati che derivano dal reciproco di altri dati. Si usa, per esempio, per calcolare il valore medio di velocità relative a uno stesso percorso o per il calcolo del prezzo medio di un bene quando si vuole determinare il potere d'acquisto di una moneta.

ESEMPIO Animazione

Consideriamo la tabella a fianco, che mostra il prezzo in euro di un litro di benzina in quattro successivi momenti.

Prezzo della benzina	
Tempo	**Prezzo**
I	1,382
II	1,522
III	1,405
IV	1,509

Se ogni volta abbiamo effettuato un rifornimento per 30 euro, quanto è costata in media la benzina al litro?

Indichiamo con L_i i litri di rifornimento fatti ogni volta e con p_i il prezzo in ciascun caso. Abbiamo allora $30 = p_i \cdot L_i$.

Per calcolare la media, calcoliamo i litri di benzina fatti a ogni rifornimento:

$$L_1 = \frac{30}{1{,}382} \simeq 21{,}71; \quad L_2 = \frac{30}{1{,}522} \simeq 19{,}71; \quad L_3 = \frac{30}{1{,}405} \simeq 21{,}35;$$

$$L_4 = \frac{30}{1{,}509} \simeq 19{,}88.$$

Osservato che la spesa totale per i 4 rifornimenti è stata di € 120, si trova che il prezzo medio di un litro di benzina è: $\frac{120}{82{,}65} \simeq 1{,}452$.

Questo, infatti, è il numero A che, sostituito al prezzo al litro per ogni rifornimento, lascia inalterata la spesa totale per i quattro rifornimenti, cioè

$$AL_1 + AL_2 + AL_3 + AL_4 = 4 \cdot 30,$$

e poiché $L_i = \frac{30}{p_i}$ otteniamo:

$$A = \frac{4 \cdot 30}{\frac{30}{p_1} + \frac{30}{p_2} + \frac{30}{p_3} + \frac{30}{p_4}} = \frac{4}{\frac{1}{p_1} + \frac{1}{p_2} + \frac{1}{p_3} + \frac{1}{p_4}}.$$

La media cercata è proprio la media armonica.

▶ Calcola la media armonica dei seguenti numeri.

6 3 4 1 2

$\left[\frac{20}{9}\right]$

Media quadratica

DEFINIZIONE

La **media quadratica** Q di n numeri $x_1, x_2, \ldots, x_n$ è la radice quadrata della media aritmetica dei quadrati dei numeri.

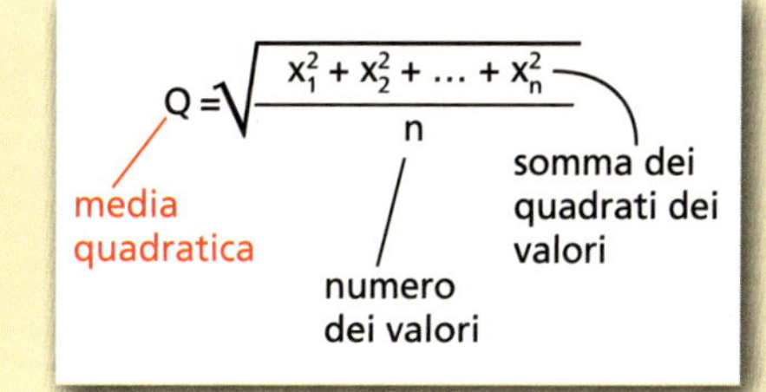

Listen to it

The **quadratic mean** or **root mean square** of n values is the square root of the arithmetic mean of the squares of the values.

La media quadratica di n numeri è quel valore che, sostituito a ciascuno di essi, lascia invariata la somma dei quadrati.

Se per esempio abbiamo tre quadrati di lati 3 cm, 4 cm e 5 cm e ci chiediamo quale lato deve avere un quadrato affinché la sua area sia uguale all'area media dei tre quadrati, possiamo procedere in due modi.

Possiamo calcolare l'area di ciascun quadrato, 9 cm^2, 16 cm^2 e 25 cm^2, e poi calcolare la media aritmetica delle aree, e da questa ricavare il lato.

Oppure possiamo osservare che stiamo cercando una misura l in modo che

$$l^2 + l^2 + l^2 = 3^2 + 4^2 + 5^2,$$

cioè: $l^2 = \dfrac{3^2 + 4^2 + 5^2}{3}$, $\quad l = \sqrt{\dfrac{3^3 + 4^2 + 5^2}{3}} \simeq 4{,}08.$

La media quadratica è utilizzata per calcolare il valore medio di scostamenti positivi o negativi da un livello prefissato, in quanto supera il problema del segno e tiene conto soltanto dell'ampiezza degli scostamenti.

ESEMPIO Animazione

La tabella riporta le variazioni della temperatura in gradi Celsius relative ad alcuni giorni di una settimana rispetto alla temperatura media stagionale.

Calcoliamo il valore della variazione media per mezzo della media quadratica.

Giorno	Variazione	Variazione al quadrato
lunedì	− 2,5	6,25
martedì	1,5	2,25
mercoledì	0,8	0,64
giovedì	− 1,5	2,25
venerdì	− 2,4	5,76
Totale		17,15

Nella tabella sono riportati anche i valori al quadrato delle variazioni.

La media quadratica risulta: $Q = \sqrt{\dfrac{17{,}15}{5}} \simeq 1{,}85.$

Tale media rappresenta il valore medio di scostamento rispetto alla temperatura stagionale.
Il calcolo della media aritmetica delle variazioni con il loro segno non sarebbe stato indicativo, in quanto si sarebbero avute delle compensazioni.

▶ Trova la media quadratica dei seguenti numeri.

$-1 \quad 2 \quad -3$ $\left[\sqrt{\dfrac{14}{3}}\right]$

Medie di posizione

▶ Esercizi a p. β45

Mediana

DEFINIZIONE

Data la sequenza ordinata di n numeri $x_1, x_2, \ldots, x_n$, la **mediana** è:

- il valore centrale, se n è dispari;
- la media aritmetica dei due valori centrali, se n è pari.

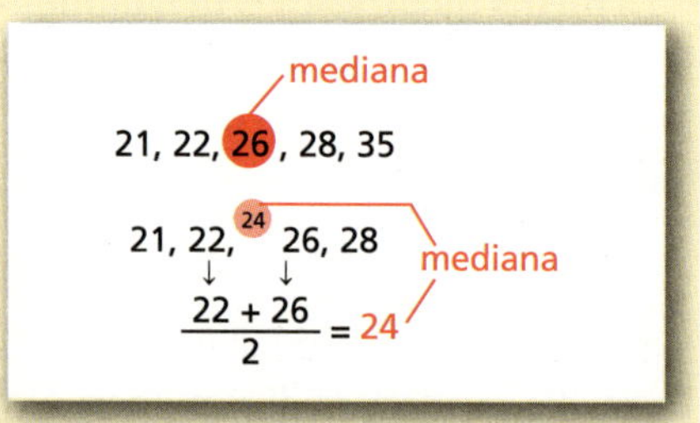

Listen to it

Given an ordered sequence of n values, the **median** is the central value if n is odd; it is the arithmetic mean of the two central values if n is even.

La mediana è il numero che lascia alla sua sinistra la metà dei dati, dopo che questi sono stati ordinati.
Per questa sua caratteristica la mediana può essere calcolata anche usando la frequenza cumulata.
Consideriamo, per esempio, la seguente serie di dati.

$3 \quad 3 \quad 4 \quad -2 \quad -2 \quad 0 \quad 0 \quad 0 \quad -1 \quad 7$

Ordiniamoli e scriviamo la tabella seguente, riportando la frequenza cumulata.

Dati	−2	−1	0	3	4	7
Frequenza cumulata	2	3	6	8	9	10

La prima modalità la cui frequenza cumulata supera la metà del numero di dati è 0: 0 è la mediana cercata.

Nel caso di una distribuzione suddivisa in classi, la **classe mediana** è la prima classe la cui frequenza cumulata supera la metà del numero di dati.

▶ Trova la mediana dei seguenti numeri.
−2 −5 3 3 0 0 2

Moda

DEFINIZIONE
Dati i numeri $x_1, x_2, \ldots, x_n$, si chiama **moda** il valore a cui corrisponde la frequenza massima.

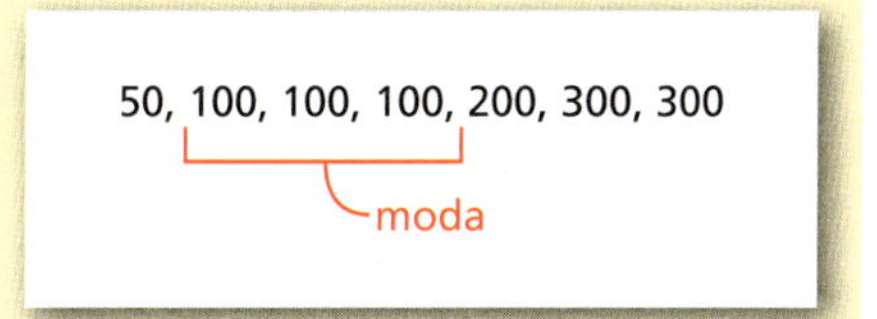

Listen to it

In a data set, the **mode** is the most frequent value.

La moda indica il valore più «presente» nella distribuzione. Ci sono serie di dati che hanno più di una moda. Consideriamo i risultati di un compito in classe (vedi tabella a fianco).

Voti di un compito

Voto	4	5	6	7	8
Frequenza	2	9	3	9	2

La distribuzione risulta *bimodale*, avendo per moda sia 5 sia 7.

▶ Trova la moda dei seguenti numeri.
1 2 11 3 23

Nel caso di una distribuzione suddivisa in classi di ampiezza costante, chiamiamo **classe modale** quella che ha frequenza maggiore.

La moda è l'unico indice di posizione che è calcolabile anche per caratteri qualitativi.

Scelta della media

Non possiamo dare una regola per la scelta del tipo di media da utilizzare, quindi ci limitiamo soltanto a qualche considerazione di carattere generale.

La *media aritmetica* è l'indice di posizione centrale più utilizzato. Rappresenta globalmente tutti i dati e possiamo sostituirla a essi senza alterarne il valore complessivo. La utilizziamo congiuntamente alla mediana e, nelle seriazioni statistiche, anche con la moda.

La *media geometrica* è utilizzata per calcolare le variazioni medie percentuali di fenomeni che variano nel tempo.

La *media armonica* è utilizzata per la determinazione di valori medi di dati che derivano dal reciproco di altri dati. La usiamo, per esempio, quando calcoliamo il valore medio di velocità relative a uno stesso percorso, o per il calcolo del prezzo medio di un bene allo scopo di determinare il potere di acquisto della moneta.

La *media quadratica* è utilizzata quando si deve calcolare la media degli scostamenti (positivi o negativi) da un valore fisso medio o tenere conto dell'esistenza di valori molto distanti dai valori centrali di una successione di dati.

TEORIA

Osserviamo inoltre che si può dimostrare una relazione tra i vari tipi di media:

$$A < G < M < Q,$$

e cioè che, sugli stessi dati, la media armonica A assume un valore inferiore alla media geometrica G, che a sua volta ha un valore minore di quello della media aritmetica M, inferiore a quello della media quadratica Q.

DIMOSTRAZIONE

Dimostriamo, per esempio, che $G < M$ nel caso di $n = 2$, ossia con due valori x_1 e x_2 positivi diversi tra loro.
Dobbiamo dimostrare che

$$\sqrt{x_1 x_2} < \frac{x_1 + x_2}{2},$$

che, elevando al quadrato, equivale a:

$$x_1 x_2 < \frac{x_1^2 + x_2^2 + 2x_1 x_2}{4} \quad \to \quad 4x_1 x_2 < x_1^2 + x_2^2 + 2x_1 x_2.$$

Portando $4x_1x_2$ a secondo membro e svolgendo i calcoli otteniamo:

$$0 < (x_1 - x_2)^2.$$

Essendo vera questa relazione, è vera anche quella iniziale fra le due medie.

La *mediana* ha la caratteristica di non essere influenzata dalla rilevante differenza fra i dati.

La *moda* indica il valore che si verifica con maggior frequenza.

Indici di variabilità

▶ Esercizi a p. β45

Gli indici di posizione sono utili per individuare l'ordine di grandezza del fenomeno considerato, sintetizzandolo in un unico valore. In molte situazioni, però, sono insufficienti per spiegare in maniera completa il fenomeno. Ecco perché si utilizzano gli **indici di variabilità**. Riassumiamo le definizioni principali.

- Il **campo di variazione** è la differenza tra il valore massimo e quello minimo:

$$x_{\max} - x_{\min};$$

- lo **scarto semplice medio S** è la media aritmetica dei valori assoluti degli scarti dalla media aritmetica M dei dati:

$$S = \frac{|x_1 - M| + |x_2 - M| + \ldots + |x_n - M|}{n};$$

- la **deviazione standard σ** è la media quadratica degli scarti dalla media:

$$\sigma = \sqrt{\frac{(x_1 - M)^2 + (x_2 - M)^2 + \ldots + (x_n - M)^2}{n}};$$

il valore σ^2, cioè il radicando nell'espressione di σ, è chiamato **varianza**.

▶ Data la serie di numeri
−2 −1 0 4 6
calcola il campo di variazione, lo scarto semplice medio e la deviazione standard.
[8; 2,88; 3,07]

Consideriamo la tabella seguente, che riporta le temperature di due diverse località, registrate nell'arco della stessa giornata.

Ore	06:00	10:00	12:00	18:00	20:00	22:00	24:00
Località A	−6	−2	4	8	1	−3	−2
Località B	−3	−1	0	3	4	−2	−1

È facile osservare che la temperatura media è 0 in entrambe le località, ma climaticamente le due località sono molto diverse.
Calcoliamo innanzitutto il campo di variazione: è 14 nella località A e 7 nella località B. Ciò indica già che la località A ha un'escursione termica maggiore rispetto alla località B.
Calcoliamo anche lo scarto semplice e la deviazione standard nelle due località:

$$S_A = \frac{6+2+4+8+1+3+2}{7} = \frac{26}{7} \simeq 3{,}71,$$

$$S_B = \frac{3+1+0+3+4+2+1}{7} = \frac{14}{7} = 2;$$

$$\sigma_A = \sqrt{\frac{6^2+2^2+4^2+8^2+1^2+3^2+2^2}{7}} \simeq 4{,}37,$$

$$\sigma_B = \sqrt{\frac{3^2+1^2+0^2+3^2+4^2+2^2+1^2}{7}} \simeq 2{,}39.$$

Gli scarti semplici e le deviazioni standard confermano che, pur avendo le due località la stessa temperatura media, le temperature della località B subiscono, nell'arco della giornata, variazioni minori rispetto alla media.

▶ Considera le due serie di dati:

−7 −5 0 5 7

e

−2 −1 0 1 2.

In quale dei due casi ti aspetti la varianza maggiore? Provalo, calcolando le due varianze.

Coefficiente di variazione

▶ Esercizi a p. β48

Supponiamo di aver esaminato l'andamento dei pesi di 10 neonati e 10 adulti e di aver calcolato la media aritmetica e la deviazione standard.
I valori ottenuti (espressi in kilogrammi) sono riportati nella tabella.

	Media	σ
Neonati	2,99	1,19
Adulti	69,80	24,43

Se confrontassimo direttamente i due scarti quadratici medi σ, saremmo indotti a ritenere che i pesi degli adulti abbiano una variabilità maggiore, commettendo un errore dovuto all'ordine di grandezza dei pesi, diverso sui due campioni.
Per confrontare in modo corretto i due valori di σ dobbiamo cercare quale variabilità essi presentano rispetto al loro valore medio.
Calcoliamo pertanto il rapporto tra il valore della deviazione standard e il valore della media. Otteniamo:

neonati: $\frac{1{,}19}{2{,}99} \simeq 0{,}40;$ adulti: $\frac{24{,}43}{69{,}80} \simeq 0{,}35.$

Questo rapporto è un numero puro. Può essere espresso anche in percentuale per una lettura più immediata.
Se moltiplichiamo i valori ottenuti per 100, possiamo affermare che i pesi, rispetto alla media, nei neonati hanno una variabilità del 40%, maggiore di quella degli adulti, che è del 35%.

DEFINIZIONE

Il **coefficiente di variazione** $C.V.$ è il rapporto tra la deviazione standard e la media aritmetica:

$$C.V. = \frac{\sigma}{M}.$$

Se si esprime in percentuale:

$$C.V. = \frac{\sigma}{M} \cdot 100.$$

Se l'uso del coefficiente di variazione si è reso necessario per confrontare due fenomeni della stessa natura e interpretarli correttamente, a maggior ragione si rende necessario quando i due fenomeni hanno unità di misura diverse. Il coefficiente di variazione, infatti, è un numero puro e permette, perciò, di confrontare la variabilità di grandezze diverse.

ESEMPIO

In una impresa si sono rilevati gli stipendi degli impiegati e l'età.
Si sono ottenuti i seguenti valori:

stipendi: media = € 1070, σ = € 348, $C.V. \simeq 32{,}5\%$;

età: media = 38 anni, σ = 10 anni, $C.V. \simeq 26{,}3\%$.

Esistono due situazioni particolari, anche se abbastanza rare. Se la media aritmetica è negativa, nel calcolo di $C.V.$, dobbiamo considerarla in valore assoluto. Se la media aritmetica è nulla o il valore di σ è maggiore del valore della media, l'indice non può essere utilizzato.

Concentrazione

▶ Esercizi a p. β48

Abbiamo chiesto a venti alunni di una classe terza di una scuola secondaria di primo grado a quanto ammonta la «paga» settimanale e il risultato di questa rilevazione è rappresentato nella tabella a fianco.

Paga settimanale	
Importo (euro)	Frequenza
0-5	5
5-10	9
10-15	3
15-20	2
20-25	1

Esaminando la tabella si intuisce che la somma totale a disposizione dei venti ragazzi non è equamente distribuita: vogliamo studiare meglio questo aspetto.
Per prima cosa stimiamo a quanto ammontano le somme a disposizione dei ragazzi di ogni classe di intervallo, moltiplicando il valore centrale della classe per la corrispondente frequenza. Il valore ottenuto rappresenta l'**intensità del carattere della classe**:

1ª classe: $2{,}5 \cdot 5 = 12{,}5$;

2ª classe: $7{,}5 \cdot 9 = 67{,}5$;

3ª classe: $12{,}5 \cdot 3 = 37{,}5$;

4ª classe: $17{,}5 \cdot 2 = 35$;

5ª classe: $22{,}5 \cdot 1 = 22{,}5$.

Costruiamo la tabella che mette in relazione ogni frequenza con l'intensità del carattere della classe.
Leggiamo la tabella: cinque alunni hanno complessivamente 12,5 euro, nove alunni hanno complessivamente 67,5 euro ecc.
Addizioniamo i valori delle intensità delle classi e otteniamo 175. Questa somma rappresenta l'**intensità globale del fenomeno**.

Intensità del carattere	
Frequenza	Intensità
5	12,5
9	67,5
3	37,5
2	35,0
1	22,5

Calcoliamo poi le frequenze cumulate e le intensità cumulate.

Frequenze e intensità cumulate			
Frequenza	**Intensità**	**Frequenza cumulata**	**Intensità cumulata**
5	12,5	5	12,5
9	67,5	14	80,0
3	37,5	17	117,5
2	35,0	19	152,5
1	22,5	20	175,0

Leggiamo le due ultime colonne: 5 alunni hanno a disposizione 12,5 euro dei 175 euro complessivi, 14 alunni hanno a disposizione 80 euro dei 175 euro complessivi, 17 alunni hanno a disposizione 117,5 euro dei 175 euro complessivi ecc.

Calcoliamo ora le frequenze relative cumulate e le intensità relative cumulate dividendo le frequenze cumulate per la somma delle frequenze e le intensità cumulate per l'intensità globale.

Frequenze relative cumulate e intensità relative cumulate					
Frequenza	**Intensità**	**Frequenza cumulata**	**Intensità cumulata**	**Frequenza relativa cumulata**	**Intensità relativa cumulata**
5	12,5	5	12,5	0,25	0,07
9	67,5	14	80,0	0,70	0,46
3	37,5	17	117,5	0,85	0,67
2	35,0	19	152,5	0,95	0,87
1	22,5	20	175,0	1,00	1,00

Leggiamo le ultime due colonne:
il 25% degli alunni riceve il 7% della somma complessiva;
il 70% degli alunni riceve il 46% della somma complessiva;
l'85% degli alunni riceve il 67% della somma complessiva ecc.

Ciò vuol dire che 14 studenti, cioè il 70% di 20, ricevono solo € 80, ossia il 46% di € 175.
Per avere equidistribuzione il 70% degli studenti dovrebbe ricevere il 70% della somma complessiva.

Infatti, se le frequenze relative cumulate fossero uguali alle intensità relative cumulate, si avrebbe una perfetta equidistribuzione.

In caso di equidistribuzione le coppie frequenza relativa cumulata-intensità relativa cumulata sarebbero costituite da valori uguali. Per esempio, (0,25; 0,25), (0,70; 0,70), ... Rappresentandole con dei punti di un grafico cartesiano e congiungendo tali punti, otteniamo il **diagramma di concentrazione nel caso di equidistribuzione**, che è un tratto della bisettrice del primo quadrante.

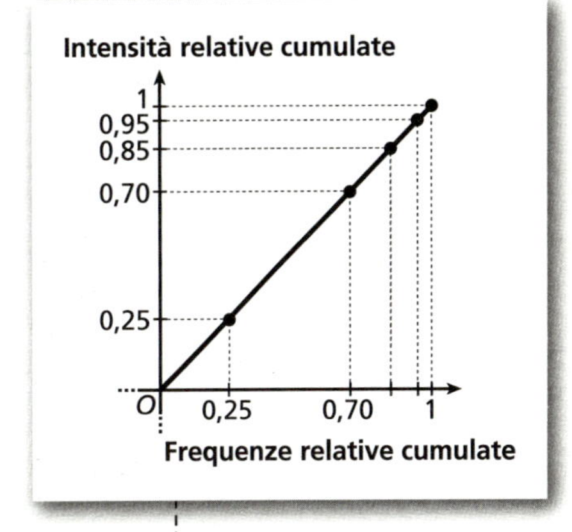

Abbiamo la situazione completamente opposta, di massima concentrazione, quando tutte le intensità relative cumulate sono nulle tranne l'ultima che ha valore 1.

Questo significa che l'intensità totale è tutta concentrata nell'ultima classe di intervallo. Tracciamo il diagramma relativo, riportando anche la retta di equidistribuzione.

I due cateti del triangolo rettangolo isoscele rappresentano la situazione di massima concentrazione e per questo si parla di **diagramma di massima concentrazione**.

Inseriamo ora nel diagramma appena tracciato i punti che hanno per ascisse le frequenze relative cumulate e per ordinate le corrispondenti intensità relative cumulate del nostro esempio.

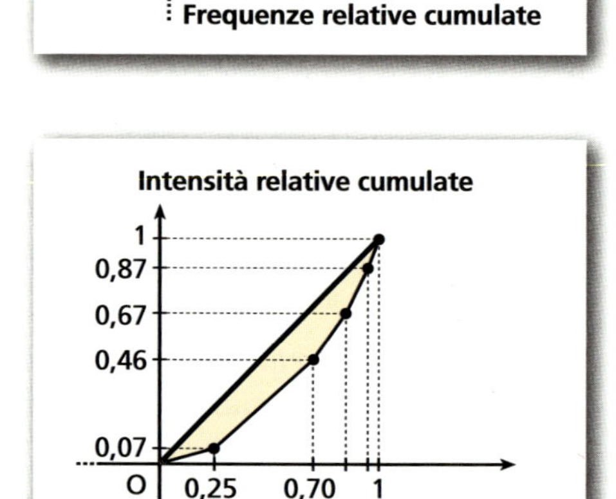

Congiungiamo poi i punti con una spezzata che viene detta **spezzata di concentrazione**.

Chiamiamo **area di concentrazione** la regione del piano delimitata dalla retta di equidistribuzione e dalla spezzata di concentrazione.

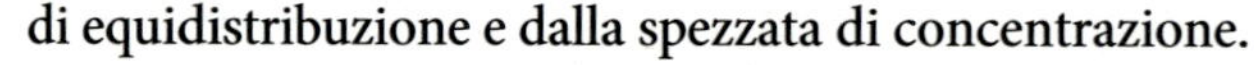

Tanto più la spezzata si avvicina alla retta di equidistribuzione, tanto minore è l'area di concentrazione.

Al contrario, più la spezzata si avvicina ai cateti del triangolo, tanto maggiore è l'area di concentrazione.

L'area del triangolo rettangolo isoscele rappresenta la massima concentrazione. Poiché i cateti del triangolo misurano 1, il valore dell'area di massima concentrazione è

$$\frac{1 \cdot 1}{2} = 0,5.$$

Per trovare il valore dell'area di concentrazione dobbiamo sottrarre dall'area del triangolo l'area sottostante la spezzata di concentrazione. Esaminando il grafico della seconda figura sopra, notiamo che dobbiamo sommare le aree delle seguenti figure:

- un triangolo con base 0,07 e altezza 0,25, quindi area 0,00875;
- un trapezio con basi 0,07 e 0,46 e altezza 0,45, quindi area 0,11925;
- un trapezio con basi 0,46 e 0,67 e altezza 0,15, quindi area 0,08475;
- un trapezio con basi 0,67 e 0,87 e altezza 0,10, quindi area 0,077;
- un trapezio con basi 0,87 e 1 e altezza 0,05, quindi area 0,04675.

Addizioniamo le aree parziali e otteniamo l'area sotto la spezzata di concentrazione. La somma risulta 0,3365.
Otteniamo quindi il valore dell'area di concentrazione:

$$0,5 - 0,3365 = 0,1635.$$

Il rapporto tra la misura dell'area di concentrazione e quella dell'area di massima concentrazione fornisce un indice della concentrazione.

Calcoliamo l'indice di concentrazione per l'esempio considerato:

$$R = \frac{0,1635}{0,5} = 0,327.$$

In termini percentuali indica una concentrazione del 32,7%.

In sintesi, data una successione di valori x_i ordinati in senso non decrescente e date le relative frequenze f_i, si determina *l'indice di concentrazione* nel seguente modo.

1. Si calcolano le intensità moltiplicando le modalità x_i per le frequenze assolute f_i, cioè $x_i \cdot f_i$. Se il fenomeno ha modalità qualitative a cui corrispondono già delle intensità, si costruiscono le frequenze contando il numero di modalità a cui corrisponde la stessa intensità.
2. Si costruiscono le frequenze relative cumulate f_{rc} e le intensità relative cumulate i_{rc}.
3. Si rappresentano nel piano cartesiano i punti che hanno come coordinate i valori corrispondenti di frequenze relative cumulate e intensità relative cumulate $(f_{rc}; i_{rc})$ e, congiungendo tali punti, si ottiene la *spezzata di concentrazione.*
4. Si traccia la retta di equidistribuzione e si calcola l'area di concentrazione sottraendo all'area di massima concentrazione, che ha valore 0,5, le aree del triangolo e dei trapezi sottostanti la spezzata di concentrazione.
5. Si calcola *l'indice di concentrazione* R:

$$R = \frac{\text{area di concentrazione}}{\text{area di massima concentrazione}}.$$

Minore è il valore di R, maggiore è l'equidistribuzione.

3 Distribuzione gaussiana

▶ Esercizi a p. β57

Consideriamo la distribuzione relativa a un'indagine sull'altezza di 100 ragazze di età compresa tra i 20 e i 30 anni.

Altezza (cm)	Frequenza
160-165	5
165-170	11
170-175	13
175-180	40
180-185	15
185-190	10
190-195	6

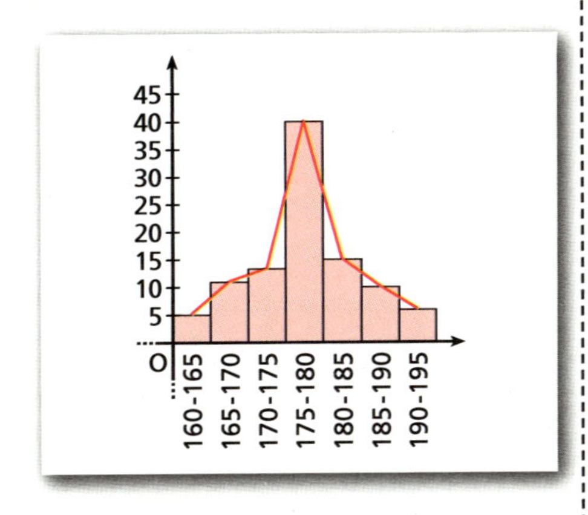

Ripetiamo l'indagine su una popolazione composta da 100 ragazze di età compresa tra i 10 e i 20 anni.

Altezza (cm)	Frequenza
140-145	4
145-150	6
150-155	7
155-160	8
160-165	16
165-170	19
170-175	15
175-180	10
180-185	7
185-190	5
190-195	3

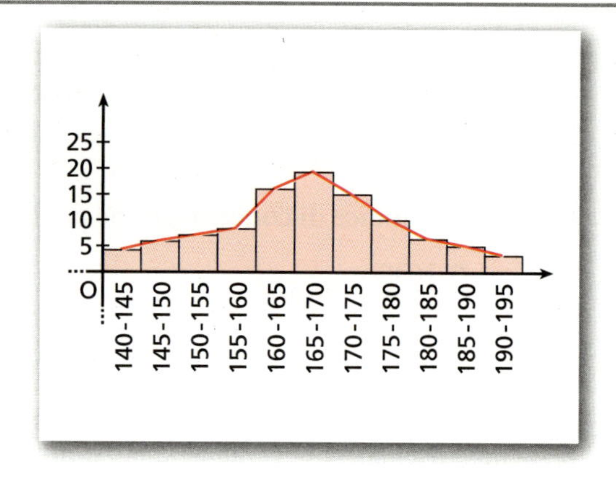

I poligoni delle frequenze hanno la stessa forma, che ricorda una campana, ma posizioni e larghezze diverse.

Nel primo caso, la media M_1 della distribuzione è circa 177 cm e la deviazione standard σ_1 è circa 7.
Nel secondo caso, la media M_2 della distribuzione è circa 167 cm e la deviazione standard σ_2 è circa 12.
Il poligono delle frequenze nel primo caso è **centrato** rispetto a 177,5, cioè ha massimo all'incirca in M_1 ed è simmetrico rispetto alla media. Poiché le ragazze sono tutte in età in cui si è concluso lo sviluppo, la varianza è piccola, quindi i dati sono abbastanza concentrati intorno alla media.
Il poligono delle frequenze nel secondo caso è centrato rispetto a 167,5, cioè all'incirca rispetto alla media M_2 ed è più largo rispetto al precedente. A una maggiore deviazione standard, infatti, corrisponde una maggiore dispersione dei dati.

Le curve che si ottengono aumentando la numerosità della popolazione presa in esame e riducendo l'ampiezza delle classi in ciascuno dei due casi si avvicinano sempre più alle curve teoriche, dette **curve di Gauss**, che osservi nelle figure. Esse hanno le stesse caratteristiche osservate per i poligoni, ma sono centrate una rispetto a 177 e l'altra rispetto a 167, e la prima è più stretta della seconda.

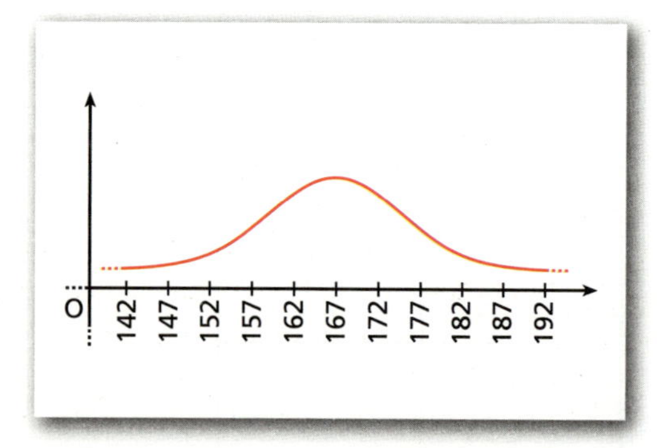

Nonostante le diversità osservate, i due poligoni delle frequenze hanno anche qualcosa in comune.
Consideriamo nel primo caso l'intervallo di dati compreso tra $M_1 - \sigma_1$ e $M_1 + \sigma_1$, cioè all'incirca l'intervallo di dati compreso tra $177 - 7 = 170$ e $177 + 7 = 184$.

Quante sono le ragazze che hanno un'altezza compresa in questo intervallo?
Per stabilirlo basta sommare le frequenze corrispondenti alle classi interessate, che equivale a calcolare l'area dei rettangoli dell'istogramma che, sappiamo, corrisponde all'area compresa tra il poligono delle frequenze e l'asse x, in corrispondenza di queste classi. Abbiamo perciò:

$$13 + 40 + 15 = 68.$$

Possiamo anche dire che con buona approssimazione il 68% delle ragazze ha un'altezza compresa tra $M_1 - \sigma_1$ e $M_1 + \sigma_1$.(L'approssimazione deriva dal fatto che abbiamo considerato l'intera classe 180-185 senza fermarci a 184.)
Ripetiamo il procedimento nel secondo caso. Troviamo il numero di ragazze la cui altezza è compresa tra $M_2 - \sigma_2 = 155$ e $M_2 + \sigma_2 = 179$. Considerando sempre classi intere, ci basta sommare le frequenze delle classi corrispondenti:

$$8 + 16 + 19 + 15 + 10 = 68.$$

Anche in questo caso circa il 68% delle ragazze intervistate ha un'altezza compresa tra $M_2 - \sigma_2$ e $M_2 + \sigma_2$.

Questa è una caratteristica delle **distribuzioni gaussiane**, cioè delle distribuzioni rappresentate da una curva di Gauss. Al di là delle approssimazioni, sempre necessarie quando si considera un caso numerico, si può infatti dimostrare che, considerata la curva di Gauss corrispondente a una distribuzione gaussiana con media M e deviazione standard σ, l'area compresa tra la curva e l'asse x nell'intervallo tra $M - \sigma$ e $M + \sigma$ rappresenta il 68,27% dell'area totale, cioè il 68,27% dei dati è compreso tra $M - \sigma$ e $M + \sigma$, il 95,45% fra $M - 2\sigma$ e $M + 2\sigma$, e infine il 99,74% fra $M - 3\sigma$ e $M + 3\sigma$.
Da queste informazioni, essendo la distribuzione gaussiana simmetrica rispetto alla media, se ne possono ricavare altre. Per esempio, il 15,865% dei dati è maggiore di $M + \sigma$. Infatti (vedi figura), la percentuale di valori maggiori di $M + \sigma$ o minori di $M - \sigma$ è

$$100\% - 68{,}27\% = 31{,}73\%,$$

e quindi la percentuale di valori maggiori di $M + \sigma$ è:

$$\frac{100\% - 68{,}27\%}{2} = 15{,}865\%.$$

68,27%
15,865%
O
M

In modo analogo si ricava che il 2,275% dei valori è maggiore di $M + 2\sigma$, e la stessa percentuale di valori è minore di $M - 2\sigma$.

ESEMPIO

Il costo mensile per il trasporto casa-scuola e viceversa, in una popolazione composta da 800 studenti delle scuole superiori residenti fuori dal capoluogo di provincia, ha una distribuzione gaussiana. Sapendo che il costo medio mensile è $M = 56$ euro e la deviazione standard $\sigma = 5$ euro, calcoliamo quanti studenti sostengono un costo compreso tra 51 e 61 euro e quanti uno maggiore di 66 euro.
Essendo $51 = 56 - 5$ e $61 = 56 + 5$, la prima domanda chiede quante sono le persone che sostengono un costo compreso tra $M - \sigma$ e $M + \sigma$; sappiamo che sono il 68,27%:

$$800 \cdot \frac{68{,}27}{100} = 546.$$

MATEMATICA INTORNO A NOI

Piramide della popolazione Nelle indagini statistiche demografiche, la popolazione viene spesso rappresentata con un grafico, detto *piramide dell'età* o *piramide della popolazione*: in tale grafico si confrontano le frequenze di uomini e donne al variare della fascia di età.

▶ Cerca informazioni e fornisci esempi di piramidi delle età per la popolazione italiana.

Cerca nel Web: piramide della popolazione, piramide dell'età, age-sex pyramid

▶ Calcola quanti studenti sostengono una spesa tra 46 e 61 euro, usando i dati dell'esempio.

La seconda domanda chiede quanti sono gli studenti che sostengono un costo maggiore di $M + 2\sigma$, essendo $66 = 56 + 2 \cdot 5$. Essi sono il 2,275%:

$$800 \cdot \frac{2,275}{100} = 18.$$

I valori calcolati sono da considerarsi approssimati, in quanto la popolazione esaminata non ha una distribuzione rigorosamente gaussiana, ma sono comunque attendibili.

In alcuni casi svolgere un'indagine sull'intera popolazione può essere impossibile o poco conveniente.
Un'indagine sull'altezza di tutta la popolazione italiana sarebbe molto complicata da svolgere perché dovremmo intervistare tutti gli italiani.
Analogamente, un'indagine sulla concentrazione di succo di arancia in ogni bottiglia di bibita all'arancia prodotta da un'azienda sarebbe poco conveniente: bisognerebbe testare il prodotto di ogni bottiglia rendendo invendibile la produzione.
In questi casi conviene selezionare un **campione**, cioè un sottoinsieme della popolazione su cui effettuare l'indagine. Un campione rappresenta in scala ridotta una popolazione e le unità che lo costituiscono permettono di valutare i parametri della popolazione da cui provengono.
La **statistica inferenziale** è la branca della statistica che si occupa di ricavare dai dati raccolti su un campione, o su più campioni, informazioni sull'intera popolazione con un'accuratezza prestabilita. Uno degli strumenti fondamentali per questo passaggio dal *particolare* al *generale* è la distribuzione gaussiana.
Grazie ad alcuni risultati della teoria della probabilità, infatti, lo studio di molti fenomeni che interessano una popolazione può essere ricondotto allo «studio» di una distribuzione gaussiana le cui caratteristiche possono essere dedotte da un campione.
In questo passaggio dal particolare al generale, la numerosità del campione gioca un ruolo fondamentale. Maggiore è la numerosità del campione, maggiori sono l'accuratezza e la certezza della risposta.

4 Rapporti statistici

▶ Esercizi a p. β58

In alcuni casi i singoli dati non sono molto significativi. Supponiamo, per esempio, di voler confrontare la natalità in Piemonte e nelle Marche nel 2011. Si trova che nel 2011 sono nati 37 757 bambini in Piemonte e 13 856 nelle Marche.
Da questi dati «assoluti» saremmo portati a credere che la natalità sia maggiore in Piemonte rispetto alle Marche.
Consideriamo però anche il numero degli abitanti in Piemonte e nelle Marche. In Piemonte nel 2011 risultavano residenti 4 357 663 persone e nelle Marche 1 540 688.
Se calcoliamo il rapporto tra il numero di nati e il numero di abitanti in ciascuna delle due regioni, scopriamo che ci sono 8,7 nati su 1000 abitanti in Piemonte e 9 su 1000 nelle Marche. La natalità, quindi, è più alta nelle Marche. Questo è un esempio di **rapporto statistico**, cioè un quoziente fra valori di dati statistici o di un dato statistico e uno non statistico, che permette un confronto tra fenomeni diversi ma collegati fra loro da una qualche relazione logica.

Esaminiamo i seguenti rapporti statistici: rapporti di derivazione, rapporti di densità, rapporti di composizione, rapporti di coesistenza, numeri indice.

Rapporti di derivazione: servono per confrontare due dati statistici di cui il primo deriva dal secondo.

Consideriamo per esempio i seguenti dati sulla popolazione e sui morti italiani in due anni «significativi».

Dati rilevati in Italia		
Anno	**Popolazione**	**Numero di morti**
1946	45 540 000	547 952
2010	59 190 143	587 488

I dati assoluti ci stupiscono: nel 1946 ci sono stati meno morti che nel 2010. Se invece consideriamo il rapporto di derivazione,

$$\text{quoziente di mortalità} = \frac{\text{numero dei morti}}{\text{popolazione}},$$

riportato in tabella, evidenziamo che, relativamente alla popolazione, il tasso di mortalità, in realtà, come ci aspettiamo, è inferiore nel 2010.

Quoziente di mortalità (per 1000 abitanti)	
Anno	**Quoziente di mortalità**
1946	12,03
2010	9,92

Particolari rapporti di derivazione sono i **rapporti di densità**, che sono rapporti tra dati statistici e dati relativi al campo di riferimento (temporale, spaziale o altro). Un rapporto di densità è, per esempio, il rapporto tra la popolazione e la superficie del territorio in cui abita, oppure il rapporto tra il fatturato di un'azienda (espresso in euro) e il numero di addetti.

Rapporti di coesistenza: sono rapporti tra le frequenze di due fenomeni diversi riferiti alle stesse unità statistiche e danno un'indicazione dello squilibrio fra dati coesistenti in uno stesso luogo o in uno stesso periodo di tempo.

In genere sono rapporti tra le frequenze corrispondenti a due diverse modalità di uno stesso carattere. Per esempio, per confrontare i risultati di diverse scuole si può considerare il rapporto tra il numero degli alunni respinti e quello dei promossi.

ESEMPIO

Confrontiamo le spese annue per il tempo libero di una certa popolazione.

Spesa per il tempo libero	
Tipo di spettacolo	**Spesa**
teatro e concerti	212 118
cinema	303 787
intrattenimenti vari	914 230
manifestazioni sportive	390 652
Totale	1 820 787

Il rapporto

$$\frac{\text{spesa per teatro e concerti}}{\text{spesa per cinema}} = 0,70$$

MATEMATICA INTORNO A NOI

Statistica e mercato del lavoro Tasso di occupazione, tasso di attività, indice di vecchiaia...

► In che modo le indagini statistiche permettono di fotografare i cambiamenti della società?

La risposta

► La Basilicata ha una superficie che misura 9992 km^2, con una popolazione di 576619 abitanti. La Valle d'Aosta ha un'area di 3262 km^2, con una popolazione di 128298 abitanti. Calcola il rapporto di densità nei due casi.

[57,7; 39,3]

significa che 100 euro spesi per il cinema ne sono stati spesi 70 per teatro e concerti.

Rapporti di composizione: sono rapporti tra dati omogenei e servono per valutare l'importanza delle diverse modalità nella composizione del valore complessivo del fenomeno. Spesso coincidono con le frequenze relative.
Per esempio, in una scuola ci sono 50 professori, 18 maschi e 32 femmine. Di questi, 12 maschi e 15 femmine fumano. È maggiore la percentuale di fumatori maschi o quella di fumatori femmine?
Calcoliamo i rapporti di composizione.

$$\frac{\text{numero fumatori maschi}}{\text{numero maschi}} = \frac{12}{18} \simeq 67\%$$

$$\frac{\text{numero fumatori femmine}}{\text{numero femmine}} = \frac{15}{32} \simeq 47\%$$

Concludiamo che in percentuale fumano di più i maschi.

▶ Un'azienda produce 3000 bicchieri a calice e 7000 bicchieri non a calice. Di questi, rispettivamente 1500 e 3000 sono da vino. La percentuale dei bicchieri da vino è maggiore nei bicchieri a calice o in quelli non a calice?

Numeri indice: sono il rapporto fra un dato statistico e il valore di un dato statistico preso come elemento di riferimento (base), moltiplicato per 100. Permettono quindi di comprendere le variazioni relative nel tempo o nello spazio di un fenomeno. I numeri indice sono molto usati nella valutazione di serie storiche di dati.
Si distinguono in numeri indice a **base fissa** e numeri indice a **base mobile**. In quest'ultimo caso, il rapporto è tra il dato statistico e quello che lo precede.

Numeri indice a base fissa
Si divide ogni valore per quello della base fissata e si moltiplica il quoziente per 100.

ESEMPIO
Nella tabella fissiamo come base il 2010 e, per indicare questa scelta, poniamo la produzione nel 2010 uguale a 100.

Produzione di uva

Anno	Produzione di uva (tonnellate)
2010	32,2
2011	36,8
2012	29,4
2013	32,9
2014	32,3
2015	30,2
2016	35,8

anno 2011 $\frac{36,8}{32,2} \cdot 100 \simeq 114,29$;

anno 2012 $\frac{29,4}{32,2} \cdot 100 \simeq 91,30$;

anno 2013 $\frac{32,9}{32,2} \cdot 100 \simeq 102,17$;

anno 2014 $\frac{32,3}{32,2} \cdot 100 \simeq 100,31$;

anno 2015 $\frac{30,2}{32,2} \cdot 100 \simeq 93,79$;

anno 2016 $\frac{35,8}{32,2} \cdot 100 \simeq 111,18$.

▶ Riferendoti ai dati contenuti nella tabella a fianco, calcola i numeri indice a base fissa usando come base il 2012.

Numero indice a base fissa
100,00
114,29
91,30
102,17
100,31
93,79
111,18

Numeri indice a base mobile
Come base si sceglie il valore che nella tabella precede il valore in esame.

ESEMPIO
Consideriamo la tabella dell'esempio precedente e calcoliamo i numeri indice a base mobile. Il numero indice del primo anno non è determinabile in quanto non conosciamo il valore dell'anno precedente.

anno 2011 $\frac{36,8}{32,2} \cdot 100 \simeq 114,29$;

anno 2012 $\frac{29,4}{36,8} \cdot 100 \simeq 79,89$;

anno 2013 $\frac{32,9}{29,4} \cdot 100 \simeq 111,90$;

anno 2014 $\frac{32,3}{32,9} \cdot 100 \simeq 98,18$;

anno 2015 $\frac{30,2}{32,3} \cdot 100 \simeq 93,50$;

anno 2016 $\frac{35,8}{30,2} \cdot 100 \simeq 118,54$.

Numero indice a base mobile
n.d.
114,29
79,89
111,90
98,18
93,50
118,54

5 Efficacia, efficienza, qualità

▶ Esercizi a p. β62

In un qualsiasi processo, per verificare il funzionamento di un prodotto o di un servizio ed effettuare opportuni interventi di miglioramento, è necessario indagare il livello di alcuni parametri fondamentali che riguardano l'ambito considerato, quali l'**efficacia**, l'**efficienza** e la **qualità**.

Controllo della gestione di prodotti e servizi

Efficacia

L'**efficacia** è la capacità di raggiungere obiettivi programmati che siano compatibili con le attese dei consumatori del prodotto o dei fruitori del servizio.

Consideriamo come finalità, per esempio, una comunicazione a vantaggio dell'utenza di un'informazione non riservata e senza scadenze temporali; tale comunicazione si può effettuare utilizzando il telefono, la posta, Internet, oppure convocando direttamente il destinatario. Il livello di efficacia di tutti gli strumenti elencati è massimo, in quanto ciascuno di essi permette il raggiungimento dell'obiettivo con pieno soddisfacimento dell'utente, per il quale la conoscenza dell'informazione rappresenta le attese. Viceversa, se effettuiamo la comunicazione attraverso la visita a domicilio di un incaricato o servendoci di un piccione viaggiatore, non è garantito il raggiungimento dell'obiettivo; dunque tali strumenti hanno un livello di efficacia inferiore.
Consideriamo ora la prima tabella della pagina seguente, contenente informazioni relative alla produzione da parte di 5 aziende di un utensile, che si considera perfettamente riuscito se soddisfa le caratteristiche di maneggevolezza, solidità e lucentezza. I dati si riferiscono a un singolo esemplare.

Azienda	Caratteristiche			Tempo di produzione (minuti)
	Maneggevolezza	Solidità	Lucentezza	
A	✓	✓		80
B	✓	✓	✓	230
C		✓	✓	100
D	✓			40
E	✓	✓	✓	150

L'obiettivo da raggiungere è la costruzione dell'utensile con tutte e 3 le caratteristiche. Dall'analisi della tabella osserviamo che il livello inferiore di efficacia nel processo produttivo è quello dell'azienda *D* perché il prodotto soddisfa una sola caratteristica, quello intermedio è quello delle aziende *A* e *C*, mentre solo le aziende *B* ed *E* soddisfano i pieni requisiti di efficacia. Il parametro tempo in tale contesto non è indicativo.
Il livello di efficacia non dipende dalle modalità con cui si raggiunge l'obiettivo, ma soltanto dalla reale possibilità di raggiungerlo.

Efficienza

L'**efficienza** è la capacità di utilizzare nel modo migliore e con una perfetta integrazione le risorse a disposizione.
Consideriamo come finalità, per esempio, la preparazione a una verifica orale su un dato argomento, con piena comprensione dello stesso. Poniamo a confronto due studenti; per raggiungere l'obiettivo il primo studia 1 ora, mentre il secondo studia 5 ore. Concludiamo che il primo studente è più efficiente del secondo, a patto che il livello di comprensione sia lo stesso. Non si può cioè trascurare la finalità del processo. Non è quindi possibile misurare l'efficienza a prescindere dall'efficacia, in quanto ha senso la misura dell'efficienza solo se si esegue in relazione a processi di cui si è già verificato lo stesso livello di efficacia.
Il livello di efficienza dipende dalle modalità con le quali si effettua un processo; non misura il raggiungimento di un obiettivo ma come si raggiunge.
In generale dunque, il processo più efficiente non è il più breve.

Consideriamo ora la seguente tabella contenente informazioni relative alla fruibilità da parte dell'utenza di un dato servizio, offerto da 3 uffici diversi.

Ufficio	N° addetti	Spesa per addetto (€)	N° pratiche evase (mensile)
A	3	1500	100
B	4	1200	120
C	4	1000	140

L'obiettivo è l'evasione della pratica, cioè il compimento del servizio. Osserviamo che il livello superiore di efficienza è quello dell'ufficio *C*, in quanto esso evade il maggior numero di pratiche con la minore spesa complessiva; le misure dell'efficienza dell'ufficio *A* e dell'ufficio *B*, pur essendo a un livello inferiore di efficienza a confronto con l'ufficio *C*, non sono confrontabili tra loro, dato che l'ufficio *A* spende meno dell'ufficio *B* ma evade anche un minor numero di pratiche. In tal caso per preferire un ufficio all'altro occorre stabilire una gerarchia d'importanza tra i due aspetti, oppure si devono introdurre dati relativi ad altre caratteristiche,

fornendo ulteriori criteri di scelta e di distinzione tra i livelli di efficienza.
Osserviamo che in questo caso un livello massimo di efficacia non può essere definito, in quanto il numero di pratiche non ha una limitazione superiore.

Qualità

La **qualità** è la capacità di raggiungere gli obiettivi programmati che siano compatibili con le attese dei consumatori del prodotto o dei fruitori del servizio, utilizzando nel modo migliore e con una perfetta integrazione le risorse a disposizione.
La qualità è dunque l'opportuna sintesi di efficacia e efficienza.
Consideriamo come finalità, per esempio, la produzione di un bene alimentare di consumo da parte di una data impresa. In tal caso, affinché siano raggiunti elevati standard di qualità, è consigliabile monitorare costantemente la provenienza delle materie prime, evitare di utilizzare quantità di ingredienti superflue per il processo di produzione, sottoporre a frequente manutenzione i mezzi tecnologici coinvolti e, non ultimo, impiegare la giusta componente di risorse umane per coordinare il tutto.
L'insieme delle attività, delle tecnologie, delle risorse e delle organizzazioni che concorrono alla creazione di un prodotto o di un servizio è detto **filiera**.
Il livello di qualità dipende dalle reali possibilità di raggiungere un obiettivo ma anche dalle modalità con le quali si effettua il processo.

Consideriamo ora la seguente tabella, contenente informazioni relative a 4 diversi corsi di preparazione a un esame riguardanti 3 argomenti.

Percorso	Caratteristiche			Ore d'insegnamento	Percentuale esito positivo (%)
	A	*B*	*C*		
1	✓	✓		40	82
2	✓	✓	✓	45	90
3	✓	✓	✓	50	82
4	✓		✓	50	70

L'obiettivo da raggiungere è l'esito positivo dell'esame.
Dall'analisi della tabella osserviamo che il percorso formativo 4 e il percorso 2 hanno rispettivamente il livello di qualità inferiore e superiore; per il percorso 2, infatti, sono più alte l'efficacia e l'efficienza, nonostante il numero di ore d'insegnamento sia intermedio. I percorsi 1 e 3 hanno lo stesso livello di efficacia, ma si distinguono in efficienza, anche se per individuare una gerarchia d'importanza occorre stabilire se la conoscenza di un argomento in più sia un requisito più che compensativo delle 10 ore inferiori d'insegnamento.

▸ Una ditta deve scegliere fra tre linee di produzione per un suo prodotto, i cui requisiti fondamentali sono la colorazione e la morbidezza. La tabella riassume le caratteristiche delle tre linee di produzione.

Linea	Colorazione	Morbidezza	Tempo di produzione (h)	N° pezzi prodotti
A	✓	✓	28	3600
B		✓	26	4000
C	✓	✓	30	3700

L'obiettivo è la produzione del bene con i requisiti richiesti.
Analizza i livelli di efficacia ed efficienza e definisci una gerarchia per poter confrontare i livelli di qualità.

TEORIA

6 Indicatori di efficacia, efficienza e qualità

▶ Esercizi a p. β63

Per misurare i livelli di efficacia, efficienza e qualità di un processo, si considerano opportuni **indicatori statistici** che, attraverso un risultato numerico, forniscono una misura quantitativa di tali livelli.
Esaminiamo i seguenti indicatori statistici: **indicatori di efficacia**, **indicatori di efficienza**, **indicatori di qualità**.

Indicatori di efficacia

Gli **indicatori di efficacia** misurano il livello di efficacia di un processo; in base al contesto possono essere definiti mediante frequenze assolute, differenze o rapporti statistici.

ESEMPIO

Le banche *A*, *B* e *C* introducono ognuna sul mercato un nuovo prodotto finanziario la cui vendita avviene on line e, dopo due mesi, sottopongono gli acquirenti a un questionario.
I dati raccolti sono riportati in tabella.

Banca	N° contatti	N° acquisti	N° soddisfatti	N° insoddisfatti
A	4180	152	78	74
B	5025	118	65	53
C	3276	96	47	49

Gli obiettivi da raggiungere sono il contatto, l'acquisto e la soddisfazione.
Definiamo quindi 3 indicatori di efficacia:

$$\text{abilità pubblicitaria} = \text{numero dei contatti};$$

$$\text{quoziente di vendita} = \frac{\text{numero degli acquisti}}{\text{numero dei contatti}};$$

$$\text{grado di soddisfazione} = \frac{\text{numero degli acquirenti soddisfatti}}{\text{numero degli acquirenti insoddisfatti}}.$$

L'abilità pubblicitaria misura il livello di funzionalità della macchina divulgativa del prodotto, ed è quindi una frequenza assoluta.
Il quoziente di vendita misura la frequenza relativa degli acquisti sul totale dei contatti, dunque è un rapporto di composizione.
Il grado di soddisfazione misura il livello di gratificazione dell'acquirente, ed è perciò un rapporto di coesistenza.

Banca	Abilità pubblicitaria	Quoziente di vendita (%)	Grado di soddisfazione
A	4180	3,64	1,05
B	5025	2,35	1,23
C	3276	2,93	0,96

Dall'analisi della tabella osserviamo che la banca *B* raggiunge il livello di effica-

cia più alto sia nell'abilità pubblicitaria che nel grado di soddisfazione, mentre l'azienda *A* lo raggiunge nel quoziente di vendita.
Non si può dire quale delle due banche abbia effettuato l'intero processo con un livello assoluto di efficacia più alto, in quanto, con i dati a disposizione e in assenza di una gerarchia d'importanza, non si è in grado di definire un indicatore che misuri tale livello.

▶ Una compagnia telefonica si serve di tre call center per vendere i propri prodotti telefonici. La tabella riassume il numero di contatti e di prodotti venduti dai tre call center.

Call center	N° contatti	N° vendite
A	3285	365
B	3969	567
C	4290	429

Quale dei tre call center ha maggior efficacia nella vendita? [*B*]

Indicatori di efficienza

Gli **indicatori di efficienza** misurano il livello di efficienza di un processo; in base al contesto possono essere definiti mediante frequenze assolute, differenze o rapporti statistici.

ESEMPIO

Un'azienda produce lampadine per le quali all'inizio di ogni biennio si prevede una durata e alla fine del biennio, sulla base di rilevazioni statistiche riguardanti le unità vendute, si determina la durata media.
I dati raccolti sono riportati nella seguente tabella.

Biennio	Numero lampadine prodotte (migliaia)	Numero lampadine difettose (%)	Durata prevista (h)	Durata media (h)	Spesa totale (milioni di €)
2014-2016	2400	3,33	1040	1030	6,52
2012-2014	2000	4,25	950	920	6,18
2010-2012	1300	4,62	875	863	4,26
2008-2010	1000	5	825	830	3,15

L'obiettivo da raggiungere è la vendita.
Definiamo alcuni indicatori che non misurano direttamente l'obiettivo, ma che danno informazioni su alcuni aspetti fondamentali per il buon esito del processo produttivo:

$$\text{scarto di durata} = \text{durata media} - \text{durata prevista};$$

$$\text{spesa per lampadina} = \frac{\text{spesa totale}}{\text{numero di lampadine prodotte}};$$

$$\text{tasso migliorativo} = \frac{\text{lampadine difettose del biennio (\%)}}{\text{lampadine difettose del biennio precedente (\%)}}.$$

Lo scarto di durata misura il livello di attendibilità dell'ipotesi sulla durata di ciascuna lampadina, dunque è una differenza.

TEORIA

La spesa per lampadina misura l'incidenza sulla spesa complessiva di ciascuna unità di prodotto, ed è quindi un rapporto di derivazione.
Il tasso migliorativo misura l'affinamento del processo di costruzione della lampadina; poiché è definito come il rapporto tra la percentuale di un carattere statistico relativa a un dato periodo di tempo e quella relativa al periodo precedente, è un numero indice a base mobile.

Biennio	Scarto di durata (h)	Spesa per lampadina (€)	Tasso migliorativo
2014-2016	− 10	2,72	0,78
2012-2014	− 30	3,09	0,98
2010-2012	− 12	3,28	0,92
2008-2010	+ 5	3,15	non definito

Dall'analisi della tabella sopra osserviamo che il biennio 2014-2016 raggiunge il livello di efficienza più alto sia nella spesa per lampadina sia nel tasso migliorativo, mentre il biennio 2008-2010 lo raggiunge nello scarto di durata.
Non è possibile individuare il biennio in cui l'intero processo ha raggiunto il livello assoluto di efficienza più alto, dato che, con i dati a disposizione e in assenza di una gerarchia d'importanza, non si è in grado di definire un indicatore che misuri tale livello.

▶ Un'azienda che produce smartphone ha l'esigenza che un prodotto abbia una durata di almeno due anni e non più di tre per poterne mettere in commercio una nuova versione. La tabella riporta le informazioni sul prodotto negli ultimi 4 anni.

Anno	N° smartphone prodotti (in migliaia)	Spesa totale (in migliaia di €)	Durata media (in mesi)
2016	6350	65	30
2015	5000	63	23
2014	4728	68	18
2013	4930	73	20

In quale anno si è raggiunto il livello più alto di efficienza nella spesa per smartphone?
Quando si è raggiunto il livello più alto di efficienza nello scarto dalla durata desiderata?

[2016; 2016]

Alcuni indicatori di efficacia o di efficienza misurano il livello di verifica di una previsione; per questo motivo sono detti **indicatori di previsione**.
Lo scarto di durata ne costituisce un esempio.

Indicatori di qualità

Gli **indicatori di qualità** misurano il livello di qualità di un processo; possono essere indicatori di efficacia, indicatori di efficienza, oppure medie ponderate di indicatori di efficacia e efficienza relativi a uno o più ambiti del processo.

ESEMPIO

Un'impresa vuole misurare il livello di attendibilità della programmazione attraverso un indicatore di qualità che tenga conto di tutti gli indicatori di previsione definiti per i diversi ambiti del processo; considera a tal fine un sistema di ponderazione, in modo tale da attribuire a ciascun indicatore di previsione un peso calibrato in base alla gerarchia d'importanza.

Indicatori:

$$I_1 = \frac{\text{numero di vendite effettuate}}{\text{numero di vendite previste}} \cdot 100;$$

$$I_2 = \frac{\text{numero dei nuovi clienti acquisiti}}{\text{numero dei nuovi clienti previsto}};$$

$$I_3 = \frac{\text{tempo di produzione previsto (h)}}{\text{tempo di produzione reale (h)}} \cdot 100.$$

In particolare, I_1 misura il livello di attendibilità della previsione sulle vendite, I_2 sui nuovi clienti, I_3 sui tempi di produzione. Esprimono i tre indicatori in percentuale.
I dati relativi ai 3 indicatori negli ultimi 4 anni sono nella tabella seguente.

Anno	I_1 (%)	I_2 (%)	I_3 (%)
2016	90	85	95
2015	94	92	92
2014	86	91	101
2013	92	95	88

Le ponderazioni utilizzate sono $p_1 = 0{,}5$, $p_2 = 0{,}3$, $p_3 = 0{,}2$.

L'indicatore di sintesi, detto **indicatore di qualità della previsione**, è:

$$I = p_1 I_1 + p_2 I_2 + p_3 I_3.$$

Dall'analisi della tabella osserviamo che il processo ha raggiunto il livello più alto di qualità della previsione nel 2015, e che negli ultimi 4 anni non si è verificato un trend costante, come dimostra l'andamento oscillante delle misure dell'indicatore.

Anno	I
2016	89,5
2015	93
2014	90,5
2013	92,1

► Riprendi l'esercizio sui call center e considera le seguenti previsioni sul numero dei contatti e su quello delle vendite.

Call center	Previsione numero contatti	Previsione numero vendite
A	5000	500
B	4000	400
C	4000	500

Considerando gli indicatori

$$I_1 = \frac{\text{n° vendite}}{\text{n° vendite previste}} \cdot 100 \text{ e } I_2 = \frac{\text{n° contatti}}{\text{n° contatti previsti}} \cdot 100,$$

con pesi $p_1 = 0{,}7$ e $p_2 = 0{,}3$, calcola l'indicatore di sintesi I e stabilisci quale call center ha complessivamente il livello di qualità più alto.

[$I_A = 70{,}81$; $I_B = 128{,}9925$; $I_C = 92{,}235$; B]

IN SINTESI
Statistica univariata

Dati statistici

- **Popolazione**: insieme di persone o oggetti sui quali si effettua un'indagine statistica.
- **Carattere**: caratteristica distintiva di ciascun elemento (**unità statistica**) di una popolazione statistica. È descritto mediante le **modalità** con cui esso si può manifestare:
  - **carattere quantitativo**: carattere le cui modalità sono espresse numericamente, può essere:
    - **continuo**: se può assumere gli infiniti valori di un intervallo reale;

      ESEMPIO: Il carattere $x \in \mathbb{R}$, dove $\mathbb{R}$ è l'insieme dei numeri reali.
    - **discreto**: se può assumere un numero finito di valori o al più una infinità numerabile;

      ESEMPIO: Il carattere $n \in A$, dove $A = \{1, 3, 7\}$.
  - **carattere qualitativo**: carattere le cui modalità sono espresse con parole;

    ESEMPIO: Il carattere «sesso» ha due modalità: «maschile» e «femminile».
- **Frequenza assoluta**: è il numero di volte in cui si presenta una modalità in una distribuzione di dati.
- **Frequenza relativa**: è il rapporto tra la frequenza assoluta e il numero totale delle unità statistiche.
- **Frequenza cumulata**: è la somma della frequenza assoluta corrispondente a una data modalità con tutte le frequenze assolute precedenti.
- **Serie statistica**: è la tabella che riporta le modalità di un carattere qualitativo e le relative frequenze.
- **Seriazione statistica**: è la tabella che riporta le modalità di un carattere quantitativo e le relative frequenze.
- Esistono vari tipi di grafici per rappresentare i dati statistici e le loro frequenze, fra i quali l'**ortogramma**, l'**istogramma**, l'**areogramma**, i **diagrammi cartesiani**.

Indici di posizione e variabilità

- **Media aritmetica** di $x_1, x_2, \ldots, x_n$: $M = \dfrac{x_1 + x_2 + \ldots + x_n}{n}$.
- **Media aritmetica ponderata** di $x_1, x_2, \ldots, x_n$ con pesi $p_1, p_2, \ldots, p_n$: $P = \dfrac{x_1 \cdot p_1 + x_2 \cdot p_2 + \ldots + x_n \cdot p_n}{p_1 + p_2 + \ldots + p_n}$.
- **Media geometrica** di $x_1, x_2, \ldots, x_n$: $G = \sqrt[n]{x_1 \cdot x_2 \cdot \ldots \cdot x_n}$.
- **Media armonica** di $x_1, x_2, \ldots, x_n$: $A = \dfrac{n}{\dfrac{1}{x_1} + \dfrac{1}{x_2} + \ldots + \dfrac{1}{x_n}}$.
- **Media quadratica** di $x_1, x_2, \ldots, x_n$: $Q = \sqrt{\dfrac{x_1^2 + x_2^2 + \ldots + x_n^2}{n}}$.
- **Mediana**: valore centrale di una sequenza ordinata di n numeri se n è dispari, o la media aritmetica dei due valori centrali se n è pari.
- **Moda**: valore a cui corrisponde la frequenza massima.

Data una sequenza di numeri $x_1, x_2, \ldots, x_n$ con valore medio M, si definiscono:

- **campo di variazione**: la differenza tra il valore massimo e quello minimo;
- **scarto semplice medio**: $S = \dfrac{|x_1 - M| + |x_2 - M| + \ldots + |x_n - M|}{n}$;
- **deviazione standard**: $\sigma = \sqrt{\dfrac{(x_1 - M)^2 + (x_2 - M)^2 + \ldots + (x_n - M)^2}{n}}$.

- **Coefficiente di variazione** di n dati con deviazione standard σ e media M: $C.V. = \frac{\sigma}{M}$. È un numero puro, quindi permette il confronto della variabilità di due grandezze diverse.

Date le modalità x_i e le corrispondenti frequenze f_i si definiscono

- **intensità**: il prodotto della modalità per la sua frequenza;
- **frequenza relativa cumulata** f_{rc}: il rapporto tra la frequenza cumulata e la somma delle frequenze;
- **intensità relativa cumulata** i_{rc}: il rapporto tra l'intensità cumulata e l'intensità globale;
- **spezzata di concentrazione**: la spezzata che si ottiene congiungendo i punti $(f_{rc}; i_{rc})$ ottenuti per ogni modalità;
- **indice di concentrazione**: $R = \frac{\text{area di concentrazione}}{0,5}$.

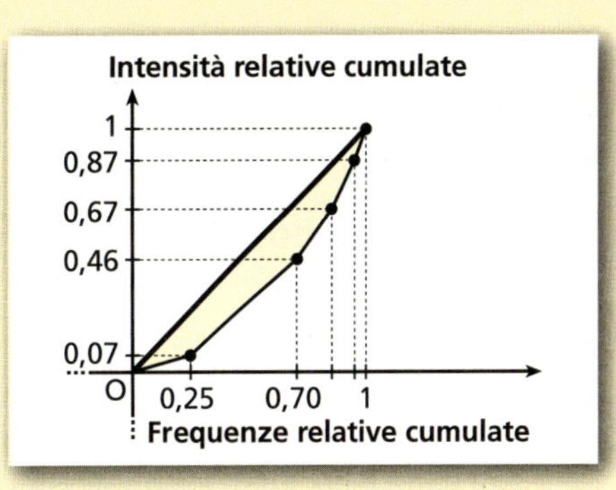

Distribuzione gaussiana

Distribuzioni gaussiane (o normali): sono distribuzioni di valori il cui poligono delle frequenze ha la forma della curva di Gauss. Per tali distribuzioni, la deviazione standard σ è legata al modo in cui i dati si distribuiscono intorno al valore medio M: il 68,27% dei valori è compreso tra $M - \sigma$ e $M + \sigma$, il 95,45% tra $M - 2\sigma$ e $M + 2\sigma$, il 99,74% tra $M - 3\sigma$ e $M + 3\sigma$.

Rapporti statistici

- **Rapporti statistici**: sono i quozienti fra i valori di due dati statistici o di un dato statistico e uno non statistico.
- **Rapporti di derivazione**: servono per confrontare due dati statistici di cui il primo deriva dal secondo.

  ESEMPIO: Quoziente di natalità $= \frac{\text{numero dei nati}}{\text{popolazione}}$.
- **Rapporti di densità**: sono i rapporti tra dati statistici e dati relativi al campo di riferimento.

  ESEMPIO: 1. Il rapporto tra la popolazione e la superficie del territorio in cui abita.
  2. Il rapporto tra il fatturato di un'azienda (espresso in euro) e il numero di addetti.
- **Rapporti di composizione**: sono rapporti tra dati omogenei e servono per valutare l'importanza delle diverse modalità nella composizione del valore complessivo del fenomeno.

  ESEMPIO: Considerati diversi tipi di libri letti in un anno: $\frac{\text{numero libri di avventura}}{\text{numero totale libri}}$.
- **Rapporti di coesistenza**: sono rapporti tra le frequenze di due fenomeni diversi riferiti alle stesse unità statistiche e indicano lo squilibrio fra dati coesistenti in uno stesso luogo o in uno stesso periodo di tempo.

  ESEMPIO: $\frac{\text{numero nascite maschi}}{\text{numero nascite femmine}}$.
- **Numero indice**: rapporto fra un dato statistico e il valore di un dato statistico preso come elemento di riferimento (base), moltiplicato per 100. Si distinguono numeri indice a **base fissa** e numeri indice a **base mobile**. In quest'ultimo caso, il rapporto è tra il dato statistico e quello che lo precede nella serie.

Efficacia, efficienza, qualità

- **Efficacia:** è la capacità di raggiungere obiettivi programmati compatibili con le aspettative dei consumatori o dei fruitori. Gli indicatori possono essere frequenze assolute, differenze o rapporti statistici.
- **Efficienza:** è la capacità di raggiungere obiettivi utilizzando al meglio le risorse a disposizione. Gli indicatori possono essere frequenze assolute, differenze o rapporti statistici.
- **Qualità:** è la sintesi opportuna di efficacia ed efficienza. Gli indicatori possono essere medie ponderate degli indicatori di efficienza ed efficacia.

CAPITOLO β1 ESERCIZI

1 Dati statistici

Statistica, popolazione e campione

Teoria a p. β2

1 VERO O FALSO?

a. La statistica si occupa di raccogliere e analizzare dati relativi a un fenomeno collettivo. V F

b. Il gruppo di elementi preso in considerazione viene detto campione. V F

c. Le modalità di un carattere sono i diversi valori, numerici o verbali, che esso assume. V F

d. Un carattere è detto quantitativo se le sue modalità esprimono delle quantità. V F

e. Un carattere è detto qualitativo se le sue modalità si definiscono con parole. V F

2 ESERCIZIO GUIDA In una biblioteca viene effettuata un'indagine sull'età delle persone che prendono in prestito dei libri. Quali sono la popolazione, le unità statistiche e il carattere?

Assumiamo come popolazione di questa indagine le persone che frequentano la biblioteca; quindi l'unità statistica è il singolo utente della biblioteca.
Il carattere da rilevare è l'età degli utenti; tale carattere è di tipo quantitativo. Le modalità potrebbero essere: da 6 a 15 anni, da 16 a 25 anni, da 26 a 35 anni, da 36 a 45 anni, da 46 a 55 anni, da 56 a 65 anni, ...

In ognuna delle seguenti indagini statistiche indica quali sono la popolazione, le unità statistiche e il carattere. Indica, inoltre, se il carattere è di tipo qualitativo o quantitativo e fai esempi di modalità possibili.

3 In una scuola viene svolta un'indagine sulla statura degli studenti iscritti.

4 Nei diversi ospedali di una città viene fatta un'indagine sul numero di bambini nati nello stesso anno.

5 Viene effettuata una rilevazione sugli iscritti dell'Università di Parma, nel corrente anno accademico, in regola con gli esami a seconda del tipo di facoltà.

6 Alla fine delle Olimpiadi di Rio de Janeiro è stata fatta un'indagine sulle medaglie vinte da ogni Paese partecipante.

7 In Italia è stata effettuata un'indagine sull'età delle persone che si sono sposate negli ultimi cinque anni.

Serie e seriazioni

Teoria a p. β4

8 COMPLETA la seguente tabella sulla produzione di 800 scooter suddivisi in 4 modelli.

Tipo di scooter	Quantità	Percentuale
Alfabeta		25%
XY	120	
Tuono	320	
S50	160	

9 VERO O FALSO? Nella città di Villabella, nel giorno di ingresso gratuito ai musei, è stato rilevato il seguente numero di visitatori.

Museo	Numero visitatori
pinacoteca	90
civico	75
arte moderna	80
archeologico	35
gipsoteca	20

a. Il numero di visitatori complessivo è 300. V F

b. Meno del 7% dei visitatori è entrato nella gipsoteca. V F

c. Più della metà dei visitatori ha scelto la pinacoteca o il museo di arte moderna. V F

d. Un visitatore su 4 ha optato per il museo civico. V F

10 COMPLETA la tabella relativa alle mete scelte da 180 clienti di un'agenzia di viaggi.

Destinazione	Frequenza assoluta	Frequenza relativa
Europa	90	
Asia		10%
Africa	18	
America		25%
Oceania	9	

Rappresenta i dati in un ortogramma e in un areogramma.

LEGGI IL GRAFICO

11 Considera il grafico relativo alla produzione giornaliera di un'azienda automobilistica.

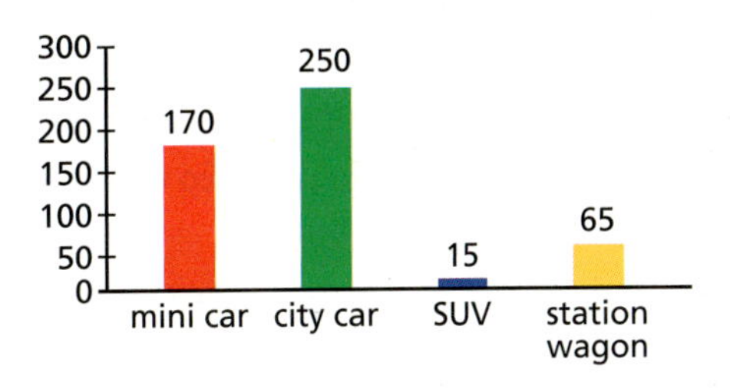

a. Che cosa rappresenta il numero 170?

b. Calcola le frequenze relative e riporta i dati in un areogramma.

c. Qual è la percentuale complessiva di mini e city car prodotte in un giorno?

12 Questo areogramma rappresenta la distribuzione del tipo di sport praticato dai 300 alunni di una scuola media.

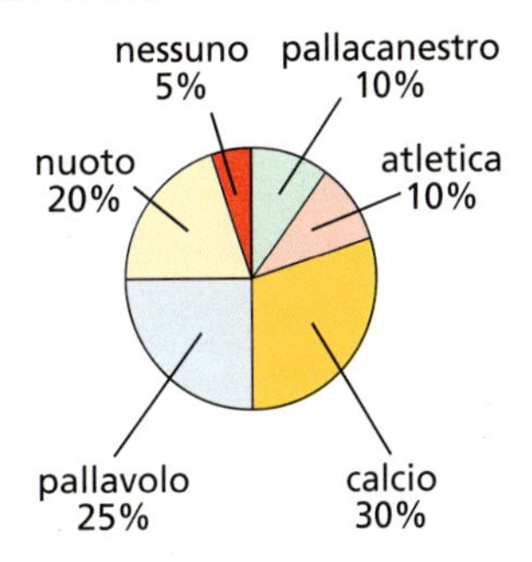

a. Quanti alunni praticano il calcio?

b. Qual è la frequenza relativa degli alunni che non praticano sport?

c. Quanti alunni praticano uno sport senza palla?

[a) 90; b) 0,05; c) 90]

13 LEGGI IL GRAFICO Osserva il grafico che rappresenta l'altezza media degli uomini alla visita di leva (in cm).

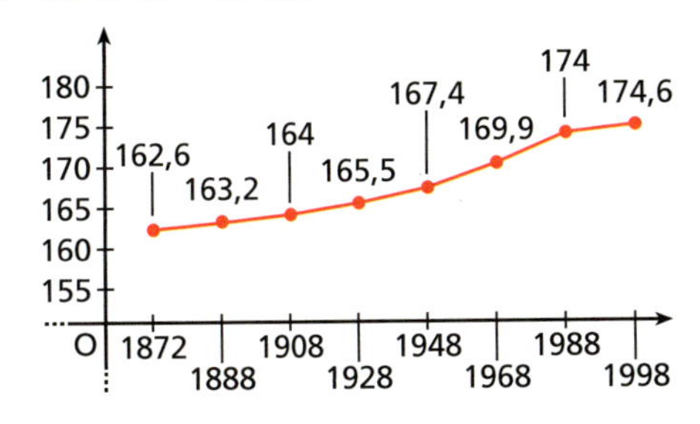

a. Che cosa rappresenta il numero 165,5?

b. Di quanto è aumentata l'altezza media degli uomini dal 1872 al 1998?

[b) 12 cm]

ESERCIZI

14  **ASSOCIA** a ciascuna tipologia di indagine la rappresentazione grafica che ti sembra più appropriata.

a. Vendite (in unità) di automobili in Italia negli ultimi cinque anni.
b. Peso alla nascita di un campione di neonati raggruppati in classi.
c. Produzione di uova in un'azienda avicola nei sette giorni di una settimana.
d. Percentuali di medaglie vinte durante le Olimpiadi di Rio de Janeiro del 2016 dai Paesi partecipanti.
e. Produzione di granoturco (in quintali) nelle tre grandi aree italiane (Nord, Centro, Sud).

1. Areogramma.
2. Istogramma.
3. Cartogramma.
4. Ortogramma.
5. Radar.

15 **ESERCIZIO GUIDA**

a. Rappresentiamo graficamente i dati in tabella sulle auto vendute da una concessionaria, suddivise in classi di cilindrata.

Classe	Numero di auto	Percentuale
900-1200	19	59%
1300-1600	6	19%
1700-2000	7	22%
Totale	32	100%

b. La tabella sotto riporta la temperatura in °C registrata da un termografo ogni quattro ore. Rappresentiamo graficamente i dati.

Ore	Temperatura
4	8
8	12
12	26
16	28
20	18
24	12

a. Rappresentiamo il numero di auto (seconda colonna) mediante un istogramma, composto da rettangoli che hanno le basi tutte uguali e le altezze, e quindi le aree, proporzionali al numero di auto vendute.

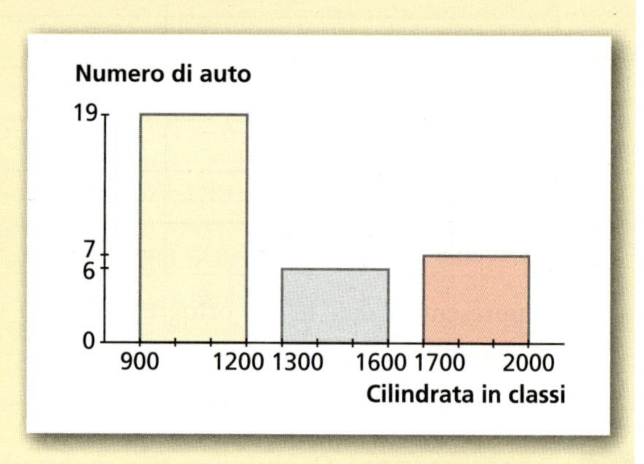

Rappresentiamo le percentuali con un areogramma, in cui gli angoli al centro sono proporzionali alle frequenze percentuali. Per esempio, per determinare l'ampiezza x dell'angolo al centro che corrisponde al 22% utilizziamo la proporzione:

$$x : 360° = 22 : 100;$$

$$x = \frac{360° \cdot 22}{100} = 79{,}2°.$$

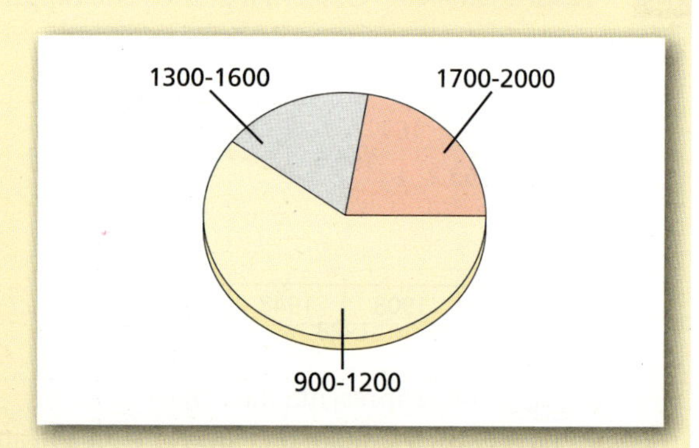

b. Usiamo un diagramma cartesiano. Riportiamo sull'asse delle ascisse le ore della giornata e sull'asse delle ordinate le temperature.

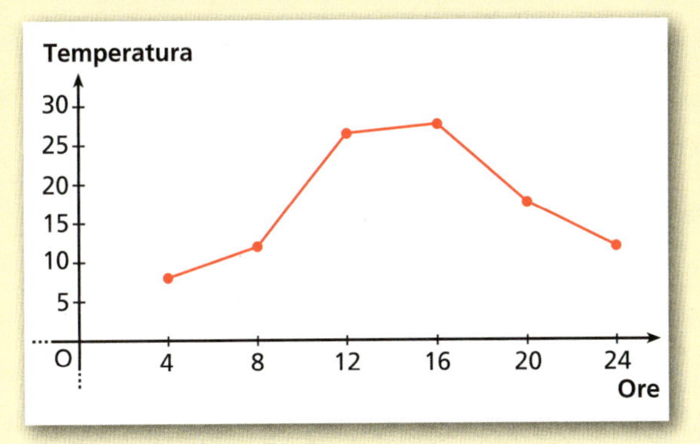

Possiamo effettuare anche la rappresentazione utilizzando il radar.

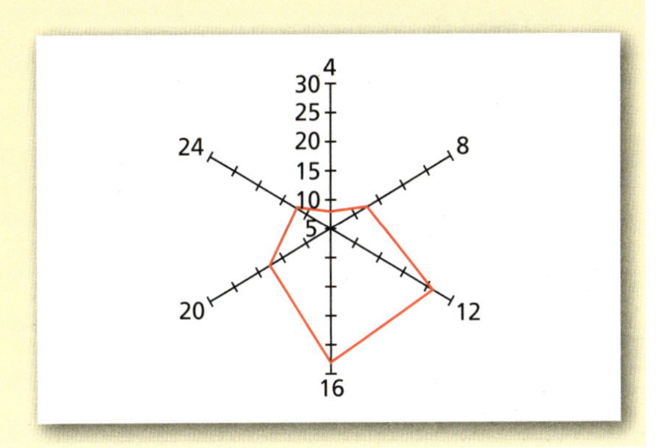

Fai le rappresentazioni grafiche che ritieni più opportune per i dati contenuti in ciascuna delle seguenti tabelle.

16 Percentuali dei risultati nelle elezioni del sindaco in un Comune nel primo turno di votazione e nel balottaggio finale.

Candidati	% voti primo turno	% voti ballottaggio finale
A	43	48
B	37	52
C	14	-
D	6	-

17 Quotazione del dollaro in euro nel corso di una settimana.

Giorno	Quotazione dollaro in euro
lunedì	1,328
martedì	1,315
mercoledì	1,304
giovedì	1,313
venerdì	1,318

18 Attività sportive praticate da 400 ragazzi e 400 ragazze di età compresa fra i 14 e i 18 anni (alcuni praticano più di uno sport).

Sport	Maschi	Femmine
atletica	42	130
calcio	180	28
pallavolo	88	78
tennis	54	46
altro	35	75
nessuno sport	28	85

19 Tasso di incremento del prodotto interno lordo (PIL) in Italia dal 2000 al 2009.

Anni	2000	2001	2002	2003	2004	2005	2006	2007	2008	2009
Tasso di incremento	3,6%	1,8%	0,3%	0,0%	1,1%	0,0%	1,9%	1,9%	−1,0%	−5,0%

20 Numero degli incidenti stradali, secondo i mesi, avvenuti su una strada ad alto traffico.

Mese	gen.	feb.	mar.	apr.	mag.	giu.	lug.	ago.	sett.	ott.	nov.	dic.
Numero	25	21	18	20	15	12	16	10	14	18	20	23

21 Questa serie storica indica il numero di ore di sole rilevate nel 2013 in una località costiera.

Mese	gen	feb	mar	apr	mag	giu	lug	ago	set	ott	nov	dic
Numero ore	52	111	92	148	199	274	343	312	228	91	80	117

a. Rappresenta i dati in un diagramma cartesiano.

b. In quale mese è stato rilevato il maggior numero di ore di sole? In quale il minimo?

c. Tra quali mesi si osserva la diminuzione più evidente di ore di sole rilevate?

[b) luglio, gennaio; c) settembre-ottobre]

22 È stata rilevata la temperatura media dell'acqua di mare in una località balneare nel mese di luglio 2009.

a. Completa la tabella.

b. Rappresenta le frequenze assolute con un ortogramma.

c. Rappresenta le frequenze relative con un areogramma.

Temperatura	Numero giornate	Frequenza relativa	Frequenza relativa cumulata
26	2		
27	4		
28	9		
29	12		
30	4		

23 I voti conseguiti in una classe nell'ultimo compito di matematica sono:

6, 6, 7, 5, 5, 4, 4, 3, 6, 8, 8, 8, 9, 4, 8, 4, 5, 6, 6, 7.

a. Compila la tabella di frequenza dei voti.

b. Calcola le frequenze relative percentuali e rappresenta graficamente i dati.

c. Qual è la percentuale dei risultati insufficienti?

24 Il numero di presenze al cinema in marzo da parte di 30 appassionati è rappresentato da questa serie di dati:

3, 7, 8, 5, 5, 8, 4, 2, 4, 6, 5, 6, 6, 3, 2, 7, 4, 4, 3, 3, 9, 8, 1, 2, 3, 3, 7, 5, 4, 6.

a. Compila una seriazione statistica con le frequenze assolute e relative.

b. Quanti tra gli appassionati sono andati al cinema non più di 4 volte?

c. Quale percentuale è andata al cinema almeno 7 volte?

[b) 15; c) 23,3%]

25 ●○ COMPLETA la tabella relativa all'età dei 300 abitanti di un piccolo paese. Rappresenta i dati come ritieni più opportuno.

Età	Persone	Percentuale
0-18	54	
18-30	84	
30-50	90	
50-70	48	
70-100	24	

26 ●○ REALTÀ E MODELLI **Al bar** Il gestore di un bar ha esaminato a fine giornata gli scontrini emessi e ha riassunto nella seguente tabella gli importi pagati dai clienti, dopo averli suddivisi in classi.

Importo (€)	0-5	5-10	10-15	15-20	20-25
Clienti	35	40	25	12	8

a. Quale rappresentazione dei dati permette al gestore di individuare immediatamente la classe con maggiore frequenza?

b. Il gestore sa che la giornata non è stata proficua se almeno la metà dei clienti ha speso meno di € 10. Quale frequenza deve calcolare il gestore per stabilire se la giornata è stata proficua oppure no? In base a questi dati, è stata una buona giornata?

c. Qual è la percentuale dei clienti che ha speso al massimo 10 euro?

[c) 62,5%]

2 Indici di posizione e variabilità

Medie di calcolo

▶ Teoria a p. β7

Media aritmetica

27 ●○ Luisa ha riportato i seguenti voti in storia durante l'anno scolastico:

5, 7, 5,5, 6, 7.

Avrà la sufficienza in pagella? [Sì]

28 ●○ In un campionato una squadra di calcio ha giocato 36 partite, realizzando 52 punti. I goal segnati sono stati 58, quelli subiti 40.

a. Calcola la media dei punti a partita.

b. Calcola la media dei goal segnati per partita e quella dei goal subiti. [a) $1,\overline{4}$; b) $1,6\overline{1}$; $1,\overline{1}$]

29 ●○ In cinque verifiche sulla produzione di un testo mediante un programma di videoscrittura un ragazzo ha commesso i seguenti numeri di errori: 10, 8, 7, 6, 5. Calcola il numero medio di errori in ogni verifica. [7,2]

30 ●○ Si è fatta un'indagine tra sei amiche ed è risultato che il loro consumo mensile di verdura, in kilogrammi, è il seguente: 5,2, 6,0, 6,5, 7,8, 8,1, 9,3. Calcola il consumo medio di verdura del gruppo delle ragazze. [7,15 kg]

31 ESERCIZIO GUIDA Un grossista di frutta acquista quattro quantitativi di mele Golden presso aziende agricole diverse che praticano prezzi differenti. La seguente tabella espone i prezzi e le relative quantità. Qual è il prezzo medio al kg?

	Azienda A	Azienda B	Azienda C	Azienda D
Prezzo (€)	0,60	0,55	0,68	0,57
Quantità (kg)	200	300	220	280

Consideriamo il prezzo al kilogrammo delle mele come carattere: i prezzi al kilogrammo pagati alle quattro aziende sono le modalità con cui questo carattere si presenta e i quantitativi acquistati sono le frequenze corrispondenti. Per calcolare il prezzo medio possiamo allora servirci della formula che calcola la media aritmetica usando le modalità e le frequenze:

$$M = \frac{0,60 \cdot 200 + 0,55 \cdot 300 + 0,68 \cdot 220 + 0,57 \cdot 280}{200 + 300 + 220 + 280} \simeq 0,59.$$

32 Questa tabella riporta il numero di DVD posseduti dai ragazzi di una classe.

Numero DVD	10	15	20	25
Numero ragazzi	8	7	6	3

Calcola il numero medio di DVD posseduti da ciascun ragazzo. [15,8]

33 Questa tabella indica il numero di Gran Premi di Formula 1 vinti, in tre stagioni, da vari piloti.

Numero GP vinti	1	2	3	4	5	6	7
Numero piloti	7	4	1	2	3	2	1

Calcola il numero medio di GP vinti da ciascun pilota. [3]

34 COMPLETA In una località sciistica è stata rilevata la temperatura della neve ogni giorno per un certo periodo, ottenendo una media di $-3,5$ °C. Inserisci il dato mancante nella seguente tabella.

Temperatura (°C)	-5	-4	-3	-2	-1	0	1
Giorni	11	5	6	☐	0	2	1

[3]

35 YOU & MATHS The table below shows the frequency of 0, 1, 2, or 3 goals scored in a number of football matches.

Number of goals scored	0	1	2	3
Number of matches	1	x	1	5

If the mean number of goals scored in a match is 2, find the value of x.

(IR *Leaving Certificate Examination,* Ordinary Level, 1995)

[$x = 3$]

36 RIFLETTI SULLA TEORIA Un paniere raccoglie il prezzo di alcuni beni di consumo. In seguito all'aumento dell'IVA, il prezzo di ogni prodotto aumenta dell'1%. Di quanto aumento il prezzo medio di quei beni?

37 In un gruppo di persone sono state rilevate le seguenti diminuzioni della pressione arteriosa in seguito alla somministrazione di un farmaco.

Diminuzione pressione (mmHg)	0-10	10-20	20-30	30-40	40-50
Persone	25	30	15	6	4

Effettua la rappresentazione grafica e calcola la diminuzione media registrata. [16,75 mmHg]

38 Sono dati i seguenti numeri: 5; 7; 11; 12; 15.

a. Calcola la media aritmetica, indicandola con M.

b. Se ogni numero viene moltiplicato per 1,5, come cambia il valore di M?

c. Cosa succede al valore di M se ogni numero è moltiplicato per 2 e aumentato di 3?

d. Cosa succede al valore di M se ogni numero è aumentato di 3 e il valore ottenuto moltiplicato per 2?

e. Dimostra che se $M = \frac{x_1 + x_2}{2}$, la media dei valori $(k \cdot x_1 + h)$ e $(k \cdot x_2 + h)$, dove k, $h \in \mathbb{R}$, è $(k \cdot M + h)$.

[a) $M = 10$; b) $M = 15$; c) $M = 23$; d) $M = 26$]

Media ponderata

TEST

39 Un esame consiste in una prova di laboratorio, una prova orale e una prova scritta. Le tre prove hanno rispettivamente peso 2, 3, 5. Un candidato riceve 8 nella prova di laboratorio, 6 nella prova orale e 7 nella prova scritta. Quanto vale la media aritmetica ponderata dei punteggi?

A 6,9 B 7,2 C 6,7 D 7 E 7,1

40 La tabella riporta i punti totalizzati giocando al tiro con l'arco.

Il punteggio medio per ogni tiro è:

A 9,6.

B 25,0.

C 3,0.

D 19,2.

E 20.

Punti	Numero tiri
10	6
20	3
30	1
40	2

41 La seguente tabella rappresenta i crediti formativi degli esami del primo anno di matematica e i voti presi da Sandra in ciascun esame. Calcola la media ponderata dei voti ottenuti, considerando come pesi i crediti formativi.

Materia	algebra 1	fisica 1	informatica	analisi 1	geometria 1
Crediti formativi	7	7	8	14	14
Voto	27	28	24	30	27

42 YOU & MATHS The table shows a student's marks and their weights. Calculate the weighted mean mark.

Subject	Physics	Chemistry	Mathematics	Irish
Mark	74	65	82	58
Weight	3	4	5	2

(IR *Leaving Certificate Examination*, Ordinary Level, 1994)

[$M = 72$]

43  Un torneo sportivo di istituto prevede alcune prove a tempo di difficoltà diverse, per cui il tempo impiegato per ciascuna prova viene pesato in base alla difficoltà. La tabella seguente riporta i pesi delle varie prove e i tempi impiegati in ciascuna prova da una delle squadre partecipanti.

Prova	prova 1	prova 2	prova 3
Peso	0,5	0,75	1
Tempo	2 min 4 sec	5 min 16 sec	6 min

Qual è la media ponderata del tempo impiegato? [4 min 53 sec]

44  Sono dati i seguenti numeri con i rispettivi pesi riportati a fianco.

Numeri	**Pesi**
7; 14; 21; 28.	4; 3; 2; 1.
7; 14; 21; 28.	8; 6; 4; 2.
−4; −6; −10; 4; 6; 10.	1; 2; 3; 3; 2; 1.
−4; −6; −10; 4; 6; 10.	3; 2; 1; 1; 2; 3.

a. Calcola le medie ponderate.
b. Confronta le medie delle prime due sequenze e spiega il motivo del risultato.
c. Senza effettuare il calcolo, è possibile individuare il segno della media della terza e della quarta sequenza di numeri? [a) 14; 14; − 1; 1]

45  Data la sequenza di numeri: 3, 6, 12, 14, con i rispettivi pesi 2, 3, 1, 6:
a. calcola la media ponderata;
b. calcola la media ponderata raddoppiando i numeri;
c. calcola la media ponderata raddoppiando i pesi;
d. calcola la media ponderata raddoppiando i numeri e i pesi;
e. confronta i risultati trovati nei punti precedenti e poi verificane la validità in generale considerando quattro numeri generici x, y, t, z con i rispettivi pesi p_1, p_2, p_3 e p_4. [a) 10; b) 20; c) 10; d) 20]

Media geometrica

46 ESERCIZIO GUIDA Un capitale è stato investito con i seguenti rendimenti: 7% per il primo anno; 5% per il secondo e il terzo anno; 9% per il quarto anno; 8% per il quinto, il sesto e il settimo anno.
Calcoliamo il rendimento percentuale medio.

Se I_0 è il capitale investito, dopo il primo anno con rendimento r_1 si ha un capitale $I_1 = I_0 + I_0 \cdot r_1 = I_0(1 + r_1)$.
Alla fine del secondo anno si ha un capitale $I_2 = I_1 + r_2 I_1 = I_1(1 + r_2) = I_0(1 + r_1)(1 + r_2)$ e così via.

Dobbiamo perciò calcolare la media geometrica utilizzando il fattore (1 + tasso) che permette di passare dal valore del capitale di un anno a quello dell'anno successivo. Per esempio, poiché il tasso per il primo anno è 7%, ossia 0,07, il primo fattore nella media è $1 + 0{,}07 = 1{,}07$:

$$G = \sqrt[7]{1{,}07 \cdot 1{,}05 \cdot 1{,}05 \cdot 1{,}09 \cdot 1{,}08 \cdot 1{,}08 \cdot 1{,}08} = \sqrt[7]{1{,}07 \cdot 1{,}05^2 \cdot 1{,}09 \cdot 1{,}08^3} \simeq 1{,}0713.$$

Quindi il rendimento medio percentuale è stato del 7,13%.

47  TEST Si sono registrati gli aumenti di costo di un bene di prima necessità in quattro anni consecutivi e si è rilevato che nel primo anno il dato è del 2,5%, nel secondo anno del 4,0%, nel terzo anno del 3,8% e nel quarto anno del 4,5%. L'aumento medio percentuale nei quattro anni è circa:

A 3,2%. B 7,8%. C 3,7%. D 3,6%. E 4,0%.

48 COMPLETA Nella tabella a fianco sono riportati i dati relativi alle vendite di automobili di una concessionaria in diversi anni. Compila i dati mancanti per il calcolo dell'incremento medio delle vendite.

$$G = \sqrt[5]{1,0682 \cdot 1,0638 \cdot \square} = \square$$

Anno	Numero automobili	$x_i - x_{i-1}$	$\frac{x_i - x_{i-1}}{x_{i-1}}$
2005	220	$\square$	$\square$
2006	235	$235 - 220 = 15$	$\frac{15}{220} = 0,0682$
2007	250	15	0,0638
2008	255	$\square$	$\square$
2009	250	$\square$	$\square$
2010	240	$\square$	$\square$

49 Un capitale è stato investito per 6 anni ai seguenti tassi: 4% per il primo anno, 3% per ognuno dei due anni successivi e 5% per ciascuno degli ultimi tre anni. Calcola il tasso medio di investimento. [4,16%]

50 Un bene economico ha registrato in quattro anni successivi i seguenti aumenti di prezzo.

Numero ordine anno	Variazione percentuale
I	4%
II	3%
III	4%
IV	2%

Determina l'aumento medio percentuale. [3,25%]

51 La seguente serie storica riporta le temperature medie del mese di gennaio in una data località. Compila una tabella delle variazioni annue percentuali della temperatura e calcola l'incremento medio della temperatura di gennaio nel corso del quinquennio considerato. [1,41%]

Anno	2010	2011	2012	2013	2014
Temperatura (°C)	10,4	10,5	10,6	10,8	11

Media armonica

52 ESERCIZIO GUIDA Un ciclista percorre prima 30 km alla velocità di 25 km/h e successivamente altri 45 km alla velocità di 20 km/h. Calcoliamo la velocità media v_m.

Suddividiamo il percorso di 75 km in 5 tratti uguali ciascuno di 15 km e assegniamo a ogni tratto la sua velocità. Abbiamo i seguenti cinque valori: 25, 25, 20, 20, 20. Calcoliamo la media armonica:

$$A = \frac{5}{\frac{1}{25} + \frac{1}{25} + \frac{1}{20} + \frac{1}{20} + \frac{1}{20}} = \frac{5}{\frac{1}{25} \cdot 2 + \frac{1}{20} \cdot 3} \simeq 21,739 \quad \rightarrow \quad v_m = 21,739 \text{ km/h}.$$

Se moltiplichiamo numeratore e denominatore della formula per 15 otteniamo:

$$A = \frac{75}{\frac{1}{25} \cdot 30 + \frac{1}{20} \cdot 45} \simeq 21,739 \quad \rightarrow \quad v_m = 21,739 \text{ km/h},$$

che rappresenta la media armonica ponderata dei valori 25 km/h e 20 km/h, ciascuno considerato con il suo «peso».

Osservazione. Nell'espressione di A il numeratore è la lunghezza totale del percorso e il denominatore è la somma dei tempi impiegati per percorrere i due tratti di strada.

53 TEST Un podista percorre 15 km alla velocità di 15 km/h e i successivi 20 km con una velocità di 18 km/h. La sua velocità media è stata di:

A 16,58 km/h. B 17,00 km/h. C 14,27 km/h. D 16,71 km/h. E 16,00 km/h.

54 Si è rilevato che, nel mese di settembre, il prezzo in euro di un kilogrammo di pesce spada in cinque mercati ittici è stato:

26,50; 25,90; 27,00; 27,80; 25,50.

Supponendo di comprare in ogni mercato pesce spada per 25 euro, calcola il prezzo medio di un kilogrammo di pesce spada acquistato. [26,52 euro]

55 Un automobilista percorre metà del suo tragitto alla velocità di 80 km/h e l'altra metà alla velocità di 110 km/h. Calcola la velocità media. [92,63 km/h]

56 Un motociclista percorre i primi 50 km alla velocità di 80 km/h e i successivi 25 alla velocità di 110 km/h. Calcola la velocità media. [88 km/h]

57 Un grossista ha acquistato patate a buccia rossa per 200 euro al prezzo di 0,25 euro al kilogrammo e patate a buccia bianca per 300 euro al prezzo di 0,20 euro al kilogrammo. Calcola il costo medio di un kilogrammo di patate. [0,217 euro]

Media quadratica

58 ESERCIZIO GUIDA Un orefice ha a disposizione 7 medaglie d'oro, di uguale spessore, da fondere per ricavare altre 7 medaglie, uguali tra loro, dello stesso spessore di quelle fuse. Sappiamo che tre delle medaglie da fondere hanno diametro uguale a 12 mm, due medaglie hanno diametro uguale a 14 mm, una ha diametro di 15 mm e l'ultima di 17 mm. Calcoliamo quale deve essere il diametro delle nuove medaglie.

Poiché la superficie totale delle medaglie da fondere, in millimetri quadri, è

$$S = (6^2\pi)\cdot 3 + (7^2\pi)\cdot 2 + (7{,}5^2\pi) + (8{,}5^2\pi) = \frac{\pi}{4}(12^2\cdot 3 + 14^2\cdot 2 + 15^2 + 17^2),$$

è sufficiente trovare il diametro che, sostituito agli attuali, lasci inalterata la somma dei quadrati. Basta perciò calcolare la media quadratica delle misure dei diametri delle medaglie:

$$Q = \sqrt{\frac{12^2+12^2+12^2+14^2+14^2+15^2+17^2}{7}} = \sqrt{\frac{12^2\cdot 3+14^2\cdot 2+15^2+17^2}{7}} \simeq 13{,}83 \text{ mm}.$$

59 Devi sostituire 5 quadrati aventi rispettivamente lati di 8, 12, 15, 16 e 20 cm con 5 quadrati aventi lati uguali in modo che la superficie totale rimanga la stessa. Calcola la misura del lato dei nuovi quadrati. [14,758 cm]

60 TEST Priscilla ha versato una certa somma in banca nel mese di gennaio e altre somme nei cinque mesi successivi. Gli scostamenti di queste ultime rispetto alla prima sono stati: $+4\%, +3\%, -1\%, +2\%, -2\%$. Lo scostamento medio, calcolato come media quadratica, è stato:

A 2,2%. B 2,6%. C 1,2%. D 3,4%. E 0%.

61 Si sono rilevate le seguenti differenze di peso in grammi rispetto al peso standard garantito da una macchina confezionatrice: +2, −18, −10, +4, +5, −9. Calcola la media quadratica degli scarti. [9,57 g]

Medie di posizione

▶ Teoria a p. β12

62 ●○ Gli studenti di una classe hanno rilevato il numero di scarpe indossato da ciascuno:

36; 38; 42; 37; 38; 40; 44; 37; 36; 37; 41; 43; 38; 39; 38; 40.

Calcola la moda e la mediana.

63 ●○ La tabella riporta il numero di esami superati da un gruppo di studenti universitari nel primo semestre.

Numero esami	0	1	2	3	4	5
Studenti	1	24	36	120	95	28

a. Determina la moda.

b. Qual è il numero di esami superato dalla metà degli studenti? [a) 3; b) almeno 3]

64 ●○ La seguente tabella riporta il numero di litri di latte consumati da 50 famiglie di 4 persone ciascuna in una settimana.

Litri di latte	6	7	8	9	10	11	12
Famiglie	8	21	9	7	2	1	2

a. Determina la moda e la mediana.

b. Qual è la percentuale di famiglie che ha consumato più litri di latte rispetto alla media? [a) 7; 7; b) 42%]

65 ●○ La seguente tabella riporta la quantità di libri venduti in una determinata settimana in 20 librerie.

Libri venduti	Librerie
40-50	4
50-60	8
60-70	5
70-80	3
80-90	1

Determina la classe modale. [50-60]

MATEMATICA E STORIA

Quale indice di posizione centrale? Leggi il seguente estratto da una lettera del 1907 di Sir Francis Galton (uno dei padri della statistica moderna) alla rivista *Nature Magazine*: «Il consiglio di amministrazione di una società deve determinare una somma di denaro da destinare a un certo scopo». Ognuno dei membri del consiglio «ha la stessa autorità di ciascuno dei colleghi. Come può venir raggiunta una conclusione considerando che ci possono essere tante diverse stime quanti sono i suoi membri? La conclusione chiaramente non può essere la media delle varie stime che darebbe agli eccentrici una potenza nel voto proporzionale alla loro eccentricità». Date queste premesse, quale potrebbe essere la soluzione di questa situazione? Quale indice di posizione centrale si potrebbe usare? Argomenta la tua scelta.

Risoluzione – Esercizio in più

Indici di variabilità

▶ Teoria a p. β14

66 ●○ **VERO O FALSO?**

a. Lo scarto semplice medio è la media aritmetica degli scarti di una sequenza di valori $x_1, x_2, \dots, x_n$ dalla loro media M. V F

b. La deviazione standard è utile per confrontare sequenze di valori aventi la stessa media aritmetica M ma diversa variabilità. V F

c. Il coefficiente di variazione è utile per confrontare fenomeni che hanno unità di misura diverse. V F

d. Il coefficiente di concentrazione permette di stabilire se il fenomeno esaminato è più o meno equamente distribuito tra le varie unità statistiche. V F

ESERCIZI

Date le distribuzioni descritte nelle seguenti tabelle, calcola lo scarto semplice medio.

67 Goal segnati da una squadra nel girone di andata del campionato.

Goal	0	1	2	3	4
Frequenza	3	8	4	1	2

[0,94]

68 Voti riportati da uno studente universitario.

Voto	18	23	25	26	28	30
Frequenza	2	2	8	4	7	1

[2]

69 T-shirt possedute dai ragazzi di una classe.

Numero T-shirt	Numero alunni
4	5
6	8
8	6
10	2

[1,54]

70 ESERCIZIO GUIDA In una certa località, nel corso di una giornata estiva sono state rilevate le seguenti temperature in gradi Celsius: 19,0; 21,0; 22,5; 24,0; 26,0; 27,5; 28,0; 28,0; 26,0; 24,0.

Determiniamo:

a. la temperatura media della giornata;
b. il campo di variazione;
c. lo scarto semplice medio;
d. la deviazione standard.

a. La temperatura media è la media aritmetica M dei valori misurati:

$$M = \frac{19{,}0+21{,}0+22{,}5+24{,}0+26{,}0+27{,}5+28{,}0+28{,}0+26{,}0+24{,}0}{10} = \frac{246}{10} = 24{,}6.$$

La temperatura media è 24,6 °C.

b. Il campo di variazione è la differenza fra il valore massimo e il valore minimo:

$28{,}0 - 19{,}0 = 9{,}0.$

Questa differenza viene chiamata anche «escursione termica».

c. Per rispondere a questa domanda e alla successiva, disponiamo i dati nella prima colonna di una tabella, poi completiamo la tabella calcolando gli scarti, gli scarti in valore assoluto, i quadrati degli scarti.

Lo scarto semplice medio è dato dal quoziente tra la somma degli scarti assoluti e il numero di osservazioni:

$$S = \frac{25{,}0}{10} = 2{,}5.$$

	Temperatura	Scarto	Scarto assoluto	Scarto al quadrato
	19,0	−5,6	5,6	31,36
	21,0	−3,6	3,6	12,96
	22,5	−2,1	2,1	4,41
	24,0	−0,6	0,6	0,36
	26,0	+1,4	1,4	1,96
	27,5	+2,9	2,9	8,41
	28,0	+3,4	3,4	11,56
	28,0	+3,4	3,4	11,56
	26,0	+1,4	1,4	1,96
	24,0	−0,6	0,6	0,36
Totale	246	0	25	84,9

d. La deviazione standard è data dalla radice quadrata del quoziente tra la somma degli scarti al quadrato e il numero di osservazioni.

$$\sigma = \sqrt{\frac{84{,}9}{10}} \simeq 2{,}91.$$

71 AL VOLO Osserva le seguenti sequenze di dati.

a. 7; 9; 11; 13; 8; **b.** 3; 3; 3; 3; 3; **c.** 2; 6; 10; 14; 18; **d.** −9; −2; 1; 2; 3.

Determina, facendo solo calcoli a mente: la sequenza che ha scarto semplice medio uguale a 0 e la sequenza che ha maggiore campo di variazione.

[b; c]

72 Nel corso dell'anno, un alunno ha conseguito in italiano e in inglese i seguenti voti.

Italiano	6	5	7	7	8	6	5	6
Inglese	5	5	6	6	7	7	6	6

Determina in quale materia la variabilità è stata maggiore utilizzando prima il campo di variazione e poi lo scarto semplice medio. Che cosa osservi? [italiano 3 e 0,8125; inglese 2 e 0,5]

Calcola la deviazione standard delle distribuzioni descritte dalle seguenti tabelle.

73 Voti riportati da un alunno nel primo quadrimestre in inglese.

Voto	4	5	8	9
Frequenza	1	2	1	3

[2,07]

74 Temperature medie rilevate nel corso di alcune giornate invernali (espresse in °C).

Temperatura	−3	−2	2	3
Frequenza	2	3	3	2

[2,45]

75 Dario è un allenatore di pallavolo e deve scegliere lo schiacciatore titolare per la partita che può valere la qualifica ai play-off. Nelle ultime 10 partite ha alternato due schiacciatori facendo giocare a ciascuno 5 partite: i punti di ogni giocatore a partita sono riportati nella seguente tabella.

Punti a partita					
Lorenzo	23	15	22	23	12
Francesco	21	23	22	15	14

Dario usa la deviazione standard per valutare l'affidabilità dei due giocatori. Su chi ricadrà la sua scelta? [Francesco]

76 In un gruppo di dieci amici, quattro sono alti 173 cm, due sono alti 168 cm, tre sono alti 163 cm e uno è alto 183 cm. Calcola la deviazione standard delle altezze. [6]

77 Dalla produzione e vendita di articoli di pelletteria, una ditta, in sei mesi successivi, ha ottenuto i seguenti guadagni in euro: 100 000, 125 000, 140 000, 135 000, 160 000, 110 000. Calcola il guadagno medio e la deviazione standard. [128 333; 19 720]

78 A un gruppo di ragazzi è stato chiesto di quanto hanno ricaricato il loro cellulare negli ultimi due mesi. Nella seguente tabella sono riportate le risposte.

Importo (€)	0	5	10	20	30	40	50
Ragazzi	2	1	5	4	4	3	2

Calcola la ricarica media e la deviazione standard. [22,62; 15,09]

79 LEGGI IL GRAFICO In un libro di 200 pagine appena pubblicato vengono contati gli errori di battitura presenti in ciascuna pagina e si ottiene il seguente grafico.

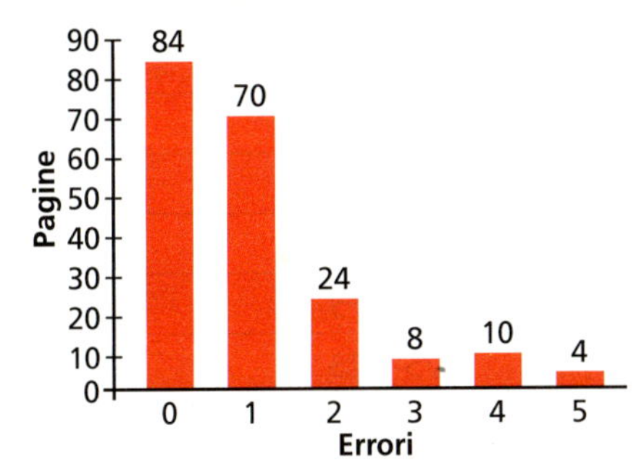

Determina il numero medio di errori per pagina e la deviazione standard della distribuzione. [1,01; 1,22]

80 Il numero di addetti alla vendita di 60 imprese industriali ha la seguente distribuzione.

Numero di addetti alla vendita	Numero di imprese industriali
0-4	4
4-8	12
8-12	16
12-16	14
16-20	4

a. Rappresenta i dati con un istogramma.

b. Determina il campo di variazione, lo scarto semplice medio e la deviazione standard usando il valore centrale di ogni classe. [b) 20; 3,4048; 4,31]

ESERCIZI

Coefficiente di variazione

▶ Teoria a p. β15

81 Calcola il coefficiente di variazione delle seguenti sequenze di numeri.

a. 5; 7; 15; 33;
b. 5,3; 6,2; 8,1; 9,5; 10,4; 11,5;
c. 3; 3; 3; 3;
d. −6; −4; −3; −2; −1;
e. 6; 8; 10; 12;
f. −4; −1; 1, 4.

[a) 73,64%; b) 26%; c) 0; d) 53,76%; e) 24,85%; f) non si calcola]

82 TEST Dati i valori, espressi in secondi,

80, 32, 45, 60, 50,

quale delle seguenti affermazioni è *esatta*?

A Il campo di variazione è 30 s.
B La varianza è 25,824 s^2.
C Lo scarto semplice medio è 15 s.
D La deviazione standard è 5,02 s.
E Il coefficiente di variazione è del 30,09%.

83 La tabella che segue illustra la distribuzione del peso di 20 neonati (in kilogrammi).

Peso	Numero neonati
0-1,25	1
1,25-1,75	2
1,75-2,25	2
2,25-2,75	5
2,75-3,25	8
3,25-3,75	1
3,75-4,25	1

Calcola il coefficiente di variazione. [28,91%]

84 Il numero di componenti delle famiglie di un Comune è distribuito nel modo seguente.

Numero componenti	Numero famiglie
1	2633
2	3325
3	3121
4	1834
5	721
6	114
7	89

Calcola il coefficiente di variazione. [48,83%]

85 TEST In un vivaio è stata misurata l'altezza di alcuni abeti aventi tre anni di età.

Altezza (cm)	Numero abeti
80-90	6
90-100	12
100-110	9
110-120	3

Quale delle seguenti affermazioni è *errata*?

A Il campo di variazione è di 40 cm.
B La varianza è di 81 cm^2.
C La deviazione standard è di 9 cm.
D Lo scarto semplice medio è di 10 cm.
E Il coefficiente di variazione è del 9,2%.

Concentrazione

▶ Teoria a p. β16

86 ESERCIZIO GUIDA Consideriamo la tabella a fianco, che riporta le quote mercato di cinque imprese. Costruiamo l'area di concentrazione e calcoliamo l'indice di concentrazione.

Nome impresa	Quote mercato (%)
A	15
B	5
C	30
D	20
E	30

Costruiamo la tabella per elaborare i dati, dopo aver ordinato le quote di mercato in ordine crescente.

Imprese	Numero imprese (frequenza)	Percentuale quote mercato (intensità)	Frequenza relativa	Intensità relativa	Frequenza relativa cumulata	Intensità relativa cumulata equidistribuita	Intensità relativa cumulata reale
B	1	5	0,20	0,05	0,20	0,20	0,05
A	1	15	0,20	0,15	0,40	0,40	0,20
D	1	20	0,20	0,20	0,60	0,60	0,40
C-E	2	60	0,40	0,60	1,00	1,00	1,00

Possiamo costruire il diagramma di concentrazione utilizzando le ultime tre colonne della tabella.
Area di concentrazione = area del triangolo rettangolo isoscele − area sottostante la curva di concentrazione:

$$0,5-\left[\frac{0,05\cdot 0,2}{2}+\frac{(0,05+0,2)\cdot 0,2}{2}+\frac{(0,2+0,4)\cdot 0,2}{2}+\frac{(0,4+1)\cdot 0,4}{2}\right]=0,5-0,37=0,13.$$

$$\text{Indice di concentrazione} = \frac{\text{area di concentrazione}}{\text{area di massima concentrazione}} \rightarrow R=\frac{0,13}{0,5}=0,26.$$

Osservazione. Possiamo anche calcolare l'indice in modo più diretto.

Tenendo conto che $0,5=\frac{1}{2}$, raccogliamo $\frac{1}{2}$ in tutti i termini della precedente espressione dell'area di concentrazione,

$$R=\frac{\frac{1}{2}\{1-[(0+0,05)\cdot 0,2+(0,05+0,2)\cdot 0,2+(0,2+0,4)\cdot 0,2+(0,4+1)\cdot 0,4]\}}{\frac{1}{2}},$$

da cui otteniamo:

$$R=1-[(0+0,05)\cdot 0,2+(0,05+0,2)\cdot 0,2+(0,2+0,4)\cdot 0,2+(0,4+1)\cdot 0,4].$$

L'indice di concentrazione si ottiene come complemento all'unità della somma delle doppie aree dei trapezi rettangoli sottostanti la curva di concentrazione, con l'avvertenza di considerare il triangolo rettangolo iniziale come un trapezio rettangolo con base minore nulla. Otteniamo le doppie aree dei trapezi rettangoli addizionando due intensità cumulate successive (somma delle basi) e moltiplicandole per la frequenza relativa dell'intensità cumulata maggiore (altezza del trapezio). Possiamo impostare i calcoli utilizzando le colonne delle frequenze relative e delle intensità relative cumulate:

$$R=1-0,74=0,26.$$

In questo modo abbiamo automatizzato il calcolo.

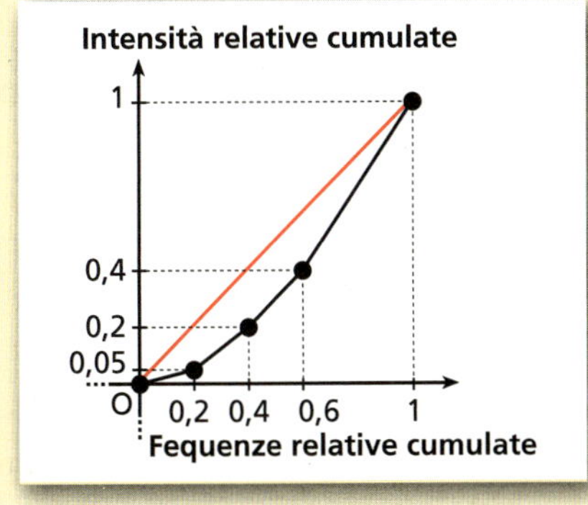

Frequenze relative f_i	Intensità relative cumulate q_i	$q_{i-1}+q_i$	$(q_{i-1}+q_i)f_i$
	0		
0,20	0,05	0,05	0,01
0,20	0,20	0,25	0,05
0,20	0,40	0,60	0,12
0,40	1	1,40	0,56
Totale			0,74

87 **COMPLETA** la seguente tabella, relativa alla paga di 10 ragazzi che lavorano in pub, pizzerie e paninoteche durante il fine settimana, e il calcolo del coefficiente di concentrazione.

Paga	Numero ragazzi	Intensità	Frequenze cumulate	Intensità cumulate	Freq. rel. cumulate	Int. rel. cumulate
60-70	2	130	2	130	0,2	0,139
70-100	4	340	6	470		
100-120	3					
120-150	1					

Area concentrazione $= \frac{1}{2} - \left[\frac{0,2 \cdot 0,139}{2} + \frac{(\square) \cdot 0,4}{2} + \frac{\square}{2} + \frac{\square}{2}\right] = \square$; $R = \frac{\square}{0,5} = 0,1221$.

---

88 **TEST** Il grafico relativo alla concentrazione di un fenomeno è il seguente.

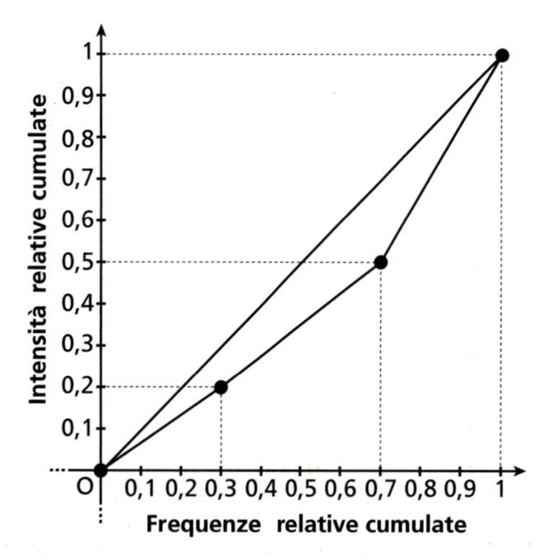

Il coefficiente di concentrazione R è:

A 0,395.

B 0,105.

C 0,21.

D 0,5.

E 0,42.

89 La produzione di grano in tonnellate di quattro aziende agricole nel 2010 è indicata dalla tabella che segue.

Azienda agricola	Produzione grano (tonnellate)
A	23
B	18
C	32
D	27

Costruisci l'area di concentrazione e calcola l'indice di concentrazione. [$R = 11,50\%$]

90 Il numero di giorni di vacanza effettuati da 5 ragazzi è riportato nella tabella seguente.

Nome	Giorni di vacanza
Antonio	20
Carlo	40
Luca	15
Matteo	20
Nicola	40

Costruisci l'area di concentrazione e calcola l'indice di concentrazione. [$R = 20,74\%$]

91 Considera il numero di auto di proprietà per 20 famiglie descritto dalla seguente distribuzione.

Numero automobili	Numero famiglie
0	2
1	10
2	5
3	2
4	1

Costruisci l'area di concentrazione e calcola l'indice di concentrazione. [$R = 33,67\%$]

92 Esamina gli stipendi mensili percepiti dai 16 impiegati di un'impresa.

Classe di stipendio (€)	Numero impiegati
900-1000	3
1000-1200	4
1200-1500	6
1500-1800	2
1800-2100	1

Costruisci l'area di concentrazione e calcola l'indice di concentrazione. [$R = 11,47\%$]

Riepilogo: Indici di posizione e variabilità

93 ●○ **TEST** La frequenza relativa delle studentesse in un corso universitario è 0,28. Se gli studenti in tutto sono 125, quante sono le ragazze?

A 28 B 35 C 90 D 56 E 70

94 ●○ **RIFLETTI SULLA TEORIA** In proporzione ci sono più maschi in una classe con 27 alunni di cui 14 sono femmine o in una classe con 11 maschi e 10 femmine? Scrivi le serie statistiche corrispondenti alle due classi e rappresentale su uno stesso istogramma.

95 ●○ Gli stipendi dei dipendenti di due aziende sono riportati nella seguente tabella.

Stipendio (€)	Lavoratori azienda A	Lavoratori azienda B
1500	30	15
1700	12	18
1800	10	7
1900	8	8
2000	3	2

a. Calcola lo stipendio medio nelle due aziende.

b. A parità di altre condizioni, in quale azienda converrebbe lavorare?

[a) A: € 1660, B: € 1698; b) B]

RISOLVIAMO UN PROBLEMA

Il riciclo dell'alluminio

Un'azienda che lavora alluminio acquista i rottami da lavorare all'inizio di ogni quadrimestre. Nella tabella a fianco sono riportati i prezzi al kilogrammo negli ultimi 3 quadrimestri.

- Rappresenta la serie storica data dai prezzi al kilogrammo negli ultimi 3 quadrimestri.
- Se la quantità acquistata è la stessa nei tre quadrimestri, qual è il prezzo medio al kilogrammo a cui è stato acquistato il rottame?

Prezzo dell'alluminio	
Quadrimestre	**Prezzo (€/kg)**
I	1,20
II	1,50
III	1,00

L'alluminio viene lavorato in modo diverso a seconda della destinazione futura.
Nella seguente tabella sono riportati i kilogrammi di alluminio rivenduti dall'azienda in base alle destinazioni e il ricavo al kilogrammo (diverso per la tipologia di produzione).

Destinazione	Edilizia	Attrezzature sportive	Altre destinazioni
alluminio venduto (kg)	3000	900	600
ricavo (€/kg)	10	20	15

- Rappresenta con un areogramma la distribuzione dell'alluminio prodotto per ogni destinazione e con un ortogramma il ricavo ottenuto da ogni settore di produzione.
- Qual è il ricavo medio al kilogrammo che l'azienda ottiene dalla vendita dei prodotti?
- I ricavi che l'azienda ottiene da ciascun settore sono pressapoco equivalenti oppure c'è molta variabilità? In altre parole, c'è un settore che dà un ricavo al kilogrammo molto maggiore rispetto alla media?

ESERCIZI

▶ **Rappresentiamo la serie storica.**

La serie storica è quella rappresentata nel grafico a fianco.

▶ **Troviamo il prezzo medio al kilogrammo del rottame usando la media armonica.**

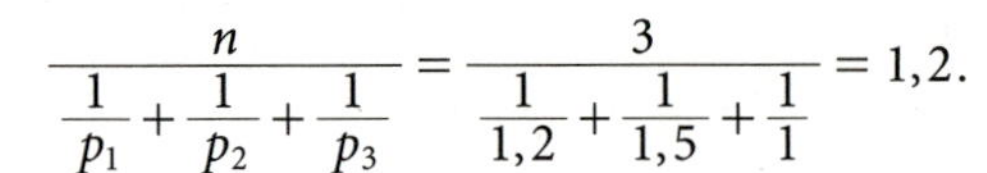

$$\frac{n}{\frac{1}{p_1}+\frac{1}{p_2}+\frac{1}{p_3}}=\frac{3}{\frac{1}{1,2}+\frac{1}{1,5}+\frac{1}{1}}=1,2.$$

▶ **Disegniamo l'areogramma e l'ortogramma.**

Per disegnare l'areogramma delle destinazioni osserviamo che:

totale alluminio venduto $= 3000 + 900 + 600 = 4500$.

Calcoliamo l'ampiezza degli angoli di ogni spicchio.

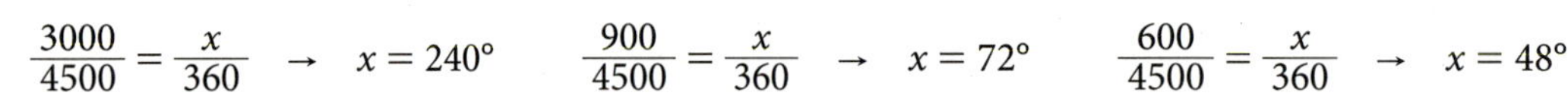

$$\frac{3000}{4500}=\frac{x}{360} \to x=240° \qquad \frac{900}{4500}=\frac{x}{360} \to x=72° \qquad \frac{600}{4500}=\frac{x}{360} \to x=48°$$

Otteniamo quindi l'areogramma seguente.

Per disegnare l'ortogramma mettiamo in ascissa le tre tipologie di produzione e in ordinata i ricavi corrispondenti.

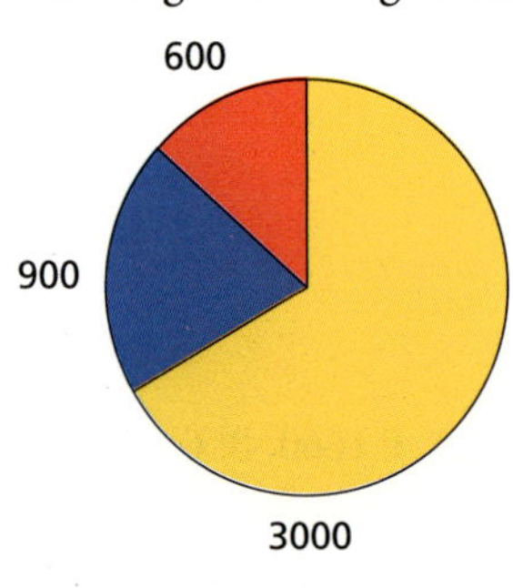

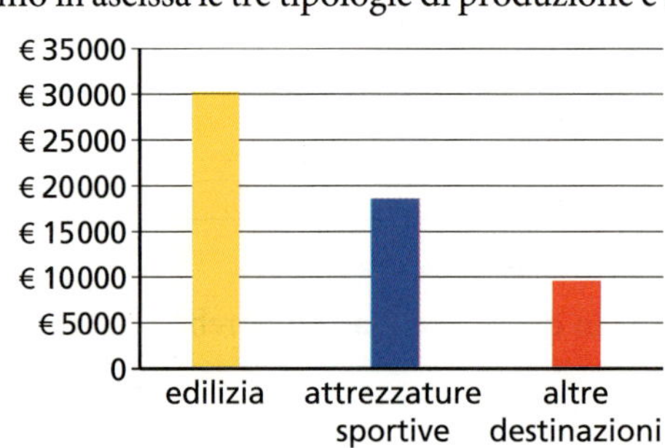

▶ **Calcoliamo il ricavo medio al kilogrammo che l'azienda ottiene dalla vendita dei tre prodotti.**

$$M=\frac{3000\cdot 10+900\cdot 20+600\cdot 15}{3000+900+600}\simeq 12,67.$$

▶ **Calcoliamo la deviazione standard dei ricavi al kilogrammo provenienti dai tre settori.**

$$\sigma^2=\frac{(10-12,67)^2\cdot 3000+(20-12,67)^2\cdot 900+(15-12,67)^2\cdot 600}{3000+900+600}\simeq 16,22 \to \sigma\simeq 4.$$

Come ci aspettavamo, la deviazione standard è abbastanza alta, se confrontata con la media. I tre settori contribuiscono in modo variabile al ricavo dell'azienda.

96 Nella tabella seguente sono riportate le risorse di un Paese. Completa la tabella, poi rappresenta i dati mediante un diagramma circolare.

Attività	Percentuale	Ampiezza del settore
industria	45%	
agricoltura	30%	
servizi	15%	
altro	10%	

97 La seguente tabella riporta il numero di autovetture di un determinato tipo per le quali si è dovuto procedere alla sostituzione della marmitta, classificate secondo il numero di kilometri percorsi.

Kilometri (migliaia)	Numero autovetture
0-40	6
40-60	9
60-70	23
70-80	8
oltre 80	4

Effettua la rappresentazione grafica che ritieni più opportuna. Determina il numero medio di kilometri prima della sostituzione della marmitta.

98 I kilogrammi di frutta venduti in una settimana da un negoziante sono i seguenti.

Giorno	lu	ma	me	gio	ve	sa
Kg di frutta	15	20	30	28	27	40

Calcola la media giornaliera dei kilogrammi venduti e il campo di variazione. [$26,\bar{6}$ kg; 25 kg]

99 Le autovetture di un salone per la vendita di auto usate sono classificate secondo l'età dell'usato.

Età usato (mesi)	Numero autovetture
6	12
12	16
18	15
24	9
30	5
36	1
48	1
60	1

Determina la media aritmetica, la mediana e la moda dell'età delle auto. [17,4; 18; 12]

100 Scrivi cinque numeri tali che la loro media aritmetica sia 10 e la loro mediana 8.

101 Calcola la media aritmetica, la mediana e la moda dei tempi (in minuti) impiegati da alcuni ragazzi a percorrere un tracciato di corsa campestre, dati dalla sequenza:

10, 8, 8, 9, 9, 8, 8, 9, 9, 9, 9, 8.

[8,7; 9; 9]

102 Calcola la media e lo scarto semplice medio del numero di spettatori presenti alla proiezione di un film nel corso di una settimana. Calcola anche la deviazione standard.

Giorno	lu	ma	me	gio	ve	sa	do
Spettatori	215	200	270	280	350	400	420

[305; 72,86; 80,40]

103 Età dei partecipanti alla prova teorica per il conseguimento della patente B in un determinato giorno.

Età	Numero esaminandi
18	12
19	6
20	4
21	1
22	0
23	2
24	1

Calcola la media dell'età, la mediana, la moda e il campo di variazione. [19,3; 19; 18; 6]

104 Cinque operai compiono lo stesso lavoro. Il primo impiega 4 giorni, il secondo 6 giorni, il terzo 5 giorni, il quarto e il quinto 8 giorni. Calcola il tempo medio che viene impiegato per compiere il lavoro. [5,77 gg]

105 Una conduttura idrica, a causa di quattro rotture, subisce via via le seguenti perdite percentuali sui successivi flussi: 4%, 9%, 10%, 2%. Calcola la percentuale media di perdita. [6,31%]

106 Calcola la deviazione standard della seguente distribuzione: tempi impiegati da un ciclista a fare 8 giri di pista (espressi in minuti).

Tempo	1	1,1	1,4	1,8
Frequenza	2	1	3	1

[0,27]

107 Nella seriazione seguente è riportato il numero delle domande presentate a una scuola secondaria di primo grado, per ottenere il sussidio Buono Libro, ripartite secondo il numero dei componenti della famiglia.

Numero componenti della famiglia	2	3	4	5	6
Numero domande	5	16	14	4	1

Calcola media, mediana e moda del numero di componenti della famiglia. [3,5; 3; 3]

ESERCIZI

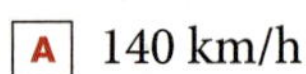

TEST

108 Un treno percorre 100 km alla velocità di 150 km/h, 50 km a 180 km/h e 200 km alla velocità di 120 km/h. Qual è la sua velocità media?

A 140 km/h
B 150 km/h
C 142 km/h
D 134 km/h
E 145 km/h

109 Il prezzo di un abito ha subìto negli ultimi 5 mesi la seguente progressione di sconti: 2,5%, 5%, 4%, 8%, 10%. Qual è lo sconto medio?

A 5,4%
B 5,9%
C 6,1%
D 5,6%
E 4%

110 Si sono misurati i seguenti scarti in millimetri dalla dimensione standard di alcuni bulloni:

0,1; −0,2; 0,2; 0,2; 0,1; −0,1; −0,2; 0,3.

a. Quale media conviene utilizzare per determinare lo scarto medio?

b. Calcola la media aritmetica e la media quadratica e spiega perché la prima non è utile in questo caso.

111 Un artigiano vuole riutilizzare il rivestimento di una decorazione a 5 cerchi, di raggi 40 cm, 38 cm, 40 cm, 52 cm e 44 cm, per una nuova decorazione a 5 cerchi con raggi congruenti. Quale deve essere il raggio dei nuovi cerchi per non avere scarti? [43,1 cm]

112 Nel corso dell'anno Luigi ha avuto le seguenti valutazioni nelle verifiche di fisica.

6 5 7 4 6 7 8 8 5

Se deve ancora svolgere un'ultima verifica, qual è il voto minimo che deve ottenere per avere la media del 6? In tal caso, calcola lo scarto semplice medio e la deviazione standard delle 10 valutazioni.

113 VERO O FALSO? Osserva i dati relativi alle prenotazioni in due bed and breakfast in una località di mare.

	Apr	Mag	Giu	Lug	Ago	Set
Prenotazioni A	12	25	46	58	75	42
Prenotazioni B	22	27	39	56	64	50

a. A e B hanno avuto mediamente lo stesso numero di prenotazioni mensili. V F

b. B ha avuto un numero di prenotazioni più uniforme e quindi una deviazione standard minore. V F

c. Entrambi nella prima metà del semestre considerato hanno avuto meno prenotazioni rispetto alla media. V F

d. A ha avuto un maggior campo di variazione e un maggior numero di prenotazioni. V F

114 Il quantitativo di zucchero presente nel mosto consente di prevedere il grado alcolico dopo la fermentazione. La determinazione avviene in base al peso specifico del mosto. Si sono rilevati i seguenti valori di peso specifico del mosto in g/ml in 10 aziende agricole che hanno fornito uva alla Cantina sociale.

1,068 1,072 1,083 1,070 1,070 1,069 1,070 1,072 1,073 1,062

Determina la media aritmetica, la mediana e la moda.

Eliminando il valore maggiore e quello minore, come cambiano i valori trovati? [1,071; 1,070; 1,070]

115 Un'impresa garantisce la quantità di acqua minerale contenuta in bottigliette da 500 ml. Sono state prese in esame 10 bottigliette e si è controllato il contenuto ottenendo:

498, 500, 502, 503, 496, 498, 504, 500, 499, 500.

a. Calcola la media e la mediana.

b. Calcola lo scarto semplice medio. Ti sembra un valore accettabile?

[a) 500; 500; b) 1,8]

116 REALTÀ E MODELLI **Nazionale di pallavolo** La seguente tabella riporta le altezze in centimetri e le età di alcuni giocatori che hanno partecipato ai mondiali di pallavolo giocati in Italia nel 2010.

Altezza	202	180	195	189	196	208	198	204	202	192
Età	35	26	24	34	28	27	24	32	22	32

a. Qual è l'altezza media dei pallavolisti considerati?

b. Qual è la loro età media?

c. I due giocatori più bassi del gruppo sono il libero e l'alzatore; i rimanenti sono schiacciatori o centrali. Qual è l'altezza media, considerando solo schiacciatori e centrali?

d. Se calcoli la deviazione standard dell'altezza considerando solo questi otto giocatori, ti aspetti che sia maggiore o minore di quella calcolata su tutti i dieci giocatori? Motiva la risposta.

[a) 196,6 cm; b) 28,4 anni; c) 199,6 cm; d) minore]

117 Lungo un viale di accesso a un deposito ferroviario sono allineati, uno adiacente all'altro, 6 edifici a pianta quadrata di lati diversi:

14 m, 23 m, 13 m, 33 m, 19 m, 21 m.

Gli edifici devono essere demoliti e sostituiti da 6 edifici adiacenti a pianta quadrata tutti uguali. Calcola la lunghezza l del lato di ciascun nuovo edificio se, alternativamente, si vuole conservare:

a. la lunghezza del tratto di viale che costeggia tutti gli edifici;

b. l'area complessiva occupata dagli edifici.

[a) 20,5; b) 21,5]

118 YOU & MATHS The following data give the weight lost by 15 members of the Bancroft Health Club and Spa at the end of two months after joining the club.

5 10 8 7 25 12 5 14 11 10 21 9 8 11 18

Compute for these data:

a. the sample mean; b. the sample standard deviation.

(USA *United States Naval Academy*, Final Examination, 2001)

[a) $M = 11,6$; b) $\sigma \simeq 5,55$]

119 La tabella illustra il prezzo in euro di un prodotto a Roma e a Parigi rilevato in successive quattro settimane. Determina in quale città la variabilità è stata maggiore usando il coefficiente di variazione.

Settimana	Roma	Parigi
1ª	4,28	5,75
2ª	4,79	5,88
3ª	4,04	5,19
4ª	3,98	5,17

[Roma]

120 YOU & MATHS Find the mean and standard deviation of the grouped frequency distribution.

Number of trials	Frequency
1-5	2
6-10	1
11-15	12
16-20	10
21-25	5

(CAN *John Abbott College*, Final Examination, 2002)

[mean = 15,5; σ = 5,21]

121 TEST L'età media dei partecipanti a una festa è di 24 anni. Se l'età media degli uomini è 28 anni e quella delle donne è 18 anni, qual è il rapporto tra il numero degli uomini e quello delle donne?

A $\frac{14}{9}$ B $\frac{9}{14}$ C 2 D $\frac{3}{2}$ E $\frac{4}{3}$

(CISIA, Facoltà di Ingegneria, Test di ingresso, 2007)

122 Indicata con $\overline{x}$ la media aritmetica dei valori $x_1, x_2, x_3, \ldots, x_n$, valutare la seguente affermazione: «sommando a ciascuno dei valori x_i la costante c la media aritmetica dei nuovi valori è $\overline{x} + c$».

(*Università di Lecce, Corso di laurea in Matematica, Test di ingresso,* 2000)

123 La tabella illustra le ordinazioni di un'impresa, ripartite secondo l'importo in euro.

Classe di ordinazione	Numero di ordinazioni	Totale ricavo ordinazioni
0-500	25	8500
500-1000	15	13 000
1000-1500	10	14 000
1500-2500	8	18 400
oltre 2500	6	16 000

Costruisci l'area di concentrazione e calcola l'indice di concentrazione. [$R = 39,86\%$]

124 Acquistando una partita di merce un grossista ha avuto uno sconto del 5%, inoltre ha avuto sul netto uno sconto del 3% quale premio fedeltà e, infine, uno sconto del 2% sul netto per pagamento in contanti. Determina il tasso medio di sconto. [3,34%]

125 Due corpi hanno la stessa massa m e velocità diverse v_1 e v_2. Vogliamo calcolare quale velocità v dovrebbero avere entrambi affinché la somma delle loro energie cinetiche rimanga invariata. Quale media possiamo utilizzare fra v_1 e v_2 per trovare v? Motiva la tua risposta.

(L'energia cinetica si calcola con la formula $E_c = \frac{1}{2}mv^2$.)

126 Relativamente ai dipendenti di un'azienda, i giorni di assenza in un anno per malattia con durata non superiore a sei giorni sono distribuiti nel modo seguente.

Numero giorni assenza	Numero casi
1	12
2	14
3	24
4	10
5	8
6	2

Costruisci l'area di concentrazione e calcola l'indice di concentrazione. [$R = 25,04\%$]

127 A una prova vengono attribuiti punteggi in quindicesimi e la prova risulta superata con almeno un punteggio di 10. Abbiamo i seguenti dati relativi a 40 candidati che hanno superato la prova.

Punteggio	10	11	12	13	14	15
Candidati	6	14	12	4	2	2

a. Effettua la rappresentazione grafica.

b. Determina il punteggio medio, la mediana e la moda.

c. Calcola la deviazione standard e il coefficiente di variazione.

d. Determina la percentuale dei candidati che hanno ottenuto un punteggio superiore a quello medio.

[b) 11,7; 11,5; 11; c) 1,27; 10,9%; d) 50%]

3 Distribuzione gaussiana

▶ Teoria a p. β19

128 LEGGI IL GRAFICO Osserva le seguenti curve gaussiane.

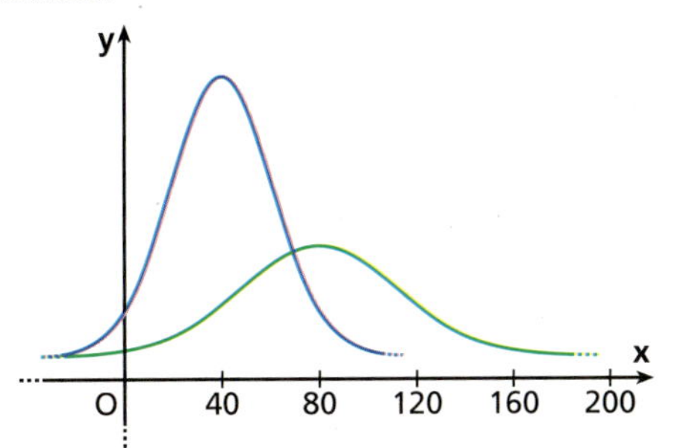

a. Qual è la media della distribuzione in blu?

b. Qual è la media della distribuzione in verde?

c. In base al grafico puoi dire che la deviazione standard della distribuzione in blu è maggiore o minore della deviazione standard di quella in verde?

129 Per una popolazione di 80 pile, la durata ha una distribuzione che si può considerare gaussiana con media 95 h e deviazione standard 3,6 h. Qual è il numero di pile che ha una durata compresa tra 91,4 h e 98,6 h?

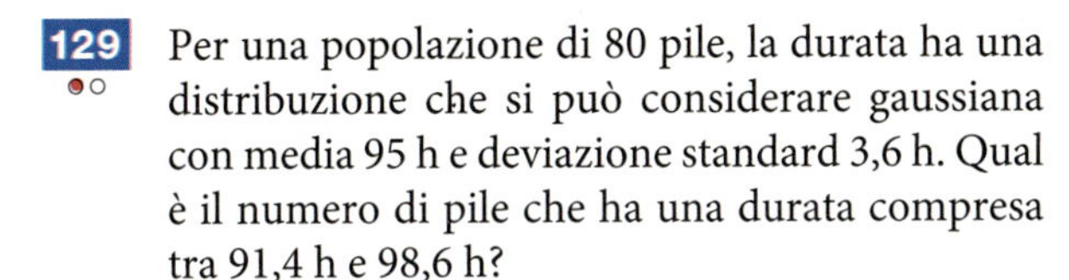

130 Il consumo settimanale di benzina in 1000 famiglie è riportato nella seguente seriazione.

Consumo benzina (litri)	Famiglie
0-10	60
10-20	110
20-30	165
30-40	330
40-50	155
50-60	130
60-70	50

a. Rappresenta i dati con un istogramma evidenziando il poligono delle frequenze. La distribuzione si può considerare gaussiana?

b. Determina la media aritmetica e la deviazione standard della distribuzione.

c. Determina quante famiglie hanno un consumo compreso nell'intervallo

$$]M - \sigma; M + \sigma[.$$

[b) $M = 35$; $\sigma = 15$; c) 683]

---

131 Un gruppo di 1500 studenti partecipa a una selezione di atletica leggera sui 100 m piani. Si osserva che la distribuzione dei tempi ottenuti è approssimativamente gaussiana, con media $t_M = 15{,}2$ s e deviazione standard $\sigma = 1{,}7$ s. Quanti ragazzi hanno corso ottenendo un tempo compreso tra 13,5 s e 16,9 s? Quanti hanno impiegato meno di 11,8 s? Quanti hanno impiegato più di 20,3 s? [1024; 34; 2]

132 REALTÀ E MODELLI **Consumo energetico** Le misurazioni ripetute relative al consumo di energia elettrica per la prestazione giornaliera di una lavastoviglie in una mensa aziendale, presentano una distribuzione che si può ritenere gaussiana con media di 8 kWh e deviazione standard 0,85 kWh. Determina quante volte in 240 giorni il consumo è stato:

a. compreso fra 7,15 kWh e 8,85 kWh;

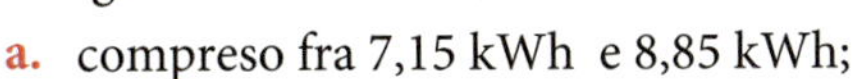

b. maggiore di 9,7 kWh. [a) circa 164; b) circa 5]

133 Una macchina confeziona scatole di cacao in polvere del peso medio di 200 g con una deviazione standard di 10 g. Supponiamo che la distribuzione dei pesi sia gaussiana. Su un campione di 64, quante sono le scatole che pesano meno di 190 g? [circa 10]

134 Un campione di 40 pile ha fornito una durata media di 293 ore. Sapendo che la durata è una grandezza che si distribuisce secondo la curva gaussiana e che la deviazione standard della popolazione è 10 ore, quante pile hanno avuto una durata maggiore di 303 ore? [circa 6]

ESERCIZI

4 Rapporti statistici

▶ Teoria a p. β22

135 ESERCIZIO GUIDA La tabella seguente riporta dati statistici riguardanti quattro piccole imprese.

Ditta	Numero dipendenti	Fatturato (€)	Debiti (€)	Crediti (€)
A	5	25000	12000	13000
B	8	54000	22000	26000
C	4	32000	13000	11000
D	3	45000	19000	18000

Calcoliamo i rapporti di derivazione, di composizione e di coesistenza.

Calcoliamo il rapporto di *derivazione* che si ottiene dal rapporto tra fatturato e numero di dipendenti. È un rapporto tra grandezze *non omogenee*, quindi è più propriamente un rapporto di densità. Si esprime in euro per dipendente:

$$\frac{25000}{5} = 5000; \quad \frac{54000}{8} = 6750; \quad \frac{32000}{4} = 8000; \quad \frac{45000}{3} = 15000.$$

Calcoliamo il rapporto di *derivazione* che si ottiene dal rapporto fra crediti e fatturato. È un rapporto tra grandezze *omogenee* e si può esprimere in *percentuale*:

$$\frac{13000}{25000} \cdot 100 = 52\%; \quad \frac{26000}{54000} \cdot 100 \simeq 48{,}15\%; \quad \frac{11000}{32000} \cdot 100 \simeq 34{,}38\%; \quad \frac{18000}{45000} \cdot 100 = 40\%.$$

Calcoliamo il rapporto di *composizione* dato dal rapporto fra il numero dei dipendenti di ogni impresa e il totale dei dipendenti delle quattro imprese. È un rapporto tra grandezze *omogenee* e lo esprimiamo in *percentuale*:

$$\frac{5}{20} \cdot 100 = 25\%; \quad \frac{8}{20} \cdot 100 = 40\%; \quad \frac{4}{20} \cdot 100 = 20\%; \quad \frac{3}{20} \cdot 100 = 15\%.$$

Calcoliamo il rapporto di *coesistenza* dato dal rapporto fra debiti e crediti. È un rapporto tra grandezze *omogenee* e lo esprimiamo in *percentuale*:

$$\frac{12000}{13000} \cdot 100 \simeq 92{,}31\%; \quad \frac{22000}{26000} \cdot 100 \simeq 84{,}62\%; \quad \frac{13000}{11000} \cdot 100 \simeq 118{,}18\%; \quad \frac{19000}{18000} \cdot 100 \simeq 105{,}56\%.$$

Nella tabella che segue riportiamo gli indici trovati.

Densità	Derivazione	Composizione	Coesistenza
fatturato/dipendenti (euro per dipendente)	crediti/fatturato (%)	dipendenti (%)	debiti/crediti (%)
5000	52,00	25	92,31
6750	48,15	40	84,62
8000	34,38	20	118,18
15000	40,00	15	105,56

136 VERO O FALSO? Osserva la tabella relativa all'attività sportiva praticata dagli iscritti a una polisportiva.

Attività sportiva	calcio	tennis	volley	basket	ginnastica	nuoto
Numero persone	54	25	29	45	89	37

a. Circa il 10% delle persone gioca a volley. V F

b. Per ogni giocatore di tennis ci sono 2,16 calciatori. V F

c. Il rapporto di coesistenza fra ginnastica e basket è 0,51. V F

d. Il 37% delle persone pratica nuoto. V F

137 Rispondi osservando la tabella.

a. In quale Comune c'è una maggiore tendenza al matrimonio?

b. In quale Comune c'è il tasso di divorzi minore in rapporto alla popolazione?

c. In quale Comune c'è il più alto rapporto tra divorzi e matrimoni?

[a) B; b) D; c) A]

Comune	Popolazione	Numero matrimoni	Numero divorzi
A	65 312	512	84
B	32 450	331	43
C	33 458	267	43
D	32 513	154	19

138 Da un'indagine emergono i seguenti dati relativi al numero di incidenti stradali in una provincia durante il periodo estivo.

Mese	Numero incidenti
giugno	37
luglio	128
agosto	187
settembre	63

a. Quale percentuale degli incidenti totali è rappresentata dagli incidenti avvenuti in luglio?

b. Sapendo che l'entità della rete stradale è di 3457 km, determina il numero di incidenti per kilometro avvenuti ogni mese.

[a) 30,84%; b) 0,01; 0,04; 0,05; 0,02]

139 Le importazioni ed esportazioni (tonnellate di merce movimentata) di un'impresa industriale nei primi sei mesi del 2009 sono riportate nella seguente tabella.

Mese	Importazioni	Esportazioni
gennaio	122	127
febbraio	134	122
marzo	115	105
aprile	98	97
maggio	95	103
giugno	105	96

a. Determina i rapporti di composizione delle importazioni e delle esportazioni.

b. In quale mese è maggiore il rapporto tra esportazioni e importazioni?

[a) 18,24%; 20,03%; …; b) maggio]

140 TEST Il rapporto di coesistenza tra studenti stranieri e studenti italiani in una classe è 0,20. Vuol dire che:

A gli studenti stranieri sono il 20% del totale.

B gli studenti italiani sono l'80% del totale.

C per ogni studente straniero ci sono 5 studenti italiani.

D per ogni studente italiano ci sono 5 studenti stranieri.

E se la classe è composta da 20 studenti, 4 di questi sono stranieri.

ESERCIZI

141 La tabella seguente si riferisce alle prestazioni di 4 attaccanti in un recente campionato di calcio amatoriale.

	Partite giocate	Tiri in porta	Goal realizzati
Aldo	36	118	18
Berto	29	106	15
Carlo	34	103	16
Davide	31	99	15

a. Chi ha effettuato il maggior numero di goal a partita?

b. Chi ha ottenuto il maggior successo in termini di goal effettuati rapportati ai tiri in porta?

[a) Berto; b) Carlo]

142 In una provincia vi sono 323 415 abitanti. Nel corso dell'anno sono stati rilevati i seguenti reati: 1320 furti nelle abitazioni, 45 rapine a mano armata e 745 borseggi. Calcola i quozienti di criminalità per 10 000 abitanti e specifica il tipo di rapporto statistico. [densità: 40,8; 1,4; 23,0]

143 In un'impresa nel corso di 4 settimane si sono rilevati i numeri di pezzi difettosi sul totale della produzione.

Settimana	Numero pezzi prodotti	Numero pezzi difettosi
Prima	7200	46
Seconda	6900	38
Terza	7020	32
Quarta	6990	30

Per ogni settimana calcola l'indice di qualità, definito come rapporto tra il numero di pezzi difettosi per 1000 pezzi non difettosi, e indica il tipo di rapporto. [coesistenza: 6,4; 5,5; 4,6; 4,3]

144 La seguente tabella pone a confronto la numerosità della popolazione di 4 Comuni con il numero degli occupati, delle persone che hanno perso il lavoro e di quelle in cerca di prima occupazione.

Comune	Popolazione	Forza lavoro		
		Occupati	Perso lavoro	Prima occupazione
Bisbino	8967	4230	940	420
Predella	12 314	6320	1389	670
Rondigo	9856	3840	1760	433
Tacento	12 310	6324	2312	236

Determina per ogni Comune:

a. il tasso di attività dato dal rapporto tra forza lavoro e popolazione;

b. il tasso di occupazione dato dal rapporto fra occupati e popolazione;

c. il tasso di disoccupazione dato dal rapporto fra le persone in cerca di lavoro e la forza lavoro;

d. il rapporto fra disoccupati e occupati.

Quale Comune si trova nella situazione peggiore secondo te?

[a) 62,34%; ...; b) 47,17%; ...; c) 24,33%; ...; d) 32,15%; ...]

145 Si stanno sperimentando due farmaci A e B per curare una malattia su due gruppi rispettivamente di 24 e 20 pazienti. Si ottengono i risultati in tabella.

Farmaco	Guariti	Non guariti	Totale
A	13	11	24
B	12	8	20

a. Quale farmaco ha dato il maggior tasso di guarigione?

b. Qual è il rapporto fra i guariti e i non guariti per il farmaco B? Come lo interpreti? [a) B; b) 1,5]

146 Considera la seguente tabella, che illustra il numero di dipendenti di un'impresa nel corso di un decennio.

Anno	2001	2002	2003	2004	2005	2006	2007	2008	2009	2010
Numero dipendenti	876	854	847	859	868	875	869	874	885	865

a. Calcola i numeri indice a base fissa con base anno 2001.

b. Calcola i numeri indice a base fissa con base anno 2005.

[a) 100; 97,49; ...; 98,74; b) 100,92; 98,39; ...; 100; ...; 99,65]

147 Data la seguente serie storica relativa al numero degli abbonamenti a un teatro, calcola i numeri indice a base fissa e a base mobile ponendo 2006 = 100 per i numeri indice a base fissa.

Anno	2006	2007	2008	2009	2010
Numero abbonati	1559	1650	1520	1587	1620

[100; 105,84; 97,50; ...; n.d.; 105,84; 92,12; ...]

148 La seguente tabella riguarda i siti web più visitati nel mondo nel 2006.

Siti web	**Visitatori**
Yahoo!	133 428 000
Google	123 892 000
Time Warner Network	123 702 000
MSN (Microsoft)	118 154 000
Myspace	81 233 000
eBay	79 787 000
Amazon	57 702 000
Ask Network	51 885 000
Wikipedia	46 372 000
Viacom Digital	43 056 000

Calcola i numeri indice a base fissa con base Yahoo! e con base Google.

[base Yahoo!: 100; 92,85; 92,71; ...; base Google: 107,70; 100; 99,85; ...]

149 COMPLETA la tabella con i dati mancanti relativamente al prezzo di un litro di benzina.

Prezzo (€/litro)	**Numero indice a base mobile**
1,403	n.d.
	101,3
	101,3
1,471	
	94,6

MATEMATICA AL COMPUTER

La statistica Con un foglio di calcolo costruiamo una tabella contenente i numeri degli alunni delle quindici classi di una scuola, distribuite su cinque livelli (I, II, III, IV, V) e tre sezioni (A, B, C). Calcoliamo quindi i totali e le medie dei vari livelli e delle varie sezioni.

Risoluzione – 8 Esercizi in più

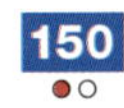

150 È stato registrato il consumo domestico medio pro capite di acqua nell'anno 2013. La tabella riporta i numeri indice a base fissa, con base gennaio 2013.

Mese	gen	feb	mar	apr	mag	giu	lug	ago	set	ott	nov	dic
Indice	100	102	98	103	101	97	99	104	104	107	98	96

a. Sapendo che il consumo medio pro capite di marzo è stato di 22,5 litri, qual è stato il consumo medio pro capite in gennaio?

b. Che cosa puoi affermare sui mesi di agosto e settembre?

[a) 23 L]

ESERCIZI

5 Efficacia, efficienza, qualità

▶ Teoria a p. β25

Controllo della gestione di prodotti e servizi

151 Quali tra i seguenti aspetti di un processo migliorano l'efficacia (A), quali l'efficienza (B) e quali la qualità (C) dello stesso?

a. Guadagno complessivo maggiore.

b. Minore produzione di scorie inquinanti.

c. Conquista di uno scudetto.

d. Conquista di uno scudetto con un gioco brillante.

e. Tempo di attesa inferiore.

f. Massimo numero di studenti maturati.

g. Massimo numero di studenti maturati con piene conoscenze, competenze e abilità.

h. Migliore manutenzione degli strumenti tecnologici.

[a) A; b) B, c) A; d) C; e) B; f) A; g) C; h) B]

152 Un corso di formazione a pagamento è impartito da tre scuole A, B e C; ognuna fissa la stessa quota di partecipazione e raggiunge il medesimo numero di iscritti. Sul volantino pubblicitario che ciascuna scuola distribuisce, sono segnalate le seguenti caratteristiche:
scuola A: durata del corso 100 h, ripartite in 40 lezioni serali frontali ognuna di durata 2 h 30 min;
scuola B: durata del corso 150 h, ripartite in 30 lezioni pomeridiane frontali ognuna di durata 3 h;
scuola C: durata del corso 150 h, lezioni web e frontali con docenti qualificati e tutor personalizzati.
Quale scuola ritieni abbia il livello di qualità più alto? Motivane le ragioni. [C, perché...]

153 La seguente tabella riporta alcuni dati di un servizio navetta, riguardanti il numero dei passeggeri e la valutazione in decimi di alcune caratteristiche di viaggio negli ultimi 4 anni.

Anno	N° passeggeri	Puntualità	Comodità	Acustica
2011	40 128	8	8	9
2010	38 756	9	8	9
2009	43 512	10	8	9
2008	41 653	9	8	7

Definisci l'incasso come indicatore di efficacia e stila, in base agli anni, le due graduatorie in ordine decrescente di efficacia ed efficienza, sapendo che

a. il prezzo del biglietto è rimasto invariato;

b. che il prezzo del biglietto nel 2008 ammontava a € 2 e successivamente ogni anno ha subito un incremento del 10%.

[a) efficacia: 2009-2008-2011-2010, efficienza: 2009-2010-2011-2008;
b) efficacia: 2011-2009-2010-2008, efficienza: 2009-2010-2011-2008]

154 Per ciascuno dei 4 dadi A, B, C, D, si effettuano 3000 lanci e si conteggia il numero delle volte in cui il risultato è 6. L'esito di tale conteggio è riportato in tabella.

Dado	A	B	C	D
Frequenza assoluta del «6»	421	587	433	695

Puoi concludere che il dado B sia il più efficiente? Motivane le ragioni. [no]

6 Indicatori di efficacia, efficienza e qualità

▶ Teoria a p. β28

Date le seguenti tabelle, definisci e individua la tipologia di tutti gli indicatori che riconosci e determina le loro misure.

155

Mese	N° pazienti	Guadagno medio per paziente (€)	Tempo di attesa (min)
novembre 2011	1040	52	49 920

[I_1 = Guadagno totale sui pazienti = (Guadagno medio per paziente) · (N° pazienti) = € 54 080;
I_2 = Tempo di attesa per paziente = (Tempo di attesa)/(N° pazienti) = 48 min]

156

Data	Tiratura	N° copie vendute	Prezzo per copia (€)
12 febbraio 2010	75 000	68 954	1,20

[I_1 = Percentuale di vendite = ((N° copie vendute)/(Tiratura)) · 100 = 92%;
I_2 = Ricavo rotale = (Prezzo per copia) · (N° copie vendute) = € 82 745]

157 Da un'indagine riguardante gli ultimi 4 mesi del 2010, emergono i dati relativi al processo produttivo di un'impresa che costruisce un oggetto in serie, riportati nella seguente tabella.

Mese	Migliaia di esemplari	Spesa complessiva (migliaia di €)	Ore di produzione
dicembre	1053	831	160
novembre	921	815	150
ottobre	844	827	150
settembre	820	810	140

Definisci i due indicatori I_1 = spesa per esemplare e I_2 = tempo per migliaia di esemplari, specificandone la tipologia; determina, infine, i valori dei due indicatori associati ai 4 mesi di riferimento.

[I_1 = (Spesa complessiva)/(Migliaia di esemplari); indicatore di efficacia; € 0,79; € 0,88; € 0,98; € 0,99;
I_2 = (Ore di produzione)/(Migliaia di esemplari); indicatore di efficienza; 0,15 h; 0,16 h; 0,18 h; 0,17 h]

158 La seguente tabella riporta i valori in percentuale di un indicatore di efficacia I_1 e di due indicatori di efficienza I_2 e I_3, relativi a 3 strutture sportive A, B e C.

Struttura sportiva	I_1	I_2	I_3
A	90	72	65
B	84	78	69
C	92	83	78

Tenendo conto che I_2 e I_3 hanno lo stesso peso e che I_1 ha peso doppio, definisci l'indicatore I della media ponderata di I_1, I_2 e I_3, specificane la tipologia e determina i suoi valori.
Quale tra le 3 strutture sportive è preferibile?

[$I = 0{,}5I_1 + 0{,}25I_2 + 0{,}25I_3$; indicatore di qualità; 79,25; 78,75; 86,25; C]

159 Definisci e individua la tipologia degli indicatori che riconosci nella tabella. Determina le loro misure.

Biennio	N° automobili vendute da una concessionaria	N° automobili vendute a Roma	N° contratti pubblicitari	Spesa totale per pubblicità (€)
2010-2012	1152	153 000	10	5000

[I_1 = Quota di mercato della concessionaria = = (N° automobili vendute dalla concessionaria)/(N° automobili vendute a Roma) = 0,0075; I_2 = Spesa per contratto pubblicitario = (Spesa totale per pubblicità)/(N° contratti pubblicitari) = € 500]

160 In tabella sono riportati alcuni dati riguardanti un'azienda, relativi agli anni 2009, 2010 e 2011.

Anno	N° utenti	Spesa per utente	Ricavo per utente
2011	5024	187	215
2010	4687	193	208
2009	4691	189	199

Definisci l'indicatore I = guadagno sull'utenza, specificandone la tipologia, e determina le misure dell'indicatore associate ai 3 anni di riferimento. Puoi affermare che è in atto un trend di crescita nel tempo?

[I = (Ricavo per utente − Spesa per utente) · (N° utenti); indicatore di efficacia; € 140 672; € 70 305; € 46 910; trend di crescita]

161 Una banca ha due filiali A e B in un quartiere metropolitano; ciascuna di esse possiede due uffici che gestiscono rispettivamente la vendita di prodotti finanziari e la stipula dei contratti di nuovi correntisti. I dati raccolti dai quattro uffici delle due filiali per il 2009 sono riportati nella seguente tabella.

Filiale	N° prodotti finanziari venduti	N° vendite previste	N° correntisti	N° correntisti previsti
A	215	220	175	190
B	184	180	162	170

Servendoti delle misure di opportuni indicatori, in quale ambito e in quale filiale si è avuto un livello di efficienza più alto?

[Filiale *B*, ufficio vendita di prodotti finanziari]

Riepilogo: Rapporti e indicatori

162 La lunghezza in centimetri delle mine per matita prodotte da una certa macchina ha una distribuzione che si può considerare gaussiana con media 12 cm e deviazione standard pari a 0,1 cm.
Si sceglie un campione formato da 150 mine. Quante di queste ci aspettiamo abbiano una lunghezza compresa tra 11,8 cm e 12,2 cm? [143]

163 La distribuzione dei pesi dei bagagli imbarcati dai passeggeri che utilizzano abitualmente la tratta Pisa-Bari si può considerare gaussiana con media 7 kg e deviazione standard 0,5 kg. Su un volo di 260 persone, quante ci aspettiamo che abbiano imbarcato un bagaglio che pesa più di 8 kg? [circa 6]

164 REALTÀ E MODELLI **I campionati mondiali di calcio** Le tabelle riportano i risultati ottenuti dall'Italia nei campionati mondiali di calcio del 1982 e del 2006, di cui è stata vincitrice.

Campionato mondiale 1982	
Partita	**Risultato**
Italia – Polonia	0-0
Italia – Perù	1-1
Italia – Camerun	1-1
Italia – Argentina	2-1
Italia – Brasile	3-2
Polonia – Italia	0-2
Italia – Germania	3-1

Campionato mondiale 2006	
Partita	**Risultato**
Italia – Ghana	2-0
Italia – Stati Uniti	1-1
Repubblica Ceca – Italia	0-2
Italia – Australia	1-0
Italia – Ucraina	3-0
Germania – Italia	0-2
Italia – Francia	1-1 (5-3 ai rigori)

Per il campionato mondiale del 2006, calcola:

a. la media dei goal segnati e dei goal subiti durante il campionato, esclusi i goal ai rigori;

b. lo scarto semplice medio dei goal segnati;

c. la deviazione standard dei goal segnati.

Confrontiamo i due campionati mondiali.

d. In quale campionato l'Italia ha subìto in media più goal?

e. In quale campionato è migliore il rapporto fra goal segnati e goal subìti?

165 La tabella indica la produzione di uva da vino di quattro aziende agricole e il numero degli addetti.

Azienda agricola	Produzione uva (kg)	Numero addetti
A	7200	6
B	2800	4
C	3600	5
D	1400	3

Determina i rapporti di derivazione e di composizione.

[derivazione: 1200; 700; 720; 467 kg/addetto; composizione: 48%; 18,67%; 24%; 9,33%; 33,33%; 22,22%; 27,78%; 16,67%]

166 La seguente tabella riporta la produzione mondiale di autoveicoli, suddivisa in veicoli leggeri e pesanti, da parte dei maggiori produttori (2006).

Paese	Veicoli leggeri	Veicoli pesanti	Totale
Giappone	9756515	1727718	11484233
Stati Uniti	4372196	6979093	11351289
Cina	4315290	2956524	7271814
Germania	5398508	419663	5818171

Determina i rapporti di composizione e i rapporti di coesistenza tra veicoli pesanti e leggeri.

[veicoli leggeri: 40,92%; 18,34%; ...; veicoli pesanti: 14,30%; 57,76%; ...; coesistenza: 17,71%; 159,62%; ... dei veicoli leggeri]

167 Dopo 4 anni dall'inizio della produzione e del commercio di un bene, l'azienda riassume i dati della produzione nella seguente tabella.

Anni	Numero pezzi prodotti	Numero pezzi difettosi	Ore di produzione	Spesa complessiva (migliaia di €)
1	460	120	150	9,2
2	680	140	140	7,3
3	790	320	115	6,0
4	800	110	125	6,5

Considera gli indicatori:

$$I_1 = \frac{\text{n° pezzi difettosi}}{\text{n° pezzi prodotti}}, \qquad I_3 = \frac{\text{spesa complessiva}}{\text{n° pezzi prodotti}},$$

$$I_2 = \frac{\text{ore di produzione}}{\text{n° pezzi prodotti}}, \qquad I = 0,2I_1 + 0,3I_2 + 0,5I_3.$$

Specifica la tipologia di ogni indicatore e usando l'indice I determina l'anno in cui è stato ottenuto il più alto livello di qualità.

[I_1 = indicatore di efficacia, I_2 = indicatore di efficienza, I_3 = indicatore di efficienza, I = indicatore di qualità, 3° anno]

168 Una fiera commerciale si svolge ogni anno in un fine settimana del mese di agosto. Nell'ultima edizione si sono registrate 1450 presenze e il biglietto di ingresso, comprensivo di una consumazione del valore di € 2, ha avuto un costo pari a € 10.
Per l'organizzazione sono stati spesi complessivamente € 2530 e, inoltre, il 6% degli ingressi sono risultati omaggio.
Definisci l'indicatore di efficacia relativo al contesto descritto e determina il suo valore.

[I = ((N° ingressi totali − N° ingressi omaggio) · (Costo di 1 biglietto) − (N° ingressi totali) · (Valore consumazione) + − Spesa organizzativa); € 8200]

169 Uno spettacolo teatrale è messo in scena in tre giorni del mese di dicembre.
Alcuni dati relativi alle tre rappresentazioni sono riportati in tabella.

Data	Numero spettatori	Numero errori dizione	Durata (minuti)	Consumo energetico (kWh)	Compenso attori (€)
5 dicembre	644	11	98	30	4000
12 dicembre	615	8	101	29	3870
19 dicembre	631	5	94	25	3677

Definisci gli indicatori di efficienza relativi al contesto descritto. Per ciascuno di essi, inoltre, esegui un confronto tra le misure relative alle tre domeniche e stabilisci di conseguenza se si è verificato un progressivo miglioramento globale di efficienza.

[I_1 = (N° errori dizione)/(Compenso attori); I_2 = (Consumo energetico)/(Durata); sì]

VERIFICA DELLE COMPETENZE ALLENAMENTO

ANALIZZARE E INTERPRETARE DATI E GRAFICI

1 TEST Il seguente grafico rappresenta il poligono delle frequenze delle ore settimanali dedicate allo sport da un gruppo di 50 ragazzi.

Quale delle seguenti affermazioni è *esatta*?

A Media e mediana sono uguali.

B La moda è maggiore della media aritmetica ma minore della mediana.

C Gianni, che si reca in palestra ogni giorno per un'ora al giorno, dedica alla palestra più ore della media dei ragazzi intervistati.

D La metà dei ragazzi intervistati dedica meno di otto ore a settimana allo sport.

E Non c'è alcun ragazzo che dedica 0 ore allo sport.

2 A una prova vengono attribuiti punteggi in quindicesimi e risulta superata con almeno un punteggio di 10. Abbiamo i seguenti dati relativi a 40 candidati che hanno superato la prova.

Punteggio	10	11	12	13	14	15
Candidati	6	14	12	4	2	2

a. Analizzando i dati, qual è la moda dei voti?

b. La mediana è maggiore o minore della media?

c. Disegna il poligono delle frequenze. Puoi dire che si tratta di una distribuzione gaussiana?

3 I tempi medi (in minuti) impiegati dai dipendenti di una società per recarsi al lavoro sono:
15, 20, 18, 10, 25, 40, 35, 32, 28, 45, 27, 43, 55, 34, 45, 43, 28, 23, 25, 27, 32, 33, 14, 32, 12.

a. Compila la distribuzione di frequenza con classi di intervallo di ampiezza dieci. (Estremo inferiore incluso nelle classi ed estremo superiore escluso.)

b. Un dipendente che impiega 30 minuti per andare a lavoro appartiene alla classe modale, cioè alla classe con frequenza maggiore?

c. Dall'analisi dei dati, puoi dire che più della metà dei dipendenti impiega meno di 30 minuti per andare a lavoro?

---

4 TEST Nell'azienda Ambra i costi e le spese sono distribuiti come è indicato nel grafico che segue:

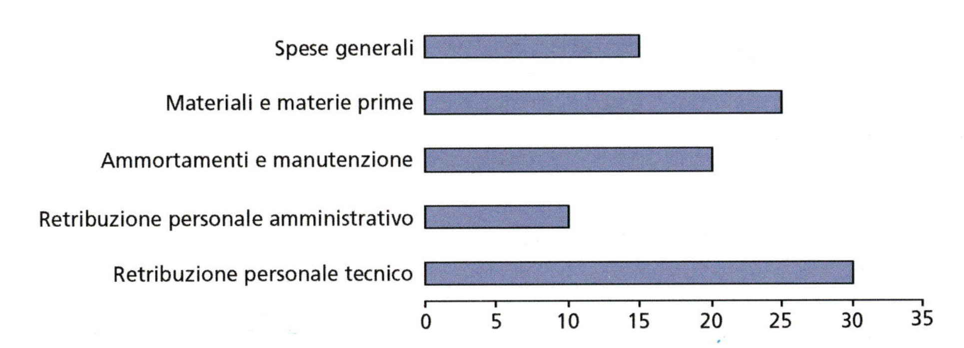

Qual è il rapporto tra le retribuzioni dei tecnici e quelle degli amministrativi?

A $\frac{1}{3}$ B $\frac{3}{1}$ C $\frac{1}{2}$ D $\frac{2}{3}$ E $\frac{2}{1}$

(Facoltà di Ingegneria, Simulazione test di ingresso)

5 Il diagramma rappresenta gli studenti di una scuola secondaria di primo grado. Gli angoli relativi alle classi prime, seconde e terze sono rispettivamente di 168°, 132°, 60°.

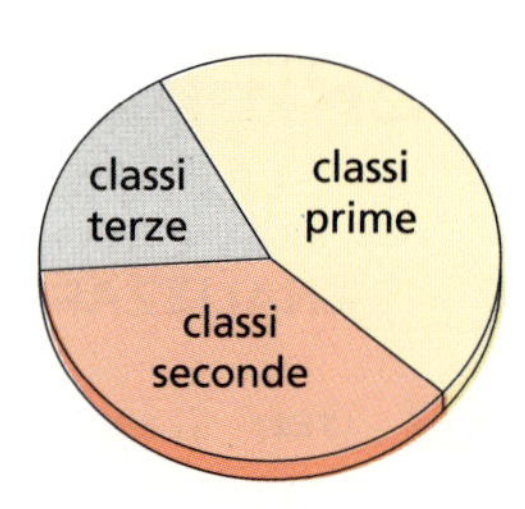

a. Calcola la percentuale di allievi nelle classi prime, nelle seconde e nelle terze.

b. Sapendo che gli studenti sono 300, calcola il numero di allievi per ogni classe.

c. Raccogli tutti i dati disponibili in una tabella.

RISOLVERE PROBLEMI

6 TEST Le vendite di un'impresa mercantile hanno avuto nel corso di successivi anni un andamento crescente. Le percentuali di incremento sono state: 3%, 4%, 5% e 8%. L'incremento medio è stato:

- A il 5%, media aritmetica degli incrementi.
- B il 4,5%, valore mediano.
- C il 4,98%, valore ottenuto utilizzando la media geometrica.
- D il 5,34%, valore ottenuto con la media quadratica.
- E il 5,5%, valore medio tra il maggiore e il minore.

7 TEST Uno studente universitario ha superato un certo numero di esami, riportando la media di 23. Dopo aver superato un altro esame, la sua media scende a 22,25. Sapendo che il voto di ciascun esame è un numero intero compreso fra 18 e 30 inclusi, che voto ha riportato lo studente all'ultimo esame?

A 18 B 19 C 20 D 21 E 22

(*Olimpiadi di Matematica, Gara di 2° livello*, 2007)

8 COMPLETA In una fabbrica di automobili sono state prodotte 800 automobili in 4 modelli. Completa la seguente tabella.

Tipo di auto	Quantità	Percentuale
A	50	
B		25%
C	250	
D		
Totale		

a. Effettua la rappresentazione grafica.

b. Individua il tipo di auto che rappresenta la moda.

c. Calcola i rapporti di coesistenza fra i vari tipi di auto e quello che rappresenta la moda.

[b) D; c) 16,7%; 66,7%; 83,3%]

9 Un automobilista percorre in autostrada un terzo del tragitto alla velocità di 80 km/h, un terzo alla velocità di 120 km/h e l'ultimo terzo alla velocità di 100 km/h. Calcola:

a. la velocità media di tutto il tragitto;

b. il tempo complessivo nell'ipotesi che il tragitto sia lungo 144 km;

c. la velocità media nel caso avesse viaggiato per metà del tragitto alla velocità di 80 km/h, per un quarto del tragitto alla velocità di 120 km/h e per l'ultimo quarto alla velocità di 100 km/h;

d. la velocità media nel caso avesse viaggiato per un terzo del tempo complessivo alla velocità di 80 km/h, per un terzo del tempo alla velocità di 120 km/h e per l'ultimo terzo alla velocità di 100 km/h.

[a) 97,3 km/h; b) 1 h 28 m 48 s; c) 92,3 km/h; d) 100 km/h]

10 La tabella riporta le informazioni su tre compagnie di radiotaxi dopo una giornata di osservazione.

Compagnia	Chiamate ricevute	Numero corse	Tempo medio di attesa (minuti)
A	360	250	12
B	273	261	15
C	335	300	10

a. Quale indicatore useresti per stabilire la compagnia che ha ottenuto il livello più alto di efficacia?
b. Quale indicatore può misurare il livello di efficienza?
c. Quale compagnia ha, secondo te, il più basso livello di qualità? Motiva la risposta.

11 Un negozio di alimentari ha rilevato i seguenti dati sul numero dei clienti e sull'incasso giornaliero.

Giorno	lunedì	martedì	mercoledì	giovedì	venerdì	sabato
Numero clienti	21	30	28	27	35	45
Incasso (€)	320	358	390	320	430	510

a. Calcola il numero medio giornaliero dei clienti e l'incasso medio giornaliero.
b. Trova la spesa media dei clienti per ogni giorno della settimana. [a) 31; 388; b) 15,24; 11,93; ...; 11,33]

12 La seguente tabella mette a confronto il consumo di acqua minerale di una famiglia nel corso dei mesi estivi degli anni 2009 e 2010.

Mese	giugno	luglio	agosto	settembre
Consumo 2009 (litri)	28	52	56	38
Consumo 2010 (litri)	24	48	54	34

a. Calcola le deviazioni standard.
b. Determina i coefficienti di variazione.
c. Confronta gli indici di variabilità e trai una conclusione. [a) 11,17; 11,75; b) 25,7%; 29,4%]

13 La seguente tabella mostra la composizione degli alunni di una scuola secondaria di I grado, nel corso di cinque anni scolastici, suddivisi per classi.

Anno	Classe 1ª	Classe 2ª	Classe 3ª	Totale
2003/04	53	48	52	153
2004/05	49	52	49	150
2005/06	45	47	48	140
2006/07	38	45	49	132
2007/08	37	37	44	118

Determina:
a. i rapporti di composizione degli iscritti di ogni classe sul totale degli iscritti di ogni anno;
b. i rapporti di coesistenza fra gli alunni delle classi prime e gli alunni delle altre classi;
c. i numeri indice a base fissa 2003/04 e a base fissa 2007/08 per il totale degli iscritti e rappresenta graficamente il loro andamento;
d. i numeri indice a base mobile del totale degli iscritti.
[a) 34,6%; 31,4%; ...; 37,3%; b) 53%; 48,5%; ...; 45,7%; c) base 2003/04: 100,00; 98,04; 91,50; ...; 77,12; base 2007/08: 129,66; 127,12; ...; 100,00; d) n.d.; 98,04; ...; 89,39]

VERIFICA DELLE COMPETENZE

VERIFICA DELLE COMPETENZE VERSO L'ESAME

ARGOMENTARE E DIMOSTRARE

14 Dopo aver fatto almeno due esempi di dati statistici con varianza nota dimostra che, se i dati sono tutti uguali, allora la varianza è uguale a zero e, viceversa, se la varianza è uguale a zero, allora tutti i dati sono uguali.

15 Descrivi le caratteristiche di una distribuzione gaussiana e, utilizzando un esempio, mostra perché è univocamente determinata dalle media e dalla deviazione standard.

16 Dopo aver esposto cosa si intende per rapporto di derivazione, di composizione e di coesistenza, calcola i loro valori utilizzando i seguenti dati (espressi in euro):

reddito di una famiglia	45 000;
consumo beni alimentari	25 000;
consumo beni non alimentari	12 000;
consumo beni non essenziali	5000;
risparmio	3000.

[consumo totale/reddito: 93,33%; ...; consumo beni alimentari/consumo totale: 59,52%; ...; risparmio/consumi beni non essenziali: 60%; ...]

17 Spiega perché, per confrontare la variabilità dell'altezza e del peso su un campione di 100 persone, è preferibile usare il coefficiente di variazione invece che la deviazione standard.

18 Descrivi la differenza tra efficacia ed efficienza in un processo produttivo. Crea un esempio in cui in cui non è possibile confrontare l'efficienza di due diversi processi produttivi.

COSTRUIRE E UTILIZZARE MODELLI

RISOLVIAMO UN PROBLEMA

Tariffe telefoniche

Nelle seguenti tabelle sono riportati i risultati di un'indagine su un campione di 100 ragazzi che hanno lo stesso operatore di telefonia mobile.

Spesa (€)	Frequenza
0-5	8
5-10	21
10-15	38
15-20	20
20-25	13

Consumo di MB mensili	
MB	Frequenza
0-500	5
500-1000	76
1000-1500	16
1500-2000	3

Minuti di conversazione mensili	
Minuti	Frequenza percentuale
0-200	13%
200-400	40%
400-600	45%
600-800	7%
800-1000	1%

- Calcola la spesa media.
- È maggiore la variabilità del consumo dei MB o dei minuti di conversazione?
- L'azienda telefonica suppone che la distribuzione della spesa mensile sia di tipo gaussiano con media € 13 e deviazione standard € 5,6. In base ai risultati sul campione, la supposizione dell'azienda è motivata?
- Se la supposizione dell'azienda è corretta, quante sono le persone da cui l'azienda può aspettarsi una spesa di più di € 24,20, su un campione di 1000 persone?

▶ Calcoliamo la spesa media.

Usiamo il valore centrale della classe, che moltiplichiamo per ogni frequenza.

$$M = \frac{2,5 \cdot 8 + 7,5 \cdot 21 + 12,5 \cdot 38 + 17,5 \cdot 20 + 22,5 \cdot 13}{100} = 12,95.$$

▶ Analizziamo la variabilità del consumo di MB e dei minuti di conversazione.

Poiché le due grandezze hanno dimensioni diverse, usiamo il coefficiente di variazione.
Calcoliamo le due medie e le due deviazioni standard:

$$M_1 = \frac{250 \cdot 5 + 750 \cdot 76 + 1250 \cdot 16 + 1750 \cdot 3}{100} = 835,$$

$$\sigma_1 = \sqrt{\frac{(250-835)^2 \cdot 5 + (750-835)^2 \cdot 76 + (1250-835)^2 \cdot 16 + (1750-835)^2 \cdot 3}{100}} \simeq 274,36;$$

$$M_2 = \frac{100 \cdot 13 + 300 \cdot 40 + 500 \cdot 45 + 700 \cdot 7 + 900 \cdot 1}{100} = 416,$$

$$\sigma_2 = \sqrt{\frac{(100-416)^2 \cdot 13 + (300-416)^2 \cdot 40 + (500-416)^2 \cdot 45 + (700-416)^2 \cdot 7 + (900-416)^2 \cdot 1}{100}} \simeq 171,83.$$

Perciò

$$C.V._1 = \frac{274,36}{835} \simeq 0,33 \text{ e } C.V._2 = \frac{171,83}{416} \simeq 0,41.$$

Deduciamo che è minore la variabilità del consumo di MB rispetto all'uso dei minuti di conversazione.

▶ Verifichiamo le supposizioni dell'azienda.

Rappresentiamo i dati disegnando il poligono delle frequenze.
Il grafico ha la tipica forma a campana. Abbiamo già calcolato che la spesa media è di € 12,95 e con gli stessi calcoli precedenti otteniamo una deviazione standard di € 5,57. Considerando le dovute approssimazioni, la supposizione dell'azienda può considerarsi corretta.

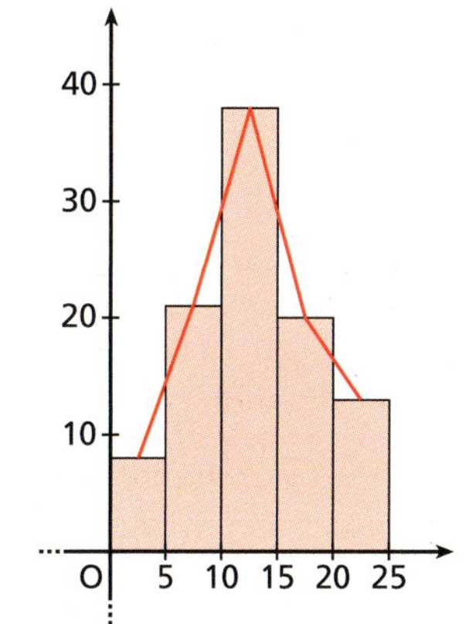

▶ Aumentiamo la numerosità del campione.

Osserviamo che $€\,24,20 = €\,13 + 2 \cdot €\,5,6$.
Usando il fatto che, in una distribuzione gaussiana, la percentuale di dati compresi tra $M - 2\sigma$ e $M + 2\sigma$ è il 95,45% e che una distribuzione gaussiana è simmetrica rispetto alla media, otteniamo che la percentuale di dati che sono maggiori di € 24,20 è 2,275%. Perciò, su un campione di 1000 persone, l'azienda può aspettarsi che circa 23 persone spendano più di € 24,20.

19 ●● Il consumo di energia elettrica delle imprese artigiane di Porto Tolle nel mese di maggio 2002 ha avuto la seguente distribuzione:

Consumo (kWh)	200-300	300-400	400-500	500-600	600-700
Numero imprese	20	32	14	8	6

a. Effettua la rappresentazione grafica dei dati statistici.
b. Determina le frequenze relative percentuali e quelle cumulate.
c. Calcola la media aritmetica e la classe mediana.
d. Determina lo scarto semplice medio e la deviazione standard.
e. Determina il coefficiente di variazione e l'indice di concentrazione.

[b) 25%, 40%, ...; 25%, 65%, ...; c) 385; 300-400; d) 95,5; 117,37; e) 30,49%; 44,67%]

VERIFICA DELLE COMPETENZE

20 ●● La seguente serie storica mostra l'andamento del numero dei dipendenti di un'impresa nel corso di sei anni.

Anno	Numero dipendenti
2011	84
2012	86
2013	88
2014	97
2015	93
2016	98

a. Effettua la rappresentazione grafica della serie storica.

b. Calcola la media aritmetica e la mediana.

c. Determina il tasso medio di variazione del numero dei dipendenti.

d. Determina lo scarto semplice medio e il coefficiente di variazione.

e. Determina i numeri indice a base fissa con base anno 2011.

[b) 91; 90,5; c) 3,13%; d) 5; 5,88%; e) 100; 102,38; ...]

21 ●● La seguente tabella mostra il numero di autovetture di proprietà di residenti in un Comune e il numero dei residenti nello stesso Comune.

Anno	Autovetture	Residenti
2012	6932	25 045
2013	8457	26 304
2014	11 302	26 905
2015	13 508	27 002
2016	13 694	27 305

a. Calcola i rapporti di derivazione annui relativi al numero di autovetture per ogni 100 abitanti.

b. Determina i numeri indice a base fissa con base anno 2012.

c. Rappresenta graficamente i numeri indice e commenta il loro andamento tenendo presente l'andamento dei rapporti di derivazione calcolati.

[a) 27,68; ...; 50,15; b) autovetture: 100; 122; ...; 197,55; residenti: 100; ...; 109,02]

22 ●● **I biglietti del treno** Dal 2005 al 2010 i biglietti dei treni Eurostar Italia hanno subìto degli incrementi, come risulta dai prezzi applicati sulle tratte Milano-Roma e Milano-Bologna riportati nella tabella a lato.
Calcola:

a. i numeri indice a base fissa con base anno 2008;

b. i numeri indice a base mobile.

Sulla base dei risultati ottenuti rispondi alle seguenti domande:

c. il costo del biglietto è aumentato maggiormente nella tratta Milano-Roma o Milano-Bologna tra il 2008 e il 2010?

d. in quale anno si è avuto il maggiore aumento rispetto all'anno precedente e in quale delle due tratte?

Anno	Milano-Roma	Milano-Bologna
2005	€ 46,48	€ 22,72
2006	€ 46,48	€ 22,72
2007	€ 51,00	€ 26,00
2008	€ 56,10	€ 28,50
2009	€ 75,10	€ 37,10
2010	€ 89,00	€ 41,00

23 ●● **Quanto vale la condotta?** Compila, con voti a tua scelta, la pagella di una quarta classe di liceo scientifico. Prevedi venti studenti, dieci materie (italiano, latino, inglese, storia, filosofia, matematica, fisica, scienze, disegno e storia dell'arte, educazione fisica) e il voto di condotta. Attribuisci alle materie voti compresi fra il 4 e il 9; al voto di condotta assegna valori compresi fra il 7 e il 9.

a. Stabilisci quale materia ha la media più alta e quale studente ha la media più alta, sia considerando tutti i voti, sia escludendo il voto di condotta.

b. Stabilisci quanto influisce in generale il voto di condotta sulla media dei voti (puoi confrontare tutte le medie che comprendono la condotta con quelle senza condotta).

INDIVIDUARE STRATEGIE E APPLICARE METODI PER RISOLVERE PROBLEMI

24  Un'azienda ha quattro filiali, A, B, C e D, che svolgono gli stessi servizi. A causa della crisi bisogna chiudere una delle quattro filiali. Nella seguente tabella sono riportati i dettagli di ogni filiale.

Filiale	Numero dipendenti	Spesa per dipendenti (migliaia di €)	Spesa per materiale (migliaia di €)	Ricavo (migliaia di €)
A	300	4500	25 000	90 000
B	680	9520	51 000	100 000
C	350	5950	23 000	60 000
D	1460	23 360	110 000	300 000

a. Che tipo di indice è l'indicatore «spesa per dipendente»? Dopo averlo calcolato stabilisci quale filiale dovrebbe essere chiusa in base al criterio di abbattere i costi per i dipendenti.

b. Lo stipendio annuale di un operaio è inferiore a quello di un impiegato e di un dirigente. I tre livelli sono trattati economicamente allo stesso modo nelle quattro filiali. Qual è la filiale che, in base alla spesa per i dipendenti, ha il maggior numero di operai? Perché?

c. In base alla risposta precedente, puoi affermare che a un maggior numero di operai corrisponde un maggior guadagno? Motiva la risposta.

25  Un'insegnante di matematica ha riportato il voto in pagella al quinto anno dei suoi studenti negli ultimi 5 anni.

2011		2012		2013		2014		2015	
Voto	Frequenza	Voto	Frequenza	Voto	Frequenza	Voto	Frequenza	Voto	Frequenza
10	1	10	0	10	1	10	2	10	1
9	3	9	2	9	0	9	0	9	3
8	11	8	8	8	9	8	3	8	15
7	7	7	17	7	10	7	10	7	3
6	3	6	3	6	8	6	12	6	2

a. Rappresenta la serie storica del voto medio degli alunni.

b. In quale anno i voti sono stati più omogenei nella classe del professore?

c. Cambia la risposta precedente usando il coefficiente di variazione?

d. La classe ideale è quella i cui voti sono concentrati sul 10, la classe peggiore è quella i cui voti sono concentrati sul 6. Usando l'indice di concentrazione, in quale anno il professore poteva essere più soddisfatto dei suoi studenti e in quale meno?

26 Marco ha acquistato due Gratta e Vinci di tipo diverso. Legge che del primo ne sono stati emessi 10 milioni, e le possibili vincite sono riportate nella seguente tabella.

Vincita (€)	Vincenti (in migliaia)
5	2000
20	1500
100	1000
500	500
1000	400
20 000	50
100 000	10

Del secondo tipo ne sono stai emessi 20 milioni e la vincita media è di € 500.

a. Quale Gratta e Vinci dà la maggiore vincita media?

b. Qual è il coefficiente di variazione per il primo Gratta e Vinci?

c. Usando l'indice di concentrazione, valuta se i premi sono equidistribuiti per il primo Gratta e Vinci.

VERIFICA DELLE COMPETENZE

VERIFICA DELLE COMPETENZE PROVE

1 ora

PROVA A

1 La seguente tabella indica il numero di clienti di un piccolo centro commerciale.

Lunedì	Martedì	Mercoledì	Giovedì	Venerdì	Sabato	Domenica
110	112	113	115	280	330	420

a. Rappresenta i dati con il grafico che ritieni più opportuno.
b. Quanti sono in media i clienti in un giorno?
c. Puoi calcolare la mediana della distribuzione? Perché?

2 In un'azienda ci sono quattro macchinari che danno lo stesso prodotto. Uno è più vecchio e per produrre un pezzo impiega 2 ore; i tre più nuovi per produrre lo stesso pezzo impiegano un'ora. Calcola il tempo medio necessario per la produzione di un pezzo.

3 Nell'ultima settimana Giada ha visto che il prezzo del gasolio ha avuto i seguenti valori:

1,221 €/L; 1,209 €/L; 1,182 €/L.

Qual è stata la percentuale media di variazione del gasolio al litro?

4 A 200 persone è stato chiesto quanto spendono per i viaggi durante l'anno. La seguente tabella mostra i risultati.

Spesa (€)	0-1000	1000-2000	2000-3000	3000-4000	4000-5000
Frequenza	30	40	62	41	27

a. La distribuzione ottenuta è di tipo gaussiano? Con quale media e con quale deviazione standard?
b. Calcola l'indice di concentrazione della distribuzione.

5 Una macchina riempie pacchi di farina da 500 g con una deviazione standard di 16 g. Su un campione di 1000 pacchi, quanti pacchi ci aspettiamo che pesino meno di 468 g?

6 Nella seguente tabella sono riportati i risultati di un'indagine fatta in tre uffici postali, A, B e C, sul numero dei dipendenti, sul numero dei clienti in un giorno e sul tempo medio di attesa dei clienti.

	Numero di dipendenti	Numero di clienti	Tempo medio di attesa (minuti)
A	25	326	12
B	30	328	10
C	12	215	20

Il livello di efficacia è lo stesso per tutti gli uffici postali, visto che hanno servito tutti i clienti.

a. Quale indice o indici useresti per valutare l'efficienza di ciascun ufficio postale?
b. In base a questi indici, qual è l'ufficio postale più efficiente?

PROVA B

1 In una scuola con 400 studenti al primo anno, sono stati fatti i test d'ingresso. L'ortogramma a fianco rappresenta la distribuzione dei voti ottenuti dagli studenti nei test.

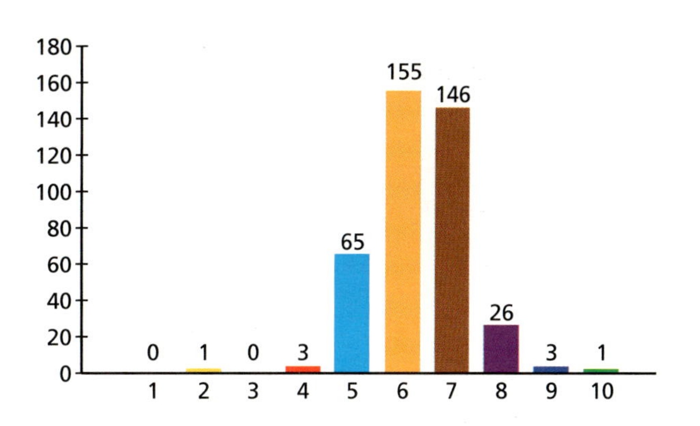

a. Qual è la media dei punteggi ottenuti dai ragazzi nei test?

b. Qual è la deviazione standard dei voti?

c. Calcola l'indice di concentrazione dei voti.

2 Per decidere l'alzatore titolare del prossimo campionato, gli allenatori delle categorie Giovani e Primavera di una squadra di pallavolo organizzano un test. Chiedono ai ragazzi di *alzare* il pallone verso un bersaglio. Il bersaglio ha le zone numerate da 1 a 3 dove 3 è il centro. Se il ragazzo, palleggiando, commette fallo, viene dato punteggio 0.
L'ortogramma a fianco mostra i risultati di questa prova sui 70 ragazzi.

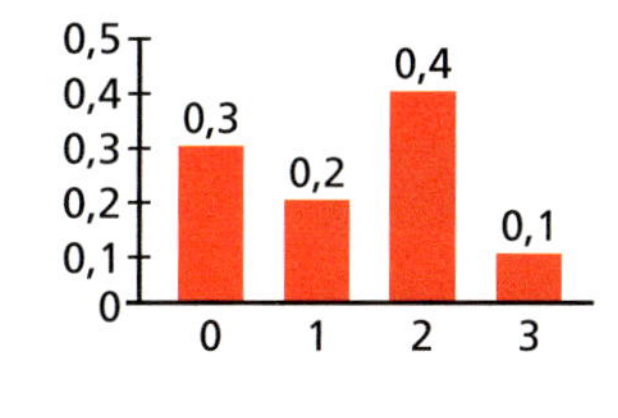

a. Quanti ragazzi hanno ottenuto almeno il punteggio 2?

b. Se gli allenatori vogliono scegliere l'alzatore tra i soli che hanno ottenuto punteggio 3, tra quanti giocatori potranno scegliere?

c. Da precedenti statistiche gli allenatori sanno che la distribuzione della percentuale delle alzate corrette per un buon palleggiatore è gaussiana con media 0,7 e deviazione standard 0,01. Con quale percentuale il miglior alzatore riuscirà a fare più di 71 buoni palleggi su 100 provati?

3 In un libro di 80 pagine sono stati trovati nella prima edizione 105 errori. Nelle due ristampe successive, gli errori riscontrati sono diventati 55 nella prima e 8 nella seconda.

a. Calcola il numero medio di errori per pagina nelle tre versioni del libro.

b. Calcola il tasso medio di variazione del numero degli errori per pagina.

4 Nelle ultime stagioni l'allenatore di una squadra di basket sta valutando l'acquisto di un giocatore per rinforzare la sua squadra. Ha compilato una tabella riportando il numero di partite giocate nelle ultime 6 stagioni, il numero di punti segnati e il prezzo del cartellino del giocatore, cioè il prezzo che dovrebbe pagare se decidesse di acquistarlo.

Stagione	1	2	3	4	5	6
Partite giocate	16	15	18	20	17	22
Punti segnati	302	280	340	246	300	320
Costo cartellino (€)	700	750	900	1300	1200	1450

Considera gli indicatori:

$$I_1 = \frac{\text{punti segnati}}{\text{partite giocate}}; \qquad I_2 = \frac{\text{punti segnati in un anno}}{\text{punti segnati l'anno precedente}}; \qquad I_3 = \frac{\text{costo cartellino}}{\text{partite giocate}}.$$

a. Definisci la tipologia di ogni indicatore e calcola ciascuno per ogni anno.

b. Puoi individuare un trend per l'efficacia del giocatore?

PROVA C

Recapitare pacchi Un'azienda che si occupa di spedizione e ricezione di pacchi ha analizzato il numero di pacchi recapitati, i pesi degli stessi e il numero di ore necessarie alla consegna dei pacchi nell'ultimo trimestre. Inoltre, per verificare se con i nuovi sistemi di spedizione è diminuito il numero dei pacchi smarriti o recapitati oltre le 48 ore, sono stati analizzati i dati degli ultimi 4 trimestri. I risultati sono evidenziati nelle seguenti tabelle.

Pesi dei pacchi	
Peso (kg)	**Frequenza**
0-5	746
5-10	384
10-15	241
15-20	110
20-25	119

Tempi di consegna	
Tempo (ore)	**Frequenza**
8-12	100
12-24	1300
24-36	164
36-48	36

Trimestre	Pacchi spediti	Pacchi consegnati	Tempo medio di recapito (ore)
I	1850	1627	24
II	2000	1783	26
III	2150	1980	24
IV	1630	1600	22

a. Calcola il peso medio, la classe mediana dei pacchi consegnati.

b. Per stabilire se è maggiore la variabilità dei pesi dei pacchi consegnati e del tempo necessario per recapitarli quale strumento useresti? Quale dei due parametri ha maggiore variabilità?

c. Osservando la tabella dei pesi, puoi affermare che il peso dei pacchi ha una distribuzione di tipo gaussiano? Motiva la risposta.

d. Trova l'indice di concentrazione del peso dei pacchi e l'indice di concentrazione del tempo necessario per la consegna. In quale dei due casi c'è maggiore equidistribuzione?

e. Considera l'indice $I = \frac{\text{pacchi consegnati}}{\text{pacchi spediti}}$. Che tipo di indice è?

f. Considerando I come indicatore di efficacia, puoi affermare che i nuovi sistemi di spedizione hanno migliorato l'efficacia del servizio?

g. Quale indice puoi usare per valutare l'efficienza del servizio?

h. I nuovi sistemi hanno migliorato anche il livello di efficienza o solo l'efficacia del servizio? Motiva la tua risposta.

PROVA D

Sito di fotografia Anna guarda ogni giorno, per una settimana, le statistiche delle visite al suo sito di fotografia. I dati riguardano il numero di visite nuove, il numero di fotografie che Anna ha caricato sul suo sito, il numero totale dei commenti e quello dei commenti positivi alle fotografie postate quel giorno.

Giorno della settimana	Numero di visite nuove	Numero fotografie caricate	Numero commenti alle foto	Numero commenti positivi
lunedì	15	1	9	9
martedì	70	3	25	20
mercoledì	65	2	43	41
giovedì	80	3	65	50
venerdì	100	5	80	73
sabato	120	6	75	12
domenica	350	10	63	61

a. Rappresenta le quattro serie storiche cicliche nel modo che ritieni più opportuno.
b. Qual è il numero medio giornaliero di visite al sito?
c. Qual è il numero medio giornaliero di fotografie caricate da Anna?
d. È maggiore la variabilità del numero di visite o quella del numero di fotografie caricate?
e. Se l'obiettivo di Anna è quello di aumentare il numero dei contatti per avere maggiore visibilità, quale indicatore useresti?
f. Qual è il numero medio dei commenti per ogni foto caricata nella settimana?
g. Qual è la percentuale media di variazione dei commenti positivi ricevuti da Anna.
h. Quale indice puoi usare per valutare il gradimento delle fotografie caricate da Anna?

T

CAPITOLO

β2 STATISTICA BIVARIATA

1 Introduzione alla statistica bivariata

La statistica bivariata si occupa di fare rilevazioni contemporaneamente su due diversi caratteri di una stessa popolazione e analizzare le loro eventuali relazioni. Come per la statistica univariata il primo passo è l'organizzazione dei dati.

Distribuzioni congiunte

▶ Esercizi a p. β91

Supponiamo che su un gruppo di 13 ragazzi siano stati registrati i seguenti voti in italiano e matematica. Raggruppiamo i dati in una **tabella composta**: nella prima riga riportiamo i ragazzi, nella seconda e nella terza i voti nelle due materie.

Studente	1	2	3	4	5	6	7	8	9	10	11	12	13
Matematica	6	6	6	6	6	7	8	8	6	6	7	8	7
Italiano	6	7	7	6	6	6	8	6	6	7	7	9	8

Voto in italiano / Voto in matematica	6	7	8	9	Totale
6	4	3	0	0	7
7	1	1	1	0	3
8	1	0	1	1	3
Totale	6	4	2	1	13

Anche in questo caso possiamo riassumere i dati evidenziando le frequenze con una **tabella a doppia entrata**: mettiamo nella prima riga e nella prima colonna le modalità dei due caratteri «Voto in italiano» e «Voto in matematica» e in ogni casella interna il numero di ragazzi che hanno ottenuto contemporaneamente i vari voti.
Otteniamo la tabella a fianco.
Questa tabella permette di conoscere quanti sono gli alunni che hanno un determinato voto in italiano e in matematica, ma anche di leggere immediatamente quanti sono gli alunni che hanno un certo voto in matematica e contemporaneamente un altro voto in italiano. Se vogliamo sapere, per esempio, quanti studenti hanno 7 in matematica e 6 in italiano, troviamo 1 all'incrocio fra la terza riga e la seconda colonna.
La tabella ottenuta rappresenta la **distribuzione congiunta delle frequenze** dei due caratteri, cioè dell'insieme delle frequenze delle modalità di ciascuna coppia ordinata che ha come primo elemento una modalità del primo carattere e come secondo elemento una modalità del secondo carattere. Tali frequenze si chiamano **frequenze congiunte** o **interne**.
Quando entrambe le modalità sono quantitative si hanno **tabelle di correlazione**, se sono entrambe qualitative **tabelle di contingenza** e se una modalità è qualitativa e l'altra quantitativa **tabelle miste**.

Se consideriamo separatamente le modalità della prima colonna con i relativi totali esposti nell'ultima colonna, o le modalità della prima riga con i relativi totali dell'ultima riga, otteniamo due distribuzioni semplici (riportate nelle tabelle seguenti) che si chiamano **distribuzioni marginali**. Sono le distribuzioni che i due caratteri avrebbero se fossero rilevati singolarmente.

Voto in matematica	Numero alunni
6	7
7	3
8	3
Totale	13

Voto in italiano	Numero alunni
6	6
7	4
8	2
9	1
Totale	13

Supponiamo di voler conoscere la distribuzione dei voti di matematica tra i soli alunni che hanno ottenuto 7 in italiano. È sufficiente considerare, della tabella dei voti, solo la prima e la terza colonna, cioè la colonna delle modalità del carattere «Voto in matematica» e la colonna delle corrispondenti frequenze sotto la modalità «Voto in italiano = 7». Questa nuova tabella è la *distribuzione del carattere «Voto in matematica» condizionato alla modalità «Voto in italiano uguale a 7»*.

Voto in italiano / Voto in matematica	6	7	8	9	Totale
6	4	3	0	0	7
7	1	1	1	0	3
8	1	0	1	1	3
Totale	6	4	2	1	13

In generale, si chiama **distribuzione condizionata** di un carattere rispetto a una modalità di un altro carattere quella che, fissata la modalità del secondo carattere, associa a tutte le modalità del carattere in osservazione le corrispondenti frequenze assolute.
Possiamo invertire i ruoli dei due caratteri semplicemente scambiando le righe con le colonne.

Delle distribuzioni congiunte e marginali possiamo calcolare le frequenze relative calcolando i rapporti fra le frequenza assolute rispettivamente congiunte e marginali e il numero complessivo di unità della popolazione.

	6	7	8	9	Totale
6	$\frac{4}{13}$	$\frac{3}{13}$	0	0	$\frac{7}{13}$
7	$\frac{1}{13}$	$\frac{1}{13}$	$\frac{1}{13}$	0	$\frac{3}{13}$
8	$\frac{1}{13}$	0	$\frac{1}{13}$	$\frac{1}{13}$	$\frac{1}{13}$
Totale	$\frac{6}{13}$	$\frac{4}{13}$	$\frac{2}{13}$	$\frac{1}{13}$	1

Per calcolare le frequenze relative di una distribuzione condizionata, invece, ciascuna frequenza assoluta deve essere divisa per il totale della colonna o della riga corrispondente alla modalità rispetto a cui si condiziona. Nelle due tabelle della pagina seguente abbiamo calcolato le distribuzioni condizionate rispetto a tutte le modalità del carattere «Voto in italiano» e le distribuzioni condizionate rispetto a tutte le modalità del carattere «Voto in matematica».

MATEMATICA INTORNO A NOI

Fattori di rischio
I virus sono spesso i responsabili dei nostri malanni. Per indicare la causa presunta di una malattia si parla anche di fattore di rischio…

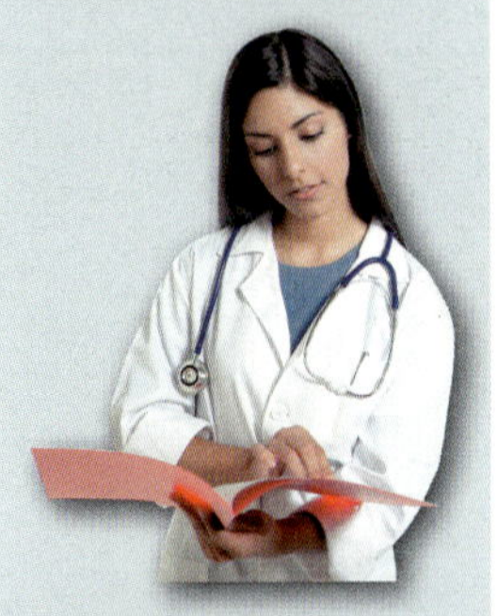

► Com'è possibile cercare eventuali correlazioni tra un fattore di rischio e una malattia?

La risposta

► Con riferimento alla tabella a fianco, qual è la frequenza relativa dei ragazzi che hanno preso 8 in matematica tra quelli che hanno preso 8 in italiano?

	Fissato 6	Fissato 7	Fissato 8	Fissato 9	Totale
6	$\frac{4}{6}$	$\frac{3}{4}$	0	0	$\frac{7}{13}$
7	$\frac{1}{6}$	$\frac{1}{4}$	$\frac{1}{2}$	0	$\frac{3}{13}$
8	$\frac{1}{6}$	0	$\frac{1}{2}$	1	$\frac{3}{13}$
Totale	1	1	1	1	1

► Con riferimento alla tabella a fianco, qual è la frequenza relativa dei ragazzi che hanno preso 6 in italiano tra quelli che hanno preso 7 in matematica?

	6	7	8	9	Totale
Fissato 6	$\frac{4}{7}$	$\frac{3}{7}$	0	0	1
Fissato 7	$\frac{1}{3}$	$\frac{1}{3}$	$\frac{1}{3}$	0	1
Fissato 8	$\frac{1}{3}$	0	$\frac{1}{3}$	$\frac{1}{3}$	1
Totale	$\frac{6}{13}$	$\frac{4}{13}$	$\frac{2}{13}$	$\frac{1}{13}$	1

Indipendenza e dipendenza

► Esercizi a p. β93

Consideriamo i caratteri X e Y, le cui frequenze congiunte sono riportate nella tabella di sinistra, e calcoliamo le frequenze relative delle distribuzioni condizionate rispetto alle modalità del carattere Y (tabella di destra).

X \ Y	y_1	y_2	y_3	Totale
x_1	15	25	20	60
x_2	75	125	100	300
x_3	60	100	80	240
Totale	150	250	200	600

X \ Y	Fissato y_1	Fissato y_2	Fissato y_3	Totale
x_1	0,1	0,1	0,1	0,1
x_2	0,5	0,5	0,5	0,5
x_3	0,4	0,4	0,4	0,4
Totale	1	1	1	1

Osserviamo che tutte le distribuzioni condizionate presentano la stessa sequenza di frequenze relative. Ciò evidenzia il fatto che condizionare il carattere X a una qualunque modalità del carattere Y non influisce sulla distribuzione di X. Si dice in questo caso che il carattere X è **indipendente** dal carattere Y.
È facile verificare che se condizioniamo Y rispetto alle modalità di X otteniamo, di nuovo, la stessa sequenza di frequenze relative in tutte le righe, quindi anche Y è indipendente dal carattere X.
Possiamo perciò dire che i caratteri X e Y sono simmetricamente indipendenti.
Se due caratteri non sono indipendenti, diciamo che sono **dipendenti**.

Osserviamo meglio la tabella sopra di sinistra. Notiamo che

$$15 = \frac{60 \cdot 150}{600}, \quad 25 = \frac{60 \cdot 250}{600}, \quad 20 = \frac{60 \cdot 200}{600}, \quad 75 = \frac{300 \cdot 150}{600}$$

e così via.

Possiamo dire che, quando due caratteri sono indipendenti, ogni frequenza congiunta è il prodotto del totale della sua riga con il totale della sua colonna diviso per il numero di osservazioni.
Questo vale anche con le frequenze congiunte relative: in tal caso ogni frequenza relativa congiunta è uguale al prodotto delle corrispondenti frequenze marginali relative (tabella a fianco).

X \ Y	y_1	y_2	y_3	Totale
x_1	0,025	0,042	0,033	0,1
x_2	0,125	0,208	0,167	0,5
x_3	0,1	0,167	0,133	0,4
Totale	0,25	0,417	0,333	1

Indice χ^2

Nelle indagini reali è altamente improbabile ottenere delle frequenze congiunte che soddisfino esattamente la condizione di indipendenza, anche se i due caratteri sono indipendenti in modo evidente. L'indice χ^2 permette di valutare il grado di indipendenza in questi casi.
Consideriamo i generi di romanzo preferiti da un gruppo di ragazzi e ragazze.

Sesso \ Generi	Avventura	Storico	Giallo	Totale
Maschi	20	5	25	50
Femmine	45	10	15	70
Totale	65	15	40	120

Mantenendo gli stessi valori totali di ogni riga e colonna, possiamo costruire una tabella teorica nella quale si ha perfetta indipendenza, in cui cioè ogni frequenza congiunta si ottiene moltiplicando il totale della sua riga per il totale della sua colonna e dividendo poi il prodotto per il totale delle osservazioni.

Sesso \ Generi	Avventura	Storico	Giallo	Totale
Maschi	27,08	6,25	16,67	50
Femmine	37,92	8,75	23,33	70
Totale	65	15	40	120

Per ogni coppia di modalità la differenza tra la frequenza assoluta rilevata e la corrispondente frequenza assoluta teorica si chiama **contingenza**.
Per comodità esponiamo il loro valore in tabella.

Sesso \ Generi	Avventura	Storico	Giallo
Maschi	− 7,08	− 1,25	8,33
Femmine	7,08	1,25	− 8,33

Più le frequenze teoriche sono «vicine» alle frequenze reali, cioè più le contingenze sono, in valore assoluto, vicine a 0, più ci aspettiamo indipendenza tra i caratteri in osservazione. L'**indice** χ^2, cioè la somma dei rapporti tra il quadrato di ogni contingenza e la relativa frequenza teorica, dà una misura di questa vicinanza e quindi dell'indipendenza. Nel nostro caso abbiamo:

$$\chi^2 = \frac{50{,}1264}{27{,}08} + \frac{1{,}5625}{6{,}25} + \frac{69{,}3889}{16{,}67} + \frac{50{,}1264}{37{,}92} + \frac{1{,}5625}{8{,}75} + \frac{69{,}3889}{23{,}33} \simeq 10{,}7383.$$

L'indice χ^2 vale 0 in caso di perfetta indipendenza, essendo nulle tutte le contingenze, e cresce al crescere delle contingenze e del numero di osservazioni. L'indipendenza tra due caratteri, però, non dipende dal numero delle osservazioni e quindi nemmeno l'indice da utilizzare per valutarla dovrebbe dipenderne. Per questo si utilizza il seguente indice C, detto **χ^2 normalizzato**:

$$C = \frac{\chi^2}{N \cdot (h-1)},$$

dove N è il numero totale delle osservazioni e h è il valore minimo tra il numero delle righe e il numero delle colonne. Si ha che $0 \leq C \leq 1$. Nel nostro esempio:

$$C = \frac{10,7383}{120 \cdot (2-1)} = 0,089.$$

2 Regressione

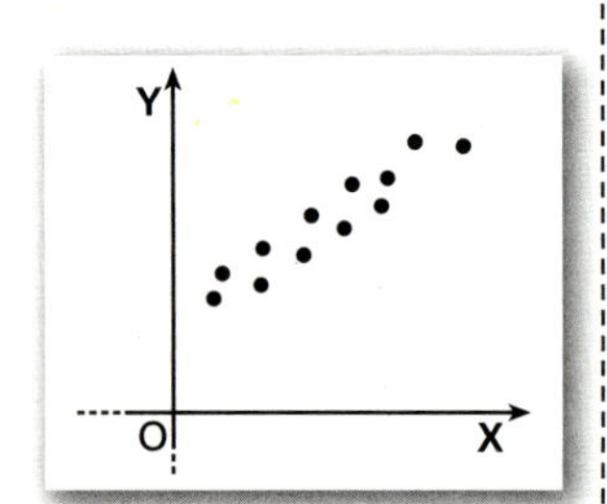

Consideriamo due variabili X e Y, cioè due caratteri quantitativi. Possiamo rappresentare le coppie dei relativi dati $(x_i; y_i)$ in un piano cartesiano: otteniamo ciò che si chiama **diagramma di dispersione** o **nuvola di punti** (figura a fianco).

Vogliamo trovare una funzione matematica $y = f(x)$, detta **funzione interpolante**, che permetta di rappresentare il legame tra i due caratteri. Il grafico di tale funzione avrà punti «vicini» alle coppie di dati rilevati e potrebbe passare per alcuni di essi.

Funzione interpolante lineare

▶ Esercizi a p. β94

La funzione lineare $y = ax + b$ è la più semplice delle possibili funzioni interpolanti, ma anche quella più usata. Fra tutte le funzioni lineari che passano fra i punti del diagramma di dispersione, la migliore è quella che:

- passa per il punto $(\overline{x}; \overline{y})$, detto **baricentro** della distribuzione, dove $\overline{x}$ e $\overline{y}$ sono le medie dei valori che le variabili X e Y assumono;
- rende nulla la somma delle differenze tra i valori rilevati y_i e i valori $f(x_i)$ calcolati con la retta interpolante;
- rende minima la somma dei quadrati delle differenze del punto precedente.

Quest'ultima caratteristica dà il nome al procedimento per determinare la retta, che si chiama perciò **metodo dei minimi quadrati**.

Per cercare la forma analitica dell'equazione della retta interpolante, scriviamo la retta generica passante per $(\overline{x}; \overline{y})$:

$$\boldsymbol{y - \overline{y} = a(x - \overline{x})}.$$

Il valore di a viene determinato in modo da soddisfare la condizione dei minimi quadrati. Si può dimostrare che la formula per trovare a è la seguente:

$$a = \frac{\sum_{i=1}^{n} (x_i - \overline{x})(y_i - \overline{y})}{\sum_{i=1}^{n} (x_i - \overline{x})^2},$$

dove $x_i - \overline{x}$ e $y_i - \overline{y}$ sono gli scarti dei valori dati rispetto al valore medio e n è il numero di punti.

Ricordiamo che:

$$\overline{x} = \frac{\sum_{i=1}^{n} x_i}{n}, \quad \overline{y} = \frac{\sum_{i=1}^{n} y_i}{n},$$

dove $\sum_{i=1}^{n}$ si legge «sommatoria per i che va da 1 a n» e serve per indicare una somma di termini. Per esempio, nel nostro caso,

$$\sum_{i=1}^{n} x_i = x_1 + x_2 + \ldots + x_n$$

e

$$\sum_{i=1}^{n} (x_i - \overline{x})(y_i - \overline{y}) = (x_1 - \overline{x})(y_1 - \overline{y}) + (x_2 - \overline{x})(y_2 - \overline{y}) + \ldots + (x_n - \overline{x})(y_n - \overline{y}).$$

ESEMPIO Animazione

Il fatturato di un'industria nei primi 5 anni di attività è il seguente.

Anni (*X*)	1	2	3	4	5
Migliaia di euro (*Y*)	3456	3769,5	4126,5	4182	4408,5

Determiniamo la retta che interpola questi dati. Dopo aver calcolato $\overline{x}$ e $\overline{y}$,

$$\overline{x} = \frac{\sum x_i}{n} = \frac{15}{5} = 3, \qquad \overline{y} = \frac{\sum y_i}{n} = \frac{19942,5}{5} = 3988,5,$$

compiliamo le colonne di $x'_i = x_i - \overline{x}$ e $y'_i = y_i - \overline{y}$ e poi quelle di $x'_i y'_i$ e $(x'_i)^2$.

	x_i	y_i	$x'_i = x_i - \overline{x}$	$y'_i = y_i - \overline{y}$	$x'_i y'_i$	$(x'_i)^2$
	1	3456	−2	−532,5	1065	4
	2	3769,5	−1	−219	219	1
	3	4126,5	0	138	0	0
	4	4182	1	193,5	193,5	1
	5	4408,5	2	420	840	4
Σ	15	19942,5			2317,5	10
	$\overline{x} = 3$	$\overline{y} = 3988,5$				

I valori ottenuti permettono di calcolare a:

$$a = \frac{\sum x'_i y'_i}{\sum x'^2_i} = \frac{2317,5}{10} = 231,75.$$

Poiché l'equazione della retta interpolante è $y - \overline{y} = a(x - \overline{x})$, sostituendo otteniamo $y - 3988,5 = 231,75 \cdot (x - 3) \rightarrow y = 231,75x + 3293,25$.
Questa relazione ci dice che secondo questo modello il fatturato y in media aumenta ogni anno di 231,75 migliaia di euro e che teoricamente l'anno successivo il fatturato sarà pari a $231,75 \cdot 6 + 3293,25 = 4683,75$ migliaia di euro.

▶ Carlo ha messo in un conto deposito € 1100 il primo mese, € 1000 il secondo e € 1200 il terzo. In base alla funzione interpolante lineare, quanto metterà sul conto deposito nel sesto mese?

[€ 1300]

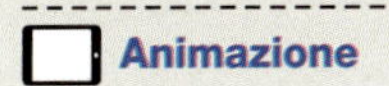
Animazione

Regressione lineare

▶ Esercizi a p. β96

La retta interpolante che abbiamo appena considerato è detta **retta di regressione di *Y* su *X*** e il coefficiente a è il **coefficiente di regressione di *Y* su *X***.
Con lo stesso procedimento possiamo calcolare la retta di regressione di X su Y.

Anche questa retta passa per il punto $(\overline{x}; \overline{y})$ e il coefficiente b di regressione di X su Y è dato dalla formula:

$$b = \frac{\sum_{i=1}^{n}(x_i - \overline{x})(y_i - \overline{y})}{\sum_{i=1}^{n}(y_i - \overline{y})^2}.$$

Quindi la retta di regressione di X su Y ha equazione:

$$x - \overline{x} = b(y - \overline{y}) \quad \rightarrow \quad y = \frac{1}{b}x - \frac{\overline{x}}{b} + \overline{y}.$$

ESEMPIO **Animazione**

La tabella riporta il reddito di cinque dipendenti di un'industria e le relative spese per le ferie.

Dipendenti	Reddito mensile (in migliaia di euro)	Spese annuali per le ferie (in migliaia di euro)
Annovi	1,1	0,89
Bertini	1,65	1,07
Cocci	1,92	1,78
Dondi	2,75	2,23
Ellani	3,57	2,5

Chiamiamo X la variabile relativa al reddito e Y quella relativa alle spese. Determiniamo la retta di regressione di Y rispetto a X. Svolgendo i calcoli si ottiene, mediante il baricentro della distribuzione:

$$y - 1{,}694 = 0{,}69028(x - 2{,}198),$$
$$y = 0{,}69028x + 0{,}17677.$$

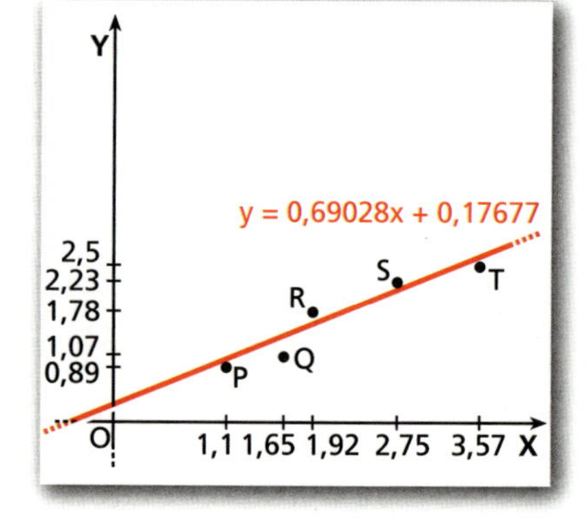

Analogamente, possiamo determinare la retta di regressione di X su Y. Svolti i calcoli si ottiene:

$$x = 1{,}31433y - 0{,}02848,$$

cioè

$$y = 0{,}76084x + 0{,}02167.$$

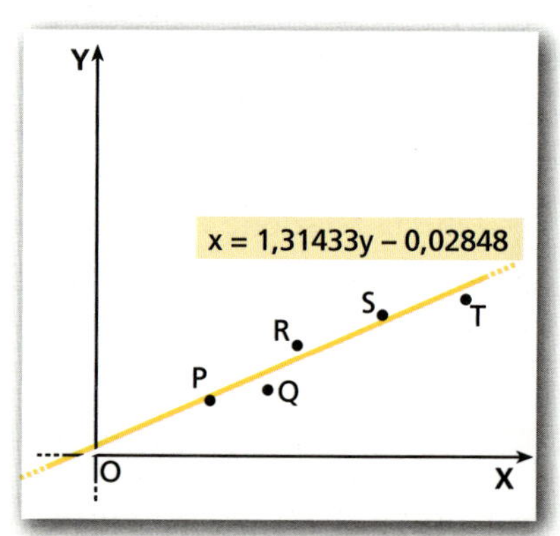

Confrontando le equazioni delle due rette di regressione notiamo che passano entrambe per lo stesso punto di coordinate (2,198; 1,694), che è proprio il baricentro della distribuzione.

▶ La tabella riporta le età di cinque intervistati e il loro reddito annuo, in euro.

Età (*X*)	25	30	32	37	40
Reddito (*Y*)	3600	15000	17000	18000	20000

Trova le rette di regressione di *Y* su *X* e di *X* su *Y*.

$[y - 14\,720 = 979{,}25(x - 32{,}8);\ x - 32{,}8 = 0{,}0008(y - 14\,720)]$

Coefficienti di regressione

Il coefficiente angolare a della prima retta dell'esempio, cioè il **coefficiente di regressione di *Y* su *X***, indica quanto varia la variabile Y al variare di un'unità di X.
Nell'esempio, il coefficiente di regressione di Y su X è 0,69028.
Si può quindi ipotizzare che, se il reddito mensile aumenta di 1 euro, la predisposizione delle famiglie è di aumentare di circa 0,69 euro le spese annuali per le ferie.
Analogamente, il coefficiente b della seconda retta dell'esempio, cioè il **coefficiente di regressione di *X* su *Y***, indica quanto varia X al variare di un'unità di Y.
Nell'esempio il coefficiente è 1,31433: si può pensare che, se le spese per ferie sono aumentate di 1 euro, le famiglie hanno avuto un aumento di reddito di 1,31 euro.

Osserviamo che le formule dei coefficienti a e b hanno lo stesso numeratore e a denominatore una quantità sicuramente positiva: i due coefficienti, perciò, sono sempre concordi. Inoltre a è il coefficiente angolare della retta di regressione di Y su X, mentre il coefficiente angolare della retta di regressione di X su Y è $\frac{1}{b}$.
Possiamo quindi affermare che i coefficienti angolari delle due rette di regressione sono sempre concordi, se sono positivi indicano che le rette hanno andamento crescente e se sono negativi indicano un andamento decrescente. Nel nostro esempio, questo fa capire che se aumenta il reddito, aumentano le spese per le ferie e, viceversa, se aumentano le spese per le ferie vuol dire che è aumentato lo stipendio in modo lineare.

In generale:

- se $a > 0$, Y aumenta all'aumentare di X;
- se $a < 0$, Y diminuisce all'aumentare di X;
- se $a = 0$, Y non dipende da X.

Video

Cefeidi Le cefeidi sono stelle la cui luminosità varia periodicamente: quelle più luminose hanno periodi maggiori.

▶ Qual è la legge che lega queste due quantità?

Regressione e angolo fra le rette di regressione

Consideriamo la situazione espressa nella tabella relativa al prezzo di un prodotto e alla sua richiesta sul mercato.

Prezzo in euro (*X*)	28	31,2	36	42	44,8	61,6
Numero articoli richiesti (*Y*)	7840	7672	7560	7280	7168	6496

Determiniamo le rette di regressione con il metodo dei minimi quadrati. Otteniamo, con il solito procedimento:

$$y - 7336 = -\,39{,}737 \cdot (x - 40{,}6),$$
$$x - 40{,}6 = -\,0{,}025 \cdot (y - 7336).$$

Le rappresentiamo in un grafico. Notiamo che le rette approssimativamente coincidono. Com'è noto in economia, c'è un legame tra domanda e prezzo di un prodotto e questo legame è lineare.

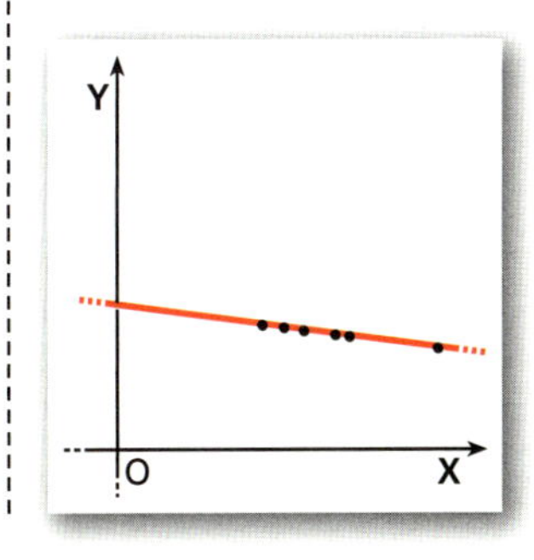

In generale, considerate le due rette di regressione di Y su X e di X su Y, rispetto all'angolo acuto che si forma fra di esse si può dire che:

- più l'angolo è piccolo, migliore è il grado di approssimazione dei dati da parte delle due rette;
- se l'angolo è retto, non c'è relazione lineare fra le due variabili;
- se l'angolo è nullo, vale a dire se le due rette coincidono, diciamo che la regressione è **perfetta**; in questo caso le coppie di valori dei dati appartengono tutti alla retta.

Dire che non c'è relazione lineare non vuol dire che non ci sia relazione tra i due caratteri; vuol solo dire che il modello di regressione lineare non è adeguato.
La teoria della correlazione ci aiuta in tale valutazione.

3 Correlazione

▶ Esercizi a p. β97

La **teoria della correlazione** si occupa di stabilire se fra due variabili esiste un legame e, in caso affermativo, di esprimerlo con un numero che misuri quanto e come una variabile dipende dall'altra.

Covarianza

Date n coppie $(x_i; y_i)$ di una rilevazione statistica su due variabili X e Y, possiamo calcolare le medie di ciascuna variabile.

$$\overline{x} = \frac{\sum x_i}{n} \quad \text{e} \quad \overline{y} = \frac{\sum y_i}{n}.$$

Ricaviamo, poi, tutti gli scarti $x_i' = x_i - \overline{x}$ e $y_i' = y_i - \overline{y}$ dai valori medi $\overline{x}$ e $\overline{y}$.

Listen to it

Given n pairs $(x_i; y_i)$ of values for two statistical variables X and Y, the **covariance** is defined as $\sigma_{XY} = \frac{\sum x_i' y_i'}{n}$, where x_i' is the difference between x_i and the mean value of X and y_i' is the difference between y_i and the mean value of Y.

DEFINIZIONE

La **covarianza** di X e di Y è la media dei prodotti degli scarti, ossia la quantità

$$\sigma_{XY} = \frac{\sum x_i' y_i'}{n}.$$

La covarianza è utile per studiare il grado di relazione tra due variabili.
Le rilevazioni riguardanti due variabili X e Y sono riportate nelle prime due colonne della tabella della pagina successiva.

Determiniamo la covarianza di X e di Y. Nella tabella abbiamo calcolato gli scarti e i loro prodotti dopo aver determinato i valori medi:

$$\overline{x} = \frac{105}{20} = 5,25 \text{ e } \overline{y} = \frac{66}{20} = 3,3.$$

Otteniamo $\sigma_{XY} = \frac{\sum x_i' y_i'}{n} = \frac{32,5}{20} = 1,625.$

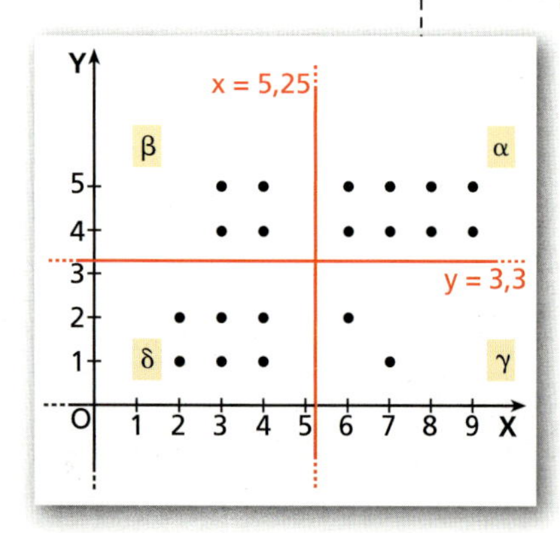

Rappresentiamo i dati su un piano cartesiano e sullo stesso le rette $x = \overline{x}$ e $y = \overline{y}$.
Queste rette dividono il diagramma di dispersione in quattro regioni che chiamiamo rispettivamente α, β, δ, γ. Dalla figura possiamo rilevare che le regioni opposte α e δ contengono più punti e le altre β e γ meno punti. Ciò accade ogni volta che la covarianza è positiva.

	x_i	y_i	x'_i	y'_i	$x'_i y'_i$
	6	4	0,75	0,7	0,525
	6	5	0,75	1,7	1,275
	7	4	1,75	0,7	1,225
	7	5	1,75	1,7	2,975
	8	4	2,75	0,7	1,925
	8	5	2,75	1,7	4,675
	9	4	3,75	0,7	2,625
	9	5	3,75	1,7	6,375
	2	1	−3,25	−2,3	7,475
	2	2	−3,25	−1,3	4,225
	3	1	−2,25	−2,3	5,175
	3	2	−2,25	−1,3	2,925
	4	1	−1,25	−2,3	2,875
	4	2	−1,25	−1,3	1,625
	3	4	−2,25	0,7	−1,575
	3	5	−2,25	1,7	−3,825
	4	4	−1,25	0,7	−0,875
	4	5	−1,25	1,7	−2,125
	6	2	0,75	−1,3	−0,975
	7	1	1,75	−2,3	−4,025
Σ	105	66	0	0	32,5

In generale, è vero quanto segue.

- Se $\sigma_{XY} > 0$, nelle regioni α e δ in cui il diagramma di dispersione è diviso dalle rette $x = \overline{x}$ e $y = \overline{y}$, abbiamo più punti che nelle altre due regioni β e γ. Questo significa che all'aumentare di una variabile, aumenta in media anche l'altra.

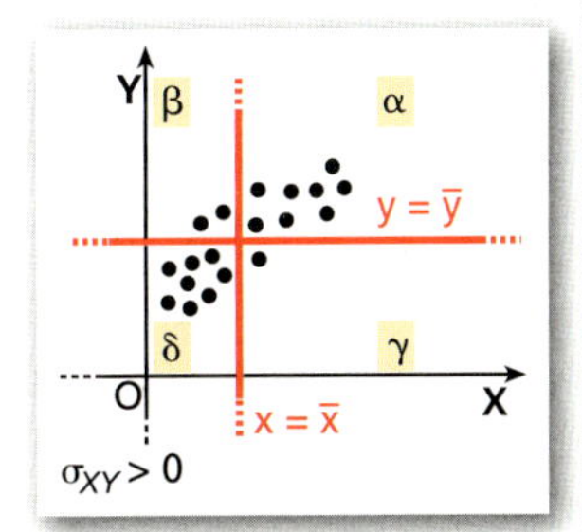

- Se $\sigma_{XY} < 0$, nelle regioni β e γ abbiamo più punti che nelle altre due regioni α e δ. All'aumentare di una variabile, diminuisce in media l'altra.

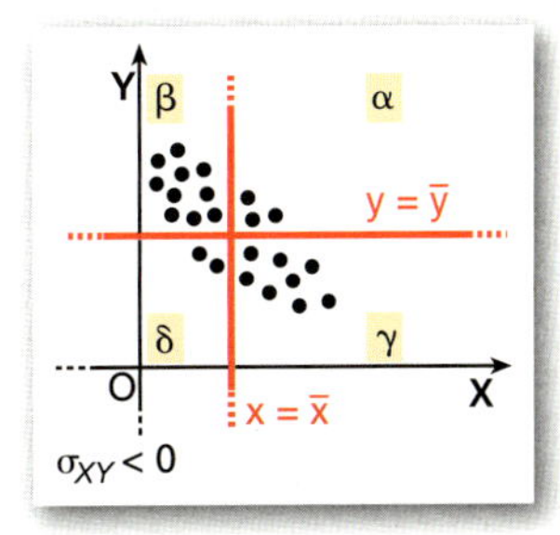

- Se $\sigma_{XY} = 0$, fra le due variabili non c'è dipendenza lineare.

TEORIA

Coefficiente di Bravais-Pearson

Per misurare il grado di dipendenza o correlazione lineare delle variabili X e Y, usiamo un indice che prende il nome di **coefficiente di correlazione lineare di Bravais-Pearson** e che indichiamo con la lettera r. Questo indice vale:

$$r = \frac{\sigma_{XY}}{\sigma_X \cdot \sigma_Y}, \quad \text{cioè} \quad r = \frac{\sum(x_i - \bar{x})(y_i - \bar{y})}{\sqrt{\sum(x_i - \bar{x})^2 \sum(y_i - \bar{y})^2}}.$$

Ricordiamo che con σ_{XY} abbiamo indicato la covarianza, mentre

$$\sigma_X = \sqrt{\frac{\sum(x_i - \bar{x})^2}{n}} \quad \text{e} \quad \sigma_Y = \sqrt{\frac{\sum(y_i - \bar{y})^2}{n}}$$

sono le **deviazioni standard** di X e di Y.

Poiché le deviazioni standard sono positive, il coefficiente di Bravais-Person ha lo stesso segno della covarianza. Ha però il vantaggio di essere un numero puro, cioè senza dimensioni, e di essere sempre compreso tra -1 e 1. Per questo non risente né delle unità di misura di X e di Y né dell'ordine di grandezza dei due caratteri.

In generale, possiamo quindi affermare che valgono i seguenti fatti.

- Se $0 < r < 1$, la correlazione lineare è **diretta** o **positiva**, cioè all'aumentare di X aumenta in media anche Y.
- Se $-1 < r < 0$, la correlazione lineare è **inversa** o **negativa**, cioè all'aumentare di X diminuisce in media Y.
- Se $r = 1$, la correlazione lineare è **perfetta diretta**, cioè tutti i punti del diagramma di dispersione appartengono alla retta di regressione che è crescente.
- Se $r = -1$, la correlazione lineare è **perfetta inversa**, cioè tutti i punti del diagramma di dispersione appartengono alla retta di regressione che è decrescente.
- Se $r = 0$, non esiste correlazione lineare.

Dire che non c'è correlazione lineare non vuol dire che non ci sia correlazione; può esistere ma di altro tipo.

Confrontiamo le conclusioni a cui arriviamo con le rette di regressione e quelle a cui arriviamo con il coefficiente di Bravais-Pearson.
Ricordando le espressioni dei coefficienti di regressione, possiamo scrivere che:

$$a \cdot b = \frac{\left[\sum(x_i - \bar{x})(y_i - \bar{y})\right]^2}{\sum(x_i - \bar{x})^2 \sum(y_i - \bar{y})^2} = r^2.$$

Quindi, se conosciamo i coefficienti di regressione, possiamo più semplicemente calcolare il coefficiente di correlazione con la formula:

$$r = \pm\sqrt{a \cdot b}.$$

r va scelto con il segno + se i due coefficienti sono positivi, con il segno − se i due coefficienti sono negativi. Si ricava inoltre che:

$$a = r\frac{\sigma_Y}{\sigma_X} \text{ e } b = r\frac{\sigma_X}{\sigma_Y}.$$

Consideriamo allora una nuvola di punti, la retta di regressione di Y su X

$$y = ax - a\bar{x} + \bar{y},$$

la retta di regressione di X su Y $y = \frac{1}{b}x - \frac{\bar{x}}{b} + \bar{y}$ e valutiamo i vari casi.

Caso a. $r = -1$, cioè $-\sqrt{ab} = -1$: ciò vuol dire che i due coefficienti a e b hanno segno negativo e il loro prodotto è uguale a 1. Quindi $a = \frac{1}{b}$. Le rette di regressione di Y su X e di X su Y sono parallele e passano per uno stesso punto: le due rette, dunque coincidono e c'è correlazione perfetta inversa.

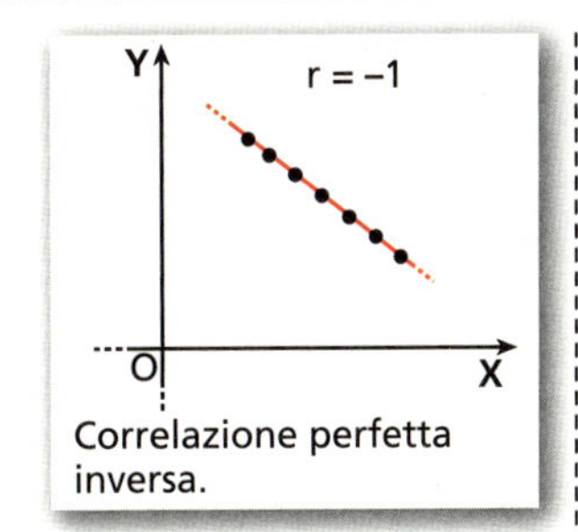

Correlazione perfetta inversa.

Caso b. $r = 1$, cioè $\sqrt{ab} = 1$: ciò vuol dire che i due coefficienti a e b hanno segno positivo e il loro prodotto è uguale a 1. Quindi $a = \frac{1}{b}$. Le rette di regressione di Y su X e di X su Y sono parallele e passano per uno stesso punto: le due rette dunque coincidono e c'è correlazione perfetta diretta.

Correlazione perfetta diretta.

Caso c. $r = 0$, cioè $\sqrt{ab} = 0$. Osservato che i numeratori delle formule per calcolare a e b sono uguali, se uno dei due coefficienti è uguale a 0, allora lo è anche l'altro, ovvero $ab = 0$ se e solo se $a = 0$ e $b = 0$. Considerando le rette di regressione, ciò vuol dire che una è orizzontale e l'altra è verticale, cioè sono perpendicolari: dunque non esiste correlazione lineare, il che vuol dire che non esiste correlazione, oppure esiste ma non è di tipo lineare.

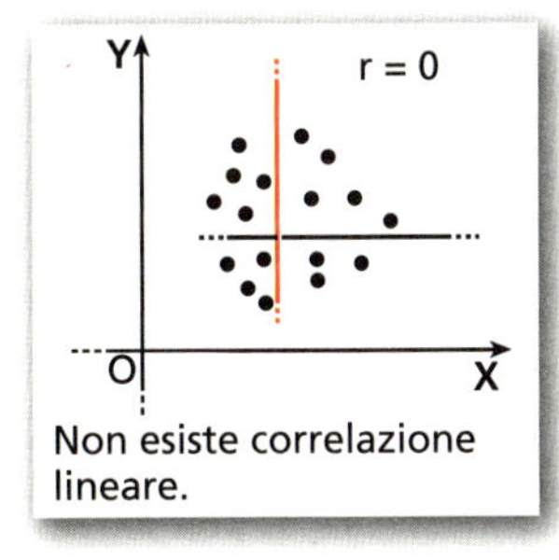

Non esiste correlazione lineare.

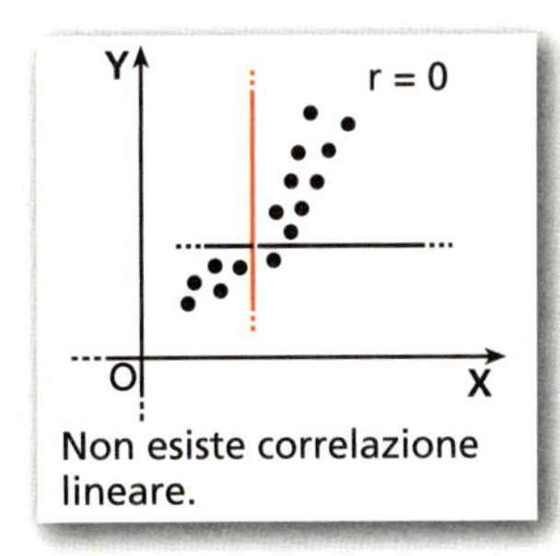

Non esiste correlazione lineare.

Caso d. $0 < r < 1$ oppure $-1 < r < 0$. Il prodotto dei coefficienti non è né 0 né in valore assoluto uguale a 1. Le rette di regressione non coincidono, né sono perpendicolari. Le rette formano quindi un angolo compreso tra 0° e 90° e i loro coefficienti angolari hanno segno concorde. Se il segno di entrambi è positivo c'è correlazione diretta, se il segno è negativo c'è correlazione inversa.

Correlazione diretta o positiva.

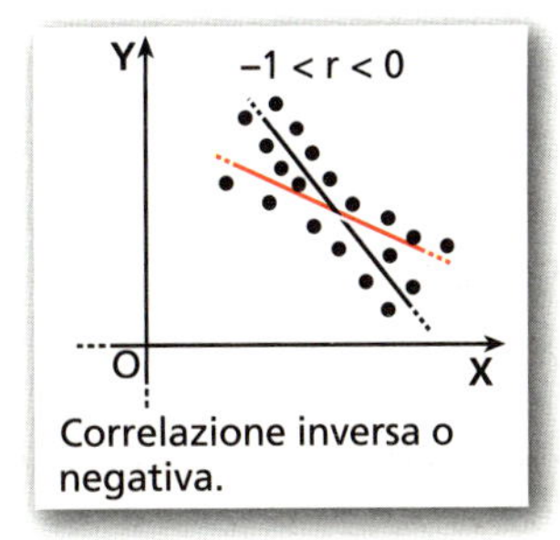

Correlazione inversa o negativa.

IN SINTESI
Statistica bivariata

Introduzione alla statistica bivariata

- **Dati bivariati**: dati riguardanti un fenomeno statistico descritto da due variabili X e Y, rilevati mediante coppie ordinate $(x_i; y_i)$.
  Le frequenze di ogni coppia di dati, dette **frequenze congiunte**, possono essere rappresentate in una tabella **a doppia entrata**.
  Due caratteri sono **indipendenti** se nella tabella a doppia entrata ogni frequenza congiunta è il prodotto del totale della sua riga per il totale della sua colonna diviso per il numero di osservazioni.
- La differenza tra una frequenza assoluta rilevata e la corrispondente frequenza assoluta teorica si chiama **contingenza**.
- L'**indice** χ^2 (**chi quadrato**) è la somma dei rapporti fra il quadrato di ogni contingenza e la relativa frequenza teorica. χ^2 vale 0 in caso di perfetta indipendenza.

Regressione

La **regressione** si occupa dell'individuazione di un legame tra due variabili statistiche X e Y. Può essere **di X su Y** o **di Y su X**.
La retta di regressione di Y su X ha equazione $y - \overline{y} = a(x - \overline{x})$, quella di X su Y $x - \overline{x} = b(y - \overline{y})$, con

$$a = \frac{\sum_{i=1}^{n}(x_i - \overline{x})(y_i - \overline{y})}{\sum_{i=1}^{n}(x_i - \overline{x})^2}, \qquad b = \frac{\sum_{i=1}^{n}(x_i - \overline{x})(y_i - \overline{y})}{\sum_{i=1}^{n}(y_i - \overline{y})^2},$$

dove $\overline{x}$ e $\overline{y}$ sono i valori medi rispettivamente di x e y.
Considerato l'angolo che si forma fra le due rette di regressione di Y su X e di X su Y, possiamo dire che:

- più l'angolo è piccolo, migliore è il grado di approssimazione dei dati da parte delle due rette;
- se l'angolo è retto, non c'è dipendenza lineare fra le due variabili;
- se l'angolo è nullo, vale a dire se le due rette coincidono, diciamo che la regressione è **perfetta**; in questo caso le coppie di valori dei dati individuano punti che appartengono tutti alla retta.

Correlazione

- Diamo il nome di **covarianza di X e di Y** alla quantità:

  $$\sigma_{XY} = \frac{\sum(x_i - \overline{x})(y_i - \overline{y})}{n},$$ dove $x_i - \overline{x}$ e $y_i - \overline{y}$ sono gli scarti dai valori medi $\overline{x}$ e $\overline{y}$.

  - Se $\sigma_{XY} > 0$, all'aumentare di una variabile, aumenta in media anche l'altra.
  - Se $\sigma_{XY} < 0$, all'aumentare di una variabile, diminuisce in media l'altra.
  - Se $\sigma_{XY} = 0$, non c'è dipendenza lineare tra le variabili.
- Mediante la **correlazione** vogliamo esprimere il legame che c'è tra due variabili statistiche X e Y con un indice che prende il nome di **coefficiente di correlazione lineare di Bravais-Pearson**. Questo indice vale:

  $$r = \frac{\sigma_{XY}}{\sigma_X \cdot \sigma_Y}, \quad \text{cioè } r = \frac{\sum(x_i - \overline{x})(y_i - \overline{y})}{\sqrt{\sum(x_i - \overline{x})^2 \sum(y_i - \overline{y})^2}},$$ dove σ_X e σ_Y sono le deviazioni standard.

  - Se $0 < r < 1$, la correlazione è **diretta** o **positiva**, cioè all'aumentare di X aumenta in media anche Y.
  - Se $-1 < r < 0$, la correlazione è **inversa** o **negativa**, cioè all'aumentare di X diminuisce in media Y.
  - Se $r = 1$, la correlazione è **perfetta diretta**, cioè tutti i punti del diagramma di dispersione appartengono alla retta di regressione che è crescente.
  - Se $r = -1$, la correlazione è **perfetta inversa**, cioè tutti i punti del diagramma di dispersione appartengono alla retta di regressione che è decrescente.
  - Se $r = 0$, non esiste correlazione lineare.

CAPITOLO β2
ESERCIZI

1 Introduzione alla statistica bivariata

Distribuzioni congiunte

▶ Teoria a p. β78

1 Compila una tabella a doppia entrata. Considera gli accompagnatori turistici di un'agenzia che conoscono ciascuno due lingue straniere. Si hanno le seguenti coppie ordinate dove la prima lingua è quella del Paese di origine: (francese; inglese), (francese; spagnolo), (francese; tedesco), (tedesco; inglese), (tedesco; francese), (francese; inglese), (inglese; tedesco), (spagnolo; inglese), (inglese; francese), (francese; tedesco).

2 Raggruppa i seguenti dati in classi, compila una tabella a doppia entrata e determina le distribuzioni marginali e condizionate. Verifica che le due modalità sono dipendenti. Considera un campione di 30 pezzi meccanici prodotti da una macchina che possono essere difettosi nel peso o nella lunghezza. Si hanno le seguenti coppie ordinate di dati, dove il primo valore indica il peso in grammi e il secondo la lunghezza in cm:
(123; 56), (122; 55), (122; 55), (123; 55), (120; 56), (123; 57), (122; 55), (122; 56), (122; 54), (124; 57), (125; 55), (122; 54), (123; 58), (123; 54), (125; 55), (121; 52), (122; 55), (123; 56), (125; 56), (126; 57), (122; 56), (123; 54), (124; 55), (122; 55), (123; 56), (123; 57), (123; 56), (122; 57), (123; 57), (123; 55).

3 VERO O FALSO? Osserva la tabella in cui sono riportate le preferenze, divise per sesso, dei luoghi di vacanza.

Sesso \ Luogo di vacanza	Mare	Montagna	Città	Totale
Uomini	7	2	3	12
Donne	5	4	4	13
Totale	12	6	7	25

a. La popolazione analizzata è di 25 persone. V F

b. La frequenza relativa congiunta della coppia (Uomini; Mare) è $\frac{7}{12}$. V F

c. La distribuzione del carattere «Luogo di vacanza» condizionato alla modalità «Donne» è la seguente. V F

	Mare	Montagna	Città	Totale
Donne	5	4	4	13

d. La frequenza relativa della modalità «Città» condizionata alla modalità «Donne» è $\frac{4}{7}$. V F

4 La seguente tabella riporta il risultato di un'indagine sull'attività sportiva praticata da alcune persone.

Sesso \ Sport	Atletica	Calcio	Sci	Tennis	Altro	Nessuno sport
Uomini	42	180	88	54	35	28
Donne	130	28	78	46	75	85

a. Scrivi la distribuzione del carattere «Sesso» condizionato al carattere «Atletica».

b. Quante sono le donne che praticano almeno uno sport?

ESERCIZI

5 COMPLETA la tabella relativa ai mezzi di trasporto usati per recarsi al lavoro e alla distanza dal luogo di lavoro.

Mezzo \ Distanza	< 5 km	Tra 5 km e 10 km	> 10 km	Totale
Auto		6	12	
Bici	4	1		5
Treno	0	1	5	6
Totale				31

a. Che cosa indica il numero 12?

b. Che cosa indica il numero 31?

Costruisci la tabella a doppia entrata con le frequenze congiunte e marginali assolute e la tabella con le frequenze relative utilizzando i dati forniti.

6

Sesso	M	M	F	M	F	F	F	M	F	M	M	F
Laurea	S	U	S	S	U	U	S	S	U	U	S	U

S = facoltà scientifiche U = facoltà umanistiche

7

Residenza	N	C	S	N	S	S	N	C	C	N	S	N	S	C
Numero di figli	1	3	4	2	2	1	4	3	1	1	1	2	2	2

N = Nord C = Centro S = Sud

Osserva le tabelle, determina le distribuzioni marginali dei due caratteri e rispondi alle domande.

8

Sesso \ Hobby	Sport	Lettura	Cucina	Giardinaggio
Uomini	28	10	8	4
Donne	20	15	17	6

a. Tra gli amanti dello sport, quante sono le donne?

b. Tra gli uomini quanti si dedicano al giardinaggio?

c. Qual è la percentuale di persone che hanno come hobby la cucina?

[a) 20; b) 4; c) 23%]

9

Età \ Ore al computer	1	2	3
10-15	21	14	8
15-20	17	25	30
20-25	5	35	25

a. Determina le distribuzioni marginali dei due caratteri.

b. Qual è la percentuale di ragazzi che passa 3 ore al giorno davanti al computer?

c. Tra coloro che passano 2 ore al giorno al computer che percentuale ha 10-15 anni?

[b) 35%; c) 19%]

Indipendenza e dipendenza

▶ Teoria a p. β80

10 FAI UN ESEMPIO Scrivi una tabella relativa a due caratteri X e Y in modo che abbiano entrambi due modalità, su una popolazione di 50 persone, e che i due caratteri siano indipendenti.

11 COMPLETA e verifica che i caratteri X e Y riportati in tabella sono indipendenti confrontando le distribuzioni condizionate di X rispetto a Y e la distribuzione marginale di X.

	y_1	y_2	y_3	Totale
x_1	14	28	42	
x_2	6	12	18	
Totale				

12 TEST L'indice χ^2:

A è sempre positivo.

B è nullo per caratteri indipendenti.

C può essere positivo, negativo o nullo.

D è sempre minore o uguale a 1.

E può essere negativo.

13 RIFLETTI SULLA TEORIA L'indice χ^2 calcolato su 10 osservazioni è pari a 0,01. Per gli stessi caratteri si fanno 1000 osservazioni e l'indice χ^2 diventa 0,3. Puoi concludere qualcosa sull'indipendenza dei caratteri?

14 La tabella riporta le frequenze assolute dei giudizi ottenuti in un test in base all'età degli studenti.

Giudizio \ Età	7-10	11-14	15-18
A	60	80	70
B	70	65	95
C	85	75	80
D	70	60	80

Calcola gli indici χ^2 e C arrotondando opportunamente le frequenze teoriche all'unità.
Che cosa puoi concludere? [$\chi^2 = 9,02; C = 0,005$]

15 REALTÀ E MODELLI **Istruzione e mondo del lavoro** Un campione di 80 dipendenti è stato esaminato sotto i caratteri «Grado di istruzione» e «Settore» in cui opera l'azienda in cui lavora.

Grado istruzione \ Settore	Industria	Commercio	Agricoltura	Altro	Totale
Scuola media	10	2	4	1	
Scuola superiore	12	31	5	0	
Laurea	15	8	2	0	
Totale					

a. Completa la tabella inserendo i totali.

b. Usando solo queste informazioni puoi dire se i due caratteri sono dipendenti o indipendenti?

c. Calcola gli indici χ^2 e C. Che cosa puoi concludere?

d. Le conclusioni a cui sei giunto attraverso gli indici χ^2 e C sono le stesse a cui eri giunto dall'analisi della tabella?

[c) $\chi^2 = 21,10; C = 0,1228$]

2 Regressione

Funzione interpolante lineare

▶ Teoria a p. β82

16 **ESERCIZIO GUIDA** In un esperimento abbiamo ottenuto le seguenti coppie di valori per le variabili X e Y.

x_i	25	30	35	40	45	50
y_i	80	93	102	118	132	152

Rappresentiamo il diagramma di dispersione e determiniamo la retta interpolante.

Rappresentiamo i punti in un diagramma cartesiano.

La retta interpolante ha equazione $y = a\,x + b$, ottenibile con la formula $y - \overline{y} = a(x - \overline{x})$, dove

$$a = \frac{\sum (x_i - \overline{x})(y_i - \overline{y})}{\sum (x_i - \overline{x})^2}.$$

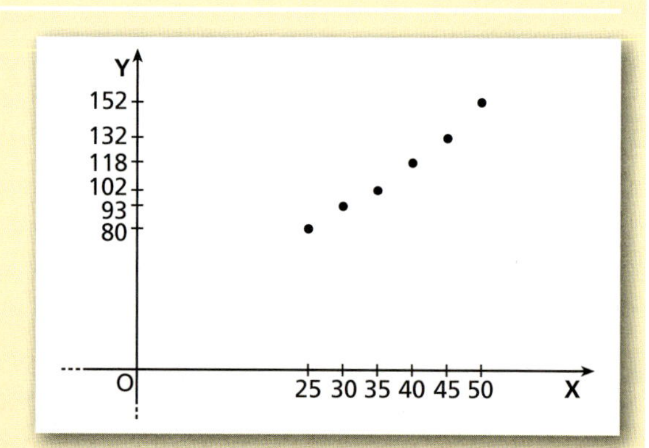

Calcoliamo i valori che servono per applicare le formule e li riportiamo nella tabella seguente.

	x_i	y_i	$x_i - \overline{x}$	$y_i - \overline{y}$	$(x_i - \overline{x})(y_i - \overline{y})$	$(x_i - \overline{x})^2$	$f(x_i)$
	25	80	−12,5	−32,8333	410,41625	156,25	77,6195
	30	93	−7,5	−19,8333	148,74975	56,25	91,7050
	35	102	−2,5	−10,8333	27,08325	6,25	105,7905
	40	118	2,5	5,1667	12,91675	6,25	119,8760
	45	132	7,5	19,1667	143,75025	56,25	133,9615
	50	152	12,5	39,1667	489,58375	156,25	148,0470
Σ	225	677			1232,5	437,5	676,9995

$$\overline{x} = \frac{225}{6} = 37,5; \qquad \overline{y} = \frac{677}{6} = 112,8333.$$

L'equazione della retta interpolante è:

$$y = \frac{1232,5}{437,5}(x - 37,5) + 112,8333,$$

$$y = 2,8171x + 7,1920.$$

La rappresentiamo insieme al diagramma di dispersione.

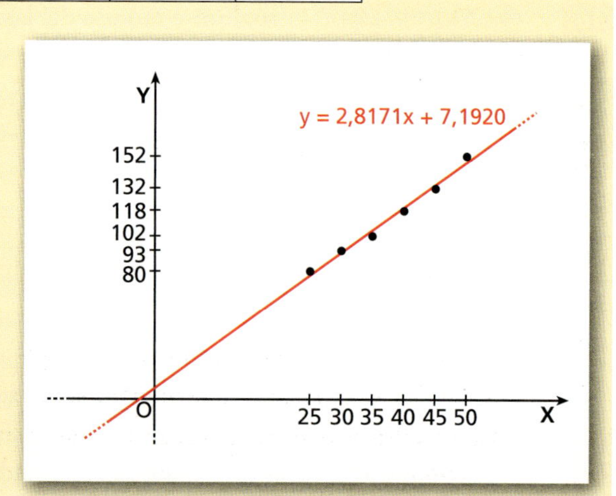

Rappresenta in un diagramma di dispersione i dati delle seguenti tabelle e determina l'equazione della retta di interpolazione.

17 ●○

x_i	0	1	2	3	4
y_i	3	5,4	9,9	13,5	18,9

$[y = 3{,}99x + 2{,}16]$

18 ●○

x_i	1	4	9	16	25
y_i	0,51	15,3	41,31	75,99	121,89

$[y = 5{,}06x - 4{,}66]$

19 ●○

x_i	1	2	3	4	5
y_i	37	62,9	96,2	118,4	148

$[y = 27{,}75x + 9{,}25]$

20 ●○

Tempo (s)	1	2	3	4	5
Velocità (m/s)	13,9	25,96	39,30	52,42	65,39

$[y = 12{,}944x + 0{,}562]$

21 ●○ REALTÀ E MODELLI **Viaggi all'estero** Nella seguente tabella sono riportati i dati (in milioni) relativi al numero di viaggi all'estero con almeno un pernottamento effettuati dagli italiani negli anni dal 2003 al 2008 (fonte: Istat).

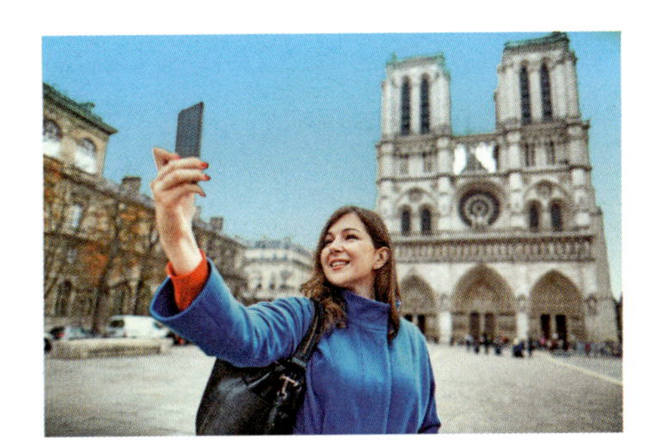

Anno	2003	2004	2005	2006	2007	2008
Viaggi all'estero	14,6	15,8	17,8	18,1	18,9	19,8

a. Rappresenta i dati in una nuvola di punti.

b. Scrivi l'equazione della retta di interpolazione.

c. Nel 2009 i viaggi all'estero (in milioni) sono stati 17,3. Quale valore avresti invece potuto prevedere con il risultato del punto precedente?

[b) $y = 1{,}02x + 13{,}93$; c) $\simeq 21{,}1$ milioni]

22 ●○ Nella tabella sono riportati i dati relativi al numero di persone che hanno trasferito la propria residenza dall'Italia all'estero nel quinquennio 2001-2005 (fonte: Istat).

2001	2002	2003	2004	2005
56077	41756	48706	49910	59931

a. Rappresenta i dati in un diagramma di dispersione e congiungi i punti trovati con una spezzata.

b. Scrivi l'equazione della retta interpolante.

[b) $y = 1586{,}2x + 46517{,}4$]

23 ●○ Nella tabella sono riportati i dati relativi all'età e al numero di pulsazioni (al minuto) sotto sforzo, rilevati su un campione di otto donne.

Età	12	19	22	26	29	34	40	45
Pulsazioni	180	176	180	172	168	170	162	154

a. Riporta i dati in un diagramma di dispersione.

b. Scrivi l'equazione della retta di regressione della variabile *pulsazioni* rispetto alla variabile *età*.

c. Fai una previsione, in base ai dati forniti, riguardo al numero di pulsazioni sotto sforzo di una donna di 52 anni.

[b) $y = -0{,}767x + 192{,}014$; c) $\simeq 152$]

Regressione lineare

▶ Teoria a p. β83

24 ESERCIZIO GUIDA Nella seguente tabella sono riportati la statura di cinque giovani e il relativo peso corporeo.

Ragazzo	Altezza in centimetri (X)	Peso in kilogrammi (Y)
1	171	64
2	175	68
3	177	73
4	178	75
5	180	77

Rappresentiamo i dati in un diagramma di dispersione. Stabiliamo se c'è qualche relazione di tipo lineare tra le due grandezze. Calcoliamo i coefficienti di regressione e ne valutiamo il significato.

L'equazione della retta di regressione di Y su X è:

$$y - 71{,}4 = 1{,}5299(x - 176{,}2)$$

e l'equazione della retta di regressione di X su Y è:

$$x - 176{,}2 = 0{,}6325 \cdot (y - 71{,}4).$$

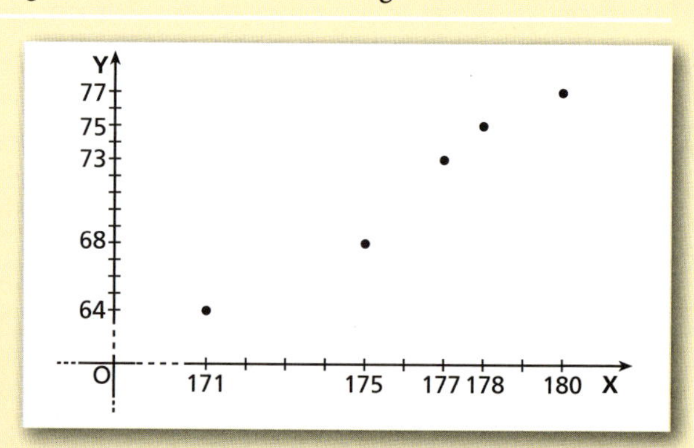

I coefficienti di regressione sono $a = 1{,}5299$ e $b = 0{,}6325$. Possiamo perciò dire che al variare di 1 cm dell'altezza il peso corporeo dei giovani varia in media di 1,5299 kilogrammi e che al variare di 1 kilogrammo del peso corporeo la statura varia in media di 0,6325 centimetri.

25 Sono dati i valori riportati in tabella.

x_i	30	48	102	168	180
y_i	30	33	42	53	55

- Rappresenta il diagramma di dispersione. Cosa osservi?
- Determina la retta di regressione della variabile X su Y e quella della variabile Y su X.
- Quanto valgono i due coefficienti di regressione? Cosa indicano?
- Determina il valore della variabile Y in corrispondenza di $x = 200$.

[$x - 105{,}6 = 6(y - 42{,}6)$; $y - 42{,}6 = 0{,}16667(x - 105{,}6)$; $y = 58{,}33$]

26 Da un insieme di dati statistici sono state ricavate la retta di regressione di Y su X di equazione $y = 0,8x + 0,4$ e la retta di regressione di X su Y di equazione $x = 1,2y - 0,4$.
Quali sono i valori medi di X e di Y? [2; 2]

27 TEST La regressione lineare della variabile X su Y esprime:

A di quanto X è più piccola di Y.

B di quanto Y è più piccola di X.

C un legame lineare fra X e Y.

D di quanto X varia rispetto Y.

E di quanto Y varia rispetto X.

28 ASSOCIA i valori di a e b, coefficienti di regressione rispettivamente di Y su X e di X su Y, a ciascuna situazione.

a. $a = 2$
b. $b = -3$
c. $a = -0,3$
d. $b = 0$

1. Non c'è dipendenza lineare fra X e Y.
2. Y aumenta al diminuire di X.
3. Y aumenta all'aumentare di X.
4. X diminuisce all'aumentare di Y.

3 Correlazione

▶ Teoria a p. β86

Dati i valori in tabella, calcola covarianza tra X e Y e rappresenta i dati in un diagramma di dispersione.

29

X	1	6	7	14	7
Y	0	8	5	6	6

30

X	1	3	7	9	12
Y	17	15	9	4	1

31

X	1,6	3	4,5	7,9	11
Y	8	9	15,5	21	35,5

32

X	100	85	112	60	23
Y	25	35	36	40	30

---

33 TEST La correlazione è:

A diretta se $r < 0$.

B diretta se $r = 0$.

C perfetta se $r > 1$.

D perfetta diretta se $r = 1$.

E inversa se $r < -1$.

34 ASSOCIA il coefficiente di correlazione di due variabili X e Y al diagramma di dispersione corrispondente.

a. $r = 0,06$ **b.** $r = -1$ **c.** $r = 0,92$ **d.** $r = -0,6$

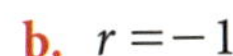

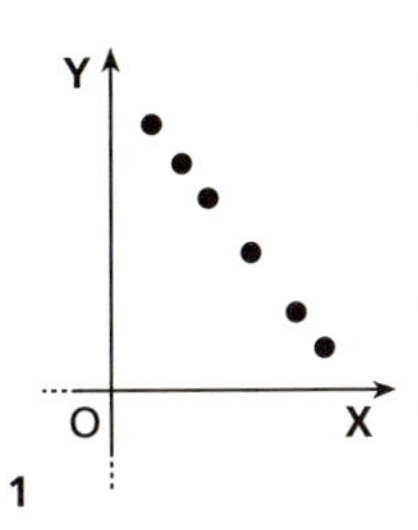

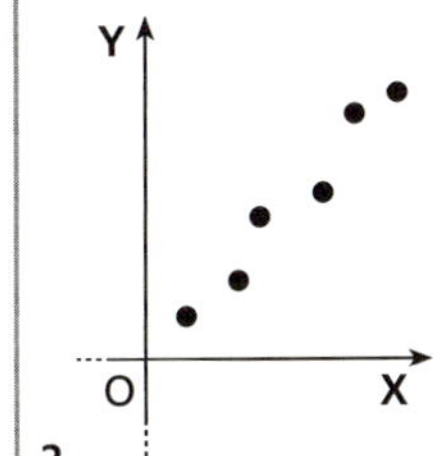

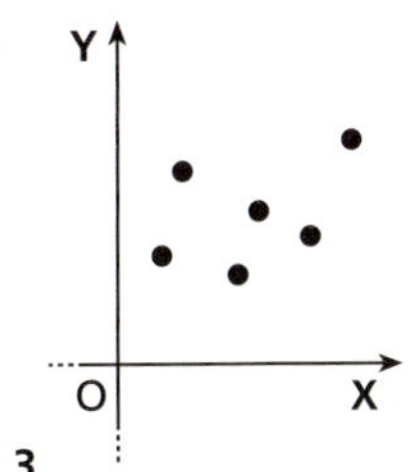

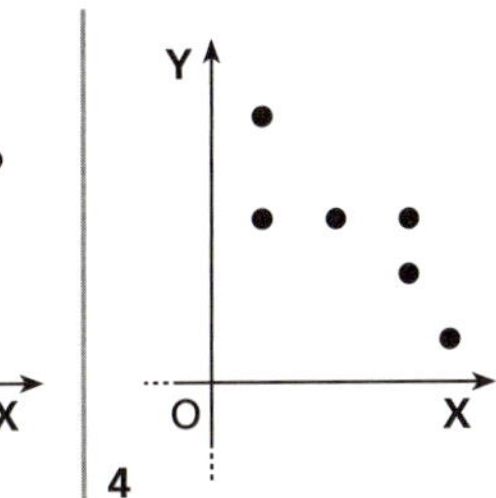

Dati i valori riportati in tabella, rappresenta il diagramma di dispersione e determina la retta di regressione della variabile X su Y e quella della variabile Y su X. Calcola il coefficiente di correlazione e commenta i risultati ottenuti.

35

X	1	3	5	7	9	11
Y	33,6	16	13,2	−15,6	−23,2	−47,2

[$x - 6 = -0,123(y + 3,8667)$; $y + 3,8667 = -7,863(x - 6)$; $r = -0,983$]

36

X	16	25	50	86	92
Y	24	29	36	50	54

[$x - 53,8 = 2,641(y - 38,6)$; $y - 38,6 = 0,376(x - 53,8)$; $r = 0,9966$]

37 Sono date le due grandezze X e Y riportate nella tabella.

X	5	12	18	25	34	50
Y	100	90	65	40	20	9

a. Rappresenta il diagramma di dispersione.

b. Determina la retta di regressione di X su Y e di Y su X.

c. Traccia le due rette di regressione sul diagramma di dispersione.

d. Determina il coefficiente di correlazione lineare.

e. Commenta il risultato.

[b) $x = -0,419y + 46,626$; $y = -2,197x + 106,728$; d) $-0,96$]

ESERCIZI

38 Date le tre variabili

x_i	25	30	40	50	70
y_i	8	6	7	4	3
w_i	11	13	15	15	16

X: reddito annuo in migliaia di euro,
Y: età dell'auto posseduta in anni,
W: numero km percorsi dall'auto per litro di carburante,

a. rappresenta i diagrammi di dispersione fra X e Y, fra Y e W e fra X e W;
b. determina il coefficiente di correlazione lineare fra X e Y;
c. determina il coefficiente di correlazione lineare fra Y e W;
d. determina il coefficiente di correlazione lineare fra X e W;
e. interpreta la correlazione lineare tra il fenomeno rappresentato dalla variabile X e quello rappresentato dalla variabile W.

[b) − 0,903; c) − 0,784; d) 0,873; e) fenomeni concomitanti che hanno in comune...]

MATEMATICA E STORIA

Misure sulla superficie della Terra Nell'ambito delle misurazioni del meridiano francese, il matematico Adrien-Marie Legendre (1752-1833) raccolse i dati riportati nella tabella.
Le lunghezze degli archi sono espresse in *moduli*, uno dei quali equivale a 2 tese. Una tesa corrisponde approssimativamente a 1,95 m.

Luogo di osservazione	Differenza di latitudine	Lunghezza dell'arco
Dunkerque	0	0
Parigi - Pantheon	2° 11′ 21″	62 472,59
Évaux	2° 40′ 7″	76 145,74
Carcassonne	2° 57′ 48″	84 424,55
Montjouy	1° 51′ 10″	52 749,48

a. Determina l'equazione della retta di regressione con il metodo dei minimi quadrati. Considera che

$$2°\,11'\,21'' = 2 + \frac{11}{60} + \frac{21}{360} \simeq 2{,}189167 \text{ ecc.}$$

b. Utilizza la retta di regressione per calcolare la lunghezza del meridiano.

Risoluzione – Esercizio in più

Riepilogo: Statistica bivariata

Rappresenta in un diagramma di dispersione i dati delle seguenti tabelle. Determina, con il metodo dei minimi quadrati, l'equazione della retta di interpolazione statistica.

39

Quantità (X)	8	9	10	11	12	13
Ricavo (Y)	65	66	67	68	69	70

[$y = x + 57$]

40

N. addetti manutenzione (X)	1	3	6	10	12	13
N. interventi straordinari (Y)	440	406	375	320	292	275

[$y = -13{,}36x + 451{,}53$]

41

Tempo in secondi (X)	1	3	6	10	12	13
Velocità in cm/s (Y)	44,4	40,6	37,4	31,8	29	27,5

[$y = -1{,}3675x + 45{,}3730$]

RISOLVIAMO UN PROBLEMA

Una questione di interessi

Questa tabella rappresenta la serie storica del valore a inizio anno del tasso Euribor a tre mesi per gli ultimi 10 anni.

Anno	1	2	3	4	5	6	7	8	9	10
Tasso (%)	2,48	3,72	4,66	2,85	0,70	1,00	1,34	0,18	0,28	0,07

Il tasso Euribor sommato allo spread, diverso da banca a banca, determina il tasso di interesse applicato dalle banche per i mutui. Minore è l'Euribor, minori saranno gli interessi.
Carla vuole prevedere quale sarà il tasso due anni dopo.

- Quale modello potrebbe usare per fare questa previsione?
- Usando il metodo di interpolazione lineare, quale sarà il tasso Euribor due anni dopo?
- Osservando il coefficiente di correlazione, puoi affermare che c'è correlazione lineare tra il tempo in anni e l'andamento del tasso Euribor?

▶ **Ipotizziamo il modello.**
Per fare una previsione Carla può utilizzare il modello di regressione lineare.

▶ **Calcoliamo il baricentro della distribuzione, cioè le medie dei due caratteri.**

$$\overline{x} = \frac{1+2+3+4+5+6+7+8+9+10}{10} = 5,5;$$

$$\overline{y} = \frac{2,48+3,72+4,66+2,85+0,7+1+1,34+0,18+0,28+0,07}{10} = 1,728.$$

La retta di regressione passa per il punto $(\overline{x}; \overline{y})$ e il coefficiente angolare è:

$$a = \frac{\sum_{i=1}^{10}(x_i - 5,5)(y_i - 1,728)}{\sum_{i=1}^{10}(x_i - 5,5)^2} \simeq -0,438.$$

La retta di regressione dunque ha equazione:

$$y - 1,728 = -0,438(x - 5,5), \qquad y = -0,438x + 4,137.$$

Quindi, per prevedere il tasso due anni dopo, sapendo che allo stato attuale il tempo x vale 10, basta sostituire 12 a x. La previsione è $-0,438 \cdot 12 + 4,137 = -1,119$.

▶ **Calcoliamo anche il coefficiente di regressione dell'altra retta.**
Abbiamo:

$$b = \frac{\sum_{i=1}^{10}(x_i - 5,5)(y_i - 1,728)}{\sum_{i=1}^{10}(y_i - 1,728)^2} \simeq -1,55.$$

Il prodotto dei coefficienti a e b, cioè il quadrato del coefficiente di correlazione, è:

$$r^2 = a \cdot b \simeq 0,68.$$

Poiché il coefficiente di correlazione lineare è più vicino a 1 che a 0, possiamo aspettarci che ci sia una dipendenza lineare tra il tempo e il tasso Euribor: una correlazione lineare inversa.
Attenti però: anche se il modello sembra attendibile, non è il caso di aspettarsi che l'Euribor diventi negativo. Sarebbe un bel problema per le banche!

42 ●○ Si è rilevato il livello di gradimento di un prodotto in tre regioni e il risultato è riportato nella seguente tabella.

Regioni \ Gradimento	Basso	Medio	Alto
Piemonte	20	30	10
Toscana	10	20	30
Puglia	30	10	10
Sicilia	10	30	40

Dopo aver verificato che le due modalità non sono indipendenti calcola gli indici χ^2 e C.

$[\chi^2 = 52,91; C = 0,1058]$

43 ●○ La tabella seguente è relativa al numero delle persone che abitano in 100 appartamenti suddivisi per numero di vani.

Persone \ Numero vani	1	2	3	4	5
1	6	25	5	0	0
2	4	20	12	2	1
3	0	5	6	5	2
4	0	0	2	3	2

Calcola il coefficiente di correlazione r. [0,6011]

44 ●● Nella tabella sono riportati i dati relativi al reddito medio pro capite X (in dollari) e la speranza di vita alla nascita Y (in anni) degli abitanti di 6 Paesi in via di sviluppo nel 2000.

a. Rappresenta i dati in una nuvola di punti.

b. Determina la retta di regressione di X su Y e quella di Y su X.

c. Determina quanto deve aumentare il reddito medio pro capite perché la speranza di vita alla nascita aumenti di 1 anno.

[b) $x = 54,35y - 2324,93$; $y = 0,013x + 48,023$; c) $\simeq 77$ dollari]

Paese	X	Y
Bangladesh	370	61,19
Burkina Faso	210	44,22
Ecuador	1190	69,59
Egitto	1490	67,46
El Salvador	2000	70,15
Repubblica del Congo	570	51,32

45 ●● **REALTÀ E MODELLI** Una classe, suddivisa in quattro gruppi, effettua un esperimento nel laboratorio di fisica. Ogni gruppo riscalda in un forno a temperatura controllata varie sbarrette di alluminio che a temperatura ambiente (20 °C) sono lunghe 500,00 mm. La seguente tabella riporta le lunghezze finali in millimetri, misurate dai vari gruppi, alle diverse temperature. Dopo aver trovato la media delle lunghezze per ogni temperatura, analizza come l'allungamento dipende dalla variazione di temperatura, utilizzando la retta di regressione.

Gruppo	80 °C	90 °C	110 °C	150 °C	180 °C
1	500,61	500,78	500,98	501,38	501,71
2	500,71	500,79	500,96	501,51	501,73
3	500,70	500,80	502,00	501,50	501,70
4	500,72	500,83	501,11	501,45	501,71

VERIFICA DELLE COMPETENZE ALLENAMENTO

ANALIZZARE E INTERPRETARE DATI E GRAFICI

1 Nella seguente tabella sono riportati i numeri delle telefonate arrivate a un call-center al variare del tempo di attesa per poter parlare con un operatore e il giorno della settimana in cui la telefonata è arrivata.

Giorno della settimana \ Tempo di attesa	0-10	10-15	> 15
Lunedì	10	15	7
Martedì	20	30	14
Mercoledì	5	7	3
Giovedì	30	45	21
Venerdì	2	2	1
Sabato	1	1	0
Domenica	2	3	1

a. Analizzando la tabella, puoi affermare che i caratteri «Giorno della settimana» e «Tempo di attesa» sono indipendenti?

b. Gli indici χ^2 e C, confermano o smentiscono la tua risposta precedente? [b) $\chi^2 = 0,94$; $C = 0,0021$]

2 Sono state intervistate 100 persone. Di queste 25 sono laureate, 40 diplomate e 35 hanno la licenza di scuola superiore di primo grado. Tra le persone laureate, 10 sono sposate o conviventi, mentre le rimanenti sono single. Tra i diplomati, gli sposati o i conviventi costituiscono un quarto del totale, mentre fra coloro che hanno la licenza di scuola superiore di primo grado sono un quinto.

a. Per analizzare i dati, costruisci la tabella di contigenza dei caratteri «Grado di istruzione» e «Stato civile».

b. Osservando i dati nella tabella, puoi stabilire se c'è dipendenza tra i due caratteri? Motiva la risposta.

c. Conferma o confuta la tua risposta usando l'indice χ^2. [c) $\chi^2 = 3,09$]

3 Osserva le rette di regressione di X su Y e di Y su X nel grafico.
Puoi affermare che c'è correlazione lineare diretta? Motiva la tua risposta.

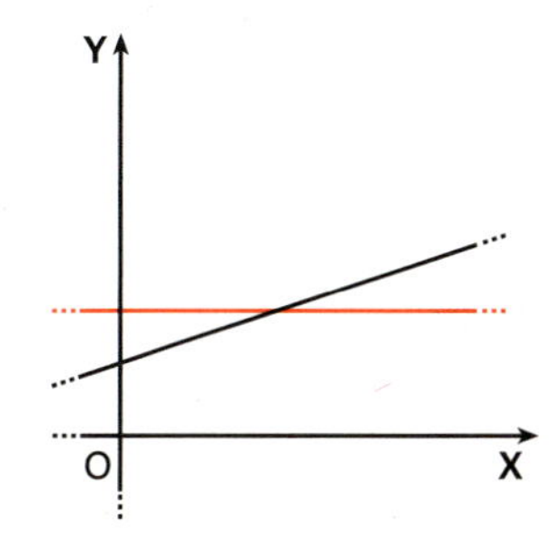

4 TEST La nuvola di punti in figura rappresenta i dati relativi a un'indagine sui caratteri «Età» e «Numero di sigarette fumate in un giorno». Osservando la nuvola di dati, puoi dedurre che:

A c'è correlazione diretta positiva.

B c'è correlazione diretta negativa.

C non c'è correlazione lineare.

D c'è correlazione perfetta positiva.

E c'è correlazione perfetta negativa.

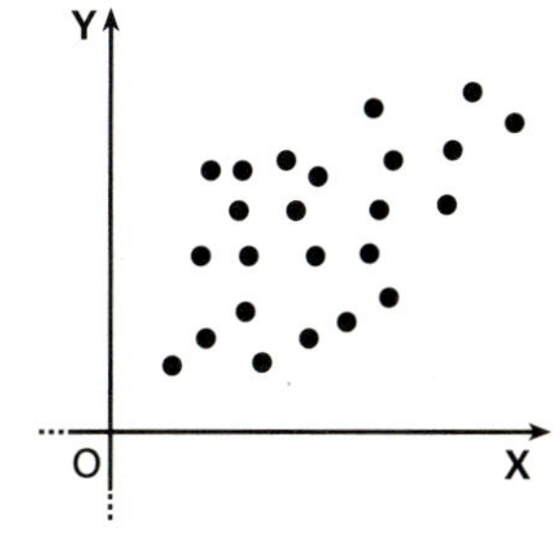

5 TEST Un'indagine sull'uso degli smartphone ha come scopo quello di stabilire se c'è una relazione tra il traffico dati e il traffico voce utilizzati. L'indagine perciò ha riguardato i caratteri X = «minuti di conversazione (con linea tradizionale) in un mese» e Y = «MB di traffico dati consumati in un mese». Le rette di regressione di X su Y e di Y su X passano entrambe per il punto (263; 890) e i due coefficienti di regressione valgono rispettivamente $a = 0,32$ e $b = 3,1$. Quale delle seguenti conclusioni è sicuramente sbagliata, perché in contrasto con i risultati dell'indagine?

- A La media mensile dei minuti di conversazione è 263.
- B La media mensile dei MB consumati in un mese è 890.
- C Non c'è correlazione lineare tra i due caratteri.
- D C'è correlazione lineare diretta.
- E Possiamo supporre che se aumentano i minuti di conversazione aumenta anche il traffico dati.

RISOLVERE PROBLEMI

6 Viene fatta un'indagine sulla popolazione per stabilire se c'è relazione tra l'età e il numero di libri letti nell'ultimo anno. I risultati di questa indagine sono riportati nella seguente tabella.

Età \ Libri	4	8	12	18	20	Totale
20	7	12	15	10	8	52
25	8	17	10	14	3	52
30	6	15	10	12	7	50
35	8	16	12	10	5	51
40	7	12	15	8	9	51
Totale	36	72	62	54	32	256

a. Qual è la media dei libri letti dal totale della popolazione intervistata?
b. Qual è la media dei libri letti dai ragazzi di 25 anni?
c. Qual è l'età media delle persone che leggono 12 libri all'anno?
d. Usando l'indice χ^2 puoi concludere che i due caratteri sono indipendenti?
e. È possibile stabilire, tramite il coefficiente di correlazione lineare, se c'è correlazione tra le due variabili?

[a) $\simeq$ 12; b) $\simeq$ 12; c) $\simeq$ 30]

7 È data la seguente serie storica relativa alle quantità (in tonnellate) di formaggio prodotte da un gruppo di caseifici.

Anni	2004	2005	2006	2007	2008	2009
Quantità (t)	625	635	642	654	666	675

a. Costruisci la funzione lineare interpolante.
b. Estrapola la serie storica determinando le proiezioni relative agli anni 2010, 2011, 2012.
c. Se da una ulteriore indagine, per questi ultimi tre anni, i dati osservati sono stati rispettivamente 684, 694, 707, riformula la funzione del trend partendo dall'anno 2007.

[a) $y = 10,143x + 614$; b) 685, 695, 705; c) $y = 10,229x + 644,2$]

8 Nella tabella sono riportati i dati relativi alle altezze medie delle bambine dalla nascita fino a un anno di età.
Stabilisci se esiste una relazione lineare tra le due grandezze determinando l'equazione delle rette di regressione e calcolando l'indice di correlazione.

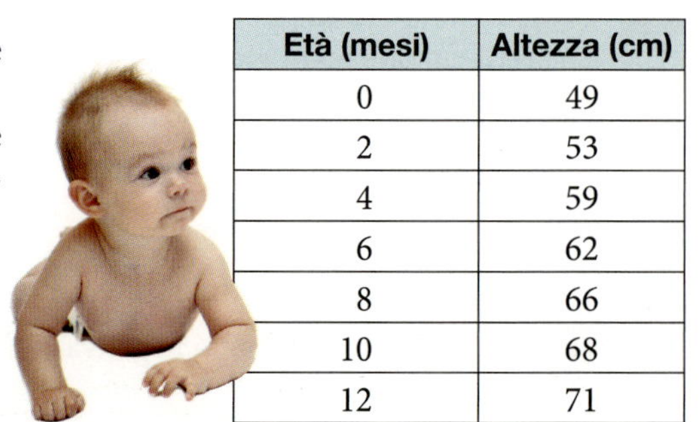

Età (mesi)	Altezza (cm)
0	49
2	53
4	59
6	62
8	66
10	68
12	71

9 Negli ultimi 5 anni si sono avuti i seguenti numeri di iscritti a una scuola superiore.

742 791 840 907 985

Il preside della scuola deve predisporre l'istituto per i prossimi due anni. Quanti alunni può prevedere di avere come nuovi iscritti nella sua scuola nei prossimi due anni? [circa 1094]

10 La seguente tabella riporta il saldo del conto in banca di Francesca negli ultimi 8 trimestri.

Trimestre	1	2	3	4	5	6	7	8
Saldo	3578,9	3867,25	3579,32	3769,35	3871,89	3548,15	3925,97	4025,68

A Francesca interessa il trend del suo saldo e prevedere, su questo modello, tra quanti anni teoricamente raggiungerà la cifra di 10 000 euro sul conto. Quale strumento statistico utilizzeresti per rispondere a queste domande? Usando il tuo modello rispondi alle richieste di Francesca. [37 anni; € 40,83]

11 TEST Un'azienda farmaceutica ha commissionato un'indagine per stabilire se c'è correlazione lineare tra l'efficacia di un farmaco e l'età del paziente a cui è stato somministrato. Si considerano perciò, tra tutte le persone che hanno utilizzato il farmaco, i due seguenti caratteri: X = « età del paziente» e Y = « tempo di guarigione ». L'indagine ha stabilito che c'è correlazione lineare perfetta diretta. Quale delle seguenti affermazioni non è corretta?

- A Se aumenta l'età del paziente, aumenta in media il tempo di guarigione.
- B Se aumenta il tempo di guarigione, aumenta l'età del paziente preso in considerazione.
- C Le rette di regressione di X su Y e di Y su X sono perpendicolari.
- D Le rette di regressione di X su Y e di Y su X sono coincidenti.
- E I coefficienti di correlazione lineare sono entrambi positivi.

12 La tabella riporta i dati, relativi al primo semestre 2010, dei prezzi degli appartamenti di nuova costruzione in vendita nella periferia est di Roma, in base al numero dei locali.

Numero locali	Prezzo (€)
1	230 000
2	280 000
3	320 000
4	380 000
5	450 000

a. È possibile trovare una funzione che leghi il prezzo al numero dei locali?
b. Trova la retta interpolante.
c. Sulla base dei risultati precedenti stabilisci quanto potrebbe costare un appartamento di 6 locali.

VERIFICA DELLE COMPETENZE

VERIFICA DELLE COMPETENZE VERSO L'ESAME

ARGOMENTARE E DIMOSTRARE

13 In un'indagine su due caratteri X e Y, Anna ha trovato che tutte le contigenze sono nulle eccetto 2. Può affermare che i due caratteri sono indipendenti? Motiva la tua risposta e spiega in che modo può «valutare» il grado di dipendenza o indipendenza dei due caratteri.

14 Uno statistico ha intervistato 100 persone ottenendo un indice χ^2 pari a 13,3. Un altro statistico ha intervistato sullo stesso argomento le stesse 100 persone a cui ne ha aggiunte altre 100.

a. Ti aspetti che l'indice χ^2 aumenti, diminuisca o resti costante?

b. Supponendo che resti costante, come variano i due indici C nelle due indagini?

c. Motiva le tue risposte ed esponi le conclusioni a cui puoi giungere in questo caso.

15 Supponi di misurare con un righello i lati di 100 quadrati (carattere X) e con un quadrato campione l'area degli stessi 100 quadrati (carattere Y).

a. I due caratteri sono linearmente correlati?

b. Supponi di costruire la retta di regressione di Y su X e di X su Y. Descrivi che angolo ti aspetti di trovare tra le due rette e spiega perché questo risultato non è in contrapposizione con la tua precedente risposta.

16 Considera due caratteri X e Y e le rette di regressione di X su Y e di Y su X. Usando le conoscenze sulle equazioni delle rette, esponi il collegamento tra l'analisi dell'angolo formato tra le due rette e il valore del coefficiente di regressione di Bravais-Pearson.

COSTRUIRE E UTILIZZARE MODELLI

17 TEST Un'indagine su due caratteri X e Y viene modellizzata secondo il modello della regressione lineare. Date le due rette di regressione di Y su X e di X su Y, quale delle seguenti affermazioni *non* è corretta?

A Esse si incontrano nel baricentro della distribuzione.

B Se l'angolo che si forma fra di esse è retto, non esiste correlazione lineare.

C Se l'angolo che si forma fra di esse è nullo, la regressione è perfetta.

D I coefficienti angolari delle due rette sono discordi.

E Minore è l'angolo tra le rette, più il modello è attendibile.

18 TEST In quale dei seguenti casi il modello della regressione non è opportuno?

A Se il coefficiente di correlazione lineare è uguale a 0, perché vuol dire che non c'è alcuna correlazione tra i caratteri.

B Se il coefficiente di correlazione lineare è uguale a -1, perché significa che all'aumento di un carattere corrisponde la diminuzione dell'altro.

C Se il coefficiente di correlazione è uguale a 1, perché le due rette di regressione coincidono.

D Se il coefficiente di correlazione è 0, perché ci può essere correlazione tra i caratteri, ma la correlazione non è lineare.

E Se i coefficienti di regressione delle rette di regressione sono concordi.

RISOLVIAMO UN PROBLEMA

Il fumo tra i giovani

La seguente tabella mostra i risultati di un'indagine sul numero n di sigarette fumate al giorno su un campione di 100 persone, al variare dell'età e.

n \ e	16-20	20-24	24-28	28-30
0-10	15	20	7	10
10-20	3	25	30	36
20-30	1	7	5	3

- Quante persone intervistate fumano da 0 a 10 sigarette al giorno?
- Qual è il numero medio di sigarette fumate dai ragazzi tra i 20 e i 24 anni?
- Usando il metodo che preferisci, stabilisci se i caratteri sono indipendenti o dipendenti.

Dal campione sono state estratte a caso 5 persone ottenendo le seguenti coppie di dati relative ai caratteri X « Età» e Y «Numero di sigarette fumate al giorno».

(18; 8) (21; 25) (25; 30) (29; 18) (23; 28)

- In base a questo campione ridotto puoi affermare che c'è correlazione lineare tra l'età e il numero di sigarette fumate al giorno?

▶ Calcoliamo il numero di persone intervistate che fumano tra 0 e 10 sigarette al giorno.

È sufficiente sommare le frequenze della riga 0-10: otteniamo 52.

▶ Troviamo il numero medio di sigarette fumate dai ragazzi nella classe di età richiesta.

Scriviamo la distribuzione del numero di sigarette fumate condizionato alla modalità «età 20-24».

n \ e	20-24
0-10	20
10-20	25
20-30	7

Usando il valore centrale della classe, calcoliamo la media:

$$M = \frac{5 \cdot 20 + 15 \cdot 25 + 25 \cdot 7}{52} = 12{,}5.$$

▶ Stabiliamo se i caratteri sono indipendenti o dipendenti.

Analizziamo la tabella aggiungendo i totali di colonna e di riga.

n \ e	16-20	20-24	24-28	28-30	Totale
0-10	15	20	7	10	52
10-20	3	25	30	36	94
20-30	1	7	5	3	16
Totale	19	52	42	49	162

Troviamo la frequenza teorica della modalità congiunta (16-20; 0-10), che è uguale a $\frac{52 \cdot 19}{162} \simeq 6$. Poiché la frequenza teorica è diversa da 15, che è la frequenza reale del dato, possiamo affermare che non ci sarà perfetta indipendenza tra i due caratteri.

▶ Stabiliamo se c'è correlazione lineare tra i due caratteri del campione estratto.

Calcoliamo la deviazione standard di entrambi i caratteri valutati sul campione estratto e abbiamo:

$\overline{x} \simeq 23{,}2;$ $\overline{y} \simeq 21{,}8;$

$\sigma_X \simeq 3{,}7;$ $\sigma_Y \simeq 8;$ $\sigma_{XY} \simeq 11{,}24.$

Da cui otteniamo che

$$r = \frac{\sigma_{XY}}{\sigma_X \sigma_Y} \simeq 0{,}38.$$

Poiché è un numero maggiore strettamente di 0 e minore strettamente di 1, possiamo concludere che c'è correlazione lineare positiva tra l'età e il numero di sigarette fumate in un giorno.

VERIFICA DELLE COMPETENZE

19 Un'azienda produce medaglie d'oro. La lega usata per la produzione è stata creata in momenti diversi e quindi le medaglie possono avere lievi differenze di peso.
Vengono considerate 5 medaglie e vengono pesate prima una, poi due insieme, poi tre e così via. Otteniamo la seguente tabella.

Numero medaglie	1	2	3	4	5
Peso (g)	52,36	103,84	157,2	209,68	261,56

Le medaglie si possono considerare omogeneamente composte se c'è correlazione lineare tra il numero di medaglie pesate e il peso ottenuto.

a. Scrivi la retta di regressione usando i dati in tabella.

b. Puoi affermare che le medaglie sono omogeneamente composte?

[a) $y = 52,4x - 0,3$]

20 Anni fa un'azienda aveva ottenuto la seguente serie storica relativa al fatturato annuo (in migliaia di euro).

Anno	2000	2001	2002	2003	2004
Fatturato	325	415	216	218	240

Recentemente ha ripetuto l'indagine ottenendo la seguente serie storica.

Anno	2010	2012	2013	2014	2015
Fatturato	240	210	300	301	320

a. Rappresenta su uno stesso grafico il diagramma di dispersione.

b. Scrivi e rappresenta le due rette interpolanti.

c. Come potresti interpretare l'eventuale coincidenza delle due rette?

d. In base alla retta di regressione della prima serie storica, quale sarebbe dovuto essere il fatturato dell'azienda nel 2010?

e. In base alla retta di regressione della seconda serie storica, quale dovrebbe essere il fatturato nel 2016?

f. Scrivi e rappresenta la retta interpolante considerando tutti insieme i dati delle due serie storiche. Quale potrebbe essere, in base a questa retta, il fatturato dell'azienda nel 2016?

[b) $y = -36,7x + 392,9$; $y = 25,1x + 198,9$; d) $-10,8$ migliaia di euro; e) 349,5 migliaia di euro; f) 271,9 migliaia di euro]

21  Un negoziante di alimentari ha rilevato i seguenti dati sul numero di clienti e sull'incasso giornaliero nell'ultima settimana.

Giorno	1	2	3	4	5	6
Numero clienti	21	30	28	27	35	45
Incasso (€)	320	358	390	320	430	510

Considera i caratteri X =«Giorno», Y =«Numero clienti» e Z = «Incasso».

a. Scrivi la retta interpolante che evidenzia il legame tra il giorno e il numero di clienti.

b. Secondo questi modelli, quanti clienti può aspettarsi il negoziante tra due giorni?

c. Scrivi la retta interpolante che evidenzia il legame tra il giorno e l'incasso.

d. Le due rette hanno qualche particolarità?

e. Scrivi la retta interpolante che evidenzia il legame tra il numero dei clienti e l'incasso.

f. Tra quale di questi caratteri, considerati a coppie, puoi dire che c'è maggiore correlazione lineare? È in linea con ciò che ti suggerisce l'intuito?

[a) $y = 3,83x + 17,59$; b) circa 49; c) $y = 31,31x + 278,41$; e) $y = 8,44x + 126,36$]

VERIFICA DELLE COMPETENZE PROVE

1 ora

PROVA A

1 La seguente tabella mista rappresenta la distribuzione dei caratteri «Sesso» e «Numero di sigarette fumate al giorno» in un campione di donne e uomini tra i 20 e i 45 anni.

	0-4	5-9	10-14	15-20	Totale
Uomini	8	16	4	2	30
Donne	4	8	2	2	16
Totale	12	24	6	4	46

a. Quante sigarette fumano mediamente le donne in una settimana?
b. Qual è la frequenza relativa delle donne che fumano tra 10 e 14 sigarette al giorno?
c. Usando l'indice χ^2 individua se i due caratteri sono indipendenti oppure no.

2 I dati di una rilevazione statistica relativa agli alunni iscritti a un liceo scientifico sono i seguenti.

Anni	2006	2007	2008	2009	2010
N. alunni	742	791	840	907	985

a. Rappresenta la serie storica con un diagramma cartesiano.
b. Determina le proiezioni lineari relative agli anni 2011, 2012, 2013.

3 Date le due grandezze X e Y riportate nella seguente tabella:

x_i	10	15	30	40	55	60
y_i	4	12	36	52	76	84

a. rappresenta il diagramma di dispersione;
b. determina la retta di regressione della variabile X su Y e quella della variabile Y su X;
c. traccia le due rette di regressione sul diagramma di dispersione;
d. determina il coefficiente di correlazione lineare;
e. commenta il risultato.

4 Un'azienda ha sostenuto, per la sicurezza degli impianti, le seguenti spese (in centinaia di euro).

Anni	2004	2005	2006	2007	2008	2009
Spesa sicurezza	341	392	439	508	584	666

a. Rappresenta graficamente il fenomeno.
b. Determina la funzione che esprime il trend lineare.
c. Determina le proiezioni relative agli anni 2010 e 2011.

VERIFICA DELLE COMPETENZE

PROVA B

1 Tra gli appunti dell'allenatore della squadra di calcio «Pulcini con la palla» c'è la seguente distribuzione congiunta del numero di convocazioni alle partite del campionato (18 in totale) e delle assenze agli allenamenti durante l'anno (30 in totale).

Categoria pulcini			
Convocazioni \ Assenze allenamenti	0-10	10-20	20-30
0-6	0	7	7
6-12	1	4	0
12-18	12	4	0

a. Qual è il numero medio delle assenze agli allenamenti dei bambini che sono stati convocati almeno 6 volte e meno di 12 volte per le partite di campionato?

b. Si può affermare che l'allenatore non tiene conto del numero di assenze agli allenamenti nel momento in cui fa le convocazioni, ovvero che i due caratteri sono indipendenti?

c. Qual è il numero medio di convocazioni a cui può aspirare un bambino che fa meno di 20 assenze?

2 La seguente è una tabella di contingenza che riguarda i caratteri «Colore dei capelli» e «Colore degli occhi».

Colore occhi \ Colore capelli	Castani	Biondi	Rossi	Neri
Neri	10			20
Azzurri	3			6
Nocciola	15			10

a. È possibile completare la tabella in modo che i caratteri risultino indipendenti? Perché?

b. Cambia la frequenza congiunta di (Neri; Nocciola) da 10 a 30 e completa la tabella in modo che i caratteri risultino indipendenti.

3 La tabella riporta i valori di tre grandezze X, Y e W.

x_i	5	7	9	11	13
y_i	20	14	16	8	4
w_i	12	9	10	6	4

a. Rappresenta in un diagramma di dispersione i valori X e Y.

b. Rappresenta in un diagramma di dispersione i valori Y e W.

c. Rappresenta in un diagramma di dispersione i valori X e W.

d. Calcola il coefficiente di correlazione lineare fra X e Y.

e. Calcola il coefficiente di correlazione lineare fra Y e W.

f. Calcola il coefficiente di correlazione lineare fra X e W.

g. Commenta i risultati ottenuti.

4 I dati rilevati di un carattere X sono

2 4 6 8 10

Insieme a X è stato rilevato un carattere Y la cui media aritmetica dei 5 dati rilevati è 3.

a. Determina un punto che appartenga alla retta di regressione di Y rispetto a X.

b. Lo statistico che ha effettuato l'indagine ha riscontrato che c'è correlazione lineare perfetta tra i caratteri X e Y e che uno dei dati bivariati in suo possesso è (2; 1).
Completa la seguente tabella sulle rilevazioni del caratteri Y in modo che siano compatibili con le conclusioni dello statistico.

X	2	4	6	8	10
Y	1				

PROVA C

Per ottimizzare il suo lavoro un fotografo professionista ha deciso di segnare ogni volta quante fotografie scatta e quante alla fine ne seleziona, suddividendole a seconda dell'evento.

Evento	Foto scattate	Foto selezionate
pubblicità	810	15
pubblicità	656	10
matrimonio	2500	150
pubblicità	630	10
book fotografico	400	25
matrimonio	2650	150
matrimonio	3100	150
book fotografico	230	10
pubblicità	150	25

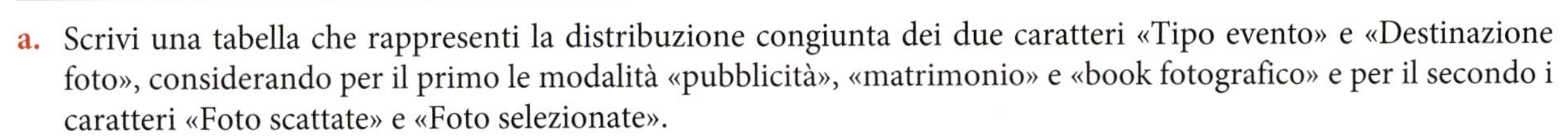

a. Scrivi una tabella che rappresenti la distribuzione congiunta dei due caratteri «Tipo evento» e «Destinazione foto», considerando per il primo le modalità «pubblicità», «matrimonio» e «book fotografico» e per il secondo i caratteri «Foto scattate» e «Foto selezionate».

b. Qual è la percentuale di foto scattate per i matrimoni?

c. In quale delle tre modalità è maggiore la percentuale di foto selezionate e quindi minore la percentuale di foto da buttare?

d. Osservando la tabella che hai costruito, puoi dire che i due caratteri «Tipo evento» e «Destinazione foto» sono indipendenti?

e. Usando l'indice χ^2 cambi la tua risposta precedente oppure no?

f. Considera la nuvola di punti che rappresenta i caratteri «Foto scattate» e «Foto selezionate». Puoi dire che c'è correlazione lineare tra i due caratteri?

PROVA D

Nelle ultime stagioni l'allenatore di una squadra di pallavolo sta valutando l'acquisto di uno schiacciatore per rinforzare la sua squadra. Ha compilato una tabella riportando il numero di partite giocate nelle ultime 6 stagioni, il numero di punti segnati e il prezzo del cartellino del giocatore, cioè il prezzo che dovrebbe pagare se decidesse di acquistarlo.

Stagione	1	2	3	4	5	6
Partite giocate	16	15	18	20	17	22
Punti segnati	302	280	340	246	300	320
Costo cartellino (€)	700	750	900	1300	1200	1450

a. Deduci, dalla precedente tabella, la tabella di contingenza sui caratteri «Partite giocate» e «Punti fatti».

Punti fatti \ Partite giocate	11-15	16-20	21-25
201-240			
241-280			
281-320			
321-360			

b. Puoi dire che i due caratteri sono indipendenti?

c. Scrivi la retta di regressione delle partite giocate sui punti segnati e quella dei punti segnati sulle partite giocate.

d. Puoi dire che c'è correlazione lineare tra i due caratteri?

e. Considera la retta interpolante che esprime il costo del cartellino al variare delle stagioni giocate. Se aspettasse altre due stagioni prima di acquistare il giocatore, quanto può prevedere di dover pagare?

T

CAPITOLO

C1 COORDINATE POLARI NEL PIANO

1 Coordinate polari

▶ Esercizi a p. C12

Ogni punto del piano può essere individuato, oltre che da coordinate cartesiane, da coordinate polari. Per individuare un **sistema di coordinate polari** nel piano, fissiamo un punto O, detto **polo**, una semiretta orientata x avente origine in O, detta **asse polare**, e una unità di misura u sull'asse polare.
A ogni punto P del piano diverso da O, associamo due numeri r e α:

- r, misura di OP rispetto a u;
- α, misura dell'angolo orientato $x\widehat{O}P$, formato da OP con l'asse polare e preso in senso antiorario.

r si chiama **modulo**, α **anomalia** o **argomento**. r e α sono le coordinate polari di P; le indichiamo con $P[r;\, \alpha]$.

Le coppie $[r;\, \alpha]$ e $[r;\, \alpha + 2k\pi]$ rappresentano lo stesso punto P del piano. Per convenzione, si indica come **argomento principale** l'angolo α tale che $0 \leq \alpha < 2\pi$.

Listen to it

Given a point P in the plane, its polar coordinates $[r;\, \alpha]$ are its distance r from the pole O and the counterclockwise angle α from the reference axis (or polar axis, or x-axis).

Coordinate polari e coordinate cartesiane

Conoscendo le coordinate polari di un punto $P[r;\, \alpha]$, si possono ricavare le sue coordinate cartesiane $(x;\, y)$. Nel triangolo OPH (figura a lato) possiamo applicare il primo teorema dei triangoli rettangoli, ottenendo:

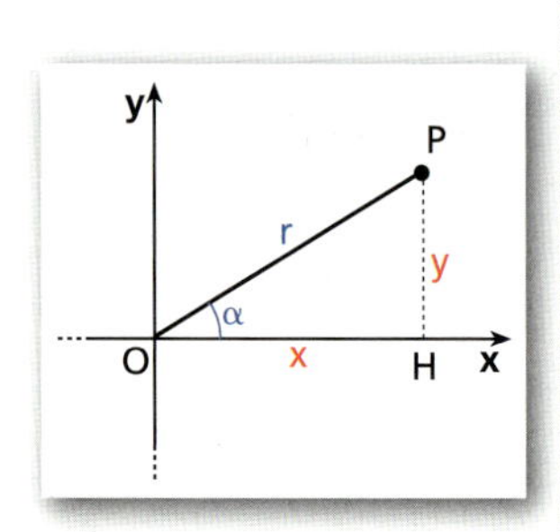

$$x = r\cos\alpha, \qquad y = r\sin\alpha.$$

Viceversa, possiamo ricavare le coordinate polari da quelle cartesiane applicando il teorema di Pitagora e il secondo teorema dei triangoli rettangoli:

$$r = \sqrt{x^2 + y^2}, \qquad \alpha\text{: } \tan\alpha = \frac{y}{x},$$

(l'angolo α si determina tenendo conto del quadrante in cui si trova il punto P e considerando solo l'argomento principale).

ESEMPIO

1. Date le coordinate polari del punto $A\left[2;\, \frac{\pi}{3}\right]$, determiniamo le sue coordinate cartesiane:

$$x_A = r\cos\alpha = 2\cos\frac{\pi}{3} = 2 \cdot \frac{1}{2} = 1,$$

▶ Scrivi in coordinate cartesiane il punto $P\left[3;\, \frac{\pi}{4}\right]$.

$$y_A = r\sin\alpha = 2\sin\frac{\pi}{3} = 2\cdot\frac{\sqrt{3}}{2} = \sqrt{3}.$$

2. Date le coordinate cartesiane del punto $B(-2\sqrt{3}; 2)$, determiniamo le sue coordinate polari:

$$r = \sqrt{(-2\sqrt{3})^2 + 2^2} = \sqrt{12+4} = 4,$$

$$\alpha\colon \tan\alpha = \frac{y_B}{x_B} = \frac{2}{-2\sqrt{3}} = -\frac{1}{\sqrt{3}} = -\frac{\sqrt{3}}{3} \rightarrow \alpha_1 = \frac{5}{6}\pi \vee \alpha_2 = \frac{11}{6}\pi.$$

Poiché B è nel secondo quadrante, il valore di α è: $\alpha = \frac{5}{6}\pi$.

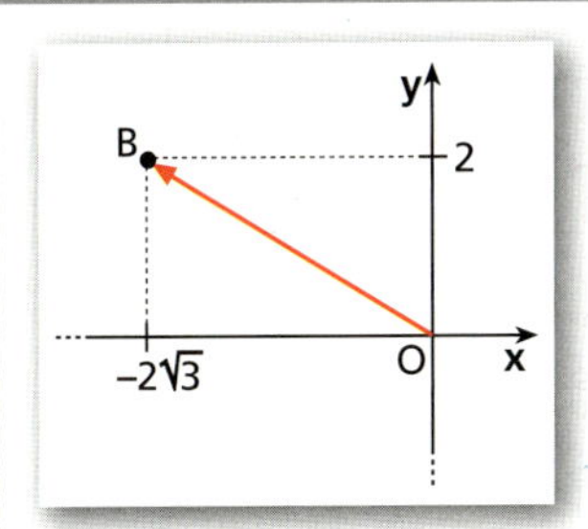

▶ Scrivi in coordinate polari $Q(-4; 0)$.

Rappresentando i punti mediante coordinate polari si possono affrontare gli stessi problemi che abbiamo già esaminato utilizzando le coordinate cartesiane. Per esempio, considerando la figura a lato e applicando il teorema del coseno al triangolo OAB, otteniamo la formula per la **distanza fra due punti** in coordinate polari:

$$\overline{AB} = \sqrt{r_1^2 + r_2^2 - 2r_1r_2\cos(\alpha_2 - \alpha_1)}.$$

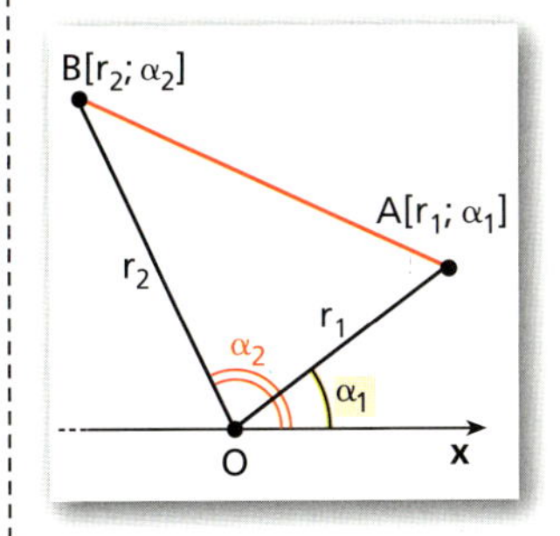

2 Equazioni delle curve

Rette

▶ Esercizi a p. C14

Cerchiamo l'**equazione di una retta passante per l'origine**.
In coordinate cartesiane l'equazione è $y = mx$.
Se P è un punto della retta, ha coordinate cartesiane $(x; y)$ che verificano l'equazione. Passiamo alle coordinate polari $[r; \alpha]$. Poiché $x = r\cos\alpha$ e $y = r\sin\alpha$, sostituendo nell'equazione della retta abbiamo:

$$r\sin\alpha = mr\cos\alpha \quad \rightarrow \quad \sin\alpha = m\cos\alpha,$$

$$\tan\alpha = m, \quad \text{con } \alpha \neq \frac{\pi}{2} + k\pi.$$

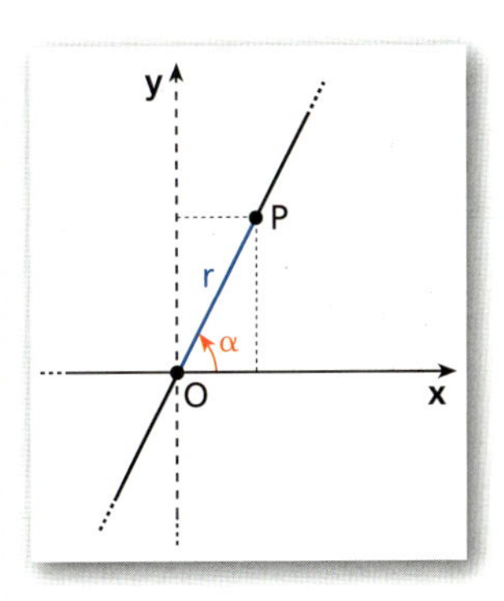

Esprimiamo anche l'equazione dell'asse y, che non è compreso fra le rette descritte dall'equazione precedente, a partire dalla sua equazione cartesiana:

$$\text{asse } y\colon x = 0 \quad \rightarrow \quad r\cos\alpha = 0.$$

Cerchiamo ora l'**equazione di una retta non passante per l'origine**.

Nel riferimento polare la retta è univocamente determinata se sono noti:

- d, distanza del polo;
- θ, angolo che il segmento orientato $\overrightarrow{OH}$ forma con l'asse polare.

Per il primo teorema sui triangoli rettangoli, un punto $P[r; \alpha]$ appartiene alla retta se e solo se:

$$\overline{OH} = \overline{OP}\cos H\widehat{O}P.$$

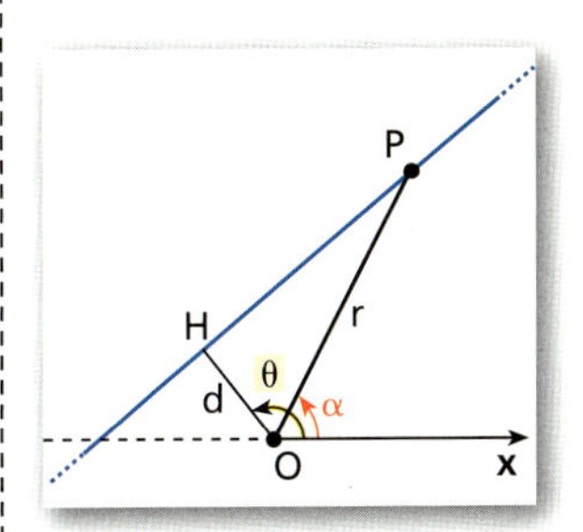

Essendo $H\widehat{O}P = \theta - \alpha$, sostituendo abbiamo:

$$d = r\cos(\theta - \alpha),$$

r, α sono variabili, d e θ invece sono numeri reali fissati.

L'equazione ottenuta è quella della retta in coordinate polari. Viceversa, se la retta è scritta in coordinate polari, possiamo ottenere la sua equazione cartesiana.

► Disegna la retta di equazione $r\cos\left(\frac{\pi}{6}-\alpha\right)=2$.

ESEMPIO

Consideriamo l'equazione $r\cos\left(\frac{2}{3}\pi-\alpha\right)=\sqrt{3}$.

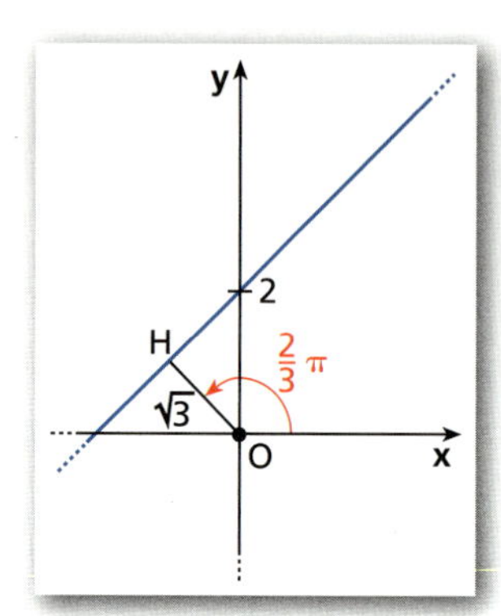

Mediante la formula di sottrazione del coseno, otteniamo

$$r\cos\frac{2}{3}\pi\cos\alpha + r\sin\frac{2}{3}\pi\sin\alpha = \sqrt{3},$$

e poiché $r\cos\alpha = x$ e $r\sin\alpha = y$:

$$-\frac{1}{2}x + \frac{\sqrt{3}}{2}y = \sqrt{3} \quad \to \quad y = \frac{\sqrt{3}}{3}x + 2.$$

Abbiamo ottenuto l'equazione cartesiana della retta.

Equazioni delle coniche

► Esercizi a p. C17

Circonferenza

Se la circonferenza ha centro in O e raggio R, tutti i suoi punti hanno la stessa distanza R dal polo O, quindi il modulo di tutti i punti della circonferenza è R e l'equazione è:

$$r = R.$$

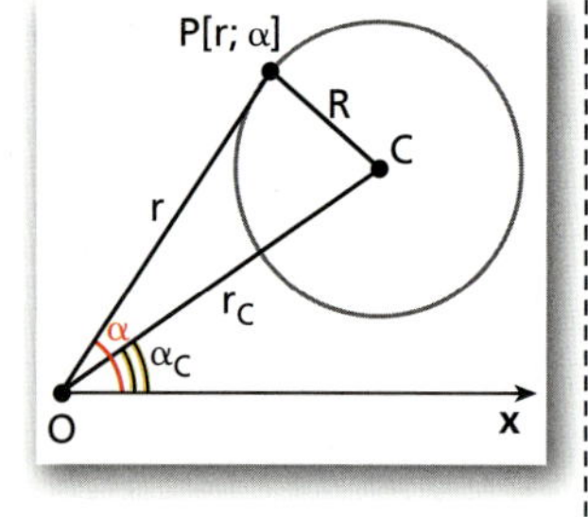

Se il centro è in un punto $C[r_C;\ \alpha_C]$ e il raggio è R, come nella figura a lato, per qualunque punto $P[r;\ \alpha]$ appartenente alla circonferenza possiamo applicare il teorema del coseno al triangolo OPC:

$$\overline{PC}^2 = \overline{OP}^2 + \overline{OC}^2 - 2\cdot\overline{OP}\cdot\overline{OC}\cdot\cos(\alpha-\alpha_C),$$

$$R^2 = r^2 + r_C^2 - 2rr_C\cos(\alpha-\alpha_C),$$

$$\mathbf{r^2 - 2rr_C\cos(\alpha-\alpha_C) + r_C^2 - R^2 = 0},$$ dove le variabili sono r e α.

ESEMPIO

Disegniamo il luogo dei punti rappresentato dall'equazione $r^2 - 4r\cos\alpha + 3 = 0$.
È più comodo trasformare l'equazione nella corrispondente in coordinate cartesiane, ricordando che $r = \sqrt{x^2+y^2}$ e $r\cos\alpha = x$:

$$x^2 + y^2 - 4x + 3 = 0.$$

Nel piano cartesiano, la circonferenza ha centro $C(2;0)$ e raggio 1.

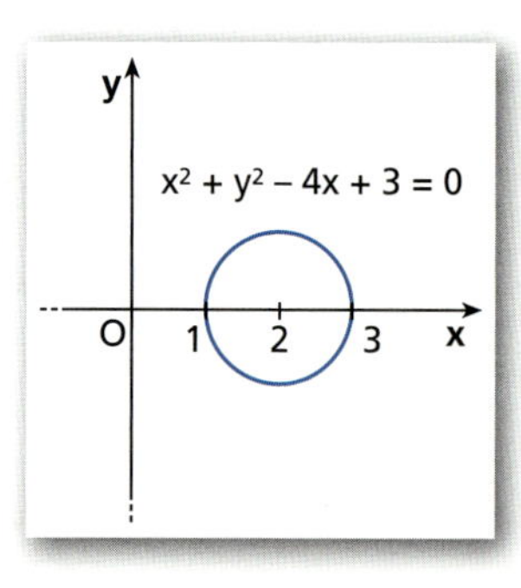

Parabola

Cerchiamo l'equazione in coordinate polari della parabola nel caso semplice in cui il fuoco coincida con il polo O e la direttrice sia una retta perpendicolare all'asse polare.

Chiamiamo k la distanza del fuoco dalla direttrice, cioè la misura del segmento OK nella figura a lato. Un punto $P[r;\ \alpha]$ appartiene alla parabola se la sua distanza dal fuoco è congruente alla distanza di P dalla direttrice: $\overline{OP} = \overline{PH}$.

La misura del segmento OP è la coordinata r del punto P, mentre per determinare $\overline{PH}$ osserviamo che:

$$\overline{PH} = \overline{QK} = \overline{OK} - \overline{OQ} = k - r\cos\alpha.$$

Quindi possiamo scrivere l'equazione:

$$r = k - r\cos\alpha,$$

che esplicitando r diventa:

$$\boldsymbol{r = \frac{k}{1+\cos\alpha}}.$$

Con un procedimento analogo si possono ricavare le equazioni nei tre casi in figura.

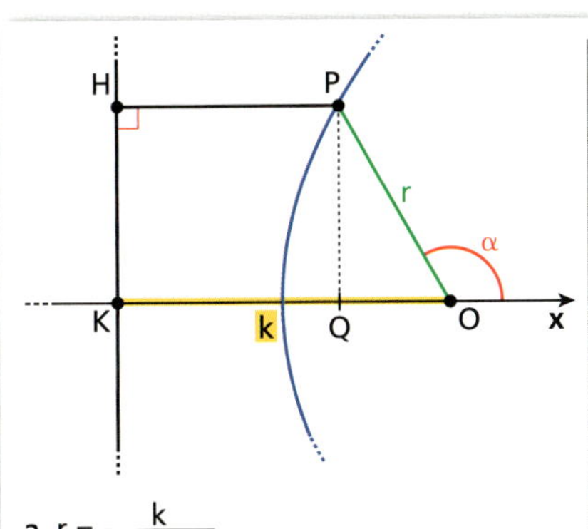

a. $r = \dfrac{k}{1-\cos\alpha}$

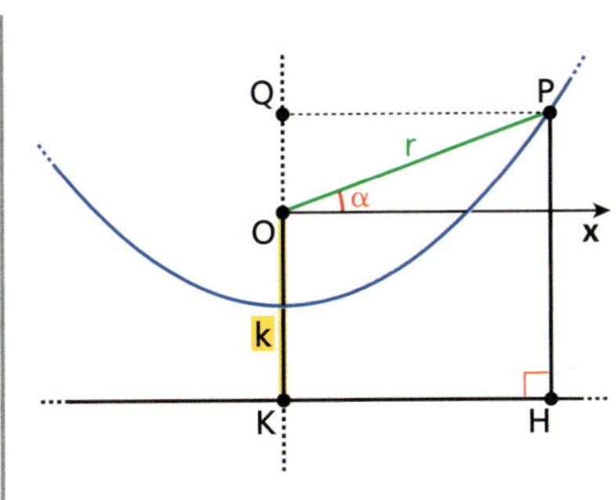

b. $r = \dfrac{k}{1-\sin\alpha}$

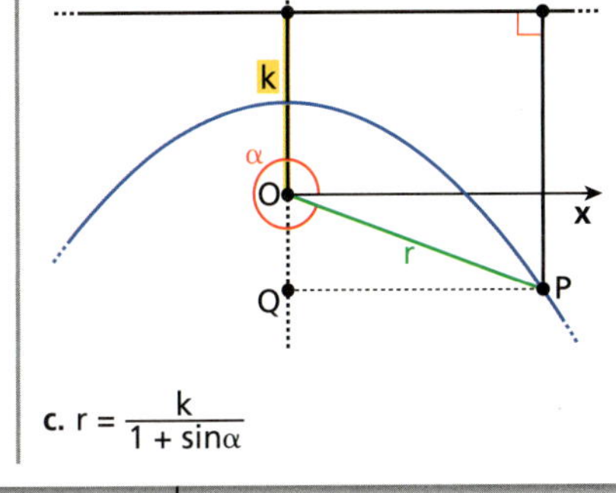

c. $r = \dfrac{k}{1+\sin\alpha}$

ESEMPIO

Scriviamo l'equazione in coordinate polari della parabola che ha il fuoco nel polo O e direttrice di equazione $3 = r\cos\alpha$.

Osserviamo che in coordinate cartesiane la direttrice ha equazione $x = 3$, quindi siamo nel caso in cui è perpendicolare all'asse polare e la distanza dal fuoco è $k = 3$.

L'equazione della parabola in coordinate polari è:

$$r = \frac{3}{1+\cos\alpha}.$$

Ellisse

Cerchiamo l'equazione in coordinate polari dell'ellisse, nel caso in cui uno dei fuochi coincida con il polo O.

Adottiamo la seguente notazione:

$2c$: la distanza tra i fuochi;

$2a$: la misura dell'asse maggiore;

$2b$: la misura dell'asse minore.

Ricordiamo che vale la relazione $a^2 - c^2 = b^2$.

Facendo riferimento alla figura a lato, ricaviamo l'equazione dell'ellisse, sapendo che è il luogo dei punti tali che la somma delle distanze dai fuochi è costante:

$$\overline{PO} + \overline{PF} = 2a.$$

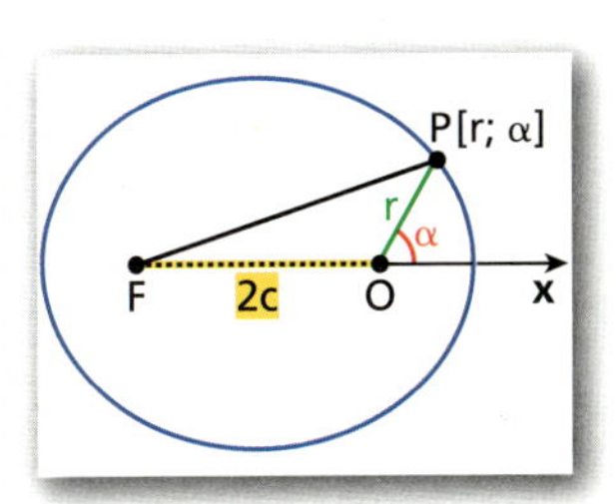

Scriviamo la relazione in coordinate polari sapendo che $P[r; \alpha]$ è il punto generico dell'ellisse e $F[2c; 180°]$ sono le coordinate del fuoco che non è nel polo:

$$r + \sqrt{r^2 + 4c^2 - 2r \cdot 2c \cdot \cos(180° - \alpha)} = 2a.$$

Isoliamo la radice, eleviamo al quadrato sostituendo $\cos(180° - \alpha)$ con $-\cos\alpha$:

$$\cancel{r^2} + 4c^2 + 4rc\cos\alpha = \cancel{r^2} + 4a^2 - 4ar.$$

Esplicitiamo r:

$$r = \frac{a^2 - c^2}{a + c\cos\alpha} = \frac{b^2}{a + c\cos\alpha}.$$

Dividiamo numeratore e denominatore per a e ricordiamo che $\frac{c}{a} = e$ è l'eccentricità dell'ellisse, valore compreso tra 0 e 1:

$$\boldsymbol{r = \frac{\frac{b^2}{a}}{1 + e\cos\alpha}}.$$

Con un procedimento analogo si possono ricavare le equazioni nei tre casi seguenti.

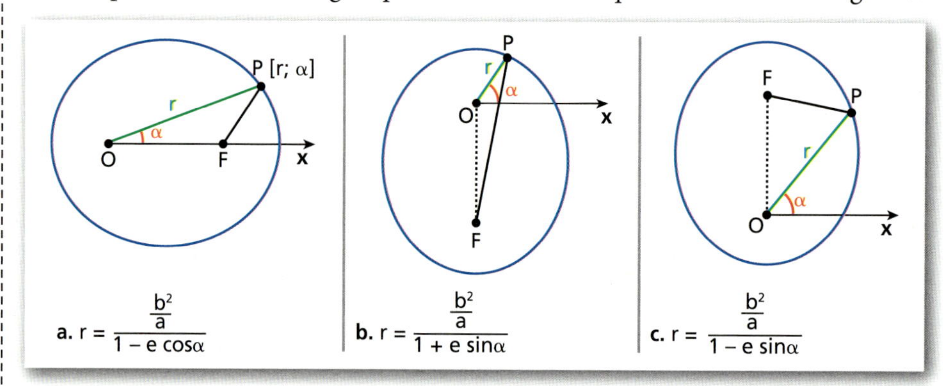

ESEMPIO

Scriviamo l'equazione dell'ellisse che ha i fuochi di coordinate $F_1[10; 180°]$, $F_2[0; 0]$ e semiasse maggiore 7.

In base alla posizione dei fuochi l'equazione è del tipo

$$r = \frac{\frac{b^2}{a}}{1 + e\cos\alpha}.$$

Inoltre sappiamo che:

$$2c = 10 \rightarrow c = 5,$$
$$a = 7.$$

Ricaviamo b^2 e l'eccentricità:

$$b^2 = a^2 - c^2 = 49 - 25 = 24,$$
$$e = \frac{c}{a} = \frac{5}{7}.$$

Quindi:

$$r = \frac{\frac{24}{7}}{1 + \frac{5}{7}\cos\alpha} \rightarrow r = \frac{24}{7 + 5\cos\alpha}.$$

► Scrivi l'equazione dell'ellisse che ha i fuochi di coordinate $F_1[6; 90°]$, $F_2[0; 0]$ e semiasse maggiore 5.

Iperbole

Cerchiamo l'equazione in coordinate polari dell'iperbole nel caso in cui uno dei fuochi coincida con il polo O.
Utilizziamo la notazione dei capitoli precedenti, in riferimento alla figura chiamiamo:

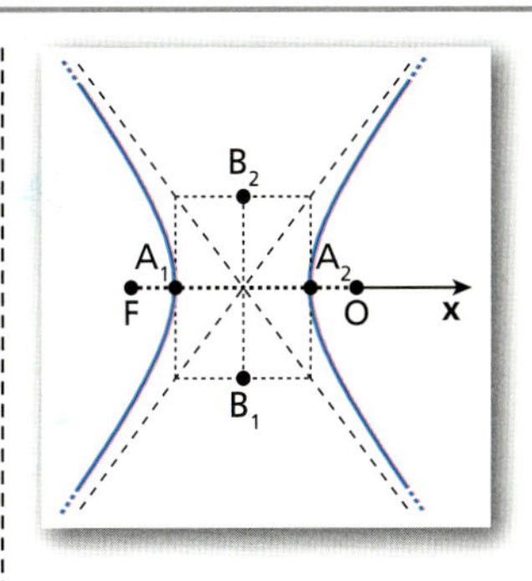

$2c$: la distanza $\overline{FO}$ tra i fuochi,

$2a$: la lunghezza dell'asse trasverso $\overline{A_1A_2}$,

$2b$: la lunghezza dell'asse non trasverso $\overline{B_1B_2}$.

Ricordiamo che vale la relazione $a^2 + b^2 = c^2$.
Ricaviamo l'equazione ricordando che l'iperbole è il luogo dei punti P per i quali è costante la differenza delle distanze dai fuochi:

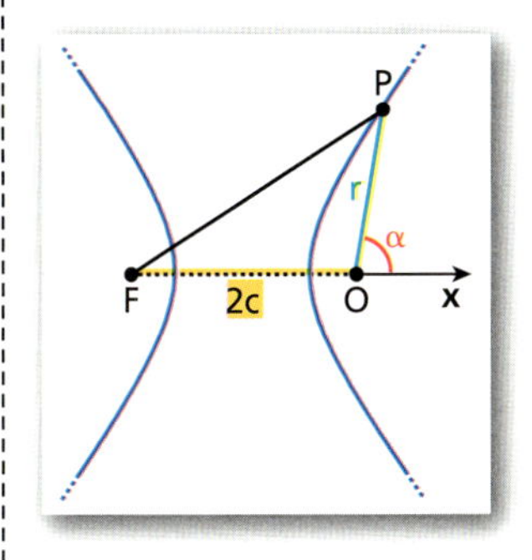

$$\left|\overline{PF} - \overline{PO}\right| = 2a.$$

Se il generico punto $P[r; \alpha]$ appartiene al ramo destro possiamo eliminare il valore assoluto. Dato che il fuoco ha coordinate $F[2c; 180°]$, scriviamo:

$$\sqrt{r^2 + 4c^2 - 4rc\cos(180° - \alpha)} - r = 2a.$$

Con calcoli analoghi a quelli svolti per l'ellisse otteniamo:

$$r = \frac{\frac{b^2}{a}}{1 - e\cos\alpha},$$

che è l'equazione del ramo destro dell'iperbole.
La coordinata polare r è sempre positiva, quindi dobbiamo porre delle condizioni di esistenza su α:

$$r \geq 0 \quad \to \quad 1 - e\cos\alpha > 0 \quad \to \quad \cos\alpha < \frac{1}{e}.$$

Dato che nell'iperbole $e > 1$, risulta $\frac{1}{e} < 1$, quindi:

$$\arccos\frac{1}{e} < \alpha < 2\pi - \arccos\frac{1}{e}.$$

L'equazione del ramo sinistro si ottiene cambiando il segno all'espressione dentro il valore assoluto,

$$\overline{PO} - \overline{PF} = 2a,$$

da cui:

$$r = -\frac{\frac{b^2}{a}}{1 + e\cos\alpha}, \qquad \text{con } \arccos\left(-\frac{1}{e}\right) < \alpha < 2\pi - \arccos\left(-\frac{1}{e}\right).$$

D'ora in poi, supponiamo verificate le condizioni di esistenza e non le scriviamo.
Le equazioni dell'iperbole sono quindi le seguenti.

$$\begin{cases} r = \dfrac{\frac{b^2}{a}}{1 - e\cos\alpha} & \textbf{ramo destro} \\ r = -\dfrac{\frac{b^2}{a}}{1 + e\cos\alpha} & \textbf{ramo sinistro} \end{cases}$$

In modo analogo si ricavano le equazioni polari nei tre casi seguenti.

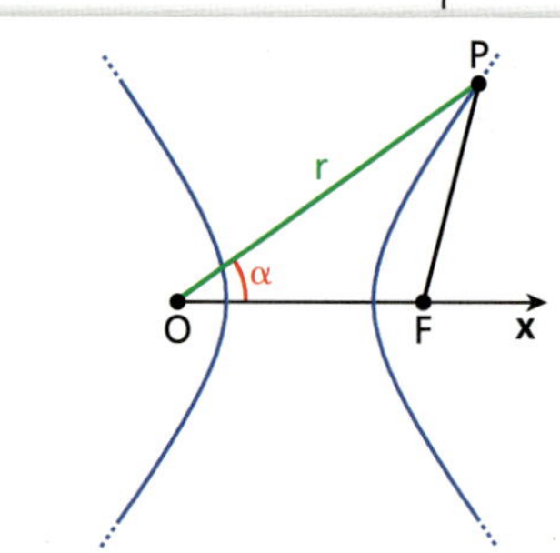

a. $\begin{cases} r = -\dfrac{b^2/a}{1 - e\cos\alpha} & \text{ramo destro} \\ r = \dfrac{b^2/a}{1 + e\cos\alpha} & \text{ramo sinistro} \end{cases}$

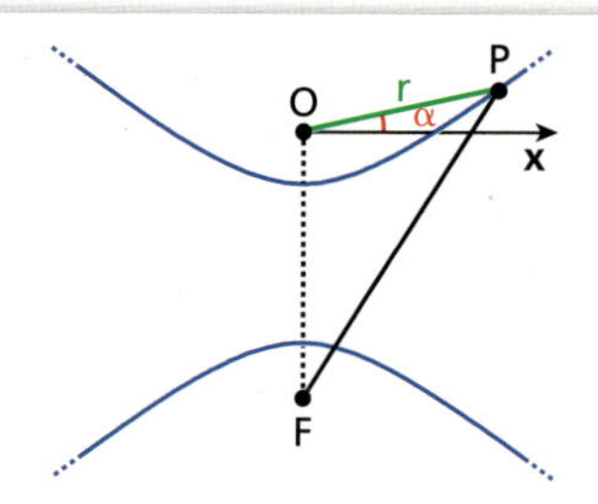

b. $\begin{cases} r = \dfrac{a^2/b}{1 - e\sin\alpha} & \text{ramo alto} \\ r = -\dfrac{a^2/b}{1 + e\sin\alpha} & \text{ramo basso} \end{cases}$

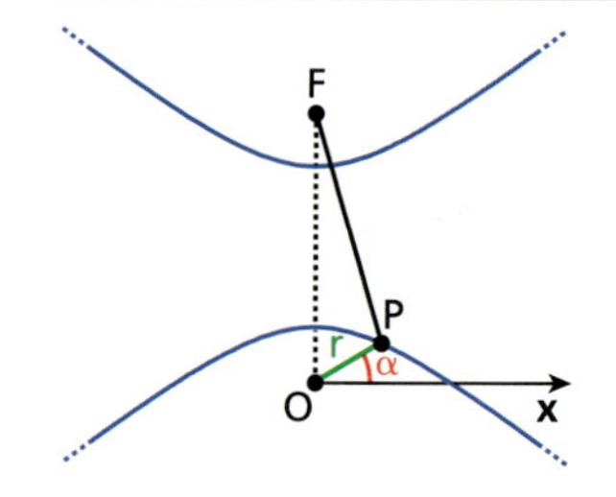

c. $\begin{cases} r = -\dfrac{a^2/b}{1 - e\sin\alpha} & \text{ramo alto} \\ r = \dfrac{a^2/b}{1 + e\sin\alpha} & \text{ramo basso} \end{cases}$

Diversamente da quello che succede in coordinate cartesiane, ciascun ramo di iperbole è descritto da una equazione polare.

Possiamo giustificare la necessità di due equazioni osservando la figura. La semiretta che forma con l'asse polare un angolo α interseca entrambi i rami di iperbole, quindi non è sufficiente avere una sola espressione che esprima la coordinata r in funzione di α: ne servono due.

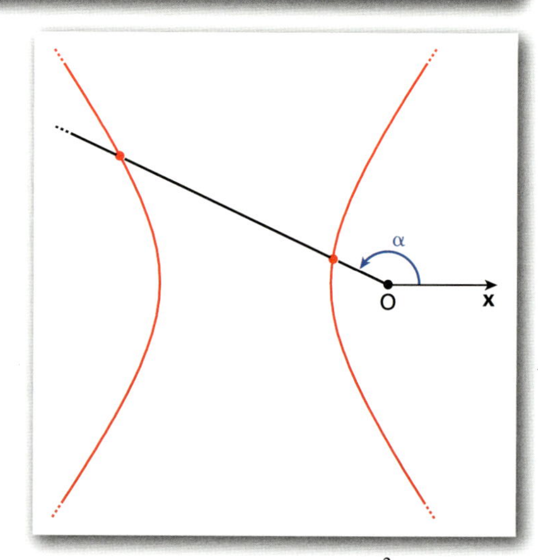

ESEMPIO

Data l'iperbole che in coordinate cartesiane ha equazione $\frac{x^2}{9} - \frac{y^2}{7} = 1$, scriviamo le sue equazioni in coordinate polari, scegliendo come polo il fuoco destro e come asse polare un asse avente stessa direzione e stesso verso dell'asse x.

Dall'equazione cartesiana ricaviamo che

$$a^2 = 9 \text{ e } b^2 = 7,$$

da cui:

$$c^2 = a^2 + b^2 = 16 \rightarrow c = 4,$$
$$a = 3.$$

Calcoliamo l'eccentricità:

$$e = \frac{c}{a} = \frac{4}{3}.$$

Scriviamo le equazioni:

$$\begin{cases} r = \dfrac{\frac{7}{3}}{1 - \frac{4}{3}\cos\alpha} \\ r = -\dfrac{\frac{7}{3}}{1 + \frac{4}{3}\cos\alpha} \end{cases} \rightarrow \begin{cases} r = \dfrac{7}{3 - 4\cos\alpha} \\ r = -\dfrac{7}{3 + 4\cos\alpha} \end{cases}.$$

▶ Scrivi le equazioni in coordinate polari dell'iperbole $\frac{x^2}{9} - \frac{y^2}{25} = -1$, scegliendo come polo il fuoco in basso e come asse polare un asse avente direzione e verso dell'asse x.

Coniche

Le equazioni in coordinate polari delle coniche sono tutte riconducibili alla forma seguente, se si assegnano particolari valori a e e alla costante k.

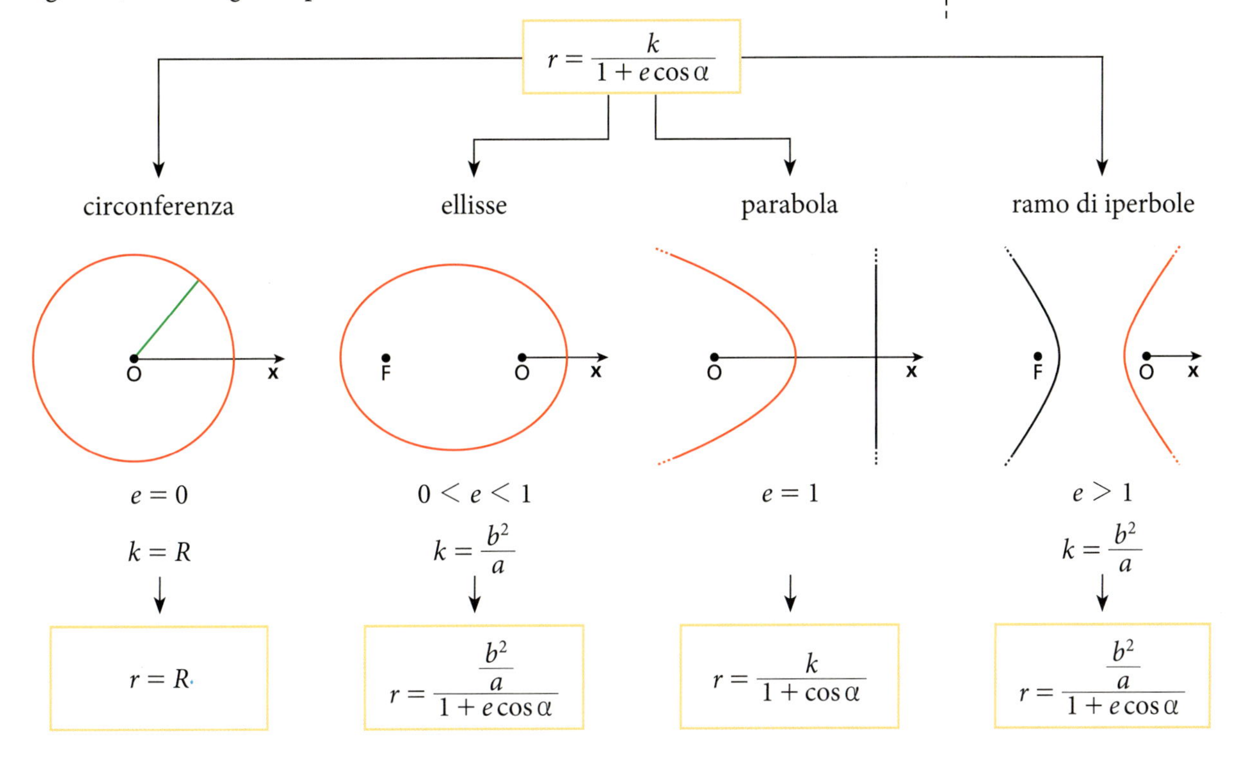

ESEMPIO

Classifichiamo la conica di equazione $r = \frac{10}{3 + 2\cos\alpha}$.

Dividiamo numeratore e denominatore per 3:

$$r = \frac{\frac{10}{3}}{1 + \frac{2}{3}\cos\alpha}.$$

L'equazione è nella forma generale e dato che $e = \frac{2}{3}$ è minore di 1 l'equazione descrive un'ellisse. Per determinare i valori dei semiassi e della semidistanza focale imponiamo che:

$$\begin{cases} \frac{b^2}{a} = \frac{10}{3} \\ \frac{c}{a} = \frac{2}{3} \\ a^2 - c^2 = b^2 \end{cases} \rightarrow \begin{cases} a = 6 \\ b = 2\sqrt{5}. \\ c = 4 \end{cases}$$

Animazione

Nell'animazione trovi:

- la rappresentazione delle coniche di equazioni $r = \frac{3}{1 + \cos\alpha}$ e $r = \frac{10}{3 + 2\cos\alpha}$;
- la figura dinamica per vedere la variazione della conica di equazione $r = \frac{k}{1 + e\cos\alpha}$ in coordinate polari, quando cambiano k ed e.

▶ Classifica la conica di equazione $r = \frac{3}{1 - \cos\alpha}$.

Spirale di Archimede

▶ Esercizi a p. C26

Alcune curve hanno in coordinate polari un'espressione semplice, mentre risulta complessa la corrispondente equazione in coordinate cartesiane.
Un'equazione lineare in r e α del tipo

$$\boldsymbol{r = m \cdot \alpha + q}$$

Listen to it

While its equation in Cartesian coordinates is difficult to find, the Archimedean spiral has a very simple polar equation, in the form $r = m \cdot \alpha + q$, where $r \geq 0$ and $m \neq 0$.

nel riferimento polare ha come grafico una spirale, detta **di Archimede**. r deve essere un numero positivo o nullo e $m \neq 0$. Se $m = 0$ l'equazione diventa $r = q$, che è l'equazione di una circonferenza con centro nel polo e raggio q (con $q \geq 0$).

Consideriamo $q = 0$ e $m = \frac{1}{\pi}$. L'equazione diventa $r = \frac{\alpha}{\pi}$. Calcoliamo le coordinate di alcuni punti appartenenti alla curva.

α	0	$\frac{\pi}{2}$	π	$\frac{3\pi}{2}$	2π	$\frac{3\pi}{2}$	3π	$\frac{3\pi}{2}$	4π
r	0	$\frac{1}{2}$	1	$\frac{3}{2}$	2	$\frac{5}{2}$	3	$\frac{7}{2}$	4

Chiamiamo **passo** la distanza tra due punti successivi sull'asse polare x.

Dal grafico (figura **a**) osserviamo che la spirale si sviluppa in senso antiorario e con passo costante pari a 2. Con $m > 0$ si hanno spirali che si sviluppano in senso antiorario.

Se il parametro m è negativo, allora α può assumere solo valori minori o uguali a 0 perché deve essere $r \geq 0$.

Nella figura **b** è rappresentata la spirale di equazione $r = -\frac{1}{\pi} \cdot \alpha$, nella quale possiamo osservare che lo sviluppo della curva è in senso orario.

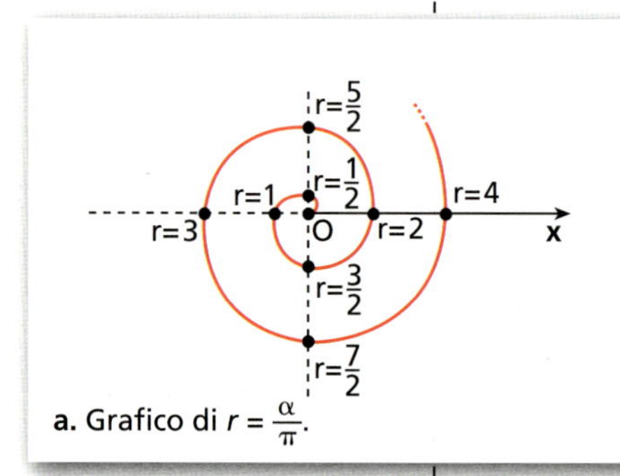

a. Grafico di $r = \frac{\alpha}{\pi}$.

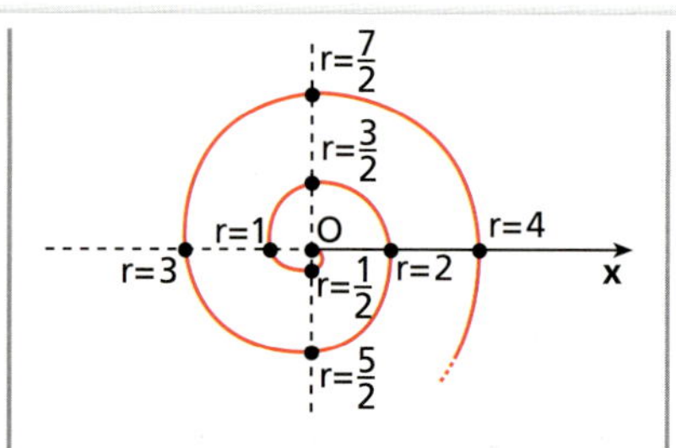

b. Grafico di $r = -\frac{\alpha}{\pi}$.

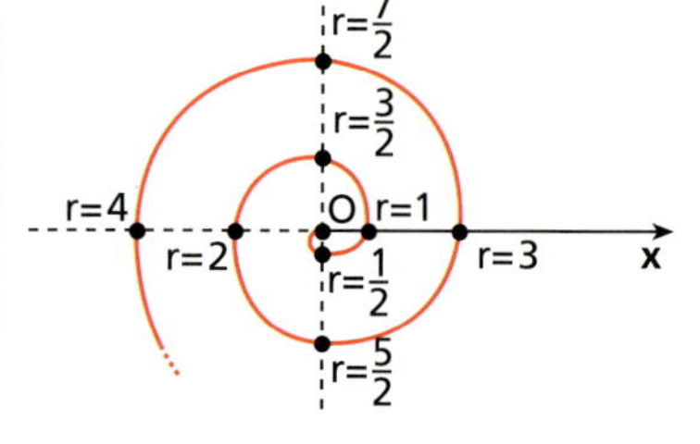

c. Grafico di $r = \frac{\alpha}{\pi} + 3$.

Osserviamo ora il grafico della spirale di equazione $r = \frac{1}{\pi} \cdot \alpha + 3$ (figura **c**).

Il campo di variabilità di α è $\alpha \geq -3\pi$, quindi la spirale inizia con direzione dell'angolo di 180°.

Cardioide

▶ Esercizi a p. C28

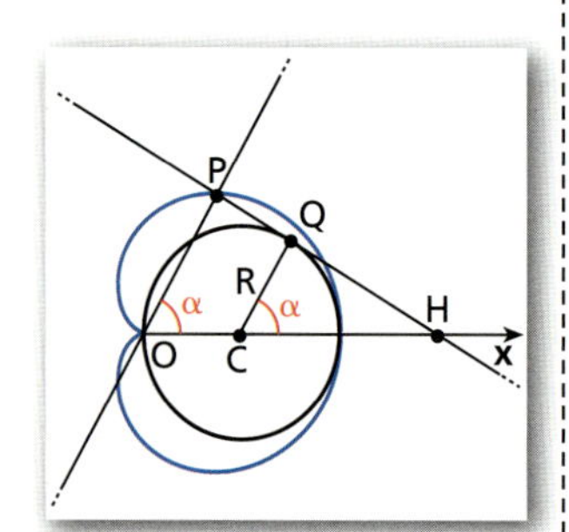

Data una circonferenza di centro C e raggio R e un punto O appartenente alla circonferenza, si definisce **cardioide** il luogo dei piedi P delle perpendicolari condotte da O alle tangenti alla circonferenza.

Osservando la figura, si nota che i triangoli POH e QCH sono simili; si può affermare che $\overline{PO} : \overline{QC} = \overline{OH} : \overline{CH}$.

Nel riferimento polare che ha il polo in O e l'asse polare passante per C, si ha $\overline{PO} = r$. Poiché $\overline{OH} = \overline{OC} + \overline{CH}$ e nel triangolo rettangolo QCH è $\overline{CH} = \frac{R}{\cos\alpha}$, sostituendo si ha:

$$r : R = \left(R + \frac{R}{\cos\alpha}\right) : \frac{R}{\cos\alpha} \quad \rightarrow \quad r = \cancel{R}\left(R + \frac{R}{\cos\alpha}\right) \cdot \frac{\cos\alpha}{\cancel{R}} \quad \rightarrow$$

$$\rightarrow \quad r = \frac{R\cos\alpha + R}{\cancel{\cos\alpha}} \cdot \cancel{\cos\alpha}.$$

L'equazione della cardiode è quindi:

$$\boldsymbol{r = R(1 + \cos\alpha)}.$$

3 Moto circolare uniforme

▶ Esercizi a p. C31

In generale possiamo descrivere una curva con un'equazione in coordinate cartesiane o in coordinate polari, oppure attraverso equazioni parametriche.
Nel piano, scelto un parametro reale t, le equazioni che esprimono le variabili del sistema di riferimento in funzione del parametro t,

$$\begin{cases} x = f(t) \\ y = g(t) \end{cases}, \quad \text{con } t \in I \text{ intervallo di } \mathbb{R},$$

sono dette **equazioni parametriche della curva**.
Per ogni valore del parametro scelto in un intervallo I otteniamo le coordinate di un punto della curva.
In meccanica, la curva è la traiettoria descritta da un punto in movimento, il parametro t rappresenta il tempo e le equazioni parametriche esprimono la legge oraria del moto del punto.

Per descrivere il moto circolare uniforme, consideriamo una circonferenza di raggio R e centro nell'origine,

equazione cartesiana: $x^2 + y^2 = R^2$, equazione polare: $r = R$.

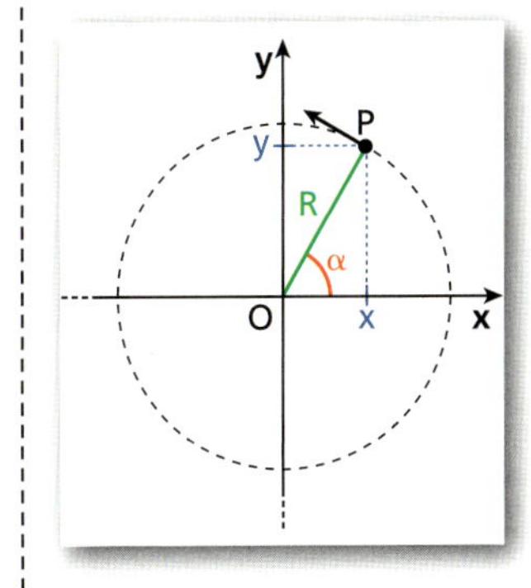

Cerchiamo la legge oraria del moto.
Il moto circolare è detto uniforme se si percorrono archi uguali in tempi uguali, cioè se la velocità angolare ω è costante:

$$\omega = \frac{\alpha - \alpha_0}{t - t_0} = \text{costante}.$$

Assumendo $t_0 = 0$, esprimiamo l'angolo α in funzione del tempo t:

$$\alpha = \alpha_0 + \omega t.$$

Le equazioni

$$\begin{cases} r = R \\ \alpha = \alpha_0 + \omega t \end{cases}, \quad \text{con } t \in \mathbb{R}^+,$$

sono le equazioni parametriche, in coordinate polari, della circonferenza e rappresentano la legge oraria di un punto in moto circolare uniforme.
Scriviamo le equazioni parametriche in coordinate cartesiane. Ricordiamo che:

$$\begin{cases} x = r\cos\alpha \\ y = r\sin\alpha \end{cases}, \quad \text{da cui sostituendo:} \quad \begin{cases} x = R\cos(\alpha_0 + \omega t) \\ y = R\sin(\alpha_0 + \omega t) \end{cases}, \quad \text{con } t \in \mathbb{R}^+.$$

Se il centro della circonferenza è un generico punto $C(x_0; y_0)$, possiamo scrivere:

$$\begin{cases} x = x_0 + R\cos(\alpha_0 + \omega t) \\ y = y_0 + R\sin(\alpha_0 + \omega t) \end{cases}, \quad \text{con } t \in \mathbb{R}^+.$$

▶ Una giostra di cavalli ruota in senso antiorario con velocità angolare costante $\omega = \frac{\pi}{15}$ rad/s.
Un bambino sale e si posiziona su un cavallo che dista 2 m dall'asse di rotazione.
Scelto il sistema di riferimento della figura a fianco, calcola l'angolo spazzato dopo 20 s e le coordinate cartesiane del punto in cui si trova il bambino in quell'istante.

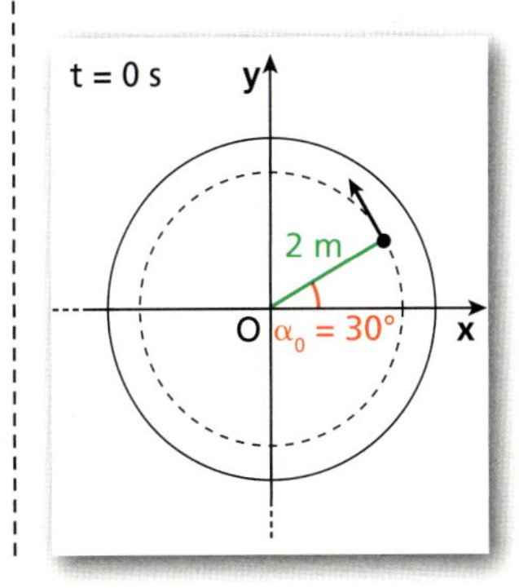

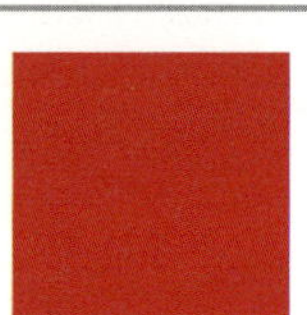

CAPITOLO C1 ESERCIZI

1 Coordinate polari

▶ Teoria a p. C2

1 ESERCIZIO GUIDA Trasformiamo le coordinate polari di $P\left[4; \frac{\pi}{4}\right]$ in coordinate cartesiane.

Le formule di trasformazione in coordinate cartesiane sono:

$$\begin{cases} x_P = r\cos\alpha \\ y_P = r\sin\alpha \end{cases}$$

Pertanto: $x_P = 4\cos\frac{\pi}{4} = 4\frac{\sqrt{2}}{2} = 2\sqrt{2}$, $y_P = 4\sin\frac{\pi}{4} = 4\frac{\sqrt{2}}{2} = 2\sqrt{2}$.

Il punto P ha coordinate cartesiane $(2\sqrt{2};\ 2\sqrt{2})$.

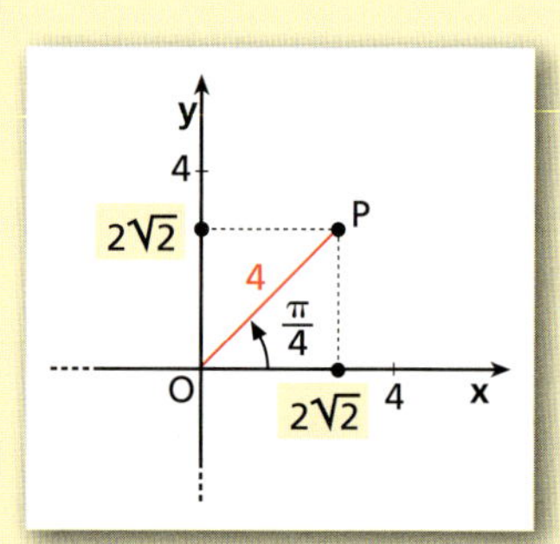

Trasforma in coordinate cartesiane le coordinate polari dei seguenti punti.

2 $A\left[1; \frac{\pi}{6}\right]$, $B\left[2; \frac{\pi}{3}\right]$, $C\left[1; \frac{2}{3}\pi\right]$, $D\left[4; \frac{\pi}{2}\right]$, $E\left[2; \frac{11}{6}\pi\right]$.

3 $P\left[6; \frac{5}{6}\pi\right]$, $Q\left[1; \frac{3}{2}\pi\right]$, $R\left[\frac{1}{2}; 2\pi\right]$, $S\left[\frac{1}{4}; \pi\right]$, $T\left[3; \frac{4}{3}\pi\right]$.

4 ESERCIZIO GUIDA Trasformiamo in coordinate polari le coordinate cartesiane del punto $Q(-3\sqrt{2}; 3\sqrt{2})$.

Le formule di trasformazione sono:

$$r = \sqrt{x_Q^2 + y_Q^2},\ \tan\alpha = \frac{y_Q}{x_Q}.$$

Calcoliamo r:

$$r = \sqrt{(-3\sqrt{2})^2 + (3\sqrt{2})^2} = \sqrt{18+18} = \sqrt{36} = 6.$$

Calcoliamo α:

$$\tan\alpha = \frac{3\sqrt{2}}{-3\sqrt{2}} = -1 \quad \rightarrow \quad \alpha = \frac{3}{4}\pi + k\pi.$$

Poiché ci troviamo nel secondo quadrante, scegliamo $\alpha = \frac{3}{4}\pi$ e otteniamo $Q\left[6; \frac{3}{4}\pi\right]$.

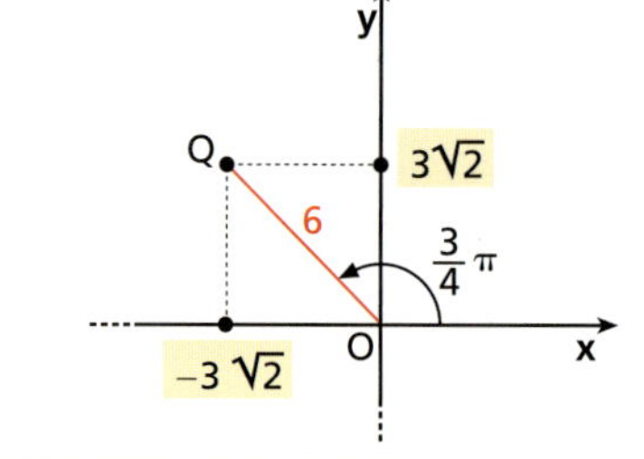

Trasforma in coordinate polari le coordinate cartesiane dei seguenti punti.

5 $A(4\sqrt{3}; 4)$, $B(0; 2)$, $C(5\sqrt{2}; 5\sqrt{2})$, $D\left(\frac{1}{4}; \frac{\sqrt{3}}{4}\right)$, $E\left(-\frac{1}{4}; 0\right)$.

$\left[A\left[8; \frac{\pi}{6}\right], B\left[2; \frac{\pi}{2}\right], C\left[10; \frac{\pi}{4}\right], D\left[\frac{1}{2}; \frac{\pi}{3}\right], E\left[\frac{1}{4}; \pi\right]\right]$

6 $A\left(-\frac{3\sqrt{3}}{2}; \frac{3}{2}\right)$, $B\left(-\frac{1}{6}; -\frac{\sqrt{3}}{6}\right)$, $C\left(\frac{5\sqrt{3}}{2}; -\frac{5}{2}\right)$.

$\left[A\left[3; \frac{5}{6}\pi\right], B\left[\frac{1}{3}; \frac{4}{3}\pi\right], C\left[5; \frac{11}{6}\pi\right]\right]$

7 ●○ LEGGI IL GRAFICO Scrivi le coordinate polari dei punti rappresentati nel piano cartesiano.

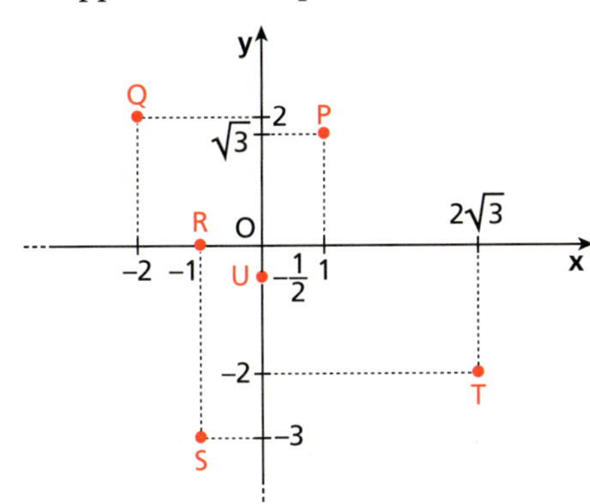

Calcola la distanza tra le seguenti coppie di punti in coordinate polari.

8 ●○ $A[8; 90°]$, $B[2; 30°]$ $[2\sqrt{13}]$

9 ●○ $A\left[1; \frac{\pi}{6}\right]$, $B\left[3; \frac{5}{6}\pi\right]$ $[\sqrt{13}]$

10 ●○ $A[5; 180°]$, $B\left[\frac{5}{2}; 45°\right]$ $\left[\frac{5}{2}\sqrt{5+2\sqrt{2}}\right]$

11 ●○ $A\left[\frac{1}{2}; \frac{5}{4}\pi\right]$, $B\left[3; \frac{3}{2}\pi\right]$ $\left[\frac{1}{2}\sqrt{37-6\sqrt{2}}\right]$

12 ●○ $A\left[7; \frac{7}{6}\pi\right]$, $B[1; \pi]$ $[\sqrt{50-7\sqrt{3}}]$

13 ●○ $A[2; 150°]$, $B[5; 30°]$ $[\sqrt{39}]$

14 ●○ Dati i punti $A\left[2; \frac{\pi}{6}\right]$ e $B\left[1; \frac{\pi}{3}\right]$ in coordinate polari, determina la misura di AB. $[\sqrt{5-2\sqrt{3}}]$

15 ●○ Trova il perimetro del triangolo ABC i cui vertici in coordinate polari sono $A[0;\ 0]$, $B\left[4; \frac{\pi}{3}\right]$, $C\left[6; \frac{2}{3}\pi\right]$. $[10+2\sqrt{7}]$

16 ●○ Calcola il perimetro del triangolo di vertici $A[5; 30°]$, $B[6; 150°]$ e $C[3; 210°]$. $[8+3\sqrt{3}+\sqrt{91}]$

17 ●○ Determina il perimetro del triangolo di vertici $P[2; 45°]$, $Q[6; 105°]$ e $R[4; 225°]$. $[2(\sqrt{7}+\sqrt{19}+3)]$

18 ●○ Un quadrato ha per vertice il punto $A[5; 70°]$ e le diagonali che si incontrano nel polo. Scrivi le coordinate degli altri vertici e calcola la lunghezza delle diagonali. $[B[5; 160°], C[5; 250°], D[5; 340°], 10]$

19 ●○ Determina il perimetro dell'esagono regolare che ha un vertice in $P\left[7; \frac{2}{3}\pi\right]$ e centro della circonferenza circoscritta nel polo. $[42]$

20 ●○ Trova le coordinate polari del punto medio M del segmento AB, note le coordinate cartesiane di $A(2; 5)$ e $B(-4; 3)$. $[M[\sqrt{17}; \pi - \arctan 4]]$

21 ●○ I punti A e B, dei quali sono date le coordinate polari $A\left[4; -\frac{4\pi}{15}\right]$, $B\left[3; \frac{\pi}{15}\right]$, sono due vertici consecutivi di un quadrato. Dopo aver disegnato i punti sul piano cartesiano, calcola l'area del quadrato. $[13]$

22 ESERCIZIO GUIDA Calcoliamo l'area del triangolo di vertici $A\left[3; \frac{\pi}{6}\right]$, $B\left[8; \frac{\pi}{3}\right]$ e $C\left[5; \frac{\pi}{2}\right]$.

Disegniamo i punti su un sistema di riferimento polare.
Calcoliamo l'area del triangolo ABC in questo modo:

$$\mathcal{A}_{ABC} = [\mathcal{A}_{OAB} + \mathcal{A}_{OBC}] - \mathcal{A}_{OAC}.$$

Per calcolare le aree dei tre triangoli utilizziamo il teorema:

area $= \frac{1}{2}ab\sin\alpha$, dove α è l'angolo compreso tra a e b.

$$\mathcal{A}_{OAB} = \frac{1}{2}r_A \cdot r_B \cdot \sin(\alpha_B - \alpha_A) = \frac{1}{2}\cdot 3 \cdot 8 \cdot \sin\left(\frac{\pi}{3} - \frac{\pi}{6}\right) = 6$$

$$\mathcal{A}_{OBC} = \frac{1}{2}r_B \cdot r_C \cdot \sin(\alpha_C - \alpha_B) = \frac{1}{2}\cdot 8 \cdot 5 \cdot \sin\left(\frac{\pi}{2} - \frac{\pi}{3}\right) = 10$$

$$\mathcal{A}_{OAC} = \frac{1}{2}r_A \cdot r_C \cdot \sin(\alpha_C - \alpha_A) = \frac{1}{2}\cdot 3 \cdot 5 \cdot \sin\left(\frac{\pi}{2} - \frac{\pi}{6}\right) = \frac{15}{4}\sqrt{3}$$

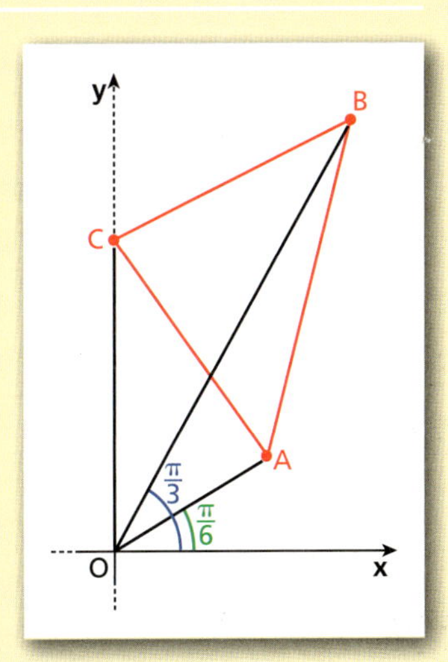

Sostituiamo:

$$\mathcal{A}_{ABC} = [6+10] - \frac{15}{4}\sqrt{3} = 16 - \frac{15}{4}\sqrt{3}.$$

ESERCIZI

Calcola le aree dei triangoli di vertici *A*, *B*, *C* indicati.

23 $A[0;0]$, $B\left[5;\frac{\pi}{6}\right]$, $C\left[6;\frac{\pi}{3}\right]$ $\left[\frac{15}{2}\right]$

24 $A[2;0]$, $B\left[6;\frac{\pi}{2}\right]$, $C\left[6;\frac{\pi}{6}\right]$ $[9\sqrt{3}-3]$

25 $A\left[7;\frac{\pi}{4}\right]$, $B\left[8;\frac{3}{4}\pi\right]$, $C\left[2;\frac{\pi}{2}\right]$ $\left[28-\frac{15}{2}\sqrt{2}\right]$

26 $A\left[4;\frac{\pi}{3}\right]$, $B[6;\pi]$, $C\left[2;\frac{7}{6}\pi\right]$ $[1+6\sqrt{3}]$

27 $A[5;180°]$, $B[3;45°]$, $C[6;135°]$ $\left[9+\frac{15}{4}\sqrt{2}\right]$

28 $A\left[2;\frac{11}{6}\pi\right]$, $B\left[10;\frac{\pi}{3}\right]$, $C\left[8;\frac{2}{3}\pi\right]$ $[6+20\sqrt{3}]$

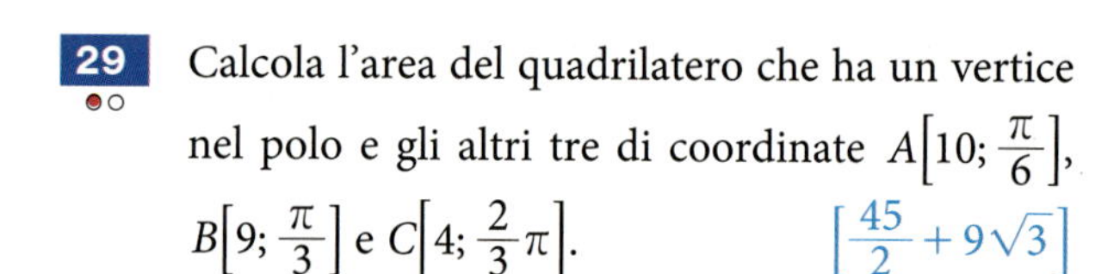

29 Calcola l'area del quadrilatero che ha un vertice nel polo e gli altri tre di coordinate $A\left[10;\frac{\pi}{6}\right]$, $B\left[9;\frac{\pi}{3}\right]$ e $C\left[4;\frac{2}{3}\pi\right]$. $\left[\frac{45}{2}+9\sqrt{3}\right]$

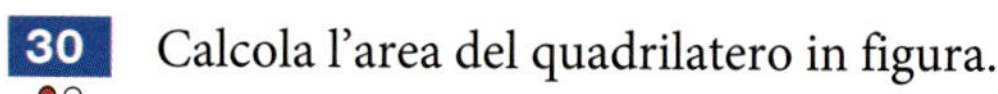

30 Calcola l'area del quadrilatero in figura.

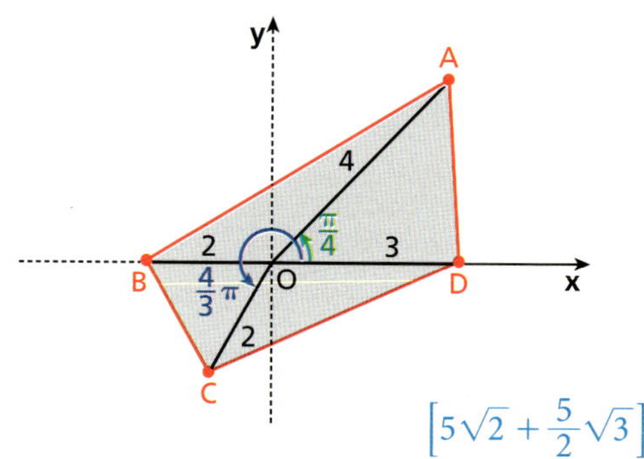

$\left[5\sqrt{2}+\frac{5}{2}\sqrt{3}\right]$

2 Equazioni delle curve

Rette

Teoria a p. C3

31 **ESERCIZIO GUIDA** Rappresentiamo nel riferimento polare le rette di equazione:

a. $\tan\alpha+1=0$; **b.** $r\cos\left(\frac{\pi}{6}-\alpha\right)=3$.

a. Nel riferimento polare l'equazione:

$$\tan\alpha = m,\ \alpha \neq \frac{\pi}{2}+k\pi$$

rappresenta una retta passante per l'origine.
L'equazione $\tan\alpha+1=0$, cioé $\tan\alpha=-1$, indica una retta che forma un angolo di $\frac{3}{4}\pi$ con l'asse polare.

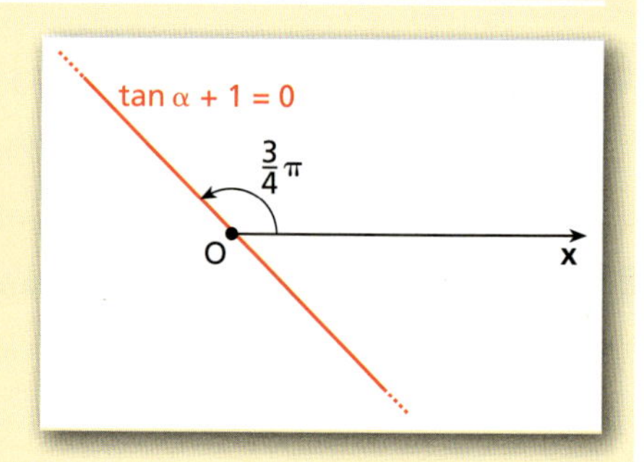

b. L'equazione di una retta non passante per l'origine in coordinate polari è:

$$d = r\cos(\theta-\alpha),$$

dove d è la distanza $\overline{OH}$ della retta dal polo O e θ è l'angolo che il segmento orientato $\overrightarrow{OH}$ forma con l'asse polare.
Nell'equazione assegnata è $d=3$ e $\theta=\frac{\pi}{6}$.
Disegniamo allora un segmento OH di misura 3 che forma un angolo uguale a $\frac{\pi}{6}$ con l'asse polare e tracciamo la retta perpendicolare a OH passante per H.

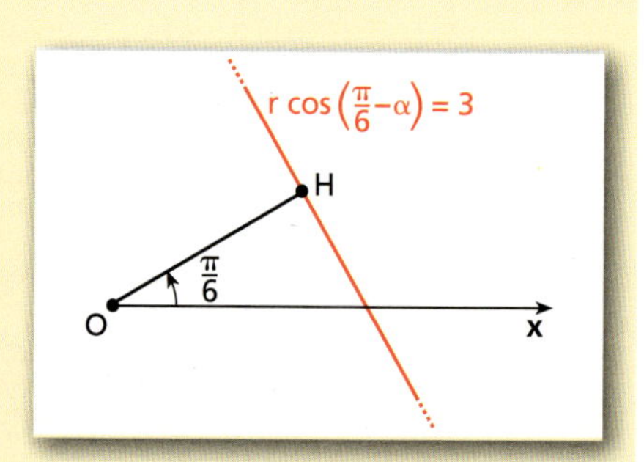

Rappresenta nel riferimento polare le rette con le seguenti equazioni.

32 $\tan\alpha - \sqrt{3} = 0$

33 $r\cos\left(\alpha - \frac{\pi}{4}\right) = 1$

34 $r\cos\alpha = 6$

35 $r = \frac{2}{\sin\alpha}$

36 $r\cos\left(\frac{\pi}{3} - \alpha\right) = 4$

37 $\sqrt{3}\tan\alpha + 1 = 0$

38 $r\sin\left(\frac{\pi}{4} + \alpha\right) = \frac{1}{2}$

39 $3r\cos\left(\frac{2}{3}\pi + \alpha\right) = 4$

40 $7 = r\sin\alpha$

---

41 Dimostra che l'equazione $r\sin\left(\alpha + \frac{\pi}{6}\right) = -2$ nel riferimento polare rappresenta una retta.

42 **ESERCIZIO GUIDA** Determiniamo:

a. l'equazione in coordinate polari della retta di equazione cartesiana $y = \sqrt{3}x + 1$;

b. l'equazione cartesiana della retta di equazione $r\cos\left(\frac{\pi}{3} - \alpha\right) = 6$ in coordinate polari.

a. Il coefficiente angolare della retta è $\sqrt{3}$, quindi $O\widehat{B}A = \frac{\pi}{3}$.

Anche $H\widehat{O}A = \frac{\pi}{3}$, da cui: $\overline{OH} = \frac{1}{2}\overline{AO} = \frac{1}{2}$.

L'angolo fra il semiasse positivo delle x e la semiretta OH è:

$$\theta = \frac{\pi}{2} + \frac{\pi}{3} = \frac{5}{6}\pi.$$

Pertanto l'equazione della retta in coordinate polari è:

$$r\cos\left(\frac{5}{6}\pi - \alpha\right) = \frac{1}{2}.$$

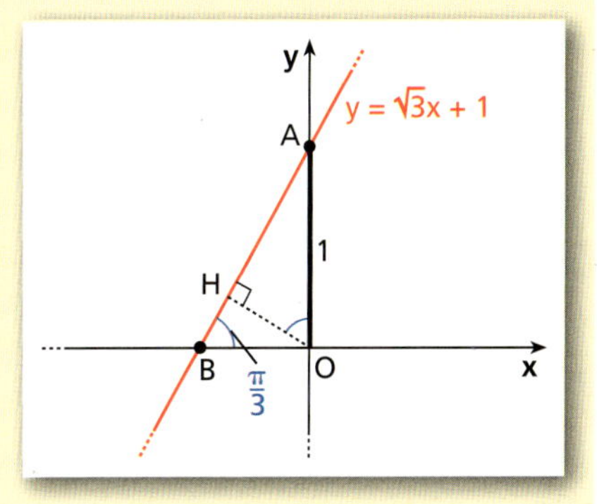

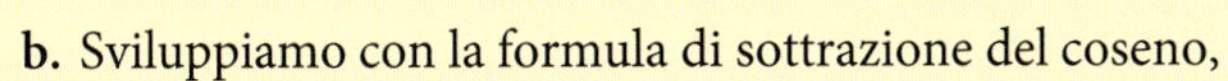

b. Sviluppiamo con la formula di sottrazione del coseno,

$$r\cos\left(\frac{\pi}{3} - \alpha\right) = 6 \quad\rightarrow\quad r\left(\frac{1}{2}\cos\alpha + \frac{\sqrt{3}}{2}\sin\alpha\right) = 6,$$

e, posto $r\cos\alpha = x$ e $r\sin\alpha = y$, si ha:

$$\frac{1}{2}x + \frac{\sqrt{3}}{2}y = 6 \quad\rightarrow\quad x + \sqrt{3}y = 12,$$

che è l'equazione cartesiana della retta.

Puoi anche determinare l'equazione ricavando, con considerazioni geometriche, che l'ordinata all'origine è $\overline{OA} = 4\sqrt{3}$ e che il coefficiente angolare è:

$$m = \tan\beta = \tan\left(\pi - \frac{\pi}{6}\right) = \tan\frac{5}{6}\pi = -\frac{\sqrt{3}}{3}.$$

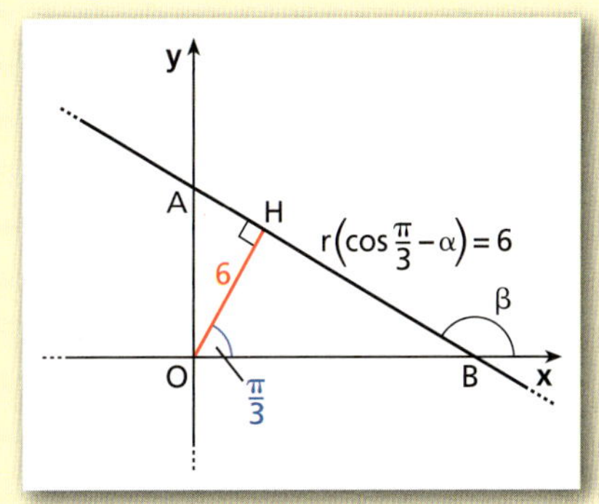

Scrivi le equazioni in coordinate polari delle rette con le seguenti equazioni in forma cartesiana.

43 $x = \frac{1}{2}$; $\quad y = x + 1$.

44 $y = 4x$; $\quad y = -\frac{1}{2}x - 2$.

45 $y = -x + 3$; $\quad 3y = \sqrt{3}x - 1$.

46 $y = 3$; $\quad 2x - y = 9$.

Scrivi le equazioni cartesiane delle rette con le seguenti equazioni in coordinate polari.

47 $r\cos\left(\frac{\pi}{4} - \alpha\right) = 4$

48 $r\sin\left(\frac{5}{6}\pi + \alpha\right) = 1$

49 $r\cos\left(\frac{3}{4}\pi + \alpha\right) = -1$

50 $r\cos\left(-\frac{2}{3}\pi - \alpha\right) = 2$

ESERCIZI

51 ●○ Scrivi in forma polare le equazioni delle bisettrici dei quadranti.

52 ●○ Determina l'equazione polare di una retta che forma con l'asse polare un angolo di $\frac{5}{6}\pi$ e ha distanza 2 dall'origine.
$\left[r\cos\left(\frac{\pi}{3}-\alpha\right)=2\right]$

53 ●○ Verifica che i punti $A\left[3; \frac{\pi}{3}\right]$ e $B\left[4; \frac{4}{3}\pi\right]$ sono allineati con il polo.

54 ●○ Determina le coordinate dell'eventuale punto di intersezione dell'asse polare con le seguenti rette:

a. $r\cos\left(\frac{\pi}{4}-\alpha\right)=5$; **b.** $\frac{\sqrt{3}}{2}r\sin\alpha = 1+\frac{1}{2}\cos\alpha$; **c.** $r\cos\alpha = 8$.
$[a)\,[5\sqrt{2}; 0]; c)\,[8; 0]]$

55 ●○ LEGGI IL GRAFICO Scrivi le equazioni in coordinate polari delle seguenti rette.

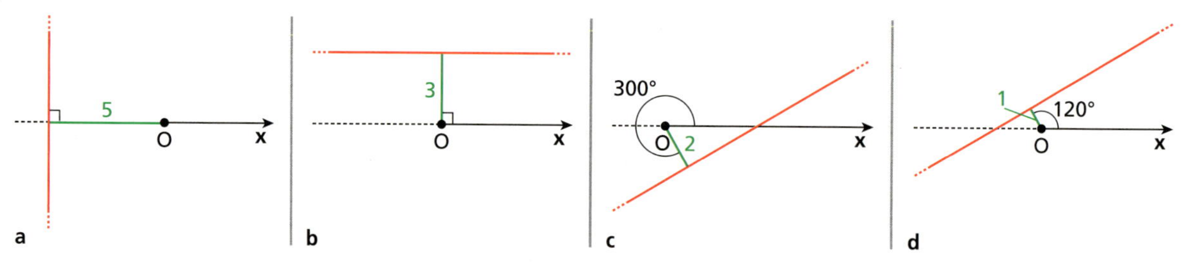

56 ●○ RIFLETTI SULLA TEORIA Date due rette di equazione $d_1 = r\cos(\vartheta_1-\alpha)$ e $d_2 = r\cos(\vartheta_2-\alpha)$, quale relazione tra d_1, d_2, ϑ_1, ϑ_2 deve esistere perché le rette siano parallele o perpendicolari?

57 ●● Determina l'equazione in coordinate polari della retta parallela alla retta $6 = r\cos(60°-\alpha)$ e passante per il punto $P[10; 210°]$.
$[5\sqrt{3} = r\cos(240°-\alpha)]$

58 ●○ Scrivi l'equazione polare della retta parallela all'asse polare e passante per $A[7; 330°]$. $[7+2r\sin\alpha=0]$

59 ●○ Scrivi l'equazione polare della retta perpendicolare all'asse polare e passante per $P[12; 120°]$. $[6+r\cos\alpha=0]$

60 ●● Determina l'equazione in coordinate polari della retta perpendicolare alla retta $3 = 6r\cos\left(\frac{\pi}{6}-\alpha\right)$, passante per $Q\left[8; \frac{5}{6}\pi\right]$.
$\left[4\sqrt{3} = r\cos\left(\frac{2}{3}\pi-\alpha\right)\right]$

61 ●● Sono date le rette di equazione polare:

$$s_1\colon\ r\sin\left(\frac{\pi}{6}-\alpha\right)=3, \qquad s_2\colon\ r\cos\left(\alpha+\frac{2}{3}\pi\right)=-1.$$

Dopo aver individuato due punti appartenenti a ciascuna delle due rette, traccia i loro grafici.

a. Determina l'angolo che ogni retta forma con l'asse polare e la distanza dal polo.

b. Trova le equazioni cartesiane delle due rette e il loro punto di intersezione in coordinate polari.

$\left[a)\ s_1\colon \frac{\pi}{6}, 3; s_2\colon \frac{5}{6}\pi, 1;\ b)\ \sqrt{3}y-x+6=0; x+\sqrt{3}y-2=0; P\left[\frac{2}{3}\sqrt{21}; \pi-\arctan\frac{2}{\sqrt{3}}\right]\right]$

62 ●● Confronta le rette di equazioni polari:

$$s_1\colon\ r\sin\left(\frac{\pi}{3}-\alpha\right)=3, \qquad s_2\colon\ r\cos\left(\alpha-\frac{\pi}{3}\right)=3.$$

Cosa hanno in comune e cosa le differenzia?

63 ●● Determina l'equazione polare della retta che passa per i punti $A\left[\sqrt{3}; \frac{\pi}{2}\right]$ e $B[1; \pi]$. $\left[r\cos\left(\frac{5}{6}\pi-\alpha\right)=\frac{\sqrt{3}}{2}\right]$

64 ●● Cosa rappresenta l'equazione $\alpha = \frac{2}{3}\pi$ in un sistema di riferimento polare?

Rappresenta le curve con le seguenti equazioni in coordinate polari.

65 ●○ $r = 4\sin\alpha$

66 ●○ $r = 6\cos\alpha$

67 ●● $r = 8(\sin\alpha + \cos\alpha)$

Equazioni delle coniche

▶ Teoria a p. C4

Circonferenza

68 ●○ LEGGI IL GRAFICO Scrivi le equazioni in coordinate polari delle circonferenze in figura.

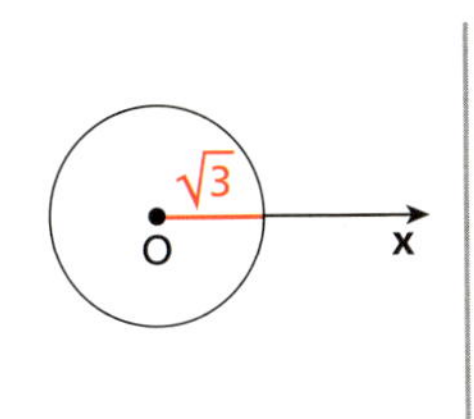

a

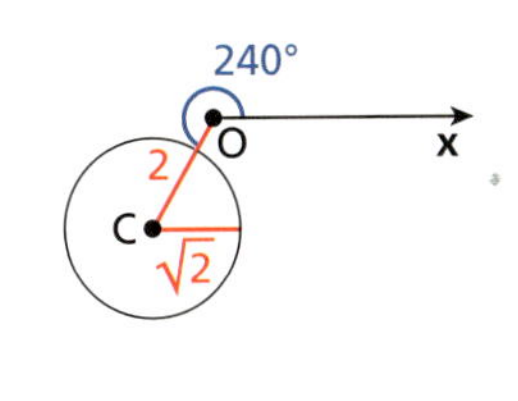

b

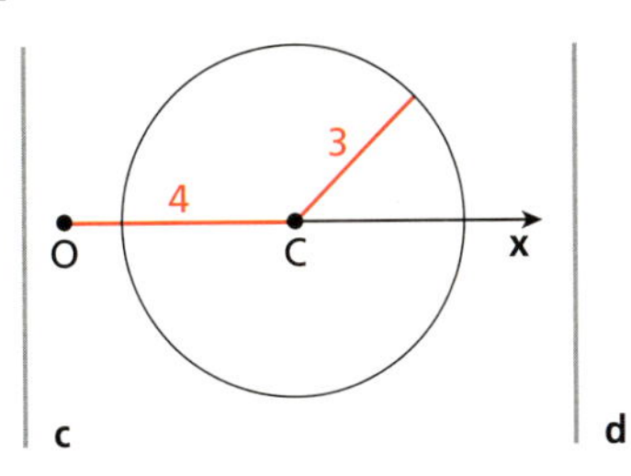

c

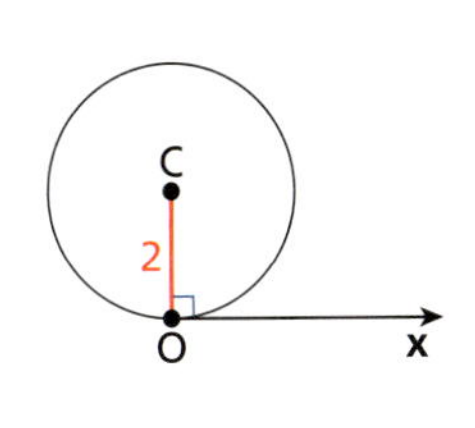

d

Scrivi le equazioni in coordinate polari delle circonferenze di centro *C* e raggio *R* indicati.

69 ●○ $C[0; 0]$, $R = 10$.

70 ●○ $C[3; 45°]$, $R = 5$.

71 ●○ $C[4; 180°]$, $R = 1$.

72 ●○ $C[6; 120°]$, $R = 3$.

73 ●○ $C[1; 270°]$, $R = 7$.

74 ●○ $C[\sqrt{2}; 225°]$, $R = 1$.

Disegna le seguenti circonferenze, di cui è data l'equazione in coordinate polari.

75 ●○ $r^2 - 8r\cos\alpha + 7 = 0$

76 ●○ $r^2 - 2r\cos\alpha - 2\sqrt{3}\, r\sin\alpha + 3 = 0$

77 ●○ $r^2 + 12r\cos\alpha + 32 = 0$

78 ●○ $r^2 - 7r(\sqrt{3}\cos\alpha + \sin\alpha) = 0$

79 ●○ ASSOCIA le equazioni delle circonferenze in coordinate polari alle corrispondenti in coordinate cartesiane.

a. $r^2 - 3r\cos\alpha = 0$

b. $r^2 - \sqrt{3}\, r\cos\alpha + r\sin\alpha = -1$

c. $r^2 - 3r\sin\alpha = 0$

d. $r^2 + r\cos\alpha + \sqrt{3}\, r\sin\alpha + 1 = 0$

1. $x^2 + y^2 + x + \sqrt{3}\, y = -1$

2. $x^2 + y^2 - 3x = 0$

3. $x^2 + y^2 - \sqrt{3}\, x + y + 1 = 0$

4. $x^2 + y^2 = 3y$

80 ESERCIZIO GUIDA Determiniamo le coordinate polari del centro e il raggio della circonferenza di equazione

$$r^2 - 4\sqrt{2}\, r\cos\alpha - 4\sqrt{2}\, r\sin\alpha + 12 = 0.$$

Possiamo usare due metodi.

Primo metodo
Scriviamo l'equazione in coordinate cartesiane, troviamo il centro e il raggio e poi trasformiamo il centro in coordinate polari.
Ricordiamo che $r = \sqrt{x^2 + y^2}$, $r\cos\alpha = x$ e $r\sin\alpha = y$; l'equazione cartesiana è:

$$x^2 + y^2 - 4\sqrt{2}\, x - 4\sqrt{2}\, y + 12 = 0 \quad \rightarrow \quad a = -4\sqrt{2}, b = -4\sqrt{2}, c = 12.$$

Troviamo le coordinate del centro $C(x_C; y_C)$:

$$x_C = -\frac{a}{2} = 2\sqrt{2},\ y_C = -\frac{b}{2} = 2\sqrt{2} \quad \rightarrow \quad C(2\sqrt{2}; 2\sqrt{2}).$$

▶

Calcoliamo il raggio R:

$$R = \sqrt{x_C^2 + y_C^2 - c} = \sqrt{(2\sqrt{2})^2 + (2\sqrt{2})^2 - 12} = \sqrt{4} = 2.$$

Scriviamo il centro in coordinate polari $C[r; \alpha]$:

$$r = \sqrt{x_C^2 + y_C^2} = \sqrt{8+8} = 4$$

$$\alpha = \arctan\frac{y_C}{x_C} = \arctan 1 \rightarrow \alpha = 45° \quad (C \text{ è nel primo quadrante}).$$

Secondo metodo

Cerchiamo di scrivere l'equazione nella forma $r^2 - 2rr_C\cos(\alpha - \alpha_C) + r_C^2 - R^2 = 0$.

$$r^2 - 4\sqrt{2}\,r\cos\alpha - 4\sqrt{2}\,r\sin\alpha + 12 = 0$$

moltiplichiamo e dividiamo per 2 i termini che contengono coseno e seno

$$r^2 - 4\cdot 2\cdot\frac{\sqrt{2}}{2}r\cos\alpha - 4\cdot 2\cdot\frac{\sqrt{2}}{2}r\sin\alpha + 12 = 0$$

raccogliamo $4\cdot 2\cdot r$

$$r^2 - 4\cdot 2r\left(\frac{\sqrt{2}}{2}\cos\alpha + \frac{\sqrt{2}}{2}\sin\alpha\right) + 12 = 0$$

$\cos 45° = \frac{\sqrt{2}}{2}$, $\sin 45° = \frac{\sqrt{2}}{2}$

$$r^2 - 4\cdot 2\cdot r(\cos\alpha\cos 45° + \sin\alpha\sin 45°) + 12$$

utilizziamo la formula di sottrazione del coseno

$$r^2 - 2\cdot 4\cdot r\cos(\alpha - 45°) + 12 = 0$$

Dall'equazione riconosciamo che:

$$\alpha_C = 45°, r_C = 4 \rightarrow C[4; 45°].$$

Calcoliamo il raggio:

$$r_C^2 - R^2 = 12 \rightarrow R = \sqrt{r_C^2 - 12} = \sqrt{16-12} = 2.$$

Determina le coordinate polari e i raggi delle circonferenze aventi le seguenti equazioni.

81 $r^2 - 2r\sin\alpha - 8 = 0$ $[C[1; 90°]; R = 3]$

82 $r^2 + 8r\cos\alpha + 15 = 0$ $[C[4; 180°]; R = 1]$

83 $r^2 - 3\sqrt{3}\,r\cos\alpha - 3r\sin\alpha - 16 = 0$ $[C[3; 30°]; R = 5]$

84 $r^2 + 6r\cos\alpha - 6\sqrt{3}\,r\sin\alpha + 11 = 0$ $[C[6; 120°]; R = 5]$

85 $r^2 + 2r\sin\alpha = 0$ $[C[1; 270°]; R = 1]$

86 $r^2 + 7\sqrt{3}\,r\cos\alpha - 7r\sin\alpha + 33 = 0$ $[C[7; 150°]; R = 4]$

87 Calcola l'area del cerchio delimitato dalla circonferenza di equazione $r^2 - 3\sqrt{2}\,r\cos\alpha - 3\sqrt{2}\,r\sin\alpha + 5 = 0$. $[4\pi]$

88 Calcola la distanza dal polo del centro della circonferenza di equazione $r^2 - 5r\cos\alpha - 5\sqrt{3}\,r\sin\alpha + 24 = 0$. $[5]$

89 Calcola la lunghezza della corda che la circonferenza di equazione $r^2 - 6\sqrt{3}\,r\cos\alpha - 6r\sin\alpha = 0$ stacca sull'asse polare. $[6\sqrt{3}]$

90 RIFLETTI SULLA TEORIA Come si fa a sapere se il polo è interno alla circonferenza guardando l'equazione?

91 Scrivi l'equazione della circonferenza che ha centro nel punto $C[8; 135°]$ e passa per il punto $P[6; 90°]$.
$[r^2 + 8\sqrt{2}\,r\cos\alpha - 8\sqrt{2}\,r\sin\alpha - 36 + 48\sqrt{2} = 0]$

92 Scrivi l'equazione della circonferenza che ha un diametro di estremi $P[8; 180°]$ e $Q[2; 0°]$.
$[r^2 + 6r\cos\alpha - 16 = 0]$

93 Scrivi l'equazione della circonferenza che ha il centro sulla retta di equazione $\tan\alpha = -1$, raggio 4 e passa per il polo.
$[r^2 + 4\sqrt{2}\,r\cos\alpha - 4\sqrt{2}\,r\sin\alpha = 0 \ \vee \ r^2 - 4\sqrt{2}\,r\cos\alpha + 4\sqrt{2}\,r\sin\alpha = 0]$

94 REALTÀ E MODELLI **Il salto con l'asta** Un atleta partecipa a una gara di salto con l'asta. Al momento di imbucare l'asta nell'apposita guida si dà una spinta prima di sollevare i piedi da terra.

a. Sapendo che l'asta è lunga 5 m e che la sua estremità è mantenuta all'altezza della testa dell'atleta alto 1,80 m, stabilisci l'angolo β di inclinazione iniziale (trascura l'elasticità dell'asta).

b. Supponendo che il centro del sistema di riferimento sia collocato 2 m dopo il punto di inserimento dell'asta nell'apposita buca, scrivi in coordinate polari l'equazione della circonferenza alla quale appartiene l'arco della traiettoria descritta dall'estremità dell'asta.

$[a) \simeq 21{,}1°;\ b)\ r^2 - 4r\cos\alpha - 21 = 0]$

Parabola

95 LEGGI IL GRAFICO Scrivi le equazioni delle parabole in figura.

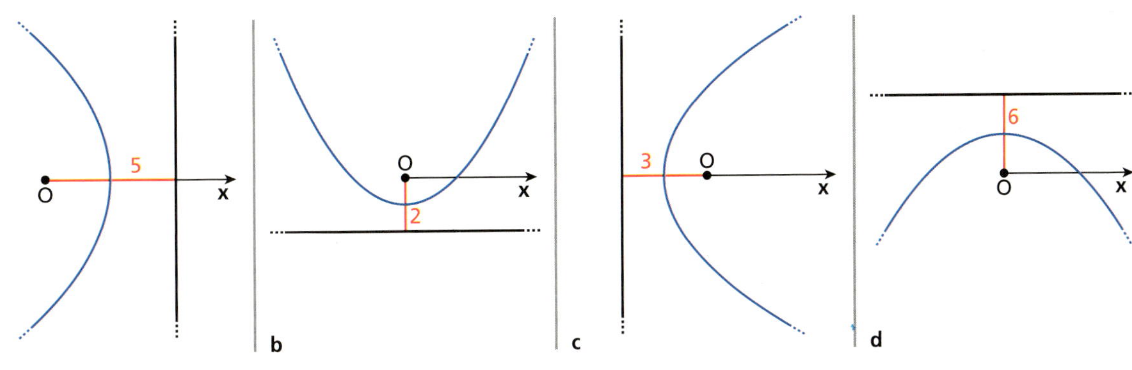

96 ESERCIZIO GUIDA Trasformiamo l'equazione della parabola $r = \dfrac{6}{1 - \sin\alpha}$ in coordinate cartesiane.

Moltiplichiamo entrambi i membri dell'equazione per $1 - \sin\alpha$.

$$r(1 - \sin\alpha) = \frac{6}{\cancel{1 - \sin\alpha}} \cdot (\cancel{1 - \sin\alpha}) \qquad \left(\alpha \neq \frac{\pi}{2}\right) \ \rightarrow \ r - r\sin\alpha = 6$$

Ricordiamo che $r = \sqrt{x^2 + y^2}$ e $r\sin\alpha = y$.

$$\sqrt{x^2 + y^2} - y = 6 \ \rightarrow \ \sqrt{x^2 + y^2} = 6 + y \ \rightarrow \ x^2 \cancel{+ y^2} = 36 + 12y \cancel{+ y^2}$$

isoliamo la radice; eleviamo al quadrato

Riordinando i termini otteniamo:

$$y = \frac{1}{12}x^2 - 3.$$

Osserviamo che nell'elevare al quadrato l'equazione avremmo dovuto porre la condizione sulla concordanza dei segni: $6 + y > 0 \rightarrow y > -6$. Calcoliamo le coordinate del vertice:

$$x_V = -\frac{b}{2a} = 0, \quad y_V = \frac{1}{12} \cdot 0 - 3 = -3 \ \rightarrow \ V(0; -3).$$

Dato che la concavità è rivolta verso l'alto, $y \geq -3$ per ogni punto della parabola, quindi la condizione $y > -6$ è soddisfatta.

ESERCIZI

Trasforma in coordinate cartesiane le equazioni delle seguenti parabole.

97 $r = \frac{5}{1+\cos\alpha}$ $\left[x = -\frac{1}{10}y^2 + \frac{5}{2}\right]$

98 $r = \frac{3}{2+2\cos\alpha}$ $\left[x = -\frac{1}{3}y^2 + \frac{3}{4}\right]$

99 $r = \frac{1}{1+\sin\alpha}$ $\left[y = -\frac{1}{2}x^2 + \frac{1}{2}\right]$

100 $4r = \frac{1}{1-\sin\alpha}$ $\left[y = 2x^2 - \frac{1}{8}\right]$

101 $r = \frac{2}{3-3\cos\alpha}$ $\left[x = \frac{3}{4}y^2 - \frac{1}{3}\right]$

102 $6r = \frac{2}{1+\sin\alpha}$ $\left[y = -\frac{3}{2}x^2 + \frac{1}{6}\right]$

Disegna le seguenti parabole.

103 $r = \frac{1}{1+\cos\alpha}$

104 $r = \frac{5}{2+2\sin\alpha}$

105 $3r = \frac{12}{1-\sin\alpha}$

106 $\frac{1}{2}r = \frac{3}{1-\cos\alpha}$

107 $r = \frac{8}{4+4\cos\alpha}$

108 $\frac{r}{5} = \frac{2}{1-\sin\alpha}$

109 ESERCIZIO GUIDA Scriviamo l'equazione della parabola che ha il fuoco nel polo e la direttrice di equazione $2 = -r\sin\alpha$.

Conviene scrivere l'equazione della direttrice in coordinate cartesiane:

$$2 = -r\sin\alpha \rightarrow 2 = -y \rightarrow y = -2.$$

L'asse della parabola è quindi parallelo all'asse y e l'equazione in coordinate polari è del tipo:

$$r = \frac{k}{1-\sin\alpha}.$$

Il fuoco è nel polo (che coincide con l'origine del sistema cartesiano), quindi la distanza della direttrice dal fuoco è 2. L'equazione cercata è:

$$r = \frac{2}{1-\sin\alpha}.$$

Scrivi le equazioni delle parabole che hanno il fuoco nell'origine e le direttrici di equazioni indicate.

110 $r\cos\alpha = 5$ $\left[r = \frac{5}{1+\cos\alpha}\right]$

111 $r\sin\alpha = 4$ $\left[r = \frac{4}{1+\sin\alpha}\right]$

112 $r\cos(\pi-\alpha) = 3$ $\left[r = \frac{3}{1-\cos\alpha}\right]$

113 $r\cos(270° - \alpha) = 8$ $\left[r = \frac{8}{1-\sin\alpha}\right]$

114 $r\cos\alpha = -2$ $\left[r = \frac{2}{1-\cos\alpha}\right]$

115 $r\sin\alpha = -7$ $\left[r = \frac{7}{1-\sin\alpha}\right]$

116 ESERCIZIO GUIDA Determiniamo l'equazione della direttrice della parabola di equazione $3r = \frac{12}{2-2\cos\alpha}$.

Scriviamo l'equazione nella forma $r = \frac{k}{1-\cos\alpha}$:

$$r = \frac{12}{6-6\cos\alpha} \rightarrow r = \frac{2}{1-\cos\alpha}.$$

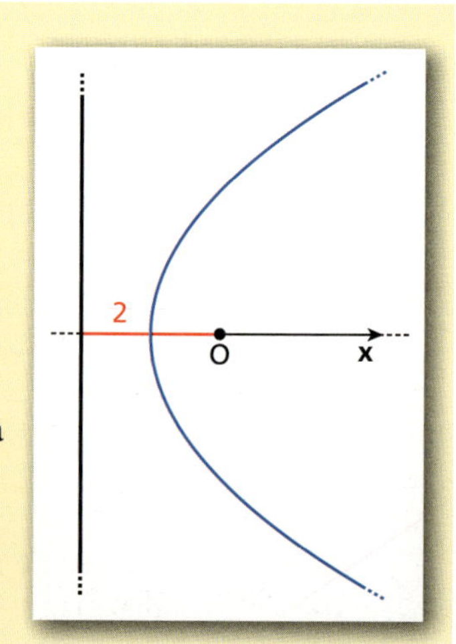

Dall'equazione della parabola sappiamo che la direttrice è perpendicolare alla direzione dell'asse polare come in figura e a distanza 2 dal polo, quindi:

$$2 = r\cos(180° - \alpha) \rightarrow 2 = -r\cos\alpha.$$

Scrivi le equazioni delle direttrici delle parabole di equazioni indicate.

117 $5r = \frac{10}{1+\cos\alpha}$ $[r\cos\alpha = 2]$

118 $r = \frac{3}{4+4\sin\alpha}$ $[3 = 4r\sin\alpha]$

119 $\frac{r}{8} = \frac{1}{6-6\cos\alpha}$ $[4 = -3r\cos\alpha]$

120 $\frac{r}{6} = \frac{1}{1+\cos\alpha}$ $[6 = r\cos\alpha]$

121 $2r = \frac{8}{3-3\sin\alpha}$ $[4 = -3r\sin\alpha]$

122 $\frac{r}{3} - \frac{5}{9-9\cos\alpha} = 0$ $[5 = -3r\cos\alpha]$

---

123 AL VOLO Dato il fascio di parabole di equazione

$$r = \frac{k}{1+\sin\alpha}$$

determina per quale valore di k si ottiene la parabola che ha il vertice che dista 2 dalla direttrice.

124 Scrivi l'equazione dell'asse di simmetria della parabola di equazione $r - r\sin\alpha = 4$. $[r\cos\alpha = 0]$

125 Determina le coordinate dei punti di intersezione tra la parabola di equazione $r = \frac{4}{1+\sin\alpha}$ e la retta di equazione $\tan\alpha = 1$. $[P_1[4(2-\sqrt{2}); 45°], P_2[4(2+\sqrt{2}); 225°]]$

126 EUREKA! Calcola la distanza dal polo dei punti di intersezione della parabola di equazione $r = \frac{4}{1-\cos\alpha}$ con la retta di equazione $r\cos\alpha = 1$. $[5]$

127 Determina le coordinate polari del vertice della parabola di equazione $3r + 3r\sin\alpha = 12$, senza utilizzare le coordinate cartesiane. $[V[2; 90°]]$

128 Scrivi l'equazione della parabola che ha il fuoco nel polo, il vertice $V[4; 180°]$ e la direttrice perpendicolare all'asse polare. $\left[r = \frac{8}{1-\cos\alpha}\right]$

129 Determina le coordinate dei punti della parabola di equazione $2r - 2r\sin\alpha = 1$ che distano dal polo $2+\sqrt{3}$. $[P_1[2+\sqrt{3}; 60°], P_2[2+\sqrt{3}; 120°]]$

Ellisse

130 LEGGI IL GRAFICO Scrivi le equazioni delle ellissi in figura.

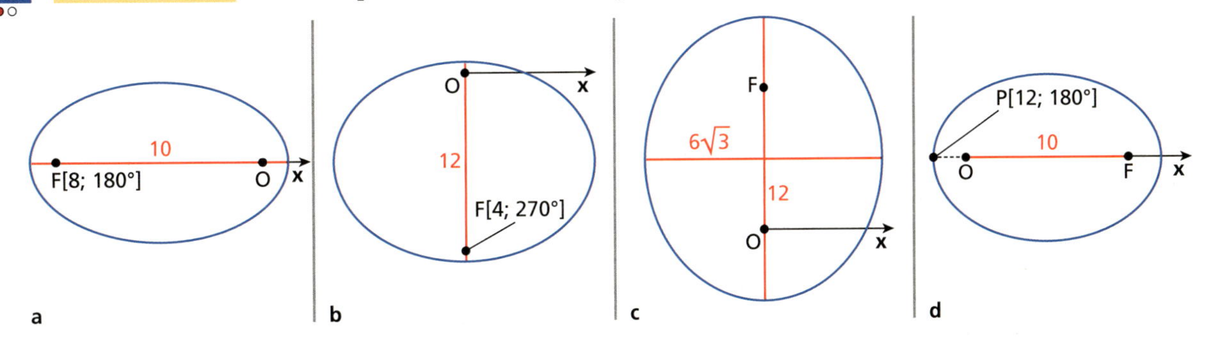

131 RIFLETTI SULLA TEORIA Esprimi in funzione dei parametri a, b e c la distanza dei vertici dell'ellisse dal fuoco più vicino nei quattro casi studiati.

Scrivi le equazioni polari delle ellissi con un fuoco nel polo, l'altro di coordinate indicate e passanti per *P*.

132 $F[10; \pi]$, $P[13; \pi]$ $\left[r = \frac{39}{8+5\cos\alpha}\right]$

133 $F[18; 90°]$, $P[24; 90°]$ $\left[r = \frac{48}{5-3\sin\alpha}\right]$

134 $F[8; 0°]$, $P[2; 180°]$ $\left[r = \frac{10}{3-2\cos\alpha}\right]$

135 $F[12; 270°]$ $P[15; 270°]$ $\left[r = \frac{15}{3+2\sin\alpha}\right]$

ESERCIZI

136 VERO O FALSO?

a. L'ellisse di equazione $r = \frac{3}{2 - \sin\alpha}$ ha i fuochi su una retta parallela all'asse polare. V F

b. L'equazione $14r + 12r\sin\alpha = 13$ rappresenta un'ellisse. V F

c. L'ellisse di equazione $r = \frac{5}{3 + 2\cos\alpha}$ ha eccentricità $\frac{2}{3}$. V F

d. L'equazione $r = \frac{4}{3 + 3\cos\alpha}$ è l'equazione di un'ellisse. V F

137 Data l'ellisse di equazione cartesiana $\frac{x^2}{9} + \frac{y^2}{16} = 1$, scrivi la sua equazione polare in un riferimento con il polo nel fuoco in alto e l'asse polare con direzione e verso dell'asse x. $\left[r = \frac{9}{4 + \sqrt{7}\sin\alpha}\right]$

138 Data l'ellisse di equazione cartesiana $\frac{x^2}{100} + \frac{y^2}{64} = 1$, trova la sua equazione polare scegliendo come polo il fuoco sinistro e come asse polare quello con direzione e verso dell'asse x. $\left[r = \frac{32}{5 - 3\cos\alpha}\right]$

139 Scrivi l'equazione polare dell'ellisse di equazione cartesiana $\frac{x^2}{24} + \frac{y^2}{49} = 1$, nel caso in cui il polo sia nel fuoco in basso e l'asse polare abbia direzione e verso dell'asse x. $\left[r = \frac{24}{7 - 5\sin\alpha}\right]$

140 ESERCIZIO GUIDA Disegniamo l'ellisse di equazione $r = \frac{144}{13 + 5\sin\alpha}$.

Primo metodo

Dividiamo numeratore e denominatore per 13:

$$r = \frac{\frac{144}{13}}{1 + \frac{5}{13}\sin\alpha}.$$

L'equazione è della forma $r = \frac{\frac{b^2}{a}}{1 + e\sin\alpha}$, quindi ha i fuochi su una retta perpendicolare all'asse polare e polo nel fuoco in alto. Calcoliamo i valori delle misure dei semiassi e della semidistanza focale.

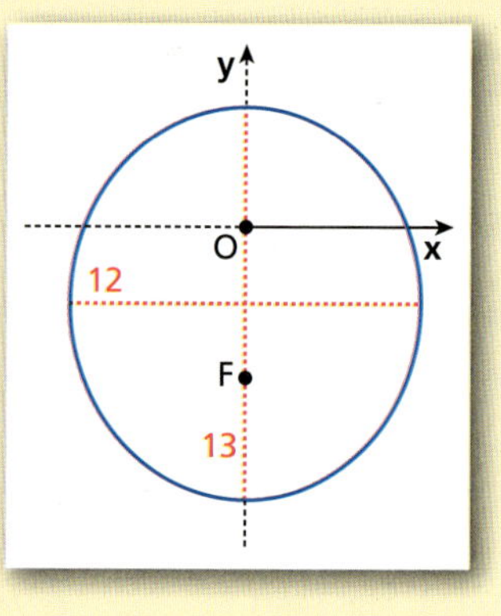

$$\begin{cases} \frac{b^2}{a} = \frac{144}{13} \\ \frac{c}{a} = \frac{5}{13} \\ a^2 - c^2 = b^2 \end{cases} \rightarrow \begin{cases} a = 13 \\ b = 12 \\ c = 5 \end{cases}$$

Secondo metodo

Trasformiamo in coordinate cartesiane l'equazione. Moltiplichiamo entrambi i membri per $13 + 5\sin\alpha$.

$13r + 5r\sin\alpha = 144$ — $r = \sqrt{x^2+y^2}$, $y = r\sin\alpha$

$13\sqrt{x^2+y^2} + 5y = 144$ — isoliamo la radice

$13\sqrt{x^2+y^2} = 144 - 5y$ — eleviamo al quadrato

$169(x^2+y^2) = 144^2 + 25y^2 - 2\cdot 144\cdot 5y$ — portiamo tutti i termini al primo membro, sommiamo i termini simili e raccogliamo 144

$169x^2 + 144(y^2 + 2\cdot 5\cdot y - 144) = 0$ — sommiamo e sottraiamo 25 all'interno della parentesi per completare il quadrato

$169x^2 + 144[(y+5)^2 - 169] = 0$ — ordiniamo i termini

$$169x^2 + 144(y+5)^2 = 144 \cdot 169 \quad \text{) dividiamo per } 144 \cdot 169$$

$$\frac{x^2}{144} + \frac{(y+5)^2}{169} = 1$$

L'equazione è quella di un'ellisse con $a = 12$, $b = 13$ e fuochi sull'asse y, traslata secondo il vettore $\vec{v}(0; -5)$.

Disegna le seguenti ellissi.

141 $r = \dfrac{3}{2 - \cos\alpha}$

142 $r = \dfrac{32}{5 + 3\sin\alpha}$

143 $2r = \dfrac{1}{\sqrt{5} - 2\sin\alpha}$

144 $3r + 2r\cos\alpha = 5$

145 $\dfrac{r}{15} = \dfrac{1}{3 - 2\sin\alpha}$

146 $2r - \sqrt{3}\,r\cos\alpha = \dfrac{9}{8}$

Trasforma in coordinate cartesiane le equazioni delle seguenti ellissi.

147 $r = \dfrac{9}{2 - \cos\alpha}$ $\left[\dfrac{(x-3)^2}{36} + \dfrac{y^2}{27} = 1\right]$

148 $7r + 6r\sin\alpha = 13$ $\left[\dfrac{x^2}{13} + \dfrac{(y+6)^2}{49} = 1\right]$

149 $5r = \dfrac{9}{4} + 4r\cos\alpha$ $\left[\dfrac{16(x-1)^2}{25} + \dfrac{16y^2}{9} = 1\right]$

150 $\dfrac{r}{11} = \dfrac{1}{6 - 5\sin\alpha}$ $\left[\dfrac{x^2}{11} + \dfrac{(y-5)^2}{36} = 1\right]$

151 Determina le coordinate dei vertici allineati con i fuochi dell'ellisse di equazione $16r = 15 - 14r\sin\alpha$. $\left[B_1\left[\dfrac{1}{2}; 90°\right]; B_2\left[\dfrac{15}{2}; 270°\right]\right]$

152 Calcola le coordinate dei fuochi dell'ellisse di equazione $15r - 81 = 12r\sin\alpha$. $[O[0; 0°]; F[24; 90°]]$

153 Nell'ellisse di equazione $r = \dfrac{48}{13 + 11\cos\alpha}$, calcola la distanza dei fuochi dal vertice più vicino allineato con questi. $[2]$

154 Determina le coordinate dei punti di intersezione dell'ellisse di equazione $r = \dfrac{9}{2\sqrt{3} - 3\cos\alpha}$ con la retta $\tan\alpha = -\dfrac{\sqrt{3}}{3}$. $\left[P_1\left[\dfrac{6}{7}\sqrt{3}; 150°\right]; P_2[6\sqrt{3}; 330°]\right]$

155 Determina le coordinate polari del centro dell'ellisse di equazione $r = \dfrac{28}{4 + 3\sin\alpha}$. $[C[12; 270°]]$

156 Scrivi l'equazione polare della retta su cui giace l'asse minore dell'ellisse di equazione $2r - r\cos\alpha = 10$. $\left[\dfrac{10}{3} = r\cos\alpha\right]$

Iperbole

157 LEGGI IL GRAFICO Scrivi le equazioni delle iperboli rappresentate in figura in forma polare, scegliendo come polo uno dei fuochi.

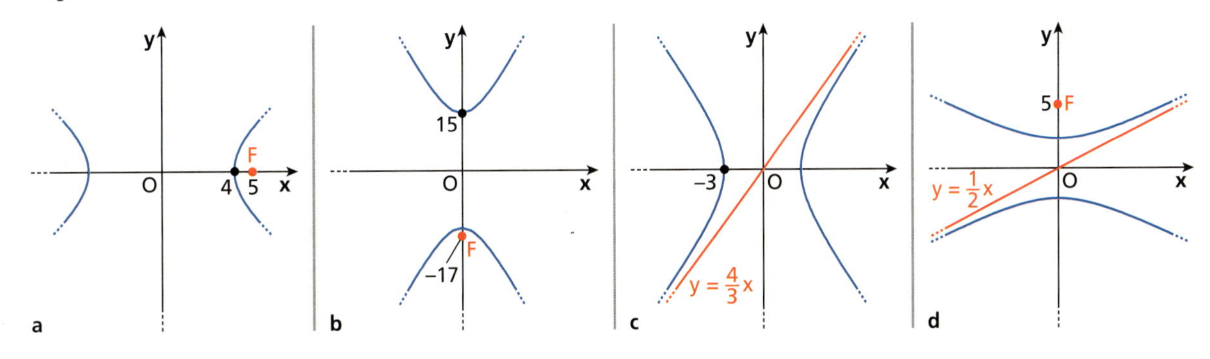

ESERCIZI

Scrivi le equazioni polari delle iperboli, dati i seguenti parametri. Scegli come polo uno dei fuochi.

158 $a = 2, b = 3.$

159 $a = 7, b = 24.$

160 $a = 9, b = 40.$

161 $a = 12, c = 37.$

162 $a = 28, c = 53.$

163 $a = 20, c = 101.$

Disegna i seguenti rami di iperbole.

164 $r = \frac{144}{25 - 65\cos\alpha}$

165 $r = -\frac{144}{25 + 65\cos\alpha}$

166 $r = \frac{21}{5\cos\alpha - 2}$

167 $r = \frac{5}{4 - 6\sin\alpha}$

---

168 **ASSOCIA** le equazioni delle iperboli in coordinate polari alle corrispondenti in coordinate cartesiane.

a. $\begin{cases} r = \dfrac{10}{\sqrt{6} - 4\cos\alpha} \\ r = -\dfrac{10}{\sqrt{6} + 4\cos\alpha} \end{cases}$

b. $\begin{cases} r = -\dfrac{11}{5 - 6\sin\alpha} \\ r = \dfrac{11}{5 + 6\sin\alpha} \end{cases}$

c. $\begin{cases} r = \dfrac{6}{1 - 2\cos\alpha} \\ r = -\dfrac{6}{1 + 2\cos\alpha} \end{cases}$

1. $\frac{x^2}{11} - \frac{y^2}{25} = -1$

2. $\frac{x^2}{6} - \frac{y^2}{10} = 1$

3. $\frac{x^2}{4} - \frac{y^2}{12} = 1$

169 **ESERCIZIO GUIDA** Determiniamo l'equazione cartesiana dell'iperbole che ha come equazioni polari

$$\begin{cases} r = \dfrac{24}{7\cos\alpha - 5} \\ r = \dfrac{24}{5 + 7\cos\alpha} \end{cases}.$$

Primo metodo

Per prima cosa notiamo che al denominatore delle due espressioni compare il coseno: l'iperbole avrà dunque i fuochi sull'asse x. Riscriviamo le espressioni per renderle più simili a quelle che abbiamo studiato.

$$\begin{cases} r = \dfrac{24}{7\cos\alpha - 5} = \dfrac{\frac{24}{5}}{\frac{7}{5}\cos\alpha - 1} \\ r = \dfrac{24}{5 + 7\cos\alpha} = \dfrac{\frac{24}{5}}{1 + \frac{7}{5}\cos\alpha} \end{cases}$$

In base alla forma delle equazioni possiamo così vedere che siamo nel caso in cui il polo coincide con il fuoco sinistro dell'iperbole. A questo punto ci basta trovare a e b tali che

$$\begin{cases} \dfrac{b^2}{a} = \dfrac{24}{5} \\ e = \dfrac{c}{a} = \dfrac{\sqrt{a^2 + b^2}}{a} = \dfrac{7}{5} \end{cases} \rightarrow \begin{cases} b^2 = \dfrac{24}{5}a \\ \sqrt{a^2 + \dfrac{24}{5}a} = \dfrac{7}{5}a \end{cases}.$$

Eleviamo al quadrato entrambi i membri della seconda equazione e poi dividiamo entrambi per a (possiamo farlo perché $a \neq 0$).

$$a^2 + \frac{24}{5}a = \frac{49}{25}a^2 \rightarrow \frac{24}{25}a = \frac{24}{5} \rightarrow a = 5$$

Dalla prima equazione ricaviamo $b^2 = 24$; l'equazione cartesiana dell'iperbole in forma canonica sarebbe quindi $\frac{x^2}{25} - \frac{y^2}{24} = 1$.

Nel nostro caso, però, l'equazione cartesiana non è in forma canonica perché l'origine del sistema cartesiano non è nel centro dell'iperbole, ma nel fuoco sinistro, e quindi abbiamo a che fare con un'iperbole traslata.

Poiché la distanza tra i due fuochi dell'iperbole è $2c$, la traslazione che porta il fuoco sinistro nell'origine del sistema di riferimento è una traslazione di vettore $\vec{v}(c; 0)$ e quindi l'equazione dell'iperbole traslata cercata è del tipo:

$$\frac{(x - c)^2}{a^2} - \frac{y^2}{b^2} = 1, \quad \text{con } c^2 = a^2 + b^2.$$

Abbiamo quindi $c^2 = 25 + 24 = 49 \to c = 7$, e l'equazione cartesiana dell'iperbole data è:

$$\frac{(x-7)^2}{25} - \frac{y^2}{24} = 1.$$

Secondo metodo

Possiamo anche procedere per via algebrica. Riscriviamo le espressioni.

$$\begin{cases} 7r\cos\alpha - 5r = 24 \\ 5r + 7r\cos\alpha = 24 \end{cases} \to \begin{cases} 5r = 7r\cos\alpha - 24 \\ 5r = 24 - 7r\cos\alpha \end{cases}$$

Sfruttiamo le identità $x = r\cos\alpha$ e $r = \sqrt{x^2+y^2}$ e otteniamo

$$\begin{cases} 5\sqrt{x^2+y^2} = 7x - 24 \\ 5\sqrt{x^2+y^2} = 24 - 7x \end{cases}.$$

Eleviamo al quadrato entrambi i membri della prima equazione: in questo modo aggiungiamo delle soluzioni, che però sono proprio quelle fornite dalla seconda. D'ora in poi possiamo quindi considerare solo la prima equazione.

$$25x^2 + 25y^2 = 49x^2 - 2\cdot 7\cdot 24x + 576 \to 24x^2 - 25y^2 - 2\cdot 7\cdot 24x + 576 = 0$$

Completiamo i quadrati.

$$(24x^2 - 2\cdot 7\cdot 24x) - 25y^2 + 576 = 0 \to 24(x^2 - 2\cdot 7x) - 25y^2 + 576 = 0 \to$$

$$24(x-7)^2 - 25y^2 + 576 = 24\cdot 49 \to 24(x-7)^2 - 25y^2 = 600 \to \frac{(x-7)^2}{25} - \frac{y^2}{24} = 1$$

Notiamo che, correttamente, otteniamo l'equazione di un'iperbole traslata, dato che abbiamo posto il polo (e quindi l'origine del sistema di riferimento) nel fuoco sinistro.

170 ●● Determina le coordinate dei punti di intersezione tra l'iperbole di equazioni polari

$$\begin{cases} r = \dfrac{7}{9 - 12\cos\alpha} \\ r = -\dfrac{7}{9 + 12\cos\alpha} \end{cases}$$

e la retta di equazione polare $\tan\alpha = \dfrac{1}{\sqrt{3}}$.

$\left[P_1\left[\dfrac{7}{9+6\sqrt{3}}; 210°\right]; P_2\left[-\dfrac{7}{9-6\sqrt{3}}; 210°\right]\right]$

171 ●● EUREKA! Quanto dista dal polo il punto di intersezione della retta $r\cos\left(\dfrac{\pi}{2} - \alpha\right) = \dfrac{3}{2}$ con il ramo di iperbole di equazione $r = \dfrac{1}{1 - 2\sin\alpha}$? [4]

172 ●● Dato il ramo di iperbole di equazione $r = \dfrac{9}{4 + 5\cos\alpha}$, trova i punti del ramo che distano $\dfrac{18}{13}$ dal polo. $\left[P_1\left[\dfrac{18}{13}; 60°\right]; P_2\left[\dfrac{18}{13}; -60°\right]\right]$

173 ●● Scrivi l'equazione polare del ramo sinistro di un'iperbole che ha eccentricità $e = \dfrac{13}{5}$ e che passa per il punto $P\left[\dfrac{288}{23}; 60°\right]$, sapendo che il polo è stato posto nel fuoco sinistro dell'iperbole.

$\left[r = \dfrac{144}{5 + 13\cos\alpha}\right]$

174 ●● Scrivi le equazioni polari di un'iperbole con l'asse trasverso verticale, ponendo il polo nel fuoco in basso e sapendo che il punto $P\left[\dfrac{32}{3}; -30°\right]$ appartiene al ramo inferiore e che la distanza tra un fuoco e il vertice che gli è più vicino è $\dfrac{2}{3}$.

$\left[\begin{cases} r = \dfrac{-16}{9 - 15\sin\alpha} \\ r = \dfrac{16}{9 + 15\sin\alpha} \end{cases}\right]$

Coniche

Riconosci le seguenti coniche date le loro equazioni polari.

175 ●○ $r = \dfrac{16}{3 - 5\cos\alpha}$ [ramo di iperbole]

176 ●○ $r^2 - 12r\cos\left(\dfrac{2}{3}\pi - \alpha\right) = 0$ [circonferenza]

177 ●○ $r = \dfrac{13}{7 + 6\cos\alpha}$ [ellisse]

178 ●○ $r + r\cos\alpha = 1$ [parabola]

ESERCIZI

179 $r^2 - 12r\sin\alpha + 27 = 0$ [circonferenza]

180 $r - 36 = r\cos\alpha$ [parabola]

181 $r(12 + 13\sin\alpha) + 25 = 0$ [ramo di iperbole]

182 $r = \dfrac{30}{4 + \cos\alpha}$ [ellisse]

183 $r^2 + 8r\cos\alpha + 7 = 0$ [circonferenza]

184 $4r + 6r\cos\alpha = 10$ [ramo di iperbole]

185 $5r = 32 + 3r\cos\alpha$ [ellisse]

186 $\dfrac{1}{12}r(1 - \sin\alpha) = 1$ [parabola]

187 $r^2 - 3\sqrt{3}\,r\cos\alpha - 3r\sin\alpha - 7 = 0$ [circonferenza]

188 $13r + 11r\sin\alpha - 48 = 0$ [ellisse]

189 $r\sin\alpha - 5 = -r$ [parabola]

190 $r(\sqrt{13} + 7\sin\alpha) = 36$ [ramo di iperbole]

Spirale di Archimede

▶ Teoria a p. C9

191 ESERCIZIO GUIDA Data la spirale di equazione $r = \dfrac{2}{3\pi}\alpha + 1$, determiniamo il campo di variabilità per l'angolo α.

Dato che la variabile r è positiva o nulla, deve essere:

$$\frac{2}{3\pi}\alpha + 1 \geq 0 \quad \to \quad \alpha \geq -\frac{3}{2}\pi,$$

quindi i punti della spirale hanno la coordinata α maggiore o uguale a $-\dfrac{3}{2}\pi$.

Per ciascuna delle seguenti equazioni di spirali determina il campo di variabilità di α.

192 $r = \dfrac{3}{2\pi}\alpha$ $[\alpha \geq 0]$

193 $r = \dfrac{2}{5\pi}\alpha + 2$ $[\alpha \geq -5\pi]$

194 $r + \dfrac{3}{5\pi}\alpha + 1 = 0$ $\left[\alpha \leq -\dfrac{5}{3}\pi\right]$

195 $\pi r = 3\alpha - 4\pi$ $\left[\alpha \geq \dfrac{4}{3}\pi\right]$

196 $\pi r = 6\pi - 4\alpha$ $\left[\alpha \leq \dfrac{3}{2}\pi\right]$

197 $r = \dfrac{\alpha}{5\pi} + \dfrac{3}{10}$ $\left[\alpha \geq -\dfrac{3}{2}\pi\right]$

198 VERO O FALSO?

a. La spirale di equazione $r = \dfrac{2}{\pi}\alpha + 2$ si sviluppa in senso orario. V F

b. Il passo è un valore costante per ogni spirale. V F

c. Non esiste un punto della spirale di equazione $r = \dfrac{3}{\pi}\alpha - 1$ per $\alpha = \dfrac{\pi}{6}$. V F

d. L'equazione $r = m\alpha + q$ rappresenta una spirale per ogni valore di m e q. V F

199 ESERCIZIO GUIDA Disegniamo la spirale di equazione $r = \dfrac{3}{2\pi}\alpha - 1$.

Prima di tutto determiniamo il campo di variabilità di α:

$$\frac{3}{2\pi}\alpha - 1 \geq 0 \quad \to \quad \alpha \geq \frac{2}{3}\pi.$$

Costruiamo una tabella, a partire da $\alpha = \dfrac{2}{3}\pi$, di punti della curva.

α	$\frac{2}{3}\pi$	$\frac{5}{6}\pi$	π	$\frac{7}{6}\pi$	$\frac{4}{3}\pi$	$\frac{3}{2}\pi$	$\frac{5}{3}\pi$	$\frac{11}{6}\pi$	2π	$\frac{13}{6}\pi$	$\frac{7}{3}\pi$	$\frac{5}{2}\pi$	$\frac{8}{3}\pi$
r	0	$\frac{1}{4}$	$\frac{1}{2}$	$\frac{3}{4}$	1	$\frac{5}{4}$	$\frac{3}{2}$	$\frac{7}{4}$	2	$\frac{9}{4}$	$\frac{5}{2}$	$\frac{11}{4}\pi$	3

Disegniamo le semirette $\alpha = \frac{\pi}{6}k$ per $k = 4, 5, 6, \ldots$ e le circonferenze che hanno il centro nel polo e i raggi indicati nella tabella $\left(\text{osserviamo che due raggi consecutivi differiscono sempre di } \frac{1}{4}\right)$.

Disegniamo nel piano i punti della tabella con l'aiuto della griglia che ci siamo costruiti e colleghiamo i punti.

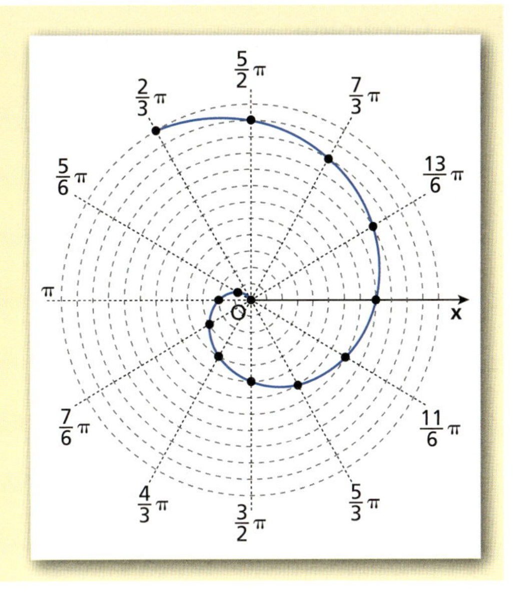

Disegna le spirali di equazioni indicate.

200 $r = -\frac{\alpha}{\pi} + 1$

201 $r = \frac{2\alpha}{3\pi}$

202 $r = \frac{4}{3\pi}\alpha + 2$

203 $r = \frac{\alpha}{2\pi} - 1$

204 $r = \frac{\alpha}{3\pi} + \frac{1}{2}$

205 $r = -\frac{4}{\pi}\alpha + 3$

---

206 Calcola il passo della spirale di equazione $r = \frac{\alpha}{4\pi} + 1$. $\left[\frac{1}{2}\right]$

207 **TEST** Quale tra le seguenti spirali ha il passo maggiore?

A $r = \frac{1}{6\pi}\alpha + 3$ B $r = \frac{3}{4\pi}\alpha + 1$ C $r = \frac{2\alpha}{\pi} - 3$ D $r = \frac{3\alpha}{\pi} + 2$

208 **RIFLETTI SULLA TEORIA** Esprimi il valore del passo della spirale in funzione dei parametri che descrivono la sua equazione. $[\text{passo} = 2\pi|m|]$

209 Calcola le coordinate dei punti di intersezione della spirale di equazione $r = \frac{2}{\pi}\alpha + \frac{3}{2}$ con la retta di equazione $\tan\alpha = -1$.

$\left[\left[3 + 4k; \frac{3}{4}\pi\right]; \left[5 + 4k; \frac{7}{4}\pi\right]\right]$

210 **REALTÀ E MODELLI** **La trottola** Una pattinatrice, per prepararsi a eseguire una trottola, percorre dall'esterno verso l'interno una traiettoria come quella mostrata in figura.

a. Scrivi in coordinate polari l'equazione della curva.

b. Di quanto si avvicina la pattinatrice al punto in cui eseguirà la trottola (posto nell'origine del sistema di riferimento) ogni volta che completa un giro? (Le misure del grafico sono espresse in metri.)

$\left[\text{a) } r = \frac{3}{4} \cdot \frac{\alpha}{\pi}; \text{ b) } 1{,}5 \text{ m}\right]$

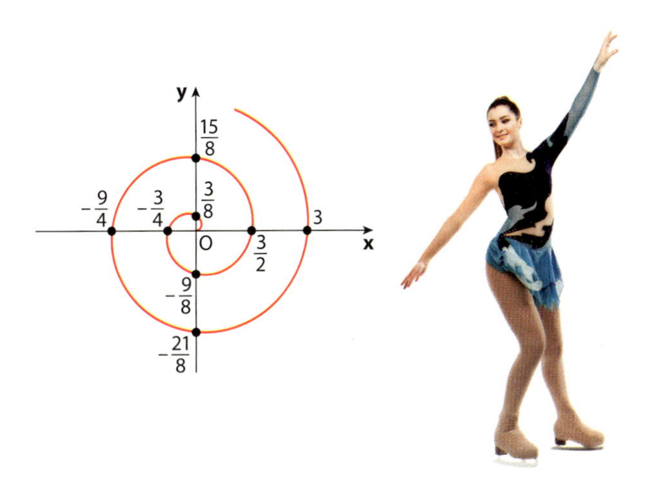

ESERCIZI

Cardioide

▶ Teoria a p. C10

211 ESERCIZIO GUIDA Scriviamo le equazioni polari della cardioide generata dalla circonferenza di equazione cartesiana $x^2 + y^2 - 6y - 7 = 0$ scegliendo come asse polare il diametro parallelo all'asse x e come polo l'estremo sinistro di tale diametro.

La circonferenza ha centro di coordinate $C(0; 3)$ e raggio $R = 4$.
Scegliendo un riferimento polare come in figura, l'equazione della cardioide è del tipo

$$r = R(1 + \cos\alpha).$$

Dunque in questo caso l'equazione è:

$$r = 4(1 + \cos\alpha).$$

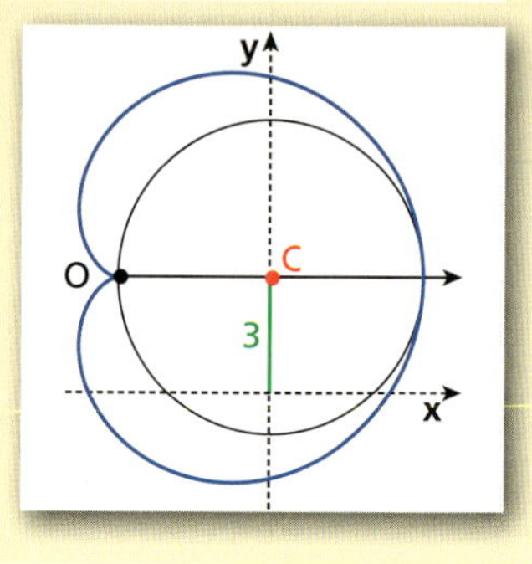

Scrivi le equazioni polari delle cardioidi generate dalle seguenti circonferenze (poni l'asse polare sul diametro parallelo all'asse *x* e il polo sul suo primo estremo).

212 $x^2 + y^2 - 6x = 0$ $[r = 3 + 3\cos\alpha]$

213 $x^2 + y^2 - 4x + 2y - 4 = 0$ $[r = 3 + 3\cos\alpha]$

214 $x^2 + y^2 - 4y = 0$ $[r = 2 + 2\cos\alpha]$

215 $x^2 + y^2 - \sqrt{2}x - \sqrt{2}y - 1 = 0$ $[r = \sqrt{2}(1 + \cos\alpha)]$

Dalle equazioni polari delle seguenti cardioidi ricava le equazioni delle circonferenze generatrici scegliendo il riferimento cartesiano in modo che la circonferenza passi per l'origine e abbia centro sul semiasse positivo delle *x*.

216 $2r - 4 = 4\cos\alpha$ $[(x-2)^2 + y^2 = 4]$

217 $18\cos\alpha + 18 - 3r = 0$ $[x^2 + y^2 - 12x = 0]$

218 $\frac{1}{2}r - 2\cos\alpha - 2 = 0$ $[x^2 + y^2 - 8x = 0]$

219 $3 - 4r = -3\cos\alpha$ $[2x^2 + 2y^2 - 3x = 0]$

Data l'equazione polare della circonferenza, scrivi l'equazione della cardiode da essa generata, nello stesso sistema di riferimento.

220 $r^2 - 10r\cos\alpha = 0$ $[r = 5(1 + \cos\alpha)]$

221 $-r^2 + 16r\cos\alpha = 0$ $[r = 8(1 + \cos\alpha)]$

222 $r^2 = 15r\cos\alpha$ $[2r = 15(1 + \cos\alpha)]$

223 $r^2 = 100r\cos\alpha$ $[50 + 50\cos\alpha = r]$

224 EUREKA! L'equazione $r = R(1 + \sin\alpha)$ rappresenta una cardioide?

225 REALTÀ E MODELLI **La cardioide nel bicchiere** Sul fondo di un bicchiere in certe occasioni possiamo osservare il profilo di una cardioide. Fabio vuole scrivere l'equazione della curva nel sistema di riferimento polare studiato nella teoria adottando come unità di misura il centimetro. Con lo stratagemma illustrato nella figura ci riuscirà? $\left[\text{sì: } r = \frac{5}{2}(1 + \cos\alpha)\right]$

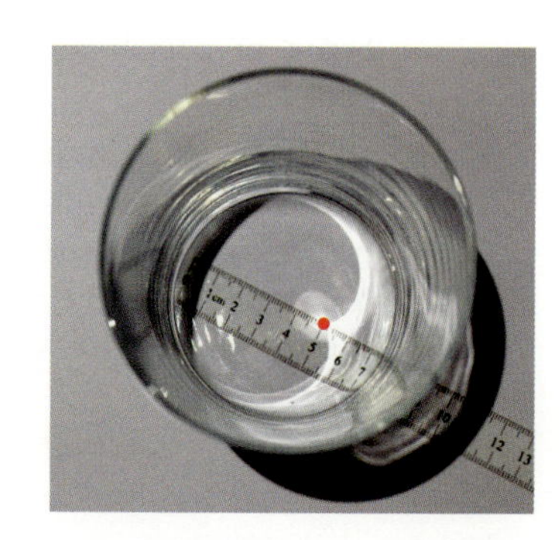

Riepilogo: Equazioni delle curve

TEST

226 La curva di equazione polare $r + r\cos\alpha = 5$ è una:

A retta.
B ellisse.
C iperbole.
D parabola.
E circonferenza.

227 La curva di equazione polare

$$r\cos\alpha + \sqrt{3}\,r\sin\alpha - 6 = 0$$

è una:

A retta.
B ellisse.
C iperbole.
D parabola.
E circonferenza.

228 ASSOCIA a ogni equazione la curva corrispondente.

a. $5r + 4r\cos\alpha = 9$
b. $3r - 5r\cos\alpha = 16$
c. $3r + 3r\cos\alpha = 15$
d. $r^2 - 6r\cos\alpha = 0$

1. iperbole
2. circonferenza
3. ellisse
4. parabola

Rappresenta le coniche con le seguenti equazioni cartesiane e scrivi le loro equazioni in coordinate polari.

229 $x^2 + y^2 - 9 = 0$

230 $y = x^2 + 1$

231 $y = -x^2 + 2x + 3$

232 $x = -y^2 + y$

233 $\frac{x^2}{4} + y^2 = 1$

234 $x^2 - \frac{y^2}{9} = 1$

235 ESERCIZIO GUIDA Tracciamo il grafico delle seguenti curve, dopo aver trasformato le loro equazioni in coordinate polari nelle corrispondenti equazioni cartesiane.

a. $r = \frac{2}{1 - \cos\alpha}$; b. $r = \frac{9}{5 - 4\cos\alpha}$.

a. Trasformiamo in coordinate cartesiane:

$$r - r\cos\alpha = 2 \rightarrow \sqrt{x^2 + y^2} - x = 2 \rightarrow$$
$$\rightarrow \sqrt{x^2 + y^2} = x + 2.$$

Eleviamo al quadrato dopo aver posto $x \geq -2$:

$$\cancel{x^2} + y^2 = \cancel{x^2} + 4 + 4x \rightarrow x = \frac{1}{4}y^2 - 1.$$

Abbiamo ottenuto l'equazione di una parabola con asse coincidente con l'asse x. Il vertice è in $V(-1; 0)$, il fuoco F in $(0; 0)$ (figura **a**).

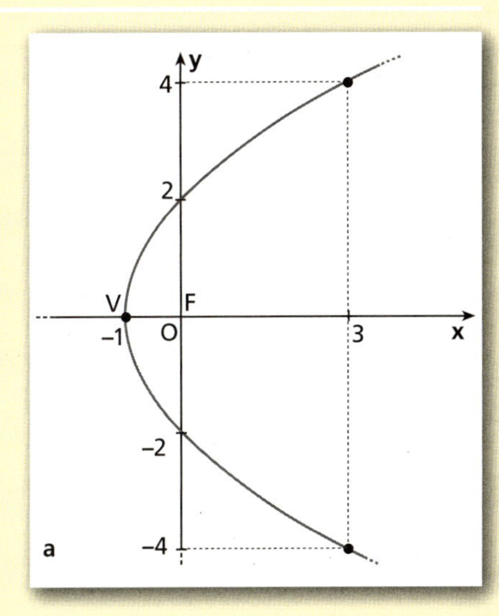

ESERCIZI

b. $r = \dfrac{9}{5 - 4\cos\alpha}$.

Trasformiamo in coordinate cartesiane:

$$5r - 4r\cos\alpha = 9$$

$$5\sqrt{x^2 + y^2} = 9 + 4x.$$

Elevando al quadrato e sommando, otteniamo:
$9x^2 + 25y^2 - 72x - 81 = 0$.
Si tratta di un'ellisse traslata; trasformiamo l'equazione con il metodo del completamento del quadrato per ricavare il centro, i fuochi e i semiassi:

$$9(x^2 - 8x + 16) - 9 \cdot 16 + 25y^2 = 81$$

$$\frac{(x-4)^2}{25} + \frac{y^2}{9} = 1.$$

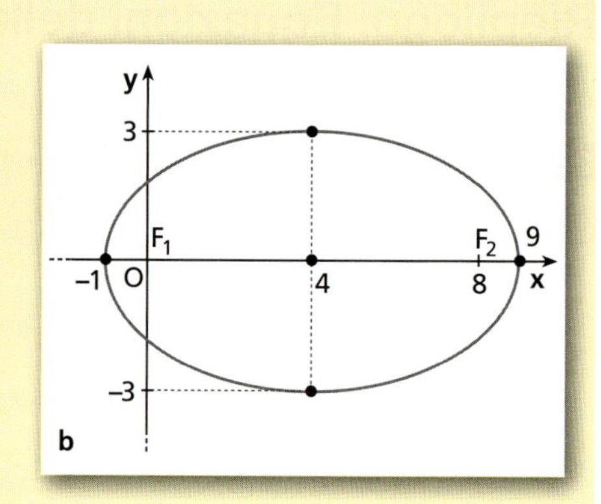

L'ellisse ha centro in $(4; 0)$, $a = 5$, $b = 3$, fuochi $F_1(0; 0)$, $F_2(8; 0)$ (figura **b**).

Traccia i grafici delle seguenti curve e trasforma le loro equazioni in coordinate polari nelle corrispondenti equazioni cartesiane.

236 ●○ $r^2 \sin 2\alpha = 1$ [iperbole equilatera]

237 ●○ $r^2 - 4 \cdot r\sin\alpha + 3 = 0$ [circonferenza]

238 ●○ $2r - 1 - 2r\sin\alpha = 0$ [parabola]

239 ●○ $r\cos\alpha - 3 = 0$ [retta]

240 ●○ $\sin 2\alpha = 2$ [impossibile perché...]

241 ●● $r^2 = 2r\sin\alpha$ [circonferenza]

242 ●● $r^2 = r\cos\alpha$ [circonferenza]

243 ●● $\alpha = \dfrac{\pi}{4}$ [semiretta]

244 ●● $r = \dfrac{4}{1 - \sin\alpha}$ [parabola]

245 ●● $r = \dfrac{2}{3 - 2\cos\alpha}$ [ellisse]

246 ●● $3r = \dfrac{1}{1 + \sin\alpha}$ [parabola]

247 ●● $r^2 + 2r\cos\alpha = 0$ [circonferenza]

248 ●● $r = \dfrac{\pi}{4}$ [circonferenza]

249 ●● $r = \dfrac{\alpha}{4}$ $\left[\text{spirale a passo } \dfrac{\pi}{2}\right]$

Scrivi le equazioni cartesiane delle seguenti curve e disegnane i grafici.

250 ●○ $r^2\cos^2\alpha = 1$ $[x = \pm 1]$

251 ●○ $r\cos\alpha = r - 1$ $[y^2 - 2x - 1 = 0]$

252 ●○ $r^2 = \tan\alpha + \cot\alpha$ $[xy = 1]$

253 ●○ $r + 1 = r\sin\alpha$ [impossibile]

254 ●○ $r^2\sin^2\alpha = 2$ $[y = \pm\sqrt{2}]$

255 ●○ $2r = \dfrac{4}{\cos\alpha} - 3r\tan\alpha$ $\left[2x + 3y - 4 = 0,\ x \neq 0 \wedge y \neq \dfrac{4}{3}\right]$

256 ●● Scrivi l'equazione in coordinate polari della circonferenza che ha il centro di coordinate $(2; 0)$ e raggio 3. $[r^2 - 4r\cos\alpha = 5]$

257 ●○ Trova le equazioni polari delle rette parallele all'asse polare che hanno distanza 2 da esso. $[r\sin\alpha = 2,\ 0 < \alpha < \pi;\ r\sin\alpha = -2,\ \pi < \alpha < 2\pi]$

258 ●○ Scrivi le equazioni polari delle rette perpendicolari all'asse polare che passano rispettivamente per i punti $[3; 0]$ e $[3; \pi]$. $\left[r\cos\alpha = -3,\ \dfrac{\pi}{2} < \alpha < \dfrac{3\pi}{2};\ r\cos\alpha = 3,\ -\dfrac{\pi}{2} < \alpha < \dfrac{\pi}{2}\right]$

259 ●○ Determina l'equazione polare della retta passante per i punti $A[4; 0]$, $B\left[2; \dfrac{\pi}{3}\right]$ e di quella passante per $A[4; 0]$, $C\left[2; -\dfrac{\pi}{3}\right]$. $\left[r\cos\left(\alpha - \dfrac{\pi}{3}\right) = 2,\ r\cos\left(\alpha + \dfrac{\pi}{3}\right) = 2\right]$

260 ●○ Scrivi l'equazione polare dell'ellisse con fuochi $F_1[0; 0]$, $F_2[4; \pi]$ e un vertice nel punto $V[1; 0]$. $[r(3+2\cos\alpha)=5]$

261 ●○ Determina l'equazione polare della parabola avente il fuoco nel polo e il vertice in $[2; 0]$. $[r(1+\cos\alpha)=4]$

262 ●○ Trova l'equazione polare dell'iperbole che ha per fuochi il polo e il punto $F[4; \pi]$, e per vertici i punti $V_1[3; \pi]$ e $V_2[1; \pi]$. $[r(1+2\cos\alpha)=-3 \vee r(1-2\cos\alpha)=3]$

263 ●● In un riferimento di coordinate polari sono dati i luoghi geometrici di equazioni:

$$2r^2\cos^2\left(\alpha+\frac{\pi}{4}\right)=1, \quad 2r^2\cos^2\left(\alpha-\frac{\pi}{4}\right)=1.$$

a. Disegna il grafico nel riferimento polare.
b. Determina l'area della figura finita che ha per vertici le loro intersezioni.
c. Scrivi le equazioni cartesiane dei luoghi.

$[\text{b) } 2; \text{ c) } x-y=\pm1, x+y=\pm1]$

264 ●● Dimostra che le curve di equazione $r=2+k\cos\alpha$, con $k\in\mathbb{R}$, si intersecano tutte solo nel polo.

Determina i punti di intersezione, in coordinate polari, tra le seguenti curve e rappresentale graficamente.

265 ●● $r^2\sin 2\alpha=4$; $\quad \tan\alpha=1$. $\left[\left[2; \frac{\pi}{4}\right]; \left[2; \frac{5}{4}\pi\right]\right]$

266 ●● $r\sin\left(\alpha-\frac{\pi}{4}\right)=\frac{\sqrt{2}}{2}$; $\quad r=1$. $\left[\left[1; \frac{\pi}{2}\right]; [1; \pi]\right]$

267 ●● $r=2\sin\alpha$; $\quad r\sin\alpha=1$. $\left[\left[\sqrt{2}; \frac{\pi}{4}\right]; \left[\sqrt{2}; \frac{3}{4}\pi\right]\right]$

3 Moto circolare uniforme

▶ Teoria a p. C11

Dati il raggio della circonferenza con centro in *O*, la velocità angolare ω, l'angolo iniziale α e le coordinate cartesiane del punto *P*, calcola dopo quanto tempo dall'istante iniziale $t=0$ un oggetto che si muove di moto circolare uniforme passa per *P*.

268 ●○ $r=1, \omega=1$ rad/s, $\alpha_0=0$, $P\left(-\frac{\sqrt{2}}{2}; \frac{\sqrt{2}}{2}\right)$. $[t\simeq 2,36\text{ s}]$

269 ●○ $r=2, \omega=1$ rad/s, $\alpha_0=0$, $P(\sqrt{3}; 1)$. $[t\simeq 0,52\text{ s}]$

270 ●○ $r=8, \omega=3$ rad/s, $\alpha_0=\frac{\pi}{4}$, $P(-4\sqrt{2}; -4\sqrt{2})$. $[t\simeq 1,05\text{ s}]$

271 ●○ $r=4, \omega=0,5$ rad/s, $\alpha_0=\frac{2}{3}\pi$, $P(2; -2\sqrt{3})$. $[t\simeq 6,28\text{ s}]$

272 ●○ $r=6, \omega=0,5$ rad/s, $\alpha_0=\frac{2}{3}\pi$, $P(-3\sqrt{3}; -3)$. $[t\simeq 3,14\text{ s}]$

273 ●○ $r=10, \omega=2$ rad/s, $\alpha_0=\frac{\pi}{6}$, $P(5\sqrt{2}; 5\sqrt{2})$. $[t\simeq 0,13\text{ s}]$

274 ●● Nel piano cartesiano, un punto si muove di moto circolare uniforme su una circonferenza con centro nell'origine. All'istante iniziale si trova in $P(4; 4\sqrt{3})$ e, dopo 2 s, si è spostato fino a raggiungere $Q(-4; 4\sqrt{3})$.

Calcola il raggio della circonferenza e la velocità angolare. (SUGGERIMENTO La velocità angolare è $\frac{\alpha}{t}$, dove α è l'angolo (in radianti) percorso nel tempo *t*.) $\left[r=8; \frac{\pi}{6}\text{ rad/s}\right]$

ESERCIZI

275 ●○ REALTÀ E MODELLI **Un tipo preciso** Fabio deve gonfiare la ruota della sua bicicletta. Come illustrato in figura, la valvola si trova inizialmente in corrispondenza del punto $P(32; 0)$. Per gonfiare la ruota con maggiore comodità, Fabio vuole che la valvola arrivi in corrispondenza del punto $Q(-16; -16\sqrt{3})$ e per questo fa girare la ruota in senso antiorario con una velocità angolare costante di 2 rad/s. Dopo quanto tempo la valvola sarà nella posizione desiderata? [$\simeq 2,09$ s]

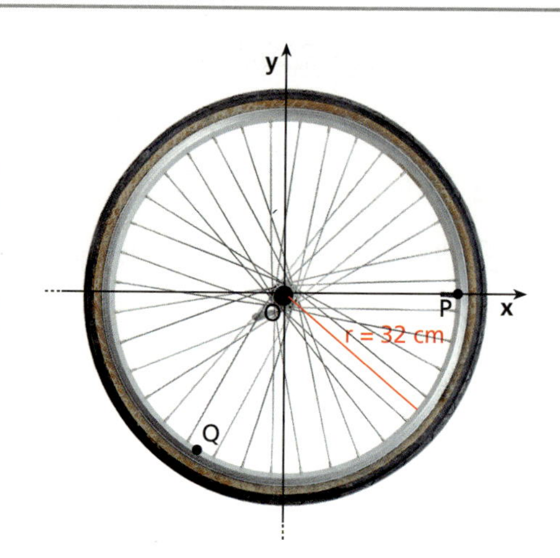

276 ESERCIZIO GUIDA Un punto si muove in senso antiorario su una circonferenza di raggio 10 centrata in O, con velocità costante $\omega = \frac{\pi}{12}$ rad/s. Partendo dal punto P, raggiunge il punto $Q(-5\sqrt{2}; -5\sqrt{2})$ in 13 s. Troviamo le coordinate di P.

Per prima cosa dobbiamo trovare α_0. Utilizziamo le equazioni che esprimono la legge oraria del moto.

$$\begin{cases} x(t) = R\cos(\alpha_0 + \omega t) \\ y(t) = R\sin(\alpha_0 + \omega t) \end{cases} \to \begin{cases} -5\sqrt{2} = 10\cos\left(\alpha_0 + \frac{13}{12}\pi\right) \\ -5\sqrt{2} = 10\sin\left(\alpha_0 + \frac{13}{12}\pi\right) \end{cases} \to \begin{cases} \cos\left(\alpha_0 + \frac{13}{12}\pi\right) = -\frac{\sqrt{2}}{2} \\ \sin\left(\alpha_0 + \frac{13}{12}\pi\right) = -\frac{\sqrt{2}}{2} \end{cases}$$

cioè:

$$\alpha_0 + \frac{13}{12}\pi = \frac{5}{4}\pi.$$

Notiamo che avremmo potuto capire che l'angolo corrispondente a Q è $\frac{5}{4}\pi$ anche in un altro modo.
Le coordinate di Q sono uguali, quindi il punto appartiene alla prima bisettrice. Dato che esse sono negative, il punto è nel terzo quadrante e dunque l'angolo da cosiderare è proprio $\frac{5}{4}\pi$.
A questo punto risolviamo l'equazione trovata e ricaviamo α_0.

$$\alpha_0 = \left(\frac{5}{4} - \frac{13}{12}\right)\pi = \frac{15-13}{12}\pi = \frac{2}{12}\pi = \frac{\pi}{6}$$

Quindi le coordinate del punto P sono $P(r\cos\alpha_0; r\sin\alpha_0) \to P(5\sqrt{3}; 5)$.

Nelle stesse condizioni descritte nell'esercizio guida, dati R, t, ω e le coordinate di Q, trova le coordinate di P.

277 ●○ $R = 8, t = 0,5$ s, $\omega = \frac{5}{6}\pi$ rad/s, $Q(-4; 4\sqrt{3})$. [$P(4\sqrt{2}; 4\sqrt{2})$]

278 ●○ $R = 3, t = 3$ s, $\omega = \frac{7}{18}\pi$ rad/s, $Q(0; -3)$. [$P\left(\frac{3}{2}; \frac{3}{2}\sqrt{3}\right)$]

279 ●○ $R = 9, t = 4$ s, $\omega = \frac{\pi}{24}$ rad/s, $Q\left(\frac{9}{2}; \frac{9}{2}\sqrt{3}\right)$. [$P\left(\frac{9}{2}\sqrt{3}; \frac{9}{2}\right)$]

280 ●○ $R = 11, t = 4$ s, $\omega = \frac{\pi}{48}$ rad/s, $Q\left(-\frac{11}{\sqrt{2}}; \frac{11}{\sqrt{2}}\right)$. [$P\left(-\frac{11}{2}; \frac{11}{2}\sqrt{3}\right)$]

STATISTICA

Grafici per la rapprentazione dei dati statistici

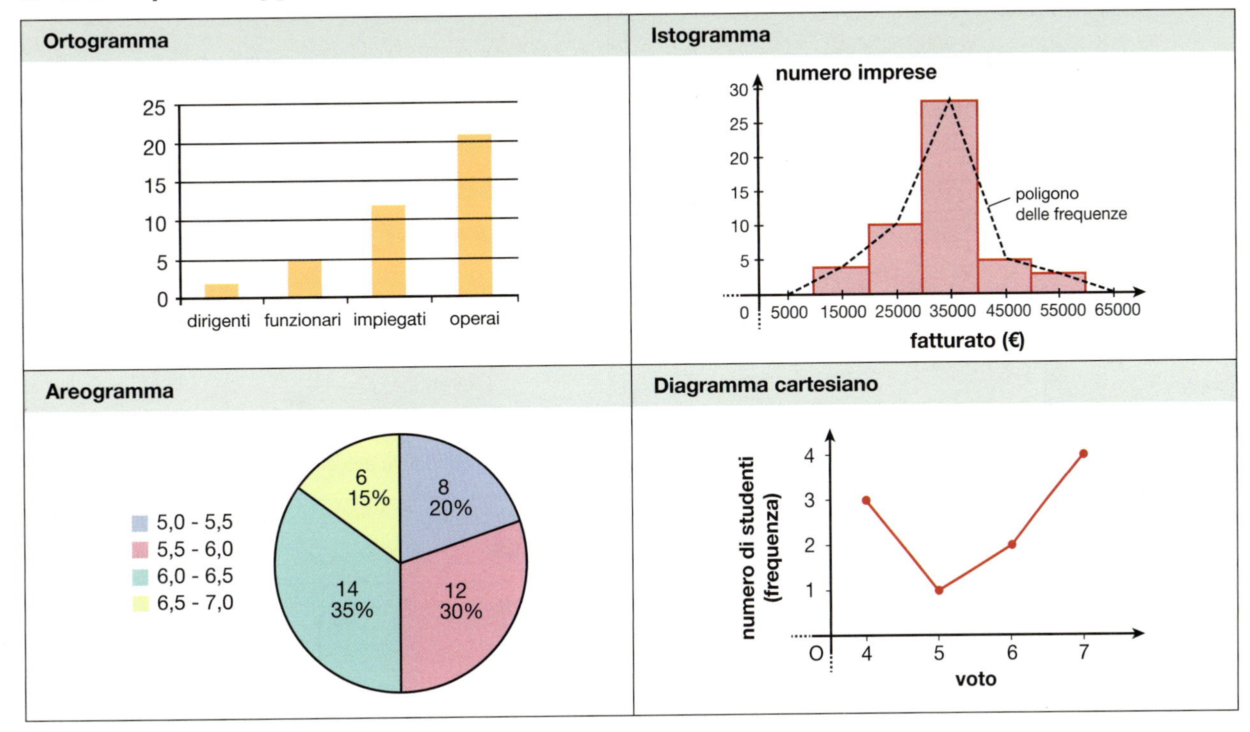

Medie statistiche

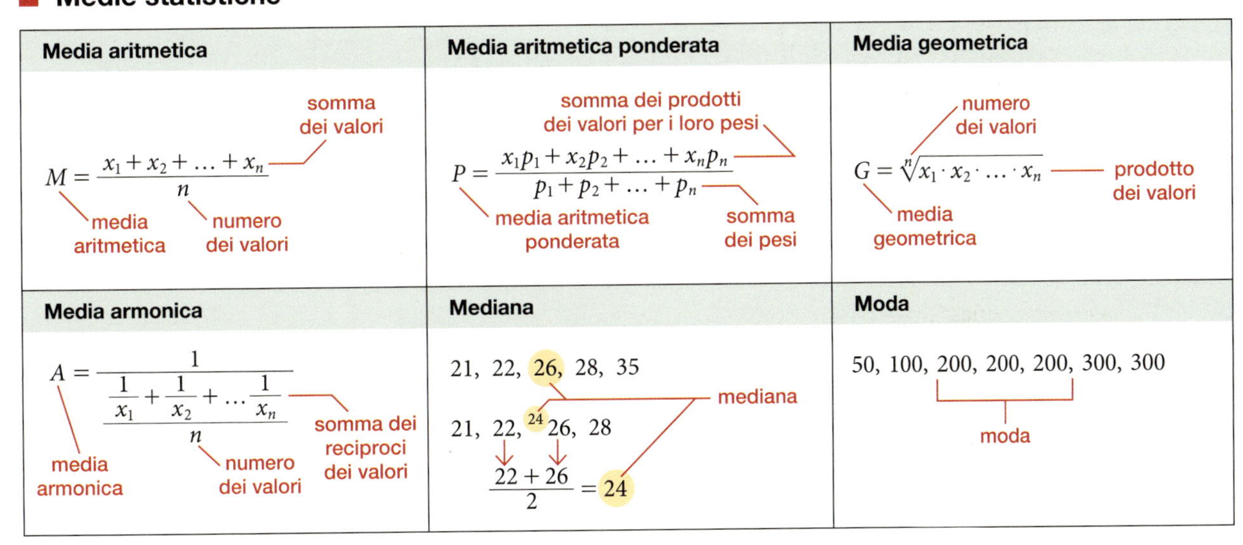

Indici di variabilità

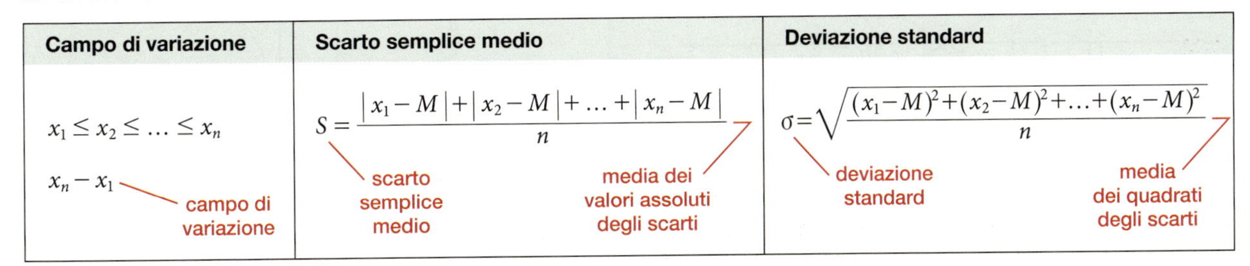

CONICHE

Parabola con asse parallelo all'asse y

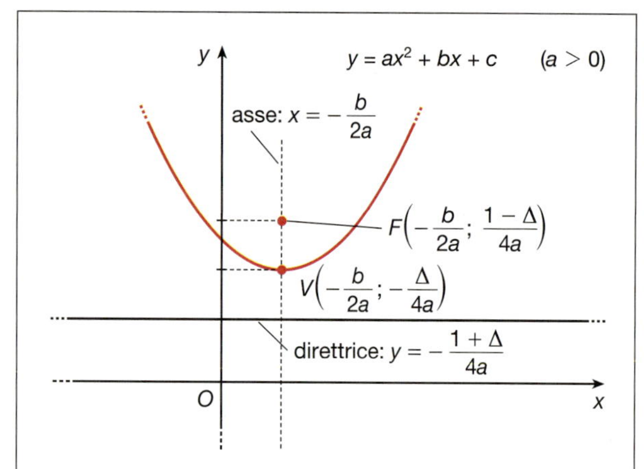

Parabola con asse parallelo all'asse x

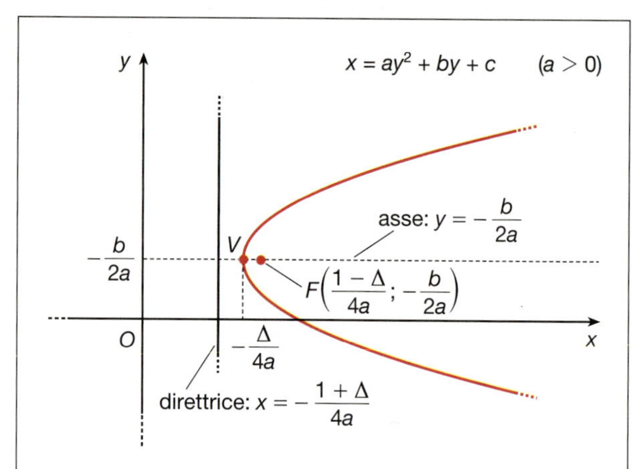

Circonferenza

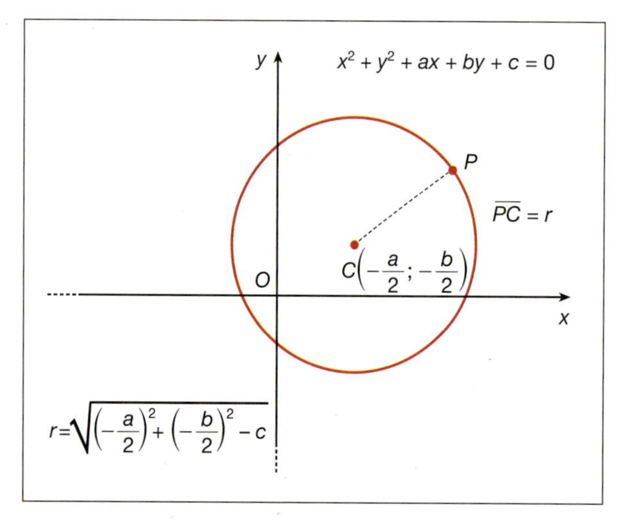

Ellisse

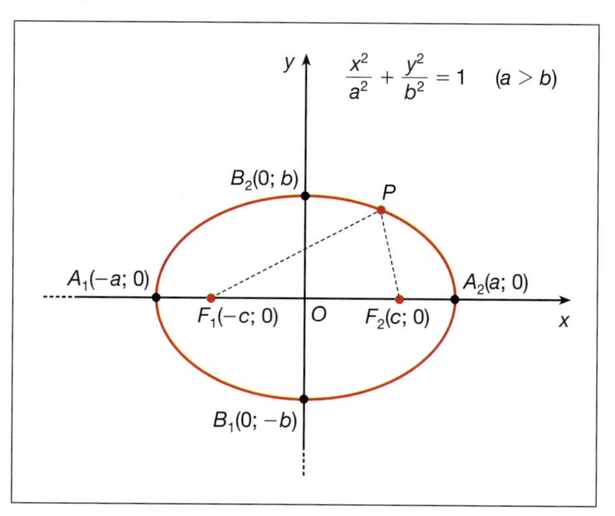

Iperbole

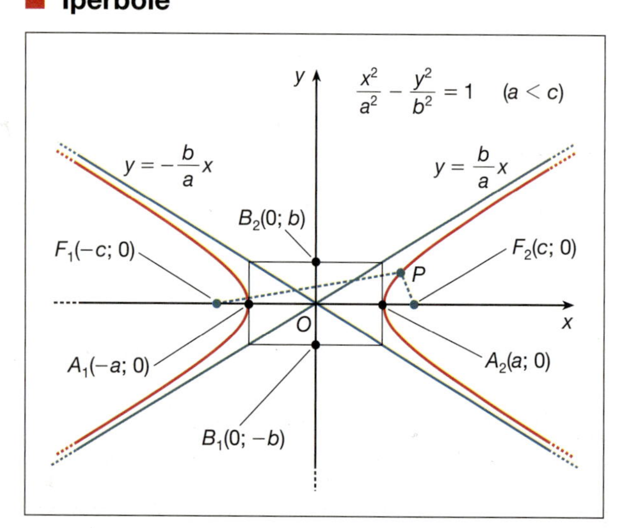

Funzione omografica

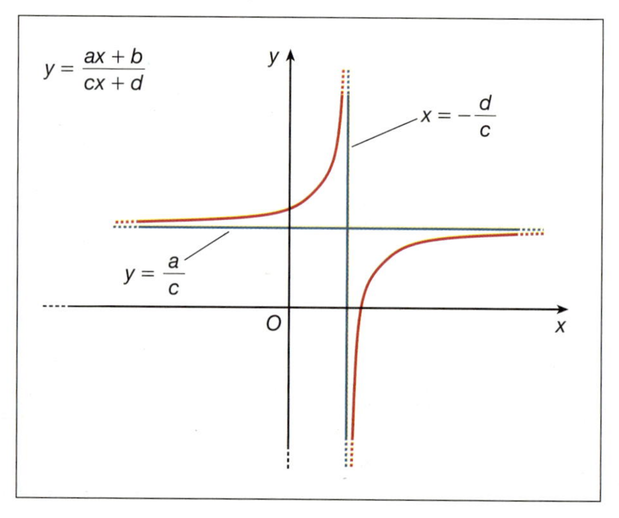

La prima relazione fondamentale

$$\sin^2\alpha + \cos^2\alpha = 1$$

La seconda relazione fondamentale

$$\tan\alpha = \frac{\sin\alpha}{\cos\alpha}$$

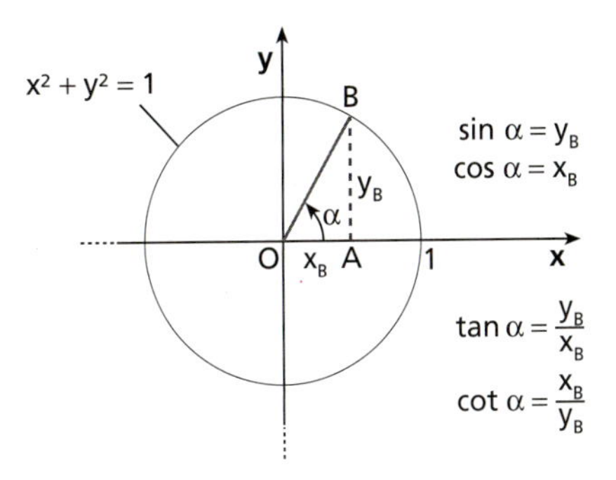

I grafici delle funzioni goniometriche

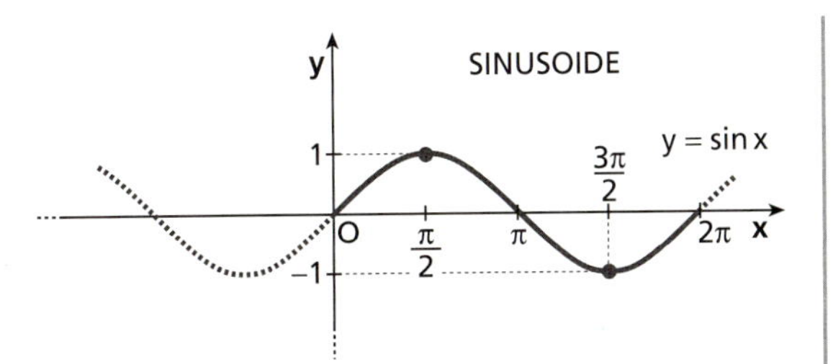

Periodicità: $\forall\alpha \in \mathbb{R}$ $\sin(\alpha + 2k\pi) = \sin\alpha$ con $k \in \mathbb{Z}$

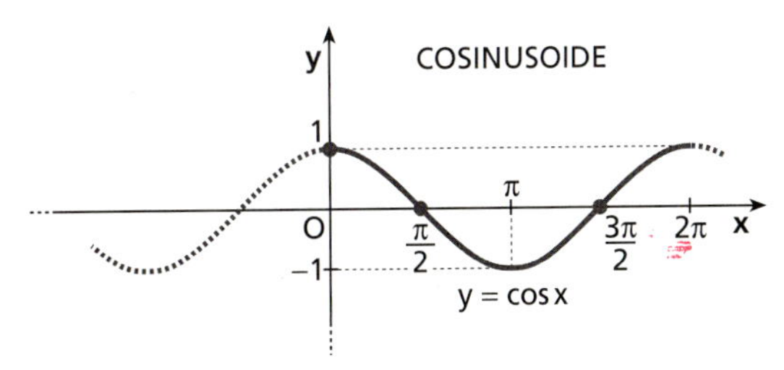

Periodicità: $\forall\alpha \in \mathbb{R}$ $\cos(\alpha + 2k\pi) = \cos\alpha$ con $k \in \mathbb{Z}$

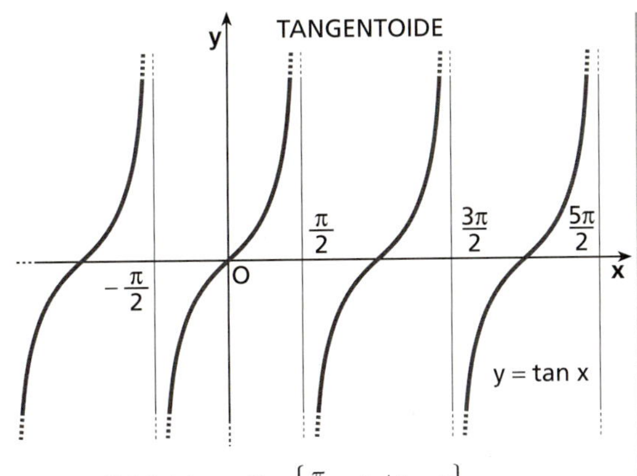

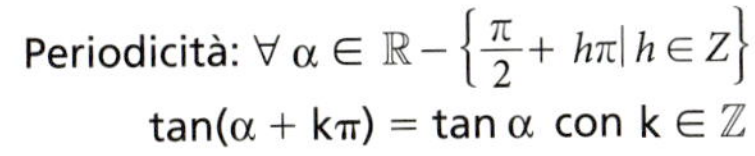

Periodicità: $\forall\alpha \in \mathbb{R} - \left\{\frac{\pi}{2} + h\pi \mid h \in Z\right\}$

$\tan(\alpha + k\pi) = \tan\alpha$ con $k \in \mathbb{Z}$

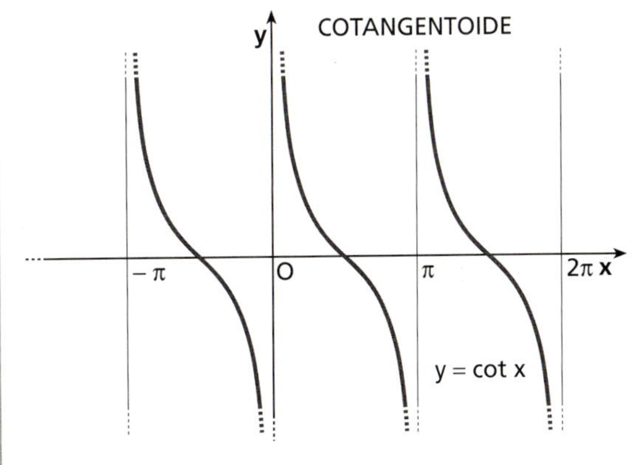

Periodicità: $\forall\alpha \in \mathbb{R} - \{h\pi \mid h \in \mathbb{Z}\}$

$\cot(\alpha + k\pi) = \cot\alpha$ con $k \in \mathbb{Z}$

Seno, coseno e tangente su un triangolo rettangolo

$\sin\alpha = \dfrac{\text{cateto opposto}}{\text{ipotenusa}}$

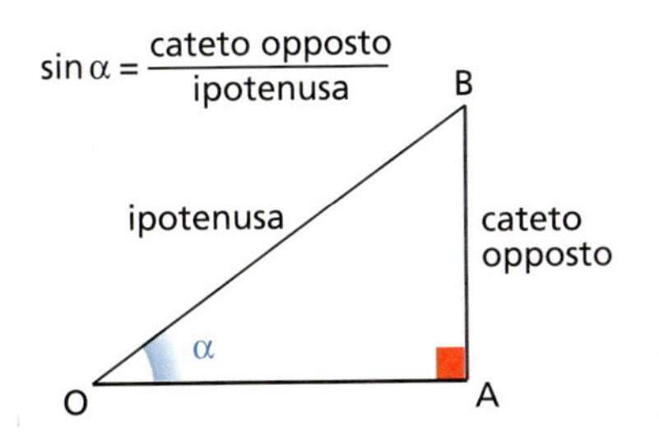

$\cos\alpha = \dfrac{\text{cateto adiacente}}{\text{ipotenusa}}$

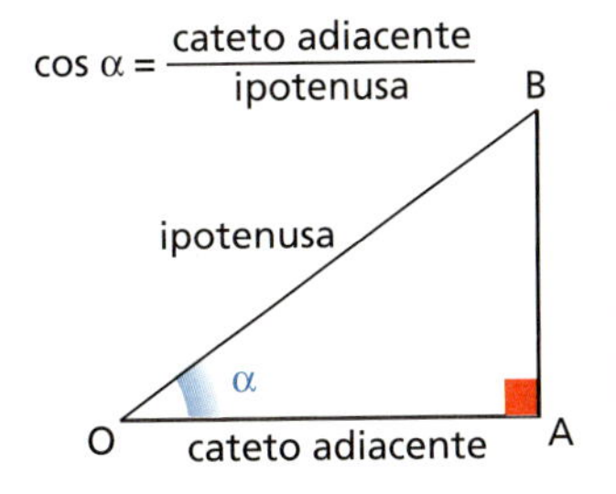

$\tan\alpha = \dfrac{\text{cateto opposto}}{\text{cateto adiacente}}$

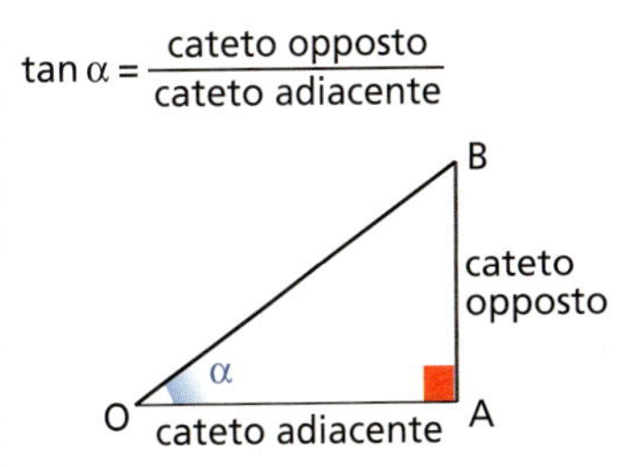

FUNZIONI GONIOMETRICHE INVERSE

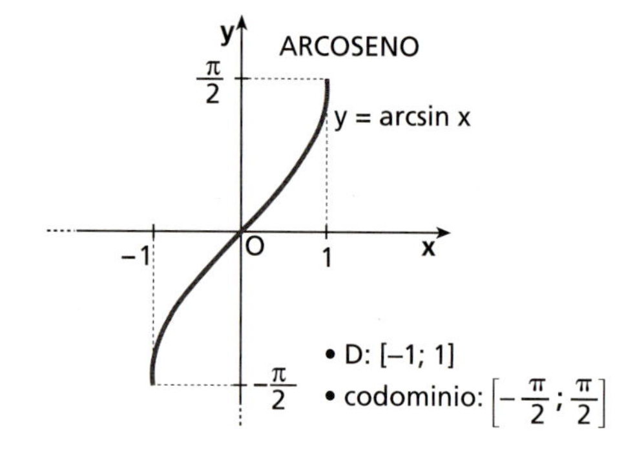

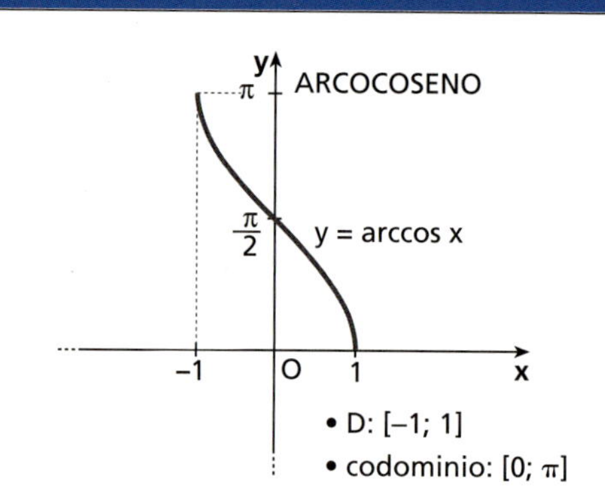

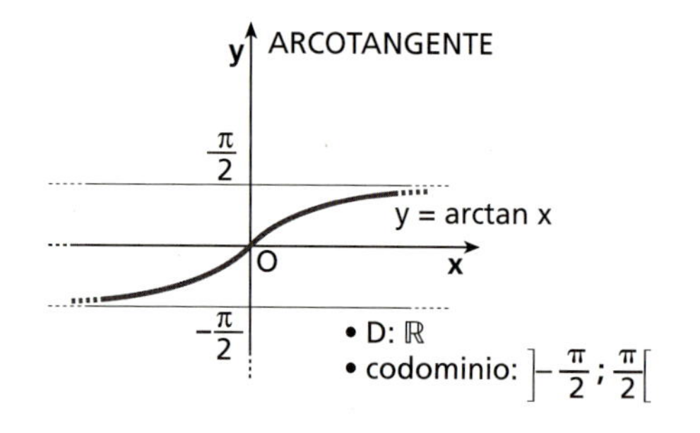

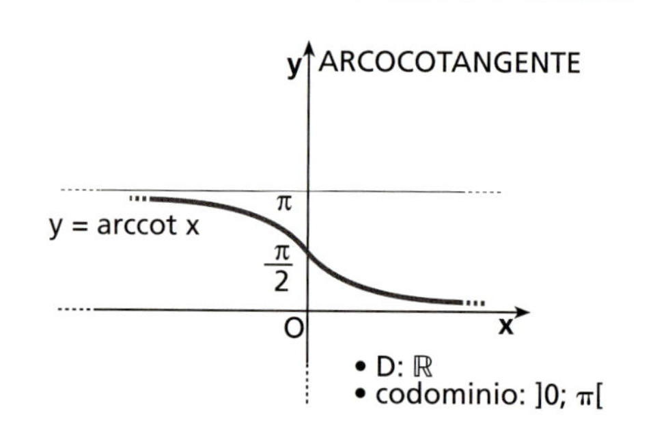

SENO, COSENO, TANGENTE E COTANGENTE DI ANGOLI NOTEVOLI

Radianti	Gradi	Seno	Coseno	Tangente	Cotangente
0	0	0	1	0	non esiste
$\frac{\pi}{6}$	30°	$\frac{1}{2}$	$\frac{\sqrt{3}}{2}$	$\frac{\sqrt{3}}{3}$	$\sqrt{3}$
$\frac{\pi}{4}$	45°	$\frac{\sqrt{2}}{2}$	$\frac{\sqrt{2}}{2}$	1	1
$\frac{\pi}{3}$	60°	$\frac{\sqrt{3}}{2}$	$\frac{1}{2}$	$\sqrt{3}$	$\frac{\sqrt{3}}{3}$
$\frac{\pi}{2}$	90°	1	0	non esiste	0

RISOLUZIONE DI UN TRIANGOLO RETTANGOLO

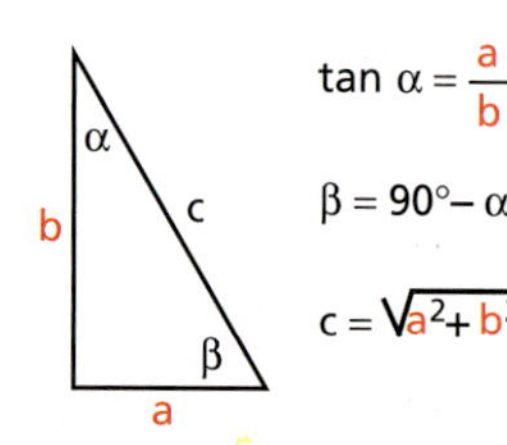

$\tan\alpha = \frac{a}{b}$

$\beta = 90° - \alpha$

$c = \sqrt{a^2 + b^2}$

a. Sono noti i due cateti.

$\sin\alpha = \frac{a}{c}$

$\beta = 90° - \alpha$

$b = \sqrt{c^2 - a^2}$

b. Sono noti l'ipotenusa e un cateto.

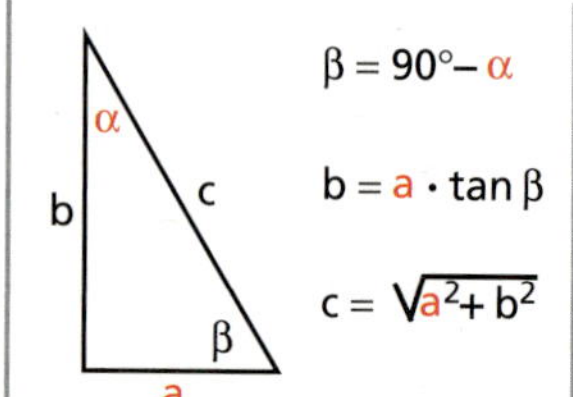

$\beta = 90° - \alpha$

$b = a \cdot \tan\beta$

$c = \sqrt{a^2 + b^2}$

c. Sono noti un cateto e l'angolo opposto.

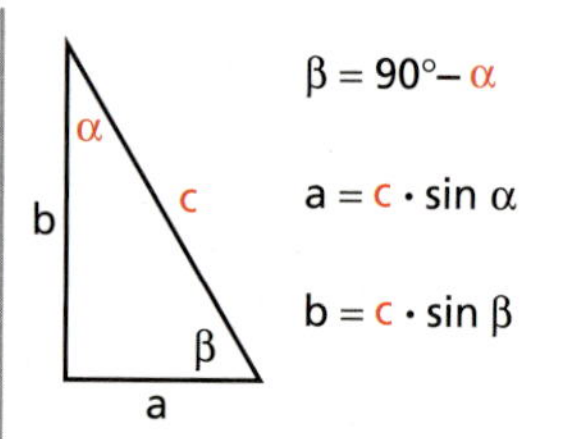

$\beta = 90° - \alpha$

$a = c \cdot \sin\alpha$

$b = c \cdot \sin\beta$

d. Sono noti l'ipotenusa e un angolo adiacente.

FUNZIONI GONIOMETRICHE DI ANGOLI ASSOCIATI

α e $-\alpha$

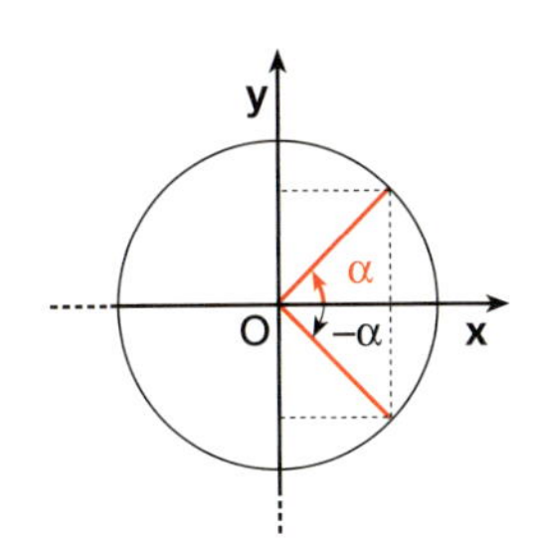

$\sin(-\alpha) = -\sin\alpha$

$\cos(-\alpha) = \cos\alpha$

$\tan(-\alpha) = -\tan\alpha$

$\cot(-\alpha) = -\cot\alpha$

α e $2\pi - \alpha$

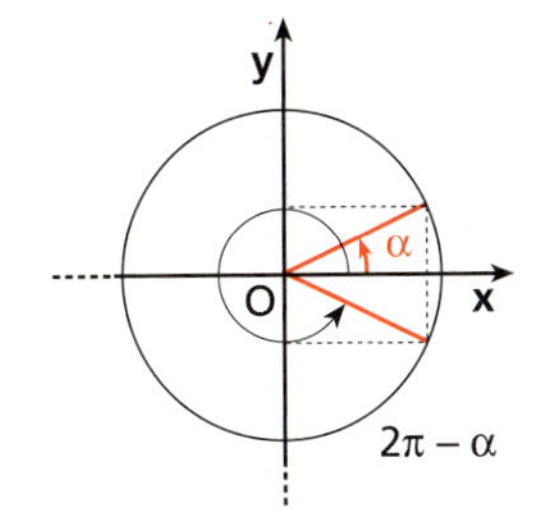

$\sin(2\pi - \alpha) = -\sin\alpha$

$\cos(2\pi - \alpha) = \cos\alpha$

$\tan(2\pi - \alpha) = -\tan\alpha$

$\cot(2\pi - \alpha) = -\cot\alpha$

α e $\pi - \alpha$

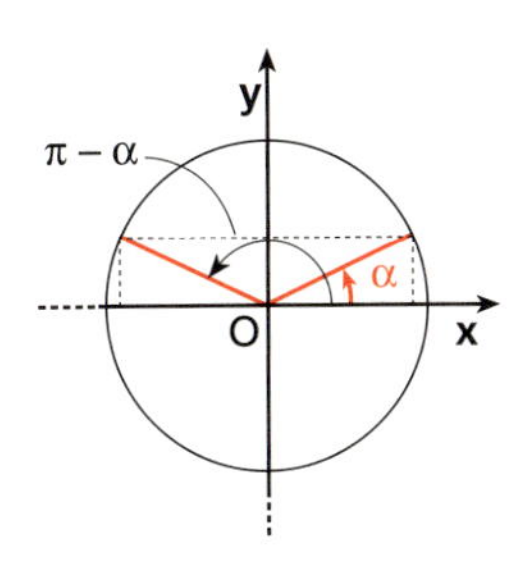

$\sin(\pi - \alpha) = \sin\alpha$

$\cos(\pi - \alpha) = -\cos\alpha$

$\tan(\pi - \alpha) = -\tan\alpha$

$\cot(\pi - \alpha) = -\cot\alpha$

α e $\pi + \alpha$

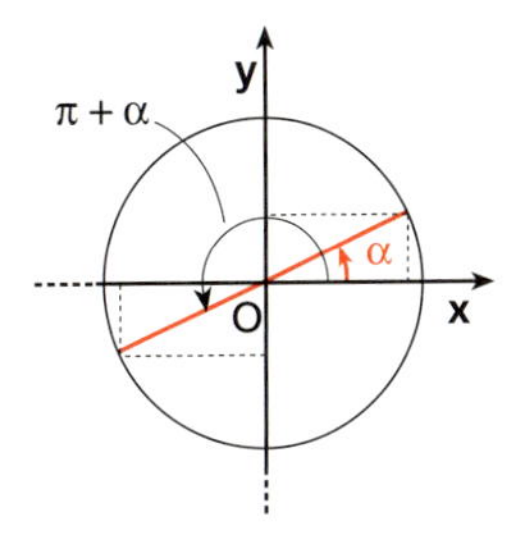

$\sin(\pi + \alpha) = -\sin\alpha$

$\cos(\pi + \alpha) = -\cos\alpha$

$\tan(\pi + \alpha) = \tan\alpha$

$\cot(\pi + \alpha) = \cot\alpha$

α e $\frac{\pi}{2} - \alpha$

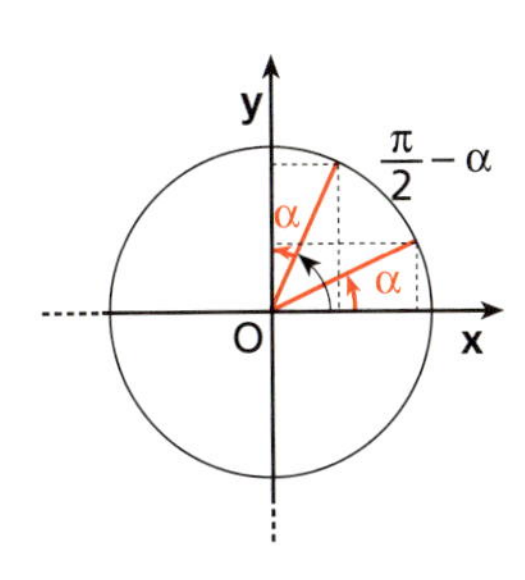

$\sin\left(\frac{\pi}{2} - \alpha\right) = \cos\alpha$

$\cos\left(\frac{\pi}{2} - \alpha\right) = \sin\alpha$

$\tan\left(\frac{\pi}{2} - \alpha\right) = \cot\alpha$

$\cot\left(\frac{\pi}{2} - \alpha\right) = \tan\alpha$

α e $\frac{\pi}{2} + \alpha$

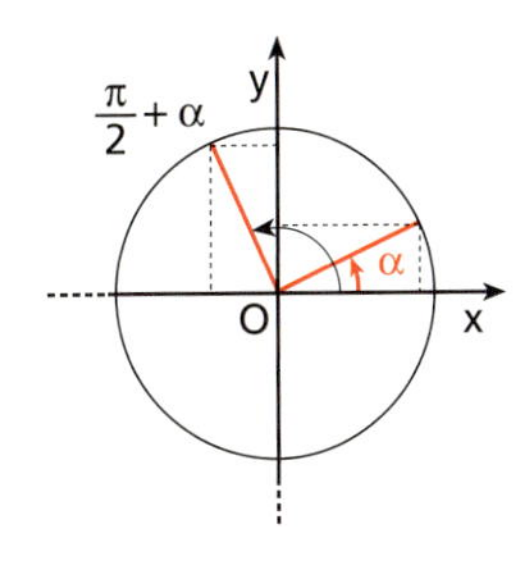

$\sin\left(\frac{\pi}{2} + \alpha\right) = \cos\alpha$

$\cos\left(\frac{\pi}{2} + \alpha\right) = -\sin\alpha$

$\tan\left(\frac{\pi}{2} + \alpha\right) = -\cot\alpha$

$\cot\left(\frac{\pi}{2} + \alpha\right) = -\tan\alpha$

α e $\frac{3}{2}\pi - \alpha$

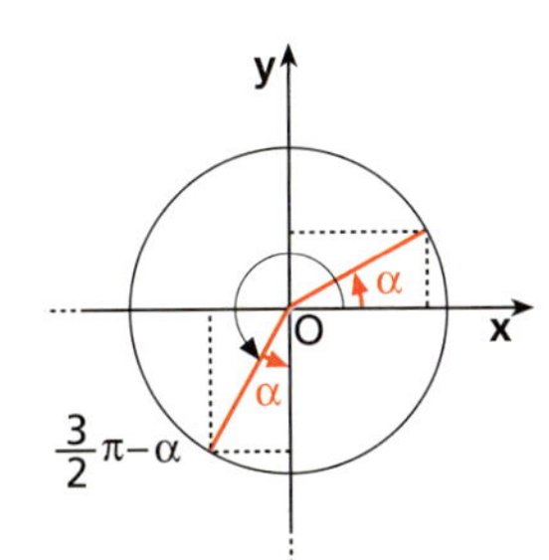

$\sin\left(\frac{3}{2}\pi - \alpha\right) = -\cos\alpha$

$\cos\left(\frac{3}{2}\pi - \alpha\right) = -\sin\alpha$

$\tan\left(\frac{3}{2}\pi - \alpha\right) = \cot\alpha$

$\cot\left(\frac{3}{2}\pi - \alpha\right) = \tan\alpha$

α e $\frac{3}{2}\pi + \alpha$

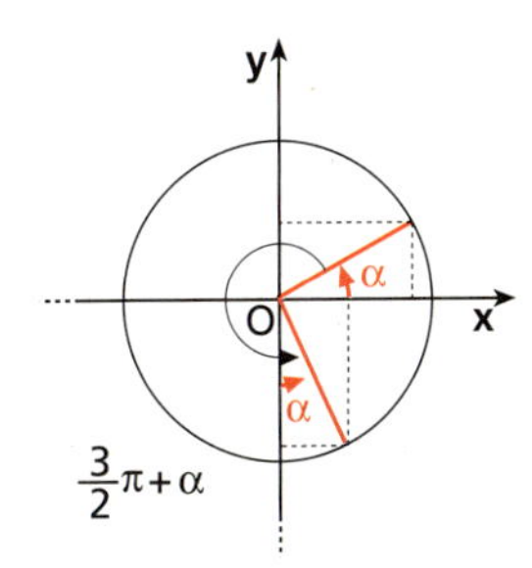

$\sin\left(\frac{3}{2}\pi + \alpha\right) = -\cos\alpha$

$\cos\left(\frac{3}{2}\pi + \alpha\right) = \sin\alpha$

$\tan\left(\frac{3}{2}\pi + \alpha\right) = -\cot\alpha$

$\cot\left(\frac{3}{2}\pi + \alpha\right) = -\tan\alpha$

FORMULE GONIOMETRICHE

Formule di addizione

$$\sin(\alpha+\beta) = \sin\alpha\cos\beta + \cos\alpha\sin\beta$$

$$\cos(\alpha+\beta) = \cos\alpha\cos\beta - \sin\alpha\sin\beta$$

$$\tan(\alpha+\beta) = \frac{\tan\alpha + \tan\beta}{1 - \tan\alpha\cdot\tan\beta}$$

con $\alpha, \beta, \alpha+\beta \neq \frac{\pi}{2} + k\pi$

Formule di sottrazione

$$\sin(\alpha-\beta) = \sin\alpha\cos\beta - \cos\alpha\sin\beta$$

$$\cos(\alpha-\beta) = \cos\alpha\cos\beta + \sin\alpha\sin\beta$$

$$\tan(\alpha-\beta) = \frac{\tan\alpha - \tan\beta}{1 + \tan\alpha\cdot\tan\beta}$$

con $\alpha, \beta, \alpha-\beta \neq \frac{\pi}{2} + k\pi$

Formule di duplicazione

$$\sin 2\alpha = 2\sin\alpha\cos\alpha$$

$$\cos 2\alpha = \cos^2\alpha - \sin^2\alpha$$

$$\tan 2\alpha = \frac{2\tan\alpha}{1-\tan^2\alpha}$$

con $\alpha \neq \frac{\pi}{4} + k\frac{\pi}{2} \wedge \alpha \neq \frac{\pi}{2} + k\pi$

Formule di bisezione

$$\sin\frac{\alpha}{2} = \pm\sqrt{\frac{1-\cos\alpha}{2}}$$

$$\cos\frac{\alpha}{2} = \pm\sqrt{\frac{1+\cos\alpha}{2}}$$

$$\tan\frac{\alpha}{2} = \pm\sqrt{\frac{1-\cos\alpha}{1+\cos\alpha}} \quad \text{con } \alpha \neq \pi + 2k\pi$$

Formule parametriche

$$\sin\alpha = \frac{2\tan\frac{\alpha}{2}}{1+\tan^2\frac{\alpha}{2}}, \quad \cos\alpha = \frac{1-\tan^2\frac{\alpha}{2}}{1+\tan^2\frac{\alpha}{2}}, \text{ con } \alpha \neq \pi + 2k\pi$$

Formule di prostaferesi

$$\sin p + \sin q = 2\sin\frac{p+q}{2}\cdot\cos\frac{p-q}{2}$$

$$\sin p - \sin q = 2\cos\frac{p+q}{2}\cdot\sin\frac{p-q}{2}$$

$$\cos p + \cos q = 2\cos\frac{p+q}{2}\cdot\cos\frac{p-q}{2}$$

$$\cos p - \cos q = -2\sin\frac{p+q}{2}\cdot\sin\frac{p-q}{2}$$

Formule di Werner

$$\sin\alpha\sin\beta = \frac{1}{2}[\cos(\alpha-\beta) - \cos(\alpha+\beta)]$$

$$\cos\alpha\cos\beta = \frac{1}{2}[\cos(\alpha+\beta) + \cos(\alpha-\beta)]$$

$$\sin\alpha\cos\beta = \frac{1}{2}[\sin(\alpha+\beta) + \sin(\alpha-\beta)]$$

VERSO L'INVALSI

120 minuti

▶ Su http://online.scuola.zanichelli.it/invalsi trovi tante simulazioni interattive in più per fare pratica in vista della prova INVALSI.

1 Se a e b sono numeri interi tali che $4a + 3b$ è divisibile per 4, allora puoi concludere che sicuramente:

A a è pari.

B a è dispari.

C b è divisibile per 12.

D b è divisibile per 4.

2 Martina nuota in una piscina di forma circolare, rappresentata nel piano cartesiano in figura (le misure sono espresse in metri). Martina entra in acqua nel punto A e nuota fino a raggiungere il bordo della piscina nel punto C, passando per il punto B.

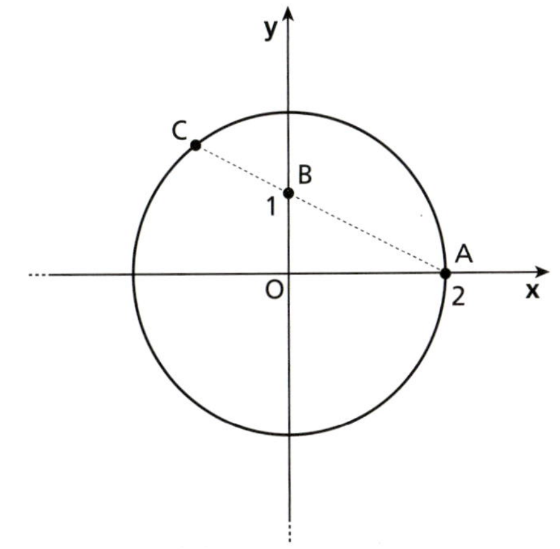

Quali sono le coordinate del punto C?

3 Marco acquista in un negozio una bicicletta il cui prezzo originario p (in euro) è scontato del 10%. Il commerciante applica a Marco un ulteriore sconto di € 5. Qual è la spesa (in euro) sostenuta da Marco?

A $p - 15$

B $\frac{1}{10}p - 5$

C $\frac{9}{10}p - 5$

D $\frac{9}{10}(p - 5)$

4 Nel piano cartesiano le rette di equazioni

$$y = 3x + 1 \text{ e } ax + 2y - 1 = 0,$$

dove a è un numero reale, sono parallele. Quanto vale a?

5 Una pizza ha la forma di un rettangolo di dimensioni 40 cm × 20 cm. Quale dovrebbe essere il raggio di una pizza di forma circolare con la stessa area? Esprimi il risultato in centimetri, approssimando al millimetro.

6 In figura è rappresentato il grafico di una parabola.

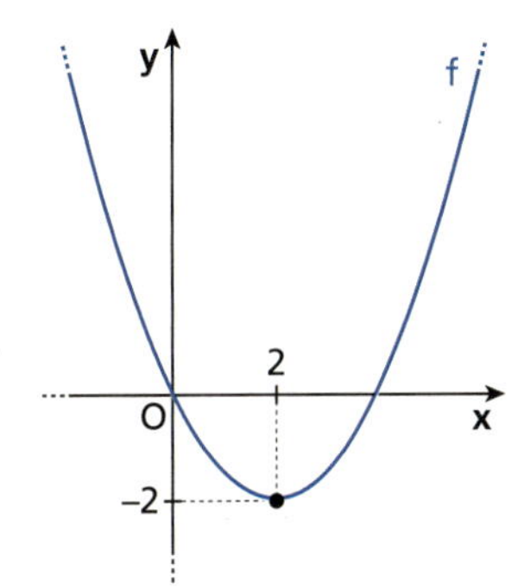

Qual è la sua equazione?

A $y = 2x^2 - x$

B $y = -x^2 + 2x$

C $y = \frac{1}{2}x^2 - 2x$

D $y = x^2 - 3x$

7 Data la funzione $f(x) = \frac{1}{x^2 + 1}$,

A $f = g \circ h$, con $g(x) = \frac{1}{x^2}$ e $h(x) = x + 1$.

B $f = g \circ h$, con $g(x) = x + 1$ e $h(x) = \frac{1}{x^2}$.

C $f = g \circ h$, con $g(x) = x^2$ e $h(x) = \frac{1}{x + 1}$.

D $f = g \circ h$, con $g(x) = x^{-1}$ e $h(x) = x^2 + 1$.

8 Quale dei seguenti polinomi *non* è divisibile per $x-2$?

A $x^3-6x^2+12x-8$

B x^3-3x-2

C x^3+3x^2-4

D x^3+2x^2-4x-8

9 Quante soluzioni ha l'equazione

$$3\cos^2 x = 4\cos x$$

nell'intervallo $[0; \pi]$?

A 0 B 1 C 2 D 3

10 **11** Per la sua festa di laurea, Elettra chiede un preventivo a due diversi locali. Il primo le propone un prezzo di € 150, al quale aggiungere € 3 per ogni invitato, mentre il secondo le chiede € 90 più € 5 per ogni invitato.

- Scrivi le formule che esprimono il costo della festa nel primo locale (C_1) e il costo nel secondo locale (C_2), in funzione del numero n di invitati.

  $C_1 =$ ______ $C_2 =$ ______

- Per quale numero di invitati è più conveniente l'offerta del primo locale?

12 Considera i punti $A(0; 2)$, $B\left(\frac{3}{2}; 0\right)$ e $C(3; 0)$ sul piano cartesiano. Qual è l'area del triangolo ABC?

A 1

B $\frac{3}{2}$

C 2

D $\frac{5}{2}$

13 Qual è la metà del numero 2^{30}?

A 1^{30} B 2^{15} C 2^{29} D 2^{31}

14 La funzione $f(x) = x^2 + |x|$:

a. ha dominio $\mathbb{R}$. V F

b. è pari. V F

c. è iniettiva. V F

d. è invertibile. V F

15 La somma dei primi 12 termini di una progressione aritmetica è 258, e il primo termine è 5. Qual è il nono termine?

16 **17** Kevin vuole ricavare un ottagono regolare da una tavoletta quadrata di legno di 12 cm di lato, effettuando quattro tagli come in figura.

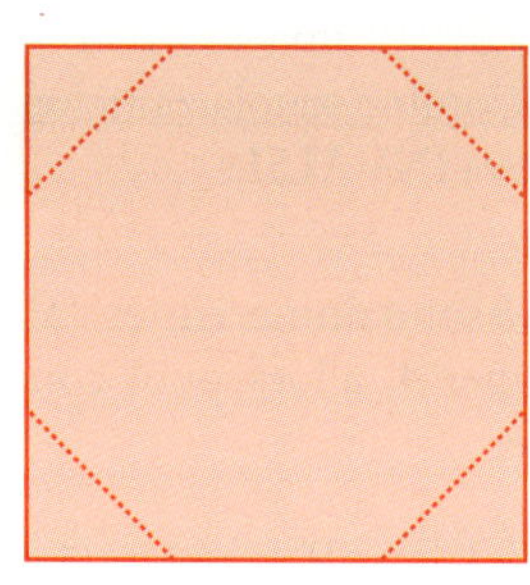

- A quale distanza x (in cm) dai vertici del quadrato dovrà effettuare i tagli?

  A 4

  B $\frac{7}{2}$

  C $\frac{12}{2-\sqrt{2}}$

  D $12-6\sqrt{2}$

- Quale percentuale della tavoletta iniziale viene scartata per ottenere l'ottagono? Scrivi il risultato approssimando al decimo.

18 In una piazza quadrata di lato 45 m sono presenti circa 3 persone per ogni m^2. Quante persone sono presenti all'incirca nella piazza?

19 Giorgio si trova sotto un campanile, del quale riesce a vedere la punta sotto un angolo di 70°. Allontanandosi di 15 m vede la punta del campanile sotto un angolo di 45°. Gli occhi di Giorgio si trovano a 1,7 m rispetto al suolo. Qual è l'altezza del campanile? Scrivi il risultato in metri, approssimando all'unità.

20 **21** In figura è rappresentata una circonferenza di centro O e raggio 4 cm. La retta AC è lunga 6 cm ed è tangente alla circonferenza nel punto A.

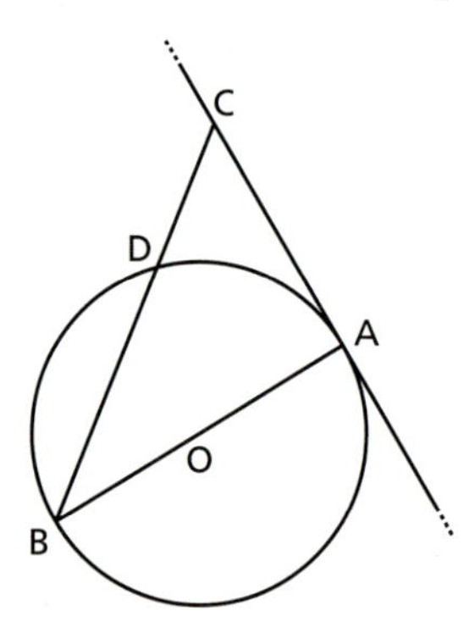

- Quanto misura BC, in centimetri?

  A 5 B 7,2 C 8 D 10

- Calcola la lunghezza in centimetri di CD.

22 **23** La seguente tabella riporta il numero dei tiri effettuati e di quelli realizzati (cioè andati a segno) da Riccardo con la sua squadra di pallacanestro nell'ultima stagione.

	Tiri da 2 punti	Tiri da 3 punti	Tiri liberi (1 punto)
Effettuati	217	81	76
Realizzati	106	32	58

- Calcola il punteggio medio per ogni tiro *effettuato*, approssimando il risultato alla seconda cifra decimale.
- Calcola il punteggio medio per ogni tiro *realizzato*, approssimando il risultato alla seconda cifra decimale.

24 Quale delle seguenti terne *non* può rappresentare le misure dei lati di un triangolo?

A 2, 4, 6.
B 3, 4, 5.
C 5, 8, 12.
D 6, 9, 12.

25 Il coefficiente angolare della retta $2y - 3x + 1 = 0$ è:

A 2. B 3. C $\frac{2}{3}$. D $\frac{3}{2}$.

---

26 Qual è il dominio naturale della funzione $y = \sqrt{\frac{1}{2} - \cos x}$?

A $x \leq \frac{\pi}{3}$

B $\frac{\pi}{3} + 2k\pi \leq x \leq \frac{5\pi}{3} + 2k\pi,\ k \in \mathbb{Z}$

C $\frac{\pi}{6} + 2k\pi \leq x \leq \frac{11\pi}{6} + 2k\pi,\ k \in \mathbb{Z}$

D $-\frac{\pi}{3} + 2k\pi \leq x \leq \frac{\pi}{3} + 2k\pi,\ k \in \mathbb{Z}$

27 La seguente tabella riporta la variazione percentuale, rispetto all'anno precedente, dei ricavi derivanti dalla vendita di mobili prodotti in Italia (fonte: Istat).

Anno	2012	2013	2014	2015	2016
Variazione annua	−19,08%	−7,31%	+4,19%	+1,02%	+6,25%

Se i ricavi nel 2014 ammontavano a 17,49 miliardi di euro, a quanto ammontavano nel 2016 (in miliardi di euro)?

A 18,41 B 18,58 C 18,77 D 19,56

28 Determina le soluzioni dell'equazione $\sin x = -\cos x$, mostrando il procedimento.

29 Quante soluzioni ha l'equazione $|x^2 + 2x| - 1 = 0$?

A 0 B 1 C 2 D 3

30 Se $\tan\alpha = -\frac{2\sqrt{6}}{5}$ e $-\frac{\pi}{2} < \alpha < 0$, quanto vale $\sin\alpha$?

A $\frac{5}{7}$ B $-\frac{5}{7}$ C $\frac{2\sqrt{6}}{7}$ D $-\frac{2\sqrt{6}}{7}$

31 Nel piano cartesiano l'equazione $x^2 = y^2 - 1$ rappresenta:

A l'insieme vuoto. B una circonferenza. C una parabola. D un'iperbole.

32 **33** Caterina effettua un sondaggio tra i suoi compagni di classe, chiedendo a ognuno quante volte è stato al cinema negli ultimi 3 mesi. Ottiene le seguenti risposte:

4, 5, 4, 7, 3, 6, 2, 0, 8, 3, 5, 2, 8, 9, 3, 1, 3, 6, 1, 4, 8, 3, 8.

- Qual è la moda della distribuzione di dati?

A 3

B 4

C 4,5

D 5

- Calcola il numero medio di volte in cui un compagno di Caterina è andato al cinema negli ultimi 3 mesi, approssimando il risultato al decimo.

34 La retta di equazione $y = mx$ ($m \in \mathbb{R}$) è tangente alla parabola di equazione $y = x^2 - 2x$. Determina m.

35 **36** La pendenza di una rampa (cioè il rapporto tra il dislivello verticale e quello orizzontale) è del 12%.

- Se il dislivello verticale è di 30 cm, quanto è lunga la rampa? Esprimi il risultato in centimetri, approssimando al millimetro.
- Qual è l'angolo che la rampa forma con il terreno? Esprimi il risultato in gradi, approssimando all'unità.

37 La massa di Mercurio, il pianeta più piccolo del Sistema Solare, è circa $3{,}3 \cdot 10^{23}$ kg; quella di Giove, il pianeta più grande del Sistema Solare, è circa $1{,}9 \cdot 10^{27}$ kg. Il rapporto tra la massa di Giove e quella di Mercurio è circa:

A 5800.

B 17 400.

C 0,58.

D 10 000.

38 Il grafico mostra la serie storica del numero di impianti fotovoltaici e della potenza totale installata in Italia dal 2008 al 2016 (fonte: GSE).

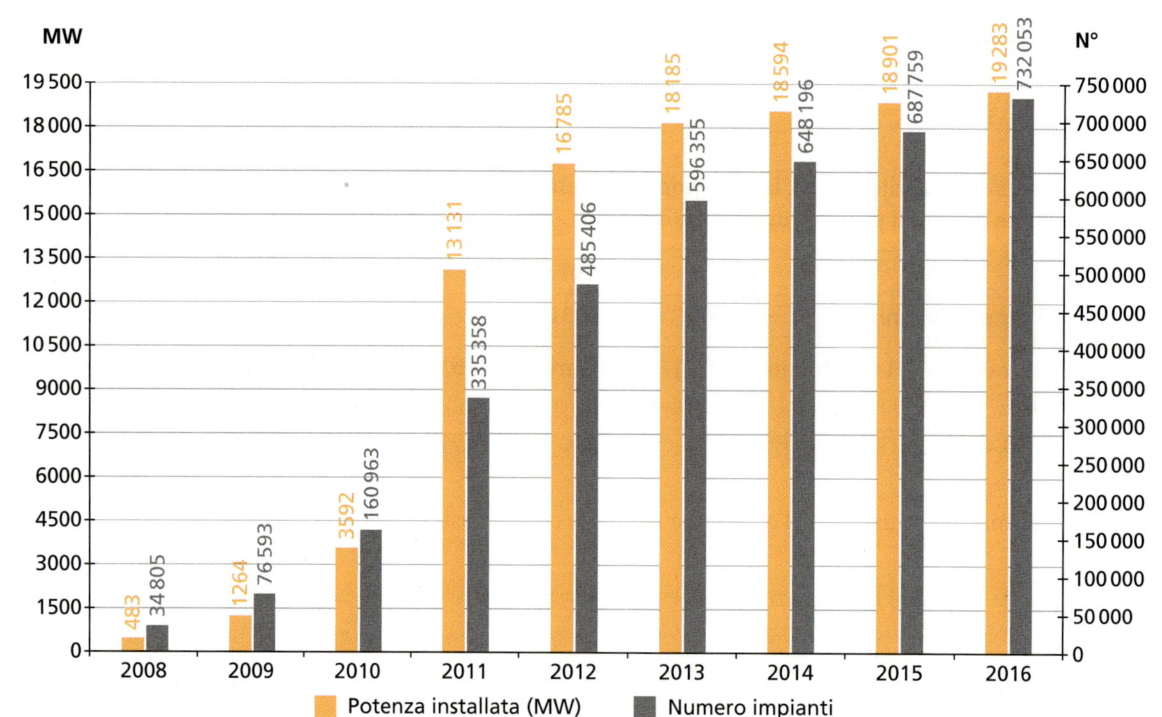

a. La potenza totale degli impianti presenti nel 2016 è stata più che doppia rispetto al 2011. V F

b. L'aumento relativo (rispetto all'anno precedente) del numero di impianti è stato maggiore nel 2011 che nel 2010. V F

c. La potenza media del totale degli impianti presenti nel 2016 è minore di 30 kW. V F

VERSO L'INVALSI

120 minuti

▶ Su http://online.scuola.zanichelli.it/invalsi trovi tante simulazioni interattive in più per fare pratica in vista della prova INVALSI.

1 **2** Il grafico seguente riporta le frequenze dei voti attribuiti a un film dagli utenti di un sito internet dedicato al cinema.

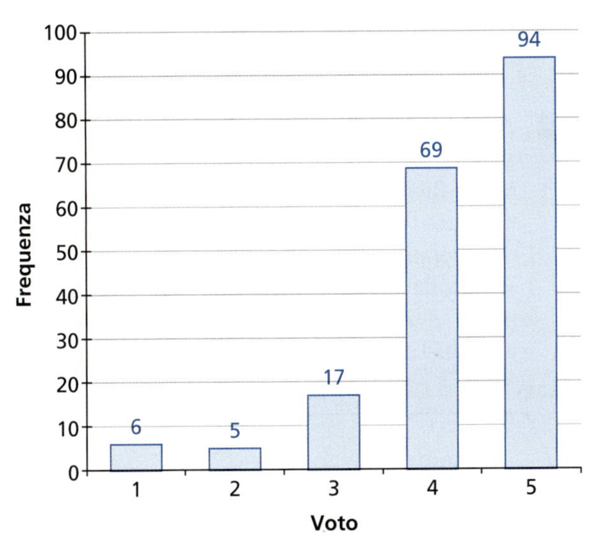

a. Più di 200 persone hanno espresso il loro voto. V F

b. Più del 90% dei votanti ha dato un voto maggiore o uguale a 3. V F

c. La moda della distribuzione è 94. V F

Calcola la media dei voti attribuiti al film, approssimando al decimo.

3 Determina la lunghezza del semiasse maggiore dell'ellisse in figura.

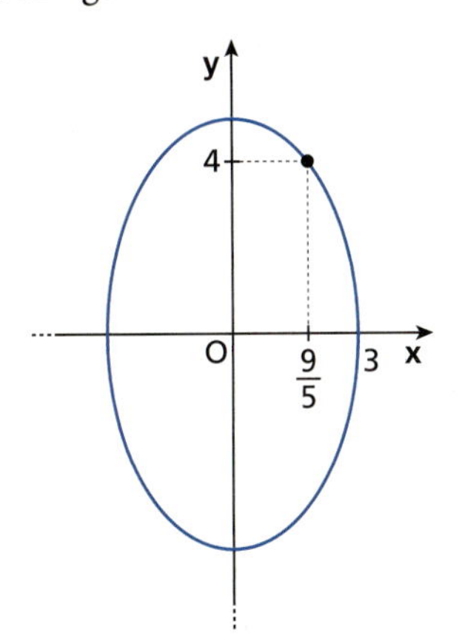

4 In un quadrilatero $ABCD$ si ha $\widehat{B} = 2\widehat{A}$, $\widehat{C} = 3\widehat{A}$ e $\widehat{D} = 4\widehat{A}$. Qual è l'ampiezza, in gradi, di $\widehat{A}$?

5 Una fra le seguenti disequazioni è impossibile. Quale?

A $\dfrac{(x-2)^2}{x-2} < 0$

B $\dfrac{x^3+x^2}{1+x} \leq 0$

C $\dfrac{x^3-x^2+x-1}{x-1} \leq 0$

D $\dfrac{x^4-x^3}{x-1} < 0$

6 Quale delle seguenti equazioni rappresenta una retta perpendicolare alla retta di equazione $2x + 3y - 1 = 0$?

A $2x + 3y = 0$

B $3x - 2y = 0$

C $\dfrac{1}{2}x + \dfrac{1}{3}y = 0$

D $\dfrac{1}{3}x - \dfrac{1}{2}y = 0$

7 In un certo momento della giornata i raggi solari sono inclinati di 27° rispetto all'orizzonte.
Un palo della luce, posto su un terreno orizzontale, è alto 3,5 m.
Quanto è lunga l'ombra che proietta il palo? Scrivi il risultato in metri, approssimando al decimetro.

8 Quale delle seguenti può essere l'espressione analitica della funzione $f(x)$ rappresentata nel grafico sotto?

A $y = 2\cos(x-1)$

B $y = \cos\left(\dfrac{x}{2}\right) - 1$

C $y = \sin\left(\dfrac{x}{2} - 1\right)$

D $y = \cos(2x) - 1$

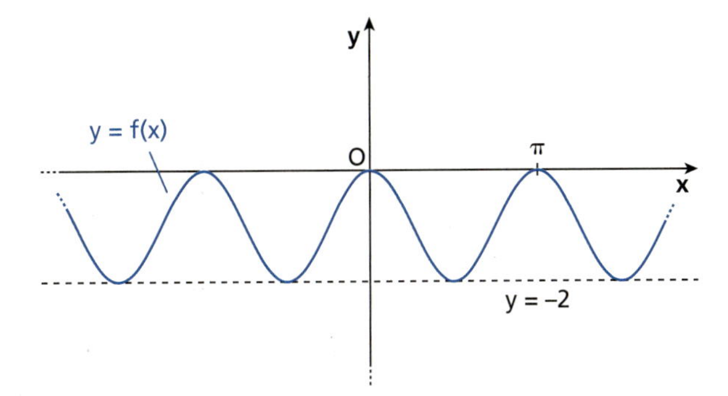

9 Risolvi l'equazione

$$\sqrt{4x^2+4x+1} + x = 0,$$

mostrando il procedimento.

10 **11** La seguente tabella riporta i consumi domestici di energia elettrica in Italia dal 1966 al 2016 (fonte: Terna) e la popolazione residente in Italia nello stesso periodo (fonte: Istat). (1 TWh = 10^9 kWh).

Anno	1966	1976	1986	1996	2006	2016
Consumo di energia elettrica (TWh)	13,3	30	45,7	58	67,6	64,3
Popolazione (milioni)	52,3	55,6	56,6	56,8	58,1	60,7

- **a.** L'aumento relativo dei consumi tra il 1976 e il 1986 è stato maggiore del 50%. V F
- **b.** Nel 1986 il consumo pro capite era maggiore di 1000 kWh. V F
- **c.** Nel 2016 il consumo pro capite è più che quadruplicato rispetto al 1966. V F

Calcola la variazione percentuale dei consumi del 2016 rispetto al 2006, esprimendo il risultato con una cifra decimale.

---

12 Qual è la soluzione della disequazione

$$\cos x \geq \frac{\sqrt{2}}{2}?$$

A $-\frac{\pi}{4} + 2k\pi \leq x \leq \frac{\pi}{4} + 2k\pi$

B $-\frac{\pi}{2} + 2k\pi \leq x \leq \frac{\pi}{2} + 2k\pi$

C $\frac{\pi}{4} + 2k\pi \leq x \leq \frac{3}{4}\pi + 2k\pi$

D $\frac{\pi}{4} + 2k\pi \leq x \leq \frac{7}{4}\pi + 2k\pi$

13 Osserva il seguente grafico, che rappresenta una funzione $f(x)$.

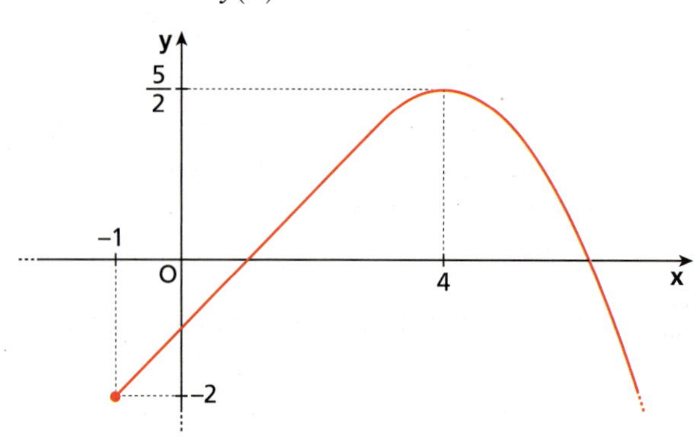

- **a.** Il dominio di $f(x)$ è $x \geq -1$. V F
- **b.** $f(x)$ è iniettiva. V F
- **c.** $f(x)$ ha tre zeri nel suo dominio. V F
- **d.** $f(x)$ è crescente per $-1 \leq x \leq 4$. V F

14 In una progressione geometrica il primo termine è 1 e il quinto termine è 64. Qual è la ragione della progressione?

A $\sqrt{2}$ B $2\sqrt{2}$ C $2\sqrt[4]{2}$ D $4\sqrt{2}$

15 L'equazione $y = ax^2 + 3x + 2$ rappresenta una parabola. Quale valore deve avere il parametro a affinché la parabola passi per il punto $P(-2; 0)$?

16 Adele possiede un terreno la cui forma è rappresentata dal trapezio rettangolo $ABCD$ in figura. Vuole dividere il terreno in due parti, una in cui coltivare l'orto e una in cui piantare un frutteto, costruendo una staccionata per separarle, rappresentata dalla linea tratteggiata. A quanti metri dal punto A Adele deve posizionare la staccionata affinché l'orto e il frutteto abbiano la stessa area?

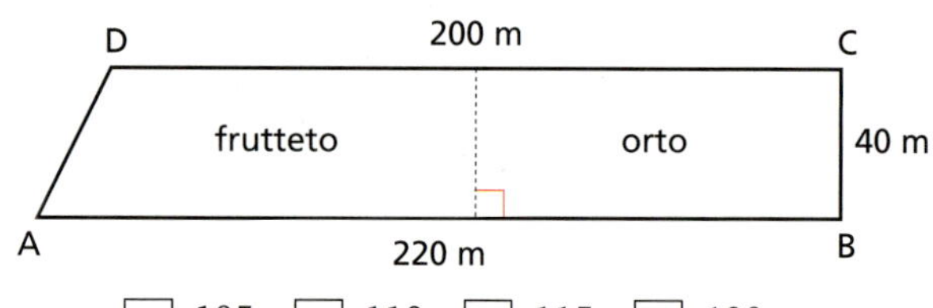

A 105 B 110 C 115 D 120

17 La figura mostra la facciata di un edificio. La pioggia colpisce la facciata con un angolo di 14°. Fino a quale altezza dal suolo viene bagnata la facciata? Esprimi il risultato in metri, approssimando alla prima cifra decimale.

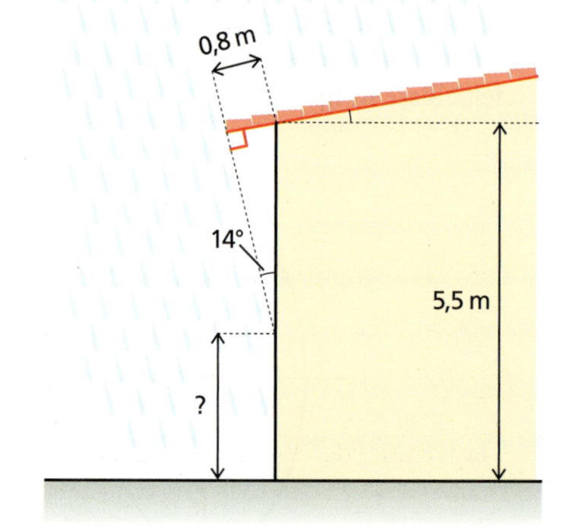

18 Un operatore telefonico prevede, per le chiamate verso l'estero, uno scatto alla risposta di € 0,50, un costo di € 0,15 al minuto per i primi 5 minuti di conversazione e di € 0,10 al minuto per quelli successivi. Quanto costa una chiamata di 15 minuti?

19 Un oculista, visitando un paziente, osserva che il diametro di una sua pupilla (la cui forma può essere approssimata a quella di un cerchio) varia da 1,4 mm, in presenza di una forte luce, a 8,2 mm, in presenza di una luce molto debole. Qual è il rapporto tra l'area della pupilla dilatata e quella della pupilla ristretta?

A 5,9 B 34 C 34π D $8{,}2\pi$

20 Silvano ha cronometrato il tempo impiegato per recarsi al lavoro in bicicletta per 5 giorni consecutivi, ottenendo i seguenti valori (espressi in minuti):

13, 12, 15, 13, 11.

Quale delle seguenti coppie di valori rappresenta, nell'ordine, il tempo medio impiegato da Silvano e la relativa deviazione standard?

A 13 min, 1,33 min.
B 13 min, 1,76 min^2.
C 12,8 min, 1,33 min.
D 12,8 min, 1,76 min^2.

21 Di due numeri reali a e b sai che $a+b=6$ e $ab=4$. Quanto vale a^2+b^2?

A 44. B 36. C 28 D 20

22 Considera sul piano cartesiano la circonferenza $\mathscr{C}$ di equazione $x^2+y^2-2x+y-3=0$.

a. Il centro di $\mathscr{C}$ è $C\left(-\frac{1}{2};1\right)$. V F

b. Il raggio di $\mathscr{C}$ è $\frac{\sqrt{17}}{2}$. V F

c. $\mathscr{C}$ passa per il punto $\left(3;-\frac{1}{2}\right)$. V F

d. $\mathscr{C}$ è concentrica alla circonferenza di equazione
$x^2+y^2-2x+y+\frac{15}{4}=0$. V F

23 Uno dei seguenti numeri è primo. Quale?

A 2345
B 3456
C 4567
D 5678

24 L'equazione della circonferenza con il centro nel punto (2; 1) e di raggio 5 ha equazione:

A $x^2+y^2=25$.
B $(x-2)^2+(y-1)^2=25$.
C $(x-2)^2+(y-1)^2=5$.
D $x^2+y^2=5$.

25 Il seguente grafico rappresenta quattro rette. Quale retta ha il coefficiente angolare maggiore?

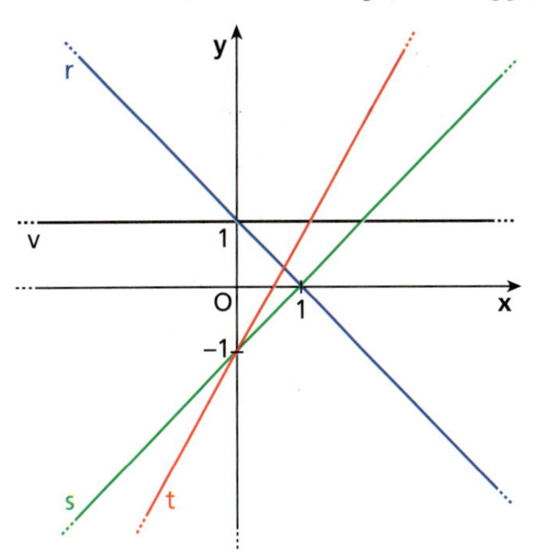

A r
B s
C t
D v

26 Un rettangolo di perimetro 32 ha la diagonale lunga $\sqrt{130}$. Calcola l'area del rettangolo.

27 Data la funzione $f(x)=\frac{2x+1}{3}$, qual è la soluzione della disequazione $f^{-1}(x)\geq 0$?

A $x\geq -\frac{1}{2}$
B $x>-\frac{1}{2}$
C $x\geq \frac{1}{3}$
D $x\in\mathbb{R}$

28 Un triangolo ha i lati che misurano 2 cm, 3 cm e $\sqrt{10}$ cm. Qual è l'area del triangolo in cm^2? Approssima il risultato alla prima cifra dopo la virgola.

29 Qual è la soluzione di $\sin x=\sqrt{3}\cos x$ nell'intervallo $[0;\pi[$?

A $x=\frac{\pi}{6}$
B $x=\frac{\pi}{4}$
C $x=\frac{\pi}{3}$
D $x=\frac{\pi}{2}$

30 Qual è il periodo della funzione $f(x)=2\sin\frac{x}{3}$?

A 2π B 3π C 6π D $\frac{2\pi}{3}$

31 Un negozio di articoli per la casa vende teglie rettangolari di varie dimensioni. La larghezza e la lunghezza di una teglia sono il doppio rispetto a un'altra teglia. Il rapporto tra le loro aree vale:

A 1,5 B 2 C 4 D 8

32 **33** Mauro lancia una mela a Stefano. Nella figura è schematizzata la traiettoria parabolica della mela, che viene lanciata dal punto $O(0; 0)$ e afferrata nel punto $A(3; 0)$ (le misure sono in metri). Rispetto all'asse x, la mela raggiunge una quota massima di 0,9 metri.

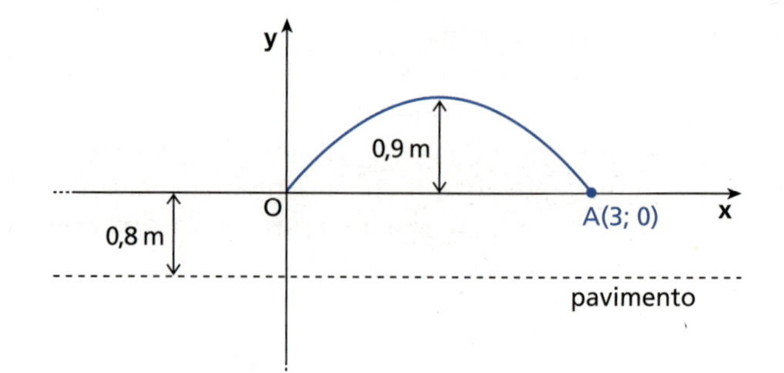

■ Qual è l'equazione della parabola?

A $y = -x^2 + 3x$

B $y = -\frac{4}{5}x^2 + \frac{12}{5}x$

C $y = -\frac{2}{5}x^2 + \frac{6}{5}x$

D $y = \frac{2}{5}x^2 - \frac{6}{5}x$

■ La mela viene lanciata da un'altezza di 80 cm rispetto al pavimento. Se Stefano manca la presa, supponendo che la mela continui a muoversi lungo la stessa parabola, a che distanza dall'asse y la mela cade sul pavimento? Esprimi il risultato in metri, approssimando al decimetro.

34 **35** Considera la figura.

■ **a.** Il coefficiente angolare della retta r è $\frac{3}{4}$. V F

b. La retta r passa per il punto $(4; 3)$. V F

c. La retta di equazione $y = \frac{4}{3}x$ è perpendicolare a r. V F

■ Calcola la distanza dell'origine degli assi dalla retta r.

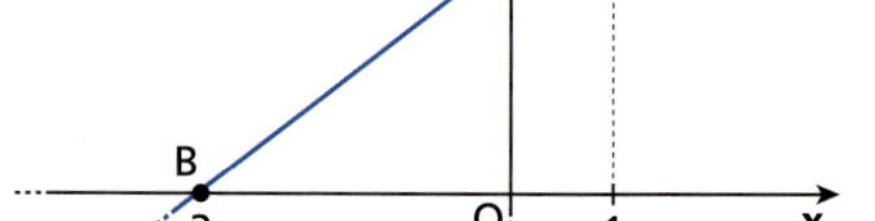

36 **37** La seguente tabella riporta le quantità di rifiuti urbani e di raccolta differenziata in Italia negli anni 2011-2015 (fonte: Ispra).

Anno	2011	2012	2013	2014	2015
Rifiuti urbani prodotti (kg pro capite)	528	505	486,5	487,7	486,7
Raccolta differenziata (kg pro capite)	199,1	202	205,8	220,4	231,2

■ Nel periodo 2011-2015, in quale anno è stata massima la quota di raccolta differenziata sul totale dei rifiuti urbani?

A 2012 B 2013 C 2014 D 2015

■ Calcola la variazione percentuale dei rifiuti urbani pro capite prodotti in Italia nel 2015 rispetto al 2011.

38 **39** La figura rappresenta il profilo di uno smartphone, formato da quattro segmenti e quattro quarti di circonferenza.

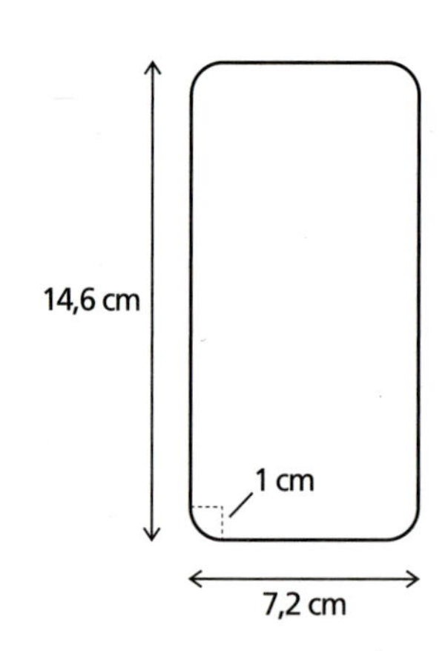

■ Qual è l'area racchiusa dal profilo mostrato in figura, in cm^2?

A $101{,}12 - \pi$

B $101{,}12 + \pi$

C $105{,}12 - \pi$

D $105{,}12$

■ Lo schermo LCD dello smartphone è a forma di rettangolo con base 7 cm e altezza 11,2 cm.
Calcola la lunghezza della diagonale dello schermo ed esprimi il risultato in pollici, approssimando al decimo (1 pollice = 2,54 cm).